DAS ZEITDENKEN BEI HUSSERL, HEIDEGGER UND RICŒUR

PHAENOMENOLOGICA
REIHE GEGRÜNDET VON H.L. VAN BREDA UND PUBLIZIERT UNTER SCHIRMHERRSCHAFT DER HUSSERL-ARCHIVE

196

INGA RÖMER

DAS ZEITDENKEN BEI HUSSERL, HEIDEGGER UND RICŒUR

For further volumes:
http://www.springer.com/series/6409

INGA RÖMER
Bergische Universität Wuppertal, Deutschland

DAS ZEITDENKEN BEI HUSSERL, HEIDEGGER UND RICŒUR

Springer

Inga Römer
Bergische Universität Wuppertal
Philosophisches Seminar
Gaußstraße 20
42119 Wuppertal
Deutschland
roemer@uni-wuppertal.de

ISSN 0079-1350
ISBN 978-90-481-8589-4 e-ISBN 978-90-481-8590-0
DOI 10.1007/978-90-481-8590-0
Springer Dordrecht Heidelberg London New York

Cover design: Boekhorst Design b.v.

Printed on acid-free paper

Springer is part of Springer Science+Business Media (www.springer.com)

Birgit und Oswald Römer
in Dankbarkeit gewidmet

Inhaltsverzeichnis

Vorwort

Die vorliegende Arbeit wurde in den Jahren 2005–2008 in Hamburg und Wuppertal geschrieben und im April 2008 an der Bergischen Universität Wuppertal als Dissertation angenommen. Für die Drucklegung wurde das Manuskript geringfügig verändert.

Mein größter Dank gilt dem Betreuer dieser Arbeit, Herrn Prof. Dr. László Tengelyi. Er hat durch seine Lehrveranstaltungen, durch zahlreiche persönliche Gespräche sowie durch sein in mich gesetztes Vertrauen auf herausragende Weise zum Gelingen dieser Arbeit beigetragen.

Mein aufrichtiger Dank gilt zudem Frau Prof. emer. Dr. Dorothea Frede, die diese Arbeit bis zu ihrer Emeritierung an der Universität Hamburg mit viel Fürsorge und Gewissenhaftigkeit betreute und mich auch späterhin großzügig unterstützt hat.

Herzlich danken möchte ich überdies den weiteren Mitgliedern der Prüfungskommission, Herrn Prof. emer. Dr. Klaus Held, der mir sehr förderliche Hinweise für die Drucklegung dieser Arbeit gegeben hat, sowie Herrn Jun.-Prof. Dr. Tobias Klass für seine unermüdliche Unterstützung.

Wertvolle Anregungen verdanke ich zudem Herrn Prof. Dr. Dieter Lohmar und den Teilnehmern seines Arbeitskreises im Husserl-Archiv der Universität zu Köln.

Mein Dank gilt des Weiteren Herrn Prof. emer. Dr. Ulrich Wergin, in dessen Vorlesungen an der Universität Hamburg ich erstmalig an das Denken von Paul Ricœur herangeführt wurde.

Danken möchte ich auch Herrn Dr. habil. Dominique Pradelle, Maître de conférences an der Université Paris IV-Sorbonne, in dessen Lehrveranstaltungen an der Université Michel de Montaigne, Bordeaux III ich die ersten Schritte in die Phänomenologie tat.

Die Graduiertenförderung der Universität Hamburg hat mir für die Arbeit an der Dissertation ein zweijähriges Grundstipendium gewährt, wofür ich an dieser Stelle einen herzlichen Dank aussprechen möchte. Von der Graduiertenförderung der Bergischen Universität Wuppertal habe ich ein einjähriges Abschlussstipendium erhalten, wofür ich ebenfalls sehr dankbar bin.

Danken möchte ich zudem den Gutachtern, dem Redaktionskomitee und dem Herausgeber der Reihe *Phaenomenologica*, Herrn Prof. Dr. Ullrich Melle, für ihre Bereitschaft, mein Manuskript in diese Reihe aufzunehmen.

Von ganzem Herzen möchte ich schließlich meiner Familie und allen Freunden, die mich auf diesem Weg durch anregende Gespräche und persönliche Ermutigungen begleitet haben, einen besonderen Dank aussprechen.

Wuppertal, im Oktober 2009 Inga Römer

Kapitel 1
Einleitung

„Noch heute mag man mit Augustinus sagen: si nemo a me quaerat, scio, si quaerenti explicare velim, nescio".[1] Unter Berufung auf die berühmte augustinische Ratlosigkeit angesichts der Frage nach der Zeit bekennt Husserl gut 1500 Jahre nach Augustinus, wenn auch in einer Vorlesung und nicht in einer göttlichen Zwiesprache, dass er unter den bereits entwickelten zeittheoretischen Ansätzen keine plausible Erklärung der Zeit zu finden vermag. Die „wissensstolze Neuzeit", so Husserl in selbiger Vorlesung, habe in Hinblick auf die Frage nach der Zeit keine wesentlichen Fortschritte gegenüber den augustinischen Überlegungen erreicht.[2] Diese vernichtende Diagnose über das zeitphilosophische Desiderat der „wissensstolzen Neuzeit" war aber bekanntlich keineswegs Husserls letztes Wort. Zeit wurde vielmehr zu einem der zentralsten und einem der schwierigsten Themen seiner Phänomenologie. Zu noch größerer Prominenz als Husserls Zeitanalysen gelangte gut zwei Jahrzehnte später Heideggers husserlkritischer Versuch, Sein und Zeit zusammenzudenken. Und auch in Heideggers Nachdenken über eine angemessene Formulierung der Seinsfrage sollte das Denken der Zeit sowohl einen zentralen als auch einen besonders problematischen Stellenwert einnehmen. Im Anschluss an Husserl und Heidegger und ihre verschiedenen Auffassungen von Phänomenologie wurden immer wieder Versuche gemacht, die Zeit zu denken, so beispielsweise bei Lévinas, Merleau-Ponty, Sartre, Derrida und Ricœur, um nur einige prominente Beispiele zu nennen, die in der Tradition phänomenologischen Denkens im Ausgang von Husserl und Heidegger stehen.[3] Aber hat unsere, vielleicht nicht mehr

---

[1] Husserl, Edmund: *Vorlesungen zur Phänomenologie des inneren Zeitbewußtseins*. Hg. von Martin Heidegger. Tübingen: Max Niemeyer Verlag, 3. Aufl., unveränderter Nachdruck der 1. Aufl. 1928, 2000, 368 (Titel in der Folge abgekürzt ZB). Erneut veröffentlicht in Husserl, Edmund: *Zur Phänomenologie des inneren Zeitbewusstseins (1893–1917)*. Hg. von Rudolf Boehm. Den Haag: Martinus Nijhoff 1966 (= Husserliana. Bd. X). Es wird dieser Text in der Folge nach den Seitenzahlen der Ausgabe von 1928 zitiert, die auch in Husserliana X am Rande angegeben sind.

[2] ZB, 368.

[3] Vgl. bei diesen Autoren insbesondere Lévinas, Emmanuel: *Le temps et l'autre*. Paris: Presses Universitaires de France 1983 (= Quadrige) (Dieser Text ist aus vier Vorträgen entstanden, die 1946/47 gehalten wurden)/dt.: *Die Zeit und der Andere*. Übersetzt von Ludwig Wenzler. Hamburg: Meiner Verlag 1984; Merleau-Ponty, Maurice: *Phénoménologie de la perception*. Paris: Gallimard 2003 (= Collection Tel. Bd. 4) (erstmalig 1945 erschienen)/dt.: *Phänomenologie der Wahrnehmung*.

I. Römer, *Das Zeitdenken bei Husserl, Heidegger und Ricœur*,
DOI 10.1007/978-90-481-8590-0_1, © Springer Science+Business Media B.V. 2010

ganz so wissensstolze, so genannte Postmoderne einen Fortschritt gegenüber derjenigen Lage erringen können, die Husserl zu Beginn des vergangenen Jahrhunderts beklagte, oder müssen auch wir uns dem viel zitierten augustinischen Wort anschließen? In Anlehnung an eine Formulierung von Ricœur lässt sich fragen, ob die Zeit etwas ist, das durch das Denken schlechthin nicht fassbar ist, oder ob sie nur eine besondere Herausforderung an dasselbe darstellt: Geht die Zeit letztlich als Sieger aus dem Kampf mit dem Denken hervor oder scheint sie nur der Sieger zu sein in einem noch offenen und vielleicht unabschließbaren Kampf?[4]

Die bis heute unternommenen Versuche, dem Begriff der Zeit zu einer philosophischen Plausibilität zu verhelfen, sind zahlreich.[5] Selbst wenn man sich darauf konzentrierte, ausschließlich die Entwicklung der Phänomenologie der Zeit im Anschluss an Husserls erste Zeitanalysen zu verfolgen, so wäre dies ein weitverzweigtes Projekt. Der Anspruch dieser Arbeit ist deshalb geringer als der, einen umfassenden kritischen Bericht über den *state of the arts* der Phänomenologie der Zeit zu verfassen. Ziel der folgenden Studie ist vielmehr, das Zeitdenken derjenigen

---

Übersetzt von Rudolf Boehm. Berlin: Walter de Gruyter & Co. 1974 (= Phänomenologisch-psychologische Forschungen. Bd. 7); Sartre, Jean-Paul: *L'être et le néant. Essai d'ontologie phénoménologique*. Paris: Gallimard 2007 (= Collection Tel. Bd. 1) (erstmalig 1943 erschienen)/dt.: *Das Sein und das Nichts. Versuch einer phänomenologischen Ontologie*. Hg. von Traugott König. Übersetzt von Hans Schöneberg und Traugott König. Hamburg: Rowohlt 1997 (= Gesammelte Werke in Einzelausgaben. Philosophische Schriften. Bd. 3); Derrida, Jacques: *La voix et le phénomène. Introduction au problème du signe dans la phénoménologie de Husserl*. Paris: Presses Universitaires de France, 3. Aufl., 2005 (= Quadrige) (erstmalig 1967 erschienen)/dt.: *Die Stimme und das Phänomen. Einführung in das Problem des Zeichens in der Phänomenologie Husserl*. Übersetzt von Hans-Dieter Gondek. Frankfurt am Main: Suhrkamp (2003); Ricœur, Paul: *Temps et récit. Tome I: L'intrigue et le récit historique*. Paris: Seuil 1983 (= Points. Essais)/dt.: *Zeit und Erzählung. Bd. I: Zeit und historische Erzählung*. Übersetzt von Rainer Rochlitz. München: Wilhelm Fink Verlag 1988 (= Übergänge. Texte und Studien zu Handlung, Sprache und Lebenswelt. Bd. 18/I); Ricœur, Paul: *Temps et récit. Tome II: La configuration dans le récit de fiction*. Paris: Seuil 1984 (= Points. Essais)/dt.: *Zeit und Erzählung. Bd. II: Zeit und literarische Erzählung*. Übersetzt von Rainer Rochlitz. München: Wilhelm Fink Verlag 1989 (= Übergänge. Texte und Studien zu Handlung, Sprache und Lebenswelt. Bd. 18/II); Ricœur, Paul: *Temps et récit. Tome III: Le temps raconté*. Paris: Seuil 1985 (= Points. Essais)/dt.: *Zeit und Erzählung. Bd. III: Die erzählte Zeit*. Übersetzt von Andreas Knop. München: Wilhelm Fink Verlag 1991 (= Übergänge. Texte und Studien zu Handlung, Sprache und Lebenswelt. Bd. 18/III). Die Bände dieser Trilogie werden in der Folge mit TR I–III und für die Übersetzung mit ZE I–III abgekürzt.

[4] Diese Formulierung Ricœurs findet sich am Ende von *Temps et récit* und steht im Zusammenhang mit der Frage nach den Grenzen und Möglichkeiten der Erzählung, auf die Aporizität der Zeit antworten zu können: „In gewisser Hinsicht läßt die Triftigkeit der Replik der Erzählung auf die Aporien der Zeit von Stufe zu Stufe nach, so daß die Zeit letztlich als Sieger aus dem Kampf hervorzugehen scheint, nachdem sie zuvor in den Netzen der Fabel gefangen gehalten worden war" (TR III, 488/ZE III, 436 f.). Ricœur selbst findet in *Temps et récit* zu einer positiven Beurteilung der seiner Meinung nach nie abschließbaren Denkbarkeit der Zeit. Diese Zusammenhänge werden im vierten Teil dieser Arbeit ausführlich Beachtung finden.

[5] Auseinandersetzungen mit der Philosophiegeschichte der Zeit, die jedoch keine umfassenden Studien zur Phänomenologie der Zeit enthalten, finden sich bei Böhme, Gernot: *Zeit und Zahl. Studien zur Zeittheorie bei Platon, Aristoteles, Leibniz und Kant*. Frankfurt am Main: Klostermann 1974 (= Philosophische Abhandlungen. Bd. 45); Brann, Eva T.: *What, then, is time?* Lanham, MD: Rowman & Littlefield 2001 und Gloy, Karen: *Philosophiegeschichte der Zeit*. München: Fink 2008.

Autoren in den Mittelpunkt der Betrachtung zu stellen, die als die wichtigsten Vertreter einer Phänomenologie der Zeit gelten können: Husserl, Heidegger und in jüngerer Zeit Ricœur.[6] Diese Auswahl macht es möglich, detaillierte Auseinandersetzungen mit drei komplexen Ansätzen zu einer Phänomenologie der Zeit zu führen, und dabei dennoch den Anspruch aufrechtzuerhalten, einen gewissen Überblick über die Zeitproblematik in der Phänomenologie insgesamt zu geben. Als spezifischer Leitfaden der Untersuchung sollen dabei drei Problematiken der Zeitbestimmung dienen, die Ricœur in seinem in den achtziger Jahren erschienenen Werk *Temps et récit* als „Aporien der Zeitlichkeit" bezeichnet.[7] Worin bestehen diese drei so genannten Aporien, welchen Zweck soll es haben, sie als Leitfaden einer Forschungsarbeit über Husserl, Heidegger und Ricœur zu wählen und wie sieht das Vorgehen aus, welches sie führen sollen?

Ricœur hat in *Temps et récit* eine provokante These über die Philosophie und im Speziellen über die Phänomenologie der Zeit aufgestellt: Es sei nicht der Unzulänglichkeit der bisherigen philosophischen Denkmodelle oder dem persönlichen Unvermögen der Zeitphilosophen vorzuwerfen, dass die Zeit bis dato keine plausible begriffliche Bestimmung erfahren habe, sondern es sei *grundsätzlich* unmöglich, all das, was wir unter Zeit verstehen, mit den Mitteln der Philosophie auf einen Begriff zu bringen.[8] Diese These spezifiziert und untergliedert Ricœur in drei Aporien der Zeit. Die erste Aporie besteht ihm zufolge darin, dass sich eine „subjektive" Perspektive auf die Zeit und eine „objektive" Perspektive auf die Zeit weder in einen Begriff zusammendenken noch in zwei vollständig getrennte Begriffe unterteilen ließen und überdies zu einer wechselseitigen Verdeckung tendierten. Diese Problematik sei unabhängig von den jeweiligen Besonderheiten einzelner philosophischer Systeme, und es sei für ihre Aporizität gleichgültig, ob man eine Seelenzeit einer Weltzeit, eine subjektive einer objektiven Zeit, eine ursprüngliche Zeitlichkeit einer vulgären Zeit oder eine phänomenologische einer kosmologischen Zeit gegenüberstelle. Eine begriffliche Auflösung dieser prinzipiellen Schwierigkeit sei in jedem Fall unmöglich. Der zweiten Aporie schreibt Ricœur einen Vorrang gegenüber der ersten zu, da sie die erste umgreife. Die Schwierigkeit der zweiten Aporie bestehe darin, unsere selbstverständliche Annahme zu rechtfertigen, dass die Zeit eine einzige und eine Einheit sei. Wir würden, so Ricœur, nicht nur stets mit „subjektiver" und „objektiver" Zeitperspektive umgehen, obgleich uns die begriffliche Rechtfertigung fehle, sondern wir würden auch auf selbstverständliche Weise von *der* Zeit, der *einen* Zeit sprechen. Begriffliche Begründungsversuche dieser Einzigkeit und Einheit hält Ricœur aber für zum Scheitern verurteilt. Warum die Zeit eine Einheit sein soll, könne die Philosophie nicht hinreichend begründen. Die dritte von

[6] In dieser Arbeit wird von „Zeitdenken" gesprochen, wenn in einem allgemeinen Sinne das Nachdenken über Zeit gemeint ist. Es bleibt bei diesem Ausdruck unentschieden, ob das mit ihm Bezeichnete in einen bestimmten Begriff gefasst werden kann oder zu einer anderen sprachlichen Verarbeitung gelangt.

[7] TR III, 12/ZE III, 10.

[8] Zu Ricœurs These, dass die philosophische Aporizität der Zeit insbesondere die Phänomenologie betrifft vgl. TR III, 177 f./ZE III, 156 f.

Ricœur identifizierte Aporie ist die stärkste und besteht darin, dass das Denken die Zeit nicht wirklich erfassen könne, dass sich ihr Ursprung stets entziehe und sie begrifflich uneinholbar sei. Sobald die Philosophie beginne nachzudenken, komme sie immer schon zu spät, weil sie selbst immer schon in der Zeit sei und diese nie ganz in eine umfassende thematische Bestimmung einholen könne.

Diese erste Kennzeichnung der drei Zeitaporien Ricœurs gab so weit lediglich eine inhaltliche Skizzierung. Um den Stellenwert zu verdeutlichen, den sie bei Ricœur selbst einnehmen, sowie um zu verdeutlichen, warum sie in der hiesigen Arbeit als Leitfaden fungieren, ist zu berücksichtigen, wie Ricœur in *Temps et récit* zu ihrer Formulierung gelangt. Das dreibändige Werk über Zeit und Erzählung nimmt seinen Ausgang nämlich keineswegs bei dem Aufweis der drei Aporien der Zeit, um dann die Erzählung als neuen Weg der Antwort auf die philosophische Ausweglosigkeit des Zeitdenkens vorzuschlagen. Vielmehr ist Ricœurs Ausgangspunkt von vornherein – gewissermaßen in den hermeneutischen Zirkel hineinspringend – die These, dass Zeit und Erzählung nur in wechselseitiger Bezugnahme verständlich gemacht werden können.[9] Eine ausdrückliche Auseinandersetzung mit den Phänomenologien der Zeit von Husserl und Heidegger findet sich hingegen erst im vierten Teil. Und auch dort entwickelt Ricœur zunächst ausdrücklich allein die erste Aporie, während er die zweite und dritte Aporie erst im Schlusskapitel als solche kennzeichnet und expliziert.[10] Auf wenigen Seiten lokalisiert er in eben diesem Schlusskapitel aber auch diese beiden letzten Aporien im Zeitdenken von Husserl und von Heidegger.[11] Es lässt sich hier eine gewisse Diskrepanz zwischen der Tragweite von Ricœurs These zur philosophischen und insbesondere phänomenologischen Aporizität der Zeit einerseits und seiner knappen und fragmentarischen Auseinandersetzung mit Husserls und Heideggers Zeitdenken andererseits feststellen. An eben diese Diskrepanz schließt sich die erste Aufgabe an, die sich diese Arbeit stellt.

---

[9] „Der Erste Teil des vorliegenden Buches will die hauptsächlichen Voraussetzungen deutlich machen, die der Rest des Buches an den verschiedenen Disziplinen der Geschichtsschreibung und der Fiktionserzählung erproben soll. [...] [E]ine Voraussetzung beherrscht alle anderen, die nämlich, daß in der Strukturidentität der narrativen Funktion und im Wahrheitsanspruch jedes narrativen Werkes letztlich der zeitliche Charakter der menschlichen Erfahrung auf dem Spiele steht. [...] [D]ie Zeit wird in dem Maße zur menschlichen, wie sie narrativ artikuliert wird; umgekehrt ist die Erzählung in dem Maße bedeutungsvoll, wie sie die Züge der Zeiterfahrung trägt" (TR I, 17/ZE I, 13).

[10] Tengelyi hat auf diesen Unterschied zwischen Hauptwerk und Schlussfolgerungen ausdrücklich hingewiesen. Vgl. Tengelyi, László: Phänomenologie der Zeiterfahrung und Poetik des Zeitromans in Paul Ricœurs „Temps et récit", in: Mesotes 1/3 (1991), 28–36, hier 28.

[11] In Hinblick auf die zweite und dritte Aporie finden sich Ricœurs Interpretationen zu Husserl auf den S. 451–453 (dt. 403–405) und 477–479 (dt. 426–428), die zu Heidegger auf den S. 454–457 (dt. 405–408) und 479–482 (dt. 428–430) des dritten Bandes. Es sei hier angemerkt, dass sich Ricœur bei Weitem nicht nur mit Husserl und Heidegger auseinandersetzt. Da seine These der Aporizität der Zeit jedoch innerhalb der Philosophie auf herausragende Weise die Phänomenologie betrifft, hat es einen durchaus systematischen Grund, dass sich diese Untersuchung anstatt auf Augustinus, Aristoteles oder Kant auf Husserl und Heidegger und Ricœurs Auseinandersetzungen mit ihnen konzentriert.

Es soll in einem ersten Schritt darum gehen, bei Husserl und Heidegger nach Problemkonstellationen zu suchen, die mit Ricœurs Aporien in thematische Verbindung gebracht werden können. Gibt es tatsächlich Schwierigkeiten in Husserls Phänomenologie und in Heideggers hermeneutisch modifizierter Phänomenologie, die sich nicht durch Vertiefung ihrer eigenen Positionen lösen lassen, sondern die im Rahmen der jeweiligen Grundansätze unvermeidbar sind? Ricœur selbst beschränkt sich in seinen Interpretationen der Phänomenologie der Zeit auf den von Heidegger herausgegebenen Text der husserlschen *Vorlesungen zur Phänomenologie des inneren Zeitbewusstseins* und auf Heideggers *Sein und Zeit.* Diese enge ricœursche Textauswahl soll hier erweitert werden. Auf der Basis einer erweiterten Textgrundlage wird den in Frage stehenden Problemkonstellationen bei Husserl und Heidegger zunächst unabhängig von Ricœurs eigenen Interpretationen nachzugehen sein. Auf diese Weise will die hiesige Untersuchung über eine bloße Kritik an Ricœurs expliziter Kritik an Husserl und Heidegger hinausgehen. Es soll zwar auch, nicht aber in erster Linie darum gehen, ob Ricœurs konkrete Interpretationen von Husserls und Heideggers Zeitdenken angemessen sind. In Frage steht vielmehr grundsätzlich, ob und inwiefern die drei von ihm behaupteten Zeitaporien überhaupt Problemkonstellationen bei Husserl und Heidegger treffen können. Trotz der vorläufigen Ausklammerung von Ricœurs eigenen Interpretationen von Husserl und Heidegger, stehen die Auseinandersetzungen des zweiten und des dritten Teiles, in denen das Zeitdenken von Husserl und Heidegger thematisiert wird, jedoch aufgrund der Ausrichtung an den ricœurschen Aporien unverkennbar unter einer ricœurschen Perspektive. Diese Ausrichtung mag den Eindruck von Voreingenommenheit und Einseitigkeit bei der Lektüre von Husserl und Heidegger hervorrufen. Und ohne Zweifel sind die folgenden Untersuchungen von Husserls und Heideggers Zeitdenken in gewisser Weise sowohl voreingenommen als auch einseitig. Diese perspektivistische Herangehensweise ist jedoch ausdrücklich gewählt, um unter dem Leitfaden der ricœurschen Aporien der Zeit ein neues Licht sowohl auf Husserl und Heidegger als auch auf Ricœur zu werfen. Unter diesem einheitlichen Gesichtspunkt erscheint es möglich, diverse Kontinuitäten in Problematik und Fragestellung der drei Autoren herauszuarbeiten, die neben den immer wieder und ohne Zweifel zu Recht betonten großen Unterschieden Hervorhebung verdienen. Der hier gewählte Leitfaden der drei von Ricœur behaupteten Zeitaporien eignet sich meines Erachtens deshalb besonders gut dazu, sowohl die konzeptuellen Brüche der drei Ansätze als auch Parallelen zwischen ihnen sichtbar zu machen, weil die Problematik der Zeit bei allen drei Autoren zentrale Aspekte ihres Denkens betrifft.

Bevor die zweite Aufgabe dieser Arbeit Erläuterung erfährt, ist etwas zu der bereits angedeuteten, gegenüber Ricœurs eigener Auswahl vorgenommenen Erweiterung der die Auseinandersetzung mit Husserl und Heidegger betreffenden Textgrundlagen zu sagen. Besonders schwierig ist die Textlage bei Husserl. Einen Großteil seiner Arbeit zu einer Phänomenologie der Zeit hat er nicht selbst veröffentlicht. Zudem sind diese zu seinen Lebzeiten unpubliziert gebliebenen Manuskripte erst seit kurzer Zeit in den Husserliana zugänglich. Und obgleich bereits diverse, größtenteils in Archivarbeit entstandene Forschungsarbeiten zu diesen Manuskripten erschienen sind, lässt sich kaum davon sprechen, dass die Bearbeitung dieser Texte bereits zu einem gewissen Abschluss gekommen wäre.[12] Die Forschung trennt bei Husserl drei Hauptphasen der Auseinandersetzung mit der Zeit,[13] obgleich Husserl sich auch dazwischen und in Texten, die nicht direkt die Zeit zum zentralen Untersuchungsgegenstand wählen, mit diesem Thema auseinandergesetzt hat. Die Texte dieser drei Hauptphasen werden die Hauptreferenz für die hiesige Untersuchung bilden, welche jedoch auch immer wieder andere Schriften heranzieht. Die erste, bisher am ausführlichsten erforschte Phase reicht von 1905 bis 1917 und zentriert sich um einen Vorlesungsabschnitt zur Phänomenologie des inneren Zeitbewusstseins, den Husserl ursprünglich 1905 gehalten hat. Husserl selbst nahm diverse Ergänzungen und Korrekturen an dem Entwurf von 1905 vor und seine Assistentin Edith Stein arbeitete das Manuskript aus, welches Heidegger 1928 mit Beilagen aus den Jahren 1905 bis 1910 veröffentlichte. Den leicht korrigierten Text der Ausgabe von 1928 und ergänzende Texte zur Darstellung der Problementwicklung wurden von Boehm als kritische Ausgabe und als Bd. X der Husserliana 1966 unter dem Titel *Zur Phänomenologie des inneren Zeitbewußtseins (1893–1917)* herausgegeben.[14]

---

[12] Zu richtungweisenden Arbeiten, die sich einzelnen oder mehreren von Husserls späteren Arbeiten zur Zeit widmen vgl. die Dissertation zu Husserls Zeitdenken bis 1918 von Schnell, Alexander: *Temps et phénoméne. La phénoménologie husserlienne du temps (1893–1918)*. Hildesheim/Zürich/ New York: Georg Olms Verlag 2004 (= Europaea Memoria. Studien und Texte zur Geschichte der europäischen Ideen. Reihe I: Studien. Bd. 35), den Aufsatz von Brough, John: Time and the One and the Many (in Husserl's Bernauer Manuscripts on Time Consciousness), in: Philosophy Today: a quarterly survey of trends and research in philosophy 46 (2002), 142–153, den Aufsatz von Lohmar, Dieter: What Does Protention „Protend"? Remarks On Husserl's Analyses of Protention in the Bernau Manuscripts On Time-Consciousness, in: Philosophy Today 46 (2002), 154–167 und den Aufsatz von Zahavi, Dan: Time and Consciousness in the Bernau Manuscripts, in: Husserl Studies 20 (2004), 99–118 zu den Bernauer Manuskripten. Vgl. die Dissertation von Kortooms, Toine: *Phenomenology of Time*. Dordrecht/Boston/London: Kluwer Academic Publishers 2002 (= Phaenomenologica. Bd. 161) über alle drei Phasen von Husserls Zeitdenken, und die auch heute noch bedeutende Dissertation von Held, Klaus: *Lebendige Gegenwart. Die Frage nach der Seinsweise des transzendentalen Ich bei Edmund Husserl, entwickelt am Leitfaden der Zeitproblematik.* Den Haag: Martinus Nijhoff 1966 (= Phaenomenologica. Bd. 23) über die C-Manuskripte.

[13] Vgl. Bernet, Rudolf und Lohmar, Dieter: Einleitung der Herausgeber, in: Husserl, Edmund: *Die Bernauer Manuskripte über das Zeitbewusstsein (1917/18)*. Hg. von Rudolf Bernet und Dieter Lohmar. Dordrecht/Boston/London: Kluwer Academic Publishers 2001 (= Husserliana. Bd. XXXIII), XVII–LI, hier XVII–XIX.

[14] Husserl hat die Ausarbeitung von Edith Stein autorisiert und offenbar sogar mit seinem Manuskript verglichen. Da Edith Stein aber deutliche Bemühungen zur Vereinheitlichung der Terminologie, der Systematisierung der Gedankengänge und der Aktualisierung der Manuskripte von 1905 vorgenommen hat, bleibt es dennoch problematisch, diesen 1928 veröffentlichten Text voll und ganz Husserl zuzuschreiben. Heidegger, anders als Edith Stein, hat, und das offenbar zu Husserls Enttäuschung, den Text, der ihm in Form der handschriftlichen Ausarbeitung Edith Steins vorlag, fast gar nicht kommentiert oder verändert. Er erklärte dies mit der bevorstehenden Veröffentlichung von *Sein und Zeit* und der Belastung durch seine Marburger Lehrtätigkeit. Vgl. Boehm, Rudolf: Einleitung des Herausgebers, in: Husserl, Edmund: *Zur Phänomenologie des inneren Zeitbewusstseins (1893–1917)*, a. a. O., XIII–XLIII. Der zweite Teil des zehnten Bandes der Husserliana ist außerdem von Bernet gesondert herausgegeben worden. Vgl. Husserl, Edmund: *Texte zur Phänomenologie des inneren Zeitbewußtseins (1893–1917)*. Hg. und eingeleitet von Rudolf Bernet. Texte nach Husserliana, Bd. X. Hamburg: Felix Meiner Verlag 1985 (= Philosophische Bibliothek. Bd. 362).

Die zweite Phase umfasst Manuskripte, die während zweier Ferienaufenthalte 1917 und 1918 in Bernau entstanden und die Bernet und Lohmar 2001 unter dem Titel *Die Bernauer Manuskripte über das Zeitbewusstsein (1917/18)* ebenfalls als kritische Ausgabe und als Bd. XXXIII der Husserliana veröffentlicht haben.[15] Husserl selbst hatte immer wieder Versuche angestellt, die Arbeiten aus dieser Archivierungsgruppe L in einem Buch zum Zeitbewusstsein zu veröffentlichen, was jedoch vergeblich blieb.[16] Die dritte und letzte Phase seiner Auseinandersetzung mit der Zeitthematik reicht von 1929 bis 1934. Auf der Basis der Manuskripte aus dieser Zeit hatte Husserl einen zweiten Band zu den Bernauer Manuskripten geplant, welcher jedoch, wie der erste Band, nicht zur Veröffentlichung gelangte.[17] Diese Manuskripte aus der Archivierungsgruppe C sind über drei verschiedene Ausgaben verteilt. Den Großteil hat Lohmar 2006 als Materialien-Ausgabe (Bd. VIII) unter dem Titel *Späte Texte über Zeitkonstitution (1929–1934). Die C-Manuskripte* publiziert.[18] Es finden sich jedoch bereits in dem von Kern herausgegebenen Bd. XIV *Zur Phänomenologie der Intersubjektivität. Texte aus dem Nachlass. Dritter Teil: 1929–1935* und in dem von Sebastian Luft edierten Bd. XXXIV *Zur phänomenologischen Reduktion. Texte aus dem Nachlass (1926–1935)* diverse C-Manuskripte veröffentlicht.[19] Angesichts der vielfältigen Denkrichtungen, die Husserl in seinen Arbeiten zur Phänomenologie der Zeit einschlägt, ist es zu bezweifeln, dass sich ihm überhaupt eine eindeutige Zeittheorie oder ein Zeitbegriff zuschreiben lässt. Seine Texte kreisen um diverse Problemkomplexe und experimentieren mit verschiedenen Lösungsansätzen, deren Klassifizierung und Bewertung der Husserl-Forschung in weiten Teilen noch bevorsteht.

Macht es angesichts dieser Text- und Forschungslage überhaupt Sinn, so könnte ein berechtigter Zweifel an dem hiesigen Vorhaben lauten, eine Untersuchung von Husserls Zeitdenken aus der Perspektive von Ricœurs Zeitaporien zu unternehmen,

---

[15] Vgl. Husserl, Edmund: *Die Bernauer Manuskripte über das Zeitbewusstsein (1917/18)*. Hg. von Rudolf Bernet und Dieter Lohmar. Dordrecht [u. a.]: Kluwer Academic Publishers 2001 (= Husserliana. Bd. XXXIII) (in der Folge abgekürzt mit *Bernauer Manuskripte*).

[16] Vgl. Bernet/Lohmar: Einleitung der Herausgeber, a. a. O., XVIII.

[17] Vgl. Lohmar, Dieter: Einleitung des Herausgebers, in: Husserl, Edmund: *Späte Texte über Zeitkonstitution (1929–1934). Die C-Manuskripte*. Hg. von Dieter Lohmar. Dordrecht: Springer 2006 (= Husserliana/Materialien. Bd. VIII), XIII–XX, hier XIV f.

[18] Vgl. Husserl, Edmund: *Späte Texte über Zeitkonstitution (1929–1934). Die C-Manuskripte*. Hg. von Dieter Lohmar. Dordrecht: Springer 2006 (= Husserliana/Materialien. Bd. VIII) (in der Folge abgekürzt mit *C-Manuskripte*). Zu weiteren Angaben über die veröffentlichten Texte Husserls zur Phänomenologie der Zeit, zu Husserls Publikationsvorhaben sowie den Zusammenhängen seiner Arbeit an den Zeittexten mit der Arbeit an anderen Werken vgl. Bernet, Rudolf: Einleitung, in: *Texte zur Phänomenologie des inneren Zeitbewusstseins (1893–1917)*. Hamburg: Felix Meiner Verlag 1985 (= Philosophische Bibliothek. Bd. 362), XI–LXVII, Bernet/Lohmar: Einleitung der Herausgeber, a. a. O. und Lohmar: Einleitung des Herausgebers, a. a. O.

[19] Husserl, Edmund: *Zur Phänomenologie der Intersubjektivität. Texte aus dem Nachlass. Dritter Teil: 1929–1935*. Hg. von Iso Kern. Den Haag: Martinus Nijhoff 1973 (= Husserliana. Bd. XV) und ders.: *Zur phänomenologischen Reduktion. Texte aus dem Nachlass (1926–1935)*. Hg. von Sebastian Luft. Dordrecht/Boston/London: Kluwer Academic Publishers 2002 (= Husserliana. Bd. XXXIV).

wenn noch nicht einmal eine fortgeschrittene Verständigung darüber erreicht ist, was Husserls Zeitdenken überhaupt ist? Gerade aus dieser gewissen Not lässt sich meines Erachtens eine Tugend machen. Die als Leitfaden dienenden ricœurschen Aporien der Zeit stellen im zweiten Teil dieser Arbeit spezifische Fragen an die husserlschen Texte zur Phänomenologie der Zeit, die nicht darauf abzielen, eine erschöpfende Tafel von Husserls Zeitproblematiken sowie den ihnen korrespondierenden Antwortexperimenten zu erarbeiten. Leitend ist vielmehr die im Ausgang von Ricœur gestellte Frage, ob sich in Husserls Überlegungen zur Zeit Problemkonstellationen ausmachen lassen, die sich aus den systematischen Besonderheiten seines phänomenologischen Grundansatzes ergeben und bei denen eine strukturelle Verwandtschaft zu Ricœurs Aporien der Zeit aufgezeigt werden kann. So erfolgt ein spezieller Zugriff auf die experimentellen Texte Husserls, der zwar einen Teil der thematischen Vielfalt der Manuskripte verdecken wird, dafür aber die Möglichkeit bietet, im Zentrum dieser Experimente einige systematische Schwierigkeiten konzentriert hervortreten zu lassen. Die hier gewählte spezifische Fragestellung stellt dabei einen Versuch dar, die oftmals detaillierten, in viele Richtungen orientierten und häufig abstrakten husserlschen Überlegungen in ein Licht zu rücken, in dem ihre Relevanz für Husserls Phänomenologie und deren Weiter- und Neuentwicklungen deutlich werden kann.

Bei der Auseinandersetzung mit Heideggers Zeitdenken konzentriert sich diese Arbeit im Wesentlichen auf das 1927 erschienene frühe Hauptwerk *Sein und Zeit* (GA 2),[20] das auch für Ricœur selbst die zentrale Referenz darstellt. Darüber hinaus werden jedoch weitere Arbeiten, insbesondere aus den Jahren zwischen 1924 und 1930, zur Vertiefung heranzuziehen sein. Es finden so Heideggers frühe Auseinandersetzungen mit der Zeitproblematik Berücksichtigung, in der die verschiedenen thematischen Stränge erkennbar werden, welche das Projekt „Sein und Zeit" vorbereiten. In seinem Habilitationsvortrag von 1915 „Der Zeitbegriff in der Geschichtswissenschaft" (in GA 1)[21] unterscheidet Heidegger bereits einen Zeitbegriff der Geschichtswissenschaft von einem Zeitbegriff der Physik, eine Differenz, die später in einer neuen Gestalt zwischen der Geschichtlichkeit des Daseins und dem vulgären Zeitbegriff wiederzufinden sein wird. Der ursprünglich 1924 vor der Marburger Theologenschaft gehaltene Vortrag „Der Begriff der Zeit" sowie

[20] Heidegger, Martin: *Sein und Zeit*. Tübingen: Max Niemeyer Verlag, 17. Aufl., 1993 (in der Folge abgekürzt mit SZ). Wiederveröffentlicht in der Gesamtausgabe: Heidegger, Martin: *Sein und Zeit*. Hg. von Friedrich Wilhelm von Herrmann. Frankfurt am Main: Vittorio Klostermann 1977 (= Gesamtausgabe. I. Abteilung: Veröffentlichte Schriften 1910–1976. Bd. 2). Dieser Text wird im Folgenden nach den Seitenzahlen der Einzelausgabe vom Verlag Niemeyer zitiert, welche ebenfalls im Bd. 2 der Gesamtausgabe am Rande angegeben sind.

[21] Vgl. Heidegger, Martin: Der Zeitbegriff in der Geschichtswissenschaft (1916), in: ders.: *Frühe Schriften*. Hg. von Friedrich Wilhelm von Herrmann Frankfurt am Main: Vittorio Klostermann 1978 (= Gesamtausgabe. I. Abteilung: Veröffentlichte Schriften 1910–1976. Bd. 1), 413–433 (in der Folge abgekürzt mit *Habilitationsvortrag*). Dieser Text wird in vorliegender Studie nach den Seitenzahlen der Einzelausgabe von 1972 zitiert, welche auch in Bd. 1 der Gesamtausgabe am Rande angegeben sind.

die gleichnamige Abhandlung aus demselben Jahr (beide GA 64)[22] zeichnen die Existenzialien der ursprünglichen Zeit und der Geschichtlichkeit vor. Da Heidegger seine Vorlesungen größtenteils ausformuliert niedergeschrieben hat, lässt sich auch seinen detailliert ausgearbeiteten Vorlesungstexten Ergänzendes und sogar wesentlich Weiterführendes zur Zeitproblematik entnehmen. Die Vorlesung von 1925, veröffentlicht unter dem Titel *Prolegomena zur Geschichte des Zeitbegriffs* (GA 20),[23] liefert sowohl eine umfassende Auseinandersetzung mit Husserl als auch eine Vorfassung von *Sein und Zeit*. In der Vorlesung von 1925/26 *Logik. Die Frage nach der Wahrheit* (GA 21)[24] sucht Heidegger über eine Auseinandersetzung mit Aristoteles und Kant die Logik aus der Zeitlichkeit zu begründen, ein Versuch, den er in der Vorlesung von 1928 *Metaphysische Anfangsgründe der Logik im Ausgang von Leibniz* (GA 26)[25] auf eine neue Weise und diesmal in Anlehnung an Leibniz wiederholt. *Sein und Zeit* selbst enthält in seinen veröffentlichten ersten beiden Abschnitten allein eine vorbereitende Fundamentalanalyse und eine Interpretation des Daseins aus dem Grundexistenzial der Zeitlichkeit. Damit bleibt das Werk hinter seinem Anspruch zurück, Zeit als transzendentalen Horizont der Frage nach dem Sein überhaupt zu erweisen und aus diesem Verständnis heraus eine „Destruktion" der Philosophiegeschichte zu unternehmen. Die Vorlesung von 1927 *Die Grundprobleme der Phänomenologie* (GA 24)[26] ist insbesondere deshalb von ausgezeichneter Relevanz für die Zeitlichkeitsthematik, weil sie die Richtung anzeigt, in welcher Heidegger den dritten Abschnitt des ersten Teils von *Sein und Zeit* auszuarbeiten gedachte. Der Gedanke einer Schematisierung des Seinssinnes aus der Zeitlichkeit und im Weiteren der Temporalität gewinnt dort Konturen und lässt Heidegger im 1929 erschienenen Buch *Kant und das Problem der Metaphysik* (GA 3)[27] die kantische transzendentale Einbildungskraft mit der ursprünglichen Zeit identifizieren bzw. sie der transzendentalen Einbildungskraft sogar noch zugrunde legen. Die in

[22] Vgl. Heidegger, Martin: *Der Begriff der Zeit*. Hg. von Friedrich Wilhelm von Herrmann. Frankfurt am Main: Vittorio Klostermann 2004 (= Gesamtausgabe. III. Abteilung: Unveröffentlichte Abhandlungen. Vorträge – Gedachtes. Bd. 64) (in der Folge abgekürzt mit *Zeitbegriff*).

[23] Vgl. Heidegger, Martin: *Prolegomena zur Geschichte des Zeitbegriffs*. Hg. von Petra Jaeger. Frankfurt am Main: Vittorio Klostermann 1979 (= Gesamtausgabe. II. Abteilung: Vorlesungen 1919–1944. Bd. 20) (in der Folge abgekürzt mit *Prolegomena*).

[24] Vgl. Heidegger, Martin: *Logik. Die Frage nach der Wahrheit*. Hg. von Walter Biemel. Frankfurt am Main: Vittorio Klostermann 1976 (= Gesamtausgabe. II. Abteilung: Vorlesungen 1923–1944. Bd. 21) (in der Folge abgekürzt mit *Logik*).

[25] Vgl. Heidegger, Martin: *Metaphysische Anfangsgründe der Logik im Ausgang von Leibniz*. Hg. von Klaus Held. Frankfurt am Main: Vittorio Klostermann 1978 (= Gesamtausgabe. II. Abteilung: Vorlesungen 1919–1944. Bd. 26) (in der Folge abgekürzt mit *Anfangsgründe*). Die in der Gesamtausgabe veröffentlichten Vorlesungen sind in der Regel auf der Basis von Heideggers Manuskript und einer oder mehrerer Mitschriften der jeweiligen Vorlesung herausgegeben.

[26] Vgl. Heidegger, Martin: *Die Grundprobleme der Phänomenologie*. Hg. von Friedrich Wilhelm von Herrmann. Frankfurt am Main: Vittorio Klostermann, 3. Aufl., 1997 (= Gesamtausgabe. II. Abteilung: Vorlesungen 1919–1944. Bd. 24) (in der Folge abgekürzt mit *Grundprobleme*).

[27] Vgl. Heidegger, Martin: *Kant und das Problem der Metaphysik*. Hg. von Friedrich Wilhelm von Herrmann. Frankfurt am Main: Vittorio Klostermann 1991 (= Gesamtausgabe. I. Abteilung: Veröffentlichte Schriften. Bd. 3) (in der Folge abgekürzt mit *Kantbuch*).

den genannten Vorlesungen und im Kantbuch angestellten Auseinandersetzungen mit Kant und Aristoteles erlauben zudem eine Vorstellung davon, was Heidegger im zweiten Teil von *Sein und Zeit* auszuarbeiten gedachte. Der späte, 1962 gehaltene Vortrag „Zeit und Sein“[28] vermag anzuzeigen, welche neue Richtung Heidegger im Spätwerk in seiner Auseinandersetzung mit der Thematik des geplanten dritten Abschnittes von *Sein und Zeit* einschlug. Sämtliche in dieser Studie herangezogene Texte von Heidegger werden daraufhin zu befragen sein, inwiefern sie Vorformen, Ergänzungen oder Weiterentwicklungen des Projektes „Sein und Zeit“ darstellen und auf welche Weise sie die in *Sein und Zeit* möglicherweise auftauchenden aporetischen Konstellationen zu lösen vermögen oder aber eher vertiefen.

Die Eingrenzung auf diese Texte des heideggerschen Werkes hat den systematischen Grund, dass in gewisser Hinsicht eine größere Nähe zwischen dem Heidegger von *Sein und Zeit* und Ricœur als zwischen dem so genannten frühen und dem späten Heidegger erkennbar ist. Das liegt daran, dass sowohl der Heidegger von *Sein und Zeit* als auch Ricœur ein Nachdenken über Sein und Zeit nur auf dem Wege einer differenzierten Auseinandersetzung mit den Seins- und Verstehensweisen des existierenden Daseins bzw. Menschen für möglich halten.[29] Ohne sich hier auf den Streit um das Ob und Was der so genannten „Kehre“ im Denken Heideggers einzulassen, lässt sich relativ unumstritten sagen, dass im Unterschied zu Heideggers späterer Konzentration auf das Seinsgeschehen dem in *Sein und Zeit* dominierenden Dasein in seinen diversen Möglichkeiten und Zeitigungsweisen noch eine deutlich subjektive Zentrierung zukommt. Und eben diese findet sich auch in Ricœurs philosophischer Anthropologie des handelnden und leidenden Menschen. Es ist diese gegenüber dem späten Heidegger ausgezeichnete Nähe zwischen Ricœur und dem frühen Heidegger, welche die vorliegende Auswahl an Heideggers Schriften begründet.[30] Im Vergleich zu Husserls Manuskripten zur Phänomenologie der Zeit

---

[28] Heidegger, Martin: Zeit und Sein, in: ders.: *Zur Sache des Denkens*. Tübingen: Max Niemeyer Verlag 1969, 1–25 (in der Folge abgekürzt mit ZS).

[29] Außerdem beschränkt sich Ricœur selbst in *Temps et récit* explizit auf *Sein und Zeit*. Neben einer längeren Rechtfertigung der Legitimität, *Sein und Zeit* „als ein separates Werk zu behandeln“, liefert Ricœur einen systematischen und für seine eigene zeitphänomenologische Fragestellung wichtigen Grund für die Entscheidung, sich ausschließlich auf *Sein und Zeit* zu beziehen: „Wenn man die Stimme von *Sein und Zeit* nicht durch die späteren Arbeiten Heideggers erstickt, gibt man sich die Chance, auf der Ebene der hermeneutischen Phänomenologie *der Zeit* Spannungen und Dissonanzen wahrzunehmen, die [...] gerade das außerordentlich artikulierte, peinlich genaue Detail der Analytik des Daseins selber“ betreffen (TR III, 111, 112/ZE III, 97). Andernorts wendet sich Ricœur grundsätzlich gegen eine strenge Differenzierung zwischen dem frühen und dem späten Heidegger. Der Unterschied sei lediglich, dass das Selbst seine Eigentlichkeit bei dem späteren Heidegger nicht mehr in der Freiheit für den Tod suche, sondern in der Gelassenheit, die die Gabe eines poetischen Lebens sei. Kontinuierlich sei aber das „ich bin“ durch seine Beziehung zum Sein bestimmt. Vgl. Ricœur, Paul: *Le conflit des interprétations. Essais d'herméneutique*. Paris: Seuil 1969 (= L'ordre philosophique), 232/dt.: *Hermeneutik und Strukturalismus. Der Konflikt der Interpretationen I*. München: Kösel-Verlag 1973, 135.

[30] Eine Nähe von Ricœur zum frühen Heidegger betonen auf verschiedene Weisen Jervolino und Clayton. Jervolino hebt Ricœur gegen andere französische Interpreten ab, die sich auf Heideggers Spätwerk konzentrieren und betont in Bezug auf *La mémoire, l'histoire, l'oubli* den humanistischen Grundzug von Ricœurs Denken: „Der Kampf um die Wahrheit ist der Kampf um einen

ist die Forschungslage zu einem Großteil dieser heideggerschen Texte bereits weit fortgeschritten und wird in der hiesigen Interpretation von Heidegger an den gegebenen Stellen Berücksichtigung finden.[31]

Nachdem der erste Schritt der vorliegenden Studie in den ersten beiden Teilen herausarbeitet, welche zeitaporetischen Problemkonstellationen bei Husserl und Heidegger anhand des Leitfadens der ricœurschen Aporien der Zeit auffindbar sind, besteht der zweite Schritt in einer Erörterung von Ricœurs eigenem Zeitdenken. Zunächst sind dabei Ricœurs Interpretationen von Husserl und Heidegger mit den Ergebnissen aus dem zweiten und dem dritten Teil dieser Arbeit zu konfrontieren. Dabei steht das Ob und das Wie der von Ricœur behaupteten Aporizität der Zeit in Frage. In der Folge geht es im vierten Teil jedoch darum, Ricœurs Antworten auf die Zeitaporien zu untersuchen. Diese Antworten können ihm zufolge aufgrund der Unmöglichkeit einer theoretischen Auflösung der Aporizität nur praktischen Charakter haben. Während sich die reine phänomenologische Aporetik der Zeit bei Husserl und die hermeneutisch-phänomenologische oder fundamentalontologische Aporetik der Zeit bei Heidegger angesichts der Aporizität der Zeit immer wieder über sich hinausgetrieben und zu Verfeinerungen ihrer selbst angehalten finden,

---

neuen Humanismus" (Jervolino, Domenico: La mémoire, l'histoire, l'oubli dans le contexte de l'itinéraire philosophique de Paul Ricœur, in: Breitling, Andris/Orth, Stefan (Hg.): *Erinnerungsarbeit. Zu Paul Ricœurs Philosophie von Gedächtnis, Geschichte und Vergessen.* Berlin: Berliner Wissenschafts-Verlag 2004, 13–27, hier 15). Anders als Ricœur selbst plädiert Clayton für eine uneinheitliche Heideggerlektüre, positioniert Ricœur dabei aber auf der Seite des frühen Heidegger. In *Sein und Zeit* sowie in Ricœurs Denken sieht er den Schwerpunkt bei der Auseinandersetzung mit Möglichkeiten des aktiven, sich zeitigenden Daseins, während sich Heideggers späteres Ereignisdenken hin zu dem Horizont des sich in trans-temporaler Weise ereignenden Seins orientiere. Vgl. Clayton, Philip: Ricoeur's Appropriation of Heidegger: Happy Marriage or Holzweg? in: Journal of the British Society for Phenomenology 20 (1989), No. 1, 33–47, hier 41. Man könnte versucht sein, gegen Jervolino einzuwenden, dass Heidegger selbst gerade sein spätes Denken als humanistisch verstanden hat. Vgl. Heidegger, Martin: Brief über den Humanismus (1946), in: ders.: *Wegmarken.* Hg. von Friedrich Wilhelm von Herrmann. Frankfurt am Main: Vittorio Klostermann, 3. Aufl., 2004 (= Gesamtausgabe. I. Abteilung: Veröffentlichte Schriften 1910–1976. Bd. 9), 313–364. Ein solcher Humanismus des Ereignisses und der Gelassenheit scheint aber von einem ricœurschen Humanismus ähnlich weit entfernt zu sein wie von der Fundamentalanalyse des Daseins aus *Sein und Zeit.* Trotz der hiesigen weitestgehenden Ausklammerung des späten Heidegger, wäre es andernorts ein lohnenswertes Projekt, Heideggers spätes Denken mit Ricœur und insbesondere mit Ricœurs Auseinandersetzungen und Einschätzungen der Literatur zu vergleichen – dies kann hier jedoch lediglich andeutungsweise erfolgen.

[31] Einige Monographien, die sich speziell mit Heideggers Zeitdenken auseinandersetzen sind Heinz, Marion: *Zeitlichkeit und Temporalität. Die Konstitution der Existenz und die Grundlegung einer temporalen Ontologie im Frühwerk Martin Heideggers.* Würzburg: Königshausen & Neumann und Amsterdam: Rodopi 1982 (= Elementa. Schriften zur Philosophie und ihrer Problemgeschichte. Bd. XXV); Dastur, Francoise: *Heidegger et la question du temps.* Paris: Presses Universitaires de France 1990 (= Philosophies. Bd. 26); Thomä, Dieter: *Die Zeit des Selbst und die Zeit danach. Zur Kritik der Textgeschichte Martin Heideggers 1910–1976.* Frankfurt am Main: Suhrkamp 1990; Fleischer, Margot: *Die Zeitanalysen in Heideggers „Sein und Zeit". Aporien, Probleme und ein Ausblick.* Würzburg: Königshausen Neumann 1991; Köhler, Dietmar: *Martin Heidegger. Die Schematisierung des Seinssinnes als Thematik des dritten Abschnittes von „Sein und Zeit".* Bonn: Bouvier 1993 (= Neuzeit und Gegenwart. Philosophische Studien. Bd. 11) und Blattner, William: *Heidegger's Temporal Idealism.* Cambridge: Cambridge University Press 1999.

hält Ricœur angesichts der Aporizität der Zeit einen Sprung für erforderlich, der aus dem Bereich theoretischer Zeitanalyse hinausführt, ohne jedoch damit theoretische und insbesondere phänomenologische Zeitanalysen für obsolet zu erklären. Dieser Sprung erkennt die Aporizität der Zeit in ihrer Unvermeidlichkeit an und versucht deshalb weder einen einzigen Zeitbegriff noch eine höhere Synthese der Aporien zu erreichen. Vielmehr führt er zur Entwicklung ganz und gar anders gearteter, nämlich praktischer Antworten auf die Zeitproblematik. Ricœurs erster derartiger Antwortversuch findet sich in *Temps et récit* in der von ihm so genannten Poetik der Erzählung.

Die doppelte Hauptthese des vierten Teiles dieser Arbeit schließt sich hier an: Zum einen, so ist nachzuweisen, vertritt Ricœur nicht nur in *Temps et récit*, sondern implizit bis in seine spätesten Schriften hinein, die dreifache Aporizität der Zeit; zum anderen hat er jene Konzepte, die er in *Temps et récit* als Antworten auf die Aporizität der Zeit präsentiert, in seinem Spätwerk derart weiterentwickelt, dass sich für sein Werk ab *Temps et récit* von einer vielgestaltigen Aporetik der Zeit sprechen lässt, die sich keinesfalls in der Poetik der Erzählung aus *Temps et récit* erschöpft. Während Ricœur selbst von einer auf die Aporizität der Zeit führenden „Aporetik der Zeitlichkeit" spricht und dieser seine so genannte „Poetik der Erzählung" gegenüberstellt, wird der Terminus „Aporetik" in vorliegender Arbeit in einem weiteren Sinne gebraucht. Mit „Aporizität" ist hier die Eigenschaft, aporetisch zu sein, gemeint, während „Aporetik" in einem umfassenden Sinne die Technik einer Auflösung oder zumindest einer Begegnung der Aporizität der Zeit bezeichnen soll. Diese den Geltungsbereich ausweitende Bedeutung des Terminus „Aporetik" vermag die verschiedenartigen – philosophischen, speziell phänomenologischen, narrativen, ethischen oder eschatologischen – Techniken zur Begegnung der Aporien zu umgreifen und kann somit über die phänomenologische Aporetik der Zeit hinaus sowohl auf Ricœurs ausdrückliche, narrative Antwort aus *Temps et récit* als auch auf andersartige Aporetiken aus seinen späteren Werken Anwendung finden.

Die genannte doppelte Hauptthese lässt sich jedoch noch weiter spezifizieren: Die hier so bezeichneten Aporetiken des ricœurschen Spätwerkes geben zunehmend schwächere Antworten auf die Aporizität der Zeit, so dass sich in ihnen eine verstärkte Wirkung der Aporizität der Zeit anzuzeigen scheint. Die erste Aporie der Zeit beantwortet Ricœur in *Temps et récit* mit den Konzepten der menschlichen Zeit und der narrativen Identität. In *La mémoire, l'histoire, l'oubli* erfährt das, was Ricœur zuvor die menschliche Zeit nannte, eine Fragilisierung angesichts der in diesem Spätwerk angestellten Überlegungen zu Gedächtnis, Vergessen und einem spezifischen Geschichtlichsein des Menschen. Die narrative Identität wird zu einer zentralen Achse von *Soi-même comme un autre* und gewinnt dort zunehmend ethische Konnotationen, während sie ebenfalls eine wachsende Instabilität erkennen lässt. Die als Antwort auf die zweite Aporie eingeführte Idee einer unvollkommenen Einheit der Geschichte erfährt Weiterentwicklungen in *La mémoire, l'histoire, l'oubli* sowie in Ricœurs letztem zu Lebzeiten veröffentlichten Werk *Parcours de la reconnaissance*. Während zunächst die Leitidee einer versöhnten Menschheit im Vordergrund steht, ergänzt Ricœur späterhin eine historische Eschatologie der schwierigen Vergebung und des glücklichen Gedächtnisses, in der die unaufhebbare

Offenheit der geschichtlichen Vermittlung immer deutlicher zutage tritt und seine Überlegungen zu Friedenszuständen wechselseitiger Anerkennung lassen, anstatt einer letzten einheitlichen Vermittlung, lediglich vorübergehende Friedenszustände inmitten der Geschichte erhoffen. Der in *Temps et récit* als dritte Aporie präsentierte, sich entziehende, dabei aber stets zum Erzählen herausfordernde Ursprung der Zeit bleibt für Ricœur bis in die spätesten Schriften hinein paradigmatischer Ausdruck der Grenze des Denkens, welche als Grenze jedoch phänomenologische Reflexion, Narration und geschichtsphilosophische Versuche zu einem Mehrdenken herausfordert, anstatt sie zur Resignation zu zwingen. Die Unerforschlichkeit der Zeit kommt später in den Konzepten eines das Handeln dezentrierenden Seinsgrundes, einer grundlegenden dreifachen Andersheit sowie in Überlegungen zum Vergessen und einem diesem noch zugrunde liegenden Lebensgrund auf eine neue Weise zum Vorschein und lässt die Art der Entzogenheit des Grundes, sein schöpferisches Potential und seine innere, zum Mehrdenken antreibende Kraft auf eine differenziertere Weise verständlich werden. Zudem weist die Aporie der Unerforschlichkeit der Zeit bei Ricœur eine Verflechtung mit der Unerforschlichkeit des Bösen auf, welche ihrerseits stets zu neuen Antworten des Denkens, Handelns und Fühlens herausfordert. Es soll hier keineswegs behauptet werden, dass sich Ricœurs gesamtes Denken oder auch nur sein Denken ab *Temps et récit* auf die Zeitproblematik reduzieren ließe. Wohl aber bietet sich die Zeitthematik auf ausgezeichnete Weise als *ein* roter Faden durch Ricœurs späteres Werk an, anhand dessen sowohl ein Zusammenhang und eine kontinuierliche Entwicklung in seinem Denken als auch dessen Eigenständigkeit gegenüber den so zahlreichen von ihm diskutierten Autoren zutage treten kann.

In der hiesigen Auseinandersetzung mit Ricœur bildet die Trilogie *Temps et récit* die Hauptreferenz. In diesen, zwischen 1983 und 1985 erschienenen Bänden setzt sich Ricœur ausgiebig mit dem Zeitdenken von Husserl und Heidegger auseinander und geht der Frage nach der Zeit, ihrer Aporizität sowie den möglichen Antworten auf diese Aporizität am ausführlichsten nach. Darüber hinaus stehen jedoch auch das 1990 erschienene *Soi-même comme un autre* und das 2000 erschienene *La mémoire, l'histoire, l'oubli* im Zentrum der Betrachtung, weil sich in diesen Werken entscheidende Weiterentwicklungen der Konzepte narrativer Identität und menschlicher Geschichtlichkeit finden lassen.[32] *La métaphore vive*, erstmals 1975 veröffentlicht, ist ein weiterer wichtiger Bezugstext, da dieses Werk einen

[32] Vgl. TR I–III/ZE I–III; Ricœur, Paul: *Soi-même comme un autre*. Paris: Seuil 1990 (= Points. Essais) (in der Folge abgekürzt SMA)/dt.: *Das Selbst als ein Anderer*. Übersetzt von Jean Greisch in Zusammenarbeit mit Thomas Bedorf und Birgit Schaaff. München: Wilhelm Fink Verlag 1996 (= Übergänge. Texte und Studien zu Handlung, Sprache und Lebenswelt. Bd. 26) (in der Folge Abgekürzt SaA) und Ricœur, Paul: *La mémoire, l'histoire, l'oubli*. Paris: Seuil 2000 (= Points. Essais) (in der Folge abgekürzt MHO)/dt.: *Gedächtnis, Geschichte, Vergessen*. Übersetzt von Hans-Dieter Gondek, Heinz Jatho und Markus Sedlaczek. München: Wilhelm Fink Verlag 2004 (= Übergänge. Texte und Studien zu Handlung, Sprache und Lebenswelt. Bd. 50) (in der Folge abgekürzt GGV).

konzeptuellen Zwilling zu *Temps et récit* darstellt.[33] Diese drei weiteren genannten Werke enthalten zudem ausdrückliche Ansätze zu einer Ontologie mit zeitlichen Implikationen, die indirekt auch *Temps et récit* zugrunde liegt. Ricœurs letztes, im Jahr vor seinem Tod veröffentlichtes Werk *Parcours de la reconnaissance* erlaubt insbesondere eine Weiterführung der Auseinandersetzung mit dem Geschichtsdenken aus *La mémoire, l'histoire, l'oubli*.[34] Zahlreiche Aufsätze, in denen Ricœur sich mit dem Themenkreis Zeit, narrative Identität und Geschichte beschäftigt, werden zur Vertiefung der Auseinandersetzung mit seinen späteren Hauptwerken herangezogen und die intellektuelle Autobiographie von 1995, die eine zusammenfassende Selbsteinschätzung der eigenen Denkentwicklung enthält, vermag Ricœurs eigenen späteren Blick, insbesondere auf das in *Temps et récit* und *Soi-même comme un autre* Ausgeführte, zu erhellen.[35] Diverse 1986 in *Du texte à l'action. Essais d'herméneutique II* versammelte Schriften erlauben es, Ricœurs in *Temps et récit* unternommene Interpretationen von Husserl und Heidegger in ein generelleres Licht zu rücken, da diese Texte sich, teilweise explizit in kritischer Auseinandersetzung mit Husserl und Heidegger, mit der grundsätzlichen Frage nach einer angemessenen philosophischen Methode beschäftigen.[36] Die ebenfalls erstmalig 1986 erschienene Aufsatzsammlung *À l'école de la phénoménologie* ermöglicht einen Zugang zu Ricœurs bis in die vierziger Jahre hinein zurückreichender Beschäftigung mit der husserlschen Phänomenologie.[37] Hiermit sind allerdings lediglich die wichtigsten Referenzen der vorliegenden Studie angezeigt und im Zuge der Untersuchung werden weitere, hier nicht angeführte Schriften heranzuziehen sein.

[33] Vgl. Ricœur, Paul: *La métaphore vive*. Paris: Seuil 1975 (= Points. Essais) (in der Folge abgekürzt MV)/dt.: *Die lebendige Metapher*. Mit einem Vorwort zur deutschen Ausgabe. Vom Verfasser für die Übersetzung bearbeitet. Übersetzt von Rainer Rochlitz. München: Wilhelm Fink Verlag 1986 (= Übergänge. Texte und Studien zu Handlung, Sprache und Lebenswelt. Bd. 12) (in der Folge abgekürzt LM).

[34] Vgl. Ricœur, Paul: *Parcours de la reconnaissance. Trois études*. Paris: Éditions Stock 2004 (= Les essais) (in der Folge abgekürzt mit *Parcours*)/dt.: *Wege der Anerkennung. Erkennen, Wiedererkennen, Anerkanntsein*. Übersetzt von Ulrike Bokelmann und Barbara Heber-Schärer. Frankfurt am Main: Suhrkamp Verlag 2006 (in der Folge abgekürzt mit *Wege*).

[35] Vgl. Ricœur, Paul: Autobiographie intellectuelle, in: ders.: *Réflexion faite. Autobiographie intellectuelle*. Paris: Seuil/Éditions Esprit 1995, 9–82 (in der Folge abgekürzt mit RF)/dt.: Intellektuelle Autobiographie, in: Ricœur, Paul: *Vom Text zur Person. Hermeneutische Aufsätze (1970–1999)*. Übersetzt und hg. von Peter Welsen. Hamburg: Meiner Verlag 2005 (= Philosophische Bibliothek. Bd. 570), 3–78 (in der Folge abgekürzt mit IA). Ricœur schrieb diesen Text für die Reihe „Library of Living Philosophers", welche es sich zur Gewohnheit gemacht hat, ihren Aufsatzbänden eine intellektuelle Autobiographie des jeweils im Zentrum stehenden Philosophen voranzustellen. Das Original hat Ricœur allerdings in französischer Sprache verfasst und gleichzeitig mit dem englischen Text publiziert. Vgl. Ricœur, Paul: Intellectual Autobiography, in: *The Philosophy of Paul Ricœur*. Illinois: Open Court 1995 (= The Library of Living Philosophers. Bd. 22).

[36] Vgl. Ricœur, Paul: *Du texte à l'action. Essais d'herméneutique II*. Paris: Seuil 1986 (= Points. Essais).

[37] Vgl. Ricœur, Paul: *À l'école de la phénoménologie*. Paris: Vrin 1998 (= Histoire de la philosophie).

Die Forschung über Ricœur ist in den beiden Ländern, in denen er gelehrt hat, in Frankreich und den USA, stärker ausgeprägt als in Deutschland.[38] Weder in deutscher noch in französischer oder englischer Sprache liegt meines Wissens aber bisher eine Monographie vor, die als thematische Achse Ricœurs Zeitaporien wählt und diese in Hinblick auf ihre Gültigkeit für Husserl und Heidegger sowie auf ihre Beantwortung durch Ricœur untersucht. Zwar sind bereits insbesondere Ricœurs Erzähltheorie und sein Begriff narrativer Identität, welchen auch in der vorliegenden Studie eine zentrale Bedeutung zukommt, häufig Gegenstand von Forschungsarbeiten gewesen. Inwiefern sie jedoch bei Ricœur an die These einer prinzipiellen Aporizität der Zeit und an die daraus erwachsende Notwendigkeit praktischer Antworten auf diese Aporizität geknüpft sind, wurde bisher vernachlässigt. Ihr Zusammenhang mit der Aporizität der Zeit und deren möglichen Begegnungen vermag jedoch sowohl die genannten ricœurschen Konzepte als auch seinen methodischen Grundansatz überhaupt in ein neues Licht zu rücken.[39]

Die Ausrichtung und Zielsetzung dieser Arbeit lässt sich zusammenfassend durch drei zentrale Anliegen kennzeichnen.

Das erste Anliegen ist philosophiegeschichtlich. Ricœur setzt sich in seinem umfangreichen Werk mit einer so großen Vielfalt an Themen und Autoren auseinander, dass es auf den ersten Blick Schwierigkeiten bereitet, einen eigenständigen konzeptuellen Zusammenhang darin zu erkennen, der sich philosophiegeschichtlich einordnen ließe. Diese Arbeit stellt den Versuch dar, über die Zeitproblematik auf eine Kontinuität und Einheitlichkeit des ricœurschen Denkens hinzuweisen, ohne dabei den Anspruch einer kongenialen Interpretation seiner impliziten Modelle zu erheben. Der philosophiegeschichtliche Rückgriff auf Husserl und Heidegger dient dabei einerseits der Rekonstruktion einer großen Entwicklungslinie der Phänomenologie des 20. Jahrhunderts, in der sich dann andererseits Ricœurs Konzepte deutlicher profilieren können. Über den Weg dieser noch fehlenden philosophiegeschichtlichen Kontextualisierung hat die vorliegende Arbeit das Anliegen, die späte hermeneutische Position Ricœurs sichtbar zu machen und zu stärken.

---

[38] Die bis zum Jahr 2000 reichende Ricœur-Bibliographie von Vansina verzeichnet lediglich sechzehn deutschsprachige Monographien zu Ricœur, von denen sich – abgesehen von den allgemeinen Einführungen – nur fünf rein philosophischen Fragestellungen widmen. Vgl. Vansina, Frans Dirk: *Paul Ricœur. Bibliographie primaire et secondaire/Primary and Secondary Bibliography 1935–2000*. Leuven: Leuven University Press 2000.

[39] Diejenigen Monographien, die die stärkste thematische Nähe zur vorliegenden Studie aufweisen sind die eigenständige, jedoch wesentlich von Ricœur geprägte Auseinandersetzung mit dem Thema Lebensgeschichte von Tengelyi, László: *Der Zwitterbegriff Lebensgeschichte*. München: Wilhelm Fink Verlag 1998 (= Übergänge. Texte und Studien zu Handlung, Sprache und Lebenswelt. Bd. 33) sowie die Arbeiten zu Ricœurs Erzähltheorie von Kaul, Susanne: *Narratio. Hermeneutik nach Heidegger und Ricœur*. München: Wilhelm Fink Verlag 2003 (= Phänomenologische Untersuchungen. Bd. 17), zur Zeitproblematik von Muldoon, Mark S.: *Tricks of Time. Bergson, Merleau-Ponty and Ricoeur in Search of Time, Self and Meaning*. Pittsburgh: Duquesne University Press 2006 und zu Ricœurs narrativem Geschichtsdenken von Breitling, Andris: *Möglichkeitsdichtung – Wirklichkeitssinn. Paul Ricœurs hermeneutisches Denken der Geschichte*. München: Wilhelm Fink Verlag 2007 (= Phänomenologische Untersuchungen. Bd. 21).

Das zweite Anliegen ist methodologisch. Da das Problem der Zeit seit Husserl für die Phänomenologie nicht lediglich ein Aspekt unter vielen ist, ist die vorliegende Untersuchung nicht allein für das Spezialgebiet des phänomenologischen und hermeneutisch-phänomenologischen Denkens der *Zeit* relevant. Vielmehr hängen in der husserlschen Phänomenologie sowie in jüngeren, im weitesten Sinne noch „phänomenologisch" zu nennenden Entwürfen zentrale Konzepte von der Problematik der Zeit ab. Dies gilt für Epistemologie und Ontologie sowie im Spezielleren für Begriffe von subjektiver und kollektiver Identität und Geschichte. Mit der Frage nach einer Phänomenologie der Zeit steht in letzter Konsequenz die Frage nach der Möglichkeit und der Art eines phänomenologischen Philosophierens überhaupt auf dem Spiel.

Das dritte Anliegen ist thematisch. Es ist das Zentralste und betrifft die Frage nach der Zeit im engeren Sinne. Die diesbezügliche Hauptthese der vorliegenden Arbeit, welche in den beiden Leitbegriffen „Aporizität" und „Aporetik" der Zeit angedeutet und anhand der Auseinandersetzung mit Husserl, Heidegger und Ricœur auszuweisen ist, lautet: Die phänomenologische Untersuchung der Zeit führt unvermeidlich auf eine Aporizität der Zeit, welche das Denken jedoch nicht blockiert, sondern vielmehr unabschließbar zu einem durch eine Differenzierung der Aporetik der Zeit zu erreichenden Mehrdenken herausfordert, das in letzter Instanz nach einer praktischen Antwort des jeweils einzelnen, endlichen, handelnden und leidenden Menschen verlangt. Auf welche Art sich diese Aporizität der Zeit darstellt und welche Aporetiken ihr auf welche Weisen zu antworten vermögen, wird nun anhand von Husserl, Heidegger und Ricœur zu untersuchen sein.

Kapitel 2
Husserl – Zeitbewusstsein und Zeitkonstitution

Natürlich, was Zeit ist, wissen wir alle; sie ist das Allerbekannteste. Sobald wir aber den Versuch machen, uns über das Zeitbewußtsein Rechenschaft zu geben [...], verwickeln wir uns in die sonderbarsten Schwierigkeiten, Widersprüche, Verworrenheiten.

Edmund Husserl, *Vorlesungen zur Phänomenologie des inneren Zeitbewußtseins*

2.1 Der Ausgangspunkt: von der Kritik am Psychologismus zu der phänomenologischen Frage nach der Zeit

Als Husserl begann, sich zum ersten Mal gezielt mit der Frage nach einer phänomenologischen Begründung der Zeit auseinanderzusetzen, hatte er den Grundstein seiner neuen, von ihm mit einem brentanoschen Terminus als „Phänomenologie" bezeichneten Philosophie bereits gelegt.[1] Die erste Auflage der *Logischen Untersuchungen* lag schon einige Jahre zurück, der erste Teil der *Ideen zu einer reinen Phänomenologie und phänomenologischen Philosophie* war noch nicht veröffentlicht.[2]

---

[1] Dastur betont, dass es zunächst Brentano und nicht Husserl war, der den Begriff „Phänomenologie" benutzt hat, um seine „deskriptive Psychologie" damit zu bezeichnen. Dieser Terminus sei von Brentano in einer Vorlesung aus den Jahren 1888–1889 verwendet worden, mit der Husserl wahrscheinlich vertraut war. Vgl. Dastur, Francoise: *Husserl – Des mathématiques à l'histoire*. Paris. Presses Universitaires de France 1995 (= Philosophies. Bd. 60), 21.

[2] Vgl. Husserl, Edmund: *Logische Untersuchungen. Erster Band: Prolegomena zur reinen Logik*. Tübingen: Max Niemeyer Verlag, 7. Aufl., 1993 (in der Folge abgekürzt mit LU I); ders.: *Logische Untersuchungen. Zweiter Band/I. Teil: Untersuchungen zur Phänomenologie und Theorie der Erkenntnis*. Tübingen: Max Niemeyer Verlag, 7. Aufl., 1993 (in der Folge abgekürzt mit LU II/1); ders.: *Logische Untersuchungen. Zweiter Band/II, Teil: Elemente einer phänomenologischen Aufklärung der Erkenntnis*. Tübingen: Max Niemeyer Verlag, 6. Aufl., 1993 (in der Folge abgekürzt mit LU II/2) (vgl. auch die Veröffentlichung der *Logischen Untersuchungen* in Husserliana XVIII–XX); ders.: *Ideen zu einer reinen Phänomenologie und phänomenologischen Philosophie. Allgemeine Einführung in die reine Phänomenologie*. Tübingen: Max Niemeyer Verlag, 5. Aufl.,

I. Römer, *Das Zeitdenken bei Husserl, Heidegger und Ricœur*,
DOI 10.1007/978-90-481-8590-0_2, © Springer Science+Business Media B.V. 2010

Um den Rahmen abzustecken, innerhalb dessen Husserl in diesen Anfangszeiten seiner phänomenologischen Forschung überhaupt dazu kam, sich mit der Frage nach der Zeit auseinanderzusetzen, sei im Folgenden skizziert, welchen Denkweg er 1904/05, zur Entstehungszeit seiner Vorlesungen zur Phänomenologie des inneren Zeitbewusstseins, bereits zurückgelegt hatte und welche Themen und Fragen zu dieser Zeit für seine Weiterentwicklung der Phänomenologie bestimmend waren. Leitend bei dieser Kurzeinführung in Husserls frühes Denken ist die Hypothese, dass Husserls Auseinandersetzung mit dem Thema Zeit nicht von einem mehr oder weniger zufälligen Interesse an dieser alten philosophischen Frage herrührte, sondern dass sie vielmehr im Rahmen der Entwicklung seiner Phänomenologie zu einem transzendentalen Idealismus systematisch erforderlich wurde und sich dabei zu nichts weniger als einem Kernproblem des gesamten Ansatzes entwickelte.[3]

Der Mathematiker Karl Theodor Wilhelm Weierstraß hatte Husserls Interesse für das Problem der philosophischen Grundlegung der Mathematik geweckt und mit Weierstraß sah Husserl zunächst die Analyse des Begriffes der Zahl als den notwendigen Ansatz zu einer Philosophie der Mathematik. Allerdings begnügte sich Husserl nicht mit Weierstraß' eigener, rein operativer Bestimmung des Zahlbegriffes, sondern hielt eine philosophische Begründung der Idealität der Zahl für nötig. In seinen ersten Schriften vertritt Husserl noch keine deutliche Trennung zwischen Psychologie und Philosophie, sondern unternimmt unter Verwendung von Brentanos Methode einer deskriptiven Psychologie den Versuch einer Untersuchung über den psychologischen Ursprung des Zahlbegriffes. Bereits in der 1891 verfassten Einleitung der im selben Jahr erscheinenden *Philosophie der Arithmetik*[4] distanziert sich Husserl jedoch von seiner bisher mit Weierstraß geteilten These, dass der Zahlbegriff die Grundlage der allgemeinen Arithmetik sei. Husserl geht in dieser Zeit dazu über, die allgemeine Arithmetik als ein Teilgebiet der formalen Logik zu begreifen und diese wiederum als einen entscheidenden Teil der Erkenntnistheorie, der allgemeinen Logik, zu verstehen.

Aber nicht nur von Weierstraß und dessen Position zum Zahlbegriff, sondern auch von seinem zweiten wichtigen Lehrer, dem Philosophen Franz Brentano, sollte sich Husserl in seiner Bestimmung der ihn nun interessierenden Logik bald deutlich distanzieren. Anders als er zunächst mit Brentano angenommen hatte, hält Husserl nun die Logik nicht mehr für eine wesentlich praktische Disziplin, sondern sieht in ihr eine theoretische Wissenschaft *a priori*, die nicht den urteilenden Geist,

---

1993 (in der Folge abgekürzt mit *Ideen I*) (vgl. auch die Veröffentlichung der *Ideen I* in Husserliana Bd. III, Bd. III/1 und Bd. III/2).

[3] Dastur arbeitet in ihrem Buch *Husserl – Des mathématiques à l'histoire* anhand der vier Problemkomplexe Mathematik und Logik, Zeitlichkeit, Intersubjektivität und Geschichte heraus, inwiefern in der chronologischen Entwicklung von Husserls Denken eine Systematik zu erkennen ist, die über zufällige Interessenverschiebungen weit hinausgeht. Vgl. Dastur: *Husserl – Des mathématiques à l'histoire*, a. a. O. Die folgenden, zur Zeitproblematik hinführenden Ausführungen über Husserls phänomenologische Arbeiten zu Mathematik und Logik orientieren sich in wesentlichen Teilen am ersten Kapitel dieses Buches.

[4] Vgl. Husserl, Edmund: *Philosophie der Arithmetik. Mit ergänzenden Texten (1890–1901)*. Hg. von Lothar Eley. Den Haag: Martinus Nijhoff 1970 (= Husserliana. Bd. XII).

sondern das Reich der idealen Bedeutungen zu untersuchen habe. Im Anschluss an diesen Positionswechsel unterzieht Husserl sein bisheriges Denken in dem 1900 erschienenen Werk *Prolegomena zur reinen Logik*, dem ersten Band der LU, einer scharfen Selbstkritik, die er als eine Kritik an der um die Jahrhundertwende dominanten Denkrichtung des Psychologismus formuliert.[5] Es ist häufig angenommen worden, dass der entscheidende Auslöser dieser folgenreichen Kehrtwendung eine Rezension Gottlob Freges von 1894 gewesen sei,[6] in der dieser Husserl vorgeworfen hatte, die Zahl in der *Philosophie der Arithmetik* nicht von ihrer Repräsentation trennen zu können und damit untragbare Konsequenzen für eine philosophische Grundlegung der Mathematik in Kauf zu nehmen. Bernet aber hat gezeigt, dass Husserl zwar tatsächlich in den LU inhaltlich auf eine von Frege formulierte Kritik antwortet, wenn er die in der *Philosophie der Arithmetik* zwar der Sache nach schon erörterten, aber noch nicht ausreichend deutlich durch zwei Begriffe voneinander geschiedenen Aspekte eines Aktes des Kolligierens einerseits und eines gegenständlichen Korrelates dieses Aktes andererseits in den LU explizit trennt. Diese entscheidende begriffliche Trennung verdankt Husserl jedoch nicht Freges Rezension, da er bereits in der gleichzeitig mit der *Philosophie der Arithmetik* und drei Jahre vor Freges Rezension erschienenen Schröder-Rezension an Schröder den Vorwurf formuliert, „Bedeutung und Vorstellung sowie Bedeutung und Gegenstand nicht mit genügender Deutlichkeit voneinander abzuheben".[7] Im zweiten Band der LU geht es Husserl um eine Vorbereitung der nun nichtpsychologistisch verstandenen, von ihm angestrebten reinen Logik, durch die allein er eine gesicherte Grundlegung aller Wissenschaften für möglich hält. Die für die Entwicklung dieser reinen Logik zu leistende Vorarbeit sieht er in einer reinen Phänomenologie der Erlebnisse des Denkens und der Erkenntnis. Diesen Weg über die Erlebnisse zur Logik schlägt Husserl deshalb ein, weil er eine philosophische Klärung der logischen Aussagen

---

5 Der Psychologismus war Ende des 19. Jahrhunderts eine verbreitete philosophische Strömung, die psychologische Aspekte und Erkenntnismethoden auch in anderen Wissenschaften als der Psychologie anwandte und der Meinung war, dass der Psychologie die Aufgabe einer allgemeinen Grundwissenschaft zur Erklärung des Seienden zukäme. Der Psychologismus wurde u. a. von Wilhelm Wundt vertreten, der außerdem das erste Institut für experimentelle Psychologie gegründet hatte und bei dem Husserl zwischen 1876 und 1878 Vorlesungen hörte.

6 Vgl. Frege, Gottlob: Rezension von: E.G. Husserl, Philosophie der Arithmetik. I (1894), in: ders.: *Kleine Schriften*. Hildesheim/Zürich/New York: Georg Olms 1990, 179–192.

7 Vgl. Bernet, Rudolf/Kern, Iso/Marbach, Eduard: *Edmund Husserl: Darstellung seines Denkens*. Hamburg: Felix Meiner Verlag, 2. verb. Aufl., 1996, 18–22. Vgl. die von Bernet zitierte Schröder-Rezension Husserl, Edmund: [Rezension von] Schröder, Ernst, Vorlesungen über die Algebra der Logik …, in: Göttingsche gelehrte Anzeigen 2, Nr. 7 (1891), 243–278, neu veröffentlicht in Husserliana XXII. Husserls Selbstkritik betrifft auch deshalb offenbar nicht seinen gesamten früheren Ansatz, da er sich selbst 1929, in *Formale und transzendentale Logik* noch in positiver Weise auf die einzelnen Analysen der *Philosophie der Arithmetik* bezieht (vgl. Husserl, Edmund: *Formale und transzendentale Logik. Versuch einer Kritik der logischen Vernunft*. Tübingen: Max Niemeyer Verlag, 2. Aufl., 1981, 68, 73, 76, 87, 96 (und Fußnoten), neu veröffentlicht in Husserliana. Bd. XVII). Sie scheint sich vielmehr darauf zu richten, dass Husserl die Logik während seiner Arbeit am zweiten Teil der *Philosophie der Arithmetik* als Kunstlehre verstand, was er jedoch später korrigierte und aus eben welchem Grund der zweite Teil der *Philosophie der Arithmetik* nie erschien.

allein über eine deskriptive Analyse der reinen, nicht psychologisch verstandenen Erlebnisse für möglich hält.[8] Es geht nicht um eine Analyse der als empirische Tatsachen verstandenen psychischen Erlebnisse, sondern um eine sich von empirischer Forschung grundsätzlich distanzierende phänomenologische Wesensanalyse der Erlebnisarten. Husserls viel zitiertes Ziel, „auf die ‚Sachen selbst' zurückgehen" zu wollen, führt ihn in den LU zu einer Untersuchung der reinen Erlebnisse, in denen die logischen Entitäten zugänglich werden und auf die bei der Entwicklung einer reinen Logik reflexiv zurückgegangen werden müsse.[9] Die von Husserl immer wieder hervorgehobene Schwierigkeit besteht dabei darin, dass wir unser Interesse von den von uns normalerweise als real existierend verstandenen Objekten abwenden müssen und uns in einer unseren Gewohnheiten widerstrebenden Einstellung allein den Akten selbst zu widmen haben, durch die uns diese Objekte erscheinen. Diese Erlebnisse, denen die Phänomenologie ihre Analysen zu widmen habe, seien, so erläutert Husserl insbesondere in der fünften logischen Untersuchung, wesentlich durch Intentionalität bestimmt.[10] Das Bewusstsein, das diese Erlebnisse hat, ist immer ein gerichtetes Bewusstsein von etwas. Es gehe in der reinen Erlebnisanalyse darum, allein das Objekt, so, wie es vom Bewusstsein konstituiert wird, zu analysieren, ohne dabei zwischen mentalen Dingen im Bewusstsein und realen Dingen in einer Außenwelt eine Unterscheidung zu treffen, bei der die realen Dinge dann eventuell mit den mentalen Dingen korrespondierten. Es stünden nur die intentionalen Objekte in Frage, welche vom Bewusstsein gemeint sind, gedacht werden und deren Bedeutungsintention jeweils durch Intuition, durch direkte Gegebenheit auszufüllen ist. In den LU ist Husserl der Meinung, dass sich die Phänomenologie auf eine Untersuchung der reinen Immanenz des Bewusstseins beschränken muss, da nur diese die Sphäre absoluter Evidenz darstellt, während der transzendente Bereich weltlicher Realitäten nicht in einer vergleichbaren Evidenz erkennbar ist. Mit der Beschränkung auf die Untersuchung der Immanenz des Bewusstseins, der intentionalen Struktur seiner Erlebnisse und der Konstitution idealer Objekte verbleibt

[8] In der Methode der deskriptiven Analyse zeigt sich auch in den LU noch das Erbe Brentanos, welches Husserl jedoch nichtpsychologistisch umwendet. Die in LU I so deutliche Psychologismuskritik wird daher in LU II von Husserl weiterverfolgt, auch wenn Husserls, Brentanos Methode so verwandt scheinendes Vorgehen Anlass zu Missverständnissen und Inkonsequenzvorwürfen sein kann und bei Erscheinen des zweiten Bandes der LU, zumindest aus Husserls eigener Sicht, auch war. Vgl. Husserls Vorworte zu LU I und zu der sechsten logischen Untersuchung in der zweiten Auflage der LU.

[9] LU II/1, 6.

[10] Auch den Intentionalitätsbegriff übernimmt Husserl von Brentano und modifiziert ihn im Rahmen seines eigenen phänomenologischen Ansatzes. Bereits Brentano greift in seiner *Psychologie vom empirischen Standpunkt* den scholastischen Objektbegriff auf, in dem „Objekt" kein bewusstseinsexternes, reales Ding meint, sondern lediglich das bezeichnet, was man sich in einem repräsentierenden Akt gegenüberstellt. Vgl. Brentano, Franz: *Psychologie vom empirischen Standpunkt. Erster Band.* Hg. von Oskar Kraus. Hamburg: Meiner Verlag, 2. Aufl., 1955 (= Philosophische Bibliothek. Bd. 192), 124 f.

Husserl in den LU noch in einer Phänomenologie der Erkenntnis, die über den Evidenzbereich bewusstseinsimmanenter Erlebnisse nicht hinausgelangt.[11]

1906/07 beginnt diesbezüglich eine zentrale Neuausrichtung in Husserls Denken. Er beginnt in der Vorlesung dieses Wintersemesters die Anwendung der für seine Phänomenologie entscheidenden Methode: die Epoché und phänomenologische Reduktion, durch die über die Sphäre reiner Immanenz auch eine Konstitution von Transzendenzen in der Immanenz möglich wird.[12] In den fünf einleitenden Vorlesungen zum „Dingkolleg" aus dem Sommersemester 1907 entwickelt er diese Reduktion bereits in größerer Klarheit,[13] um sie 1913 in den *Ideen I* auf vertiefte Weise systematisch zu entfalten.[14] In der phänomenologischen Reduktion soll der Phänomenologe von der so genannten natürlichen Einstellung, die er der Welt gegenüber hat, in die phänomenologische Einstellung übergehen. Er soll dabei von allen Vormeinungen über sich und die Welt abstrahieren, soll in einer von Husserl so genannten Epoché sämtliche Vorurteile ausklammern und allein das untersuchen, was sich ihm anhand der „Phänomene" in unbezweifelbarer, absoluter Evidenz zeigt. Es wäre aber laut Husserl gerade verfehlt zu meinen, dass diese Ausklammerung einen vollkommenen Verlust der Welt, so wie wir sie kennen, bedeuten würde, denn: „Wir haben eigentlich nichts verloren, aber das gesamte absolute Sein gewonnen, das, recht verstanden, alle weltlichen Transzendenzen in sich birgt, sie in sich ‚konstituiert'".[15] Die Epoché klammert zwar alle Meinungen über eine reale Welt aus, ist aber kein Weltverlust, da Husserl gegenüber den LU nun meint, dass mithilfe der phänomenologischen Reduktion auch weltliche Objekte zu der Sphäre absoluter Evidenz gerechnet werden können. Die transzendenten Objekte, die auch im Rahmen einer Untersuchung in phänomenologischer Epoché zugänglich werden, sind dabei weder Objekte, die wie Erlebnisse reell dem Bewusstsein selbst zugehören, noch sind sie reale, vom Bewusstsein abgekoppelte, ihm ganz und gar äußerliche, von ihm unabhängige Objekte. Sie sind vielmehr von dem intentionalen Bewusstsein als objektive Gegenstände in der Welt aufgefasst und, so Husserl, immanent

[11] Lohmar bestimmt die in der ersten Auflage der LU vorherrschende Art der Reduktion als die „Reduktion auf den reellen Bestand". Das Grundproblem dabei, so Lohmar, sei, dass diese Reduktion zwar durchführbar sei, ich auf ihrer Basis aber „nicht mehr das tun kann, weswegen und worumwillen ich sie veranstaltet habe: die Kritik des Rechts der Auffassungen"; diese zu radikale „Verarmung des Erfahrungsfeldes" würde Husserl mit der transzendentalen Reduktion der *Ideen I* dann korrigieren. Lohmar, Dieter: Die Idee der Reduktion. Husserls Reduktionen – und ihr gemeinsamer, methodischer Sinn, in: Hüni, Heinrich und Trawny, Peter (Hg.): *Die erscheinende Welt. Festschrift für Klaus Held.* Berlin: Duncker & Humblot 2002, 751–771, hier 760 f.

[12] „In ihr [der Vorlesung von 1906/07] hat Husserl zum ersten Mal explizit die Methode der Epoché und phänomenologischen Reduktion zur Etablierung einer radikal vorurteilslosen und alle Erkenntnis letztaufklärenden Erkenntnistheorie und Phänomenologie angewendet" (Melle, Ullrich: Einleitung des Herausgebers, in: Husserl, Edmund: *Einleitung in die Logik und Erkenntnistheorie. Vorlesungen 1906/07.* Hg. von Ullrich Melle. Dordrecht/Boston/Lancaster: Martinus Nijhoff 1984 (= Husserliana. Bd. XXIV), XIII–LI, hier XIX).

[13] Vgl. Husserl, Edmund: *Die Idee der Phänomenologie. Fünf Vorlesungen.* Hg. von Walter Biemel. Den Haag: Martinus Nijhoff, 2. Aufl., 1958 (= Husserliana. Bd. II).

[14] Vgl. insbesondere *Ideen I*, § 32.

[15] *Ideen I*, 94.

in einem intentionalen, immanent transzendenten Sinne und nicht in einem reellen Sinne.

Es geht Husserl in den *Ideen I* jedoch nicht um eine tatsachenwissenschaftliche Phänomenologie, welche lediglich unter Ausklammerung der Welt singuläre Besonderheiten des Bewusstseins untersucht, sondern er will die allgemeine, über die Behandlung von logischen Gegenständen hinausreichende Phänomenologie als eine „Wesenswissenschaft (als ‚eidetische' Wissenschaft)" begründen.[16] In einer solchen Wesenswissenschaft sind das „transzendental gereinigte Bewusstsein und seine Wesenskorrelate" zugänglich zu machen,[17] indem die allgemeinen Strukturen des reinen Bewusstseins und seiner Korrelate über eine Untersuchung der reinen Erlebnisse herausgearbeitet werden. Es zeigt sich dabei zunächst stets ein vom Bewusstsein intentional anvisierter Gegenstand, der als Leitfaden bei der rückfragenden Reflexion zu dienen hat. Die Aufgabe dieser rückfragenden Reflexion auf die Erlebnisse ist es aufzuzeigen, wie das Bewusstsein über eine stufenweise, von „unten" nach „oben" fortschreitende Konstitution von reinen Empfindungsinhalten über beseelende Auffassungen zu dem komplexen „Sehen" eines Gegenstandes und seiner höheren Sinnesschichten gelangt. Die allgemeine Grundstruktur des intentionalen Bewusstseins, die Husserl hier entdeckt, ist die der Zusammengehörigkeit einer auffassenden Noesis mit einem aufgefassten Noema,[18] mit welcher er den Grundstein für die transzendentalwissenschaftliche Wende seiner Phänomenologie legt.

Es sind die cartesianische Frage nach der Möglichkeit eines gesicherten Wissens und die kantische Frage nach den Bedingungen der Möglichkeit und den Grenzen eines objektiven Wissens, die Husserl in der Begründung der Phänomenologie als transzendentalem Idealismus leiten. Im Unterschied zu Descartes rechtfertigt er die Möglichkeit von Erkenntnis äußerer Gegenstände jedoch nicht über eine göttliche Instanz, sondern allein über die Intentionalität des Bewusstseins. Und im Unterschied zu Kant gibt es für Husserl kein unbekanntes Ding an sich jenseits der Erscheinungen, ein Noumenon, welches die Konstitutionsmöglichkeiten des Bewusstseins begrenzen würde. Die Konstitutionsfähigkeit des Bewusstseins wird bei Husserl, anders als bei Descartes und bei Kant, durch keine äußerliche Instanz eingeschränkt.[19] Aber auch nach innen verfolgt er eine Radikalisierung des cartesianischen und des kantischen Idealismus. Weder ein substanzielles Cogito noch formale Strukturen im erkennenden Subjekt will Husserl in einer phänomenologischen Aufklärung reiner Erlebnisstrukturen gelten lassen. Aufgrund der phänomenologischen Ausklammerung jeder dem Bewusstsein äußerlichen Instanz, kann die Rede vom

---

[16] *Ideen I*, 4.

[17] *Ideen I*, 5.

[18] „Noesis" ist in den *Ideen I* die Bezeichnung für alle intentionalen Erlebnisse. Das Verb „noein" bedeutet ursprünglich „wahrnehmen", nimmt aber schon bei Parmenides die Bedeutung „geistiger Schau" oder „Vernunfteinsicht" an. Das „Noema" ist im entsprechenden Sinne das „(Ein)Gesehene". In den *Ideen I* merkt Husserl dementsprechend an: „Das unmittelbare ‚Sehen', nicht bloß das sinnliche, erfahrende Sehen, sondern das Sehen überhaupt als originär gebendes Bewusstsein welcher Art immer, ist die letzte Rechtsquelle aller vernünftigen Behauptungen" (*Ideen I*, 36).

[19] Vgl. hierzu Dastur: *Husserl – Des mathématiques à l'histoire*, a. a. O., 43.

Sein im Rahmen seiner Phänomenologie allein die schrittweise Selbstauslegung des Bewusstseins unter dem Primat anschaulicher Gegebenheit betreffen. Und diese Selbstauslegung wiederum hat zu untersuchen, wie dem Bewusstsein seine Gegenstände gegeben sind, ohne dabei eine denkende Substanz oder formale Subjektstrukturen anzunehmen. Ontologie, so Husserl in *Erste Philosophie*, sei nur als „transzendentale[] Egologie" möglich.[20]

Ist das transzendentale Ego in Husserls phänomenologisch radikalisiertem transzendentalen Idealismus somit das absolute Sein, der Anfang einer jeden Konstitution von Seiendem und damit der Ursprung eines jeden Seins? Ist mit dem nach der phänomenologischen Reduktion der *Ideen I* in unbezweifelbarer Evidenz sich gebenden reinen Bewusstsein und dessen intentionaler Konstitutionstätigkeit für Husserl schon die Instanz erreicht, die die unanzweifelbare Grundlage für all unsere Wissenschaften liefern und deren Anspruch auf Gültigkeit zu einem absolut unanfechtbaren machen kann? Auf den ersten Blick legen es die *Ideen I* nahe, diese Fragen zu bejahen. Das, was nach der phänomenologischen Reduktion als Untersuchungsgegenstand verbleibt, ist das transzendentale Bewusstsein mit seinen Korrelaten, welches zu untersuchen ist, um mit seiner von Empfindungsinhalten über Auffassungen hin zum Gegenstand schichtweise fortschreitenden Konstitutionsstruktur die transzendentalwissenschaftliche Grundlage für sämtliche Wissenschaften zu liefern. Problematisch wird diese bejahende Antwort allerdings, wenn man den Blick von den Konstitutionsstufen der Objekte ab- und der konstituierenden Subjektivität selbst zuwendet. Husserl nähert sich einer solchen Blickwendung im zweiten Kapitel des dritten Abschnittes der *Ideen I* und stößt auf eine „Problemsphäre […] von ausnehmender Schwierigkeit" – auf die Bestimmung der Zeit.[21]

Die Problemsphäre der Zeit eröffnet sich für Husserl also über die Frage nach der Beschaffenheit der konstituierenden Subjektivität selbst. Welcher Zusammenhang aber ist es, der das Problem der Zeit mit dem Problem der konstituierenden Subjektivität verknüpft? In den *Ideen I* findet Husserl nach der phänomenologischen Reduktion ein reines Ich, dem alle Erlebnisse zugehören, das aber selbst „nichts [ist], was *für sich* genommen und zu einem *eigenen* Untersuchungsobjekt gemacht werden könnte. Von seinen ‚Beziehungsweisen' oder ‚Verhaltungsweisen' abgesehen, ist es völlig leer an Wesenskomponenten, es hat gar keinen explikablen Inhalt, es ist an und für sich unbeschreiblich: reines Ich und nichts weiter".[22] Frage man

---

[20] Husserl, Edmund: *Erste Philosophie. Erster Teil Kritische Ideengeschichte. Zweiter Teil Theorie der phänomenologischen Reduktion.* Hg. von Elisabeth Ströker. Text nach Husserliana VII und VIII. Hamburg: Meiner Verlag 1992 (= Gesammelte Schriften. Bd. 6), 72. (vgl. auch Husserliana, Bd. VII und Bd. VIII).

[21] *Ideen I*, 162.

[22] *Ideen I*, 160. In der ersten Auflage der LU bestreitet Husserl 1900 noch, dass zu den Erlebnissen des Bewusstseins ein reines Ich als einheitlicher Beziehungspunkt dieser Erlebnisse gehört. 1913 in den *Ideen I* aber ändert er seine diesbezügliche Position ausdrücklich (vgl. *Ideen I*, § 57) und fügt in der 1913 erscheinenden zweiten Auflage der ersten beiden Bände der LU den entsprechenden Passagen eine Selbstkorrektur ein. Dem Satz der ersten Auflage: „Nun muß ich freilich gestehen, daß ich dieses primitive Ich als notwendiges Beziehungszentrum schlechterdings nicht zu finden vermag" (LU II/1, 361) ist in der zweiten Auflage die korrigierende Fußnote

aber weiter in Richtung dieser „subjektiv-orientierte[n] Seite“ der Konstitution,[23] dessen reines Ich selbst keinen bestimmbaren Inhalt hat, so stoße man auf eine notwendige Korrelation zwischen diesem reinen Ich und einem Erlebnisstrom, dessen Stromform alle Erlebnisse des reinen Ich notwendig umspanne. Und eben dieser Erlebnisstrom sei es, der wesentlich durch Zeitlichkeit gekennzeichnet ist. Bleibt man also nicht bei der Frage nach der Konstitution von objektiven Gegenständen durch das transzendentale Bewusstsein stehen, sondern fragt man bis in die tiefsten Bereiche dieser konstituierenden Subjektivität selbst hinein, so begegnet man einer Zeitlichkeit dieser Subjektivität, die sich jedoch keineswegs unmittelbar durch die objektive Zeit der natürlichen Einstellung erklären lässt.[24]

Als Husserl in § 81 der *Ideen I* auf diesen Zusammenhang von Zeit und konstituierender Subjektivität zu sprechen kommt, merkt er an, dass seine bisherigen Untersuchungen in den *Ideen I* mit der Aussparung der „ausnehmend schwierigen Problemsphäre“ der Zeit „gewissermaßen eine ganze Dimension verschwiegen“ hätten und sie auch im Folgenden „außer Spiel lassen“ würden.[25] Warum aber „verschweigt“ Husserl in den *Ideen I* die Zeitproblematik und warum meint er, dass er sie „notwendig verschweigen mußte, um unverwirrt zu erhalten, was zunächst allein in phänomenologischer Einstellung sichtig ist“?[26] Husserl nennt im Wesentlichen drei Gründe für sein Schweigen bzw. seine nur andeutende Diskussion der Zeitproblematik in den *Ideen I*, dieser groß angelegten Einführung in die Phänomenologie. Erstens sei es die objektiv-orientierte Seite, welche sich „im Ausgang von der natürlichen Einstellung [...] zuerst“ darbiete und deshalb auch zuerst untersucht werden könne.[27] Zweitens sei Zeit „ein Titel für eine völlig abgeschlossene Problemsphäre“ einer neuen Dimension, die von dem „geschlossene[n] Untersuchungsgebiet“ der objektiv-orientierten Seite getrennt werden könne.[28] Und eine dritte Rechtfertigung für die Ausklammerung der Zeitproblematik in den *Ideen I* scheint Husserl mit dem in einer Fußnote formulierten Hinweis geben zu wollen, dass seine

---

hinzugefügt: „(Inzwischen habe ich es zu finden gelernt, bzw. gelernt, mich durch Besorgnisse vor den Ausartungen der Ichmetaphysik in dem reinen Erfassen des Gegebenen nicht beirren zu lassen)“ (ebd.). In der ersten Auflage hatte Husserl noch angenommen, dass Bewusstseinsinhalte nach bestimmten Gesetzen zu umfassenden Einheiten verschmelzen, durch die allein sich das von ihm so genannte phänomenologische Ich bzw. die Bewusstseinseinheit konstituiert (vgl. LU II/1, 353–363.). 1913 hält er ein reines, in den wechselnden Erlebnissen identisch bleibendes Ich für prinzipiell notwendig.

[23] *Ideen I*, 161.

[24] „Wohl zu beachten ist der Unterschied dieser *phänomenologischen Zeit*, dieser einheitlichen Form aller Erlebnisse in einem Erlebnisstrome (dem *eines* reinen Ich) und der ‚*objektiven*‘, d. i. der *kosmischen Zeit*“ (*Ideen I*, 161).

[25] *Ideen I*, 162 und 163.

[26] *Ideen I*, 162.

[27] *Ideen I*, 161. Die Erforschung intentionaler Beziehungen von Erlebnissen auf Objekte, von Erlebniskomponenten und ihren intentionalen Korrelaten könnten „in umfassenden Untersuchungen analytisch oder synthetisch erforscht und beschrieben werden, ohne daß man sich mit dem reinen Ich und seinen Weisen der Beteiligung dabei irgend tiefergehend beschäftigt“ (ebd.).

[28] *Ideen I*, 162 und 163.

„langehin vergeblichen Bemühungen [...] im Jahre 1905 im Wesentlichen zum Abschluß gekommen und ihre Ergebnisse in Göttinger Universitätsvorlesungen mitgeteilt worden“ seien.[29] Diese Gründe lassen Husserl schließlich formulieren: „Zum Glück können wir die Rätsel des Zeitbewußtseins in unseren vorbereitenden Analysen außer Spiel lassen, ohne ihre Strenge zu gefährden“.[30]

Zwei Fragen lassen sich an Husserls Begründung seines Schweigens über die Zeitproblematik stellen. Erstens, und das betrifft die beiden zuerst genannten Gründe, stellt sich die Frage, warum Husserl es in seinen Bemühungen, über die phänomenologische Reduktion einen durch absolute Evidenz gesicherten Grund für die Wissenschaften zu erreichen, nicht für nötig hält, bis in die letzten Fundamente der konstituierenden Subjektivität vorzudringen. Warum meint er, im Zuge dieses Unternehmens bei dem „transzendentale[n] ‚Absolute[n]'“, das „in Wahrheit nicht das Letzte“ sei, stehen bleiben zu können und nicht in das „letzte[] und wahrhaft Absolute[]“ vordringen zu müssen?[31] Warum ist er der Meinung, dass sich hier eine Trennung in „geschlossene“, in „abgeschlossene“ Untersuchungsgebiete vornehmen lässt? Eine gewisse Berechtigung dieser Trennung lässt sich zwar darin sehen, dass eine deskriptive Untersuchung der reinen Erlebnisse auch dann möglich ist, wenn noch keine Sicherheit über den letzten Grund dieser Erlebnisse besteht. Es sei daran erinnert, dass Husserl in der *Philosophie der Arithmetik* in noch wesentlich psychologistischer Grundhaltung Analysen durchführt, die ihm noch zur Zeit der Arbeit an *Formale und transzendentale Logik* relevant erscheinen, obgleich sich seine Grundhaltung vollkommen geändert hat. Aber selbst wenn man in den logisch-mathematischen Fragen eine diesbezügliche Parallele zu der hiesigen Problematik erkennen will, so machen die Unterschiede zwischen *Philosophie der Arithmetik* und *Formale und transzendentale Logik* zugleich deutlich, wie entscheidend die Klärung der letzten Fundamente ist. Ist es also nicht bezweifelbar, ob man irgendetwas in absoluter Evidenz über die von Husserl so genannte objektivorientierte Seite sagen kann, wenn man keine Klarheit über die tiefsten Dimensionen der subjektiv-orientierten Seite, des konstituierenden Bewusstseins und seiner zeitlichen Stromform hat? Zweitens scheint innerhalb dieses Textabschnittes eine gewisse Unstimmigkeit darin zu bestehen, dass Husserl einerseits von „Rätseln“ des Zeitbewusstseins spricht, die „verwirren“ könnten, andererseits in der Fußnote zu dieser Formulierung meint, die Behandlung dieser Rätsel mit den Vorlesungen 1905 „wesentlich zum Abschluß“ gebracht zu haben, dann aber im selben Satz wie von

[29] *Ideen I*, 163 (Fußnote). Diese Vorlesungen sollten zur Zeit der Publikation der *Ideen I* noch fünfzehn Jahre unveröffentlicht bleiben bis Heidegger sie 1928 mit Beilagen aus den Jahren 1905–1910 herausgab. In seiner „Vorbemerkung des Herausgebers“ schreibt Heidegger 1928: „Während der zweite Band der ‚Logischen Untersuchungen' (1901) die Interpretation der ‚höheren' Akte der Erkenntnis zum Thema hatte, sollten in dieser Vorlesung die ‚zu unterst liegenden intellektiven Akte: Wahrnehmung, Phantasie, Bildbewußtsein, Erinnerung, Zeitanschauung' untersucht werden“ (Heidegger, Martin: Vorbemerkung des Herausgebers, in: Husserl, Edmund: *Vorlesungen zur Phänomenologie des inneren Zeitbewußtseins*. Tübingen: Max Niemeyer Verlag 2000, 367 f., hier 367).

[30] *Ideen I*, 163.

[31] *Ideen I*, 163.

einer Last befreit davon spricht, „zum Glück“ in dieser Einführung in die transzendentale Phänomenologie das Zeitbewusstsein nicht behandeln zu müssen. Falls Zeit und ihr Verhältnis zur konstituierenden Subjektivität tatsächlich eine „abgeschlossene Problemsphäre“ der Phänomenologie bilden sollten, so ist diese auf jeden Fall keine beliebige unter vielen, sondern betrifft die Grundlagen von Husserls Phänomenologie. Und der zu untersuchende „Rest“, der bei den 1905 vermeintlich „im Wesentlichen zum Abschluss gekommenen“ Zeitanalysen noch verblieb, wächst im Laufe von Husserls weiterer Arbeit so sehr an, dass er die Bernauer Manuskripte von 1917/18 einmal als „mein Hauptwerk“ bezeichnet hat,[32] bis in die dreißiger Jahre hinein ausführliche Untersuchungen zur Zeit anstellt und dieser einen zentralen Stellenwert in seiner Phänomenologie zuerkennt.

Diese kurze Einführung in Husserls frühes Denken sollte deutlich machen, inwiefern sich systematische Gründe finden lassen, die Husserls Weg eines kontinuierlich verstärkten Rückfragens, angefangen bei dem Problem der philosophischen Fundierung der Mathematik über das der reinen Logik zu dem der Ausarbeitung der auf das transzendentale Ego führenden phänomenologischen Reduktion, verständlich machen können. Und es ist dieses transzendentale Ego, welches, nicht mehr auf die Konstitution seiner Objekte, sondern auf seine eigene Konstitution hin befragt, auf das Problem des Zeitbewusstseins führt.[33] Sollten sich jedoch auf dieser untersten Ebene der phänomenologischen Konstitution Schwierigkeiten auftun, so stellen

[32] Dies hat Husserl Roman Ingarden gegenüber geäußert. Vgl. die Erläuterungen von Ingarden zu den Briefen Husserls in: Husserl, Edmund: *Briefe an Roman Ingarden. Mit Erläuterungen und Erinnerungen an Husserl*. Hg. von Roman Ingarden. Den Haag: Martinus Nijhoff 1968 (= Phaenomenologica. Bd. 25), 154 sowie den Hinweis darauf bei Bernet/Lohmar: Einleitung der Herausgeber, a. a. O., XVIII. Dieses „Hauptwerk“ ist allerdings zu Lebzeiten Husserls nicht veröffentlicht worden und erschien erst 2001. Unter Anderen war es auch Heidegger, der die von Husserl erbetene Herausgabe dieses Werkes ablehnte. Der wahrscheinliche Grund für diese Ablehnung war nach Bernet Heideggers Inanspruchnahme durch seine Lehrtätigkeit, die er zwischen 1922 und 1928 als Extraordinarius in Marburg ausübte. Vgl. dazu Bernet/Lohmar: Einleitung der Herausgeber, a. a. O., XXIII.

[33] Husserl hat zwar seine Vorlesungen zum Zeitbewusstsein schon 1905 abgeschlossen und die *Ideen I* erst 1913 veröffentlicht, so dass eine chronologische Entwicklung von dem phänomenologisch reduzierten transzendentalen Ego hin zu der Zeitproblematik wenig plausibel ist. Der hier vertretene systematische Zusammenhang der Problematiken erscheint aber dennoch nachvollziehbar, wird zudem von Husserl selbst in den *Ideen I* nahegelegt und scheint auch wieder eine gewisse chronologische Relevanz zu bekommen, wenn man die Weiterentwicklung von Husserls Denken hin zu einer genetischen Phänomenologie verfolgt, die in erkennbarem thematischem Zusammenhang mit den Vorlesungen über das Zeitbewusstsein von 1905 stehen. Bei Husserl lässt sich eine frühe Phase statischer Phänomenologie von einer späteren Phase genetischer Phänomenologie unterscheiden. Die statische Phänomenologie orientiert sich an den statischen Korrelationssystemen zwischen konstituierendem Bewusstsein und konstituierter Gegenständlichkeit. Die genetische Phänomenologie hingegen setzt sich mit der Grundlage dieser statischen Konstitution auseinander, indem sie nach den Gesetzen ihrer Entstehung fragt. In den Zeitvorlesungen liegt der Schwerpunkt noch erkennbar auf der statischen Methode, die erst 1913 mit den *Ideen I* und deren Beschreibung der noetisch-noematischen Struktur des Bewusstseins zu voller Entfaltung gelangt, legt aber bereits den Grundstein für die erstmals anhand der Bernauer Manuskripte erkennbare genetische Phänomenologie. Vor der Publikation der Bernauer Manuskripte wurde meistens angenommen, dass sich der Ansatz zu einer genetischen Phänomenologie bei Husserl erst in

diese alle höheren Konstitutionsschichten zumindest in Frage. Können die „Rätsel" des Zeitbewusstseins nicht phänomenologisch aufgeklärt werden und kann das Bewusstsein der Zeit nicht zu intuitiver Gegebenheit gebracht werden, so entstünde an der Basis von Husserls reiner Phänomenologie eine Unsicherheit, die die Gültigkeit aller höherstufigen Konstitutionsanalysen erschüttern könnte.

Die folgende Auseinandersetzung mit Husserl folgt einerseits chronologisch den drei Hauptphasen seines Zeitdenkens und orientiert sich andererseits systematisch an den Aporien der Zeit, die Ricœur für eine notwendige Konsequenz des philosophischen Nachdenkens über Zeit hält. In Hinblick auf die erste Phase (1893–1917) wird Husserls Versuch einer Ausschaltung der objektiven Zeit und seine Orientierung an Zeitobjekten mit Ricœurs erster Aporie, der der begrifflichen Nichtvereinbarkeit von subjektivem Zeiterleben und objektiver Zeitordnung, in Verbindung gebracht (Kap. 2.2.1 und 2.2.2). Ansatzpunkte für die Problematik der zweiten Aporie, die der Begründung der Einheit der Zeit, sind in Husserls Konstitution der einen objektiven Zeit und des einen Bewusstseins aufzuzeigen (Kap. 2.2.3). Und eine Berechtigung der dritten Aporie, die der letztlichen Unerforschlichkeit der Zeit, erweist sich in Husserls Versuchen einer Bestimmung der Konstitution des alles konstituierenden Bewusstseins (Kap. 2.2.4). In der zweiten Phase von Husserls Zeituntersuchungen (1917/1918) erhält das Problem der Konstitution des Zeitbewusstseins selbst einen zentralen Stellenwert, während die in den ZB anhand der Zeitobjekte erörterte Grundstruktur des Zeitbewusstseins, und damit die Problemkonstellation der ersten Aporie, in den Hintergrund tritt. Es ist im Zusammenhang mit der Frage nach der dritten Aporie zu zeigen, welche alternativen Modelle des Bewusstseinsflusses Husserl in seinen Gedankenexperimenten der Bernauer Zeit in Erwägung zieht (Kap. 2.3.1). In Hinblick auf den Problemkreis der zweiten Aporie finden sich in den Bernauer Manuskripten verstärkt Überlegungen zur Individuationsfunktion objektiver Zeit sowie zum Status von Phantasiezeiten und deren Verhältnis zu objektiver Zeit (Kap. 2.3.2). In der dritten Phase von Husserls Zeitdenken (1929–1934) bleibt die der dritten Aporie zugeordnete Problematik ebenfalls von entscheidender Bedeutung und gewinnt mit den Überlegungen zur lebendigen Gegenwart des „Ich fungiere" und der Triebintentionalität eine neue Orientierung (Kap. 2.4.1). Das Konzept, welches sich in Husserls Zeitdenken Ricœurs zweiter Aporie zuordnen lässt, wird in dieser dritten Phase deutlich komplexer. Husserls verstärkte Zuwendung zu den Problematiken der Intersubjektivität und der Teleologie verkompliziert die Konstitution der einen objektiven Zeit hin zu der Konstitution einer objektiven Zeit, die als intersubjektive Zeit für jedermann im Rahmen teleologischer Geschichtlichkeit zu verstehen ist (Kap. 2.4.2). Ein Resümee (Kap. 2.5) fasst zusammen, inwiefern Husserls Zeitdenken der drei verschiedenen Phasen im Sinne der ricœurschen Zeitaporien als aporetisch bezeichnet werden kann. Diese Zusammenfassung hält ein Zwischenergebnis dieser Arbeit fest. Einerseits stellt dieses den Boden für die folgenden Auseinandersetzungen mit Heideggers und Ricœurs Zeitdenken bereit. Andererseits soll diese konzentrierte Darstellung der aporetischen Aspekte der drei

den Vorlesungen zur transzendentalen Logik aus dem Wintersemester 1920/21 finden lässt. Vgl. Bernet/Lohmar: Einleitung der Herausgeber, a. a. O., XLVI.

Phasen von Husserls Zeitdenken als Bezugspunkt für die in Kap. 4.2 zu unternehmende Kritik an Ricœurs Interpretation von Husserls Zeitdenken der Vorlesungen von 1905 dienen.

2.2 Die erste Phase (1893–1917)

2.2.1 Die Ausschaltung der objektiven Zeit

Wie bereits erwähnt, hat Husserl wenige Zeit nach den Vorlesungen über das Zeitbewusstsein von 1905 die Entwicklung der Epoché und phänomenologischen Reduktion begonnen, welche zu einer Vorurteilslosigkeit führen und schließlich eine Philosophie als strenge Wissenschaft ermöglichen sollten. Sein erster Schritt in die Phänomenologie der Zeit besteht in einer Vorform der Epoché, und zwar in einer „Ausschaltung der objektiven Zeit".[34] Diese Ausschaltung ist eine Einstellungsänderung, die für eine phänomenologische Auseinandersetzung mit Zeit unerlässlich ist. Was genau aber will Husserl zu Beginn seiner Untersuchung hier „ausschalten" und was bedeutet dieses „Ausschalten"? Wir müssen, so meint Husserl, zunächst von den Vormeinungen, die wir herkömmlich über Zeit haben, gänzlich absehen und uns von allen Vorurteilen und Theorien freimachen, die unser bisheriges Denken der Zeit bestimmt haben. Diese Befreiung von Vormeinungen über Zeit habe zu bestehen in einem „völlige[n] Ausschluß jedweder Annahmen, Festsetzungen, Überzeugungen in Betreff der objektiven Zeit (aller transzendierenden Voraussetzungen von Existierendem)".[35] Diese ausgeschlossenen Überzeugungen werden dabei jedoch nicht für falsch erklärt, sondern der Phänomenologe hat sich lediglich eines Urteils über sie zu enthalten. Der Untersuchungsgegenstand der phänomenologischen Zeitanalyse sei aufgrund dieser Einklammerung des Urteils weder die „Weltzeit, die reale Zeit, die Zeit der Natur im Sinne der Naturwissenschaft" noch die „der Psychologie als Naturwissenschaft des Seelischen".[36] Diese seien auszuschließen, denn jede Untersuchung, deren Gegenstand eine bewusstseinsunabhängige, reale Zeit an sich ist, mache bereits Voraussetzungen über bewusstseinstranszendentes Sein, die phänomenologisch nicht, und damit für Husserl überhaupt nicht, begründet sind. Aber auch jeder Untersuchung, die sich einer bewusstseinsabhängigen, psychologischen oder seelischen Zeit widmet, fehle bei ihrer ungerechtfertigten Voraussetzung von psychischen Realitäten der ausgewiesene Boden einer phänomenologischen Begründung. Der Gegenstand der phänomenologischen Untersuchung der Zeit muss deshalb ein anderer sein. Aber welcher? Ist die Zeit nicht in gewisser Weise als Untersuchungsgegenstand verschwunden, wenn von all den Vormeinungen über sie abstrahiert wird?

---

[34] So lautet der Titel des § 1 der ZB.

[35] ZB, 369.

[36] ZB, 369.

Husserls Antwort auf diese Frage ist eindeutig negativ. Zeit verschwindet keineswegs als Untersuchungsgegenstand, wenn man die objektive Zeit ausschaltet. Was aber bleibt nach der Ausschaltung? Hier ist Husserl bereits etwas weniger eindeutig. Zunächst heißt es bei ihm, das, was „wir aber hinnehmen, ist [...] die erscheinende Zeit, erscheinende Dauer als solche", diese seien „absolute Gegebenheiten, deren Bezweiflung sinnlos wäre".[37] Überdies nähmen wir als Phänomenologen „auch eine seiende Zeit an, [...] die *immanente Zeit* des Bewußtseinsverlaufes".[38] Die Berechtigung dieser Annahmen sucht er anhand des Beispiels einer Melodie zu begründen. Wenn wir eine Melodie hörten, so zeige sich uns darin unmittelbar ein Nacheinander, für das wir eine Evidenz hätten, „die jeden Zweifel und jede Leugnung sinnlos erscheinen läßt".[39] Der Phänomenologe, so Husserl weiter, habe allein diese sich auf diese Weise zeigende immanente Zeit des Bewusstseins zum Thema zu machen, denn durch „phänomenologische Analyse kann man nicht das Mindeste von objektiver Zeit vorfinden".[40] Liegt objektive Zeit also angesichts dieser Reduktion auf immanente Zeit vollkommen außerhalb des Gegenstandsbereiches der Phänomenologie? Geht es dieser Phänomenologie, wie auch der Titel von 1928 suggeriert, etwa nur um ein „inneres Zeitbewusstsein"?

In der Ausgabe von 1928, derjenigen, auf die Ricœur sich ausschließlich bezieht und die auch Heideggers Verständnis von Husserls Zeitdenken geprägt hat,[41] kann im Rahmen einiger Formulierungen wie der eben genannten der Eindruck entstehen, dass Husserl objektive Zeit aus seiner Untersuchung vollkommen ausschließt. In den psychologismuskritischen LU hatte Husserl auf die reinen Erlebnisse logischer Entitäten abstrahiert und in den *Ideen I* sollte er das noetisch-noematische Korrelationssystem entwickeln, welches die Konstitution phänomenologisch transzendenter Gegenstände der Welt durch das intentionale Bewusstsein erlaubt. Die Vorlesungen liegen zwischen diesen beiden Werken und erwecken teilweise den Eindruck, dass Husserl noch schwankt zwischen einer Konzentration auf den Immanenzbereich von Erlebnissen und ihren immanenten intentionalen Korrelaten, wie er sie in den LU verfolgt, und einer Thematisierung der Strukturen von Erlebnissen, die phänomenologisch transzendente Entitäten vermeinen, welche seine Phänomenologie in den *Ideen I* zu einer eigentlichen Transzendentalphilosophie werden lässt. Einerseits heißt es bei Husserl, wie oben angeführt, man könne durch phänomenologische Analyse nicht das Mindeste von objektiver Zeit vorfinden, andererseits geht es ihm in seinen Zeitanalysen aber gerade um den phänomenologischen Nachweis der Konstitution einer unendlichen objektiven Zeit, „als objektiv gültiges Sein [...], in welcher alle Dinge und Ereignisse, Körper mit ihren physischen Beschaffenheiten, Seelen mit

---

37 ZB, 369.

38 ZB, 369.

39 ZB, 369.

40 ZB, 370.

41 Vgl. beispielsweise folgende Passage von 1928: „Trotzdem bleibt bezüglich des Zeitproblems im Grunde alles beim alten, und dies so sehr, daß die Zeit genommen wird als etwas Immanentes, sie bleibt als etwas Inneres ‚im Subjekt'; darum der Titel ‚inneres Zeitbewußtsein'" (*Anfangsgründe*, 264).

ihren seelischen Zuständen ihre bestimmten Zeitstellen haben, die durch Chronometer bestimmbar sind".[42] Es ist diese gewisse Zweideutigkeit in Husserls Verwendung des Begriffes der objektiven Zeit, welche zu der Annahme verleiten könnte, in den Vorlesungen zur Phänomenologie des inneren Zeitbewusstseins gehe es nur um Zeitmomente einer bewusstseinsmäßigen Innerlichkeit.[43] Es handelt sich aber um zwei verschiedene Begriffe, die Husserl hier mit demselben Terminus bezeichnet: In der zuerst genannten Formulierung meint er die bewusstseinsunabhängige reale Zeit der natürlichen Einstellung, über die die Phänomenologie tatsächlich nichts sagen kann und in der zweiten Formulierung meint er die vom Bewusstsein als transzendent vermeinte objektive Zeit, die sehr wohl Gegenstand der Phänomenologie ist und deren Konstitutionsschichten in reflexivem Rückgang aufzuzeigen sind.[44]

Um Zeit phänomenologisch zu untersuchen, ist in einem solchen reflexiven Rückgang zu erforschen, auf welche Weise in den intuitiv und adäquat gegebenen Zeiterlebnissen objektiv Zeitliches gemeint ist. Dabei hat man sich nach Husserl an gewissen seiner Meinung nach „selbstverständlichen" Zeitcharakteren wie Zweidimensionalität, Unendlichkeit, Sukzessivität, Transitivität zu orientieren und über eine Erforschung des Zeitbewusstseins zu zeigen, in welchen, gegebenenfalls zeitspezifischen Auffassungsinhalten und Aktcharakteren diese zur Gegebenheit kommen.[45] Es ginge darum, in die untersten Konstitutionsschichten des Zeitlichen vorzudringen und herauszuarbeiten, welche Auffassungsinhalte sich mit welchen

---

[42] ZB, 372.

[43] Brough unternimmt eine ausführliche Widerlegung des Eindruckes, dass Husserl objektive Zeit gar nicht zu seinem Thema mache und ihre phänomenologische Untersuchung sogar für unmöglich halte, indem er den weiteren Kontext dieser Zitate und die kritische Ausgabe der Husserliana X zu Hilfe nimmt. Er begründet die Ambivalenz des husserlschen Textes mit dem Anfangsstadium der phänomenologischen Reduktion: „The confusion in the formulations from 1905 is probably symptomatic of the immaturity of Husserl's theory of the reduction early in the century" (Brough, John: Husserl's Phenomenology of Time-consciousness, in: Mohanty, J. N. und McKenna, William R. (Hg.): *Husserl's Phenomenology: A Textbook*. Washington, DC: Center for Advanced Research in Phenomenology/University Press of America 1989, 249–289. Wieder abgedruckt in: Moran, Dermot und Embree, Lester E. (Hg.): *Phenomenology. Critical Concepts in Philosophy*. London/New York: Routledge 2004, 56–89, hier 57).

[44] Die phänomenologisch im Ausgang von der Konstitutionstätigkeit des Bewusstseins zu klärende Transzendenz der objektiven Zeit, so Husserl in einer impliziten Kantkritik, meint nicht „Raum und Wirklichkeit in einem mystischen Sinne, als ‚Ding an sich', sondern gerade de[n] phänomenale[n] Raum, die phänomenale raum-zeitliche Wirklichkeit, die erscheinende Raumgestalt, die erscheinende Zeitgestalt" (ZB, 370). Objektive Zeit kann immer nur als Gegenstand für das reine Bewusstsein, als „gemeinte, vorgestellte, angeschaute, begrifflich gedachte" Wirklichkeit zum Thema werden. ZB, 373 f.

[45] „*Das Apriori der Zeit* suchen wir zur *Klarheit* zu bringen, indem wir das *Zeitbewußtsein* durchforschen, seine wesentliche Konstitution zutage fördern und die evtl. der Zeit spezifisch zugehörigen Auffassungsinhalte und Aktcharaktere herausstellen, zu welchen die apriorischen Zeitcharaktere essentiell gehören. Natürlich meine ich hierbei Gesetze dieser selbstverständlichen Art: daß die feste zeitliche Ordnung eine zweidimensionale unendliche Reihe ist, daß zwei verschiedene Zeiten nie zugleich sein können, daß ihr Verhältnis ein ungleichseitiges ist, daß Transitivität besteht, daß zu jeder Zeit eine frühere und eine spätere gehört usw. Soviel zur allgemeinen Einleitung" (ZB, 374).

Aktcharakteren zusammenschließen, um auf diese Weise objektiv Zeitliches zu meinen. Auch in der frühen phänomenologischen Untersuchung der Zeit verfolgt Husserl mit diesem Vokabular ein zentrales Grundmodell seiner Phänomenologie: Nach der phänomenologischen Reduktion auf das Erscheinende zeigen sich zunächst Gegenständlichkeiten des intentionalen Bewusstseins, von denen aus auf ihre Konstitution durch Empfindungen und Auffassungen zurückgefragt werden muss.

Die so genannte hyletische Schicht der Empfindungen ist dabei zwar nicht die phänomenologisch sich zuerst zeigende, sie ist aber diejenige Schicht, die sich für Husserl in der Konstitutionsanalyse als die fundierende erweist, welche den Noesen erst den „Stoff" gibt, der durch Formung dann die intentionale Ausrichtung auf ein Noema ermöglicht. Sie ist die unterste Schicht der Genesis der Konstitution und enthält so noch nichts von den höheren Sinnschichten, die erst stufenweise auf ihr aufbauen.[46] Dass über dieses stufenweise Konstitutionsmodell allererst die in Frage stehende Gegenständlichkeit, hier die objektive Zeit, in einer unerschütterlichen phänomenologischen Begründung aufgewiesen werden kann, sieht Husserl später in Einklang mit dem Prinzip der Prinzipien der Phänomenologie, welches allein die originär gebende Anschauung, die Intuition, zur letzten Rechtsquelle der Erkenntnis macht.[47] Dieses konstitutive Stufenmodell rechtfertigt sich Husserl zufolge durch die phänomenologisch erforderliche originäre Intuition. Für die Zeit trifft Husserl bereits in den Zeitvorlesungen Unterscheidungen, die diesem stufenweisen Konstitutionsmodell entsprechen. Wir hätten auf der einen Seite „‚empfundenes' Zeitliches", das „phänomenologische Datum", „Temporaldaten", die „‚empfundenen' Temporaldaten", welche ihrerseits durch „empirische Apperzeption", durch „Auffassungscharaktere[]" auf der anderen Seite ein „wahrgenommenes Zeitliches", „die objektive Zeit", „die eine unendliche objektive Zeit" meinen.[48] Will man aber objektive Zeit begründen, so hat man in letzter Instanz auf das so bezeichnete „empfundene" Zeitliche zurückzugehen, dessen Verbindung mit entsprechenden intentional ausgerichteten Auffassungscharakteren aufzuweisen ist, um einen phänomenologisch gesicherten Nachweis der Konstitution der objektiven Zeit zu liefern. Warum aber setzt Husserl „empfunden" wiederholt in Anführungszeichen?

---

[46] Vgl. zu diesem Grundmodell der stufenweisen Konstitution in Sinnesschichten *Ideen I*, § 85 f., Husserl, Edmund: *Cartesianische Meditationen. Eine Einleitung in die Phänomenologie*. Hg. von Elisabeth Ströker. Hamburg: Meiner Verlag 1992 (= Gesammelte Schriften. Bd. 8), § 21 (vgl. auch Husserliana, Bd. I) und ders.: *Die Krisis der europäischen Wissenschaften und die transzendentale Phänomenologie*. Texte nach Husserliana VI. Hg. von Elisabeth Ströker. Hamburg: Meiner Verlag 1992 (= Gesammelte Schriften. Bd. 8), § 50 (vgl. auch Husserliana, Bd. VI).

[47] Vgl. den § 24 der *Ideen I*, in dem dieses Prinzip begründet wird: „Doch genug der verkehrten Theorien. Am Prinzip aller Prinzipien: daß *jede originär gebende Anschauung eine Rechtsquelle der Erkenntnis sei*, daß *alles*, was sich uns *in der ‚Intuition' originär*, (sozusagen in seiner leibhaften Wirklichkeit) *darbietet, einfach hinzunehmen sei, als was es sich gibt*, aber auch *nur in den Schranken, in denen es sich da gibt*, kann uns keine erdenkliche Theorie irre machen. [...] Jede Aussage, die nichts weiter tut, als solchen Gegebenheiten durch bloße Explikation und genau sich anmessende Bedeutungen Ausdruck zu verleihen, ist also wirklich [...] ein *absoluter Anfang*, im echten Sinne zur Grundlegung berufen, *principium*" (*Ideen I*, 43 f.).

[48] ZB, 371 f.

Man könnte meinen, diese Anführungszeichen seien einer phänomenologischen Unsicherheit in Hinblick auf die Unterscheidung von Empfindung und Auffassung geschuldet, welche sich allererst in den *Ideen I* mit der dort systematisch durchgeführten Trennung zwischen Empfindung und Auffassung klärt.[49] Ist diese Unsicherheit in Hinblick auf den Begriff eines empfundenen Zeitlichen aber tatsächlich ausschließlich Ausdruck eines noch nicht vollständig ausgereiften Denkprozesses, der in den *Ideen I* dann zur vorläufigen Reife gelangt? Diese textgeschichtliche Interpretation hat sicherlich ihre Berechtigung, scheint aber zu verdecken, dass diese Unsicherheit in den ZB möglicherweise gerade der inneren Problematik des Zeitbewusstseins geschuldet ist, welche auch 1913 für Husserl noch ein „Rätsel" bleibt. Die Hyle als Empfindungsinhalt der *Ideen I*, welche er 1913 so deutlich von der Morphe als Auffassung trennt, ist nicht die Hyle, das „empfundene" Zeitliche der ZB. Die *Ideen I*, so hatte Husserl 1913 explizit im Zusammenhang der Ausgrenzung der Zeitproblematik angemerkt, setzten sich mit der Objektseite der Konstitution auseinander. Das letzte Absolute aber, die Tiefen der konstituierenden Subjektivität, seien dabei ausgespart. Und eben dieses Ausgesparte sei Thema der Zeitvorlesungen von 1904/05 gewesen.[50] Der Empfindungsinhalt aus den *Ideen I* befindet sich daher nicht auf derselben Ebene wie das „empfundene" Zeitliche aus den Zeitanalysen. Der Empfindungsinhalt „weiß", der durch Auffassungscharaktere zu der Apperzeption einer weißen Wand mit ihrem noematischen Korrelat „weiße Wand" wird, ist nicht das „empfundene" Zeitliche, dem Husserl auch in der 1917 erfolgenden Bearbeitung der ZB noch seine Anführungszeichen lässt. Die in den *Ideen I* erfolgende Klärung des Begriffes des Empfindungsinhaltes und seines Verhältnisses zur dort behandelten Gegenstandsauffassung scheint deshalb in keiner Weise eine Klärung des Begriffes des „empfundenen" Zeitlichen innerhalb der Konstitution der Zeit liefern zu können. Was aber ist die eigentümliche Besonderheit eines „empfundenen" Zeitlichen, welches auf einer tieferen Ebene der Subjektivität dem Empfindungsinhalt der *Ideen I* noch zugrunde liegt? Und wie soll von dem, was Husserl „natürlich" und „selbstverständlich" als die Gesetze der Zeit bezeichnet, auf Temporaldaten und Auffassungscharaktere zurückgegangen werden, die in einer aufbauend von „unten" nach „oben" funktionierenden Sinnesschichtung der Konstitution verständlich machen, wie sich das Bewusstsein objektiver Zeit konstituiert? Hat nicht bereits das „empfundene" Zeitliche unhintergehbar den Sinn der höherschichtig konstituierten objektiven Zeit?

---

[49] In den ZB liegt die Betonung teilweise auf der Zweiteilung in „ein ‚empfundenes' Zeitliches und ein wahrgenommenes Zeitliches" (ZB, 371). An anderer Stelle betont Husserl wiederum ausdrücklich die Dreiteilung: „[D]ie Objektivität konstituiert sich eben nicht in den ‚primären' Inhalten, sondern in den Auffassungscharakteren und in den zu dem Wesen dieser Charaktere gehörigen Gesetzmäßigkeiten" (ZB, 372 f.). Eine Trennung zwischen Empfindung und Auffassung wird hier von Husserl nicht konsequent durchgehalten. Vgl. zu Husserls expliziter Unterscheidung der Hyle von der Morphe § 85 der *Ideen I*.

[50] Tatsächlich taucht der Gedanke eines absoluten zeitkonstituierenden Bewusstseins in der Vorlesung von 1904/05 allererst implizit auf, während er explizit erst in der Vorlesung von 1906/07 zur Geltung kommt. Vgl. Bernet: Einleitung, a. a. O., XXXIII–XXXVII.

Dieses Problem der phänomenologischen Begründung der objektiven Zeit im Ausgang von einer Reduktion auf das rein „empfundene“ Zeitliche ist in der Husserl-Forschung über zwanzig Jahre vor Ricœurs Formulierung der ersten Aporie der Zeit zum Thema gemacht worden. Eigler stellt 1961 in seinem Buch über metaphysische Voraussetzungen in Husserls Zeitanalysen die These auf, dass „die husserlsche Zeitinterpretation letztlich an der Bewegung des in der Welt Seienden“ und an der vermeintlich ausgeschalteten Weltzeit orientiert bleibe.[51] In seinem Buch über Zeit und Wahrnehmung bei Husserl weist Granel 1968 darauf hin, dass Husserl in den ZB zwar mit der dortigen hyletischen Phänomenologie auf ein tieferes Reflexionsniveau vordringe als in den *Ideen I*, dabei aber nur die Einheit von Empfundenem und Intentionalem von der Seite des Empfundenen betrachten könne, wobei die intentionale Einheit des Wahrgenommenen jedoch notwendig immer schon das Empfundene bestimme.[52] Und auch zwanzig Jahre nach dem Erscheinen von Ricœurs *Temps et récit* erklärt Brough Husserls Konzept der reinen zeitlichen Empfindung für unplausibel.[53] Alle diese Interpretationen vertreten die Auffassung, dass es Husserl nicht gelingt, die objektive Zeit im Ausgang von einem rein „empfundenen“ Zeitlichen phänomenologisch zu begründen, da dieses vermeintlich rein „empfundene“ Zeitliche unterschwellig und unwillkürlich immer schon Momente der allererst zu begründenden objektiven Zeit enthalte.

Ricœur meint im Zusammenhang seiner These der ersten Aporie, dass es Husserl nicht gelingt und nicht gelingen kann, „subjektive“ und „objektive“ Zeit in ein begrifflich denkbares Verhältnis zu bringen, weil diese beiden Zeitperspektiven grundsätzlich in einem unhintergehbar aporetischen Verhältnis zueinanderstünden. Bereits angesichts der ersten beiden Paragraphen der ZB lässt sich ein Anhaltspunkt dafür finden, dass sich bei Husserl bei der Bestimmung des Stufenverhältnisses zwischen „empfundenem“ Zeitlichen und zu konstituierender objektiver Zeit zumindest eine Schwierigkeit auftut: Kann die objektive Zeit mit ihren „selbstverständlichen“ Gesetzen reduziert werden auf „empfundenes“ Zeitliches, welches dann die Basis für höherstufige Zeitauffassungen und Zeitgegenständlichkeiten

---

[51] Eigler, Gunther: *Metaphysische Voraussetzungen in Husserls Zeitanalysen*. Meisenheim am Glan: Verlag Anton Hain 1961 (= Monographien zur Philosophischen Forschung. Bd. XXIV), 110.

[52] Vgl. Granel, Gérard: *Le sens du temps et de la perception chez E. Husserl*. Paris: Gallimard 1968, 22–38. Granel weist außerdem darauf hin, dass Ricœur in seiner erstmals 1950 veröffentlichten Übersetzung von Husserls *Ideen I* in mehreren Fußnoten den Zusammenhang von Hyle und Zeitlichkeit auf der Seite der phänomenologisch untersuchten Subjektivität betont. Vgl. Granel: *Le sens du temps et de la perception chez E. Husserl*, a. a. O., 36 und Husserl, Edmund: *Idées directrices pour une phénoménologie*. Übersetzt von Paul Ricœur. Paris: Gallimard 2003 (= Collection Tel. Bd. 94), 272 (Fußnote), 288 (Fußnote).

[53] Brough sieht den Grund für Husserls Festhalten an einem zeitlich Empfundenen darin, dass Husserls „cartesianische Motivation“ zur Zeit der frühen Zeitanalysen noch besonders stark gewesen sei. Vgl. Brough, John: Husserl's Phenomenology of Time-consciousness, a. a. O., 58 f. In Hinblick auf Husserls Konstitution des Raumes formuliert Pradelle die These, dass Husserls beanspruchter Rückgang auf eine reine Hyle nicht durchführbar ist. Vgl. Pradelle, Dominique: *L'archéologie du monde. Constitution de l'espace, idéalisme et intuitionnisme chez Husserl*. Dordrecht: Kluwer Academic Publishers 2000 (= Phaenomenologica. Bd. 157), insbesondere 167–173.

bildet?[54] Oder kann eine Zeitempfindung nicht ohne ihren objektive Zeit anvisierenden Auffassungscharakter, d. h. nie ohne Bezug auf objektive Zeit verständlich gemacht werden und ist deshalb untauglich als Fundament für eine Konstitution der Zeit in graduellen Schichten? Diese Fragen, welche das von Ricœur als aporetisch bezeichnete Verhältnis eines subjektiven, gerichteten Zeiterlebens zu einer festen, objektiven Zeitordnung betreffen, weisen die Richtung für die Auseinandersetzungen mit Husserls Zeitvorlesungen im folgenden Kapitel.

2.2.2 *Die Zeitobjekte und das originäre Zeitfeld*

Seit dem ersten Band der LU war Husserl zu einem radikalen Kritiker des Psychologismus geworden.[55] In den auf die LU folgenden Jahren hat er immer wieder Anstrengungen unternommen, bei seinen Rezipienten ein angemessenes Verständnis seiner Kritik am Psychologismus und der Abgrenzung seiner eigenen Phänomenologie vom Psychologismus entstehen zu lassen.[56] Im Rahmen dieser Abgrenzungsversuche zum Psychologismus, die mit Husserls Weg zur Begründung der Phänomenologie als transzendentaler Wissenschaft in Hand gehen, ist der Ansatz des ersten Abschnittes der Zeitvorlesungen bei „Brentanos Lehre vom Ursprung der Zeit“ zu sehen.[57] Husserl distanziert sich hier gegen seinen neben Weierstraß zweiten wichtigsten Lehrer auch in Hinblick auf die philosophische Bestimmung der Zeit, um von dieser Kritik aus seine eigene Phänomenologie der Zeit zu entwickeln. Wesentlich

---

[54] Boehm hebt in seiner Erörterung von „Husserls drei Thesen über die Lebenswelt“ hervor, dass „spätestens seit den zwanziger Jahren die Erörterung und Begehung der ‚Wege zur Reduktion‘ (nicht: Wege ‚der‘ Reduktion) in seiner [Husserls] Arbeit einen immer breiteren Raum vor dem angestrebten Vollzug der Reduktion selbst und seiner Beschreibung“ einnimmt. Boehm, Rudolf: Husserls drei Thesen über die Lebenswelt, in: Ströker, Elisabeth (Hg.): *Lebenswelt und Wissenschaft in der Philosophie Edmund Husserls*. Frankfurt am Main: Vittorio Klostermann 1979, 23–31 (1979), hier 26. Für Husserl wird die Reduktion, so Boehms These, zunehmend zu einem Problem und besteht für „Husserl selbst mit zunehmender Deutlichkeit nur in der Antizipation eines äußersten Zielpunkts“, welcher als „erstrebter künftiger Ausgangspunkt seines Denkens“ zu verstehen ist. Ebd.

[55] „Man ist gegen nichts strenger“, so Husserl unter Berufung auf Goethe im Vorwort zu LU I, „als gegen erst abgelegte Irrtümer“ (LU I, VIII). Es ist allerdings zu betonen, dass Husserl selbst nie denjenigen Psychologismus vertreten hat, den er in den LU so scharf kritisieren sollte. In der *Philosophie der Arithmetik* finden sich lediglich noch begriffliche Ungenauigkeiten, die zu einer psychologistischen Interpretation verleiten könnten, nicht aber im eigentlichen Sinne ein „Psychologismus“.

[56] Ein weiteres, besonders prominentes Beispiel dafür ist die programmatische Schrift „Philosophie als strenge Wissenschaft“ von 1911. Vgl. Husserl, Edmund: *Philosophie als strenge Wissenschaft*. Frankfurt am Main: Vittorio Klostermann 1965.

[57] ZB, 374. Der Einfluss von Meinong, Stern, James und Strong auf Husserl wird in dieser Arbeit ganz ausgeklammert. Vgl. dazu Kortooms: *Phenomenology of Time. Edmund Husserl's Analysis of Time-Consciousness*, a. a. O., 39–52. Vgl. zur Meinong-Stern-Debatte und Husserls Stellungnahme Rinofner-Kreidl, Sonja: *Edmund Husserl. Zeitlichkeit und Intentionalität*. Freiburg i. Br./München: Alber 2000 (= Phänomenologie), 311–344.

für Brentanos Zeitbegriff ist der Begriff einer ursprünglichen Assoziation, mit der er die Möglichkeit der Vorstellung einer Melodie begründen will.[58] Das Problem, das sich stellt, ist: Wie können wir die Vorstellung einer zusammenhängenden Melodie haben? Würden die Töne nur solange in der Wahrnehmung verbleiben, wie der Reiz andauert, so könnten wir lediglich ein unverbundenes Nebeneinander von Tönen, nicht aber eine Melodie wahrnehmen. Nehmen wir hingegen an, dass die Töne noch eine Weile, nachdem der Reiz nachgelassen hat, unmodifiziert im Bewusstsein verbleiben, so ergäbe es sich, dass wir ein „disharmonisches Tongewirr" wahrnähmen.[59] Brentanos Antwort auf dieses Problem ist, dass die Phantasie in dem Moment, unmittelbar nachdem der Reiz aufhört, produktiv wird und in ihr der Ursprung der Zeitvorstellungen liegt. Die Phantasie erzeuge unmittelbar nach jeder Wahrnehmung eine kontinuierliche Reihe von Vorstellungen, von denen eine jede den Inhalt der vorhergehenden reproduziere, indem sie den neueren Vorstellungen jeweils das charakterisierende Moment der Vergangenheit anfüge. Der so reproduzierte Inhalt werde durch die Kennzeichnung „vergangen" zwar nicht im Sinne einer qualitativen Bestimmung determiniert, aber er werde samt all seinen Qualitäten in eine Irrealität alteriert, so wie es Prädikate der Sorte „gewünscht", „erträumt" usw. täten. Allein das Jetzt sei eine reale Bestimmung und alteriere nicht, es determiniere aber auch nicht, da es dem Wahrnehmungsinhalt kein Merkmal hinzufüge.

Brentano, so Husserl, denke hier den Ursprung unseres Erfassens zeitlicher Prädikate als allein aus den Empfindungsinhalten abgeleitet. Durch die Tatsache, dass die frühere Empfindung nicht unverändert im Bewusstsein verbleibt, sondern einem psychologischen Gesetz zufolge sich von Moment zu Moment fortgesetzt modifiziert, entstehe ihm zufolge die Vorstellung der Sukzession, und der Empfindungsinhalt erscheine auf diese Weise mehr und mehr in die Vergangenheit zurückgeschoben. „Diese stetige Anknüpfung einer zeitlich modifizierten Vorstellung an die gegebene nennt Brentano ‚ursprüngliche Assoziation'".[60] In dieser ursprünglichen Assoziation werde für Brentano „die Empfindung [...] nun selbst schöpferisch: Sie erzeugt sich eine inhaltlich gleiche oder nahezu gleiche und durch den zeitlichen

---

[58] Vgl. ZB, 377. Husserl bezieht sich in den ZB ausschließlich auf Brentanos Zeitvorlesungen, da dieser seine Zeitanalysen selbst nie publiziert hat. Vgl. ZB, 368 f. Brentanos Zeitanalysen wurden 1976 postum anhand von Manuskripten veröffentlicht. Vgl. Brentano, Franz: *Philosophische Untersuchungen zu Raum, Zeit und Kontinuum*. Hg. und eingeleitet von Roderick Chisholm und Stephan Körner. Hamburg: Meiner Verlag 1976 (= Philosophische Bibliothek. Bd. 293). Die Herausgeber merken an, dass Brentano seine frühe Zeitauffassung, die Husserl kritisiert, schon 1894 als unhaltbar betrachtet hatte, Husserl den späten Zeitbegriff Brentanos aber nicht erwähnt (vgl. Chisholm, Roderick/Körner, Stephan: Einleitung der Herausgeber, in: Brentano, Franz: *Philosophische Untersuchungen zu Raum, Zeit und Kontinuum,* a. a. O., VIII–XXXIV, hier XXVII). Überdies waren Brentanos frühe Zeitvorlesungen Husserl nur indirekt durch Berichte älterer Brentano-Schüler, vor allem Stumpf und Marty, bekannt. Vgl. Bernet: Einleitung, a. a. O., XXII. Dennoch ist Husserls Kritik, unabhängig von ihrem Bezug zu den tatsächlichen Schriften Brentanos und dessen später modifiziertem Zeitbegriff, wichtig für das Verständnis von Husserls eigenem Ansatz bei der Zeitanalyse und soll deshalb auch hier berücksichtigt werden.

[59] ZB, 375.

[60] ZB, 377.

Charakter bereicherte Phantasievorstellung".[61] Brentano spreche aus diesem Grunde nicht von einer „Wahrnehmung" von Sukzession, da wir die Sukzession seiner Meinung nach nur scheinbar wahrnähmen, während sie in Wirklichkeit das Werk der ursprünglichen Assoziation sei. Die Phantasie komme über die Vergangenheit auch zu der Vorstellung der Zukunft und produziere über die bereits in der Wahrnehmung gegebenen Momente hinaus das „Gebilde des begrifflichen Vorstellens" einer unendlichen Zeit.[62] Dies sei dann nicht mehr eine originäre, sondern eine erweiterte Zeitanschauung, die, wie die zuerst genannte, auch der Phantasie, jedoch nicht der ursprünglichen Assoziation entspringe.

Husserls Grundkritik an Brentano ist, dass Brentano mit existierenden Objekten argumentiert, die Reize ausüben und Empfindungen in uns bewirken.[63] Diese Kausalbeziehungen sind Husserl zufolge aber nicht der angemessene Gegenstand einer philosophischen Untersuchung. Ebenso wenig seien dies psychologische Gesetze, aufgrund derer sich psychische Erlebnisse aus anderen psychischen Erlebnissen bilden. Es geht Husserl nicht darum, eine Theorie aufzustellen, die erklärt, wie unsere realen psychischen Wahrnehmungsprozesse funktionieren und welchen Gesetzen sie unterliegen, sondern er will sich allein an den gegebenen Phänomenen orientieren. Brentanos psychologisch orientierte Zeitanalyse aber mache Voraussetzungen, die im Rahmen einer phänomenologischen Zeitanalyse nicht gemacht werden dürften. Trotzdem entdeckt Husserl in Brentanos Analysen einen „phänomenologische[n] Kern".[64] Brentano habe richtig erkannt, so Husserl, dass die „Einheit des Gegenwärtiges und Vergangenes umspannenden Bewußtseins [...] ein phänomenologisches Datum" sei.[65] Es sei evident, so Husserl mit Brentano, dass Gegenwart und unmittelbar Vergangenes immer schon im Bewusstsein als Einheit gegeben sind. Brentano habe aber, und das ist Husserls zweite Kritik, diese phänomenologische Erkenntnis nicht plausibel interpretiert. Er könne im Rahmen seines Modells nicht erklären, inwiefern sich originäre Zeitanschauung als ursprüngliche Assoziation und nichtanschauliche erweiterte Zeitanschauung wie entfernte Erinnerung voneinander unterscheiden, da sie ja beide aus der Phantasie entspringen.[66] Seine Theorie sehe sich mit der Schwierigkeit konfrontiert, dass man bei der Erinnerung einer entfernt vergangenen Sukzession eine Phantasie der Phantasie erhält. Ein dritter Kritikpunkt ist, dass Brentano nicht zwischen auffassendem Akt, primärem Inhalt und aufgefasstem Objekt unterscheidet, sondern sich auf die von

---

61 Ebd.

62 Ebd.

63 „Offenbar bewegt sie [Brentanos Theorie] sich nicht auf dem Boden, den wir als notwendig für eine phänomenologische Analyse des Zeitbewußtseins erkannten: sie arbeitet mit transzendenten Voraussetzungen, mit existierenden Zeitobjekten, die ‚Reize' ausüben und in uns Empfindungen ‚bewirken' und dgl." (ZB, 378 f.).

64 ZB, 379.

65 Ebd.

66 „Es ist nun höchst auffallend, daß Brentano den sich hier aufdrängenden Unterschied von Zeitwahrnehmung und Zeitphantasie, den er unmöglich übersehen haben kann, in seiner Theorie der Zeitanschauung garnicht berücksichtigt" (ZB, 379).

Husserl so genannten primären Inhalte, also die reinen Empfindungen beschränkt. Zeitcharaktere, so Husserl, seien jedoch ebenso an den aufgefassten Objekten und den auffassenden Akten auszumachen, die von Brentano völlig unberücksichtigt bleiben.[67] Brentano könne mit seiner Theorie die Zeitcharaktere der anderen von Husserl behaupteten Konstitutionsstufen nicht erklären.

Husserls vierter Kritikpunkt ist der entscheidende für seine grundsätzliche Modifikation von Brentanos Zeitbegriff: Selbst wenn man Brentano in Bezug auf die primären Inhalte der Wahrnehmung folge, so müsse ihm zufolge das Zeitmoment als ein zu deren Qualität und Intensität Hinzutretendes verstanden werden. Das Moment „vergangen", das durch schöpferische Assoziation dazukommt, müsste jedoch gegenwärtig sein – genauso gegenwärtig wie das aktuell erlebte Moment „helle Klangfarbe". Das Moment „helle Klangfarbe" wäre dank der ursprünglichen Assoziation gegenwärtig – wenn auch vielleicht etwas weniger intensiv – und in eins damit vergangen; beide Zeitcharaktere hefteten sich diesem Moment an. An die immer gegenwärtig erlebten Inhaltsmomente wie die „helle Klangfarbe" würden sich also kontinuierlich neue zeitliche Momente „anstücken oder einschmelzen", die aber stets allesamt mit der „hellen Klangfarbe" gegenwärtig wären, was kein Bewusstsein von Sukzession plausibel machen könne.[68] Brentano, so Husserl, kann deshalb nicht erklären, woher wir denn wissen, dass ein erlebter Ton schon früher da war. Er kann nicht erklären, warum der Ton, den ich jetzt bewusst habe mit seinem neuen Charakter „vergangen" derselbe sein soll wie der, der jetzt nicht mehr im Bewusstsein ist, sondern gewesen ist.[69] Die Verknüpfung des vergangenen Tones zum gegenwärtigen Ton bleibe unklar, wenn man, wie Brentano, das Zeitmoment ausschließlich auf der Ebene der Empfindungsinhalte sucht.

Meint Husserl angesichts dieser Kritik also doch, dass sich eine phänomenologische Zeituntersuchung auf die Ebene der Auffassungsakte und Aktgegenstände konzentrieren muss? Ist es doch nicht das „empfundene" Zeitliche, die Hyle, die die Zeitkonstitution in letzter Instanz verständlich machen soll? Im Folgenden wird zu zeigen sein, dass Husserl nicht von seiner Priorisierung der Hyle bei der Zeitanalyse Abstand nimmt, er aber gleichzeitig eine zeitanalytische Konzentration auf Empfindungsinhalte der Art, wie Brentano sie verfolgt, für phänomenologisch unhaltbar hält. In seiner eigenen Erklärung des „phänomenologischen Kerns" bei Brentano schlägt Husserl einen Mittelweg ein, der die Schicht des „empfundenen" Zeitlichen über eine *besondere* Intentionalität zu klären versucht, die nicht denjenigen Auffassungscharakter hat, der den Noesen aus den *Ideen I* zukommt. Es geht ihm dabei darum, das phänomenologische Datum verständlich zu machen, wie Gegenwart und

[67] „Diese Ausführungen sind in verschiedener Hinsicht unbefriedigend. Zeitcharaktere, Sukzession und Dauer finden wir nicht bloß an den primären Inhalten vor, sondern auch an den aufgefaßten Objekten und den auffassenden Akten. Eine Zeitanalyse, die sich auf eine Schicht beschränkt, ist nicht zureichend, sie muß vielmehr allen Schichten der Konstitution folgen" (ZB, 380 f.).

[68] ZB, 382.

[69] „Woher haben wir die Idee der Vergangenheit? Das Gegenwärtigsein eines A im Bewußtsein, durch Anknüpfung eines neuen Moments, mögen wir es auch Moment des Vergangen nennen, vermag nicht das transzendierende Bewußtsein zu erklären: es sei A vergangen" (ZB, 381).

unmittelbare Vergangenheit auf der Ebene des zeitlich Empfundenen in ursprünglicher Einheit gegeben sind. Diese ursprüngliche phänomenale Einheit gehört aber einer tieferen Schicht an als die objektorientierte Einheit zwischen der Hyle des Empfindungsinhaltes und der Morphe der Gegenstandsauffassungen in den *Ideen I*. Diese phänomenale Einheit von Gegenwart und unmittelbarer Vergangenheit liegt der dortigen hyletisch-morphischen Einheit noch zugrunde, und zwar auf Seiten der Hyle. Was zeigt sich Husserl zufolge in dieser Schicht des „empfundenen" Zeitlichen, die Granel im Unterschied zu der Hyle der *Ideen I* als „Hyle in einem tieferen Sinne" bezeichnet?[70]

Da Zeitliches nicht rein für sich zum Untersuchungsgegenstand gemacht werden kann, habe sich die phänomenologische Reflexion auf die Zeit an so genannten „*Zeitobjekten*" zu orientieren.[71] „Unter *Zeitobjekten im speziellen Sinn*", so bestimmt Husserl seinen Untersuchungsgegenstand, „verstehen wir Objekte, die nicht nur Einheiten in der Zeit sind, sondern die Zeitextension auch in sich enthalten".[72] Husserls Paradebeispiel hierfür ist der phänomenologisch reduzierte Ton und in einem erweiterten Sinne die Melodie, da es zu deren Wesen gehört, sich erst über eine „Zeitextension" hinweg als Ton oder Melodie zu erweisen.[73] Es sind diese dem Bewusstsein adäquat gegebenen Zeitobjekte, es ist dieser Ton, der „rein als hyletisches Datum" die Zeitanalyse leitet.[74] Das Tonobjekt soll als hyletisches Datum ein reines „Material" liefern, welches zeitphänomenologisch zu untersuchen ist. Auffassungen, wie sie den hyletischen Empfindungsinhalten aus den *Ideen I* als formende, beseelende Auffassungscharaktere zugeordnet werden, spielen erst auf einer höheren Konstitutionsstufe eine Rolle und sollen hier außer Betracht bleiben. Das Objekthafte des Zeitobjektes sieht Husserl hier nicht durch derartige Auffassungen konstituiert, sondern es gibt sich auf einer tieferen hyletischen Ebene als hyletisches Datum. Was geschieht nun in einem Bewusstsein des Tones, wenn man diesen rein als hyletisches Datum versteht und wie kann dieses Zeitobjekt Ton die unmittelbar gegebene Einheit von Gegenwart und Vergangenheit verständlich machen?

---

[70] Granel spricht von diesem Untersuchungsfeld als dem der „Hyle in einem tieferen Sinne (und nicht ‚einfachen'), d. h. in einem ursprünglichen Leben der Immanenz, wo die Gegensätze noch nicht in eine tote Form der Exteriorität übergangen sind" (Granel: *Le Sens du Temps et de la Perception chez E. Husserl*, a. a. O., 44). Mit der „toten Form der Exteriorität" bezieht sich Granel auf die objektorientierte statische Phänomenologie der *Ideen I*.

[71] ZB, 384.

[72] ZB, 384.

[73] Der Ton kann bei Husserl unter Umständen auch als transzendenter aufgefasst werden, wenn er z. B. als der Ton einer Violine intendiert ist und in die dem Bewusstsein transzendente Welt eingeordnet wird. Diese Möglichkeit klammert Husserl mit der Untersuchung der Gegebenheit des immanenten Tones aber aus. Die apperzeptive Konstitution eines transzendenten Gegenstandes wie eines Tisches – dies ist Husserls Beispiel aus den *Ideen I* – ist hingegen grundsätzlich anderer Art. Sie müsste auf Apperzeptionen zurückgreifen, die die nicht adäquat gegebene Rückseite des Gegenstandes hinzukonstituieren, um aus den Empfindungen eine Wahrnehmung des Tisches zu machen. Vgl. *Ideen I*, § 41. Bemerkenswert ist, dass in der Zeitanalyse und ihren Tonbeispielen dem Hören eine privilegierte Rolle zukommt, während in den Gegenstandsanalysen der *Ideen I* das Sehen im Vordergrund steht.

[74] ZB, 385.

Für das Bewusstsein eines Zeitobjektes ist entscheidend, dass nie nur eine punktuelle Jetztphase, sondern mindestens immer auch die soeben vergangene und die sogleich kommende Phase unmittelbar bewusst sind, was Husserl von einem „origi-näre[n] Zeitfeld" sprechen lässt.[75] „[V]oll eigentlich wahrgenommen" sei zwar nur der als Jetzt charakterisierte Punkt der Dauer.[76] Aber dieser Jetztpunkt verknüpft sich derart mit unmittelbarer Vergangenheit und unmittelbarer Zukunft, dass auch der Ton als ganzer oder sogar eine Melodie als ganze wahrgenommen sein kann, solange eine der Phasen jetzt bewusst ist. Husserl versucht, diese gegebene Einheit von Gegenwart und naher Vergangenheit mithilfe eines Diagrammes plausibel zu machen.[77]

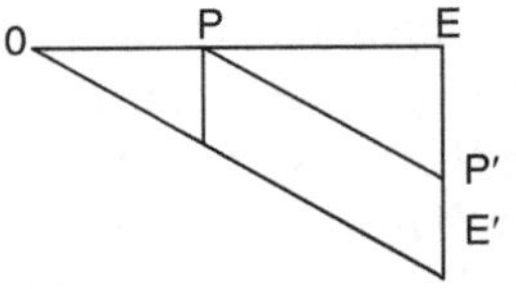

0E – Reihe der Jetztpunkte
0E′ - Herabsinken
EE′ - Phasenkontinuum
(Jetztpunkt mit
Vergangenheitshorizont)

Das Zeitobjekt hat immer einen ersten Ablaufsmodus, mit dem es zu sein anfängt. Dieser Modus ist das Jetzt (in Husserls Diagramm 0). Das Jetzt wandelt sich jedoch mit dem Auftauchen eines neuen Jetzt sogleich in ein Vergangen (in Husserls Beschriftung erkennbar im Übergang von P zu E, in dem sich P in P′ wandelt), wodurch eine „Doppelkontinuität der Ablaufsmodi" entsteht:[78] Zum einen besteht eine zeitstrahlförmige Kontinuität der Ablaufsmodi der Objektdauer (horizontale Achse 0E), zum anderen baut sich kontinuierlich für jedes neue Jetzt der Objektdauer ein die vergangenen Jetztpunkte festhaltendes Phasenkontinuum auf (EE′), welches selbst durch das stetige Auftreten neuer Jetztpunkte kontinuierlich herabsinkt (EE′ würde in neuen Jetztpunkten zu E′E″, dann zu E″E‴ usw.).[79]

Den dem Bewusstsein gegebenen Ausgangspunkt, den „Quellpunkt" eines dauernden Zeitobjektes, der ursprünglich im Modus 0 bewusst ist, nennt Husserl eine „Urimpression".[80] Diese ist Urimpression von dem ersten Jetzt des Zeitobjektes. Die Urimpression wandelt sich jedoch sogleich in ein Gewesen, so dass sie dann in einer so genannten „Retention" bewusst ist (sie ist von 0 zurückgesunken auf den von Husserl unmarkierten Punkt vertikal unter P),[81] welche das Vorhin, das Soeben, das Nicht-mehr des Zeitobjektes festhält. Diese Retention ist selbst wieder ein Jetzt,

---

[75] ZB, 391.

[76] ZB, 387.

[77] Vgl. ZB, 389.

[78] ZB, 390.

[79] Husserls Beschriftung des Diagrammes ist insofern irreführend, als PP′ das Herabsinken eines Jetztpunktes darstellt, EE′ aber das Phasenkontinuum des Jetztpunktes und seines Vergangenheitshorizontes bezeichnet. Boehm hat dies in Husserliana X verbessert.

[80] ZB, 389 und 390.

[81] ZB, 390.

nämlich P. Auch P ist eine Urimpression, da es der Ursprung einer weiteren Tonphase ist; gleichzeitig ist in P jedoch die Urimpression aus 0 retentional bewusst. Auf die erste Retention folgt dann eine Retention der Retention usw., die „in Form einer Abschattungsreihe das Erbe der Vergangenheit in sich trägt."[82] Mit „Abschattung" bezeichnet Husserl hier ein zeitlich bedingtes Unklarerwerden des Zeitobjektes.[83] Jedes neue Jetzt fügt sich nicht einfach an eine feststehende Struktur an, sondern verändert jedes Mal die gesamte Abschattungsreihe der Vergangenheit. Die Jetzt-Auffassung, so Husserl, „ist gleichsam der Kern zu einem Kometenschweif von Retentionen, auf die früheren Jetztpunkte der Bewegung bezogen" (EE′).[84] Und wie bei einem Kometenschweif, so wird auch diese Abschattungsreihe der Retentionen so modifiziert, dass eine stetige Zurückschiebung des retinierten Objektes oder der Objektphase in die Vergangenheit erfolgt, bis das Objekt schließlich aus ihr verschwindet. Die Metapher des Kometenschweifes trifft den von Husserl gemeinten Sachverhalt insofern, weil der Kometenschweif wie die von Husserl so bezeichnete Jetzt-Auffassung einen Kern des Lichtes, einen Kern der absoluten Sichtbarkeit im Sinne von Anschaulichkeit hat, welcher beim Rücksinken in die Vergangenheit, wie Husserl über das zeitliche Objekt sagt, „dunkel" wird.[85]

Wie aber kann ein Ton in diesem Prozess der Doppelkontinuität der Ablaufsmodi als ein identisches immanentes Zeitobjekt gegeben sein, mit anderen Worten, wie ist es möglich, dass wir über diesen kontinuierlichen Prozess von Quellpunkt mit immer neuen Urimpressionen und Abschattungsreihen so etwas wie identische hyletische Objekte bewusst haben können? Wie kann im zeitlichen „Fließen" eine solche identifizierbare „Starrheit" auftreten, sei sie auch hyletischer Art? Zeit kann für Husserl phänomenologisch nur über Zeitobjekte aufgeklärt werden und eben diese Zeitobjekte, verstanden als „rein hyletische Daten", sind dem Bewusstsein

---

[82] ZB, 390.

[83] Den Begriff der Abschattung verwendet Husserl in den *Ideen I* im Zusammenhang der perspektivischen Gegebenheitsweise von räumlichen Gegenständen: „Die Farbe des gesehenen Dinges ist prinzipiell kein reelles Moment des Bewußtseins von Farbe, sie erscheint, aber während sie erscheint, kann und *muß* bei ausweisender Erfahrung die Erscheinung sich kontinuierlich verändern. *Dieselbe* Farbe erscheint ‚in' kontinuierlichen Mannigfaltigkeiten von Farben*abschattungen.* Ähnliches gilt für jede sinnliche Qualität und ebenso für jede räumliche Gestalt" (*Ideen I*, 74). Durch freie Bewegung im Raum habe ich jedoch auf diese Art von Abschattungen einen gewissen Einfluss, den ich bei der notwendig so und nicht anders ablaufenden zeitlichen Abschattung nicht habe.

[84] ZB, 391.

[85] ZB, 388. In der *Philosophie der Arithmetik* findet sich in gewisser Weise eine Vorform dieser Metapher, wenn Husserl dort die zeitliche Konfiguration dem Oberbegriff eines figuralen Momentes unterordnet: „All das, was wir hier für Mengen innerhalb des Gesichtsfeldes ausgeführt haben, läßt sich offenbar auf alle Arten sinnlicher Mengen übertragen; desgleichen auf Mengen überhaupt, sei es in der Phantasie vorgestellter sinnlicher Objekte, sei es psychischer Akte. Bei den Letzteren bildet z. B. die zeitliche Folge und überhaupt die zeitliche Konfiguration (das genaue Analogon der räumlichen) ein derartiges Moment. Es wäre vielleicht nicht unpassend, für diese den Sinnesqualitäten analogen Eigentümlichkeiten einheitlicher Anschauungen – in Anknüpfung an ihren markantesten Spezialfall – den Terminus *figurales* Moment zu wählen" (Husserl: *Philosophie der Arithmetik*, a. a. O., 209).

immer schon als sich im Zurücksinken durchhaltende Daten gegeben. Das heißt, bei jedem Anfangen und Zurücksinken ist es immer schon *dieselbe* Tonphase und ihre selbe Dauer, welche bewusst ist.[86] Ihre sich im Zurücksinken durchhaltende Starrheit scheint für Husserl nicht erst aus einem reinen Fließen erzeugt werden zu müssen, sondern diese Starrheit ist *immer schon* mit dem hyletischen Datum Ton gegeben. Das, was sich während des Fließens erst nach und nach zu einer Identität aufbaut, ist hingegen die Einheit des gesamten Tones mit allen seinen Phasen, welcher anschaulich und erfüllt erst dann als ganzer gegeben ist, wenn er vollständig abgelaufen ist und als ganzer in die Vergangenheit sinkt.[87] Seit der ersten Tonphase aber, die von dem gegebenen Jetzt aus in die Vergangenheit rückt, rücken identifizierbare Tonphasen in die Vergangenheit. Für Husserl kommt auf der Basis des hyletischen Tondatums das Moment der Starrheit dieses Datums und seiner Dauer zu unmittelbarer Gegebenheit. Diese Gegebenheit des Momentes der Starrheit der Zeit hat allerdings auf dieser Ebene der reinen hyletischen Daten noch nichts mit der phänomenal transzendenten objektiven Zeit zu tun. Deren Konstitution befindet sich auf einer höherstufigen Ebene und Husserl thematisiert sie erst in § 32.

In § 33 treten allerdings Formulierungen auf, die den Eindruck erwecken, das Jetzt müsse eine Zeitstelle im Sinne einer Erzeugung erst hervorbringen, ohne schon auf der Ebene des hyletischen Tondatums gegeben zu sein.[88] Während eine Zeitstelle der transzendenten, objektiven Zeit der Welt zwar tatsächlich erst durch eine gesonderte Auffassung zu einer solchen wird, scheint dies für die Starrheit eines hyletischen Tondatums und seiner Dauer nicht zu gelten. Sobald ein Übergang von Jetzt in Retention erfolgt, ist auch ein sich identisch durchhaltendes Moment zu beobachten. Wenn eine jetzige Tonphase in eine Retention absinkt, so kann dieses Absinken nur erfolgen, weil *etwas* absinkt. Ein isoliertes punktuelles Jetzt aber, so

[86] „Wir […] nehmen den Ton rein als hyletisches Datum. Er fängt an und hört auf, und seine ganze Dauereinheit, die Einheit des ganzen Vorgangs, in dem er anfängt und endet, ‚rückt' nach dem Enden in die immer fernere Vergangenheit. In diesem Zurücksinken ‚halte' ich ihn noch fest, habe ihn in einer ‚Retention', und solange sie anhält, hat er seine eigene Zeitlichkeit, ist er derselbe, seine Dauer ist dieselbe" (ZB, 385). „Der Gegenstand behält seinen Ort, ebenso behält der Ton seine Zeit, jeder Zeitpunkt ist unverrückt, aber er entflieht in Bewußtseinsfernen, der Abstand vom erzeugenden Jetzt wird immer größer" (ZB, 386). In § 41 betont Husserl, dass „die zeitliche Extension aus der Sphäre der Evidenz und wahrhaften Gegebenheit" nicht ausgeschlossen werden dürfte, wenn die „viel beredete Evidenz der inneren Wahrnehmung" ihren Sinn behalten solle, „d. h. in jedem Jetzt tritt nicht ein anderer Ton auf, sondern immerfort und kontinuierlich derselbe. Daß immerfort derselbe auftritt, diese Kontinuität der Identität ist ein innerer Charakter des Bewußtseins" (ZB, 438).

[87] Husserl problematisiert nicht explizit, inwiefern er es für gerechtfertigt hält, bei Tönen von „Anschauung" zu sprechen. Dieser Wortgebrauch lässt sich aber aus der zuvor schon angeführten Bedeutung von „Noesis" verstehen. Vergangenheitsanschauung heißt für Husserl allgemein, dass der Ton dem Bewusstsein originär als vergangener gegeben ist. „Anschaulich" ist demnach äquivalent zu „direkt gegeben" und ist der Vergegenwärtigung entgegengesetzt, ohne notwendig einen Bezug zum sinnlichen Sehen zu haben.

[88] „Das aktuelle Jetzt ist *ein* Jetzt und konstituiert *eine* Zeitstelle" (ZB, 426 f.). „Zum apriorischen Wesen der Zeit gehört es, […] daß die Homogeneität der absoluten Zeit unaufhebbar sich konstituiert im Abfluß der Vergangenheitsmodifikationen und im stetigen Hervorquellen eines Jetzt, des schöpferischen Zeitpunktes, des Quellpunktes der Zeitstellen überhaupt" (ZB, 427).

hatte Husserl in seiner Kritik an Brentano ausdrücklich vertreten, kann Zeit nicht verständlich machen. Um Zeit verständlich zu machen, braucht es den fließenden Übergang von Jetzt in Retention, in dem *dasselbe als vergangen* bewusst ist. Wenn Husserl hier von dem Entquellen von Zeitstellen aus dem Jetzt spricht, so ist wie bei einer wirklichen Quelle die Quelle nicht von dem ihr entquellenden Wasser zu trennen. Das sich starr erhaltende Moment wird erst ersichtlich durch das Fließen, in dem es sich erhält. Und das Fließen wird erst ein solches, weil sich in ihm Identisches erhält. Möglicherweise war Husserl in den erwähnten ambivalenten Formulierungen versucht, aus einem reinen Fließen identisch sich durchhaltende Momente in Abstufung allererst hervorgehen zu lassen. Seine Beschreibung der phänomenalen Sachlage scheint aber eine Gleichursprünglichkeit von Fließen und Starrheit nahezulegen, wenn auch diese Starrheit noch nicht diejenige der transzendent objektiven Zeitordnung ist.

In welchem Verhältnis steht nun aber das Fließen zu dieser ebenfalls gegebenen Starrheit des immanenten identischen Zeitobjektes Ton oder Tonphase? Beim Vergangenheitsbewusstsein des Tones, so Husserl, ändert sich die „Weise wie" dieser selbe Ton gegeben ist. Mit zunehmendem Zurücksinken in die Vergangenheit wird der Abstand vom Jetzt größer und das Zeitobjekt wird dunkel und zieht sich zusammen, es verschwimmt in seinen Konturen bis es schließlich nur noch „leer bewusst" ist als etwas, das gewesen ist, von dem aber anschaulich nichts mehr festgehalten wird. Den Tonqualitäten fügt sich bei Husserl kein brentanosches Moment „vergangen" an, sondern die „Weise wie" des Tones zu erscheinen ändert sich für den ganzen Ton. Analoges, so Husserl, gilt über das Zeitobjekt für die Zeitcharaktere selbst. Ein Jetzt ist nicht, wie bei Brentano, im nächsten Moment vergangen *und* jetzt, sondern es ist dasselbe Jetzt, welches dem Bewusstsein allerdings in seinem „Wie" anders gegeben ist – als vergangenes Jetzt, als eine vergangene Zeitstelle.[89]

Wenn sich in der Retention die „Weise wie" der Gegebenheit des Zeitobjektes ändert, hat man es dann mit verschiedenen Auffassungen desselben Objektes zu tun, sowie in den *Ideen I* durch verschiedene beseelende Auffassungen eine intentionale Ausrichtung auf einen identischen Gegenstand Tisch erfolgt? Husserl vertritt entschieden die Position, dass die Retention eine ganz besondere Art von Ausrichtung auf ihr Retiniertes ist und nicht mit Vergegenwärtigung, Verbildlichung oder auch Nachhallen in Verbindung gebracht werden darf.[90] Mit der Retention und im Weiteren mit dem Begriff des originären Zeitfeldes liefert er sein Alternativmodell zu der von ihm kritisierten brentanoschen Theorie der ursprünglichen Assoziation. Durch das Konzept der nicht vergegenwärtigenden Retention will Husserl klären, wie ein anschauliches Wahrnehmen, und nicht ein brentanosches phantasierendes Vorstellen, einer Sukzession und damit einer Melodie möglich ist. Wie allerdings genau die Besonderheit der Retention zu bestimmen ist, ist ein weitaus größeres Problem.

[89] „Der Ton selbst ist derselbe, aber der Ton ‚in der Weise wie' erscheint als ein immer anderer" (ZB, 386). „Das ‚Objekt im Ablaufsmodus' ist in dieser Wandlung immer wieder ein anderes, während wir doch sagen, das Objekt und jeder Punkt seiner Zeit und diese Zeit selbst sei ein und dieselbe" (ZB, 388).

[90] Vgl. ZB, 392.

Husserl nennt sie auch „primäre Erinnerung",[91] da sie als Vergangenheitsanschauung und originäres Bewusstsein grundsätzlich von der bloß vergegenwärtigenden, sekundären Erinnerung zu unterscheiden ist. In einer Retention ist der retinierte Ton nicht reell im retentionalen Bewusstsein vorhanden,[92] d. h. er gehört dem Bewusstsein im Gegensatz zu Empfindungen und Auffassungen nicht selbst zu. Da Husserl diese Option eines reellen Enthaltenseins des retinierten Tones im Bewusstsein ausschließt, liegt es nahe, den retinierten Ton als intentionalen Gegenstand zu verstehen, der durch eine reell dem Bewusstsein zugehörige Auffassung intentional vermeint ist. Aber auch das lehnt Husserl ab, denn wenn das Retinierte intentionaler Gegenstand sei, könne der Charakter unmittelbarer Anschaulichkeit der Retention und ihr Unterschied zur vergegenwärtigenden Erinnerung nicht mehr verständlich gemacht werden.[93] Welche alternative Bestimmung der Retention aber kann aus diesem Dilemma herausführen?

Es ist hier, wenn nicht gar ein Schwanken, so doch mindestens eine gewisse Sprachnot bei Husserl zu erkennen. Zunächst heißt es in der von Edith Stein bearbeiteten Fassung der Zeitvorlesungen: „Und in diesem [retentionalen, I.R.]

---

[91] Vgl. ZB, § 19.

[92] Vgl. ZB, 392. Husserl spricht hier davon, dass der nicht mit dem retinierten Ton zu verwechselnde Nachhall dem Bewusstsein reell zugehörig wäre. Er scheint also den aktuell gegenwärtigen intentionalen Gegenstand zumindest in diesem Beispiel noch als dem Bewusstsein reell zugehörig und nicht nur als intentional vermeint zu denken. Dies ist für die hier anzustellende weitere Untersuchung allerdings von untergeordneter Bedeutung und wird deshalb nicht weiterverfolgt.

[93] Derrida wirft Husserl in *La voix et le phénomène* eine „Metaphysik der Präsenz" vor. Vgl. Derrida: *La voix et le phénomène. Introduction au problème du signe dans la phénoménologie de Husserl*, a. a. O., 4 ff., 67–77./dt.: *Die Stimme und das Phänomen. Einführung in das Problem des Zeichens in der Phänomenologie Husserls*, a. a. O., 13 f., 83–94. Die Selbstpräsenz im Ausdruck aus der ersten logischen Untersuchung, so Derrida, werde bei Husserl allerdings von dem subversiven Charakter des originären Zeitfeldes unterminiert. Die „gemeinsame Wurzel" von Retention und Repräsentation liege in der „Möglichkeit der Wieder-holung in ihrer allgemeinsten Form", in „der Spur in ihrem universalsten Sinne" (a. a. O., 92). Da Derrida die Retention der Seite der Repräsentation und des Anzeichens zurechnet, ist auch die Retention auf ein Spurenlesen in der unendlichen Bewegung der *différance* angewiesen. Gerade die hier angezeigte Ambivalenz der Retention, die bereits bei Husserl selbst mit einer Problematik ihrer Definition einhergeht, scheint jedoch in Derridas zeichentheoretischer Interpretation der Zeitvorlesungen tendenziell verloren zu gehen. Für Husserl soll in der Retention das Retinierte eben *als Abwesendes anschaulich* werden und gerade nicht als ein intentionaler Gegenstand, der in einer Vergangenheitsauffassung (wieder) präsentiert wird und dann in einem derridaschen Sinne als ein Anzeichen spurhaft zu interpretieren wäre. Ricœur betont mit Derrida den subversiven Charakter des originären Zeitfeldes, interpretiert diesen jedoch nicht mit Derrida kritisch als unwillkürliche Unterminierung von Husserls zeichentheoretischer Metaphysik der Präsenz, sondern affirmativ als eine alteritätsoffene Metaphysik der Präsenz der lebendigen Gegenwart, die die Metaphysik der Jetztpunktpräsenz gerade überwindet. Vgl. TR III, 55 (Fußnote)/ZE III, 47 f. (Fußnote), 52. Es wird auf diese Zusammenhänge im vierten Teil bei der Auseinandersetzung mit Ricœur zurückzukommen sein. Zu einer ausführlichen Kritik an Derridas Kritik an Husserl, welche die Probleme von Derridas Lektüre ebenso hervorhebt wie ihre Fruchtbarkeit für Derridas eigene Zeichentheorie vgl. Bernet, Rudolf: *La vie du sujet. Recherches sur l'interprétation de Husserl dans la phénoménologie*. Paris: Presses Universitaires de France 1994 (= Épiméthée. Essais Philosophiques.), 267–296.

Bewußtsein ist das eben Gewesene in gehöriger Kontinuität bewußt, und in jeder Phase in bestimmter ‚Erscheinungsweise' mit den Unterschieden von ‚Inhalt' und ‚Auffassung'."[94] Schon eine Seite darauf aber liest man: „Das retentionale Bewußtsein enthält reell Vergangenheitsbewußtsein vom Ton, primäre Tonerinnerung, und ist nicht zu zerlegen in empfundenen Ton und Auffassung als Erinnerung."[95] Die zahlreichen Anführungszeichen in dem zuerst angeführten Zitat scheinen einer Verlegenheit Husserls zuzuschreiben zu sein, die darin besteht, angemessene Worte für den phänomenalen Sachverhalt zu finden. Die Retention soll ein intentionales, aktuelles und anschauliches Bewusstsein einer vergangenen Bewusstseinsaktualität sein, die aktuell festgehalten, jedoch nicht als intentionaler Gegenstand erfahren wird. Was aber, so fragt Bernet zu Recht, „ist ein intentionales Bewußtsein ohne intentionalen Gegenstand?"[96] Die Retention soll sich auf ein ihr nicht reell einwohnendes Bewusstseinsmoment beziehen, dieses Bewusstseinsmoment ist jedoch kein intentionaler Gegenstand. Sie wird Empfindung genannt und soll sich doch nicht auf etwas ihr Einwohnendes beziehen.[97] Der Retention stellt Husserl die Protention gegenüber, welche er in den ZB allerdings nicht ausführlich behandelt. Sie ist analog zur Retention eine „Erwartungsanschauung", die jedoch so lange unbestimmt und offen ist, bis sie in einer darauf folgenden eigentlichen Wahrnehmung erfüllt wird.[98] Wie diese Erwartungsanschauung das Erwartete intentional, aber

---

[94] ZB, 392.

[95] ZB, 393.

[96] Bernet, Rudolf: Die ungegenwärtige Gegenwart. Anwesenheit und Abwesenheit in Husserls Analyse des Zeitbewußtseins, in: Orth, Ernst Wolfgang (Hg.): *Zeit und Zeitlichkeit bei Husserl und Heidegger*. München/Freiburg: Verlag Karl Alber 1983, 16–57, hier 43. Sowohl das Schema Auffassung – Auffassungsinhalt als auch seine Zurücknahme scheinen in Hinblick auf die Retention mit dieser Problematik eines intentionalen Bewusstseins ohne intentionalen Gegenstand konfrontiert zu bleiben. Daher lässt sich daran zweifeln, ob Husserls Versuche einer Revision dieses Schemas das angezeigte Problem lösen können. Vgl. beispielsweise Husserl, Edmund: *Phantasie und Bildbewußtsein*. Hg. von Eduard Marbach. Texte nach Husserliana XXIII. Hamburg: Meiner Verlag 2006 (= Philosophische Bibliothek. Bd. 576), Nr. 8.

[97] Diese Schwierigkeit mit dem Retentionsbegriff lässt sich noch bis in das Wort hinein verfolgen. In Hinblick auf die Protention – der Hinweis lässt sich jedoch auch auf die Retention übertragen – merkt Held an, dass sich sowohl das Verb „protendieren" (mit Rückbezug auf lat. *tendere*, „spannen, ausspannen") als auch das Verb „protenieren" oder „protinieren" (mit Rückbezug auf lat. *tenere*, „halten") bilden ließen. Vgl. Held, Klaus: Phänomenologie der „eigentlichen Zeit" bei Husserl und Heidegger, in: *Internationales Jahrbuch für Hermeneutik. Bd. 4 Schwerpunkt: Platon und die Hermeneutik*. Tübingen: Mohr Siebeck 2005, 251–273, hier 260 (Fußnote). Entsprechend würde „retendieren" den intentionalen Bezug auf etwas sich Erhaltendes und „retenieren" oder „retinieren" das Festhalten akzentuieren.

[98] ZB, 414. Am deutlichsten thematisiert Husserl die Protention in den ZB in § 24, im Zusammenhang der Wiedererinnerung. Lohmar hat in einem Aufsatz über Husserls Protentionsbegriff in den Bernauer Manuskripten darauf hingewiesen, dass sogar die wenigen Textstellen der ZB zur Protention aus der Überarbeitung von 1917 stammen. In den Manuskripten von 1917/18 erfährt die Protentionstheorie dann wesentliche Änderungen und Erweiterungen, die in dem genannten Aufsatz systematisiert und weitergedacht werden. Vgl. Lohmar: What Does Protention „Protend"? Remarks On Husserl's Analyses of Protention in the Bernau Manuscripts On Time-Consciousness, a. a. O.

nicht gegenständlich anvisiert, bleibt ähnlich rätselhaft wie bei der den Text der ZB dominierenden Retention.

Gemeinsam mit ihrer Zentrierung um die Urimpression ergeben Retention und Protention das originäre Zeitfeld der Gegenwartszeit, die wesentlich nicht punktuell, sondern als ein Jetzt mit seinem „Zeithof" zu denken ist,[99] welcher aus dem lebendigen Horizont des Nicht-mehr und des Noch-nicht besteht. In diesem hyletischen Gegenwartsfeld aber findet sich, wie gezeigt wurde, eine grundsätzliche, im Zusammenhang von Husserls Bestimmung der Retention zutage tretende Rätselhaftigkeit. Diese Schwierigkeit bei der Retentionsbestimmung lässt sich rückblickend bereits in Husserls Diagramm und seiner dazugehörigen Erläuterung antreffen. Das Retinierte kann im Diagramm nur als ein Punkt mit dem Index „ ′ " dargestellt werden (P′), das Verhältnis des neuen Jetzt zum Retinierten (E zu P′) suggeriert aber ein intentionales Verhältnis der Gegenständlichkeit, das in einer Darstellung durch Linien und darauf markierten Punkten nicht umgangen werden kann. In der näheren Erläuterung seines Diagramms rekurriert Husserl dann auch auf eine Metapher, die des Kometenschweifes der Retentionen, die diesem durch die Linien bewirkten Eindruck des Diagrammes durch das Bild eines dunkler werdenden Kometenlichtes entgegenwirkt. Die Rätselhaftigkeit der Retention könnte zumindest einer der Gründe dafür sein, dass Husserl die Zeitanalysen aus den *Ideen I* ausgeklammert hat, denn, so Boehm zu Recht, es handelt „sich bei den Phänomenen des ursprünglichen Zeitbewusstseins keineswegs um irgendwelche Randphänomene, sondern um das letztlich absolut Gegebene [...], bei dem Schema ‚Auffassungsinhalt – Auffassung' aber nicht um eine unter anderen Distinktionen mehr, sondern in der Tat um den Grundunterschied, in dem Husserls Konstitutionsproblematik ursprünglich Wurzel schlug."[100]

Lässt sich etwas aus dieser Auseinandersetzung mit Husserls Bestimmung des originären Zeitfeldes mit den von Ricœur behaupteten Aporien der Zeit in Verbindung bringen? Es ist eine Spielart der ersten Aporie, derjenigen zwischen subjektivem Zeiterleben und objektiver Zeitordnung, die sich bei Husserl hier tatsächlich erkennen lässt. Der Aspekt der „objektiven" Zeit scheint zwar oberflächlich gesehen in der Betrachtung der „Hyle in einem tieferen Sinne" noch gar keine Rolle zu spielen. Dieser Eindruck erweist sich jedoch als trügerisch, wenn man berücksichtigt, was Husserl unter der Hyle des Zeitbewusstseins versteht: Die hyletischen Daten sind die Zeit*objekte*. In dem Bewusstsein eines Tonobjektdatums sind nicht nur permanent modifizierte Jetzte mit modifizierten „Anhängseln" eines Vergangenheitsbewusstseins bewusst (das hatte Husserl ja gerade bei Brentano kritisiert), sondern es ist immer schon ein Ton bzw. eine Tonphase bewusst, welche als *dieselbe* in die Vergangenheit rückt. Die hier von Husserl thematisierte Hyle ist nicht als ein reines gerichtetes „subjektives" Zeiterleben zu verstehen, aus welchem dann die Erhaltung von identischen Tonphasen und ihren sich im Zurücksinken erhaltenden Jetztpunkten in einem zweiten Schritt erst zu erzeugen wäre. Die Tonphase ist vielmehr immer schon vom ersten Übergehen ihrer Urimpression in eine Retention

---

[99] ZB, 396.

[100] Boehm, Rudolf: *Vom Gesichtspunkt der Phänomenologie. Husserl-Studien.* Den Haag: Martinus Nijhoff 1968 (= Phaenomenologica. Bd. 26), 111.

ersten Grades als dieselbe Tonphase bewusst. Bereits auf der hyletischen Schicht, die noch tiefer liegt als die „objektorientierte" hyletische Schicht der *Ideen I*, ist also der Aspekt der Starrheit einer Zeitordnung anzutreffen, obgleich die als objektiv konstituiert verstandene Zeit zunächst noch gar nicht Husserls Thema ist. Husserls Vorhaben in den ZB, das *innere* Zeitbewusstsein zu untersuchen und deshalb die objektive Weltzeit zu reduzieren, bedeutet daher nicht, dass aus dem primären Untersuchungsgegenstand seiner Zeitanalysen jedes Moment einer sich durch das „Fließen" der Zeit erhaltenden Identität verschwunden ist. Fließen und Starrheit, gerichtetes Zeiterleben und identifizierbare Zeitordnung spielen beide bereits auf der Ebene der hyletischen Daten eine Rolle.

Gelingt Husserl aber das, was Ricœur für unmöglich hält, und zwar eine begriffliche Begründung des Verhältnisses dieses erlebten Fließens zu der geordneten Starrheit der Zeit? Fragt man danach, wie Husserl das Moment der Starrheit mit dem Moment des Fließens in Verbindung bringt, so scheint die Antwort zunächst nichts anderes zu sein als eine *phänomenale Faktizität*, in der über die Zeitobjekte der Aspekt des Fließens immer schon genauso gegeben ist wie derjenige der Starrheit. Husserl sucht weder zu erklären, wie das rein permanente Aufquellen neuer Urimpressionen und das daran gekoppelte Zurücksinken in Retentionen das darin zu beobachtende Sichdurchhalten von identischen Zeitobjekten begründet oder gar hervorbringt, noch will er die ständige Wandlung von Urimpression in Retention im Ausgang von einer objektiven Zeitordnung erklären. Die Perspektiven der Starrheit und des Fließens scheinen in keiner Hierarchie von Konstitutionsschichten zu stehen, sondern hängen im Zeitbewusstsein der hyletischen Tondaten faktisch immer schon zusammen. Sie bilden *ein* Phänomen, das sich an dem hyletischen Datum des immanenten Zeitobjektes Ton zeigt.[101]

Husserl selbst aber spricht an keiner Stelle von einer solchen Faktizität. Vielmehr versucht er eine *begriffliche Bestimmung* der untersten Schicht des Zeiterlebens zu erreichen. Die darin zentrale Retention jedoch führt ihn auf eine begriffliche Rätselhaftigkeit: Husserl vermag nicht eigentlich zu erklären, wie etwas intentional vermeint sein kann, ohne intentionaler Gegenstand zu sein und sieht sich dennoch gezwungen, es anzunehmen, wenn Zeiterleben verständlich gemacht werden soll. Es ist dieses begriffliche Scheitern bei der Bestimmung der Retention als eines intentionalen Erlebnisses ohne Gegenstand, welches als aporetisch im Sinne von Ricœurs erster Aporie ausgelegt werden kann: Das subjektiv gerichtete Zeiterleben kann nur verständlich werden, wenn es über das punktuelle Jetzt hinausreicht; eine Vergangenheitsanschauung hingegen kann nicht ohne intentionalen Gegenstand gedacht werden, der aber wiederum das subjektive Zeiterleben unmöglich machen würde. Husserls Versuch, die Faktizität des Fließens und der Starrheit der Zeit in ein begriffliches Verhältnis zueinander zu bringen, scheitert im Inneren der hyletischen Daten des Zeitbewusstseins.

---

[101] In dieser Faktizität des Zusammentreffens von Fließen und Starrheit liegt auf der Ebene hyletischer Zeitobjekte eine gewisse, wenn auch nicht überzustrapazierende Parallele zu Heideggers Begriff der Innerzeitigkeit des mit der Zeit praktisch rechnenden Daseins, welches ebenfalls immer schon sowohl mit geordneten Zeitsequenzen, als auch einem gerichteten Zeiterleben umgeht.

Die Orientierung an Zeitobjekten und über diese an dem Schema der Dingwahrnehmung ist unter Berücksichtigung der erläuterten Problematik möglicherweise nur begrenzt eine „metaphysische Voraussetzung" der ZB, die Husserls Neutralitätsanspruch entgegenstünde. Auch wenn sich Husserl die Privilegierung der Wahrnehmung vor z. B. praktischen Verhältnissen zu den Gegenständen als metaphysische Voraussetzung vorwerfen lässt, scheint seine immer schon erfolgende Orientierung an sich im Fließen erhaltenden Objektitäten der den Phänomenen durchaus angemessene Aufweis eines faktischen immer schon zusammen Gegebenseins von zeitlichem Fließen und zeitlicher Starrheit zu sein. In diesem Fall wäre das Auftauchen von identischen Zeitpunkten auf der Ebene der „Hyle in einem tieferen Sinne" kein husserlsches Vorurteil, das von einem sich einschleichenden Vorbegriff objektiver Zeit herrührte, sondern es würde vielmehr zeigen, dass sich ein reines Zeiterleben nicht ohne den Rekurs auf sich erhaltende Zeitpunkte und nicht ohne die Orientierung an sich erhaltenden Objekten denken lässt. Diese Objekte wären auf der tieferen Ebene der Hyle allerdings noch nicht als die konstituierten transzendenten Objekte der Welt zu verstehen, sondern sie wären die von konstituierten Transzendenzen absehenden hyletischen Daten des Zeitbewusstseins. Es scheint weniger die Orientierung an Zeitobjekten und die Berücksichtigung der Starrheit der Zeit auf der Ebene des empfundenen Zeitlichen zu sein, welche einer metaphysischen Voraussetzung entsprechen. Näher kommt einer solchen vielmehr, dass Husserl davon überzeugt zu sein scheint, einen Begriff der Retention entwickeln zu können, welcher der erweiterten Gegenwart zu einem Grundprinzip verhilft und damit über das rein faktische, aber aporetische Zusammen von Fließen und Starrheit der Zeit hinauskommt. Er ist überzeugt, von der Faktizität des Fließens und der Starrheit der Zeit aus zu einem Konzept der Hyle kommen zu können, welches in den Phänomenen der „untersten" Schicht der Konstitution eine begriffliche Klarheit herstellt, die die phänomenologische Basis für jede weitere Zeitbestimmung liefert. Eben diese begriffliche Klarheit aber ist in der phänomenologischen Reflexion auf das originäre Zeitfeld, auf die Retention, nicht erreichbar.

Die erste ricœursche Aporie lässt sich in den ZB in den Überlegungen zur Retention also bereits finden, bevor Husserl überhaupt den Begriff einer im phänomenologisch transzendenten Sinne objektiven Zeit thematisiert. Eine Thematisierung dieser objektiven Zeit und ihrer Konstitution, so wie Husserl sie denkt, soll im folgenden Kapitel geschehen. Es wird dort im Wesentlichen um die Frage gehen, inwiefern sich bei Husserl eine Angriffsfläche für Ricœurs, die erste umfassende, zweite Aporie, die der vermeintlich fehlenden Begründung der Einheit der Zeit, finden lässt.

2.2.3 Die Konstitution der objektiven Zeit

Zur Konstitution dessen, was er eine „einheitliche[], homogene[], objektive[] Zeit" nennt,[102] gelangt Husserl über sekundäre Erinnerung, Protentionen in dieser

[102] ZB, 425.

Wiedererinnerung, Zeitstellen und Möglichkeitsbewusstsein sowie über eine sich daran anschließende Idealisierung der Zeit und die Vertretung apriorischer Zeitgesetze. Das Phänomen der Wiedererinnerung ist im Unterschied zur Retention, zur primären Erinnerung, für Husserl keine unfreie stetige Abschattung, die sich in einem kontinuierlichen Übergang ereignet, sondern sie ist mehr oder weniger detaillierte und mehr oder weniger lang im Bewusstsein verbleibende Reproduktion eines vergangenen Bewusstseinsinhaltes. Sie kann z. B. auftreten, nachdem die primäre Erinnerung, also die Retention, bereits in Leerbewusstsein übergegangen ist, und wir uns einer gehörten Melodie nachträglich erinnern. In dieser reproduzierenden Erinnerung werde die ganze Wahrnehmung, also das gesamte originäre Zeitfeld, reproduziert; es würden die damaligen Abläufe von Urimpressionen samt den dazugehörigen Retentionen und Protentionen vergegenwärtigt. Der Unterschied zwischen originärer Wahrnehmung und Wiedererinnerung sei dabei allein, dass sich die Wahrnehmung durch den „Besitz" der „idealen Grenze" des Jetzt auszeichne, während in einer Wiedererinnerung nur ein vergegenwärtigtes Jetzt vorkomme.[103] Da einem in der Wiedererinnerung „ein Objekt nicht selbst vor Augen" gestellt sei,[104] sei es nicht mehr so gewiss wie ein urimpressional oder retentional Gegebenes. Die Evidenz des Jetzt und der Retention könne allerdings auf die reproduzierende Wiedererinnerung ausgedehnt werden, indem ich, während noch primäre Erinnerung besteht, die retentional bewusste Tonfolge adäquat reproduziere, also vergegenwärtigend vergegenständliche, und während diese Wiederholung noch in primärer Erinnerung ist, diese wiederum wiederhole, so dass sich der reproduktive mit dem retentionalen Verlauf decke.[105] So sei allein durch das aufgrund der Retention und der Protention nichtpunktuelle, ausgedehnte originäre Zeitfeld der originären Anschauung die Evidenz über das Jetzt hinaus ausdehnbar und mithilfe der Wiedererinnerung könne sogar auch noch über dieses originäre Zeitfeld evident hinausgegangen werden.[106] Die zum wiedererinnerten Zeitfeld gehörenden Protentionen spielen für diese Brücke zwischen Retention und Reproduktion eine besondere Rolle. In den ZB scheinen es sogar gerade die wiedererinnerten Protentionen

[103] „Dann ist es offenbar, daß das ganze Erinnerungsphänomen mutatis mutandis genau dieselbe Konstitution hat wie die Wahrnehmung der Melodie" (ZB, 395). „Alles ist [...] gleich mit der Wahrnehmung und primären Erinnerung, und doch ist es nicht selbst Wahrnehmung und primäre Erinnerung" (ZB, 396). „Wahrnehmung ist also hier ein Aktcharakter, der eine Kontinuität von Aktcharakteren zusammenschließt und durch den Besitz jener idealen Grenze ausgezeichnet ist. Eine ebensolche Kontinuität ohne diese ideale Grenze ist bloße Erinnerung" (ZB, 400).

[104] ZB, 400.

[105] Vgl. ZB, 408.

[106] Wenn aber dieser direkte Übergang von Retention in Reproduktion nicht besteht, so verliert die in diesem Falle freie Vergegenwärtigung an Evidenz. Husserl unterscheidet bloße Phantasie von Wiedererinnerung, indem er die Letztere charakterisiert als ein Setzen des Reproduzierten, das dem Reproduzierten einen Bezug zum aktuellen Jetzt gibt, den die Phantasie nicht hat. Es mag problematisch erscheinen, das Problem der Unterscheidung von Reproduktion und Phantasie durch ein einfaches Setzen zu lösen, phänomenologisch geht es jedoch in erster Linie darum, Bewusstseinsstrukturen zu differenzieren, so wie sie sich zeigen.

zu sein, die diesem Pendant der Retention seine Bedeutung verleihen.[107] In dem Prozess der Wiedererinnerung werden die vormaligen Protentionen nicht nur erneuert und noch einmal nachvollzogen, sondern sie sind schon von vornherein als sich jetzt erfüllt habende Protentionen bewusst. Die Offenheit der ursprünglichen Protention ist in der vorgerichteten Erwartung der Wiedererinnerung nicht mehr offen. Man weiß während der Wiedererinnerung schon, wie sich das reproduzierte dauernde Zeitobjekt, z. B. die gestern gehörte Melodie, in seiner nächsten Phase erfüllen wird.[108] So können die Protentionen in der Wiedererinnerung als Bindeglied zwischen dem Jetzt und dem vergegenwärtigten Damals fungieren.

Um von der Unterscheidung zwischen primärer und sekundärer Erinnerung zur Konstitution einer objektiven Zeit zu gelangen, ist für Husserl zunächst die Identifikation von objektiven Zeitstellen nötig. Diese klangen im Ansatz bereits im originären Zeitfeld in der Differenzierung zwischen dem Aspekt der Starrheit von Zeitpunkten und demjenigen des Fließens der Zeitmodalitäten an und erfahren nun Bestimmungen, die über die rein hyletische Gegebenheit hinausreichen. Sie sind nun in intentionalen Auffassungen gegenständlich als objektive Zeitstellen konstituiert, auf die sich in verschiedenen Auffassungen zurückkommen lässt. Nur wenn man phänomenal sich erhaltende Zeitstellen nachweisen könne, auf die die Auffassung in verschiedenen Zeitmodalitäten ihren Blick zu richten vermag, ist für Husserl der Übergang zu einer objektiven Zeit möglich. Diese objektiven Zeitstellen zeigen sich ihm zufolge sowohl auf der Ebene der Immanenz adäquat gegebener Zeitobjekte als auch auf der der höherstufig zu konstituierenden transzendenten objektiven Zeit der Dinge.[109] In einer impliziten Vorwegnahme der eidetischen Dimension transzendentalphänomenologischer Untersuchung meint Husserl, dass es „[z]um Wesen des modifizierenden Flusses gehört […], dass diese Zeitstelle identisch und notwendig

[107] Der § 24 der ZB mit dem Titel „Protentionen in der Wiedererinnerung“ ist nach ausführlicher Behandlung der Retention der Erste und wird in den ZB auch der Einzige bleiben, der speziell der Protention gewidmet ist.

[108] Durch das ständig eindimensional fortschreitende zeitliche Bewusstsein und damit den ständig sich verändernden zeitlichen Abstand des reproduzierten Zeitobjektes zum ursprünglich konstituierten Zeitobjekt werden die reproduktiven Möglichkeiten modifiziert. „Jedes Neue [wirkt] zurück auf das Alte“ (ZB, 412). „Wiederholung“ ist zwar Reproduktion einer vergangenen Wahrnehmung, aber die reproduktiven Möglichkeiten werden auch bei Husserl durch die Gegenwart beeinflusst. „[S]eine [des Alten, I.R.] vorwärtsgehende Intention erfüllt sich und bestimmt sich dabei, und das gibt der Reproduktion eine bestimmte Färbung“ (ebd.). Allerdings bleibt es trotz dieser Rückwirkung bei einer Reproduktion.

[109] „Aber die Erscheinungsreihe, in deren Fluß sich objektive Zeitlichkeit konstituiert, ist ihrer Materie nach eine verschiedene, je nachdem sich dingliche Zeitlichkeit oder nicht-dingliche konstituiert, z. B. je nachdem sich objektive Zeit in der Dauer oder Veränderung eines immanenten Tones oder eines Dinges konstituiert. Beide Erscheinungsreihen haben ein Gemeinsames, eine gemeinsame Form, die den Charakter der Zeitobjektivation als solcher ausmacht. Aber die Erscheinungen sind einmal Erscheinungen von Immanentem, das anderemal von Dinglichem“ (ZB, 476). „Die zu jedem Dinglichen gehörige Zeit ist seine Zeit, und doch haben wir nur eine Zeit: nicht nur, dass sich die Dinge nebeneinander ordnen in eine einzige lineare Extension, sondern verschiedene Dinge bzw. Vorgänge erscheinen als gleichzeitig, sie haben nicht parallele gleiche Zeiten, sondern eine Zeit, numerisch eine“ (ZB, 474).

identisch dasteht".[110] Es veränderten sich zwar die Auffassungen der Zeitstelle, aber in diesem fließenden Prozess seien „dasselbe Objekt mit seinen selben Zeitpunkten" gemeint.[111] Hier nimmt Husserl noch eine weitere Differenzierung vor: In dem Prozess der stets neu aufquellenden Urimpressionen erhalten sich sowohl „der Empfindungsinhalt" als auch die „absolute[] Zeitstelle" als identische.[112] Die Identität eines Objektes hänge aufgrund dieser Doppelung sowohl von dem Empfindungsinhalt als auch von der Zeitstelle ab. Da ein qualitativ absolut identischer Inhalt allein nicht ausreiche, um wahre Identität zu begründen, sondern diese immer auch an die Identität der Zeitstelle gebunden sei, ist die Zeitstelle für Husserl „Urquell der Individualität".[113] Das heißt, zwei Tonphasen, die in Hinblick auf ihre außerzeitlichen Bestimmungen absolut identisch sind, sind erst wahrhaft identisch, wenn sie auch mit derselben Zeitstelle aufgefasst werden. Diese Individuierungsfunktion der Zeitstelle, die erlaubt, dass zwei absolut identische Inhalte dennoch verschieden sind, impliziert überdies, dass die Zeitstelle von ihrem Inhalt gelöst werden kann und gelöst wird. Sie kann als identisch sich erhaltende objektive Zeitstelle in einer Unabhängigkeit von dem jeweilig ihr zugeordneten Inhalt erfasst werden.

Die Tatsache allein, dass die so bestimmten objektiven Zeitstellen im Zuge der ständig neu hervortretenden Urimpressionen identisch bleiben und so individuierende Funktion für die Inhalte haben, reicht jedoch nicht aus, um schon das Bewusstsein einer „einheitlichen, homogenen, objektiven Zeit" zu begründen.[114] Husserls nächster Schritt in der Konstitution einer solchen objektiven Zeit ist die Konstitution möglichst vieler Zeitstellen im Rahmen der absoluten Evidenz. Dazu bedarf es der schon erläuterten sekundären, reproduktiven Erinnerung, in der das frühere Zeitfeld, in dem das gegenwärtig schon Zurückgeschobene, also Retinierte, ein Jetzt war, reproduziert und das so im Rahmen der Evidenz reproduzierte Jetzt mit dem noch in frischer Erinnerung lebendigen Zeitpunkt identifiziert wird. So gelangt man zu einer objektiven Abfolge von mehreren Jetzt, die über die Gegenwarts- bzw. Gegebenheitszeit des originären Zeitfeldes hinausgehen. Die Protentionen von eben haben sich jetzt schon erfüllt, und dessen sind wir uns bei ihrer Wiedererinnerung bewusst. Damit ist die Verbindung zwischen dem soeben vergangenen Jetzt und der soeben vergangenen Protention zu dem aktuellen Jetzt hergestellt. Von dem reproduzierten Jetzt aus, das nun über Retention und Protention einen Bezug zur Gegenwart hat, kann man auf analoge Weise wiederum zu weiteren, ihm vorangegangenen vergangenen Jetztpunkten vordringen usw. Dieser Prozess, so meint Husserl, sei „evidentermaßen als unbegrenzt fortsetzbar zu denken, obwohl die aktuelle Erinnerung praktisch bald versagen wird".[115]

---

[110] ZB, 422.

[111] ZB, 421.

[112] ZB, 422.

[113] ZB, 422.

[114] ZB, 425.

[115] ZB, 425.

So weit betrifft dieser Identifikationsprozess den Bereich der Evidenz, da stets von Retentionen, in denen das Retinierte „direkt erschaut" ist,[116] direkt zu reproduzierten Jetzten und den ihnen angehörigen Retentionen vorangeschritten wird. *Jede* Art von Auffassung einer Zeitstelle könne jedoch dazu beitragen, die objektive Zeit zu konstituieren, so dass die Konstitution von objektiven Zeitstellen in der Lage sei, über diesen faktischen Evidenzbereich der Erinnerung hinauszugehen. Das wesentliche Kriterium für diese Überschreitung ist die *Möglichkeit* des Bewusstseins, auf jede Zeitstelle dieser objektiven Zeit immer wieder identifizierend zurückkommen zu können. Wenn ich mich zum Beispiel gestern an das Konzert vom letzten Sonntag erinnert habe und mich auch heute an dieses Konzert erinnere, so hatte ich zwei verschiedene Erinnerungen von ein und demselben Konzert. Ich habe diesem dann beide Male dieselbe Zeitstelle in der konstituierten objektiven Zeit zugewiesen, die unabhängig von meiner verschiedenen zeitlichen Entfernung vom letzten Sonntag ist. Überdies *könnte* ich mich jederzeit wieder an das Konzert vom letzten Sonntag erinnern. „Zur Konstituierung der Zeit", so Husserl, „gehört die Möglichkeit der Identifizierung: ich kann immer wieder eine Rückerinnerung (Wiedererinnerung) vollziehen, jedes Zeitstück mit seiner Fülle immer ‚wieder' erzeugen und nun in der Folge von Wiedererzeugungen, die ich jetzt habe, dasselbe erfassen: dieselbe Dauer mit demselben Inhalt, dasselbe Objekt. [...] Ich habe ein ursprüngliches Schema: einen Fluß mit seinem Inhalt; aber dazu eine ursprüngliche Mannigfaltigkeit des ‚ich kann': ich kann mich an jede Stelle des Flusses zurückversetzen und ihn ‚nochmals' erzeugen".[117] Zur Zeitobjektivität des von mir besuchten Konzertes gehört es deshalb, dass es als zeitlicher Vorgang samt seiner individuellen Zeitstelle „in Wiedererinnerungen identifizierbar und damit Subjekt von identischen Prädikaten" ist.[118] Das heißt, durch die Möglichkeit, bestimmte Vorgänge in der Zeit zu verschiedenen späteren Zeitpunkten wieder und wieder zu erinnern und sie in ihrer Identität zu erfassen, konstituiere sich objektive Zeit. Für diese objektive Zeit gilt, dass jedes Jetzt eine fixe Zeitstelle hat, und alle Objektitäten, die sich in demselben Jetzt bzw. derselben Zeitstelle konstituieren, gleichzeitig in der objektiven Zeit sind.[119]

Wie aber gelangt Husserl von der Möglichkeit, auf bestimmte vergangene Zeitstellen und ihre Inhalte immer wieder zurückzukommen zu der einen unendlichen objektiven Zeit, sei sie nun immanent oder transzendent verstanden? Die objektive Zeit ist für ihn Korrelat eines Möglichkeitsbewusstseins, des Bewusstseins „ich kann immer wieder identifizierend darauf zurückkommen". *Faktisch*, so gesteht Husserl in § 32 zu, versage die Erinnerung in diesem Prozess sehr bald. Trotzdem aber sei es möglich, den faktisch endlichen Prozess der Konstitution von Zeitstellen der objektiven Zeit *theoretisch* unendlich weiterzuführen, ohne dass dieser sich im

---

[116] ZB, 401.

[117] ZB, 461.

[118] ZB, 460.

[119] Habe ich während des Konzertes beispielsweise gleichzeitig einen Ton C und das Husten meines Nachbarn gehört, so konstituiert sich für den Ton C und das Husten meines Nachbarn dieselbe Zeitstelle. Diese Zeitstelle erhält sich als identische, während ihr zeitlicher Abstand zu den neuen aktuellen Jetzt des Bewusstseins immer größer wird.

Rahmen der Evidenz haltende Identifikationsprozess zu einem Ende käme. Husserl hält eine Idealisierung der Zeit für legitim, allerdings eine Idealisierung im Ausgang von der faktisch endlichen Konstitution von Zeitstellen und dem dazugehörigen Möglichkeitsbewusstsein. Um die theoretisch unendliche Ausdehnbarkeit der Zeitstellenkonstitution zu rechtfertigen, meint er, dass es schlichtweg undenkbar sei, dass sich die Punkte und Strecken vor einem Zeitpunkt verdichteten „in der Weise einer mathematischen Grenze, wie etwa die Grenze der Intensität".[120] Die prinzipielle Möglichkeit der ständigen Fortsetzung des Identifikationsprozesses von Zeitstellen impliziere, dass jeder Zeitpunkt sein Vorher und Nachher habe. Das Jetzt sei „immer und wesentlich ein Randpunkt einer Zeitstrecke".[121] Im § 33 beruft er sich dann auf „[e]inige apriorische Zeitgesetze" und spezifiziert: „Zum apriorischen Wesen der Zeit gehört es, daß sie eine Kontinuität von Zeitstellen ist mit bald identischen, bald wechselnden Objektitäten, die sie erfüllen, und daß die Homogeneität der absoluten Zeit unaufhebbar sich konstituiert im Abfluß der Vergangenheitsmodifikationen und im stetigen Hervorquellen eines Jetzt, des schöpferischen Zeitpunktes, des Quellpunktes der Zeitstellen überhaupt".[122]

Bleibt Husserl mit dieser Argumentation dem in den *Ideen I* explizit formulierten „Prinzip der Prinzipien" treu? Folgt er allein der Intuition der sich zeigenden Phänomene, ohne theoretische Vormeinungen gelten zu lassen? Gewisse Zweifel könnten hier auftreten. Der Zeitbegriff der objektiven Zeit, mit dem Husserl hier operiert, ist im Wesentlichen derjenige der klassischen newtonschen Physik, in der die objektive Zeit als eine absolute Zeit gilt, „die, unabhängig von der Materie und den materiellen Veränderungen, mit eindeutiger Kausalordnung (»Früher-später-Relation«) an allen Orten des Universums gleich abläuft [...]. Sie wird präzisiert durch die Festlegung des Zeitintervalls zwischen Beginn und Ende eines beliebig oft reproduzierbaren, von der Art der Messung unabhängigen Experiments als Maßeinheit der Zeitdauer".[123] Der Nachweis allein, dass Husserl mit einem bestimmten Zeitbegriff operiert, der sich in der Geschichte der Physik wieder finden lässt, ist jedoch nicht notwendig schon ein Beweis dafür, dass dieser Zeitbegriff nicht intuitiv, sondern durch eine wissenschaftliche Vormeinung gewonnen ist. Unter Husserls

---

[120] ZB, 425.

[121] ZB, 425.

[122] ZB, 426 und 427.

[123] Diese Definition ist dem Brockhaus entnommen. Auch die folgenden, physikalische Zeitbegriffe betreffenden Überlegungen orientieren sich im Wesentlichen an den Angaben aus dem Brockhaus. Eine Auseinandersetzung mit physikalischer Fachliteratur stünde weder im Rahmen meiner Möglichkeiten, noch scheint sie für die hiesigen Zwecke erforderlich. Gerade die für Nichtspezialisten formulierten Bestimmungen eines Lexikons können deutlich machen, welche unserer vermeintlichen Intuitionen über Zeit in welcher Hinsicht mit tradierten physikalischen Zeittheorien zusammenhängen. Newtons eigene Definition der Zeit lautet: „Absolute, true, and mathematical time, of itself, and from its own nature, flows equably without relation to anything external, and by another name is called duration: relative, apparent, and common time, is some sensible and external (whether accurate or unequable) measure of duration by the means of motion, which is commonly used instead of true time; such as an hour, a day, a month, a year" (Newton, Sir Isaac: *Mathematical Principles of Natural Philosophy and His System of the World.* Übersetzt von Andrew Motte. Kessinger 1934, 6).

Grundprämisse, allein das intuitiv Originäre gelten zu lassen, wäre allerdings zu hinterfragen, ob es nicht ebenso wenig denkbar ist, dass das Jetzt stets ein Vorher und Nachher hat wie dass sich Strecken vor einem Zeitpunkt in einer Grenze der Intensität verdichten würden (allein Letzteres hält Husserl für undenkbar). Ist die Unendlichkeit der Zeit nicht genauso wenig intuitiv gegeben wie ihre Endlichkeit, möglicherweise in Verbindung mit einem Zusammenschmelzen an den „Rändern“? Ist es intuitiv unmittelbar einsichtig, dass Zeit ein homogenes und unendliches Kontinuum ist? Zeitliches Erleben, so war hier im vorangehenden Kapitel vertreten worden, lässt sich zwar tatsächlich nicht ohne den Rekurs auf sich identisch erhaltende Zeitobjekte und individuierende Zeitstellen beschreiben und denken. Die Ausweitung dieser Zeitstellen auf eine homogene, unendliche Kontinuität scheint aber weitaus weniger evident.

Die intuitive Gegebenheit dieses husserlschen und newtonschen Zeitbegriffes gerät noch stärker in Zweifel, wenn man den von Einstein ab 1905 (dem Jahr von Husserls Zeitvorlesungen) in der speziellen und ab 1915 in der allgemeinen Relativitätstheorie entwickelten Zeitbegriff berücksichtigt. Der newtonsche Begriff einer absoluten Zeit, die für das gesamte Universum gilt, wird von der speziellen Relativitätstheorie durch einen relativen Zeitbegriff ersetzt, in dem der Verlauf der Zeit aufgrund der endlichen Lichtgeschwindigkeit von dem jeweiligen Bezugssystem und seiner Geschwindigkeit gegenüber ihm äußerlichen Bezugssystemen abhängig ist.[124] Die Zeit verknüpft sich untrennbar mit dem Raum zu einem vierdimensionalen Raum-Zeit-Kontinuum. Dass die Zeit hier in gewisser Weise schneller oder langsamer verlaufen kann, ist im Rahmen von Husserls Begriff objektiver Zeit ausgeschlossen. Nach der allgemeinen Relativitätstheorie, die Einstein zehn Jahre später vorbrachte, gibt es keine von der Materieverteilung und deren Bewegung unabhängige absolute Zeit, sondern die Geometrie des physikalischen Raum-Zeit-Kontinuums ist untrennbar mit der Materie verknüpft. Dies wiederum weicht deutlich von Husserls objektivem Zeitbegriff ab, in dem das absolute und unendliche Zeitstellenkontinuum eine gewisse Unabhängigkeit gegenüber den „Inhalten“ hat, die die Zeitstellen individuieren. Zwar gibt es auch in Einsteins physikalischer Zeittheorie noch das Moment einer transitiven Zeitordnung, die unabhängig vom Bezugssystem ist. Überdies gilt die Nichtumkehrbarkeit der Zeit als empirisch erwiesen, mittlerweile sowohl anhand der makroskopischen als auch der mikroskopischen Prozesse. Aber die Absolutheit der obigen Zeit sowie ihre uneingeschränkte Homogeneität und insbesondere ihr autonomer Status gegenüber den „Inhalten“ scheinen sich in Einsteins Theorie nicht mehr rechtfertigen zu lassen.[125]

---

124 Eine Verletzung der newtonschen universalen Gleichzeitigkeit wird dabei allerdings erst erkennbar, wenn sich die Bezugssysteme mit einer Geschwindigkeit zueinander bewegen, die der Vakuumlichtgeschwindigkeit nahe kommt.

125 Es gibt heute Überlegungen, denen zufolge Einsteins Theorie letztlich doch mit Newtons Absolutismus kompatibel sein könnte, bzw. denen zufolge die Entwicklung einer neuen Theorie möglich wäre, welche sämtliche Vorteile der einsteinschen Theorie gegenüber derjenigen Newtons in sich bewahrt und dennoch die Absolutheit der Simultaneität behauptet. Die Inkompatibilität der einsteinschen Theorie mit Newtons Dualismus von Materie und Raum, und insbesondere mit dem newtonschen Begriff der Materie wird jedoch auch in diesen Vorschlägen zur Kompatibilität

Es wird hier keinesfalls behauptet, dass Einstein in irgendeiner Weise Husserl widerlegt hätte oder dass er es auch nur könnte. Der Grund dieses Exkurses in die Physik war vielmehr, darauf hinzuweisen, dass Husserls Begriff objektiver Zeit möglicherweise nicht intuitiv in „einigen apriorischen Zeitgesetzen“ originär so gegeben ist, wie Husserl es behauptet, sondern dass das vermeintliche *a priori* vielmehr einem bestimmten physikalischen Zeitbegriff zu verdanken sein könnte. Und dieser Zweifel an der originären intuitiven Gegebenheit der Absolutheit, Homogeneität und Unendlichkeit der objektiven Zeit erscheint umso berechtigter, wenn man sich verdeutlicht, dass Husserls Zeitbegriff an Newtons Begriff einer absoluten Universalzeit orientiert bleibt, der Einsteins Relativitätstheorie in der Geschichte der Physik voranging. Da es, wie gezeigt wurde, auch in Newtons bzw. Husserls Zeitbegriff Aspekte gibt, deren intuitive Gegebenheit zumindest bezweifelbar ist, stellt sich die Frage, warum ein newtonscher Zeitbegriff notwendigerweise intuitiver sein soll als derjenige Einsteins, auch wenn er es faktisch sicherlich auch heute noch ist. Natürlich hatte Einstein den Zeitbegriff der speziellen Relativitätstheorie zu der Zeit der Vorlesungen gerade erst entwickelt. Aber das ist hier womöglich gerade der Punkt: Hätte und hat Husserl möglicherweise später ganz andere „Intuitionen“ zur objektiven Zeit gehabt als 1905? Wenn abweichenden Intuitionen auch nur eine vergleichbare Plausibilität zukommen könnte, während gleichzeitig die Intuitivität gewisser Aspekte der husserlschen objektiven Zeit bezweifelbar sind, so scheint sich damit zu zeigen, dass es Husserl hier nicht vollkommen gelingt, von theoretischen, wissenschaftlichen Vormeinungen abzusehen.

Möglicherweise lässt sich noch einen Schritt weiter gehen. Denn es scheint nicht nur der Frage, warum Newtons Zeitbegriff intuitiver sein soll als Einsteins, eine gewisse Berechtigung zuzukommen, sondern es ließe sich auch daran zweifeln, dass ein physikalischer Zeitbegriff überhaupt dem Intuitivitätskriterium besser genügen sollte als ein beispielsweise individuell oder geschichtlich erlebter. Von einem Standpunkt vorurteilsfreier intuitiver Gegebenheit ist keineswegs ersichtlich, warum überhaupt einem physikalisch geprägten Zeitbegriff notwendig eine Priorität zukommen muss. Für Husserl selbst würde jeder „objektive“ Zeitbegriff, der sich an anthropologischen Zeiterlebnisrastern orientiert, eine Gefahr für sein Projekt der Letztbegründung aller Wissenschaft bedeuten, das er auch in seinen späteren Schriften, in denen er einen geschichtlich orientierten Zeitbegriff entwickelt, weiterhin verfolgt. Ein individueller Zeitbegriff hinge von dem einzelnen Menschen und seinem spezifischen Zeiterleben und ein geschichtlicher Zeitbegriff hinge von einer konkreten Menschheitsentwicklung und ihrem Zeiterleben ab. Heidegger und Ricœur haben diesen Zeitbegriffen größere Aufmerksamkeit gewidmet und möglicherweise sind in den Bereichen physikalischer Theorie, Existenzanalyse, Geschichts- und Sozialwissenschaft verschiedene Begründungen einer Einheit von Zeit plausibel, die sich nicht auf *die* Einheit *der* Zeit eines unendlichen homogenen Kontinuums zurückführen lassen. Es scheint zumindest nicht „intuitiv originär“ einsichtig, warum diese, in Husserls Augen der Gefahr der subjektiven,

---

der beiden Theorien beibehalten. Vgl. Lowe, E. J.: *A Survey of Metaphysics*. Oxford/New York: Oxford University Press 2002, 266–270.

anthropologischen Relativität ausgesetzten Zeitbegriffe mit stärkeren Vorurteilen belastet sein sollen als Husserls in den ZB aus dem konstituierenden Bewusstsein entwickelter Begriff der objektiven Zeit.

Ricœurs zweite Aporie, in welcher er bezweifelt, dass die stets auf selbstverständliche Weise behauptete Einheit der Zeit eine plausible phänomenologische Begründung finden kann, trifft bei Husserl also zumindest auf ein Problemfeld. Husserl liefert zwar über die Konstitution der objektiven Zeit eine Begründung der Einheit der einen objektiven, absoluten, unendlichen, homogenen Zeit. Es spricht jedoch einiges dafür, dass diese Einheit eher von der Einheit der newtonschen Zeitvorstellung als von einer intuitiven Gegebenheit abhängig ist. Die Priorität eines solchen Zeitbegriffes im Rahmen einer Phänomenologie, die sich rein auf originäre Intuition und nicht auf wissenschaftliche Vormeinung stützen will, kann zumindest angezweifelt werden. Es gibt überdies aber noch zwei weitere Aspekte, die für Husserls phänomenologische Begründung der einen objektiven Zeit ebenfalls relevant sind: erstens das absolute Bewusstsein, auf dessen Einheit auch die Einheit der konstituierten objektiven Zeit zurückweist, und zweitens der intersubjektive Charakter der objektiven Zeit, die erst als wahrhaft objektive gelten kann, wenn sie sich als eine für jedermann objektiv gültige Zeit intersubjektiv nachweisen lässt. Das Problem der Intersubjektivität spielt in den ZB noch keine Rolle und gewinnt für Husserl erst ab ca. 1912 an Bedeutung. Die berühmteste Formulierung dieser Problematik findet sich in den *Cartesianischen Meditationen*, die aus seinen 1929 an der Sorbonne gehaltenen Vorträgen hervorgingen und in die Zeit direkt vor der Arbeit an den C-Manuskripten fallen. Mit dem Problem des einen, absoluten, alles konstituierenden Bewusstseins hingegen setzt sich Husserl bereits im dritten Abschnitt der ZB auseinander. Die Frage nach der Konstitution dieses alles konstituierenden Bewusstseins sollte ihn auch noch in den späteren Manuskripten immer wieder herausfordern und es ist keineswegs auszuschließen, dass ihm nie eine ihn selbst zufrieden stellende Antwort auf diese Frage gelang.

2.2.4 Die Konstitution des zeitkonstituierenden Bewusstseinsflusses

Die objektive Zeit, sei sie nun die immanente Zeit der Tonobjekte oder die transzendente Zeit der Natur oder der Welt, ist immer schon ein Konstituiertes. Dieser konstituierten Zeit sowie allen konstituierten Entitäten überhaupt steht bei Husserl eine konstituierende Instanz gegenüber: das „absolute, aller Konstitution vorausliegende Bewußtsein“.[126] Um phänomenologische Geltung beanspruchen zu können, muss aber auch dieses alles konstituierende Bewusstsein phänomenal aufgewiesen werden. Es darf nicht einfach als das subjektive Gegenüber aller konstituierten Objektitäten den Status einer Voraussetzung annehmen, sondern muss selbst phänomenal

[126] ZB, 428.

zur Gegebenheit kommen. Ein Grundproblem bei einer solchen phänomenologischen Rechtfertigung des letzten, absoluten konstituierenden Bewusstseins besteht aber darin, dass jede Rede über diese absolute Subjektivität notwendig auf eine Sprache angewiesen ist, die die absolute Subjektivität wie ein Objekt, und damit wie ein Konstituiertes behandelt, wodurch dann aufs Neue die Frage nach dem Konstituierenden entsteht. Wie kann Husserl der phänomenologischen Notwendigkeit, die absolute Subjektivität phänomenal auszuweisen, nachkommen, ohne diese Subjektivität wie ein Objekt aufzufassen, dem Prädikate zugeschrieben werden?

Husserl bezeichnet die immanente und transzendente Zeit konstituierende Subjektivität als „einen *Fluß*".[127] Der Grund für diese Kennzeichnung als Fluss bestehe darin, dass auf Seiten der Subjektivität ständig Neues aufquelle, welches dann sogleich in einer Abschattungskontinuität verfließe, während die Form dieses Aufquellens und Abfließens stets dieselbe bleibe. Es gehe eine stetige Veränderung vor sich, die nie schneller oder langsamer verlaufen könne, in der sich aber immer wieder neue aktuelle Phasen des Jetzt mit neuen Kontinuitäten von retentional bewussten Vergangenheiten zusammenschlössen. Diese die konstituierende Subjektivität charakterisierenden Momente sind zwar Aspekte, die auch auf einen Fluss zutreffen. „Fluss" ist aber dennoch eine Bezeichnung für ein Objekt, und da ein Objekt für Husserl immer ein Konstituiertes ist, ist die Bezeichnung „Fluss" für die absolute Subjektivität in einer wesentlichen Hinsicht unzutreffend. Husserl ist sich dieser Problematik bewusst, sieht sich jedoch in ein Dilemma verstrickt, das ihm nur die Alternative zwischen einer an Objekten orientierten Sprache und einem Schweigen über die Subjektivität zu lassen scheint. Trotz seiner Anerkennung der Unmöglichkeit einer angemessenen Rede über die Subjektivität wählt er nicht das Schweigen. Er ist nicht der Meinung, dass aus einem Mangel an eindeutiger Sprache ganz und gar auf die Bestimmung der Subjektivität verzichtet werden sollte. Vielmehr benutzt er den Objektbegriff „Fluss" ausdrücklich nicht im Sinne einer direkten, sondern im Sinne einer metaphorischen Rede. Husserl weist zwar nicht explizit darauf hin, dass er „Fluss" als Metapher verwendet. Es handelt sich bei dem von ihm verwendeten „Fluss" aber durchaus um eine Metapher und sogar um eine bewusst eingesetzte, da er explizit betont, dass „Fluss" für seine Zwecke nur eine begrenzt zutreffende, jedoch gleichzeitig die bestmögliche Bezeichnung ist: „[D]ieser Fluß ist etwas, das wir nach dem Konstituierten so nennen, aber es ist nichts zeitlich ‚Objektives'. Es ist die absolute Subjektivität und hat die absoluten Eigenschaften eines im Bilde als ‚Fluß' zu Bezeichnenden [...]. Für all das fehlen uns die Namen".[128] Der letzte Satz dieses Zitates macht besonders deutlich, dass die Flussmetapher keinesfalls ein sprachliches Ornament ist. Sie ist eine *notwendige* Metapher und begegnet als solche einer semantischen Lücke, die sich in dem Versuch der Subjektivitätsbestimmung auftut. Die Flussmetapher ist nicht ein Sagen im übertragenen Sinne dessen, was auch wörtlich ausgedrückt werden könnte. Sie ist vielmehr das „Wörtlichste",

---

[127] ZB, 429.

[128] ZB, 429.

was angesichts der phänomenalen Sachlage zur Verfügung steht.[129] Ein Fluss aber ist letztlich, wie jedes Objekt, nur zeitlich denkbar, während „[v]on einer Zeit des letzten konstituierenden Bewußtseins [...] nicht mehr gesprochen werden" kann.[130] Wie aber kommt diese flusshafte Subjektivität, die dennoch kein Fluss ist, zur Gegebenheit? Wie zeigt sie sich?

Der Bewusstseinsfluss kann nur zur Gegebenheit kommen, indem er dem Bewusstsein selbst gegeben ist. Wie seine Gegenstände so muss auch das Bewusstsein selbst *für* das Bewusstsein gegeben sein. Hier, so Husserl, bestehe allerdings die Gefahr eines unendlichen Regresses: Wenn der Bewusstseinsfluss *für* das Bewusstsein ist, so stellt sich die Frage, für wen oder für was dieses Bewusstsein ist und wäre dieses Wer oder Was ein weiteres Bewusstsein, so würde sich dieselbe Frage *ad infinitum* wiederholen. Husserl versucht, dieser Regressgefahr mit dem Modell einer Selbstkonstitution des Bewusstseinsflusses zu begegnen. Wenn der Bewusstseinsfluss sich selbst konstituiert, so sei keine unendliche Verdoppelung desselben nötig. Wie aber kann eine solche Selbstkonstitution, die gewisse Affinitäten zu einer göttlichen *causa sui* und einer Art selbstbezüglichen *creatio ex nihilo* zu haben scheint, phänomenologisch gerechtfertigt werden? Husserls Antwort ist eine Verdoppelung der Intentionalität. Das Bewusstsein könne sich einerseits, und dieser Aspekt stand bisher im Vordergrund, in einer von Husserl so bezeichneten Quer-Intentionalität auf die konstituierten Einheiten der *Tondauer* richten. Es könne sich aber andererseits auch in einer so genannten Längs-Intentionalität auf die konstituierten Einheiten des *Bewusstseins der Tondauer* richten.[131] Wenn das Bewusstsein seinen Blick von der Einheit der Tondauer abwendet und sich stattdessen der Einheit des Bewusstseins der Tondauer zuwendet, so könne es über diese Änderung der Blickrichtung seine eigene Einheit selbst konstituieren. Während die Tondauern jedoch in die immanente Zeit eingeordnet werden, lässt sich bei dieser subjektiv orientierten Intentionalität nur von einer „quasi-zeitliche[n] Einordnung der Phasen des Flusses" sprechen.[132] Überdies bleibt die über die Längs-Intentionalität konstituierte „präphänomenale, präimmanente Zeitlichkeit" untrennbar an die über die Quer-Intentionalität konstituierte immanente Zeit der Tondauern geknüpft.[133] Die

---

129 Von einer direkten *Sagbarkeit* des Flusses als Ursprung der Zeit nimmt Husserl damit bereits in den ZB deutlichen Abstand, während er jedoch eine *adäquate Gegebenheit* des Flusses noch für ein realistisches phänomenologisches Ziel zu halten scheint. Auf den Begriff der Metapher wird das Kap. 4.7.1 im Zusammenhang mit Ricœur eingehen.

130 ZB, 432.

131 „Nehme ich die Richtung auf den Ton, lebe ich mich aufmerkend in die ‚Quer-Intentionalität' ein [...]. Stelle ich mich auf die ‚Längs-Intentionalität' ein und auf das in ihr sich Konstituierende, so werfe ich den reflektierenden Blick vom Ton (der so und solange gedauert hat) auf das im Vor-Zugleich nach einem Punkt Neue der Urempfindung und das nach einer stetigen Reihe ‚zugleich' damit Retinierte" (ZB, 435 f.).

132 ZB, 436.

133 ZB, 436. „Demnach sind in dem einen einzigen Bewußtseinsfluß zwei untrennbar einheitliche, wie *zwei* Seiten einer und derselben Sache einander fordernde *Intentionalitäten* miteinander verflochten. Vermöge der einen konstituiert sich die immanente Zeit, eine objektive Zeit, eine echte, in der es Dauer und Veränderung von Dauerndem gibt; in der anderen die quasi-zeitliche

längsintentionale Selbstkonstitution des Bewusstseinsflusses sei deshalb nicht autonom, sondern abhängig von der objektorientierten querintentionalen Ausrichtung, könne aber den infiniten Regress vermeiden.[134] Husserl bekräftigt diese Lösung, obgleich ihm selbst gewisse Zweifel zu bleiben scheinen.[135]

Zum einen zeigt sich auch in dem Modell der längsintentionalen Selbstkonstitution das Problem der Unangemessenheit und Unvermeidbarkeit objektorientierter Sprache. Der Begriff „quasi" markiert das Metaphorische der Rede von einer zeitlichen Einordnung der Flussphasen in einen Flusszusammenhang. Der hat als Nicht-Objekt selbst gerade nicht nochmal eine Zeit, denn ansonsten wäre er ein Objekt und es wäre *ad infinitum* zu fragen, von wem oder was seine Zeit konstituiert ist. Er erscheint sich aber dennoch selbst auf gewisse Weise als zeitlich, als quasi-zeitlich – es fehlen auch hier noch die Namen. Zum anderen ist auch in der Längs-Intentionalität die Gefahr des unendlichen Regresses nicht ganz ausgeschaltet. Auch das war Husserl bewusst und diverse Beilagen der Ausgabe von 1928 beschäftigen sich mit diesem Problemkomplex.[136] Die Schwierigkeit ist, wie die Anfangsphase des Bewusstseins zur Gegebenheit kommen soll, wenn die konstituierenden Bewusstseinsphasen, wie Husserl meint, stets einen infinitesimalen Abstand zu den konstituierten Bewusstseinsphasen haben müssen.[137] Um diesen infinitesimalen Abstand zwischen Konstituierendem und Konstituiertem zu charakterisieren und zu überbrücken, greift Husserl in Beilage IX auf die Retention zurück.[138] Diese vermag jedoch das Problem nicht zu lösen. Als intentionale Vergangenheitsanschauung ohne intentionales Objekt im eigentlichen Sinne könne sie den Fluss über diesen infinitesimalen Abstand vom Jetzt im originären Zeitfeld direkt geben und auf das so Retinierte kann in einer Reflexion ausdrücklich und vergegenständlichend zurückgekommen werden. Aber auch wenn sich die Retention durch ihren Anschauungscharakter von der vergegenwärtigenden Auffassung unterscheidet, kann sich in ihr der absolute zeitkonstituierende Bewusstseinsfluss nicht unmittelbar selbst erfassen, sondern kommt immer nur in einer Distanz zum

---

Einordnung der Phasen des Flusses, der immer und notwendig den fließenden ‚Jetzt'-punkt, die Phase der Aktualität hat und die Serien der voraktuellen und nachaktuellen (der noch nicht aktuellen) Phasen" (ebd.).

[134] „Die Selbsterscheinung des Flusses fordert nicht einen zweiten Fluß, sondern als Phänomen konstituiert er sich in sich selbst" (ZB, 436).

[135] „So anstößig (wo nicht anfangs sogar widersinnig) es erscheint, daß der Bewußtseinsfluß seine eigene Einheit konstituiert, so ist es doch so" (ZB, 434). „Der Fluß des immanenten zeitkonstituierenden Bewußtseins *ist* nicht nur, sondern so merkwürdig und doch verständlich geartet ist er, daß in ihm notwendig eine Selbsterscheinung des Flusses bestehen und daher der Fluß selbst notwendig im Fließen erfaßbar sein muß" (ZB, 436).

[136] Vgl. ZB, Beilage VI, VIII, IX und XII.

[137] In § 39 der Vorlesungen heißt es: „Die Phasen des Bewußtseinsflusses, in denen Phasen desselben Bewußtseinsflusses sich phänomenal konstituieren, können nicht mit diesen konstituierten Phasen identisch sein und sind es auch nicht. Was im Momentan-Aktuellen des Bewußtseinsflusses zur Erscheinung gebracht wird, das ist in der Reihe der retentionalen Momente desselben vergangene Phase des Bewußtseinsflusses" (ZB, 437).

[138] „Der Retention verdanken wir es also, daß das Bewußtsein zum Objekt gemacht werden kann" (ZB, 472).

aktuellen Jetzt zur Gegebenheit. Die Retention kann somit zwar erklären, wie das Bewusstsein zum Objekt gemacht werden kann. Sie kann jedoch nicht erklären, wie die Anfangsphase eines sich konstituierenden Erlebnisses zur Gegebenheit kommt, da diese selbst noch nicht in einer Vergangenheitsanschauung fassbar ist. Husserl versucht deshalb, noch einen weiteren Schritt in die Tiefen der konstituierenden Subjektivität zu tun.

In Beilage IX zieht er kurz die Möglichkeit einer unbewussten ersten Anfangsphase in Betracht. Er stellt die Frage, ob die Anfangsphase nur durch die auf sie folgende Retention zur Gegebenheit komme und wenn ja, „würde sie ‚unbewusst' sein, wenn sich keine Retention daran schlösse?“[139] Ein ursprüngliches Unbewusstsein aber, so meint Husserl sogleich, das erst nachträglich bewusst würde, könne ein Jetzt nicht verständlich machen.[140] Und da ein solches Unbewusstsein aus einer reinen Phänomenologie unbedingt ausgeschlossen gehöre, müsse bereits dem Urdatum, der Aktualität des Bewusstseins, eine Bewusstheit zukommen, die nicht mehr *für* eine weitere Instanz bewusst ist. Das Urdatum sei „bewußt – und zwar in der eigentümlichen Form des ‚Jetzt' – ohne gegenständlich zu sein“.[141] Dieses ungegenständliche Jetztbewusstsein nennt Husserl in Beilage IX „Urbewußtsein“,[142] in Beilage XII auch „das innere Bewußtsein“.[143] Dieses Urbewusstsein ist weder auffassender Akt noch Unbewusstsein, sondern ein unmittelbares, ungegenständliches Jetztbewusstsein. Das von Husserl so charakterisierte Jetztbewusstsein, in dem noch keine Trennung von Konstituierendem und Konstituiertem stattfindet, scheint sich durch die in Beilage I erörterte so genannte Urzeugung näher bestimmen zu lassen. Die Urimpression, so die Beilage I, sei nicht durch etwas anderes erzeugt, sondern sie entstehe „durch genesis spontanea“.[144] Das Ursprungsmoment sei „nichts Bewußtseins-Erzeugtes, es ist das Urgezeugte, das ‚Neue', das bewusstseinsfremd Gewordene, Empfangene, gegenüber dem durch eigene Bewusstseinspontaneität Erzeugten“.[145] Da das Ursprungsmoment Empfangenes und nicht Bewusstseinserzeugtes sei, sei es, so meint Husserl auch hier, nicht auf eine Trennung von Konstituierendem und Konstituiertem angewiesen. Ergänzt man die Erörterungen des Urbewusstseins und des inneren Bewusstseins um diese Überlegungen zur Urimpression, so lässt sich sagen, dass nach Husserl in der Anfangsphase des

---

139 ZB, 472.

140 „[Z]um Objekt werden kann die Anfangsphase nur *nach* ihrem Ablauf auf dem angegebenen Wege, durch Retention und Reflexion (bzw. Reproduktion). Aber wäre sie *nur* durch die Retention bewußt, so bliebe es unverständlich, was ihr die Auszeichnung als ‚Jetzt' verleiht. Sie könnte allenfalls negativ unterschieden werden von ihren Modifikationen als diejenige Phase, die keine voranliegende mehr retentional bewußt macht; aber sie ist ja bewußtseinsmäßig durchaus positiv charakterisiert. Es ist eben ein Unding, von einem ‚unbewußten' Inhalt zu sprechen, der erst nachträglich bewußt würde. Bewußtsein ist notwendig *Bewußtsein* in jeder seiner Phasen“ (ZB, 472).

141 ZB, 473.

142 ZB, 473.

143 ZB, 481.

144 ZB, 451.

145 ZB, 451.

Bewusstseinsflusses ein unmittelbares Jetztbewusstsein eines Empfangenen im Sinne einer Urzeugung anzutreffen ist.

Kommt dieses Urbewusstsein aber tatsächlich zur Gegebenheit? Oder ist es eine *conditio sine qua non*, die aus dem Phänomen der Retention und dem Ausschluss eines ersten Unbewussten abgeleitet wurde? Husserl selbst versucht zu vertreten, dass das Urbewusstsein der Retention in seiner Anschaulichkeit in nichts nachsteht.[146] Damit scheint aber zumindest eine Schwierigkeit aufzutreten: Die phänomenologische Reflexion kann immer nur auf Retiniertes oder Vergegenwärtigtes blicken, ohne je unmittelbar das Jetztbewusstsein als Urbewusstsein zu erreichen. Für die phänomenologische Reflexion scheint deshalb dieses Urbewusstsein lediglich im Sinne einer Bedingung der Möglichkeit der Retention zur Gegebenheit kommen zu können. Als unzeitliches und nicht gegenständlich Erfasstes befindet sich das Urbewusstsein jedoch in einem Bereich, in den der phänomenologisch reflektierende Blick nicht mehr einzudringen vermag. Wenn die Reflexion einsetzt, scheint die Zeit immer schon da zu sein. Die Möglichkeit, dass die Phänomene in gewisser Weise eine Vorgängigkeit der Zeit vor dem Bewusstsein nahelegen, zieht sich implizit durch den dritten Abschnitt der Zeitvorlesungen und ihrer Beilagen. Infiniten Regress und Unbewusstsein will Husserl hier bei der Bestimmung der Anfangsphase des Bewusstseinsflusses unbedingt vermeiden. Von seinen Überlegungen zum Urbewusstsein scheint er aber ebenfalls nicht vollends überzeugt, und zwar deshalb, weil der phänomenologische Blick das Urbewusstsein nicht eigentlich erreichen kann.[147] Der phänomenologische Blick scheint immer schon zu spät zu kommen, mit der Konsequenz, dass sich in den tiefsten Gründen der absoluten, alles konstituierenden Subjektivität eine Leerstelle und Dunkelzone auftut, in die das phänomenologische Licht der Reflexion nicht einzudringen vermag. Alle Überlegungen Husserls zur Konstitution des letzten konstituierenden Bewusstseins scheinen letztlich auf einen phänomenologischen Hohlraum am untersten Fundament

[146] „Im übrigen ist es [das Urbewusstsein, I.R.] nichts aus Gründen Erschlossenes, sondern in der Reflexion auf das konstituierte Erleben als konstituierende Phase genau so wie die Retentionen erschaubar. Man darf nur dieses Urbewußtsein, diese Urauffassung, oder wie man es sonst nennen will, nicht als einen auffassenden Akt mißverstehen. Abgesehen davon, dass es eine evident falsche Beschreibung der Sachlage wäre, würde man sich dadurch in unlösbare Schwierigkeiten verwickeln. Sagt man: jeder Inhalt kommt nur zum Bewußtsein durch einen darauf gerichteten Auffassungsakt, so erhebt sich sofort die Frage nach dem Bewußtsein, in dem dieser Auffassungsakt, der doch selbst ein Inhalt ist, bewußt wird, und der unendliche Regreß ist unvermeidlich. Ist aber jeder ‚Inhalt' in sich selbst und notwendig ‚unbewußt', so wird die Frage nach einem weiteren gebenden Bewußtsein sinnlos" (ZB, 473).

[147] Bernet vertritt die Position, dass sich ein Urbewusstsein nicht mehr fassen lässt und dass sich durch die phänomenologische Analyse des Flusses eine wahrnehmungsmäßige Selbstgegenwart des Jetzt und damit des Bewusstseinsflusses als unmöglich erweist. Vgl. Bernet: Die ungegenwärtige Gegenwart. Anwesenheit und Abwesenheit in Husserls Analyse des Zeitbewusstseins, a. a. O., 56. Andernorts heißt es grundsätzlicher, das immer nur über die konstituierte, immanent-gegenständliche Zeit verstehbare absolute Bewusstsein könne „auch in ontologischem Sinne" nur noch schwerlich als ein „‚absoluter' Grund, der ‚nulla re indiget ad existendum'" gelten; das so genannte absolute Bewusstsein von Zeit sei vielmehr „reine Differenz" (Bernet: Einleitung, a. a. O., LV f.).

der konstituierenden Subjektivität hinzudeuten, auch wenn Husserl selbst an keiner Stelle seiner frühen Schriften zur Zeit versucht ist, die Suche nach einer Erschaubarkeit dieser letzten Instanz aufzugeben.

In Husserls Bestimmungen der absoluten Subjektivität des zeitkonstituierenden Bewusstseinsflusses finden sich zwei Aspekte, die Ricœurs dritte Aporie, die der Unerforschlichkeit des Ursprungs der Zeit, bekräftigen können. Zum einen sieht sich Husserl bei dem Versuch, den Ursprung der Zeit im zeitkonstituierenden Bewusstsein nachzuweisen, dazu gezwungen, auf tropische Rede zurückzugreifen, die sich um die Grundmetapher des Flusses zentriert. Dass bei der Bestimmung dieses Flusses, der eigentlich gar kein Fluss ist, die „Namen fehlen", deutet auf eine Unsagbarkeit des phänomenologischen Ursprungs der Zeit hin. Der unzeitliche und ungegenständliche Bewusstseinsfluss kann nie als solcher, sondern immer nur als Zeitliches und Gegenständliches gedacht und deshalb nur in uneigentlicher, metaphorischer Rede besprochen werden. So werden Metaphern wie „Quelle" und „Fluss" zu Begriffen, die am präzisesten das zu beschreiben vermögen, was sich am untersten Grund der phänomenologischen Subjektivität und damit am Fundament des husserlschen Projekts von „Philosophie als strenger Wissenschaft" zeigt. Zum anderen zeigt sich diese Ursprungsaporie im Zusammenhang mit der Frage nach der Anfangsphase des Bewusstseinsflusses. Eine positive Bestimmung dieser Anfangsphase des letzten, selbst unzeitlichen Ursprunges der Zeit, die nicht schon Zeit und Objektivität voraussetzt, scheint nicht gelingen zu können. Trotz zahlreicher Lösungsvorschläge stößt Husserl bei dem Versuch, die Konstitution des letzten zeitkonstituierenden Bewusstseins phänomenologisch zu begründen, an Grenzen, die im tiefsten Inneren der konstituierenden Subjektivität selbst auf eine unhintergehbare Weise zu liegen scheinen. Möglicherweise kann die phänomenologische Reflexion ihren Blick prinzipiell nicht unmittelbar auf die Anfangsphase des Flusses richten, so dass ihr Licht vor der Dunkelzone des letzten Bereiches absoluter Subjektivität versagt. Mithilfe der Überlegungen zu einem ersten Urbewusstsein oder inneren Bewusstsein ist Husserl zwar dazu vorgedrungen, eine präreflexive Subjektivität zu erwägen, wie sie zuvor bereits von Brentano und später von Sartre vertreten wurde.[148] Und wenngleich Husserl mit diesem Urbewusstsein und seiner nachträglichen Gegebenheit in der retentionalen Längs-Intentionalität eine durchaus angemessene Beschreibung jener Urphase der konstituierenden Subjektivität und ihrer Gegebenheit zu liefern scheint, ist ihm selbst dieses lediglich erlebte, nicht aber phänomenal vor Augen geführte Urbewusstsein kein hinreichend stabiler Grund aller phänomenologischen Konstitutionsanalysen. Dass das tiefste Innere der konstituierenden Subjektivität aufgrund seiner Präreflexivität eine gewisse Dunkelzone bleiben muss, sieht Husserl zwar, gleichzeitig scheint er jedoch in den ZB noch davon überzeugt zu sein, dass eine Lösung für diese Unerforschlichkeit, eine

---

[148] Vgl. das innere Bewusstsein bei Brentano. Brentano: *Psychologie vom empirischen Standpunkt. Erster Band*, a. a. O., Zweites Buch, Zweites und Drittes Kapitel. Vgl. das präreflexive Cogito bei Sartre. Sartre: *L'être et le néant. Essai d'ontologie phénoménologique*, a. a. O., 16–23./dt.: *Das Sein und das Nichts. Versuch einer phänomenologischen Ontologie*, a. a. O., 17–27.

Erleuchtung dieses Hohlraumes im Inneren der konstituierenden Subjektivität, erreichbar sein müsse.

Mit den Überlegungen zur Konstitution des Bewusstseinsflusses geht es Husserl jedoch nicht nur darum, den Ursprung der Zeit im Zeitbewusstsein nachzuweisen, sondern er will auch zeigen, dass das Zeitbewusstsein eine Einheit ist und sich als Einheit konstituiert. Da das Bewusstsein laut Husserl alle Einheiten konstituiert, auch die Einheit der Zeit, ist es für die Konstitution der Einheit der Zeit von nicht geringer Bedeutung, die Einheit des Bewusstseins selbst nachzuweisen. In seinen Begründungen der Einheit des Zeitbewusstseins, welche nicht nur das originäre Zeitfeld der Gegenwart betreffen soll, scheinen sich in den ZB zwei verschiedene Aspekte miteinander zu verknüpfen. Zum einen stellt Husserl eine formale Struktur des Flusses, eine einzige alle Erlebnisse verbindende Form fest. Wir fänden in der Reflexion zwar „viele Flüsse, sofern viele Reihen von Urempfindungen anfangen und enden"; diese Vielheit von Flüssen „hat aber doch eine Einheitlichkeit, die die Rede von einem Fluß zuläßt und fordert"; diese Einheitlichkeit sei die alle Urempfindungen „verbindende Form" und das „Zeitbewußtsein vom Immanenten" sei „eine Alleinheit".[149] Das Zeitbewusstsein sei nicht deshalb eine Einheit, weil es ein substantiell dauerndes Objekt wäre, sondern weil sich in ihm eine verbleibende formale Struktur zeige, welche stetig Urimpressionen in Retentionen übergehen lässt und mit einem Horizont von Protentionen versieht.[150] Die Einheit des Flusses würde demnach also in der Alleinheit der formalen Flussstruktur liegen, die keine dem Inhalt äußerlich auferlegte Form ist, sondern untrennbar an das permanente Auftreten neuer Urimpressionen, Protentionen und Retentionen gekoppelt bleibt. Zum anderen muss sich diese formal begründete Einheit des Bewusstseinsflusses aber auch an dem konkreten Fluss immer wieder selbst zeigen. Und dabei stößt Husserl auf eben das Problem, wie die Einheit des Bewusstseins phänomenal auszuweisen ist, ohne sich in einen unendlichen Regress zu verwickeln. Eine reflexiv längsintentional konstituierte Einheit des eigentlich nichtdinghaften Flusses scheint immer wieder

---

[149] ZB, 431.

[150] „Allumfassend ist das ‚Zusammen', ‚Zugleich' der aktuellen Urempfindungen, allumfassend das ‚Vorhin', ‚Vorangegangensein' aller eben vorangegangenen Urempfindungen, die stete Umwandlung jedes Zusammen von Urempfindungen in ein solches Vorhin; dieses Vorhin ist eine Kontinuität und jeder ihrer Punkte ist eine gleichartige, identische Ablaufsform für das gesamte Zusammen. Es unterliegt das ganze ‚Zusammen' von Urempfindungen dem Gesetz, daß es sich in ein stetiges Kontinuum von Bewußtseinsmodis, von Modis der Abgelaufenheit wandelt, und daß in derselben Stetigkeit ein immer neues Zusammen von Urempfindungen originär entspringt, um stetig wieder in Abgelaufenheit überzugehen" (ZB, 431). „Was besagt das aber? Man kann da weiter nichts sagen als ‚siehe': eine Urempfindung oder eine Gruppe von Urempfindungen, die ein immanentes Jetzt bewußt hat, [...], wandelt sich stetig in Modi des Vorhinbewußtseins, indem das immanente Objekt als vergangen bewußt ist, und ‚zugleich', zusammen damit tritt eine neue und immer neue Urempfindung auf, ein immer neues Jetzt ist etabliert, und dabei ist ein immer neues Tonjetzt, Gestaltjetzt usw. bewußt" (ZB, 432). „Verbleibend ist vor allem die formale Struktur des Flusses, die Form des Flusses" (ZB, 467). „Die Form besteht darin, daß ein Jetzt sich konstituiert durch eine Impression und daß an diese ein Schwanz von Retentionen sich angliedert und ein Horizont der Protentionen" (ebd.).

zurückzuweisen auf ein noch dahinterliegendes konstituierendes Bewusstsein.[151] Die formale Struktureinheit des Flusses kann das Problem des Nichterscheinens der Anfangsphase des Bewusstseinsflusses nicht lösen, so dass der immer wieder neu zu unternehmende phänomenale Aufweis der Einheit des Bewusstseinsflusses nie bis an sein Innerstes, bis an seinen unzeitlichen und ungegenständlichen Anfang zu dringen vermag.

Durch diese Wiederholung der Ursprungsproblematik erfährt die Einheit des Bewusstseins in seinem Innersten eine gewisse Erschütterung. Einige Überlegungen aus den *Ideen I* können überdies auf Bewusstseinsebene das differenziertere Pendant zu der im vorigen Kapitel erörterten Problematik von Husserls objektiver, homogener, unendlicher Einheit der Zeit liefern. Der die Zeit konstituierende Bewusstseinsfluss, von Husserl in den *Ideen I* „Erlebnisstrom" genannt, sei eine unendliche Einheit, so meint Husserl 1913. Seine Stromform umspanne notwendig alle Erlebnisse eines identischen, selbst nicht erlebnishaften reinen Ich, welches Husserl dem Erlebnisstrom nun als notwendiges Korrelat gegenüberstellt. Als unendlicher Erlebnisstrom komme er auf eine ihm eigentümliche Weise zur Gegebenheit, „nämlich in der Art der *‚Grenzenlosigkeit im Fortgang' der immanenten Anschauungen*", in der er in einer unendlichen Erfüllungsbewegung zu immer neuen Horizonterfüllungen vordringe.[152] Husserl beruft sich hier auf einen sehr weiten Begriff von Gegebenheit, den er mit „einer *Idee im Kantischen Sinne*" in Verbindung bringt.[153] Wir hätten zwar „den *ganzen, seinem Wesen nach einheitlichen* und in sich streng abgeschlossenen Strom zeitlicher Erlebniseinheiten".[154] Diesem alleinheitlichen unendlichen Strom schreibt Husserl jedoch eine eingeschränkte Gegebenheit zu, die er mit der Gegebenheit einer selbst absolut einsichtigen, zugleich aber nie inhaltlich adäquat bestimmten kantischen Idee vergleicht. Den wesentlich ganzen, einheitlichen, unendlichen Erlebnisstrom erfasst er so als eine prinzipiell unerfüllbare Prozessbewegung der grenzenlos fortgehenden immanenten Anschauungen. Die Unendlichkeit des Erlebnisstromes als grenzenlos fortgehende immanente Anschauung ist selbst intuitiv gegeben und bedeutet trotz Husserls Verweises auf „eine Idee im Kantischen Sinne" anders als bei Kant selbst kein von der Vernunft

[151] Husserl versucht in den Beilagen, mit verschiedenen Denkfiguren den Abstand zwischen Konstituierendem und konstituierter Flusseinheit zu überwinden, was jedoch angesichts der bereits erörterten Frage nach der Gegebenheit der Anfangsphase problematisch zu bleiben scheint: „Diese Einheit konstituiert sich originär durch die Tatsache des Flusses selbst; nämlich sein eigenes Wesen ist es, nicht nur überhaupt zu sein, sondern Erlebniseinheit zu sein und gegeben zu sein im inneren Bewußtsein, in dem ein aufmerkender Strahl auf ihn gehen kann (der selbst nicht aufgemerkt ist, den Strom bereichert, aber den zu beachtenden Strom nicht ändert, sondern ‚fixiert', gegenständlich macht)" (ZB, 469 f.). „[J]edes ‚Erlebnis' im prägnanten Sinn ist innerlich wahrgenommen. Aber das innere Wahrnehmen ist nicht im selben Sinn ein ‚Erlebnis'. Es ist nicht selbst wieder innerlich wahrgenommen. Jedes Erlebnis, das der Blick treffen kann, gibt sich als ein dauerndes, dahinfließendes, sich so und so veränderndes. Und das macht nicht der meinende Blick, er blickt nur darauf hin" (ZB, 481). Sowohl ein Strahl als auch ein Blick implizieren eine Trennung zweier Pole, von denen der eine strahlt oder blickt und der andere angestrahlt oder erblickt wird.

[152] *Ideen I*, 166.

[153] *Ideen I*, 166.

[154] *Ideen I*, 165.

geliefertes regulatives Prinzip der Erfahrung. Husserls Unendlichkeit ist im Falle des Erlebnisstromes als eine Wesenskomponente dieses Stromes selbst erfahren, der als prinzipiell inadäquat erfüllt und als alleinheitlich und unendlich gegeben ist.[155] Er ist intuitiv als eine offene Ganzheit erfahren, die sich fortgehend durch immanente Anschauungen bereichert, aber als Unendlichkeit prinzipiell nie in einer totalen Ganzheit zu einer absoluten Erfüllung gelangt. In den *Ideen I* betont Husserl also gleichermaßen die Einheit des zeitkonstituierenden Erlebnisstromes wie auch seine prinzipiell unerfüllte, offene Ganzheit. Zieht man diese spätere Textstelle zu den ZB hinzu, so besteht nicht nur ein Problem darin, die Gegebenheit der Anfangsphase des einen zeitkonstituierenden Bewusstseins zu erklären, sondern die Einheit des Erlebnisstromes ist prinzipiell nur als eine offene Ganzheit in einer unendlichen Erfüllungsbewegung zu verstehen.

Sollte die konstituierte Einheit der Zeit von der Einheit des zeitkonstituierenden Bewusstseins abhängen, so ist hier festzuhalten, dass einerseits eine Unsicherheit bei der Bestimmung der Gegebenheit der Anfangsphase des Bewusstseins besteht und dass es sich bei der intuitiv gegebenen Einheit des Erlebnisstromes um eine offene Ganzheit handelt, deren Wesen eine nie ganz auszufüllende prinzipielle Unerfülltheit enthält. Eine phänomenale Unbestimmtheit und eine intuitiv erfahrene, inadäquat erfüllte Unendlichkeit liefern seitens der absoluten Subjektivität ein Fundament, welches in Hinblick auf eine ein für alle Mal gültige Konstitution der Einheit der Zeit nicht ganz unproblematisch zu sein scheint. Sollten diese Anmerkungen zu Husserls Bestimmung der Einheit des Bewusstseinsflusses zutreffen, so könnte dies eine Erschütterung des konstituierenden Fundamentes bedeuten, welches als absolute Subjektivität der höherstufig konstituierten Einheit der Zeit auf immanenter und transzendenter Ebene zugrunde liegen soll.[156] Husserl geht von einer Parallelität der Strukturen von präphänomenaler, präimmanenter Zeitlichkeit des Flusses, immanenter, präempirischer, phänomenologischer Zeit sowie objekti-

---

[155] Tengelyi zeigt für die Ding- und Welterfahrung, wie sich die Unendlichkeit von Husserls „Idee im Kantischen Sinne" von dem kantischen Unendlichkeitsbegriff unterscheidet. Er entwickelt in diesem Zusammenhang die These, dass Husserls Unendlichkeitsbegriff an dem cantorschen Transfiniten orientiert ist, welches dieser von dem Absolut-Unendlichen unterscheidet. Bei Husserl seien die einzelnen Dinge *selbst* unendliche Abschattungskontinua, sie selbst seien „Ideen im Kantischen Sinne". Die Idee des Unendlichen sei daher anders als bei Kant selbst einsichtig gegeben. Keine regulative Idee leite die Dingerfahrung, während das Ding an sich der Erfahrung entzogen bleibe, sondern das Ding selbst sei als unendliche Abschattungskontinuität erfahren. Die Einzeldinge wie auch die Welt seien für Husserl solche unendlichen Abschattungskontinua, die als unendliche Ganze zu verstehen seien. Sie können nie in einem allseitigen Gesamtanblick erfasst werden, sondern bilden im Sinne des Transfiniten relative Totalitäten, offene Ganzheiten, die aus verschiedenen Elementen bestehen und verschiedene Grade des Unendlichen annehmen können. Vgl. Tengelyi, László: L'expérience et l'infini selon Kant et Husserl, in: ders.: *L'expérience retrouvée. Essais philosophiques I.* Paris: L'Harmattan 2006, 105–123.

[156] Nach Brough besteht ein wesentlicher Grund für die Berechtigung von Husserls Unterscheidung zwischen dem absoluten Fluss und der Ebene immanenter Akte gerade darin, dass der Fluss zwar über seine differierenden Inhalte konstituiert ist, letztlich aber diejenige Identität ist, die alle anderen Identitäten und Unterschiede erst ermöglicht. Vgl. Brough: Husserl's Phenomenology of Time-consciousness, a. a. O., 86–89.

ver Zeit der Welt aus.[157] Wenn die sich dem phänomenologischen reflexiven Blick zeigende Einheit des Bewusstseinsflusses, oder in den *Ideen I* des Erlebnisstromes, weder die Anfangsphase einschließen, noch eine adäquate Erfüllung des Erlebnisstromes liefern kann, dann scheint das phänomenologische Fundament, auf dem die konstituierte Einheit immanenter und transzendenter Zeit stehen soll, in Frage gestellt werden zu müssen.

Wie bereits bei der Problematik der als unendlich konstituierten objektiven Zeit, so lässt sich auch bei der für das Bewusstsein geltenden „Grenzenlosigkeit im Fortgang immanenter Anschauungen" die Frage stellen, ob das Bewusstsein notwendigerweise intuitiv als unendlich erfahren wird. Hier wäre zu wiederholen, dass in Husserls Augen jede vermeintlich intuitive Endlichkeit des Bewusstseins eine anthropologische und mundane Komponente ins Spiel brächte, die in seinen Augen den Anspruch auf absolute Vorurteilsfreiheit untergraben würde. Ein phänomenologisch reduzierter Erlebnisstrom kann nicht sterben, allein das menschliche Ich, das konstitutiv auf ihm aufbaut, kann sterben. Heidegger und Ricœur – und nicht nur diese beiden – haben Zweifel angemeldet, ob eine phänomenologische Reduktion auf einen solchen grenzenlosen Erlebnisstrom, der von individuell und intersubjektiv menschlichen Zeiterlebnisformen unabhängig ist, möglich ist. Auch der späte Husserl aber hat, wie noch zu zeigen sein wird, die Geschichtlichkeit der Subjektivität zunehmend berücksichtigt, ohne jedoch von seinem phänomenologischen Fundierungsprojekt abzulassen.

Diese Erörterungen lassen erkennen, dass sich auf der Ebene der Konstitution des Bewusstseinsflusses auch für die Thematik der zweiten ricœurschen Aporie eine Angriffsfläche findet. Die Problematik der Einheit der unendlichen objektiven Zeit aus dem vorigen Kapitel erfährt durch die Problematik der Einheit des Bewusstseinsflusses Unterstützung. Zum einen kommt die Schwierigkeit der Ursprungsbestimmung, der Anfangsphase des Bewusstseinsflusses hinzu und zum anderen erhält die Einheit des konstituierenden Erlebnisstromes durch die Bestimmung als offene Ganzheit eine gewisse Relativierung. Schließlich wurden auch die möglichen Zweifel an der Intuitivität eines phänomenologisch reduzierten unendlichen Erlebnisstromes in Hinblick auf die Begründung der Einheit dieses Stromes wiederholt. Die von Husserl begründete Einheit des Bewusstseinsflusses, die der Einheit der Zeit zugrunde liegen soll, scheint sowohl in Hinblick auf den unendlichen Erfüllungsprozess als auch bei der Frage nach der Anfangsphase des Flusses an ihre Grenzen zu stoßen, so dass das konstituierende Fundament der konstituierten Einheit der Zeit zumindest kein erfülltes und inhaltlich greifbares ist.

In der bisher allein betrachteten ersten Phase von Husserls Zeitdenken waren diverse Probleme erkennbar, die sich den drei ricœurschen Zeitaporien zuordnen lassen. Es ist das Problem der dritten Aporie, jenes eines phänomenologischen Nachweises des letzten Grundes aller Konstitution, welches Husserls zweite Phase der Auseinandersetzung mit Zeit dominiert. Die Ursprungsproblematik der dritten Aporie soll aus diesem Grund im Folgenden an erster Stelle verfolgt werden, um im Anschluss daran erneut an Husserl die Fragen nach der ersten, und im darauffolgenden Kapitel nach der zweiten Aporie zu stellen.

---

[157] Vgl. ZB, 435 f., 445, 476.

2.3 Die zweite Phase (1917/1918)

2.3.1 Die Experimente zur Erklärung des Urstroms

Die 1917 und 1918 entstandenen Bernauer Manuskripte gehören im Unterschied zu den frühen Zeitvorlesungen und einigen Beilagen zwar zu den zahlreichen Schriften, die zu Husserls Lebzeiten unveröffentlicht geblieben sind. Da Husserl ihnen selbst aber eine große Bedeutung zuschrieb, scheint es legitim, in diesen Manuskripten dennoch eine zweite Phase seines Zeitdenkens zu sehen. Er entwickelt in dieser Phase in Auseinandersetzung mit dem Problem des Zeitbewusstseins erste Ansätze zu einer genetischen Phänomenologie, die die Entstehung von Akterlebnissen aus passiven Tendenzen verfolgt. Die Schwierigkeit bei der Auseinandersetzung mit dieser „zweiten Phase" ist jedoch, eindeutige Thesen aus den uneinheitlichen Manuskripten zu extrahieren. Dies gilt auch für die Bestimmung des Zeitbewusstseins selbst, welches Husserl nun in seiner untersten Schicht im Unterschied zu dem Strom konkreter Erlebnisse in immanenter Zeit auch als Urstrom oder Urprozess bezeichnet. Dieser Urstrom steht thematisch im Zentrum der Texte aus Bernau. Wie kann eine Behandlung dieser Manuskripte für die hiesigen Zwecke trotzdem zu einem vertieften Verständnis von Husserls Begriff des Zeitbewusstseins bzw. Urstroms oder Urprozesses führen? Anstatt sich auf die Herausforderung einzulassen, in den Bernauer Manuskripten nach einem von Husserl favorisierten Modell zu suchen oder ein im Rahmen seines Ansatzes zu favorisierendes Modell hervorzuheben, wollen die folgenden Überlegungen nach möglichen Gründen für den experimentellen Status der Bernauer Manuskripte suchen. Die Frage ist, inwiefern Husserls Schwierigkeiten bei der Bestimmung des Zeitbewusstseins ein Grund dafür sein könnten, dass er in diesen ihm selbst so wichtigen Schriften zu keinem eindeutigen Ergebnis gekommen ist. Es geht in erster Linie darum, nach einem Problemkern der Manuskripte zu suchen, der möglicherweise erneut mit Ricœurs dritter Aporie in Verbindung gebracht werden könnte. Um dieser Thematik nachzugehen, sollen einige Kernmodelle des Urstromes und Husserls Stellungnahmen zu denselben herausgearbeitet werden. Die von Husserl erwogenen Möglichkeiten erscheinen aus der Perspektive dieser Fragestellung wie Phantasievariationen, die verschiedene Gedankenexperimente anstellen, um über diesen Weg das Wesen, das Eidos des Zeitbewusstseins zu extrahieren. Angesichts der Unabgeschlossenheit dieses „Hauptwerkes" aus Bernau und angesichts der Tatsache, dass sich nur schwerlich ein von Husserl endgültig autorisiertes Modell des Urstromes ausmachen lässt, scheinen diese Phantasievariationen jedoch anstatt zu einem intuitiv einzusehenden Eidos eher zu einem Problemkern zu führen, um die die verschiedenen Modelle kreisen.[158] Wäre das Eidos des Zeitbewusstseins aber kein in eidetischer

---

[158] Es sind in den Bernauer Manuskripten zahlreiche Bemerkungen Husserls zu finden, die das Experimentelle, teilweise fast Selbstironische und an Grenzen Stoßende dieser Texte zeigen: „Jetzt habe ich wiederholt neue ‚Experimente' gemacht und bin wieder zu ganz entgegengesetzten Resultaten gekommen" (*Bernauer Manuskripte*, 365). „Nun droht zur Abwechslung wieder

Variation zu extrahierendes Wesen, sondern eine Problemkonstellation, so fände Ricœurs dritte Aporie, die der letztlichen Unerforschlichkeit und des sich entziehenden Ursprungs der Zeit, in den von Ricœur selbst nicht untersuchten Bernauer Manuskripten eine Bestätigung. Im Anschluss daran wird am Ende dieses Kapitels auf die Thematik der ersten Aporie zurückzukommen sein, um die Frage zu stellen, ob sich in den Bernauer Manuskripten eine Aufklärung der Retentionsproblematik aus den Zeitvorlesungen finden lässt.

Das wesentliche Problem, welches auch in den Bernauer Manuskripten Husserls Überlegungen zum Zeitbewusstsein bestimmt, ist, wie sich ein unendlicher Regress einer Kette von sich konstituierenden Bewusstseinen vermeiden lässt.[159] Es geht ihm darum, das Sichzeigen des zeitkonstituierenden Bewusstseins auf eine Weise verständlich zu machen, die nicht eine Trennung des Sichzeigens des Bewusstseins von einem weiteren Bewusstsein erforderlich macht, für das es sich zeigt. In den früheren, oben untersuchten Zeittexten hatte Husserl eine Selbstkonstitution des Bewusstseins über eine Verdoppelung der Intentionalität favorisiert, bei der jedoch das Problem der Gegebenheit der Anfangsphase Grund für bleibende Zweifel zu liefern schien. Auch noch 1917/18 ist für Husserls Zeitdenken die Schwierigkeit bestimmend, wie ein Bewusstsein für sich selbst zur Gegebenheit kommen kann, ohne eine Spaltung zwischen einer Gegebenheit und einer Subjektivität, für die diese zur Gegebenheit kommt, erforderlich zu machen.

Ein zentraler, neuer Lösungsversuch der Bernauer Manuskripte besteht in Husserls Modell eines erfüllend-entfüllenden Bewusstseins des Übergangs, dessen Erklärung er auch über einen Strom reiner noematischer Gebilde versuchen wird und welches als eine neue Variante der Selbstkonstitution des Zeitbewusstseins gelesen werden kann.[160] Husserl sieht nun die Urpräsentation nicht mehr als den Ausgangspunkt des Zeitbewusstseins, dessen Zurücksinken in der Retention in Frage steht, sondern die Urpräsentation ist in dem nun genetisch phänomenologischen Ansatz

---

das Gespenst des unendlichen Regresses“ (*Bernauer Manuskripte*, 27). „Da steht einem also der Verstand still“ (ebd.).

[159] Vgl. Zahavi: Time and Consciousness in the Bernau Manuscripts, a. a. O., 99.

[160] Husserl erörtert den erfüllend-entfüllenden Prozess in den Texten Nr. 1 und Nr. 2. In Text Nr. 8 scheint mit den reinen noematischen Gebilden aber dasselbe Modell in vertiefter Form Thema zu sein. Die Varianten dieses Modells haben diejenigen Forschungsarbeiten, die Husserls Bestimmungen des Zeitbewusstseins in den *Bernauer Manuskripten* als erfolgreich betrachten, zumeist favorisiert. Schnell meint, Husserl gelänge hier eine Überwindung der Trennung von Akt und Aktinhalt und damit eine Lösung des Problems des Zeitbewusstseins. Vgl. Schnell: *Temps et phénoméne. La phénoménologie husserlienne du temps (1893–1918)*, a. a. O., 246 f. Kortooms sieht in der intentionalen Verflechtung die Gefahr des unendlichen Regresses überwunden. Vgl. Kortooms: *Phenomenology of Time. Edmund Husserl's Analysis of Time-Consciousness*, a. a. O., 163. Bernet hingegen tendiert dazu, alle Modelle, so auch dieses, mit dem Problem behaftet zu sehen, dass eine phänomenologische Bestimmung des Ursprungs der Zeit, die Zeit immer schon voraussetzen muss. Vgl. Bernet/Lohmar: Einleitung der Herausgeber, a. a. O., XLII ff. Und Zahavi spricht sich für ein präreflexives unmittelbares Selbstbewusstsein aus, das er in den *Bernauer Manuskripten* jedoch nicht signifikant vertreten sieht und meint, dass das hier in Frage stehende Modell letztlich doch wieder auf eine dyadische Struktur hinauslaufe, die Selbstbewusstsein schwerlich erklären könne. Vgl. Zahavi: Time and Consciousness in the Bernau Manuscripts, a. a. O., 113 f.

der Bernauer Manuskripte ein Grenzpunkt, in dem sich die Kontinuen der retentionalen und protentionalen Modifikationen überschneiden. Die Urpräsentation ist nun „erfüllte Erwartung",[161] die Retention richtet sich sowohl auf diese erfüllte Erwartung als auch auf die vorangehenden Retentionen und die Protention erwartet in Abhängigkeit von den Retentionen sowohl neue Daten als auch neue Retentionen. Die durch die Retentionen beeinflussten Protentionen richten sich auf das Kommende und im Grenzpunkt der Verflechtung von Retention und Protention kommt das gegenwärtig Gegebene zu Bewusstsein als etwas, das zuvor bereits antizipiert worden war.[162] Das Selbstbewusstsein ergibt sich hier direkt aus dem Erleben dieses Erfüllungsprozesses, in dem retentional festgehaltene Protentionen kontinuierlich in anschauliche Verwirklichungen übergehen. Die Gegenwartsphase des Stromes ist so nicht mehr ein Urmoment, bei dem in Frage steht, wie es bewusst ist und wie es längsintentional retiniert werden kann, sondern die Gegenwart ist bereits eine gewordene Gegenwart, in der auf dynamische Weise erlebt wird, wie das zuvor bereits protentionell Antizipierte anschaulich eintritt. Husserl spricht in Hinblick auf diese protentional-retentionale Verflechtung auch von einer „genetische[n] ‚Geschichte'".[163] Die Erfüllung, in der im Urprozess relativ leere, auf noch ferne Zukunft gerichtete Protentionen zu immer volleren werden, verknüpft sich mit einer Entfüllung, in der relativ volle Retentionen zu immer leereren, auf bereits entferntere Vergangenheit gerichteten werden. In diesem dynamischen Erfüllungs-Entfüllungs-Prozess von zunehmender und abnehmender Anschaulichkeit gibt es laut Husserl keinen Anfang, sondern immer nur einen Anfang der Betrachtung.[164] Der Urkern, auch genannt „Kantenpunkt" oder „Urphase", sei eine Phase maximaler Fülle,

[161] *Bernauer Manuskripte*, 7.

[162] „Die neue Protention ist neue und Modifikation der früheren, die aber selbst durch ein Moment eingeflochtenen retentionalen Bewusstseins bewusst ist. Und eben dadurch kommt die erfüllende Deckung im Momentanbewusstsein selbst zustande" (*Bernauer Manuskripte*, 27).

[163] *Bernauer Manuskripte*, 27. Hier ist bei Husserl im Zusammenhang mit der Bestimmung des Zeitbewusstseins ein Bezug auf einen Geschichtsbegriff in Anführungszeichen hergestellt, der, wenn auch nur rudimentär, als eine Vorstufe von Ricœurs pränarrativem Verstehen der ersten Mimesisstufe gelesen werden könnte. Vgl. diese Arbeit Kap. 4.3.2. Lohmar spricht in seiner Interpretation des auch *Erfahrung und Urteil* als Beilage I beigefügten Textes Nr. 16 der *Bernauer Manuskripte*, welcher vom Ursprung der Individualität handelt, davon, dass „[j]ede Wahrnehmung desselben Gegenstandes […] in sich also eine besondere Wahrnehmungsgeschichte [enthält], die ich hier zur Unterscheidung eine ‚Geschichte 1. Stufe' nenne. Diese Wahrnehmungsgeschichten sind ‚Geschichten', sie werden als Geschichten erinnert. Sie haben nicht nur einen *Einsatzpunkt*, den ‚Anfang' und eine *Dauer* bzw. Erstreckung, sondern auch schon eine *assoziative Ordnung* in den Dimensionen eines ‚vorher' und ‚nachher' (bzw. erst geschah dies / dann geschah jenes)" (Lohmar, Dieter: Konstitution der Welt-Zeit. Die Konstitution der objektiven Zeit auf der Grundlage der subjektiven Zeit, in: Ferrarin, Alfredo (Hg.): *Passive Synthesis and Life-world. Sintesi passiva e mondo della vita.* Pisa: Edizioni ETS 2006, 55–77, hier 65). Vgl. Husserl, Edmund: *Erfahrung und Urteil. Untersuchung zur Genealogie der Logik.* Hamburg: Meiner Verlag, 7. Aufl., 1999 (= Philosophische Bibliothek. Bd. 280), 460–471.

[164] „Wir haben dann keinen Anfang verlaufender und bloß retentional sich wandelnder Urdaten und hinten nachkommender Protentionen und Retentionen der Protentionen. Sondern wir haben als Anfang nur einen Anfang der Betrachtung, wir stehen immerfort in der Mitte eines unendlichen Prozesses und greifen eine Phase heraus, die ein Doppelzweig von Intentionalitäten ist, in

maximaler Kernhaftigkeit, welche den intentionalen *terminus ad quem* eines jeden nichtmaximalen Punktes der Anschaulichkeit darstelle.[165] Dieses in jedem Moment stattfindende Bewusstsein des Übergangs sei notwendig, wenn das Bewusstsein des Stromes verständlich gemacht werden solle; das so geartete strömende Bewusstsein sei notwendig „Bewusstsein von sich als strömendem".[166]

Auch in Text Nr. 8 vertritt Husserl „ein Bewusstsein des Übergangs von Stromphase zu Stromphasen",[167] so dass es eine gewisse Berechtigung zu haben scheint, die Texte Nr. 1 und Nr. 2 mit diesem Text Nr. 8 in Verbindung zu setzen. Er versucht in Text Nr. 8 eine Bestimmung dieses Übergangsbewusstseins, indem er das Strömen als „ein kontinuierliches Hervorströmen noematischer Bestände" kennzeichnet.[168] Um eine in einen unendlichen Regress führende Trennung von konstituierendem Strom und konstituiertem Noema zu vermeiden, bestimmt Husserl jede Stromphase als ein „Atomkontinuum",[169] in dem „Urstrom-Atome" die Punkte eines auf Zukunft und Vergangenheit hin orientierten doppelten Linearkontinuums darstellen, aus dem eine jede Stromphase bestehe.[170] Vergangenheits- und Zukunftsmodifikationen stießen in einem Nullpunkt zusammen, der die Achse des gesamten Noemas einer Stromphase bilde. Im Strömen verharre dabei stets das formale noematische Wesen des Stromes mit seinen „jetzt", „soeben", „sogleich", während die Zeitpunkte und Sinneskerne bzw. Zeitinhalte nur kontinuierlich neue Formen dieses Systems annähmen. Im Strömen seien diese noematischen Bestände bereits durch das ineinander Übergehen der Stromphasen und ihrer vergangenheits- und zukunftsorientierten, sich in einem Nullpunkt begegnenden Zweige so sehr ineinander verwachsen, dass ein gesondertes auffassendes Bewusstsein zur phänomenalen Aufweisung dieses Strömens gar nicht mehr nötig zu sein scheint. Im „‚letzten' Bewusstseinsstrom", so Husserl in der Beilage zu Text Nr. 8, „haben wir eben letzte noematische Gebilde".[171] Er gelangt über die so geartete Bestimmung des Stromes zu der Frage, ob die Unterscheidung von Noesis und Noema eine absolute oder doch nur eine bloß relative sei, „wie ich anfangs eigentlich geneigt war anzunehmen".[172] Wäre dieser Unterschied ein relativer, so scheint Husserl hier anzudeuten, so bliebe vielleicht „im Letzten doch, wie notwendig, etwas Absolutes übrig [...], das klar zu bestimmen wäre", das also eine Spaltung in Noesis und Noema nicht mehr selbst enthalten müsste.[173]

---

dem das Urdatum nur eine Auszeichnung als Moment der Intentionalität hat" (*Bernauer Manuskripte*, 28).

[165] Vgl. *Bernauer Manuskripte*, 32.

[166] *Bernauer Manuskripte*, 48.

[167] *Bernauer Manuskripte*, 148 f.

[168] *Bernauer Manuskripte*, 144.

[169] *Bernauer Manuskripte*, 149.

[170] *Bernauer Manuskripte*, 147.

[171] *Bernauer Manuskripte*, 163.

[172] *Bernauer Manuskripte*, 163.

[173] *Bernauer Manuskripte*, 163.

In diesen Überlegungen zu einem Bewusstsein des Übergangs begründet Husserl das Selbstbewusstsein weder ausschließlich über die retentionale Längs-Intentionalität, noch über ein inneres Bewusstsein der Anfangsphase, deren Beschaffenheit in den Beilagen der ZB problematisch blieb. Er verankert das Selbstbewusstsein des Stromes hingegen in Text Nr. 1 und Nr. 2 in dem dynamischen Erfüllungs-Entfüllungs-Prozess über die Verschränkung von Protentionen und Retentionen und in Text Nr. 8 über die noematischen Gebilde der letzten Bewusstseinsstufe. Dieses Modell eines Bewusstseins des Übergangs, sei es in Form des erfüllend-entfüllenden Prozesses oder in der Form kontinuierlich hervorströmender und ineinander übergehender noematischer Bestände, ist jedoch nicht eindeutig das Modell, welches Husserl selbst favorisiert. Warum er es nicht ausdrücklich bevorzugt, lässt sich in den Manuskripten zwar nicht unmittelbar ersehen. Es hat aber den Anschein, als sei Husserl mit einem unmittelbaren Bewusstsein des Übergangs, einem Selbstbewusstsein in fließender Gegenwart nicht zufrieden, weil die noematischen Gebilde letzter Stufe aus sich selbst heraus nicht ausreichend verständlich machen können, wie diese dem Bewusstsein selbst erscheinen. Sie können in ihrer Eigenart als Lebensstrom zwar mehr oder weniger stark die Aufmerksamkeit auf sich ziehen. Husserl scheint es aber für phänomenologisch erforderlich zu halten, dass sie dem Bewusstsein als einheitlicher Strom erscheinen und eben dies bleibt in einem erfüllend-entfüllenden Verflechtungsprozess und in den letzten noematischen Gebilden des Stromes problematisch. In diesem Fall träte bei diesem Bewusstsein des Übergangs dasjenige Problem auf, welches bereits bei der Bestimmung der Anfangsphase des Bewusstseins in den Beilagen der ZB anklang: Wie kann es phänomenologisch erblickt und nicht lediglich erlebt werden, ohne für ein weiteres Bewusstsein bewusst zu sein?

Diese Vermutung darüber, aus welchem Grund die Varianten des Bewusstseins des Übergangs nicht Husserls eindeutig letztes Wort sind, scheint sich durch seine diversen alternativen Bestimmungen des Urprozesses unterstützen zu lassen. Ein Grunddilemma durchzieht all seine weiteren Bemühungen: Entweder kommt das Bewusstsein zeitgegenständlich oder quasi-zeitgegenständlich zur Gegebenheit, dann erfolgt aber eine Spaltung *ad infinitum* von einem Bewusstsein und einem Bewusstsein, für das dieses bewusst ist; oder die unterste Stufe des zeitkonstituierenden Bewusstseins ist selbst unbewusst oder ein unzeitlicher reiner Datenablauf, der auf phänomenologisch inakzeptable Weise erst nachträglich zur Gegebenheit und zu einem „Flussobjekt" mit Quasi-Zeit wird. Husserl versucht in einer großen Zahl der Bernauer Texte, erneut das Modell von Auffassung und Auffassungsinhalt zur Bestimmung des Zeitbewusstseins heranzuziehen, was ihn jedoch in der Regel entweder auf den drohenden Regress unendlicher Bewusstseinsstufen oder auf phänomenologische Unverständlichkeiten führt.[174] Er erwägt beispielsweise

[174] Vgl. insbesondere die Texte der Gruppe III (Nr. 9–13). Zahavi sieht dieses Modell, welches er „internal object interpretation" nennt, in den Bernauer Manuskripten eindeutig von Husserl vertreten und hält dies für einen Rückschritt in Husserls Zeitdenken. Er sieht auch in den alternativen Modellen Husserls wesentlichen Fehler darin, Bewusstsein mit Objektbewusstsein und Konstitution mit Objektkonstitution zu identifizieren, anstatt ein präreflexives unmittelbares Selbstbewusstsein anzunehmen. Vgl. Zahavi: Time and Consciousness in the Bernau Manuscripts, a. a. O., 100, 106, 108. In einem früheren Text hatte Zahavi noch versucht, bei Husserl selbst eine

insbesondere in Text Nr. 10 die Möglichkeit, dass im Hintergrund bereits Einheiten als schon vorhandene, noch unbemerkte Gegenstände konstituiert sein könnten, die dann nachträglich in ausdrücklicher Aufmerksamkeit erfasst würden. Diese Hintergrundgegenstände wären dann zwar wahrgenommen, aber noch nicht erfasst.[175] Als Beispiel nennt Husserl in Text Nr. 15 kalte Füße, die zwar „merklich", aber noch nicht „gemerkt", noch nicht erfasst sind.[176] Kalte Füße könnten zuweilen ein Teil des Horizontes von Unerfasstem sein, der zwar merkbar aber noch nicht gemerkt sei. Die kalten Füße aus diesem Horizont könnten dann in einem Moment das Ich so stark affizieren, dass es sie erfassend bemerkt. Es könne aber, so betont Husserl ausdrücklich, nie den gesamten Horizont des Unerfassten, des Merkbaren erfassen, sondern es „bleibt immer ein Horizont von Unerfasstem".[177] Trotzdem droht auch in diesem Fall ein unendlicher Regress, da sich die Frage auf tieferer Stufe wiederhole, was denn diese Hintergrundgegenstände oder diese merklichen Tendenzen konstituiere.[178] An anderer Stelle lässt sich noch ein anderer Einwand gegen die Variante der Hintergrundgegenstände zur Erklärung des letzten zeitkonstituierenden Prozesses finden. Husserl schreibt in Text Nr. 12, dass eine Hintergrundwahrnehmung eine attentionale Modifikation der primären, erfassenden Wahrnehmung ist, in welchem Fall sie dieser also nicht vorausliegen und die Regressproblematik der erfassenden Wahrnehmung nicht aufheben könnte.[179] In Beilage VIII zu den Zeitvorlesungen hatte Husserl noch einen „aufmerkenden Strahl, der selbst nicht mehr aufgemerkt ist", zur Erklärung des letzten Bewusstseins eingesetzt; in den Bernauer Manuskripten aber meint er nun, dass ein bloßer Aufmerksamkeitsstrahl, der sich auf bereits vorausgesetzte Auffassungen richtet, auf tieferer Stufe auch wieder in einen unendlichen Regress führen würde.[180] Die verschiedenen Überlegungen, den Strom über im Hintergrund vorkonstituierte Zeitobjekte, die nachträglich ausdrücklich erfasst werden, zu erklären, führen Husserl immer wieder in den bekannten und gefürchteten Regress einer unendlichen Kette von Bewusstseinsstufen.[181]

Theorie des vor-reflexiven Selbstbewusstseins zu stärken, und die Berechtigung der Dominanz der „internal object interpretation" in der Forschung in Zweifel zu ziehen. Vgl. Zahavi, Dan: Husserl und das Problem des vor-reflexiven Selbstbewußtseins. Übersetzt von Holger Maaß, in: Hüni, Heinrich/Trawny, Peter (Hg.): *Die erscheinende Welt. Festschrift für Klaus Held*, a. a. O., 697–724. Diese Interpretation korrigiert er in dem späteren Text explizit. Vgl. Zahavi: Time and Consciousness in the Bernau Manuscripts, a. a. O., 100. Brough hingegen meint, dass Husserl das Modell von Auffassung und Auffassungsinhalt in den Bernauer Manuskripten schließlich eindeutig zurückweist. Vgl. Brough: Time and the One and the Many (in Husserl's Bernauer Manuscripts on Time Consciousness), a. a. O., 151 f.

[175] Vgl. *Bernauer Manuskripte*, 190, 196, 197.

[176] *Bernauer Manuskripte*, 285.

[177] *Bernauer Manuskripte*, 284.

[178] Vgl. *Bernauer Manuskripte*, 244, 285.

[179] Vgl. *Bernauer Manuskripte*, 251.

[180] Vgl. *Bernauer Manuskripte*, 254 f.

[181] Brough ist der Meinung, dass alle Versuche, das Zeitbewusstsein über das Modell von Auffassung und Auffassungsinhalt zu bestimmen, unvermeidlich in einen Regress führen müssten. Vgl.

Als ein anderer Versuch, eine Bestimmung des Stromes zu erzielen, kann Husserls erneute Reflexion auf das Phänomen der Retention gesehen werden. Die Retention wird nun unterschieden von so genannten Abklangsphänomenen. Abklänge sind reell im Bewusstsein enthalten und sind notwendige kontinuierliche Ableitungen der Urklänge, welchen sie ähneln, denen gegenüber sie jedoch an Differenzierung und an affektivem Reiz auf das Ich zunehmend einbüßen.[182] Die Retention bezieht nun dieses reelle Abklangsmoment als einen Repräsentanten von dem Ausgangsmoment auf das bereits Vergangene. Es wandeln und verschachteln sich dabei stetig der durch den Abklang gelieferte „Inhalt" und die durch die Retention gelieferte besondere Art von modifizierender „Auffassung". Diese an Bildlichkeit orientierte kontinuierliche Wandlung ist aber mit der alten, in der frühen Auseinandersetzung mit Brentano von Husserl bereits bemerkten Schwierigkeit konfrontiert, wie aus einem Bildlichkeitsverhältnis das Vergangenheitsmoment gewonnen werden kann. Das Abklingen wie auch die jetzt deutlich als nichtauffassende Modifikation gekennzeichnete Retention,[183] bei der Husserl teilweise erwägt, ob ihr sinnlicher Inhalt möglicherweise doch reell ist, scheinen erneut mit der Schwierigkeit behaftet, nicht klar und eindeutig bestimmbar zu sein.[184] Sie scheinen somit Husserl zufolge, ähnlich wie die Retention aus den frühen Zeittexten, nicht dazu in der Lage zu sein, die Gegebenheit des Urprozesses über das Konzept einer retentional erweiterten Gegenwart verständlich zu machen. Aus seiner neuen Betrachtung der Retention kommt Husserl dementsprechend trotz der Differenzierung über das erstmals betrachtete Phänomen des Abklingens ebenfalls zu keiner ihn zufrieden stellenden Lösung für das Problem der phänomenalen Gegebenheit des letzten zeitkonstituierenden Bewusstseins.

Eine weitere Möglichkeit, die Husserl bereits früher abgelehnt hatte und auch jetzt deutlich zurückweist, besteht darin, auf der untersten Ebene des Bewusstseins ein Unbewusstsein anzunehmen, welches erst nachträglich zum Bewusstsein

Brough: Time and the One and the Many (in Husserl's Bernauer Manuscripts on Time Consciousness), a. a. O., 151 f.

182 Vgl. *Bernauer Manuskripte*, 65–81.

183 „Blicken wir hin auf die retentionalen und protentionalen ‚Modifikationen', so ist jede von ihnen und ‹sind› ihre kontinuierlichen Einheiten nicht als Auffassung zu bezeichnen, sondern allenfalls ‹als› Modifikation einer Aufassung" (*Bernauer Manuskripte*, 172). „Offenbar ist kein ‹sich› in sich selbst (seinem eigenen intentionalen Wesen nach) modifizierendes Bewusstsein hinsichtlich seines Modifikates ein auffassendes, weder im weiteren noch im engeren Sinn" (*Bernauer Manuskripte*, 175).

184 „Sagt man, es [das Abklingen, I.R.] ist eine eigentümliche allgemeine Modifikation jedes Erlebnismomentes, so wird das wohl richtig sein, aber die Beschreibung versagt da" (*Bernauer Manuskripte*, 250). „Hier scheint alles dafür zu sprechen, dass nicht nur im urpräsentierenden Momentanbewusstsein der sinnliche Inhalt reell enthalten ist, sondern in jeder weiteren retentionalen Phase nicht minder reell" (*Bernauer Manuskripte*, 215). „Nennen wir Wahrnehmung im weiteren Sinn originäres Bewusstsein von Realem in seiner zeitlichen Modalität, so ist nicht nur Gegenwartswahrnehmung Wahrnehmung, sondern auch die Retention Wahrnehmung, die Wahrnehmung von Vergangenem in seiner Vergangenheitsmodalität. – Da muss noch mehr Schärfe und Klarheit walten!" (*Bernauer Manuskripte*, 389).

kommt.[185] Dabei sei es aber absolut unverständlich, wie etwas, das zunächst unbewusst ist, sich in etwas Bewusstes verwandeln soll.[186] Eine schwächere Variante dieser Möglichkeit besteht darin, die letzte Instanz zwar nicht in einem Unbewusstsein zu sehen, sie jedoch als einen reinen Lebensstrom oder Datenablauf zu verstehen, der zwar bewusst ist, aber noch nicht konstituierte Gegenstände darstellt. Diese Alternative ist ein mittlerer Weg zwischen bereits im Hintergrund konstituierten Objekten, die einen unendlichen Regress unvermeidbar erscheinen lassen und einem Unbewusstsein, welches phänomenologisch nicht aufweisbar ist und nicht verständlich machen kann, wie aus ihm Bewusstsein entstehen soll. Ein Urerleben des reinen Lebensstromes wäre, so Husserl, als eine bloße Potentialität, zu einem Auffassungsinhalt zu werden zu verstehen.[187] Der Strom wäre dann ein noch unapperzipierter Strom, der aber in Potentialität ist, zu einem Auffassungsinhalt zu werden. Er wäre ein Prozess und stände als solcher in der Möglichkeit, zu einer konstituierten Gegenständlichkeit zu werden. In ihm fänden sich nichtintentionale Urprozesserlebnisse, einfache urpräsente Daten, die einfach sind, ohne schon erfasst und vergegenständlicht zu sein. Das „Urleben des Ich" wäre „ein Strom von Daten".[188] In diesem Falle, so Husserl, wäre die Reflexion nicht nur eine Änderung des attentionalen Modus, der zuvor bereits Vorhandenes in voller Aufmerksamkeit erfasst, sondern die Reflexion wäre selbst schöpferisch, indem sie das Zeitkonstituieren allererst hereinbringt. Der Urprozess wäre in diesem Fall zwar immer schon potentiell zeitkonstituierend, eine tatsächliche Zeitkonstitution fände aber erst mit der Reflexion statt, die die Potentialität zu einer Aktualität macht.[189] Die zeitkonstituierende Funktion käme erst durch eine Spontaneität der Zuwendung auf das hinein, was vorher bloßer Urprozess war.[190] Das Zeitereignis vor der Zuwendung und der eigentlichen Konstitution wäre dann „[n]ichts anderes als die ideale Möglichkeit für das Ich, die spontanen Funktionen zu üben, aufgrund des der Objektivation vorausliegenden Urprozesses".[191] Der Lebensstrom wäre dann „seiender urzeitlicher Strom mit urzeitlicher Koexistenz und Sukzession. Er ist es, aber ist als das erst bewusst durch eine Objektivierung, die das Ich in ‚erfassenden' und damit apperz‹ipierenden› Akten vollzieht".[192] In dieser Apperzeption, die einen einfach seienden Lebensstrom zum Objekt macht, sieht Husserl hier „die ursprüngliche Zeitapperzeption", welche „die ursprünglichste aller Apperzeptionen überhaupt"

---

[185] Vgl. *Bernauer Manuskripte*, 195–203.

[186] „Haben wir eine unbewusste Folge von Inhalten vorausgesetzt und sie von einem Punkt an in eine mit App‹erzeptionen› begleitete Folge verwandeln lassen, so ist ja nicht abzusehen, warum die Folge der App‹erzeptionen› selbst bewusst sein soll. Das Problem ist ja immer dasselbe" (*Bernauer Manuskripte*, 201).

[187] Vgl. *Bernauer Manuskripte*, 196, 198 (Randbemerkung), 204.

[188] *Bernauer Manuskripte*, 255.

[189] Vgl. *Bernauer Manuskripte*, 203 f.

[190] Vgl. *Bernauer Manuskripte*, 248.

[191] *Bernauer Manuskripte*, 257.

[192] *Bernauer Manuskripte*, 251.

sei.[193] In diesem Fall wäre die „Zuwendung nicht ein bloßer ‚Strahl', der sich auf das Vorhandene richtet, sondern ein System von Funktionen, die nun erst originär erwachsen und das Zeitereignis originär konstituieren".[194]

Aber auch diese Alternative eines ursprünglichen reinen Datenablaufs weist Husserl recht deutlich zurück. Es sei nicht verständlich, wie Urprozesserlebnisse, die nicht intentional sind, sondern einfach nur sind, bewusst sein könnten. Husserl schreibt mit spürbarer Emphase, „[w]er hier keinen Anstoß nimmt, der hat das Eigene der Intentionalität nicht verstanden. Woher wissen wir, fragen wir also von neuem, von einem Urprozess?".[195] An anderer Stelle, an der Husserl versucht, die Urpräsenz als ein unselbständiges Bewusstsein eines unselbständigen Inhaltes zu bestimmen, heißt es auf eine ähnliche Weise „[d]ieses Bewusstsein mit seinem Inhalt ist nicht selbst wieder Inhalt eines weiter zurückliegenden präsentierenden Bewusstseins. (Wobei das Problem ist, wie wir davon wissen können; denn eine aufmerkende Reflexion setzt schon ein Bewusstsein voraus, durch das sie hindurchgeht […])".[196] Das Husserl immer wieder einholende Grundproblem scheint zu sein, dass einerseits das Bewusstsein nichtintentionaler Daten nicht wirklich verständlich gemacht werden kann und dass andererseits intentionales Bewusstsein immer wieder auf ein noch weiter zurückliegendes Bewusstsein verweist. Ein reiner Lebensstrom oder Datenablauf kann nicht phänomenal erscheinen und ein intentionales Bewusstsein, das Auffassung und Auffassungsinhalt trennt, führt in einen unendlichen Regress.

Einen Ausweg aus diesem Dilemma sucht Husserl in Text Nr. 10 und Nr. 13 wiederholt in Varianten der bereits aus den ZB bekannten doppelten Intentionalität. Der Prozess selbst müsse ein „Doppeltes leisten: 1) Die Konstitution primärer Ereignisse, 2) und zugleich damit die Konstitution des sekundären Ereignisses, des Prozesses selbst".[197] Die Konstitution eines immanenten Erlebnisses erster Stufe müsse untrennbar schon zu diesem immanenten Erlebnis gehören und dürfe nicht als erst nachträglich hineinapperzipiert gedacht werden. Ein Bewusstsein eines Erlebnisses müsse untrennbar verknüpft sein mit einem Bewusstsein von diesem Bewusstsein des Erlebnisses. Diese von Husserl so genannte „Selbstbezogenheit des Erlebnisse erster Stufe konstituierenden Prozesses" scheint ihm selbst in ihrer genauen Beschaffenheit jedoch auch in den Bernauer Manuskripten nicht wirklich verständlich zu werden.[198] In den ZB war das Problem, dass der Fluss entweder

193 *Bernauer Manuskripte*, 251.

194 *Bernauer Manuskripte*, 257.

195 *Bernauer Manuskripte*, 225.

196 *Bernauer Manuskripte*, 220.

197 *Bernauer Manuskripte*, 206. Vgl. auch a. a. O., 262, 267, 272 f.

198 Brough sieht Husserls Lösung für das Problem des letzten Zeitbewusstseins in einer Variante der doppelten Intentionalität, in „a ‚flow of constituting experiencing' that takes its course whether or not it is grasped in reflection or immanent perception" (Brough: Time and the One and the Many (in Husserl's Bernauer Manuscripts on Time Consciousness), a. a. O., 152). Dieses Modell des Zeitbewusstseins ersetze in den *Bernauer Manuskripten* das Modell von Auffassung und Auffassungsinhalt und entkomme dem unendlichen Regress. Obgleich es kaum möglich ist, in den *Bernauer Manuskripten* eine These auszumachen, die Brough eindeutig widersprechen wür-

in der Längs-Intentionalität nur retentional, also nachträglich bewusst wurde und damit ein Regress drohte, oder dass die Anfangsphase auf eine ganz eigentümliche, unmittelbare Weise bewusst sein sollte, die jedoch phänomenologisch problematisch blieb. 1917/18 scheint Husserl trotz vielfältiger neuer Versuche, das Zeitbewusstsein zu erklären, letztlich an eben dieselbe Problemkonstellation zu geraten wie rund zehn Jahre zuvor. Wenn man versuche, so schreibt er, die letzte Instanz des Zeitbewusstseins über die Selbstbezogenheit des Urprozesses zu erklären, so klänge das zwar „wie der sich am eigenen Schopf aus dem Sumpf ziehende Herr von Münchhausen".[199] Auf eben dieses Erklärungsmodell, obgleich es an die unglaublichen Geschichten des Lügenbarons erinnere, könne aber laut Husserl dennoch nicht verzichtet werden, wenn die Bewusstseinsbestimmung nicht in einen unendlichen Regress oder in eine unbewusste bzw. unverständlich „bewusste" Anfangsphase führen soll. In jedem seiner Erklärungsversuche dieser „sonderlichen Sachlage" der Selbstbezogenheit des Urprozesses scheint Husserl aber immer wieder an das bereits erwähnte Dilemma zwischen einem eigenartig bewussten Datenablauf und einem bewussten, zeitgegenständlich konstituierten, aber in einen Regress führenden Prozess zu geraten.[200] Auch hier lässt sich sagen, dass Husserl möglicherweise der Sache nach mit einem ungegenständlichen, vorreflexiven, schlichtweg erlebten Gegenwartsbewusstsein, welches nachträglich in der unselbständigen und ungegenständlichen retentionalen Längs-Intentionalität bewusst wird, einer Lösung des Problems am nächsten kommt. Ein solcher Lösungsansatz müsste aber die Urphase als nicht eigentlich phänomenal gegeben, sondern schlichtweg erlebt und die retentionale Längs-Intentionalität als ungegenständliche Intentionalität verstehen. Diese phänomenale Dunkelzone einerseits und dieses gedankliche Paradox andererseits scheint Husserl aber in seinem Bestreben, die letztkonstituierende Instanz vor den phänomenologischen Blick zu stellen, nicht akzeptieren zu können.

Ein in diesem Zusammenhang auftretendes Grundproblem, das Husserl andeutet, ist, dass sich etwas noch nicht Zeitliches, Zeit erst Konstituierendes nur schwerlich denken und noch schwerlicher sprachlich fassen lässt. Alle von ihm gebrauchten Worte, so Husserl, sind offenbar solche, die bereits eine Zeitbedeutung haben.[201] Daher scheint es keine Worte für den Ursprung der Zeit zu geben. Das galt bereits in den ZB für die metaphorische Rede von einem Fluss als einem Quasi-Objekt mit einer Quasi-Zeit. In den *Bernauer Manuskripten* heißt es, sobald wir etwas als bewusst denken, und Unbewusstes ist hier nach Husserl kein phänomenologischer Untersuchungsgegenstand, haben wir es mit der Schwierigkeit zu tun, dass

---

de, scheint es problematisch, Husserl eine so klare Position zuzuschreiben. Zum einen lassen die *Bernauer Manuskripte* Zweifel aufkommen, ob Husserl eine Variante des von Brough bevorzugten Modells eindeutig präferiert, da er wiederholt äußert, dass ihm die Selbstbezogenheit des Urprozesses nicht auf eine zufrieden stellende Weise verständlich geworden ist. Und zum anderen scheinen auch die hier angeführten systematischen Gründe dafür zu sprechen, dass Husserl dieses Modell nicht als eine Lösung der Problematik des Zeitbewusstseins betrachtet hat.

[199] *Bernauer Manuskripte*, 207.

[200] *Bernauer Manuskripte*, 207.

[201] Vgl. *Bernauer Manuskripte*, 260.

ein Strom, der als „er selbst (und somit als Strom) bewusst" ist, als bewusster Strom schon „selbst in einer Zeitkonstitution konstituiert ist".[202] In diesem Fall wäre Unbewusstes oder auch ein reiner Datenablauf eine phänomenologische Unmöglichkeit und ein bewusster Strom wäre immer schon ein in Zeitkonstitution bewusster Strom. Dann aber könnte der Ursprung der Zeit prinzipiell nicht phänomenal im Bewusstsein nachgewiesen werden, da alles Bewusste immer schon zeitgegenständlich gegeben ist, Zeit also schon voraussetzt.[203] Es gibt weitere Textstellen der Bernauer Manuskripte, die zur Bestätigung und Vertiefung dieser Problematik der Erscheinung des Ursprungs der Zeit herangezogen werden können. So hält Husserl es für sicher, „dass alles, was die Reflexion zu fassen bekommt, im Fassen seine zeitliche Form hat".[204] Das würde bedeuten, dass der phänomenologische Blick, der sich reflexiv auf die Tiefenschichten des Bewusstseins richtet, immer nur bereits Zeitliches erblicken kann. Sobald wir von etwas wissen, ist die Zeit schon da bzw. ist das Gegebene schon zeitgegenständlich konstituiert. Alles aber, von dem wir nichts wissen, alles, das wir nicht mit dem phänomenologischen Blick erfassen können, entzieht sich der phänomenologischen Untersuchung des Sichzeigenden. Sämtliche Erläuterungsversuche eines vorzeitlichen zeitkonstituierenden Prozesses im Ausgang von dem bereits zeitlich Konstituierten scheinen immer Momente zu enthalten, die sich selbst prinzipiell nicht direkt in adäquater Anschaulichkeit phänomenal aufweisen lassen. Um den unendlichen Regress intentionaler Bewusstseinsstufen zu vermeiden, erwägt Husserl zwar – wie ernsthaft, sei hier offen gelassen – Modelle wie die eines Unbewusstseins oder eines reinen Datenablaufs. Der phänomenologische Blick kann Unbewusstes oder reine Daten aber nie erreichen, sondern trifft immer nur auf bereits zeitgegenständlich Erblicktes. Selbst die Überlegungen zu einem Bewusstsein des Übergangs scheinen letztlich nicht gefeit davor, den erfüllend-entfüllenden Prozess entweder doch als ein sekundäres Zeitobjekt in den Blick zu bringen oder andererseits seine untersten noematischen Gebilde dem reflexiven Blick zu entziehen, oder sie wiederum von diesem Blick zu trennen.[205]

---

202 *Bernauer Manuskripte*, 188.

203 Bernet hebt diese Schwierigkeit in seiner Einleitung zu den *Bernauer Manuskripten* hervor. Er meint, dass das mögliche Grundproblem der Theorie Husserls vom zeitkonstituierenden Bewusstseinsfluss darin liegen könnte, dass es vielleicht gar keine Bestimmung des Ursprungs der Zeit geben kann, die die Zeit nicht schon voraussetzt. Vgl. Bernet/Lohmar: Einleitung der Herausgeber, a. a. O., XLIV. Ein analoges Problem ergibt sich auch in Bezug auf die kinästhetischen Empfindungen und die Leibeskonstitution, welche ebenfalls zirkelhaft voneinander abhängen. Vgl. Bernet/Marbach/Kern: *Edmund Husserl. Darstellung seines Denkens*, a. a. O., 122 f.

204 *Bernauer Manuskripte*, 196.

205 Kortooms interpretiert die Selbstkonstitution des erfüllend-entfüllenen Prozesses im Sinne eines sekundären Objektes. Vgl. Kortooms: *Phenomenology of Time. Edmund Husserl's Analysis of Time-Consciousness*, a. a. O., 160, 193. Damit, so meint Zahavi zu Recht, wäre aber die Gefahr des unendlichen Regresses nicht vermieden. Zahavi lässt seinerseits offen, ob Husserl tatsächlich in diesem Modell eine solche objektivierende Selbstkonstitution anstrebt. Er ist aber der Meinung, dass jedes Modell einer Selbstkonstitution über Erfüllung eine Trennung von Erfüllendem und Erfülltem zur Konsequenz hat, welche letztlich auch in eine dyadische Relation und in die bekannten Probleme eines ersten Unbewussten oder eines unendlichen Regresses führt. Vgl. Zahavi: Time and Consciousness in the Bernau Manuscripts, a. a. O., 113 f.

Dieser skizzenhafte Durchgang durch verschiedene Grundmodelle des Zeitbewusstseins, die Husserl in den Bernauer Manuskripten erwägt, sollte, wie eingangs gesagt, nicht das eine oder andere Modell des Urprozesses stärken oder als Husserls Favoriten ausweisen. Die Hypothese dieses Abschnittes ist vielmehr, dass in den das Zeitbewusstsein betreffenden experimentellen Variationen der Bernauer Manuskripte ein Dilemma zutage tritt, welches Husserls dortige Versuche, das Zeitbewusstsein phänomenologisch zu denken, insgesamt betrifft. Es scheint, dass eine phänomenologische Reflexion, welche im Ausgang von den Objekten als Leitfäden zu deren Genese in den untersten Schichten des Bewusstseins oder Lebensstromes vorzudringen sucht, immer nur auf etwas hinsehen kann, das bereits zeitgegenständlich konstituiert ist. Der phänomenologische Blick trifft immer bereits Zeitgegenständliches. Möglicherweise ist es phänomenologisch unangemessen, Bewusstsein mit Objektbewusstsein und Konstitution mit Objektkonstitution zu identifizieren.[206] Es scheint aber eben das zu sein, was Husserl in den Bernauer Manuskripten auch in Hinblick auf die untersten Schichten des Zeitbewusstseins allein für akzeptabel hält, und zwar deshalb, weil ihm ein präreflexives, schlichtweg erlebtes Bewusstsein phänomenologisch unannehmbar zu sein scheint. Eine Phänomenologie, die es sich zum Ziel setzt, alles, auch den Ursprung der Zeit in anschaulicher Klarheit vor Augen zu stellen, scheint hinter Zeitgegenständlichkeiten, seien sie auch hyletische Entitäten oder noematische Gebilde, nicht mehr zurückgehen zu können. Ein unmittelbares, nichtobjektivierendes Selbstbewusstsein, welches den drohenden Regress zeitkonstituierender Bewusstseinsstufen vermeiden könnte, lässt sich nicht in den phänomenologischen Blick bringen, sondern müsste als unmittelbar erlebt anerkannt werden. Das aber scheint Husserl in seinem Fundierungsprojekt aufeinander aufbauender Konstitutionsschichten zu widerstreben. Etwas, das einfach ist und prinzipiell nicht von dem Licht des phänomenologischen Blickes getroffen werden kann, scheint ihm zumindest 1917/18 noch zu suspekt zu sein, um als Fundament der Ding-, Welt- und Subjektivitätskonstitution zu gelten.[207]

Auf diese Weise lässt sich Ricœurs dritte Aporie, die der Unerforschlichkeit und Unfassbarkeit des Ursprungs der Zeit, über Husserls Bernauer Manuskripte eher zusätzlich bestätigen als abschwächen. Sobald der vermeintliche Ursprung der Zeit, das Zeitbewusstsein bzw. der Urstrom oder Urprozess von dem reflexiven phänomenologischen Blick getroffen wird, ist der „Ursprung" der Zeitkonstitution immer schon selbst zeitlich. Wie er „vor" seiner Verzeitlichung als ein unzeitlicher Urprozess war, versucht Husserl zwar in verschiedenen Modellen zu bestimmen. Alle diese Anläufe, mit denen er den unendlichen Regress vermeiden will, scheinen ihm jedoch nicht ganz geheuer zu sein, da das Unbewusste oder vorzeitliche und

[206] Dieser Auffassung ist Zahavi. Vgl. Zahavi: Time and Consciousness in the Bernau Manuscripts, a. a. O., 108.

[207] Horizonte der Dingwahrnehmung sind für Husserl zwar auch in ihrer Unendlichkeit prinzipiell nicht als Ganze erfüllbar. Jedes einzelne Moment eines Horizontes ist aber erfüllbar und eine erfüllende Annäherung an das leerintendierte Ding ist möglich, so dass in dieser Hinsicht ein wichtiger Unterschied zu dem *prinzipiell* nicht anschaulich bewusst zu machenden vorzeitlich „bewussten" Urprozess besteht. Dieser Problemkomplex erhält in den *C-Manuskripten* eine neue Bedeutung. Vgl. Kap. 2.4.1.

unzeitlich „Bewusste“ nicht eigentlich in phänomenologischer Sicht zur Gegebenheit kommen und begrifflich erfasst werden kann.

Bevor im nächsten Abschnitt die zweite Aporie und damit die Fragen nach der Begründung der Einheit der Subjektivität und der Einheit der konstituierten Zeit erneut aufgegriffen werden, sei die erste Aporie noch einmal hinsichtlich der Bernauer Manuskripte zum Thema gemacht. Wie steht es hier um das Verhältnis von subjektiv gerichtetem Zeiterleben und objektiven identischen Zeitpunkten? In den ZB erschien die innerhalb der erweiterten Gegenwart auftretende Problematik der begrifflichen Bestimmung der Retention ein Ausdruck dafür zu sein, dass bei Husserl tatsächlich eine Schwierigkeit besteht, ein subjektives, orientiertes Zeiterleben mit einer objektiven, starren Zeitordnung in ein begrifflich plausibles Verhältnis zu bringen. Wie bereits im vorangehenden Abschnitt zu den verschiedenen Modellen des Zeitbewusstseins anklang, scheint sich die diesbezügliche Lage in den Bernauer Manuskripten gegenüber den ZB nicht wesentlich verändert zu haben. Husserl kommt auch 1917/18 zu keiner eindeutigen Bestimmung der Retention, die eine begriffliche Vereinbarung des Fließens der Zeit mit der Starrheit der Zeit und ihrer Zeitstellen leisten könnte. Die Versuche der Bernauer Manuskripte, die Retention als eine besondere Art von intentionaler Modifikation ohne intentionalen Gegenstand zu bestimmen, scheinen keine begriffliche Klarheit in diese phänomenale Sachlage bringen zu können. Gleichzeitig legen Husserls diverse Wege bei der versuchten Bestimmung des Ursprungs der Zeit im Bewusstsein nahe, dass auch hier die Schwierigkeit weniger die ist, aus einem rein subjektiven Zeiterleben eine Starrheit von Zeitpunkten hervorzubringen.[208] Das Problem zeigt sich eher darin, aus einer wie auch immer gearteten Nichtzeit oder Vorzeit einer zeitkonstituierenden Instanz Zeit zu erklären. Es ist die Bestimmung eines noch nicht selbst zeitlich konstituierten Zeitkonstituierenden in Verbindung mit dessen Konstitution von Zeitlichem, was Husserl Schwierigkeiten macht. Für Ricœurs erste Aporie, diejenige zwischen subjektivem Zeiterleben und objektiver Zeit, scheint sich so auch in den Bernauer, von Ricœur selbst nicht berücksichtigten Schriften, keine Aufklärung finden zu lassen.

[208] Auch in den *Bernauer Manuskripten* ist diejenige Ambivalenz der früheren Schriften zu finden, die einerseits ein Erzeugen von Zeitstellen aus einem reinen Zeiterleben suggeriert, andererseits aber die Untrennbarkeit der Perspektiven des Fließens und der Starrheit hervorhebt: „Das Jetzt-Sein hängt notwendig zusammen, ist unablösbar von der Aktualität des setzenden Originärbewusstseins von dem betreffenden Inhalt, und dieses aktuell setzende Bewusstsein, das als immanentes Originärbewusstsein *eo ipso* aktuell setzend ist, setzt originär eine Zeitstelle des Inhaltes, den Inhalt in Form einer Zeitstelle, und diese ist nicht der Modus Jetzt“ (*Bernauer Manuskripte*, 292). „Wir haben also zwei fundamentale Vorgänge, die aber zwei untrennbare Seiten eines und desselben konkreten Gesamtvorgangs sind: 1) das kontinuierliche Auftreten einer neuen punktuellen Gegenwart, in der das Seiende als Werdendes immer wieder in die Gegenwart tritt, mit immer neuem Inhalt auftritt; 2) das kontinuierliche Vergehen jedes Gegenwarts- oder Auftrittspunktes des Werdens, in dem aber identisch derselbe Zeitpunkt konstituiert ist“ (*Bernauer Manuskripte*, 295).

2.3.2 *Einheit der Subjektivität und Einheit der konstituierten Zeit*

Bereits in den frühen Zeitvorlesungen und einigen Beilagen finden sich im Ansatz Überlegungen zu dem Verhältnis zwischen der einen objektiven Zeit und der Zeit phantasierter, sowie der Zeit idealer Gegenstände.[209] In den Bernauer Manuskripten hebt Husserl diese Thematik der verschiedenen Zeiten deutlicher in den Vordergrund und verfolgt, in welchem Verhältnis sie zueinander stehen und ob sie auf eine einzige Zeit zurückgeführt werden können.[210] Gibt es, so ist für die hiesigen Zwecke zu verfolgen, auch für den Husserl der Bernauer Manuskripte noch die eine Zeit oder gibt es vielleicht doch viele Zeiten für verschieden konstituierte Gegenstandssysteme? Und wenn es verschiedene Zeiten gibt, in welchem Verhältnis stehen diese zueinander? Für die folgende Auseinandersetzung ist erneut die Thematik von Ricœurs zweiter Aporie leitend. Die Frage ist, inwiefern sich möglicherweise in Husserls Überlegungen zu objektiver Zeit, Phantasiezeit und Zeit idealer Gegenstände Bestimmungen ausmachen lassen, welche unsere gemeinhin selbstverständliche Annahme der Einheit der Zeit als nicht mehr so selbstverständlich oder zumindest in einem anderen Licht erscheinen lassen. Bevor dies begonnen wird, ist jedoch im Anschluss an das vorangehende Kapitel auf die Frage nach der Einheit des Bewusstseins bzw. des Erlebnisstromes und des Ich zurückzukommen, da für Husserl weiterhin gilt, dass die Einheit alles Konstituierten letztlich von der Einheit des Konstituierenden abhängt.

Die bereits für die ZB und die *Ideen I* erörterten Grundschwierigkeiten bleiben bei der Bestimmung der Einheit der Subjektivität im Wesentlichen dieselben, erfahren jedoch durch den genetischen Ansatz der Bernauer Manuskripte eine gewisse Differenzierung. Die Gegebenheit der Anfangsphase des auch jetzt als Einheit gedachten Stromes bleibt, wie gezeigt wurde, weiterhin ein Problem, auch wenn die Gegenwart nun genetisch als gewordene verstanden wird. Der in einer „Grenzenlosigkeit im Fortgang immanenter Anschauungen" erfahrene Erlebnisstrom der *Ideen I* und das reine Ich, welches dort sein Korrelat ist, erfahren überdies eine nähere Bestimmung. Es wird nun durch die Berücksichtigung einer nichtichlichen Ebene noch deutlicher, dass der Anfang des Stromes unsichtbar, sein Ende unerfüllt ist, und die Einheit des Stromes und des erlebenden Ich im Konkreten immer wieder neu herzustellen ist. Husserl trennt bereits in den Bernauer Manuskripten ein nicht gegenständliches und nicht durch eine Zeitstelle individualisiertes Ich von einer Ebene der Affektionen und Reaktionen und diese wiederum von einer Schicht der ursprünglichen Sensualität der ichlosen sinnlichen Tendenzen der Assoziation, Reproduktion und Horizontbildung. Dieses Ich, so Husserl ähnlich wie in den ZB in Hinblick auf den Bewusstseinsfluss, sei „das Namenlose" und „sollte eigentlich nicht Ich heißen,

---

[209] Vgl. ZB, § 23, § 32, Beilage II, Beilage XIII.

[210] „Erlebnisse laufen ab, es sind Gegenstände in der oder einer Zeitform (wir sind ja noch nicht klar, ob es in jedem Sinn richtig ist: ‚Es gibt nur eine Zeit, und alle Zeiten sind nur Strecken in ihr' (oder wie sonst der kantische Satz lautet))" (*Bernauer Manuskripte*, 187). Die gesamte Textgruppe V. (Nr. 16–20) ist von der Frage nach dem Verhältnis zwischen einer Zeit der Erfahrungsgegenstände, der Phantasiegegenstände und der idealen Gegenstände bestimmt.

sondern überhaupt nicht heißen".[211] Es ist stehender und bleibender Pol für alle Zeitkonstitution, als solcher aber namenlos ungegenständlich, weil für ihn alles andere ist. Alle Objekte und Verhaltungen, alle Affektionen und Reaktionen, so Husserl, haben „ihre notwendige Einheit im ‚ewigen' Ich […], dem allzeitlichen Individuum".[212] Das Ich ist allzeitlich, weil es nicht in der Zeit, aber auch nicht losgelöst von der Zeit, sondern in jeder Zeit und für alle Zeit ist. Es ist der Subjektpol, für den alle jemals zeitlich auftretenden Objekte und Verhaltungen sind. Husserl versteht das Ich daher nicht als Substrat, sondern als ein Lebenssubjekt seiner Verhaltungen.[213] Als fungierender Pol ist dieses intuitiv gegeben, während es sich jedoch reflexiv immer nur in kontinuierlicher Erneuerung über seine Verhaltungen in der Zeit vereinheitlichen kann. Seine Allzeitlichkeit hat sich immer wieder durch die Konkretisierung der „notwendigen Einheit" im Ich zu erweisen. Alles, was für das Ich ist, ist im Fortgang der Erlebnisse immer wieder neu konkret zu einer Einheit zu bringen. Das, was für dieses Ich ist, sind jedoch aus genetischer Perspektive nun auch passive Schichten, aus denen es immer wieder neu affiziert wird und sein Erleben und seine Aktivität schöpft. Diese passive Ebene kann es nie vollständig in sein aufmerksames Erleben einholen, so dass in der immer wieder neu erfolgenden Vereinheitlichung seiner Erlebnisse nicht nur Anfang und Ende eine phänomenale Unsichtbarkeit zukommt, sondern auch ein passiver Hintergrund eine adäquate Erfassung der Erlebniseinheit relativiert. Der Anfang des Stromes und die Polhaftigkeit des Ich verbleiben wegen ihrer Ungegenständlichkeit in einer gewissen Namenlosigkeit und das Ende der Einheit des Stromes für das Ich ist nie erfüllt, seine Ganzheit immer eine offene. Die Einheit der konstituierenden Subjektivität ist zwar intuitiv gegeben, muss sich aber konkret immer wieder neu erfüllen, ohne je eine geschlossene Ganzheit erreichen zu können. Diese mehrfache Inadäquatheit liegt auf Seiten der offenen Einheit der Subjektivität einer jeden konstituierten Einheit zugrunde.

Die Thematik der konstituierten Zeit und ihrer Einheit differenziert sich ebenfalls deutlich in den Bernauer Manuskripten. Husserl untersucht nun, inwiefern Zeit ein Moment des Noemas ist und inwiefern sich zeitliche Komponenten der Noemata in verschiedenen Gegenstandsbereichen unterscheiden. Es geht um objektive Zeit, Phantasiezeit, Zeit idealer Gegenstände und die Frage, ob und inwiefern sich diese verschiedenen Zeiten zu einer Zeit zusammenfügen lassen. Die ricœursche Frage nach einer Begründung der Einheit der Zeit kann sich deshalb in den Bernauer Manuskripten auf ausgiebige Überlegungen Husserls stützen, in denen er es sich keineswegs leicht macht, die Einheit der konstituierten Zeit zu begründen. Die objektive Zeit und ihre Zeitstellen spielen aufgrund ihrer Individuationsfunktion für Gegenstände in den Bernauer Manuskripten eine ausgezeichnete Rolle. Husserl hatte bereits in den ZB vertreten, dass die Zeit entscheidend für die Individuation von Gegenständen sei.[214] Aus einem Identischen, das an verschiedenen Zeitstellen individuiert ist, entspringen durch diese zwei Vereinzelungen zwei verschiedene

[211] *Bernauer Manuskripte*, 278.

[212] *Bernauer Manuskripte*, 286.

[213] Vgl. *Bernauer Manuskripte*, 288.

[214] Vgl. ZB, 422.

individuelle Entitäten. Zur näheren Bestimmung dieses zeitlichen Individuationsprinzips rekurriert Husserl in Text Nr. 17 auf den antiken Begriff des *tóde ti*, „was das Spezifische [ist], und zwar die niederste, nicht mehr spezifisch differenzierbare Spezies, individuell vereinzelt, das *principium individuationis*".[215] Die Individualität eines Gegenstandes lässt sich nicht allein durch die Vereinzelung eines Begriffsumfanges bestimmen, sondern ist durch Zeit bedingt. Das heißt nach Husserl, wenn man ein identisches Substrat ermitteln will, dem sich Prädikate oder objektive Wahrheiten zuschreiben lassen, so ist die Bestimmung der Zeit dieses Substrates unerlässlich.[216] Die diversen Individuationen aber, die in derselben Zeit erfolgen, müssen in einem Verhältnis der Kohärenz stehen, so dass z. B. dasselbe Individuelle nicht an zwei Zeitstellen sein kann und sich zwei in derselben Zeitstelle individuierte Gegenständlichkeiten nicht widersprechen können.

Alle Gegenstände welcher Art auch immer sind in einer Zeit gegeben, die sie individuieren. Das Verhältnis von Gegebenheitszeit und Gegenstandszeit ist jedoch für verschiedene Gegenstandsarten verschieden. Für Empfindungsgegenstände z. B. ist die Gegebenheitszeit zugleich die Zeit, die ihrem Wesen zugehört.[217] Sie individuieren sich in der immanenten Zeit, die auf immanenter Ebene eine objektive Ordnung unter den Erlebnissen herstellt. Bei in der objektiven Zeit liegend konstituierten Naturgegenständen hingegen kann die Gegebenheitszeit von der objektiven Zeit, die dem jeweiligen Gegenstand zugehört, abweichen. Ein Stern, der mir jetzt gegeben ist, hat an der jetzt aktuell gegebenen Zeitstelle vielleicht schon aufgehört zu existieren, so dass seine Stelle in der objektiven Zeit der als transzendent konstituierten Natur von derjenigen abweicht, in der er mir erscheint. Husserl unterscheidet deshalb auch in den Bernauer Manuskripten eine Zeit der immanenten Sphäre von einer Zeit der Natur.[218] Die immanente Zeit und die Zeit der Natur stehen aber dennoch in einem Deckungs- und Fundierungsverhältnis zueinander. Die Empfindungs- und Erlebnisgegenstände ordnen sich zu einem einstimmigen einheitlichen System immanenter Zeit. Dieses könne dann als apperzeptiver Repräsentant für eine objektive, apperzipierte Zeit fungieren, die den mittelbar, als transzendent konstituierten Gegenständen „zuwachse".[219]

---

215 *Bernauer Manuskripte*, 300. „Dasselbe Wesen vereinzelt sich, vervielfältigt sich, es individuiert sich durch ein verschiedenes *tóde ti*" (*Bernauer Manuskripte*, 303).

216 „Die logisch begriffliche Vereinzelung ist nicht Vereinzelung zu einem objektiv Identifizierbaren, oder anders gesprochen, die logische Forderung der Individualität als eines Gegenstandes, als eines identischen Substrats für Prädikate bzw. für objektive Wahrheiten (die unter dem Satz vom Widerspruch stehen), ist nicht erfüllt durch die Vereinzelung eines Begriffsumfanges, sondern steht unter Bedingungen der Zeit, und das sagt wieder, dass wir unter der Forderung einer Möglichkeit einstimmiger Ausweisung in einem ‚kontinuierlichen' Zusammenhang wirklicher und möglicher (an die wirklichen anschließbarer) Anschauungen stehen" (*Bernauer Manuskripte*, 340).

217 Vgl. *Bernauer Manuskripte*, 317.

218 „Aber Gegebenheitsdauer, wäre noch zu sagen, ist nicht Dauer des Naturobjektes selbst, das ja dauert außer der Gegebenheit. Die Gegebenheitszeit gehört zur immanenten Sphäre, die Naturzeit zur Natur" (*Bernauer Manuskripte*, 317 (Randbemerkung)).

219 „Wenn aber in ursprünglicher Konstitution Gegenstände zwar sinnlich, aber mittelbar konstituiert werden in der Art ‚physischer', räumlicher Gegenstände, nämlich so, dass unmittelbar sinnliche

Zeitstellen übten eine individuierende Funktion aus, da sie in einer festen Ordnung zueinander stünden, in der sie ein festes einheitliches System bilden und jedem Vorgang unwiderruflich seine Stelle zuweisen.[220] Dieses System aber versteht Husserl auch hier als ein ideelles, welches von dem Bewusstsein als geschlossenes System möglicher setzender Anschauungen vorgezeichnet ist und die konstituierten Gegenständlichkeiten zu einer Einheit der Einstimmigkeit zusammenfügt.[221] Die eine, einheitliche, einstimmige und einzige Zeit sei die Form, die der Mannigfaltigkeit von immanenten konstituierten Gegenständen eine kohärente Einheit verschaffe, die der Einheit der höherstufig objektiven Zeit der Natur zugrunde liegt. Dieses ideelle System versteht Husserl auch in den Bernauer Manuskripten als eine unendliche Zeit mit einer festen Ordnung, deren Unendlichkeit über die Vermöglichkeit zur anschaulichen Erweiterung intuitiv gegeben ist, ohne jedoch je inhaltlich ganz erfüllt zu sein. „[D]ie Axiome von der Unendlichkeit der Zeit" seien nicht aus einer Verallgemeinerung der konstituierten Gegenständlichkeiten gewonnen, sondern die konkreten anschaulichen Erfüllungen der Zeit dienten als Belege der Intuition des als unendlich verstandenen ideellen Systems der Zeit.[222]

Wenn zu allen individuierten Gegenständen eine Zeitform wesentlich gehört, gilt das dann auch für phantasierte Gegenstände und ideale Gegenstände? Und haben diese dieselbe, eine Zeit wie die konkret individuierten Gegenstände der immanenten und der objektiven Zeit? Husserl macht sich eine Antwort auf diese Frage keineswegs leicht. Phantasiegegenstände seien einerseits wie „wirkliche" Gegenstände immer in einer zeitlichen Erscheinungsweise gegeben. Jede Phantasiewelt habe dabei aber andererseits eine eigene Kohärenz und Zeit. Eine Phantasie könne zwar frei operieren, sobald sie aber über eine Vielzahl von Phantasien eine Welt phantasiere, habe sie sich an den Rahmen der Einheit einer möglichen, in sich stimmigen Welt zu halten. Ihre einzelnen Elemente müssten, wie die Individuationen der wirklichen Welt, miteinander verträglich sein. Wie die Zeit der wirklichen Welt hat sie eine einheitliche Zeit und eine ihr eigene Kohärenz. In der Phantasie sei die Zeit jedoch nicht als eine wirkliche Zeit gesetzt, sondern habe den Modus des

---

Gegenstände mit der unmittelbar konstitutiv ihnen zugehörigen immanenten Zeit als apperzeptive Repräsentanten für höherstufige apperzipierte Gegenstände dienen, da wächst diesen durch apperzeptive Repräsentation einer immanenten Zeit eine ‚objektive' apperzipierte Zeit zu" (*Bernauer Manuskripte*, 319). Lohmar unterscheidet in Husserls Konstitution der Weltzeit einzelne Gegenstandsgeschichten, die noch nicht in einer einzigen Zeit vorkommen, von einer „Vereinheitlichung 2. Stufe" in einer „objektiven Zeit für mich", und diese wiederum von einer „Vereinheitlichung 3. Stufe" zu einer objektiv-intersubjektiven Zeit. Vgl. Lohmar: Konstitution der Welt-Zeit. Die Konstitution der objektiven Zeit auf der Grundlage der subjektiven Zeit, a. a. O.

[220] „Zum Wesen gehört, dass alle Zeitlagen sich zusammenschließen oder an sich zusammengeschlossen sind in einer absolut – und in der jetzigen immanenten Sphäre in eine offen unendliche Zukunft sich hineinentwickelnden – erfüllten Zeit, und dass so jedes einzelne Individuum Glied ist eines umfassenden individuellen und sich fortentwickelnden Zeitganzen, ein jedes in ihr Entwicklungsprodukt und Durchgangsprodukt, und bestimmt durch seinen vorangehenden Entwicklungszusammenhang als Produkt der bestimmten Stelle und kontinuierlich geworden als kontinuierliches System von Stellen" (*Bernauer Manuskripte*, 331).

[221] Vgl. *Bernauer Manuskripte*, 332.

[222] *Bernauer Manuskripte*, 306.

Als-ob.[223] In einem solchen Modus des Als-ob seien unendlich viele Einbildungszeiten denkbar, von denen jede „die Bedingung der Möglichkeit der Einheit der Welt“, der jeweiligen phantasierten Quasi-Welt sei.[224] Jede der phantasierten Quasi-Welten hat ihre eigene Zeit, die die Einheit dieser Quasi-Welt ermöglicht. Über eine Einstellungsänderung könne eine solche frei phantasierte Welt aber auch zu einer möglichen Welt werden, in der die Phantasiewelt mit ihrer Phantasiezeit dem Bewusstsein dann als eine mögliche Alternative zur aktuell wirklichen Welt erscheint. Jede phantasierte Möglichkeit kann so als ein beliebiges Exempel innerhalb einer offenen Unendlichkeit anderer solcher Exempel gesehen werden, deren eidetischer Kern die Wesensallgemeinheit „mögliche Welt überhaupt“ ist. Trotz dieser Überlegungen, in denen verschiedene Phantasiewelten verschiedene mögliche Welten darstellen, die etwas zu dem Wesen „mögliche Welt überhaupt“ beitragen, wird Husserl zufolge letztlich eine einzige Welt mit ihrer eigenen Einheit der Zeit als die wirklich daseiende gesetzt.[225] Die Phantasiezeiten könnten sich zwar mit der Zeit der aktuellen Gegenwart decken, sie seien jedoch nicht mit ihr identisch.[226]

Husserls Überlegungen zur Phantasiezeit können in gewisser Weise als Übergangsglied zwischen der objektiven Zeit „wirklicher“ individuierter Gegenstände und der Zeit allgemeiner Gegenstände gesehen werden, weil beide Gegenstandsarten zu keiner wirklichen Welt gehören. Phantasiegegenstände sind zeitlich gegeben und gehören zu einer möglichen Welt und deren möglicher, phantasierter Zeit. Ideale Gegenstände sind zeitlich gegeben und gehören in gewisser Weise zu jeder und zu keiner Zeit. Auch für die Erscheinung von Allgemeinem sei Zeit die notwendige Gegebenheitsform, obgleich Zeit „nicht zum Wesen des Allgemeinen selbst“ gehöre.[227] Für Husserl ist das Allgemeine nichts absolut Unzeitliches, das von anschauender Erfahrung durch eine Kluft getrennt ist. Es ist aber auch nichts Zeitliches, das wie ein konstituierter individueller Gegenstand an einer bestimmten Zeitstelle zu lokalisieren wäre. Wesen haben „ihre Allgegenwart in der Zeit“, denn „sie sind überall, sie können in jeder Zeitstelle gegeben sein“, und doch sind

---

223 Vgl. *Bernauer Manuskripte*, 327.

224 *Bernauer Manuskripte*, 336.

225 Dieses Modell einer phantasierten Welt und ihrer Zeit im Modus des Als-ob wird für Ricœur zentrale Bedeutung erlangen. Anders als Husserl stellt er jedoch das um die erste Aporie der Zeit kreisende unabschließbare Wechselverhältnis zwischen wirklicher Welt und phantasierten Welten und nicht ein Eidos „mögliche Welt überhaupt“ in den Mittelpunkt. Vgl. Kap. 4.4.2. und 4.4.3.

226 „Und doch deckt sich diese Phantasiezeit mit der Zeit der sinnlichen Daten, z. B. eines Tones, den ich gerade wirklich höre. Und wenn ich in Änderung der Einstellung das Phantasierte als Möglichkeit setze, so gibt sich diese Möglichkeit in einer Ausbreitung der Dauer, die sich wieder deckt mit dem jeweiligen wirklich Wahrgenommenen. Und doch ist das eine keine wirkliche Zeit, das andere wirkliche Zeit“ (*Bernauer Manuskripte*, 315). „Die Zeit eines Fiktums, etwa einer fingierten Melodie, eines fingierten Zentaurentanzes, ‚deckt‘ sich mit der Zeit der aktuellen Gegenwart nach einer bestimmten Strecke, die begrenzt ist durch den Anfang und das Ende des Phantasierens. Aber deckt sich nicht geradeso die Zeit einer anschaulichen Wiedererinnerung objektiv mit der Zeit der aktuellen Gegenwart? Und ebenso die Zeit einer anschaulich erwarteten Gegenständlichkeit? In der Deckung liegt also, das kann als Argument dienen, keineswegs eine wirkliche Identifizierung“ (*Bernauer Manuskripte*, 359).

227 *Bernauer Manuskripte*, 311.

sie nirgends.[228] An anderer Stelle spricht Husserl von einer Überzeitlichkeit idealer Gegenstände in dem Sinne, dass sie „über" der Zeit individuierter Einzeldinge stünden, dabei aber in ihrem Umfang auf zeitliche Möglichkeiten bezogen seien.[229] Wesensgegenstände seien notwendig in einer zeitlichen Form gegeben, die Zeit sei aber kein konstitutives Merkmal des Wesens selbst. Das Wesen selbst hat keine Dauer und ist deshalb auch nicht zeitlich individuiert, obgleich seine Erscheinungen in der Zeit Individuationen sind. Es ist also bei Husserl eine gewisse Abstufung zu erkennen zwischen der Gegebenheitszeit von Empfindungsgegenständen, die mit deren Wesenszeit identisch ist, der Zeit objektiver Naturgegenstände, der Quasi-Zeit der Phantasiegegenstände und der Allgegenwart und Überzeitlichkeit idealer Gegenstände. Alle erscheinen zeitlich, haben in ihrer noematischen Gegebenheit aber nicht dieselbe Art von zeitlichem Sinn. Gibt es für Husserl aber eine Zeit, die diese Zeiten letztlich vereinheitlicht, die sie alle umfasst? Oder bleibt er bei verschiedenen Zeiten für verschiedene Gegenstandsarten stehen?

Über die Parallelität von wirklicher Zeit, Quasi-Zeiten und der zeitlichen Verwirklichungen von Idealem hinaus ist es letztlich das eine Ich, welches für Husserl über seine zeitkonstituierenden Akte und eine Setzung die Einheit der Zeit liefert.[230] Alle Erscheinungen für dieses Ich, ganz gleich auf welche Art von intentionalen Gegenständen sie sich beziehen, haben „die Tatsache oder Wesenseigentümlichkeit aller ‚Erscheinungen', der wahren oder als nichtig ausgewiesenen, dass sie Zeit gebende sind und so, dass alle gegebenen Zeiten sich in eine Zeit einfügen".[231] Es ist die Einheit der Erlebnisse in der immanenten Zeit des einen Ich, welche allen höherstufig konstituierten Zeiten anderer Gegenstandsarten zugrunde liegt und diese vereinheitlicht. So trete beispielsweise eine Quasi-Zeitform der Phantasiegegenstände „nur vermöge der Beziehung auf die Wirklichkeit der Akte in ein Zuordnungsverhältnis zur Form der wirklichen Gegenstände".[232] Diese eine Zeit, die sich auf verschiedene Weisen für verschiedene Gegenstandsbereiche zeigen kann, ist eine unendliche Einheit, da wir im Ausgang von irgendwelchen Erlebnissen immer weiter in die Horizonte der immanent zeitlichen Erlebnisordnung vordringen können.[233]

---

228 *Bernauer Manuskripte*, 312.

229 Vgl. *Bernauer Manuskripte*, 322.

230 „Es ist aber ein Gesetz, ein Wesensgesetz, dass alle Akte, die individuelles Dasein setzen, sofern sie von einem setzenden Ich ausgehen, notwendig das Daseiende insgesamt als in eine Zeit gehörig konstituieren. Also, all diese Welten müssten eine Zeitwelt sein, mindestens der Zeit nach hätten sie Einheit. Es kann nur eine Zeit sein, nämlich für alle zusammen existierenden Welten" (*Bernauer Manuskripte*, 344).

231 *Bernauer Manuskripte*, 352. Dies, so Husserl, sei „die innere Wahrheit des kantischen Satzes, *die Zeit ist die Form der Sinnlichkeit*, und darum ist sie Form jeder möglichen Welt objektiver Erfahrung" (ebd.).

232 *Bernauer Manuskripte*, 354.

233 „Das ergibt die Erkenntnis der Einheit des Erlebniszusammenhangs als Zusammenhangs aller immanenten Erlebnisse im inneren Bewusstsein durch Konstitution der einen Zeit, und zwar ist das so zu verstehen, dass wir nicht etwa die Unendlichkeit des Bewusstseinszusammenhangs voraussetzen, sondern, von der Idee irgendwelcher inneren Erfahrung ausgehend und darin irgendwelche Erlebnisse annehmend, die wir durch neue und neue Wiedererfahrungen bereichert denken, ein-

Die Unendlichkeit und die Einheit der Zeit sind dabei an das Vermögen des Ich gekoppelt, welches immer weiter in die unerforschten Horizonte seiner Erlebnisse sowie in die unerforschten Horizonte der von ihm konstituierten unendlichen Zeit vordringen kann.

Für die Bernauer Manuskripte ließe sich die bereits im Zusammenhang der ZB vorgebrachte Anmerkung wiederholen, dass eine auf dem unendlichen Erweiterungsvermögen des Ich basierende Unendlichkeit der Zeit und des Bewusstseins möglicherweise nicht die notwendige intuitive Gegebenheit darstellt. Aus einer heideggerschen Perspektive, die die von Husserl behauptete phänomenologische Neutralität eines solchen Modelles bezweifelt, könnte die Subjektivität als eine solche in den Vordergrund gestellt werden, die die Endlichkeit als den unmittelbaren Verstehenshorizont der „Subjektivität" begreift. Die für Husserl geltende Priorität einer endlos möglichen Erweiterung der aktuellen und aktuell möglichen Erfahrung einer rein bewusstseinsmäßigen Subjektivität könnte so in Frage gestellt werden. In den Bernauer Manuskripten lassen sich jedoch einige anders geartete Weiterentwicklungen zu den Themen der Einheit der Subjektivität und der Einheit der Zeit finden, welche darauf hinweisen, dass für Husserl selbst die Einheit der Zeit nicht ganz unproblematisch war. Der Ichpol und der Erlebnisstrom sind zwar eine Einheit. Der Pol ist jedoch selbst namenlos und das Ich muss sich immer wieder neu im Konkreten über seine Erlebnisse vereinheitlichen. Überdies bleibt die Gegebenheit der Anfangsphase des Stromes problematisch. Der Erlebnisstrom wird weiterhin in einer offenen Ganzheit intuitiv, in der er als unendlicher gegeben ist, während seine Unendlichkeit fortgehend, aber nie ganz mit konkreten Erlebnissen auszufüllen ist. Ein von Husserl nun berücksichtigter, nie ganz in die Reflexion einholbarer passiver Hintergrund der aktiven Icherlebnisse relativierte zusätzlich die Geschlossenheit der kontinuierlichen Selbstvereinheitlichung durch das Ich. Bei der Frage nach Husserls Begriff einer Einheit der konstituierten unendlichen objektiven Zeit zeigte es sich, dass Husserl stellenweise überlegt, ob die Zeit tatsächlich eine ist oder sich nicht vielleicht in verschiedene Zeiten für verschiedene Gegenstandsbereiche zerstreut. Er kommt jedoch zu dem Ergebnis, dass alle Zeiten über die immanente Erlebniszeit vereinheitlicht sind, die ihnen allen gleichermaßen zugrunde liegt. Entscheidend ist dabei, dass die Einheit der einen unendlichen Sukzessionszeit das Individuationsprinzip und Kohärenzprinzip der Welt bzw. der Welten ist. Da sie eine einzige einheitliche Ordnung darstellt, liefert sie das Unterscheidungskriterium für konstituierte Gegenstände, welche notwendig zeitlich erscheinen und bringt diese Gegenstände zudem in ein Verhältnis der Einstimmigkeit zueinander. So gibt die eine Zeit eine einheitliche Ordnung des Seienden und ist logisch eine Bedingung der Möglichkeit von Individuation und der Zuschreibung von Prädikaten und ob-

---

sehen, dass, so weit darin auch gegangen sein mag, und so weit Eindringen in etwa vorhandene Horizonte statthaben mag, immer ein immanenter Fluss oder eine immanente Ordnung von Erlebnissen als Gegenständen einer Zeit a priori konstituiert sein muss, und für die Erlebnisse, die darin Wahrnehmungen ‚von', z. B. Wahrnehmungen von immanenten Daten der sinnlichen Sphäre ‹sind›, dass diesen intentionale Gegenstände erscheinen müssen in dieser selben einen Zeit" (*Bernauer Manuskripte*, 356).

jektiver Wahrheit an Individuelles. Früher als Heidegger und dessen These von der Temporalität des Seins schreibt Husserl auf einem ganz anderen Weg der einen Zeit eine zentrale ontologische Bedeutung zu: Die Zeit ist die Bedingung der Möglichkeit von Individuation und alles Seiende, selbst das wesentlich nicht zeitliche, aber allgegenwärtig Ideale, wird allein über die Weise seiner zeitlichen Gegebenheit zugänglich; das Sein der zeitkonstituierenden Subjektivität aber ist, anders als bei Heidegger, in letzter Instanz nicht selbst schon zeitlich. Die Einheit der Zeit, deren Begründbarkeit Ricœur anzweifelt, ist in den Bernauer Manuskripten zwar in den verschiedenen Gegenstandsbereichen und Konstitutionsebenen eine unendlich offene, nie ganz erfüllte Einheit. Als die durch die eine Subjektivität konstituierte einheitliche Ordnung alles Gegebenen macht sie jedoch individuell konstituiertes Seiendes allererst möglich.

2.4 Die dritte Phase (1929–1934)

2.4.1 Die urtümliche lebendige Gegenwart

Auch aus den so genannten C-Manuskripten hatte Husserl ein Buch entwickeln wollen, welches als ein zweiter Teil zu der Veröffentlichung der Bernauer Manuskripte geplant war. Innerhalb der C-Manuskripte beschäftigt er sich erneut mit den untersten Schichten der Subjektivität, welche allen weiteren Konstitutionen zugrunde liegen und eine ausgezeichnete Beziehung zur Zeitlichkeit und ihrer Konstitution haben sollen. Trotz der thematischen Vielfalt dieser späten Texte zur Zeitkonstitution sind die Fragen, wie der Ursprung der Zeit und die letzten genetischen Gründe der Subjektivität auf dem Weg phänomenologischer Reduktion nachzuweisen sind, weiterhin zentral.[234] Sie sollen deshalb, wie schon in der obigen Auseinandersetzung mit den Bernauer Manuskripten, auch hier den Ausgangspunkt bilden. Damit steht abermals zunächst Ricœurs dritte Aporie und am Ende des Kapitels Ricœurs erste Aporie der Zeit in Frage. Anders als in den Bernauer Texten lassen sich in den noch weniger systematisch angelegten C-Manuskripten nicht verschiedene

[234] Die C-Manuskripte haben in der Husserl-Forschung bereits früh ausgeprägte Aufmerksamkeit erhalten (vgl. insbesondere die Arbeiten von Brand, Gerd: *Welt, Ich und Zeit. Nach unveröffentlichten Manuskripten Edmund Husserls*. Den Haag: Nijhoff 1955 und Held: *Lebendige Gegenwart. Die Frage nach der Seinsweise des transzendentalen Ich bei Edmund Husserl, entwickelt am Leitfaden der Zeitproblematik*, a. a. O.). Kortooms weist darauf hin, dass der auffällige Unterschied in der Zahl der Forschungsarbeiten zu den C-Manuskripten und zu den L-Manuskripten (zu denen die Bernauer Manuskripte gehören) zu einem großen Teil darauf zurückzuführen ist, dass die L-Manuskripte für einige Jahrzehnte nach dem Krieg nicht im Husserl-Archiv zugänglich waren, sondern sich bei Eugen Fink befanden. Vgl. Kortooms: *Phenomenology of Time. Edmund Husserl's Analysis of Time-Consciousness*, a. a. O., 230 f. Erst 1969 gelangten die Manuskripte der Gruppe L in das Husserl-Archiv in Leuven. Vgl. Bernet/Kern/Marbach: *Edmund Husserl. Darstellung seines Denkens*, a. a. O., 227.

Modelle zur Erklärung des Zeitbewusstseins ausmachen.[235] In Husserls häufig sehr fragmentarischen, zwischen verschiedenen Themen springenden Überlegungen scheint sich aber trotz der Vielfalt seiner gedanklichen Pfade ein Kernmodell der Genesis der Zeit in den untersten Schichten der Subjektivität herauszukristallisieren. Dieses soll im Folgenden Gegenstand der Untersuchung sein, um auch dieses letzte husserlsche Modell des phänomenologischen Ursprungs der Zeit mit Ricœurs dritter Aporie zu konfrontieren.

Husserl verfolgt nun zum einen konsequent eine Unterscheidung, welche er bereits im Ansatz in den Bernauer Manuskripten eingeführt hatte: die Unterscheidung eines Ichlichen von einem hyletischen Untergrund, die berücksichtigt, dass das Ich und sein Erleben immer ein Gewordenes ist, in dem sich Vermögen und Habitualitäten aus früherem Erleben bilden. Zum anderen führt er eine neue, die radikalste Art der phänomenologischen Reduktion ein: die Reduktion auf die so genannte lebendige, urtümliche oder auch strömende Gegenwart, aus der alles Zeitliche entspringt.[236] Husserl reduziert auf „[d]iese urimpressionale strömende Gegenwart der konkreten Urpräsenz" und erkennt in dieser eine allgemeine Struktur, in der sich eine ichfremde Empfindungshyle, auch als Urhyle bezeichnet, und ein Ich gegenüberstehen.[237] Diese Urhyle und das ihm gegenüberstehende Ich befinden sich in einer Schicht, die dem universalen Strom der Erlebnisse noch zugrunde liegt. Sie zeitigen allererst die reine immanente Zeit als eine erste Zeit, die diesen Namen verdient, als eine Urzeit, weshalb Husserl auch davon spricht, dass der reine Erlebnisstrom bereits „das erste ‚Transzendente' gegenüber der urimpressionalen, strömenden Gegenwart der konkreten Urpräsenz" sei, auf dessen Basis „andere[] ‚Transzendenzen'" der objektiven Welt aufbauten.[238] Das, was in den C-Manuskripten nach der Reduktion auf die

---

235 Die erschwerte Zugänglichkeit der C-Manuskripte im Vergleich zu den Bernauer Manuskripten liegt zusätzlich daran, dass die Bernauer Manuskripte in einer kritischen Ausgabe, die C-Manuskripte in einer Materialien-Ausgabe erschienen sind.

236 „Die Reduktion auf die lebendige Gegenwart ist die radikalste Reduktion auf diejenige Subjektivität, in der alles Mir-Gelten sich ursprünglich vollzieht, in der aller Seinssinn für mich Sinn ist und mir erlebnismäßig als geltend bewusster Sinn. Es ist die Reduktion auf die Sphäre der Urzeitigung, in der der erste und urquellenmäßige Sinn von Zeit auftritt – Zeit eben als lebendig strömende Gegenwart. Alle sonstige Zeitlichkeit, ob nun subjektive oder objektive – welchen Sinn dabei diese Worte auch annehmen mögen –, erhält aus ihr ihren Seinssinn und ihre Geltung" (Husserl: *Zur phänomenologischen Reduktion. Texte aus dem Nachlass (1926–1935)*, a. a. O., 187). Die Metapher der Quelle verwendet Husserl auch in diesen späten Texten an diversen Stellen. Vgl. *C-Manuskripte*, 145, 446.

237 *C-Manuskripte*, 110. Die Empfindungshyle unterscheidet Husserl nun von der „naturalen Hyle" (a. a. O., 111), für deren Wahrnehmung die Empfindungshyle als „‚Auffassungsmaterie'" (ebd.) fungieren soll.

238 *C-Manuskripte*, 110, 111. Andernorts bezeichnet Husserl „den konkreten immanenten Strom, der sich ständig zeitigt als das erste Ontische" (a. a. O., 133). Bereits auf den ersten Seiten der C-Manuskripte, welche Husserl selbst in die publizierte Reihenfolge gebracht hat (vgl. Lohmar: Einleitung des Herausgebers, a. a. O., XVIII), kommt die Unterscheidung von lebendiger Gegenwart und Strom deutlich zur Geltung: „Wir haben hier auch Gegenwart, Vergangenheit und Zukunft, wir haben einen ‚Bewusstseinsstrom' – aber ‚lebendig strömende Gegenwart' ist nicht Bewusstseinsstrom. In der lebendig strömenden Gegenwart kann Erinnerung an eine Gegenwart auftreten, und ‚ich' kann mir Einheit einer Zeit als Zeit der Erlebnisse, der Akte etc. konstruieren. […] Die Urwandlung ist, absolut gesprochen, in keiner Zeit, die allererst in ihr entspringt" (*C-Manuskripte*, 12).

lebendige Gegenwart bleibt, kann als die genetische Weiterentwicklung des in der Beilage XII der ZB so genannten „inneren Bewusstseins" bezeichnet werden. Dieses hatte in Husserls frühen Überlegungen zur Phänomenologie des inneren Zeitbewusstseins dem Problem des Bewusstseins der Anfangsphase des Flusses begegnen sollen, schien jedoch in seiner eigentümlichen, nichtphänomenalen Bewusstheit für Husserl problematisch zu bleiben. Wie stellt sich die Lage nun für die durch diese spezifische Reduktion gewonnene lebendige Gegenwart dar? Wie ist die ichfremde Urhyle und wie ist das Ich in der lebendigen Gegenwart bewusst? Welches Verhältnis haben sie zu Zeitlichkeit und wie können sie phänomenologisch zur Aufweisung kommen?

Husserl unterscheidet in der lebendigen Gegenwart drei Grundkomponenten. Auf der ichfremden Seite fände sich eine allerunterste, rein hyletische Sphäre, die in ihren hyletischen Feldern durch eine pure Assoziation ein reines Feld der Koexistenz sei.[239] Diese Schicht der Assoziation sei der selbst unzeitliche oder überzeitliche, aber zeitigende letzte hyletische Untergrund.[240] Husserl spricht in einer Notiz auch von einer in urströmender Gegenwart statt habenden Verknüpfung von Einheit begründender Urverschmelzung und Differenz begründender Ursonderung.[241] Dieses assoziative Geschehen der das Ich noch nicht erreichenden Urhyle sei verbunden mit der Urkinästhese, wodurch ein „einheitliches zielloses ‚Tun', in eins mit einer ungeschiedenen Totalität der Hyle" zu verzeichnen sei.[242] Aber auch innerhalb dieses Bereiches passiver Assoziation trifft Husserl noch Unterscheidungen: Die ursprünglich zeitigende Assoziation sei eine Vor-Assoziation, in der allererst Einheiten entstünden, die dann in der eigentlichen Assoziation miteinander in Verbindung gebracht werden können. Diese vor-assoziative, bloße assoziative Verschmelzung versteht Husserl als eine „inaktive pure Schmelzung in Form der Sinnesfelder in Simultaneität".[243] Auf ihrer Basis entstünden dann sogenannte „Abgehobenheiten", die durch Brüche in den Verschmelzungen zustande kämen, welche dann aber auch wieder überbrückt werden.[244] Diese Abgehobenheiten, die Husserl als Sondereinheiten in Sukzession versteht, sind dann wiederum die Basis für Fernassoziation und Fernverschmelzung zwischen voneinander entfernten Abgehobenheiten. Die Assoziation, so Husserl hier, könne durch inhaltliche Ähnlichkeit, in losester Assoziationseinheit aber auch allein durch zeitliche Einheit erfolgen.[245] Bis hierhin findet noch alles im Bereich der Passivität statt und wird überdies vom Ich noch nicht erfasst, ja noch nicht einmal bemerkt. Es ist zwar schon eine Art Urformierung der Zeitigung im

---

[239] Vgl. *C-Manuskripte*, 52.

[240] Vgl. *C-Manuskripte*, 22.

[241] Vgl. *C-Manuskripte*, 76.

[242] *C-Manuskripte*, 225. Kinästhesen sind für Husserl Bewegungsempfindungen und Bewegungswahrnehmungen, die nur zum Teil durch das Bewusstsein gesteuert sind. Die hier angesprochene Urkinästhese, die Husserl der Urhyle an die Seite stellt, gehört zu dem nicht bewusst beherrschten Teil der Bewegungsempfindungen. Vgl. zur Verbindung von Datenwandel und Kinästhesen auch *C-Manuskripte*, 258.

[243] *C-Manuskripte*, 309.

[244] *C-Manuskripte*, 309.

[245] Vgl. *C-Manuskripte*, 296–298.

Gange, bloße Assoziation als Passivität schaffe aber noch nicht Zeitigung als Seinskonstitution, die Urzeitigung von Einheiten ergäbe noch keine Seinseinheiten.[246]

Dieser nichtichlichen Schicht steht in der lebendigen Gegenwart das Ur-Ich gegenüber. Es ist die letzte Instanz der Subjektivität, welche sich nicht mehr in ein identifizierendes, zeitigendes und ein identifiziertes, gezeitigtes Ich spaltet, sondern selbst allein der „Urpol“, das „anonyme[] Ich“, das „ursprünglich fungierende[] Ich“ ist.[247] Als dieses wesentlich nicht vergegenständlichte, sondern rein fungierende Ich ist es „verborgen, unthematisch“.[248] Dieses Ich ist nicht das strömende Leben selbst, sondern es waltet darin über seine Vermögen, seine Strebungen und Verwirklichungen.[249] Diesem Ich kommen Affektionen und Aktionen zu. Durch die ichfremde Schicht der Urhyle, in der sich assoziativ Einheiten und Abgehobenheiten bilden, wird das Ich bei besonderem Kraftzuwachs bestimmter Abgehobenheiten affiziert. Husserl greift hier die in den Bernauer Manuskripten am Beispiel der kalten Füße bereits gemachte Unterscheidung zwischen merklichen und gemerkten Hintergrundkomponenten wieder auf: Alle Affektion, so meint er in den C-Manuskripten, geht von bereits konstituierten Einheiten aus, die in einer Affektion für das Ich entweder nur merklich werden oder aber denen sich das Ich aufmerkend zuwendet.[250] Diese Affektion des Ich ist aber nur auf der Basis der passiv assoziierten und verschmolzenen Abgehobenheiten möglich, die vor-affektiv das Ich noch nicht affizieren. Sobald aber die immanenten Daten, so Husserl, das Ich affizieren, haben sie immer schon eine „Auffassung“ erfahren, d. h. sobald sie das Ich erreichen, sind sie auf besondere, affizierende Weise dem Ich als etwas ihm Gegenüberstehendes, und in diesem Sinne intentional bewusst. Die hintergründigen Abgehobenheiten und deren Affektion bilden den Grund, auf dem das Ich aktiv werden und seine eigentlichen Akte der Wahrnehmung, der Erinnerung, der Phantasie usw., ausüben kann. Dem ziellosen „Tun“ der Urhyle in Verbindung mit der Urkinästhese stellt Husserl genetisch auf der Seite des Ich den Instinkt gegenüber, der sich in seinem gesamten Aktleben auswirke. Das Ich sei nicht nur reiner Pol sämtlicher Erlebnisse, sondern es sei „totaler Instinkt“, der sich in Sonderinstinkte verzweige.[251] Es ist also aus der genetischen Perspektive der C-Manuskripte kein reines Ich „und nichts weiter“, wie es die statische Phänomenologie der *Ideen I* meinte, sondern es ist wesentlich eine instinktive Triebkraft, die sich auf Urhyle und Urkinästhesen auswirkt. Aufgrund der Verbindung von Ich und Instinkt kommt nun auch der Zukunft eine neue Rolle zu: Die Zukunft, so Husserl jetzt, habe einen affektiven Vorzug vor dem Erinnerungshorizont und der Aktstrahl des Ich sei normalerweise stetig in die Zukunft gerichtet.[252] Auf den Instinkt gründe sich aufbauend jedes höhere Interesse.

---

246 Vgl. *C-Manuskripte*, 375 (Fußnote), 17.

247 *C-Manuskripte*, 2.

248 *C-Manuskripte*, 16.

249 Vgl. *C-Manuskripte*, 33.

250 Vgl. *C-Manuskripte*, 184, 186.

251 *C-Manuskripte*, 254.

252 Vgl. *C-Manuskripte*, 94, 266. Diese neuartige, in Affektion und Instinkt begründete Priorisierung der Zukunft könnte die Frage nach einer Verwandtschaft zu Heideggers Primat der ursprünglichen

Entscheidend für die beiden erläuterten Komponenten der lebendigen Gegenwart ist, dass weder die Urhyle noch das Ur-Ich selbst schon zeitlich, selbst schon in einer Zeit sind. Sie sind in ihrem untrennbaren Zusammenspiel erst das, was zunächst immanente Zeit, die Husserl zuweilen Urzeit nennt, und höherstufig objektive Weltzeit hervorbringt.[253] Wie ein selbst unzeitlicher oder überzeitlicher Ursprung der Zeit phänomenologisch zu begründen ist, war aber für Husserl in den ZB und den Bernauer Manuskripten ein bedeutendes, wenn nicht gar das zentrale Problem. Es lässt sich deshalb auch an Husserls Modell der lebendigen Gegenwart die Frage richten: Wie kommen die vor-assoziativen, vor-bewussten Schichten sowie das fungierende Ich phänomenologisch zur Gegebenheit? Auf welche Weise sind die Komponenten der lebendigen Gegenwart, die Zeit ursprünglich genetisch begründen sollen, phänomenologisch „sichtbar" und wie sind sie überdies sagbar?

Es sei zunächst auf drei Problemkomplexe hingewiesen, die Husserl in den C-Manuskripten erneut wiederholt streift, ohne sie jedoch so systematisch zu behandeln wie in den ZB oder den Bernauer Manuskripten. Dabei handelt es sich um das Problem des unendlichen Regresses einander konstituierender Bewusstseinsstufen, die Schwierigkeit eines bewusstseinsmäßig untersten Unbewussten und die Versuche, eine besondere Art der Einheit von Zeitigung und Gezeitigtem zu vertreten. Die Problematik eines unendlichen Regresses spricht Husserl mehrere Male explizit an, aber auch implizit ist sie an verschiedenen Stellen präsent. So schreibt

---

Zukunft des Daseins wachrufen. Husserl hat sich im Juli und August 1929 zwei Monate lang intensiv dem Studium von *Sein und Zeit* gewidmet. Vgl. Schuhmann, Karl: *Husserl-Chronik. Denk- und Lebensweg Edmund Husserls*. Den Haag: Martinus Nijhoff 1977 (= Husserliana/Dokumente. Bd. 1), 349. Theoretisch könnte es deshalb sein, dass er in gewisser Weise von Heideggers an der Sorge orientiertem Zukunftsbegriff angeregt war, als er der Zukunft einen in der ichlichen instinktiven Dynamik fundierten Vorrang zusprach. Insbesondere Husserls Notizen zu *Sein und Zeit* lassen jedoch direkt erkennen, dass Husserl die Grundrichtung von Heideggers Frühwerk für unangemessen hielt und sich so keinesfalls durch eine existenziale Zukunftsbestimmung versucht sah. Vgl. Breeur, Roland (Hg.): Randbemerkungen Husserls zu Heideggers *Sein und Zeit* und *Kant und das Problem der Metaphysik*, in: Husserl Studies 11 (1994), 3–63. Dennoch ist festzuhalten, dass in den C-Manuskripten Betrachtungen über die phänomenologische Bestimmung von Schlaf, Geburt und Tod einen nicht geringfügigen Raum einnehmen. Für Husserl sind sie zwar als problematische Limes-Figuren des Bewusstseins und nicht als Existenzialien relevant. Trotzdem aber finden sich Passagen, die an Heideggers Todesbegriff erinnern könnten: „Und ist das universale transzendentale Vorkommnis, zeitlich gesprochen, das Geschehen transzendentaler Geburt und transzendentalen Todes, ein notwendiges Vorkommnis im Sein dieses Universums und so in einem anderen Sinne ein Fungieren, ein bestimmungsgemäßes Nicht-Fungieren, bis seine Zeit gekommen ist, und Fungieren, solange seine Zeit ist, und dann wieder Nicht-Fungieren und doch als Funktionelles, seiend in diesem anderen Sinne, mit seine Rolle spielen als Untergrund, als Voraussetzung – als ein ‚Nicht-Seiend', das durch dieses Nicht-Sein Sein mit ermöglicht?" (*C-Manuskripte*, 442).

[253] „Also: Konstitution von Seienden verschiedener Stufen, von Welten, von Zeiten, hat zwei Urvoraussetzungen, zwei Urquellen, die zeitlich gesprochen (in jeder dieser Zeitlichkeiten) immerfort ihr ‚zugrundeliegen': 1) mein urtümliches Ich als fungierendes, als Ur-Ich in seinen Affektionen und Aktionen, mit allen Wesensgestalten an zugehörigen Modis, 2) mein urtümliches Nicht-Ich als urtümlicher Strom der Zeitigung und selbst als Urform der Zeitigung, ein Zeitfeld, das der Ur-Sachlichkeit, konstituierend. Aber beide Urgründe sind einig, untrennbar und so für sich betrachtet abstrakt" (*C-Manuskripte*, 199).

er, das strömende Leben sei Einheit von Bewusstseinsmannigfaltigkeiten und zeitige die erste immanente Sphäre, sei aber selbst auch wiederum zeitlich und „man wird Sorge haben, in einen vermeintlich widersinnigen unendlichen Regress hineinzugeraten".[254] Im Zusammenhang mit der ursprünglichsten Assoziation heißt es: „Das Sichrichten, das Affiziertwerden ist selbst wieder im Strom bzw. im Feld auftretendes Erlebnis, also mitgehörig zu dem Bereich dessen, was mein Ich affizieren kann und mein mich tuend Richten bestimmt und *in infinitum*".[255] Schließlich merkt Husserl im Zusammenhang einer Erwägung der Selbstkonstitution der transzendentalen Subjektivität ausdrücklich und fast ironisch an, dass er abermals die in den Bernauer Manuskripten so dominante Regressgefahr drohen sieht: „Also die Selbstkonstitution der transzendentalen Subjektivität führt auf die schönen unendlichen Regresse, mit denen ich schon in Bernau fertig zu werden versuchte".[256] Auch über dem Modell der lebendigen Gegenwart, in der Ur-Ich und Ur-Hyle einander gegenüberstehen, scheint der Schatten des unendlichen Regresses – diesmal sogar durch diese beiden Aspekte der lebendigen Gegenwart in gewisser Weise verdoppelt – zu schweben. Husserl stößt einerseits trotz seiner Erläuterungen der untersten Schicht der passiven Assoziation auf das Problem, dass alles, was vor sich geht, doch irgendwie schon zeitlich zu sein scheint bzw. keinesfalls problemlos als noch unzeitlich, Zeit erst hervorbringend gedacht werden kann. Schon Zeitliches verlangt aber immer wieder nach einem seine Zeit Konstituierenden. Auf der Seite des Ich ist die immer noch nicht ganz ad acta gelegte Schwierigkeit eine ähnliche. Alle konkrete Affektivität und Aktivität wird selbst wieder im Strom und damit in der immanenten Zeit sichtbar, die erst konstituiert werden muss. Auch wenn die Regressgefahr in den C-Manuskripten weniger Raum einnimmt und mit weitaus geringerer Schärfe formuliert wird, ist sie in ihrer Problematik immer noch präsent.

Der Thematik eines möglichen ersten Unbewussten begegnet Husserl in den C-Manuskripten mit einer deutlich größeren Sympathie als in den ZB und in den Bernauer Manuskripten. Das hängt damit zusammen, dass er nun einen differenzierteren Begriff des Unbewussten entwickelt. Das Reich des irgendwie Bewussten, d. h. des fungierenden Ich mit den Ichakten, den Ichaffektionen und den sich diesem „aufdrängenden" ichfremden Einheiten „ist also scharf geschieden von der ‚Nacht' des Unbewussten, des Für-mich-Seienden als In-seinem-Sinngehalt-mir-Geltenden oder Für-mich-Seienden als konstituiert und doch nicht für mich eigentlich geltend – beides unbewusst".[257] Andernorts spricht Husserl unter Verwendung einer Limesfigur von einem „totalen Null" der Affektion, welches als ein „Hintergrund des Unbewussten" zu verstehen sei, der affektiv werden könne, es aber nicht sei.[258] Innerhalb dieses Hintergrundes unterscheidet er ein absolut Unbewusstes einerseits von einem Unbeachteten, aber Merklichen und andererseits von etwas, mit dem das Ich zwar nicht primär, aber noch zu tun hat. Diesem „Hintergrund (Nacht

[254] *C-Manuskripte*, 33.
[255] *C-Manuskripte*, 122.
[256] *C-Manuskripte*, 189.
[257] *C-Manuskripte*, 193.
[258] *C-Manuskripte*, 184.

des Unbewussten)" stünde ein „thematischer Bereich (Tag)" gegenüber.[259] Husserl greift bei dieser neuen Betrachtung des Unbewussten abermals, wenn auch nicht ausschließlich, auf metaphorische Rede zurück, um den Hintergrund des Unbewussten zu bestimmen. In diesem Hintergrund sei „Implizites, Dunkles".[260] Unter Verwendung nicht nur dieser Sicht- und Licht-, sondern auch einer Stimmenmetapher meint Husserl, dieser Hintergrund sei verschmolzen zu einem „im Ganzen Sprachlosen, einer Nacht, die stumm ist, die keinen Anruf übt und keinen Anruf in sich birgt".[261] Es sei dabei aber stets möglich, dass etwas aus dieser „stummen Nacht" einen Kraftzuwachs erfährt und das Ich affizierend „anspricht", „aus dieser ‚Nacht', dieser leeren Stelle können jeweils Stimmen vorbrechen".[262] Trotz dieser Differenzierung bei der Bestimmung des Unbewussten äußert Husserl auch in den C-Manuskripten Zweifel, ob sich dieses Unbewusste phänomenologisch tatsächlich ausweisen lässt,[263] wenngleich das Problem des Übergangs dieses hintergründig Unbewussten in Bewusstes weniger problematisch erscheint als zuvor.

Husserl findet überdies auch im Ausgang von der lebendigen Gegenwart und ihrer Trennung von Urhyle und Ur-Ich das „Paradox, dass auch die Zeitigung sich zugleich selbst verzeitigt, dass lebendige Gegenwart selbst wieder, als gegenwärtige lebendige Gegenwart in soeben gewesene lebendige Gegenwart kontinuierlich überleitet usw.".[264] Zeitigung und Gezeitigtes scheinen auf eine paradoxe Weise zusammenzufallen. „Leitidee" sei trotz Paradoxität, „dass in der Tat der Urstrom meines Ich-bin selbstzeitigend ist".[265] An anderer Stelle unterscheidet Husserl an der Urzeit zwei Aspekte, die abermals dieses „paradoxe" Zusammen von Zeitigendem und Gezeitigtem bestärken: „die Urzeit als strömendes Konstituieren und die Urzeit als im Strömen konstituierte der immanenten *onta* als solcher, die zur lebendigen Gegenwart selbst als ihrem eigenen konkreten Sein zu rechnen sind".[266] Die lebendige Gegenwart mit ihrer Verdoppelung in Urhyle und Ur-Ich, die zusammen jeder Zeitigung zugrunde liegen, ist in den C-Manuskripten das Urmoment, welches über das Zusammenspiel von einerseits ichfremder Vor-Assoziation und Vor-Affektion und andererseits Affektion und Aktivität des Ich jeder Zeitigung zugrunde liegt. Es ist so nicht mehr das Bewusstsein der Anfangsphase eines absoluten konstituierenden Bewusstseins, welches in „tagheller" Bewusstseinswachheit in letzter Instanz

[259] *C-Manuskripte*, 184.

[260] *C-Manuskripte*, 184.

[261] *C-Manuskripte*, 192.

[262] *C-Manuskripte*, 192. Anders als in Heideggers zur Eigentlichkeit aufrufendem Ruf des Gewissens gehen die hier von Husserl gemeinten hervorbrechenden „Stimmen" lediglich von passiv vorkonstituierten Einheiten aus und ihr „Anrufen" ist allein eine Affektion des Ich.

[263] „Sind das leere Behauptungen? Welche Rückfrage und Auslegung, die als evidentmachende etwas von Selbstgebung haben muss, führt zu solchen Annahmen?" (*C-Manuskripte*, 193). „Kommen wir da nicht zurück auf Ur-Erlebnisse, die noch nicht ichlichen Bestand haben? Aber so wie das im Text steht, ist keine Aufweisung vollzogen und kein Gang der Rückfrage gezeichnet" (*C-Manuskripte*, 197).

[264] *C-Manuskripte*, 50.

[265] *C-Manuskripte*, 119.

[266] *C-Manuskripte*, 297.

bei der Suche nach dem Ursprung der Zeit in Frage steht. Vielmehr ist dieses absolute, alles konstituierende Bewusstsein der ZB in den C-Manuskripten durch ein Urgeschehen ersetzt, in dem sich unbewusster Hintergrund, affizierende Passivität und aktive Ichbeteiligung zur Zeitigung der ersten Zeitschicht, der immanenten Zeit der Erlebnisse, verbinden.[267] Trotz dieser Weiterentwicklung gegenüber seinem Stand in den ZB, sieht sich Husserl auch in seinen Analysen der lebendigen Gegenwart mit einer alten, bereits auf ähnliche Weise die retentionale Längs-Intentionalität und das innere Bewusstsein der ZB betreffenden Frage konfrontiert: Woher weiß ich von Ur-Ich und Urhyle? Wie kann ich von dem Bereich der Vor-Affektion und von dem nicht thematischen, fungierenden Ich wissen, ohne dass ein unendlicher Regress entsteht? Wie kann ihr Zusammenspiel zu Sichtbar- und Sagbarkeit gelangen?

Husserls Antwort auf diese Schwierigkeit ist in den C-Manuskripten das eindeutige Zugeständnis, dass das Ur-Ich und die Urhyle und damit der Ursprung der Zeit nicht direkt anschaulich adäquat zugänglich gemacht werden können. Das beobachtbare Phänomen für uns sei nie das Letzte. Und auch der natürlichen Sprache sei die Zeit der Urstufe fremd. Den Grund dafür sieht Husserl darin, dass Phänomenbetrachtung und Sprache immer schon vergegenständlichten.[268] Ein Gegenständliches

[267] Husserl scheint zwar in der Stufe der durch passive Vor-Assoziation und Assoziation gewonnenen Einheiten schon eine gewisse Vorstufe immanenter Zeitigung zu sehen, da sie als Einheiten Vorstufen von Seiendem sind und Seiendes immer notwendig zeitlich ist. Eine „wirkliche Zeitigung“, so Husserl in einigen Zusätzen von 1932 zu Texten von 1930, sei jedoch erst die des transzendental-phänomenologischen Ich, die dem Erlebnisstrom in der Reflexion Intentionalität „einflößen“ könne, die er selbst jedoch noch nicht habe: „Zum Wesen des Erlebnisstromes, der in sich keine eigentliche Zeitigung vollzieht und keine entsprechende Bewusstseinsleistung ist, gehört meine ständige Vermöglichkeit, ihm Intentionalität sozusagen einzuflößen. Aber die wirkliche Zeitigung ist nun nicht die des Stromes als Stromes, sondern meine, des transzendental-phänomenologischen Ich“ (Husserl: *Zur phänomenologischen Reduktion. Texte aus dem Nachlass (1926–1935)*, a. a. O., 184). Husserl hatte zuvor (1930) gemeint, noch vor der Stufe des Stromes immanenter Erlebnisse und ihrer immanenten Zeit liege „der erlebende Strom, der vorzeitigende“ (a. a. O., 180 (Randbemerkung)). „Wir haben den Strom des Erlebens, darin alle abgehobenen und implizierten Einheiten, in der Form der Vorzeit (vorzeitlich Seiendes), darunter, wenn das ‚Ich wach‘ ist, als solche Einheiten besonderer Art die Akte. Sie sind zu unterscheiden, eben als vorzeitliche Einheiten von den Lebensströmen, die als Teile des allgemeinen (explizierten) Lebensstromes sich abheben“ (a. a. O., 183). Den Gedanken einer solchen „Vorzeit“ korrigiert er jedoch später (1932) und meint, dass es „im eigentlichen Sinne keine Vorzeitigung“ gäbe, sondern dass „Zeitlichkeit eben in jeder Weise Ichleistung“ sei (a. a. O., 181). Das Problem scheint hier ein altbekanntes zu sein: Entweder entsteht ein unendlicher Regress, wenn eine Vorzeit bereits vor-intentional vorgezeitigt, vorkonstituiert ist oder es entsteht die Schwierigkeit, das Bewusstsein eines potentiell verzeitlichten Strömens verständlich zu machen.

[268] Vgl. *C-Manuskripte*, 4, 7. Im Zusammenhang mit Überlegungen zu verschiedenen Urteilsformen kommt Husserl darauf zu sprechen, dass Worte – und nicht nur gesprochene Worte – nicht nur vergegenständlichen, sondern typisierende Auffassungen bedeuten. Worte würden immer als Auffassung nicht allein eines Gegenständlichen, sondern eines typisierten Gegenständlichen dienen: „Das Ausdrücken mit typisierenden allgemeinen Worten bringt allerdings hier noch eine Schicht herein, die der typisierenden Auffassungen, die aber nicht erst durch den wirklichen Gebrauch der Worte […] hereinkommen. Insoweit liegt in allem Mich-Besinnen und In-einer-‚Besinnung‘-als-Ergebnis-Terminieren ein Urteilen und sehr gewöhnlich ein prädikatives Urteilen vor“ (*C-Manuskripte*, 301).

aber könne nie die Urstufe sein, da diese erst die Instanz sei, die vergegenständlicht. Das wesentlich anonyme Ur-Ich sei deshalb selbst prinzipiell unthematisch. Dennoch aber weiß ich, so Husserl, dass das thematische Ich jeweils ein fungierendes Ich hinter sich hat, da ich weiß, dass das Ich vor seiner Thematisierung bereits affiziert wurde und auf Affektion mit Aktivität reagiert hat. Wenn ich in der Reflexion auf Affektionen oder Akte des Ich und in Verbindung mit diesen auf das Ich selbst zurückkomme und sie thematisierend vergegenständliche, weiß ich, dass sie schon vorher da waren. Entscheidend für die Gegebenheitsweise des fungierenden Ich ist, dass ich eine solche Reflexion auf Ich-Akte und Ich-Affektionen immer wieder anstellen kann und immer wieder „die Identität zwischen fungierendem und thematischem Ich thematisch" feststellen kann.[269] Jede „Ontifizierung des Ich", so Husserl, setzt „immer schon ‹ein› Ich in Funktion voraus".[270] Und in einer iterativen Reflexion auf diese allgemeine Form, in der ich erkenne, dass dem thematischen Ich notwendig immer ein fungierendes Ich vorausgehen muss, „sehe ich die allgemeinen Wesenslagen".[271] Eine diese „allgemeine Wesenslage" auf den Punkt bringende „Grunderkenntnis, und eine erste der Phänomenologie" sei, „dass im Ichbin der phänomenologischen Reduktion mein Sein, und apodiktisch, erfahren ist, aber so, dass ich, die Konkretion dieses Seins auslegend, den Gang einer iterativen Reflexion durchschreiten muss und mein Sein vorfinde als Identisches einer iterativ und in der Iteration sich doch alleinheitlich verknüpfenden Selbstzeitigung, in der Zeitigendes selbst nur ist als Gezeitigtes".[272] Das Ich ist Husserl zufolge als apodiktisch, als notwendig erfahren, obgleich es als fungierendes nie adäquat anschaulich werden kann.[273] Es kann nicht nicht sein. Husserl spricht zwar von einer Notwendigkeit der Selbstaffektion; das meint, die Ichakte und das in ihnen fungierende Ich seien notwendigerweise affizierend, so dass das Ich nicht fungieren könne, ohne sich selbst als fungierendes zu affizieren. Aber auch wenn diese Selbstaffektion eine Ichreflexion motivieren könne, müsse diese Reflexion allererst erfolgen und erreiche immer nur ein schon thematisches Ich.[274] Das Ich der zeitkonstituierenden lebendigen Gegenwart ist daher gleichermaßen notwendig und verborgen. In seinem ursprünglichen Gerichtetsein auf ihm selbst nicht Zugehöriges befände sich

---

269 *C-Manuskripte*, 190.

270 *C-Manuskripte*, 187.

271 *C-Manuskripte*, 190.

272 *C-Manuskripte*, 33. „Alles Erschaute ist wesensnotwendig gezeitigt" (a. a. O., 55).

273 Seebohm verwendet diese Unterscheidung von apodiktisch und adäquat dazu, Husserl gegen Derridas Vorwurf einer Präsenzmetaphysik zu verteidigen. Er legt anhand einer sich aus Husserls eigenen Analysen ergebenden vierfachen prinzipiellen Abwesenheit dar, „daß zur Struktur von Bewußtsein selbst in apodiktischer Evidenz Abwesenheit gehört", ohne dass damit Adäquatheit verbunden wäre. Seebohm, Thomas M.: Über die vierfache Abwesenheit im Jetzt. Warum ist Husserl bereits dort, wo ihn Derrida nicht vermutet?, in: Baumgartner, Hans Michael (Hg.): *Das Rätsel der Zeit. Philosophische Analysen*. Freiburg/München: Alber 1993 (= Reihe Philosophie), 75–108, hier 103.

274 Vgl. *C-Manuskripte*, 185, 193, 365.

das fungierende Ich, so Husserl, „in ursprünglicher Selbstvergessenheit".[275] Unter Verwendung eines Begriffes, der mit einem anderen Sinn aus Heideggers Fundamentalontologie geläufig ist, schreibt Husserl in Hinblick auf das Ich der lebendigen Gegenwart gar: „Wesensmäßig ist dieses, wenn es erfasst ist, abkünftig".[276] Was wir als Ich erfassen können, wäre dann immer nur ein solches Abkünftiges, das wir in unserem Ausschauhalten nach dem Ursprung der Zeit zwar in apodiktischer, nicht aber in adäquat anschaulicher Weise erfahren können.

Das für die Reflexion verborgene, fungierende, allein in seiner Apodiktizität bekannte Ich wird angestoßen durch die hintergründig, vor-bewusst konstituierten Einheiten, die bei Erreichen einer ausreichend kräftigen Abgehobenheit in Ich-Affektion übergehen. Für noch nicht thematisch gewordene nichtichliche Entitäten stellt sich aber ein ähnliches Problem wie für die stets „abkünftige" Erfassung des Ich. Auch hier gilt: Dass das Affizierende schon „vor seinem Thematisch-Werden bewusst war, ist Ergebnis nachkommender Reflexion und Identifizierung".[277] An anderer Stelle heißt es in einer kurzen Notiz: „Aber das bloße Strömen wird eben erst durch das Betrachten etc. gegenständlich und durch die Vermöglichkeit des Immer-Wieder. Das Vor-Sein des strömenden Seins ist eben ‚jederzeit' gegenständlich zu machen und ist nur so transzendental zu beschreiben".[278]

Das anonym fungierende Ich ist also für den phänomenologischen Blick, der adäquate Anschauung anstrebt, unsichtbar.[279] Sobald sich das Ich phänomenal zeigt, sehe ich ein thematisiertes, „abkünftiges" Ich. Und sobald ich zeitlich Seiendes, wenn auch immanent Seiendes, erfassend sehe, sehe ich nicht mehr die so genannte vor-zeitliche, zeitkonstituierende Urschicht. Das so genannte voraffektiv Vor-Bewusste dessen, was Affektion üben und zu Akten reizen kann, und das ursprünglich fungierende Ich bleiben der Phänomenbeobachtung, der Reflexion und

[275] *C-Manuskripte*, 278. Die von Husserl gemeinte ursprüngliche Selbstvergessenheit meint aber hier etwas ganz anderes als das existenziale Vergessen oder die uneigentliche, selbstvergessene Existenzweise des Daseins bei Heidegger. Das Ich der lebendigen Gegenwart hat nicht seine ursprüngliche, endliche Zeitlichkeit vergessen, sondern es ist in seiner zeitkonstituierenden Überzeitlichkeit auf eine unhintergehbare Weise ursprünglich selbstvergessen. Diesem Mangel an adäquater Anschauung kann es durch eine über eine iterative Reflexion erfolgende Auslegung begegnen.

[276] *C-Manuskripte*, 190. Husserl meint hier mit „abkünftig" eine nicht ursprüngliche Fundierungsstufe der Bewusstseinsschichten, während „abkünftig" in Heideggers Fundamentalontologie eine ontologisch weniger ursprüngliche Stufe der Existenzialien meint. Bei Husserl geht es um das Verhältnis von noch nicht erfasstem Affizierendem zu Erfasstem; bei Heidegger geht es auf exemplarische Weise um das ontologische Verhältnis der ursprünglichen Zeit zu dem vulgären Zeitbegriff.

[277] *C-Manuskripte*, 190.

[278] *C-Manuskripte*, 342.

[279] Held hebt bei Husserl den besonderen Faktumcharakter des fungierenden Ich hervor, durch den das Wesen des Ich ohne ein faktisches, fungierendes, eidetisch variierendes Ich undenkbar ist, gleichzeitig aber kein konstituiertes Faktum darstellt. Vgl. Held: *Lebendige Gegenwart. Die Frage nach der Seinsweise des transzendentalen Ich bei Edmund Husserl, entwickelt am Leitfaden der Zeitproblematik*, a. a. O., 146–150.

der Sprache verborgen.[280] Der Apodiktizität des Ich, so meint Husserl, tut diese fehlende adäquate Anschaulichkeit jedoch keinen Abbruch.[281] Diese Verborgenheit und Unsagbarkeit des Ursprungs der Zeit hat Husserl in den C-Manuskripten wenig zweideutig selbst anerkannt. Die lebendige Gegenwart des apodiktischen, verborgen fungierenden Ich mit seinem nichtichlichen Betätigungsfeld kennzeichnet er in diesen späten Texten außerdem durch eine dynamische Komponente. Dem „einheitlichen ziellosen ‚Tun'" von Urhyle und Urkinästhese in eins mit einer noch „ungeschiedenen Totalität der Hyle" stellt er den „totalen Instinkt" des Ich gegenüber. Das unterste, allfundierende Interesse sei ein sinnlich erfahrendes Interesse,[282] welches einem transzendentalen Instinkt zugrunde liegt, der als eine universale Tendenz und universale Teleologie zu verstehen ist.[283] In dieser durch einen transzendentalen Instinkt begründeten, teleologischen Ausrichtung des zeitigenden Urgeschehens ist der Prozess der Zeitkonstitutionen der verschiedenen Schichten angestoßen durch ein Streben nach ständig erweiterer Urpräsentation und zeitgebender, einstimmiger Vergegenständlichung.[284] Für den Husserl der C-Manuskripte ist der verborgen

---

[280] Held spricht von einem „Ontifikationszwang", dem die husserlsche Reflexion unterliege. Vgl. Held: *Lebendige Gegenwart. Die Frage nach der Seinsweise des transzendentalen Ich bei Edmund Husserl, entwickelt am Leitfaden der Zeitproblematik*, a. a. O., 159.

[281] Held sieht auf der Ebene der unaufhebbaren Anonymität des „Ich fungiere" den angemessenen Grund für die Vergemeinschaftung. Husserl selbst sei in diesem Punkt aber über einige Andeutungen nicht hinausgelangt, weil sein Ziel anschaulicher Aufweisung in Hinblick auf eine vor-zeitliche Koexistenz verschiedener „Ich fungiere" ebenso unerreichbar sei, wie für das eigene „Ich fungiere". Vgl. Held: *Lebendige Gegenwart. Die Frage nach der Seinsweise des transzendentalen Ich bei Edmund Husserl, entwickelt am Leitfaden der Zeitproblematik, a. a. O.*, 151–163.

[282] „Das unterste, allfundierende Interesse ist also das der ursprünglichen und immer weiter fungierenden Neugier, oder wir sagen besser, das erfahrende und, in der Tat zuunterst genommen, das sinnliche erfahrende Interesse" (*C-Manuskripte*, 325). Franck ist der Meinung, dass der Leib die Bedingung der Möglichkeit von Zeit ist. Der eigene Leib aber sei immer schon mit einer leiblichen Beziehung zu Anderen verknüpft, so dass diese leibliche Beziehung die Bedingung von Zeit bildet. Vgl. Franck, Didier: *Chair et corps. Sur la phénoménologie de Husserl.* Paris: Les Éditions de Minuit 1981 (= Arguments), 190 ff. Und Lévinas hat bereits in einem frühen Konferenztext die These vertreten: „Die Bedingung der Zeitlichkeit liegt im Verhältnis zwischen menschlichen Wesen oder in der Geschichte" (Lévinas: *Le temps et l'autre*, a. a. O., 69/dt.: *Die Zeit und der Andere*, a. a. O., 51). Das dem Ich gegenüber stehende Fremde aber immer und notwendig als das Hereinbrechen fremder Subjektivität zu verstehen, ist möglicherweise nicht zwingend. Es ist auch denkbar, dass Ichfremdes affizierend wirkt, welches nicht von einer anderen Subjektivität herrührt. Nicht zuletzt die fehlende Anschaulichkeit der Dimension des ursprünglichen „Ich fungiere" scheint es zu rechtfertigen, hier einen größeren Intepretationsspielraum des Ichfremden zu lassen, obgleich das affizierende Hereinbrechen einer fremden Subjektivität eine zentrale Rolle spielt.

[283] „Transzendentaler Instinkt – in einem Sinn die durch die Totalität der Intentionalität des Ego hindurchgehende universale Tendenz – die ständige universale Teleologie" (*C-Manuskripte*, 260). Held weist mithilfe des Manuskriptes E III 9 darauf hin, dass Husserl „[b]ei allen Schwankungen und aller Vorsicht [...] den Grund für die teleologische Rationalität des Urfaktums (und infolgedessen aller weiteren Fakten) Gott" nennt. Held: *Lebendige Gegenwart. Die Frage nach der Seinsweise des transzendentalen Ich bei Edmund Husserl, entwickelt am Leitfaden der Zeitproblematik, a. a. O.*, 178.

[284] „Der ‚Wille', der seinskonstituierend ist, hat hinter sich ein Ursprünglicheres, das Streben, Hinstreben, Strebend-in-Prozess-Überführen als das Streben erfüllend, im Vor-Willen, Vor-Handeln

zeitigende Ursprung der Zeit immer schon auf eine dynamische Weise instinktiv, tendenziell und teleologisch orientiert. Der selbstvergessene, abkünftige Ursprung der Zeit ist ein strebender Instinkt nach Zeitigung, Vergegenständlichung und Einstimmigkeit. Statt einer „taghellen" adäquaten Anschaulichkeit des konstituierenden Ursprungs der Zeit findet Husserl einen unanschaulich verborgenen triebhaften Instinkt.

In einigen Texten der C-Manuskripte stellt Husserl, wenn auch nicht sehr ausgeprägt, Überlegungen zu der Bedeutung von Gefühl und Stimmung an. Er zieht diese Begriffe in Zusammenhängen heran, in denen es um das Verständnis und den Bewusstseinsstatus des vor-bewusst Vor-zeitlichen oder der Ichaffektion geht. Gefühl und Stimmung sind Begriffe, die Husserl bereits früh, wenn auch stets eher marginal beschäftigt haben. In der fünften logischen Untersuchung hatte er sich mit der Frage nach der Intentionalität von Gefühlen auseinandergesetzt und kam zu dem vorläufigen Ergebnis, dass es neben intentionalen auch nichtintentionale oder unbestimmt intentionale Gefühle gäbe.[285] Nichtintentionale Gefühle seien Schmerz- und Lustempfindungen, die vorkommen, wenn wir uns beispielsweise verbrennen oder wenn etwas gut riecht oder schmeckt. Diese Empfindungen, deren Begriff aus den LU sich von der Urhyle der C-Manuskripte unterscheidet, könnten zwar über Auffassungen auf Objekte bezogen werden, seien aber selbst, im Unterschied zu dem Gefallen an einer Melodie z. B., nicht intentional. Husserl kommt über diese nichtintentionalen Gefühle auf den spezifischeren Fall der Begehrungsempfindungen, in Hinblick auf die er eine Intentionalität mit unbestimmter Richtung erwägt. Oft würden wir „von einem dunklen Langen und Drängen bewegt und einem unvorgestellten Endziel zugetrieben"; der Sphäre der „natürlichen Instinkte" fehle zwar eine „bewußte Zielvorstellung", sie könne aber nichtsdestotrotz als unbestimmt intentional verstanden werden.[286] In einem unveröffentlichten Manuskript spricht Husserl zwischen 1900 und 1914 dann von einem „verworrenen Gefühlshintergrund", der als Stimmung keinen direkten intentionalen Objektbezug habe, aber einen horizonthaften Rahmen liefere, der „mit seinem Lichte alle Objekte färb[t]".[287] Es gäbe verschiedene Einheiten der Gefühle, die verschiedene Stimmungen

ein Vor-Ergebnis offerierend, weiter nach sich ziehend, ein ichliches Streben zu wiederholen, ein gelegentlich ungehemmt in Wiederholung Überführendes, aber auch gehemmt etc. Urvorkommnisse, welche Voraussetzungen aller ursprünglichsten Stiftung von Apperzeptionen sind und in ihrer Weise, gleich den hyletischen Daten, zur Teleologie der Seinskonstitution, der universalen Seinskonstitution gehören" (*C-Manuskripte*, 224). „Das universale Leben, transzendentalkonkrete Einheit der Intentionalität, Einheit der intentionalen Habe im Strömen, im Gang immer neuer Konstitution von Habe, neuer Erwerbe, unter begleitender Intention auf Einstimmigkeit, auf Beseitigung der Hemmungen, auf Beseitigung der Modalisierung in Überführung in neue Einstimmigkeit" (*C-Manuskripte*, 260).

[285] Vgl. LU II/1, 387–397.

[286] LU II/1, 395.

[287] Die Zitate sind einer Studie von Nam-In Lee über Husserls Phänomenologie der Stimmung im Manuskript M III 3 II I (1900–1914) entnommen. Vgl. Lee, Nam-In: Edmund Husserl's Phenomenology of Mood, in: Moran, Dermot/Embree, Lester E. (Hg.): *Phenomenology. Critical Concepts in Philosophy. Volume II: Phenomenology: Themes and Issues*. London/New York: Routledge 2004, 348–361, hier zitiert 357 (M 95), 358 (M 94–95). Nam-In Lee deutet an, dass Heidegger

hervorbrächten, dabei träten sie aber immer in den „einheitlichen Gefühlscharakter“ des einen Bewusstseinsstromes ein.[288] Im Kontext seiner späten Zeitanalysen tauchen die Themen Gefühl und Stimmung, wie bereits angedeutet, gerade im Zuge der versuchten Bestimmung vorreflexiver, vorgegenständlicher und vorzeitlicher Bewusstseinsschichten wiederholt auf. So ist einmal, wenn auch zugegebener Maßen in Klammern, von „der Einheit eines gefühlsmäßigen Bewussthabens“ die Rede, welches der „Modus vor der Zuwendung, vor einem fühlenden Dabeisein“ sei; die „Heraushebung des Auffallenden“ sei zu verstehen als ein „Vor-Gefühl des jetzt den Instinkt unmittelbar in Erfüllung Bringenden“.[289] Nicht in einer Klammer, sondern sogar unter der Randbemerkung „nota bene“, heißt es gleich zu Beginn von Text Nr. 69: „Die Gefühle sind es doch, die oder als welche die hyletischen Daten bzw. die sinnlichen Objekte das aktive Ich motivieren (affizieren), es ‚anziehen‘ oder ‚abstoßen‘“.[290] Und im Zusammenhang mit der Frage, ob es ein nichtichliches Streben der Hintergründe der urmodalen hyletischen Gegenwart geben kann, streift Husserl einen Begriff von Stimmung, der die Einheit des Gefühls in der totalen Urimpression meint: „Die hierhergehörige Frage der Abhebung und der Bedeutung der Gefühle und das Gefühl in der Einheit der Urimpression (der totalen) als Stimmung, aber in der Weise der strömenden Konstitution mit ihren Gestalten der Unveränderung und Veränderung“.[291]

Husserls fragmentarische Überlegungen zu Gefühl und Stimmung erlauben es zwar keinesfalls, in Hinblick auf die C-Manuskripte von einem Ursprung der Zeit in Gefühl und Stimmung zu sprechen. Dennoch tauchen diese traditionell durch Theorien ästhetischer Erfahrung vertrauten Begriffe, die im Allgemeinen nicht in einer erkenntnistheoretisch orientierten Ursprungsbesinnung vermutet werden, bei Husserl im Zusammenhang mit der Frage nach den letzten Ursprüngen der Zeitkonstitution wiederholt auf. Empfindungsgefühle und Stimmung scheinen im Zusammenhang mit der Frage, wie aus einer vor-zeitlichen, vor-affektiven Schicht Ich-Affektionen heraustreten können, eben deshalb von Bedeutung werden zu können, weil sie wesentlich nichtintentional oder unbestimmt intentional sind. Sie stehen nicht in der Gefahr, die Frage nach dem Ursprung der Zeit auf einen

dieses Manuskript gekannt haben könnte und möglicherweise von Husserls Stimmungsbegriff in seinen eigenen Analysen von Stimmung und Befindlichkeit stärker beeinflusst war, als es seine Kritik an Husserl vermuten lässt. Vgl. a. a. O., 360 f.

[288] Lee: Edmund Husserl's Phenomenology of Mood, a. a. O., 357 (M 99).

[289] *C-Manuskripte*, 273.

[290] *C-Manuskripte*, 318. Andernorts spricht Husserl davon, dass in der urmodalen Gegenwart eine dreifache urmodale Wandlung statthabe und unterscheidet die ichfremde Wandlung der Urzeitigung, das Ich und eine Gefühlsschicht. Allerdings ist diese Gefühlsschicht der Zweigliederung ergänzend angefügt und auch ihr ist eine Randbemerkung an die Seite gestellt, in der Husserl erwägt, ob nicht auch eine Unterscheidung von handelnder und erkennender Praxis hinzuzufügen sei. Vgl. *C-Manuskripte*, 350.

[291] *C-Manuskripte*, 351. Kurz darauf folgt allerdings die Randbemerkung: „Alles aporetische Versuche“ (ebd.). An anderer Stelle aber wiederum spricht Husserl von einer „Harmonie in der Urpassivität, in Urinstinkten, in Affektion und Aktion, in Habitualitäten, in einer Weise, die Potenz der Vorgegebenheit und ihrer invariablen Struktur eben schafft“ (*C-Manuskripte*, 434).

unendlichen Regress zu führen, sondern könnten das eigenartige, nichtintentionale Bewusstsein der untersten Schichten erhellen. Dann würde allerdings der Ursprung der Zeit in Zeitbewusstsein oder in lebendiger Gegenwart in letzter Instanz ein gefühlsmäßiges, „vor-bewusstes“, dazu instinkthaftes Urgeschehen sein, das das Ich auf eine von diesem nur bedingt beeinflussbare Weise affiziert und zum Fungieren motiviert. Die Husserl-Rezeption ist im Ausgang von der Auseinandersetzung mit Husserls Zeitanalysen auf verschiedenen Wegen bereits immer wieder auf die Begriffe von Gefühl und Stimmung gekommen.[292] Die C-Manuskripte scheinen von Husserls eigenem späten Zeitdenken her diesen Weg eher zu unterstützen als ihm zu widersprechen.

Das Modell der lebendigen Gegenwart mit ihren Momenten der Urhyle und des Ur-Ich bringt in Hinblick auf Ricœurs dritte Aporie, die den philosophischen und besonders den phänomenologischen Ursprung der Zeit für uneinholbar hält, neue Ergebnisse. Die letzten Gründe der Zeitkonstitution liegen den C-Manuskripten zufolge nicht mehr in einem absoluten Bewusstsein, wie es Husserl in den ZB vorschlägt und welches in Erhabenheit über seine Erlebnisse diese zu dem einen Bewusstseinsfluss konstituiert. Die Zeit ist vielmehr immer schon da, wenn die Phänomenbetrachtung beginnt. Ihre Ursprünge liegen auf unsichtbare Weise in einem apodiktisch gewussten, anonym fungierenden Ich und seinem instinktgeprägten Zusammenspiel mit einem Feld vor-assoziativer und assoziativer Zeitigung, welches möglicherweise in sich zu Stimmungen zusammenschließenden, noch nicht voll intentionalen Gefühlseinheiten „bewusst“ ist. Die „radikalste“ phänomenologische Reduktion auf die lebendige Gegenwart führt an der Basis der schichtenhaften Konstitution des Universums auf einen Bereich, der einen gefühlsmäßigen

---

[292] Tengelyi schlägt in Auseinandersetzung mit den Texten aus Husserliana X vor, dass das ungegenständliche Bewusstsein des anfänglichen Urdatums im Sinne des nicht aktmäßigen Bewusstseins von Gefühls- und Begehrensempfindungen aus den LU verstanden werden könnte. Vgl. Tengelyi: *Der Zwitterbegriff Lebensgeschichte*, a. a. O., 81 f. Held betrachtet die Gestimmtheit als die gemeinsame Wurzel von theoretischem und praktischem Gegenwärtigen, deren Grundbefindlichkeit die des Staunens sei (und nicht die der heideggerschen Angst). In der Gestimmtheit, so habe Husserl bereits vorgezeichnet, sei die vorgegenständliche Bedingung für Intentionalität als Teleologie zu suchen. Vgl. Held, Klaus: Phänomenologie der Zeit nach Husserl, in: Perspektiven der Philosophie 7 (1981), 185–221, hier 218–221. Richir kommt in Auseinandersetzung mit den frühen Zeitvorlesungen und den Texten zur passiven Synthese aus Husserliana XI für die unterste Schicht der Zeitigung auf eine „komplexe Rhythmik der Verzeitlichung/Verräumlichung […], die meistens, wenn nicht gar immer, von einer Tonalität, in einem allgemeinen musikalischen Sinne, gezeichnet ist, welche ohne Zweifel dem korrespondiert, was Heidegger unter Stimmung verstand“ (Richir, Marc: Synthèse passive et temporalisation/spatialisation, in: Escoubas, Éliane/Richir, Marc (Hg.): *Husserl*. Grenoble: J. Millon 1989, 9–41, hier 38). Überdies ist sowohl für Merleau-Ponty als auch für Lévinas die bereits in den frühen Zeitvorlesungen hervortretende husserlsche Verknüpfung von Sinnlichkeit und Zeitlichkeit für ihr eigenes Denken wegweisend geworden. Vgl. Merleau-Ponty: *Phénoménologie de la perception*, a. a. O./dt.: *Phänomenologie der Wahrnehmung*, a. a. O. Und Lévinas, Emmanuel: *Autrement qu'être ou au-delà de l'essence*. Den Haag: Martinus Nijhoff 1978/dt.: *Jenseits des Seins oder anders als Sein geschieht*. Übersetzt von Thomas Wiemer. Freiburg/München: Alber Verlag, 2. Aufl., 1998. Auf diesen Umstand weisen Bernet und Tengelyi ausdrücklich hin. Vgl. Bernet: Einleitung, a. a. O., LXIII f. und Tengelyi: *Der Zwitterbegriff Lebensgeschichte*, a. a. O., 75.

und durch Instinkt geprägten Bewusstseinsstatus hat und nur in abkünftiger Weise sichtbar und nur in Gegenstandsmetaphern sagbar ist. Der Ursprung der Zeit, um mit Ricœur zu sprechen, erweist sich in den C-Manuskripten als tatsächlich begrifflich unerforschlich.

Bevor nach der bisher allein behandelten dritten Aporie im nächsten Kapitel erneut der Problemkomplex der zweiten Aporie den Leitfaden der Untersuchung bildet, sei im hiesigen Zusammenhang der lebendigen Gegenwart abschließend noch einmal die Frage nach der ersten Aporie aufgegriffen. Trotz Husserls neuer Einschätzung des zeitkonstituierenden Ursprungs scheint sich in Hinblick auf das in Frage stehende Verhältnis von subjektiver und objektiver Zeit die Lage im Kern nicht verändert zu haben. Einerseits soll auch in den C-Manuskripten das Strömen auf die eine oder andere Weise Zeitpunkte hervorbringen. Husserl spricht davon, dass im Durchströmen durch eine „wundersame Synthesis" individuelles Sein konstituiert wird, dass jeder Zeitpunkt aus dem strömenden Wandel des Inhaltes „entsprungen" sei, dass sich jedes Seiende im Strömen objektive Zeit „erwirbt" und dass das Strömen objektive Zeitpunkte und Sukzession „konstituiert".[293] Er suggeriert mit derartigen Formulierungen, dass dem Strömen gegenüber den Zeitpunkten eine Priorität zukommt. Sachlich scheint andererseits aber für seine Analysen der C-Manuskripte zu gelten, dass die Schwierigkeit nicht darin besteht, aus einem priorisierten subjektiven, gerichteten Zeiterleben, welches bereits zeitlich ist, über eine „wundersame Synthesis" zu objektiven Zeitpunkten zu gelangen. Das Problem spitzt sich vielmehr dahingehend zu, ein vor-zeitliches Feld zu bestimmen, das selbst noch nicht zeitlich ist, sondern Zeit erst konstituiert. Der Sache nach liegt das sich ergebende Problem erneut in erster Linie darin, aus einer Nicht-Zeit eine Zeit zu gewinnen und weniger darin, aus einem bereits gerichteten Zeiterleben Zeitstellen zu „erzeugen".[294] Denn sobald Husserl von Zeit spricht, scheint immer schon sowohl der Aspekt des gerichteten Fließens als auch der der stehenden Zeitstellen impliziert zu sein. Ein isoliertes punktuelles Jetzt hat noch nichts Zeitliches und in der durch Retention und Protention erweiterten Gegenwart hält sich bereits im Fließen etwas Identisches durch.[295] Wenn Husserl aber von einem Vor-zeitlichen spricht, dann soll diesem Bereich noch gar nichts Zeitliches zukommen, sei es gerichtetes Zeiterleben oder objektiver Zeitpunkt, was wiederum auf die Unmöglichkeit einer angemessenen begrifflichen Beschreibung des Vor-zeitlichen führt. Von Zeit, und das scheint Husserl in seinen Phänomenbeschreibungen durchaus gesehen zu haben, lässt sich nur dann sprechen, wenn beide Perspektiven zusammentref-

---

293 *C-Manuskripte*, 8, 63, 412, 65 und 407.

294 Dafür spricht beispielsweise, dass Husserl die Konstitution weniger als eine schöpferische Aktivität des Ich, sondern als „gewissermaßen ein Sich-selbst-Aufbauen" versteht. *C-Manuskripte*, 29.

295 Held merkt zu Recht an, dass eine phänomenologische Analyse der Empfindung („das hölzerne Eisen") oder des Datums („Flöckchen inhaltlicher Identität") prinzipiell nicht ohne eine Orientierung an einem Gegenstand möglich ist. Held: Phänomenologie der Zeit nach Husserl, a. a. O., 199. Husserl selbst scheint aber trotz ambivalenter Formulierungen recht deutlich bemerkt zu haben, dass ein reines gerichtetes Zeiterleben ohne irgendeine besondere Art von Intentionalität auf ein sich in diesem Strömen Durchhaltendes nicht auskommt.

fen; um etwas als zeitlich zu bezeichnen, muss etwas identisch sich Durchhaltendes „absinken".

Wie dieses Zusammenspiel der beiden Perspektiven aber zu verstehen ist, hatte Husserl schon früh in der Bestimmung der Retention begrifflich zu fassen versucht. Die hier bereits für die ZB und die Bernauer Manuskripte behauptete Aporizität der Retentionsbestimmung und der Rückgriff auf metaphorisches Sprechen finden sich in veränderter Ausprägung auch in den C-Manuskripten wieder. Die „retendierte Wandlung" sei, so heißt es dort, als „so etwas wie Verdeckung unter ‚Durchscheinen' zu verstehen, eine Verdeckung, die in ihrer Mittelbarkeit Mittelbarkeit des Durchscheinens ist und darin eine Gradualität der fortschreitenden ‚Verdunklung' hat"; diese Verdeckung sei so etwas wie „Überschieben und Überschobensein".[296] Über derartige Formulierungen, welche sich schleierähnlicher Metaphern und abermals der Metapher der Dunkelheit bedienen, wird deutlich, dass es Husserl auch in den C-Manuskripten nicht gelingt, begrifflich zu bestimmen, wie die Retention modifizierende, eigentümlich intentionale Abwandlung eines Identischen, nicht aber eines Gegenstandes sein soll. Husserl scheint in seinen Beschreibungsversuchen der Phänomene gesehen zu haben, dass einerseits nur ein über den Jetztpunkt hinausreichendes Zeiterleben rechtmäßig als Zeitlichkeit zu bezeichnen ist, dass aber andererseits diese Breite des Gegenwartsfeldes mit Retention und Protention nicht ohne ein sich im Strömen identisch Durchhaltendes gedacht werden kann – auch wenn eine begriffliche Bestimmung des Zusammen dieser beiden Aspekte in den verschiedenen von ihm entwickelten Retentionsmodellen offenbar immer wieder auf metaphorische Rede angewiesen ist. Ricœurs erste Aporie, die eine begriffliche Unvereinbarkeit von subjektivem Zeiterleben und objektiver Zeitordnung behauptet, scheint sich also auch für die C-Manuskripte zu bestätigen.

Im folgenden Kapitel geht es um die Thematik der zweiten Aporie. Es wird zu fragen sein, inwiefern Husserl in den C-Manuskripten neue Antworten auf die Frage nach der Begründung der Einheit der Zeit geben kann. Dabei ist sowohl der Zusammenhang der Einheit der Subjektivität mit der von dieser konstituierten einen Zeit als auch die Einheit der objektiven, nun als intersubjektiv verstandenen Weltzeit zu verfolgen.

2.4.2 Monadologische und teleologische Einheit der Zeit

Die zwischen 1929 und 1934 verfassten C-Manuskripte fallen in die Zeit zwischen den Pariser Vorträgen, aus denen die *Cartesianischen Meditationen* hervorgingen, und den Beginn der Arbeit an der *Krisis*. In seiner fünften cartesianischen Meditation wendet Husserl sich gegen den an die Phänomenologie gerichteten

[296] *C-Manuskripte*, 81, vgl. auch 87, 256. Husserl erwägt in seinen Versuchen der phänomenologischen Differenzierung von Wachheit und Schlaf auch, dass das Ich für das Retentionale „schlafend" sein könnte; die phänomenologische Klärung des Schlafphänomens bleibt jedoch ebenfalls ein nicht ohne Weiteres lösbares Problem. Vgl. a. a. O., 307.

Solipsismusvorwurf, indem er versucht, die Erfahrung des Anderen und höherstufig konstituierter Gemeinschaften im Ausgang von der Reduktion auf die so genannte Primordialsphäre phänomenologisch zu begründen. In der *Krisis* erfährt der Begriff des Menschen gegenüber dem des transzendentalen Egos eine Rehabilitation, da Husserl in diesem Spätwerk die Geschichtlichkeit der transzendentalen Subjektivität berücksichtigt und den Gedanken einer Teleologie der zum Vernunftmenschentum erwachenden Menschheit entwickelt. Diese Themen beeinflussen erkennbar Husserls in den C-Manuskripten angestellte Überlegungen zu einer Bestimmung der einen objektiven Zeit. Den letzten Grund für die Einheit dieser objektiven Zeit sieht er weiterhin in der konstituierenden Subjektivität bzw. in dem Zusammenspiel von Ich und Nichtichlichem in der radikal reduzierten lebendigen Gegenwart. Die konstituierte objektive Zeit jedoch entwickelt er nun zu einer intersubjektiven Stellenzeit für das so genannte Monadenall und im Weiteren für eine Menschengemeinschaft, in welcher das Sein Anderer Voraussetzung für Weltzeit ist. Im Zuge dieser Neubestimmung verbindet Husserl die objektive Zeit mit einer Teleologie, in der transzendental die Monaden und verweltlicht die Menschen in einem unendlichen Prozess auf eine ideale Einstimmigkeit des von ihnen intersubjektiv konstituierten Universums abzielen. Die unendliche, eine, objektive Zeit erweist sich nun als die unendliche Zeit einer zu der Idee des wahren Vernunftmenschentums erwachten geschichtlichen Menschheit. Als prinzipiell horizonthafte objektive Zeit der historischen Menschheit ist sie in einem unabschließbaren, teleologischen Bestätigungs- und Korrekturprozess zu erfüllen, ohne jemals den Status einer offenen Ganzheit überwinden zu können. Die husserlschen Themenkomplexe der Intersubjektivität, der Monadologie, der Teleologie und Geschichtlichkeit, die sich überdies mit einer Theologie verknüpfen, sind so komplex, dass eine Problematisierung hier nicht erfolgen kann.[297] Das Ziel dieses Abschnittes ist lediglich anzuzeigen, wie sich Husserls Denken der Einheit der Zeit im Ausgang von der einen konstituierenden Subjektivität in den C-Manuskripten durch Einbeziehung dieser Themen neu formiert. Vor ihrem Hintergrund lassen sich im folgenden Aufriss einiger husserlscher Gedankengänge aus den C-Manuskripten neue Ansätze in Hinblick auf die

---

[297] Vgl. dazu in neuerer Zeit u. a. Richir, Marc: Monadologie transcendantale et temporalisation, in: Ijsseling, Samuel (Hg.): *Husserl-Ausgabe und Husserl-Forschung.* Dordrecht/Boston/London: Kluwer Academic Publishers 1990 (= Phaenomenologica. Bd. 115), 151–172; Kozlowski, Richard: *Die Aporien der Intersubjektivität. Eine Auseinandersetzung mit Edmund Husserls Intersubjektivitätstheorie.* Würzburg: Königshausen & Neumann 1991; Römpp, Georg: *Husserls Phänomenologie der Intersubjektivität. Und ihre Bedeutung für eine Theorie intersubjektiver Objektivität und die Konzeption einer phänomenologischen Philosophie.* Dordrecht/Boston/London: Kluwer Academic Publishers 1992 (= Phaenomenologica. Bd. 123); Depraz, Natalie: *Transcendance et incarnation. Le statut de l'intersubjectivité comme altérité à soi chez Husserl.* Paris: Vrin 1995 (= Histoire de la philosophie); Zahavi, Dan: *Husserl und die transzendentale Intersubjektivität. Eine Antwort auf die sprachpragmatische Kritik.* Dordrecht/Boston/London: Kluwer Academic Publishers 1996 (= Phaenomenologica. Bd. 135); Mertens, Karl: Husserls Phänomenologie der Monade. Bemerkungen zu Husserls Auseinandersetzung mit Leibniz, in: Husserl Studies 17 (2000), 1–20 sowie spezifisch in Hinblick auf das Thema Zeit Rodemeyer, Lanei: *Intersubjective Temporality. It's About Time.* Dordrecht: Springer 2006 (= Phaenomenologica. Bd. 176).

ricœursche Frage nach einer Begründung der Einheit der Zeit und ihrer möglichen Aporizität herausstellen.

Die letzte Zentrierung der Zeit ist auch in Husserls späten Texten durch das Ich gewährleistet: „Ich bin der Einzige", dem alles Andere, in welcher Gegebenheitsweise auch immer, ein Gegenüber ist.[298] Die unterste Schicht dieses „einzigen" Ich ist das im vorangehenden Kapitel ausführlich besprochene anonym fungierende Ur-Ich, der Urpol der lebendigen Gegenwart, der der phänomenologischen Reflexion zwar apodiktisch, nie aber adäquat anschaulich gegeben ist. Alles, was zeitlich ist, ist zeitlich für das Ich, welches alle möglichen Zeiten in sich zentriert, seinen eigenen Bewusstseinsstrom mit einer immanenten Zeit, und schließlich die transzendente Weltzeit konstituiert.[299] Selbst für die vor-bewussten, das Ich noch nicht affizierenden Felder lässt sich sagen, dass sie in der Vor-Assoziation bereits passiv Einheiten hervorbringen, die gegebenenfalls in Abgehobenheiten das Ich affizieren, zunächst jedoch ohne dass das Ich etwas davon bemerkt oder sich gar aktiv daran beteiligt. Der Impuls zur Vereinheitlichung findet sich schon auf nichtichlicher Ebene in der vor-bewussten Assoziation, die die Basis für die eigentliche Konstitution immanenter Zeit der Icherlebnisse ist.[300] Das sinnlich erfahrende Interesse und der transzendentale Instinkt, die Husserl als treibende Kräfte der lebendigen Gegenwart ausmacht, stoßen zu Urpräsentation, Selbstvereinheitlichung, gegenständlicher Vereinheitlichung und Einstimmigkeit alles Konstituierten, so auch der Zeit, an.

Das Ich ist aber nicht nur Pol, sondern konstituiert sich selbst in verschiedenen Stufen. So findet es sich als ein individuelles Ich, welchem ein formaler Konstitutionshabitus zukommt, und aufbauend darauf als eine so genannte Monade, in der die konkrete, werdende Subjektivität mit all ihren aktuellen, potentiellen und habituellen Erfahrungsgehalten gegeben ist. Diese Monade wiederum ist die konstitutive Basis für das verweltlichte menschliche Ich. Eine klare Differenzierung dieser Ebenen ist für die Texte der C-Manuskripte in der Regel kaum möglich, so dass es nicht selten unklar bleibt, welche Ebene gemeint ist, und wie Husserl sie versteht. Er sieht jedoch auf der Ebene des „eigentlich[] menschliche[n] Ich, dem sein ganzes Leben zum Lebensfeld geworden ist", einen „Willen zur Einstimmigkeit, ein echtes Ich als Idee der in sich einstimmigen und sich einstimmig wollenden Persönlichkeit".[301] Unstimmigkeiten, so Husserl, seien wider den Lebenswillen. Aus diesem

[298] *C-Manuskripte*, 3. „Doch wenn ich so reflektiere und Mannigfaltiges mir gegenüber finde als anderes Ich, so bin ich doch einzig schlechthin Ich, Ich, der alles und jedes, was für mich ist, im Gegenüber hat und haben kann, auch die Anderen, und dass sie in sich alles und jedes sich gegenüber haben können" (a. a. O., 2).

[299] „Ich bin – ich lebe, und mein Leben ist eine ungebrochene Einheit der urströmenden Zeitigung, in der alle mannigfaltigen Zeitigungen geborgen sind. Also eine ungebrochene Zeitigung umspannt alle für mich seienden ‹Zeitigungen›, die so alle auf mich bezogen und in dieser Beziehung einig sind" (*C-Manuskripte*, 3).

[300] „Aber es wäre vor allem nötig gewesen, konkret vorzugehen und Assoziation als den allgemeinen Titel der Einheitsbildung zu behandeln, der überhaupt Stromeinheit, Zeitigung leistet in allen Stufen, also Titel für all das ist, was die Konstitution von ‚Seiendem' schon voraussetzt" (*C-Manuskripte*, 298 f.).

[301] *C-Manuskripte*, 19.

Grund versuche das Ich stets, diese zu explizieren und zu korrigieren, was seinerseits die Basis für theoretisches Interesse und den Willen zur Wissenschaft sei.[302] Dieser Wille zur Einstimmigkeit aber setze „wohl voraus, dass ganz ursprünglich das Unklar-Gewordene […] ‚von selbst' in instinktivem Tun, Streben zur Klarheit kommt".[303] Diese Einstimmigkeit, auf die Instinkt und Wille abzielen, zeige sich dem Ich als die „Idee seines wahren Seins". Ich trüge zwar in mir „meine unselige, unwahre, widerspruchsvolle Existenz, Faktizität – aber auch in mir die Idee meines wahren Seins, mein Sein-Sollen und eben damit die ideale Vermöglichkeit der Selbstkritik, der Kritik dieser Faktizität".[304] Das Sichleitenlassen von der Idee seines wahren Seins aber bedeute für das Ich die einstimmige Ausrichtung auf ein Ganzheit schaffendes Lebensinteresse, einen Lebenszweck, eine Lebensleistung, ein totales Ziel. In seinem Willen zur Einstimmigkeit wolle das Ich „in allen seinen Stellungnahmen und Stellunghaben sich treu bleiben […] und eine entsprechende Ordnung eines Lebens zum Ziel" machen.[305] Die Einzelakte des Ich seien „nicht nur überhaupt zentriert, sondern hängen verkettet zusammen zur Einheit eines strebenden Lebens", dessen Ziel nicht notwendig klar sein muss, sondern auch „in der Weise dunklen Strebens" dem Ich zuweilen nur „unklar vorschwebt".[306] Wenn ein Ich diesen Willen zur Einstimmigkeit seines Lebens expliziert und sich an der Idee seines wahren Seins orientiert, dann sei das, so scheint Husserl zu meinen, ein „ethisches Leben".[307] Das Ich ist so nicht mehr in erster Linie als polhafte Vereinheitlichungsinstanz eines ideell unendlichen Erlebnisstromes diskutiert, sondern Husserl stellt nun auch die Auffassung des Ich als eines Lebenssubjektes in den Vordergrund, das sich selbst in seinem Leben durch eine einstimmige Ausrichtung auf ein Lebensziel treu bleibt.

Die objektive Zeit der Welt ist jedoch nicht nur die Zeit für mich, das einzige, Einheit und Einstimmigkeit anstrebende Ich. Sie ist die Zeit für alle konstituierenden Subjekte. Ja, sie wäre sogar gar nicht objektiv im Sinne von „für jedermann gültig", wenn sie nicht intersubjektive Geltung beanspruchen könnte, wenn sie nicht auch eine Zeit für Andere wäre. „Hauptthema der objektiven Weltkonstitution", so Husserl daher, sei die „Konstitution einer intersubjektiven Stellenzeit mit festbestimmten Stellen, fest für jedermann unterscheidbaren und identifizierbaren".[308] Damit die aus mir heraus konstituierte objektive Zeit diese intersubjektive Geltung beanspruchen kann, ist es notwendig, dass überhaupt auch noch andere Subjektivitäten da sind und bei der Konstitution dieser Zeit eine Rolle spielen. „Mitgegenwart

---

302 Vgl. *C-Manuskripte*, 237.

303 *C-Manuskripte*, 234. Husserl spricht in diesem Zusammenhang auch von einer „im Unklaren ‚gefühlten' Unstimmigkeit" (ebd.).

304 *C-Manuskripte*, 18.

305 *C-Manuskripte*, 19.

306 *C-Manuskripte*, 35, 36.

307 „Aber Wichtigkeit in einem tieferen Sinne. Überschau über mein Leben in Einheit für mich als Zusammenhang meiner bleibenden Wichtigkeiten; ein Leben, zu dem ich dauernd stehe und stehen kann. Bewegung dieser Wichtigkeiten, das ethische Leben" (*C-Manuskripte*, 39).

308 *C-Manuskripte*, 217.

von Anderen" sei „fundierend für weltliche Gegenwart, die ihrerseits Voraussetzung ist für den Sinn aller Weltzeitlichkeit mit Weltkoexistenz (Raum) und zeitlicher Folge".[309] Es lassen sich in den C-Manuskripten nur wenige Andeutungen zu einer phänomenologischen Monadologie finden. Dennoch seien sie hier aufgegriffen, da Husserl über eine einheitliche monadologisch transzendentale Zeit zu einer einheitlichen objektiven Zeit der historischen Menschen kommt, welche seine Bestimmung der Einheit der Zeit in ein neues Licht rückt. Eine Monade als konkrete, werdende Subjektivität mit all ihren aktuellen, potentiellen und habituellen Erfahrungsgehalten ist bei Husserl nicht, wie in Leibniz' Monadologie, substantialistisch zu verstehen, sondern phänomenologisch. Als phänomenologische Monade kann sie nicht eine Substanz in einer prästabilierten Harmonie sein, welche „fensterlos" schon immer ihren vollständigen Bezug zu allen anderen Monaden in sich trägt. Phänomenologisch ist meine „Urmonade" vielmehr eine solche, aus der heraus ich eine perspektivische Sicht auf die raumzeitliche Welt habe. In dieser Perspektive, und das rechtfertigt den Begriff der Monade, sind mir in Mittelbarkeiten und Horizontbewusstsein jedoch auch die möglichen Perspektiven anderer Monaden, die ich als andere Ich erfahre, in einem weiteren Sinne gegeben. Ich kann aus meiner Monade heraus zwar nie direkt erfahren, was eine andere Monade erlebt. Ich kann aber beispielsweise bei vermenschlichten Monaden über eine über den Leibkörper des Anderen erfolgende Einfühlung und Appräsentation zu dessen Erlebnissen indirekten, mittelbaren Zugang erlangen. In mehrfacher Mittelbarkeit ist ein solches Appräsentieren auch über von Anderen hinterlassene Äußerungen möglich. Ich kann beispielsweise die nie selbst erfahrene Vergangenheit vor meiner Geburt indirekt über die auf die eine oder andere Weise geäußerten Erinnerungen meiner Großeltern besetzen.[310] Insgesamt besetzen sich in komplexeren Kreuzungsprozessen meine Erinnerungen, Welterfahrungen und Zukunftserwartungen mit denen der Anderen und ihre Erinnerungen, Welterfahrungen und Zukunftserwartungen mit den meinigen. Sogar die Selbstkonstitution unterliegt solchen Kreuzungsprozessen.[311] Die

---

309 *C-Manuskripte*, 57. In meinem lebendigen Sich-selbst-Gegenwärtigen, so Husserl, sei das Mitsein von Anderen bereits auf untrennbare Weise enthalten. In Hinblick auf die Frage, ob die Objektivierung des eigenen Ich oder die Objektivierung Anderer früher ist, scheint Husserl zu schwanken. Er spricht davon, dass bereits in der Primordialsphäre eine außer Funktion gesetzte, anonyme Einfühlung statthabe. Vgl. z. B. *C-Manuskripte*, 338 f. Die Reduktion auf die Eigenheits- oder Primordialsphäre scheint die Fremdheit des Anderen hier nicht mehr ganz so radikal auszuklammern wie noch in der fünften cartesianischen Meditation.

310 Vgl. *C-Manuskripte*, 372 f. Husserl zieht sogar die Möglichkeit außerirdischer Lebewesen und ihnen entsprechende Appräsentationen sowie ihre Einbeziehung in die Konstitution einer gemeinsamen raumzeitlichen Welt in Erwägung: „Induktive Mittelbarkeiten der Einfühlung auf dem Wege des objektiven Ausdrucks – Anzeichen und Zeichen. Eine Weise solcher Mittelbarkeit: die Möglichkeit von Lebewesen und von Menschen auf den anderen Planeten und in fremden Milchstraßensystemen etc., vermittelte indizierende Analogien und Induktion von Möglichkeiten, die wieder von diesen her ermöglicht sind – Aufbau einer homogenen unendlichen raumzeitlichen Welt" (a. a. O., 373).

311 Es zeige sich, „dass jede Seele – transzendental betrachtet – Realisierung einer Monade ist, aber nur nach dem Stück ihres Lebens. Diese Realisierung ist aber nicht Sache dieser Monade allein, sondern aller Monaden" (*C-Manuskripte*, 173).

Monaden stehen in vielfachen Verhältnissen der Spiegelungen und Kausalitäten.[312] Es konstituiere sich, so Husserl, über diesen Weg der transzendentalen intermonadischen Zeit eine Welt und eine Weltzeit, die ich als eine solche erfahre, die auch von anderen Menschen erfahren wird.[313]

Aufgrund der unaufhebbaren Mittelbarkeit der Erlebnisse der Anderen für mich muss es sich für mich aber ständig bestätigen, dass und inwiefern wir tatsächlich dieselbe Welt haben. Diese gemeinsame Welt muss sich, so Husserl, in ständiger Bestätigung und Korrektur zu einer einstimmigen Welt konstituieren. In Anlehnung an einen leibnizschen Begriff spricht er davon, „dass immer eine kompossible Welt konstituiert sein muss".[314] Es seien zwar verschiedene, in sich jeweils kompossible Welten denkbar, diese seien jedoch untereinander inkompossibel, so dass nur eine von ihnen die wirkliche Welt sein kann. Dieser Gedanke spielte in seinem Kern bereits in den Bernauer Manuskripten eine Rolle, in denen Husserl sich mit dem Verhältnis von wirklicher Zeit und Phantasiezeiten auseinandersetzte. Sobald eine Welt im Ansatz konstituiert ist, zeichnet sie einen Rahmen von Möglichkeiten vor, von dem die weitere Konstitution dieser in sich kompossiblen Welt auszugehen hat. Und nur eine dieser in sich kompossiblen Welten kann die wirkliche sein. Durch die unabschließbare intersubjektive Konstitution einer gemeinsamen Welt und ihrer Zeit, die nie vollkommen adäquat, sondern immer horizonthaft gegeben ist, zeigt sich die geschichtliche Dimension der Zeit.[315] Dieses geschichtliche Moment kommt der Zeit sowohl auf transzendentaler als auch auf weltlicher Ebene zu. „Der natürlichen menschlichen Historie", so Husserl, „entspricht eine transzendentale Historie. [...] Der objektiven Zeit entspricht, transzendental betrachtet, für das Monadenall eine Form ihrer statischen und genetischen Weltkonstitution, also ihres Füreinander- und Miteinanderseins in fortschreitend sich entwickelnder Zugänglichkeit".[316] Es gäbe, so Husserl, in dieser Weltkonstitution einen „allgemeinsamen Kern Natur"; über diesen hinaus enthülle sich aber in phänomenologischer Einstellung „die Stufenfolge der absoluten Traditionen, in denen Welt schon konstituierte ist und für jeden und jede mögliche kommunikativ-soziale Gemeinschaft mit ihrem ausgestalteten Sondersinn und ihrem Horizont möglicher Ausbildung".[317] In diesen Horizont lasse sich forschend immer tiefer eindringen und wir erlangten „Zugänge zu neuen Mitsubjekten und Gemeinschaften mit ihren Traditionen, und Ausbildung einer dadurch in der Vereinheitlichung ihrer und unserer Tradition erwachsenden,

---

312 Vgl. *C-Manuskripte*, 173-177.

313 „Die Monaden einzeln haben ihre immanente Zeitlichkeit und ihr immanentes Sein, die Monaden zusammen haben eine intermonadische Zeitlichkeit, eine Form der Koexistenz, die im Rahmen der Weltkonstitution als ‚realisierte' Monaden ihre Weltzeit ist, die aber, ins Monadische zurückübersetzt, transzendentale Zeit ist, Form der transzendental-subjektiven Koexistenz" (*C-Manuskripte*, 173).

314 *C-Manuskripte*, 176.

315 „Es ist danach ein ‚unendlicher' Weg der immer vollkommeneren Enthüllung der Horizonte, der Herstellung immer weiter in die Konkretion hineinreichender Möglichkeitsanschauung [...]. Wir sind nie fertig mit den Selbstverständlichkeiten dieser Welt" (*C-Manuskripte*, 107 f.).

316 *C-Manuskripte*, 170 f.

317 *C-Manuskripte*, 370.

neuen, weiteren Tradition".[318] Husserl zufolge ist es mir stets möglich, vermittelte Kunde von Anderen zu erhalten und so mittelbar in der Zeitkonstitution über meine eigene originäre Erfahrung hinauszugehen. Über eine Idealisierung dieses Vermögens vermittelter Kunde von Anderen könne ich sogar ferne Zeiten, wie Steinzeit oder Sternenzeiten konstituieren.[319] Intersubjektive Welt und Weltzeit samt ihrer Horizontalität und Traditionalität bleiben jedoch in letzter Instanz vereint durch die Perspektive meiner Monade, in der die anderen Monaden impliziert sind. In meiner Monade, zu deren Erlebnissen allein ich direkten Zugang habe, sind alle anderen Monaden und ihre Perspektiven über mittelbare Erfahrung auf korrigierbare Weise appräsentiert. Diese transzendental historische, intermonadische Konstitution der Welt und ihrer Zeit ist die Basis für die Konstitution der gemeinsamen menschlichen Welt mit ihrer einen objektiven Zeit, die nun als Zeit der historischen Menschenwelt zu verstehen ist.

Die Zeit und die Welt, so meint Husserl auch noch in den dreißiger Jahren, sind als ideelle konstituiert. Wir konstruierten „ideell eine unendliche Synthesis in einer allumspannenden Unendlichkeit des Strömens von Gegenwarten, als ob das Strömen vollendet wäre und wir, von der faktischen Gegenwart und irgendeiner faktischen ‹Zeit› befreit, nur ihre synthetische Einheit hätten".[320] Ich kann die Unendlichkeit der Zeit nicht über anschauliche Erinnerungen und Vorerinnerungen erfahren, ich erfahre sie aber als Idee, indem ich mit einem „als ob" operiere, das die Möglichkeit einer Abstraktion von dem faktisch erfahrenen Strömen erlaubt. Die absolute Welt in der unendlichen Weltzeit sei immer „eben doch nur Idee der *in infinitum* fortlaufend gedachten Synthesis für uns, die wir immer nur die Welt, und in ihrer tatsächlichen Wirklichkeit als Welt dieser Gegenwart, haben, nur mit ihren Horizonten und mit dem strömend synthetisch Sich-Konstituieren und Sich-konstituiert-Haben und -konstituieren-Werden. Das alles in einer *a priori* vorgezeichneten Form, die wir durch die Ideenbildung beherrschen".[321] Die unendliche Zeit und die unendliche Welt sind als Ideen im Ausgang von tatsächlicher Wirklichkeit apperzipiert. Sie sind als Einheiten, aber prinzipiell horizonthaft offen zu verstehen. Die zeitlichen und räumlichen Horizonte lassen sich immer weiter erforschen, ohne je adäquat in die Anschauung eingeholt werden zu können. Eine Horizontvernichtung ist prinzipiell unmöglich und dennoch ist die ideelle unendliche Zeit eine, eine offene Einheit. In welchem Verhältnis nun sind Husserls erneutes Aufgreifen einer ideellen, unendlichen Einheit der Zeit und die geschichtliche Dimension der transzendental monadologischen und der menschheitlich objektiven Zeit zu sehen?

Eine unendliche Aufgabe der historischen Menschheit, die objektive Zeit gemeinsam zu konstituieren, in ihren horizonthaften Möglichkeiten zu erforschen und kontinuierlich zu erfüllen, scheint sich hier als Husserls Antwort auf die Frage nach der Verknüpfung von Unendlichkeit und Geschichtlichkeit in der Einheit der Zeit einsetzen zu lassen. Der von Husserl der Ebene des einzelnen Menschen

---

[318] *C-Manuskripte*, 370.

[319] Vgl. Text Nr. 97 der *C-Manuskripte*.

[320] *C-Manuskripte*, 415.

[321] *C-Manuskripte*, 415.

zugeschriebenen „‚Tendenz' auf die Ausbildung der Normidee des eigenen echten Ich" entspricht auf intersubjektiver Ebene eine „Tendenziösität" zur Ausbildung der „Normidee der totalen Menschheit".[322] Das „Erwachen" zu dieser Normidee einer totalen Menschheit erfolgt „zunächst in Einzelnen ihrer Menschen, sofern diese so weit gekommen sind, nicht nur ihr und Anderer Echt-Sein zu erschauen (als Normidee ihrer), sondern auch die Normidee der totalen Menschheit zu erschauen, auszulegen, praktisch zu machen und so den Prozess der praktisch werdenden Teleologie der totalen transzendentalen Intersubjektivität in bewussten Gang zu bringen".[323] Ziel dieser teleologischen Ausrichtung der von Husserl so genannten transzendentalen Intersubjektivität ist die „Herstellung einer fortschreitend sich erweiternden, invariant bleibenden universalen Einstimmigkeit". Das „Universum des Absoluten" sei „ein Universum in steter Entwicklung [...] es strebt höher hinauf zu einer neuen konkreten, konkreteren Invarianz, welche die alte der Form nach behält".[324] Die herzustellende Invarianz besteht in universaler Einstimmigkeit. Das mit der „erweiterten Einstimmigkeit" oder der „konkreteren Invarianz" benannte Ziel aber ist, die intersubjektiv konstituierte Welt und ihre Zeit in Wirklichkeit und Möglichkeit immer weiter zu erforschen, wobei stets der Rahmen der Kompossibilität der intermonadischen Perspektiven auf eine Welt einzuhalten ist.[325] Die „zum Vernunftmenschentum erwachte[] Menschheit" sei Husserl zufolge darauf aus, den Rahmen aller möglichen Konstitutionen der Welt und der Zeit zu erforschen, welche mit dem bereits in Evidenz Gegebenen in Kompossibilität stehen. Ihre Aufgabe ist es, die offene Unendlichkeit der objektiven Zeit durch eine Klärung der Möglichkeiten der konkreten Menschenwelt zu Einstimmigkeit und widerspruchsloser Einheit zu bringen. Diese „seiende Welt in Unendlichkeit" für ein allpersönliches Wir aber „ist nicht wirklich, sondern unendliches Telos unserer Freiheit".[326] Die intersubjektive Konstitution der Welt und ihrer Zeit bleibt aufgrund der prinzipiellen Horizonthaftigkeit und Mittelbarkeit der Erfahrung der Anderen, der Welt und der Zeit eine unendliche Aufgabe. Eine universale, phänomenologisch fundierte Wissenschaft ist für Husserl zwar das Telos der Geschichte. Diese kann jedoch nie eine vollständig adäquate Anschauung von Welt und Zeit liefern, sondern nur einen Rahmen von idealen, in sich einstimmigen Möglichkeiten vorzeichnen, der sich durch konkrete Erfahrung in einer unendlichen Entwicklung zu erfüllen und zu entscheiden hat. Ein hegelianisches Ende der Geschichte sowie ein absolutes Wissen haben in Husserls

---

322 *C-Manuskripte*, 434, 435. Husserl scheint zunächst zu zweifeln, ob diese Tendenz als eine invariante Seinsstruktur der transzendentalen Subjektivität bestimmt werden kann, meint aber dann doch, dass „das totale Absolute immerzu [ist], was es ist, und es ist schon im Voraus, und so in allen Stufen seiend, identisch als nur seinkönnend in dieser Tendenziösität" (a. a. O., 435).

323 *C-Manuskripte*, 435.

324 *C-Manuskripte*, 431.

325 Wenn Husserl Formulierungen vorbringt wie: „Philosophie, Wissenschaft in allen ihren Gestalten ist rational, das ist eine Tautologie", so ist dabei stets zu beachten, dass er die Rationalität im Rahmen der geschichtlich verstandenen Subjektivität bzw. Intersubjektivität selbst geschichtlich versteht, „daß diese eine im Unendlichen liegende Idee und im Faktum notwendig auf dem Wege ist" (*Krisis*, 274).

326 *C-Manuskripte*, 19.

Modell einer Zeit der zum Vernunftmenschentum erwachten Menschheit keinen Platz. Sein Gedanke der Idee einer adäquaten Gegebenheit der Welt hat ihr philosophiegeschichtliches Pendant eher in der kantischen regulativen Idee. Anders als bei Kant ist für Husserl jedoch die perspektivisch und zeitlich unendliche Welt selbst Idee. Sie ist eine Idee, welche prinzipiell nie in adäquate Anschauung überführt werden kann, sondern nur im Ausgang von Anschauung und bereits Konstituiertem im Rahmen kompossibler Möglichkeiten gegeben ist.[327] Die eine Weltzeit ist für Husserl eine Idee, deren nie zu vernichtende Horizonte unendliche Möglichkeiten bergen, die durch die schon konstituierte Welt und ihre Zeit vorgezeichnet sind. Das sinnlich erfahrende Interesse und der transzendentale Instinkt, die schließlich auf das Erwachen der einzelnen Ich und auf das Erwachen der Menschheit zu der Idee ihres wahren Seins führen, machen durch ihren dynamischen Charakter die Erforschung der horizonthaft erfassten, offenen Ganzheit der Einheit der Zeit zu einer unendlichen Aufgabe.[328]

Husserl macht in den C-Manuskripten zwar einerseits in den tiefsten Schichten der Subjektivität ein sinnlich erfahrendes Interesse und einen transzendentalen Instinkt aus, welcher zur Ausbildung des „Vernunftmenschentums" dränge. Andererseits ist Husserl zufolge diese Tendenz aber nicht nur als ein Charakteristikum der Seinsstruktur des transzendentalen Lebens, sondern auch als eine Norm, ein Sollen gegeben. In Bezug auf das sich an einem Lebensziel orientierende Ich war in den C-Manuskripten von einem „ethischen Leben" die Rede. Bei der Bestimmung der „Idee der intersubjektiven Echtheit" und der „korrelative[n] Normidee einer schönen Welt" bestimmt Husserl diese angestrebte „schöne" Welt als eine, „in die man in Freiheit unter der Freiheitsidee hineinlebt, mitverantwortlich, mitgestaltend".[329] Und am Ende der *Krisis* kennzeichnet Husserl „das letzte Selbstverständnis des Menschen als für sein eigenes menschliches Sein verantwortlichen, sein *Selbstverständnis als Sein im Berufensein zu einem Leben in der Apodiktizität*", in dem er versteht „daß Vernunft gerade das besagt, worauf der Mensch als Mensch in seinem Innersten hinaus will, was ihn allein befriedigen, ‚selig' machen kann, daß Vernunft keine Unterscheidung in ‚theoretische', ‚praktische' und ‚ästhetische' und was

327 „Jedes ideal Seiende hat seine Seinsallheit, und dabei ist die Totalität alles Idealen überhaupt nicht eine Welt neben der realen Welt, sondern in ihr fundiert, so dass ‹das› Universum des Überhaupt-Seienden eines ist, das Reales und Ideales jeden Sinnes befasst" (*C-Manuskripte*, 271 f.). Husserl äußert zuweilen Zweifel hinsichtlich der Frage, ob sich überhaupt dieser Rahmen an Möglichkeiten im Ausgang von der Gegenwart bestimmen lässt, von seiner adäquaten Erfüllung einmal ganz zu schweigen: „Aber dann ist Mit-Rücksicht in ihnen [der Konstitution der Welt und der positiven Wissenschaften, I.R.] genommen, obschon ohne klare Auslegung der darin gründenden Problematik, auf den universalen Horizont möglicher Entwicklungen der reifen Menschheit – wir Vernunftmenschen, wir wissenschaftliche Menschen. Ist es nicht naiv zu meinen, dass wir alle künftigen Möglichkeiten schon entwerfen und Endgültiges über Welt ins Unendliche aussagen können etc.?" (*C-Manuskripte*, 243).

328 Eine gewisse Variante der leibnizschen Einheit von *appetitus* und *perceptio* für das Sein des Seienden ist über die Verbindung von Instinkt und Erfüllung auch bei Husserl zu finden.

329 *C-Manuskripte*, 434.

immer zuläßt, daß Menschsein ein Teleologischsein und Sein-sollen ist".[330] Sein, Seinsollen und auch das Glück des Menschen greifen für Husserl im Verfolgen der unendlichen, die Einheit der Zeit begründenden Menschheitsaufgabe ineinander.[331]

Obgleich Husserl in der Konstitution der Einheit der objektiven Zeit eine durch vielfache Mittelbar- und Horizonthaftigkeit begründete Offenheit berücksichtigt, geht er von einer als starr konstituierten Vergangenheit aus. Er spricht in Hinblick auf die Gegebenheitsweise der Vergangenheit immer wieder davon, dass die Vergangenheit starr, unabänderlich und erledigt sei, während die Zukunft als kommende starre Vergangenheit apperzipiert ist, die vor ihrer Erfüllung in der Gegenwart noch Lückenbüßer für das erst kommende „Urbild" enthält.[332] In der Wiedererinnerung, so Husserls selbstverständliche Überzeugung, wird eine Annäherung an den Limes der vollkommen klaren Erinnerung der vergangenen Wahrnehmung und ihres Wahrgenommenen versucht, auch wenn dieser Limes faktisch nie erreicht wird.[333] Heidegger wird sich mit den Existenzialien Vergessen, Behalten und Wiederholung und Ricœur mit den Konzepten der Repräsentanz und der Wahrheit-Treue gegen dieses Modell der Vergangenheitsreproduktion wenden, welches Richir als „diese seltsame und ständige Blindheit Husserls in Hinblick auf die eigentliche Zeitlichkeit der Wiedererinnerung" bezeichnet hat.[334] Dass Husserl trotz der Horizontstruktur der

---

[330] *Krisis*, 275.

[331] Trotz Husserls Berücksichtigung der unüberwindbaren Mittelbarkeit bei der Erfahrung Anderer und trotz der betonten horizonthaften Offenheit der Welt und ihrer Zeit, meint Husserl, dass dem „europäischen Menschentum" bei der Verfolgung dieser unendlichen Aufgabe eine Priorität und ein Vorsprung zukomme. Vgl. *Krisis*. Außerdem sieht er Primitive, Kinder und Tiere stets als Anomalitäten und Modifikationen des erwachsenen Menschen, deren Weltkenntnis (noch) unvollkommen ist. Vgl. *C-Manuskripte*, 242 f. Diese Privilegierung des europäischen Erwachsenen ist ein besonders kritischer Grundaspekt in Hinblick auf Husserls Neutralitätsanspruch bei der Phänomenbetrachtung. Husserl schien es für eine faktische, historische Gegebenheit zu halten, dass die Europäer auf dem Weg der Erfüllung der unendlichen Aufgabe einen Vorsprung hatten. Die Frage muss hier offen gelassen werden, ob und inwiefern im Rahmen von Husserls System über seine eigene Position hinausgegangen werden könnte und möglicherweise auch andere, „nicht-europäische" Wege der Begegnung dieser unendlichen Aufgabe der an Einstimmigkeit orientierten intersubjektiven Horizonterforschung von Welt und Zeit gangbar wären. Ebenso bleibt Husserls Gedanke von so genannten archontischen Monaden (vgl. Husserl, Edmund: *Zur Phänomenologie der Intersubjektivität. Texte aus dem Nachlass. Dritter Teil: 1929–1935*. Hg. von Iso Kern. Den Haag: Martinus Nijhoff 1973 (= Husserliana. Bd. XV), 669), die bei der zu verfolgenden Entwicklung führen sollen, hier außer Betracht.

[332] Vgl. *C-Manuskripte*, 30, 75, 90, 92, 234, 395.

[333] „Muss ich aber zur Identität einer erfüllten Zeit, einer seienden Vergangenheit kommen, mit lauter Seiendem, das ein für alle Mal ist, was es ist, war, wie es war? Im Faktum komme ich nie voll dazu, aber insoweit doch, dass ich eine erfüllte Vergangenheit habe in der Einheit einer einstimmigen Seinsgeltung und als bekanntes Vorkommnis einen vereinzelten Bruch und die praktische Gewissheit, dass ich zur Klarheit kommen kann, ‚wie es wirklich war'" (*C-Manuskripte*, 234).

[334] „Aber diese seltsame und permanente Blindheit Husserls in Hinblick auf die eigene Zeitlichkeit der Wiedererinnerung – wo die Zeit sich zwar in der Tat in der Anwesenheit der Wiedererinnerung macht, aber als Anwesenheit macht sie sich in der Gegenwart mit dem phänomenologischen ‚Material' des Wiedererinnerten, und dies meistens in Untreue zu dem, was wirklich erlebt wurde; dies unterscheidet sich vom aktuell Erlebten durch eine *bestimmte Abwesenheit am Ursprung*, welche

apperzipierten unendlichen Zeit auch in diesen, der *Krisis* vorausgehenden Texten an diesem Modell der Vergangenheitsreproduktion festhält, deutet darauf hin, dass sein Verständnis von Zeiterfüllung in gewisser Weise ein akkumulatives zu sein scheint. Schon konstituierte, wenn auch mit Horizonten konstituierte Vergangenheiten, die bei Husserl stets Vergangenheit für Subjektivitäten und Intersubjektivitäten sind, fügen sich aneinander, zeichnen die Zukunft vor und können später mehr oder weniger adäquat reproduziert werden. Ich kann zwar vergessen oder mich beim Reproduzieren irren, anvisiert ist aber die „erledigte" Vergangenheit „wie sie wirklich war". Dass eine Erinnerung nicht eine starre Vergangenheit auf in der Regel unvollkommene Weise reproduziert, sondern der Vergangenheit möglicherweise erst in dynamischen Prozessen einen Sinn verleiht, scheint Husserl nicht einmal in Erwägung zu ziehen. Auch wenn er in § 25 der ZB von einer „a priori notwendige[n] Rückwirkung" des Neuen auf das Alte spricht, geht es ihm hierbei lediglich um eine Modifikation der „reproduktiven Möglichkeiten", d. h. neue Erlebnisse können dazu dienen, eine präzisere Reproduktion des Alten zu erreichen.[335] Die Einheit der Zeit ist für ihn so zwar eine prinzipiell nicht abschließbar zu erfüllende Einheit. Der Weg ihrer unendlichen Erfüllung, dem die zum Vernunftmenschentum und ihrer unendlichen Aufgabe erwachte Menschheit systematisch folgt, lässt jedoch einen Fortschritt erkennen.

Kann Husserl mit seiner monadischen transzendentalen Intersubjektivität und dem teleologisch-geschichtlichen Modell eines unendlichen Strebens nach rationaler Einstimmigkeit und höherstufiger Erfüllung einen Grund für die selbstverständliche Annahme der Einheit der Zeit liefern? Kann er, mit anderen Worten, Ricœurs zweiter Aporie die vermeintlich fehlende Begründung für die Annahme der Einheit der Zeit entgegensetzen? Es scheint, dass Husserl in seinen späten Texten zur Zeitkonstitution in gewisser Weise gleichermaßen eine Begründung und eine Relativierung der Einheit der Zeit liefert. Zum einen sind alle Zeiten vereinheitlicht durch das einzige Ich bzw. durch die transzendentale Intersubjektivität, welche Zeit auf transzendentaler sowie auch auf verweltlichter Ebene als Idee einer unendlichen Zeit erfahren. Zum anderen ist die so durch die einheitliche Subjektivität konstituierte eine, unendliche Zeit aber keine abgeschlossene Einheit, was wiederum die

eben jene der Vergangenheit ist, des Abgeschlossenen, des unrettbar Verlorenen" (Richir: Synthèse passive et temporalisation/spatialisation, a. a. O., 31 f.). Bernet schreibt auf ähnliche Weise in seiner Einleitung zu den Husserls frühe Zeitvorlesung ergänzenden Texten: „Husserls Fixierung auf die Erforschung der Bedingungen täuschungsfreier Erinnerung, sein Traum von einer abrufbereiten Verfügbarkeit und Allgegenwart des ganzen Bewußtseinslebens verrät letztlich ein positivistisches Grauen vor der Vergangenheit als prinzipieller Abwesenheit, unaufhaltsamem Entzug und unersetzbarem Verlust" (Bernet: Einleitung, a. a. O., XLII). Ricœur bezieht sich in *Temps et récit III* (TR III, 67/ZE III, 58) zustimmend auf einen anderen Text Bernets, in welchem dieser die „epistemologische[] Obsession" Husserls kritisiert, welche zur Folge habe, die Wahrheit der Erinnerung als Entsprechung, das Sein des Bewusstseins als Repräsentation oder Reproduktion und die zeitliche Abwesenheit der Vergangenheit als eine „verborgene Selbstpräsenz" des Bewusstseins zu verstehen. Vgl. Bernet: Die ungegenwärtige Gegenwart. Anwesenheit und Abwesenheit in Husserls Analyse des Zeitbewußtseins, a. a. O., 197. Bernet selbst stellt dagegen Versuche historischer Erklärung und Narrativität wie die von Danto und Ricœur. A. a. O., 198.

335 ZB, 412.

Relativierung der husserlschen Begründung der Einheit der Zeit ausmacht. Die zur Idee ihres wahren Seins erwachten Menschen sowie die zum Vernunftmenschentum erwachte Menschheit insgesamt haben die Aufgabe, im Ausgang von bereits Konstituiertem ihre gemeinsam konstituierte Welt zur Einstimmigkeit zu bringen, ihre prinzipiell nie ganz einholbaren Horizonte immer weiter in Wirklichkeit und Möglichkeit zu erforschen und höhere Einstimmigkeiten herzustellen. So ist die Einheit der Zeit einerseits durch die als Idee erfahrene unendliche Zeit begründet, andererseits ist sie jedoch konkret in der sich der Menschheit und ihrer teleologisch sich entwickelnden Rationalität stellenden unendlichen Aufgabe zu verwirklichen. Diese konkrete Vereinheitlichung der Zeit, die über die ideenhaft erfahrene unendliche Zeit hinausgeht, vereint in dem Verfolgen der unendlichen Menschheitsaufgabe das instinktive und interessenorientierte Sein, das Sollen der Normidee der echten Menschheit und das Glück, das aus der Verfolgung der unendlichen Aufgabe resultiert. Die Einheit der Zeit ist im Rahmen des späten husserlschen Zeitdenkens letztlich durch ein unendliches Sollen begründet, welches zu Konkretisierung und Einstimmigkeit der gemeinsam konstituierten unendlichen Zeit aufruft. Die Zeit ist eine, ist eine Einheit, aber eine offene, rational zu erforschende und zu verantwortende Einheit. In Verbindung mit Husserls Interpretation einer starren Vergangenheit schien sich zeigen zu lassen, dass diese offene Einheit dennoch einen Fortschritt, wenn auch einen nie abschließbaren Fortschritt impliziert.

2.5 Resümee: Aporizität in Husserls Zeitdenken

Leitfaden dieser Auseinandersetzung mit Husserls Zeitdenken waren die drei Aporien der Zeit, die Ricœur in den Schlussfolgerungen von *Temps et récit* formuliert. Es handelt sich dabei erstens um das vermeintlich aporetische Verhältnis eines gerichteten, subjektiven Zeiterlebens zu einer starren, objektiven Zeitordnung, zweitens um die vermeintlich fehlende Begründung der Annahme der Einheit der Zeit sowie drittens um die vermeintliche Unerforschlichkeit des Ursprungs der Zeit. In diesem Teil blieb Ricœurs eigene Auseinandersetzung mit Husserl zunächst außen vor. Überdies lagen den hiesigen Überlegungen nicht nur die von Ricœur untersuchten frühen Zeittexte der heideggerschen Ausgabe von 1928, sondern die kritische Ausgabe der Husserliana X sowie die Manuskripte von 1917/18 und 1929–1934 zugrunde. So wurde die Frage nach der Rechtmäßigkeit von Ricœurs These der Aporizität eines jeden Zeitdenkens, und insbesondere eines jeden phänomenologischen Zeitdenkens zunächst in einer relativen Unabhängigkeit von Ricœurs eigener Husserl-Interpretation verfolgt. Dieses Resümee stellt den Versuch dar, die Ergebnisse der obigen Auseinandersetzung mit Husserls Zeitdenken so zu konzentrieren, dass erkennbar wird, inwiefern sich tatsächlich im Sinne der ricœurschen Aporien von einer Aporizität in Husserls Zeitdenken sprechen lässt.

Die Problematik der ersten Aporie stellte sich zunächst im Rahmen der Reduktion auf ein von Husserl so genanntes empfundenes Zeitliches und der Frage, ob ein empfundenes Zeitliches nicht immer schon eine erst aus ihm zu gewinnende objektive Zeit voraussetzt. In der Tat schien Husserl mit seiner Orientierung an Zeitobjekten bereits den Aspekt der Starrheit der Zeit vorauszusetzen. Zeitobjekte, als hyletische Daten genommen, zeigen immer schon das Fließen *und* die Starrheit der Zeit, ohne dass aus einem wie auch immer gearteten Fließen eine Starrheit erst abzuleiten wäre. Eine metaphysische Voraussetzung, so wurde als Antwort auf eine Kritik an Husserl formuliert, sei daher nicht in der immer schon erfolgenden Orientierung an der Perspektive der Starrheit der Zeit zu sehen. Wollte man Husserl eine metaphysische Voraussetzung vorwerfen, so sei diese vielmehr in seiner offensichtlichen Überzeugung zu entdecken, dass in der Bestimmung des Gegenwartsfeldes und im Besonderen in der Bestimmung der Retention ein begriffliches Grundprinzip zur Klarheit zu bringen sei. Die Retention als eine Intentionalität auf Vergangenes, die keinen intentionalen Gegenstand hat, schien aber prinzipiell keine begriffliche Vereinbarung von Fließen und Starrheit der Zeit leisten zu können. Dies deutete sich bei Husserl selbst unter anderem durch die Verwendung der Metapher des Kometenschweifes im Zuge der Retentionsbestimmung an. Die Aporie, ein gerichtetes Fließen mit einer sich durchhaltenden Starrheit der Zeit zu vermitteln, schien darin zu bestehen, dass sich diese Aspekte der Zeit zwar faktisch beide unmittelbar und untrennbar zeigen, sie jedoch nicht begrifflich, sondern allenfalls metaphorisch zu verknüpfen sind. Diese Interpretation, die in Husserls frühen Zeittexten eine Ausprägung der ersten Aporie ausmacht, blieb in Hinblick auf die späteren Manuskripte im Wesentlichen dieselbe. In den Bernauer Manuskripten, und noch intensiver in den C-Manuskripten, zeigte sich jedoch zunehmend deutlich, dass das sich Husserl stellende Problem der Sache nach nicht in erster Linie daraus besteht, aus einem vermeintlich rein gerichteten Zeiterleben feste Zeitpunkte zu gewinnen. Es liegt vielmehr darin, aus einer phänomenologisch eigentlich nicht beobachtbaren Nicht-Zeit oder Vor-Zeit eine Zeit zu gewinnen, die sowohl den Aspekt des Fließens als auch den der Starrheit der Zeit einschließt.

Die zweite Aporie, die der vermeintlich fehlenden Begründung der stets angenommenen Einheit der Zeit, zeigte sich in allen drei Phasen von Husserls Zeitdenken auf zwei Ebenen: der der Einheit der Subjektivität, die jeder Einheit des Konstituierten zugrunde liegt, und der der Einheit der konstituierten Zeit. In den frühen Zeitvorlesungen gelangte Husserl von einer Verknüpfung vergegenwärtigter Zeitstellen mit einem Möglichkeitsbewusstsein, unendlich viele Zeitstellen immer wieder auffassen zu können, zu der Bestimmung der einen, homogenen, unendlichen und objektiven Zeit. Eine hier formulierte Kritik bestand darin, dass dieses husserlsche Modell der einen homogenen unendlichen objektiven Zeit erkennbar an einem newtonschen Zeitbegriff orientiert ist, Husserl aber meint, es sei *das* intuitiv zu rechtfertigende Konzept objektiver Zeit. Es scheint nicht ausgeschlossen, dass sich nicht auch andere Modelle objektiver und einheitlicher Zeit durch eine „intuitive Gegebenheit" rechtfertigen ließen. In Hinblick auf die dieser konstituierten Einheit der Zeit zugrunde liegende Ebene, die der konstituierenden, vereinheitlichenden Instanz, sah Husserl Einheit durch die Struktur des Flusses gegeben, welcher sich jedoch im Konkreten anhand der Erlebnisse immer wieder zeigen und zur Einheit gebracht werden muss. Die Anfangsphase des Flusses scheint dabei aber nicht eigentlich bewusst sein zu können und überdies ist der Fluss, der in *Ideen I* als Erlebnisstrom des Ich bestimmt ist, als eine unendliche offene Ganzheit gegeben, die sich fortgehend, aber nie abschließend durch immanente Anschauungen für das polhaft vereinheitlichende Ich bereichert und erfüllt. Auch für den unendlichen Bewusstseinsfluss bzw. Erlebnisstrom ließe sich die Kritik wiederholen, dass auch andere „intuitive Gegebenheitsweisen" der Einheit des Bewusstseins denkbar wären, die nicht in einer unendlichen, progressiv zu erfüllenden Sukzessivität bestehen. Die Unsicherheit bei der Bestimmung des Anfangs und des Endes eines Bewusstseinsflusses, der sich intuitiv als unendliche offene Einheit gibt, die sich immer wieder neu in konkreten Vereinheitlichungen der Icherlebnisse des Erlebnisstromes für das Ich erfüllen muss, galt auch noch für die Bernauer Manuskripte. Der dort im Rahmen von Husserls ersten Schritten in die genetische Phänomenologie erörterte passive Hintergrund des aktiven Icherlebens schien aufgrund seiner Uneinholbarkeit die Geschlossenheit der Vereinheitlichung der Icherlebnisse zusätzlich zu relativieren. In Hinblick auf die Einheit der konstituierten Zeit zeigte sich in den Bernauer Manuskripten, dass Husserl der Zeit eine entscheidende Rolle für die Logik zusprach, indem er die Zeit zur Bedingung der Möglichkeit von Individuation erklärte. Als einheitliche Zeitordnung bringe sie die konstituierten Individualitäten in ein Verhältnis zeitlicher Einstimmigkeit und Ordnung. In ihrer Individuationsfunktion hat Zeit, die jedes konstituierte Individuelle notwendig durch seine Zeitstelle charakterisiert, bei Husserl eine ontologische Funktion, die alles konstituierte Seiende zeitlich sein lässt, während der konstituierenden Subjektivität eine Über- oder Allzeitlichkeit zukommt. In Überlegungen zu dem Verhältnis von Zeit der Empfindung, Zeit der Naturgegenstände, Zeit der phantasierten Quasi-Welten und Zeit der allgegenwärtigen idealen Gegenstände kam Husserl zu dem Ergebnis, dass es nur eine Zeit der wirklichen, objektiven Welt geben kann und dass die Zeiten für verschiedene Gegenstandsbereiche letztlich durch die eine konstituierende Subjektivität und die Zeit ihrer Erlebnisse vereinheitlicht sind. Husserl hält durchaus an der kantischen Einsicht fest, dass die Zeit kein allgemeiner Begriff ist, dem dann die verschiedenen Zeiten unterzuordnen wären.[336] Die Zeit darf ihm zufolge aber dennoch nicht als ein Individuum vorausgesetzt werden, sondern muss sich im Ausgang von ihrer Gegebenheit als offene Einheit im Konkreten immer wieder auf der Basis phänomenologischer Beschreibungen als die eine Zeit erweisen und fortschreitend erfüllen. Alles konstituierte Seiende ist so zeitlich Seiendes in der einen Zeit, die sich parallel auf verschiedenen Konstitutionsschichten zeigt. In den C-Manuskripten war es immer noch das „einzige Ich", welches in letzter Instanz die konstituierte Einheit der Zeit fundiert. Das einzelne Ich als Monade war jedoch durch die anderen Monaden geprägt und für Husserl rückte die transzendentale Intersubjektivität in den Vordergrund, in der eine intersubjektive Stellenzeit immer schon durch mich und die Anderen konstituiert wird. Auch als intersubjektive objektive Zeit für jedermann sind die transzendentale intermonadische Zeit und die menschliche und weltliche Zeit ideenhaft als unendliche, offene Einheit erfahren.

---

[336] Zur Unterstützung dieser Interpretation lässt sich anführen, dass Husserl „Zeitteil[e]" bereits in den LU als in wechselseitiger Fundierung stehende „unselbständige Momente" und nicht als selbständige Stücke versteht. LU II/1, 292.

Durch ein historisches und teleologisches Verständnis der konstituierenden Subjektivität und ihrer Rationalität gelangt Husserl aber zu dem Konzept einer unendlichen einen Zeit, welche in einer sich der Menschheit stellenden unendlichen Aufgabe in Möglichkeit und Wirklichkeit der einstimmigen gemeinsamen Konstitution zu erforschen und zu erfüllen ist. In der unendlichen Ausrichtung auf ein unerreichbares Ziel ist die Einheit der intersubjektiven Zeit durch einen unendlichen Fortschritt der zum Vernunftmenschentum erwachten Menschheit begründet. In dieser die unendliche Zeit erforschenden und erfüllenden unendlichen Aufgabe verbinden sich laut Husserl Sein, Sollen und Glück der Menschheit, welche eine höherstufige Konstitution der transzendental reduzierten Schichten ist. In den C-Manuskripten fand sich in dieser unendlichen Aufgabe gleichermaßen eine Begründung wie auch eine Relativierung der Einheit der Zeit, die bei allem Fortschritt in ihrer Erforschung stets und prinzipiell eine offene Einheit der transzendentalen Intersubjektivität und der historischen Menschheit bleibt.

Die dritte Aporie, mit der Ricœur eine prinzipielle Unerforschlichkeit des Ursprungs der Zeit behauptet, zeigte sich bei Husserl in allen drei Phasen seines Zeitdenkens im Zusammenhang seiner Versuche der Bestimmung der konstituierenden Subjektivität. In den frühen Zeittexten hatte Husserl bereits bemerkt, dass eine Konstitution des absoluten Bewusstseinsflusses auf ein weiteres Bewusstsein verweisen würde, das konstituiert, und so ein unendlicher Regress entstünde. Um diesem Abgrund auf Seiten der konstituierenden Instanz auszuweichen, hatte er ein Modell der Selbstkonstitution des Bewusstseinsflusses mithilfe einer doppelten Intentionalität entworfen. In diesem tauchte jedoch aufgrund der längsintentional nur retentional erfassbaren Anfangsphase des Flusses das Problem des unendlichen Regresses wieder auf. Eine in den Beilagen der Ausgabe von 1928 unternommene Überlegung zu einem Urbewusstsein, das überdies Widersinnigkeiten der Annahme eines ersten Unbewussten ausräumen sollte, führte Husserl jedoch auf eine Art von nichtgegenständlichem Bewusstsein, dessen Beschaffenheit er nicht abschließend zu klären vermochte und das er vor allem zu diesem Zeitpunkt noch nicht zu akzeptieren bereit war. Bei der Bestimmung des quasi-zeitlichen Flusses merkt Husserl an, dass ihm die Namen fehlten und er etwas Ungegenständliches wie den Bewusstseinsfluss nur mit einem eigentlich unangemessenen Gegenstandswort bezeichnen könne. Der Ursprung der Zeit scheint in einem Hohlraum im tiefsten Inneren der konstituierenden Subjektivität zu liegen und sowohl der Sache nach als auch für Husserl selbst unsichtbar und unsagbar bzw. nur metaphorisch sagbar zu sein. In den Bernauer Manuskripten nimmt diese Schwierigkeit der phänomenologischen Begründung des Zeitbewusstseins und des Ursprungs der Zeit einen zentralen Stellenwert ein. Husserl experimentiert dort mit diversen Erklärungen des Zeitbewusstseins, die jedoch stets auf die Grundschwierigkeit zu führen scheinen, dass der „Ursprung" der Zeit, sobald er phänomenologisch sichtbar und sagbar gemacht ist, immer schon selbst zeitlich ist. Neue Überlegungen zu Unbewusstsein, vor-zeitlichem Bewusstsein und unzeitlich Bewusstem scheinen bei dieser Schwierigkeit keine Abhilfe schaffen zu können. In den C-Manuskripten schließlich reduziert Husserl „radikal" auf die lebendige Gegenwart, die auch noch von dem konstituierten Strom absieht und entdeckt in ihr ein Zusammenspiel von Ur-Ich und Ur-Hyle, welches dynamisch, weil instinktiv und teleologisch auf Anschaulichkeit und Einstimmigkeit ausgerichtet ist. Neben dem Aufgreifen diverser alter Problemkonstellationen wie der des unendlichen Regresses oder der eines ersten Unbewussten konzentriert sich die Schwierigkeit der Bestimmung des Ursprungs der Zeit in den C-Manuskripten darauf, dass das fungierende Ich zwar apodiktisch ist, dabei aber in einer von Husserl selbst so bezeichneten ursprünglichen Selbstvergessenheit gegeben ist, und immer erst als bereits Abkünftiges – ebenfalls ein von Husserl selbst verwendeter Begriff – erfasst werden kann. Ein vor-bewusstes, vor-affektives, vor-zeitliches Assoziationsgeschehen, das nun in Husserls Überlegungen einen zunehmend großen Raum einnimmt, sowie ein ursprüngliches Fungieren des Ich können durch die Reflexion, wenn überhaupt, immer nur nachträglich erreicht werden, ein Umstand, den Husserl nun ausdrücklich zu akzeptieren scheint. Der Ursprung der Zeit bleibt nach Husserls eigener Auffassung dem reflexiv gerichteten phänomenologischen Blick prinzipiell verborgen, so dass nur seine Apodiktizität in der Apodiktizität des Ur-Ich, nicht aber seine adäquate Anschaulichkeit, gegeben ist. Es wurde hier in Anlehnung an einige Formulierungen Husserls aus den C-Manuskripten sowie an verschiedene Forschungsarbeiten darauf hingewiesen, dass der unanschaulich verborgene, aber instinkthafte Ursprung der Zeit möglicherweise in einem durch nicht-intentionales oder unbestimmt intentionales Gefühl und durch Stimmung „bewussten" Zeitigungsgeschehen zu suchen sein könnte.

In allen drei Phasen von Husserls Zeitdenken lässt sich somit in dem begrifflich rätselhaften Zusammen von Fließen und Starrheit, in einer offenen Einheit der Zeit sowie in dem sich anschaulicher Klarheit entziehenden Ursprung der Zeit eine Aporizität der Zeit entdecken. Diese dreifache Aporizität, welche sich seit den Zeitvorlesungen aufdrängt, wirkt in Husserls Zeitdenken jedoch gleichzeitig als ein innerer Antrieb, der zu einer Verfeinerung der Analysen und damit zu einer Verfeinerung der Aporetik der Zeit führt.

Kapitel 3
Heidegger – Zeitlichkeit des Daseins und Temporalität des Seins

[W]enngleich uns die Zeit so vertraut ist, wie nur etwas in unserem Dasein, so wird sie doch fremd und rätselhaft, wenn wir versuchen, sie auch nur in den Grenzen der alltäglichen Verständigkeit zu verdeutlichen.

Martin Heidegger, *Die Grundprobleme der Phänomenologie*

3.1 Der Ausgangspunkt: die Kritik an Husserl und die Frage nach dem Sein

3.1.1 Heideggers Kritik an Husserls Phänomenologieverständnis

Heidegger hat sich seiner berühmten These von der Temporalität des Seins über verschiedene Denker genähert. Dominant sind in seinen Schriften Platon, Aristoteles, Descartes, Kant und Hegel. Die Auseinandersetzung mit Husserls Phänomenologie ist daher nur ein Weg, und zunächst sogar ein wenig herausragender, auf dem Heidegger einen Einstieg in sein eigenes Denken des Seins und der Zeit fand. Für den hiesigen Zusammenhang ist genau dieser Weg über Husserl jedoch entscheidend und soll als Einleitung in Heideggers Zeitdenken dienen. Es ist hinreichend bekannt, dass Heidegger bei Husserl eine „theoretische" Haltung sowie ein „abstraktes" reines Bewusstsein kritisierte und diesem eine Vorgängigkeit der Existenz in Hinblick auf den Unterschied von Theorie und Praxis entgegensetzte. Heideggers Bewertung der husserlschen Phänomenologie ist jedoch weitaus tiefgehender, aber auch zweideutiger als diese richtige, aber allgemein bleibende Einschätzung. In Heideggers Vorlesungen der 20er Jahre verknüpft sich kontinuierlich eine sich verehrend gebende Haltung gegenüber Husserl, als dem Begründer der Phänomenologie, mit einer Kritik an Husserl, als demjenigen, der in der Nachfolge Descartes' ganz wesentlich die so dringlich zu stellende Seinsfrage verfehlt und sogar verdeckt

I. Römer, *Das Zeitdenken bei Husserl, Heidegger und Ricœur*,
DOI 10.1007/978-90-481-8590-0_3, © Springer Science+Business Media B.V. 2010

habe.[1] Anstatt Heideggers befürwortende Haltung gegenüber Husserls Denken allein dem äußerlichen Umstand zuzuschreiben, dass Heidegger damals hoffte, Husserls Nachfolger auf dem Lehrstuhl in Freiburg zu werden, scheint es fruchtbarer, sich inhaltlich damit auseinanderzusetzen, was Heidegger an Husserls Phänomenologie schätzte, und wo genau seine Kritik ansetzte. Heidegger war bekanntlich von 1919 bis 1923 Husserls Assistent in Freiburg und in den zwanziger Jahren wahrscheinlich der beste Kenner der husserlschen Phänomenologie. Die Vorlesung, welche Heidegger 1925 unter dem Titel „Geschichte des Zeitbegriffs. Prolegomena zu einer Phänomenologie von Geschichte und Natur“ hielt, „enthält eine zusammenfassende Auseinandersetzung mit Husserl“.[2] Diese von der Herausgeberin Petra Jaeger als „frühe Fassung von *Sein und Zeit*“ bezeichnete Vorlesung ist in der Gesamtausgabe aufgrund ihrer Unabgeschlossenheit unter dem Titel *Prolegomena zur Geschichte des Zeitbegriffs* veröffentlicht.[3] Von den ursprünglich geplanten drei Teilen trug Heidegger nur einen Teil des ersten Teiles vor, stellte diesem aber eine äußerst ausführliche „kurze einleitende Orientierung“ voran,[4] die in GA 20 aufgrund ihres Umfanges als „Vorbereitender Teil“ bezeichnet wird.[5] In dieser „Einleitung“ entwickelt Heidegger seinen eigenen, später zu *Sein und Zeit* ausgearbeiteten Ansatz zum Denken der Zeit in kritischer Auseinandersetzung mit der husserlschen Phänomenologie. Anhand dieses Textes sollen in diesem Kapitel Heideggers positive und kritische Einschätzungen der husserlschen Phänomenologie erarbeitet werden, um zu verdeutlichen, in welchem Bezug zur husserlschen Phänomenologie Heideggers

---

[1] So verknüpft sich 1925 in Heideggers Vorlesung die Äußerung: „Es bedarf wohl kaum des Geständnisses, daß ich mich auch heute noch Husserl gegenüber als Lernender nehme“ (*Prolegomena*, 168) mit einer scharfen Kritik an Husserls Grundansatz, die Heidegger schließlich davon sprechen lässt, Husserls Phänomenologie sei „in der Grundaufgabe der Bestimmung ihres eigensten Feldes *unphänomenologisch*!“ und stünde *„unter dem Bann einer alten Tradition“* (a. a. O., 178). Das wohl berühmteste Lob Husserls findet sich in SZ: „Wenn die folgende Untersuchung einige Schritte vorwärts geht in der Erschließung der ‚Sachen selbst‘, so dankt das der Verf. in erster Linie E. Husserl, der den Verf. während seiner Freiburger Lehrjahre durch eindringliche persönliche Leitung und durch freieste Überlassung unveröffentlichter Untersuchungen mit den verschiedensten Gebieten der phänomenologischen Forschung vertraut machte“ (SZ, 38 (Fußnote)). Vgl. auch *Zeitbegriff*, 17 (Fußnote). Gleichzeitig ist SZ alles andere als eine Fortschreibung der husserlschen Phänomenologie, sondern vielmehr ein grundsätzlicher Bruch mit derselben, was Husserl selbst bei seiner Lektüre von SZ deutlich zur Kenntnis genommen hat. Vgl. Husserls Notizen zu SZ, veröffentlicht von Breeur: Randbemerkungen Husserls zu Heideggers *Sein und Zeit* und *Kant und das Problem der Metaphysik*, a. a. O.

[2] Jamme, Christoph: Phänomenologie. Heidegger und Husserl, in: Thomä, Dieter (Hg.): *Heidegger-Handbuch. Leben-Werk-Wirkung*. Stuttgart/Weimar: Metzler 2003, 37–47, hier 43. Eine frühere, bereits recht ausführliche Auseinandersetzung mit Husserl findet sich in Heideggers erster Marburger Vorlesung aus dem Wintersemester 1923/24. Vgl. Heidegger, Martin: *Einführung in die phänomenologische Forschung*. Hg. von Friedrich Wilhelm von Herrmann. Frankfurt am Main: Vittorio Klostermann 1994 (= Gesamtausgabe. II. Abteilung: Vorlesungen 1919–1944. Bd. 17), Erster Teil, Zweites Kapitel: „Die heutige Phänomenologie in der Selbstauslegung Husserls“.

[3] *Prolegomena*, 444.

[4] *Prolegomena*, 11.

[5] Zu dem Verhältnis von Heideggers „Aufriß der Vorlesung“ und dem tatsächlich Vorgetragenen vgl. *Prolegomena*, § 3, 10 ff. und das Nachwort der Herausgeberin, a. a. O., 443 f.

Ansatz bei der Seinsfrage in *Sein und Zeit* gesehen werden kann. In den prominenteren Werken *Sein und Zeit* sowie *Kant und das Problem der Metaphysik* kann leicht der Eindruck entstehen, dass die Bedeutung Husserls für Heidegger hinter der von Platon, Aristoteles, Descartes, Kant und Hegel weit zurückbleibt. Die *Prolegomena* aber können zeigen, dass die Bedeutung Husserls trotz aller Kritik an dessen Ansatz nicht zu vernachlässigen ist.

Bevor Heideggers Weg in die Seinsfrage und in die Temporalität des Seins über Husserls Phänomenologie erörtert wird, sei jedoch einem wichtigen, das spezifische Verhältnis von Husserls und Heideggers *Zeit*denken betreffenden Umstand Rechnung getragen: Obgleich in der kommentierenden Literatur zuweilen davon ausgegangen wird, dass zumindest Husserls Zeitvorlesungen für Heidegger sehr wichtig gewesen seien,[6] scheint es gute Gründe zu geben, die dieser naheliegenden Auffassung entgegenstehen.[7] Naheliegend erscheint diese Annahme zunächst, weil es Heidegger war, der Husserls Zeitvorlesungen erstmalig herausgegeben hat und der Zeitbegriff für Heidegger selbst eine so zentrale Rolle spielte. Es war aber nicht Heidegger, der ein besonderes Interesse an Husserls Zeitdenken zeigte. Vielmehr war es Husserl, der Heideggers Interesse an der Zeitproblematik erkannte, als Letzterer ihm 1926 das fast fertige Manuskript von *Sein und Zeit* vorlegte.[8] Immer noch bemüht, seinen vielversprechendsten Schüler zur Weiterarbeit im Sinne seiner eigenen Phänomenologie zu bewegen, bat er Heidegger um die Publikation seiner eigenen frühen Arbeiten zur Zeitproblematik. Husserl übergab also Heidegger die 1917 von Edith Stein angefertigte handschriftliche Ausarbeitung des Manuskriptes seiner stetig weiter bearbeiteten Vorlesungen zur Phänomenologie des inneren Zeitbewusstseins zu einem Zeitpunkt, als *Sein und Zeit* schon so gut wie abgeschlossen vorlag. Da sich in den LU und den *Ideen I* nur wenig ausführliche Bemerkungen zur Zeit finden, erscheint eine entscheidende Beeinflussung von *Sein und Zeit* durch Husserls Arbeiten zur Zeitproblematik eher unwahrscheinlich.[9] Zudem gab Heidegger

---

6 Vgl. Rentsch, Thomas: Edmund Husserl, in: Lutz, Bernd (Hg.): *Metzler Philosophen Lexikon: Von den Vorsokratikern bis zu den Neuen Philosophen*. Stuttgart: J.B. Metzlersche Verlagsbuchhandlung, 2., aktualisierte und erweiterte Aufl., 1995, 412–419, hier 418. Dasselbe scheint suggeriert in Thomas, V.C.: The Development of Time Consciousness from Husserl to Heidegger, in: Tymieniecka, Anna-Teresa (Hg.): *The Moral Sense and Its Foundational Significance: Self, Person, Historicity, Community. Phenomenological Praxeology and Psychiatry*. Dordrecht/Boston/London: Kluwer Academic Publishers 1990 (= Analecta Husserliana. Bd. 31), 347–360, hier 347 f.

7 Vgl. dazu Bernet, Rudolf: Die Frage nach dem Ursprung der Zeit bei Husserl und Heidegger, in: Heidegger Studien 3/4 (1987/88), 89–104, hier 89 und ders.: Einleitung, a. a. O., LX.

8 SZ erschien bekanntlich 1927 als Bd. VIII in dem von Husserl gegründeten und herausgegebenen *Jahrbuch für Philosophie und phänomenologische Forschung*. Husserl gab SZ heraus, „ohne es vorher genauer besehen zu haben" (Breeur: Randbemerkungen Husserls zu Heideggers *Sein und Zeit* und *Kant und das Problem der Metaphysik*, a. a. O., 3).

9 Wenn Heidegger in der erwähnten Fußnote von SZ von einer „freiesten Überlassung unveröffentlichter Untersuchungen aus den verschiedensten Gebieten der phänomenologischen Forschung" durch Husserl spricht, so könnte sich zwar darunter auch Material aus Husserls Zeitforschung befinden. Das scheint aber eher unwahrscheinlich angesichts der Tatsache, dass Heidegger in der Vorlesung von 1925, ein Jahr vor der Manuskriptübergabe der Zeitvorlesungen durch Husserl

Husserl bereits bei dieser Begegnung zu verstehen, dass er sich der Herausgabe der Zeitmanuskripte wegen der drängenden abschließenden Arbeit an *Sein und Zeit* und aufgrund seiner Marburger Lehrtätigkeit nicht auf intensive Weise widmen könne.[10] Und der von Heidegger 1928 herausgegebene Text der Zeitvorlesungen ist auch tatsächlich im Wesentlichen der von Husserl autorisierten Ausarbeitung Edith Steins und nicht einer intensiven herausgeberischen Tätigkeit Heideggers zu verdanken, obgleich sich Husserl eine solche offenbar gewünscht hätte.[11] Husserl hatte darüber hinaus unter Anderen auch Heidegger um die Herausgabe der Bernauer Manuskripte gebeten, was Heidegger jedoch vollständig ablehnte.[12]

Neben diesen äußerlichen Gründen, die eine eher geringe Bedeutung des husserlschen Zeitdenkens für Heidegger vermuten lassen, gibt es aber auch inhaltliche Gründe, die dieses nahelegen. Heideggers unten zu besprechender Weg in die Seinsfrage und die Temporalität des Seins erfolgt keineswegs über eine Auseinandersetzung mit Husserls Zeitdenken, mit dessen Details er zu dem Zeitpunkt höchstwahrscheinlich auch noch nicht vertraut war. Husserls Arbeit zur Zeitproblematik erwähnt Heidegger in der Vorlesung von 1925 lediglich im Rahmen einer Skizzierung derjenigen Ansätze zu einer Phänomenologie, deren Fragehorizonte seiner Meinung nach dieselben bleiben wie die der überlieferten Philosophie und deshalb eine radikalere Besinnung erfordern. So heißt es dort: „Im Zusammenhang des Bekanntwerdens von Bergson entstanden in Husserls Arbeit die *Untersuchungen über das immanente Zeitbewußtsein*".[13] Heideggers Formulierung suggeriert zum einen, dass Husserls Zeituntersuchungen unter Bergsons Einfluss stehen und keine bedeutende phänomenologische Erneuerung des Zeitdenkens erreichen. Zum anderen ist die Bezeichnung „immanentes Zeitbewusstsein" auffällig. Husserls „Immanenz" versteht Heidegger als das „reelle Beschlossensein des erfaßten Gegenstandes in der Erfassung selbst, in der Einheit derselben Realität".[14] Heidegger scheint hier nicht zu berücksichtigen, dass es Husserl, auch wenn das in dem später von Heidegger publizierten Text der Zeitvorlesungen noch nicht im Vordergrund steht, durchaus um die Konstitution einer objektiven Weltzeit geht, die über den von Heidegger

persönlich, diverse unveröffentlichte Arbeiten, nicht aber Manuskripte zur Phänomenologie der Zeit erwähnt. Vgl. *Prolegomena*, 125 f.

[10] Zum einen war *Sein und Zeit* nach elf Jahren ohne jegliche Publikationen seines Autors auf Drängen des Dekans der Marburger Philosophischen Fakultät hin von Heidegger in relativ kurzer Zeit für die Veröffentlichung ausgearbeitet worden. Und zum anderen war Heidegger zu dem Zeitpunkt von Husserls Bitte um Herausgabe der Zeitvorlesungen allein mit der Vertretung der Philosophie in Marburg betraut. Zu Letzterem vgl. Boehm: Einleitung des Herausgebers, a. a. O., XXIV.

[11] Vgl. zu diesen Umständen der Textedition von 1928 Boehm: Einleitung des Herausgebers, a. a. O., XXIII–XXVI. Husserl, so R.B. Perry im Juni 1930, war deutlich enttäuscht, dass „his best pupils (e. g. Heidegger) have gone off in speculative directions. Husserl is a tireless patient lonely worker" (Schuhmann: *Husserl-Chronik. Denk- und Lebensweg Edmund Husserls*, a. a. O., 364).

[12] Nach Bernet war der wahrscheinliche Grund für diese Ablehnung ebenfalls Heideggers Inanspruchnahme durch seine Lehrtätigkeit als Extraordinarius in Marburg. Vgl. Bernet/Lohmar: Einleitung der Herausgeber, a. a. O., XXIII.

[13] *Prolegomena*, 126.

[14] *Prolegomena*, 132.

in Anlehnung an Husserl bestimmten Immanenzbereich hinausreicht. Diese Auffassung Heideggers scheint sich auch zum Zeitpunkt der Verfassung seiner „Vorbemerkung des Herausgebers" in den ZB nicht grundsätzlich geändert zu haben, wenn es dort heißt: „Das durchgehende Thema der vorliegenden Untersuchung ist die zeitliche Konstitution eines reinen Empfindungsdatums und die einer solchen Konstitution zugrunde liegende Selbstkonstitution der ‚phänomenologischen Zeit'".[15] Und in seiner Vorlesung aus dem Sommersemester 1928 mit dem Titel *Metaphysische Anfangsgründe der Logik im Ausgang von Leibniz* zeigt sich auf eine besonders pointierte Weise, dass es nicht Husserls Zeitdenken ist, welches Heidegger als fruchtbaren Anknüpfungspunkt für sein eigenes (Zeit-)Denken betrachtete: „Mit Rücksicht auf alle bisherigen Interpretationen ist es das Verdienst Husserls, zum erstenmal, mit Hilfe der intentionalen Struktur, diese Phänomene [Erinnerung, Vergegenwärtigung, Wiedervergegenwärtigung, Erwartung, Wahrnehmung, Phantasie, Bildbewusstsein, I.R.] gesehen zu haben. Es genügt ein Blick auf die zeitgenössische Psychologie oder Erkenntnistheorie, um zu ermessen, welcher wesentliche Schritt hier gemacht ist. Trotzdem bleibt bezüglich des Zeitproblems im Grunde alles beim alten".[16] Heideggers Verständnis von Husserls Zeitdenken ist insgesamt wenig differenziert. Außerdem scheint die Überlegung nicht abwegig, dass Heidegger möglicherweise anhand der LU, des Logos-Aufsatzes, der *Ideen I* und der Manuskripte zu den *Ideen II* bereits sein Urteil über Husserl gefällt hatte und eine genauere Auseinandersetzung mit dessen Zeittexten gar nicht mehr für lohnend erachtete. Wenn aber nicht die Phänomenologie der Zeit, welche Aspekte in Husserls Denken waren es dann, die Heidegger über die Auseinandersetzung mit Husserls Phänomenologie in die Seinsfrage und im Weiteren auf das temporale Verständnis des Seins geführt haben? Welche Antworten lassen sich auf diese Frage in der „frühen Fassung von *Sein und Zeit*", in der Vorlesung von 1925, finden?

In den *Prolegomena* bezeichnet Heidegger drei Konzepte Husserls als die „fundamentalen Entdeckungen der Phänomenologie":[17] die Intentionalität, die kategoriale Anschauung und den ursprünglichen Sinn des Apriori. Die Intentionalität hält Heidegger für den grundlegenden Begriff. Das, was er positiv an Husserls Intentionalität hervorhebt, ist die „Struktur des Sich-richtens-auf an den Verhaltungen".[18] Husserl

---

[15] Heidegger: Vorbemerkung des Herausgebers, a. a. O., 367.

[16] *Anfangsgründe*, 263 f. Bernet bemerkt zu Heideggers Beurteilungen von Husserls Phänomenologie der Zeit: Es sei „eine bedauerliche Gewohnheit" von Heidegger, stets Lob und Kritik an Husserl in einem Atemzuge zu nennen: „Einerseits gratuliert er Husserl, als erster den Bezug zwischen Zeit und Intentionalität entdeckt zu haben, andererseits bemerkt er mit Arroganz, dass ‚bezüglich des Zeitproblems im Grunde (bei Husserl) alles beim alten' bleibe […] Unerwarteter als diese übliche Ambivalenz in Hinblick auf Husserls Werk ist die Tatsache, dass Heidegger die gründlichen Analysen, die Husserl dem absoluten Zeitbewusstsein widmet, einfach übergeht: Weder der ‚Fluss' des absoluten Bewusstseins noch seine doppelte Intentionalität, ja noch nicht einmal das Phänomen der Retention werden auch nur mit einem Wort erwähnt" (Bernet, Rudolf: Origine du temps et temps originaire chez Husserl et Heidegger, in: Revue philosophique de Louvain 85 (1987), 499–521, hier 509).

[17] *Prolegomena*, 34.

[18] *Prolegomena*, 46.

habe sich in dieser Hinsicht nicht von „Dogmen und Voraussetzungen“,[19] nicht von Vorurteilen einer Theorie der Beziehung zwischen Psychischem und Physischem beeinflussen lassen, sondern diese Erlebnisstruktur des Sich-richtens-auf herausgestrichen. Allerdings verstünde Husserl die Intentionalität als „allgemeine Vernunftstruktur“[20] und könne so den psychischen Charakter der Intentionalität letztlich doch nicht wirklich überwinden. Für Heidegger geht es trotz dieser kritischen Sicht auf Husserls Intentionalitätsbegriff aber nicht um eine Überwindung, sondern vielmehr um eine „radikalere Ausbildung“ der Intentionalität, deren „Titel am allerwenigsten zum phänomenologischen Schlagwort werden“ darf.[21] Diese Formulierung ist derjenigen aus Heideggers Vorwort zu Husserls Zeitvorlesungen so ähnlich, dass die Wendung aus dem Vorwort kaum als ein Vertrauen in die husserlsche Ausarbeitung des Intentionalitätsbegriffes gelesen werden kann, sondern vielmehr als eine Grundkritik an demselben zu verstehen ist. Im Vorwort zu den ZB heißt es: „Entscheidend wird dabei die Herausstellung des intentionalen Charakters des Zeitbewußtseins und die wachsende grundsätzliche Klärung der *Intentionalität* überhaupt. [...] Auch heute noch ist dieser Ausdruck kein Losungswort, sondern der Titel eines zentralen *Problems*“.[22] Den *Prolegomena* zufolge bleibe es bei Husserl „dunkel“, wie das „Intentum zur Intentio“ gehört, es bleibe „rätselhaft“, wie „das Intendiertsein eines Seienden sich zu diesem Seienden selbst verhält“, ja, es bleibe sogar „fraglich, ob überhaupt so gefragt werden darf“.[23] Um ein tieferes Verständnis der husserlschen Intentionalität im Sinne eines „Sich-richtens-auf“ und die damit verbundene Problematik zu ermöglichen, kommt Heidegger auf Husserls Begriff der kategorialen Anschauung.

Heidegger hebt positiv hervor, dass bei Husserl verständlich werde, wie ein zunächst leer Vermeintes im Angeschauten als es selbst und Selbiges erfahren wird, ohne dass in dieser Erfahrung der Evidenz ein Erfassen der Identität von Vermeintem und Angeschautem nötig wäre. Im intentionalen Sich-richten-auf sei man primär und einzig auf die Sache selbst gerichtet und kann sie in der Deckung von Vermeintem und Angeschautem evident und unthematisch als wahr erfahren, ohne dass man die Identität von Vermeintem und Angeschautem thematisch erfasst.[24] Ich „lebe *in* der Wahrheit“, so Heidegger über diese erfahrene Identität.[25] Ein sich daran anknüpfendes Verdienst der Phänomenologie sei, dass Husserl im Kontext der Logik den Ausdruckscharakter aller Verhaltungen betont habe und über diesen Weg die Kategorienforschung aus dem Bereich der Akte in den Bereich der Gegenstände verlegt habe. In „Dieser Stuhl ist gelb und gepolstert“, so Heideggers Beispiel, kann

---

19 *Prolegomena*, 41.

20 *Prolegomena*, 62.

21 *Prolegomena*, 62, 63.

22 Heidegger: Vorbemerkung des Herausgebers, a. a. O., 367 (Hervorhebungen im Original). Vgl. außerdem *Anfangsgründe*, 166.

23 *Prolegomena*, 63.

24 Vgl. auch die folgende Passage aus der *Logik*: „Evidenz ist der sich als solcher selbst verstehende Akt der Identifizierung [...]. [...] Evidenz ist kein Akt, der die Ausweisung selbst begleitet und zu ihr hinzukommt, sondern ist ihr Vollzug selbst, bzw. ein ausgezeichneter Modus“ (*Logik*, 108).

25 Vgl. *Prolegomena*, 70.

„dieser", „und" und „ist" nicht anhand von schlichter Sachwahrnehmung, sondern muss durch eine kategoriale Anschauung erfüllt werden.[26] Diese kategoriale Anschauung bedeutet zwar keine sinnliche Wahrnehmung, sie ist aber eine gleichwertige Erfüllung in originärer Selbstgebung. Eine gegenstandsgebende Anschauung ist generell nie eine isolierte einstufige Wahrnehmung, sondern immer gestufte, d. h. kategorial bestimmte Anschauung. Erst eine volle kategorial bestimmte Wahrnehmung ist eine mögliche Erfüllung der ihr selbst Ausdruck gebenden Aussage. Heidegger gibt implizit eine grundsätzlich positive Einschätzung der husserlschen Kantkritik, wenn er der kategorialen Anschauung das Verdienst zuschreibt, „die kategorialen Akte [nicht] als subjektive Zutaten und Funktionsweisen eines mythischen Verstandes" zu unterschlagen.[27] In der intentionalen Grundstruktur des Sich-richtens-auf seien kategoriale Bestimmungen nicht in einem Subjekt, sondern an dem Gemeinten über einen mit kategorialen Akten durchsetzten Akt sinnlicher Wahrnehmung gegeben. In diesem Sinne interpretiert Heidegger auch Husserls Konstitutionsbegriff: *„‚Konstituieren' meint nicht Herstellen als Machen und Verfertigen, sondern Sehenlassen des Seienden in seiner Gegenständlichkeit".*[28] Heidegger hat zwar im Kontext seiner Kantinterpretationen gemeint, Kant wäre schon fast bis zu der Entdeckung derjenigen temporalen Seinsbestimmtheit durchgedrungen, die Heidegger selbst behauptet. In den *Prolegomena* macht er aber Husserl gegen Kant stark, indem er über die „Entdeckung" der kategorialen Anschauung der Auffassung ist, über sie sei der Universalienstreit „vorläufig zur Erledigung" gekommen und „zum erstenmal der konkrete Weg einer ausweisenden und echten Kategorienforschung gewonnen".[29] Die Bestimmung der Begriffe der Objektivität und des Apriori wären auf dieser phänomenologischen Basis in eine ganz neue Richtung gelenkt und eine Ontologie sei nunmehr allein auf diesem Wege der Phänomenologie zu entwickeln.

Als dritte, „noch wenig geklärt[e]" „fundamentale Entdeckung" der husserlschen Phänomenologie betrachtet Heidegger den Sinn des Apriori.[30] Der Name des Apriori meine „das an etwas, was daran schon immer das Frühere ist", und habe einen noch ungeklärten Zeitbezug.[31] Entscheidend bei Husserl ist für Heidegger,

---

26 Vgl. *Prolegomena*, 77–81.

27 *Prolegomena*, 93. In der *Logik* formuliert Heidegger ein Semester später, dass Kant „das Phänomen der Einbildungskraft [...] phänomenologisch nicht nur ungeklärt läßt, sondern vor allem läßt er die eigentlich fundamentalen Bezüge der Einbildungskraft sowohl zur Sinnlichkeit wie zum Verstand dunkel", ein Versäumnis, welches im nachkommenden Idealismus noch vorherrschender sei, während die diesbezügliche „Aufgabe in ihrer grundsätzlichen Tragweite und universalen Bedeutung [...] zum ersten Mal Husserl gesehen und ausgearbeitet" habe, „in seinen ‚Ideen', die man gern als kantisch charakterisiert, die aber im Grundsätzlichen gerade wesentlich radikaler sind als Kant je sein konnte" (*Logik*, 283 f.).

28 *Prolegomena*, 97.

29 *Prolegomena*, 97 f. Die Frage nach einer angemessenen Kategorienforschung war für Heideggers Seinsfrage wegweisend. 1972 sah er selbst in dem in seiner Habilitationsschrift „Die Kategorien- und Bedeutungslehre des Duns Scotus" verfolgten Kategorienproblem sein späteres Fragen nach dem Sein vorgezeichnet. Vgl. Heidegger: *Frühe Schriften*, a. a. O., 55.

30 *Prolegomena*, 99.

31 *Prolegomena*, 99.

dass Husserl gegen Kants Frage nach der Möglichkeit synthetischer Urteile a priori und ihrer transzendenten Gültigkeit zeige, dass das Apriori primär gar nichts mit der Subjektivität zu tun habe. Das Apriori habe vielmehr eine universale Reichweite, sei indifferent gegenüber der Subjektivität, werde durch originäre Anschauung zugänglich und tauge dazu, das vorzubereiten, was Heidegger selbst für erforderlich hält: das Apriori als Charakter des Seins des Seienden in seiner Zeitlichkeit zu bestimmen. Anhand dieser drei „Entdeckungen" der husserlschen Phänomenologie interpretiert Heidegger das Prinzip der Phänomenologie „zu den Sachen selbst": Das Sachfeld selbst sei die Intentionalität, die Methode der Zugangsart die kategoriale Anschauung und die Hinsicht der Befragung das Apriori. Phänomenologie sei im Sinne eines beschreibend heraushebenden Gliederns *„analytische Deskription der Intentionalität in ihrem Apriori"*.[32] Es ginge, so Heidegger in seiner etymologischen Bestimmung des Phänomenologiebegriffes, um *„das an ihm selbst Offenbare von ihm selbst her sehen lassen"*,[33] wozu eine phänomenologische Arbeit als ein methodisch geleitetes Abbauen der Verdeckungen notwendig sei.[34] Diese „Verdeckungen" unterlaufen Heidegger zufolge auch Husserl. Und trotz der zunächst positiven Einschätzung der Begriffe von Intentionalität, kategorialer Anschauung und ursprünglichem Apriori, mündet Heideggers Auseinandersetzung mit Husserl in eine radikale Kritik an einigen anderen, für Husserl zentralen Begriffen. Es handelt sich um die transzendentale und die eidetische Reduktion, das reine Bewusstsein und die personalistische sowie die natürliche Einstellung.

Heidegger zufolge erreicht Husserl mit der phänomenologischen Reduktion gerade nicht den erforderlichen „Abbau der Verdeckungen", sondern gibt vielmehr den Boden aus der Hand, auf dem auf angemessene Weise nach dem Sein des Intentionalen gefragt werden könnte. Die auf die Aktbetrachtung führende transzendentale Reduktion und noch stärker die von jeder konkreten Vereinzelung absehende eidetische Reduktion auf die allgemeine Form des reinen Bewusstseins und seines Erlebnisstromes seien Vorurteile, die nicht auf die Phänomene selbst führten. Husserl meine zwar, über die Reduktion zu absoluter Vorurteilsfreiheit durchzudringen. Heidegger aber sieht Husserl durch ein von Cartesianismus, Neukantianismus und Idealismus überliefertes philosophisches Vorurteil beeinflusst, wenn Husserl das durch die Reduktion erreichte reine Bewusstsein als die Sphäre und Region absoluten Seins bestimmt.

Husserls vier Seinsbestimmungen des reinen Bewusstseins sind Heidegger zufolge: immanentes Sein, absolut gegebenes Sein oder absolutes Sein, unabhängiges und in diesem Sinne substanzartiges Sein und reines Sein im Sinne eines idealen Seins der Erlebnisse.[35] Diese Seinsbestimmungen des reinen Bewusstseins aber seien gerade „nicht im Hinblick auf das Intentionale in seinem Sein selbst gewonnen,

[32] *Prolegomena*, 108. Im Hauptteil der Vorlesung ergänzt Heidegger: „So wird sich herausstellen, daß die Deskription den Charakter der *Interpretation* hat, weil das, was Thema der Beschreibung ist, zugänglich wird in einer spezifischen Art des *Auslegens*" (*Prolegomena*, 190).

[33] *Prolegomena*, 117.

[34] Vgl. *Prolegomena*, § 9.

[35] Vgl. *Prolegomena*, § 11.

sondern, sofern es in den Blick gestellt ist, als *erfaßt, gegeben, konstituierend* und *ideierend* gefaßt als Wesen".[36] Husserls Leitfaden seien von vornherein nicht die Phänomene, sondern eine traditionelle Idee, und zwar „die *Idee einer absoluten Wissenschaft*. Diese Idee: *Bewußtsein soll Region einer absoluten Wissenschaft sein*, ist nicht einfach erfunden, sondern die Idee, die die *neuzeitliche* Philosophie seit *Descartes* beschäftigt. Die Herausarbeitung des reinen Bewußtseins als thematisches Feld der Phänomenologie ist *nicht phänomenologisch im Rückgang auf die Sachen selbst* gewonnen, sondern im Rückgang auf eine traditionelle Idee der Philosophie".[37] Die Frage nach dem *„Wasgehalt"* des reinen Bewusstseins, so Heidegger, verdränge die Frage „nach dem Sein der Akte im Sinne ihrer Existenz".[38] Auch wenn Husserl im Logos-Aufsatz den Begriff einer personalistischen Einstellung entwickle, bleibe dieser an der cartesianischen inneren Betrachtung des Ich als Subjekt der *cogitationes* orientiert und die *„Fundamentalschicht* bleibt das *Naturwirkliche*, daraufgebaut ist das Seelische und auf dieses das Geistige".[39] Auch bei dem Versuch einer Berücksichtigung des Personencharakters der Subjektivität verbleibe Husserl im Rahmen der Frage nach der intentionalen Konstitution von Realität und Objektivität in der Methode immanenter Reflexion und nehme sich unberechtigterweise – als a priori, scheint Heidegger hier sagen zu wollen – den *homo animal rationale* als Leitfaden.[40]

Ist Husserls Fehler also in Heideggers Augen der, von der natürlichen Einstellung in die von Husserl als phänomenologisch verstandene Einstellung zu wechseln und könnte dieser „Fehler" durch ein Auslassen oder Rückgängigmachen der Reduktion behoben werden? Das ist Heidegger zufolge nicht der Fall, denn bereits Husserls natürliche Einstellung sei keineswegs natürlich, da sie den Menschen als ein in der Welt vorkommendes zoologisches Objekt auffasse: Die natürliche Einstellung sei „ganz und gar *nicht* natürlich [...], sondern eine ganz bestimmte theoretische Haltung [...], eine solche, für die alles Seiende a priori als gesetzlich geregelter Ablauf von Vorkommnissen im räumlich-zeitlichen Auseinander der Welt gefaßt wird".[41] Die husserlsche Bezeichnung „Einstellung" sei, so Heidegger, entgegen Husserls eigenen Absichten allein insofern richtig, als mit der „natürlichen Einstellung" tatsächlich eine künstliche Haltung und keine natürliche Erfahrungsweise beschrieben werde.

Für Heidegger ergibt sich aus dieser Kritik, dass Husserls Reduktionen, seine Analysen des reinen Bewusstseins, seine personalistische und seine natürliche Einstellung allesamt die Phänomene verdecken, anstatt sie an sich freizulegen: *„[D]ie*

---

36 *Prolegomena*, 146.

37 *Prolegomena*, 147.

38 *Prolegomena*, 151.

39 *Prolegomena*, 172. Heidegger gebraucht hier bei seiner Kritik an Husserls Seinsbegriff eine ähnliche Formulierung wie in den *Anfangsgründen* in Hinblick auf Husserls Zeitbegriff (oben bereits zitiert): „Husserl kommt hier nur wieder auf seine Urscheidung des Seins unter anderem Titel zurück. Es bleibt ontologisch alles beim Alten" (*Prolegomena*, 170).

40 Vgl. *Prolegomena*, 171 f.

41 *Prolegomena*, 155 f.

Frage nach dem Sein des Intentionalen [bleibt] unerörtert. [...] [D]as Sein der Akte wird im vorhinein theoretisch-dogmatisch bestimmt als Sein im Sinne der Realität von Natur. *Die Seinsfrage selbst bleibt unerörtert".*[42] Sowohl die Frage nach dem spezifischen Sein der Akte als auch die Frage nach dem Sinn von Sein selbst seien bei Husserl noch nicht einmal gestellt, geschweige denn beantwortet: ein „fundamentales Versäumnis" der Phänomenologie, so Heidegger. Dieses Versäumnis sei folgenschwer, da die Phänomenologie damit in der Grundaufgabe der Bestimmung ihres eigensten Untersuchungsfeldes unphänomenologisch sei. Nicht nur verfehle sie die Phänomene, sondern sie treffe in Hinblick auf das Sein gewissermaßen vollkommen ahnungslos und unwillkürlich von der begrifflichen Tradition beeinflusste Unterscheidungen, die einer erforderlichen Klärung des Seinsbegriffes gänzlich entbehrten und deshalb sogar eine die Phänomene *verdeckende* Wirkung hätten.[43]

Wie die meisten von Heidegger besprochenen Philosophen ist also auch Husserl nach Heideggers Auffassung von der Macht der traditionellen, aber phänomenologisch unbegründeten Vorurteile gefangen und verfehlt die Frage nach dem Sein, verfehlt die Frage danach, was die Grundlage dafür ist, dass wir auf so unterschiedliche Weisen davon sprechen, dass etwas „ist". Heideggers These ist nun aber, dass dieses verfehlend verdeckende Versäumnis nicht direkt dem einzelnen Philosophen, und so auch gewissermaßen nicht Husserl persönlich, vorzuwerfen sei. Er spricht vielmehr schon 1925 davon, dass dieses doppelte Versäumnis der Frage nach dem Sein als solchen und nach dem Sein des Intentionalen keine „zufällige[n] Nachlässigkeiten der Philosophen" seien, sondern dass sein Grund vielmehr in der „Seinsart des *Verfallens*" zu suchen wäre.[44] Weil die genannten Versäumnisse nicht zufällig sind, sind sie auch keine leicht korrigierbaren Fehler, sondern erfordern eine besondere Anstrengung seitens des Philosophierenden. Es ist zu beachten, dass Heidegger hier das Verfallen in Abgrenzung von einem zufälligen Irrtum als eine Seinsart bestimmt, gleichzeitig sich selbst aber eine gewisse Distanzierung von einem solchen Verfallen zutraut. Ob und unter welchen Bedingungen eine solche Distanz im Rahmen von Heideggers Ansatz überhaupt möglich ist, wird nicht zuletzt in Hinblick auf Heideggers eigenes Philosophieren im Blick zu behalten sein. Husserls spezifisches „Verfallen", so lässt sich hier zuspitzen, besteht laut Heidegger in der „Aufnahme der Tradition des *Descartes* und der von ihm ausgehenden *Vernunftpro-*

---

[42] *Prolegomena*, 157.

[43] Heideggers Auffassung, dass es in der Phänomenologie um das Sein zu gehen habe, ist keineswegs unkontrovers. Held vertritt die Ansicht, dass Heidegger Husserl zwar zu Recht dafür kritisiert, eine vorgängige Offenbarkeitsdimension zugunsten des transzendentalen, konstituierenden Bewusstseins übersprungen zu haben. Anders als Heidegger hält er jedoch nicht das Sein, sondern im Anschluss an Fink die Welt für diese Offenbarkeitsdimension und die eigentliche Sache der Phänomenologie. Vgl. Held, Klaus: Heidegger und das Prinzip der Phänomenologie, in: Gethmann-Siefert, Annemarie/Pöggeler, Otto (Hg.): *Heidegger und die praktische Philosophie.* Frankfurt am Main: Suhrkamp 1988, 11–139, hier 120. Alweiss stellt in ihrer Dissertation nicht nur den Weltbegriff in den Vordergrund, sondern plädiert sogar für einen Rückgang von Heidegger auf Husserl (und Kant). Vgl. Alweiss, Lilian: *The World Unclaimed. A Challenge to Heidegger's Critique of Husserl.* Athens: Ohio University Press 2003.

[44] *Prolegomena*, 180 f.

blematik. Genauer besehen ist es das antipsychologistische Moment, das gegen den Naturalismus das Wesenssein herausstellt, den Vorzug des Vernunft- und insbesondere des Erkenntnistheoretischen – die Idee einer reinen Konstitution von Realität im Nichtrealen – und seine *Idee absoluter und strenger Wissenschaftlichkeit*".[45]

Die hier erörterte kritische Auseinandersetzung Heideggers mit Husserl lässt sich wie folgt zusammenfassen: Husserl verfehlt laut Heidegger die den „Sachen selbst" angemessene Frage nach dem Sein überhaupt und nach dem Sein des Intentionalen, wenn er mit den Konzepten der Reduktion, des reinen Bewusstseins, der personalistischen und der natürlichen Einstellung den Vorurteilen „verfalle", die auch Cartesianismus, Neukantianismus und Idealismus beherrschten. Er habe die Seinsfrage zwar gestellt, aber nur das Sein des Seienden behandelt, indem er konsequent Seiendes in relativem Sinn – Objektitäten bzw. Bewusstseinskorrelate – auf Seiendes im absoluten Sinn – das absolute Bewusstsein – zurückführt. Sein sei für Husserl immer Gegebenheitsart für das reine Bewusstsein. Mit seinem so verkürzten Seinsbegriff erreiche er keine ursprüngliche Seinsbestimmung der untersuchten Erlebnisse. Husserls Verdienste hingegen sind Heidegger zufolge die Entdeckungen erstens der Intentionalität als eines ursprünglichen Sich-richtens-auf, dessen Zeitcharakter noch zu erforschen sei. Zweitens sei es das Verdienst der von Husserl entdeckten kategorialen Anschauung, kategoriale Bestimmungen an dem Gemeinten auszumachen und so ein erfahrenes „in der Wahrheit Leben" zu ermöglichen, welches auf eine thematische Erfassung der Identität von Angeschautem und Vermeintem verzichtet. Drittens, so Heidegger, komme Husserl das Verdienst zu, dem ursprünglichen Apriori eine universale Reichweite zu- und eine Beschränkung auf einen Bereich eines „rein Subjektiven" abgesprochen zu haben. Für die kategoriale Anschauung wie für das ursprüngliche Apriori gelte jedoch dasselbe wie schon für die Intentionalität: Husserl, so Heidegger, habe sie in ihrer zeitlichen Dimension noch nicht angemessen verstanden.

Wie aber meint Heidegger selbst, sich einen Weg zu einer angemessenen Frage nach dem Sein bahnen zu können? Welches Zeitverständnis entwickelt er im Zuge dessen? Und inwiefern sind auch in seinem Zeitverständnis möglicherweise Problemkonstellationen zu finden, die sich den ricœurschen Aporien der Zeit zuordnen ließen? Diesen Fragen wird im Folgenden nachzugehen sein. Allerdings sei dabei auf eine andere Weise vorgegangen als in der Auseinandersetzung mit Husserl. Während sich dort die Fragen nach den ricœurschen Aporien relativ problemlos innerhalb der einzelnen Kapitel behandeln ließen, erscheint dies in der Auseinandersetzung mit Heideggers Zeitdenken nicht auf eine übersichtliche Weise durchführbar. Die verschiedenen Aspekte von Heideggers Zeitdenken am Ende der zwanziger Jahre stehen in einem so engen systematischen Zusammenhang miteinander, dass es sinnvoller zu sein scheint, dieses Zeitdenken zunächst im Ganzen zu verfolgen, um erst im Anschluss die dabei erarbeitete Kritik mit den ricœurschen Aporien der Zeit in Verbindung zu bringen. Da jedoch die in der Auseinandersetzung mit Heideggers Zeitdenken zu entwickelnde Kritik bereits mit „Vorsicht" – im heideggerschen Sinne des Wortes – auf die ricœurschen Aporien erfolgt, soll es genügen, in einem

[45] *Prolegomena*, 180.

abschließenden Resümee den Zusammenhang dieser Kritik mit Ricœurs Aporien aufzuzeigen. Weil Heideggers Zeitdenken in unmittelbarem Zusammenhang mit seiner Frage nach dem Sein steht, ist im Folgenden zunächst zu verfolgen, was die heideggersche Frage nach dem Sein auszeichnet, welches Desiderat Heidegger diesbezüglich in der Tradition erkennt und auf welchem Wege er diesem zu begegnen sucht (Kap. 3.1.2). Da Heidegger der Auffassung ist, die Frage nach dem Sein und seinem Zeitcharakter sei allein über eine Analyse desjenigen Seienden zu erreichen, das Sein versteht, ist die von ihm so genannte „vorbereitende Fundamentalanalyse des Daseins" aufzugreifen (Kap. 3.1.3). Dieser Abschnitt hat zwar lediglich einen einführenden Charakter. Er ist jedoch unerlässlich für die folgende Auseinandersetzung mit der Zeitlichkeit (Kap. 3.2). In dieser geht es zunächst um Heideggers Überlegungen zu einem Sein zum Tode und um eine in Zusammenhang mit diesem auf spezifische Weise verstandene Endlichkeit (Kap. 3.2.1). Diese Begriffe spielen eine entscheidende Rolle für sein Konzept einer ursprünglichen Zeit, welche Heidegger als den ontologischen Sinn der Sorge zu behaupten sucht (Kap. 3.2.2). Bereits hier wird auf erste Schwierigkeiten in Hinblick auf die Bestimmung der Gegenwart sowie in Hinblick auf die Rechtfertigung des ontologischen Vorranges der Zeitlichkeit hinzuweisen sein. Obgleich die ursprüngliche Zeit eine strukturelle Nähe zur eigentlichen Existenzweise aufweist, will und muss Heidegger sie als den Sinn auch der uneigentlichen und der alltäglichen Existenzweise nachweisen (Kap. 3.2.3). Die zuvor schon aufgetauchten Schwierigkeiten mit der Bestimmung der Gegenwart und mit dem Nachweis des ontologischen Vorranges der Zeitlichkeit kehren hier wieder. Hinzu kommen zwei Ambivalenzen, deren eine in einer Zweideutigkeit innerhalb des heideggerschen Begriffsfeldes von „Horizont" und „Schema" besteht und deren andere in einer zweideutigen Einschätzung der Wissenschaften gesehen werden kann. Während die ursprüngliche und die eigentliche Zeitlichkeit für Heidegger primär mit der Zukunft und die uneigentliche und alltägliche Zeitlichkeit primär mit der Gegenwart zusammenhängen, hat ihm zufolge die Geschichtlichkeit ihren Primat in der Vergangenheit bzw. Gewesenheit (Kap. 3.2.4). Sowohl für eine intersubjektive Geschichtlichkeit als auch für eine Geschichtlichkeit, die möglicherweise nicht zuletzt aus ethischen Gründen ihr Ziel darin sieht, nach einer Vergangenheit, „wie sie wirklich war" zu suchen, scheint Heideggers auch hier durchgehaltene Orientierung am eigenen Sein zum Tode problematisch. Für Heideggers Analysen von Innerzeitigkeit und Weltzeit wird zu zeigen sein, inwiefern es als problematisch angesehen werden kann, auch der Weltzeit einen ontologischen Primat vor nichtzeitlichen Komponenten zuzuschreiben, sowie die „ursprüngliche" Zeit als den Ursprung der Weltzeit zu behaupten (Kap. 3.2.5). Bei der Erörterung von Heideggers vulgärem Zeitbegriff zeigt sich die Schwierigkeit, der ursprünglichen Zeit eine ontologische Priorität sowohl vor nichtzeitlichen Komponenten als auch vor anderen Zeitigungsweisen zuzuschreiben, schließlich am deutlichsten (Kap. 3.2.6). Da die in den veröffentlichten beiden Abschnitten von SZ entwickelte Daseinszeitlichkeit für Heidegger aber lediglich eine Vorstufe zu einem Nachweis des Zeitcharakters von Sein überhaupt, und damit zu einem voll entwickelten Zeitbegriff, darstellte, ist seinen über diverse Texte verstreuten Versuchen zu dem in SZ selbst nicht mehr Erreichten nachzugehen (Kap. 3.3). Zunächst sind dabei Heideggers Überlegungen zu einer Temporalität des Seins anhand der Grundprobleme-Vorlesung von 1927 zu verfolgen, welche er selbst als „neue Ausarbeitung des 3. Abschnittes des I. Teiles von ‚Sein und Zeit'" bezeichnet hat (Kap. 3.3.1). Hier wird zu zeigen sein, inwiefern der von Heidegger behauptete Zusammenhang von Zeitlichkeit und Temporalität sowie auch die über den Begriff der Praesenz entwickelte Temporalität selbst problematisch zu sein scheinen. Am Schluss dieses dritten Teiles steht ein Kapitel, das in der Weise eines Ausblickes versucht, andere Ansätze in Heideggers Zeitdenken zu skizzieren. Zweck dieses Ausblickes ist, darauf hinzudeuten, dass Heidegger trotz eingehender Revisionen in seinem Zeitbegriff auch nach 1927 an der Suche nach dem einen, durch einen Zeitcharakter bestimmten, allem Einheit gebenden Ursprung des Seins gesucht hat (Kap. 3.3.2). Ein Resümee weist auf, in welcher Weise die in der Auseinandersetzung mit Heidegger erarbeiteten Problematiken mit den ricœurschen Aporien in Verbindung gebracht werden können (Kap. 3.4).

3.1.2 Die Frage nach dem Sein

Im Zusammenhang der öffentlichen Feier von Husserls 30. Todesjahr sagt Heidegger im kleineren Kreis: „Meine Frage nach der Zeit wurde von der Seinsfrage her bestimmt. Sie ging in einer Richtung, die Husserls Untersuchungen über das innere Zeitbewusstsein stets fremd geblieben ist".[46] Wonach fragt Heidegger, wenn er die offenbar sein ganzes philosophisches Leben dominierende Frage nach dem Sein stellt?[47] Und auf welche Weise nimmt Zeit dabei insbesondere in den zwanziger Jahren einen so herausragenden Stellenwert ein? Noch vor der Einleitung, und wie ein Motto positioniert, eröffnet Heidegger *Sein und Zeit* mit einem Zitat aus Platons *Sophistes*, in dessen Kommentierung er bereits in Kurzform das volle Programm von *Sein und Zeit* entwirft. Wie Platon so hätte auch die heutige Zeit keine Antwort auf die Frage, „was wir mit dem Wort ‚seiend' eigentlich meinen". Nicht nur aber haben wir keine Antwort, sondern, und darin stehen wir nach Heidegger hinter Platon zurück, wir sind noch nicht einmal „in der Verlegenheit, den Ausdruck ‚Sein' nicht zu verstehen", obgleich wir gar nicht beantworten könnten, „was mit dem Wort ‚seiend' eigentlich gemeint" sei.[48] Weil wir diese Frage *nicht beantworten* können, gleichzeitig aber auch *gar nicht danach fragen*, was unter dem Ausdruck „Sein" zu verstehen sei, müsse es allererst darum gehen, die *Frage* nach

---

[46] Heidegger, Martin: Über das Zeitverständnis in der Phänomenologie und im Denken der Seinsfrage, in: Fink, Eugen/Heidegger, Martin/Landgrebe, Ludwig/Müller, Max/Van Breda, Herman L./Gehrig, Helmut (Hg.): *Phänomenologie – lebendig oder tot? Zum 30. Todesjahr Edmund Husserls*. Karlsruhe: Badenia Verlag 1969, 47.

[47] Frede gibt einen Überblick darüber, dass und inwiefern die Seinsfrage die verschiedenen Phasen von Heideggers Philosophie bestimmt. Vgl. Frede, Dorothea: The Question of Being, in: Guignon, Charles B. (Hg.): *The Cambridge Companion to Heidegger*. Cambridge: Cambridge University Press 1993, 42–69.

[48] SZ, 1.

dem Sinn von „Sein" überhaupt wieder zu *stellen*. Heidegger formuliert das Ziel von SZ folgendermaßen: „Die Interpretation der Zeit als des möglichen Horizontes eines jeden Seinsverständnisses überhaupt ist ihr vorläufiges Ziel".[49] Allein selbst dieses „vorläufige Ziel" bleibt in SZ unerreicht. Wie der „Aufriß der Abhandlung" in § 8 zeigt, hatte Heidegger vorgehabt, SZ in zwei Teilen zu veröffentlichen, die jeweils drei Abschnitte enthalten sollten. Bekanntlich sind allein die ersten beiden Abschnitte des ersten Teiles erschienen und bereits der dritte Abschnitt, mit dem das „vorläufige" Ziel einer „Interpretation der Zeit als des möglichen Horizontes eines jeden Seinsverständnisses überhaupt" erreicht werden sollte, fehlt. Außerdem fehlt der gesamte zweite Teil, in dem Heidegger eine „phänomenologische Destruktion der Geschichte der Ontologie" vorhatte. In dieser wollte er anhand der von ihm im dritten Abschnitt des ersten Teiles nachzuweisenden Temporalität des Seins zeigen, wie diese in der philosophiegeschichtlichen Ontologie zugleich unterschwellig am Werk und verdeckt worden sei.[50] Das in SZ Vorgehabte, aber nicht Erreichte hat Heidegger teilweise in anderen Werken und in Vorlesungen bearbeitet, so dass aus diesen Schriften erkennbar wird, was in SZ hätte folgen sollen – und möglicherweise auch, warum dieses Werk nie in seinem geplanten Umfang publiziert wurde.[51]

Was ist die folgenschwere Verdeckung, die Heidegger den überlieferten Ontologien anlastet? Inwiefern missverstehen sie ihm zufolge das Sein? Und wie gedenkt er selbst, diesem Fehlverständnis zu entkommen und die Frage nach dem Sinn von Sein angemessen zu stellen? „Die antike Auslegung des Seins des Seienden", so Heidegger, habe „in der Tat das Verständnis des Seins aus der ‚Zeit'" gewonnen.[52] Seiendes sei in seinem Sein als *parousía* bzw. *ousía* und damit bereits bei Platon

---

[49] SZ, 1.

[50] Heidegger interpretiert die Philosophiegeschichte des Seins als eine Verfallsgeschichte, in der dieser Zeitcharakter des Seins zunehmend verdeckt worden sei. Bereits in der Vorlesung von 1925 spricht er von der „Geschichte der Versuche, das Seiende in seinem Sein zu bestimmen" als einer *„Geschichte des Verfalls und der Verstümmelung dieser Grundfrage wissenschaftlicher Forschung"* (*Prolegomena*, 191).

[51] Ein Versuch der Bestimmung der Temporalität des Seins überhaupt, den Heidegger in einem dritten Abschnitt des ersten Teiles von SZ vorhatte, findet sich, wie oben erwähnt, in der Vorlesung *Die Grundprobleme der Phänomenologie* von 1927. Überdies ist dieselbe Problematik 1962 in einem Vortrag, der 1969 unter dem Titel „Zeit und Sein" veröffentlicht wurde, von Heidegger in neuer Orientierung wieder aufgegriffen worden. Die für den zweiten Teil von SZ geplanten Auseinandersetzungen mit Kant, Descartes und Aristoteles sind auf verschiedene Werke verteilt. Heideggers Interpretation von Kant ist im Wesentlichen in *Kant und das Problem der Metaphysik* von 1929, in der Vorlesung *Phänomenologische Interpretation von Kants Kritik der reinen Vernunft* von 1927/28, im ersten Kapitel des ersten Teiles der *Grundprobleme* von 1927 und im zweiten Hauptstück der *Logik* von 1925/26 zu finden. Die Kritik an Descartes hat Heidegger teilweise bereits im ersten Teil von SZ im Zusammenhang mit den Begriffen von Welt und Weltlichkeit unternommen und erweitert sie im dritten Kapitel des ersten Teiles der *Grundprobleme*. Und diejenigen Auseinandersetzungen mit Aristoteles, welche in unmittelbarem Zusammenhang mit der Thematik von SZ stehen, führt er im ersten Hauptstück der *Logik* und in § 19a aus dem zweiten Teil der *Grundprobleme* durch.

[52] SZ, 25.

und Aristoteles ontologisch-temporal als Anwesenheit bestimmt.[53] Das Sein des Seienden sei dort aus einem bestimmten Zeitmodus, und zwar der Gegenwart, verstanden. Der griechische Begriff *légein*, welchen Heidegger als Reden interpretiert und übersetzt, sei die leitende Instanz bei der Ermittlung der Seinsstrukturen und hätte zur Folge gehabt, dass die antike Ontologie bei Platon zur Dialektik werde. Aristoteles sei demgegenüber das Verdienst zuzuschreiben, diese Dialektik überwunden zu haben, indem er das *légein* selbst bzw. das *noein* als „das schlichte Vernehmen von etwas Vorhandenem in seiner puren Vorhandenheit" verstehe.[54] Das *noein* habe „die temporale Struktur des reinen ‚Gegenwärtigens' von etwas".[55] Obgleich Heidegger einen deutlichen zeitlichen Charakter in den altgriechischen Seinsbestimmungen entdeckt, hätten Platon und Aristoteles selbst kein ausdrückliches Wissen von der ontologischen Funktion der Zeit gehabt.[56] Anstatt einer temporalen Interpretation der eigenen Ontologie hätte insbesondere Aristoteles in seiner für alle folgende Zeitphilosophie leitenden *Physik* die Zeit lediglich „als ein Seiendes unter anderen genommen, und es wird versucht, sie selbst aus dem Horizont des an ihr unausdrücklich-naiv orientierten Seinsverständnisses in ihrer Seinsstruktur zu fassen".[57] Die Temporalität des Seins ist für Heidegger also schon bei Platon und Aristoteles als Anwesenheit, Gegenwart und Gegenwärtigen unterschwellig erkennbar, während sich diese Philosophen jedoch selbst des temporalen Charakters ihrer Ontologien nicht bewusst gewesen seien. Descartes habe es dann fatalerweise versäumt, den zeitlich ontologischen Charakter seines *cogito sum* herauszuarbeiten und durch eine Übernahme mittelalterlicher Seinskategorien in seinen vermeintlichen Neuanfang der Philosophie zu einer folgenschweren Verdeckung

[53] Zu einer Kritik der Übersetzung von „ousía" und „parousía" mit „Anwesenheit" vgl. Tugendhat, Ernst: Heideggers Seinsfrage, in: Tugendhat, Ernst: *Philosophische Aufsätze*. Frankfurt am Main: Suhrkamp 1992, 108–135, hier 129.

[54] SZ, 25. Nicht nur der Begriff des *noein* lässt hier einen Bezug zu Husserl vermuten. In der Vorbetrachtung und dem ersten Hauptstück der *Logik* wird erkennbar, dass Heidegger Husserls kategoriale Anschauung in eine Nähe zu Aristoteles' Verdienst stellt, Wahrheit in dem schlichten Vernehmen eines Vorhandenen und nicht in einem attribuierenden Urteil zu sehen.

[55] SZ, 26. Heidegger priorisiert, im Unterschied zu Brentano, dessen Werk *Von der mannigfachen Bedeutung des Seins nach Aristoteles* für Heidegger eine prägende Lektüre war, die aristotelische Bedeutung des Seins als Wahrheit. Allerdings habe Aristoteles laut Heidegger zwar Wahrheit im Sinne von Entdecktheit bereits als eigentlichste Bestimmung von Sein vollzogen, er habe aber noch nicht die Frage gestellt, *warum* Wahrheit und Sein so zusammenhängen. Heidegger zufolge liegt der Grund für diesen Zusammenhang in der Zeit. Vgl. *Logik*, 193. Der fatale Fehler der Philosophiegeschichte von den Griechen bis zu Husserl sei, dass stets der Logos im Sinne des Bestimmens zum Leitfaden für die Seinsfrage gemacht wurde. Das Bestimmen sei aber immer sekundär zu einem primären Entdecken, so dass der Satz nicht der Ort der Wahrheit, sondern die Wahrheit der Ort des Satzes sei (vgl. *Logik*, 135). Aus demselben Grund gründe auch die Metaphysik nicht in der Logik. Die Logik gründe vielmehr so in der Metaphysik, dass die Logik Metaphysik der Wahrheit sei (vgl. *Anfangsgründe*, 128). Um das Missverstehen der traditionellen Logik in Hinblick auf das Verhältnis von Wahrheit, Sein und Zeit geht es außerdem im vierten Kapitel der *Grundprobleme*, in dem Heidegger die „vierte traditionelle These über das Sein" diskutiert, in welcher er den Zeitcharakter des Seins verdeckt findet.

[56] Vgl. *Logik*, 193.

[57] SZ, 26.

der temporal-ontologischen Wurzeln der Griechen beigetragen.[58] Kant schließlich habe zwar im Wesentlichen die Verdeckungen Descartes' übernommen, sei aber trotzdem „[d]er Erste und Einzige, der sich eine Strecke untersuchenden Weges in der Richtung auf die Dimension der Temporalität bewegte", wenn er auch vor den letzten Konsequenzen „gleichsam zurückweicht".[59]

Es geht Heidegger selbst nun nicht darum, das Sein als eine irgendwie zeitlich charakterisierte Gattung des Seienden zu bestimmen. Eine solche Gattung wäre ohnehin aufgrund der höchsten Allgemeinheit des Seinsbegriffes undefinierbar.[60] Sein gehe vielmehr über alles Seiende und dessen Bestimmtheit hinaus: „Das Sein als Grundthema der Philosophie ist keine Gattung eines Seienden, und doch betrifft es jedes Seiende. Seine ‚Universalität' ist höher zu suchen. Sein und Seinsstruktur liegen über jedes Seiende und jede mögliche seiende Bestimmtheit eines Seienden hinaus".[61] Entscheidend ist hier eine begriffliche Differenzierung, die SZ zwar durchzieht, aber erst in der Vorlesung von 1927 über die Grundprobleme der Phänomenologie von Heidegger explizit als „ontologische Differenz" bezeichnet wird.[62] Die ontologische Differenz scheidet bekanntlich den von Heidegger geprägten Begriff „ontisch" von „ontologisch": Das Ontische sei das, was faktisch ist, während das Ontologische die allgemeinen Seinsstrukturen seien, die dem Ontischen zugrunde liegen und deren theoretisch-begriffliche Interpretation die Philosophie zur

[58] Heideggers Kritik an Descartes kann in der Regel auch als eine Kritik an Husserl verstanden werden, der sich ebenfalls auf eine in Heideggers Augen abstrakt bleibende und nicht aus „den Sachen selbst" gewonnene Subjektivität bezieht. Vgl. dazu exemplarisch eine Anmerkung Heideggers zu Husserls Encyclopaedia Britannica Artikel in Bezug auf die transzendentale Reduktion: „Was ist das für ein ‚außer Betracht setzen'? Die Reduktion? Wenn ja – dann habe ich eben dann in der reinen Seele gerade nicht das Apriori von Seele überhaupt" (Husserl, Edmund: Encyclopedia Britannica Artikel, in: ders.: *Phänomenologische Psychologie*. Hg. von Walter Biemel. Den Haag: Martinus Nijhoff 1962 (= Husserliana. Bd. 9), 237–301, hier 272). Husserl selbst bemerkt wiederum zu S. 24 von SZ „Ungerechte Einwände gegen Descartes" und zu S. 13: „Heidegger transponiert oder transversiert die konstitutiv-phänomenologische Klärung aller Regionen des Seienden und Universalen, der totalen Region Welt ins Anthropologische" (Breeur: Randbemerkungen Husserls zu Heideggers *Sein und Zeit* und *Kant und das Problem der Metaphysik*, a. a. O., 15, 13). Grundsätzlich wirft Heidegger Husserl ungerechtfertigte Abstraktion, und Husserl Heidegger Anthropologismus vor.

[59] SZ, 23.

[60] Undefinierbarkeit bedeutet für Heidegger aber gerade nicht das Ende aller möglichen Abhandlungen über das Sein: „Argumentiert man in der üblichen Weise – Sein ist undefinierbar – also läßt man es dabei bewenden, etwas Selbstverständliches, aber ganz Verworrenes zu meinen (Pascal!), dann ist das [...] so sinnvoll wie folgende Argumentation: Auf einem Fahrrad kann man nicht Klavier spielen, also ist ein Fahrrad ein unbrauchbarer Gebrauchsgegenstand; als ob alle Gebrauchsgegenstände die Eignung haben müßten, daß man darauf Klavier spiele – als ob alles, wovon gehandelt wird, definierbar sein müßte" (*Logik*, 77).

[61] SZ, 38. Tugendhat ist der Meinung, dass Heidegger bei der Behandlung der Seinsfrage von vornherein nicht gründlich genug vorgehe, da er gar nicht erst die Frage stelle, ob die verschiedenen Bedeutungen des „ist" (Existenz, Copula, Identität, veritatives „ist") nicht vielleicht nur zufällig mit demselben Wort bezeichnet werden. Vgl. Tugendhat: Heideggers Seinsfrage, a. a. O., 116.

[62] Vgl. *Grundprobleme*, 322.

Aufgabe habe.[63] Wie aber soll die Frage nach diesem Sein gestellt und behandelt werden können, wenn nicht nach einer Bestimmung gefragt ist, die allem Seienden gemeinsam ist?

Heidegger ist der Meinung, dass eine angemessene Ontologie nur als Phänomenologie möglich sei, da allein darüber, wie sich Sein zeigt, etwas über das Sein erfahren werden kann. Seine Definition von Phänomenologie, die er über eine Auseinandersetzung mit den griechischen Begriffen *phainómenon* und *lógos* entwickelt, ist: „Das was sich zeigt, so wie es sich von ihm selbst her zeigt, von ihm selbst her sehen lassen".[64] Das, was die Phänomenologie „sich von ihm selbst her sehen lassen" soll, ist jedoch „solches, was sich zunächst und zumeist gerade *nicht* zeigt, was gegenüber dem, was sich zunächst und zumeist zeigt, *verborgen* ist".[65] Deshalb ist die phänomenologische Ontologie Arbeit, Auslegungsarbeit, Hermeneutik. Weil Sein aber nur auszulegen ist im Ausgang von einem Seienden, das Sein versteht, hat sich die Hermeneutik dem von Heidegger so genannten *Dasein* und dessen *„ganz unbestimmte[m] Vorverständnis[]"* des Seins zuzuwenden, um dessen Seinsstrukturen und Seinsverständnisstrukturen zu ermitteln.[66] Heidegger betont, dass es ihm weder um Psychologie des Menschen noch um Weltanschauung über den Sinn und Zweck des Lebens noch um eine philosophische Sonderdisziplin

---

[63] „Die Beschreibung bleibt am Seienden haften. Sie ist ontisch. Gesucht wird aber doch das Sein" (SZ, 63). „Ontisch" ist die „Abschilderung des innerweltlichen Seienden", „ontologisch" ist die „Interpretation des Seins dieses Seienden" (a. a. O., 64). „Philosophie ist die theoretisch-begriffliche Interpretation des Seins, seiner Struktur und seiner Möglichkeiten. Sie ist ontologisch" (*Grundprobleme*, 15).

[64] SZ, 34.

[65] SZ, 35. Das Phänomen ist also wie für Husserl auch für Heidegger keine Erscheinung, die auf etwas anderes verweist, sondern es hat „die ihm eigentümliche Struktur des Sich-selbst-zeigens" (*Prolegomena*, 113). Es dürfe aber auch nicht mit dem Schein verwechselt werden, der seinerseits „den Charakter des Sichzeigens" hat, „aber das, was sich zeigt, zeigt sich *nicht* als das, was es ist" (ebd.), wodurch der Schein für Heidegger zu einer „privativen Modifikation" (SZ, 29) des Phänomens wird. Auch bei Husserl müssen die Phänomene, mit denen es die Phänomenologie zu tun hat, vom Schein unterschieden werden. Bei Husserl allerdings ergibt sich ein Schein durch phänomenologisch unbegründete, zu reduzierende Vorurteile oder theoretische Konstruktionen oder durch so etwas wie eine optische Täuschung, die eine irrtümliche Konstitution zur Folge hat und durch anschauliche Erfüllung korrigiert werden kann. Heidegger hingegen spielt mit der Rede vom Schein auf eine Verdeckungstendenz des Daseins an, das – wie beispielsweise Husserl – meint, durch ein von allem Alltagsverständnis abstrahierendes reines Hinsehen zu den „Sachen selbst" zu gelangen.

[66] *Prolegomena*, 193. Und in SZ heißt es: „Sein kann daher unbegriffen sein, aber es ist nie völlig unverstanden" (SZ, 183). Um den Weg einer Bestimmung dieses unbestimmten Vorverständnisses des Seins vorzuzeichnen, verwendet Heidegger bereits in den *Prolegomena* ein Modell, das in SZ in abgewandelter Form als das Modell eines jeden Verstehens wiederkehrt. Es handelt sich um die Unterscheidung von Erfragtem, Gefragtem und Befragtem, bzw. von Vorgriff, Vorsicht und Vorhabe. Das Seiende ist Heidegger zufolge erstens als Befragtes in die Vorhabe zu bringen, zweitens unter der bestimmten Hinsicht, der Vorsicht bzw. dem Gefragten der Frage nach dem Sein des Seienden betrachtet und dabei drittens von dem Erfragten, von der Frage nach dem Begriff des Sinnes von Sein im Sinne eines Vorgriffes bestimmt. Vgl. zu Erfragtem, Gefragtem und Befragtem *Prolegomena*, § 16 und zu Vorgriff, Vorsicht und Vorhabe SZ, 150. Die Begriffe Vorhabe, Vorsicht und Vorgriff benutzt Heidegger allerdings auch bereits 1924. Vgl. *Zeitbegriff*, 89.

Anthropologie geht.[67] Das Dasein ist zwar der seinverstehende Mensch, aber nur insofern dieser immer schon existierend in seiner Welt und in dem Sinne „da" ist und Sein versteht. Das Dasein ist weder „Subjekt" noch „Bewusstsein". Es ist nicht auf eine geschlossene, weltlose, theoretisch konstruierte Sphäre reduziert, die Heidegger Husserls Ansatz als eine unzulässige Abstraktion von den „Sachen selbst" vorwirft. Dasein habe Welt nicht erst mithilfe von primären Empfindungen und Auffassungsakten zu konstituieren, sondern Da-sein sei immer schon ganz „da", indem es existierend, und nicht primär wahrnehmend und konstituierend, außerhalb seiner selbst in einer Welt sei, mit der es zu tun habe, zu der es sich verhalte und aus der es sich verstehe. Dies meint Heidegger mit der Formulierung, das Dasein sei „seine Erschlossenheit".[68] Husserls absolutes Bewusstsein könnte so aus Heideggers Perspektive als eine existenzial-ontologische Modifikation von Heideggers Dasein interpretiert werden, die sich allererst aus einer sekundären Abstraktion von dessen existierender Seinsweise ergibt.[69] Die eigentümliche Seinsweise dieses sich verhaltenden und verstehenden Daseins ist Heidegger zufolge *Existenz*. „Existenz" meint bei Heidegger gerade nicht, wie die „Existentia" der mittelalterlichen Ontologie, ein bloßes Vorhandensein im Gegensatz zur „Essentia" als dem Sosein.[70] Heidegger spricht auch von der Ek-sistenz des Daseins, da dieses immer schon verstehend in die Welt „hinausrage" und mit dieser zu tun habe und nicht in seinem bloßen Vorhanden- oder Was-Sein in Frage steht.

Aus dieser Charakterisierung des existierenden Daseins ergibt sich bei Heidegger eine Umkehrung zentraler Begriffe der husserlschen Phänomenologie. Es steht nicht die Immanenz einer Subjektivität in Frage, welche über Intentionalität ein transzendentes Objekt konstituiert. Wenn Heidegger davon spricht, dass Dasein transzendiert, dass „Dasein […] das Transzendente" ist,[71] dann versteht er Dasein als das, was immer schon hinüberschreitet. Er verweist auf das lateinische „[t]ranscendere […, das] dem Wortbegriff nach […] hinüber schreiten, passieren, hindurchgehen, bisweilen auch übertreffen" heiße.[72] Als „das Überschreitende als solches" sei das Dasein „gerade *nicht das Immanente*",[73] sondern das Transzendente.

[67] Vgl. *Prolegomena*, 201.

[68] SZ, 133.

[69] Vgl. Chernyakov, Alexej: *The Ontology of Time. Being and Time in the Philosophies of Aristotle, Husserl and Heidegger*. Dordrecht/Boston/London: Kluwer Academic Publishers 2002 (= Phaenomenologica. Bd. 163), 24.

[70] Heidegger diskutiert im zweiten Kapitel der Vorlesung von 1927 kritisch und ausführlich „[d]ie auf Aristoteles zurückgehende These der mittelalterlichen Ontologie: Zur Seinsverfassung eines Seienden gehören das Wassein (essentia) und das Vorhandensein (existentia)" (*Grundprobleme*, VI). Er stellt dort Thomas von Aquin, Duns Scotus und Suarez in den Vordergrund. Im Titel *Sein und Zeit* könnte möglicherweise eine kritische Anspielung auf das Werk von Thomas von Aquin *De ente et essentia* liegen. Mit einem solchen Verweis würde Heidegger seine Kritik an den traditionellen statischen Seinsbestimmungen „Wesen" und „Substanz" unterstreichen, gegen die er seine eigene Position einer zeitlichen, nicht-ewigen Dynamik des Seins stellt.

[71] *Grundprobleme*, 423.

[72] *Grundprobleme*, 423.

[73] *Grundprobleme*, 423 ff.

Anstatt wie Husserl die Immanenz über die Intentionalität mit der Transzendenz zu vereinigen, kehrt Heidegger das Verhältnis um: Intentionalität sei allererst möglich auf Basis der Transzendenz des Daseins.[74] Nur weil Dasein immer schon in Weltbezügen ist und sich aus diesen versteht, kann es sich überhaupt explizit auf irgendetwas intentional beziehen. Nur weil es immer schon hinüberschreitet, kann es sich intentional verhalten. Da nun aber seinverstehendes Dasein die „Bedingung der Möglichkeit aller Ontologien“ ist,[75] hält Heidegger es für nötig, als Vorbereitung einer Ontologie des Seins überhaupt die Seinsstrukturen dieses existierenden, transzendenten, seinverstehenden Daseins zu untersuchen. Da das Dasein sich aber durch Seinverstehen auszeichnet und sich dadurch immer schon überschreitet, geht es auch Heidegger noch, wenn auch in einem neuen Sinne, um transzendentale Erkenntnis und um Phänomenologie als Transzendentalphilosophie: Da *„Sein [...] das transcendens schlechthin“* ist, sei jede Erschließung dieses Seins *„transzendentale* Erkenntnis. *Phänomenologische Wahrheit (Erschlossenheit von Sein) ist veritas transcendentalis“.*[76] Heidegger verfolgt demnach in seiner phänomenologischen Ontologie trotz aller Kritik an Kants Subjektivitätsbegriff ein kantisches Projekt, wenn er sich vornimmt, bei seiner Frage nach dem Sein die Bedingungen der Möglichkeit zu erforschen, die unserem Welt- und Selbstverständnis, und grundsätzlicher unserem Seinsverständnis, zugrunde liegen.[77] Allerdings geht es Heidegger nicht darum, wie eine Kluft zwischen einer wie auch immer gearteten „Innensphäre“ und einer „Außensphäre“ überbrückt werden könnte.[78] Sein Ziel ist es, das sich zeigende Sein von seinen Verdeckungen zu befreien und sich

---

74 Vgl. *Grundprobleme*, 447.

75 SZ, 13.

76 SZ, 38. In den *Grundproblemen* heißt es in Hinblick auf den bereits genannten Zusammenhang von Sein und Wahrheit bei Heidegger: „Sein gibt es nur, wenn Wahrheit, d. h. wenn Dasein existiert. [...]. Diese Probleme des Zusammenhangs von Sein und Wahrheit fassen wir zusammen in das Problem des *Wahrheitscharakters des Seins* (veritas transcendentalis)“ (*Grundprobleme*, 25). Das in Frage stehende „Überschreiten“ gilt nicht nur für das Sichüberschreiten des Daseins hin zum Sein, sondern gleichermaßen für das Überschreiten des Seienden hin zum Sein: „Wir können die Wissenschaft vom Sein als kritische Wissenschaft auch die *transzendentale Wissenschaft* nennen. [...] Wir übersteigen das Seiende, um zum Sein zu gelangen“ (*Grundprobleme*, 23). Um zu kennzeichnen, dass die das Sein betreffende Transzendenz der das Seiende betreffenden Transzendenz zugrunde liegt, spricht Heidegger in den *Anfangsgründen* von der auf das Seinsverständnis bezogenen „Urtranszendenz“, in der „die ontische Transzendenz noch selbst gegründet ist“ (*Anfangsgründe*, 194). Zum heideggerschen Denken als einer Transzendentalphilosophie vgl. Steffen, Christian: *Heidegger als Transzendentalphilosoph*. Heidelberg: Universitätsverlag Winter 2005.

77 Bernet sieht in dem Rückgang auf die „Subjektivität“ eine gewisse Parallele zwischen Husserl und Heidegger, die jedoch durch Heideggers Ansatz beim faktischen Leben des Daseins begrenzt ist. Vgl. Bernet: Origine du temps et temps originaire chez Husserl et Heidegger, a. a. O., 515.

78 Heidegger meint, dass hinter Husserls psychologismuskritischem Denken letztlich „ein noch viel gröberer und grundsätzlicherer, freilich auch noch schwerer zu fassender Naturalismus steckt“ (*Logik*, 92) als hinter den früheren traditionellen Modellen einer solchen Innen-Außen-Dichotomie. Grund dafür ist, dass er Husserl vorwirft, die Frage nach der ursprünglichen Einheit dieser beiden Bereiche, sollten sie überhaupt ihre Berechtigung haben, gar nicht gestellt zu haben. Die „tiefsinnige Frage nach der Überbrückung der Kluft zwischen Realem und Idealem“ aber sei ein „Schildbürgerunternehmen“ (ebd.).

phänomenologisch von ihm selbst her sehen zu lassen und dies über den Weg einer Analyse des existierenden, immer schon seinverstehenden und „transzendenten" Daseins zu erreichen.

Bevor Heidegger allerdings den Zeitcharakter dieser Seinsstrukturen des Daseins im zweiten Abschnitt entwickelt, unternimmt er im gesamten ersten Abschnitt eine „vorbereitende Fundamentalanalyse des Daseins", in der er die *Existenzialien* als Seinsweisen des Daseins über die Grundstruktur des *In-der-Welt-seins* erarbeitet.[79] Die durch die Bindestriche hervorgehobene phänomenale Einheitlichkeit des In-der-Welt-seins impliziert, dass das Dasein – ganz gleich in welchen speziellen Bezügen – immer schon mit der Welt in bestimmten vortheoretischen Beziehungen steht und nicht isoliert von ihr denkbar ist. Bei der Untersuchung des Daseins entdeckt Heidegger eine Vielzahl von Seinsweisen, welche hier nur insofern aufgegriffen werden sollen, als sie direkt auf die *Sorge* als das Strukturganze des In-der-Welt-seins hinführen. Die Sorge wiederum dient Heidegger als Grundlage für den Übergang zum zweiten Abschnitt, in welchem er den Ursprung der Sorge in der existenzialen *ursprünglichen Zeit* nachzuweisen sucht. In einer existenzial-ontologischen Vertiefung der Analyse gelangt Heidegger so von der oberflächlicheren Ebene des In-der-Welt-seins über deren Vertiefung in der Sorge schließlich zu dem seines Erachtens grundlegendsten Existenzial der ursprünglichen Zeit. Der Aufbau von *Sein und Zeit* hat insofern eine gewisse Spiralform, als bereits in der Analyse des In-der-Welt-seins die dreifach ekstatische Zeitlichkeit angelegt ist, Heidegger diese aber erst nach mehrfacher Vertiefung der Analyse im zweiten Abschnitt als das Grundexistenzial explizit herausarbeitet. Obgleich die Zeitlichkeit also erst im zweiten Abschnitt explizit Thema ist, ist sie das Konzept, in dem sich sämtliche Analysen von Heideggers frühem Hauptwerk verschränken. Um Heideggers Zeitdenken zu thematisieren, ist es daher unerlässlich, seine auf das Grundexistenzial der Zeitlichkeit hinführende daseinsanalytische Vorbereitung des ersten Abschnittes zu skizzieren. Das folgende, den ersten Abschnitt von SZ behandelnde Kapitel wird jedoch einen weniger kritischen als einleitenden und auf Heideggers Zeitproblematik hinführenden Charakter haben.

3.1.3 Die vorbereitende Fundamentalanalyse des Daseins

Im ersten Abschnitt von SZ entwickelt Heidegger das Existenzial des In-der-Welt-seins des Daseins als dessen Grundverfassung in seinen beiden Komponenten „Weltlichkeit" und „In-sein" und in Hinblick auf die Frage, wer das existierende Dasein in seiner Alltäglichkeit ist. Das existenziale In-der-Welt-sein des Daseins

[79] Die Unterscheidung in „existenzial" und „existenziell" ist der Unterteilung in „ontologisch" und „ontisch" untergeordnet und analog strukturiert: Existenzialien kennzeichnen die Grundverfassung des Daseins und ihre existenziellen Ausprägungen sind konkrete Lebensmöglichkeiten des einzelnen Individuums. Außerdem stehen die Existenzialien auf der Seite des Daseins den Kategorien auf der Seite der Gegenstände gegenüber.

könnte als Heideggers Antwort auf Husserls kategoriale Anschauung verstanden werden. Über Husserl hinaus geht es Heidegger jedoch nicht nur darum, dass eine Gegenstandswahrnehmung neben sinnlichen, bzw. auf diesen aufbauend auch kategoriale Anschauungsmomente enthält, sondern die Existenz des Daseins selbst ist als In-der-Welt-sein immer schon von einem Ineinander von sinnlichen und kategorialen Momenten durchzogen, welche unmittelbar und unhintergehbar die Seinsweise des Daseins bestimmen. Da dessen verstehende Seinsweise aber in erster Linie an praktischen Verweisungszusammenhängen orientiert ist, wäre das, was man mit „kategorialen Momenten" in Verbindung bringen könnte, immer schon und in erster Linie von einem praktischen Gegenstandsverständnis und seinen Verweisungsbezügen her zu verstehen. Die Spezifikationen des In-der-Welt-seins führen Heidegger im sechsten und letzten Kapitel des ersten Abschnittes von SZ dazu, das Sein des Daseins einheitlich als Sorge zu bestimmen. Sämtliche Komponenten des In-der-Welt-seins sind auf die Sorge hin ausgerichtet, als deren Sinn Heidegger wiederum die Zeitlichkeit entwickeln wird. Aufgrund dieses systematischen Zusammenhanges besteht eine enge Verknüpfung zwischen allen von Heidegger eingeführten Begriffen. Diese sind nur in ihrem Zusammenhang und letztlich nur in Hinblick auf die ihnen allen zugrunde liegende Zeitlichkeit zu verstehen.

In seiner alltäglichen Welt begegnen dem Dasein Dinge, die für es immer schon eine Bedeutung haben, mit denen es eine *Bewandtnis* hat.[80] So ist ein Hammer beispielsweise in erster Linie etwas, mit dem man einen Nagel in die Wand schlagen, und ein Stift etwas, mit dem man schreiben kann. Heidegger bezeichnet diese Dinge als *Zeug* und als *Zuhandenes*,[81] da sie immer schon auf ihre Zweckdienlichkeit hin verstanden werden und dem Dasein in seinem praktischen Umgang „zur Hand" sind. *Zuhandenheit* ist ihre Seinsweise, da Sein gleich Verstandensein ist und das Dasein die Dinge in erster Linie praktisch als Zuhandene versteht. Die zuhandenen Dinge begegnen dem Dasein außerdem nie als einzelne ihm gegenüberstehende Objekte, sondern es versteht sie immer in einer Ganzheit, einer so genannten *Bewandtnisganzheit*,[82] in der sie aufeinander verweisen wie der Hammer auf den Nagel. Diese Ganzheit hat immer auch einen Selbstbezug auf das Dasein, da sie auf seine Zwecke hin verstanden wird. In der Seinsweise der *Vorhandenheit* begegnen die Dinge dem Dasein hingegen nur dann, wenn es von der stets schon bestehenden, ursprünglicheren Zuhandenheit absieht.[83] Hat das Dasein den Bezug des reinen Hinsehens oder theoretischen Erkennens zu den begegnenden Dingen, dann habe es, so Heidegger gegen Husserl, keinen ursprünglicheren Bezug zu den Dingen gewonnen, sondern das Dasein habe dann schon von den primären Bewandtniszusammenhängen des alltäglich begegnenden Zeugs abstrahiert.[84] Die wissenschaftliche Perspektive auf

80 Vgl. SZ, 85.

81 Vgl. a. a. O., 68 f.

82 Vgl. a. a. O., 85.

83 Vgl. a. a. O., 71 f.

84 Husserl unterscheidet ein gewöhnliches genaues Bestimmtsein von einem exakten und idealgenauen Bestimmtsein: Ein praktisches Sehen des Gegenstandes als praktische Idee, als praktisches Telos unterscheidet sich von einem exakten Sehen des Gegenstandes als Idee in Kantischem Sinn.

die Welt entstehe Heidegger zufolge durch ein „Verschwinden der Praxis“ und sei somit unserem primären Weltbezug gegenüber sekundär und abgeleitet.[85] Heidegger verbindet diese These mit einer Kritik an Descartes, die auch als Kritik an Kant und Husserl gelesen werden könnte.[86]

Über diese beiden Seinsweisen als Verstehensweisen von dinglichen Objekten hinaus unterscheidet Heidegger den Bezug des Daseins zu einem anderen Dasein und bezeichnet diesen als *Mitsein* mit anderen, während diese anderen *Mitdasein* genannt werden, weil sie vom Dasein immer schon verstanden werden als andere, denen es wie ihm selbst ebenfalls um ihr Sein und das Sein des ihnen Begegnenden geht. Von dem Mitsein als Existenzial des Daseins gelangt Heidegger zu der Bestimmung des alltäglich vorherrschenden öffentlichen Durchschnittsverständnisses, der Durchschnittsseinsweise des *Man*. Dieses Man sind zugleich alle, aber niemand im Besonderen. Es äußert sich sprachlich in Sätzen von der Art „man macht das so“, „man sagt das nicht“ usw. und enthält somit die – nicht von einer einzelnen Person festgelegten – allgemein (be-)herrschenden Standards, die das einzelne alltägliche Dasein bestimmen, ohne von ihm eigens gewählt zu sein.[87] „Wir genießen und vergnügen uns, wie *man* genießt; wir lesen, sehen und urteilen über Literatur und Kunst, wie *man* sieht und urteilt; wir ziehen uns aber auch vom ‚großen Haufen‘ zurück, wie *man* sich zurückzieht; wir finden ‚empörend‘, was *man* empörend findet.“[88] Das *Selbstsein*, in dem sich Husserls reines Bewusstsein in der Selbstwahrnehmung befindet, kann für Heidegger nur durch eine eigens durch das Dasein vorgenommene Modifikation des Man erreicht werden, denn „[z]unächst ist das Dasein Man und zumeist bleibt es so.“[89]

In Bezug auf das gesamte Phänomen des In-der-Welt-seins ist so weit in erster Linie das „Strukturmoment der Welt und die Beantwortung der Frage nach dem Wer dieses Seienden in seiner Alltäglichkeit“ thematisiert worden.[90] Um dem In-der-Welt-sein auch in dem spezifischen Element des *In-seins* gerecht zu werden, untersucht Heidegger, auf welche Art und Weise sich das alltägliche Dasein zu

---

Obgleich Husserl durchaus eine Differenzierung vornimmt, umspannt bei ihm die theoretische Einstellung aber die Optima aller möglichen praktischen Einstellungen. Vgl. *Bernauer Manuskripte*, 385 ff. Bei Heidegger ist umgekehrt die Sicht auf Vorhandenes eine spezifizierende Hinsicht auf das primär im Modus der Zuhandenheit Begegnende.

[85] SZ, 357.

[86] Vgl. SZ, Abschn. 1, Kap. 3, Teil B „Die Abhebung der Analyse der Weltlichkeit gegen die Interpretation der Welt bei Descartes“.

[87] Obwohl Heidegger eine Wertung ausdrücklich zu vermeiden sucht, vermittelt er doch den Eindruck, vom Man beherrscht zu sein, sei etwas Verwerfliches. Im Vortrag von 1924 ist sogar von der „schlechte[n] Gegenwart des Alltags“ die Rede (*Zeitbegriff*, 118). Andererseits macht Heidegger wiederum explizit deutlich, dass das Man unhintergehbar ist und es den alltäglichen Umgang der Daseins miteinander berechenbar macht: „Dieser alltäglichen Ausgelegtheit, in die das Dasein zunächst hineinwächst, vermag es sich nie zu entziehen. In ihr und aus ihr und gegen sie vollzieht sich alles echte Verstehen, Auslegen und Mitteilen, Wiederentdecken und neu Zueignen“ (SZ, 169).

[88] SZ, 126 f.

[89] A. a. O., 129.

[90] A. a. O., 130.

Zuhandenem, Vorhandenem und Mitdasein verhält. Er entdeckt dabei vier Grundmomente. Diese sind *Befindlichkeit*, *Verstehen, Rede* und *Verfallen*. „Was wir *ontologisch* mit dem Titel Befindlichkeit anzeigen, ist *ontisch* das Bekannteste und Alltäglichste: die Stimmung, das Gestimmtsein.“[91] Das Dasein befindet sich immer schon in irgendeiner Stimmung, in der es auch immer schon einen Weltbezug hat. Es ist *Faktizität* und *Geworfenheit*, indem es sich immer schon in einer Welt befindet, in die es sich nicht selbst gesetzt hat und in der es sich schlechthin vorfindet.[92] Die Befindlichkeit macht Heidegger zufolge eine husserlianische Intentionalität, „ein Sichrichten auf … allererst möglich.“[93] Das Verstehen als eine weitere Komponente des In-Seins ist deshalb schon immer gestimmtes Verstehen. Seine Struktur charakterisiert Heidegger als *Entwurf*.[94] Das Dasein versteht sich aus den Möglichkeiten, die sich ihm bieten. Diese Möglichkeiten werden nicht thematisch erfasst und in einem Entwurf im Sinne eines ausgedachten Planes verfolgt, sondern dieses immer schon auf seine Seinsmöglichkeiten hin orientierte Dasein ist entwerfend, indem es sich aus diesen seinen Möglichkeiten versteht. Das Verstehen hat wiederum Auswirkungen auf die spezifische Befindlichkeit. So befindet sich das welt- und seinverstehende Dasein in einem *hermeneutischen Zirkel*, aus dem es nicht heraus kann und in den es deshalb auf die richtige Art und Weise hineinfinden muss.[95] Es versteht nie neutral, sondern als ein transzendentes Dasein immer schon aus einem Vorverständnis heraus, das es zu reflektieren gilt. Es ist *Existenzialität*, weil es kein bloß Vorhandenes ist, sondern sich zu sich und zur Welt verhält.[96] Die Rede bezeichnet das Strukturmoment, welches verdeutlicht, wie Dasein immer schon Welt und sich selbst entdeckt und dies immer schon durch Rede strukturiert und artikuliert. Damit ist allerdings nicht notwendig eine stimmliche Verlautbarung gemeint. Die Rede versteht Heidegger vielmehr als das Fundament der Sprache, in dem sich das Weltverständnis gliedert. „Die Rede ‚lässt sehen‘ […] von dem selbst her, wovon die Rede ist.“[97] Zu dem weiten Begriff der Rede rechnet Heidegger ebenso die Modifikationen des Schweigens und des Hörens. Das vierte Moment des In-Seins,

---

91 A. a. O., 134.

92 Vgl. a. a. O., 56, 135.

93 A. a. O., 137.

94 Vgl. a. a. O., 145.

95 Vgl. a. a. O., §§ 28–34. Der hermeneutische Zirkel findet sich bekanntlich bereits bei Schleiermacher (vgl. Schleiermacher, Friedrich: Über den Begriff der Hermeneutik mit Bezug auf F.A. Wolfs Andeutungen und Asts Lehrbuch, in: ders.: *Sämtliche Werke*, III. Abt., 3. Bd. Hg. von L. Jonas. Berlin: Reimer 1835, 344–386), der das zirkuläre Verständnis des Teils aus dem Ganzen und des Ganzen durch die Teile (149) und das dazugehörige Ineinander von divinatorischer und komparativer Methode (144 ff.) betont. Heidegger geht über Schleiermacher hinaus, indem er den Zirkel positiv als Chance interpretiert und seine Unhintergehbarkeit für jedes Verstehen ausdrücklich akzentuiert (vgl. SZ, § 32). Darüber hinaus ist Heidegger der Erste, der die Rolle der Befindlichkeit hervorhebt. Allerdings ist diesbezüglich bei Husserl, so wurde oben gezeigt, einige Vorarbeit zu finden, bei der es jedoch fraglich ist, ob Heidegger sie gekannt hat.

96 Vgl. a. a. O., 12.

97 A. a. O., 32. Vgl. Heideggers Interpretation des griechischen *lógos* im Zusammenhang seiner Erörterung des Phänomenologiebegriffes (a. a. O., § 7b).

das Verfallen, ist dadurch gekennzeichnet, dass das Dasein in ihm so sehr im Umgang mit der Welt aufgeht, dass es nicht mehr bei sich selbst ist, sondern sich an die Dinge verliert. Im Verfallen an die Welt geht es im Man auf und ist somit nicht Selbstsein. Heidegger interpretiert an dieser Stelle das Verfallen als ein Existenzial, das die anderen drei Existenzialien Befindlichkeit, Verstehen und Rede in ihrem alltäglichen Modus bestimmt.[98]

Welches Existenzial aber, so fragt Heidegger, vermag zwischen diesen vielfältigen Verstehens- und Seinsweisen des alltäglichen Daseins eine Einheit herzustellen, die für die Ermittlung eines einheitlichen Seinsbegriffes notwendig ist? Es ist die *Sorge*, die nach Heidegger diese einheitsstiftende Funktion übernimmt. Sie sei das angemessene Fundament der husserlschen Intentionalität.[99] Begrifflich klingt sie schon an in Heideggers Bestimmungen des speziellen Verhältnisses zu Zuhandenem als Be*sorgen* und dem Mitdasein als Für*sorge*.[100] Die Sorge, so Heideggers Charakterisierung, sei das „Sich-vorweg-schon-sein-in-(der-Welt-) als Sein-bei (innerweltlich begegnendem Seienden)".[101] Was aber ist unter dieser komplexen, etwas umständlich anmutenden Definition zu verstehen? Die Sorge ist eine Einheit von drei Komponenten. Zum einen sorgt sich der Mensch um sein Sein, indem er sich aus den Möglichkeiten versteht, die sich ihm in der Zukunft bieten und aus denen er wählen muss (verstehendes *Sich-vorweg-sein*). Er ist aber zweitens im Besorgen und Fürsorgen, dem alltäglichen Umgang, immer schon bei den ihm begegnenden Dingen und dem Mitdasein (verfallendes *Sein-bei*). Und drittens sind die von ihm anvisierten zukünftigen Möglichkeiten immer schon geprägt von seiner Vergangenheit, die als Stimmung ebenfalls ihren Platz innerhalb der Sorgestruktur hat (befindliches *Schon-sein-in*). Für Heidegger zeigt sich insbesondere an der hier deutlich werdenden Verschränkung von verstehendem Sich-Vorwegsein und befindlichem Schon-sein-in, dass der Sorge ein, wie er es formuliert, „ursprünglicheres" Moment zugrunde liegt: die *Zeitlichkeit*. Was aber bedeutet hier Ursprünglichkeit? Was heißt

---

98 In den Überschriften der Unterkapitel des ersten Abschnittes von SZ, 5 A „Die existenziale Konstitution des Da" und 5 B „Das alltägliche Sein des Da und das Verfallen des Daseins", sowie auch bereits in der analogen Gliederung der §§ 28 und 29 in den *Prolegomena* wird diese Interpretation des Verfallens nahe gelegt. Außerdem heißt es in SZ, 5 A „Die Rede ist mit Befindlichkeit und Verstehen existenzial gleichursprünglich" (a. a. O., 161) und Heidegger stellt in der Einleitung zu 5 B die positiv zu beantwortende rhetorische Frage: „Eignet diesem [dem Man, I.R.] eine spezifische Befindlichkeit, ein besonderes Verstehen, Reden und Auslegen" (a. a. O., 167)? Diese Interpretation des Verfallens als des alltäglichen Modus von Befindlichkeit, Verstehen und Rede ist aber bereits weniger naheliegend, wenn Heidegger dem Sein-bei der Sorge das Verfallen zuweist und es in eine Reihe mit Befindlichkeit und Verstehen stellt.

99 Vgl. *Prolegomena*, § 31f. Auf das Phänomen der Sorge, so Heidegger, sei er bereits 1918 im Zusammenhang einer Auseinandersetzung mit den ontologischen Grundlagen der augustinischen Anthropologie gestoßen. Vgl. *Prolegomena*, 418. Vgl. auch *Zeitbegriff*, 44 (Fußnote).

100 „[Z]utunhaben mit etwas, herstellen von etwas, bestellen und pflegen von etwas, verwenden von etwas, aufgeben und in Verlust geraten lassen von etwas [...] Diese Weisen des In-Seins haben die [...] Seinsart des *Besorgens*" (SZ, 56 f.). „Das Seiende, zu dem sich das Dasein als Mitsein verhält, hat aber nicht die Seinsart des zuhandenen Zeugs, es ist selbst Dasein. Dieses Seiende wird nicht besorgt, sondern steht in der *Fürsorge*" (a. a. O., 121).

101 A. a. O., 192.

es, dass die Zeitlichkeit ursprünglicher ist als die Sorge? Auf welche Weise liegt sie dieser zugrunde?

Obgleich diese Frage für Heideggers Argumentation zentral ist, erscheint ihre Antwort aus dem heideggerschen Text nicht ohne weiteres eindeutig zu sein. Es geht Heidegger um eine „ursprüngliche ontologische Interpretation", welche „eine in phänomenaler Anmessung gesicherte hermeneutische Situation" erreiche.[102] Dabei ist das Verstehen ausführlich auf seine möglicherweise zunächst verdeckten Grundlagen und Voraussetzungen zu überprüfen. Werden diese aufgedeckt, sind die ursprünglicheren Momente freigelegt. Es ist hier aber eine gewisse Ambivalenz in Heideggers Rede von der Ursprünglichkeit anzutreffen. Einerseits erlauben es seine Formulierungen, die jeweils „ursprünglicheren" Momente als die *erklärenden Strukturen* der weniger ursprünglicheren Momente zu verstehen und „ursprünglich" nicht als einen zeitlich vorangehenden Grund aufzufassen.[103] Die zuletzt genannte Alternative wäre insbesondere in Bezug auf die ursprüngliche Zeitlichkeit problematisch, da Heidegger sicher nicht meint, die Zeitlichkeit sei zeitlich vor der Sorge. Dennoch lassen sich neben Gründen für die strukturelle Interpretation der Ursprünglichkeit bei Heidegger andererseits auch immer wieder Gründe für eine genetische Interpretation derselben finden. So zum Beispiel spielt, wie später noch zu erörtern sein wird, bei der so genannten Abkunft des vulgären Zeitbegriffes aus der Weltzeit die Entwicklung künstlicher Uhren aus der Sonnenuhr eine entscheidende Rolle. Trotz dieser gewissen Ambivalenz im Begriff der Ursprünglichkeit scheint aber die strukturelle Interpretation den Vorzug zu verdienen. Dies lässt sich überdies dadurch stützen, dass Heidegger die Zeitlichkeit auch als den *Sinn* der Sorge bezeichnet und „Sinn" wiederum bestimmt als „das, worin sich Verständlichkeit von etwas hält".[104] Der Sinn gibt die Strukturen vor, die das Wie jeder auslegenden Artikulation vorbestimmen.[105] Die Zeitlichkeit als Sinn der Sorge soll daher die Struktur der Sorge allererst auf eine angemessene und umfassende Weise verstehen lassen.[106] Wenn die vielfältigen Seinsweisen des Daseins durch die Sorge vereint sind und diese auf die angegebene Weise in der Zeitlichkeit gründet, so wird der Titel *Sein und Zeit* zunehmend verständlich und scheint schon zu Beginn des zweiten Abschnittes auf die allerdings noch auszuweisende These „der Seinssinn des Daseins ist die Zeitlichkeit" hinauszulaufen.

Es gibt jedoch aus Heideggers Perspektive neben der an diesem Punkt noch fehlenden Ursprünglichkeit der Analyse einen zweiten, mit dem ersten eng verbundenen Grund dafür, dass Heidegger bei dem Auffinden der Sorge als des einheitsstiftenden Strukturganzen des Daseins seine Suche nach dem Sein des Daseins noch nicht abbricht: Das Dasein sei am Ende des ersten Abschnittes von SZ noch nicht „*als*

---

102 SZ, 232.

103 Vgl. Blattner: *Heidegger's Temporal Idealism*, a. a. O., 231.

104 SZ, 151.

105 Vgl. Heinz: *Zeitlichkeit und Temporalität. Die Konstitution der Existenz und die Grundlegung einer temporalen Ontologie im Frühwerk Martin Heideggers*, a. a. O., 47.

106 Zu einer Kritik an der Ambivalenz von Heideggers Sinnbegriff vgl. Tugendhat: Heideggers Seinsfrage, a. a. O., 110 ff.

Ganzes in den Blick" gekommen.[107] Die Sorge, das bis dahin ursprünglichste Existenzial, hat Heidegger aus der Untersuchung der Alltäglichkeit, also der alltäglichen Seinsweise des Daseins gewonnen. In seinem alltäglichen Sein unterliegt das Dasein Heidegger zufolge jedoch dem Man und verliert sich verfallend an die Welt. Verfallend sei es überall und nirgends und nicht *eigentlich* es selbst. Da es nicht es selbst und sich nicht zu eigen sei, existiere es *uneigentlich* und als Unganzes zerstreut in den Umgang mit den Dingen. Heidegger stellt sich die Frage, ob das Dasein entgegen dieser Zerstreuung auch ganz sein kann und wenn ja wie. Auch hier, so meint er, ist es die Zeitlichkeit, die das mögliche Ganzseinkönnen des Daseins erklären kann. Zusammenfassend lässt sich hier daher sagen, dass Heidegger Zeitlichkeit gleichermaßen als das ursprüngliche wie auch als das Ganzheit ermöglichende Moment der Sorge und des existierenden Daseins versteht.

In Verbindung mit der Frage nach der Ganzheit des Daseins sieht Heidegger noch eine dritte, von ihm bis zu diesem Punkt von SZ vernachlässigte Frage auftauchen: die nach der Möglichkeit einer eigentlichen Existenzweise des Daseins. In der Alltäglichkeit existiere das Dasein als Verfallendes und existiere als solches nicht eigentlich in der Weise des Selbstseins. Kann es aber auch als Selbstsein existieren und wenn ja, wie kann es das, wenn es doch in seiner alltäglichen Seinsweise „zunächst und zumeist", wie Heidegger sagt, dem Man unterliegt?[108] Eine ausgezeichnete Möglichkeit, eigentlich sein zu können, zeige sich dem alltäglichen Dasein in der *Angst*. Die Angst als Existenzial werde von jedem Dasein, wenn auch meistens nur latent und hintergründig, erfahren. Heidegger unterscheidet sie von einer Furcht vor etwas Bestimmtem. Einer Depression ähnlich, so könnte man möglicherweise vergleichen, in der jedes Gefühl eines Sichauskennens, eines Zuhauseseins im weitesten Sinne, verschwindet, lasse die Angst die Welt in Unbedeutsamkeit versinken und das Dasein sich um sein eigentliches In-der-Welt-sein-können ängstigen.[109] Es spüre dabei sein „*Freisein für* die Freiheit des Sich-selbst-wählens und -ergreifens."[110] In der Alltäglichkeit und dem ihr eigentümlichen Verfallen hingegen flüchtet das Dasein meistens vor sich selbst in den geschäftigen Umgang mit der Welt und sucht im Umgehen mit dem allerorts begegnenden Seienden Zuflucht vor der

---

[107] SZ, 230.

[108] „‚Zunächst' bedeutet: die Weise, in der das Dasein im Miteinander der Öffentlichkeit ‚offenbar' ist, mag es auch ‚im Grunde' die Alltäglichkeit gerade existenziell ‚überwunden' haben. ‚Zumeist' bedeutet: die Weise, in der das Dasein nicht immer, aber ‚in der Regel' sich für Jedermann zeigt" (a. a. O., 370).

[109] In dem Vortrag „Der Begriff der Zeit" und in den *Prolegomena* nimmt der Begriff der Unheimlichkeit noch einen größeren Stellenwert ein als der der Angst, welcher in SZ im Vordergrund steht. Vgl. *Zeitbegriff*, 117 und *Prolegomena*, § 30. Die Unheimlichkeit wiederum setzt Heidegger in der Abhandlung von 1924 in Verbindung mit „Dunkelheit, d. h. Abwesenheit der Helle als der Möglichkeit der Sicht" (*Zeitbegriff*, 42). Berücksichtigt man, dass Heidegger Zeitlichkeit und Temporalität in Verbindung mit der platonischen Idee des Guten gebracht hat, so wird erkennbar, dass das unheimliche Dunkel der Angst gewissermaßen das „Licht" nimmt, welches alles Seiende allererst zugänglich und verstehbar macht.

[110] SZ, 188.

Angst.[111] Trotz dieser Flucht zeigt sich ihm aber die Möglichkeit des eigentlichen Seinkönnens in der Angst an. Das Problem, welches sich nun stellt, ist, wie das Dasein dazu kommt, diese angezeigte Möglichkeit des eigentlichen Seinkönnens auch zu ergreifen. Auch hier ist eine Antwort nach Heidegger allein über eine Auseinandersetzung mit der ursprünglichsten Seinsstruktur des Daseins, seiner zeitlichen Existenzweise möglich.

Die Fragen nach der möglichen Eigentlichkeit des Daseins, nach der zeitlichen Bestimmtheit des Ganzseinkönnens des Daseins und nach der Zeitlichkeit der Sorge sind diejenigen, mit denen Heidegger in den zweiten Abschnitt von SZ, „Dasein und Zeitlichkeit", übergeht und auf deren Basis er seinen Begriff einer ursprünglichen Zeit sowie das ontologisch darin gründende System einer „Abkünftigkeit" verschiedener Zeitigungsweisen entwickelt. Nur die Zeitlichkeit, so meint Heidegger, könne sämtliche bisher erörterte Seinsweisen des Daseins in einer angemessenen Weise verständlich machen. Alles, was sich bisher an Seinsweisen des Daseins gezeigt hat, ist durch die Zeitlichkeit auf einer tieferen Ebene existenzial zu begründen. Die Zeitlichkeit als Grundexistenzial hat sich aber wiederum stets an den einzelnen Seinsweisen auszuweisen. Es wird deutlich, dass sich Heideggers Vorgehen selbst in einem Hin und Zurück zwischen Vertiefung der Existenzialien und phänomenaler Rechtfertigung des so aufgewiesenen Grundexistenzials der Zeitlichkeit befindet. Heidegger behauptet daher nicht nur inhaltlich, dass der hermeneutische Zirkel dem Dasein als „ontologische Zirkelstruktur" zugehört, sondern SZ selbst lässt sich als eine hermeneutisch zirkuläre Vertiefung des Vorverstehens lesen.[112] Diesem Aufbau seiner Zeitanalysen, den Heidegger am systematischsten in SZ entwickelt hat, ist im Folgenden nachzugehen. Zu Beginn des zweiten Abschnittes unternimmt Heidegger allerdings noch eine letzte entscheidende Vorbereitung, bevor er in die eigentliche Erörterung der Zeitlichkeit einsteigt: die Analyse des Seins zum Tode und der Endlichkeit des Daseins.

3.2 Von der ursprünglichen Zeit zum vulgären Zeitbegriff

3.2.1 Das Sein zum Tode und die Endlichkeit des Daseins

Der zweite Abschnitt von *Sein und Zeit* beginnt mit Heideggers berühmter Analyse des Seins zum Tode, welche das mögliche Ganzsein des Daseins begründen

---

[111] In einer andernorts unternommenen Auseinandersetzung mit dem philosophiegeschichtlichen Weltbegriff geht Heidegger auf den Weltbegriff des Neuen Testaments und seine Entwicklung u. a. bei Augustinus ein, bei dem der Weltbegriff sich in „ens creatum" und „non cognoscere Deum" teilt. Heideggers Verfallen an die Dinge der Welt könnte als säkularisierte Form des augustinischen „non cognoscere Deum" gelesen werden. Vgl. Heidegger, Martin: Vom Wesen des Grundes (1929), in: *Wegmarken*, a. a. O., 123–175, hier 144 f.

[112] SZ, 153.

soll. Diese Analyse hat einen Vorläufer in einem Vortrag, den Heidegger im Juli 1924, also noch vor der umfassenden Auseinandersetzung mit Husserl in den aus der Vorlesung des Sommersemesters 1925 entstandenen *Prolegomena*, unter dem Titel „Der Begriff der Zeit" vor der Marburger Theologenschaft hielt. Dieser Vortrag verdient neben den ersten beiden Kapiteln des zweiten Abschnittes aus SZ insofern Beachtung, als Heidegger vor den Marburger Theologen einen Aufweis des eigentlichen Seinkönnens des Daseins aus der ursprünglichen Zeitlichkeit des Daseins zu liefern versucht, *ohne* diesen Aufweis schon in den Rahmen der Seinsfrage zu stellen. Vielmehr steht seinem Publikum gemäß in diesem Vortrag der Umstand im Vordergrund, dass es sich bei der gewählten Problematik der Zeit traditionell um eine genuin theologische Fragestellung handelt.[113] Insbesondere die für SZ zentralen Überlegungen zum Vorlaufen in den Tod, zur Eigentlichkeit, zur Jemeinigkeit (hier noch „Jeweiligkeit" genannt) und zur Zeit als Dasein sind hier vorweggenommen, ohne bereits in eine fundamentalontologische Betrachtung eingeordnet zu werden. Es geht Heidegger in diesem Vortrag vielmehr um eine *weder* theologische *noch* philosophische Behandlung, sondern um einen „Polizeidienst beim Aufzuge der Wissenschaften", d. h. eine Behandlung, die prüft, ob die jeweilige Forschung „bei der Sache ist" und die mit der Philosophie „nur so viel gemein [hat], daß sie nicht Theologie ist".[114] Bereits hier ist Heideggers Anliegen also Grundlagenforschung im Zusammenhang der Zeitproblematik, welche jedoch erst später ausdrücklich ontologisch gewendet wird. In dem früheren Vortrag erscheint die Zeitproblematik noch als eine nichttheologische Interpretation einer traditionell theologischen Fragestellung, und es wird erkennbar, dass der einstige Theologiestudent seine Zeitanalysen zumindest in ihren ersten Ansätzen nicht nur als eine Wende der abendländischen philosophischen Ontologien verstanden, sondern diese auch als eine philosophisch säkulare Auseinandersetzung mit einem traditionell theologischen Thema aufgefasst hat.

Wie bereits am Ende des vorangehenden Kapitels angekündigt, steht in SZ die erste ausdrückliche Analyse der Zeitlichkeit im Zeichen der zur Fundamentalontologie gehörigen daseinsanalytischen Fragen nach dem zeitlich zu begründenden Ganzseinkönnen des Daseins, nach der Eigentlichkeit des Daseins und nach der

---

[113] Heideggers Habilitationsvortrag von 1915 scheint einen ähnlichen Hintergrund zu haben. Auch hier ist noch nicht die Seinsfrage leitend und das diesem Vortrag vorangestellte Motto von Meister Eckhart lautet: „Zeit ist das, was sich *wandelt* und *mannigfaltigt*, Ewigkeit hält sich einfach" (*Habilitationsvortrag*, 357). Heidegger weist aber gerade wegen dieser Verwandtschaft seiner Fragestellung zu einer traditionell theologischen immer wieder explizit darauf hin, dass seine Zeitanalysen sich grundsätzlich von dem theologischen Fragen nach der Zeit unterscheiden. Exemplarisch ist dafür eben der Vortrag von 1924: „[S]ollte Gott die Ewigkeit sein, dann müsste die zuerst nahegelegte Art der Zeitbetrachtung so lange in einer Verlegenheit bleiben, als sie nicht von Gott weiß" (*Zeitbegriff*, 107), der Philosophie aber ginge es darum *„die Zeit aus der Zeit zu verstehen"* (a. a. O., 6). Und in den *Prolegomena* heißt es hinsichtlich des phänomenologischen Todesbegriffes: „Die Explikation vollzieht sich in der radikalsten Diesseitigkeit" und „[d]er phänomenologische Begriff von Dasein und Tod ist die Voraussetzung dafür, um mit Sinn überhaupt die Unsterblichkeitsfrage zu stellen; sie gehört aber nicht in den Rahmen einer Philosophie, die sich selbst versteht" (*Prolegomena*, 434).

[114] *Zeitbegriff*, 108.

Zeitlichkeit der Sorge, die sich aus den Überlegungen des ersten Abschnittes herauskristallisiert hatten. Es sind die beiden Fragen nach Ganzseinkönnen und Eigentlichkeit, welche in den ersten beiden Kapiteln des zweiten Abschnittes zunächst im Vordergrund stehen. Das Dasein als das besondere Seiende, dem es in seinem Sein um dieses Sein geht, ist *Seinkönnen* und damit immer offen, da in ihm als Existierendem immer etwas aussteht, „was es sein kann und wird".[115] Aufgrund dieses „Ausstandes", dieser Unabgeschlossenheit, erscheint es zunächst schwierig, überhaupt so etwas wie eine Ganzheit des Daseins auszumachen.[116] „Zu diesem Ausstand aber gehört das ‚Ende' selbst",[117] so Heidegger. Dieses „Ende" sei der Tod. Diesen versteht Heidegger aber nicht als ein bloßes Aufhören des Seinkönnens, sondern der Tod *„ist* [...] nur in einem existenziellen *Sein zum Tode"*,[118] welches immer schon die Seinsweise des immer schon „vorwärts" gerichteten Daseins bestimmt. Heidegger spricht sogar in einer kritischen Wendung des traditionellen Wesensbegriffes davon, dass das Dasein „wesensmäßig sein Tod" sei,[119] und in einer kritischen Anspielung auf Descartes' cogito sum ist von einem *„sum moribundus"* die Rede.[120] Der phänomenologisch verstandene Tod sei gerade kein vorhandenes zukünftiges Ereignis, sondern er ist Heidegger zufolge wesentliches Strukturelement der Seinsstruktur des als endlich existierenden Daseins.

Im uneigentlichen Existieren sei der so verstandene Tod jedoch meistens verdeckt: „Man stirbt" zwar, aber „man selbst" vorläufig noch nicht und das Man stirbt ohnehin nie, da es niemand im Besonderen ist. Das eigentliche Existieren wird Heidegger zufolge allererst möglich durch eine dieser Verdeckung entgegenwirkende Besinnung des Daseins auf seinen eigenen Tod. Diese Besinnung könne nicht bedeuten, dass das Dasein erstmalig die Tatsache seiner Sterblichkeit erkenne. Vielmehr gehe es darum, dass es sich auf die Tatsache besinnt, seinen Tod selbst sterben zu müssen: „Keiner kann dem Anderen sein Sterben abnehmen."[121] Um sich aus der uneigentlichen Existenzweise des Man herauszuholen, muss sich der Tod für das Dasein als die eigenste äußerste Möglichkeit enthüllen, nach welcher das Dasein keine Möglichkeiten mehr hat bzw. kein Seinkönnen mehr ist, weil sein Leben vorbei ist. Über diese Enthüllung des Todes als die eigenste äußerste Möglichkeit werde dem Dasein Heidegger zufolge zweierlei deutlich: erstens, dass es sein eigenes

---

[115] SZ, 233.

[116] Heidegger steigert diesen Eindruck bis aufs Äußerste. Vgl. dazu die *Prolegomena*: „Zwar ist zu beachten, dass diese Unmöglichkeit [in der Gänze des Daseins sich zu befinden, sie zu erfahren, I.R.] nicht in der berühmten Irrationalität der Erlebnisse und Strukturen gründet, auch nicht in der Begrenztheit und Unsicherheit unseres Erkenntnisvermögens, auch nicht in der Ungeeignetheit des Augenblicks des Sterbens für phänomenologische Untersuchungen, sondern einzig schon in der Seinsart dieses Seienden selbst verankert liegt" (*Prolegomena*, 426 f.). Das Dasein ist nämlich nicht als Fertiges allererst vorhanden und verfügbar, so wie Weltdinge, sondern: *„Fertigsein, vom Dasein ausgesagt, bedeutet Nicht-mehr-sein"* (a. a. O., 430).

[117] SZ, 234.

[118] Ebd.

[119] *Prolegomena*, 433.

[120] *Prolegomena*, 437. *„[D]as moribundus gibt dem sum allererst seinen Sinn"* (a. a. O., 438).

[121] SZ, 240 und *Prolegomena*, 429.

Leben leben kann und spätestens beim Sterben auf sich selbst zurückgeworfen wird und zweitens, dass es endlich ist und seine Existenzmöglichkeiten mit dem Tod, von dem keiner weiß, wann er eintritt, erschöpft sein werden. Der Tod ist somit für Heidegger nicht Abbruch, sondern Teil des Lebens, in das er hineinragt, indem er es bestimmt. Wie aber ist es zu verstehen, dass der Tod die „äußerste Möglichkeit" sei? Inwiefern ist er kein Ereignis und bestimmt dennoch unsere Existenz?

Der Tod selbst, so sah bereits Epikur, ist nicht, wenn wir sind, und wenn der Tod ist, sind wir nicht. Epikur schloss daraus bekanntlich, dass es nicht sinnvoll sei, sich vom bevorstehenden Tode bedrücken zu lassen. Für Heidegger ist der Tod kein Ereignis, sondern nur äußerste Möglichkeit, weil wir nicht sind, wenn unser Tod *wirklich* ist. Dennoch ist er unsere *Möglichkeit* und bestimmt uns als eine solche, da wir ihn als die eigenste, unbezügliche, unüberholbare, gleichzeitig gewisse und unbestimmte, äußerste Möglichkeit erfahren.[122] Und eben als diese Möglichkeit bestimmt er unsere Existenz in einem Maße, das davon abhängig ist, wie sehr wir uns auf diese eigenste, äußerste Möglichkeit besinnen. Es lässt sich also nicht mehr sagen, dass der Tod nicht ist, wenn wir sind, sondern der Tod ist gerade nur dann, wenn wir sind – aber als Möglichkeit. Anders als der obige Vergleich mit Epikur nahelegen könnte, geht es Heidegger dennoch nicht darum, sich vom Tod bedrücken zu lassen, sondern das Entscheidende ist seines Erachtens, angesichts der eigenen Endlichkeit sein Möglichsein wählend zu ergreifen.

Wenn der Tod aber nie Ereignis für uns werden kann, sondern nur als äußerste, nie wirkliche Möglichkeit unsere Existenzweise bestimmt, kann das von Heidegger Gemeinte dann überhaupt noch als „Tod" bezeichnet werden? Kann mit Recht von einem Sein *zum Tode* gesprochen werden, ohne den Tod als ein bevorstehendes Ereignis zu verstehen?[123] Dies ist ein entscheidendes Problem für die hiesige Frage

---

[122] Heinz hebt hervor, dass Heideggers Gedanke der Gewissheit des Todes an die Stelle der Selbstgewissheit des Denkens tritt und so eine entscheidende Rolle für Heideggers Kritik an der neuzeitlichen Philosophie des Selbstbewusstseins spielt: „Nicht das sich selbst denkende Denken, sondern der Tod ist das zuhöchst Gewisse, das erst die Selbsterkenntnis des Daseins ermöglicht" (Heinz: *Zeitlichkeit und Temporalität. Die Konstitution der Existenz und die Grundlegung einer temporalen Ontologie im Frühwerk Martin Heideggers*, a. a. O., 67 (Fußnote)).

[123] Vgl. Figal, Günter: *Martin Heidegger. Phänomenologie der Freiheit*. Sonderausgabe. Frankfurt am Main: Verlag Anton Hain 1991, 226. Vgl. auch die prominenten Kritiken von Sartre und Lévinas an Heideggers Interpretation des Todes als einer Möglichkeit. Sartre argumentiert gegen Heidegger, dass der Tod gerade das Ende aller Möglichkeiten, und als solches „nicht *meine* Möglichkeit" sei. Sartre: *L'être et le néant. Essai d'ontologie phénoménologique*, a. a. O., 581/dt.: *Das Sein und das Nichts. Versuch einer phänomenologischen Ontologie*, a. a. O., 923. Lévinas wendet gegen Heidegger ein, dass der Tod das „Subjekt" an die Grenzen des Möglichen bringe, indem er selbst das absolut Unbekannte, das Subjekt vereinnahmende sei, welches die Behauptung jeglicher Möglichkeiten unmöglich mache. Vgl. Lévinas: *Le temps et l'autre*, a. a. O., 57 f./dt.: *Die Zeit und der Andere*, a. a. O., 43 f. Vgl. außerdem ders.: De la description à l'existence, in: ders.: *En découvrant l'existence avec Husserl et Heidegger*. Paris: Vrin 1994 (= Histoire de la philosophie), 91–107, hier 106 f. In diesem Zusammenhang ist auch die von Lévinas gegen Heidegger angeführte These zu verstehen, dass nicht der jemeinige Tod, sondern der Tod des Anderen „der erste Tod" sei. Lévinas, Emmanuel: *Dieu, la mort et le temps*. Paris: Grasset & Fasquelle 1993 (= Le livre de poche. Biblio essais), 53/dt.: *Gott, der Tod und die Zeit*. Hg. von Peter Engelmann. Übersetzt von Astrid Nettling und Ulrike Wasel. Wien: Passagen Verlag 1996 (= Edition Passagen. Bd. 43), 53.

nach einer möglichen Aporizität der Zeit und wird weiter unten aufzugreifen sein. Es sei an dieser Stelle zunächst lediglich festgehalten, dass es Heidegger mit dem Nichtverdecken des eigensten Seins zum Tode darum geht, dass das existierende Dasein sich aus seiner Endlichkeit verstehen und aus diesem Selbstverständnis seine Möglichkeiten wählen und ergreifen kann. Die von Heidegger immer wieder betonte Endlichkeit des Daseins bedeutet daher nicht, dass das Leben irgendwann aufhört, sondern dass das Dasein immer schon als ein Endliches, als ein Sein zu diesem Ende existiert und dass es eigentlich existieren kann, indem es sich aus seiner eigenen Endlichkeit versteht.

Die Gewissheit des eigenen Todes, der jederzeit eintreten kann, in Verbindung mit der Besinnung auf die eigene Endlichkeit bewirkt Heidegger zufolge eine, wenn vielleicht auch nur vorübergehende, Vereinzelung des Daseins, das aus dem Man auf es selbst zurückgeworfen wird. Diese Vereinzelung ist nicht als Verschwinden des Mitseins zu verstehen, sondern als eine dem Man gegenüber kritische Besinnung des Daseins auf sich selbst und auf seine unübertragbare Singularität.[124] Im *Vorlaufen in den Tod* als der eigentlichen Haltung zum Tod im Gegensatz zur uneigentlichen Haltung verstehe das Dasein den Tod als seinen eigenen, den ihm niemand abnehmen könne.[125] Und mit dieser letzten, unabwendbaren Möglichkeit des Todes seien ihm auch alle dem Tod vorgelagerten Möglichkeiten erschlossen. Das wiederum ermögliche eine Vorwegnahme des *ganzen* Daseins. Es geht Heidegger hier gerade nicht um ein besonderes Was, das in dieser eigentlichen Seinsweise zu ergreifen wäre, sondern in einer Formulierung von 1924 priorisiert er ausdrücklich „das Wie" als „die Grundkategorie dieses Seienden", welches Dasein ist.[126] Das Vorlaufen in den Tod und damit das Begreifen der eigenen Endlichkeit geben dem Dasein die Möglichkeit zu verstehen, dass es auch auf eigentliche Weise als selbst wählendes Dasein existieren und damit eigentliches Sein zum Tode sein kann, weshalb Heidegger von einer *Freiheit zum Tode* spricht.[127] In diesem Vorlaufen kann das Dasein sich als Ganzes, als Ganzseinkönnen verstehen, welches sich in seinem Handeln und Planen an seinem Leben als eigenem endlichen Ganzen orientiert und sich nicht „in der Gegenwart verzettelt", wie es umgangssprachlich zuweilen formuliert wird. Allerdings ist aus Heideggers Sicht auch eine Orientierung am Leben als Ganzem nicht notwendig eigentlich: Ein junger Mensch beispielsweise, welcher sich einen sicheren und anerkannten Beruf auswählt und diesen planmäßig dann auch sein Leben lang ausübt, weil „man" es von ihm erwartet, ist kein eigentlich

Husserl stößt auf seine Weise auf diesen von Sartre und Lévinas geäußerten Kritikpunkt, wenn er sich die Frage nach der Sterblichkeit oder Unsterblichkeit des transzendentalen Ego stellt. Der Tod des transzendentalen Ego scheint phänomenologisch nicht konstituierbar, weil mein Tod keine mögliche Erfahrung ist. Husserl sagt, es sei „‚undenkbar' für mich, dass ich transzendental aufhöre" (*C-Manuskripte*, 97).

[124] Dastur unterstreicht diesen Umstand, dass „eine Übernahme seiner eigenen Endlichkeit für den Menschen […] *immer auch eine Übernahme seiner unvergleichlichen Singularität bedeutet*" (Dastur, Françoise: *Comment affronter la mort?* Paris: Bayard 2005, 88).

[125] Vgl. SZ, 263.

[126] *Zeitbegriff*, 117.

[127] Vgl. SZ, 266.

existierendes Dasein. Zur Eigentlichkeit bedarf es nicht nur der Besinnung auf das Leben als *endliches Ganzes*, sondern gerade auch auf das Leben als *eigenes endliches Ganzes*.[128] Die Besinnung auf das Leben als eigenes endliches Ganzes ist aber auch mit einem einmal eigentlich gefassten Lebensplan nicht ein für alle Mal erledigt, sondern muss sich stets offen halten „für das möglicherweise situationsmäßig geforderte *Aufgeben* eines bestimmten Entschlusses".[129]

Nun stellt sich allerdings die Frage, wodurch das uneigentliche, dem Man verfallene Dasein denn *tatsächlich* zum eigentlichen Existieren gelangen soll. Bis zum Ende des ersten Kapitels des zweiten Abschnittes hat Heidegger zwar entwickelt, dass das Dasein die *Möglichkeit* hat, eigentlich zu sein, indem es in den Tod vorläuft und sich auf seine eigene Endlichkeit besinnt. Es ist aber noch ungeklärt, wie diese reine Möglichkeit auch zu einer Wirklichkeit werden können soll, wie sie *„mit dem b e z e u g t e n eigentlichen Seinkönnen in einem wesenhaften Zusammenhang steht"*.[130] Wie soll das Dasein tatsächlich dem Man entrissen werden bzw. sich ihm selbst entreißen? In der Angst war dem Dasein zwar die Möglichkeit des eigentlichen Existierens angezeigt, es flüchtete jedoch meistens wieder in die Welt und den Umgang mit ihr. Wie kann der Tod dem Dasein als seine eigenste äußerste Möglichkeit so deutlich werden, dass es die Möglichkeit eines eigentlichen Existierens auch tatsächlich ergreift? Den Beweggrund, die uneigentliche Existenzweise – wenn auch keineswegs ein für alle Mal – zu verlassen, sieht Heidegger in der Stimme des *Gewissens*, in der das Dasein sich in einem *Ruf*, der gleichermaßen *von ihm ausgeht* und *über es kommt*, zum eigensten Selbstseinkönnen an- und zum eigensten *Schuldigsein* aufruft.[131] Das existenziale, also unumgängliche Schuldigsein ist Heidegger zufolge nicht als so etwas wie ein notwendiges moralisches Verfehlen zu verstehen. Jede sich aus dem alltäglichen Verständnis von „Schuld" aufdrängende

---

[128] Auch die Begriffe „Eigentlichkeit" und „Uneigentlichkeit" sind Heidegger zufolge ohne Wertung, rein als Existenzialien zu verstehen. Wie Dastur zeigt, kann dieser von Heidegger behaupteten moralischen Neutralität aus dem philosophiegeschichtlichen Zusammenhang der Verwendung dieser Begriffe bei Husserl und Brentano eine gewisse Berechtigung zugestanden werden. Vgl. Dastur: *Heidegger et la question du temps*, a. a. O., 48. Dennoch behalten diese, wie diverse weitere Begriffe bei Heidegger, in ihrer Anwendung auf das existierende Dasein einen wertenden Unterton, der oben schon in Hinblick auf das Man Erwähnung fand und auf den unten in Hinblick auf den vulgären Zeitbegriff abermals hinzuweisen sein wird.

[129] SZ, 391. Dass das Dasein sich stets *zwischen* Eigentlichkeit und Uneigentlichkeit bewegt und nicht quasi durch eine einmalige Entscheidung zur Eigentlichkeit ein für alle Mal eigentlich existiert, wird bei Heidegger immer wieder deutlich. In der Abhandlung von 1924 heißt es: „In diesem ‚Man' wächst das Dasein auf und mehr und mehr in es hinein und vermag es nie ganz zu verlassen" (*Zeitbegriff*, 27). Heidegger schreibt sogar der eigentlichen existenziellen Realisierung der eigenen Existenz einen gewissen Seltenheitswert zu. Im Davoser Gespräch mit Cassirer sagt er, „daß die höchste Form der Existenz des Daseins sich nur zurückführen läßt auf ganz wenige und seltene Augenblicke der Dauer des Daseins zwischen Leben und Tod, daß der Mensch nur in ganz wenigen Augenblicken auf der Spitze seiner eigenen Möglichkeiten existiert, sonst aber inmitten seines Seienden sich bewegt" (Cassirer, Ernst/Heidegger, Martin: Davoser Disputation zwischen Ernst Cassirer und Martin Heidegger, in: Heidegger, Martin: *Kant und das Problem der Metaphysik*, a. a. O., 274–296, hier 290).

[130] SZ, 267.

[131] Vgl. SZ, 269 ff.

moralische Konnotation sei diesem Schuldigsein abzusprechen. „Schuldigsein" bedeute vielmehr lediglich, dass das Dasein immer nur *eine* Möglichkeit des Seins und Handelns wählen kann und damit zwangsläufig *unzählige andere* unrealisiert lassen muss.[132] In der durch das *Gewissen-haben-wollen* möglich gewordenen Modifikation der Erschlossenheit, der von Heidegger so genannten *Entschlossenheit*, versteht das Dasein sich selbst in seiner endlichen Existenzweise. Es wird sich darüber klar, dass es immer schon in dem von Heidegger erläuterten Sinne schuldig ist und wählt als eigentlich existierendes Dasein selbst, was es tut und was es unterlässt.[133] Die Entschlossenheit als eigentliche Erschlossenheit des In-der-Welt-seins ist somit für Heidegger als das „Sichentwerfen auf das eigenste Schuldigsein" auch der eigentliche Modus der Sorge.[134] Die Sorgestruktur als das Sein des Daseins ermöglicht in ihrem die Endlichkeit berücksichtigenden eigentlichen Modus das Ganzsein des Daseins als Selbstsein.[135]

Heidegger hat so in den ersten beiden Kapiteln des zweiten Abschnittes von SZ ausgeführt, was er unter eigentlichem Existieren versteht und wie ein uneigentlich existierendes Dasein durch das Anrufen seiner Selbst und über das Verständnis und die existenzielle Übernahme seiner Endlichkeit zum eigentlichen Existieren gelangen können soll. Es wurde über das Vorlaufen in den Tod außerdem deutlich, wie ein existierendes, wesentlich unabgeschlossenes Seiendes wie das Dasein als Ganzes sein kann. Diese eigentliche Modifikation der Sorgestruktur erklärt mit dem Ganzseinkönnen auch das, was Heidegger die „beständige Standfestigkeit"

[132] „Die formal existenziale Idee des ‚schuldig' bestimmen wir daher also: Grundsein für ein durch ein Nicht bestimmtes Sein – das heißt *Grundsein einer Nichtigkeit*. […] *Das Schuldigsein resultiert nicht erst aus einer Verschuldung, sondern umgekehrt: diese wird erst möglich ‚auf Grund' eines ursprünglichen Schuldigseins*. […] Grund-seiend, das heißt als geworfenes existierend, bleibt das Dasein ständig hinter seinen Möglichkeiten zurück. […] [S]einkönnend steht es [das Dasein, I.R.] je in der einen oder anderen Möglichkeit, ständig ist es eine andere *nicht* und hat sich ihrer im existenziellen Entwurf begeben" (SZ, 283 ff.). Auf dieses formale notwendige Schuldigwerden bezieht sich auch die Formulierung: „Der Handelnde aber ist, wie Goethe schon sagte, immer gewissenlos" (*Prolegomena*, 441). Ricœur gibt dem bei Heidegger ethisch neutralen Begriff des Schuldigseins eine ethische Dimension zurück. Und auch den Ruf der Stimme des Gewissens reinterpretiert Ricœur in einem ethischen, von Heideggers Sein zum Tode weitestgehend losgekoppelten Sinne. Diese Verschiebung von Heidegger zu Ricœur wird im hiesigen vierten Teil eine wichtige Rolle spielen.

[133] Vgl. SZ, 296 f.

[134] Thomä hat auf den Widerspruch hingewiesen, der sich bei dieser Annahme der eigentlichen Sorgestruktur ergibt, die neutral als Faktizität, Existenzialität und Verfallen bestimmt wird (vgl. a. a. O., 350), denn dabei stellt sich die Frage, wie neben eigentlicher Befindlichkeit und eigentlichem Verstehen ein eigentliches Verfallen möglich sein soll. Vgl. Thomä, Dieter: Die Not der Gegenwart, in ders.: *Die Zeit des Selbst und die Zeit danach. Zur Kritik der Textgeschichte Martin Heideggers 1910–1976*. Frankfurt am Main: Suhrkamp 1990, 294–347, hier 291 f. Dieses Problem betrifft abermals die Schwierigkeit, dem Verfallen innerhalb von Verstehen, Befindlichkeit und Rede einen eindeutigen Platz zuzuweisen. Es wurde bereits gesagt, dass darauf weiter unten noch einzugehen sein wird.

[135] Vgl. SZ, 301.

der *Selbst-ständigkeit* des Daseins nennt:[136] Das Dasein kann ein ständiges Selbst sein, nicht weil es *cogito sum*, reines „Ich denke“ oder transzendentales Ego wäre, sondern indem es sich in der so genannten *vorlaufenden Entschlossenheit* allererst eigentlich übernimmt und sich selbst als ein ganzes, endlich existierendes Seiendes in seinem Möglichsein versteht. Erst dadurch wird das Dasein als ein sich als Selbst durchhaltendes Dasein begreifbar, während es als uneigentlich Existierendes „unselbst“ durch das Man an das Besorgen verfallen ist und sich im zerstreuenden Umgang mit den Dingen verliert. In den Schlusspassagen der *Prolegomena* zeigt sich, wie Heidegger angesichts eines solchen Begriffes der Selbst-ständigkeit, Verantwortung versteht: Das Dasein kann Heidegger zufolge „im Vorlaufen zu seinem Tode sich selbst verantwortlich in einem absoluten Sinne machen“.[137] Und zwar ist es dabei nicht bzw. macht es sich dabei nicht verantwortlich, indem es den Mitdaseinen oder gar einem möglichen Gott auf eine bestimmte Weise begegnet. In der äußersten Möglichkeit des Todes ist das Dasein vielmehr „so absolut“ und „*schlechthin auf es selbst zurückgeworfen* [...], dass auch das Mitsein in seiner Konkretion irrelevant wird“.[138] Verantwortlich macht sich das Dasein dagegen primär, indem es das „*Gewissenhabenwollen*“ wählt und seine *eigene*, unübertragbare, endliche und im obigen Sinne schuldige Existenzweise übernimmt.[139]

Heidegger suchte am Ende des ersten Abschnittes jedoch über die eigentliche Existenzweise und das mögliche Ganzsein des Daseins hinaus nach einem Seinssinn der Sorge, deren strukturale Einheit er noch nicht hinreichend begründet sah. Erst im dritten Kapitel des zweiten Abschnittes von SZ kommt er nach weitverzweigten, aber äußerst systematischen Hinführungen auf sein Kernthema, das die Einheit der Sorge garantieren soll: die Zeitlichkeit des Daseins. Da Heidegger meint, der erklärende, sich in der Endlichkeit schon ankündigende Grund der Sorge, der nur als Seinssinn der Sorge zugänglich werde, sei die Zeitlichkeit, muss er diese in *allen* Existenzweisen des Daseins, d. h. in allen existenziellen Vollzugsweisen der Sorge als deren Sinn und erklärenden Grund nachweisen. Das gilt sowohl für eigentliche als auch für uneigentliche existenzielle Vollzugsweisen der Sorge. In SZ beginnt Heidegger mit der ihm zufolge eigentlichsten Vollzugsweise der Sorge und der ursprünglichsten Zeitlichkeit, um dann über die Zeitlichkeit in der Alltäglichkeit schrittweise zu Geschichtlichkeit, Innerzeitigkeit und vulgärem Zeitbegriff überzugehen.[140] Diesem Gang der Untersuchung in SZ, die von der ontologisch priorisierten Ebene zu der „abkünftigsten“ Ebene fortschreitet, soll hier gefolgt werden.

---

[136] Vgl. a. a. O., 322. Heideggers Begriff der Selbst-ständigkeit ist ebenfalls entscheidend für Ricœur und dessen Begriff der Selbstheit. Vgl. auch dazu den vierten Teil dieser Arbeit.

[137] *Prolegomena*, 440 f.

[138] *Prolegomena*, 439 f.

[139] *Prolegomena*, 441. Es wäre lohnend, den Parallelen nachzugehen, welche zwischen Kants durch die Vernunft vorgeschriebenem Sittengesetz sowie dessen Achtung und Heideggers mit der Endlichkeit des Daseins zusammenhängendem Ruf des Gewissens und dem übernehmend antwortenden Gewissenhabenwollen bestehen. Vgl. dazu *Kantbuch*, 159. Vgl. den Ansatz bei Dastur: *Heidegger et la question du temps*, a. a. O., 61.

[140] In den *Grundproblemen* geht Heidegger den umgekehrten Weg, und zwar von einer im Zusammenhang mit dem vulgären Zeitbegriff unternommenen Interpretation des aristotelischen Zeitver-

3.2.2 Die Zeitlichkeit als der ontologische Sinn der Sorge

Heidegger will bei seinen Zeitanalysen darauf hinaus, dass im Gegensatz zu unserem herkömmlichen linearen Zeitverständnis die existenziale Zeitlichkeit im weitesten Sinne eine dynamische Struktur hat, in der Zukunft, Vergangenheit und Gegenwart im Dasein in wechselseitiger Abhängigkeit voneinander stehen und das Dasein selbst ausmachen. Die Zukunft, so meint Heidegger, habe dabei eine bevorzugte Stellung, da das Dasein als Existierendes immer an seinen Seinsmöglichkeiten und damit an seiner Zukunft orientiert sei. Da Zeit ursprünglich diese existenziale Zeitlichkeit des endlich existierenden Daseins sei, während der lineare Zeitbegriff einen weniger ursprünglichen Zeitbegriff darstelle, ist für Heidegger die ursprüngliche Zeit endlich und in dem skizzierten Sinne dynamisch. Wie er im Detail die Grundstruktur der ursprünglichen Zeitlichkeit und ihrer eigentlichen und uneigentlichen Vollzugsmodi als strukturelle Basis der Sorge bestimmt, wird nun zu verfolgen sein.

Wie die Möglichkeit des Ganzseinkönnens im eigentlichen Existieren, so zeigt sich auch die zeitliche Grundlage der Sorge „ursprünglich" an der in den Tod *vorlaufenden Entschlossenheit*, die das eigentliche Ergreifen der Erschlossenheit bedeutet. Heidegger formuliert: „Phänomenal ursprünglich wird die Zeitlichkeit erfahren am eigentlichen Ganzsein des Daseins, am Phänomen der vorlaufenden Entschlossenheit".[141] Inwiefern unterscheidet sich hier aber „ursprünglich" von „eigentlich"? Da die Zeitlichkeit nach Heidegger ursprünglich am Vollzug des eigentlichen Existierens erfahren wird, scheint es legitim zu sein, darauf zu schließen, dass ursprüngliche Zeitlichkeit und eigentliche Zeitlichkeit dieselbe Struktur haben. Heidegger unterscheidet sie jedoch offenbar voneinander,[142] ohne allerdings wiederum mit der Redeweise vom „Ursprung" nach der „Einfachheit und Einzigkeit eines letzten Aufbauelements" zu suchen.[143] Wie ist diese begriffliche Differenzierung aufzuklären? Eine meines Erachtens plausible mögliche Lösung dieses Problems besteht darin, die ursprüngliche Zeitlichkeit in Anlehnung an die obige Erörterung von Heideggers Begriffen der Ursprünglichkeit und des Sinnes als die *bloße Struktur* der eigentlichen Zeitlichkeit zu verstehen, so dass die ursprüngliche Zeitlichkeit *als solche* gar nicht erscheinen kann, sondern sich nur anhand ihrer existenziellen Vollzugsmodi

ständnisses zu einem „Rückgang zur ursprünglichen Zeit" (*Grundprobleme*, 362). Ausgangspunkt ist dort der traditionelle Zeitbegriff, der einem bei der Frage nach der Zeit gewissermaßen zuerst begegnet, um diesen dann auf seine Herkunft aus einer ontologisch ursprünglicheren Zeit hin zu befragen.

141 SZ, 304.

142 Siehe z. B.: „Dergleichen [Sein zum eigensten ausgezeichneten Seinkönnen, I.R.] ist nur so möglich, daß das Dasein *überhaupt* in seiner eigensten Möglichkeit auf sich zukommen kann". „Wenn zum Sein des Daseins das eigentliche bzw. uneigentliche Sein zum Tode gehört, dann ist dieses nur möglich als zukünftiges in dem jetzt angezeigten [...] Sinn" (SZ, 325). In Bezug auf die Gewesenheit findet sich Entsprechendes: Das Zurückkommen des Daseins auf sein eigenstes Gewesen ist möglich „[n]ur sofern Dasein überhaupt ist als ich bin-gewesen" (a. a. O., 326).

143 SZ, 334.

zeigt, in denen sie nachzuweisen wäre.[144] Weder die ursprüngliche Zeitlichkeit noch die eigentliche Zeitlichkeit entsprechen jedoch unserem herkömmlichen Zeitbegriff. Heidegger sieht das Verhältnis von ursprünglicher Zeitlichkeit und herkömmlichem, „vulgärem" Zeitbegriff als ein einseitiges Fundierungsverhältnis, in dem die ursprüngliche Zeitlichkeit des Daseins den herkömmlichen Zeitbegriff erst verständlich macht.[145] Weil er diese Perspektive einnimmt, bezeichnet Heidegger die ursprüngliche Zeitlichkeit auch grundsätzlich als die *ursprüngliche Zeit.*[146] Das herkömmliche Zeitverständnis aber, wie schon das herkömmliche Seinsverständnis überhaupt, verfehlt Heidegger zufolge nicht nur zufällig die ursprüngliche Zeit, sondern sei das Resultat einer innerhalb der Untersuchung ebenfalls nachzuweisenden „Verdeckungstendenz" im Dasein selbst, gegen die sich Heidegger „die Ursprünglichkeit der phänomenalen Aufweisung zum Ziel gesetzt hat".[147]

Da das heideggersche Dasein kein reines Bewusstsein ist, sondern ein endlich existierendes Seiendes, das immer schon „draußen" in der Welt ist und hermeneutisch zirkuläres Seinsverständnis und darin vom Sein zum Tode geprägtes Selbstverständnis hat, ist auch seine Zeitlichkeit, die als der Sinn der Sorge sein Sein ist und all seinen Seinsweisen zugrunde liegt, wesentlich *endlich.* Wie bereits beim Sein zum Tode deutlich wurde, bedeutet die von Heidegger immer wieder betonte Endlichkeit des Daseins nicht, dass das Leben irgendwann aufhört, sondern dass das Dasein immer schon als ein Endliches zu seinem Ende existiert. Es ist hier im Kontext der Endlichkeit der Zeit zu ergänzen, dass Heidegger verschiedene Endlichkeitsbegriffe ineinandergreifen lässt. Zum einen ist das Dasein endlich, weil es kein *intuitus originarius* ist. Es schafft nicht aus sich heraus das Seiende, sondern es ist in seinem Seinsverständnis auf seine Geworfenheit, auf ihm gegebenes, von ihm nicht selbst produziertes Seiendes angewiesen, das als Ermöglichungsgrund

---

144 Fleischer ist der Auffassung, dass ein Fehlen der Ursprungsdimension bzw. eine Identität von Ursprungsdimension und eigentlichem Existenzvollzug Heideggers System grundsätzlich erschüttern müsste. Ihre Kritik ist, dass Heidegger einerseits die eigentliche Zeitlichkeit in der ursprünglichen Zeitlichkeit fundiert, andererseits aber die Differenz beider nivelliert, indem er die eigentliche Zeitlichkeit in die ursprüngliche Zeitlichkeit hineinprojiziert. Vgl. Fleischer: *Die Zeitanalysen in Heideggers „Sein und Zeit". Aporien, Probleme und ein Ausblick*, a. a. O., 19–26. Iber meint hingegen, wie mir scheint zu Recht, dass dieses Problem verschwindet, wenn man die ursprüngliche Zeitlichkeit als existenzial-ontologische Struktur der existenziell-ontischen eigentlichen Zeitlichkeit interpretiert. Vgl. Iber, Christian: Sein und Zeit oder Zeitlichkeit und Dasein. Probleme von Heideggers Zeitphilosophie, in: ders./Pocai, R. (Hg.): *Selbstbesinnung der philosophischen Moderne: Beiträge zur kritischen Hermeneutik ihrer Grundbegriffe.* Cuxhaven/Dartford: Junghans 1998, 119–143, hier 126 (Fußnote). In jedem Fall muss Heidegger aber, wenn die „ursprüngliche" Zeitlichkeit die erklärende Struktur aller zeitlichen Vollzugsmodi sein soll, ihre strukturellen Besonderheiten, die die der eigentlichen Zeitlichkeit sind, auch in der uneigentlichen Zeitlichkeit nachweisen.

145 „Vielmehr muss die Untersuchung sich vorgängig mit dem Phänomen der Zeitlichkeit vertraut machen, um erst aus ihm die Notwendigkeit und die Art des Ursprungs des vulgären Zeitverständnisses und ebenso den Grund seiner Herrschaft aufzuhellen" (SZ, 304).

146 Vgl. SZ, 329.

147 SZ, 311.

seines Entwerfens fungiert. Zum anderen hat das aus dieser Geworfenheit unter das Seiende möglich werdende Entwerfen seine Grenze an einem Horizont des äußersten Woraufhin, aus dem heraus es allererst auf ein einzelnes Seiendes entwerfend zurückkommen kann. Dieser Horizontbegriff wird weiter unten noch ausführlich Beachtung finden. Schließlich sind bei Heidegger diese beiden Aspekte untrennbar an das Sein zum Tode gekoppelt, da sich die so verstandene Endlichkeit ursprünglich anhand der vorlaufenden Entschlossenheit ausweist, in der das Dasein sein bedingtes Möglichsein unverdeckt erschließt, indem es *„frei für seinen Tod an ihm zerschellend auf sein faktisches Da sich zurückwerfen"* lässt.[148] Erst über die Endlichkeit erhält die zeitliche Existenzweise des Daseins ihre innere Dynamik und ihre primär an der Zukunft orientierte Ausprägung. Das Dasein befindet sich nicht „in" der Zeit wie auf dem Abschnitt einer Strecke oder gar in einem Behälter. Vielmehr existiert es selbst als Endliches zeitlich. Die Zeitlichkeit aber bestimmt Heidegger grundsätzlich als Sinn der Sorge und die Sorge als Sein des Daseins, womit auch die Zeitlichkeit immer schon die Zeitlichkeit des endlichen Daseins ist und das Dasein nicht erst von einer äußerlichen an es herantretenden Zeit umgriffen wird, in der es dann als ein darin Vorhandenes anzutreffen wäre. Die ursprüngliche Zeitlichkeit, die Heidegger schlichtweg als „ursprüngliche Zeit" bezeichnet, ist aus den genannten Gründen also endlich. Welchen Bezug stellt Heidegger aber im Detail zwischen der ursprünglichen und endlichen Zeitlichkeit des Daseins und der dreiteiligen Struktur der Sorge her und auf welche Weise soll die ursprüngliche Zeitlichkeit die Sorge vereinheitlichen können? Um diese Fragen zu beantworten, sollen im Folgenden zunächst die drei Momente der Zeitlichkeit und die drei Momente der Sorge einander zugeordnet werden.

(a) Das Sich-vorweg-sein der Sorge und die vorlaufende Entschlossenheit als eigentliches Sein zum Tode „ist nur so möglich, daß das Dasein *überhaupt* in seiner eigensten Möglichkeit auf sich zukommen *kann* und die Möglichkeit in diesem Sich-auf-sich-zukommenlassen als Möglichkeit aushält, das heißt existiert."[149] Hieraus ergibt sich für Heidegger: „Das die ausgezeichnete Möglichkeit aushaltende, in ihr sich auf sich *Zukommen*-lassen ist das ursprüngliche Phänomen der *Zukunft*."[150] Wie schon bei der ursprünglichen Zeitlichkeit insgesamt zeigt sich die ursprüngliche Zukunft primär, das heißt auf ausgezeichnete Weise, anhand des eigentlichen existenziellen Vollzugs ihrer. „‚Zukunft' meint hier nicht ein Jetzt, das, *noch nicht* ‚wirklich' geworden, einmal erst *sein wird*".[151] Vielmehr kommt das Dasein in seiner Zukunft auf sich zu, d. h. es versteht sich und seine Seinsmöglichkeiten aus seiner Zukunft, indem es sich zu seiner Zukunft verhält.

---

148 SZ, 385. Vgl. Heinz: *Zeitlichkeit und Temporalität. Die Konstitution der Existenz und die Grundlegung einer temporalen Ontologie im Frühwerk Martin Heideggers*, a. a. O., 101–106.

149 SZ, 325.

150 SZ, 325.

151 SZ, 325.

(b) Das Pendant zur ursprünglichen Zukunft, die ursprüngliche *Gewesenheit*,[152] ist ebenfalls anhand der vorlaufenden Entschlossenheit aufzuweisen. Die Gewesenheit ist die zeitliche Basis für das Strukturelement des Schon-sein-in der Sorge. Auch die ursprüngliche Gewesenheit zeigt sich primär anhand des eigentlichen existenziellen Vollzugs der Gewesenheit, welcher seinerseits nur auf der Basis der ursprünglichen Gewesenheit möglich ist, „sofern Dasein überhaupt *ist* als ich *bin*-gewesen".[153] Eine Besinnung des in den Tod vorlaufenden Daseins auf sich und seine Vergangenheit ist ein existenzieller Vollzug der eigentlichen Gewesenheit. Heidegger wählt den Ausdruck „Gewesenheit" und spricht nicht von „Vergangenheit", da „Vergangenheit" für ihn etwas Vorhandenes bezeichnet, das „hinter" einem liegt und vielleicht noch hin und wieder einmal thematisiert werden und Einfluss auf einen ausüben kann. Das Dasein hingegen existiert als Gewesenes in dem Sinne, dass es durch seine Vergangenheit bzw. Gewesenheit überhaupt erst das Dasein ist, das es ist. Von dieser seiner Gewesenheit aus, die es nicht *hat* sondern *ist*, kann es sich überhaupt erst zu seiner Zukunft verhalten.

(c) Das Sein-bei gründet in der Gegenwart, durch die im eigentlichen Existenzvollzug ein eigentliches, die *Situation*[154] ergreifendes *Gegenwärtigen* des zu besorgenden Anwesenden erfolgen soll.[155] Hier taucht eine gewisse Ungereimtheit auf, denn das Gegenwärtigen des zuhandenen Zeugs wird von Heidegger an einer anderen Stelle vordergründig an das uneigentliche alltägliche Existieren und damit an den Seinsmodus des Verfallens gebunden.[156] Wie hat man sich also eine ursprüngliche und eine eigentliche Gegenwart zu denken? Die Gegenwart, so Heidegger, bleibt „im Modus der ursprünglichen Zeitlichkeit *eingeschlossen* [...] in Zukunft und Gewesenheit".[157] Eine ursprüngliche Gegenwart scheint demnach nur uneigenständig, weil „eingeschlossen" zwischen Zukunft und Gewesenheit zu finden zu sein.[158] Entsprechend ist der *Augenblick* als

---

[152] Vgl. SZ, 327.

[153] A. a. O., 326.

[154] Die „Situation" ist bei Heidegger eng an den Augenblick der eigentlichen Gegenwart gebunden, sie ist jedoch im Gegensatz zum zeitlichen Augenblick eher räumlich zu verstehen. Vgl. a. a. O., 338.

[155] „Nur als Gegenwart im Sinne des Gegenwärtigens kann die Entschlossenheit sein, was sie ist: das unverstellte Begegnenlassen dessen, was sie handelnd ergreift" (a. a. O., 326). Bereits Husserl verwendet den Neologismus „Gegenwärtigung". Heidegger zufolge fände Husserls Gegenwärtigung jedoch in einem uneigentlichen Modus der Zeitigung statt, da ein konstituierendes Bewusstsein primär wahrnehmend bei den Dingen und nicht eigentlich bei sich als einem endlich Existierenden ist.

[156] „Im Unterschied vom Augenblick als eigentlicher Gegenwart nennen wir die uneigentliche das Gegenwärtigen" (a. a. O., 338). „Je uneigentlicher die Gegenwart ist, das heißt, je mehr das Gegenwärtigen zu ihm ‚selbst' kommt, um so mehr flieht es verschließend vor einem bestimmten Seinkönnen" (a. a. O., 347).

[157] A. a. O., 328 (Hervorhebung i. Orig.).

[158] Iber macht an diesem Ansatz der Gegenwartskonzeption das Scheitern von Heideggers Zeitphilosophie in SZ und der Spätphilosophie fest. Vgl. Iber: Sein und Zeit oder Zeitlichkeit und Dasein. Probleme von Heideggers Zeitphilosophie, a. a. O., 119–143. Vgl. zur These von der

eigentliche Gegenwart eine „entschlossene, aber in der Entschlossenheit *gehaltene* Entrückung des Daseins an das, was in der Situation an besonderen Möglichkeiten, Umständen begegnet".[159] Es lässt sich kritisch die Frage stellen, ob sich die „ursprüngliche" und eigentliche Gegenwart nicht in Zukunft und Gewesenheit auflöst, da sie offenbar kein eigenständiges Moment bilden kann, ohne in die Uneigentlichkeit abzurutschen. Eine wohlwollende Interpretation, so scheint es, könnte allenfalls ein Hin-und-her zwischen Augenblick und andrängenden begegnenden Möglichkeiten und Umständen an die Stelle der eigentlichen und damit strukturell der ursprünglichen Gegenwart setzen.[160] Aber auch dies, so scheint es, kann kaum eine strukturell eigenständige Ekstase der ursprünglichen Gegenwart begründen. Und wenn Heidegger schreibt, dass „[f]ormal verstanden [...] jede Gegenwart gegenwärtigend [ist], aber nicht jede ‚augenblicklich'", so scheint er sogar selbst ausdrücklich die Struktur des Gegenwärtigens dem Augenblick und nicht die Struktur des Augenblicks dem Gegenwärtigen, das primär uneigentlich ist und daher weniger ursprünglich

---

Gegenwartskonzeption als des Grundes für das Scheitern von SZ außerdem Thomä: Die Not der Gegenwart, a. a. O., 294–347.

[159] SZ, 338 (Hervorhebung i. Orig.).

[160] Heidegger legt etwas Derartiges nahe, wenn er in der Abhandlung von 1924 schreibt: „Es [das eigentliche Sein des Daseins; I.R.] ist selbst nichts, was gleichsam für sich neben dem uneigentlichen bestehen sollte und könnte; denn das in der Entschlossenheit des Vorlaufens ergriffene *Wie* ist eigentliches immer nur als Bestimmtheit eines zugreifenden Handelns im Jetzt der Zeit des Miteinanderseins" (*Zeitbegriff*, 81). Pöggeler begegnet dem Problem des „Augenblickes" und darin der Frage, wie das Dasein gleichzeitig bei den besorgten Dingen und bei sich als vorlaufender Entschlossenheit eigentlich und zukünftig sein kann, in dieser Richtung: „Aber die Einheit von Augenblick und Situation kann nur gedacht werden als der Sturz aus der Eigentlichkeit des Augenblicks in das uneigentliche Bedrängtsein durch das situativ Begegnende. Der Augenblick ‚ist' nur, wenn sich das Dasein zurückholt aus der Situation, um in einer ‚gehaltenen Entrückung' für das da zu sein, was in der Situation begegnet" (Pöggeler, Otto: *Der Denkweg Martin Heideggers*. Stuttgart: Verlag Günther Neske 1963, 210). Andernorts heißt es bei Pöggeler, „daß für Heidegger in einer gleichsam gnostischen Weise der Augenblick der eigentlichen Zeitigung weltlos bleibt und nur negativ charakterisiert wird" (Pöggeler, Otto/Hogemann, Friedrich: M. Heidegger: Zeit und Sein, in: Speck, Josef (Hg.): *Grundprobleme der großen Philosophen*. Göttingen: Vandenhoeck & Ruprecht 1982 (= Grundprobleme der großen Philosophen. Bd. V) 48–86, hier 67). Die Lösung, die Figal vorschlägt, enthält ebenfalls ein untrennbares Hin-und-her zwischen Augenblick und Gegenwärtigen von Innerzeitigem und bloßen Möglichkeiten, das er aber nicht als problematisch auffasst: „[J]edes bestimmte Verhalten fängt zwar als das Ergreifen eines Projektes ‚augenblicklich' an; aber ein Projekt gewinnt man nur, indem man eine Möglichkeit als bevorstehende Wirklichkeit antizipiert, die dann in der Entschlossenheit negiert werden kann, wobei der augenblickliche Charakter des Verhaltens wieder zum Tragen kommt." Die Gegenwart, so Figal zur Verteidigung der heideggerschen Position, sei „als der Umschlag von Zukunft in Gewesenheit und Gewesenheit in Zukunft doch eine eigene Ekstase der Zeitlichkeit", an der sogar „als dem Umschlag des bevorstehenden Seins und seiner bloßen Bestimmbarkeit im Rahmen einfach vernommener Möglichkeiten in die Bestimmtheit eines Projekts, das dann entschlossen negiert werden kann, die *Differenz* der Freiheit zeitlich zugänglich" werde. Figal: *Martin Heidegger. Phänomenologie der Freiheit*, a. a. O., 294 f.

> sein soll, zugrunde zu legen.[161] Sollte eine strukturell eigenständige ursprüngliche und eigentliche Gegenwart aber tatsächlich unmöglich sein, weil ich im Umgang mit der Welt mein eigenes Selbst in meiner Ausrichtung auf eigentliche Zukunft und Gewesenheit immer schon ein Stück weit vergessen haben muss, so würde dies Heideggers Grundthese von der ursprünglich dreigliedrigen Zeitlichkeitsstruktur, die allem Daseinsverhalten zugrunde liegen soll, unhaltbar machen. Das aber wiederum hätte fatale Konsequenzen für seinen gesamten Ansatz, da in diesem Fall der von Heidegger für ursprünglich befundenen Zeit, die sich primär anhand der eigentlichen Zeitlichkeit zeigen soll, eine plausible Ekstase der Gegenwart fehlen würde. Ohne eine eigenständige Ekstase der Gegenwart aber könnte sie nicht mehr als das existenzial-ontologische Fundament aller anderen, ihrerseits dreigliedrigen Zeitigungsweisen fungieren.

Die Zeitlichkeit als der Sinn der eigentlichen Sorge wird von Heidegger unter Einschluss der drei erörterten Komponenten als „gewesend-gegenwärtigende Zukunft" definiert,[162] was angesichts der Konzepte des Verfallens und der nur schwierig nachvollziehbaren ursprünglichen Gegenwart allerdings problematisch ist. Das Substantiv in dieser Definition der Zeitlichkeit der Sorge drückt aus, dass Heidegger für die endliche ursprüngliche und eigentliche Zeitlichkeit einen *Primat der Zukunft* behauptet.[163] Der Grund für diesen Primat ist darin zu sehen, dass das eigentlich existierende Dasein sich nicht als fest bestimmtes Seiendes, sondern primär aus der Zukunft versteht. Es geht ihm anstatt um sein Wirklichsein um sein eigenstes Seinkönnen. Und die ursprüngliche Zeitlichkeit zeigt sich anhand dieses eigentlichen existenziellen Vollzugsmodus. Die drei traditionellen Komponenten der Zeit – Vergangenheit, Gegenwart und Zukunft – werden in Heideggers Zeitlichkeit, als der „gewesend-gegenwärtigenden Zukunft", also zur zeitlichen Grundlage der dreigliedrigen Sorgestruktur. Inwiefern aber ist die so bestimmte Zeitlichkeit nicht nur die Grundlage der Sorge, sondern kann auch die Sorgestruktur *vereinheitlichen*? Inwiefern kann die Zeitlichkeit die in Frage stehende Einheit der Sorge begründen?

Heidegger nennt die drei Zeitmomente Zukunft, Gewesenheit und Gegenwart *Ekstasen* der Zeitlichkeit, da sie als „Auf-sich-zu", „Zurück auf", „Begegnenlassen von" die Zeitlichkeit zu einem ursprünglichen „‚Außer-sich' an und für sich selbst" machen.[164] Das heißt, die dreifach ekstatische Zeitlichkeit ist nicht als ein Seiendes zu verstehen, das dann aus sich heraustritt. Sie ist weder Substanz noch Abfolge von Ekstasen, sondern sie ist als Zeitlichkeit des existierenden Daseins schon immer

---

[161] SZ, 338. Heinz zieht folgende Konsequenz aus dieser Problematik: „Diese identische Benennung [des formalen Charakters der Gegenwart und ihres uneigentlichen Modus; I.R.] bringt zum Ausdruck, dass die Gegenwart an ihr selbst uneigentlich ist" (Heinz: *Zeitlichkeit und Temporalität. Die Konstitution der Existenz und die Grundlegung einer temporalen Ontologie im Frühwerk Martin Heideggers*, a. a. O., 93).

[162] SZ, 326.

[163] *„Das primäre Phänomen der ursprünglichen und eigentlichen Zeitlichkeit ist die Zukunft"* (a. a. O., 329). Dieser Vorrang der Zukunft findet sich bereits in dem Vortrag von 1924 und in der Vorlesung von 1925. Vgl. *Zeitbegriff*, 118 und *Prolegomena*, 442.

[164] SZ, 329.

wesentlich „außer-sich" als „Zeitigung in der Einheit der Ekstasen".[165] Jede einzelne der drei Ekstasen ist unhintergehbar verschieden von den beiden anderen, während sie aber dennoch unhintergehbar ineinander spielen. So bilden sie eine in sich auseinandergehaltene Einheit. Jede der drei Ekstasen ist „außer-sich" und ragt in die jeweils anderen beiden hinein.[166] Von zentraler Bedeutung ist deshalb bei der Unterscheidung der verschiedenen Ekstasen und ihren Bezügen zu den verschiedenen Seinsweisen des Daseins folgender Aspekt: Die Zeitlichkeit zeitigt sich in jeder Ekstase *als ganze*, „das heißt in der ekstatischen Einheit der jeweiligen vollen Zeitigung der Zeitlichkeit gründet [...] die Einheit der Sorgestruktur".[167] Diese Begründung der Einheit der Sorge, die Heidegger durch die dreifach ekstatische und einheitliche Zeitlichkeit liefert, kann überdies auch als die zeitliche Interpretation des von Heidegger als unhintergehbar charakterisierten *hermeneutischen Zirkels* verstanden werden: Ich verstehe meine Zukunft, meine Seinsmöglichkeiten, immer schon mithilfe der Erfahrungen, die ich meiner Vergangenheit bzw. Gewesenheit entnehme, und kann sie nie isoliert für sich betrachten, denn dann hätte ich keine Grundlage, auf der ich sie verstehen könnte.

Durch dieses Ineinanderspielen der Ekstasen in den Seins- und Verstehensweisen des Daseins ist die Zeitlichkeit weder ein Seiendes im Sinne eines Vorhandenen, noch ein einfacher Ursprung. Sondern: „Zeitlichkeit zeitigt sich".[168] Diese Zeitigung der Zeitlichkeit ist keine „Anhäufung und Abfolge der Ekstasen", in der quasi im Sinne eines Zeitstrahles die Zukunft später als die Gewesenheit und diese früher als die Gegenwart ist.[169] Vielmehr finden sich in jeder Zeitigung durch das zeitlich existierende Dasein, welches zirkelhaft versteht und handelt, alle drei Ekstasen wieder, wenn auch abhängig von der jeweils betrachteten Seinsweise des Daseins eine stets einen Vorrang hat, durch welchen sie auf die anderen beiden bestimmend wirkt. In der der ursprünglichen Zeit strukturell nächsten vorlaufenden Entschlossenheit ist die ursprüngliche Einheit der Ekstasen am stärksten zusammengehalten. In der uneigentlichen Zeitigung des sich verlierenden Daseins tendiert diese Einheit

---

165 SZ, 329.

166 Figal weist darauf hin, dass Heideggers Formulierung „Außer-sich" nicht als unfreiwillige Vergegenständlichung des Daseins, das erst aus sich heraustreten müsste, verstanden werden darf. Vielmehr habe Heidegger den Ausdruck „ekstatikon", den er in einer „unglückliche[n] Wendung" mit „Außer-sich" übersetzt, aus der aristotelischen *Physik* entlehnt, von wo aus es naheliegender sei, „daß die Zeitlichkeit ein unvermittelter Umschlag des Daseins ist". Figal: *Martin Heidegger. Phänomenologie der Freiheit*, a. a. O., 290.

167 SZ, 350. „Die ursprüngliche Einheit der Sorgestruktur liegt in der Zeitlichkeit" (a. a. O., 327).

168 SZ, 331. Vgl. *Grundprobleme*, 376. Und in Abgrenzung zu Husserl heißt es: „Das, was Husserl noch Zeitbewußtsein nennt, d. h. Bewußtsein von Zeit, ist gerade im ursprünglichen Sinne die Zeit selbst. [...] Zeit ‚ist' nicht, sondern zeitigt sich. Deshalb muß jeder Versuch, sie in irgendeinen Seinsbegriff zu spannen, notwendig scheitern. Wenn man mit Hilfe der Dialektik ihrer Herr zu werden sucht, so ist das wie alle Dialektik ein Ausweg. Zeitlichkeit ist die in ihrer Zeitigung sich selbst ursprünglich einigende Einheit von Gewärtigen, Behalten und Gegenwärtigen" (*Anfangsgründe*, 264).

169 SZ, 329.

zum Auseinanderbrechen, ohne sich jedoch je ganz aufzulösen.[170] Über die so verstandene dreifach *ekstatische* und dennoch *einheitliche* Zeitlichkeit meint Heidegger, die Einheit der Sorgestruktur des Daseins begründet zu haben.

Die Formulierung „Zeitigung der Zeitlichkeit" allerdings versteht sich nicht ohne weiteres von selbst. Sie kann den Eindruck erwecken, dass die Zeit so etwas wie eine eigenständig handelnde Instanz wäre. Verlässt Heidegger hier vollständig die auf Husserl zurückgehende phänomenologische Methode, in der allein das Dasein und seine Seins- und Verstehensstrukturen Untersuchungsthema werden können? Lässt er der Zeitlichkeit eine autonome Seinweise zuteilwerden? Wie kann sich Zeitlichkeit, die doch von Heidegger als der Seinssinn des Daseins und nicht als etwas Eigenständiges, an das Dasein Herantretendes bestimmt worden war, „zeitigen"? Offensichtlich ist, dass Heidegger keine Form des Realismus vertreten will, in dem sich eine an sich seiende Zeitlichkeit losgekoppelt vom Dasein zeitigt. Er scheint diese problematisch anmutende Formulierung vielmehr äußerst sorgfältig ausgewählt zu haben, um einem Idealismus entgegenzuwirken. Am Ende der *Prolegomena* spricht Heidegger davon, dass das „Dasein zeitigt".[171] In dieser Formulierung ist eine Nähe zu einer husserlianischen Konstitution der Zeit durch ein transzendentales Subjekt oder Bewusstsein erkennbar, die Heidegger unbedingt vermeiden will. Auf der Basis der Transzendenz des Daseins, welches immer schon sich überschreitend mit der Welt zu tun hat, die immer zeitlich begegnet, zeitigt sich Zeitlichkeit zwar *durch* das Dasein, ist jedoch von ihm so wenig konstituiert, wie die Welt es ist. Die gemeinten intentionalen Verhaltungen des Daseins, welches „zeitigt", sind keine spontanen Leistungen des Subjekts.[172] Diesem Umstand trägt Heidegger in der in SZ, zuvor aber ähnlich auch schon in *Logik* gebrauchten Formulierung „Zeitlichkeit zeitigt" Rechnung.[173]

Es lässt sich einerseits zu Recht sagen, dass Heidegger die Entscheidung zwischen Idealismus und Realismus umgeht,[174] weil er Zeit weder in das „Außen" einer an sich seienden Welt noch in das „Innen" eines Subjektes verlegt. Andererseits findet sich aufgrund der Untrennbarkeit von Dasein und Zeitlichkeit bei Heidegger aber trotz der Formulierung einer sich zeitigenden Zeitlichkeit ein Hang zu einem Sub-

---

[170] Heidegger spricht auch von einer „gelöcherten Zeit", die jedoch „keine Zerstückelung" meine, da sie immer noch „ein Modus der je schon erschlossenen, ekstatisch *erstreckten* Zeitlichkeit" sei. SZ, 410.

[171] *Prolegomena*, 442.

[172] Vgl. Heinz: *Zeitlichkeit und Temporalität. Die Konstitution der Existenz und die Grundlegung einer temporalen Ontologie im Frühwerk Martin Heideggers*, a. a. O., 201.

[173] In *Logik* heißt es: „Zeit *zeitigt*. Und das Zeitigen macht ihre Zeitlichkeit aus" (*Logik*, 410).

[174] Vgl. Frede, Dorothea: *Heideggers Tragödie – Bemerkungen zur Bedeutung seiner Philosophie*. Joachim Jungius-Gesellschaft der Wissenschaften. Göttingen: Vandenhoeck und Ruprecht 1999, 22 ff. Frede verweist darüber hinaus auf den Umstand, dass Heidegger von vornherein das Problem des Skeptikers umgeht, der keine Möglichkeit gegeben sieht, vom Subjektinneren zu einer einmal grundsätzlich abgetrennten Außenwelt hinauszukommen. Auch der Skeptiker ist ein In-der-Welt-seiendes Dasein und kann bei all seinem Fragen nicht umhin, diese Welt und ihre Sprache vorauszusetzen. Da auch er dem hermeneutischen Zirkel nicht entkommen kann, muss er immer schon das voraussetzen, was er anzweifeln will.

jektivismus, auf den er selbst hingewiesen hat.[175] Dieses Schillern zwischen einer Umgehung der Entscheidung zwischen Idealismus und Realismus auf der einen Seite und einem Subjektivismus auf der anderen Seite ist für Heideggers Projekt „Sein und Zeit" zugleich kennzeichnend und problematisch. Einerseits erscheint es plausibel, die phänomenologisch problematisch anmutenden Formulierungen bezüglich der „Zeitigung der Zeitlichkeit" dahingehend zu interpretieren, dass Dasein und Zeitlichkeit aufeinander angewiesen sind und dass die Basis für beide und für jede Welt, die immer vom zeitlichen Weltverständnis des Daseins abhängt, eine Art „konstitutives Wechselspiel"[176] zwischen Dasein, Zeitlichkeit und Welt wäre. Diese Interpretation ließe Heidegger nur noch bedingt als einen zeitlichen Idealisten erscheinen, da sie die Trennung von Subjekt und Objekt wie auch die Entscheidung zwischen Idealismus und Realismus mit dem zeitlich mitten in der Welt seienden Dasein unterliefe. So ließe sich angesichts von Heideggers Ansatz beim Dasein, „in dem" dieses Wechselspiel quasi statt hat, allenfalls noch davon sprechen, dass er einen Subjektivismus vertritt. Andererseits jedoch will Heidegger der Zeitlichkeit einen ontologischen Vorrang zuerkennen, der diesen Interpretationsversuch von einem konstitutiven Wechselspiel zwischen Dasein, Zeitlichkeit und Welt in seine Schranken verweist. Diese zentrale Problematik wird unten bei der Untersuchung von Zeitlichkeit und Welt weiterzuverfolgen sein.

Wenn die Zeitlichkeit tatsächlich der Sinn der Sorge und der Seinssinn des Daseins sein soll, dann muss sie sich jedoch nicht nur als Basis der eigentlichen Existenzweise, deren Konzept überdies nicht unproblematisch blieb, sondern auch als Basis der alltäglichen Seinsweisen des Daseins nachweisen lassen. Auch das durch das Man bestimmte und im Umgang mit der Welt verfallende Dasein muss in seinem Grunde zeitlich sein, wenn das Sein des ganzen Daseins in all seinen existenziellen Vollzugsmodi durch die erörterte ursprüngliche Zeitlichkeit begründet sein soll. Insbesondere muss sich die bevorzugte Stellung der Zukunft, die sich in der ursprünglichen Zeitlichkeit fand, zumindest andeutungsweise auch in der alltäglichen Zeitlichkeit wieder finden lassen, wenn diese eine Abwandlung der ursprünglichen

---

[175] Heidegger fürchtet für SZ einen „Absturz nach der Seite des nur modifizierten Subjektivismus", da seine Untersuchungen allein das Dasein betreffen, auch wenn dieses sich als In-der-Welt-sein wesentlich von einem sich zur Welt hin überschreitenden Subjekt unterscheidet (Arendt, Hannah/Heidegger, Martin: *Briefe 1925 bis 1975 und andere Zeugnisse*. Frankfurt am Main: Vittorio Klostermann 1998, 104). Grundsätzlich sieht Heidegger im Idealismus gegenüber dem Realismus „rein wissenschaftlich methodisch gesehen" eine höhere Stufe. *Prolegomena*, 306. Blattner versteht Heidegger als einen – wenn auch letztlich scheiternden – zeitlichen Idealisten, der sich allerdings selbst nicht als Idealisten bezeichnen würde, da ihn das in die Nähe von Kant und Husserl rücken würde, die das „Subjekt" als den Grund der Zeitlichkeit erscheinen ließen. Vgl. Blattner: *Heidegger's Temporal Idealism*, a. a. O., 232.

[176] Der Begriff „konstitutives Wechselspiel" stammt von Bernet, der mit ihm eine heideggerianisch geprägte Interpretation der husserlschen doppelten Intentionalität als des Ursprungs der Zeit liefert: „Der Ursprung der Zeit liegt nicht ausschließlich im selbstbezüglichen und letztkonstituierenden Bewußtsein, sondern vielmehr im konstitutiven Wechselspiel zwischen der ‚Zeitlichkeit' des Bewußtseinsflusses und der ‚Innerzeitigkeit' der Zeitgegenstände" (Bernet: Die Frage nach dem Ursprung der Zeit bei Husserl und Heidegger, a. a. O., 94).

Zeitlichkeit sein und die ursprüngliche Zeitlichkeit ihren Namen zu Recht tragen soll.[177]

3.2.3 Die Zeitlichkeit in der Alltäglichkeit des Daseins

Das alltägliche Dasein ist laut Heidegger zunächst und zumeist in der Weise des „verfallenden umsichtigen Besorgens".[178] Anders als das entschlossen in den Tod vorlaufende eigentlich existierende Dasein komme es „nicht primär in seinem eigensten, unbezüglichen Seinkönnen auf sich zu, sondern es ist besorgend *seiner gewärtig aus dem, was das Besorgte ergibt oder versagt*".[179] Bei der Frage nach der Zeitlichkeit dieser Alltäglichkeit greift Heidegger auf die Weisen des In-Seins Verstehen, Befindlichkeit, Verfallen und Rede zurück, um diese in ihrer Zeitlichkeit zu erklären und jeweils ihren alltäglichen uneigentlichen von ihrem eigentlichen existenziellen Vollzugsmodus abzuheben.[180] In *jeder* dieser vier Seinsweisen des Daseins soll jeweils *einer* zeitlichen Ekstase ein Vorrang zukommen.

(a) Das Verstehen und die Existenz als Sich-vorweg der Sorge sind durch die zeitliche Ekstase der Zukunft bestimmt, weil das Dasein sich aus seinen Seinsmöglichkeiten versteht. Im uneigentlichen Verstehen versteht das Dasein sich und seine Seinsmöglichkeiten, die sich ihm bieten, nicht aus seiner eigenen Endlichkeit, sondern aus dem, was die Dinge und Umstände, mit denen es zu tun hat, ihm gerade ermöglichen oder versagen. Heidegger bestimmt deshalb die uneigentliche Zukunft zeitlich als *Gewärtigen*.[181] Das Pendant, die eigentliche Zukunft, war als „Vorlaufen" gekennzeichnet worden, in dem das Dasein sich eigentlich aus seiner Endlichkeit und in Hinblick auf die äußerste Möglichkeit des Todes aus seinen eigenen Seinsmöglichkeiten versteht, die sich ihm nicht durch das Man und die ihm begegnenden Dinge aufdrängen. Auch das uneigentliche Verstehen hat Heidegger zufolge in dem Ineinanderspielen der

---

[177] Heidegger sieht die Notwendigkeit dieses Nachweises selbst: „Der Vorrang der Zukunft wird sich entsprechend der modifizierten Zeitigung der uneigentlichen Zeitlichkeit selbst abwandeln, aber auch noch in der abkünftigen ‚Zeit' zum Vorschein kommen" (SZ, 329).

[178] SZ, 335.

[179] SZ, 337.

[180] Alltäglichkeit und Uneigentlichkeit sind für Heidegger nicht vollkommen identisch: „Zumeist, und das ist wichtig, hält sich nun das Dasein weder im Modus der Eigentlichkeit noch in dem einer schlechthinnigen Verlorenheit, sondern in einer merkwürdigen Indifferenz, die wiederum nicht nichts ist, sondern etwas Positives: die Durchschnittlichkeit des Daseins, die wir als Alltäglichkeit bezeichnen, und die in ihrer Struktur und in ihrem Seinssinn besonders schwer kategorial zu fassen ist" (*Logik*, 229 f.). Das Problem des Verhältnisses von Alltäglichkeit und Uneigentlichkeit sei hier jedoch vernachlässigt. Vgl. dazu den Überblick bei Thomä: Die Not der Gegenwart, a. a. O., 297 (Fußnote).

[181] Vgl. SZ, 337.

zeitlichen Ekstasen seinen Vorrang in der Zukunft und sei deshalb ein *vergessend-gegenwärtigendes Gewärtigen.*[182]

(b) Die Befindlichkeit und die Faktizität als Schon-sein-in der Sorge finden ihr zeitliches Fundament in der Gewesenheit, da das Dasein immer schon irgendwie gestimmt ist, indem es von seiner Gewesenheit wesentlich geprägt wird. In der uneigentlichen Gewesenheit hat das Dasein sein eigenes Sein *vergessen*, womit es vergessen hat, dass es eigentlich als es selbst existieren kann. Auf dem Grunde dieser *Vergessenheit* der eigenen Endlichkeit und Geworfenheit kann es allererst Dinge seiner Umwelt und deren Zusammenhänge erinnern, mit Heidegger, *behalten.*[183] Das Gegenstück, die im Kapitel über die Geschichtlichkeit ausführlich entwickelte eigentliche Gewesenheit, bezeichnet Heidegger als *Wiederholung.*[184] In der Wiederholung, die gerade nicht so etwas wie ein Wiederabspulen der vergangenen Möglichkeiten ist, bringt das Dasein die Möglichkeiten, die dagewesen sind, wieder vor sich, um aus diesen seine eigentliche Zukunft zu entwerfen. Die uneigentliche Befindlichkeit hat ihren Vorrang in der Gewesenheit und ist deshalb *gewärtigend-gegenwärtigendes Vergessen.*[185]

(c) Das Verfallen als dritte Seinsweise des In-seins und als Sein-bei der Sorge wird zeitlich durch die Gegenwart begründet. In der uneigentlichen Gegenwart zerstreut sich das verfallene Dasein an die Dinge der Welt, mit denen es zu tun hat, und versteht sich vordergründig aus diesen. Heidegger nennt diese uneigentliche Gegenwart „Gegenwärtigen". Der Vorrang der Zukunft aus der ursprünglichen Zeitlichkeit ist bei diesem in den Hintergrund getreten und das Gegenwärtigen „gegenwärtigt um der Gegenwart willen",[186] ohne dass sich das selbstvergessene Dasein auf seine eigentliche Zukunft besinnt. Es drängt zwar ständig zu einem Nächsten und Neuen vor, widmet sich jedoch nicht wirklich diesem Nächsten, sondern eilt schon wieder zum Übernächsten, welche uneigentlich

---

182 Vgl. SZ, 339.

183 Dies ist die Interpretation von SZ, welche sich allerdings in *Logik*, *Grundprobleme* und *Anfangsgründe* nicht wieder findet. In SZ heißt es: „*Vergessenheit* als uneigentliche Gewesenheit bezieht sich auf das geworfene eigene *Sein*; sie ist der zeitliche Sinn der Seinsart, gemäß der ich zunächst und zumeist gewesen – *bin*. Und nur auf dem Grunde dieses Vergessens kann das besorgende, gewärtigende Gegenwärtigen *behalten*" (SZ, 339). In *Logik* spricht Heidegger von „verschiedenartige[n] Modi" des Behaltens: „der Privation, des Nichtbehaltenkönnens, des Entgleitenlassens, des Sichnichtmehrkümmerns um Zuhandenes, des Vergessens, des Verzichtens", so dass hier das Behalten dem Vergessen zugrunde zu liegen scheint (*Logik*, 413). Gleiches scheint für die *Grundprobleme* zu gelten: „Ein bestimmter Modus des Behaltens ist das *Vergessen*" (*Grundprobleme*, 367). In den *Anfangsgründen* wiederum werden Behalten und Vergessen gleichrangig nebeneinander gestellt. Vgl. *Anfangsgründe*, 261.

184 Vgl. SZ, 385.

185 SZ, 342. Zur grundsätzlichen Problematik des Primats von jeweils einer Ekstase vgl. Rentsch, Thomas: Zeitlichkeit und Alltäglichkeit, in: Rentsch, Thomas (Hg.): *Martin Heidegger: Sein und Zeit*. Berlin: Akademie Verlag 2001 (= Klassiker auslegen. Bd. 25), 199–228, hier 204 und insbesondere in Bezug auf die Angst als Grundbefindlichkeit Fleischer: *Die Zeitanalysen in Heideggers „Sein und Zeit". Aporien, Probleme und ein Ausblick*, a. a. O., 41–50.

186 SZ, 347.

zukünftige Seinsweise des Daseins Heidegger als *Neugier* bezeichnet.[187] Die von Heidegger so genannte eigentliche Gegenwart hingegen war schon im problematischen Konzept des Augenblickes angesprochen worden. Im Augenblick ist das Dasein nach Heidegger aus der Zerstreuung an die Dinge, in der es überall und nirgends ist, zurückgeholt und ist stattdessen in der Spannung zwischen Zukunft und Gewesenheit, in deren „Mitte" es seine eigentliche Gegenwart sein kann. Das Verfallen hat seinen Vorrang in der uneigentlichen Gegenwart, weshalb es konsequenterweise ein *gewärtigend-behaltendes Gegenwärtigen* sein müsste.[188] Das Verfallen, dessen problematischer Charakter bereits angedeutet wurde, betrachtet Heidegger hier offenbar nicht mehr wie noch im fünften Kapitel des ersten Abschnittes von SZ in erster Linie als eine Modifikation der gesamten Sorgestruktur. Er ordnet das Verfallen nun vielmehr primär der Gegenwart zu, weil das Dasein sich im Verfallen im Wesentlichen bei dem sich zerstreuenden gegenwärtigen Umgang mit dem gerade Begegnenden aufhält und seine Zukunft und Gewesenheit nicht eigentlich übernimmt.

(d) Der Rede wird von Heidegger kein eindeutiger zeitlicher Status zugewiesen. Damit durchbricht er in der Bestimmung der Rede sein Konzept des Vorrangs von jeweils einer Ekstase. Die Rede zeitigt sich nicht in einer bestimmten Ekstase, da sie den durch Verstehen, Befindlichkeit und Verfallen konstituierten Welt- und Selbstbezug des Daseins insgesamt gliedert.[189] Sie scheint daher in dieser umfassenden Hinsicht die Position zu haben, die das Verfallen im fünften Kapitel des ersten Abschnittes einnahm. Trotzdem hat für Heidegger in der Rede das Gegenwärtigen eine „bevorzugte konstitutive Funktion",[190] da sie faktisch zumeist in der Sprache anzutreffen ist, die für den alltäglichen Umgang mit der Umwelt konstitutiv ist. Als *Gerede* rechnet Heidegger die Rede der uneigentlichen Existenzweise des Daseins zu. Andererseits gehört zu ihr jedoch auch der Modus des Schweigens, in dem das Gewissen „redet", um das Dasein zum eigentlichen Existieren aufzurufen. In dieser Form kann die Rede auch der eigentlichen Gegenwart zugeordnet werden.

Folgendes ist hier auffällig: Verfallen und Rede scheinen an dieser Stelle um die Gegenwart zu konkurrieren,[191] wenngleich nach Heidegger in erster Linie das Verfallen seinen Vorrang in der Gegenwart und die Rede im Gegenwärtigen nur diese

---

[187] Vgl. SZ, 170 ff., 346 f.

[188] Heidegger verwendet, anders als bei Zukunft und Gewesenheit, bei der Bestimmung der uneigentlichen Gegenwart im § 68c keinen zusammengesetzten Begriff. Er verwendet „gewärtigend-behaltendes Gegenwärtigen" aber im Zusammenhang der Bestimmung der Zeitlichkeit des umsichtigen Besorgens (vgl. SZ, 355).

[189] Vgl. SZ, 349.

[190] SZ, 349.

[191] Dies deutet sich sogar formal anhand des Untersuchungsverlaufes an: Im ersten Abschnitt von SZ war das Verfallen, im zweiten Abschnitt hingegen die Rede an letzter Stelle untersucht worden.

„bevorzugte konstitutive Funktion" hat.[192] Der Augenblick, der als eigentliche Gegenwart nur gehalten ist zwischen Zukunft und Gewesenheit, scheint in der ursprünglichen wie der eigentlichen Zeitlichkeit keine eigene Ekstase zu bilden und es liegt nahe, dass deshalb auch „der leer bleibende Augenblick keine eigentliche Rede, d. h. keine eigentliche Artikulation zulässt".[193] Eine Ekstase der Gegenwart, um die Verfallen und Rede hier konkurrieren, scheint nur in ihrem uneigentlichen Modus aufzufinden zu sein. Dies aber, so wurde bereits gesagt, widerspricht Heideggers These von der Ursprünglichkeit der „ursprünglichen" Zeit, die die strukturelle Basis für alle anderen „Zeitigungsarten" liefern soll und daher selbst bereits dreigliedrig sein muss.[194]

Um die vollständige Seinsweise des Daseins als In-der-Welt-sein in seiner Zeitlichkeit zu charakterisieren, muss Heidegger neben der Analyse des In-Seins (Verstehen, Befindlichkeit, Verfallen, Rede) auch untersuchen, wie die ontologische Verfassung der *Welt* in der Zeitlichkeit gründet.[195] Wenn „das Sein des Daseins in der Zeitlichkeit" gründet,[196] so muss die Zeitlichkeit auch die Struktur seines praktischen und theoretischen Weltverständnisses begründen können. Heidegger sagt hinsichtlich dieses Weltverständnisses, *„die existenzial-zeitliche Bedingung der*

---

[192] Pöggeler erklärt diese Konkurrenz von Rede und Verfallen um die Gegenwart dadurch, dass Heidegger alles Sein bei Seiendem, alles Gegenwärtigen als Verfallen auffasst und die Rede nur als Gerede, nicht aber in der Möglichkeit eines eigentlichen Gespräches – sondern nur in der eines eigentlichen Schweigens – berücksichtigt. Vgl. Pöggeler, Otto: Temporale Interpretation und hermeneutische Philosophie, in: Revue internationale de Philosophie 43 (1989), 5–32, hier, 19.

[193] Pöggeler: *Der Denkweg Martin Heideggers*, a. a. O., 210. Heidegger selbst lässt in SZ den Status der Rede letztlich offen, wenn er in einem Verweis auf den nicht erschienenen dritten Abschnitt von SZ sagt, dass „die Analyse der zeitlichen Konstitution der Rede [...] erst in Angriff genommen werden [kann], wenn das Problem des grundsätzlichen Zusammenhangs von Sein und Wahrheit aus der Problematik der Zeitlichkeit aufgerollt ist" (SZ, 349). Derartige Relativierungen seiner eigenen Analysen in Hinblick auf den dritten Abschnitt von SZ finden sich bei Heidegger allerdings nicht nur in Bezug auf die Rede. Auch im letzten Paragraphen des Kapitels „Zeitlichkeit und Alltäglichkeit" weist er auf die Vorläufigkeit seiner Untersuchung hin: Da „mit dem Titel Alltäglichkeit im Grunde nichts anderes gemeint ist als die Zeitlichkeit, diese aber das Sein des Daseins ermöglicht, kann die zureichende begriffliche Umgrenzung der Alltäglichkeit erst im Rahmen der grundsätzlichen Erörterung des Sinnes von Sein überhaupt und seiner möglichen Abwandlungen gelingen" (a. a. O., 371 f.). Heidegger lässt also in SZ auch das Verhältnis von Alltäglichkeit und Zeitlichkeit letztlich offen. Vgl. Rentsch: Zeitlichkeit und Alltäglichkeit, a. a. O., 227. Die These, dass philosophische Bestimmungen überhaupt erst auf der Basis eines grundsätzlichen Seinsbegriffes möglich sind, findet sich bei Heidegger am deutlichsten in seiner Disputation mit Cassirer. Vgl. Cassirer/Heidegger: Davoser Disputation zwischen Ernst Cassirer und Martin Heidegger, a. a. O., 295.

[194] An dieser Problematik zeigt sich allerdings andererseits besonders deutlich, dass die ursprüngliche Zeitlichkeit eine andere Struktur hat als die alltägliche Zeitlichkeit. Blattner ist daher zu Recht der Auffassung, dass Heidegger nicht als Pragmatist verstanden werden kann. Vgl. Blattner, William: Existential Temporality in *Being and Time* (Why Heidegger is not a Pragmatist), in: Dreyfus, H./Hall, H. (Hg.): *Heidegger. A Critical Reader*. Oxford (UK)/Cambridge (USA): Blackwell 1992, 99–129, hier 122.

[195] „Die Einheit der Bedeutsamkeit, das heißt die ontologische Verfassung der Welt, muß dann gleichfalls in der Zeitlichkeit gründen" (SZ, 365).

[196] SZ, 364.

Möglichkeit der Welt liegt darin, daß die Zeitlichkeit als ekstatische Einheit so etwas wie einen Horizont hat.“[197] Das „Wohin“ der Entrückung der Ekstasen nennt er ein *horizontales Schema.*[198] Das Konzept einer mit zeitlichem Weltverständnis zusammenhängenden Schematisierung lässt sich auf Heideggers Auseinandersetzung mit Kant zurückführen.[199] In Kants Schematismuslehre, die er in der *Kritik der reinen Vernunft* entwickelt, geht es um die Frage, wie wir uns reine Verstandesbegriffe veranschaulichen.[200] Der Schematismus soll bei Kant die Sinnlichkeit mit dem Verstand, die transzendentale Ästhetik mit der transzendentalen Logik verbinden. Die Schemata als Zeitbestimmungen a priori, die Kant über eine Verknüpfung der Kategorien mit der reinen Anschauungsform Zeit gewinnt (Zeitreihe, Zeitinhalt, Zeitordnung, Zeitinbegriff), sind laut Kant transzendentale Produkte der Einbildungskraft und jeweils sowohl die vorgestellte Regel der möglichen Versinnlichung eines Begriffes als auch das Verfahren dieser Versinnlichung selbst. Während Kant allerdings der nichtzeitlichen transzendentalen Apperzeption des Ich-denke und dem in dieser gründenden nichtzeitlichen, reinen Verstand einen Vorrang zuerkennt, sieht Heidegger den ursprünglichen Grund in einer synthetischen Einigung von transzendentaler Apperzeption und der reinen Anschauungsform Zeit, die durch die ursprünglichste Instanz, und zwar ihm zufolge die transzendentale Einbildungskraft, geleistet ist.[201] Das Verfahren der transzendentalen Einbildungskraft aber ist der Schematismus, sie produziert Schemata. In der von ihm selbst umgedeuteten transzendentalen Einbildungskraft, welche transzendentale Apperzeption und die als reine Selbstaffektion verstandene Zeit zusammenbringe, sieht Heidegger bei Kant seinen eigenen Begriff ursprünglicher Zeit vorgezeichnet. Kant sei seinerseits zwar auf dem Weg zu dieser Einsicht gewesen, habe sie jedoch wieder zurückgedrängt, so dass er transzendentale Apperzeption und Verstandestätigkeit als nicht-

---

[197] SZ, 365.

[198] Vgl. SZ, 365.

[199] Heideggers im zeitlichen Umkreis von SZ liegende Auseinandersetzungen mit Kants Schematismus finden sich im zweiten Hauptstück der *Logik* von 1925/26, in der Kant-Vorlesung von 1927/28 und im *Kantbuch* von 1929. Vgl. die detaillierte Auseinandersetzung mit Heideggers Kant-Interpretationen sowie mit Heideggers eigenen Versuchen einer Schematisierung des Seinssinnes bei Köhler. Köhler macht über den Kantbezug hinaus plausibel, dass Heideggers Schematismus außerdem eine gewisse Nähe zu Schelers Schemabegriff aufweist. Scheler priorisiere ebenfalls den praktischen Umgang und verstehe Schemata als geschichtlich und als orientierende Vorentwürfe für Entscheidungen. Vgl. Köhler: *Martin Heidegger. Die Schematisierung des Seinssinnes als Thematik des dritten Abschnittes von „Sein und Zeit“*, a. a. O., 13–27 zu den Ähnlichkeiten und 29–44 zu den Unterschieden zwischen Heideggers und Schelers Schemabegriffen.

[200] Vgl. das Kapitel „Von dem Schematismus der reinen Verstandesbegriffe“ in Kant, Immanuel: *Kritik der reinen Vernunft*. Hg. von Wilhelm Weischedel. Darmstadt: Wissenschaftliche Buchgesellschaft, 6. Aufl., 2005 (= Werke in sechs Bänden. Bd. II), A137–148/B176–188. Heidegger hat bekanntlich die erste Auflage dieses Werkes der zweiten vorgezogen.

[201] Heideggers Priorisierung der transzendentalen Einbildungskraft im Rahmen von Kants erster Kritik und die von ihm unternommene Umdeutung derselben kann ebenfalls in einem Zusammenhang mit seiner Priorisierung der kategorialen Anschauung bei Husserl gesehen werden: In beiden Fällen geht es Heidegger um ein ursprüngliches Ineinander von begrifflichem Denken und Anschauung.

zeitlich interpretiert habe, sein Zeitbegriff zu Natur- und Weltzeit wurde und als Form des inneren Sinnes die innerzeitigen Erscheinungen sowie die Erscheinungen im Subjekt ordnet.[202]

Es kann im Zusammenhang dieser Arbeit nicht darum gehen, Heideggers Kantinterpretationen kritisch aufzuarbeiten und deren Relevanz für Heidegger im Detail zu ermitteln. Entscheidend ist jedoch, welche Funktion Heidegger dem Begriffsfeld von „Schema", „Horizont" und „horizontalem Schema" für sein eigenes Konzept einer dreifach ekstatischen ursprünglichen Zeitlichkeit zuschreibt. In SZ, § 69c macht er drei horizontale Schemata aus, die zu den drei Ekstasen, die nicht einfach Entrückung zu …, sondern immer Entrückung zu einem „Wohin" sind, gehören. Die Schemata werden vom Dasein ausgehend bestimmt als *Umwillen seiner* (Zukunft), *Wovor* der Geworfenheit bzw. *Woran* der Überlassenheit (Gewesenheit) und *Um-zu* (Gegenwart).[203] Diese Schemata sind gewissermaßen die Grenzen des Zeitlichkeitsverständnisses und mit ihnen ist ein bestimmter „Anblick" der Zeitlichkeit gegeben, der durch die Ekstasen als reinen Entrückungen zu … nicht möglich war.[204] Die horizontalen Schemata haben aber auch Regelcharakter, indem sie im Vorhinein immer schon die Hinsicht bestimmen, unter der für das Dasein überhaupt etwas erschließbar ist. Sie sind der Entwurfsbereich der Sorge und als solche nicht mit dem Blickfeld der Theorie zu verwechseln.[205] Da sie das äußerste „Wohin" markieren, zu dem die Ekstasen entrücken, und von wo aus das Dasein auf das Seiende zurückkommt, haben sie Horizontcharakter. Aus diesem Grund nennt Heidegger das zeitlich existierende Dasein auch *ekstatisch-horizontal*.[206] Nur als Ekstatisch-horizontales ist das Dasein ursprünglich zeitlich „wesenhaft ‚in einer Welt'", und nur über das Dasein als Ekstatisch-horizontales „ist so etwas wie Welt in seiner Einheit mit dem Dasein ontologisch möglich".[207]

Die Transzendenz, so hatte Heidegger behauptet, sei der Intentionalität nicht nach-, sondern vorgeordnet. Über den Horizontbegriff wird jetzt deutlich, inwiefern auch die Transzendenz wesentlich zeitlichen Charakter hat. Außerdem zeigt sich in diesem thematischen Zusammenhang, welche Antwort Heidegger auf seine in den *Prolegomena* geübte Kritik an Husserl findet, nach der es „dunkel" bleibe, wie das „Intentum zur Intentio" gehöre und derzufolge es „rätselhaft" bleibe, wie „das Intendiertsein eines Seienden sich zu diesem Seienden selbst verhält". In den *Grundproblemen* gebraucht er für seine Antwort folgende Formulierung:

---

202 Diese Beurteilung Kants findet sich *in nuce* auch in SZ, wenn Heidegger dort im § 81 schreibt, bei Kant sei „die Zeit zwar ‚subjektiv' […], [stehe] aber unverbunden ‚neben' dem ‚ich denke'" (SZ, 427) und dies in einer Fußnote ergänzt durch die Bemerkung: „Inwiefern bei *Kant* andererseits doch ein radikaleres Verständnis der Zeit aufbricht als bei *Hegel*, zeigt der erste Abschnitt des zweiten Teiles dieser Abhandlung" (ebd. (Fußnote)).

203 Vgl. SZ, 365.

204 Vgl. Figal: *Martin Heidegger. Phänomenologie der Freiheit*, a. a. O., 332.

205 Vgl. Heinz: *Zeitlichkeit und Temporalität. Die Konstitution der Existenz und die Grundlegung einer temporalen Ontologie im Frühwerk Martin Heideggers*, a. a. O., 97.

206 Vgl. SZ, 366.

207 SZ, 365 und 364.

„Die Intentionalität – das Gerichtetsein auf etwas und die darin liegende Zusammengehörigkeit der intentio und des intentum –, die in der Phänomenologie als das letzte Urphänomen gemeinhin bezeichnet wird, hat die Bedingung ihrer Möglichkeit in der Zeitlichkeit und ihrem ekstatisch-horizontalen Charakter".[208] Damit das Dasein überhaupt sich und Welt verstehen kann, muss es sich und die Welt immer schon aus Umwillen seiner, Wovor bzw. Woran und Um-zu vorverstanden haben, um sich aus diesem generellen, zeitlich geprägten Vorverständnis auf einzelne begegnende Seiende richten zu können.[209]

Den Grund der Einheit dieser drei Schemata sieht Heidegger in der ekstatischen Einheit der Zeitlichkeit, in der bereits die drei Ekstasen nur in einer dynamischen Einheit eines „ursprünglichen Außer-sich an und für sich selbst" gefasst werden konnten. Für die dreifach ekstatische Zeitlichkeit war es entscheidend, dass ihre Ekstasen gleichermaßen in einem ursprünglichen Außer-sich wie auch in einer ursprünglichen Einheit miteinander stehen. Sie verschmelzen weder in einer Ekstase, wie beispielsweise in der von Heidegger priorisierten Zukunft, noch befinden sie sich zueinander in einer Unabhängigkeit. So sind sie gleichermaßen drei und eins. In § 69c und anderen Texten schließt sich jedoch an diese von Heidegger klar bestimmte Doppelgesichtigkeit der ursprünglichen Zeitlichkeit eine begriffliche Ambivalenz in der Bestimmung von „Horizont" und „Schema" an: Im Zusammenhang der horizontalen Schemata ist es nicht eindeutig, inwiefern „Horizont" und „Schema", bzw. „horizontales Schema", zu unterscheiden sind. Einerseits scheint ein einziger Horizont zu der ekstatischen Einheit der Ekstasen insgesamt zu gehören.[210] Andererseits scheint jede Ekstase und jedes Schema einen eigenen Horizont zu haben und „Horizont" scheint äquivalent zu „Schema" zu sein.[211] Ist dies eine

---

[208] *Grundprobleme*, 378 f. Vgl. *Prolegomena*, 63.

[209] Dastur erkennt im Begriff des Horizontes einen grundsätzlichen Gegensatz zwischen Husserl und Heidegger: Für Husserl sei der Horizont der Horizont des Erkennbaren oder die Grenze der möglichen klaren Erkenntnis, während er für Heidegger hingegen den Ausgangspunkt für jedes thematisierende Erkennen darstelle. Vgl. Dastur: *Heidegger et la question du temps*, a. a. O., 101. Es ist allerdings gleichermaßen hervorzuheben, dass für Heidegger der Horizont *sowohl* Grenze *als auch* Anfang des Entwerfens und des Erkennens ist. Vgl. Heinz: *Zeitlichkeit und Temporalität. Die Konstitution der Existenz und die Grundlegung einer temporalen Ontologie im Frühwerk Martin Heideggers*, a. a. O., 103 und auch Dastur: *Heidegger et la question du temps*, a. a. O., 103. Entscheidend ist in jedem Fall, dass der Horizont bei Heidegger nicht als eine dem Dasein externe Grenze zu verstehen ist. Eine solche ist er sowenig wie der existenzial verstandene Tod. Horizont und Tod sind vielmehr beide das Dasein schon immer bestimmende Grenzen seines Verstehens, von denen her es sich und die Welt begreift. Vgl. ebd.

[210] „*Die existenzial-zeitliche Bedingung der Möglichkeit der Welt liegt darin, dass die Zeitlichkeit als ekstatische Einheit so etwas wie einen Horizont hat.* [...] Der Horizont der ganzen Zeitlichkeit bestimmt das, *woraufhin* das faktisch existierende Seiende wesenhaft *erschlossen* ist" (SZ, 365). „Als ekstatische Einheit von Zukunft, Gewesenheit und Gegenwart hat die Zeitlichkeit einen durch die Ekstase bestimmten Horizont" (*Grundprobleme*, 378). In den *Anfangsgründen* bezeichnet Heidegger den Horizont einer Ekstase als „Ekstema" und spricht auch dort von der „ekstematische[n] Einheit *des* Horizontes der Zeitlichkeit" (*Anfangsgründe*, 269; Hervorhebung I.R.).

[211] „Der ekstatische Horizont ist in jeder der drei Ekstasen verschieden" (SZ, 365). „Dann [...] sind die Ekstasen der Zeitlichkeit (Zukunft, Gewesenheit, Gegenwart) nicht einfach Entrückungen zu ... [...], sondern sie haben [...] einen aus dem Modus der Entrückung, d. h. aus dem Modus

Überbewertung einer begrifflichen Ambivalenz oder überformt hier *ein* Horizont drei Horizonte und lässt das Auseinandergehaltensein der drei zu den Ekstasen gehörigen Horizonte verschwimmen? Diese Problematik wird in Kap. 3.3 in Bezug auf Heideggers erneutes Aufgreifen dieses Begriffsfeldes im Zusammenhang der Temporalität weiterzuverfolgen sein.

Neben der problematischen Zuordnung von Rede und Verfallen zur Gegenwart und neben der Ambivalenz im Schema- und Horizontbegriff lässt sich in Heideggers Erörterung der Zeitlichkeit der Alltäglichkeit noch ein drittes Problem ausmachen: der behauptete ontologische Vorrang der Zeitlichkeit vor der Räumlichkeit. Die in § 70 thematisierte Räumlichkeit des Daseins – die nicht ein „im Raum an einer Stelle vorhanden", sondern das „Sicheinräumen" eines „Spielraums" durch das Dasein bezeichnen soll[212] – ist nach Heidegger nur möglich, weil das Dasein als ekstatisch-horizontale Zeitlichkeit existiert. Deshalb ist er der Auffassung, dass „[d]ann [...] aber auch die spezifische Räumlichkeit des Daseins in der Zeitlichkeit gründen" muss.[213] Gleichzeitig will Heidegger aber den Raum nicht „aus der Zeit [...] deduzieren, bzw. [ihn] in pure Zeit [auflösen]",[214] wodurch unklar bleibt, wie dieser postulierte Vorrang der Zeitlichkeit zu verstehen ist. Heidegger selbst scheint diesen Vorrang der Zeitlichkeit bereits in SZ zu bezweifeln, wenn er schreibt, dass „[d]ie ekstatische Zeitlichkeit der daseinsmäßigen Räumlichkeit [...] gerade die Unabhängigkeit des Raumes von der Zeit verständlich" macht.[215] Und 1962 hat er ihn in dem Vortrag „Zeit und Sein" in einer selten deutlichen Selbstkritik ausdrücklich zurückgenommen.[216] Auch an dieser Stelle lässt sich anmerken, dass möglicherweise der

---

der Zukunft, der Gewesenheit und der Gegenwart vorgezeichneten und *zur Ekstase selbst gehörigen Horizont*. [...] Wir bezeichnen dieses *Wohin der Ekstase* als den Horizont oder genauer das *horizontale Schema der Ekstase*" (*Grundprobleme*, 429). „Der Horizont zeigt sich in und mit der Ekstase, er ist ihr *Ekstema*" (*Anfangsgründe*, 269).

212 SZ, 368 f.

213 SZ, 367.

214 SZ, 367.

215 SZ, 369.

216 „Der Versuch in ‚Sein und Zeit' § 70, die Räumlichkeit des Daseins auf die Zeitlichkeit zurückzuführen, lässt sich nicht halten" (Heidegger: Zeit und Sein, a. a. O., 24). Stattdessen entwickelt Heidegger in diesem späten Text das Konzept eines Zeit-Raumes (vgl. a. a. O., 14 f.), von dem in Kap. 3.3.2 noch zu sprechen sein wird. Franck sieht in dieser Problematik der Räumlichkeit den Grund für das Scheitern des Projektes „Sein und Zeit". Seine These ist, dass der in SZ beschriebene Raum der zuhandenen und vorhandenen Zeugzusammenhänge bzw. Dinge einen anderen Raum voraussetzt: denjenigen der Hand selbst, und mithin den lebendigen Leib. Die Konstitution der Hand und des Leibes, auf die die Zuhandenheit immer schon zurückverweist, könne aber keinen primär zeitlichen Sinn haben. Vgl. Franck, Didier: *Heidegger et le problème de l'espace*. Paris: Les Éditions de Minuit 1986 (= Arguments). Rentsch formuliert eine ähnliche Kritik: „Der Grund für die Unhaltbarkeit der Räumlichkeitsanalysen von § 70 besteht darin, dass der leiblich erschlossene lebensweltliche Orientierungsraum allen anderen Räumlichkeiten pragmatisch und methodisch vorausliegt. Demgegenüber erhält man in Sein und Zeit den Eindruck: Das in den Tod vorlaufende Dasein hat keinen Leib, sondern besteht aus Zeit" (Rentsch: Zeitlichkeit und Alltäglichkeit, a. a. O., 224). Und Pöggeler sieht in der Rückführung des Raumes auf die Zeit eine der drei wesentlichen Aporien des Projektes „Sein und Zeit" und erkennt in Heideggers Beeinflussung durch die kantische Priorisierung der Zeit vor dem Raum bereits einen Widerspruch zu Heideggers

bereits im Zusammenhang mit der ursprünglichen Zeit angeführte Gedanke eines „konstitutiven Wechselspiels" zwischen Dasein, Zeitlichkeit und Welt, das nun auch die Räumlichkeit einzuschließen hätte, den Phänomenen gerechter wird als die von Heidegger vertretene Priorisierung der Zeit.

Im Rahmen der Alltäglichkeit des Daseins untersucht Heidegger außerdem die Zeitlichkeit einer Seinsweise des Daseins, deren „Alltäglichkeit" nicht ohne weiteres einleuchten mag: der des wissenschaftlichen Erkennens. Der Grund für Heideggers Zuordnung der Wissenschaften zur Alltäglichkeit ist, dass ihm zufolge aus der Zeitlichkeit des alltäglichen, verfallenden umsichtigen Besorgens heraus „die Modifikation der Umsicht zum hinsehenden Vernehmen und dem darin gründenden theoretischen Erkennen" allererst ermöglicht wird.[217] Die Wissenschaft, so Heidegger, ist *Thematisierung*, indem sie das betreffende Seiende in „einem puren Entdecken" objektiviert.[218] Zeitlich hat diese Thematisierung von „innerweltlich Vorhandenem [...] den Charakter einer *ausgezeichneten Gegenwärtigung*".[219] Das an das besorgende Verstehen gebundene vorprädikative „ursprüngliche ‚Als' der umsichtig verstehenden Auslegung", welches Heidegger „das existenzial-*hermeneutische* ‚Als'" nennt, wird in der Thematisierung verwandelt zu dem theoretischen „*apophantischen* ‚Als' der Aussage" über Vorhandenes, das in einem reinen Hinsehen von den konkreten Bezügen für das Dasein abstrahiert.[220] Der Zeitcharakter des Gegenwärtigens liege aber auch dem apophantischen Als unhintergehbar zugrunde. Letzteres sei lediglich eine Abwandlung des unmittelbar praktischen Verstehens von etwas als etwas, indem es in der Prädikation das primäre verstehende Als in einer reinen einfachen Dingbestimmung nivelliert.

---

eigenem Raumbegriff des Einräumens. Vgl. Pöggeler, Otto: Heidegger und das Problem der Zeit, in: L'Héritage de Kant. Mélanges philosophiques offerts au P. Marcel Régnier. Paris: Beauchesne 1982, 287–307, hier 294 f.

217 SZ, 335. Obwohl Heidegger bei seiner Untersuchung der wissenschaftlichen Einstellung physikalische und mathematische Gegenstände in den Vordergrund stellt, weist er darauf hin, dass auch Zuhandenes „Thema wissenschaftlicher Untersuchung und Bestimmung" sein kann wie zum Beispiel bei „der Erforschung einer Umwelt, des Milieus im Zusammenhang einer historischen Biographie" (SZ, 361). Entscheidend ist für Heidegger, dass bei der objektivierenden Thematisierung der Gegenstand, obwohl er seinen Zeugcharakter nicht verliert, für das Dasein und seine Zwecke „gleichgültig" wird. Ebd.

218 SZ, 363.

219 SZ, 363. An dieser Stelle weist Heidegger selbst in einer Fußnote explizit darauf hin, dass Husserl „den Ausdruck ‚Gegenwärtigen' [...] zur Charakteristik der sinnlichen Wahrnehmung" gebraucht. Ebd. (Fußnote). Heideggers Gegenwärtigen ist jedoch allererst die Bedingung der Möglichkeit der Entdecktheit des Anwesenden, während bei Husserl das Gegenwärtigen selbst schon etwas „gegenwärtig Vorliegendes in seiner leibhaftigen Gegebenheit in der sinnlichen Wahrnehmung ausweisen" soll. Von Herrmann, Friedrich Wilhelm: Zeitlichkeit des Daseins und Zeit des Seins. Grundsätzliches zur Interpretation von Heideggers Zeit-Analysen, in: Philosophische Perspektiven 4 (1972), 198–210, hier 206. Vgl. auch Heinz: *Zeitlichkeit und Temporalität. Die Konstitution der Existenz und die Grundlegung einer temporalen Ontologie im Frühwerk Martin Heideggers*, a. a. O., 93.

220 SZ, 158. Vgl. a. a. O., § 32 und 33.

Das Gegenwärtigen sei stets, so Heidegger bereits in *Logik*, die unausdrückliche Grundlage der traditionellen Logik.[221] In einer Auseinandersetzung mit Aristoteles und über diesen hinaus entwickelt Heidegger dort den Gedanken, dass jede entdeckende Aussage einen ursprünglich synthetisch-diairetischen Charakter habe. Dieser Doppelcharakter liege in dem „Als" des Verstehens von „etwas als etwas", welches die Struktur eines *jeden* Verstehens ausmache. Jede entdeckende Aussage sei vor jeder Bejahung und Verneinung, vor jedem Zusprechen und Absprechen, vor jedem Entdecken und Verdecken immer schon zugleich ein Verbinden und Trennen. Das Verbinden und Trennen sei die Bedingung der Möglichkeit der zuerst genannten Operationen. In diesem ursprünglichen, jeder Aussage zugrunde liegenden einheitlichen Phänomen von Verbinden und Trennen erkennt Heidegger den gleichermaßen vereinheitlichenden und ekstatischen Charakter der Zeitlichkeit.[222] Diesen Gedanken der zeitlichen Grundlage der Logik entwickelt Heidegger außerdem in seiner Auseinandersetzung mit Leibniz. Da Leibniz die ursprüngliche Einheit von Subjekt und Prädikat durch seine Monadologie begründe, sei in dieser die metaphysische Grundlage der Logik zu suchen, obgleich Leibniz selbst diesen Zusammenhang nicht hergestellt habe. Der Drang ist für Leibniz der Einheitsgrund der fensterlosen, alle ihre Eigenschaften immer schon enthaltenden Monade. Heidegger meint, dass dieser Drang als ursprünglich organisierende Einigung der Monade „ursprünglich *ausgreifend* [...] und als ausgreifend eben im vorhin *umgreifend*" sei.[223] In dieser Charakterisierung des Dranges ist im Ausgreifen die ekstatische und im Umgreifen die horizontale Struktur der Zeitlichkeit zu erkennen. So kann Heidegger sagen: „Dem Drang selbst entspringt die Zeit".[224] Dieser ausgreifend-umgreifende Charakter des ursprünglich einigenden Dranges sei das verborgene Motiv dafür, dass Leibniz der Monade die *perceptio* zuschreibt. Der Drang ist aber nicht nur *„ursprünglich einigend"*,[225] indem er ekstatisch ausgreift auf eine vorgängige horizontale Einheitlichkeit. Er unterwirft sich darin selbst der zeitlichen Folge, deren Mannigfaltigkeit er bei Leibniz aufgrund der Fensterlosigkeit der Monade selbst ist. In dem stetigen Fortdrängen zu Anderem liege so eine innere *„Übergangstendenz"*, die Leibniz mit dem Terminus des *appetitus* der Monade kennzeichne.[226] In der so verstandenen metaphysischen Grundkonzeption des Dranges, aus dem die Zeit entspringe, sieht Heidegger im Rahmen seiner Leibniz-Interpretation die zeitliche Bedingung der Möglichkeit einer ursprünglich einigenden Gabelung der Form „A ist B", welche jeder bestimmenden Aussage zu eigen sei.[227]

Obgleich also Heidegger zufolge die Zeitlichkeit zwar auch der Logik und allgemein der wissenschaftlichen Weltsicht zugrunde liege, habe in ihr nicht die Zukunft, sondern die Gegenwart einen Vorrang. Diese strukturelle Abweichung gegenüber

---

221 Vgl. *Logik*, 415.

222 Vgl. *Logik*, § 12. Diese Überlegungen sind in SZ aufgegriffen, vgl. SZ, § 33.

223 *Anfangsgründe*, 112.

224 *Anfangsgründe*, 115.

225 *Anfangsgründe*, 116.

226 *Anfangsgründe*, 115.

227 Vgl. *Anfangsgründe*, 125. Vgl. insgesamt besonders die §§ 5 und 7 der *Anfangsgründe*.

der von Heidegger bestimmten ursprünglichen Zeitlichkeit liegt daran, dass die Wissenschaft von der speziellen Zukunfts- und Zweckorientierung des Daseins absieht. Mit ihrer Priorisierung der Gegenwart ist ihre spezifische Zeitlichkeit daher keine vollkommen andere als die ursprüngliche Zeitlichkeit, sondern sie verdeckt lediglich den in letzterer herrschenden Primat der Zukunft. Mit dieser zeitlichen Interpretation der Wissenschaften ist bei Heidegger eine gewisse Zweideutigkeit in ihrer Beurteilung verknüpft. Heidegger kritisiert zwar die philosophische Tradition aufgrund des in ihr vorherrschenden Primats der Vorhandenheit. Dies tut er jedoch nicht, weil er die theoretische Sichtweise der Welt für grundsätzlich falsch hält. Sie hat auch nach Heidegger durchaus ihre Berechtigung, wenngleich dies in seinen Schriften zuweilen nicht so erscheinen mag. Was er kritisiert, ist vielmehr, dass die abendländische Philosophie diese Sichtweise behandelt als sei sie die primäre, auf der alle anderen basierten, womit sie das eigentlich primäre, praktische und durch die ekstatische ursprüngliche Zeitlichkeit geprägte Verhältnis zur Welt vernachlässigt und falsch einordnet. Obgleich Heidegger sich daher einerseits lediglich auf eingeschränkte Weise als Wissenschaftskritiker verstehen lässt, ist bei ihm andererseits dennoch deutlich eine ontologische Abwertung der Wissenschaften zu beobachten: Die der ursprünglichen Seinsstruktur des Daseins nächste Existenzweise ist die in den Tod vorlaufende, sich nicht vom Man dirigieren lassende Eigentlichkeit; die Wissenschaften aber lassen die Gefahr entstehen, dass das Dasein sich in einer „ausgezeichneten Gegenwärtigung" an innerweltlich Vorhandenes verliert und so sein eigenes endliches Seinkönnen verdeckt. Einerseits hat die Wissenschaft ihre Berechtigung, andererseits tendiert sie aber nach Heidegger ebenso dazu, das Dasein von einer eigentlichen Existenzweise zu entfernen und in das Verfallen zu ziehen.[228] Der vorlaufenden Entschlossenheit kommt daher bei Heidegger eindeutig

---

[228] 1950/51 gab es einen Briefwechsel zwischen Heidegger, dem schweizer Literaturwissenschaftler Emil Staiger und dem österreichischen Romanisten Leo Spitzer über das Gedicht „Auf eine Lampe" von Eduard Mörike. Diese Auseinandersetzung könnte in Hinblick auf die wissenschaftliche Beschäftigung mit Lyrik als ein aussagekräftiges Beispiel gelesen werden für die Art von Praxis, welche sich aus Heideggers ambivalenter Haltung gegenüber wissenschaftlichen Vorgehensweisen ergeben kann. Ein Aspekt dieser Debatte sei hier herausgegriffen: Heidegger schreibt dem Wort „ist" aus dem letzten Vers des Gedichtes („Was aber schön ist, selig scheint es in ihm selbst.") eine zentrale Bedeutung zu und rechtfertigt durch diese auch zumindest teilweise seine Interpretation des „scheint" im Sinne von „leuchten" (und nicht „erscheinen", wie Staiger meint). Auf dem „ist", so Heidegger, liege das Gewicht von Artikulation und Rhythmus und es fungiere keineswegs als Kopula, sondern bedeute „wesen" im heideggerschen Sinne. Staiger und Spitzer erheben zu Recht Einspruch; Staiger indem er betont, dass das betreffende „ist" in einer rhythmischen Senkung liegt, Spitzer indem er zeigt, dass dieses „ist" Teil einer Redewendung ist, die lediglich eine nominale Fügung in einen Satz verwandelt. Vgl. diesen durch Staiger und Spitzer dokumentierten Briefwechsel, erstmals publiziert in: Trivium. Schweizerische Vierteljahresschrift für Literaturwissenschaft und Stilkritik, 9 (1951), republiziert in Doerksen, Victor G. (Hg.): *Eduard Mörike*. Darmstadt: Wissenschaftliche Buchgesellschaft 1975 (= Wege der Forschung. Bd. CCCCXLVI), 241–269. Trotz des genannten Aspektes und anderen problematischen Momenten seiner Auslegung erlaubt Heideggers Interpretation des Mörike-Gedichtes, mehr und anderes bei dem Gedicht zu denken. Dies aber kann in wesentlichen Aspekten nicht an den Text des Gedichtes zurückgebunden werden. Dass eine solche Loslösung vom Text beim Umgang mit Lyrik aber

der Primat vor der wissenschaftlichen Erforschung zu, was sich in den zugeordneten Zeitigungsweisen widerspiegelt.

Auch das alltägliche In-der-Welt-sein sieht Heidegger also durch die dreifach ekstatische zeitliche Existenzweise des Daseins begründet. Der Primat der Zukunft, den er in der ursprünglichen Zeit ausmachte, ist in der Alltäglichkeit durch den Umgang mit dem gerade Begegnenden und durch die fehlende Besinnung auf die eigene Endlichkeit verdeckt, aber dennoch unterschwellig da. Vier Ambivalenzen schienen die Rechtmäßigkeit der fundierenden Funktion der ursprünglichen Zeitlichkeit in Hinblick auf das alltägliche In-der-Welt-sein jedoch zu erschüttern: Erstens schienen Rede und Verfallen in einer Konkurrenz um die Gegenwart zu stehen, zweitens trat eine Zweideutigkeit in Hinblick auf das Begriffsfeld um „Horizont" und „Schema" auf, drittens konnte Heidegger in SZ den ontologischen Vorrang der Zeitlichkeit vor der Räumlichkeit nicht hinreichend plausibel machen und viertens ließ sich in der Bestimmung der Zeitlichkeit der Wissenschaft als einer „ausgezeichneten Gegenwärtigung" zwar keine Verurteilung der Wissenschaft, jedoch eine nicht unproblematische Tendenz erkennen, diese dem Verfallen zuzurechnen.

3.2.4 Geschichtlichkeit

Nach der Untersuchung der ursprünglichen Zeit und der auf dieser basierenden Zeitlichkeit des alltäglichen In-der-Welt-seins stellt Heidegger am Ende des vierten Kapitels und zu Anfang des fünften Kapitels des zweiten Abschnittes von SZ folgendes Defizit seiner bisherigen Analysen fest: Zum einen sei „das Sein zum Anfang" und zum anderen sei „vor allem die *Erstreckung* des Daseins *zwischen* Geburt und Tod" unbeachtet geblieben.[229] Jedoch sei weder die Geburt ein Vorhandenes, das hinter dem Dasein liege, noch sei die Erstreckung des Daseins eine Reihe von Erlebnissen. Vielmehr, so Heidegger, existiert das Dasein in einem ursprünglichen Zusammenhang seiner gesamten Lebensmomente, in einer „spezifische[n] Bewegtheit des *erstreckten Sicherstreckens*", die er als *Geschehen* bezeichnet.[230] Die Struktur dieses Geschehens aber – das nicht als voranschreitende Bewegung eines Vorhandenen gedacht werden darf, sondern an die spezifisch zeitliche Existenz des Daseins gebunden bleibt – nennt Heidegger die *Geschichtlichkeit* des Daseins.[231]

Die Geschichtlichkeit trifft einen Themenbereich, der Heidegger schon früh beschäftigt. Fragen nach einem angemessenen Verständnis der Geschichtswissenschaften und ihrem spezifischen Zeitbegriff geht Heidegger bereits lange vor SZ nach. In seinem Habilitationsvortrag von 1915 „Der Zeitbegriff in der Geschichtswissenschaft" ist es sein Anliegen, die quantitative und homogene Zeit der Physik

---

nicht ohne weiteres akzeptabel ist, scheint etwas zu sein, das nicht nur Literaturwissenschaftler vertreten würden.

[229] SZ, 373.

[230] SZ, 375.

[231] Vgl. SZ, 375.

von sich qualitativ unterscheidenden historischen Zeiten zu unterscheiden.[232] Es steht in diesem Vortrag zwar schon im Vordergrund, dass der Zeitbegriff der Geschichtswissenschaft an historisch bedeutsamen Ereignissen orientiert ist, so dass es Heidegger um die „fundamentale[] Bedeutsamkeit des historischen Zeitbegriffes" geht.[233] Der Sache nach steht der hier gemeinte Zeitbegriff aber der Innerzeitigkeit aus SZ näher als dem Geschichtlichkeitsbegriff von 1927.[234] Die Frage nach der spezifischen Zeit der Geschichte wird 1915 aber noch nicht im Zusammenhang mit der Seinsfrage oder der Daseinsanalyse, sondern vielmehr als „Einzelproblem" behandelt.[235] Auch geht es noch nicht um eine ontologische Strukturierung von Zeitigungsebenen, in der eine Geschichtlichkeit des Daseins sich als eine Zeitigungsweise der ursprünglichen Zeit zu erweisen hätte. In seinem Habilitationsvortrag spricht Heidegger vielmehr im Sinne der diltheyschen Dichotomie von Verstehen und Erklären von der „völligen Andersartigkeit" des historischen Zeitbegriffes „gegenüber dem der Physik" und bezeichnet die Geschichtswissenschaft „als originale und auf andere Wissenschaften unreduzierbare Geisteshaltung".[236]

In seiner Abhandlung *Der Begriff der Zeit* aus dem Jahre 1924, die nicht mit dem gleichnamigen Vortrag aus demselben Jahr zu verwechseln ist, geht es Heidegger aber bereits um die, wie er meint, an der Zeitlichkeit abzulesende Geschichtlichkeit des Daseins.[237] Der Anlass dieser aufgrund von publikationstechnischen Schwierigkeiten zu Heideggers Lebzeiten nicht erschienenen Abhandlung war die Veröffentlichung des Briefwechsels zwischen Wilhelm Dilthey und dem Grafen Paul Yorck v. Wartenburg.[238] Wichtige Gedanken aus dieser Abhandlung sind später in einem eigenen Paragraphen (§ 77) in das die Geschichtlichkeit behandelnde fünfte Kapitel von SZ eingegangen.[239] Obgleich diese Abhandlung über den Zeitbegriff bereits zentrale Elemente der Daseinsanalyse aus SZ erörtert, nimmt sie ihren Ausgang nicht bei der Zeitlichkeit, sondern bei der Auseinandersetzung zwischen Dilthey und Yorck und dem Thema Geschichtlichkeit. Der Geschichtlichkeit kommt damit

---

232 Vgl. *Habilitationsvortrag*, 373.

233 *Habilitationsvortrag*, 375.

234 Heidegger selbst verweist in SZ nicht in dem Kapitel über Geschichtlichkeit auf seinen Habilitationsvortrag, sondern in dem darauffolgenden im Zusammenhang der Innerzeitigkeit. Dort heißt es: „So wie die konkrete Analyse der ausgebildeten astronomischen Zeitrechnung in die existenzial-ontologische Interpretation der Naturentdeckung gehört, so läßt sich auch das Fundament der kalendarischen historischen ‚Chronologie' nur innerhalb des Aufgabenkreises der existenzialen Analyse des historischen Erkennens freilegen" (SZ, 418). Vgl. auch die Fußnote auf derselben Seite.

235 *Habilitationsvortrag*, 358.

236 Vgl. *Habilitationsvortrag*, 375.

237 In einer Selbstkritik schreibt Heidegger in dieser Abhandlung, dass in dem Habilitationsvortrag von 1915 die Geschichtszahl in ihrer Funktion noch nicht eigentlich verstanden sei. Vgl. *Zeitbegriff*, 92 (Fußnote).

238 Zu Heideggers Publikationsvorhaben und deren Scheitern vgl. das Nachwort in *Zeitbegriff* von von Herrmann.

239 Von Herrmann ist sogar der Auffassung, dass sich „die Abhandlung ‚Der Begriff der Zeit' aus dem Jahre 1924 mit Fug und Recht als die Urfassung von ‚Sein und Zeit'", und zwar der *beiden* geplanten Teile des Werkes kennzeichnen lasse. Von Herrmann: Nachwort, a. a. O., 132 f.

in dieser Abhandlung ein Stellenwert zu, den sie in SZ aufgrund der dortigen Dominanz der ursprünglichen Zeit und ihrem Primat der Zukunft nicht mehr erreicht. Während Heidegger in Diltheys grundsätzlicher Fragestellung zwar die Aufgabe einer „Ontologie des ‚Historischen'" beschlossen sieht, wirft er ihm vor, noch in einer cartesianischen Zugangsart zu verbleiben.[240] Dagegen habe Graf Yorck in einer gewissen Überlegenheit gegenüber Dilthey erkannt, dass diese Ontologie nicht den Weg über die Geschichtswissenschaft und ihr Objekt nehmen könne, sondern dass ihr phänomenaler Boden das menschliche Dasein sein müsse. Dieser durch Yorck angegebenen Richtung folgt Heidegger: „Wie Geschichte möglicher *Gegenstand* der Historie werden kann", heißt es 1927, „das läßt sich nur aus der Seinsart des Geschichtlichen, aus der Geschichtlichkeit und ihrer Verwurzelung in der Zeitlichkeit entnehmen".[241] Was genau aber macht Heidegger zufolge das Existenzial Geschichtlichkeit aus und wie sind seine eigentliche und seine uneigentliche existenzielle Ausprägung beschaffen? Auf welche Weise sieht Heidegger die Geschichtlichkeit in der Zeitlichkeit „verwurzelt" und wie sucht er aus der Geschichtlichkeit die Historie im Sinne der Geschichtswissenschaft verständlich zu machen?

Das ursprünglichste Existenzial des Daseins, so wurde bereits ausführlich gezeigt, ist Heidegger zufolge die dreifach ekstatisch-horizontale Zeitlichkeit. Diese hat ihren Primat in der Zukunft. In der der ursprünglichen Zeitlichkeit strukturell nächsten existenziellen Ausprägung, der eigentlichen Zeitigung, läuft das Dasein in seinen Tod vor, um sein Seinkönnen aus dieser äußersten Möglichkeit des Todes zu verstehen. Woher aber, so lautet eine noch offene Frage, soll das durch das Vorlaufen in den Tod sich dem Man entreißende Dasein „*überhaupt* die Möglichkeiten" nehmen, „auf die sich das Dasein faktisch entwirft"? – denn das Dasein entnimmt „[d]ie faktisch erschlossenen Möglichkeiten der Existenz [...] doch nicht dem Tod".[242] Als endlich Existierendes kann es sie aber auch nicht selbst frei heraus produzieren. Heideggers Antwort auf die Frage, woher das Dasein seine Möglichkeiten nimmt, lautet: aus seiner Gewesenheit. Die genauere Antwort auf diese Frage hängt von der Art und Weise ab, *wie* sich das Dasein zu der Vergangenheit verhält, die es Heidegger zufolge selbst als Gewesenheit in seiner Faktizität und Geworfenheit *ist*. In seiner zeitlichen Existenz muss sich das Dasein immer schon auf die eine oder andere Weise zu dieser Vergangenheit verhalten, bzw. mit Heideggers Worten, es muss seine Gewesenheit, die es ist, immer schon auf die eine oder andere Art existenziell zeitigen. Diese Notwendigkeit charakterisiert seine existenziale Geschichtlichkeit. Aufgrund seiner derartigen Bestimmung des Geschichtlichkeitsbegriffes ist für Heidegger allein das Dasein „*[p]rimär* geschichtlich".[243] Geschichtlichkeit versteht er als eine „konkretere Ausarbeitung der Zeitlichkeit", da sie selbst in der Zeitlichkeit gründe und lediglich die Ekstase der Gewesenheit spezifiziere.[244] Auch wenn im „vulgären" Begriff der Geschichte ein „merkwürdige[r] Vorrang[]

[240] *Zeitbegriff*, 14. Vgl. a. a. O., 9.

[241] SZ, 375.

[242] SZ, 383.

[243] SZ, 381.

[244] SZ, 382.

der ‚Vergangenheit'" zu beobachten sei,[245] so habe doch „[d]ie Geschichte [...] als Seinsweise des Daseins ihre Wurzel so wesenhaft in der Zukunft, daß der Tod als die charakterisierte Möglichkeit des Daseins die vorlaufende Existenz auf ihre *faktische* Geworfenheit zurückwirft und so erst der *Gewesenheit* ihren eigentümlichen Vorrang im Geschichtlichen verleiht".[246]

Eigentlich geschichtlich existiert das Dasein nach Heidegger, indem es seine Möglichkeiten zum eigentlichen Existieren *aus dem Erbe* nimmt, welches es *übernimmt*.[247] Wenn das Dasein seiner Endlichkeit nicht mehr ausweiche, ergreife es in seiner eigentlichen Existenz nicht mehr die nächstliegenden Möglichkeiten, die ihm auf den ersten Blick bequem und einfach erscheinen, sondern es existiere als sein *Schicksal* dadurch, dass es frei aus den ererbten Möglichkeiten wähle. „Schicksal" bedeutet für Heidegger gerade nicht das, was wir herkömmlich darunter verstehen: Es meint nicht etwas Vorherbestimmtes, das uns überfällt und das wir quasi passiv über uns ergehen lassen, sondern es ist genau umgekehrt das eigentliche Übernehmen der eigenen Freiheit, die gewesenen Möglichkeiten – die sich mir oder einem anderen Dasein, das möglicherweise vor mir lebte, boten – zu wiederholen.[248] Diese bereits erwähnte *Wiederholung* der gewesenen Möglichkeiten ist abermals gerade nicht das, was man gemeinhin unter „Wiederholung" verstehen würde, sie ist keine möglichst detailgetreue Reproduktion gewesener Möglichkeiten.[249] Vielmehr geht es in der heideggerschen Wiederholung darum, meine oder – was Heidegger in den Vordergrund stellt – eines anderen gewesene Möglichkeiten vor dem Hintergrund meiner Endlichkeit herauszustellen und abzuwägen, um sie entweder auf eine analoge Weise zu realisieren oder sie anders zu beantworten.[250] Wiederholend „holt sich" das Dasein aus der Zerstreuung in das Man „wieder" zu sich selbst zurück und *„erwidert"* im Entschluss die Möglichkeit einer dagewesenen Existenz.[251] Uneigentlich

---

[245] SZ, 379.

[246] SZ, 386.

[247] Vgl. SZ, 383.

[248] Heideggers Bestimmung des Schicksalsbegriffes lautet: „Damit bezeichnen wir das in der eigentlichen Entschlossenheit liegende ursprüngliche Geschehen des Daseins, in dem es sich frei für den Tod ihm selbst in einer ererbten, aber gleichwohl gewählten Möglichkeit *überliefert*" (SZ, 384).

[249] Wie bereits angeführt, findet sich schon in Husserls Zeitvorlesungen die Einsicht, dass „jedes Neue zurück auf das Alte" wirkt. ZB, 412. Allerdings gibt „das Neue" bei Husserl der *Reproduktion* des Vergangenen lediglich „eine bestimmte Färbung" (ebd.), während in Heideggers Wiederholung eine Erschließung von *dagewesenen* existenziellen *Möglichkeiten* in Frage steht, die von einer Reproduktion von „Tatsachen" und sei es auch unter modifizierten „reproduktiven Möglichkeiten" (ebd.) weit entfernt ist.

[250] „Die *Wiederholung ist die ausdrückliche Überlieferung*, das heißt der Rückgang in Möglichkeiten des dagewesenen Daseins" (SZ, 385). „Die Wiederholung kennzeichnen wir als den Modus der sich überliefernden Entschlossenheit, durch den das Dasein ausdrücklich als Schicksal existiert" (SZ, 386).

[251] SZ, 386. Anders als für Ricœur zu zeigen sein wird, steht eine sich recht verstehende Erwiderung jedoch in keinem Schuldverhältnis zum da-gewesenen Dasein, sondern die Eigentlichkeit der von Heidegger gemeinten Erwiderung gründet im Vorlaufen und damit in der eigentlichen Zukunft des jemeinigen Daseins.

geschichtlich existiert das Dasein hingegen, wenn es sich und seine Möglichkeiten nicht aus dem ausdrücklich überlieferten Erbe versteht, sondern aus dem, was täglich in seinem besorgenden Umgang mit der Welt so passiert. Es verliert sich dann in die Gegenwärtigung des Heute und dessen momentane Anforderungen so, dass es das Alte immer schon vergessen hat und nicht in Heideggers Sinne wiederholt. Heidegger äußert in diesem Zusammenhang auch, dass die eigentliche Gegenwart als Augenblick nur durch die Geschichtlichkeit möglich sei. Das Dasein müsse sich in der Wiederholung die dagewesenen Möglichkeiten ausdrücklich überliefern und durch sie seine Möglichkeiten für die Zukunft eigentlich verstehen. Den zeitlichen Modus der Gegenwart der eigentlichen Geschichtlichkeit kennzeichnet er deshalb als „vorlaufend-wiederholenden Augenblick", der das Heute „entgegenwärtigt".[252] Es scheinen aber auch hier die bereits bei der ursprünglichen, bei der eigentlichen und bei der alltäglichen Zeitlichkeit auftauchenden Schwierigkeiten mit der Bestimmung der Gegenwart keine Auflösung zu finden.

Im Kontext von Heideggers Erörterung der eigentlichen Geschichtlichkeit findet sich in SZ eine weniger als die Länge einer halben Seite einnehmende Passage, die immer wieder zentraler Referenzpunkt für Autoren gewesen ist, die sich mit der Frage einer vermeintlichen Nähe von Heideggers Denken zu einer „nationalsozialistischen Ideologie" auseinandergesetzt haben.[253] Es ist hier nicht der Ort, sich auf diese Debatte einzulassen. Dennoch sei auf einen Aspekt aus Heideggers Begriff einer eigentlichen Geschichtlichkeit hingewiesen, der sowohl deutlich macht, dass die Behauptung einer solchen Nähe in einem sehr allgemeinen und wesentlichen Punkt problematisch ist, als auch gleichzeitig auf ein Problem von Heideggers Einschätzung der Historie als Wissenschaft hinlenkt. Um welchen Aspekt also handelt es sich dabei? Dem individuellen Schicksal lässt Heidegger das gemeinschaftliche *Geschick* korrespondieren, welches er als Phänomen der Eigentlichkeit interpretiert. Dies überrascht jedoch im Rahmen der in SZ vorangehenden Analysen des Mitseins, in welchen das existenziale Mitsein des Daseins vorwiegend das Verfallen an das Man zu bestärken schien und allenfalls noch in der Fürsorge das individuelle Dasein auf dem Weg zu seiner Eigentlichkeit unterstützen konnte. Die Übertragung des individuellen Schicksals auf das gemeinschaftliche Geschick ist im Kontext von Heideggers daseinsanalytischem Gerüst daher alles andere als selbstverständlich. Vielmehr spricht ein entscheidender systematischer Grund gegen eine solche Übertragung und gegen eine als Geschick verstandene gemeinschaftliche eigentliche Geschichtlichkeit: Eigentlich kann das Dasein nur sein, wenn es in seinen eigenen, unübertragbaren Tod vorläuft, um aus diesem Vorlaufen auf sein Erbe

---

[252] „Die Zeitlichkeit der eigentlichen Geschichtlichkeit dagegen ist als vorlaufend-wiederholender Augenblick eine *Entgegenwärtigung* des Heute und eine Entwöhnung von den Üblichkeiten des Man" (SZ, 391).

[253] Vgl. SZ, 384 f. Das jüngst erschienene Werk von Faye, Emmanuel: *Heidegger. L'introduction du nazisme dans la philosophie. Autour des séminaires inédits de 1933–1935*. Paris: Michel 2005 (= Bibliothèque Albin Michel: Idées)/dt.: *Heidegger. Die Einführung des Nationalsozialismus in die Philosophie. Im Umkreis der unveröffentlichten Seminare zwischen 1933 und 1935*. Berlin: Matthes & Seitz 2009 sowie das Aufsehen, für das es gesorgt hat, deuten darauf hin, dass in Hinblick auf diese Frage immer noch Klärungsbedarf besteht.

zurückzukommen, seine Seinsmöglichkeiten zu gewinnen und sich in sein Schicksal zu bringen. Wenn das Geschick analog zum Schicksal strukturiert sein soll, und abweichende Angaben macht Heidegger hier nicht, scheint sich eine Bestimmung gemeinschaftlicher Eigentlichkeit ebenfalls an dieses Vorlaufen in den Tod halten zu müssen. Wie aber soll ein gemeinschaftliches Vorlaufen in den Tod möglich sein?[254] Das Vorlaufen in den Tod zeichnet sich doch gerade dadurch aus, dass „[k]einer […] dem Anderen sein Sterben abnehmen" kann und jeder, obgleich stets in einem existenzialen Mitsein, in diesem Vorlaufen unhintergehbar auf sich selbst zurückgeworfen ist.[255] Heidegger arbeitet den Zusammenhang von Geschichtlichkeit und Mitsein mit Anderen nicht systematisch aus, so dass sich bei ihm selbst keine Aufklärung dieses Problems finden lässt.[256] Aufgrund der ursprünglichen Zeit und des ihr zugehörigen Primates der Zukunft, der an das Sein zum Tode gekoppelt ist, scheint SZ insgesamt wenig ein Werk zu sein, das in irgendeiner Weise eine „nationalsozialistische Ideologie" begünstigen könnte, da sich eine solche, wie auch immer man sie im Einzelnen bestimmen mag, kaum mit einem derartigen Individualismus vereinbaren ließe.[257] Eher ist es ein Werk, das aufgrund seiner Priorisierung des unvertretbaren sterblichen Einzelnen so individualistisch orientiert ist, dass es fraglich wird, wie in einem solchen Rahmen die grundsätzlich verallgemeinernden, an Objektivität orientierten Wissenschaften anders denn als uneigentliche Zeitigungsweisen des Daseins verstanden werden können. Um diese Problematik soll es im Folgenden in Hinblick auf die Geschichtswissenschaft gehen.

Heidegger spricht in einer impliziten Bezugnahme auf Nietzsche von der „‚Geburt' der Historie aus der eigentlichen Geschichtlichkeit".[258] Anders als im Habilitationsvortrag geht es ihm nun nicht mehr darum, die Besonderheit und

---

[254] Vgl. zu diesem Argument Frede: *Heideggers Tragödie – Bemerkungen zur Bedeutung seiner Philosophie*, a. a. O., 29.

[255] SZ, 240 und *Prolegomena*, 429.

[256] „Was sich hier als Möglichkeit einer Kommunikation abzeichnet, und zwar im Übergang von der endlich-eigentlichen Zeitlichkeit zu einer öffentlichen Geschichtlichkeit, deren Öffentlichkeitscharakter nicht mehr vom Man her gefasst wird, verbleibt bei Heidegger im Rahmen dieser Andeutung" (Gander, Hans-Helmuth: Existenzialontologie und Geschichtlichkeit, in: Rentsch, Thomas (Hg.): *Martin Heidegger: Sein und Zeit*, a. a. O., 229–251, hier 244).

[257] Es lässt sich diesbezüglich sogar eine politische Äußerung von Heidegger selbst heranziehen. In SZ, § 77 zitiert Heidegger Yorck affirmativ mit dem Satz: „Staatspädagogische Aufgabe wäre es die elementare öffentliche Meinung zu zersetzen und möglichst die Individualität des Sehens und Ansehens bildend zu ermöglichen. Es würden dann statt eines so genannten öffentlichen Gewissens – dieser radikalen Veräußerlichung, wieder Einzelgewissen, das heißt Gewissen mächtig werden" (SZ, 403).

[258] SZ, 394. Neben dieser impliziten Bezugnahme auf *Die Geburt der Tragödie aus dem Geiste der Musik* finden sich in Heideggers Kapitel über Geschichtlichkeit diverse andere implizite und explizite, grundsätzlich affirmative Verweise auf Nietzsches Denken. Vgl. „[d]ie eigentliche Wiederholung einer gewesenen Existenzmöglichkeit – daß das Dasein sich seinen Helden wählt – gründet in der vorlaufenden Entschlossenheit" (SZ, 385) als Verweis auf Nietzsches monumentalische Historie, „[d]ie eigentliche Geschichtlichkeit versteht die Geschichte als die ‚Wiederkehr' des Möglichen" (SZ, 391) als Verweis auf die ewige Wiederkehr des Gleichen und die explizite Erwähnung der zweiten unzeitgemäßen Betrachtung „Vom Nutzen und Nachteil der Historie für das Leben" am Ende von § 76.

„Unreduzierbarkeit" der Geschichtswissenschaft auf die Physik bzw. die Naturwissenschaften im weiteren Sinne zu erweisen. Bereits in der Abhandlung von 1924 und deutlicher noch in SZ will er vielmehr zeigen, dass Geschichtswissenschaft allein aus der geschichtlichen Seinsweise des Daseins verständlich zu machen ist, und damit, dass der ontologische „Ursprung der Historie" in der Geschichtlichkeit des Daseins selbst liegt.[259] Wenn der Historiker beginnt, seine Quellen zu beschaffen, zu sichten und zu ordnen, so erarbeitet er sich hiermit keineswegs erstmalig und neutral einen Bezug zu seinem Gegenstand, d. h. zu dem, was Heidegger das *„dagewesene[] Dasein"* nennt.[260] Sondern diese gezielte Thematisierung von dagewesenem Dasein hat bereits zur Voraussetzung, dass der Historiker seinerseits die auf der dreifach ekstatisch-horizontalen Zeitlichkeit basierende Seinsverfassung eines *„geschichtliche[n] Sein[s] zum* dagewesenen Dasein" hat.[261] Der Historiker muss bereits selbst geschichtlich existieren, damit er überhaupt auf Einzelnes in der Vergangenheit zurückkommen kann. *Wie* er thematisiert und *was* er thematisiert, hängt aufgrund dieses Fundierungsverhältnisses davon ab, ob der Historiker eigentlich oder uneigentlich existiert. Existiert er eigentlich, so versteht er, dass die Historie im Rahmen eines angemessenen Selbstverständnisses „das *Mögliche* zum Thema haben", „die stille Kraft des Möglichen [...] erschließen" soll.[262] Das herkömmliche Verständnis, die Historie ziele auf Tatsachen ab, sei Heidegger zufolge daher so zu verstehen, dass diese „Tatsachen" nur existenzielle Möglichkeiten sind, die sich einem dagewesenen Dasein einstmals boten.

Diese an die Geschichtlichkeit des Historikers gebundene Auswahl des Was und Wie seiner Untersuchung habe jedoch nicht zur Konsequenz, dass die Historie subjektiv werde. Vielmehr werde sie, so Heidegger in einer abermaligen Umkehrung des herkömmlichen Sprachgebrauches, erst recht objektiv, da unter einer „objektiven" Wissenschaft zu verstehen sei, dass sie das thematisierte Seiende in seinem ursprünglichen Sein verstehen lasse.[263] Die durch das Man geforderten Ansprüche und Maßstäbe der Allgemeingültigkeit – ein Wort, das Heidegger in Anführungszeichen setzt – aber seien „[i]n keiner Wissenschaft [...] *weniger* mögliche Kriterien der ‚Wahrheit' als in der eigentlichen Historie".[264] Ist es also verfehlt, in der Geschichtswissenschaft intersubjektive Gültigkeit zu fordern? Ist es verfehlt, in ihr nach einer Vergangenheit, wie sie sich tatsächlich zugetragen hat, zu suchen? Genau das scheint Heidegger zu bejahen. Für diese Interpretation der heideggerschen Geschichtlichkeit sprechen seine nun zu erörternden Begriffe von einem so genannten sekundär Geschichtlichen und von einem dagewesenen Dasein.

Während für Heidegger allein das Dasein *„[p]rimär* geschichtlich" ist, nennt er das innerweltlich begegnende, zu der Welt des Daseins gehörige Seiende lediglich

---

[259] SZ, 392.

[260] SZ, 393.

[261] SZ, 394.

[262] SZ, 394.

[263] Vgl. SZ, 395.

[264] SZ, 395.

„*[s]ekundär* geschichtlich".[265] Dieses sekundär geschichtliche Seiende begegnet „in der Zeit" und markiert somit ein Zeitverständnis, das Heidegger in SZ erst im sechsten Kapitel im Zusammenhang des Besorgens von Zeit und der Innerzeitigkeit untersucht. Das zeitliche Verständnis des sekundär geschichtlichen Seienden als „in der Zeit" begegnend hat im Rahmen des Aufbaus von SZ daher zur Folge, dass seine existenzial-ontologische Entfernung von der ursprünglichen Zeitlichkeit größer ist als die Entfernung der Geschichtlichkeit des Daseins von der ursprünglichen Zeitlichkeit. Für die Geschichtlichkeit des Daseins kann dieses nur „sekundär" Geschichtliche daher keine entscheidende strukturelle Bedeutung einnehmen. Innerzeitig Vorhandenes und Zuhandenes, so Heidegger im sechsten Kapitel, kann „im strengen Sinne nie ‚zeitlich' genannt werden".[266] Wenn es aber streng genommen nicht „zeitlich" genannt werden kann, kann es streng genommen ebenso wenig „geschichtlich" genannt werden, wenn die Geschichtlichkeit die konkretere Ausarbeitung der Zeitlichkeit sein soll. Dem sekundär Geschichtlichen, dem Zeug aus früheren Zeiten, kommt daher keine strukturelle Bedeutung für die Geschichtlichkeit des Daseins und seine eigentliche Wiederholung zu. Der Umstand, dass das sekundär geschichtliche Seiende für die Geschichtlichkeit des Daseins gar keine strukturelle Funktion erfüllt, könnte eine Erklärung dafür liefern, dass sich, wie Figal herausgestellt hat, im Rahmen der je eigenen Gewesenheit nicht klären lässt, wie eine vormalige Welt entzogen sein kann und „in welcher Hinsicht historische Gegenstände [...] nicht mehr sind, ‚was sie waren'", inwiefern beispielsweise ein antiquarisches Möbelstück, das heute noch als Zeug gebraucht wird, nicht mehr das ist, was es war.[267] Heideggers Ansatz aus dem Habilitationsvortrag, in dem das Innerzeitigkeitsmoment nicht aus der Geschichtlichkeit ausgeklammert wird, scheint in dieser Hinsicht eine plausiblere, wenn auch noch wenig ausgearbeitete Richtung einzuschlagen.

Heideggers Begriff eines dagewesenen Daseins enthält eine Zweideutigkeit, in der eine gewisse Verwandtschaft mit der problematischen Einordnung des sekundär geschichtlichen Seienden zu erkennen ist. Einerseits betont Heidegger, dass nicht mehr existierendes Dasein nicht vergangen sein könne, sondern „da-gewesen" sei, weil Dasein grundsätzlich nie nur vorhanden sei, um dann irgendwann vergangen zu sein.[268] Andererseits könne das Dasein aber nur „gewesen" sein, solange es existiert.[269] Die Schwierigkeit scheint hier darin zu bestehen, dass das nicht mehr existierende Dasein und das von ihm Erlebte und Erlittene auf eine besondere Weise in die Gewesenheit des existierenden Daseins eingeht, die sich grundsätzlich von der Weise unterscheidet, wie vergangenes Vorhandenes oder Zuhandenes die Gewesenheit des Existierenden prägt. Dennoch kann das nicht mehr existierende Dasein

---

265 SZ, 381.

266 SZ, 420.

267 Figal: *Martin Heidegger. Phänomenologie der Freiheit*, a. a. O., 315.

268 Vgl. SZ, 380.

269 Vgl. SZ, 328 und *Grundprobleme*, 375 f. Vgl. zu dieser Ambivalenz Heinz: *Zeitlichkeit und Temporalität. Die Konstitution der Existenz und die Grundlegung einer temporalen Ontologie im Frühwerk Martin Heideggers*, a. a. O., 89 (Fußnote).

nicht selbst gewesen sein, wenn Gewesenheit die Existenz voraussetzt. Heidegger fehlt hier sowohl ein eigener Terminus als auch ein eindeutig ausgearbeiteter Begriff für das Dasein, das vormals war, aber heute nicht mehr existiert.[270]

Der Grund für die bei Heidegger wenig ausgearbeiteten Begriffe eines sekundär geschichtlich Seienden und eines dagewesenen Daseins scheint darin zu bestehen, dass Historie aus Heideggers Sicht nicht in erster Linie um der Vergangenheit und der vormals existierenden Menschen willen zu betreiben ist. Historie ist vielmehr deshalb zu betreiben, um vormalige existenzielle Möglichkeiten zu erschließen und sie im Rahmen des Entwurfes auf die eigene Zukunft zu wiederholen. Auch „die *historische* Erschließung“, so Heidegger ausdrücklich, „zeitigt sich *aus der Zukunft*“.[271] Und bereits 1924 heißt es, „die hermeneutische Situation des historischen Erkennens kann sich erst im eigentlichen Zeitlichsein, im Zukünftigsein des Vorlaufens, ausbilden“.[272] Wenn es aber in dieser an der letztlich stets jemeinigen Zukunft orientierten Historie nicht darum geht, sekundär geschichtliches Zeug oder dagewesenes Dasein in ihren jeweiligen Eigentümlichkeiten zu bestimmen, lässt sich die Frage stellen: Ist die Historie dann ein jeweils privates Unternehmen des einzelnen Historikers, welcher sich in seiner Profession Möglichkeiten überliefert, um sich so für seinen eigenen eigentlichen Entwurf in seine eigene Zukunft sein Seinkönnen auf vertiefte Weise zu erschließen? Heinz ist der Auffassung, dass Heidegger zufolge in der thematisierenden Historie dagewesenes Dasein auf *seine* eigenste Existenzmöglichkeit entworfen ist. Hier stünde dann die eigenste Existenzmöglichkeit des früheren Daseins und nicht die des Historikers in Frage. Aufgrund ihrer so lautenden Interpretation sieht Heinz selbst aber zu Recht das Problem auftauchen, wie angesichts des nur im eigenen Vorlaufen erfolgenden Freiwerdens der eigensten Möglichkeit „der Entwurf der eigensten Möglichkeit eines anderen ontologisch möglich sein“ soll.[273] Dies ist ein ähnliches Problem wie dasjenige, auf welches oben bereits im Zusammenhang des Begriffes des Geschicks hingewiesen wurde.

Der von Heidegger in SZ entwickelte Geschichtlichkeitsbegriff scheint einzig die Alternative offenzulassen, dass in der thematisierenden Historie durch den eigentlich existierenden, vorlaufenden Historiker vormals existierendes Dasein in seinen Möglichkeiten *überhaupt* so umfassend wie möglich zu erschließen ist, damit sich das heute existierende Dasein möglichst eigentlich überliefern kann, indem es sich diese Möglichkeiten des früheren Daseins ausdrücklich aneignet. Wenn eine nicht verfallende Historie einen eigentlich geschichtlichen Historiker erfordert, der „sich gegenüber der zu erschließenden Vergangenheit in die rechte Anstoßbereitschaft gebracht hat“[274] und der das Wie und Was seiner Forschung auswählt, indem er

---

[270] Bei Ricœur kann in dem Gedanken einer Schuld gegenüber den Menschen der Vergangenheit der Versuch einer Auflösung dieser heideggerschen Problematik gesehen werden. Vgl. Kap. 4.4.4.

[271] SZ, 395.

[272] *Zeitbegriff*, 93.

[273] Heinz: *Zeitlichkeit und Temporalität. Die Konstitution der Existenz und die Grundlegung einer temporalen Ontologie im Frühwerk Martin Heideggers*, a. a. O., 143 (Fußnote).

[274] *Zeitbegriff*, 94.

sich unter Berücksichtigung seiner Endlichkeit auf die Zukunft entwirft, so scheint angesichts der Unplausibilität eines gemeinsamen Vorlaufens in den Tod allein eine bestimmte Art der Fürsorge die „allgemeine" Relevanz historischer Forschung ausmachen zu können. Diese Überlegung hält sich zwar noch im Rahmen des innerhalb von Heideggers Geschichtlichkeitsbegriff Möglichen, geht allerdings über den heideggerschen Text hinaus. Der Historiker wäre in dieser Interpretation derjenige, der aus seiner eigenen sich in die Zukunft entwerfenden Existenz heraus dagewesene Möglichkeiten überliefernd erschließt, welche auch seinen Mitdaseinen solche Möglichkeiten für ihre eigene Wiederholung aufzeigen, die über das hinausgehen, was sich in ihrem direkten Umfeld alltäglich aufdrängt. Allein über eine solche aufzeigende Erweiterung des Möglichkeitsspielraumes, so scheint es, kann die Historie bei Heidegger über den einzelnen Entwurf des einzelnen Historikers hinaus mit Recht den Anspruch einer *„Kritik der Gegenwart"* erheben, die nicht allein an das unübertragbare Sein zum Tode des jeweiligen Historikers gebunden bleibt.[275]

Obgleich ein solches Verhältnis von eigentlicher Geschichtlichkeit und einer intersubjektiv relevanten historischen Wissenschaft bei Heidegger selbst nicht ohne weiteres zu ermitteln ist, lässt sich bei ihm eine These eindeutig ausmachen: Wenn jede Zeit, „wenn anders sie in der Eigentlichkeit ihres Seins sich verstanden hat, von ‚vorne' anfangen" muss, dann ist das primäre Motiv für die Ausarbeitung ihrer eigentlichen Geschichtlichkeit zu einer eigentlichen Historie ein eigentliches Zukünftigsein und nicht ein Bestreben, einer Vergangenheit „an sich" auf irgendeine Weise „gerecht" zu werden. Um die Menschen der Vergangenheit bzw. die dagewesenen Daseins, ihre Welt und ihre Möglichkeiten, denen, wie noch zu zeigen sein wird, Ricœur einen ausgezeichneten Stellenwert im Rahmen der Historie zuerkennt, geht es bei Heidegger allenfalls sekundär. Sie stehen lediglich im Zusammenhang der Gewesenheit des „Ich bin" in Frage, denn: Primär geht es dem geschichtlich, und gegebenenfalls auch in einer Ausbildung der Historie, existierenden heideggerschen Dasein um sich selbst, und zwar in seinem eigensten, unübertragbaren Sein zum Tode, das ihm niemand abnehmen kann. Nur auf dieser Basis kann Heidegger in Hinblick auf die Geschichtlichkeit sagen, sie sei „konkretere Ausarbeitung" der Zeitlichkeit und gründe in deren dreifach ekstatisch-horizontaler Verfassung, die ihren Primat stets in der Zukunft hat.

In Heideggers Geschichtlichkeitsbegriff aus SZ, so lässt sich zusammenfassend sagen, ist nicht ein politisch inakzeptables Konzept des Geschickes die Hauptschwierigkeit. Diesem kann angesichts der Unmöglichkeit eines gemeinsamen Vorlaufens in den Tod keine Plausibilität zugeschrieben werden. Problematisch ist vielmehr ein Verständnis der historischen Wissenschaft, das selbst im Rahmen der den heideggerschen Text schon überschreitenden Interpretation einer Fürsorge für die Mitdaseine des Historikers letztlich nur auf die jemeinige Zukunft des einzelnen, aktuell existierenden Daseins und nicht auf eine wie auch immer zu verstehende Vergangenheit selbst, der es zu gedenken gälte, orientiert ist. Da die Geschichtlichkeit aber eine „metamethodische Bedeutung" für das Gesamtprojekt

---

275 *Zeitbegriff*, 94.

„Sein und Zeit" hat,[276] überträgt sich diese Schwierigkeit auf die Frage, unter welchen Kriterien die Destruktion der Geschichte der Ontologie hätte durchgeführt werden sollen. Hat die Destruktion der Geschichte der Ontologie, die Heidegger für den zweiten Teil von SZ geplant hatte, auf der Basis der in der ursprünglichen Zeitlichkeit gründenden Geschichtlichkeit ebenfalls aus der Zukunft des jemeinigen Daseins zu erfolgen?

3.2.5 Innerzeitigkeit und Weltzeit

Im Zusammenhang der Geschichtlichkeit wurde bereits gesagt, dass Heidegger dem nichtdaseinsmäßigen Seienden lediglich eine sekundäre Geschichtlichkeit zuerkennt. Der Grund dafür ist, dass Seiendes, welches kein existierendes Dasein ist, nach Heidegger auch nicht zeitlich sein kann, wenn zeitlich im Sinne der ekstatisch-horizontalen Zeitlichkeit verstanden wird. Vorhandenes und Zuhandenes sei „wie jedes nichtdaseinsmäßige Seiende unzeitlich".[277] Dennoch verstehen wir aber doch nichtdaseinsmäßiges Seiendes irgendwie als zeitlich. Wie ist dieser ontische Befund mit Heidegger existenzial-ontologisch aufzuklären? Um den besonderen Zeitcharakter von Seiendem, das nicht Dasein ist, von der Zeitlichkeit des Daseins abzuheben, nennt Heidegger dieses nichtdaseinsmäßige Seiende *Innerzeitiges*. Anders als Dasein, existiert Innerzeitiges nicht zeitlich, sondern es kommt dem herkömmlichen Verständnis zufolge „in der Zeit" vor. In seinem Alltag bzw. in seiner alltäglichen Seinsweise fände das Dasein Zeit zunächst an solchem innerweltlich und innerzeitig begegnenden Seienden. Geschichte, das klingt in SZ bereits im Zusammenhang des vulgären Geschichtsverständnisses und des sekundär geschichtlichen Zeuges an, verstünde das Dasein als ein Geschehen „in der Zeit" und die Naturvorgänge sähe es als durch die Zeit bestimmt. „Elementarer jedoch als der Umstand, daß in den *Wissenschaften* von Geschichte und Natur der ‚Zeitfaktor' vorkommt, ist das Faktum, daß das Dasein schon vor aller thematischen Forschung ‚mit der Zeit rechnet' und sich *nach ihr* richtet."[278] Analog dazu wie die Dinge in erster Linie auf ihre Zweckdienlichkeit hin verstanden sind, sei im vorwissenschaftlichen Alltag des Daseins auch ein praktisches Rechnen mit der Zeit einem theoretischen Messen der Zeit vorgelagert. Da sich dieses praktische Rechnen mit der Zeit ontisch zeigt, muss Heidegger es durch die existenzial-ontologische Grundstruktur der ursprünglichen Zeit erläutern, wenn diese ihren Namen zu Recht tragen soll. Es ist daher zweierlei zu klären: Welche Art von Zeitverständnis des Daseins zeigt sich Heidegger zufolge in derjenigen Seinsweise des Daseins, die nichtdaseinsmäßiges Seiendes im praktischen Umgang als Innerzeitiges begreift? Und welchen Bezug hat dieses

---

[276] Heinz: *Zeitlichkeit und Temporalität. Die Konstitution der Existenz und die Grundlegung einer temporalen Ontologie im Frühwerk Martin Heideggers*, a. a. O., 142.

[277] SZ, 420.

[278] SZ, 404.

Zeitverständnis zur ursprünglichen Zeit, genauer, wie lässt es sich aus dem Grundexistenzial der ursprünglichen Zeit verständlich machen?

Dass das Dasein in seinen alltäglichen Geschäften mit der Zeit rechnet, wird ausdrücklich in Sätzen wie „Ich brauche noch Zeit, um diesen Brief zu beenden", „Ich hatte genug Zeit, um einen Besuch zu machen" und „Es ist jetzt Zeit, um nach Hause zu gehen". Aus den Implikationen dieser Ausdrucksweisen, an denen ontisch das Rechnen mit der Zeit explizit zugänglich wird, arbeitet Heidegger diverse Charakteristika desjenigen Zeitverständnisses heraus, das das alltägliche Dasein in seinem praktischen Umgang mit der Welt hat:

(a) Die dem alltäglichen Dasein selbstverständliche Bezugsstruktur, die sich in Äußerungen wie „jetzt, da ich arbeite", „dann, wann ich zu Abend esse" und „damals, als ich zur Schule ging" zeigt, nennt Heidegger *Datierbarkeit* der Zeit.[279] Die Datierbarkeit hat in ihrer ursprünglichen Form noch nichts mit einem kalendarischen Datum zu tun, sondern ist ein natürliches Zeitverhalten des Daseins, welches als „unthematisches Vollzugsverständnis" begriffen werden kann.[280] Das heißt, das Dasein versteht in seinem alltäglichen Umgang mit der Welt eine zeitliche Komponente implizit mit: Sagt es beispielsweise „es ist kalt", so hat es verstanden und ausgelegt „jetzt, da es kalt ist". Heidegger meint, dass diese „jetzt", „dann" und „damals" jeder Aussage des Daseins immer schon angehören, so dass das explizite „auslegende Aussprechen" ihrer als „ursprünglichste Zeitangabe" zu bezeichnen sei.[281] In seinem alltäglichen Umgang mit der Welt verliere sich das Dasein zwar in seinen Beschäftigungen und an die Dinge. Trotzdem „versteht sich das Dasein nie als entlang laufend an einer kontinuierlich währenden Abfolge der puren ‚jetzt'".[282] Jedes Dasein, uneigentlich wie eigentlich existierendes, gibt und lässt sich vielmehr alltäglich Zeit. Uneigentlich existierendes Dasein verliert seine Zeit an das, mit dem es alltäglich gerade so zu tun hat und sagt deshalb häufig Sätze der Form „Ich habe keine Zeit, denn ich muss noch das, dann das und dann noch das tun". Eigentlich existierendes Dasein hingegen hat immer Zeit, da es im Bewusstsein seiner Endlichkeit immer für das Zeit hat, was die eigentlich verstandene Situation gerade von ihm verlangt. In beiden Seinsweisen kann sich das Dasein aber überhaupt nur „Zeit nehmen" oder diese „verlieren", weil es grundsätzlich im heideggerschen Sinne zeitlich existiert und sich und die Welt immer aus zeitlichen Zusammenhängen versteht, die grundsätzlich, so Heidegger in einer impliziten Kritik an Kant und Husserl, von der „‚Vorstellung' eines kontinuierlichen Jetzt-Flusses" zu unterscheiden sind.[283]

---

279 Vgl. SZ, 407.

280 Von Herrmann, Friedrich Wilhelm: Der Zeitbegriff Heideggers, in: Mesotes. Supplementband (1991): Martin Heidegger, 22–34, hier 26.

281 SZ, 408.

282 SZ, 409.

283 SZ, 410.

(b) Weil das Dasein in seinem Alltag mit der Zeit praktisch umgeht, indem es die Bezugsstrukturen der Datierbarkeit benutzt, gehöre zu der Datierbarkeit überdies die *Bedeutsamkeit* der Zeit.[284] Das Existenzial „Bedeutsamkeit" hatte Heidegger bereits in § 18 von SZ als die Struktur der Welt bestimmt, in der in einer ursprünglichen Verklammerung alle praktisch bedeutenden Verweisungsbezüge zusammenhängen.[285] Die Bedeutsamkeit der nun untersuchten Zeit ist mit jener Bedeutsamkeitsstruktur verwoben: Jedes „dann, wann …" ist mit einem „um zu" verknüpft.[286] Dies wird deutlich in einem Satz wie „dann, wenn es tagt, ist es Zeit *zum* Tagwerk".[287] Aufgrund dieser Verflechtung von innerweltlichem Besorgen und Zeit ist für das besorgende Dasein nicht nur ein zuhandener Bleistift da, „um zu" schreiben, sondern auch Zeit ist jeweils da, „um zu" arbeiten, „um zu" essen, „um zu" schlafen usw.

(c) Aus der Bezugsstruktur der Datierbarkeit ergibt sich weiterhin die *Gespanntheit* der Zeit. Diese bezeichnet zum einen das Phänomen, dass das alltägliche Dasein in der Datierbarkeit immer seine eigene zeitliche Erstrecktheit mit versteht: Im „dann, wann …" ist ein „bis dahin" eingeschlossen, in dem sich das Dasein in seiner Existenz zwischen dem Jetzt und dem Dann erfasst. Zum anderen hat jede Datierung selbst schon eine Spannweite: „jetzt" – beim Arbeiten oder im Winter. „Jetzt" meint hier keinen Zeitpunkt, sondern eine Zeitspanne wie z. B. den ganzen Winter. Die Zeitangaben wie „jetzt" und „dann" sind also nicht punktuell zu verstehen, sondern implizieren immer schon eine Zeitspanne.[288]

(d) Als In-der-Welt-sein ist das Dasein überdies Mitsein, so dass es die durch Datierbarkeit, Bedeutsamkeit und Gespanntheit charakterisierte Zeit nie als

---

[284] Bereits in Heideggers Habilitationsvortrag, so wurde oben erwähnt, ist von einer „fundamentalen Bedeutsamkeit des historischen Zeitbegriffes" die Rede. *Habilitationsvortrag*, 375. Allerdings ist dieser Bedeutsamkeitsbegriff von 1915 noch nicht derjenige, der im Begriffsfeld von SZ im Zusammenhang mit Innerzeitigkeit und Weltzeit entwickelt ist.

[285] „Das Worumwillen bedeutet ein Um-zu, dieses ein Dazu, dieses ein Wobei des Bewendenlassens, dieses ein Womit der Bewandtnis. Diese Bezüge sind unter sich selbst als ursprüngliche Ganzheit verklammert, sie sind, was sie sind, als dieses Be-deuten […]. Das Bezugsganze dieses Bedeutens nennen wir die *Bedeutsamkeit.* Sie ist das, was die Struktur der Welt […] ausmacht" (SZ, 87).

[286] „Das Dasein datiert mithin die Zeit, die es sich nehmen muß, aus dem, was im Horizont der Überlassenheit an die Welt innerhalb dieser begegnet als etwas, womit es für das umsichtige In-der-Welt-seinkönnen eine ausgezeichnete Bewandtnis hat" (SZ, 412).

[287] SZ, 414.

[288] Husserl berücksichtigt dieses Phänomen der Gespanntheit der Sache nach in den Bernauer Manuskripten im Zusammenhang mit der Frage nach der zeitlichen Geltung von Sachverhaltsaussagen über individuelle Gegenstände: „[Z]. B. ‚das Papier ist weiß', sagt nicht bloß, es ist bloß jetzt, sondern auf eine unbestimmte Zukunft bleibt es so. Noch besser: ‚Paris ist eine große Stadt', das bezieht sich auf die ‚Gegenwart'. Aber Gegenwart meint nicht das momentane Jetzt oder eine momentane kleine Zeitstrecke, sondern einen Horizont der Zukunft" (*Bernauer Manuskripte*, 323). Es wird allerdings auch deutlich, dass Husserl hier begrifflich zwar die Gegenwart als gespannte berücksichtigt, das „momentane Jetzt" selbst jedoch von der Gegenwart unterscheidet und nicht als gespannt auffasst.

eine Privatzeit begreift. Die Zeit, die das alltägliche Dasein versteht, auslegt und ausspricht, versteht es immer auch als eine *veröffentlichte*, für jedermann verfügbare Zeit, die nicht seine eigene ist, sondern die „es gibt" und mit der „man" rechnet.

In der Bedeutsamkeit der Zeit für das alltägliche Dasein, dem sie stets eine „Zeit, um zu ..." ist, zeigt sich für Heidegger, dass die Zeit zur *Welt* gehört, die immer schon die Welt des Daseins ist und als solche auch in ihren zeitlichen Zusammenhängen zunächst praktisch verstanden wird. Aufgrund der verflochtenen Bedeutsamkeitsstrukturen von Welt und öffentlicher „Zeit, um zu ..." kann Heidegger sagen: „Die veröffentlichte Zeit hat als Zeit-zu ... wesenhaft Weltcharakter. Daher nennen wir die in der Zeitigung der Zeitlichkeit sich veröffentlichende Zeit die *Weltzeit*."[289] Da sich das mit Weltzeit umgehende Dasein in erster Linie aus dem praktischen Umgang mit dem gerade Begegnenden versteht, kommt der Gegenwart in der Weltzeit ein Vorrang zu. Die Weltzeit ist die Zeit, „‚worinnen' innerweltliches Seiendes begegnet".[290] Das Dasein versteht sie immer schon als geeignete oder ungeeignete Zeit und nicht als etwas in der Welt Vorhandenes, in dem sich dann die vorhandenen Dinge der Welt gleichsam wie in einer Schachtel befänden. Die Weltzeit habe, so Heidegger, „*dieselbe* Transzendenz wie die Welt":[291] So, wie Welt dem Dasein immer schon erschlossen ist, ist auch Weltzeit immer schon erschlossen und veröffentlicht als die Zeit, durch die das alltägliche Dasein die Welt versteht und mit ihr umgeht.

Heidegger stellt explizit eine Parallele der Problematik der Weltzeit mit derjenigen der *Wahrheit* her, welche er in SZ am Ende des ersten Abschnittes (§ 44) behandelt: Der grundsätzliche Zusammenhang dieser beiden Begriffe besteht darin, dass weder hinter die Wahrheit, mit Heidegger verstanden als durch die Zeitlichkeit begründete existenziale Erschlossenheit, noch hinter die Weltzeit zurückgefragt werden kann. Vor jedem ausdrücklichen Urteilen ist das Dasein schon in der Wahrheit, so wie es vor jeder ausdrücklichen Zeitmessung schon mit der Weltzeit rechnet. Weltzeit ist weder an sich und unabhängig von uns noch ist sie durch ein Subjekt konstituiert oder seiner reinen Anschauungsform zu verdanken. In einer viel zitierten Formulierung, die gleichermaßen den Skeptiker, den Verfechter einer Objektivität der Zeit und den Verfechter einer Subjektivität der Zeit zurückweist, schreibt Heidegger der Weltzeit einen Status zu, der sie als das ursprüngliche Apriori erscheinen lässt: „*Die Weltzeit ist ‚objektiver' als jedes mögliche Objekt, weil sie als Bedingung der Möglichkeit des innerweltlich Seienden mit der Erschlossenheit von Welt je schon ekstatisch-horizontal ‚objiciert' wird. [...] Die Weltzeit ist aber auch ‚subjektiver' als jedes mögliche Subjekt, weil sie im wohlverstandenen Sinne der Sorge als des Seins des faktisch existierenden Selbst dieses Sein erst mit möglich macht.* ‚Die Zeit' ist weder im ‚Subjekt' noch im ‚Objekt' vorhanden, weder ‚innen' noch ‚außen' und ‚ist' *‚früher'* als jede Subjektivität und Objektivität, weil sie die Bedingung der Möglichkeit selbst für dieses ‚früher' darstellt."[292]

---

289 SZ, 414.

290 SZ, 419.

291 SZ, 419.

292 SZ, 419.

Diese Charakterisierung der Weltzeit scheint genau demjenigen Desiderat zu begegnen, das Heidegger in den *Prolegomena* in der husserlschen Bestimmung des Apriori bemängelte. Als dritte „fundamentale Entdeckung" der husserlschen Phänomenologie, so wurde zu Beginn des Kapitels 3.1.1 gezeigt, hatte Heidegger dort einen philosophiehistorisch neuen Sinn des Apriori herausgestellt. Husserl, so hatte Heidegger geurteilt, habe gegen Kants Frage nach der Möglichkeit synthetischer Urteile a priori und ihrer transzendenten Gültigkeit gezeigt, dass das Apriori primär gar nichts mit der Subjektivität zu tun habe, ihm vielmehr eine universale Reichweite zukomme und es durch originäre Anschauung zugänglich werde. Versäumt, wenn auch vorbereitet, habe Husserl jedoch, das Apriori als Charakter des Seins des Seienden in seiner Zeitlichkeit zu bestimmen. „Apriori", so hatte Heidegger dort definiert, bezeichne „das an etwas, was daran schon immer das Frühere ist".[293] Den Heidegger zufolge bei Husserl noch unausgewiesenen zeitlichen Sinn des Apriori scheint Heidegger nun in dem radikalen „früher" der Weltzeit zu entdecken. Radikal ist dieses „früher", weil die Weltzeit noch die Bedingung der Möglichkeit dafür darstellt, dass ein „früher" von Objektivität und Subjektivität überhaupt gedacht werden kann. Als Apriori des In-der-Welt-seienden Daseins ist die Weltzeit Bedingung der Möglichkeit dafür, dass eine Trennung von Objekt und Subjekt überhaupt fassbar wird. Nicht ein Subjekt, sondern die *„Weltzeit [...] konstituiert"* Heidegger zufolge allererst „eine Innerzeitigkeit des Zuhandenen und Vorhandenen".[294] In dieser Formulierung zeigt sich besonders deutlich der grundsätzliche Unterschied zwischen Heideggers Weltzeit und Husserls Weltzeit. Husserls Weltzeit wird von einem Subjekt bzw. einer intersubjektiven Gemeinschaft konstituiert. Durch Heideggers Weltzeit wird überhaupt erst das Sein des Daseins als In-der-Welt-sein möglich. Durch sie kann erst Zuhandenes – das primär immer als solches und nicht als Vorhandenes verstanden ist – in seinen Bezügen und Bedeutungszusammenhängen begegnen. Die Weltzeit ist Bedingung der Möglichkeit des Seins der Welt und des Daseins überhaupt, da dessen In-der-Welt-sein, das es immer schon ist, immer schon Weltzeit voraussetzt.[295] Sollte aber das In-der-Welt-sein als Heideggers Antwort auf die von ihm in den *Prolegomena* positiv hervorgehobene kategoriale Anschauung der husserlschen Phänomenologie interpretierbar sein, dann könnte die Weltzeit als Bedingung der Möglichkeit des In-der-Welt-seins auch als die zeitliche Interpretation des von Heidegger weiterentwickelten Gedankens der kategorialen Anschauung verstanden werden.

---

293 *Prolegomena*, 99.

294 SZ, 420 (Hervorhebung „Welt-" durch Heidegger; Hervorhebung „konstituiert", I.R).

295 Bernet sieht in Heideggers Konzept der Weltzeit, welche Bedingung der Möglichkeit von Subjektivität und Objektivität und nicht konstituierte Weltzeit ist, sowohl Heideggers radikalste Distanzierung von der husserlschen Phänomenologie der Zeit als auch bereits eine Wende in Heideggers eigenem Denken vorgezeichnet. In Heideggers Weltzeitbegriff kündige sich ein neues Denken der Zeit und des Seins an, das nicht mehr die Fragen nach dem Ursprung der Zeit, nach einer mit dem Dasein verbundenen ursprünglichen Zeit und einer vom Dasein ausgehenden zeitlichen Fundierung des Seinssinnes in sein Zentrum stellt. Vgl. Bernet: Origine du temps et temps originaire chez Husserl et Heidegger, a. a. O., 521.

Wie ist aber diese Charakterisierung, Weltzeit sei als Apriori die Bedingung der Möglichkeit von Subjektivität und Objektivität, genauer zu verstehen? Wie lässt sich ihr ontologischer Vorrang vor jeglicher Subjektivität und Objektivität begründen? Und in welcher Weise ist sie aus der ursprünglichen ekstatisch-horizontalen Zeit, die ihr ontologisches Fundament bilden soll, zu begreifen? Der § 80, in welchem Heidegger den Begriff der Weltzeit entwickelt, kann vielleicht als einer der schwierigsten des ganzen Buches gelten, da die in erster Linie am Besorgen von Zeit sich zeigende Weltzeit, bildlich gesprochen, mit einem Fuß in der Zeitlichkeit und mit dem anderen Fuß in dem vulgären Zeitbegriff steht. An der Weltzeit muss der strukturelle Übergang von der ursprünglichen Zeit zum vulgären Zeitbegriff verständlich werden. Von der Bestimmung der Weltzeit hängt daher in einer nicht zu unterschätzenden Weise die Plausibilität der heideggerschen These ab, nach der die ontologisch ursprüngliche Zeitlichkeit alle Seinsweisen und damit auch alle Zeitigungsweisen des Daseins verständlich machen soll. Wie begründet Heidegger diese entscheidende Übergangsfunktion der Weltzeit?

Mithilfe der Sonne. Die Komplexität dieser recht einfach klingenden Antwort wird deutlich, sobald man berücksichtigt, dass der Sonne für den Begriff der Weltzeit und ihrer ontologischen Position zwischen den Begriffen der ursprünglichen Zeit und dem vulgären Zeitbegriff eine komplexe und ambivalente Funktion zukommt. Einerseits führt Heidegger die Sonne in § 80 als ein regelmäßig wiederkehrendes Gestirn ein. Darin zeigt sich eine Parallele zu der sich an der gleichmäßigen Himmelsbewegung orientierenden aristotelischen Zeitauffassung. Andererseits jedoch ist die Sonne für Heidegger nicht allein ein regelmäßig wiederkehrendes Gestirn unter anderen. Ihr kommt vielmehr eine außerordentliche Bedeutung zu, die sie von den anderen Gestirnen grundsätzlich abhebt:[296] Sie spendet „Licht und Wärme" und gibt so dem Dasein allererst die mögliche Sicht, um (zeit-)besorgend sein Tagwerk zu verrichten.[297] „Das Besorgen macht von dem ‚Zuhandensein' der Licht und Wärme spendenden Sonne Gebrauch."[298] Und wiederum „[a]us dieser Datierung erwächst das ‚natürlichste' Zeitmaß, der Tag".[299] Es werden also im alltäglichen Umgang mit Zeit nicht einfach die Abstände der wandernden Sonne gezählt, sondern ihr Licht und ihre Wärme sind das Entscheidende für das alltäglich praktische Rechnen mit der Zeit und dem Sichrichten nach ihr. Licht und Wärme der Sonne können daher als die Aspekte betrachtet werden, die der ursprünglichen Zeit näherstehen, da sie das Dasein in seinem eigentlichen oder uneigentlichen In-der-Welt-sein unmittelbar leiten. Dennoch kehrt aber die Sonne bzw. kehren Tag und Nacht regelmäßig wieder und bestimmen derart auch in ihrer Regelmäßigkeit die öffentlichen Datierungen des besorgenden Rechnens mit der Zeit. Dieser regelmäßige Lauf der Sonne steht wiederum dem vulgären Zeitbegriff näher als dem der

---

[296] Figal weist darauf hin, dass „weder im Platonischen *Timaios* noch in der Zeitabhandlung der Aristotelischen *Physik* [...] die Sonne von anderen Himmelskörpern eigens abgehoben" ist. Figal: *Martin Heidegger. Phänomenologie der Freiheit*, a. a. O., 300.

[297] SZ, 413.

[298] SZ, 412.

[299] SZ, 413.

ursprünglichen Zeit. Auf welche Weise lässt sich die Funktion des Lichtes und der Wärme der Sonne, die in der aristotelischen Zeitauffassung und ihrem Zusammenhang mit den regelmäßig wiederkehrenden Gestirnen keine Rolle spielten, in ihrer Bedeutung für Heideggers Begriff der Weltzeit genauer klären? Und in welchem Verhältnis steht sie zu der Funktion der Sonne als eines regelmäßig wiederkehrenden Gestirns?

Wenn Heidegger formuliert, das mit der Weltzeit umgehende „alltägliche um*sichtige* In-der-Welt-sein bedarf der *Sichtmöglichkeit*, das heißt der Helle“,[300] dann lässt sich darin ein impliziter Verweis, nicht auf die platonischen Zeitanalysen, wohl aber auf die platonische Idee des Guten erkennen, als deren Abbild Platon die Sonne bestimmt.[301] Auf die Idee des Guten geht Heidegger explizit in den *Grundproblemen* im Zusammenhang der Temporalität des Seins ein, wenn er danach fragt, was das „über das Sein hinaus“ ist, auf welches hin Sein selbst noch entworfen ist.[302] Die soeben zitierte Formulierung wie auch die Bestimmung des apriorischen Charakters der Weltzeit, welche ein „früher“ von Subjektivität und Objektivität erst ermögliche, scheinen aber bereits für die Weltzeit einen Bezug zu dem platonischen Gedanken der Idee des Guten nahezulegen. Am Ende des sechsten und zu Beginn des siebten Buches der *Politeia* finden sich die drei berühmten Gleichnisse (Sonnen-, Linien- und Höhlengleichnis), die die Idee des Guten verständlich machen sollen und die dafür auf verschiedene Weisen die Rede von der Sonne einsetzen.[303] Die Idee des Guten wird von Platon im Sonnengleichnis als das bestimmt, was im Bereich der Seele dem Erkannten Wahrheit verleiht und was dem Erkennenden das Vermögen des Erkennens gibt; sie ist die sich selbst entziehende Ursache des Wissens und der von uns erkannten Wahrheit.[304] Als ihren Sprössling habe sie nach ihrem Ebenbild als Abbild die Sonne gezeugt, die das Licht spendet, das im Bereich des Sichtbaren die Funktion dieses Dritten übernimmt, der das Sehen mit dem Gesehenen zusammenbringt. Zunächst scheint es im Sonnengleichnis so, als bestünde die Notwendigkeit eines Dritten, welches im Bereich des Sichtbaren Vermögen und

---

300 SZ, 412.

301 Die folgende Erörterung eines diesbezüglichen Zusammenhanges stützt sich in einigen Aspekten auf Figal: *Martin Heidegger. Phänomenologie der Freiheit*, a. a. O., 300 f. und 304 f.

302 *Grundprobleme*, 400–405.

303 Im Folgenden wird nur das Sonnengleichnis herangezogen. Figal zeigt, dass sich vom Sonnengleichnis hin zum Höhlengleichnis sowohl bei Platon als auch für die Übertragung auf Heidegger eine Verschiebung der Bilder ergibt. Diese Verschiebung besteht bei Platon darin, dass die Sonne im Höhlengleichnis für die Idee des Guten selbst und nicht mehr nur für ihr Abbild steht, während nun das Feuer in der Höhle Abkömmling der Sonne ist. Für Heidegger hieße das, dass im Höhlengleichnis die Weltzeit nur noch das Feuer in der Höhle ist, während die Sonne für die Zeitlichkeit selbst steht. Vgl. zu dieser Verschiebung der Bilder Figal: *Martin Heidegger. Phänomenologie der Freiheit*, a. a. O., 305. Die Sonne stünde so in der Übertragung der Gleichnisse auf Heideggers Zeitbegriffe einmal für die Weltzeit (im Sonnengleichnis) und einmal für die Zeitlichkeit selbst (im Höhlengleichnis).

304 Vgl. Platon: *Politeia*. Griechisch und Deutsch. Nach der Übersetzung Friedrich Schleiermachers, ergänzt durch Übersetzungen von Franz Susemihl u. a. Griechischer Text nach der letztgültigen Gesamtausgabe der Association Guillaume Budé. Hg. von Karlheinz Hülser. Frankfurt am Main und Leipzig: Insel Verlag 1991 (= Sämtliche Werke. Bd. V), 509a.

Anvisiertes zusammenbringt, allein im Bereich des Sehens, da beispielsweise der Bereich des Hörens ausgeschlossen wird.[305] Dann aber wird deutlich, dass Platon die Funktion der Sonnenmetapher weiter fasst: Die Sonne gibt nicht nur dem Sichtbaren das Vermögen gesehen zu werden, sondern sie verleiht ihm überdies Werden, Wachstum und Nahrung. Für den Bereich des Einsehbaren ist die analoge Funktion, dass das Erkannte vom Guten nicht nur das Erkanntwerden bekommt, sondern dass es ihm überdies überhaupt sein Dasein, sein „Daßsein", und sein Wesen, sein „Wassein", verdankt.[306] Lässt sich aus einem Vergleich mit der platonischen Idee des Guten und deren Abbild der Sonne deutlicher verstehen, inwiefern Heidegger die Weltzeit als Apriori, als Bedingung der Möglichkeit von Subjektivität und Objektivität und als Übergang zwischen ursprünglicher Zeit und vulgärem Zeitbegriff versteht? Inwiefern besteht hier überhaupt eine Möglichkeit zur Parallelisierung von Platon und Heidegger und wo liegt ihre Grenze?

Der heideggersche Bereich des mit Zeit rechnenden Besorgens, für den die Weltzeit die konstitutive Rolle einnimmt, scheint in gewisser Weise als Analogon zu dem platonischen Bereich des Sichtbaren verstanden werden zu können. Die Weltzeit, die Heidegger selbst über die Sonne bestimmt, nähme dann den Platz der platonischen Sonne aus dem Sonnengleichnis ein. So, wie die platonische Sonne Sehen, Gesehenwerden, Werden, Wachstum und Nahrung ermöglicht, so ermöglicht die Weltzeit das Besorgen, das Sichzeigen der Dinge als zu Besorgende und die Entwicklung des gesamten Zusammenhanges des mit Zeit rechnenden Besorgens überhaupt. Wenn die Weltzeit aber der Sonne entspricht, was könnte dann bei Heidegger den Platz der Idee des Guten einnehmen, wenn nicht die ursprüngliche Zeit? Während der Weltzeit in dem öffentlichen Besorgen von Zeit eine gewisse Sichtbarkeit zukommt, scheint eine derartige Sichtbarkeit der primär an der in den jemeinigen Tod vorlaufenden Entschlossenheit aufweisbaren ursprünglichen Zeit nicht zuzukommen. In dieser Hinsicht hätte sie eine gewisse Ähnlichkeit mit der sich selbst entziehenden Idee des Guten. Überdies ist die ursprüngliche Zeit der Ursprung, der alle anderen Zeitigungsweisen und alle Seinsweisen überhaupt verständlich machen soll. Auch darin ließe sich eine Verwandtschaft mit der Idee der Ideen, der Idee des Guten erkennen. So, wie die Idee des Guten dem Erkennen, dem Erkanntwerden sowie dem Dasein und Wesen des Erkannten zugrunde liegt, so liegt bei Heidegger die ursprüngliche Zeitlichkeit jedem Seinverstehen, jedem Existenzial und jedem verstandenen Seienden überhaupt zugrunde. Über diese recht allgemein bleibende Parallelisierung hinaus scheint jedoch der Vergleich der Weltzeit und ihres Verhältnisses zur ursprünglichen Zeit mit der Sonne aus dem platonischen Sonnengleichnis und ihrem Bezug zu der Idee des Guten schon bald an seine Grenzen zu stoßen.

Zwei wesentliche Unterschiede zu Heidegger, die in dem platonischen Gedankengang bestehen, scheinen die Parallelisierung zwischen Heideggers Begriffspaar ursprüngliche Zeit/Weltzeit und Idee des Guten/Sonne aus dem Sonnengleichnis einzuschränken: Die Idee des Guten ist für Platon die ewige Urgestalt, die einen

[305] Vgl. Platon: *Politeia*, a. a. O., 507c–e.

[306] Vgl. Platon, *Politeia*, a. a. O., 509b.

originären Bereich des Intelligiblen ermöglicht, während die ursprüngliche Zeitlichkeit wesentlich endlich ist; und die Idee des Guten ist nur über Gleichnisse sagbar, während es in Heideggers phänomenologischem Selbstverständnis darum gehen muss, die sich von ihr selbst her zeigende ursprüngliche Zeit von ihr selbst her sehen zu lassen. Das heideggersche Analogon zu der Einsicht der Seele, die bei Platon dem sinnlichen Sehen gegenübersteht, kann im Rahmen von Heideggers Ziel, über den Weg der Daseinsanalyse eine Temporalität des Seins aufzuweisen, kein Einsehen in das Bleibende sein.[307] Die platonische Einsicht der Seele, die sich ihrerseits gerade nicht auf das mit Finsternis vermischte, auf das Werdende und Vergehende richtet, scheint sich bei Heidegger vielmehr gerade in eine „Einsicht" in die Endlichkeit der ursprünglichen Zeit und das sich daraus ergebende, an das Sein zum Tode gekoppelte Möglichsein des jemeinigen Daseins zu verwandeln. Diese Endlichkeit der ursprünglichen Zeit, und nicht das Bleibende, ist die Basis, die Heidegger zufolge allem Seinverstehen, auch der Weltzeit, und mit dem Text der *Politeia* gesprochen in letzter Instanz aller Sichtbarkeit, allem Wachstum, Werden und aller Ernährung sowie allem Erkanntwerden, Dasein und Wesen überhaupt zugrunde liegt. An die Stelle der platonischen ewigen Urgestalt, der Idee des Guten, tritt bei Heidegger die endliche, ekstatisch-horizontale Zeitlichkeit. Die platonische Trennung zwischen einem abbildhaften Bereich des Sichtbaren, den die Sonne erhellt, und einem originären Bereich des Einsehbaren, den die Idee des Guten ermöglicht, lässt sich daher auf Heideggers Begriffe von Weltzeit und ursprünglicher Zeitlichkeit nicht übertragen. Das Dasein ist immer schon, in Heideggers Sinne, transzendierendes, auf endliche Weise zeitlich existierendes In-der-Welt-sein – unabhängig davon, ob es sich mit der Weltzeit rechnend an das Besorgen verliert oder sich in vorlaufender Entschlossenheit zukünftig entwirft. Es bewegt sich nicht einerseits in einem Bereich des Sichtbaren und andererseits in einem Bereich des Intelligiblen, sondern es ist als ekstatisch-horizontale Existenz in seinen endlichen Möglichkeiten immer schon in der Welt, in der es seine endlichen Möglichkeiten entweder als solche verstehen kann oder sich in das Man verliert.

Zweitens lässt Platon Sokrates die Idee des Guten nur über die drei berühmten Gleichnisse bestimmen, von denen hier nur das Sonnengleichnis herangezogen wurde. Heidegger aber kann sich nicht damit begnügen, die Sonne bzw. die Weltzeit gleichnishaft als einen „Sprössling" der ursprünglichen Zeit zu charakterisieren. Er hat es sich aus seinem phänomenologischen Selbstverständnis zur Aufgabe gemacht, „[d]as, was sich zeigt, so wie es sich von ihm selbst her zeigt, von ihm selbst her sehen [zu] lassen".[308] Dieser methodische Leitsatz aus SZ, § 7c gilt auch für die ursprüngliche Zeit, die in allen ontisch sich zeigenden Zeitigungsweisen als deren ontologischer Grund nachzuweisen ist. In Kap. 3.1.3 wurde die Interpretation gegeben, dass bei Heidegger die jeweils ursprünglicheren Strukturen, und die ursprüngliche Zeitlichkeit ist in SZ die ursprünglichste überhaupt, die weniger ursprünglichen Strukturen *erklären* sollen. Wie aber kann die ursprüngliche Zeit die Weltzeit in ihrer zweideutigen Orientierung an der Sonne als an einem Licht und

---

[307] Vgl. Platon, *Politeia*, a. a. O., 508d–e.

[308] SZ, 34.

Wärme spendenden Gestirn einerseits sowie als an einem regelmäßig wiederkehrenden Gestirn andererseits erklären?

Heidegger denkt die Weltzeit offenbar als eine Ausprägung der ursprünglichen Zeitlichkeit, die sich im alltäglichen Handeln des Daseins zeigt. Es bleibt jedoch in seinen Ausführungen weitgehend unklar, wie genau dieses Verhältnis von ursprünglicher Zeitlichkeit und Weltzeit zu verstehen ist. Ursprüngliche Zeitlichkeit und Weltzeit, so weit ist Heidegger deutlich, sind beide Bedingung der Möglichkeit von In-der-Welt-seiendem Dasein überhaupt. Darüber hinaus müsste aber die ursprüngliche Zeitlichkeit die Weltzeit strukturell verständlich machen können, um als die ontologisch ursprüngliche Zeit gelten zu können. Dies scheint allerdings angesichts der Bestimmung dieser beiden Begriffe problematisch zu sein. Die existenziell am deutlichsten in der vorlaufenden Entschlossenheit auszuweisende ursprüngliche Zeit ist Heidegger zufolge nur als ekstatisch-horizontale zu verstehen. Heidegger insistiert wiederholt darauf, dass es in ihr in keiner Weise um Jetzte geht, die noch nicht sind, die sind oder die nicht mehr sind. Vielmehr sei die ursprüngliche Zeit ekstatisch-horizontal, d. h. ein Sichrichten-auf, verbunden mit dem praktischen Gegenstehen eines Horizontes, der dem Sichrichten-auf und Zurückkommen-auf-sich-selbst einen vorgeprägten zeitlich-praktischen Sinn gibt. Zeitsequenzen, geschweige denn Zeitpunkte, gehören aber so wenig zu ihrer Struktur, dass sogar der für die ursprüngliche Zeit zentrale Begriff des Todes „kein noch nicht Vorhandenes" ist, sondern als eine „Möglichkeit" bestimmt wird.[309] In der Weltzeit aber spielen, neben den hier mit Licht und Wärme der Sonne in Verbindung gebrachten Aspekten der ursprünglichen Zeit, praktisch datierte, gespannte Zeitsequenzen eine konstitutive Rolle. In der Weltzeit wird mit Zeitsequenzen gerechnet. Dieses Rechnen bestimmt sich Heidegger zufolge ursprünglich durch den Lauf der Sonne. Wie aber soll eine ekstatisch-horizontale Zeitlichkeit eine praktisch sequenzielle Zeit verständlich machen können? Woher sollen aus ihr die Sequenzen kommen, die sich zu einer, wenn auch auf der Ebene der Weltzeit noch praktischen Ordnung formieren? Es scheint, dass dies nicht möglich ist, sondern dass vielmehr die Weltzeit konstitutive Aspekte aufweist, die sich in der ursprünglichen Zeitlichkeit nicht nur nicht finden, sondern sich durch sie auch nicht erklären lassen. Dann aber wäre nicht ersichtlich, inwiefern die ursprüngliche Zeit „ursprünglich" in Hinblick auf die Weltzeit genannt werden dürfte. Sollte also hier ein konzeptueller Bruch zwischen der ursprünglichen Zeit und der Weltzeit bestehen, der Heideggers ontologische Abkünftigkeitshierarchie der Zeitigungsweisen in Frage stellt? Dies scheint aufgrund der strukturellen Kluft zwischen ekstatischer Horizontalität und praxisorientiert geordneter Sequenzialität tatsächlich der Fall zu sein.

Es ergibt sich in Verbindung mit dieser fragwürdigen Abkünftigkeit der Weltzeit von der ursprünglichen Zeit überdies eine weiterführende Schwierigkeit: Kann die ursprüngliche Zeit selbst überhaupt gedacht werden, ohne schon auf Charakteristika der Weltzeit zurückzugreifen? Muss ich nicht immer schon auf die sich zeigende, mit Sequenzen in praktischen Weltzusammenhängen rechnende Weltzeit zurückgreifen, wenn ich versuche, die existenzielle Zeitigung in der in den Tod

[309] SZ, 250.

vorlaufenden Entschlossenheit „von ihr selbst her sehen zu lassen“? Lässt sich ein zirkelhaftes Sichrichten-auf, wenn auch horizonthaft, ohne Sequenzen denken? Ist es nicht vielmehr so, dass eine ekstatisch-horizontale Zeitigung zwar in einem sich verstehenden endlichen Möglichsein geschehen kann, diese Zeitigung und über sie die ursprüngliche Zeit selbst sich aber nur zeigen kann, wenn bereits konkrete Möglichkeiten in konkreten praktischen Zeitordnungen erfasst werden? Es scheint so zu sein, dass nicht nur die Weltzeit nicht aus der ursprünglichen Zeitlichkeit verständlich gemacht werden kann, sondern dass sogar die ursprüngliche Zeitlichkeit auf konstitutive Aspekte der Weltzeit angewiesen ist. Solche Aspekte der Weltzeit dürften für die ursprüngliche Zeit nach Heidegger aber keine Rolle, und insbesondere keine konstitutive Rolle spielen.

In einem abermaligen Rückgriff auf das Sonnengleichnis ließe sich hier vielleicht sagen, dass Heidegger einem gewissen Platonismus, wenn auch einem Platonismus der endlichen ursprünglichen Zeit, zu verfallen scheint, wenn er versucht, sein Konzept der ursprünglichen Zeit als die Ursprungsstruktur zu bestimmen, die alle anderen Zeitigungsweisen verständlich machen, ihnen ontologisch zugrunde liegen, sich aber selbst im alltäglichen Handeln nicht in ihrer spezifischen Eigentümlichkeit konkret zeigen soll. Platon lässt Sokrates die Idee des Guten nur über die drei berühmten Gleichnisse, aber nicht selbst inhaltlich bestimmen. Heidegger bestimmt zwar die ursprüngliche Zeit über die in den Tod vorlaufende Entschlossenheit ohne Gleichnisse. Es ließe sich aber dennoch daran zweifeln, ob er dabei zu einem Konzept gelangt, welches sich auf die von ihm angegebene Weise tatsächlich selbst „von ihm selbst her zeigt“. Eine ekstatisch-horizontale Zeitstruktur scheint phänomenal vielmehr immer mit einer sequenziellen Zeitstruktur zusammenzuhängen, ohne dass sich zwischen diesen zwei Aspekten eine ontologische Hierarchisierung aufstellen ließe. Es kann dabei das besorgende Rechnen mit der Zeit im daseinsmäßigen Zeitigungsgeschehen oder aber das Sichentwerfen in vorlaufender Entschlossenheit auf Möglichkeiten hin dominieren – stets scheinen beide Aspekte ineinanderzugreifen und eine ontologische Hierarchisierung von sogenannter ursprünglicher Zeit und Weltzeit findet anhand der Phänomene keine eindeutige Rechtfertigung.

Die von Heidegger zur Erläuterung der Weltzeit eingesetzte Sonne scheint angesichts dieser Überlegungen gerade deshalb so geeignet zur Erklärung der doppelgesichtigen Weltzeit, weil sie kein Begriff ist. Sie ist vielmehr ein Phänomen, anhand dessen sich zwei verschiedene, aber im Existieren stets ineinandergreifende Zeitigungsweisen zeigen lassen: das ekstatisch-horizontale Zeitigen eines sich auf Möglichkeiten hin entwerfenden Daseins und die Orientierung an geordneten Sequenzen in der Zeit bzw. das Licht und die Wärme, die der ursprünglichen Zeit und ihrem unmittelbaren Entwerfen zugehören, und die Sequenzen, die durch die Abstände der Sonne erfasst und im Besorgen berücksichtigt werden. Die bereits zweimal gegen Heideggers Priorisierung der Zeit angeführte Hypothese, dass Dasein, Welt und Zeit in einem konstitutiven Wechselspiel zueinander stehen, welches an dem immer schon In-der-Welt-seienden, zeitlich existierenden Dasein zugänglich wird, ließe sich nun noch weiter spezifizieren: Nicht nur Dasein, Welt und Zeit überhaupt, sondern auch verschiedene, durch eine Abkünftigkeitsstruktur nicht erklärbare Zeitigungsweisen scheinen in einem solchen konstitutiven Wechselspiel zueinander zu stehen.

Trotz der genannten Schwierigkeiten lässt sich folgender Kerngedanke aus Heideggers Analysen der Weltzeit festhalten: Die besorgte Zeit, die die des alltäglich existierenden Daseins ist, ist keine Reihe von aufeinander folgenden puren Jetzt, sondern sie ist datiert, bedeutsam, gespannt und veröffentlicht. Aufgrund ihres praktischen Charakters in Bezug auf die (Alltags-)Welt des Daseins, deren Begegnung sie erst ermöglicht, nennt Heidegger sie „Weltzeit“. Wie aber, so ist nun mit Heidegger weiterzufragen, kommt dann überhaupt so etwas wie die Vorstellung einer bedeutungsmäßig neutralen, lediglich ablaufenden Zeitreihe zustande, welche ja zum herkömmlichen Zeitbegriff des Daseins zu gehören scheint? Die Vorstellung einer solchen bedeutungslosen, an-sich-seienden Zeitreihe kann laut Heidegger allein von dem dem Dasein begegnenden Innerzeitigen aus, durch Abstraktion von den Bedeutungszusammenhängen der Weltzeit entstehen: Das Resultat nennt Heidegger den *vulgären Zeitbegriff* des Daseins. Die alleinige Funktion des Adjektives „vulgär“ ist Heidegger zufolge, den herkömmlichen und traditionellen Zeitbegriff zu bezeichnen, den das Dasein allgemein hin hat, wenn es alltäglich mit der Uhr umgeht und dabei die Zeit zählt. Angesichts der heideggerschen Kritik an der abendländischen Philosophie und ihrer Priorisierung der Vorhandenheit scheint allerdings bereits in dem Ausdruck „vulgär“ eine Kritik an einem Zeitbegriff impliziert, der sich selbst und seine Herkunft nicht angemessen versteht. Der abwertende Unterton dieses Wortes ist so einerseits von Heidegger zwar aus seiner Bestimmung des vulgären Zeitbegriffes ausgeschlossen, andererseits findet er aber in Heideggers Einschätzung dieses sich tendenziell missverstehenden Zeitverständnisses durchaus eine Berechtigung. Nach der nun folgenden Diskussion von Heideggers vulgärem Zeitbegriff wird unter Einbeziehung desselben die Frage nach dem Verhältnis von ursprünglicher Zeit zur Weltzeit abermals aufzugreifen sein, um schließlich insgesamt zu einer Einschätzung von Heideggers ontologischer Hierarchie verschiedener Zeitigungsweisen zu gelangen.

3.2.6 Der vulgäre Zeitbegriff

Wenn wir Innerzeitiges nicht in seinem praktischen Kontext verstehen, sondern es nur als „bloß“ Vorhandenes betrachten, dann sehen wir Heidegger zufolge in einer sekundären Weise von der immer schon primär verstandenen Zweckdienlichkeit der Dinge ab. Der Hammer als ein zuhandenes Werkzeug, um zu hämmern, wird dann zu einem bloß vorhandenen Ding. Diese Reduktion eines primären Verständnisses auf ein sekundäres bloßes Hinsehen vollzieht sich im Dasein Heidegger zufolge auch in Bezug auf die Zeit. Die Zeit, um zu arbeiten, wird dann zu einer bloßen Abfolge von Jetzten, beispielsweise zur Zeit zwischen neun und achtzehn Uhr. Das Dasein sieht in diesem Fall von den praktischen Charakteristika der Weltzeit ab und sieht nur noch auf diese Jetzt-Abfolge hin. Dieses Verständnis der Zeit als *„Jetzt-Zeit“* hat Heidegger zufolge – wie auch die Charakterisierung der Dinge als „Vorhandene" – durchaus ihr „natürliches Recht".[310] Verfehlt sei dieses Zeitverständnis, das das Dasein in seinem „zunächst herrschenden Seinsverständnis" hat,[311] nur dann, wenn es seinen ihm angemessenen Geltungsbereich überschreitet. Das aber geschehe genau dann, wenn die so genannte Jetzt-Zeit, die nur eine besondere Ableitung und Ausprägung der ekstatisch-horizontalen Zeitlichkeit sei, für den ursprünglichen Zeitbegriff oder für den Zeitbegriff schlechthin gehalten wird. Eben dies passiert laut Heidegger nicht nur, wenn das alltägliche Dasein die Zeit definiert. Vielmehr habe sich auch die Philosophiegeschichte – bis hin zu Heidegger – stets an diesem Zeitbegriff als an dem vermeintlich einzigen und ursprünglichsten orientiert. Auf welchem argumentativen Wege aber gelangt Heidegger im Detail von der von ihm als Möglichkeitsbedingung von Subjektivität und Objektivität verstandenen Weltzeit zum vulgären Zeitbegriff und in welchem Verhältnis stehen diese beiden Konzepte? Inwiefern sieht er die gesamte Philosophiegeschichte dem vulgären Zeitverständnis verhaftet und wie meint er im Gegenzug die von ihm entwickelte so genannte ursprüngliche Zeit als das ursprünglichere Zeitverständnis behaupten zu können? Kann Heidegger, so ist hier abermals zu fragen, diese Anordnung der Zeitkonzepte nach Ursprünglichkeit plausibel machen, bzw. kann er plausibel machen, dass seine ekstatisch-horizontale Zeitlichkeit der Ursprung des vulgären Zeitbegriffes ist?

Das Absehen von den praktischen Bezügen der Weltzeit nimmt laut Heidegger seinen Ausgang bei der Tatsache, dass das Dasein die Zeit zunächst anhand des regelmäßigen Ablaufes von Tag und Nacht versteht: Am hellen Tag ist es Zeit, um zu arbeiten, in der dunklen Nacht ist es Zeit, um zu schlafen. Die Sonne als das Licht und Wärme spendende Gestirn werde so zur allerersten Uhr, deren „sich vollziehende Datierung […] eine im Miteinandersein ‚unter demselben Himmel'" ist.[312] Jedermann kann gleichermaßen mit dem Lauf der Sonne rechnen, womit ihr der Status eines öffentlich verfügbaren Maßes zukommt, anhand dessen Zeitmessung möglich wird.[313] Im Ausgang von der Sonne, durch die sich das alltägliche Dasein bei seinen weltzeitlichen Datierungen leiten lässt, könnten dann andere und präzisere Uhren entstehen. Alle diese vom Dasein hergestellten und deshalb künstlichen Uhren müssten sich aber, um in ihrer Zeitmessungsfunktion den Zwecken des Daseins zu dienen, an der natürlichen Uhr der Sonne orientieren.[314] Der entscheidende Angelpunkt liegt in folgendem Übergang: Die Motivation auf eine solch künstliche Uhr zu sehen, liege noch in der besorgten und damit bedeutsamen Weltzeit, da das alltägliche Dasein wissen möchte, ob es „noch Zeit hat, um zu …"; jedoch der Blick

---

310 SZ, 421 und 426.

311 SZ, 426.

312 SZ, 413.

313 Vgl. SZ, 413.

314 „Die mit der faktischen Geworfenheit des in der Zeitlichkeit gründenden Daseins je schon entdeckte ‚natürliche' Uhr motiviert erst und ermöglicht zugleich Herstellung und Gebrauch von noch handlicheren Uhren, so zwar, daß diese ‚künstlichen' auf jene ‚natürliche' ‚eingestellt' sein müssen, sollen sie die in der natürlichen Uhr primär entdeckte Zeit ihrerseits zugänglich machen" (SZ, 413 f.).

auf die Uhr, so Heidegger, und das damit verbundene „Sichrichten nach der Zeit ist wesenhaft ein Jetzt-sagen."[315] In der auf die Uhr sehenden Zeitmessung ist die Zeit so verstanden, dass sie für jedermann als „jetzt und jetzt und jetzt" begegnet und in ihr von aller praktischen Eignung oder Uneignung abstrahiert ist.[316] Die Zeitmessung zählt eine „vorhandene Jetztmannigfaltigkeit",[317] indem sie im Falle der entsprechenden Taschenuhr deren wandernden Zeiger verfolgt.[318] Die Zeit wird hier zu etwas unthematisch Gezähltem, das anhand der räumlichen Bewegung des Zeigers wie eine Raumstrecke gemessen und abgezählt wird.[319]

In SZ, § 81 sowie ausführlicher im § 19a der *Grundprobleme* stellt Heidegger einen Bezug zwischen seinem eigenen Begriff der Jetzt-Zeit und der Zeitabhandlung von Aristoteles aus dem vierten Buch der *Physik* her. Aristoteles, so meint Heidegger, habe „zum ersten Mal und für lange Zeit hinaus das vulgäre Zeitverständnis eindeutig in den Begriff gebracht, so daß seine Zeitauffassung dem natürlichen Zeitbegriff entspricht".[320] Das, was Heidegger Aristoteles als Verdienst anrechnet, ist, dass dieser nicht nur überhaupt einen Zeitbegriff entwickelt hat, sondern dass er diesen „immer wieder auf die Phänomene und das Gesehene zurück[gezwungen] und alle wilden und windigen Spekulationen" unterlassen habe.[321] Und dennoch: Aristoteles dringt Heidegger zufolge nicht zur ursprünglichen Zeitlichkeit durch.[322] Aristoteles ist für Heidegger also zwar der Erste in der Philosophiegeschichte, der sich bei der Suche um ein angemessenes Zeitverständnis verdient gemacht hat, er ist nach Heideggers Auffassung aber nicht zu einem ursprünglichen Zeitverständnis vorgedrungen. Ganz im Gegenteil: Er ist der prominenteste Vertreter des vulgären Zeitbegriffes, desjenigen Zeitbegriffes, dem Heidegger den höchsten Grad an „Abkünftigkeit" gegenüber der ursprünglichen Zeit zuschreibt.

Es zeigt sich hier einerseits deutlich, dass es bei der Ursprünglichkeit von Heideggers ursprünglicher Zeit um keine historische Ursprünglichkeit geht, um kein

---

315 A. a. O., 416.

316 A. a. O., 417.

317 SZ, 417.

318 Figal weist darauf hin, dass die Digitaluhr „schließlich mit ihren Ziffern nur noch den ‚jetzigen' Zeitpunkt an[gibt]", so dass nicht einmal mehr ein Zeiger vorhanden ist, welcher es erlaubte, davon zu sprechen, dass er „jetzt" auf die Fünf und „dann" auf die Sechs zeige. Vgl. Figal: *Martin Heidegger. Phänomenologie der Freiheit*, a. a. O., 303. Über Heideggers eigenes Beispiel der Zeigeruhr hinaus, kann die Digitaluhr so als eine Radikalisierung der Messung einer „vorhandenen Jetztmannigfaltigkeit" verstanden werden, in der das reine Hinsehen auf ein Jetzt verstärkt und der praktische Datierungsbezug der Zeit noch weniger zugänglich wird.

319 Über einen Nachweis von Spuren des pythagoreischen Zahlverständnisses im Zeitverständnis der Antike hält Held sowohl Heidegger als auch Husserl entgegen, dass der Zahlcharakter keine sekundäre Bestimmung der Zeit sei, sondern vielmehr eine ursprüngliche Einheit von Zeit der Seele und Zeit der Bewegung begründe. Vgl. Held, Klaus: Zeit als Zahl. Der pythagoreische Zug im Zeitverständnis der Antike, in: Blasche, Siegfried u. a. (Hg.): *Zeiterfahrung und Personalität*. Frankfurt am Main: Suhrkamp 1992, 13–33.

320 *Grundprobleme*, 329.

321 *Grundprobleme*, 329.

322 „Der Ursprung der so offenbaren Zeit wird für Aristoteles nicht Problem" (SZ, 421).

Zeitverständnis, das früher schon einmal klar war, in der Folge vergessen wurde und nun wieder herzustellen wäre. Dies wurde bereits bei der Bestimmung der Zeitlichkeit als des Sinnes der Sorge, welcher die Sorge verständlich macht, deutlich. Und dennoch findet sich auch dieses historische Ursprungsverständnis in Heideggers Beurteilung von Aristoteles, da er der Auffassung ist, die Philosophiegeschichte nach Aristoteles habe die Zeit nicht mehr stark genug in Orientierung an den Phänomenen untersucht, sondern sich stattdessen auf der Basis von einigen aristotelischen Resultaten, bzw. einiger Missverständnisse dieser, immer weiter von einem angemessenen Zeitverständnis entfernt. Die ursprüngliche Zeit sei bis zu Heidegger selbst nie klar verstanden worden, gleichzeitig wurde sie aber dennoch seit Aristoteles immer schlechter verstanden – lediglich Kant bildet hier, aber auch nur in gewisser Hinsicht, für Heidegger eine Ausnahme. Wie ist diese Ambivalenz zwischen historischer und systematischer Ursprünglichkeit in Heideggers Zeitkonzept im Einzelnen zu verstehen?

Um diese Frage zu verfolgen, seien zunächst Heideggers Umgang mit der Philosophiegeschichte und die genaue Charakterisierung der Jetzt-Zeit näher betrachtet. Es kann hier nicht darum gehen, seine sämtlichen Interpretationen philosophiegeschichtlicher Zeitbegriffe zu erörtern.[323] Allein auf drei wichtige Grundaspekte seiner Kritik sei hingewiesen. Zum einen sieht Heidegger sämtliche Zeitbestimmungen der Philosophiegeschichte darin miteinander verknüpft, dass sie sich an einer Struktur der Zeitmessung im Zusammenhang mit Naturentdeckung orientieren, in der die Zeit tendenziell oder tatsächlich – wie bei Hegel – mit dem Raum identifiziert werde. Zweitens erkennt er aber in der vulgären Zeiterfahrung wie auch in der Zeitphilosophie die Tendenz, Zeit in Zusammenhang mit Seele, Geist oder später in ausdrücklicher Orientierung an einem Subjekt zu verstehen. Heidegger sieht so sowohl die „Subjektivität" als auch die „Objektivität" der Zeit bereits im vulgären philosophischen Zeitverständnis, das sich im Wesentlichen an der Zeit als etwas (räumlich) Gezähltem orientiert, verborgen. Diesem Moment von Unverstandenheit seien die bisherigen Philosophen nur nicht hinreichend nachgegangen, so dass beispielsweise Hegel nicht verstanden habe, dass das Sein des Raumes nicht als Zeit zu bestimmen ist und dass der Geist nicht in die Zeit fällt. Hegel hätte nach einem tieferen Grund seiner formal-dialektischen Konstruktion des Zusammenhangs von Zeit und Geist suchen sollen. Denn dann, so impliziert Heidegger, wäre er auf die ursprüngliche ekstatisch-horizontale Zeitlichkeit gestoßen.[324] Inwiefern privilegiert Heidegger hier aber die aristotelische Zeitabhandlung, die doch als begriffliche

[323] Lobend erwähnt Heidegger außer Aristoteles Augustinus, da dieser „einige Dimensionen des Zeitphänomens ursprünglicher sieht" (*Grundprobleme*, 329). Darüber hinaus nennt er als philosophiegeschichtlich wichtige Zeitbegriffe diejenigen von Plotin, Simplicius, Thomas von Aquin, Suarez, Leibniz (vgl. *Grundprobleme*, 327 f.) und setzt sich in Hinblick auf den vulgären Zeitbegriff näher mit Kant (vgl. u. a. SZ, 427, *Logik*, § 22) und Bergson (vgl. u. a. SZ, 333, *Logik*, 249–251 und 266–268, *Grundprobleme*, 328 f.) auseinander. Die ausführlichsten den vulgären Zeitbegriff betreffenden Untersuchungen sind jedoch neben Aristoteles (vgl. neben SZ, 421 insbesondere *Grundprobleme* § 19a) Hegel (vgl. SZ § 82, *Logik* §§ 20–21), allerdings auf äußerst kritische Weise, gewidmet.

[324] Vgl. SZ, 436.

Formulierung des vulgären Zeitbegriffes gewissermaßen der Ursprung allen Übels, bzw. aller die Zeit betreffenden Missverständnisse ist?

Diese Frage führt auf den dritten in Heideggers Interpretationen philosophiegeschichtlicher Zeitbegriffe hervorzuhebenden Aspekt, welcher die ersten beiden, die Subjektivität und die Objektivität in der vulgär-philosophischen Zeit, auf Heideggers eigenen, von Aristoteles aus am besten zu verstehenden Zeitbegriff hinführt. Heidegger entdeckt eine Spur seines eigenen Begriffes ursprünglicher Zeit in der aristotelischen Zeitdefinition, bzw. vielmehr in seiner Übersetzung der aristotelischen Zeitdefinition. Er versteht die aristotelische Zeit als „ein Gezähltes der im Horizont des Früher und Später begegnenden Bewegung“[325] und interpretiert die vermeintliche Tautologie in dieser Definition als eine scheinbare, in der der Zusammenhang der vulgären, aristotelischen Zeit mit der ursprünglichen Zeit verdeckt zum Vorschein kommt.[326] Ein solches verdecktes Sichzeigen der ursprünglichen Zeit macht er jedoch auch bei allen anderen von ihm interpretierten Zeitphilosophen aus. Entscheidend bei Aristoteles scheint für Heidegger jedoch zu sein, und das ist der dritte hier zu nennende Aspekt seiner Kritik an der Philosophiegeschichte, dass er bei Aristoteles eine Unentschiedenheit in Hinblick auf die Frage entdeckt, ob denn keine Zeit, kein Gezähltes sei, wenn kein Zählendes, keine Seele ist.[327] Es bleibe bei Aristoteles offen, ob die Zeit etwas „Subjektives“ oder etwas „Objektives“ sei. Und gerade diese Offenheit im aristotelischen Zeitverständnis fasst Heidegger als ein inneres aporetisches Moment der aristotelischen Zeitdefinition auf, welche so in ihrer Unentschiedenheit den Weg zu Heideggers ursprünglicher Zeit am wenigstens verstelle.[328]

---

[325] *Grundprobleme*, 333. Vgl. ebenso SZ, 421. Kritik an Heideggers Interpretation der aristotelischen Zeitbestimmung findet sich u. a. bei Figal: *Martin Heidegger. Phänomenologie der Freiheit*, a. a. O., 307 ff., Iber: Sein und Zeit oder Zeitlichkeit und Dasein. Probleme von Heideggers Zeitphilosophie, a. a. O., 131 f. und Pöggeler/Hogemann: M. Heidegger: Zeit und Sein, a. a. O., 68.

[326] Vgl. *Grundprobleme*, 341. Die von Heidegger gekennzeichnete, vermeintliche Tautologie besteht darin, dass „Früher und Später“ selbst Zeit meine, so dass die Definition zu „Die Zeit ist ein Gezähltes der im Horizont der Zeit begegnenden Bewegung“ und so letztlich zu „Zeit ist Zeit“ werde.

[327] Vgl. *Grundprobleme*, 358 f. Zu Aristoteles formuliert Heidegger auf zugespitzte Weise: „Überall ist die Zeit und doch nirgends und doch nur in der Seele“ (a. a. O., 360).

[328] Es ist in dieser kritischen Diskussion des Zusammenhanges von Philosophiegeschichte des Zeitbegriffes und vulgärem Zeitbegriff auffällig, dass Heidegger zwar auf Bergsons, nicht aber auf Husserls Zeitbegriff ausdrücklich eingeht. Diverse Bemerkungen scheinen sich jedoch zumindest auf Husserl beziehen zu lassen. So heißt es beispielsweise in SZ, § 81: „Das Jetzt geht nicht schwanger mit dem Noch-nicht-jetzt, sondern die Gegenwart entspringt der Zukunft“ (SZ, 427). In § 82a in einer Fußnote findet sich der Satz: „Soweit in den heutigen Zeitanalysen überhaupt über *Aristoteles* und *Kant* hinaus etwas Wesentliches gewonnen wird, betrifft es mehr die Zeiterfassung und das ‚Zeitbewusstsein‘“ (SZ, 433 (Fußnote)). Bereits 1915 heißt es in Hinblick auf die physikalische Zeitmessung: „Wir machen in der Zeitskala gleichsam einen Einschnitt, zerstören damit die eigentliche Zeit [hier ist allerdings noch nicht die Eigentlichkeit aus SZ gemeint, I.R.] in ihrem Fluß und lassen sie erstarren. Der Fluß gefriert, wird zur Fläche, und nur als Fläche ist er zu messen“ (*Habilitationsvortrag*, 366). In *Logik*, § 19 heißt es, „daß es in der Tat innerhalb dieser Unterscheidung von immanenter und transzendenter, subjektiver und objektiver Zeit beim Verständnis der Zeit als Jetzt-Zeit bleibt“ (*Logik*, 246). Und kurz darauf im selben Text behauptet

Bisher ist eine erste Grundbestimmung des vulgären Zeitbegriffes als einer Jetzt-Zeit, in der eine vorhandene Jetztmannigfaltigkeit gemessen wird, gegeben worden, sowie eine Begründung dafür, warum Heidegger die philosophiegeschichtlichen Zeitbegriffe einerseits ebenfalls diesem vulgären Zeitbegriff unterstellt, und warum er in ihnen andererseits dennoch die ursprüngliche Zeit verdeckt erscheinen sieht. Es gilt jetzt näher zu bestimmen, welche Merkmale Heidegger der mithilfe der Uhr gemessenen, so genannten Jetzt-Zeit zuschreibt. Vier Charakteristika sind hervorzuheben. Jedes dieser vier fungiert für Heidegger jeweils doppelt: Einerseits kennzeichnet jedes Charakteristikum die besondere Eigentümlichkeit der Jetzt-Zeit und andererseits soll es gleichzeitig deren Herkunft aus der ursprünglichen, ekstatischen Zeitlichkeit erkennen lassen. Erstens sei das Jetzt in der Jetzt-Zeit als ein Vorhandenes verstanden, das vergeht.[329] Dieses Verständnis eines vergehenden Vorhandenen komme dadurch zustande, dass das besorgende Dasein in einer „Nivellierung" der ekstatisch-horizontalen Zeitlichkeit und der auf dieser basierenden Datierbarkeit und Bedeutsamkeit der Zeit von den zeitlichen Bezugsstrukturen absieht und so in abstrahierender Weise auf die in seinem Besorgen mitverstandene Zeit zurückkomme. Das Jetzt in „jetzt, da es kalt ist" werde dann selbst wie ein Innerzeitiges, wie ein mit der Kälte Mitvorhandenes betrachtet. Als solches vergehe es wie die Kälte und wie die Kälte zur vergangenen Kälte werde, werde das Jetzt zu einem vergangenen Jetzt. Zweitens versteht das Dasein vulgär die Zeit als unendlich, als eine ununterbrochene Abfolge der Jetzt, die nach beiden Seiten hin endlos ist, da ein Ende dieses *„freischwebenden An-sich eines vorhandenen Jetzt-Ablaufs"* nicht denkbar sei.[330] Drittens versteht das sich am vulgären Zeitbegriff orientierende Dasein die Zeit als ein „*nichtumkehrbares* Nacheinander".[331] Dies sei, so Heidegger, aber aus dem Begriff einer Jetztfolge als freischwebendem An-sich allein nicht verständlich zu machen, da es in der Orientierung an diesem Begriff genauso sinnvoll sei, davon zu sprechen, dass Zeit entstehe, was das Dasein aber nicht tue.[332] Den vulgären Zeitbegriff charakterisiert Heidegger über diese drei Merkmale als eine „endlose[], vergehende[], nichtumkehrbare[] Jetztfolge".[333] Auf welche Weise aber ist in dem so definierten vulgären Zeitbegriff immer noch die ekstatisch-horizontale Zeit phänomenal, wenn auch verdeckt zugänglich? Soll der Status der ekstatisch-horizontalen Zeit als ursprünglicher Zeit gerechtfertigt sein, muss sie

---

Heidegger einen inneren Zusammenhang zwischen der „Vorherrschaft der Anschauungswahrheit" und „der Zeit als Jetzt-Zeit" (*Logik*, 251).

[329] Vgl. SZ, 422 f.

[330] SZ, 424. „‚Denkt man' in der Blickrichtung auf Vorhandensein und Nichtvorhandensein die Jetztfolge ‚zu Ende', dann läßt sich nie ein Ende finden. Daraus, daß *dieses* zu Ende *Denken* der Zeit je immer noch Zeit *denken muß*, folgert man, die Zeit *sei* unendlich" (ebd.).

[331] SZ, 426.

[332] Es ist Husserl, der in seinen Notizen zu SZ hier Einspruch erhebt, indem er anmerkt, dass doch aber gerade so geredet werde. Bei Heideggers Behauptung „Warum sagen wir: die Zeit *vergeht* und nicht *ebenso* betont: sie entsteht?" schreibt er an den Rand: „Wir sagen, die Zeit kommt" (Breeur: Randbemerkungen Husserls zu Heideggers *Sein und Zeit* und *Kant und das Problem der Metaphysik*, a. a. O., 47).

[333] SZ, 426.

auch dem vulgären Zeitverständnis zugrunde liegen und darin phänomenal zugänglich sein.

Mit einem vierten Merkmal des vulgären Zeitbegriffes, welches gleichzeitig eine vertiefte Charakterisierung der vulgären Zeit und eine Begründung für das verdeckte Sichzeigen der ursprünglichen Zeit in dem vulgären Zeitbegriff gibt, liefert Heidegger eine Antwort auf diese Frage: Das vulgäre Zeitverständnis ist ein im *Modus des Verfallens* sich zeitigendes *uneigentliches Gegenwärtigen*, dessen *Primat in der Gegenwart* liegt. Wenn das Dasein nicht eigentlich in der in den Tod vorlaufenden Entschlossenheit existiert, existiert es im Modus des Verfallens, in dem es sich an sein Besorgen und an das darin innerzeitig Besorgte verliert. In dieser Existenzweise des Verfallens begegnen ihm auch die Jetzt als innerzeitig Vorhandene, von denen es wie von dem anderen besorgten Innerzeitigen, „möglichst viel zu erraffen" gilt.[334] So, wie sich das Dasein verfallend an die Dinge und Geschäfte der Welt verliert, verliert es sich auch an die als wirklich vorhanden verstandenen Jetzt, die es ebenfalls besorgt. Das uneigentliche Gegenwärtigen, das die Zeitigung durch den Uhrgebrauch ist, schließt zwar trotz des in ihm herrschenden Primates der Gegenwart ein Offensein für Gewesenheit und Zukunft ein, das auf seine Herkunft aus der ursprünglich ekstatischen Zeitlichkeit verweist. Jedoch vergisst das Dasein in diesem Besorgen der vorhandenen Jetzt seine Endlichkeit.[335] Dies geschieht nicht in der Weise, dass es ausdrücklich davon überzeugt wäre, niemals sterben zu müssen, aber doch so, dass es sein begrenztes Möglichsein seiner Endlichkeit nicht in sein Selbstverständnis und in sein Verhalten zur Welt integriert. Das Dasein flüchtet vor seiner jemeinigen, eigentlich in den Tod vorlaufenden Entschlossenheit in das Besorgen der vorhandenen Jetzt, die es umso besser besorgen kann, wenn es eine präzise funktionierende Uhr hat, welche es sich zu diesen Zwecken herstellt. Eine besonders genaue Zeitmessung scheint für Heidegger gewissermaßen ein Indiz für das Verfallen zu sein, welches keine Zeit verlieren will. Und da in diesem Besorgen das Man die Vorherrschaft gegenüber der Eigentlichkeit hat und da das Man als wesentlich Nichtjemeiniges nie sterben kann, versteht das Dasein in seiner verfallenden Existenzweise die Zeit als unendlich. Darin, dass das Dasein aber dennoch diese unendliche Zeit als vergehend versteht, erkennt Heidegger einen Hinweis darauf, dass es *„die flüchtige Zeit aus dem ‚flüchtigen' Wissen um seinen Tod"* kennt.[336] Denn anders sei aus dem vulgären Zeitbegriff selbst heraus – dies auch ein Vorwurf gegen Hegel – das Moment des Vergehens der Zeit nicht verständlich zu machen.[337]

---

334 SZ, 425.

335 Bernet weist auf die Parallele hin, die trotz aller prinzipiellen Unterschiede im Ansatz zwischen dem husserlschen Vergessen des subjektiven Ursprunges der geometrischen Raummessung und dem heideggerschen Vergessen des Ursprunges der Zeitmessung in der ursprünglichen Zeit besteht. Vgl. Bernet: Origine du temps et temps originaire chez Husserl et Heidegger, a. a. O., 517.

336 SZ, 425.

337 „Es dürfte Hegels Dialektik nicht gelingen, zu zeigen, daß die Zeit eigentlich *nur* Vergehen ist" (*Logik*, 260). „Es bleibt von Hegels Basis aus unverständlich, warum die Zeit, wie er sagt, Verzehren ist. Im Horizont der Hegelschen Dialektik muß dieses Phänomen, das schon das vulgäre Zeiterfahren unmittelbar erlebt, ein Rätsel bleiben" (a. a. O., 261).

Ähnliches gilt für die Unumkehrbarkeit der vulgär verstandenen Zeit, die nur deshalb als unumkehrbar verstanden werde, da sich das Dasein in ihr auf verdeckte Weise als ein Sein zu seinem Ende verstehe.[338] So kann Heideggers Seinsmodus des Verfallens erstens verständlich machen, warum das Dasein zum vulgären Zeitbegriff gelangt, und zwar aufgrund seiner „Flucht vor dem Tode".[339] Und zweitens kann das Verfallen in seiner verdeckt erkennbaren Abhängigkeit von der ursprünglichen Zeit verständlich machen, warum der vulgäre Zeitbegriff durch vergehende vorhandene Jetzt, Endlosigkeit und Unumkehrbarkeit bestimmt wird.

Ist dies aber, um die oben gestellte Frage aufzugreifen, der systematische Nachweis einer existenzial-ontologischen Abkünftigkeitsstruktur der verschiedenen Zeitbegriffe? Oder handelt es sich in Heideggers Begründung doch letztlich um eine ontisch geschichtliche, und damit mehr oder weniger zufällige, Ableitung der vulgären Zeit aus der Zeitlichkeit und der Weltzeit? Ermittelt Heidegger mit dem vulgären Zeitbegriff tatsächlich eine existenziale Grundstruktur der Zeitigung des Daseins, oder erörtert er nicht vielmehr die historische und damit existenzielle Genesis des Uhrgebrauchs? Dieser Eindruck von historischer Zufälligkeit kann deshalb entstehen, weil Heidegger im Zusammenhang der Weltzeit die Orientierung an einem das vorhandene Jetzt messenden Uhrenablesen aus der Sonne bzw. ihrem in der Sonnenuhr fungierenden Schatten herleitet. Zudem spricht er von einem „primitiven" Dasein der sich an der Sonne orientierenden „natürlichen" Zeitrechnung und einem „fortgeschrittenen" Dasein, das sich an der Zeigeruhr orientiert.[340] Dass es sich hier dennoch bei allen drei Zeitbegriffen um existenziale Zeitigungsstrukturen handelt, denen keine existenzielle Zufälligkeit zukommt, lässt sich mit Heidegger durch seine Kennzeichnung des zum vulgären Zeitbegriff führenden Verfallens rechtfertigen: Das Verfallen ist eine Seinsweise und damit eine „faktische Notwendigkeit".[341] Das ekstatisch-horizontal existierende Dasein verfällt daher nicht zufällig, sondern faktisch notwendig dem vulgären Zeitbegriff, so dass ursprüngliche Zeit, Weltzeit und vulgärer Zeitbegriff als ontologisch ebenso „gleichursprünglich" betrachtet werden können wie Eigentlichkeit und Uneigentlichkeit. Dies wird nicht zuletzt dadurch besonders deutlich, dass Heidegger den vulgären Zeitbegriff als ein uneigentliches Gegenwärtigen begreift. Das Dasein ist nicht, und gerade eben *nicht zunächst und zumeist* ekstatisch-horizontal zeitlich *und dann* mit Weltzeit rechnend *und dann* vulgäre Zeit zählend, sondern ontisch zunächst und zumeist vielmehr der Weltzeit und dem vulgären Zeitbegriff verfallen. Trotzdem aber behauptet Heidegger die existenzial-ontologische Herkunft des vulgären Zeitbegriffes aus der ursprünglichen Zeitlichkeit. Die oben erwähnte tendenzielle Ambivalenz, ob es sich bei der Ursprünglichkeit der so genannten ursprünglichen Zeit um eine historische oder systematische handelt, findet nicht nur in Heideggers Behauptung der Existenzialität der ursprünglichen Zeit, sondern auch in dem existenzialen Verfallen an weniger ursprüngliche Zeitigungsweisen noch einmal eine eindeutige Entscheidung: Es soll

---

338 Vgl. SZ, 426.

339 SZ, 425.

340 Vgl. SZ, 415.

341 SZ, 426.

sich um eine systematische Ursprünglichkeit handeln. Kann Heidegger aber diese nicht ontische, sondern existenzial-ontologische Herkunft des vulgären Zeitbegriffes aus der ursprünglichen Zeit plausibel machen?

Es ist diese Thematik der Herkunft, die Heidegger auch als „Abkunft" bezeichnet,[342] welche bereits im Zusammenhang der Weltzeit problematisch erschien und welche auch im Kontext des vulgären Zeitbegriffes für Heideggers Hierarchisierung der Zeitigungsweisen zum Problem zu werden scheint. Tugendhat hat einen grundsätzlichen Einwand gegen die systematische, existenziale Ursprünglichkeit der von Heidegger so genannten ursprünglichen Zeit vorgebracht.[343] Er ist der Auffassung, dass man den so genannten „vulgären" Zeitbegriff, der die Zeit als ein Nacheinander von Ereignissen fasst, immer schon verstanden haben muss, wenn man Heideggers „ursprüngliche" Zeit verstehen will. Deshalb habe die so genannte „ursprüngliche" Zeit, entgegen Heideggers Behauptung, keine von der herkömmlich verstandenen Zeit unabhängige Struktur, aus der der herkömmliche Zeitbegriff dann erst verständlich werden könnte.[344] Tugendhat zeigt dies anhand von Heideggers Begriffen der Zukunft und des Todes. Das wesentlich zu seiner eigenen Zukunft sich verhaltende existierende Dasein kommt, mit Heideggers Worten, auf-sich-zu. Diese Zukunft, so Heidegger, „meint nicht ein jetzt, das, noch nicht ‚wirklich' geworden, einmal erst sein wird".[345] Ein Verhalten zu etwas, so Tugendhat, sei aber nur möglich, wenn dieses Etwas schon als ein herkömmlich verstandenes zukünftiges Etwas verstanden ist. Das Auf-sich-zukommen des Daseins könne deshalb nur über den herkömmlichen Zeitbegriff erklärt werden. Entsprechendes gelte für Heideggers Todesbegriff, der für die ursprüngliche und die eigentliche Zeitlichkeit zentral ist: Heidegger wolle die Möglichkeiten des Daseins als ein „ich kann" verstanden sehen, wodurch sie gerade keine kontingenten Möglichkeiten eines Vorhandenen sein sollen. Wenn er jedoch vom Tod als der ausgezeichneten Möglichkeit spreche, so scheine hier eher die zweite, gewöhnliche Bedeutung von „Möglichkeit" gemeint zu sein: Der Tod kann jederzeit eintreten, er ist immer möglich. Das Vorlaufen zum Tod sei das Verhalten des Daseins zu diesem bevorstehenden Ereignis, so wie das Auf-sich-zukommen ein Verhalten zu dem realen Weiterleben des Daseins sei. Ein

342 SZ, 426.

343 Vgl. Tugendhat: Heideggers Seinsfrage, a. a. O., 131. Vgl. außerdem ders.: Zeit und Sein in Heideggers *Sein und Zeit* (2000), in: Tugendhat, Ernst: Aufsätze 1992–2000. Frankfurt am Main: Suhrkamp 2001, 185–198 und ders.: Heidegger und Bergson über die Zeit (1992), in: Tugendhat, Ernst: Aufsätze 1992–2000. Frankfurt am Main: Suhrkamp 2001, 11–26. Der Einwand ist gleichzeitig gegen Bergson gerichtet, für den die qualitative Zeit der in den Raum projizierten Zeitreihe vorgeordnet ist und der schon vor Heidegger Kritik am „vulgären" am Raum orientierten Zeitbegriff geübt hatte.

344 Es ist bemerkenswert, dass in Kierkegaards temporaler Anthropologie die Sukzessionszeit die ursprüngliche, und die dimensionierte, bei Heidegger „ekstatisch" genannte Zeitlichkeit, die abgeleitete darstellt. Vgl. Kierkegaard, Sören: *Der Begriff Angst*. Hg. von Hans Rochol. Hamburg: Meiner Verlag 1984 (= Philosophische Bibliothek. Bd. 340), 87–101. Auf diese Weise findet sich bei Kierkegaard, aus dessen Philosophie insbesondere der Begriff des Augenblickes für Heidegger zentral war (vgl. SZ, 338 (Fußnote)), eine zu Heidegger umgekehrte Anordnung der Zeitbegriffe.

345 SZ, 325.

Sein-zum-Tode, so Tugendhat, könne man deshalb nur verstehen, wenn man dieses Sein-zum von dem unterscheidet, wozu es sich verhält. Der Tod, den Heidegger diskutiert, sei deshalb ein „kontingentes Ereignis" und kein Existenzial.[346]

Gegen Tugendhats Interpretation, dass unter der „ausgezeichneten Möglichkeit" des Todes eine herkömmliche Möglichkeit im Sinne eines Ereignisses, das jederzeit eintreten kann, zu verstehen sei, liegt ein Einwand nahe. Figal hebt hervor, dass der Tod bei Heidegger gerade deshalb eine äußerste Möglichkeit sei, weil sie für das Erleben des Daseins nie Wirklichkeit werden kann.[347] Trotzdem bestimmt sie das Dasein. Aber bereits Figal selbst ist der Auffassung, dass die Angst zwar „die Endlichkeit des bestimmten Verhaltens im Vernehmen der Offenheit des Seienden" erschließt, der Tod selbst aber nicht in die Struktur des Daseins eingebunden und nicht als reine Möglichkeit verstanden werden kann.[348] Das Problem scheint also erhalten zu bleiben. Es besteht darin, dass Heidegger die ursprüngliche Zeitlichkeit als rein ekstatisch-horizontal bestimmt, als ein ursprüngliches Außer-sich, das auf einen Horizont hinaussteht, der als eine unbestimmte Grenze (Umwillen seiner, Wovor/Woran, Um-zu) fungiert. Die existenzielle Zeitigungsweise, die dieser vermeintlich ursprünglichen Zeitlichkeit strukturell am nächsten stehen soll, ist die eigentliche Zeitigung der in den Tod vorlaufenden Entschlossenheit, die in einen *nicht fixierten* Tod vorlaufen, auf eine *nicht fixierte* Gewesenheit zurückkommen und sich in einem *zwischen* den anderen beiden Ekstasen *gehaltenen* Augenblick zeitigen soll.[349] Wie aber ist eine solche Zeitlichkeit ohne fixierte Stellen phänomenal gegeben bzw. auch nur denkbar? Selbst ein sich dreifach ekstatisch zeitigendes Entwerfen, das sich nicht in das Besorgen verliert, sondern sich für andere Entwürfe offen hält, scheint auf einen Umgang mit bestimmten Zeitspannen einer Ordnung angewiesen zu sein, auch wenn es sich nur auf *mögliche* Ereignisse bezieht. Diese bestimmten Zeitspannen jedoch werden von Heidegger erst auf der Ebene des vulgären Zeitbegriffes, der vermeintlich abkünftigsten Ebene, ausdrücklich im Sinne einer Zeitordnung entwickelt.

---

346 Tugendhat: Zeit und Sein in Heideggers *Sein und Zeit*, a. a. O., 193. Hier ist Pöggelers Kritik zu ergänzen, nach der Heidegger Möglichkeit zwar als Existenzial versteht, dieses aber nicht – wie es erforderlich wäre – von der Möglichkeit als Kategorie abhebt, welche mit Wirklichkeit und Notwendigkeit Vorhandenes bestimmt. Vgl. Pöggeler: Temporale Interpretation und hermeneutische Philosophie, a. a. O., 18.

347 Vgl. Figal: *Martin Heidegger. Phänomenologie der Freiheit*, a. a. O., 230.

348 Figal: *Martin Heidegger. Phänomenologie der Freiheit*, a. a. O., 228 f., 226. Figal sieht in Heideggers Spätwerk, namhaft in dem Vortrag „Das Ding" von 1950, ein angemessenes Verständnis des Todes formuliert. Vgl. ebd.

349 In Hinblick auf die Geworfenheit meint Tugendhat sogar, dass er nicht erkennen könne, wie hier „überhaupt ein zeitlicher Aspekt gegeben ist", da das Vergangene immer nur etwas in der Zeit sei, „worauf ich mich reflektierend zurückbeziehen kann, aber es gibt da nicht einmal ein Analogon des existenzialen Begriffes der Zu-kunft" (Tugendhat: Zeit und Sein in Heideggers *Sein und Zeit*, a. a. O., 193). Die existenziellen Zeitigungen der Gewesenheit, Vergessen, Behalten und Wiederholung, erfolgen bei Heidegger zwar primär auf den Entwurf der Zukunft hin, es scheint aber dennoch berechtigt, der eigenen Geworfenheit und dem eigenen Gewesensein einen „zeitlichen Aspekt" zuzuschreiben.

Während sich Tugendhat darauf konzentriert zu zeigen, dass die ursprüngliche Zeit keine von der vorhandenen Zeit unabhängige Struktur hat, meint Blattner darüber hinaus, dass auch die Weltzeit nicht aus der ursprünglichen Zeitlichkeit abgeleitet werden kann, da jedes Rechnen mit der Zeit eine sequenzielle Zeit bzw. ein sequenzielles Zeitverständnis, das zum „vulgären" Zeitbegriff gehört, schon voraussetze und enthalte. Heidegger hingegen, so Blattner, müsste, wenn er seine Hierarchie verteidigen wolle, die Sukzessivität von Weltzeit allein aus dem Handeln des Daseins erklären; die „um-zu" aber könnten keine Kette bilden, da sie zur ursprünglichen Zeit gehörten, die nicht sequenziell ist.[350] In dieser Argumentation wird ersichtlich, inwiefern die fehlschlagende Ableitung des vulgären Zeitbegriffes aus der ursprünglichen Zeit auch die im vorigen Kapitel bereits kritisierte Ableitung der Weltzeit aus der ursprünglichen Zeit trifft. In der Weltzeit, mit der das Dasein rechnend umgeht, kommt Zeitsequenzen eine tragende Rolle zu, die jedoch nur aus dem vulgären Zeitbegriff, nicht aber aus der rein ekstatisch-horizontalen Zeit verständlich gemacht werden können.

Eine der Abhängigkeit von ursprünglicher Zeit und Weltzeit vom vulgären Zeitbegriff vergleichbare Schwierigkeit lässt sich nun aber angesichts der Bestimmung des vulgären Zeitbegriffes auch für Heideggers Begriff der Geschichtlichkeit ausmachen. Im fünften Kapitel des zweiten Abschnittes von SZ schrieb Heidegger innerweltlich Begegnendem, das er als das „Weltgeschichtliche" bezeichnet, eine sekundäre Geschichtlichkeit zu.[351] Dieser sekundäre Charakter ergab sich für Heidegger daraus, dass die „Bestimmung Geschichtlichkeit" *vor* dem liegt, „was man Geschichte (weltgeschichtliches Geschehen) nennt", da sie die „Seinsverfassung des ‚Geschehens' des Daseins als solchen" meint, „auf dessen Grunde allererst so etwas möglich ist wie ‚Weltgeschichte'".[352] Wenn das Dasein sich aber in dem der Geschichtlichkeit zugrunde liegenden Geschehen in seiner „spezifische[n] Bewegtheit des *erstreckten Sicherstreckens*" versteht[353] und wenn es versteht, dass es Möglichsein ist und sich wiederholend zu seiner Gewesenheit verhalten kann, so scheint auch hier eine Rekurrenz auf bestimmte Zeitspannen in der Vergangenheit, auf innerzeitige Begebenheiten unerlässlich zu sein. Nach Heidegger jedoch sind diese nur sekundär geschichtlich. Wie soll ich aber die Möglichkeiten für das eigentliche wiederholende Existieren der Gewesenheit entnehmen, wenn ich mich in dieser nicht auf bestimmte, sich mir aus meiner eigenen Erinnerung oder aus Texten überliefernde Zeitspannen beziehen kann? Wie soll das Dasein „gebürtig" existieren und wie soll es sich „frei für den Tod ihm selbst in einer ererbten, aber gleichwohl gewählten Möglichkeit *überliefer[n]*",[354] ohne sich auf konkrete Zeitspannen zu beziehen, aus denen es sich diese Möglichkeiten erschließt? Auch wenn man mit Heidegger berücksichtigt, dass es sich hier um keine vergangenen Begebenheiten „an sich" handeln kann, sondern um eine allererst innerhalb des hermeneutischen Zirkels

---

350 Vgl. Blattner: *Heidegger's Temporal Idealism*, a. a. O., 175 f.

351 SZ, 381.

352 SZ, 19 f.

353 SZ, 375.

354 SZ, 384.

aus meiner Geworfenheit heraus zu interpretierende überlieferte Verhaltensmöglichkeit, so ist doch das Zurückgreifen auf, wenn auch hinsichtlich des Inhaltes und des genauen Zeitpunktes unbestimmte, Zeitspannen in einer Ordnung unerlässlich. Es scheint, dass Heideggers Kapitel zur Geschichtlichkeit nicht nur „unglücklich platziert" ist,[355] sondern dass sein Geschichtlichkeitsbegriff selbst ein weiterer Beleg dafür ist, dass alle von Heidegger genannten Zeitigungsweisen bereits auf den vulgären Zeitbegriff zurückgreifen müssen. Weder die vermeintlich ursprüngliche Zeit noch die Geschichtlichkeit noch die Weltzeit kommen ohne den Rekurs auf Charakteristika des vulgären Zeitbegriffes aus. Weder der vulgäre Zeitbegriff noch Weltzeit noch Geschichtlichkeit können also aus der so genannten ursprünglichen Zeitlichkeit gewonnen werden – dies aber erschüttert Heideggers Hauptthese der veröffentlichten ersten beiden Abschnitte von SZ, nach der die ursprüngliche Zeit existenzial-ontologisch allen Seinsweisen des Daseins zugrunde liegen sollte.[356]

Wenn sich also aus der nicht-zeitreihen- bzw. nicht-zeitstrahlförmigen Zeitlichkeit keine Sukzessivität und Sequenzialität ableiten lässt, ist Heideggers zeitbegriffliche Ableitungshierarchie nicht zu rechtfertigen, da die „ursprüngliche" Zeit erstens weder den herkömmlichen Zeitbegriff erklären, noch zweitens selbst ohne diesen verständlich gemacht werden kann. Es scheint aber dennoch auf der Basis des unhintergehbaren hermeneutischen Zirkels so zu sein, dass das in Heideggers Sinne transzendente Dasein, dessen ontologische Struktur er herausarbeiten will, immer schon zeitlich *ist* und versteht: Dass das Dasein in allem Umgang mit der Zeit und der Welt schon den vulgären Zeitbegriff verstanden haben muss, würde ihm trotzdem nicht seine ekstatisch-zeitliche Seinsweise nehmen, die es in jedem Verstehen immer schon hat. Wenn das Dasein den vulgären Zeitbegriff versteht und mit ihm operiert, dann nur auf der Basis seiner immer schon zirkelhaften Seins- und

[355] Figal: *Martin Heidegger. Phänomenologie der Freiheit*, a. a. O., 313. Über die unglückliche Platzierung des Geschichtlichkeitskapitels hinaus kommt Figal zu dem Ergebnis, dass Heidegger den Unterschied zwischen zwei Bedeutungen von „Wiederholung" verwischt. Auf der Ebene der Zeitlichkeit ginge es in der Wiederholung um ein Sichzurückholen aus dem Verfallen und auf der Ebene der Geschichtlichkeit um die Wiederholung einer sich überliefernden Möglichkeit. Die hier der Zeitlichkeit zugeschriebene Wiederholung aus dem Verfallen zur Eigentlichkeit sei jedoch nicht notwendig geschichtlich. Vgl. a. a. O., 325.

[356] Lévinas, der in seinem frühen Buch über Husserl Husserls „theoretische" Haltung durch Heideggers Geschichtlichkeit positiv ergänzt und korrigiert sieht (vgl. Lévinas, Emmanuel: *Théorie de l'intuition dans la phénoménologie de Husserl*. Paris: Vrin 1994 (= Histoire de la philosophie) (erstmalig erschienen 1930)), hat seine Auffassung zehn Jahre später (1940) radikal verändert und formuliert gegen Heidegger den Vorwurf: „Er hat die ontische Wahrheit, diejenige, die sich auf den anderen richtet, der ontologischen Frage untergeordnet, die sich im Rahmen des Selben stellt, jenes sich-selbst, das durch seine Existenz eine Beziehung zu dem Sein hat, das sein Sein ist. Diese Beziehung zum Sein ist die wahrhafte ursprüngliche Interiorität" (Lévinas, Emmanuel: L'ontologie dans le temporel, in: *En découvrant l'existence avec Husserl et Heidegger*, a. a. O., 77–89, hier 89). Diese grundsätzliche Kritik an Heidegger lässt sich durch die hier durchgeführte Untersuchung des Zeitbegriffes aus SZ dahingehend bestätigen, dass entgegen Heideggers These nicht alle Zeitigungsweisen auf die vermeintlich ursprüngliche Zeit und deren Gebundenheit an die in den Tod vorlaufende Entschlossenheit des jemeinigen Daseins rückführbar sind. Vielmehr ist es unerlässlich, immer schon auf Weltzeit und vulgäre Zeit zu rekurrieren, welche ihrerseits eine Störung der „existenzial-solipsistischen" Zeitigungshierarchie bedeuten.

Verstehensweise. Diese zeitliche Seins- und Verstehensstruktur des hermeneutisch und endlich existierenden Daseins dürfte nur insofern nicht mehr „ursprüngliche Zeit" genannt werden, als dass aus ihrer Struktur allein nicht die Struktur der Weltzeit und des „vulgären" Zeitbegriffes verständlich gemacht werden können, wie Heidegger es in SZ vorhatte. Es ließe sich daher Heidegger in einer Umkehrung seiner eigenen Formulierung entgegnen, dass die von ihm so genannte ursprüngliche Zeit zwar „durchaus ihr Recht" habe, nicht aber zum ursprünglichen Zeitbegriff oder zum Zeitbegriff schlechthin erklärt werden darf. Aus dem, was hier zu zeigen versucht wurde, nämlich dass das Verständnis des herkömmlichen Zeitbegriffes die Bedingung für das Verständnis der „ursprünglichen" Zeit ist und so deren Ursprungsanspruch untergräbt, lässt sich nicht die umgekehrte These aufstellen, dass die ursprüngliche Zeit vollständig durch den objektiven linearen Zeitbegriff verständlich gemacht werden kann. In diesem Punkt liegt vielleicht eines der größten Verdienste von Heidegger: gezeigt zu haben, dass die ekstatisch-horizontale Zeitlichkeit nicht als ein sekundäres Zeitverständnis aufgefasst werden darf und nicht aus dem „vulgären" Zeitbegriff gewonnen oder diesem untergeordnet werden kann.[357] Heideggers „Fehler" kann jedoch mit Iber darin gesehen werden, „daß er die Realität der physikalischen Sukzessionszeit nicht ernst nimmt, ihr keine ontologische Dignität zuspricht, indem er ein Fundierungsverhältnis von der Zeitlichkeit des Daseins und dem sog. vulgären Zeitbegriff annimmt", während jedoch „Heidegger darin recht [hat], daß sich die Ordnung der dimensionierten Zeit, die Zeitlichkeit des Daseins, nicht im Rahmen der objektiven, linearen Zeitordnung verständlich machen lässt".[358]

Die Hypothese eines konstitutiven Wechselspieles, welches nicht nur für den Zusammenhang von Dasein, Welt und Zeit, sondern auch für das Verhältnis von Zeitlichkeit und Weltzeit, also für den Zusammenhang *verschiedener Zeitigungsweisen selbst* vorgeschlagen wurde, scheint so auch in der Betrachtung des Verhältnisses von vulgärem Zeitbegriff und ursprünglicher Zeit eine Bestätigung finden zu können: Das Apriori der Weltzeit, das Heidegger mit seiner Rede von einem „Früher" als jede Subjektivität und Objektivität anvisiert, könnte in einem begrifflich nicht synthetisierbaren Ineinanderspielen verschiedener Zeitphänomene von ekstatisch-horizontaler Zeit, Geschichtlichkeit, Weltzeit und vulgärem Zeitbegriff liegen.[359]

---

[357] Auf der Basis von Heideggers Zeitanalysen argumentieren auf verschiedene Weisen auch Janich und Sandbothe für eine Gleichberechtigung der dimensionierten Zeit (Heideggers Zeitlichkeit) und der linearen Zeit (Heideggers vulgärer Zeitbegriff). Vgl. Janich, Peter: Die Konstitution der Zeit durch Handeln und Reden, in: Ars Semeiotica 19 (1996), 133–147 und Sandbothe, Mike: Stichwort: Zeit. Von der Grundverfassung des Daseins zur Vielfalt der Zeit-Sprachspiele, in: Thomä, Dieter (Hg.): *Heidegger-Handbuch. Leben – Werk – Wirkung*. Stuttgart/Weimar: Verlag J.B. Metzler 2003, 87–92.

[358] Iber: Sein und Zeit oder Zeitlichkeit und Dasein. Probleme von Heideggers Zeitphilosophie, a. a. O., 130 ff.

[359] Ein solches begrifflich nicht synthetisierbares konstitutives Wechselspiel wäre möglicherweise eine Zeitbestimmung, „die ihren Namen verdient", die aber dennoch den Derrida zufolge unvermeidlichen metaphysischen, onto-theologischen Charakter eines jeden philosophischen Zeitbegriffes vermeiden könnte. In „Ousia et grammè" heißt es im Zusammenhang der Kritik an Heideg-

Ein solches Nebeneinander und Ineinander von verschiedenen Zeitbegriffen, die alle ihren bestimmten Geltungsbereich hätten, wäre allerdings aus einem wichtigen Grund nicht mehr in Heideggers Sinne: Es würde einer Vereinheitlichung des Seinsbegriffes anhand der Zeitlichkeit des Daseins zuwiderlaufen. Im Rahmen der Seinsfrage wollte Heidegger durch die zeitlich zirkuläre Struktur des Daseins – deren Ausarbeitung in der Daseinsanalytik bekanntlich große fachübergreifende Resonanz gefunden hat – alle anderen Zeitbegriffe verständlich machen, was ihm jedoch zumindest den hiesigen Analysen zufolge nicht gelang. Dass die Struktur der ursprünglichen Zeit nicht alle anderen Seinsweisen und Zeitbegriffe erklären kann, ist jedoch nicht Heideggers eigenes Ergebnis in SZ, weswegen er dort daran festhält, dass sein Konzept der „ursprünglichen Zeit" als der Zeitlichkeit des Daseins allen Seinsweisen des Daseins zugrunde liegt.

Heideggers Ziel in dem Unternehmen „Sein und Zeit" war es jedoch nicht lediglich aufzuzeigen, dass das Sein des Daseins in allen seinen verschiedenen Ausprägungen zeitlich ist, sondern er wollte „[d]ie Interpretation der Zeit als des möglichen Horizontes eines jeden Seinsverständnisses überhaupt" durchführen.[360] Dieses umfassendere Vorhaben kündigte sich im Titel des „Ersten Teiles" von SZ an: „Die Interpretation des Daseins auf die Zeitlichkeit und die Explikation der Zeit als des transzendentalen Horizontes der Frage nach dem Sein". Dieser Titel des „Ersten Teiles" kann jedoch nur zur ersten Hälfte mit Recht als der Titel der beiden erschienenen Abschnitte bezeichnet werden. Der zweite Teil des Titels, „[D]ie Explikation der Zeit als des transzendentalen Horizontes der Frage nach dem Sein", sollte seinen Bezugspunkt in einem dritten Abschnitt „Zeit und Sein" haben, der jedoch bekanntlich, genau wie der geplante zweite Teil von SZ, nie erschienen ist. Das Konzept der Temporalität hätte zeigen sollen, inwiefern die Zeitlichkeit nicht nur das Sein des Daseins, sondern das Sein alles Seienden überhaupt verständlich macht. Mithilfe des letzten Kapitels der ebenfalls unvollendeten Marburger Vorlesung *Die Grundprobleme der Phänomenologie*, welche Heidegger selbst als „Neue Ausarbeitung des 3. Abschnittes des I. Teiles von ‚Sein und Zeit'" bezeichnet hat,[361] soll im folgenden Kapitel versucht werden zu zeigen, welche Richtung Heidegger bei der Suche nach der „Temporalität des Seins" einzuschlagen versuchte. Im Zusammenhang dieses

---

gers Konzept einer nicht-vulgären ursprünglichen Zeit: „Zeit ist etwas, das ausgehend vom Sein als Anwesenheit gedacht wird, und wenn etwas, das eine Beziehung zur Zeit hat, aber sie nicht ist, jenseits der Bestimmung von Sein als Anwesenheit gedacht werden soll, kann es sich nicht um etwas handeln, das sich noch *Zeit* nennen ließe" (Derrida, Jacques: Ousia et grammè. Note sur une note de *Sein und Zeit*, in: ders.: *Marges de la philosophie*. Paris: Les Éditions de Minuit 1972 (= Collection „Critique"), 31–78, hier 69/dt.: Ousia und gramme. Notiz über eine Fußnote in Sein und Zeit, in: ders.: *Randgänge der Philosophie*. Hg. von Peter Engelmann und übersetzt von Günther R. Sigl. Wien: Passagen Verlag 1988, 53–84, hier 77 f.). „Das heißt einfach: jeder Text der Metaphysik trägt *sowohl* den sogenannten vulgären Zeitbegriff *als auch* die Mittel in sich, die man diesem metaphysischen System entnehmen muß, um eben jenen Begriff zu kritisieren. Diese Mittel werden erforderlich, sobald das Zeichen ‚Zeit' als Einheit von Wort und Begriff oder als Signifiant und Signifié ‚Zeit' *überhaupt*, ob in Grenzen der metaphysischen ‚Vulgarität' oder nicht, seine Funktion in einem Diskurs übernimmt" (a. a. O., 70/78).

360 SZ, 1.

361 *Grundprobleme*, 1.

über SZ hinausgehenden Konzeptes soll in einem zweiten Kapitel erörtert werden, was Heidegger dazu bewogen haben mochte, diesen Weg nicht weiter zu verfolgen und eine „Kehre" in seinem Philosophieren zu vollziehen, die über die von Anfang an vorgesehene Kehre im Übergang zum dritten Abschnitt von SZ weit hinausging und eine grundsätzliche Revision des Zeitbegriffes und seiner vorrangigen Stellung zur Folge hatte.

3.3 Die Frage nach Zeit und Sein

3.3.1 Von der Zeitlichkeit des Daseins zur Temporalität des Seins

In den veröffentlichten beiden ersten Abschnitten von SZ war Heidegger zu der These gelangt, dass das Sein des Daseins, ganz gleich in welchen existenziellen Ausprägungen es sich zeigt, in seiner ursprünglichsten Verfassung durch die ekstatisch-horizontale ursprüngliche Zeitlichkeit verständlich zu machen sei, welche einen verstärkten strukturellen Bezug zur eigentlichen Zeitigung in der vorlaufenden Entschlossenheit aufwies. In dem geplanten dritten Abschnitt von SZ, dessen Thematik im Ansatz in den *Grundproblemen* von 1927 ausgeführt ist, sollte aber über das Sein des Daseins hinaus das *Sein überhaupt* aus der Zeit bestimmt werden. Um diese Differenzierung zwischen der Zeitlichkeit des Daseins und der Zeit des Seins überhaupt deutlich zu machen, verwendet Heidegger für den nun in Frage stehenden Zeitcharakter des Seins überhaupt den lateinischen Terminus „Temporalität".[362] „Temporalität", so Heidegger, „meint die Zeitlichkeit, sofern sie selbst zum Thema gemacht ist als Bedingung der Möglichkeit des Seinsverständnisses und der Ontologie als solcher".[363] Es geht also nicht mehr um die Zeitlichkeit als Bedingung der Möglichkeit des spezifischen Seinsverständnisses des als Sein zum Tode existierenden, sich entwerfenden Daseins, dem es um sein eigenes Sein selbst geht, sondern es geht um eine Zeit, die als Bedingung der Möglichkeit des vorontologischen Seinsverständnisses und des ontologischen Seinsverständnisses überhaupt fungiert.[364] Und da für Heidegger die Seinsfrage *die* Frage der Philosophie

[362] „Wir gebrauchen jetzt in der Dimension der Interpretation des Seins aus der Zeit für alle Zeitbestimmungen absichtlich lateinische Ausdrücke, um sie von den Zeitbestimmungen der Zeitlichkeit in dem bisher charakterisierten Sinne schon terminologisch zu unterscheiden" (*Grundprobleme*, 433). Die terminologische Unterscheidung von Zeitlichkeit und Temporalität ist relativ spät entstanden und findet sich beispielsweise in *Logik* noch nicht: „Vermutlich wird, wenn anders die Temporalität eine oder gar die Grundbestimmung des Seins selbst ist, die Sorge selbst im Ganzen ihrer Verfassung temporalen Charakter haben müssen, und die Verhaltungen ihrerseits werden temporal sein, sofern sie Verhaltungen des Daseins – Besorgen der Sorge – sind" (*Logik*, 234).

[363] *Grundprobleme*, 324.

[364] „Wir nennen die Zeitlichkeit, sofern sie als Bedingung der Möglichkeit des vorontologischen wie des ontologischen Seinsverständnisses fungiert, die *Temporalität*" (*Grundprobleme*, 388).

ist, bedeutet das: Es geht mit der Temporalität um den Zeitcharakter, der jedem Seinsverständnis zugrunde liegt und den die nach dem Sein fragende Philosophie herauszuarbeiten hat, wenn sie sich selbst auf eine angemessene Weise verstehen will. Das, was Heidegger unter dem Begriff der Temporalität zu entwickeln sucht, ist eine ausdrückliche Analyse der temporalen Voraussetzungen, die einer ontologischen „Vergegenständlichung des Seins als solchen" zugrunde liegen und diese allererst möglich machen.[365] Da er hier über das Sein hinaus danach fragt, auf was hin es selbst als Sein entworfen ist, geht es allererst hier recht eigentlich um die bereits im Zusammenhang der Weltzeit anklingende platonische Thematik, mit der Heidegger danach fragt, auf welches „über das Sein Hinausragende" das Sein entworfen sein muss, um verstanden und vergegenständlicht werden zu können.[366] Wie ist Heidegger zufolge hierbei vorzugehen?

Da wir immer schon Sein verstehen, ist es das vorontologische Seinsverständnis, von dem allein die Ontologie ausgehen kann und welches deshalb auf seinen unausdrücklichen Zeitcharakter hin befragt werden muss.[367] Auf diesem Weg der Herausarbeitung des unausdrücklich immer schon zeitlich verstandenen Seins hat die Philosophie die Temporalität des Seins ausdrücklich zu entwickeln. Aus diesem „Umweg" der philosophischen Analyse der Temporalität wird ersichtlich, dass die Ausarbeitung der Zeitlichkeit des Daseins eine entscheidende Rolle behält: Nur über eine Vertiefung des Seinsverständnisses des zeitlich existierenden Daseins kann die ontologische Temporalität des Seins verständlich gemacht und kann gezeigt werden, inwiefern jegliches Seinsverständnis, nicht nur das der Seinsweise Existenz, sondern auch das von Vorhandenheit beispielsweise, aus der Zeit zu verstehen ist. Heidegger kann daher formulieren: „Temporalität ist die ursprünglichste Zeitigung der Zeitlichkeit als solcher".[368]

Aus diesem Zusammenhang von Zeitlichkeit und Temporalität ergibt sich, dass Heidegger in seiner Suche nach der Temporalität die Zeitlichkeit einerseits so thematisieren muss, dass in ihr noch die Zeitlichkeit des Daseins, die die Grundlage darstellt, erkennbar bleibt, andererseits sich die Temporalität aber als Zeitbestimmung der Ontologie überhaupt von der spezifischen Zeitlichkeit des Daseins unterscheidet. Er muss einerseits bei der „Vergegenständlichung des Seins als solchem" von dem speziell zweckorientierten Dasein absehen, um die zeitliche Bestimmtheit des Seins überhaupt aufzuzeigen. Andererseits muss dies aber im Rahmen der heideggerschen Phänomenologie vom zeitlich existierenden Dasein und seinem

---

365 *Grundprobleme*, 458. Für Heidegger geht es hier nicht um eine Vergegenständlichung von Seiendem, wie sie die positiven Wissenschaften vornehmen, wenn sie nach Seinsgattungen von Seiendem und deren Regeln suchen. Das positiv wissenschaftliche Fragen nach Seinsgattungen von Seiendem ist ihm zufolge vielmehr erst dann angemessen zu verstehen, wenn es durch eine von der Philosophie ausdrücklich zu vollziehende Vergegenständlichung des Seins und seiner temporalen Bestimmungen fundiert wird. Vgl. *Grundprobleme*, § 22b.

366 Vgl. *Grundprobleme*, 400–405.

367 *„Die ontologische Bedingung der Möglichkeit des Seinsverständnisses ist die Zeitlichkeit selbst. Aus ihr muß daher dasjenige herauszuholen sein, von wo aus wir dergleichen wie Sein verstehen"* (*Grundprobleme*, 323).

368 *Grundprobleme*, 429.

Seinsverständnis aus passieren. Heideggers Ziel, die Temporalität des Seins überhaupt nachzuweisen, erscheint angesichts dieser methodischen Zwänge von vornherein in gewisser Weise problematisch: Wie kann die ursprüngliche Zeitlichkeit, die, wenn nicht identisch, so doch strukturell eng verknüpft ist mit der eigentlichen Zeitlichkeit des individuell existierenden Daseins, die Grundlage bieten für einen philosophischen, ontologischen Zeitbegriff des Seins überhaupt, der von allen besonderen Seinsweisen des existierenden Daseins, seiner Zweckorientierung, seiner Eigentlichkeit und Uneigentlichkeit absieht? Nichtdaseinsmäßiges Seiendes, also nicht (sein-)verstehendes Seiendes, kann nicht auf dieselbe Weise zeitlich sein wie das Dasein; dies hatte Heidegger bereits in SZ unzweideutig festgestellt. Die Frage ist daher nun, wie über das Dasein hinaus dennoch auch beispielsweise das Zuhandene und das Vorhandene zeitlich sein kann bzw. welche temporalen Merkmale den Seinsweisen der Zuhandenheit und der Vorhandenheit notwendig zugehören sollen. Es stellt sich die für Heideggers Projekt zentrale Frage: Warum soll beispielsweise auch das verstandene Vorhandene in seiner Vorhandenheit *selbst* zeitlich sein, nur weil es vom zeitlich existierenden und sich an seinen eigenen Zukunftsmöglichkeiten orientierenden Dasein primär zeitlich *verstanden* wird? Diese Problematik des Zusammenhanges zwischen ursprünglicher Daseinszeitlichkeit und Temporalität wird im Folgenden als ein zentrales Problem des heideggerschen Temporalitätsansatzes auszuweisen sein.

Es sei zunächst der Frage nachgegangen, auf welchem Wege Heidegger eine Vertiefung seiner Fundamentalontologie hin zur Temporalität des Seins erreichen zu können meint. An welchem Aspekt der ekstatisch-horizontalen Zeitlichkeit des Daseins setzt er an, um die Temporalität des Seins zu entwickeln? Es sind die Analysen der horizontalen Schemata des § 69c aus SZ, die Heidegger in den *Grundproblemen* den Einstieg in die Temporalitätsanalyse bieten. Die drei den Zeitekstasen zugeordneten Schemata waren in SZ bestimmt als *Umwillen seiner* (Zukunft), *Wovor* der Geworfenheit bzw. *Woran* der Überlassenheit (Gewesenheit) und *Um-zu* (Gegenwart). Da die Temporalität die „ursprünglichste Zeitigung der Zeitlichkeit“ sein soll, wäre zu erwarten, dass Heidegger auch für die Temporalität drei horizontale Schemata entwickelt, die den Schemata der Zeitlichkeit korrespondieren. In den *Grundproblemen* jedoch beschränkt er sich ausdrücklich auf die Behandlung des Zuhandenen und dessen horizontalen Schemas,[369] welches er abermals mit einem lateinischen Begriff bezeichnet: *Praesenz*. Er rechtfertigt diese Beschränkung auf die Erörterung nur eines der drei Schemata nicht mit einem systematischen Grund, sondern durch ein lediglich didaktisches Argument.[370] Systematisch hält Heidegger es hingegen für erforderlich, auch für die Temporalität drei horizontale Schemata

[369] „Wir versuchen eine *temporale Interpretation des Seins des zunächst Vorhandenen*, der *Zuhandenheit*, und zeigen exemplarisch mit Rücksicht auf die Transzendenz, wie das Seinsverständnis temporal möglich ist“ (*Grundprobleme*, 431).

[370] „Um den Blick auf die ohnehin schon schwer zu fassenden Phänomene der Zeitlichkeit nicht zu sehr zu verwirren, beschränken wir uns auf die Explikation der Gegenwart und ihres ekstatischen Horizontes, der Praesenz“ (*Grundprobleme*, 435).

zu entwickeln, so dass in dieser Hinsicht auch die *Grundprobleme* als unvollendet zu gelten haben.[371]

Um von dem horizontalen Schema der Gegenwart der Zeitlichkeit, dem Um-zu, zu dem horizontalen Schema der Gegenwart der Temporalität, der Praesenz, zu gelangen, setzt Heidegger bei der bereits in SZ entwickelten Zeitlichkeit des Umgangs mit dem Zeug an. Diese „ist ein behaltend-gewärtigendes Gegenwärtigen" und in dieser „Zeitlichkeit des Umgangs mit dem Zuhandenen" ist „die Ekstase der Gegenwart [...] führend".[372] Das horizontale Schema des Um-zu muss nun, um zu einem horizontalen Schema der Temporalität zu werden, von der implizierten Zweckorientierung des Daseins absehen, da diese speziell dem Dasein zugehört, über dessen spezifische Seinsweise der Existenz bei der Bestimmung der Temporalität des Seins überhaupt gerade hinausgegangen werden soll. Es geht Heidegger nicht mehr um die vorverstandenen Verweisungszusammenhänge des zuhandenen Zeugs und deren Verwendungsmöglichkeiten im Besorgen des Daseins, sondern er sucht eine allgemeinere Basis, ein horizontales Schema, das diesen Verweisungsbezügen noch zugrunde liegt. Deshalb abstrahiert er von den dem Dasein zunächst begegnenden Bedeutungszusammenhängen. Zuhandenheit, so Heidegger im Zuge dessen, hat ihre Modifikation in der Abhandenheit; die Abhandenheit bedeutet, dass das Zeug auch dadurch auffallen kann, dass es eben gerade nicht zuhanden an seinem Platz, sondern unverfügbar ist. Zuhandenheit und Abhandenheit sind für Heidegger ihrerseits „bestimmte *Abwandlungen eines Grundphänomens* [...], das wir formal mit *Anwesenheit* und *Abwesenheit* und allgemein als *Praesenz* kennzeichnen."[373] Praesenz ist nicht identisch mit Gegenwart, sondern sie ist „Grundbestimmung des horizontalen Schemas dieser Ekstase" und macht so „die volle Zeitstruktur der Gegenwart mit aus".[374]

Welche Rolle spielt die so bestimmte Praesenz innerhalb der Bestimmung der Temporalität des Seins und in welchem Verhältnis steht sie zum horizontalen Schema der Gegenwart des existierenden Daseins? „Als Entrückung zu ... ist die Gegenwart ein Offensein für *Begegnendes*, das somit *im vorhinein auf Praesenz hin verstanden ist*. Alles, was im Gegenwärtigen begegnet, ist aufgrund des in der Ekstase schon entrückten Horizontes, Praesenz, als Anwesendes, d. h. auf Anwesenheit hin verstanden. Sofern Zuhandenheit und Abhandenheit so etwas wie Anwesenheit und Abwesenheit, d. h. so und so modifizierte und modifikable Praesenz bedeuten, ist das Sein des innerweltlich begegnenden Seienden praesential, und das heißt

[371] Unter Verweis auf das Verhältnis von Praesenz und Gegenwart heißt es: „Das Entsprechende gilt von den beiden anderen Ekstasen, Zukunft und Gewesenheit (Wiederholung, Vergessen, Behalten)" (*Grundprobleme*, 435). Wie im Folgenden darzulegen sein wird, scheint es jedoch gute Gründe für die Annahme zu geben, dass die Schwierigkeiten des horizontalen Schemas der Praesenz und nicht das nahende Semesterende dazu geführt haben, die anderen beiden Schemata nicht mehr zu behandeln.

[372] *Grundprobleme*, 438.

[373] *Grundprobleme*, 433.

[374] *Grundprobleme*, 435.

grundsätzlich temporal entworfen.“[375] Die *„Absenz“* bestimmt Heidegger als eine „Modifikation der Praesenz“, in welcher „sich die Praesenz als modifizierte erhält“.[376] So ist die Absenz ein Modus der Praesenz und nicht grundsätzlich von dieser verschieden. Das, was Heidegger mit „Praesenz“ meint, ist also ein Einheitsgesichtspunkt, unter dem überhaupt erst so etwas wie Anwesenheit und Abwesenheit und damit Zuhandenheit und Abhandenheit erfahren werden kann. Das horizontale Schema der Praesenz als das, woraufhin und in Hinblick auf das etwas erst verstanden wird, ermöglicht überhaupt erst ein Seinsverständnis: „Sein selbst muß, wenn anders wir es verstehen, irgendwie auf etwas hin entworfen sein. Damit ist nicht gesagt, dass im Entwurf das Sein gegenständlich erfasst oder als gegenständlich Erfasstes ausgelegt und bestimmt, d. h. begriffen sein müsste. Sein ist auf etwas hin entworfen, von woher es verständlich wird, aber *ungegenständlich*. Es ist noch vorbegrifflich verstanden, ohne einen Logos; wir bezeichnen es daher als das *vorontologische Seinsverständnis*.“[377] Das Sein wird also zunächst zwar „praesential“ verstanden, aber noch nicht thematisiert. Damit es überhaupt vergegenständlicht werden kann, ist aber dieses vorontologische Seinsverständnis nötig. Das Sein ist für Heidegger vorontologisch ein über die Praesenz „irgendwie schon Enthülltes“,[378] welches dann in einer Ontologie vergegenständlicht werden kann. Die Praesenz erweist sich hier als Heideggers äußerste Formalisierung seines Begriffes der Transzendenz, welche das welthafte und selbstbezügliche Dasein immer schon ausmacht. Erst im Ausgang von einem solch’ praesentialen Seinverstehen wäre für Heidegger eine Intentionalität im husserlschen Sinne möglich, in welcher sich ein Subjekt auf ein intentionales Korrelat richtet. Die Praesenz aber wird aufgrund ihres hohen Abstraktionsgrades im vorontologischen Seinsverständnis nicht als solche verstanden, wenn sie auch als Bedingung der Möglichkeit des Seinsverständnisses bereits fungiert. Alles Entdeckte ist praesent, es wird jedoch vorontologisch vom zweckorientiert verstehenden Dasein nicht als schlichtweg praesent, sondern immer als zuhanden, vorhanden, mitdaseiend erfahren. Erst mit der Abstraktion, die die Ontologie vornimmt, wird das Entdeckte in der Einheit mit dem Entdecken unter dem formalen und allgemeinen Gesichtspunkt der Praesenz verstanden. Als diese formalste Instanz der Vereinheitlichung und der Ermöglichung von Seinverstehen zeigt sie eine Verwandtschaft mit der platonischen Idee des Guten, auf die Heidegger in den *Grundproblemen* vor seinen Analysen der Praesenz ausführlich Bezug nimmt. Die drei horizontalen Schemata der Temporalität, von denen Heidegger hier nur die Praesenz behandelt, fungieren ihm zufolge in diesem Sinne als die „Bedingungen der Möglichkeit des Seinsverständnisses“ überhaupt.[379]

---

375 *Grundprobleme*, 436.

376 *Grundprobleme*, 442.

377 *Grundprobleme*, 398. Von der Problematik, die in der Rede von einem auf Praesenz (Gegenwart) hin erfolgenden Entwurf (Zeitigungsweise der Zukunft) steckt, wird in Kap. 3.3.2 zu sprechen sein.

378 *Grundprobleme*, 398.

379 *Grundprobleme*, 436.

In Bezug auf Heideggers Konzept der Praesenz ergeben sich verschiedene Schwierigkeiten, die sich anhand der schon in SZ auftretenden und oben bereits angesprochenen Ambivalenz im Horizontbegriff erarbeiten lassen. Einmal scheint Heidegger auch in den *Grundproblemen* mit „Horizont" das horizontale Schema zu meinen, welches nur eines von dreien ist.[380] Ein anderes Mal wiederum versteht er „Horizont" als den einen Horizont der ekstatischen Einheit der Zeitlichkeit insgesamt.[381] So allgemein wie die Praesenz von Heidegger in den *Grundproblemen* bestimmt wird, scheint sie aber gerade die zweite Bedeutung von „Horizont" zu haben: Sie scheint das *eine* Schema zu sein, auf das alles irgendwie Begegnende schon im Vorhinein verstanden ist. Zwar musste sie von dem speziellen Um-zu-Charakter des horizontalen Schemas der Zeitlichkeit des zweckorientierten Daseins abstrahieren. Sie ist nun aber so allgemein gefasst, dass auch andere Seinsweisen wie die der Vorhandenheit, die der Natur oder der Kultur unter sie zu fallen scheinen.[382] Heinz betont zwar zu Recht, dass es Heidegger in den Grundproblemen nicht um „konkrete Resultate temporaler Ontologie", sondern um den Grundansatz einer temporalen Ontologie überhaupt geht und er deshalb keine Differenzierungen der Modi Zuhandenheit, Vorhandenheit und Existenz im Lichte der Temporalität durchführt.[383] Es wird aber im Ausgang von Heideggers Analysen kaum ersichtlich, wie eine Differenzierung der Seinsweisen im Ausgang von der Temporalität vorgenommen werden könnte, und Heidegger selbst hat eine solche nie entwickelt. Bei einer so weiten Formalisierung der Praesenz wie Heidegger sie vornimmt fällt es außerdem schwer sich vorzustellen, wie die von ihm offenbar geplante Entwicklung von horizontalen Schemata wie „Futurum" und „Präteritum" noch möglich sein soll, da auch mögliche Abwandlungen von Zukunft und Gewesenheit bereits durch das „formal" sowohl Anwesenheit als auch Abwesenheit umgreifende Schema erfasst zu sein scheinen.[384]

Bei einem ontologisch so weit formalisierten Begriff wie der Praesenz stellt sich überdies die Frage, welchen Bezug die anhand der Praesenz thematisierte Temporalität noch zu der dreigliedrigen ekstatischen Grundstruktur der Zeitlichkeit haben

---

[380] „[W]as das *Wohin des ‚über sich hinaus'* als solches überhaupt bestimmt, ist die *Praesenz als Horizont*. [...] Praesenz ist [...] *Grundbestimmung des horizontalen Schemas dieser Ekstase*" (*Grundprobleme*, 435).

[381] „Verstehen von Seiendem, Entwurf auf Sein, Verstehen von Sein, Entwurf auf die Zeit, hat ihr Ende am Horizont der ekstatischen Einheit der Zeitlichkeit. [...] An diesem Horizont hat jede Ekstase der Zeit, d. h. die Zeitlichkeit selbst ihr Ende. Aber dieses Ende ist nichts anderes als der Anfang und Ausgang für die Möglichkeit alles Entwerfens" (*Grundprobleme*, 437).

[382] Die Vorhandenheit scheint Heidegger selbst teilweise durch die Praesenz schon erfasst zu sehen. In seiner Wiederaufnahme der kantischen Interpretation des Seins gegen Ende der *Grundprobleme* merkt er an, dass Kant Sein als Vorhandensein verstehe und dieses sei, richtig verstanden, immer schon auf Praesenz hin entworfen. Vgl. *Grundprobleme*, 448. Dann spricht Heidegger aber wieder lediglich von der vollzogenen „Durchführung der ontologischen Interpretation des Zuhandenen in seiner Zuhandenheit" (*Grundprobleme*, 459).

[383] Heinz: *Zeitlichkeit und Temporalität. Die Konstitution der Existenz und die Grundlegung einer temporalen Ontologie im Frühwerk Martin Heideggers*, a. a. O., 187.

[384] Vgl. Figal, Günter: *Martin Heidegger zur Einführung*. Hamburg: Junius, 4., verb. Aufl., 2003, 91 ff.

kann, deren Primat in der Zukunft liegt und deren „ursprünglichste Zeitigung" sie sein soll. Warum die Zeitlichkeit des Daseins das erklärende und grundlegende Moment für die Temporalität des Seins sein soll, scheint sich kaum noch nachvollziehen zu lassen. Die Praesenz scheint die Dreigliedrigkeit der ekstatischen Zeitlichkeit des Daseins vereinheitlicht zu haben und darüber hinaus ist in ihr der Primat der Zukunft der „ursprünglichen Zeit" nicht mehr zu finden. Würde man aber nicht diesen für die „ursprüngliche Zeit" zentralen Vorrang der Zukunft in der Temporalität als der „ursprünglichsten Zeitigung der Zeitlichkeit als solcher" zu Recht wieder finden wollen? Aus diesem Grund bedauert Kisiel, dass „den genialsten Einsichten der Daseinsanalytik, zum Beispiel in den existenzialen Vorrang der Zukunft und in die Geschichtlichkeit des Daseins, [...] in dieser Weise nicht bis zum Grundhorizont der radikalsten Zeitlichkeit weiter gefolgt" wird.[385]

Hätte Heidegger aber die ursprüngliche Zeit als Fundament der Temporalität „retten" können, wenn er sie über den Praesenzbegriff nicht so weit formalisiert hätte? Auch dem scheint nicht so zu sein, denn der Primat der Zukunft, die Dreigliedrigkeit und die wechselseitig dynamische Struktur zwischen den Ekstasen und Horizonten in der so genannten ursprünglichen Zeit sind so eng mit den speziellen Existenzstrukturen des Daseins verknüpft, dass ihre Übertragung auf die Temporalität des Seins einer unangemessenen Unterordnung des nichtdaseinsmäßigen Seienden unter die zeitliche Verstehensstruktur des Daseins gleichkäme, welches laut Heidegger alles Seiende primär auf seinen individuellen zukunftsorientierten Lebensentwurf hin interpretiert.[386] Denn auch wenn „Sein" nur über das Seinsverständnis des Daseins zu erreichen ist, können wir in unserem Verständnis von Sein und Seiendem doch offenbar auch von unseren Zwecken und unserer individuellen Zeitlichkeit abstrahieren. Husserl hat dies getan in seiner Unterscheidung zwischen Gegebenheitszeit und Gegenstandszeit sowie zwischen verschiedenen Gegenstandszeiten, je nachdem, ob es sich beispielsweise um das Ich des Bewusstseinsstromes, um Gegenstände der Natur oder um Idealitäten handelt. Derartige Differenzierungen wären zwar auch mit Heidegger möglich. Sie fallen aus seiner Perspektive jedoch unter ontisch vulgäre Zeitbestimmungen.[387] Der Weg allerdings,

---

[385] Kisiel, Theodore: Das Versagen von Sein und Zeit, in: Rentsch, Thomas (Hg.): *Martin Heidegger: Sein und Zeit*, a. a. O., 262.

[386] „Die Übertragung einer Struktur, die wesensmäßig bewußtseins- oder daseinsmäßig ist, auf irgend etwas anderes – und sei es auch das Sein – ergibt keinen Sinn" (Tugendhat: Heideggers Seinsfrage, a. a. O., 110). „Programmatisch hält Heidegger durchaus fest, daß eine Idee von Sein nur gewonnen werden kann, wenn mit dem existierenden Dasein auch das nichtdaseinsmäßig Seiende auf sein Sein hin befragt wird [...]. Diese Programmatik wird jedoch durch die Lehre von der Analogie des Seins zurückgenommen in die Auffassung, das existierende Dasein habe eine Leitfadenfunktion" (Pöggeler: Temporale Interpretation und hermeneutische Philosophie, a. a. O., 26).

[387] „Damit ist gesagt, daß die vulgäre Charakteristik des Seins des Seienden am Leitfaden der Zeit – Zeitliches, Zeitloses, Überzeitliches – für uns hinfällig ist. Das ist keine ontologische, sondern eine ontische Interpretation, wobei die Zeit selbst als ein Seiendes genommen wird" (*Grundprobleme*, 434). Diese „ontische Interpretation" weise zurück auf die Zeitlichkeit, denn „in der an sich völlig rätselhaften und ganz und gar nicht zufälligen Tendenz, das Seiende als Innerzeitliches, Außer- und Überzeitliches zu verstehen, dokumentiert sich die metaphysische Urgeschichte des

auf dem Heidegger in den *Grundproblemen* eine systematische Unterordnung der Temporalität des Seins unter die Strukturen der Daseinszeitlichkeit zu vermeiden sucht, führt zu einer so großen Abstraktion von der Zeitlichkeit des Daseins, dass diese nicht mehr als die Basis einer Temporalität des Seins gelten kann. Überdies gewinnt Heidegger einen temporalen Seinsbegriff, dessen Aussagekraft weit hinter der Daseinszeitlichkeit zurückzubleiben scheint.[388]

Mit der Praesenz als Einheitsgesichtspunkt, auf den hin alles Zuhandene immer schon unausdrücklich vorverstanden ist, scheint also trotz des Fehlens der beiden anderen horizontalen Schemata der Temporalität zwar in gewisser Weise Heideggers Ziel erreicht zu sein, so etwas wie eine einheitliche zeitliche bzw. temporale Bestimmung des Seins zu liefern. Diese obgleich lediglich in Hinblick auf Gegenwart entwickelte Temporalität des Seins bleibt aber so formal, dass sie einerseits nichtssagend wird und sich andererseits nicht mehr an die Zeitlichkeit des Daseins zurückbinden lässt, deren „ursprünglichste Zeitigung" sie in Heideggers Programm hätte sein sollen.[389] Damit wird aber die in SZ so ausführlich entwickelte ursprüngliche Zeitlichkeit des Daseins als Fundament der temporalen Interpretation von Sein, und damit als Fundament für den geplanten dritten Abschnitt von SZ „Zeit und Sein", untauglich. Nichtsdestotrotz haben die Zeitanalysen aus Heideggers Daseinsanalytik bis heute intensive Rezeptionen und Weiterentwicklungen erfahren – und dies ohne Zweifel zu Recht: Heideggers Herausarbeitung einer der menschlichen Seinsweise eigentümlichen Zeitlichkeit, in der sich Zukunft, Gegenwart und Gewesenheit unter einem Primat der Zukunft immer wieder neu beeinflussen, seine Abgrenzung einer auf das Leben als Ganzes blickenden Zeitlichkeit von einer die Endlichkeit tendenziell vergessenden Zeitlichkeit des Besorgens sowie die Abgrenzung einer „vulgären" gezählten Zeit von einer unmittelbar für das Leben relevanten Zeit können als große Verdienste für das philosophische Fragen nach der Zeit aufgefasst werden.

Daseins als Zeitlichkeit" (*Anfangsgründe*, 274). Zu Heideggers Formulierung von der „Nivellierung und Verdeckung der Weltzeit" durch den vulgären Zeitbegriff schreibt Husserl an den Rand „Warum Nivellierung und Verdeckung? Das bestreite ich" (Breeur: Randbemerkungen Husserls zu Heideggers *Sein und Zeit* und *Kant und das Problem der Metaphysik*, a. a. O., 47).

388 Heidegger selbst hat zwar gemeint, dass „die Temporalität als Ursprung notwendig reicher und trächtiger [ist] als alles, was ihm entspringen mag" (*Grundprobleme*, 438). Ein solcher „Reichtum" an Möglichem bleibt aber in seinem Temporalitätskonzept so unbestimmt, dass sich eher als von einer Fülle des Möglichen von einer formalen Leere dieses temporalen Seinsbegriffes sprechen lässt.

389 Frede meint, dass ein Seinsbegriff, der die drei Ekstasen der Zeitlichkeit noch vereinheitlichen soll, schlichtweg vage bleiben müsse. Vgl. Frede, Dorothea: Die Einheit des Seins. Heidegger in Davos – Kritische Überlegungen, in: Kaegi, D./Rudolph, E. (Hg.): *Cassirer – Heidegger: 70 Jahre Davoser Disputation*. Hamburg: Meiner Verlag 2002, 156–182, hier 173 f. Köhler drückt eine ähnliche Position aus, wenn er schreibt, „[v]on einem einzigen Begriff aus, dem Seinsbegriff, werden sich weder die Schematisierung des Seinssinnes noch die Zeitlichkeit als Sinn des Daseins entfalten lassen" (Köhler: *Martin Heidegger. Die Schematisierung des Seinssinnes als Thematik des dritten Abschnittes von „Sein und Zeit"*, a. a. O., 129). Heinz hingegen ist der Auffassung, „daß sich der Begriff Temporalität als tragfähiges Fundament für die Ausarbeitung der Grundprobleme der Ontologie erweist" (Heinz: *Zeitlichkeit und Temporalität. Die Konstitution der Existenz und die Grundlegung einer temporalen Ontologie im Frühwerk Martin Heideggers*, a. a. O., 200).

Diese Leistung in Hinblick auf die Differenzierung verschiedener Zeitphänomene bleibt auch dann bestehen, wenn Heideggers ehrgeiziger Versuch, sämtliche Zeitigungsweisen in einer ursprünglichen Zeit gründen zu lassen, scheitert.

Heidegger hat bekanntlich später seinen Zeitbegriff modifiziert und ihm die dominante Funktion aberkannt, die er ihm noch am Ende der zwanziger Jahre zuschrieb. Dass Heidegger letztlich „sich und der Welt" einen „Beweis für die Zeitlichkeit als Basis einer allgemeinen Ontologie" schuldig geblieben ist, kann mit Frede gerade aufgrund der phänomenologisch aufschlussreichen und viel rezipierten Daseinsanalytik durchaus als „Tragödie" bezeichnet werden, da Heideggers „Zeitbegriff, den er als das Herzstück seiner Philosophie ansah, nicht zu einer fundamentalen Wende in der Philosophie und dadurch auch im menschlichen Denken überhaupt geführt hat".[390] Stattdessen haben ihn vielmehr seine Untersuchungen des In-der-Welt-seienden Daseins berühmt gemacht, die für ihn selbst nur ein erster Schritt zu einer allgemeinen, durch die Zeitlichkeit geprägten Ontologie hätten sein sollen.

3.3.2 Ausblick: von der Temporalität des Seins zum Ereignis

Bis zu diesem Punkt der Diskussion von Heideggers Versuch, das Sein überhaupt als temporal zu bestimmen, lag der Schwerpunkt auf den veröffentlichten ersten beiden Abschnitten von SZ sowie auf der Grundprobleme-Vorlesung, die von Heidegger selbst als eine neue Ausarbeitung der Problematik des geplanten dritten Abschnittes von SZ bezeichnet worden war. Im Folgenden soll es darum gehen, andere heideggersche Texte aus der zweiten Hälfte der zwanziger Jahre zu betrachten, um zu verfolgen, welche von dem oben erörterten temporalen Schematismus abweichende Wege Heidegger in seinen Versuchen, Sein in Verbindung mit Zeit zu denken, eingeschlagen hat. Zum Ende dieses Kapitels soll überdies ein kurzer Ausblick auf den späten Vortrag „Zeit und Sein" erfolgen. Es sei zunächst im Anschluss an das vorangehende Kapitel auf einen Aspekt hingewiesen, der bereits aus dem Kontext der *Logik* und des Vortrages von 1924 das in SZ begründete Projekt einer schematisch gedachten Temporalität des Seins problematisch erscheinen lässt. Dann ist auf eine gewisse Ambivalenz in Heideggers Endlichkeitsbegriff am Ende der zwanziger Jahre einzugehen, die mit seinen Formulierungen von einem „Entwurf des Seins" und einem dabei erforderlichen „Einsatz" in Verbindung gebracht wird. Daran ist zu zeigen, dass Heidegger sich in der Sache – wenn auch nicht im Selbstverständnis – bereits in dem den kantischen Schematismus diskutierenden *Kantbuch* von einer temporalen Schematisierung des Seins im Sinne der *Grundprobleme* entfernt. Über diese Verschiebung im Endlichkeitsbegriff erscheinen sowohl Heideggers 1929/30

[390] Frede: *Heideggers Tragödie – Bemerkungen zur Bedeutung seiner Philosophie*, a. a. O., 13 und 10. Der Titel dieser kleinen Schrift bezieht sich gerade nicht, wie man meinen könnte, auf Heideggers politische Verfehlungen, sondern auf eben dieses tragische Moment seiner Philosophie selbst, welches zwischen Heideggers Ziel in SZ und insbesondere der frühen Rezeption seiner Daseinsanalyse besteht.

entwickelter Übergang zu der Grundstimmung der Langeweile als auch seine 1930 formulierte Rede von einer Gelassenheit der Milde, in die sich die Philosophie zu bringen habe, bereits vorbereitet. Heideggers Davoser Disputation mit Cassirer aus dem Jahre 1929 lässt sich als ein pointiertes Beispiel dafür heranziehen, dass Heidegger trotz der hier angedeuteten Verschiebungen an der Suche nach dem allein über Zeit zu verstehenden Ursprung des Seinsverständnisses und an dem zeitlichen Charakter der Einheit des Seins festhält. Im Anschluss daran sei auf Heideggers Projekt einer Metontologie verwiesen, welches er in den *Anfangsgründen* von 1928 skizziert und dessen Einheit mit der Fundamentalontologie er zu diesem Zeitpunkt als die zu entwickelnde Metaphysik versteht. Ebenfalls im Ausgang von dieser Vorlesung und unter Berücksichtigung der Schrift „Vom Wesen des Grundes" aus dem Jahr 1929 sind die Verlagerungen von der Problematik des temporalen Schematismus hin zu der Thematik der Freiheit als „Grund des Grundes" zu betrachten. Hier geht es außerdem darum, den von Heidegger im selben Kontext entwickelten Überlegungen zur Zeitigung als einer „freien Schwingung" der ursprünglichen Zeitlichkeit und dem darin bereits anklingenden Ereignisbegriff Aufmerksamkeit zu widmen. Schließlich sei noch nach der Bedeutung von Heideggers wiederholter Rede von einer erforderlichen *anamnesis* gefragt.

Dieser Querschnitt durch diverse Texte der späten zwanziger Jahre kann nicht mehr leisten, als auf vereinzelte Aspekte hinzuweisen. Sein Zweck besteht jedoch darin anzuzeigen, dass Heidegger zwar – wenn auch zu diesem Zeitpunkt noch nicht in einer ausdrücklichen Selbstkorrektur – von dem Vorhaben einer temporalen Schematisierung des Seinssinnes, so wie sie in den *Grundproblemen* begonnen wurde, abrückt, er aber gleichzeitig nichtsdestotrotz an der Suche nach dem einen, über eine ekstatisch-horizontale Zeitlichkeit zu verstehenden Ursprung festhält, aus dem alles Seinsverständnis seinen Grund und seine Einheit erhält. Ein Ausblick auf den späten Vortrag „Zeit und Sein" schließt das hiesige Kapitel ab. Auch wenn es in dieser Arbeit nicht darum geht, Heideggers Zeitdenken nach 1930 zu untersuchen und sich eine solche Untersuchung natürlich keineswegs mit einem kurzen Blick auf den Vortrag von 1962 erübrigt, sei mit diesem dennoch darauf hingewiesen, dass es auch dem spätesten Heidegger trotz aller sein Zeitverständnis betreffenden Revisionen noch um das Einheit gebende Ursprüngliche geht, aus dem alles angemessene Verstehen erst zu gewinnen sei.

In Ergänzung zu der Problematik von Zeitlichkeit und Temporalität aus den *Grundproblemen* scheint eine Betrachtung von Heideggers frühen Überlegungen zum kantischen Schematismus darauf hinweisen zu können, dass nicht nur Heideggers eigener Versuch, das Sein auf eine schematische Weise temporal zu denken, von einer Auseinandersetzung mit Kants *Kritik der reinen Vernunft* und insbesondere dem Kapitel „Von dem Schematismus der reinen Verstandesbegriffe" inspiriert wurde, sondern dass sich überdies auch die oben angeführten Schwierigkeiten der zeitlichen Schematisierung des Seinssinnes bereits in seiner Kantinterpretation von 1925/26 selbst abzeichnen.[391] Die primär zukunftsorientierte Daseinszeitlichkeit

---

391 Im Vorwort zur vierten Auflage des *Kantbuches* schreibt Heidegger 1973: „Während der Ausarbeitung der im WS 1927/28 gehaltenen Vorlesung über ‚Kants Kritik der reinen Vernunft' wurde

präsentiert Heidegger zunächst in seinem Vortrag von 1924 vor der Marburger Theologenschaft. Dort geht es noch nicht um die Seinsfrage, sondern Heidegger entwickelt seine Ausführungen vor dem Hintergrund sowie in Abgrenzung zu der traditionell theologischen Frage nach der Gott gegenübergestellten Zeit und ihrem Bezug zum Menschen. Seine erste ausführliche Auseinandersetzung mit dem kantischen Schematismus führt ihn im Zusammenhang mit der Frage nach der Wahrheit und nach den Grundlagen der Logik in der *Logik* von 1925/26 auf das Gegenwärtigen. Die Grundlage der Logik, so heißt es dort, sei das pure Sehenlassen der Anwesenheit des Seienden.[392] Die in dieser Vorlesung angestellten zeitlichen Erörterungen der Als-Struktur und des Schematismus sind auf das Gegenwärtigen ausgerichtet, ohne dass dieses schon in das begriffliche Gerüst von SZ eingefügt wäre. Gewärtigen und Behalten werden zwar erwähnt, aber nicht ausführlich entwickelt.[393] Überdies sind die Differenzierungen zwischen eigentlicher Zeitlichkeit und uneigentlicher Zeitlichkeit und – die für das Unternehmen „Sein und Zeit" entscheidende – zwischen Zeitlichkeit des Daseins und Temporalität des Seins hier noch nicht klar vollzogen. Auf analoge Weise wie dieser Vorlesung zufolge die von spezifischen existenziellen Daseinsentwürfen unabhängige Logik immer schon von einem Gegenwärtigen auszugehen hat, scheint auch die ebenfalls theoretische, das Sein überhaupt und seinen Horizont auf eine nicht alltägliche, sondern philosophische Weise thematisierende Ontologie von Praesenz ausgehen zu müssen. Das Gegenwärtigen der *Logik* von 1925/26 aber mit der zukunftsorientierten Daseinszeitlichkeit des Vortrages von 1924 in einen übergreifenden systematischen Rahmen einzufassen, ja das Gegenwärtigen dieser sogar unterzuordnen, erscheint rückblickend von den Schwierigkeiten der *Grundprobleme* aus von vornherein ein Unterfangen zu sein, das sich keineswegs von den Phänomenen selbst her aufdrängt.

Es zeigt sich überdies, dass Heideggers Endlichkeitsbegriff in den Kantinterpretationen im Vergleich zu SZ mindestens eine gewisse Akzentverschiebung erfährt, welche ebenfalls mit der Schwierigkeit des Verhältnisses von Zeitlichkeit und der in den *Grundproblemen* erörterten Temporalität zusammenhängen könnte. In SZ steht bei der Entwicklung der Endlichkeit der ursprünglichen Zeit das Daseinsexistenzial der in den Tod vorlaufenden Entschlossenheit im Vordergrund. Es handelt sich hier um die Struktur, in der das Dasein sich nicht an die Dinge und Geschäfte der Welt verliert, sondern angstbereit dem Ruf des Gewissens im Gewissenhabenwollen folgt und sich aus der äußersten Möglichkeit des Todes heraus in seinem

---

ich auf das Schematismuskapitel aufmerksam und erblickte darin einen Zusammenhang zwischen dem Kategorienproblem, d. h. dem Seinsproblem der überlieferten Metaphysik und dem Phänomen der Zeit" (*Kantbuch*, XIV). Diese Erinnerung suggeriert, dass der kantische Schematismus für Heidegger erst nach der Ausarbeitung von SZ bedeutsam wurde. Heidegger hatte aber bereits 1925/26 die als Vorlesung über Aristoteles begonnene Logik-Vorlesung im zweiten Hauptstück „in einem dramatischen Bruch" (Pöggeler: Temporale Interpretation und hermeneutische Philosophie, a. a. O., 17 (Fußnote)) zu einer Vorlesung über Kant, und insbesondere über dessen Schematismus werden lassen, so dass Heidegger bereits zu diesem Zeitpunkt auf den genannten Zusammenhang aufmerksam geworden war.

392 Vgl. *Logik*, 414.

393 Vgl. *Logik*, 412 ff.

Möglichsein versteht. In den Kantinterpretationen hingegen kommt einem Endlichkeitsbegriff die Priorität zu, welcher Kants eigenem Endlichkeitsbegriff näher steht, von dem heideggerschen aus SZ aber auf eine nicht unwesentliche Weise abweicht: Endlichkeit als Angewiesenheit auf Gegebenes, auf ein Sichgebenlassen, als eine „transzendentale Bedürftigkeit".[394] Auch in SZ ist das Dasein zwar als Geworfenheit und Faktizität in seiner Angewiesenheit auf Seinsverständnis erfasst. Diese Kennzeichen seiner Endlichkeit werden jedoch von seiner fundamentalen Seinsweise des Seins zum Tode dominiert. Diese Verschiebung wird noch auffälliger, wenn man berücksichtigt, dass Heidegger seine Analysen des Todes bzw. des Seins zum Tode zwar auch außerhalb von SZ und dem Vortrag von 1924 als wichtige Aufgabe erwähnt, aber weder in den *Grundproblemen*[395] noch im *Kantbuch*,[396] nicht in der *Logik* und auch nicht in den *Anfangsgründen* tatsächlich aufgreift. Stattdessen steht die erwähnte Endlichkeit der Transzendenz als einer Angewiesenheit auf Seinsverständnis, auf Gegebenes im Vordergrund.

Ein zusätzliches Indiz für einen Endlichkeitsbegriff, der nicht unmittelbar an das Sein zum Tode geknüpft ist, könnte in Heideggers Interpretation der kantischen reinen Synthesis der Recognition aus der Kant-Vorlesung des Wintersemesters 1927/28 gesehen werden. Heidegger versteht Kants reine Synthesis der Recognition als eine Praecognition, die „primär weder Wiedererkennen noch Identifizierung" sei, „sondern der vorwegnehmende Entwurf eines so oder so faktisch enthüllbaren und in der Apprehension und Reproduktion anzueignenden Ganzen".[397] Heidegger fasst die kantische Synthesis der Recognition im Begriff in expliziter Gegenstellung zu Kant „im Sinne dieses vorangehenden Gewärtigens einer regionalen Einheit von anbietbarem Seienden" auf und erkennt in ihr eine wesentliche Bezogenheit auf die Zukunft, die ihr bei Kant selbst nicht zukommt.[398] Hier scheint es abermals nicht um die ursprünglichste, aus dem Vorlaufen in den Tod verstandene Zukunft aus

---

[394] *Kantbuch*, 236. Husserl drückt diesbezüglich sein Unverständnis aus: „Warum überhaupt die Rede von Endlichkeit statt Rezeptivität" (zu *Kantbuch*, 30) und bei Heideggers Formulierung „das Dasein und dessen Seinsverständnis, d. h. die ursprüngliche Endlichkeit" unterstreicht er „ursprüngliche Endlichkeit" und setzt ein Fragezeichen an den Rand (zu *Kantbuch*, 234). Breeur: Randbemerkungen Husserls zu Heideggers *Sein und Zeit* und *Kant und das Problem der Metaphysik*, a. a. O., 52, 63.

[395] „Hier auf die Endlichkeit der Zeit näher einzugehen ist nicht möglich, weil sie mit dem schwierigen Problem des Todes zusammenhängt, das in diesem Zusammenhang zu analysieren nicht der Ort ist" (*Grundprobleme*, 387). Es ist Ricœur, der in einer Fußnote von TR III darauf hinweist, dass der Sinn des Ganzseins in den Grundproblemen „weniger eng mit dem Sein zum Tode verknüpft wird als im Buch [d. i. SZ; I.R.]" (TR III, 160 (Fußnote)/ZE III, 141 (Fußnote)) und in den Schlussfolgerungen davon spricht, dass „[d]ie Rolle des Seins zum Tode für das Ganzseinkönnen der ekstatischen Zeit […] stillschweigend übergangen" wird (TR III, 480/ZE III, 429).

[396] „Auf dem Wege zu diesem Ziel der Fundamentalontologie, d. h. zugleich im Dienste der Herausarbeitung der Endlichkeit im Menschen, wird die existenziale Interpretation von Gewissen, Schuld und Tod notwendig" (*Kantbuch*, 242).

[397] Heidegger, Martin: *Phänomenologische Interpretation von Kants Kritik der reinen Vernunft*. Hg. von Ingtraud Görland. Frankfurt am Main: Vittorio Klostermann 1977 (= Gesamtausgabe. II. Abteilung: Vorlesungen 1919–1944. Bd. 25), 364.

[398] Ebd.

SZ zu gehen, sondern lediglich um das, was Heidegger im ersten Abschnitt von SZ, also vor der Analyse der Zeitlichkeit des Daseins, den „Vorgriff" nennt. Damit meint er, dass sich die Auslegung „je schon endgültig oder vorbehaltlich für eine bestimmte Begrifflichkeit entschieden" hat.[399]

Es scheinen diese Verschiebungen im Endlichkeitsbegriff zu sein, die es Heidegger erlauben, eine häufig wiederholte Formulierung zu gebrauchen, die bereits in den *Grundproblemen* auftaucht, welche allerdings aus der Perspektive seiner Analysen aus SZ verwirren muss: der Entwurf des Seins.[400] Wie, so fragt sich, ist ein Entwerfen, das in SZ als „Seinsart des Daseins, in der es seine Möglichkeiten als Möglichkeiten *ist*", bestimmt wird, und das primär mit der Ekstase der Zukunft verbunden ist, auf das Sein überhaupt übertragbar?[401] Und wie ist überdies ein Entwerfen auf Praesenz hin zu verstehen? Möglicherweise ist die Formulierung eines „Entwurfes auf Sein" *in nuce* gerade *der* Ausdruck für die Schwierigkeit, die zukunftsorientierte spezifische Daseinszeitlichkeit und den praesenzorientierten Horizont des Seins zusammenzudenken. Heideggers an Kant angelehntes Endlichkeitsverständnis scheint ihn dazu zu führen, den die in Frage stehende Sache des Seins nicht verstellenden Entwurf weniger als eine in den Tod vorlaufende Entschlossenheit aufzufassen, sondern eher als ein sich von überlieferten Begrifflichkeiten befreiendes „Hineinhalten" in das sich gebende Sein, dessen immer schon erfolgendes Verstehen auf Zeit hin dann philosophisch ausdrücklich verstanden werden kann.

Es ist zwar auch im *Kantbuch* noch von einem „Einsatz" die Rede, der bei der Ausarbeitung der Problematik der Endlichkeit nötig sei.[402] Dieser Einsatz wird aber weder als in den Tod vorlaufende Entschlossenheit bestimmt noch wird er als ein Einsatz definiert, der nötig wäre, um die Temporalität des Seins freizulegen, so wie sie in den *Grundproblemen* umrissen wurde. Heidegger bestimmt den von ihm im *Kantbuch* gemeinten Einsatz vielmehr als einen solchen, der sich „unentwegt von der ursprünglich begriffenen Grundfrage der Metaphysik" leiten lassen muss und „der freilich *nie* als der *einzig* mögliche beansprucht werden kann".[403] Der „Metaphysik" lässt Heidegger zu diesem Zeitpunkt noch eine positive Einschätzung zukommen. Er bestimmt sie 1929 in Abgrenzung von dem Begriff eines

---

[399] SZ, 150.

[400] Das bereits angeführte Zitat aus den *Grundproblemen* ist hier exemplarisch: „Sein selbst muß, wenn anders wir es verstehen, irgendwie auf etwas hin entworfen sein. Damit ist nicht gesagt, dass im Entwurf das Sein gegenständlich erfaßt oder als gegenständlich Erfaßtes ausgelegt und bestimmt, d. h. begriffen sein müßte. Sein ist auf etwas hin entworfen, von woher es verständlich wird, aber *ungegenständlich*" (*Grundprobleme*, 398). In Bezug auf die antike Metaphysik führt Heidegger aus: „Welcher Entwurf liegt in diesem Seinsverständnis? Der Entwurf auf die Zeit; denn auch die ‚Ewigkeit', etwa als das ‚nunc stans' genommen, ist als das ‚ständige' ‚Jetzt' durch und durch nur aus der Zeit begreiflich. [...] Hält sich das unmittelbare Seinsverständnis nicht durch und durch in einem ursprünglichen, aber auch selbstverständlichen *Entwurf des Seins auf die Zeit*?" (*Kantbuch*, 240).

[401] SZ, 145. Vgl. Figal: *Martin Heidegger. Phänomenologie der Freiheit*, a. a. O., 339.

[402] *Kantbuch*, 237. Auch 1928 heißt es: „Je radikaler der existenzielle Einsatz, um so konkreter der ontologisch-metaphysische Entwurf" (*Anfangsgründe*, 177).

[403] *Kantbuch*, 237.

geschaffenen Lehrsystems als „das Grundgeschehen beim Einbruch in das Seiende, der mit der faktischen Existenz von so etwas wie Mensch überhaupt geschieht".[404] Der Entwurf des Seinsverständnisses, zu dem immer schon auch seine Verwerfung mit dazugehört, seien als ein Geschehen zu begreifen, das in der Fundamentalontologie ausdrücklich auszubilden ist.

Obgleich es im *Kantbuch* noch Heideggers wesentliches Anliegen ist, die kantische transzendentale Einbildungskraft als seine eigene ursprüngliche Zeit bzw. seine ursprüngliche Zeit als Wurzel der transzendentalen Einbildungskraft zu bestimmen,[405] und er dies über eine Vertiefung des kantischen Schematismus versucht, scheint er bereits hier zu bemerken, dass ein über das Gerüst horizontaler Schemata zu gliedernder Horizont allen Seinsverständnisses einer Erfassung der Phänomene der Geschichtlichkeit und der Bewegtheit des Seins selbst nicht gerecht werden kann. Für ein angemessenes Seinsverständnis ist zwar ein Einsatz erforderlich, aber nicht eines zum Tode vorlaufend entschlossenen Daseins, dessen ursprünglichste Zeitigung seiner Zeitlichkeit in der philosophisch ausdrücklich verstandenen Temporalität des Seins und ihrer Schemata zu bestehen hätte. Der in Frage stehende Einsatz scheint nun vielmehr ein solcher zu sein, der den Entwurf des Seins auf ein allgemeines vorgängiges Verständnis untersucht und sich immer wieder neu in die Transzendenz hineinhält, um das Seinsverständnis und seinen Horizont nicht vorschnell begrifflich einzufrieren und so seine Bewegtheit zu ersticken. Heidegger scheint bereits im *Kantbuch* zu ahnen, dass ein Schematismus des Seinssinnes, wie er ihn in den *Grundproblemen* versuchte, zu formal bleiben muss, um einer Geschichtlichkeit des Seins Rechnung zu tragen.[406]

---

404 *Kantbuch*, 242.

405 Es besteht eine Zweideutigkeit im *Kantbuch* in Hinblick darauf, welche dieser beiden Thesen Heidegger vertritt. Er identifiziert einerseits transzendentale Einbildungskraft und ursprüngliche Zeit (vgl. *Kantbuch*, 175 f., 183), andernorts legt er aber die ursprüngliche Zeit der transzendentalen Einbildungskraft noch zugrunde (vgl. a. a. O., 202, 243). Vgl. dazu Köhler: *Martin Heidegger. Die Schematisierung des Seinssinnes als Thematik des dritten Abschnittes von „Sein und Zeit"*, a. a. O., 78. Die zuletzt genannte Interpretation scheint aber zu überwiegen. Diese Ambivalenz ließe sich möglicherweise damit in Verbindung bringen, dass Heidegger in der Mitte der zwanziger Jahre noch manchmal von „Dasein zeitigt" spricht, so dass hier die transzendentale Einbildungskraft als identisch mit der ursprünglichen Zeit zu sehen wäre, dass er dann aber „Zeitlichkeit zeitigt sich" bevorzugt, so dass für diesen Fall die Interpretation der ursprünglichen Zeit als der Wurzel der „Wurzel" von Sinnlichkeit und Verstand, namentlich der transzendentalen Einbildungskraft, plausibler zu sein scheint. Im Rahmen dieser Interpretation ließe sich im Kantbuch ein Schwanken zwischen „Dasein zeitigt" und „Zeitlichkeit zeitigt" entdecken. Die Grundstruktur der Subjektivität bestimmt Heidegger durch die Zeit als reine Selbstaffektion, die ein Sich-selbst-angehen überhaupt ermöglicht (vgl. *Kantbuch*, 189) und die er mit dem „ich denke" der bei Kant selbst unzeitlichen transzendentalen Apperzeption identifiziert (vgl. a. a. O., 191).

406 Heidegger schreibt zwar 1929 in „Vom Wesen des Grundes" in einer Fußnote, er lasse die temporale Interpretation der Transzendenz „durchgängig und absichtlich beiseite" (Heidegger: Vom Wesen des Grundes (1929), a. a. O., 166 (Fußnote)). Eine Begründung dafür liefert er jedoch nicht. Es finden sich bei Heidegger, wie bereits hinsichtlich der Todesproblematik und in Bezug auf die Schemata „Futurum" und „Präteritum" gezeigt wurde, immer wieder derartige Bemerkungen, die ein absichtliches Aussparen gerade derjenigen Konzepte suggerieren, die sich konzeptuell als die problematischsten erweisen.

In der Verschiebung von Heideggers Endlichkeitsbegriff hin zu einer Angewiesenheit auf ein Sichgebenlassen kündigt sich bereits der in der Vorlesung von 1929/30 entwickelte Begriff einer Grundstimmung der tiefen Langeweile an, aus deren spezifischer Hingehaltenheit und in deren Leere des ausbleibenden Geheimnisses das Dasein Heidegger zufolge allererst hingezwungen wird in die Spitze des Augenblickes.[407] Überdies ist ebenfalls schon der 1930 gedachte und für die Erörterung der heideggerschen „Kehre" immer wieder – auch von Heidegger selbst – herangezogene Vortrag „Vom Wesen der Wahrheit" vorbereitet, in welchem Heidegger es als die Aufgabe der Philosophie bestimmt, sich in eine Gelassenheit der Milde zu bringen, die sich für die Verbergung des Verborgenen offen hält und die deren unversehrtes Wesen ins Offene des Begreifens zu bringen sucht.[408]

Trotz dieser von den Endlichkeitsanalysen aus SZ und von den Temporalitätsanalysen der *Grundprobleme* abweichenden Gedankengänge aus dem *Kantbuch* hat Heidegger Ende der zwanziger Jahre daran festgehalten, dass es darum gehen muss, *den* Horizont für das Seinsverständnis überhaupt zu ermitteln. In einer besonderen Deutlichkeit zeigt sich dies in seiner Davoser Disputation mit Cassirer aus dem Jahr 1929. Cassirer formuliert in seinem letzten Gesprächsbeitrag zu der Auseinandersetzung mit Heidegger, dass das Neue der kantischen und nachkantischen Metaphysik darin bestehe, nicht mehr die Substanz als das eine Zugrundeliegende zu betrachten, sondern eine Vielfältigkeit der Gegenstände in den Vordergrund zu stellen. Das Sein werde dadurch „das Sein, das von einer Mannigfaltigkeit von funktionellen Bestimmungen und Bedeutungen ausgeht", worin, so Cassirer, „mir der wesentliche Punkt der Unterscheidung meiner Position gegenüber Heidegger zu liegen" scheint.[409] Heidegger, der in dieser Diskussion das letzte Wort behält, geht zwar nicht direkt auf Cassirers Worte ein, widerspricht dessen deutlicher Stellungnahme aber dennoch auf eine unmissverständliche Weise, die wegen ihrer Aussagekraft hier in einem längeren Zitat wiedergegeben sei: „Es stellt sich heraus, daß das Sein selbst in einer Mannigfaltigkeit zersplittert ist, und daß ein zentrales Problem darin besteht, den Boden zu gewinnen, um die innere Mannigfaltigkeit der Seinsweisen aus der Idee von Sein zu verstehen. Und mir liegt daran, diesen Sinn von Sein überhaupt als zentral zu gewinnen. Und das einzige Bemühen meiner Untersuchungen ist darauf gerichtet, den Horizont für die Frage nach dem Sein, seiner

---

[407] Vgl. die Analysen zur tiefen Langeweile aus der Vorlesung des Wintersemesters 1929/30 in Heidegger, Martin: *Die Grundbegriffe der Metaphysik. Welt – Endlichkeit – Einsamkeit.* Hg. von Friedrich Wilhelm von Herrmann. Frankfurt am Main: Vittorio Klostermann, 3. Aufl., 2004 (= Gesamtausgabe. II. Abteilung: Vorlesungen 1919–1944. Bd. 29/30), insbesondere das vierte und fünfte Kapitel des ersten Teiles.

[408] Vgl. Heidegger, Martin: Vom Wesen der Wahrheit (1930), in: *Wegmarken*, a. a. O., 177–202, insbesondere 193–199. Der Schluss des *Kantbuches* scheint bereits in diese Richtung zu weisen: „Welches ist das transzendentale Wesen der Wahrheit überhaupt? Wie ist dieses und das Unwesen der Unwahrheit zumal im Grunde der Endlichkeit des Daseins ursprünglich einig mit der Grundbedürftigkeit des Menschen, als ein in das Seiende geworfenes Seiendes, dergleichen wie Sein verstehen zu müssen?" (*Kantbuch*, 246).

[409] Cassirer/Heidegger: Davoser Disputation zwischen Ernst Cassirer und Martin Heidegger, a. a. O., 294.

Struktur und seiner Mannigfaltigkeit zu gewinnen. Das bloße Vermitteln wird nie produktiv weiterbringen".[410] Heidegger, so lässt sich in einer Zusammenfassung des bis hierher Erörterten sagen, scheint also von einer Schematisierung des Seins durch Temporalität als eines letzten Prinzips allen Seinsverständnisses bereits Ende der zwanziger Jahre Abstand zu nehmen, während er nichtsdestotrotz an dem Ziel festhält, den *einen* Horizont zu finden, aus dem her Sein zu verstehen ist – alles andere, so seine Überzeugung, müsse Stückwerk bleiben, dem ein ursprüngliches Verständnis fehlt.

Diese Überzeugung Heideggers zeigt sich auf anderem Wege auch in seiner Vorlesung aus dem Sommersemester 1928 *Metaphysische Anfangsgründe der Logik im Ausgang von Leibniz*. Eine Besonderheit dieser Vorlesung besteht darin, dass Heidegger hier sein Projekt einer so genannten Metontologie entwirft. In der diese Metontologie umreißenden Skizze lässt sich recht deutlich erkennen, was er zu diesem Zeitpunkt unter Metaphysik versteht und wie er sich ihre angemessene Ausarbeitung vorstellt. In einem Anhang zu dieser Vorlesung fasst Heidegger drei Stufen unter den Titel der Fundamentalontologie, welche seines Erachtens die Funktion einer Grundlegung der Ontologie überhaupt einnehmen soll. Die erste Stufe der Begründung der inneren Möglichkeit der Seinsfrage ist mit der in SZ bereits durchgeführten Daseinsanalytik und der Interpretation des Daseins als Zeitlichkeit erreicht. Die zweite Stufe betrifft „die Analytik der Temporalität des Seins".[411] Den diesbezüglichen Versuch aus den *Grundproblemen* greift Heidegger jedoch bereits in dieser Vorlesung nicht wieder auf. An seine Stelle scheint der unten zu erörternde Gedanke der Zeitlichkeit als einer freien Schwingung zu treten. Die dritte, von Heidegger bis zu diesem Zeitpunkt am wenigsten thematisierte Stufe betrifft „die Entwicklung des Selbstverständnisses dieser Problematik, ihre Aufgabe und Grenze", welche zu einem „Umschlag" führe.[412] Dieser Umschlag, der als *metabolé* der Metontologie ihren Namen verleiht, erfolgt Heidegger zufolge nicht von außen durch eine Änderung der Problematik, sondern er ergibt sich aus der Frage nach dem Sein als Sein des Seienden und der Radikalisierung der Seinsproblematik selbst. In dieser zeige es sich, dass das Seinsverständnis „eine mögliche Totalität von Seiendem" zur Voraussetzung hat.[413] Als Konsequenz ergäbe sich daraus „die Notwendigkeit einer eigentümlichen Problematik, die nun das Seiende im Ganzen zum Thema hat" und welche Heidegger angesichts des erwähnten Umschlagscharakters als *„Metontologie"* bezeichnet.[414] Aufgrund dieses in der Fundamentalontologie schon implizierten Umschlages versteht Heidegger die temporale Analytik bereits selbst als die „*Kehre*, in der die Ontologie selbst in die metaphysische Ontik, in der sie unausdrücklich immer steht, ausdrücklich zurückläuft".[415] Aus diesen drei

---

410 Cassirer/Heidegger: Davoser Disputation zwischen Ernst Cassirer und Martin Heidegger, a. a. O., 295.

411 *Anfangsgründe*, 201.

412 *Anfangsgründe*, 196.

413 *Anfangsgründe*, 199.

414 *Anfangsgründe*, 199.

415 *Anfangsgründe*, 201.

Stufen gewinnt Heidegger einen Begriff der Metaphysik, welcher die Einheit von Fundamentalontologie und Metontologie umfasst.[416] Metaphysik beginne nicht erst mit der Ausarbeitung einer Philosophie, sondern das Dasein selbst sei immer schon metaphysisch, weil es als existierendes Seiendes versteht und Sein entwirft. Die Aufgabe der Philosophie sei es, im Anschluss daran dieses metaphysische Wesen der Existenz über die drei genannten Stufen ausdrücklich auszuarbeiten. Heidegger hat allerdings die skizzierte Metontologie noch weniger ausgearbeitet als die „Analytik der Temporalität des Seins". In dem umrissenen Programm einer Fundamentalontologie und Metontologie umgreifenden Metaphysik scheint jedoch dasselbe Grundziel deutlich zu werden, welches sich ein Jahr später in der Disputation mit Cassirer zeigte: über den Weg der auf das Grundexistenzial der ursprünglichen Zeitlichkeit führenden Daseinsanalytik zu einer wie auch immer im Detail bestimmten Temporalität des Seins überzugehen, um allererst von diesem einheitlichen temporal geprägten Seinsverständnis aus auf die Frage nach dem Seienden im Ganzen zurückzukommen.

Der in Hinblick auf die *Anfangsgründe* genannte Gedanke, dass das Dasein metaphysisch sei, sowie die im Zusammenhang mit dem *Kantbuch* erwähnten Überlegungen über ein Grundgeschehen beim Einbruch in das Seiende, welches mit der faktischen Existenz von so etwas wie Mensch überhaupt geschehe,[417] werden in den *Anfangsgründen* in einem Zusammenhang mit der Interpretation der Zeitigung als einer „freie[n] Schwingung der ursprünglichen ganzen Zeitlichkeit" entwickelt.[418] Diese wiederum verknüpft Heidegger mit der Freiheit, welche, so eine zentrale These dieser Vorlesung, der Grund des Grundes überhaupt sei. Was ist der freie Schwingungscharakter der Zeitlichkeit und worum geht es Heidegger mit der Verknüpfung von Zeitlichkeit, Schwingung, Freiheit und Grund? Die Zeitigung der drei sich in einer wechselseitigen Zusammengehörigkeit zeitigenden Ekstasen versteht Heidegger nun als eine Schwingung, in der ein „Überschwung, gesehen auf alles mögliche Seiende, was da faktisch in eine Welt eingehen kann", erfolgt.[419] Mit diesem „Überschwung" meint er, dass das Dasein in seinem Entwurf von Möglichkeiten jeweils über seinen derzeitigen Istzustand, mit Heidegger über den in ihm „schon ruhende[n] Besitz", hinausgeht.[420] Der so verstandene Überschwung verbinde sich aber immer schon mit einem Entzug, welcher darin bestehe, dass dem Dasein durch seine Faktizität, durch sein Sichbefinden inmitten von Seiendem, bestimmte andere Möglichkeiten auch immer schon entzogen sind. Erst aus der Einheit von derartigem Überschwung und Entzug heraus sei ein ursprüngliches Warumfragen und Begründen möglich. Ein solches sei allein aus dem immer schon vorgängigen Seinsverständnis und seiner Aufhellung zu verstehen und durchwaltet von vornherein alles in Bezug auf konkretes Seiendes statthabende Begründen.[421] Aufgrund

416 Vgl. *Anfangsgründe*, 202.

417 Vgl. *Kantbuch*, 242.

418 *Anfangsgründe*, 268.

419 *Anfangsgründe*, 270.

420 Heidegger: Vom Wesen des Grundes, a. a. O., 167.

421 Heidegger: Vom Wesen des Grundes, a. a. O., 167–169.

dieses Zusammenhanges bestimmt Heidegger den die drei Ekstasen vereinigenden Schwung als ein dreifaches Gründen, welches jedem ontischen und spezifisch logischen Begründen immer schon zugrunde liege. In diesem ursprünglichen Grund aber, dessen Ganzes sich in Überschwung, Entzug und Be-gründen, bzw. in einer anderen Formulierung in Möglichkeit, Boden und Ausweis, gliedert, erkennt Heidegger die Freiheit. Daher kann er sagen, dass die Freiheit „der *Ursprung von so etwas wie Grund*", dass sie *„Freiheit zum Grunde"* und *„Grund des Grundes"* sei.[422] Dieses Gründen aus Freiheit dürfe jedoch keinesfalls als eine aus dem Nichts heraus ansetzende Spontaneität missverstanden werden. Vielmehr sei die von Heidegger nun durch eine freie Schwingung gekennzeichnete Zeitlichkeit ein metaphysisches Urfaktum und das in ihr fundierte Gründen sei ein Übertreffen des Seienden.[423]

Diese so verstandene Schwingung aber ist Heidegger zufolge die Bedingung der Möglichkeit dafür, dass überhaupt das geschehen kann, was er „Welteingang von Seiendem" nennt.[424] Diesem Welteingang von Seiendem schreibt er „den Charakter des Geschehens, der Geschichte" zu,[425] ja bezeichnet ihn sogar als „die Urgeschichte schlechthin".[426] An dieser Stelle kündigt sich der spätere Ereignisbegriff bereits deutlich an: Den allein auf der Basis der sich zeitigenden Zeitlichkeit möglichen Welteingang von Seiendem versteht Heidegger hier als ein Ereignis, als „das Urereignis" überhaupt, dessen „Wesen Zeitigung ist".[427] Diesem Begriff eines Welteinganges von Seiendem scheint ein Vorteil gegenüber der vornehmlich durch daseinsmäßige Entschlossenheit gekennzeichneten ursprünglichen Zeitlichkeit aus SZ zuzukommen: Mit der Akzentuierung des Geschehenscharakters der Begegnung zwischen Dasein und Welt kann einem über die individuelle Existenzweise hinausreichenden Verständnis von Sein und Seiendem besser Rechnung getragen werden. Zeitigende Schwingung ermöglicht Welteingang von Seiendem und nicht vorlaufende Entschlossenheit zeitigt eigentlichen Entwurf.

Dennoch bleibt das Dasein in seiner Zeitlichkeit der Grund, aus dessen Entwurf auf Möglichkeiten alles entspringt und in dessen Grund alles zurückläuft. In seinen so bezeichneten Leitsätzen zur Problematik von Sein und Zeit bestimmt Heidegger in § 10 der *Anfangsgründe* das Dasein als ursprüngliche „Mächtigkeit des *Ursprunges*",[428] die in sich selbst schon eine „ursprüngliche *Streuung*" berge.[429] Als solche liege sie jeder faktischen Konkretion, jeder „faktische[n] Zerstreuung" in Leiblichkeit, Räumlichkeit und Geschlechtlichkeit noch zugrunde.[430] Heidegger spricht hier von einer *„metaphysische[n] Isolierung"*, die als Möglichkeitsbedingung auch

---

422 *Anfangsgründe*, 276, 277.
423 Vgl. *Anfangsgründe*, 248, 270.
424 Vgl. *Anfangsgründe*, 270.
425 *Anfangsgründe*, 251.
426 *Anfangsgründe*, 270.
427 *Anfangsgründe*, 274.
428 *Anfangsgründe*, 172.
429 *Anfangsgründe*, 173.
430 *Anfangsgründe*, 173.

noch eines jeden eigentlichen Mitseins fungiere.[431] Das neutrale Dasein vor jeder faktischen Konkretion berge als Mächtigkeit des Ursprunges die inneren Möglichkeiten für jede faktische Konkretion. Welche phänomenologische Rechtfertigung lässt sich aber für die These einer solchen vor-konkreten Neutralität des Daseins geben? Wie kann es in seiner „Mächtigkeit des Ursprunges", aus der heraus die freie Schwingung der Zeitigung geschehen soll, „so, wie es sich von ihm selbst her zeigt", bestimmt werden? Hat man es nicht immer schon mit Konkretionen, mit „konkreten Zerstreuungen" zu tun? Derrida hat die Schwierigkeiten hervorgehoben, die sich hier ergeben. Er weist zum einen darauf hin, dass es in dem von Heidegger angedeuteten Rahmen problematisch ist, eine Ontologie auszuarbeiten, an deren Ursprung stets ein „weder … noch" steht, das die grundlegendsten strukturierenden Konzepte der Existenzialanalyse noch ausschließt oder überschreitet.[432] Zum anderen merkt er an, dass der Begriff der Zerstreuung sowie auch derjenige der Neutralität in SZ den Existenzmodus der Uneigentlichkeit bezeichnen, während diese Begriffe in den *Anfangsgründen* zur Markierung der allgemeinen Daseinsstruktur eingesetzt werden.[433] In gewisser Weise, so ließe sich vielleicht sagen, scheint in Heideggers Konzept einer ursprünglichen Streuung, das eine erstaunliche Nähe zu der Zerstreuung des Verfallens aus SZ zeigt, der Weg bereitet zu sein, um ein konstitutives Wechselspiel ganz verschiedener Weisen des In-der-Welt-seins und ganz verschiedener Weisen der Zeitigung in einer ontologischen Gleichberechtigung gelten zu lassen. Andererseits versteht Heidegger diese ursprüngliche Streuung über die Mächtigkeit des Ursprunges eines vor-konkreten neutralen Daseins, so dass diese sich auftuende Interpretationsmöglichkeit auch wieder zunichte gemacht wird: Letztlich ist alle Konkretion in die eine Einheit und den einen Grund der Mächtigkeit des Ursprunges zurückgenommen und allein aus diesem zu verstehen.

Einerseits scheint in den *Anfangsgründen* abermals das zentrale Problem der *Grundprobleme* aufzutauchen, welches darin bestand, aus der dreifach ekstatisch-horizontalen Zeitigung, in deren Rahmen letztlich jedes Verständnis von Sein und Seiendem zurückfällt, eine Unabhängigkeit des Seins, beispielsweise der Natur oder der Idealitäten, gegen die existenziale Daseinszeitlichkeit zu behaupten. Andererseits jedoch deutet sich in den Gedanken eines ereignishaften Welteinganges von Seiendem, einer ursprünglichen Zeitigung als freier Schwingung, die nicht mehr primär über die vorlaufende Entschlossenheit charakterisiert wird, sowie in einem – von Heidegger selbst sicherlich nicht intendierten – Schwanken im Begriff der Zerstreuung auch ein Zeitverständnis an, das dem vom Dasein selbst nicht kontrollierbaren Geschehenscharakter sowie einer nicht mehr notwendig als abkünftige Zeitigungsweise verstandenen Zerstreuung Rechnung trägt.

---

[431] *Anfangsgründe*, 172. Vgl. a. a. O., 174 f.

[432] Vgl. Derrida, Jacques: Geschlecht. Différence sexuelle, difference ontologique, in: Haar, Michel (Hg.): *Martin Heidegger*. Paris: Editions de l'Herne 1983, 571–597, hier 591/dt.: Geschlecht I. Sexuelle Differenz, ontologische Differenz, in: ders.: *Geschlecht (Heidegger). Sexuelle Differenz, ontologische Differenz. Heideggers Hand*. Übersetzt von Hans-Dieter Gondek. Wien: Passagen Verlag 1988, 11–43, hier 37 f.

[433] Vgl. a. a. O., 594/dt.: 39 f.

Zwei Begriffe aus dem platonischen Hintergrund der heideggerschen Fragestellung nach dem Sein schränken diese gewisse Öffnung der Zeitigungsstruktur jedoch auch wieder beträchtlich ein: das als Weltcharakter und als „über das Sein hinaus" verstandene Umwillen und die als *anamnesis* verstandene so genannte metaphysische Erinnerung. Den Begriff des Umwillen, welcher in SZ das horizontale Schema der Zukunft bezeichnete, greift Heidegger in den *Anfangsgründen* wieder auf. Er bestimmt ihn nun als den Grundcharakter von Welt und als Quelle von Möglichkeit überhaupt.[434] Das Umwillen nehme als das „über das Sein hinaus" die Funktion der platonischen Idee des Guten in dem Sinne ein, dass sich das Dasein in dem ursprünglichsten sich in Freiheit zeitigenden Umwillen eine ursprüngliche Bindung gebe, aus der heraus es sich allererst seine Möglichkeiten vorgeben und auf einzelnes Seiendes zurückkommen könne. Das Umwillen als der Grundcharakter von Welt, so Heidegger, gebe „der Ganzheit ihre spezifisch transzendentale Organisationsform", sei aber letztlich die Grundbestimmung „der Existenz des Daseins", dem es „in seinem Sein in einer spezifischen Weise um dieses selbst geht".[435] Heidegger spricht hier zwar nicht mehr von dem Umwillen als eines horizontalen Schemas des Daseins neben Um-zu und Wovor/Woran. Das Umwillen aber – auch wenn es „faustdicke[r] Unsinn" wäre, hier einen ontischen „extreme[n] Egoismus" des Daseins zu vermuten[436] – bleibt eine spezifisch subjektivitätsbezogene Instanz. Und eben diese macht Heidegger im Sinne des platonischen „über das Sein hinaus" zur Bedingung der Möglichkeit von Verstehen *überhaupt*. Das Umwillen scheint jedoch auch hier so stark an das existierende Dasein und seine spezifische Zeitlichkeit gebunden zu sein, dass kaum vorstellbar ist, wie es angesichts des Umwillen als der Verstehen überhaupt ermöglichenden Instanz möglich sein soll, nur lediglich Bestehendes beispielsweise oder eine sich um den Menschen nicht kümmernde Natur einschließlich der Tiere oder auch ideale Gegenständlichkeiten auf eine angemessene Art und Weise zu verstehen. Diese würden immer schon im Rahmen eines Umwillen verstanden, welches den *Anfangsgründen* zufolge nicht nur den Existenzcharakter des Daseins prägt, sondern auch den primären Weltcharakter überhaupt darstellt.[437] Pöggelers Kritik, nach der Heideggers Orientierung am „Ich bin" als Leitfadenfunktion für die Frage nach dem Sein ein angemessenes Verständnis der unterschiedlichen Regionen von Seiendem gerade verstellt, scheint so auch hier ihre Berechtigung zu finden. Gegen Heideggers Konzentration auf das daseinsmäßige „Ich bin" ist Pöggeler der Auffassung, dass ein angemessenes Verständnis der unterschiedlichen Regionen von Seiendem vielmehr dabei anzusetzen hätte, „das ‚Ich bin' als Individuation unter Individuationen" zu verstehen, wodurch „nicht nur dem ‚Du bist', sondern aus der Selbstunterscheidung des daseinsmäßig Seienden

---

434 Vgl. *Anfangsgründe*, 238 und auch Heidegger: Vom Wesen des Grundes, a. a. O., 161.

435 *Anfangsgründe*, 238, 239.

436 *Anfangsgründe*, 239 f.

437 In der Beilage zu den *Anfangsgründen* „Ferne und Nähe" wird der Tenor dieser Daseinszentrierung noch einmal besonders deutlich: „Philosophieren heißt Existieren aus dem Grunde. [...] Es gilt nur, dass wir ihr in der rechten Weise genügen, d. h. alles und jedes im Philosophieren immer auch schon in uns und zu uns selbst verwandeln" (*Anfangsgründe*, 285).

von nichtdaseinsmäßig Seiendem auch dem ‚Es ist' die gebührende Bedeutung [hätte] gegeben werden können".[438]

Außer in dem Umwillen als dem „über das Sein hinaus" liegt auch in der von Heidegger so genannten *„metaphysische[n] Erinnerung"* ein Verweis auf die platonische Ideenlehre, in diesem Fall auf das Konzept der *anamnesis*.[439] Bei Platon selbst hat die Seele bei ihrem Eintritt in die Verbindung mit dem Körper die ewigen Ideen, in deren Nähe sie zuvor weilte, vergessen und muss dieses Vergessene wiedererinnern, um zu erkennen. Bei Heidegger, der eine Vorgängigkeit der Transzendenz, ein immer schon In-der-Welt-sein als Basis des Erkennens behauptet, handelt es sich nicht um ein solches Wiedererinnern ewiger Ideen. Was aber meint er dann mit seiner Forderung nach einer *anamnesis*? Das Vergessene, welches es Heidegger zufolge wiederzuerinnern gilt und das an die Stelle der platonischen Ideen tritt, ist das Sein selbst. Es ist das Sein als das früher, vormals, im Vorhinein schon Verstandene, welches das faktisch existierende Dasein aber zunächst und zumeist vergessen hat. Der temporale Charakter des vorgängigen Seinsverständnisses ist von dem tendenziell an die Welt, ihre Dinge und Geschäfte verfallenden Dasein erst wieder zu erinnern. Der temporale Horizont des Seins tritt an die Stelle der Ideen: „Ohne den Mythos von der Seele gesprochen: Das Sein hat den Charakter des Früheren, dessen der Mensch, der zunächst und zumeist nur das Seiende kennt, vergessen hat".[440] Wenn die Philosophie eine Herausarbeitung dieses vergessenen Seins unternimmt, könne sie als *anamnesis* in Hinblick auf dieses Frühere verstanden werden. Das, was Heidegger zufolge anstatt der platonischen Ideen immer schon das Frühere ist, das ist die Temporalität des Seins in ihrem apriorischen Charakter. Die Wiedererinnerung betreffe das Sein und offenbart dessen ursprüngliche Zeitbezogenheit in einem „immer schon da und doch immer nur im Wiederzurückkommen darauf erfaßt".[441] Diese Wiedererinnerung sei, so definiert Heidegger abgrenzend, nicht die „vulgäre Erinnerung an ontisch Geschehenes, an Seiendes, sondern die *metaphysische Erinnerung*".[442] Heideggers *anamnesis* betrifft also zwar nicht ein ursprünglich Ewiges wie bei Platon. Sie betrifft aber dennoch ein Ursprüngliches, das in seiner Vorgängigkeit und in seiner Begründungsfunktion wiederzuerinnern ist. Zwar geht es Heidegger aufgrund seines Begriffes einer Transzendenz des unhintergehbar zeitlich existierenden Daseins nicht um ein Wiedererinnern ewiger Ideen. Mit der Interpretation des Umwillen als einer Antwort auf das von Platon gesuchte „über das Sein hinaus" und mit der Forderung einer „metaphysischen Erinnerung" an das immer schon gewusste, aber vergessene Sein in seinem Zeitcharakter zeigt sich aber dennoch ein gewisser, sozusagen zeitlicher „Platonismus" in Heideggers Verständnis von Sein und Zeit. Dieser besteht in der Suche nach einem Ursprung, aus dem heraus und in den zurück alles Verstehen der verschiedensten Arten von Sein und Seiendem erfolgt und so seine Einheit findet.

---

438 Pöggeler: Temporale Interpretation und hermeneutische Philosophie, a. a. O., 27.

439 *Anfangsgründe*, 186. Vgl. zum Begriff der *anamnesis* außerdem *Grundprobleme*, 464.

440 *Grundprobleme*, 465.

441 *Anfangsgründe*, 186.

442 *Anfangsgründe*, 186.

Richir spricht von einem „onto-theologischen" Charakter in Heideggers Denken. Es gehe bei Heidegger zwar nicht um die Ewigkeit eines unzeitlichen göttlichen Verstandes, sondern um einen in der ekstematischen Einheit ursprünglicher Zeitlichkeit gezeitigten Entwurf, der seinen Charakter der Inchoativität nie einbüßt. Dennoch komme die ekstatisch-ekstematische Einheit der Zeitlichkeit einer konzeptuellen Konstruktion und metaphysischen Vision nahe, welche den Platz Gottes im Sinne eines letzten Regulators aller Seinsmodi einnehme.[443] In den obigen Analysen hat sich die Berechtigung dieser Kritik in vielerlei Hinsicht gezeigt. Allerdings wurde auch deutlich, dass Heideggers Zeitlichkeitsanalysen zum einen das große Verdienst zukommt, eine Vielzahl von Zeitphänomenen benannt und unterschieden zu haben, und zum anderen wurden Ansätze erkennbar, die Raum für einen durch das Dasein nicht kontrollierbaren Geschehenscharakter der Zeitigung ließen.

In einem chronologischen Sprung sei nun der Vortrag „Zeit und Sein" herangezogen, der aus dem Jahre 1962, also aus einer viel späteren Schaffensphase Heideggers, stammt. Der Titel dieses Vortrags greift den Titel des fünfunddreißig Jahre zuvor geplanten und nie veröffentlichten dritten Abschnittes des ersten Teiles von SZ wieder auf.[444] Es ist jedoch 1962 keinesfalls Heideggers Anliegen, das Ziel von 1927 wieder aufzugreifen, die Temporalität des Seins aus einer Vertiefung der Zeitlichkeit des Daseins zu entwickeln, um von dort aus auf alles Seiende und seine verschiedenen Seinsweisen zurückzukommen. Heidegger nimmt nun vielmehr sowohl von einer Temporalität des Seins als auch von der Forderung nach einem Einsatz in Hinblick auf eine angemessene Entwicklung der Metaphysik, ja, von einer positiven Einschätzung der Metaphysik überhaupt und sogar von der Forderung nach einer Überwindung der Metaphysik Abstand. Welches neue Verhältnis schreibt Heidegger in diesem späten Text Zeit und Sein zu und in welchem Zusammenhang steht diese späte Repositionierung zu seinen früheren Überlegungen?

Es geht Heidegger nun explizit um den Versuch, das Sein *ohne* das Seiende bzw. ohne Rücksicht auf seine Beziehung zum Seienden zu denken.[445] Da wir vom Seienden aber sagen, dass es ist, und Heidegger diese Formulierung in Hinblick auf Sein und Zeit vermeiden will, stellt er – wie er meint vorsichtiger – die Frage nach dem Verhältnis zwischen „Es gibt Sein" und „Es gibt Zeit". Das „Es gibt Sein" bestehe in einem Schicken, einem Geben, welches nur seine Gabe gibt, sich selbst dabei aber zurückhält und entzieht. Das „Es gibt Zeit" zeige sich seinerseits darin, dass uns in einem Sich-einander-Reichen der drei Ekstasen ein Oszillieren von Anwesen und Abwesen erreicht. Die drei Ekstasen, die nun in Frage stehen, sind aber nicht mehr

---

443 Richir, Marc: *Phénoménologie en esquisses*. Grenoble: Millon 2000 (= Collection Krisis), 11 f. und 16 f. Nach Richir ist Heideggers ursprüngliche Zeitlichkeit eine vergleichbare, nur noch abstraktere transzendentale Illusion, ein vergleichbares ontologisches Simulakrum wie Husserls absoluter Bewusstseinsfluss und verdecke das, was Richir selbst das „phénomène comme *rien* que phénomène", d. i. das „Phänomen als *nichts* als das Phänomen", nennt. Vgl. a. a. O. 15 f. und 17 f. In Richirs Kommentar zu Heideggers Leibniz-Vorlesung geht es um erheblich mehr, als hier angedeutet wird. Im Rahmen der hiesigen Argumentation sei jedoch nur dieser eine Kritikpunkt aufgegriffen.

444 Vgl. SZ, 39.

445 Vgl. ZS, 2, 25.

die der Sorge zugrunde liegenden Ekstasen der Zeitlichkeit des Daseins. Heidegger versucht stattdessen mit der Rede von einem Sich-einander-Reichen, welches uns als ein Ineinander von Anwesen und spürbarem, und in diesem Sinne auch „anwesenden“, Abwesen phänomenal zugänglich werde, den Entzugscharakter von Zeit zu betonen. Sie ist nicht mehr die Zeitlichkeit des Daseins, die es möglichst entschlossen zu zeitigen habe, sondern sie ist die Zeit, die „es gibt“, indem sie uns in der Weise einer Gabe erreicht, dessen Geber verborgen bleibt und für die wir uns nur möglichst offen halten können.

Auch in „Zeit und Sein“ spricht Heidegger aber von einer „eigentlichen Zeit“. Wie ist das angesichts seiner Neuausrichtung des Zeitbegriffes zu verstehen? Das Konzept einer eigentlichen Zeit hat auch jetzt noch mit einer Orientierung auf das Ganze der Zeit zu tun, allerdings auf eine neue Weise. Das dreidimensionale Sich-einander-Reichen der drei Ekstasen, so Heidegger, findet seine Einheit in ihrem eigenen Einander-sich-Reichen, in dem sich das Spiel von Anwesenheit und Abwesenheit formiert. In dieser Einheit des Reichens ergibt sich das, was Heidegger den „Zeit-Raum“ nennt, der nun den Begriff der „eigentlichen Zeit“ ausfüllt.[446] Das „Zuspiel“ selbst aber, das dieses spielende Reichen der drei Ekstasen sei, versteht Heidegger als eine „vierte Dimension“ der Zeit, welche der Sache nach die erste, weil alles bestimmende und Einheit gebende Dimension sei.[447] Wenn Heidegger davon spricht, dass das Reichen auseinander und zueinander hält, so lässt sich darin unschwer der ekstatische und horizontale Charakter der Daseinszeitlichkeit wieder erkennen. Obgleich hier tatsächlich zentrale Momente der Daseinszeitlichkeit wiederzufinden sind, besteht aber ein wichtiger Unterschied darin, dass Heidegger die Gewesenheit nun als „Verweigerung“ und die Zukunft als „Vorenthalt[]“ versteht und in einer „verweigernd-vorenthaltenden Nähe“ das Entzugsmoment in der nun vierdimensionalen Zeit deutlicher hervorhebt.[448] Nicht mehr existiert das Dasein mehr oder weniger entschlossen in eigentlicher Zeitlichkeit, sondern im Zuspiel der Gabe der Zeit blitzen ihm Momente der Gewesenheit auf, die sich aber einer vollen Transparenz verweigern, ebenso wie Momente der Zukunft aufscheinen, ohne dass diese so fixiert wären, dass die Zukunft zu einer nicht mehr vorenthaltenen Gegenwart würde.

Die These, in der diese konzeptuelle Verschiebung gegenüber den früheren Zeitanalysen kulminiert, ist jedoch: Nicht die Zeit selbst, sondern *„das Ereignis“* ist der Ursprung, der beide, Zeit und Sein, allererst in ihr Zusammengehören bestimmt.[449] Es ist damit nicht mehr die Zeitlichkeit des Daseins und nicht mehr die Temporalität des Seins, die allem Seinsverständnis zugrunde liegen. Selbst die neu bestimmte Zeit ist nur die Gabe eines ursprünglicheren „Es“, das die Gabe gibt. Dieses „Es“ ist das Ereignis, das verborgener Ursprung von allem sich uns Zeigenden ist. Es besteht das von Heidegger selbst angezeigte Grundproblem, dass eine jede Rede vom Ereignis der Versuchung unterliegt, in Aussagesätzen über das Ereignis zu sprechen

446 ZS, 14.
447 ZS, 16.
448 ZS, 16.
449 ZS, 20.

und es damit wie etwas Anwesendes zu behandeln, von dem Heidegger es gerade unterscheiden will.[450] Das Ereignis ist zu denken als der Ursprung, aus dem „Es" Sein und Zeit erst „geben" kann. Es ist die letzte Instanz, die Grund für das sich uns mit einem Zeitcharakter zeigende Oszillieren zwischen Anwesenheit und Abwesenheit, zwischen Gegenwart, Gewesenheit und Zukunft bzw. Verweigerung und Vorenthalt ist.

Es geht in „Zeit und Sein" also nicht mehr um eine in vorlaufender Entschlossenheit zu leistende Übernahme der eigenen Faktizität, in der sich das Dasein seine Endlichkeit zueignet. Worum geht es aber dann in der Gabe der eigentlichen Zeit des Zuspiels? Ebenfalls im Gegensatz zu der früheren Forderung nach einem existenziellen Einsatz, der Heidegger erforderlich schien, um in einem Seinsentwurf eine angemessene Metaphysik zu entwickeln, geht es nun um ein Sich-offenhalten für die Gabe der vierdimensionalen Zeit des Reichens. Die Aufgabe ist nun nicht mehr, entschlossen in den Tod vorlaufend die eigene Endlichkeit zu begreifen, sich aus ihr heraus immer wieder in einer existenziellen Distanzierung vom Verfallen aus dem Ganzen der eigenen Zeitlichkeit zu verstehen und sich für eine konkrete Existenz zu entscheiden. Die von „Zeit und Sein" gestellte Aufgabe ist zwar auch ein Sichzurückholen aus „Hindernisse[n]", die wie Aussagesätze zum Beispiel ein angemessenes Denken und eine angemessene Sage des Ereignisses verstellen.[451] Aus der Perspektive von „Zeit und Sein" ist die eigentliche Zeit aber nicht mehr die, die ich entschlossen sozusagen selbst in die Hand nehme, sondern sie ist die, die mir „gegeben" wird, wenn ich sie nicht durch ein Denken und Reden verstelle, das sich am Seienden orientiert.

In diesem späten heideggerschen Denken der Zeit besteht nicht mehr die Gefahr, dass sämtliche Weisen der Zeitigung und überhaupt sämtliche Seinsweisen auf die spezifisch existenziale Zeitlichkeit des Daseins als ihren Grund zurückgeführt werden. Es ist weder eine an der vorlaufenden Entschlossenheit orientierte noch eine durch eine freie Schwingung gekennzeichnete Daseinszeitlichkeit, die als ursprünglicher Zeitbegriff fungiert. Und an die Stelle des horizontalen Schemas der Praesenz, welches in Heideggers frühem Zeitdenken quasi den gesamten Horizont aller drei Ekstasen und aller Seinsmodi zu überformen schien, tritt nun das vom Ereignis gegebene Zuspiel von Anwesenheit und Abwesenheit. Dennoch scheinen auch in diesem Zeitverständnis einige derjenigen Schwierigkeiten bestehen zu bleiben, die sich schon in Heideggers frühem Zeitdenken zeigten. Wie zum Beispiel könnte man aus dem Denken des Ereignisses und seiner Gabe der Zeit auf Fragen nach dem subjektiven Charakter der Zeit, nach dem objektiven Charakter der Zeit, nach dem Verhältnis dieser beiden Perspektiven zueinander, nach der Zeit der Natur, der Zeit oder Nichtzeit von Idealitäten fragen? Wie sind die Zeitcharaktere von Seiendem zu verstehen, das von Heidegger in „Zeit und Sein" gerade explizit ausgeklammert wird? Im Weiteren entstehen bei dem Modell einer Zeit als Gabe Fragen nach der Möglichkeit einer kritischen Instanz: Was garantiert das Offenhalten für das Zuspiel aus dem Ereignis? Wie verhindere ich die „Hindernisse" bei seiner Begegnung?

---

[450] Vgl. ZS, 20.

[451] ZS, 25.

Welches Kriterium rechtfertigt es, herkömmliche Weisen des Zeitverständnisses nur als Verfallserscheinungen der ursprünglichen Zeit des Zuspiels zu verstehen? Ein naheliegender Einwand gegen diese Kritik könnte lauten, dass es Heidegger ja gar nicht um diese Fragen geht, weil er ein ganz anderes, uns herkömmlich verdecktes Zeitverständnis aufdecken will, welches allen diesen anderen Weisen, Zeit zu verstehen, zugrunde liegt. Und obgleich dieser Einwand teilweise zu Recht besteht, scheint es doch so, als könnten diverse Fragen, die uns bei der Frage nach der Zeit interessieren, als könnten diverse Aspekte unseres herkömmlichen Zeitverständnisses, aus Heideggers Ansatz heraus nicht zufrieden stellend beantwortet werden – nicht zuletzt die Frage, warum ausgerechnet Heideggers Zeitverständnis als Ursprung dieser sämtlichen, mit dem Wort „Zeit" in Verbindung gebrachten Charaktere fungieren soll.

Ein entscheidendes Ergebnis von Heideggers Fragen nach dem Zusammenhang von Sein und Zeit ist, dass wir immer schon auf Horizonte entwerfen, die uns die im jeweiligen Fall bestimmte Ausfüllung der Als-Struktur unseres Verstehens von etwas als etwas vorzeichnen. Grenze und Anfang unseres Verstehens sind durch Verweisungszusammenhänge vorgezeichnet, die wir nie vollständig in die Reflexion einholen können. Dass diese Horizonte aber letztlich auf den einen Horizont und einen ihm eigentümlichen temporalen Charakter rückführbar sind, der für sämtliches Verstehen als Instanz der Begründung und Vereinheitlichung fungiert, scheint Heideggers Verdienst, eine Mannigfaltigkeit von Seins- und Zeitverständnisweisen herausgearbeitet zu haben, eher entgegenzustehen.[452] Anstatt eine praesentiale Einheit des Seinshorizontes oder aber auch ein Zuspiel von Anwesenheit und Abwesenheit bzw. von Verweigerung, Nähe und Vorenthalt an den Ursprung eines jeden Seins- und Zeitverständnisses zu setzen, scheint es sowohl angemessener als auch fruchtbarer, eine Vielzahl von spezifischen Horizonten, ihr Ineinanderspielen und ihren Widerstreit zu ermitteln. Denn zeichnen sich nicht diejenigen Horizonte, die unser Verstehen und Entwerfen vorgängig unthematisch bestimmen, gerade durch Pluralität aus? Ein letztes Mal sei hier der Gedanke eines konstitutiven Wechselspieles angeführt, welches, angewendet auf verschiedene Horizonte, die Art und Weise bezeichnen könnte, wie sich eine Vielzahl von spezifischen Verweisungszusammenhängen wechselseitig fördert und zur Ausdifferenzierung bringt. Aufgabe wäre es, diese spezifischen Horizonte zu reflektieren, wenn es auch nicht möglich ist, sie ganz in die Reflexion einzuholen, um die noch unreflektierten Konflikte herauszuarbeiten, in denen sie miteinander stehen sowie ihr Ineinandergreifen zu

[452] Das Problem verschiedener Weisen des Verstehens von Zeit, für die nicht einzusehen ist, warum sie in eine Ordnung der Ursprünglichkeit und des Verfallens gebracht werden sollten, ist mit einer Schwierigkeit verwandt, welche Tengelyi in Hinblick auf Heideggers Ereignisbegriff für das Denken des Fremden aufzeigt: Obgleich Heidegger Ereignis mit Enteignis zusammendenkt, bleibt die genauere Bedeutung des Enteignisses im Dunkeln und das als „singulare tantum" gedachte Ereignis lässt letztlich keinen Platz für das Fremde. Vgl. Tengelyi: *Der Zwitterbegriff Lebensgeschichte*, a. a. O., 162 f. Vgl. auch ders.: Verantwortlichkeitsethische und fundamentalontologische Schuldauslegung, in: Fehér, István (Hg.): Wege und Irrwege des neueren Umganges mit Heideggers Werk. Ein deutsch-ungarisches Symposium. Berlin: Duncker & Humblot 1991, 151–174, hier 173 f.

verfolgen. Dabei aber nach dem einen Horizont zu suchen, der allen zugrunde liegt und alle vereinheitlicht, scheint ein Ziel zu sein, welches zu einem Seins- und Zeitbegriff führt, der entweder keine Aussagekraft mehr hat oder der zumindest nicht in der Lage ist, ein plausibles Fundament für die Vielfalt unseres Seins- und Zeitverständnisses zu geben. Möglicherweise ist es aber gerade eines der größten Verdienste des heideggerschen Denkens, auf dem Wege des großen und unermüdlichen Versuches über Sein und Zeit die Suche nach dem einen Grund für alles so weit geführt zu haben, dass es auf eine ausgezeichnete Weise deutlich werden konnte, inwiefern es weder fruchtbar noch möglich zu sein scheint, den *einen* Horizont für alles Seinsverständnis zu erreichen und ihn durch ein einziges geschlossenes Konzept von Zeit zu bestimmen.

3.4 Resümee: Aporizität in Heideggers Zeitdenken

In diesem Resümee soll es darum gehen, Heideggers Zeitdenken und die in seinem Kontext entwickelten Probleme zusammenzufassen und mit den Zeitaporien Ricœurs in Verbindung zu bringen. Der Bezug zu der von Ricœur markierten Problematik wurde in der Auseinandersetzung mit Heidegger bisher ausgespart, da es bei Heidegger aufgrund der systematischen Verflechtung aller das Zeitdenken betreffenden Aspekte sinnvoller erschien, dieses zunächst im Ganzen zu betrachten. Nun aber soll es um die Frage gehen, inwiefern die zentralen Schwierigkeiten, die sich in den obigen Analysen in Hinblick auf Heideggers Zeitdenken ausmachen ließen, mit den drei Aporien zusammenhängen, welche Ricœur als notwendige Aporien für jedes Denken der Zeit behauptet. Es sei zu diesem Zweck abermals kurz an den Inhalt dieser drei Aporien aus *Temps et récit* erinnert: Erstens handelt es sich um das vermeintlich aporetische Verhältnis eines gerichteten, subjektiven Zeiterlebens zu einer starren, objektiven Zeitordnung, zweitens um die vermeintlich fehlende Begründung der Annahme der Einheit der Zeit sowie drittens um die vermeintliche Unerforschlichkeit des Ursprungs der Zeit. Lassen sich diese drei Aporien auch in Heideggers Zeitdenken wiederfinden? Und, wenn ja, auf welche Weise?

Die erste Aporie, welche das Verhältnis eines gerichteten Zeiterlebens zu einer starren Zeitordnung betrifft, scheint sich bei Heidegger tatsächlich auf eine besondere Weise finden zu lassen. Zwar wäre es verfehlt, bei ihm eine subjektive einer objektiven Zeit gegenüberzustellen. Auch zeigt sich die Aporie keineswegs in der Form, wie sie hier für Husserl behauptet wurde, d. h. in einem Retentionsphänomen, dessen faktisches Zusammen von Fließen und Starrheit sich begrifflich nicht fassen lässt. Sondern das, was Ricœur in einem weiteren Sinne mit dieser ersten Aporie zu markieren sucht, scheint bei Heidegger auf exemplarische Weise in dem problematischen Verhältnis einer vermeintlich ursprünglichen, ekstatisch-horizontalen Zeit und eines vermeintlich abkünftigen vulgären Zeitbegriffes seinen Ausdruck zu finden. Auf den verschiedenen Zeitigungsebenen, die Heidegger im Sinne einer ontologischen Hierarchie der Abkünftigkeit zu entwickeln sucht, zeigte sich in diversen Zusammenhängen das Problem, dass die ontologisch vermeintlich ursprünglichste Ebene einer ekstatisch-horizontalen Zeit immer schon auf Zeitbegriffe, und sogar nicht nur auf Zeitbegriffe, angewiesen zu sein schien, die Heidegger selbst erst auf ontologisch weniger ursprünglicher Ebene ansiedelt. Welche Problematiken waren hier zentral? Im Rahmen von Heideggers Charakterisierung der ursprünglichen Zeit und deren ursprünglichster existenzieller Ausprägung in der eigentlichen Zeit schien es problematisch, auf dieser ontologisch ursprünglichsten Zeitebene eine eigenständige Ekstase der Gegenwart auszumachen. Die „eingeschlossene", „gehaltene" Gegenwart schien sich nicht anders denken zu lassen als in einem Hin und Her zwischen Zurückhaltung aus dem einerseits und Einmischung in das Gegenwärtigen des Begegnenden andererseits. Diese Unsicherheit bei der Bestimmung der Gegenwart tauchte abermals in der Konkurrenz von Verfallen und Rede in Hinblick auf den alltäglichen Charakter der Gegenwart auf. Nicht nur jedoch lässt sich eine „ursprüngliche" Gegenwart nicht ohne Aspekte denken, die Heidegger erst auf einer weniger ursprünglichen Ebene entwickeln will, sondern auch die Räumlichkeit lässt sich der vermeintlich ursprünglichen Zeit nicht in dem Sinne ontologisch unterordnen, wie Heidegger es in SZ noch versuchte. Da Heidegger überdies die Wissenschaften in letzter Instanz der an der in den Tod vorlaufenden Entschlossenheit orientierten ursprünglichen Zeit ontologisch unterordnet, entstand in Heideggers Einschätzung der Wissenschaften eine Zweideutigkeit, in der er wissenschaftliche Forschung tendenziell dem Verfallen zurechnet. Die verschiedenen Wissenschaften und ihre Zeitlichkeit ordnet er derart der ursprünglichen Zeit unter, dass sie für die ursprünglichste Zeitigungsweise, d. h. für die in den Tod vorlaufende Entschlossenheit, keine konstitutive Funktion einnehmen können, weil sie erst auf einer weniger ursprünglichen Ebene angesiedelt sind. Auf exemplarische Weise zeigte sich dies im Rahmen von Heideggers Begriff der Geschichtlichkeit, für den das nur „sekundär geschichtliche", dem Rahmen der Innerzeitigkeit zugewiesene Zeug keine konstitutive Funktion einnehmen sollte. Geschichtlichkeit ist SZ zufolge allein aus der am jemeinigen Vorlaufen orientierten Wiederholung, nicht aber über die Auseinandersetzung mit innerzeitigem, sekundär geschichtlichem Zeug zu verstehen. In Hinblick auf den Begriff des Geschickes schien daher auch weniger die Möglichkeit einer Verbindung zu einer „nationalsozialistischen Ideologie" problematisch, sondern vielmehr der Umstand, dass Heideggers Geschichtlichkeitsbegriff so sehr an dem jemeinigen, entschlossen vorlaufenden Einzelnen orientiert ist, dass sich die Frage nach einer darüber hinausgehenden Relevanz der Geschichtswissenschaft aufdrängt. Es wurde hier vorgeschlagen, dass man eine solche im Rahmen von SZ zumindest in einer Fürsorge des Historikers sehen könnte, der in möglichst umfangreicher Erschließung dagewesener Möglichkeiten seine Mitdaseine auf dem Weg zu einer eigentlichen Existenz unterstützen kann. Wie um sekundär geschichtliches Zeug so kann es im Rahmen von Heideggers Priorisierung der vorlaufenden Entschlossenheit aber auch um die Menschen der Vergangenheit immer nur sekundär gehen. Und in letzter Instanz ist all dies darauf zurückzuführen, dass Heidegger der ursprünglichen Zeit, die sich primär an der jemeinigen vorlaufenden Entschlossenheit zeigt, die höchste ontologische Dignität zuspricht. Im Zusammenhang von Heideggers Zeitbegriffen einer Weltzeit und eines vulgären Zeitbegriffes ist hier in Anlehnung an diverse Stimmen aus der Heidegger-Forschung der Versuch gemacht worden zu zeigen, dass auf den ontologisch vermeintlich abkünftigsten Zeitbegriff der vulgären Zeit immer schon zurückzugreifen ist, wenn man Heideggers Begriffe der ursprünglichen Zeit, der Geschichtlichkeit und der Weltzeit verstehen will. Die Weltzeit bildet in Heideggers ontologischer Hierarchisierung der Zeitbegriffe gewissermaßen den Übergangsbegriff zwischen der ekstatisch-horizontalen Zeit und der vulgären Zeit, da sie aus dem gerichteten Besorgen gezeitigt wird, aber bereits mit geordneten Sequenzen rechnet. Heidegger erläuterte sie über die Sonne und es schien, dass die Sonne sein Konzept der Weltzeit gerade deshalb so gut verdeutlichen kann, weil sie kein Begriff, sondern ein Bild ist. Im Durchgang durch SZ hat sich auf diese Weise immer wieder Ricœurs erste Aporie darin bestätigt, dass es Heidegger nicht zu gelingen scheint, seine ursprüngliche Zeit als denjenigen Zeitbegriff auszuweisen, aus dem als einer ontologischen Begründungsinstanz alle anderen Zeitbegriffe erklärt werden könnten. Wiederholt ist hier der Vorschlag gemacht worden, Heideggers Versuch einer ontologischen Hierarchisierung der verschiedenen Zeitigungsweisen durch ein konstitutives Wechselspiel dieser verschiedenen Zeitigungsweisen zu ersetzen. An die Stelle einer Hierarchie zwischen Ursprung und Abkunft würde dann ein begrifflich nichtsynthetisierbares Ineinanderspielen treten, das verschiedene Zeitigungsweisen, sowie auch Dasein, Welt und Zeit überhaupt, als ontologisch gleichwertig auffasst. Aufgabe wäre es dann, für verschiedene Geltungsbereiche die wechselseitige Beeinflussung, Förderung, Differenzierung, aber auch Einschränkung dieser Aspekte zu untersuchen, ohne dies letztlich auf eine systematische Ordnung mit einem Ursprung zurückzuführen. Rückgriffe auf nichtbegriffliche, sondern metaphorische Redeweisen, die der heideggerschen Rede von der Sonne im Zusammenhang der Erläuterung der Weltzeit verwandt wären, könnten bei der Beschreibung eines solchen Wechselspiels dienlich sein.

Ricœurs zweite Aporie aufgreifend ist nach Heideggers Begründung einer Einheit der Zeit zu fragen. Begründet Heidegger aber überhaupt die Einheit der Zeit? Um auf diese Frage zu antworten, könnten ebenfalls verschiedene Aspekte aus Heideggers Zeitdenken aufgegriffen werden. Erstens lässt sich aufgrund von Heideggers ontologischer Anordnung der Zeitbegriffe nach Ursprünglichkeit sagen, dass die Einheit der Zeit durch die Einheit der auf das endliche Ganze blickenden ursprünglichen Zeit zusammengehalten wird. Je stärker sich das jemeinige Dasein in vorlaufender Entschlossenheit zeitigt, desto fester ist die Einheit der Zeit. Je stärker es an den Umgang mit den Dingen und an das Besorgen des gerade Anfallenden verfällt, desto mehr bricht die Zeit auseinander, da der Hinblick auf das Ganze der eigenen Endlichkeit verloren geht und Zeit als vorhandene Jetztmannigfaltigkeit im Vordergrund steht. Es scheint, dass sich die Einheit der Zeit bei Heidegger allein auf diese Weise begründen lässt und nicht durch einen Rekurs auf eine intersubjektiv gültige Zeit oder eine Zeit der Natur, da diese in Heideggers Systematisierung verschiedener Zeitbegriffe stets nur einen sekundären Status gegenüber der ursprünglichen Zeit einnehmen können. In der Begründung der Einheit der Zeit durch das jemeinige Dasein lässt sich in Heideggers existenzialanalytisch orientierter Zeitanalyse im Ansatz die Begründungsfunktion der einen Subjektivität für die Einheit der Zeit bei Husserl wiederfinden. Während in Husserls späteren Texten jedoch das einzelne Ich als Monade schon durch andere geprägt und auf eine intersubjektive Zeitkonstitution hin orientiert ist, scheint für Heidegger die Einheit der Zeit, trotz Mitsein, in letzter Instanz immer die Einheit *meiner* Zeit zu sein. Im Kontext der *Grundprobleme* findet sich durch Heideggers Ansatz zu einem Temporalitätsbegriff vielleicht noch eine andere Antwort auf die Frage nach der Einheit der Zeit. Die Temporalität, die die „ursprünglichste Zeitigung der Zeitlichkeit" hätte sein sollen, sollte das Sein überhaupt als temporal ausweisen und ihr wäre so der Status eines Zeitbegriffes zugekommen, der alles Seiende und alles Sein umgreift. Das von Heidegger allein entwickelte horizontale Schema der Praesenz, welches bereits sowohl Anwesenheit als auch Abwesenheit umfasste, schien jedoch ein ontologisch so weit formalisierter Begriff zu sein, dass offen blieb, wie die Entwicklung von geplanten Schemata wie Futurum und Präteritum hätte aussehen sollen. Ebenfalls offenzubleiben schien, wie auf der Basis einer so allgemein gefassten Temporalitätsbestimmung eine Differenzierung der verschiedenen Seinsweisen hätte erfolgen können und auf welche Weise die Temporalität noch als ursprünglichste Zeitigung der Daseinszeitlichkeit zu verstehen gewesen wäre. Die Praesenz schien so zwar gewissermaßen auf den letzten temporalen Horizont des Seins überhaupt hinzudeuten, welcher in seinem Zeitcharakter einem jeden Seinsverständnis überhaupt zugrunde liegt. Als dieser letzte temporale Horizont hätte sie dann nicht nur jedem Verständnis von Zeit, sondern jedem Seinverstehen überhaupt Einheit verliehen. Heideggers Versuch einer Entwicklung dieser Temporalität schien jedoch auf einen Seins- und Zeitbegriff zu führen, welcher so formal blieb, dass er weder als die ursprünglichste Zeitigung der zukunftsorientierten Daseinszeitlichkeit noch als ein aussagekräftiger temporaler Seinsbegriff plausibel wurde.

Findet sich schließlich bei Heidegger auch eine Problematik der Unerforschlichkeit der Zeit, in welcher ein Ausdruck von Ricœurs dritter Aporie gesehen werden könnte? Zeigt sich auch bei Heidegger eine Schwierigkeit, die derjenigen vergleichbar wäre, die sich bei Husserl daraus ergibt, dass der Ursprung der Zeit immer nur nachträglich und schon selbst zeitlich erfasst werden kann, während sich das eigentlich ursprüngliche Moment immer schon zurückhält in einem unanschaulichen, verborgenen und instinkthaften Bereich? Anders als Husserl fragt Heidegger zumindest zunächst nicht nach dem Ursprung der Zeit, sondern nach der ursprünglichen Zeit.[453] Diese muss nicht erst konstituiert werden, sondern ist immer schon ekstatisch-horizontale Zeitlichkeit. Dennoch scheint sich bereits hier bei Heidegger ein Ausdruck der dritten Aporie finden zu lassen, wenn er den einen Ursprung bzw. den einen Horizont für alles Zeitverständnis und alles Seinsverständnis sucht und diesen durch einen temporalen Charakter bestimmen will. Es ist bei Heidegger zwar nicht mehr das zeitkonstituierende Bewusstsein, dessen phänomenal aufweisbare Anschaulichkeit sich dem phänomenologischen Blick immer wieder zu entziehen scheint. Aber der Versuch, eine am Ursprung eines jeglichen Verstehens von Sein

---

[453] Auch dies hat Husserl vielleicht bei seiner Lektüre des *Kantbuches* zur Kenntnis genommen, wenn er zum Ende des § 34 über die „Zeit als reine Selbstaffektion" in einer Randbemerkung anmerkt: „Ursprung der Zeit ist nicht ursprüngliche Zeit" (Breeur: Randbemerkungen Husserls zu Heideggers *Sein und Zeit* und *Kant und das Problem der Metaphysik*, a. a. O., 55).

und Seiendem liegende ursprüngliche Zeit, die auch noch der „früher" als Subjektivität und Objektivität angesiedelten Weltzeit zugrunde liegen soll, und einen alles Verstehen umgrenzenden und fundierenden einzigen, temporalen Horizont nachzuweisen, scheint nicht weniger problematisch zu sein. Nicht nur schien es in SZ so, dass die vermeintlich ursprüngliche Zeit immer schon auf den vulgären Zeitbegriff zurückgreifen musste, sondern auch die Praesenz der Temporalität schien wenig geeignet, um als temporaler Ursprungsbegriff des Seins- und Zeitverstehens zu fungieren. In Texten, die nach 1927 verfasst wurden, hat Heidegger zwar nicht mehr nach einem durch horizontale Schemata strukturierten letzten Prinzip der Temporalität gesucht, sondern akzentuierte zunehmend den nicht ein für alle Mal festzusetzenden Geschehenscharakter des Seinsverständnisses. Aber auch dann, dies wurde auf exemplarische Weise in der Davoser Disputation mit Cassirer deutlich, suchte Heidegger nach dem einen, durch einen temporalen Grundcharakter zu kennzeichnenden Horizont, aus dem heraus allein er ein angemessenes Verstehen von Sein und Seiendem für möglich hielt. In den *Anfangsgründen* und deutlicher noch in dem Vortrag „Zeit und Sein" von 1962 entwickelte Heidegger dann schließlich ein Zeitverständnis, das sich von der Frage nach der ursprünglichen Zeit hin zu derjenigen nach dem Ursprung der Zeit verschiebt. Aber natürlich ging es ihm dabei nicht in einem husserlschen Sinne darum, ein zeitkonstituierendes Bewusstsein als den Ursprung der Zeit nachzuweisen. Heideggers Überlegungen zielten vielmehr in den *Anfangsgründen* auf ein vor-konkretes neutrales Dasein, das er durch eine ursprüngliche Streuung kennzeichnete, die jeder faktischen Zerstreuung vorhergehe, um schließlich in „Zeit und Sein" den Ursprung der Zeit in dem Ereignis zu sehen, welches er als den selbst entzogenen Geber von Sein und Zeit bestimmte. Während Husserl seine Suche nach einer anschaulichen Gegebenheit des letzten konstituierenden Bewusstseins erst mit dem apodiktischen, aber nicht anschaulichen Ur-Ich aufgegeben zu haben scheint, behauptet Heidegger, im Ansatz schon 1928 und ganz bestimmt 1962, gerade die grundsätzliche Entzogenheit des Ursprungs der Zeit. Und dennoch ist *das* Ereignis für ihn *der* Ursprung der Zeit. In dem Vortrag von 1962 besteht zwar nicht mehr die Gefahr, alle denkbaren Zeitigungsweisen auf die spezifische Daseinszeitlichkeit zurückzuführen. Aber angesichts der Entzogenheit des gebenden Ereignisses ließe sich nun fragen, weshalb denn überhaupt von dem einen Ereignis auszugehen ist, das als der Ursprung nicht nur des Zeitverständnisses, sondern von Sein und Zeit überhaupt fungiert. Bei diesem gebenden und als Geber selbst entzogenen Ursprung der Zeit scheint es offenzubleiben, warum alle anderen möglichen Weisen des Zeitverständnisses Verfallserscheinungen einer ursprünglichen, aus dem Zuspiel dieses Ereignisses verstandenen Zeit sein sollen. Es bleibt offen, wie überhaupt verschiedene Phänomene unseres Zeitverständnisses, einschließlich der Zeitaspekte von Seiendem, das Heidegger hier explizit ausklammert, aus diesem Ursprung verständlich gemacht werden könnten und sämtlich in ihm, dem selbst entzogenen einen Ereignis, zu fundieren wären. Wäre es nicht, um noch einmal mit SZ zu sprechen, bei dem Versuch, „[d]as was sich zeigt, so wie es sich von ihm selbst her zeigt, von ihm selbst her sehen [zu] lassen", sinnvoller,[454]

[454] SZ, 34

anstatt der späten heideggerschen Annahme eines einzigen gebenden Ursprungs, aus dem alles zu verstehen ist, das Ineinanderspielen verschiedener Horizonte unseres Verstehens von Zeit und Sein zu untersuchen? Sind diese Horizonte nicht so unterschiedlich und auch so widersprüchlich, dass es fruchtbarer wäre, ihre Vielschichtigkeit so weit wie möglich ausdrücklich in das Denken einzuholen und ihre Widersprüchlichkeiten aufzudecken, anstatt durch die These eines Ereignisses als des entzogenen Gebers von Zeit alle Zeitphänomene, die nicht dem Zuspiel des vierdimensionalen Reichens entsprechen, als Verfallserscheinungen zu verstehen?

In Heideggers Zeitdenken kommt also eine vielfache Aporizität der Zeit zum Vorschein, und zwar erstens in dem scheiternden Versuch, ursprüngliche Zeit und vulgären Zeitbegriff in ein ontologisches Fundierungsverhältnis zu bringen, zweitens in den scheiternden Versuchen, alle Zeitigungsweisen durch die an der eigentlichen vorlaufenden Entschlossenheit ausweisbare ursprüngliche Zeit oder durch die Temporalität des Seins überhaupt oder schließlich durch das entzogene, Zeit und Sein gebende Ereignis zu vereinheitlichen und drittens bleibt jeder Versuch, den Ursprung der Zeit, sei es durch eine ursprüngliche Zeit, durch eine Temporalität des Seins oder durch das Ereignis, nachzuweisen, aporetisch. Diese mehrfache Aporizität der Zeit fungiert jedoch wie bereits bei Husserl auch bei Heidegger als Movens einer stetigen Vertiefung der Zeitanalysen und führt damit zu einer Herausarbeitung vielfältiger Zeitphänomene, welche allein durch eine Differenzierung der Aporetik der Zeit ermöglicht wurden.

Kapitel 4
Ricœur – Aporizität der Zeit und praktische Vermittlung

Bald ruft Augustinus aus: Hier weiß ich! Hier glaube ich! Bald fragt er: Habe ich nicht nur geglaubt zu verstehen? Verstehe ich, was ich zu wissen glaube? Gibt es also einen fundamentalen Grund, der bewirkt, dass das Zeitbewusstsein dieses Abwechseln von Gewissheit und Zweifel nicht überschreiten kann?

Paul Ricœur, *Temps et récit III*

4.1 Der Ausgangspunkt: die Kritik an Husserl und Heidegger und die „voie longue"

Nicht nur für sein Zeitdenken, sondern für die gesamte philosophische Position von Paul Ricœur sind Husserl und Heidegger von herausragender Bedeutung.[1] Die Grundüberzeugungen, die Ricœurs Schriften zu speziellen Problemen und so auch zu dem Thema Zeit zugrunde liegen, haben sich in einigen wesentlichen Zügen aus seiner Beschäftigung mit diesen beiden Denkern entwickelt. Die Ergebnisse seiner Auseinandersetzung sowohl mit der Phänomenologie Husserls als auch mit der Geschichte der Hermeneutik von der Bibelexegese bis zu Gadamer hat Ricœur in diversen Aufsätzen zugespitzt. Worum es ihm dabei geht, „ist die Möglichkeit, weiterhin mit ihnen und nach ihnen [Heidegger und Gadamer, I.R.] zu philosophieren – ohne Husserl zu vergessen".[2] Die Beschäftigung mit Husserl und Heidegger

[1] In der ursprünglich an eine englische Leserschaft analytischer Philosophen gerichteten Schrift „De l'interprétation" hat Ricœur die philosophische Tradition, der er sich zurechnet, folgendermaßen gekennzeichnet: „Sie steht in der Linie einer *Reflexionsphilosophie*; sie bleibt im Einflussbereich der husserlschen *Phänomenologie*; sie will eine *hermeneutische* Variante dieser Phänomenologie sein". Ricœur: Paul: De l'interprétation, in: *Du texte à l'action. Essais d'herméneutiques II.* Paris: Éditions du Seuil 1986, 13–39, hier 29. Unter „Reflexionsphilosophie" versteht Ricœur „*en gros* die Art des Denkens, welche aus dem cartesianischen Cogito über Kant und die im Ausland wenig bekannte französische postkantianische Philosophie hervorging, innerhalb derer Jean Nabert der für mich bedeutendste Denker gewesen ist" (ebd.).

[2] Ricœur, Paul: Phénoménologie et herméneutique: en venant de Husserl, in: *Du texte à l'action. Essais d'herméneutiques II*, a. a. O., 43–81, hier 43.

I. Römer, *Das Zeitdenken bei Husserl, Heidegger und Ricœur,*
DOI 10.1007/978-90-481-8590-0_4, © Springer Science+Business Media B.V. 2010

kulminiert so bei Ricœur in der Frage, ob sich eine hermeneutische Phänomenologie entwickeln lässt, die Phänomenologie mit Hermeneutik kombiniert und in einer neuen Variante dieser beiden Strömungen sich aus Husserls und Heideggers Ansätzen ergebende Schwierigkeiten überwinden oder umgehen kann. Die hier angesprochenen Aufsätze zu den Grundlagen einer kritischen hermeneutischen Phänomenologie stammen aus den 70er und 80er Jahren, können aber meines Erachtens im Wesentlichen auch noch für Ricœurs späteres Denken als methodisch grundlegend angesehen werden. Sie sind in dem Band *Du texte à l'action. Essais d'herméneutique II* versammelt. Eine anhand dieser Texte erfolgende Einleitung in Ricœurs Auseinandersetzung mit den Ansätzen von Husserl und Heidegger soll in seine eigene hermeneutische Phänomenologie einführen und gleichzeitig seine philosophische Positionierung im Verhältnis zu Husserl und Heidegger deutlich machen. Diese Skizzierung von Ricœurs generellem Ansatz zu einer hermeneutischen Phänomenologie ermöglicht in der Folge eine Einordnung seines Versuches dessen, was sich als eine hermeneutische Phänomenologie der Zeit bezeichnen lässt.

In dem Aufsatz „Phénoménologie et herméneutique: en venant de Husserl", welcher erstmalig 1975, dem Erscheinungsjahr von *La métaphore vive*, publiziert wurde, konzentriert Ricœur seine Kritik an dem, was er „Husserls Idealismus" nennt, um auf deren Basis programmatisch wesentliche Grundzüge seiner hermeneutischen Phänomenologie zu entwickeln.[3] Ricœur ist sich bewusst, dass er in diesem Text eine stark schematisierende Darstellung einiger Grundthesen des husserlschen Idealismus vornimmt, welche sich schon mit Husserls eigenen Texten relativieren ließe. Er selbst geht bereits am Ende des Textes bei seiner Erläuterung der hermeneutischen Voraussetzung der Phänomenologie in diese Richtung. Diese etwas einseitige Darstellung „des husserlschen Idealismus" verleiht aber Ricœurs eigenem Vorhaben besonders deutliche Konturen.

Seine erste Kritik richtet sich dagegen, dass Husserls Ideal der Wissenschaftlichkeit in keiner Kontinuität mit den Wissenschaften stehe, sondern seine Letztbegründung in einer anderen Ordnung suche. Dem setzt Ricœur das ontologisch verstandene Verstehen entgegen, in das wir in unserem Sein immer schon verstrickt seien. Noch stärker als dem heideggerschen Konzept des In-der-Welt-seins schließt Ricœur sich dabei Gadamers Begriff der Zugehörigkeit an, die Ricœur mit *appartenance* übersetzt und weiterentwickelt. In der *appartenance* denkt Ricœur ein Einschlussverhältnis, das sowohl das vermeintlich autonome Subjekt als auch das vermeintlich gegenüberliegende Objekt umgreift und so der Subjekt-Objekt-Relation noch zugrunde liegt. Das nach Ricœur erforderliche Zurückgehen hinter die Subjekt-Objekt-Relation, die ihm zufolge im husserlschen Idealismus noch als ursprünglich verstanden werde, komme in der gadamerschen Zugehörigkeit deutlicher zum Tragen als in Heideggers In-der-Welt-sein.[4]

---

[3] Ricœur: Phénoménologie et herméneutique: en venant de Husserl, a. a. O.

[4] „Trotz der Prägnanz des Sinnes des Ausdrucks ‚In-der-Welt-sein' habe ich ihm, Gadamer folgend, den Begriff der Zugehörigkeit (*appartenance*) vorgezogen, welcher unmittelbar den Konflikt mit der Subjekt-Objekt-Beziehung aufwirft und die spätere Einführung des Begriffes der Dis-

Ricœurs zweite Kritik an Husserl betrifft dessen Forderung nach einem Rückgang zur Intuition. An die Stelle der Intuition setzt Ricœur die ihm zufolge ebenfalls der Reflexion vorhergehende Interpretation. Wo ontologisches Verstehen und *appartenance* ist, sei auch immer schon Interpretation. Diese aber dürfe nicht als Verstellung einer Intuition begriffen werden. Ricœur beruft sich hier auf Heideggers Begriff der Auslegung, dem zufolge das Verstehen durch Auslegung nicht etwas anderes, sondern erst es selbst werde. Ein solch' spontaner Prozess der Interpretation, so Ricœur, gehört bereits zur einfachsten Stufe des Verstehens, so dass jeder Interpret immer *in medias res* und nie am Anfang oder am Ende beginne. Nur eine totale Vermittlung könnte dem husserlschen Ideal einer ersten und letzten Intuition entsprechen. Eine solche aber sei nie zu erreichen, da dem Interpretationsprozess eine prinzipielle Unabschließbarkeit eigne. Ricœur vergleicht den Anspruch der idealistischen Phänomenologie auf Intuition mit einem hegelianischen absoluten Wissen, welches sich in der Phänomenologie lediglich von der spekulativen auf die intuitive Ebene verschoben habe.

In seiner dritten Kritik an Husserl stellt Ricœur den Letztbegründungsanspruch der Subjektivität und die Unanzweifelbarkeit der Immanenzsphäre in Frage. Auch das Subjekt selbst, so Ricœur, müsse der radikalen Kritik unterzogen werden, der die Phänomenologie alles Erscheinen unterwirft. Die Ideologiekritik und die Psychoanalyse könnten zeigen, dass die Selbsterkenntnis genauso zweifelhaft wie die Erkenntnis der Objekte ist. Auch wenn Ricœur selbst bei diesem Kritikpunkt immer wieder die Rolle der Ideologiekritik und der Psychoanalyse und im Zusammenhang damit die Bedeutung von Nietzsche, Marx und Freud hervorhebt, ließe sich auch Heideggers Hinweis auf das zum Verfallen an die Welt tendierenden, seine Eigentlichkeit zunächst und zumeist verfehlenden Daseins als eine ähnlich geartete Kritik an einer vermeintlichen Selbsttransparenz des Subjektes anführen. Im Einklang mit seinem Interpretationsbegriff könne Ricœur zufolge auch eine solche Kritik nie absolut werden, sondern unter dem Vorzeichen einer anhaltenden Vorläufigkeit immer nur aus dem Vorverständnis heraus operieren. Diese ideologiekritische Infragestellung der Selbsterkenntnis ist eine Funktion derjenigen Instanz, die Ricœur *distanciation* nennt. Die *distanciation* gehört für ihn zur *appartenance* selbst. Sie ist keine Distanzierung von einer ursprünglichen Zugehörigkeit, sondern fungiert in der *appartenance* selbst als deren dialektisches Korrektiv. Sobald die Erfahrungen eines Zugleich, einerseits von geschichtlicher Ferne und Nähe, andererseits von Sprache und ihrem Referenzbereich, welche sich beide auf Welt- und Selbsterfahrung beziehen, die *appartenance* prägen, und sie prägen immer schon die *appartenance*, ist auch die *distanciation* schon am Werk.[5]

---

tanzierung (*distanciation*), welche der Zugehörigkeit dialektisch anhaftet, vorbereitet“ (Ricœur: Phénoménologie et herméneutique: en venant de Husserl, a. a. O., 51).

[5] Andernorts spricht Ricœur analog zu seinem eigenen hier angeführten Paar *appartenance* und *distanciation* für Husserls späte Phänomenologie der Lebenswelt davon, dass wir immer schon in zwei Welten leben: „*die* vorgegebene Welt, welche Grenze und Boden des anderen ist, und *eine* Welt der Symbole und der Regeln, in deren Rahmen die Welt schon interpretiert worden ist, wenn wir anfangen zu denken“ (Ricœur, Paul: L'originaire et la question-en-retour dans la Krisis de Husserl, in: ders.: *À l'école de la phénoménologie*. Paris: Vrin 1998 (= Histoire de la philosophie),

Über den Sprachcharakter, der jeder menschlichen Erfahrung immer schon zugehöre, funktioniert auch die zweite von Ricœur angeführte Art der *distanciation*, die Vermittlung durch Text. In dem hier als Leitfaden genommenen Aufsatz spricht Ricœur lediglich über die Vermittlungsfunktion von Texten und hebt außerdem weniger ihren korrigierenden als ihren erweiternden Charakter hervor. Obgleich die Textebene für die Zeitthematik zentral sein wird, ist zu ergänzen – die Schrift „De l'interprétation" kann hier als Anhaltspunkt dienen –, dass diese sprachliche Vermittlungsfunktion der Distanzierung über verschiedene Ebenen der Sprachlichkeit erfolgt, die Ricœur ausführlich in verschiedenen Etappen seines Werkes untersucht hat. Erstens geschieht Vermittlung über die am wenigsten komplexe Stufe der Zeichen. Damit bezieht sich Ricœur auf die grundsätzliche Sprachlichkeit jeder menschlichen Erfahrung, durch welche Wahrnehmung und Begehren überhaupt zur Sprache kommen. Aller Erfahrung sei eine prinzipielle Sagbarkeit zu eigen und alle Erfahrung dränge grundsätzlich dazu, zur Sprache gebracht zu werden. Die zweite Stufe ist die der Symbole, unter denen Ricœur doppelsinnige Ausdrücke versteht. In seiner *Symbolique du mal* hat er Hermeneutik überhaupt als Interpretation der Symbole verstanden. Diese enge Auffassung von Hermeneutik nimmt er 1983 jedoch explizit zurück.[6] Erst die dritte Stufe ist die Vermittlung durch Texte. Unter Text versteht Ricœur schriftlich fixierte Ausdrücke, aber auch Dokumente und Monumente mit Schriftcharakter, deren Gemeinsamkeit darin besteht, dass ihr Sinn in Bezug auf die Autorintention, die ursprüngliche Situation der Rede und den ursprünglichen Adressaten autonom ist. Diese Autonomie des Textsinnes kann als *distanciation* die *appartenance* erweitern, indem sie eine Distanzierung von der Alltagserfahrung erlaubt und so über die alltägliche Zugehörigkeitserfahrung hinausweist. Eine vierte Ebene, die allerdings in gewisser Weise zu der dritten gehört, ist die der menschlichen Handlung, welche in Ricœurs Spätwerk immer wichtiger wird und die er bereits 1971 als ein nach dem Textmodell zu verstehendes offenes Werk begreift.[7] In der Vermittlung durch Text sieht Ricœur in „Phénoménologie et herméneutique: en venant de Husserl" ein Modell für eine der *appartenance* zugehörige *distanciation*, die keine Verfremdung ist, sondern vielmehr authentisch schöpferisch funktioniert. Schöpferische Textexegese und korrigierende Ideologiekritik seien die beiden Komponenten, die dem Verstehen und dem Sichverstehen dazu verhelfen, die in ihnen immer schon am Werk seiende Interpretation zu entwickeln, zu vertiefen und durch diese kritische und erweiternde Ausarbeitung sie selbst zu werden. Anstatt einer unmöglichen unmittelbaren Selbsterkenntnis hat das Subjekt den Umweg über Ideologiekritik und Textexegese bzw. Interpretation auf den verschiedenen Sprachebenen, und im Weiteren Handlungsebenen, zu gehen,

285–295, hier 295). Die ontologische Vorgängigkeit der Welt kreuze sich immer schon mit dem epistemologischen Primat der Idee der Wissenschaft, welche jedes Fragen nach Gültigkeit bestimme.

[6] Vgl. Ricœur: De l'interprétation, a. a. O., 34 f.

[7] „Die menschliche Handlung ist ein offenes Werk, dessen Bedeutung ‚in der Schwebe' ist" (Ricœur, Paul: Le modèle du texte: l'action sensée considérée comme un texte, in: *Du texte à l'action. Essais d'herméneutiques II*, a. a. O., 205–236, hier 220).

um erst am Ende und auch dann immer nur vorläufig zu einem kritischen Selbstverständnis zu finden.

An diese Forderung nach Selbstkritik schließt Ricœur eine vierte Kritik an Husserl an. Er sieht bei Husserl die Gefahr einer Vermengung von Phänomenologie und Psychologie und damit verbunden eine Tendenz, die Phänomenologie auf einen transzendentalen Subjektivismus zu verengen. Um dem entgegenzuwirken, plädiert er dafür, den Schwerpunkt, „die Achse der Interpretation“, von der Frage der Subjektivität auf die der Welt zu verlagern.[8] Diese Akzentverschiebung bestünde auf der Ebene der Vermittlung durch Text darin, *vor* dem Text die Welt zu entfalten, die er öffnet und entdeckt und die ich als einen Vorschlag einer Welt interpretieren kann, der meine Alltagswelt in Frage stellt. Mit dieser Einklammerung der Alltagswelt, die eine Verwandtschaft zur phänomenologischen Epoché aufweist, führt mir der Text eine andere mögliche Welt vor Augen, in der ich leben kann und meine Möglichkeiten zu entwerfen vermag.

In einem letzten Kritikpunkt kulminiert Ricœurs Kritik an „dem husserlschen Idealismus“: Die Subjektivität müsse in Abwendung von Husserls Projekt von der ersten zur letzten Kategorie einer Theorie des Verstehens werden. Bei Husserl konstituiere die selbstsetzende Grundlegung der Subjektivität zugleich deren Verantwortlichkeit, da der Reflexionsakt eine unmittelbare Verantwortlichkeit für sich selbst impliziere. An die Stelle dieser unmittelbaren Selbstsetzung und Selbstverantwortung setzt Ricœur die *appropriation*, in deren Hintergrund der heideggersche Begriff der Zueignung steht.[9] Die Reflexion kehre nicht direkt zu sich selbst zurück, sondern erst über den Umweg der Interpretation, die in der *appropriation* kulminiert und erst so den reflexiven Rückweg zu sich erreicht. Die *appropriation* ist aber nicht etwas, das gelegentlich auf die Interpretation folgen kann, sondern gehört immer schon selbst zur Interpretation. Sie ist als *Antwort* zu verstehen, die auf die *distanciation* durch Text erfolgt. Als Antwort unterscheidet sie sich grundsätzlich von einer Aneignung der Intention des Autors und damit von jenem unmöglichen Bestreben, das Ricœur der romantischen Hermeneutik vorwirft. Der von Ricœur hier vertretene Subjektivismus ist von einer romantischen Verschmelzung zweier Genies genauso weit entfernt wie von einer letztbegründenden Selbstsetzung, denn „*sich* verstehen, das ist *sich* verstehen *vor* dem Text“. Das aber heißt, „ich tausche das *Ich*, welches *Herr* seiner selbst ist, gegen das *Selbst*, welches *Schüler* des Textes ist“. So liegt in einer *„Distanzierung von sich selbst zu sich selbst“*, die bereits im Inneren der *appropriation* selbst fungiert, der Grund für das dem Verstehen integrale Moment der Kritik. Die *distanciation*, die immer schon in der *appartenance* waltet, ist „die Ruine der Anmaßung des Egos, sich als letzten Ursprung zu konstituieren“.[10]

---

[8] Ricœur: Phénoménologie et herméneutique: en venant de Husserl, a. a. O., 59.

[9] Ricœur verweist hier auf Heideggers im Kontext der „Vorsicht“ entwickelten Begriff der Zueignung: „Die Zueignung des Verstandenen, aber noch Eingehüllten vollzieht die Enthüllung immer unter der Führung einer Hinsicht, die das fixiert, im Hinblick worauf das Verstandene ausgelegt werden soll“ (SZ, 150).

[10] Ricœur: Phénoménologie et herméneutique: en venant de Husserl, a. a. O., 60.

Welche Aspekte aber will Ricœur angesichts dieser Kritik an der husserlschen Phänomenologie für eine hermeneutische Phänomenologie übernehmen? Warum bezeichnet er sein eigenes Projekt überhaupt als „hermeneutische *Phänomenologie*", wenn er zentrale Grundbegriffe des husserlschen Ansatzes ablehnt bzw. wesentlich modifiziert? Es sind drei Voraussetzungen der Phänomenologie, die nach Ricœurs Auffassung auch für eine hermeneutische Phänomenologie unentbehrlich sind und ihren Namen rechtfertigen. Erstens, jede Frage nach einem Seienden im weitesten Sinne müsse eine Frage nach dem Sinn dieses „Seienden" sein und dieser selbstüberschreitende Sinn von „Seiendem" habe einen Vorrang vor dem Selbstbewusstsein. Zweitens, die *distanciation* inmitten der Zugehörigkeitserfahrung verhalte sich zu dieser *appartenance* so wie die phänomenologische Epoché zum Erlebnis. Beide unterbrechen das Erlebnis selbst, um es zu bezeichnen, und machen damit das Operative bzw. das Fungierende thematisch. Drittens, in der Phänomenologie wie auch in ihrer hermeneutischen Variante sei die Sprachlichkeit der Erfahrung untergeordnet. Jede Erfahrung habe zwar sprachliche Aspekte, die die Erfahrung prägten, hermeneutische Philosophie habe jedoch nicht bei der Sprachlichkeit selbst, sondern bei dem, was zur Sprache kommt, anzusetzen.[11] Obgleich bei Husserl in dieser Hinsicht zunächst die Wahrnehmung im Mittelpunkt gestanden habe und sich die Hermeneutik auf das weitere Feld der Geisteswissenschaften beziehe, habe Husserl selbst mit dem Lebensweltbegriff der *Krisis* diese Erweiterung vorbereitet. Ricœur hebt hier hervor, dass Lebenswelt nicht als eine unbeschreibliche Unmittelbarkeit oder als lebendiger und emotionaler Rahmen menschlicher Erfahrung verstanden werden dürfe. Lebenswelt sei vielmehr eine Sinnreserve, ein Sinnüberschuss der lebendigen Erfahrung, welche jede objektivierende und auslegende Haltung erst ermöglichten.

Worin besteht angesichts dieser von der Phänomenologie übernommenen Voraussetzungen nun die hermeneutische Komponente, die Ricœurs Vorhaben den Titel „*hermeneutische* Phänomenologie" verleiht? Es ist Ricœurs Auslegungs- bzw. Interpretationsbegriff, der ihn zu der Auffassung führt, dass die Phänomenologie nur als hermeneutische möglich sei.[12] Unter Verweis auf die ersten beiden logischen Untersuchungen von Husserl sucht Ricœur zu zeigen, dass schon in der Wahrnehmung selbst eine Interpretationsarbeit liege, aufgrund derer Husserl sagen kann, dass „[d]as Anschaulich-Einzelne [...] einmal direkt als *dieses* da [...], dann wieder [...] als *Träger eines Allgemeinen*" gemeint ist.[13] Die Phänomenologie, so Ricœur,

---

[11] In einer an Lévinas erinnernden Weise schreibt Ricœur: „So geht der logischen Ordnung ein *Sagen* voraus, das mit einem *sich Finden* und einem *Verstehen* zusammenhängt" (Ricœur: Phénoménologie et herméneutique: en venant de Husserl, a. a. O., 66). Während es bei Lévinas aber mit dem Sagen um die jedem Gesagten vorhergehende ursprünglichste, an-archische Verantwortung für den Anderen geht, steht bei Ricœur mit der jedes logische System übersteigenden Erfahrung das Sichfinden und das Verstehen im Vordergrund. Bei beiden ist jedoch das System der Aussagen im Sinne des Ausgesagten sekundär.

[12] „Auslegung", „explicitation" und „interprétation" verwendet Ricœur als Synonyme. Vgl. Ricœur, Paul: La tâche de l'herméneutique: en venant de Schleiermacher et de Dilthey, in: *Du texte à l'action. Essais d'herméneutique II*, a. a. O., 83–111, hier 98.

[13] LU II/1, 131.

begegne so dem Konzept der Interpretation bereits in ihrem Versuch einer phänomenologischen Grundlegung der Logik und des Nachweises der dafür unerlässlichen Eindeutigkeit. In Husserls logischen Untersuchungen fände sich daher selbst bereits eine gewisse „Verwandlung der Theorie der Anschauung in eine Theorie der Interpretation".[14] In den *Cartesianischen Meditationen* könne diese Tendenz noch deutlicher hervortreten, weil Husserl dort die Frage nach dem idealen Sinn von Ausdrücken auf die Frage des Sinnes der Erfahrung in ihrer Ganzheit ausweite. Die am Ende der vierten Meditation den transzendentalen Idealismus definierende phänomenologische Selbstauslegung des Ego bestehe in einer unendlichen Auslegungsarbeit. Diese entfalte auf nie abgeschlossene Weise die Horizonte der aktuellen Erfahrung, in denen die potentiellen Bedeutungen der Erlebnisse das Ausgelegte immer übersteigen. Die Auslegung sei daher fortlaufend damit beschäftigt, den in der Erfahrung liegenden Sinnüberschuss zu entfalten. Nur in dieser Unabschließbarkeit der Auslegung könne der Erfahrung des Anderen begegnet werden, dessen Erlebnissphäre sich mir prinzipiell entzieht. Ähnlich wie bei seiner Interpretation des Lebensweltbegriffes versteht Ricœur auch Husserls Eigenheitssphäre, aus der die Erfahrung des Anderen zu begründen ist, nicht als eine ursprünglichere Erfahrung, die an der Basis meiner Erfahrung der Anderen und der Kultur liege. Die Eigenheitssphäre sei vielmehr „ein niemals gegebenes Vorher",[15] so dass der Rückgang auf das mir Eigene keine abbauende Freilegung eines verdeckten reinen Eigenen, sondern Interpretation sei. Auch hier zeigt sich für Ricœur, dass mein eigenes identisches Sein nicht als unanzweifelbare Selbsttransparenz verstanden werden dürfe, sondern ein Sinnpotential ist, das den Blick der Reflexion immer überschreitet und dem nur ein unabschließbarer Interpretationsprozess begegnen kann.

In Ricœurs Kritik an Husserl sowie in der programmatischen Skizze einiger Grundvoraussetzungen hermeneutischer Phänomenologie deutet sich an, dass Ricœur in wesentlichen Aspekten mit Heidegger übereinzustimmen scheint. Sowohl seine Kritik an Husserl als auch seine Thesen zu einer hermeneutischen Phänomenologie weisen auf eine solche Übereinstimmung hin. Worin aber genau

---

14 Ricœur: Phénoménologie et herméneutique: en venant de Husserl, a. a. O., 74. Vgl. dazu auch Dastur: „Das von Husserl entdeckte Zusammentreffen zwischen dem Sehen und der Auslegung ermöglicht in der Tat das ‚Aufpfropfen' der Hermeneutik auf die Phänomenologie, ohne dass gewaltsame Manifestationen der Abstoßung zu befürchten wären" (Dastur, Françoise: De la phénoménologie transcendantale à la phénoménologie herméneutique, in: Greisch, Jean/Kearney, Richard: *Paul Ricœur. Les métamorphoses de la raison herméneutique*. Actes du colloque de Cerisy-la-Salle 1.–11. August 1988. Paris: Les Éditions du Cerf 1991 (= Passages), 37–50, hier 43). Zur Entwicklung des hermeneutischen Als in Ricœurs Schriften von MV bis zum Ende der neunziger Jahre vgl. Breitling, Andris: Paul Ricœur und das hermeneutische Als, in: Orth, Stefan/Breitling, Andris (Hg.): *Vor dem Text. Hermeneutik und Phänomenologie im Denken Paul Ricœurs*. Berlin: Technische Universität Berlin 2002 (= Schriftenreihe für Philosophie und Kulturtheorie. Bd. 4), 79–97.

15 Ricœur: Phénoménologie et herméneutique: en venant de Husserl, a. a. O., 80. In dieser Formulierung liegt abermals eine Nähe zu Lévinas nahe. Ohne die Unterschiede im Anliegen zu überblenden, könnte man diese Nähe darin sehen, dass es sowohl Ricœur als auch Lévinas um eine Dezentrierung der Subjektivität auf den Anderen hin geht, die immer schon geschehen ist, wenn diese das ihr Eigene zu umgrenzen sucht.

besteht die grundsätzliche Zustimmung Ricœurs zu dem heideggerschen Ansatz und wie weit reicht sie in Hinblick auf die Grundvoraussetzungen seiner hermeneutischen Phänomenologie? Besonders aufschlussreich scheinen mir in Hinblick auf diese Frage Ricœurs Lesart der Geschichte der Hermeneutik in dem ebenfalls aus dem Jahre 1975 stammenden Aufsatz „La tâche de l'herméneutique: en venant de Schleiermacher et de Dilthey“ und einige schon 1969 im Eingangstext „Existenz und Hermeneutik“ des ersten Bandes der hermeneutischen Aufsätze *Le conflit des interprétations. Essais d'herméneutique* formulierte Kritikpunkte an Heidegger.[16] Anhand dieser Texte ist nun in einem zweiten, diesmal von Heidegger her fragenden Ansatz Ricœurs Weg in seine hermeneutische Phänomenologie zu verfolgen. In der Geschichte der Hermeneutik sieht Ricœur zwei große Bewegungen stattfinden, die er sogar als zwei kopernikanische Wenden der Hermeneutik bezeichnet: eine Generalisierung des hermeneutischen Feldes und eine Radikalisierung hin zu einer ontologisch verstandenen Hermeneutik. Schleiermachers Verdienst sei es, die in den regionalen Hermeneutiken der Philologie klassischer Texte und der Exegese heiliger Texte vorherrschende Orientierung an der spezifischen Textsorte auf eine Kants kopernikanischer Wende vergleichbare Weise durch die Frage nach dem Verstehen, das allgemein bei diesen Interpretationen am Werk ist, ersetzt zu haben. Dilthey habe in der Folge in einer Universalisierung der Hermeneutik die philologische und exegetische Problematik der historischen untergeordnet. Der zu interpretierende Text sei für ihn die historische Realität in ihrem Zusammenhang, verstanden als Ausdruck des menschlichen Lebens. Dilthey allerdings verbleibe mit seiner Gegenüberstellung von naturwissenschaftlichem Erklären und geisteswissenschaftlichem Verstehen in einer epistemologischen Hermeneutik, in der es in letzter Instanz darum gehe, über die Lebensausdrücke der Menschen deren sich darin ausdrückendes psychisches Innenleben möglichst genau zu erkennen.

Heideggers großes Verdienst in der Geschichte der Hermeneutik sieht Ricœur darin, eine zweite kopernikanische Wende bewirkt zu haben. Diese bestehe darin, die epistemologische Frage der *Methode* des Verstehens einer der Methodenfrage vorausgehenden *Ontologie* des Verstehens unterzuordnen. Eine Ontologie, in deren Zentrum die Frage nach dem Seinsmodus des verstehenden Daseins steht, gehe seit Heidegger den Fragen, wie wir wissen und was der epistemologische Status der Geisteswissenschaften ist, voraus. Im Zuge dieser Rückführung der Methodenfrage auf die Ontologie handele es sich bei Heidegger mit dem Verstehen nicht mehr in erster Linie um das Verstehen des anderen Menschen, dessen psychisches Erleben sich in seinen Lebensausdrücken manifestieren würde. Er stelle anstatt des anderen Menschen das vorthematische Verhältnis zur Welt, das In-der-Welt-sein in den Vordergrund, das die ontologische Basis für jede Subjekt-Objekt-Relation und jede epistemologische Frage sei. „Die Frage *Welt* nimmt den Platz der Frage *Anderer* ein. Indem er auf diese Weise das Verstehen *verweltlicht*, *entpsychologisiert* Heidegger

[16] Ricœur: La tâche de l'herméneutique: en venant de Schleiermacher et de Dilthey, a. a. O., 83–111. Ders.: Existence et herméneutique, in: *Le conflit des interprétations. Essais d'herméneutique*, a. a. O., 7–28/dt.: Existenz und Hermeneutik, in: ders.: *Hermeneutik und Strukturalismus. Der Konflikt der Interpretationen I*, a. a. O., 11–36.

es".[17] Die große Leistung Heideggers ist Ricœur zufolge also eine Radikalisierung der Hermeneutik, in der die Probleme einer epistemologischen Rivalisierung mit den Naturwissenschaften und des romantischen Gedankens einer Einfühlung in den Anderen in die Ebene einer ontologischen Vertiefung der hermeneutischen Problematik zurückgenommen werden.

Angesichts dieses Verdienstes, das Ricœur Heidegger zuschreibt, liegt zunächst eine Frage nahe, die Ricœur selbst formuliert: „Warum nicht hier stehen bleiben und uns einfach zu Heideggerianern erklären?"[18] Die für Ricœurs Positionierung zu Heidegger und für sein gesamtes eigenes Denken entscheidende Antwort ist: „Für mich ist die bei Heidegger ungelöst bleibende Frage folgende: *wie Rechenschaft ablegen von einer* kritischen *Frage im Allgemeinen im Rahmen einer fundamentalen Hermeneutik?*"[19] Im § 32 von SZ über Verstehen und Auslegung betont Heidegger zwar, dass sich die thematische Auslegung des Vorverstehens „Vorhabe, Vorsicht und Vorgriff nicht durch Einfälle und Volksbegriffe vorgeben" lassen dürfe, „sondern in deren Ausarbeitung aus den Sachen selbst her das wissenschaftliche Thema zu sichern" sei.[20] Wie aber eine „Ausarbeitung aus den Sachen selbst" von „Einfällen und Volksbegriffen" zu unterscheiden ist, dazu mache Heidegger keinerlei Angaben. Es fehlten bei ihm jegliche Kriterien zu einer solchen Unterscheidung, die Ricœur zufolge aber notwendig sei, um die epistemologische Frage im Rahmen der Ontologie auf eine kritische Weise neu stellen zu können.

Man könnte gegen Ricœur einwenden, dass Heidegger zwar kein wissenschaftliches Verfahren der Auslegung entwickelt, da ihm zufolge ein solches, am Seienden orientiert bleibendes Verfahren ein ursprüngliches Verstehen unmöglich machen würde, dass er aber mit der Angst, dem Hören auf die Stimme des Gewissens und der in den Tod vorlaufenden Entschlossenheit die Bedingungen derjenigen Auslegung liefert, die sich nicht von Einfällen und Volksbegriffen leiten lässt. Allerdings ließe sich auch in Hinblick auf das aus der Angst erwachsende Anrufverstehen der schweigenden Stimme des Gewissens und die Rückbesinnung auf die eigene Endlichkeit daran zweifeln, ob das, was ich dort höre und verstehe, tatsächlich das „Eigentliche" ist oder nicht nur eine neue Variante der „Einfälle und Volksbegriffe", die ich fälschlicherweise für ein eigentliches Verstehen halte. Einem solchen Zweifel kann Heidegger in der Tat nicht mehr begegnen.

Ricœur verstärkt seine Kritik an Heidegger durch ein das Verhältnis von Rede und Verstehen betreffendes Argument. Die Rede sei ein Existenzial, das Heidegger als eine Artikulation des Verstehens begreife, während er im Sprechen nur die weltliche, in die Empirie fallende Seite der Rede sehe. Wenn Heidegger auf dieser Basis die Rede in erster Linie nicht über das Sprechen, sondern über das Hören und Schweigen bestimmt, so seien die methodologischen Konsequenzen daraus „erheblich: die Linguistik, die Semiologie, die Sprachphilosophie halten sich unvermeidlich

[17] Ricœur: La tâche de l'herméneutique: en venant de Schleiermacher et de Dilthey, a. a. O., 100.
[18] Ricœur: La tâche de l'herméneutique: en venant de Schleiermacher et de Dilthey, a. a. O., 104.
[19] Ricœur: La tâche de l'herméneutique: en venant de Schleiermacher et de Dilthey, a. a. O., 105.
[20] SZ, 153.

auf der Ebene des Sprechens und erreichen nicht diejenige des Redens“.[21] Wie im vorangehenden Kapitel zu zeigen versucht wurde, besteht bei Heidegger in der Tat eine Schwierigkeit in Hinblick auf die zeitliche Bestimmung der Rede. Die Rede schien mit dem Verfallen um die Gegenwart zu konkurrieren und eine nichtschweigende eigentliche Rede erwies sich als genauso problematisch wie der „gehaltene“ Augenblick einer eigentlichen Gegenwart. In der Weise der Eigentlichkeit stellt sich im Rahmen von Heideggers Analysen eine sprechende Auseinandersetzung mit Wissenschaften als genauso problematisch dar wie ein eigentliches Gespräch mit anderen Menschen, so dass Ricœurs Kritik zu Recht zu bestehen scheint.

Wie aber meint Ricœur in den Rahmen der ontologischen Hermeneutik, die er als Heideggers große Leistung versteht, die bei Heidegger vermisste kritische Fragestellung integrieren zu können? Sieht er in der ontologischen Hermeneutik Gadamers hier einen Fortschritt? Ricœur findet in den gadamerschen Konzepten des wirkungsgeschichtlichen Bewusstseins, der Horizontverschmelzung und der Sprachlichkeit Elemente derjenigen Distanzierung vorgezeichnet, die er selbst für erforderlich hält und zu entwickeln sucht.[22] Allerdings ist er der Auffassung, dass Gadamer Distanzierung nur als eine die geschichtliche Zugehörigkeitserfahrung bedrohende Verfremdung verstehe. Die Frage sei, so Ricœur, „bis zu welchem Punkt das Werk es verdient, *Wahrheit UND Methode* zu heißen, und ob es nicht vielmehr den Titel *Wahrheit ODER Methode* tragen müsste“.[23] Auf eine nur leicht abgeschwächte Weise wiederholt Ricœur daher in Hinblick auf Gadamers Hermeneutik diejenige kritische Frage, die er schon an Heidegger stellt: *„Wie ist es möglich, eine wie auch immer geartete kritische Instanz in ein Zugehörigkeitsbewusstsein einzuführen, welches ausdrücklich durch die Ablehnung der Distanzierung definiert wird?“*[24]

Ricœurs Antwort auf die von ihm festgestellten epistemologischen Defizite bei Heidegger und Gadamer ist bereits in seiner oben erörterten Skizze des Programmes einer hermeneutischen Phänomenologie umrissen worden: Die *distanciation* ist als Moment der *appartenance* selbst und nicht als ihr Gegenstück oder gar ihre Verfremdung zu verstehen. Die *distanciation* in der *appartenance* erlaubt es, Ideologiekritik, Sprachanalyse und damit die angelsächsische Sprachphilosophie, die Analyse von Zeichen, Symbolen, Texten und Handlungen nicht als Verfremdung einer Ursprünglichkeit, sondern als eine Vertiefung der grundlegenden offenen

[21] Ricœur: La tâche de l'herméneutique: en venant de Schleiermacher et de Dilthey, a. a. O., 104.

[22] Agís Villaverde sieht Ricœur an der Seite von Gadamer als Initiator einer kopernikanischen Wende, durch die ihre Hermeneutik zu „einem der innovativsten Vorschläge innerhalb des Panoramas der zweiten Hälfte des zwanzigsten Jahrhunderts“ werde. Agís Villaverde, Marcelino: Du monde de la vie au monde du texte, in: Orth/Breitling (Hg.): *Vor dem Text. Hermeneutik und Phänomenologie im Denken Paul Ricœurs*, a. a. O., 15–37, hier 29. In einer Verlängerung der ricœurschen Rede von zwei kopernikanischen Wenden in der Hermeneutik könnte man in Bezug auf Ricœur selbst, stärker noch als für Gadamer, geltend machen, dass er eine dritte kopernikanische Wende in der Hermeneutik vollzogen hat, indem er in ihre ontologische Version das kritische Moment integriert.

[23] Ricœur: La tâche de l'herméneutique: en venant de Schleiermacher et de Dilthey, a. a. O., 107.

[24] Ricœur: La tâche de l'herméneutique: en venant de Schleiermacher et de Dilthey, a. a. O., 109.

Dialektik von *appartenance* und *distanciation* zu verstehen. Es wäre verfehlt, zwischen den ricœurschen Begrifflichkeiten eine Reihenfolge herzustellen, in der zunächst *appartenance*, dann *distanciation* von der *appartenance*, dann Interpretation der Elemente der *distanciation* und dann *appropriation* einiger der Ergebnisse der Interpretation aufeinander folgten. Vielmehr sieht Ricœur eine grundlegendste offene Dialektik, d. h. eine Dialektik ohne aufhebende Synthese, darin, dass all diese Komponenten immer schon ineinander spielen und einen Prozess der Vertiefung des Verstehens und Sichverstehens bewirken. Die *distanciation* gehört schon selbst zur *appartenance*. Das Verstehen ist schon selbst Interpretation. Die *appropriation* gehört in ihrem Antwortcharakter schon selbst zu Verstehen und Interpretation. Da mit der zur *appartenance* gehörigen *distanciation* ein Bruch im Selbst, eine „Distanzierung von sich selbst zu sich selbst" immer schon besteht, ist die Kritik untrennbar von der Zugehörigkeit, die ihrerseits nie als ursprünglich verstanden werden kann.

Eine Fundierung der Hermeneutik in der Phänomenologie auf der von Ricœur so bezeichneten „voie courte", dem kurzen Weg, den Heidegger einzuschlagen versucht habe, erweist sich daher als unmöglich.[25] Als „kurz" bezeichnet Ricœur diesen heideggerschen Weg deshalb, weil Heidegger zu seiner Ontologie des Verstehens nicht stufenweise über eine methodische Vertiefung der exegetischen Erfordernisse, sondern direkt über eine plötzliche Umkehrung der Problematik gelange. Das aber habe zur Folge, dass Heidegger die erkenntnistheoretischen Probleme der Geisteswissenschaften und ihrer Interpretationen nicht löse, sondern sie vielmehr kurzerhand auflöse. Mit dieser mit einer Auflösung der erkenntnistheoretischen Probleme verbundenen Unterordnung der epistemologischen Fragestellung unter das ontologische Verstehen gehe Heidegger stillschweigend davon aus, dass es ihm selbst möglich sei, ohne Berücksichtigung der erkenntnistheoretischen Probleme direkt die ontologische Struktur des Daseins beschreiben zu können. Er muss dabei aber auf Sprache zurückgreifen und Sprache ist Ricœur zufolge schon *distanciation*. Es fragt sich daher, wie unter dieser Voraussetzung ein direkter sprachlicher Zugang zu den Seinsstrukturen behauptet werden kann, wenn es die immer schon mit einer Distanzierungsfunktion versehene Sprache ist, in der es allererst möglich wird, Verstehen als einen Seinsmodus zu betrachten. Dass Verstehen ein Seinsmodus ist, ist ein Ergebnis von Heideggers Daseinsanalyse. Zu diesem Ergebnis, so Ricœur, kommt er jedoch nur über das operative Verstehen selbst und dieses ist schon sprachlich und geschieht schon innerhalb der grundlegenden und unabschließbaren Dialektik von *appartenance* und *distanciation*. Angesichts dieses epistemologischen und kritischen Defizites der heideggerschen Fundamentalontologie lautet Ricœurs eigener „positiver Vorschlag: an die Stelle des kurzen Weges (*voie courte*) der Daseinsanalytik den durch die Analysen der Sprache angestoßenen langen Weg (*voie longue*) treten zu lassen" – nur so könne der Kontakt mit den Versuchen methodischer Interpretation aufrechterhalten werden und nur so, meint Ricœur gegen Gadamer, „widerstehen wir der Versuchung, die dem Verstehen eigene *Wahrheit*

[25] Ricœur: Existence et herméneutique, a. a. O., 10/dt.: Existenz und Hermeneutik, a. a. O., 14.

von der *Methode* zu trennen, die von den aus der Exegese hervorgegangenen Disziplinen ins Werk gesetzt wurde".[26]

Um „in der rechten Weise", so ließe sich mit Heidegger gegen Heidegger formulieren, in den hermeneutischen „Zirkel [...] hineinzukommen" und sich damit dem Sein des Menschen und seiner Welt zu nähern,[27] ist Ricœur zufolge die *voie longue* zu gehen, auf der die vielfältigen sprachlichen Ausdrucksformen und das in ihnen liegende Potential zu untersuchen sind. Dabei gilt es, die Wahrheitsansprüche des Vorverständnisses und der verschiedenen Interpretationen immer wieder einzuklammern, um durch diese Art der phänomenologischen Epoché zu immer wieder neuen Interpretationsmöglichkeiten zu gelangen, die bisher verdeckte Schichten der Welterfahrung und des Seins des Menschen in der Welt zur Sprache bringen und ihrerseits die Erfahrung bereichern. Das heideggersche Ziel einer Daseinsanalytik im Dienste der Fundamentalontologie ersetzt Ricœur durch das bescheidenere einer auf der *voie longue* zu verfolgenden philosophischen Anthropologie. In dieser kann das Dasein nicht mehr – wenn auch mithilfe ontischer Bezeugungen – auf Heideggers kurzem Wege in seinen Existenzialien erfasst werden, sondern der Mensch kann sich seinen Seinsweisen nur über die konkreten, unendlich vielfältigen Veräußerlichungen derselben und damit in Sprachanalyse, Handlungsanalyse, Erzählanalyse und Ethik nähern.[28] Durch dieses kritische Element seiner hermeneutischen Phänomenologie, das die *voie longue* unerlässlich macht, kann Ricœur den Kontakt, nicht nur zur philosophischen Sprachanalyse, sondern zu allen methodisch interpretierenden Geisteswissenschaften, bewahren und ihr kritisches Potential im Rahmen einer grundsätzlich ontologisch orientierten hermeneutischen Phänomenologie fruchtbar machen.

Auf diese Grundannahme, dass allein der lange Weg der kritischen Interpretationen einen Zugang zum Untersuchungsthema und seinem Sein gewähren kann,

---

[26] Ricœur: Existence et herméneutique, a. a. O., 14 f./dt. Existenz und Hermeneutik, a. a. O., 20. Clayton sieht in dem kritischen Charakter von Ricœurs *voie longue* einen großen Fortschritt gegenüber dem späten Heidegger: „Ricœur's ‚long route' is a genuine advance beyond the later Heidegger, in that it allows for an authentically hermeneutical starting point to be supplemented, in theory, by a moment of critical evaluation" (Clayton, Philip: Ricoeur's Appropriation of Heidegger: Happy Marriage or Holzweg? in: Journal of the British Society for Phenomenology 20 (1989), No. 1, 33–47, hier 45). Jervolino sieht das Bild der *voie longue* in dem des *trois-mâts*, des Dreimasters weitergeführt, das Ricœur im Vorwort seines drei Teile umfassenden Spätwerkes *La mémoire, l'histoire, l'oubli* anführt (vgl. Jervolino, Domenico: La mémoire, l'histoire, l'oubli dans le contexte de l'itinéraire philosophique de Paul Ricœur, in: Breitling, Andris/Orth, Stefan (Hg.): *Erinnerungsarbeit. Zu Paul Ricœurs Philosophie von Gedächtnis, Geschichte und Vergessen*. Berlin: Berliner Wissenschafts-Verlag 2004, 13–27, hier 18): „Die drei Masten tragen zwar jeweils eigene, wenn auch ineinander verschlungene Segel, doch gehören sie zu ein und demselben Schiff, das einem einzigen Kurs folgt. [...] Möge denn unser Dreimaster nun in See stechen!" (MHO, II, III/GGV,16 f., 18).

[27] SZ, 153.

[28] Ricœurs philosophiehistorische Selbsteinordnung erhält nun ihr volles Gewicht: „Es ist die reflexionsphilosophische Fragestellung, die die hermeneutisch-kritische Ebene der Auslegung in den Kontext der ontologisch-spekulativen Frage nach unserem Sein stellt" (Mattern, Jens: *Ricœur zur Einführung*. Hamburg: Junius Verlag 1996, 189).

gründet sich Ricœurs eigene unermüdliche Auseinandersetzung mit den verschiedensten Wissenschaften und Denkrichtungen. Bei einer fragmentarischen Lektüre kann sein Werk leicht den Eindruck erwecken, lediglich ein sich mit einzelnen Themen und Positionen beschäftigender Kommentar zu sein, welcher in der Regel versucht, zwei unvereinbare Positionen so vorsichtig in eine dritte zu überführen, dass sich keine Aufhebung nach hegelianischem Vorbild ergibt. Ricœurs detailliert kommentierender und verknüpfender, dabei aber auch immer überaus schöpferischer Denkstil ist jedoch allenfalls teilweise eine Idiosynkrasie und findet seine methodische Rechtfertigung in Ricœurs philosophischen Grundüberzeugungen. Diese Einleitung hat zu zeigen versucht, dass eben diese Grundüberzeugungen ein direkteres Vorgehen und einen kürzeren Weg unmöglich machen.[29]

Welche Konsequenzen ergeben sich nun aber aus Ricœurs grundsätzlicher Kritik an Husserl und Heidegger und seinem eigenen Alternativkonzept der *voie longue* für den hermeneutisch-phänomenologischen Zeitbegriff? Zunächst einmal ist eine reine und direkte Reflexion über die Zeit für Ricœur unmöglich geworden, denn bei der Beantwortung der Frage „Was ist Zeit?“ muss er auf die Hilfe der Interpretation zurückgreifen. Während Husserl glaubte, unmittelbare Zeitphänomene direkt erreichen und auf diesen eine vielschichtige Konstitution verschiedener

[29] Ricœurs Denkstil stellt zum einen für die Rezeption seines Werkes eine Herausforderung dar und hat ihm zum anderen häufig den Vorwurf des Eklektizismus' eingebracht. „Das relative Schweigen, das die Rezeption Ricœurs in der Philosophie umgeben hat, hängt vielleicht mit einem Charakteristikum seines Werkes zusammen […], insbesondere mit seinem wesentlich dialogischen Charakter, d. h. mit der Diskussionssituation, die alle seine Arbeiten antreibt“ (Grondin, Jean: L'herméneutique positive de Paul Ricœur: Du temps au récit, in: Bouchindhomme/Rochlitz: *„Temps et récit“ de Paul Ricœur en débat*. Paris: Les éditions du cerf: Paris 1990, 121–137, hier 123). Mattern sieht mit Torra in dieser „ungewöhnliche[n] Weite seiner Perspektive“ (Torra) einen Grund dafür, „dass die Auseinandersetzung mit Ricœur in Deutschland zunächst nicht recht in Gang kommen wollte“ (Torra, Elias: Lebenszeit, Weltzeit, Lesezeit, in: FAZ, 29.9.1992 zitiert in Mattern: *Ricœur zur Einführung*, a. a. O., 10). Adolphi meint, dass diese weite Perspektive leicht zu dem Eindruck führen könne, Ricœurs Denken sei „erratisch“ (Adolphi, Rainer: Das Verschwinden der wissenschaftlichen Erklärung. Über eine Problematik der Theoriebildung in Paul Ricœurs Hermeneutik des historischen Bewusstseins, in: Breitling, Andris/Orth, Stefan (Hg.): *Erinnerungsarbeit. Zu Paul Ricœurs Philosophie von Gedächtnis, Geschichte und Vergessen*, a. a. O., 141–171, hier 142), außerdem ließe sich „durch die Charakterart seines Denkens, das Abwägende und Integrierende gegen jede Seite […] für fast alles irgendwo ein Zitat finden“, Ricœur habe „fast jeden Gegenaspekt dem Wortsinne nach auf den ersten Blick selber irgendwo geschrieben“ (a. a. O., 141 (Fußnote)). Jervolino weist den an Ricœur gerichteten Vorwurf des Eklektizismus' entschieden zurück und betont die kohärente Einheit und den Reichtum von Ricœurs Untersuchungen, „die nur ein oberflächlicher Blick einer eklektischen Inspiration zuschreiben könnte“ (Jervolino, Domenico: *Paul Ricœur. Une herméneutique de la condition humaine*. Paris: Ellipses 2002 (= Philo), 5). Bei der meines Erachtens zu Recht erfolgenden Verteidigung des ricœurschen Denkens gegen diesen Vorwurf ist allerdings auch zu berücksichtigen, dass sich Ricœur, wie Thomä nachweist, selbst einen Hang zum Eklektizismus vorgeworfen hat: „Er litt an seiner Neigung zu einer ‚Form von Eklektizismus‘, sah sich ‚besessen von Versöhnung‘ und erklärte: ‚Mir kam es zuallererst darauf an, meine eigenen Widersprüchlichkeiten, die Spannungen zwischen verschiedenen Einflüssen aufzulösen. Mein Problem war immer, ob ich dabei nur einen Kompromiss schloss oder ob es mir gelang, eine dritte Position zu etablieren, die standhalten würde‘“ (Thomä, Dieter: Der Sinn zwischen den Seiten. Zum Tod des französischen Philosophen Paul Ricœur, in: NZZ, 23.5.2005/http://www.nzz.ch/2005/05/23/fe/article5GA7H.html (30.01.2008)).

Zeitebenen aufbauen zu können, und während Heidegger meinte, das Sein des Daseins und seine Zeitlichkeit – wenn auch in einem Sichzurückholen aus dem Verfallen – direkt beschreiben zu können und selbst für den Nachweis der Temporalität des Seins nur eine Freilegungsarbeit in Hinblick auf den ursprünglichsten Horizont des Seinsverständnisses für nötig hielt, hat sich Ricœur solche mehr oder weniger unmittelbaren Zugänge zur Zeit bewusst versperrt. Eine direkte Beschreibung phänomenologischer und ontologischer Strukturen widerspricht ihm zufolge der hermeneutischen Grundannahme von der Zirkelhaftigkeit des Verstehens und der unmöglichen unmittelbaren Selbsttransparenz des Menschen. Ricœur ist daher auf die Interpretation der vielfältigen sprachlichen Ausdrucksformen angewiesen, in denen sich Zeiterfahrung ausdrückt. Wie bereits deutlich wurde, übernimmt er von der Phänomenologie, und zwar sowohl von Husserl als auch von Heidegger, die Voraussetzung, dass die Frage nach einem Etwas als Frage nach dem Verständnis dieses Etwas zu verstehen sei. Wenn also bereits Husserl und Heidegger die Frage „Was ist Zeit?“ anhand unseres Zeitverständnisses, anhand dessen, was Zeit für uns ist, zu beantworten suchten, so kann es sich auch für Ricœur nur um die Frage handeln: Was *verstehen* wir unter „Zeit“? Ricœur aber ist bei dieser Befragung unseres Zeitverständnisses misstrauischer und bescheidener als Husserl und Heidegger: Weder ist er darauf aus, die Zeit intuitiv zu erfassen und ihr Erscheinen zu verfolgen, noch will er die Zeitlichkeit auf direktem Wege als die ontologische Grundstruktur des Daseins oder gar als die Temporalität des Seins aufweisen. Über die Methode der *voie longue* nimmt er sich vielmehr vor, die diversen Formen des Zeitverstehens und damit die diversen sprachlichen Ausdrucksformen, in denen sich Zeiterfahrung ausdrückt, zu untersuchen. Allein in diesem Rahmen der ausdifferenzierenden Interpretation unserer Zeiterfahrungen kann Ricœur innerhalb seines Projektes einer hermeneutischen Phänomenologie die Frage „Was ist Zeit?“ stellen und beantworten. Im Anschluss an die obige Erläuterung einiger Grundvoraussetzungen von Ricœurs hermeneutischer Phänomenologie ist in Hinblick auf die Zeitthematik zu spezifizieren, dass er die zeitliche Zirkelhaftigkeit des Selbst- und Weltverstehens nicht nur darstellt, das wäre die *voie courte*, sondern sie konsequent in seine intellektuelle Praxis integriert.

In *Temps et récit* (1983–1985), dem für die Zeitthematik zentralen Werk von Ricœur, beginnt er deshalb *in medias res* mit der Darstellung seines Vorverständnisses, welches er in den drei Bänden mit ihren insgesamt vier Teilen in Auseinandersetzung mit der Phänomenologie der Zeit, der Geschichtserzählung und der Fiktionserzählung vertieft und kritisch hinterfragt. Dass Ricœur nicht zu Beginn des Werkes fragt „Was ist Zeit?“, um dann eine Antwort mithilfe der Erzählung zu entwickeln,[30] sondern sein Vorverständnis von einer wechselseitigen Abhängigkeit

[30] Grondin hat zumindest zeitweilig den Titel von *Temps et récit* als Frage nach der Zeit, die durch die Erzählung beantwortet wird, aufgefasst. Vgl. Grondin: L’herméneutique positive de Paul Ricœur: Du temps au récit, in: Bouchindhomme/Rochlitz: *„Temps et récit“ de Paul Ricœur en débat*, a. a. O., 126, 130. Ricœur selbst hat dem in seiner auch an Grondin gerichteten Erläuterung widersprochen, indem er sagte, dass er seinen Ausgang nicht bei der Frage nach der Zeit genommen hat, um bei der Erzählung anzukommen, sondern dass für ihn der Zusammenhang von Zeit

zwischen Zeit und Erzählung als Ausgangspunkt wählt, ist für die Auseinandersetzung mit den in *Temps et récit* entwickelten Thesen zur Zeit ein wichtiger formaler Gesichtspunkt. Dieses Zeit und Erzählung betreffende Vorverständnis formuliert Ricœur bereits auf der ersten Seite des ersten Kapitels als eine „hermeneutische Behauptung", in der er eine „Hauptvoraussetzung" macht, die alle anderen beherrsche: Die Zeit werde in dem Maße zur menschlichen, wie sie narrativ artikuliert werde; umgekehrt sei die Erzählung in dem Maße bedeutungsvoll, wie sie die Züge der Zeiterfahrung trage.[31] Der ganze erste Teil von *Temps et récit* stellt eine „réflexion préliminaire" dar,[32] in der Ricœur die Grundlagen des behaupteten Zusammenhangs von Zeit und Erzählung im Rahmen eines ersten Vorverständnisses der Problematik und ihrer möglichen Beantwortung deutlich macht. Erst im vierten Teil werden diese Grundlagen nach den umfassenden Auseinandersetzungen mit Geschichtserzählung (Teil 2) und Fiktionserzählung (Teil 3) auf ihre eigentlich philosophische Tragweite hin überprüft. Und auch erst dort gelangt Ricœur zu der These einer prinzipiellen Aporizität der Phänomenologie und der Philosophie der Zeit überhaupt, die er anhand der Zeitbegriffe von Aristoteles, Augustinus, Husserl, Kant und Heidegger nachzuweisen versucht. Während die erste der drei von Ricœur behaupteten Zeitaporien bereits von Beginn des Werkes an die Gegenüberstellung von Augustinus' Zeitanalysen und Aristoteles' *Poetik* bestimmt, formuliert Ricœur die zweite und dritte Aporie erst in den Schlussfolgerungen des vierten Teiles.[33] Sein Zeitdenken entwickelt sich also nicht Schritt für Schritt aus einigen Grundprämissen, sondern bereichert und konkretisiert sich in einem wiederholten Kreisen um die Frage nach dem anfänglich postulierten Zusammenhang von Zeit und Erzählung und in der Untersuchung unserer Zeiterfahrung in ihrer Vielfalt.

Aber nicht nur der Aufbau von *Temps et récit* und der Ansatz bei der genannten „Hauptvoraussetzung" zeigen, dass es nicht die bloße Frage „Was ist Zeit?" war, die Ricœurs Zeitdenken angeregt hat. In seiner intellektuellen Autobiographie schreibt er: „Ich hatte bis dahin nie etwas über die Zeit veröffentlicht, obgleich ich mehrere Jahrzehnte lang – allerdings im Rahmen der Geschichte der Philosophie – zahlreiche Kurse über die Zeit gehalten hatte, sei es an der Sorbonne, in Nanterre oder in Chicago."[34] Allerdings sieht er hier in der schon früh von ihm verfolgten Geschichtsproblematik, die ihn bereits seit seinem Husserlaufsatz „Husserl et le sens de l'histoire" (1949) und der frühen Essaysammlung *Histoire et Vérité* (1955) beschäftigt, die spätere explizite Auseinandersetzung mit der Zeitthematik bereits angelegt.[35] Und tatsächlich bleiben Zeit- und Geschichtsproblematik bei Ricœur bis

---

und Erzählung ausschlaggebend war. Ricœur, Paul: Réponse de Paul Ricœur, in: Bouchindhomme/Rochlitz: *„Temps et récit" de Paul Ricœur en débat*, a. a. O., 202, 210.

[31] TR I, 17/ZE I, 13.

[32] TR I, 161/ZE I, 135. In der deutschen Übersetzung „Vorüberlegung" geht der Bezug zu dem reflexionsphilosophischen Hintergrund dieser methodischen Bemerkung verloren.

[33] Ricœur hat fast ein Jahr lang gebraucht, um die Schlussfolgerungen zu verfassen, und ihr „Ton", so meint er, sei „problematischer als das Werk selbst" (RF, 75/IA, 70).

[34] RF, 62 f./IA, 57.

[35] Vgl. ebd.

in seine spätesten Schriften hinein miteinander verknüpft. Diese Vorlesungen zur Philosophiegeschichte und diese weit zurückreichenden Auseinandersetzungen mit dem Thema Geschichte waren jedoch nicht ausschlaggebend, um Ricœur der Frage „Was ist Zeit?“ ausdrücklich nachgehen zu lassen. Dies zeigt sich überaus deutlich in folgenden Worten: „Ich konnte erst über Zeit schreiben, als ich eine bedeutsame Verbindung zwischen ‚der narrativen Funktion‘ und der ‚menschlichen Erfahrung der Zeit‘ erkennen konnte.“[36] Die Narrativitätsproblematik habe sogar einen gewissen Vorrang vor der Zeitproblematik gehabt, während es jedoch letztere gewesen sei, die der Untersuchung der Narrativität „ihren philosophischen Stempel“ hätte zukommen lassen.[37] Der Vorrang der Narrativitätsproblematik vor der Zeitproblematik lässt sich über Ricœurs eigene Darstellung seines Denkweges hinaus auch mit dem TR vorangehenden, 1980 veröffentlichten Aufsatz „La fonction narrative et l'expérience humaine du temps“ bekräftigen. In diesem Vorläufer des großen Werkes über Zeit und Erzählung behauptet Ricœur noch nicht die Aporizität des philosophischen Zeitbegriffes, sondern stellt allein die wechselseitige Bereicherung und Korrektur von Erzählung und Zeiterfahrung in den Vordergrund.

Wenn also die hiesige Auseinandersetzung mit Ricœurs Zeitdenken bei der Frage nach der Zeit und ihrer Aporizität und damit beim vierten Teil von *Temps et récit* einsetzt, so folgt sie damit nicht Ricœurs eigenem Vorgehen, sondern kehrt dieses um. Das hat jedoch den Vorteil, im Anschluss an die beiden vorangehenden Teile über Husserl und Heidegger zeigen zu können, wie Ricœur selbst im Detail die drei von ihm behaupteten Zeitaporien versteht und in welcher Weise er selbst sie bei Husserl und Heidegger auftauchen sieht. So wird ein Vergleich möglich zwischen dem oben in den Resümees über aporetische Konstellationen in Husserls und Heideggers Zeitdenken Gesagten und Ricœurs eigener Einschätzung jener beiden, für ihn zentralen Ansätze zur Zeitproblematik (Kap. 4.2). Bevor dieser Erörterung der Aporizität der Zeit eine Auseinandersetzung mit Ricœurs Antworten auf die drei Zeitaporien folgt, steht in einem vorbereitenden und überleitenden Kapitel die grundsätzliche Plausibilität des von Ricœur behaupteten Zusammenhanges von Zeit und Erzählung und damit der Zirkel der dreifachen *mimesis* in Frage (Kap. 4.3). Auf dieser Basis folgt die Thematisierung der von Ricœur formulierten Antworten auf die Aporizität der Zeit. Bereits für Husserl und Heidegger wurde deutlich, dass die bei ihnen zu entdeckende, vielfache Aporizität der Zeit mit einer ständigen Verfeinerung der Aporetik der Zeit, d. h. der Technik der Auflösung der Aporien, verknüpft ist, welche ihre Zeitanalysen immer wieder über sich hinaustreibt. Bei Ricœur ist nicht nur eine solche, aus der Aporizität der Zeit stetig gewonnene Verfeinerung der Aporetik zu beobachten, sondern er entwickelt in einem methodischen Sprung ganz neu orientierte Aporetiken der Zeit, die der prinzipiellen theoretischen Aporizität durch praktische Antworten begegnen sollen. Eine Hauptthese des vierten Teiles der vorliegenden Studie ist, dass jene mithilfe eines methodischen Sprunges gewonnenen praktischen Antworten auf die Aporizität der Zeit bei Ricœur nicht nur in der in *Temps et récit* entwickelten Theorie der Narrativität, sondern vielmehr auch in den *Temps et récit*

---

[36] RF, 63/IA, 57.

[37] RF, 65/IA, 60.

folgenden Arbeiten und ihren weiterführenden Thematiken zu finden sind. In den späteren ricœurschen Werken lassen sich zahlreiche Konzepte entdecken, die den rein narrativen Rahmen überschreiten und dennoch als Weiterentwicklung der in *Temps et récit* begonnenen Antworten auf die Aporizität der Zeit aufgefasst werden können. Die These von der prinzipiellen Aporizität der Zeit bleibt dabei, so wird hier weiterhin zu vertreten sein, in Ricœurs Spätwerk ebenfalls erhalten, wenngleich sie nicht mehr ausdrücklich Thema ist. Die erste Aporie der Zeit beantwortet Ricœur in *Temps et récit* mit dem Konzept der menschlichen Drittzeit (Kap. 4.4.1–4.4.3) und einem ersten Ansatz zum Begriff narrativer Identität (Kap. 4.4.5). Obgleich in späteren Schriften die Zeitthematik und ihre Aporizität für Ricœur kein zentrales Thema mehr ist, lassen sich meines Erachtens die Bestimmungen zur narrativen und ethischen Identität des Selbst aus *Soi-même comme un autre* und die darüber hinausragenden Überlegungen zu Gedächtnis und kollektiven Identitäten aus *La mémoire, l'histoire, l'oubli* sowie einige Überlegungen aus *Parcours de la reconnaissance* als weiterführende Antworten auf die erste Zeitaporie auffassen. Im Zuge dieser Weiterentwicklungen scheint dem Begriff einer Schuld gegenüber den Menschen der Vergangenheit eine zunehmende Relevanz für die in *Temps et récit* entwickelte menschliche Zeit zuerkannt werden zu können (Kap. 4.4.4). Die zweite Aporie beantwortet Ricœur in *Temps et récit* durch das Konzept des Projekts der gemeinsam zu machenden Geschichte, welches er in den Grundzügen einer Hermeneutik des historischen Bewusstseins entwirft (Kap. 4.5.1 und 4.5.2). In *La mémoire, l'histoire, l'oubli* erfährt diese Antwort einer unvollkommenen Vermittlung der Geschichte Erweiterungen, Korrekturen und Spezifikationen durch die dort entwickelte Phänomenologie des Gedächtnisses, die Epistemologie der Geschichtswissenschaften, die Hermeneutik der *conditio historica* sowie die Eschatologie der schwierigen Vergebung und des glücklichen Gedächtnisses. In Ricœurs letztem Werk *Parcours de la reconnaissance* findet die Idee der unvollkommenen Vermittlung mit dem Konzept der Friedenszustände wechselseitiger Anerkennung eine abermalige Vertiefung (Kap. 4.5.3). Die dritte Aporie der Zeit ist diejenige Problematik, anhand derer Ricœur in *Temps et récit* die Grenzen seiner narrativen Lösungen der Zeitproblematik am deutlichsten aufweist. Sie scheint sich erneut in den Überlegungen zu einem Seinsgrund und zu einer dreifachen Andersheit in *Soi-même comme un autre* finden zu lassen und in *La mémoire, l'histoire, l'oubli* anhand eines primordial zwiespältigen Vergessens sowie eines Lebensgrundes wiederaufzutauchen. Zudem legt die dritte Aporie in Ricœurs Denken eine Verflechtung der Unerforschlichkeit der Zeit mit der Unerforschlichkeit des Bösen nahe (Kap. 4.6). Am Ende der Auseinandersetzung mit Ricœur sei die Frage nach den zeitlichen Aspekten derjenigen ontologischen Implikationen gestellt, die Ricœur seinem Denken in verschiedenen Werken, insbesondere in *La métaphore vive, Soi-même comme un autre* und *La mémoire, l'histoire, l'oubli*, zugeschrieben hat und die sich sowohl von den ontologischen Aspekten in Husserls Zeitdenken als auch von Heideggers Temporalität des Seins wesentlich unterscheiden (Kap. 4.7).

In der hiesigen Auseinandersetzung mit Ricœurs Zeitdenken ist also die doppelte Hypothese leitend, dass sich in Ricœurs Werk ab *Temps et récit* zum einen die These einer prinzipiellen Aporizität der Zeit durchhält, während Ricœur zum anderen dieser Aporizität über einen methodischen Sprung hinweg durch verschiedene Aporetiken, d. h. verschiedene Techniken zur Beantwortung dieser Aporizität, zu begegnen sucht. Ricœur selbst, so ist hier hervorzuheben, unterscheidet nicht deutlich zwischen „Aporizität“ und „Aporetik“. Zu Beginn jener Kapitel, die den gemeinsamen Titel „Die Aporetik der Zeitlichkeit“ tragen, verwendet er den Begriff „Aporizität“, wenn er dort von der „merkwürdige[n] Eigenart der Zeittheorie“ spricht, „der zufolge jeder Fortschritt mit dem jedes Mal höheren Preis einer anwachsenden Aporizität (*aporicité croissante*) zu zahlen hat“.[38] Und in der Einleitung zu Teil IV ist von der „prinzipiellen Aporizität (*aporicité de principe*) der Phänomenologie der Zeit“ die Rede.[39] Insgesamt steht bei Ricœur jedoch der Ausdruck „Aporetik der Zeitlichkeit“ (*aporétique de la temporalité*) im Vordergrund, welchen er dem der „Poetik der Erzählung“ gegenüberstellt. Anders als in vorliegender Arbeit bezeichnet er selbst daher mit „Aporetik“ nicht allgemein die Technik der Auflösung der Aporien, sondern in einem eingeschränkteren Sinne die scheiternden philosophischen Auflösungsversuche und ihr Herausarbeiten der Aporien und damit der Aporizität der Zeit. In dieser Arbeit hingegen wird der Terminus „Aporetik“ nicht nur für die im engeren Sinne philosophischen Auflösungsversuche der Aporizität, sondern in einem weiteren Sinne für sämtliche Versuche verwendet, die sich in Ricœurs Werk ab *Temps et récit* als Techniken einer Auflösung bzw. einer Beantwortung der Aporizität der Zeit einsetzen lassen, während der Terminus „Aporizität“ für die prinzipiellen Schwierigkeiten einer jeden Philosophie der Zeit reserviert bleibt.

4.2 Die unvermeidliche Aporizität der Zeitphilosophie

4.2.1 Die erste Aporie der Zeit: die Heterogenität von „subjektiver“ und „objektiver“ Zeit

4.2.1.1 Husserl und Kant

Die erste von Ricœur behauptete Aporie der Zeit besteht darin, dass eine phänomenologische, subjektive, im heideggerschen Sinne ursprüngliche Zeit und eine kosmologische, objektive, weltliche Zeit nicht auseinander ableitbar, sondern einander wesentlich heterogen sind, einander tendenziell verdecken, dabei aber dennoch eine wechselseitige Abhängigkeit zeigen, die sich allerdings nicht unter einen spekulativen Begriff fassen lässt. Ricœur selbst sieht die erste Aporie der Zeit in verschiedenen Ausprägungen auftauchen. So stehen sich z. B. erlebte und kosmische, private sterbliche und öffentliche sowie erlebte und chronologische Zeit gegenüber. Die Grundopposition, welche sich in allen diesen Varianten der so genannten ersten Aporie findet, sei jedoch die zwischen einer phänomenologischen Zeitauffassung,

[38] TR III, 19 f./ZE III, 15 (Einfügung des französischen Wortlautes, I.R.).

[39] TR III, 11/ZE III, 9 (Einfügung des französischen Wortlautes, I.R.).

in der die unmittelbar erlebten Phänomene der Vergangenheits-, Zukunfts- und Gegenwartserfahrung zentral sind, und einer kosmologischen, an der Bewegung und dem Zeitstrahl orientierten Sukzessionszeit. Die These von der philosophischen Unvermeidlichkeit der ersten Aporie der Zeit entwickelt Ricœur zunächst anhand einer Gegenüberstellung der augustinischen Zeit der Seele und der aristotelischen Zeit der Bewegung. Sein Ergebnis besteht darin, dass weder die *distentio* der Seele die Extension der Zeit hervorbringen könne, noch sei die Dynamik der Bewegung dazu in der Lage, die Dialektik der dreifachen Gegenwart zu erzeugen.[40]

Die Auseinandersetzung mit Augustinus und Aristoteles stellt jedoch lediglich Ricœurs Einstieg in die Erörterung der ersten Aporie der Zeit dar, welche er in der Folge in weiteren hermeneutischen Zirkelbewegungen vertieft. Diese Vertiefungen erreicht er anhand von drei weiteren philosophiegeschichtlichen Positionen zur Frage nach der Zeit, denjenigen von Husserl, Kant und Heidegger. Insbesondere die Phänomenologie sei besonders geeignet dazu, die Aporizität der Zeit zum Vorschein zu bringen. Die Aporie selbst jedoch sei nicht nur die der Phänomenologie der Zeit, sondern die „des reflexiven und spekulativen Denkens insgesamt" und ordne vielmehr die Phänomenologie wieder in „den großen Strom des reflexiven und spekulativen Denkens" ein.[41] Da im Rahmen der hiesigen Fragestellung Ricœurs Kritik an Husserl und Heidegger im Vordergrund steht, wird Ricœurs Beschäftigung mit Augustinus und Aristoteles vernachlässigt und auch seine Kritik an Kant wird nur in der Weise aufgegriffen, in der sie das Gegenstück zu Ricœurs Kritik an Husserl bildet. Erst über diese Dreierkonstellation Husserl, Kant, Heidegger wird die ricœursche Argumentation deutlich, während für den Nachweis der Aporizität der Phänomenologie der Zeit Husserl und Heidegger die entscheidenden Gesprächspartner sind.[42]

In seiner Auseinandersetzung mit Husserls Zeitdenken stützt sich Ricœur allein auf die *Vorlesungen zur Phänomenologie des inneren Zeitbewusstseins*.[43] Die Ergänzungstexte aus Husserliana X und die Bernauer Manuskripte schließt Ricœur in einer Fußnote explizit aus, während er die C-Manuskripte gänzlich unerwähnt lässt und auch die Beilagen der Ausgabe der Zeitvorlesungen von 1928 nicht in seine

---

[40] Vgl. TR III, 42/ZE III, 35 und die gesamte Gegenüberstellung der augustinischen und aristotelischen Zeitbegriffe TR III, 21–42/ZE III, 16–36. Diese von Ricœur als erste Aporie der Zeit bezeichnete Problematik zwischen zwei Perspektiven auf die Zeit erscheint auf eine andere Weise in der Tradition der analytischen Philosophie, wenn diese im Ausgang von McTaggart eine erlebte A-Reihe der Zeit einer nach früher und später geordneten B-Reihe der Zeit gegenüberstellt. Vgl. McTaggart, J. Ellis: The Unreality of Time, in: Mind. A Quarterly Review of Psychology and Philosophy XVII (1908), 457–474.

[41] TR III, 177, 178/ZE III, 157. Muldoon sucht nachzuweisen, dass bereits Bergson und Merleau-Ponty auf die Problematik von Ricœurs erster Aporie stoßen, ohne diese jedoch schon als solche explizit zu erkennen. Vgl. Muldoon, Mark S.: *Tricks of Time. Bergson, Merleau-Ponty and Ricoeur in Search of Time, Self and Meaning*, a. a. O.

[42] Ricœur setzt sich für TR III das Ziel, „die These von der prinzipiellen Aporizität der Zeit an den beiden maßgeblichen Beispielen der Phänomenologie des inneren Zeitbewußtseins bei Husserl und der hermeneutischen Phänomenologie der Zeitlichkeit bei Heidegger zu verifizieren" (TR III, 11/ZE III, 9).

[43] Vgl. TR III, 44–82/ZE III, 37–71.

Diskussion einbezieht. Der Kern seiner Interpretation der ZB besteht aus zwei Thesen, die sich direkt an seine Charakterisierung der Aporizität der Zeit anschließen lassen. Zum einen habe Husserl versucht, den wahrgenommenen linearen Zeitverlauf auf ein reines Erscheinen der Zeit zu reduzieren, aus dem heraus er dann auf konstituierendem Wege die Vorstellung des objektiven Zeitverlaufes zu gewinnen gedachte. Dies sei Husserl aber nicht gelungen und in diesem Scheitern zeige sich die erste Aporie der Zeit. Zum anderen, und hierin mache sich die positive Seite der Aporizität der Zeit bemerkbar, gelange Husserl aber gerade über seinen *Versuch* einer Ausschaltung der objektiven Zeit zu dem, was Ricœur die „beiden großen Entdeckungen (*trouvailles*) der Husserlschen Phänomenologie der Zeit" nennt: „der Beschreibung des Retentionsphänomens – sowie seines Gegenstücks, der Protention – und der Unterscheidung zwischen Retention (oder primärer Erinnerung) und Wiedererinnerung (oder sekundärer Erinnerung)".[44] Wie gelangt Ricœur zu diesen beiden Thesen und wie lässt sich im Anschluss an die hiesigen Analysen des husserlschen Zeitdenkens aus dem zweiten Kapitel zu ihnen Stellung nehmen?

Ricœur ist der Auffassung, dass Husserls Versuch, die objektive Zeit auf ein reines Erscheinen der Zeit zu reduzieren, deshalb misslingen müsse, weil Husserl nicht umhin könne, immer schon Anleihen bei einer objektiven Zeit zu machen. Die objektive Zeit sei eine heimliche Voraussetzung seiner Analysen, obgleich deren offizielles Ziel laute, die objektive Zeit voraussetzungslos aus einem reinen Erscheinen der Zeit zu gewinnen. Diese These, dass Husserl unberechtigterweise das voraussetze, was erst phänomenologisch konstituiert werden soll, begründet Ricœur in mehrfacher Weise. Er sieht in den Bestimmungen zwischen dem Bewusstseinsverlauf und dem Verlauf der objektiven Zeit diverse Homonymien auftauchen, die ihn vermuten lassen, dass *„die Analyse der immanenten Zeit [sich] ohne wiederholte Anleihen bei der ausgeschalteten objektiven Zeit nicht konstituieren könnte"*.[45] Dass diese Homonymien kein Zufall sind, zeige sich darin, dass eine Besinnung auf das Erscheinen der Zeit als Erlebnis zum Schweigen verurteilt wäre, wenn sie sich nicht auf den „Gegenhalt[] eines wahrgenommenen Etwas" stützen könnte, das in Husserls Analysen durch das Zeitobjekt Ton geliefert wird.[46] Der Versuch einer Analyse eines reinen Erscheinens der Zeit wäre so mit zwei Problemen konfrontiert, dem der Unhintergehbarkeit eines wahrgenommenen Etwas und dem der Unhintergehbarkeit einer Sprache, die sich immer schon auf Objekte bezieht. Ricœurs Argumentation kulminiert in einer Kritik an dem konkreten Verhältnis von Retention und Zeitstelle. Das Sichrichten auf eine Zeitstelle, die von ihrem Inhalt verschieden ist, erlaubt es Husserl, ganz verschiedene Inhalte im selben Zusammenhang der Zeit als „vergangen", „gegenwärtig" und „zukünftig" zu bezeichnen, wodurch diesen drei Charakteren eine formale, weil vom Inhalt verschiedene Bedeutung zukomme. „Doch diese *formale Bedeutung (sens formel)*", so meint Ricœur, „ist keine unmittelbare Gegebenheit (*donnée immédiate*) des Bewußtseins".[47] Die retentionale

[44] TR III, 49/ZE III, 42 (Einfügung des französischen Wortlautes, I.R.).

[45] TR III, 46/ZE III, 39.

[46] TR III, 51/ZE III, 43.

[47] TR III, 69/ZE III, 60 (Einfügung des französischen Wortlautes, I.R.).

Modifikation, so Ricœur weiterhin, scheint „zwar das *Zurücksinken* in die Vergangenheit verständlich" zu machen (*fait comprendre*), „nicht aber die *Festigkeit* der Stellung in der Zeit".[48] Husserl versuche, die reine Form der Sukzession, die er als Korrelat der Erfahrung und nicht mehr kantisch als ihre Bedingung verstehe, durch „ein komplexes Spiel sich überlagernder Intentionalitäten" aufzuklären.[49] In diesem überlagerten sich die spezifische Intentionalität der Retention und die Intentionalität der Wiedererinnerung auf eine Weise, dass das Nachleben in einer ausdrücklichen Wiedergegebenheit gefestigt und so ein strukturiertes Zeitgewebe konstituiert wird. Dieses Spiel der Retentionen und Wiedererinnerungen bedürfe jedoch „als seiner notwendigen Ergänzung eines formalen Moments, das es scheinbar nicht selbst erzeugen (*engendrer*) kann", das aber für die Gewinnung der Zeitstelle unerlässlich sei.[50] „Jedesmal", so Ricœur, „wenn man versucht, die objektive Zeit aus dem inneren Zeitbewusstsein abzuleiten (*dériver*), kehrt das Prioritätsverhältnis sich um".[51] Im Zusammenhang mit Husserls Versuch der Selbstkonstitution des Bewusstseinsflusses trete diese heimliche Voraussetzung der objektiven Zeit abermals auf. In Husserls Änderung der Blickrichtung von den Zeitobjekten weg und zum Fluss selbst hin erkennt Ricœur keinen grundsätzlichen Fortschritt gegenüber der Analyse der Zeitobjekte und fragt sich, ob ein „autosuffizientes Evidenzbewußtsein der Dauer denkbar" sei, „das jeder Evidenz eines *Wahrnehmungs*bewußtseins entraten kann?"[52] Macht Husserl aber tatsächlich eine heimliche Voraussetzung, in der er die objektive Zeit immer schon annimmt, obgleich er sie erst aus dem Erscheinen der Zeit gewinnen will? Besteht diese Kritik von Ricœur an Husserl zu Recht?

Meines Erachtens ist Ricœurs Kritik in einem wesentlichen Punkt nicht ganz berechtigt, trifft aber dennoch eine zentrale Schwierigkeit bei Husserl. Tatsächlich spricht Husserl in einer Weise, die Ricœurs Interpretation zu stützen scheint, davon, dass das aktuelle Jetzt eine Zeitstelle *konstituiere* und der *Quellpunkt* der Zeitstellen überhaupt sei.[53] Erst wenn aus der erweiterten Gegenwart heraus eine gesonderte intentionale Auffassung einer Zeitstelle erfolgt, wird diese konstituiert. Es ist allerdings nicht so, dass Husserl hier, wie Ricœur suggeriert, aus dem retentionalen Zurücksinken ein diesem ganz und gar fremdes Moment der Festigkeit zu

[48] TR III, 73/ZE III, 64.

[49] TR III, 69/ZE III, 60.

[50] TR III, 74/ZE III, 64 (Einfügung des französischen Wortlautes, I.R.).

[51] TR III, 75/ZE III, 65. In den Schlussfolgerungen am Ende von TR III ergänzt Ricœur seine Kritik mit einem einzigen Satz um einen weiteren Aspekt: Selbst wenn ein reines Erscheinen der Zeit ohne Rekurs auf die konstituierte Zeit möglich wäre, „so wüßte man doch nicht, wie es gelingen sollte, aus einer phänomenologischen Zeit, die immer nur die eines individuellen Bewußtseins ist, die objektive Zeit herauszuziehen, die ja laut Annahme die der ganzen Wirklichkeit sein soll" (TR III, 440/ZE III, 393). Gegen diese kurze Anmerkung ließen sich Husserls späte Versuche zu einer monadologischen Erklärung einer transzendentalen Intersubjektivität heranziehen, in der durch Implikation in der transzendentalen Subjektivität bereits die „Zeiten der anderen" angelegt und über Horizonterforschung explizit auszuarbeiten, wenn auch nie zu adäquater Erfüllung zu bringen sind.

[52] TR III, 79/ZE III, 69.

[53] Vgl. ZB, § 33, 426 f.

gewinnen sucht. Die Vorform der Festigkeit der Zeitstelle findet sich bereits in dem Phänomen der Retention selbst, wenn Husserl diese als das Zurücksinken eines sich *Erhaltenden* bestimmt. Husserls *Beschreibung* der die Retention betreffenden phänomenalen Sachlage scheint eine Gleichursprünglichkeit von Fließen und Starrheit im Sinne der Starrheit eines sich im Fließen erhaltenden Etwas nahezulegen. Diese Starrheit des Retinierten, das merkt Ricœur zu Recht an, ist zwar noch nicht diejenige der formalen objektiven Zeitordnung. Gegen Ricœurs Interpretation lässt sich jedoch einwenden, dass die Starrheit des Retinierten, die auch die Starrheit von einer Vielzahl von Inhalten sein kann, bereits im unmittelbarsten Zeiterleben eine phänomenale Basis erkennen lässt, die auf eine feste Ordnung von Zeitstellen verweist. Wenn es sich zeigt, dass *dasselbe*, was soeben jetzt war, jetzt soeben ist, so zeigt sich darin auch schon der Ansatz zu dem formalen Moment einer objektiven Zeitordnung und ihren Zeitstellen. Anstatt heimlich die objektive Zeit vorauszusetzen, scheint Husserl vielmehr die Retention als ein doppelgesichtiges Phänomen zu beschreiben, in dem sich Fließen und Starrheit eines sich Erhaltenden schlichtweg *zusammen zeigen* und so die phänomenale Basis für die Zeitstellen- und Zeitordnungskonstitution liefern. Es ist irreführend zu sagen, Husserl versuche aus einem reinen Zurücksinken die Festigkeit der Zeitstelle zu „erklären“, zu „erzeugen“ oder „abzuleiten“, wie Ricœur es formuliert, sondern Husserl ist vielmehr darum bemüht, auf der Basis des Zeiterlebens der erweiterten Gegenwart, in welchem bereits Momente der zeitlichen Starrheit angelegt sind, durch gesonderte intentionale Auffassungen Zeitstellen und im Weiteren die eine homogene Zeitordnung phänomenal aufzuweisen. Auf der Ebene des zeitkonstituierenden Bewusstseins, in Hinblick auf die Ricœur kritisiert, dass ein „autosuffizientes Evidenzbewusstsein der Dauer“ letztlich nicht ohne die „Evidenz eines Wahrnehmungsbewusstseins“ auskomme, scheint sich diese Kritik an Ricœur in ähnlicher Weise wiederholen zu lassen. Das sich Husserl stellende Problem ist auch hier nicht in erster Linie, aus einem vermeintlich rein gerichteten Zeiterleben feste Zeitpunkte zu erzeugen, sondern es liegt vielmehr darin, aus einer phänomenologisch eigentlich nicht beobachtbaren Nicht-Zeit oder Vor-Zeit eine Zeit zu gewinnen, die sowohl den Aspekt des Fließens als auch den der Starrheit der Zeit einschließt.

Und dennoch scheint Ricœur mit seiner Kritik an Husserl und der Behauptung einer Aporizität der „subjektiven“ und „objektiven“ Momente der Zeit nicht ganz Unrecht zu haben. Denn, wie hier in der Auseinandersetzung mit den ZB zu zeigen versucht wurde, Husserl scheint bei der begrifflichen Bestimmung der Retention in unüberwindliche Schwierigkeiten zu geraten. Es blieb begrifflich rätselhaft, wie etwas intentional vermeint sein kann, ohne intentionaler Gegenstand zu sein. Eben diese beiden Aspekte musste Husserl aber in der Retention vereinen, um Zeiterleben überhaupt verständlich zu machen. In einer Reformulierung der ricœurschen Kritik an Husserl ließe sich daher sagen, dass es dieses begriffliche Scheitern bei der Bestimmung der Retention als eines intentionalen Erlebnisses ohne Gegenstand ist, welches als aporetisch im Sinne von Ricœurs erster Aporie ausgelegt werden könnte. In Hinblick auf die Grenzen, welche sich Husserls Versuch entgegenstellen, die Faktizität des Fließens und der Starrheit der Zeit in ein begriffliches Verhältnis zueinander zu bringen, findet Ricœurs Formulierung, nach der die Retention der

„*Name* der gesuchten Lösung" sei, ihre Berechtigung:[54] Aus der das Zeiterleben erklärenden Retention lässt sich kein begriffliches Grundprinzip entwickeln, welches über das rein faktische, mit dem Namen der Retention gekennzeichnete, aber aporetische Zusammen von Fließen und Starrheit der Zeit hinauskommt.

Ebenso wichtig wie seine bisher erörterte negative These ist jedoch Ricœurs positive These, derzufolge Husserl gerade über die versuchte, aber gescheiterte Ausschaltung der objektiven Zeit zu den „großen Entdeckungen" der Retention und der Unterscheidung von Retention und Wiedererinnerung gelangt sei. Was bringt Ricœur dazu, diese beiden Komponenten der husserlschen Zeitanalysen trotz der behaupteten Aporizität als „große Entdeckungen" zu bezeichnen? Zum einen hebt er es als Husserls Einsicht hervor, dass *„[d]ie primäre Erinnerung [...] eine positive Modifikation der Impression, und nicht deren Differenz"* ist.[55] Zum anderen schreibt er Husserl das Verdienst zu, diese in Kontinuität zur Gegenwart stehende Erinnerung von einer zweiten Erinnerung unterschieden zu haben, welche von jener ersten durch einen unüberbrückbaren „phänomenologische[n] Abgrund" getrennt ist.[56] Entscheidend in der durch Husserls Retentionsanalyse erfolgten Priorisierung der Modifikation vor der Differenz sei, „daß Begriffe wie Differenz, Andersheit, oder Negativität, die ihren Ausdruck im ‚nicht mehr' finden, keine primären sind, sondern sich von einer an der Kontinuität vorgenommenen Abstraktion herleiten, in der der Blick bei dem Jetzt anhält und es von einem Quellpunkt in einen Grenzpunkt verwandelt".[57] Nur weil Ricœur diese Priorität der Kontinuität vor der Differenz in Hinblick auf die primäre Erinnerung hervorhebt, kann er die zweite große Entdeckung Husserls in der Unterscheidung von primärer Erinnerung und sekundärer, nicht mehr in dieser Kontinuität zur Gegenwart stehenden Erinnerung sehen.

Obgleich dies eindeutig der Kern derjenigen Interpretation ist, die Ricœur in den Vordergrund stellt, macht sich in seinen näheren Erläuterungen dieser beiden großen husserlschen Entdeckungen eine gewisse Zweideutigkeit bemerkbar, welche nähere Beachtung verdient. In einer langen Fußnote zu Derridas *La voix et le phénomène* scheint es so, als würde Ricœur eine explizite Zustimmung zu Derrida mit einer impliziten Kritik verbinden.[58] Derrida, so Ricœur, habe Recht damit, dass die Präsenz

---

[54] TR III, 51/ZE III, 44 (Hervorhebung, I.R.).

[55] TR III, 60/ZE III, 52.

[56] TR III, 65/ZE III, 56.

[57] TR III, 60/ZE III, 51 (Übersetzung modifiziert, I.R.). In RF hebt Ricœur hervor, dass sich die gesamte erste Aporie der Zeit „um die Struktur der Gegenwart verdichtet, die aus meiner Sicht in zwei Modalitäten aufbrach, den auf einen Schnitt zwischen einem unbegrenzten Vorher und Nachher beschränkten punktuellen Moment und die lebendige Gegenwart, die eine unmittelbare Vergangenheit und eine unmittelbare Zukunft in sich trägt" (RF, 66/IA, 60).

[58] Vgl. TR III, 55 (Fußnote)/ZE III, 47 f. (Fußnote). Bourgeois sieht in Ricœurs Interpretation der ZB „in fact a broader and more insightful reading of Husserl" (Bourgeois, Patrick L.: The Instant and the Living Present. Ricoeur and Derrida Reading Husserl, in: Philosophy Today 37/1 (1993), 31–37, hier 31) als in derjenigen Derridas. Ricœur hebe Husserls phänomenologische Einsicht in Kontinuität und Dauer hervor und nicht, wie Derrida, den laut Husserl nur abstrakt isolierbaren Jetztpunkt, um diesen dann einer retentionalen Alterität gegenüberzustellen. Ricœur, so Bourgeois, habe zwar selbst die Einsicht in die kontinuierliche „lived time as the sense of human concrete

der wahrgenommenen Gegenwart nur über ein kontinuierliches Zusammenschließen mit einer Nicht-Präsenz und Nicht-Wahrnehmung als solche erscheinen könne. Überdies habe Derrida „nicht Unrecht",[59] wenn er der Auffassung ist, dass die auf eine Abwesenheit verweisende Spur die Bewegung der *différance* in die erweiterte Gegenwart einführe und die reine Aktualität des Jetzt allererst konstituiere. Sind also über das die Präsenz unterminierende Spiel der *différance* die Begriffe Differenz, Andersheit und Negativität doch primär, weil grundlegend für die Aktualität des Jetzt überhaupt? Eben dies hat Ricœur in seiner Priorisierung der Kontinuität vor der Differenz gerade geleugnet. Und er scheint seine Auffassung auch in der besagten Fußnote nicht zu ändern, wenn er schreibt, dass „man keinesfalls – im gemeinsamen Zeichen der *Andersheit* – die für die Wiedererinnerung charakteristische Nicht-Wahrnehmung mit der der Retention zugewiesenen Nicht-Wahrnehmung in einen Topf werfen (*mettre du même côté*) [darf], da sonst die wesentliche phänomenologische Differenz verwischt würde zwischen der Retention, die sich in Kontinuität mit der Wahrnehmung konstituiert, und der Wiedererinnerung, die allein im vollen Wortsinn eine Nicht-Wahrnehmung ist".[60]

Auch wenn Derrida Retention und Wiedererinnerung nicht „in einen Topf wirft", vollzieht er doch eben diese Ricœur zufolge unbedingt zu vermeidende Annäherung, wenn er in *La voix et le phénomène* – sogar an genau der von Ricœur zitierten Stelle – formuliert, „daß ihre gemeinsame Wurzel, die Möglichkeit der Wieder-holung in ihrer allgemeinsten Form, die Spur im universalsten Sinne, eine Möglichkeit ist, die nicht nur der reinen Aktualität des Jetzt innewohnen, sondern sie durch die Bewegung der *différance* selbst konstituieren muß, die sie darin einführt".[61] Und wenn es zuvor bei Derrida bereits heißt, dass „[d]ie Differenz zwischen Retention und Reproduktion, zwischen primärer Erinnerung und sekundärer Erinnerung [...] nicht die von Husserl als radikal gewünschte Differenz zwischen Wahrnehmung und Nicht-Wahrnehmung, sondern zwischen zwei Modifikationen der Nicht-Wahrnehmung" sei, so verringert er zumindest beträchtlich eben denjenigen „phänomenologischen Abgrund" zwischen Retention und Wiedererinnerung, den Ricœur als Husserls großes Verdienst heraushebt.[62] Derridas Position, dass die Retention eine

existence" (a. a. O., 35) bewahrt, jedoch nicht ausreichend die „challenge of deconstruction" (a. a. O., 36) abgewehrt. Bourgeois sucht diesem Versäumnis auf Seiten Ricœurs mit dem Nachweis zu begegnen, dass Derrida auf inakzeptable Weise von einer atomistischen Zeit ausgeht. Vgl. außer dem zitierten Text auch Bourgeois, Patrick L.: Semiotics and the Deconstruction of Presence: A Ricoeurian Alternative, in: American Catholic Philosophical Quarterly 66/3 (1992), 361–379. Die folgende Diskussion schlägt eine ähnliche Richtung ein wie Bourgeois, sucht jedoch über den Unterschied zwischen Ricœur und Derrida hinaus auch deren Nähe in Hinblick auf das Retentionsverständnis herauszuarbeiten.

59 TR III, 55 (Fußnote)/ZE III, 47 (Fußnote).

60 TR III, 55 (Fußnote)/ZE III, 47 (Fußnote) (Einfügung des französischen Wortlautes, I.R.).

61 Derrida: *La voix et le phénomène. Introduction au problème du signe dans la phénoménologie de Husserl*, a. a. O., 75/dt.: *Die Stimme und das Phänomen. Einführung in das Problem des Zeichens in der Phänomenologie Husserl*, a. a. O., 92.

62 Derrida: *La voix et le phénomène. Introduction au problème du signe dans la phénoménologie de Husserl*, a. a. O., 73/dt.: *Die Stimme und das Phänomen. Einführung in das Problem des Zeichens in der Phänomenologie Husserl*, a. a. O., 90.

Nicht-Wahrnehmung sei, lässt sich kaum mit Ricœurs Position vereinbaren, nach der die Retention in erster Linie in Kontinuität und nicht in Differenz zur Gegenwart stehe, gar „das Privileg der Ursprünglichkeit" von dem Impressionalen auf das Ebenvergangene übertrage und durch einen phänomenologischen Abgrund von der Nicht-Wahrnehmung der Wiedererinnerung geschieden sei.[63]

Darüber hinaus ist der unterschiedliche Kontext zu beachten, denn Ricœurs Ziel ist es, die Unterscheidung von Retention und Wiedererinnerung zu stärken und nicht, wie Derrida, Husserls Unterscheidung von Ausdruck und Anzeichen aus der ersten logischen Untersuchung durch die als Nicht-Wahrnehmung interpretierte Retention zu untergraben. Anders als Derrida stellt Ricœur nicht in den Vordergrund, dass sogar im Selbstgespräch der vermeintlichen Selbstpräsenz aufgrund der Retention als Nicht-Wahrnehmung bereits der Umweg zu sich über Zeichen notwendig wird. Obgleich auch Ricœur, wie bereits im vorangehenden Kapitel gezeigt wurde, eine reine Selbstpräsenz für unmöglich und den Umweg über Zeichen, Symbole und Texte für unumgänglich hält, kommt für ihn in der Retention und deren Kontinuität zur Gegenwart dem Moment des *Nachlebens* von etwas der herausragende Stellenwert zu. *„Die Retention"*, so heißt es in einer Vorwegnahme der Thematik der zehnten Studie von *Soi-même comme un autre*, *„ist eine Herausforderung an die Logik des Selben und des Anderen; diese Herausforderung ist die Zeit"*.[64] Ricœur setzt hier einen anderen Akzent als Derrida, indem er sich auf den Selbes und Anderes verflechtenden *Erlebnischarakter* der Retention konzentriert, welcher nicht lediglich Nicht-Wahrnehmung ist, sondern ein Ineinander von Selbem und Anderem zur Erfahrung bringt. In der Retention, so Ricœur, sei auf paradoxe Weise das „Objekt im Wie" immer wieder ein anderes, während das „Objekt schlechthin" dasselbe bleibe. Insgesamt gehöre die Retention als ein Nachleben in Kontinuität zur Impression „eher ins Gebiet der Affektion".[65] Im *affektiven Charakter* des Nachlebens verschlingen sich Ricœur zufolge auf begrifflich rätselhafte Weise Selbes (Zeitobjekt schlechthin) und Anderes (Zeitobjekt im Wie), so dass eine Andersheit bereits im passiven Erleben der Retention eine Rolle spielt – aber eine Andersheit, die trotz der sprachlichen Rätselhaftigkeit untrennbar von dem durch die Kontinuität der Retention bewirkten Selben ist.

Dieses retentionale Nachleben, in dem Selbes und Anderes untrennbar, jedoch begrifflich paradox ineinandergreifen, ließe sich möglicherweise, über Ricœurs eigene Interpretation von Husserls Zeitanalysen hinausgehend, dem ricœurschen Grundbegriff der *appartenance* zuordnen. Retention, Affektion und *appartenance* würden so die eine Seite einer begrifflichen Konstellation bilden, deren zugehöriges dialektisches Gegenstück die in der Retention, der Affektion und der *appartenance* immer schon spielende *distanciation* wäre, welche ihrerseits im Weiteren als Anknüpfungspunkt für eine vertiefte *distanciation* durch Wiedererinnerung und Handlung fungieren könnte. Die Grenze dieser Zuordnung liegt darin, dass die Retention der ZB und auch Ricœurs Interpretation derselben nicht auf ein geschichtliches

---

[63] TR III, 57/ZE III, 49.

[64] TR III, 54/ZE III, 46.

[65] TR III, 66/ZE III, 57.

Zeiterleben ausgeweitet werden kann, welches zentral für die von Heideggers In-der-Welt-sein, Gadamers Zugehörigkeit und auch von Husserls Lebenswelt geprägte ricœursche *appartenance* ist. Dennoch könnte die Verknüpfung von Ricœurs Interpretation der ZB mit diesen beiden Grundbegriffen aufschlussreich für den zeitlichen Charakter seiner eigenen hermeneutischen Phänomenologie sein. Die Verbindung zwischen Retention und Affektion zieht Ricœur ausdrücklich selbst, ebenso wie diejenige zwischen Wiedererinnerung und Handlung und diese beiden Paare scheinen, wenn sie den Grundbegriffen von *appartenance* und *distanciation* und ihrem Ineinander zugeordnet werden, die Zeitlichkeit dieser hermeneutischen Dialektik verdeutlichen zu können.

Auf der Seite der *appartenance*, zu der Retention und Affektion gehören, findet sich mit der Andersheit bereits ein erstes Moment der *distanciation*, die, wie im vorangehenden Kapitel gezeigt wurde, aufgrund der Zeitlichkeit und Sprachlichkeit der Erfahrung für Ricœur untrennbar ist von der *appartenance* und ihr gegenüber daher keine Nachträglichkeit darstellt. Die Wiedererinnerung ließe sich in Ricœurs Husserlinterpretation dann als ausdrückliche Vertiefung der *distanciation* verstehen, wenngleich er sie selbst durch einen „phänomenologischen Abgrund" von der Retention getrennt sieht. Dieser Abgrund könne jedoch bereits laut Husserl selbst durch eine Deckung zwischen dem, was in der Retention passiv nachlebt, und dem, was spontan in freier Iteration wiedererinnert wird, überbrückt werden. Wenn die Intentionalitäten von Retention und Wiedererinnerung sich verflechten und ihre Korrelate koinzidieren, so geschehe das „vor aller ‚Vergleichung' und allem ‚Denken' (*comparaison réfléchie*)" in einer „Gleichheits- (*ressemblance*) und Differenzanschauung".[66] Die Wiedererinnerung könne dabei als die explizite *„Replik* oder ein *Gegenbild"* aufgefasst werden, die oder das auf das retentionale Nachleben erfolgt.[67] In Verbindung mit einer Setzung unterscheidet die Wiedererinnerung bei Husserl die erinnerte Vergangenheit von einer Phantasie, indem sie sie zum Jetzt in Stellung bringt. Ricœurs Charakterisierung der Wiedererinnerung als „Replik" auf die Retention lässt sich zu dem Antwortcharakter der *distanciation* in Bezug setzen, welche die *appartenance* nie erschöpfend und vollständig interpretiert, sondern in einer unendlichen Bewegung auf sie zu antworten hat. Auch die Wiedererinnerung, so ließe sich hier in Anlehnung an Ricœur sagen, kann nie den phänomenologischen Abgrund zur Retention zunichtemachen, sondern ihn lediglich in dem Erlebnis der Deckung als Gleichheits- und Differenzanschauung überbrücken. Wie schon der *distanciation* überhaupt, so traut Ricœur es der Wiedererinnerung nicht zu, die retentional erlebte Verflechtung von Selbem und Anderem, welche er als eine Herausforderung an die Logik des Selben und des Anderen charakterisiert, vollständig in die Repräsentation einzuholen oder sie gar aufzulösen.

Es ist die spontane Wiedererinnerung und nicht die Retention, welche bei Ricœur die Funktion der derridaschen Wieder-holung übernimmt, welche Derrida als „gemeinsame Wurzel" von Retention und Wiedererinnerung bezeichnet hatte. „Die Möglichkeit, ein Zeitobjekt als dasselbe zu identifizieren", so Ricœur, „scheint in

[66] TR III, 66/ZE III, 57 (Einfügung des französischen Wortlautes, I.R.).

[67] TR III, 68/ZE III, 59 („Gegenbild" im Orig. deutsch).

beträchtlichem Maße von diesem *Zurück-kommen* abzuhängen, indem das *nach* des *Nachlebens* mit dem *wieder* der *Wiedergegebenheit* und dem *zurück* des *Zurück-kommens* im ‚wieder' der Wieder-erinnerung koinzidiert".[68] Es ist dieses Moment „gelebter Identifikation" in der Wiedererinnerung, wie man vielleicht sagen könnte, das für Ricœur entscheidend ist. Auf seiner Basis ist es möglich, trotz des „nicht mehr" des Vergangenen in der Wiedererinnerung zu erfahren, dass das Wiedererinnerte mit dem passiv Nachlebenden koinzidiert und zwar diesseits eines Vergleiches zweier Erinnerungen. Eben dieses Moment des Nachlebens, das dazu führt, dass in der Wiedererinnerung etwas als dasselbe, das schon einmal war, identifiziert werden kann, entwickelt Ricœur für einen größeren zeitlichen Rahmen über eine Auseinandersetzung mit Bergson gegen Ende von *La mémoire, l'histoire, l'oubli* zu dem, was er dort „dieses kleine Wunder des glücklichen Gedächtnisses" nennt:[69] das diesseits aller Vergleiche situierte Erlebnis des Wiedererkennens. So, wie die *distanciation* nie dazu gelangt, die *appartenance* erschöpfend zu behandeln, so gelangt auch die Wiedererinnerung nur über die Deckung zu einer Koinzidenz mit der Retention, ohne jedoch den phänomenologischen Abgrund verschwinden zu lassen, der Retention von Wiedererinnerung trennt und ohne die in der Retention selbst liegende Herausforderung an die Logik des Selben und des Anderen auflösen zu können.

Das systematische Gegenstück zu Husserls Zeitanalysen sieht Ricœur in Kants Zeitbegriff aus der *Kritik der reinen Vernunft* und der *Dissertation von 1770*.[70] Obgleich eine kritische Auseinandersetzung mit Ricœurs Kantinterpretation ebenso wichtig wäre wie mit seiner Husserlinterpretation, würde eine solche zu weit über die hiesige Fragestellung hinausführen. Eine Zusammenfassung von Ricœurs Argumentation in Hinblick auf den kantischen Zeitbegriff soll lediglich deren Komplementarität zu seiner Husserlinterpretation verdeutlichen, um dann zu Ricœurs Heideggerinterpretation überzugehen. Kant, so meint Ricœur, konzentriere sich so sehr auf die Zeit der Natur und ihre Objektivität, dass er phänomenologische Aspekte einer subjektiven lebendigen Gegenwart zu Vergangenheit und Zukunft systematisch verdränge, sie aber dennoch stillschweigend voraussetze und voraussetzen müsse. Kant als Vertreter einer objektiven Zeit? Ist nicht gerade Kant derjenige gewesen, der durch die kopernikanische Wende in der Philosophie die Zeit in der transzendentalen Ästhetik zu einer reinen Anschauungsform im Subjekt gemacht

---

[68] TR III, 66/ZE III, 57 (Übersetzung modifiziert; kursivierte Termini im Orig. deutsch).

[69] MHO, 556/GGV, 655. Dieser Gedanke spielt auch noch in *Parcours* eine zentrale Rolle.

[70] Vgl. TR III, 82–109/ZE III, 72–95. Ricœur spricht von der „Dissertation von 1770", wenn er die kantische Schrift *De mundi sensibilis atque intelligibilis forma et principiis* zitiert. Vgl. Kant, Immanuel: Schriften zur Metaphysik und Logik. Hg. von Wilhelm Weischedel. Darmstadt: Wissenschaftliche Buchgesellschaft, 6. Aufl., 2005 (= Werke in sechs Bänden. Bd. III), A(2)1–A(2)38. Bereits an der Tatsache, dass Ricœur zunächst Husserls Zeitbegriff untersucht, bevor er sich demjenigen Kants widmet, wird deutlich, dass es ihm nicht um eine philosophiegeschichtliche Skizzierung verschiedener Zeitbegriffe der Tradition geht. Ricœur bringt seine detaillierten Analysen von Husserl und Kant auf systematische Weise als Argumente für seine eigene Position zueinander in Stellung und macht zu diesem Zweck die Opposition zwischen ihnen in seinem Sinne so stark wie möglich.

hat? Das ist Ricœur natürlich keineswegs entgangen und seine Argumentation bewegt sich daher auf einer viel subtileren Ebene. Er ist der Auffassung, dass Kant durch seine nicht phänomenologische, sondern kritische Argumentation per Ausschlussverfahren die Zeit zu einer selbst unsichtbaren Präsupposition mache, als welche sie der aristotelischen Zeit der Natur näher stehe als der augustinischen Zeit der Seele und der husserlschen erscheinenden Zeit. Anders als für Husserl, erscheine die Zeit bei Kant nicht selbst, sondern sei vielmehr eine Bedingung des Erscheinens und nur indirekt über das Erscheinende zugänglich. Dadurch, dass sie als reine Anschauungsform im Subjekt fungiert, könne sie nur indirekt über die objektivierte Erfahrung der Welt erreicht werden. Mit den Bedingungen der Möglichkeit von Erfahrung und Erkenntnis aber ginge es letztlich um die Begründung der Bedingungen der Objektivität. Aus diesem Grunde werde die Zeit bei Kant trotz ihres ausdrücklich subjektiven Charakters zu einer Zeit der Natur, deren Objektivität vollständig durch den kategorialen Apparat des Gemüts definiert sei.

Kants Zeitbegriff, so Ricœur, sei somit der anderen Seite desjenigen Problems ausgesetzt, mit dem Husserls Konzept der erscheinenden Zeit konfrontiert war: Als letztlich objektive Zeit der Natur habe Kants Zeit *„keinen Anhalt in der Gegenwart“*.[71] Obgleich sie in das Subjekt verlegt werde, fehle ihr der Bezug auf das spezifisch subjektive Zeiterleben. Jedoch umgekehrt dazu wie Husserl immer auf eine implizite objektive Zeitvorstellung rekurrieren müsse, enthalte Kants Zeitbegriff eine implizite Phänomenologie, die auf eine dreidimensional, aber dennoch vereinheitlicht erlebte Zeiterfahrung hindeute. In umgekehrt analoger Weise zu seiner Husserlinterpretation macht Ricœur bei Kant den heimlichen Rückgriff auf einen „Zeit*horizont*[]“ und ein „den bruchstückhaften Charakter unserer Zeiterfahrung“ kompensierendes „übergreifendes Vorverständnis“ aus,[72] welche trotz der zwangsläufigen Verbergung der Phänomenologie durch die kritische Argumentationsweise in dieser bereits enthalten seien und sogar von ihr benötigt würden. Indem er sich auf die *Dissertation von 1770* bezieht, benutzt Ricœur dieselbe, aber umgekehrt eingesetzte Formulierung wie in seiner Husserlinterpretation: Während es in Bezug auf Husserl hieß, das retentionale Zurücksinken könne die stillschweigend vorausgesetzte Zeitstelle nicht erzeugen, so hebt er für Kant hervor, dass die Aufeinanderfolge den Begriff der Zeit nicht *erzeugen* könne, sondern ihn bereits fordere.[73]

4.2.1.2 Heidegger

Die in den Gegenüberstellungen von Augustinus und Aristoteles und von Husserl und Kant entwickelte erste Aporie der Zeit sieht Ricœur auf die herausragendste Weise im Inneren von Heideggers hermeneutischer Phänomenologie auftauchen.[74] Heidegger habe zwar mit dem In-der-Welt-sein, dessen zeitliche Interpretation er in

---

[71] TR III, 109/ZE III, 95.

[72] TR III, 90 f./ZE III, 79.

[73] Vgl. TR III, 88, 91/ZE III, 77, 79.

[74] Vgl. TR III, 110–178/ZE III, 96–157.

der Weltzeit findet, die Aporie scheinbar vermieden, indem er mit diesem Existenzial die von Ricœur bei Husserl und Kant festgestellte Subjekt-Objekt-Polarität überwindet. In Heideggers Polemik gegen den vulgären Zeitbegriff tauche die Aporie jedoch wieder auf und untergrabe die gesamte Existenzialanalyse. Ähnlich wie in seiner Husserlinterpretation spricht Ricœur in Bezug auf Heideggers in SZ unternommene Zeitanalysen von „drei bewundernswerte[n] Entdeckungen (*découvertes*)".[75] Heidegger habe erstens die Frage nach der Ganzheit der Zeit in die Struktur der Sorge eingebettet und in ihr das Prinzip der Vervielfältigung der Zeitekstasen gesucht. Zweitens habe er die Einheit von Zukunft, Vergangenheit und Gegenwart als ekstatische Einheit eines Außer-sich bestimmt. Und drittens habe er über diese ekstatische Einheit eine Hierarchisierung der Zeitigungsebenen entfaltet, in der er Zeitlichkeit, Geschichtlichkeit und Innerzeitigkeit voneinander abgrenzt. Diesen dritten Aspekt der Hierarchisierung bezeichnet Ricœur als das „pulsierende Herz (*cœur vivant*)" des zweiten Abschnittes von SZ.[76] Ebenfalls ähnlich wie in seiner Husserlinterpretation entdeckt Ricœur jedoch an eben diesen „drei bewundernswerten Entdeckungen" auch den aporetischen Charakter der heideggerschen Zeitanalysen.

In der Zeitigung der Zeitlichkeit, gedacht als Ermöglichung der Einheit von Existenz, Faktizität und Verfallen, habe Heidegger zwar „eine Lösung für eine der wichtigsten Aporien der Zeitproblematik gefunden […], nämlich für die Unsichtbarkeit der Zeit als einem einheitlichen Ganzen".[77] Dabei werde jedoch das augustinische Problem der dreifachen Gegenwart lediglich verschoben auf die als Ganzheit begriffene Zeitigung. Wenn Heidegger von der Einheit in dem Außer-sich der Ekstasen spreche, so erhalte sich hier das augustinische Rätsel der *distentio animi* und mache es Heideggers Analyse ebenso unmöglich wie derjenigen von Augustinus, aus dem lebendigen gerichteten Zeiterleben die Ausdehnung der Zeit zu begründen. Das Außer-sich, so Ricœur, sei vielmehr selbst schon ein „heimlicher Verbündeter (*allié secret*)" des vulgären Zeitbegriffes sowie aller anderen Weisen der Veräußerlichung und Nivellierung überhaupt.[78] Ricœur weist hier auf eben jene Problematik hin, die oben unter Verweis auf die von Tugendhat und Blattner geübte Kritik an Heidegger Erörterung fand: Die ursprüngliche, ekstatisch-horizontale Zeit scheint ohne einen Rückgriff auf Aspekte, die Heidegger erst auf „abkünftigeren" Zeitigungsebenen entwickelt, nicht denkbar zu sein, so dass Ricœurs Frage „Kündigt sich die abgeleitete Zeit nicht schon im Außer-sich der ursprünglichen Zeitlichkeit an?" auf der Basis der hiesigen Analysen eine positive Antwort nahelegt, die Ricœur selbst ihr seinerseits auch zukommen lässt.[79]

Obgleich die ursprüngliche Zeit immer schon auf abkünftigere Zeitigungsebenen zurückgreift, seien diese Ricœur zufolge aber nicht aus ihr ableitbar. Dies habe zur Folge, „daß die *Autonomie der Zeit der Bewegung* (um sowohl Kantisch als auch

[75] TR III, 116/ZE III, 101 (Einfügung des französischen Wortlautes, I.R.).

[76] TR III, 146/ZE III, 129 (Einfügung des französischen Wortlautes, I.R.).

[77] TR III, 129 (Fußnote)/ZE III, 113 (Fußnote).

[78] TR III, 130/ZE III, 114 (Einfügung des französischen Wortlautes, I.R.).

[79] TR III, 130/ZE III, 114.

Aristotelisch zu sprechen) die größtmögliche (*l'ultime*) Aporie für die Phänomenologie der Zeit darstellt" und nicht durch einfache Nivellierung im Ausgang von der Innerzeitigkeit zu gewinnen sei.[80] *„Etwas an der* (du) *Bewegung sein und etwas an der* (du) *Sorge sein scheinen mir zwei prinzipiell unvereinbare Bestimmungen zu sein"*.[81] Die Grunddifferenz, zwischen deren beiden Polen Ricœur eine „prinzipielle Unterscheidung" behauptet, konzentriert sich auch hier in derjenigen zwischen einer *„Zeit ohne Gegenwart* und einer *Zeit mit Gegenwart"*, zwischen denen es „keinerlei denkbaren Übergang gibt – *weder in der einen noch in der anderen Richtung*".[82] Wenn aber die phänomenologische „Zeit mit Gegenwart" vergeblich versuche, aus sich heraus die „Zeit ohne Gegenwart" zu begründen, so entstehe das, was Ricœur die *„Arbeit der Aporie"* nennt.[83] Diese Arbeit der Aporie, die die Aporie selbst nicht auflöst, in einem Auflösungsversuch aber eine Bereicherung des Zeitverständnisses hervorbringt, unterteilt er in vier Gruppen, die ihn schließlich auf Geschichtlichkeit und Geschichte als „Brücke" der Aporie führen und auf diesem Wege seine eigene Konzentration auf die Geschichtsproblematik vorbereiten und begründen.[84] Wie gelangt Ricœur von Heideggers Priorisierung der ursprünglichen, endlichen Zeit über die von ihm konstatierte Aporie zu einer Priorisierung der Geschichte?

Erstens, so Ricœur, übe der vulgäre Zeitbegriff von außen eine Attraktion-Repulsion auf die phänomenologische ursprüngliche Zeit aus, so dass Heidegger diese selbst so weit auszuweiten sucht, bis sie dem anderen Pol der Zeit, den sie nicht selbst erzeugen kann, zum Verwechseln ähnlich sehe. So entstehe eine innere Diversifikation der Analyse, die die phänomenologische Zeit selbst so sehr ausdehne, dass ihre letzte entzifferbare Gestalt noch in der Innerzeitigkeit zu finden sei. Diese versteht Ricœur als einen verzweifelten und zugleich produktiven Versuch der Zeitlichkeit, auch von ihrem Anderen, der vulgär verstandenen Zeit, Rechenschaft abzulegen, was ihr jedoch nicht gelingt, da diese nie durch einfache Nivellierung aus der Innerzeitigkeit zu gewinnen sei.

---

[80] TR III, 170/ZE III, 150 (Einfügung des französischen Wortlautes, I.R.).

[81] TR III, 164/ZE III, 144 (Einfügung des französischen Wortlautes, I.R.). Ausgehend von dem von Heidegger 1922 verfassten so genannten Natorp-Bericht ließe sich sagen, dass es Heideggers Ziel war, auch die Bewegung aus der Bewegtheit der Existenz verständlich zu machen. Der Gedanke einer existenzialen Bewegtheit des erstreckten Sicherstreckens findet sich zudem in SZ im Begriff des Geschehens und in dessen Struktur der Geschichtlichkeit wieder. Es scheint allerdings fragwürdig, ob einer Begründung der physikalischen Bewegung aus der Bewegtheit der Existenz größere Plausibilität zukommen kann als einer Begründung des vulgären Zeitbegriffes aus der ursprünglichen Zeitlichkeit des Daseins. Vgl. Heidegger, Martin: Anhang III: Phänomenologische Interpretationen zu Aristoteles (Anzeige der hermeneutischen Situation) Ausarbeitung für die Marburger und die Göttinger Philosophische Fakultät (Herbst 1922), in: ders.: Phänomenologische Interpretationen ausgewählter Abhandlungen des Aristoteles zur Ontologie und Logik. Anhang: Phänomenologische Interpretationen zu Aristoteles (Anzeige der hermeneutischen Situation) Ausarbeitung für die Marburger und die Göttinger Philosophische Fakultät. Hg. von Günther Neumann. Frankfurt am Main: Vittorio Klostermann 2005 (= Gesamtausgabe. II. Abteilung: Vorlesungen 1919–1944. Bd. 62), 343–419.

[82] TR III, 168, 163/ZE III, 149, 148, 144.

[83] TR III, 170/ZE III, 150.

[84] TR III, 177/ZE III, 156.

Zweitens bestände ein wechselseitiges Übergreifen zwischen den beiden Polen der Zeit, das sich zum einen in einer Kontamination, zum anderen in einer Kontrarietät manifestiere. Eine Kontamination erkennt Ricœur auf der Ebene der Innerzeitigkeit. Hier käme das Existenziale, wie Datierbarkeit, Gespanntheit und Öffentlichkeit, zur Deckung mit dem Empirischen, wie tatsächlicher Datierung, Messung von Intervallen durch feste Zeiteinheiten und Simultaneität als Kriterium einer gemeinsamen Geschichte. Es bestünde in der Innerzeitigkeit eine so „enge Komplizität" zwischen der Passivität des zeitlichen verfallenen Geworfenseins und der Betrachtung der Gestirne, deren Umlauf sich unserer Herrschaft entzieht, dass die Erfahrungen der beiden Pole der Zeit für das „Gefühl (*sentiment*)" ununterscheidbar würden.[85]

Ricœur sieht also in der Innerzeitigkeit, für die im obigen Kapitel über Heidegger hervorgehoben wurde, dass sie über die Metapher der Sonne den gerichteten und den Ordnungscharakter der Zeit nichtbegrifflich zusammenschließt, eine Kontamination stattfinden, in der die Aporie zwischen den beiden Polen nicht aufgelöst wird und in der diese beiden Pole dennoch im Gefühl verschmelzen. In Hinblick auf diese ricœursche Interpretation der Innerzeitigkeit ließe sich eine gewisse Beziehung zu seiner Interpretation von Husserls Retentionsbegriff herstellen. So, wie die Retention im nichtobjektivierenden Charakter des *Nachlebens* eine „Herausforderung an die Logik des Selben und des Anderen" darstellte, so verschmelzen auf der Ebene der Innerzeitigkeit im *Gefühl* das Existenzial der Geworfenheit und Aspekte der an die Bewegung gebundenen Zeit der Gestirne und ihres uns fremden Umlaufes. In beiden Fällen verbinden sich auf vorobjektiver Ebene des Erlebens Erfahrungen ekstatischer und objektiv geordneter Zeitmomente, die begrifflich nicht sondierbar zu sein scheinen. Ricœurs Rede von einer Deckung, die er im Zusammenhang mit Husserl als Gleichheits- und Differenzanschauung auffasste und nun im Zusammenhang der Innerzeitigkeit abermals gebraucht, vermag diese Interpretation zu stützen, obgleich der Fremdheitscharakter der Zeit der uns fremden Gestirne ungleich stärker ist als der des in der Retention in einem anderen Wie erscheinenden intentionalen Etwas und seiner expliziten Wiedererinnerung. In diesen beiden, im Gefühl verschmelzenden Aspekten der Innerzeitigkeit könnte abermals eine Ausprägung jener *appartenance* gesehen werden, deren immer schon integriertes Moment der *distanciation* in diesem Falle die Verschränkung der Geworfenheit mit der Erfahrung des uns fremden Umlaufes der Gestirne wäre.

Dieser Kontamination in der Innerzeitigkeit stellt Ricœur die Kontrarietät gegenüber, deren deutlichsten Ausdruck er zwischen der Endlichkeit der menschlichen Zeit und der Unendlichkeit der kosmischen Zeit erkennt. Bei der Kontrarietät geht es ihm um die Abstandserfahrung zwischen unserer eigenen Endlichkeit und der Unendlichkeit des sich unserer Herrschaft entziehenden Wechsels der Ereignisse in einer unermesslichen Zeit. Diese beiden Seiten würden sich immer wieder wechselseitig verdecken und auch wieder zum Vorschein bringen. Kontamination und Kontrarietät verknüpft Ricœur mit den Erfahrungen des Trostes (*consolation*) einer Verwandtschaftserfahrung zwischen Geworfensein und der die Zeit zeigenden

[85] TR III, 172/ZE III, 151, 152 (Einfügung des französischen Wortlautes, I.R.).

Bewegung des Himmels einerseits und der Trostlosigkeit (*désolation*) des Gegensatzes zwischen unserer Vergänglichkeit und der zerstörenden Macht der Zeit andererseits. In den französischen Termini kommt hier abermals das aporetische und dennoch untrennbare Ineinander von Konsonanz und Dissonanz der Zeit zum Vorschein, wobei in der Trosterfahrung die Konsonanz und in der Trostlosigkeit die Dissonanz überwiegt, ohne dass sich die beiden, stets in einem dynamischen Verhältnis zueinander stehenden Pole der Zeit je in die Struktur eines einzigen Konzeptes auflösen würden.

Drittens sieht Ricœur zwischen Zeitlichkeit, Geschichtlichkeit und Innerzeitigkeit bei Heidegger eine Ableitung durch Herkunft am Werk, die sinnproduzierenden Charakter hat. Die Ursprünglichkeit der Zeitlichkeit werde durch eine Ableitung bezeugt, in der Heidegger zeige, wie Geschichtlichkeit und Innerzeitigkeit ihre Herkunft in der ursprünglichen Zeit finden. Anders als bei der Nivellierung im Übergang von Innerzeitigkeit zu vulgärem Zeitbegriff würden hier jedoch nicht einfach Aspekte der phänomenologischen Zeit vergessen. Vielmehr entstehe ein Zuwachs an Sinn, durch den die ursprüngliche Zeit erst wirklich ihre Ganzheit erreiche. Ricœur weist hier wiederholt darauf hin, dass Heidegger die drei Ekstasen sowie die drei Zeitigungsebenen als „gleichursprünglich" bezeichnet. Bei Heidegger selbst scheint in dieser Hinsicht jedoch eine Ambivalenz im Ursprünglichkeitsbegriff zu liegen. Denn obgleich er tatsächlich von der Gleichursprünglichkeit der drei Ekstasen und der Zeitigungsebenen spricht, um darauf hinzuweisen, dass sie alle immer schon zu einem vollständigen Zeitverständnis gehören, lässt er der Ekstase der Zukunft und der ursprünglichen Zeit in der Hierarchisierung nach Ursprünglichkeit eine Priorität zukommen. Ricœur insistiert, in gewisser Weise mit Heidegger, auf der Gleichursprünglichkeit, jedoch um sich selbst gegen Heideggers Hierarchisierung der Zeitigungsebenen und der Ekstasen zu wenden. Heideggers Versuch einer graduellen Ableitung, so Ricœur, verberge in ihrer Kombination von Vergessen der Herkunft aus der ursprünglichen Zeitlichkeit sowie Verlust an Eigentlichkeit einerseits und Produktion von Sinn sowie Zuwachs an Ursprünglichkeit andererseits die polare Opposition zwischen der sich aporetisch gegenüberstehenden endlichen und kosmischen Zeit. Seine Anordnung der Zeitigungsebenen könne genauso gut auf umgekehrtem Wege durchlaufen werden, da Geschichtlichkeit schon Innerzeitigkeit und ursprüngliche Zeit schon den öffentlichen Charakter des Geschichtlichen voraussetzen müsse – bzw. letztlich könnten sie gar nicht in einer Kontinuität durchlaufen werden, da ein Bruch zwischen einer Zeit mit und einer Zeit ohne Gegenwart bestehe. Die Produktivität dieser Aporizität zeige sich aber darin, dass gerade dieser *Versuch* einer Ableitung aller Zeitigungsweisen durch Herkunft aus der ursprünglichen Zeit zu der von Heidegger in SZ entwickelten „innere[n] *Dispersion* der Gestalten der Zeitlichkeit" führe.[86]

Viertens, und hier liegt der wesentliche Anschlusspunkt für Ricœurs eigene Analysen, nehme die Geschichtlichkeit eine Vermittlungsfunktion ein, während die Geschichte im Sinne der Historie eine „Zone des Bruchs (*fracture*) darstellt" und „das Gebäude der Geschichte genau an der Bruchstelle zwischen der

[86] TR III, 175/ZE III, 154.

phänomenologischen Zeit und der astronomischen, physikalischen und biologischen Zeit errichtet wird".[87] Die von Ricœur im Zusammenhang der Innerzeitigkeit erwähnte Kontamination affiziert die Geschichte insofern, als sie selbst in sich Geschichtlichkeit und Innerzeitigkeit versammelt. Die Geschichte sei aber ebenso von der Kontrarietät betroffen, welche sich nicht nur in dem Gegensatz zwischen Sein zum Tode und uns umgebender Zeit manifestiere, sondern auch in dem Aufeinandertreffen zwischen Gedenken der Toten und Erforschung von Institutionen, Strukturen und objektiven Veränderungen. Die „Hypothese", zu der Ricœur am Ende seiner Auseinandersetzung mit Heidegger gelangt, lautet: „Wenn die Innerzeitigkeit die Kontaktstelle zwischen unserer Passivität und den innerweltlichen Dingen ist, sollte dann nicht die Geschichtlichkeit die Brücke sein, die innerhalb des phänomenologischen Feldes zwischen dem Sein zum Tode und der Weltzeit geschlagen wird?"[88] Mit einem an Heidegger angelehnten und doch von ihm in entscheidenden Punkten abgegrenzten Begriff der Geschichte will Ricœur die Brücke über derjenigen A-porie errichten, welche zwischen ekstatischer und geordneter Zeit aufklafft. In Hinblick auf Ricœurs Husserlinterpretation ließe sich sagen, dass die Geschichte die Stelle der Wiedererinnerung einnimmt, da sie beide das im Erleben der Retention, bzw. der Innerzeitigkeit verschmelzende „Selbe" und „Andere" ausdrücklich zu machen und zu vertiefen suchen. So hätte auch die als Brücke zwischen den aporetischen Polen des Zeitverständnisses verstandene Geschichte die Funktion der Ausbildung der bereits in der *appartenance* vorgezeichneten *distanciation.*

Wie aber stellt sich Ricœur zu den für Heideggers ursprüngliche Zeit zentralen Konzepten des Seins zum Tode, der vorlaufenden Entschlossenheit und Heideggers Übertragungsversuch des individuellen Schicksals auf das gemeinschaftliche Geschick? Findet er darin Anknüpfungspunkte für die Überbrückung der ersten Aporie der Zeit durch die Geschichte? Dies ist nicht der Fall. Das Sein zum Tode wie auch das Geschick geben Ricœur Anlass zu einer von ihm immer wieder vorgebrachten scharfen Kritik an Heidegger.[89] Diese Kritik ist meines Erachtens in wesentlichen Teilen berechtigt. Es wurden im obigen Teil über Heidegger bereits die Schwierigkeiten aufgewiesen, die sich in Heideggers Koppelung von ursprünglicher Zeitlichkeit und Sein zum Tode sowie von individuellem Schicksal und gemeinschaftlichem Geschick zu ergeben scheinen. In einer zentralen, das Sein zum Tode betreffenden Hinsicht zeigt sich Ricœurs Kritik jedoch als unangemessen. Worin kann, so sei zunächst gefragt, diese Unangemessenheit gesehen werden? In Hinblick auf die enge Verknüpfung von Ursprünglichkeit und Eigentlichkeit bei Heidegger sieht Ricœur ein Problem darin, dass bei der Suche nach der Eigentlichkeit die Zuhilfenahme des

[87] TR III, 176/ZE III, 155 (Einfügung des französischen Wortlautes, I.R.).

[88] TR III, 177/ZE III, 156.

[89] Vgl. neben TR III, 454 ff./ZE III, 405 ff. beispielsweise Ricœur, Paul: La fonction narrative et l'expérience humaine du temps, in: Olivetti, Marco M. (Hg.): Archivio di filosofia. Esistenza mito ermeneutica. Scritti per Enrico Castelli I. Padova: CEDAM 1980, 343–367 (in der Folge abgekürzt mit *Fonction narrative*), hier 359/dt.: Narrative Funktion und menschliche Zeiterfahrung. Übersetzt von Iris Radisch, in: Bohn, Volker (Hg.): *Romantik. Literatur und Philosophie.* Frankfurt am Main: Suhrkamp 1987, 45–79 (in der Folge abgekürzt mit *Narrative Funktion*), hier 67 f. und MHO, 463–466/GGV, 547 ff.

„*Zeugnis[ses]* des Existenziellen“ unerlässlich sei.[90] Diese Bezeugung der Existenzialien durch das Existenzielle aber führe zu einer Interferenz von Existenzialem und Existenziellem, deren Unterscheidung durch die Interferenz von Eigentlichem und Uneigentlichem verdunkelt werde. Die Ursprünglichkeit könne nur durch die Eigentlichkeit gewährleistet werden und die Bezeugung der Eigentlichkeit solle bei Heidegger das Gewissen leisten. Nun habe aber Heidegger selbst, so meint Ricœur, eine „persönliche Konzeption“ von der Eigentlichkeit, die lediglich eine existenzielle Möglichkeit unter vielen – unter den Konzeptionen der „Eigentlichkeit“ von bspw. Pascal, Kierkegaard, Sartre, Augustinus – sei und daher keineswegs als Bezeugung des ursprünglich Existenzialen gelten könne.[91] Ricœur spitzt seine Kritik in der Frage zu: „Die Entschlossenheit angesichts des Todes, wird sie nicht innerhalb einer *ethischen* Konfiguration, die deutlich von einem gewissen Stoizismus gezeichnet ist, zum letzten Beweis der Eigentlichkeit?“[92] Ein persönliches Konzept der Eigentlichkeit würde so als Garant des vermeintlich Existenzialen fungieren, welches bekanntlich auf der Seite des Daseins dem Kategorialen des nichtdaseinsmäßigen Seienden entsprechen soll. Ist aber tatsächlich ein ethischer Stoizismus der letzte Grund von Heideggers Zeitanalysen?

Diese Interpretation Ricœurs wird Heideggers Analysen des Seins zum Tode nicht gerecht.[93] Es geht Heidegger nicht darum, in stoischer Haltung der Gewissheit des einmal wirklich werdenden Todes standzuhalten und trotz dieser Bedrohung dem eigenen Leben unerschüttert zu begegnen. Vielmehr besteht die Eigentlichkeit in der in den Tod vorlaufenden Entschlossenheit darin, den Tod als Möglichkeit und damit die Tatsache der eigenen Endlichkeit in der Ausrichtung des eigenen Lebens, formal gesprochen in der existenziellen Weise der Zeitigung, zu berücksichtigen

---

[90] TR III, 119/ZE III, 104.

[91] TR III, 123/ZE III, 108 (Übersetzung modifiziert, I.R.).

[92] TR III, 123/ZE III, 108.

[93] Dauenhauer äußert meines Erachtens zu Recht das Bedenken, dass Ricœur in seiner kritischen Positionierung zu Heidegger den unbezüglichen Charakter des Todes unterschätzt. Vgl. Dauenhauer, Bernard P.: History's Sources: Reflections on Heidegger and Ricoeur, in: Journal of the British Society for Phenomenology 20 (1989), No. 3, 236–247. Dastur richtet sich zwar nicht explizit gegen Ricœur, wenn sie es für einen Widersinn hält, die Konfrontation mit dem eigenen Tod mit Heroismus und Stoizismus in Verbindung zu bringen. Ihre Formulierung liest sich aber wie eine direkte kritische Antwort auf Ricœurs Heideggerinterpretation: „Hier liegt der große Widersinn, den man für gewöhnlich in Hinblick auf das heideggersche Denken des Seins zum Tode annimmt. Es handelt sich überhaupt nicht darum, ‚sich auf die Idee des Todes einzustellen‘, sich gegen sie abzuhärten, es zu erreichen, sie als ein unvermeidliches Übel zu betrachten, in Hinblick auf das man sich einstimmen muss, es stoisch zu ertragen“ (Dastur: *Comment affronter la mort?*, a. a. O., 83). Und sie schließt ihr Buch *Comment affronter la mort?* mit der Bemerkung, „dass die Angst vor dem Tod überhaupt nicht inkompatibel ist mit der Freude zu existieren“ (a. a. O., 94). Kemp hält Naberts Einfluss auf Ricœur für wesentlich dafür, dass Ricœur sich von Jaspers distanzieren und Heidegger annähern konnte, ohne jedoch vereinnahmt zu werden „durch die von *Sein und Zeit* vorgeschlagene Analyse der einsamen und heroischen Existenz, die im Grunde dem Anderen nichts schuldet“ (Kemp, Peter: Ricœur entre Heidegger et Levinas. L'affirmation originaire entre l'attestation ontologique et l'injonction éthique, in: Greisch, Jean (Hg.): *Paul Ricœur. L'herméneutique à l'école de la phénoménologie*. Paris: Beauchesne 1995 (= Philosophie. Bd. 16), 235–259, hier 239).

und so die jemeinige Singularität und damit Unvertretbarkeit nicht länger zu verkennen.[94] Ricœur ist der Auffassung, das Sein zum Tode schließe eine „Sorglosigkeit gegenüber dem Tod“ aus.[95] Dies ist aber keineswegs der Fall. Heidegger selbst spricht von einer „gerüstete[n] Freude“ an der Übernahme des eigentlichen Seinkönnens.[96] Gewiss könnte auch dies in einem stoischen Sinne ausgelegt werden. Das für Heidegger entscheidende Moment im Sein zum Tode ist jedoch formaler. Es besteht lediglich darin, angesichts der Tatsachen, nämlich der eigenen Endlichkeit, zu entwerfen und zu entscheiden und sich nicht im Lichte der die Tatsachen, nämlich die Endlichkeit, verbergenden Meinungen des Man etwas zu suggerieren – die Unendlichkeit der Existenz –, das gar nicht der Fall ist. Das formale Ineinander von Eigentlichkeit und Uneigentlichkeit, welches jede Existenz strukturell prägt, schlägt in einer dem Umstand der eigenen Endlichkeit Rechnung tragenden Existenz zugunsten der Eigentlichkeit aus. Eine Freude am Leben, eine Sorglosigkeit gegenüber dem Tod sind in diesem Rahmen genauso möglich wie ein stoisches Aushalten der Todesdrohung.[97] Man könnte im Rahmen von Heideggers Konzept

---

[94] In SZ, § 62 betont Heidegger, dass es sich nicht um einen „Ausweg“ handelt, „erfunden, um den Tod zu ‚überwinden‘“, dass es genauso wenig um eine „weltflüchtige Abgeschiedenheit“ wie um eine „ihre Möglichkeiten überfliegende[] ‚idealistische[]‘ Zumutung“ geht (SZ, 310). Vielmehr ist das Ziel, „jede flüchtige Selbstverdeckung im Grunde zu zerstreuen“, „illusionslos in die Entschlossenheit des ‚Handelns‘“ zu bringen und das „nüchterne[] Verstehen faktischer Grundmöglichkeiten des Daseins“ zu fördern (ebd.).

[95] TR III, 125/ZE III, 109.

[96] „Mit der nüchternen Angst, die vor das vereinzelte Seinkönnen bringt, geht die gerüstete Freude an dieser Möglichkeit zusammen. In ihr wird das Dasein frei von den ‚Zufälligkeiten‘ des Unterhaltenwerdens, die sich die geschäftige Neugier primär aus den Weltbegebenheiten verschafft“ (SZ, 310).

[97] Gilbert fragt, ob Ricœurs Konzentration auf die Theorie der Narrativität möglicherweise von seiner Verbundenheit mit der biblischen Tradition herrührt und er aufgrund dessen den Tod als Hoffnung und ersten Horizont der zeitlichen Existenz des Menschen versteht: „Letztere, gründet sie nicht tatsächlich auf Erzählungen, im Rahmen derer der Mensch vor allem in seiner zeitlichen Bedingtheit betrachtet wird, mit dem ersten Horizont des Todes als Hoffnung?“ (Gilbert, Muriel: Pour une contribution narrative à la problématique du temps, in: Célis, Raphaël/Sierro, Maurice: Autour de la poétique de Paul Ricœur. À la croisée de l’action et de l’imagination. Études de Lettres 1996, 37–54, hier 54). In der Art und Weise von Ricœurs Abwendung von Heideggers Sein zum Tode und dessen Zeitlichkeit könnten in dieser Hinsicht auch biblische Motive eine Rolle spielen. Ricœurs Kritik am Sein zum Tode hält sich jedoch ausschließlich auf der Ebene philosophischer Argumentation. Janicaud, der in seiner berühmten Streitschrift von 1990 Lévinas, Henry, Marion und Chrétien vorwirft, der Phänomenologie eine „theologische Wende“ gegeben zu haben, die das Gebot des methodischen Atheismus untergräbt, nimmt Ricœur von diesem Vorwurf explizit aus: „Ricœur hat sich sehr wohl davor gehütet, die Schwelle zu überschreiten. Seine methodologischen Skrupel haben ihn dazu geführt, vor jedem Überschritt von der Phänomenologie zur Theologie die hermeneutischen Vorsichtsmaßnahmen zu vervielfachen“ (Janicaud, Dominqiue: *Le tournant théologique de la phénoménologie francaise*. Combas: Éditions de l’Éclat, 2. Aufl., 2001, 13). Ricœur selbst hat sich als „Philosoph überhaupt, sogar [als] ein Philosoph ohne Absolutes“ verstanden (Ricœur, Paul: *Vivant jusqu’à la mort. Suivi de: Fragments*. Paris: Éditions du Seuil 2007, 107), der in seinen Schriften eine „kontrollierte Schizophrenie“ kultiviere (Ricœur, Paul: *La critique et la conviction. Entretien avec François Azouvi et Marc de Launay*. Paris: Hachette Littératures 2006, 10).

sogar so weit gehen zu sagen, dass allererst in der vorlaufenden Entschlossenheit die Unangemessenheit der Flucht vor dem Tod zutage tritt und erst dadurch eine eigentliche Freude am Leben zustande kommen kann. In der französischen Übersetzung von Heideggers Entschlossenheitsbegriff, *résolution*, geht der von Heidegger hervorgehobene Bezug zur *Er*schlossenheit verloren und lässt die alltägliche Bedeutung einer entschlossenen Haltung oder Handlung gegenüber dem formalen Charakter der heideggerschen Entschlossenheit als eigentlicher Wahrheit des Daseins hervortreten. Auch wenn Ricœur mit dem deutschen Original von SZ überaus vertraut war, scheint in seiner Rede von einer „Entschlossenheit angesichts des Todes" gerade die formale Bedeutung der heideggerschen Entschlossenheit zugunsten der deutlich existenziellen zu verschwinden. In Ricœurs Interpretation des Seins zum Tode erfährt dieser Begriff eine Verengung, die dem heideggerschen Konzept nicht angemessen ist.

Aber auch wenn diese Kritik an Ricœurs Heideggerinterpretation berechtigt sein sollte, ist das Augenmerk darauf zu lenken, dass Ricœur einen ganz anderen Akzent setzt als Heidegger. Er hebt hervor, dass sich ein Verfallen nicht nur in der Flucht vor dem Tod bezeugt, sondern „ebenso gut durch frühere Versprechungen, die nicht eingehalten wurden".[98] Überdies seien die in dem deutschen Wort „Schuld" vereinigten Aspekte des Schuldigseins und der Verantwortlichkeit auch losgelöst von der Sorge um den Tod „noch ein mächtiger Appell (*puissant appel*) an jeden, gemäß seiner eigensten Möglichkeiten zu wählen und seine Aufgabe in der Welt zu erfüllen".[99] Hier kündigt sich Ricœurs eigene Akzentuierung des Versprechens und der Übernahme von Schuld an, die in seinen eigenen, anders als bei Heidegger nicht von einem Sein zum Tode getragenen Konzepten der Identität eine zentrale Rolle spielen.[100] Außerdem könnte in dem *puissant appel* ein Bezug zu Ricœurs kreativer Aneignung des aristotelischen Begriffes der *dynamis* liegen, welcher insbesondere in *La métaphore vive* und *Soi-même comme un autre* zentral für die ontologischen Implikationen seiner hermeneutischen Phänomenologie ist.[101] Und wenn Ricœur schließlich von einem „ursprünglichen Antrieb (*élan originel*)" spricht, zu dem die Sorge durch Sorglosigkeit gegenüber dem Tod zurückzukehren habe, so ließe sich hierin ein Verweis auf Ricœurs ebenfalls ontologisch motivierten Rückgriff auf den spinozistischen Begriff des *conatus* erkennen.[102] Und schließlich wäre eine Verbindung zu dem Begriff des *élan vital* von Bergson möglich, dessen Gedächtnisanalysen aus *Matière et mémoire* für Ricœurs Spätwerk *La mémoire, l'histoire, l'oubli* eine herausragende Rolle spielen. In all diesen Anknüpfungspunkten kennzeichnet Ricœur eine nicht verfallende Existenz in erster Linie durch eine weiter unten noch näher zu spezifizierende Kraft, anstatt, wie Heidegger, durch eine Besinnung auf die eigene Endlichkeit.

---

[98] TR III, 125/ZE III, 109.

[99] TR III, 125/ZE III, 109 (Einfügung des französischen Wortlautes, I.R.).

[100] Vgl. Kap. 4.4.4 und 4.4.5.

[101] Vgl. Kap. 4.7.1 und 4.7.2.

[102] TR III, 125/ZE III, 109 (Einfügung des französischen Wortlautes, I.R.).

Obgleich Ricœurs Interpretation des heideggerschen Seins zum Tode zu eng zu sein scheint, hebt er zu Recht eine mit Heideggers Konzept einer ursprünglichen Zeit verknüpfte Problematik hervor. Es handelt sich um die Schwierigkeit, aus der an die vorlaufende Entschlossenheit gekoppelten ursprünglichen Zeit alle anderen Zeitigungsweisen durch Abkünftigkeit zu erklären und insbesondere aus der ursprünglichen Zeit ein angemessenes Verständnis der Historie zu gewinnen. Denn selbst wenn man dem Sein zum Tode und seiner Funktion für die ursprüngliche Zeit eine weitere Interpretation zukommen lässt als Ricœur, so scheint es, wie in Teil 3 zu zeigen versucht wurde, immer noch problematisch, dieser rein ekstatisch-horizontalen Zeitlichkeit den Status einer ursprünglichen Zeit zuzuschreiben, aus der heraus alle anderen Zeitigungsweisen verständlich zu machen wären. Zum einen scheint die ursprüngliche Zeit zu ihrer Zeitigung auf den vulgären Zeitbegriff zurückgreifen zu müssen, obgleich dieser nicht aus ihr erklärt werden kann. Zum anderen hat eine anhand des Seins zum Tode entwickelte Zeitlichkeit Schwierigkeiten, auf Kollektive Anwendung zu finden. Ricœur beanstandet mit gutem Grund Heideggers „unvorsichtige Übertragung des grundlegendsten aller Themen, des Seins zum Tode, auf die Sphäre der Gemeinschaft [...], die trotz der ständig wiederholten Beteuerung vorgenommen wird, daß das Sein zum Tode – da unbezüglich – nicht übertragbar ist".[103] Für ein angemessenes Verständnis für so etwas wie das Geschick eines Kollektivs, verstanden als gemeinsames Entwerfen einer Zukunft auf der Basis einer gemeinsamen Gewesenheit, sei der Weg über die von Heidegger vernachlässigte Spureninterpretation zu gehen, die den Abgrund zwischen Gewesenheit und an Spuren zu erforschender Vergangenheit überbrücken könne, indem sie die Vergangenheit über die Interpretation immer wieder neu in die Gewesenheit eines gemeinschaftlichen Geschickes einholt. Ricœur erkennt der Spur als Vermittlungsglied der beiden Pole der Zeit eine entscheidende Rolle zu, die sie als auf der Ebene der Innerzeitigkeit angesiedeltes „sekundär Geschichtliches" bei Heidegger nicht erhielt. Ressourcen für ein weiteres Vermittlungsglied sieht Ricœur in Diltheys Begriff der Generation, der den Abstand zwischen Schicksal und Geschick überbrücken könne. Das Potential dieses diltheyschen Begriffes habe Heidegger zwar bemerkt,[104] es gehe jedoch im Sein zum Tode unter. Die in seiner Heideggerkritik bereits angedeuteten Begriffe der Spur, der Generationenfolge und des in der Kontamination der Innerzeitigkeit vorgezeichneten Kalenders nehmen für Ricœurs unten zu thematisierendes Konzept der menschlichen Drittzeit einen herausragenden Stellenwert ein.

Bei Heidegger also sieht Ricœur gerade durch die polare Gegenüberstellung eines Zeiterlebens, das er phänomenologisch nennt, und eines Zeitverständnisses,

---

[103] TR III, 138 (Fußnote)/ZE III, 121 (Fußnote). Die hier ebenfalls geäußerte Gefahr einer „tragisch-heroischen politischen Philosophie" bestätigt Ricœur erneut in Ricœur, Paul: La marque du passé, in: Revue de métaphysique et de morale 1998, No. 1, 8–31 (in der Folge abgekürzt *La marque*), hier 24 (Fußnote)/dt.: Das Rätsel der Vergangenheit, in: ders.: *Das Rätsel der Vergangenheit. Erinnern – Vergessen – Verzeihen.* Übersetzt von Andris Breitling und Henrik Richard Lesaar. Göttingen: Wallstein Verlag 1998 (= Essener kulturwissenschaftliche Vorträge. Bd. 2), 19–67 (in der Folge abgekürzt *Das Rätsel*), hier 53 (Fußnote).

[104] Vgl. TR III, 138 (Fußnote)/ZE III, 121 (Fußnote).

das er der Bewegung zuordnet, eine produktive Vervielfältigung der Zeitbestimmungen entstehen. Ein Verhältnis der Ableitung zwischen den Zeitigungsebenen, sei es, wie bei Heidegger, von der ursprünglichen Zeit zum vulgären Zeitbegriff, sei es umgekehrt, hält er jedoch für undenkbar. Die Bruchstelle der Geschichtlichkeit und der Geschichte, in der Ricœur gleichzeitig das Potential zur Überbrückung der ersten Zeitaporie angelegt sieht, weist den Weg zu einer nichtbegrifflichen Vermittlung der polar entgegengesetzten Zeitperspektiven. Es scheint, dass sich in Ricœurs Heideggerkritik gleichzeitig eine Parallele zu seiner Kritik an Husserl und zu den Grundbegriffen von *appartenance* und *distanciation* erkennen lässt. Die Grunderfahrung der *appartenance*, so wurde oben gesagt, scheint geprägt von dem Nachleben der Retention. Ihren paradoxen Charakter hatte Ricœur als eine Herausforderung an die Logik des Selben und des Anderen bezeichnet, so dass bereits im retentionalen Nachleben ein Moment der Fremdheit und der *distanciation* angelegt ist. Diese Verschmelzung von Eigenem und Fremdem, die innerhalb der *appartenance* eine mögliche Ausarbeitung der *distanciation* vorzeichnet, kehrte in Ricœurs Heideggerinterpretation im Zusammenhang der Innerzeitigkeit wieder, von der es hieß, ihre heterogenen Zeitaspekte würden im Gefühl verschmelzen. Die *appartenance* kann außerdem mit der im Zusammenhang der augustinischen Zeitanalysen bedeutenden *distentio*, sowie mit der narrativen Dissonanz und der im Kontext von Heideggers Geschichtlichkeit erwähnten Erstreckung in Zusammenhang gebracht werden. In all diesen Erfahrungen geht es um ein noch nicht thematisch gemachtes Erleben, das in seiner spezifischen Zeiterfahrung zu einem Auseinanderstreben tendiert, das von der Zeit ohne Gegenwart und ihrer Fremdheit gestärkt wird. Auf der Seite der *distanciation* finden sich verschiedene Figuren der Distanzierung, welche bereits in der *appartenance* vorgezeichnet, jedoch auf ihrer Basis auszubauen und thematisch zu machen sind. Dieser ausdrücklichen *distanciation* kann die husserlsche Wiedererinnerung zugerechnet werden, die das Retinierte thematisch macht. In Ricœurs Interpretation von Heideggers Zeitanalysen ist die Instanz der *distanciation* in einem neuen Geschichtlichkeitsbegriff und in Geschichte zu finden, welche die auf der Ebene der Innerzeitigkeit im Gefühl verschmelzenden heterogenen Zeitaspekte ausdrücklich macht und auf ein höheres Reflexionsniveau hebt. Durch ihre Anspannung, so könnte man mit einem Verweis auf Augustinus sagen, lässt sich die Geschichte mit der augustinischen *intentio* und der narrativen Konsonanz in Verbindung bringen. Diese Zuordnung der verschiedenen Zeitaspekte aus Ricœurs Auseinandersetzungen mit Husserl und Heidegger zu der Grunderfahrung einer offenen Dialektik von *appartenance* und *distanciation* stellt einerseits eine Verdoppelung der die Zeitaporie betreffenden Vermittlungsansätze dar. Andererseits wird aber in ihr besonders deutlich, dass bereits in der für die Zugehörigkeitserfahrung charakteristischen Zeiterfahrung Fremdheitsmomente und Aspekte der Distanzierung enthalten sind, die mit der Erfahrung objektiver Zeit in Verbindung stehen und welche auf einer expliziten Stufe der *distanciation* ausgearbeitet werden können, nicht aber erst später hinzukommen. In Hinblick auf Zeiterfahrung handelt es sich dabei um die Fremdheit der Zeit der Bewegung, die immer schon in das Erleben hineinspielt.

Hier ist auf eine spätere Fußnote Ricœurs zu verweisen, bei der zunächst der Eindruck entstehen kann, sie sei ein kompletter Widerruf der Zeitproblematik aus

Temps et récit. In „La marque du passé" heißt es 1998, dass die phänomenologische Zeit selbst schon Aspekte der Weltzeit enthalte.[105] Noch 2000 wird jedoch deutlich, dass Ricœur zu diesem Zeitpunkt keineswegs seine These von der Aporizität der Zeit zurücknimmt.[106] Er scheint vielmehr nun gerade zu sehen, dass in dem unmittelbaren Zeiterleben schon die Festigkeit von Zeitstellen angelegt ist, ohne dass diese beiden Aspekte eine begriffliche Vereinbarung finden können. Genau dies schien bei Husserl die Schwierigkeit zu sein, und nicht, wie Ricœur in *Temps et récit* meint, der Versuch, aus einem reinen Erleben Zeitstellen zu erzeugen. Es ließe sich anhand dieser späten Bemerkungen Ricœurs die These stärken, dass bereits in der Erfahrung der *appartenance* ein spannungsvoller Grund auszumachen ist, in dem sich beide Zeitaspekte finden und zu einer Dynamik provozieren, die auf der Ebene der expliziten *distanciation* auf ein höheres Reflexionsniveau zu bringen ist.

Ricœurs Kritik an Heideggers Sein zum Tode scheint berechtigt, wenn es darum geht, dass sich aus der durch das Sein zum Tode geprägten Zeit nicht alle anderen Zeitigungsweisen, insbesondere nicht der vulgäre Zeitbegriff und das gemeinschaftliche Geschick ableiten lassen. Seine Kritik scheint hingegen weniger treffend, wenn er sie mit der Auffassung verbindet, dass das Sein zum Tode Heideggers persönliche, von einer stoizistischen Ethik geprägte Konzeption der Eigentlichkeit sei. Auch wenn aus der an der jemeinigen vorlaufenden Entschlossenheit orientierten ursprünglichen Zeit nicht sämtliche Zeitbegriffe verständlich gemacht werden können und auch wenn sie selbst schon auf den vulgären Zeitbegriff zurückgreifen muss, scheint die im Kontext des Seins zum Tode hervorgehobene unvertretbare Singularität des einzelnen Daseins eine wichtige Entdeckung Heideggers zu sein. Meine jemeinige Endlichkeit, in der mich niemand vertreten kann und in deren eigentlicher Übernahme ich die Möglichkeit habe, meine Entscheidungen angesichts dieser endlichen, unvertretbaren Singularität zu treffen, hat nicht notwendig etwas mit einer stoischen Haltung gegenüber dem Tod zu tun. Vielmehr wäre zu überlegen, ob nicht Ricœurs offene Dialektik von *appartenance* und *distanciation* mit einem Konzept verknüpft werden könnte, welches eben diese heideggersche unvertretbare Singularität und die darin implizierte Relevanz der Endlichkeit berücksichtigt. Es wird weiterhin zu verfolgen sein, ob Ricœurs gegen Heidegger gerichtete Konzentration auf Schuld und Versprechen nicht gerade durch eine Rehabilitation und Revision des heideggerschen Seins zum Tode auf eine solche Weise gestärkt werden könnte, dass Schuld und Versprechen allererst angesichts der jemeinigen, unvertretbaren Endlichkeit entschieden übernommen werden könnten. Könnte Ricœurs Verdienst,

[105] „Die Schwierigkeit [d. i. die erste Aporie der Zeit, I.R.] hat im jetzigen Zusammenhang insofern an Schärfe verloren, als mir scheint, daß die phänomenologische Zeit (gegen Augustinus und Husserl und selbst gegen Heidegger) ursprünglich Züge trägt (wie etwa die Datierbarkeit), durch welche die Weltzeit in den Rhythmus der phänomenologischen Zeit selbst aufgenommen wird" (*La marque*, 16 (Fußnote)/*Rätsel*, 36 (Fußnote)).

[106] „Was das angeht [d. i. die Aporizität beispielhafter philosophiegeschichtlicher Zeitkonzepte, I.R.], habe ich an der in *Zeit und Erzählung III* vorgelegten Erörterung nichts zu ändern, sondern ihr nur etwas hinzuzufügen: Diese Diskussion war durch eine Frage begrenzt, die hier nicht mehr die meine ist, die Frage nach dem Verhältnis zwischen einer Phänomenologie der erlebten Zeit und einer Kosmologie der physischen Zeit" (MHO, 452 (Fußnote)/GGV, 534 (Fußnote)).

mit seinem langen Weg der Interpretationen Heideggers Tendenz zur Innerlichkeit, seiner Vernachlässigung des Mitseins sowie seiner äußerst kritischen Einschätzung der Wissenschaften entgegengewirkt zu haben, mit einer veränderten Auffassung des heideggerschen Seins zum Tode verbunden werden, welche dessen unvertretbare, jemeinige Singularität des Einzelnen bewahrt, ohne jedoch Heideggers Abkünftigkeitshierarchie der Zeitigungsweisen zu folgen?[107]

Ricœurs erster Aporie der Zeit scheint sich nur mit nichtbegrifflichen Mitteln begegnen zu lassen, während gleichzeitig ihre konzeptuelle Unfassbarkeit eine produktive Spannung und eine Spezifizierung unseres Zeitverstehens anstößt. Da Ricœur in seinen Erörterungen der ersten Aporie der Zeit dem schöpferischen Moment der Aporizität einen ausgezeichneten Stellenwert zuerkennt, lässt sich sagen, dass diese Aporie der sokratischen Tradition deutlich näher steht als der skeptischen: Das Auffinden einer Aporie und das Herausarbeiten einer Aporizität erzwingt keine Kapitulation des Denkens, sondern fordert im Gegenteil dazu heraus, nach neuen Lösungen, nach neuen Brücken zur Vermittlung der A-porien und damit nach neuen Aporetiken zu suchen. Die großen Verdienste des husserlschen und des heideggerschen Zeitdenkens, d. h. die Entdeckung der Retention und der Wiedererinnerung sowie der Entdeckung der Sorge, der ekstatischen Einheit des Außer-sich und der Diversifikation der Zeitigungsebenen, konnten Ricœur zufolge nur durch ein solches Sichabarbeiten an der Aporizität der Zeit und dabei durch eine stetige Verfeinerung der Aporetiken der Zeit zustande kommen.

4.2.2 *Die zweite Aporie der Zeit: die Zeit als Kollektivsingular*

Die zweite von Ricœur so genannte Aporie der Zeit besteht darin, dass die Zeit in unserem Alltagsverständnis wie auch in „alle[n] großen Philosophien der Zeit" als ein „Kollektivsingular (*singulier collectif*)" verstanden und bezeichnet werde, obgleich eine plausible Erklärung und Rechtfertigung der Singularitätsdimension fehle.[108] Es stünden sich im Zeitbegriff eine unreduzierbare Pluralität und eine immer schon angenommene Einzigkeit der Zeit aporetisch entgegen. Das Auseinanderbrechen der Zeit in mehrere Zeitperspektiven, in eine unendliche Reihe unterschiedener Zeitpunkte und insbesondere in Vergangenheit, Gegenwart und Zukunft lässt Ricœur die Frage nach der Begründung und Erläuterung der Einheit und Einzigkeit – zwei Begriffe, die er nicht voneinander trennt – der Zeit stellen. „Immer sagen wir: *die* Zeit."[109] Platon und Aristoteles würden die Einzigkeit der Zeit einfach voraussetzen. Bei Augustinus zeige sich die Aporie in der Aufsplitterung der Gegenwart in Erinnerung, Erwartung und Aufmerksamkeit. Kant, Husserl und Heidegger problematisierten zwar die Einzigkeit der Zeit, könnten jedoch letztlich auch keine plausible Rechtfertigung für sie liefern. Und doch, so meint Ricœur, fassen wir die

[107] Vgl. Kap. 4.4.5.

[108] TR III, 349/ZE III, 312 (Einfügung des französischen Wortlautes, I.R.).

[109] TR III, 448/ZE III, 400.

Zeit immer als Kollektiv*singular* auf. Diese „Aporie der Ganzheit oder *Totalität*" der Zeit findet im ersten, die Aporetik der Zeitlichkeit diskutierenden Abschnitt von *Temps et récit III* „nur in versprengter Form ihren wechselnden Ausdruck".[110] Erst die Schlussfolgerungen des gesamten Werkes greifen sie systematisch auf.[111] Die zweite Aporie der Zeit umschließt Ricœur zufolge die erste, indem sie nicht nur die Problematik von gerichteter und geordneter Zeit hervorhebt, sondern die Einheit der Ekstasen oder Zeitpunkte überhaupt in Frage stellt. Warum, so lautet die für den hiesigen Kontext relevante Frage, meint Ricœur, dass es Husserl und Heidegger nicht gelingt, die alltäglich immer schon angenommene Einheit und Einzigkeit der Zeit zu rechtfertigen?

Sowohl bei Kant als auch bei Husserl und sogar bei Heidegger sieht Ricœur das Problem, dass die Einzigkeit der Zeit trotz aller Bemühungen, sie zu begründen, immer schon als Voraussetzung die Argumentationen beherrsche. Bei Kant würde die Idealität der an der subjektiven Beschaffenheit unseres Gemütes haftenden Zeit ihre Einzigkeit sichern. In dieser Einzigkeit sei sie ein Kollektivsingular und kein diskursiver Begriff. Ricœur findet in der transzendentalen Ästhetik „im Namen des *Apriori* die Anschauung der Zeit als die einer einzigen Zeit vorausgesetzt".[112] Im Zusammenhang mit der in der transzendentalen Analytik behandelten Objektivität der Erscheinungen behauptet Kant die Beharrlichkeit *der* Zeit, welche, so betont Ricœur, ebenfalls „*apriorischen* Charakters ist".[113] Diese Einzigkeit der Zeit, welche in Kants erster Kritik als Voraussetzung fungiere, werde bei Husserl zwar zum eigentlichen Problem. Auch bei Husserl jedoch behalte der doppelte Singular „Zeitbewusstsein", welcher nicht nur das *eine* Bewusstsein sondern auch die *eine* Zeit impliziere, letztlich den Status einer Voraussetzung. Husserl versuche zwar, anders als Kant, bei der Begründung der Einzigkeit der Zeit auf ein der Mannigfaltigkeit der Impressionen äußerliches Prinzip zu verzichten. Seine große Entdeckung der erweiterten Gegenwart könne jedoch nur partielle Totalitäten, und zwar die Zeitobjekte, konstituieren. Weder die Iteration der Retentionen und Protentionen noch die Ausdehnung der nahen Vergangenheit auf fernere Vergangenheiten könnten den Zusammenhang der ganzen Zeit begreiflich machen. Die Deckung von Retention und Wiedererinnerung, so meinte Ricœur bereits im Zusammenhang der ersten Aporie, bleibe rätselhaft und die Rechtfertigung einer Zeitstelle, die über das reine Sichentfernen der Inhalte hinausgeht, problematisch. Letztlich doch in einer starken Ähnlichkeit zu dem kantischen Modell sei Husserls „fundamentalste[] aller Voraussetzungen" die Einheit des einen Bewusstseins, welche von der Einheit der einen Zeit verdoppelt werde.[114] Ähnlich wie in der in den Schlussfolgerungen unternommenen Erörterung der ersten Aporie sieht Ricœur auch bei der Frage nach Einheit und Einzigkeit der Zeit das zusätzliche Problem auftauchen, wie über das einzelne konstituierende Bewusstsein hinaus die Einzigkeit einer gemeinsamen

[110] TR III, 448/ZE III, 400, 401.

[111] Vgl. TR III, 448–457/ZE III, 400–408.

[112] TR III, 450/ZE III, 402.

[113] TR III, 451/ZE III, 403.

[114] TR III, 453/ZE III, 405.

Zeit zu rechtfertigen wäre. Er bezieht sich hier auf Husserls fünfte cartesianische Meditation, für die er die Schwierigkeit der Vergemeinschaftung der einzelnen Erfahrungsströme zu einer einzigen Zeit hervorhebt. Setzt Husserl aber tatsächlich die Einheit und Einzigkeit der Zeit einfach voraus, ohne eine phänomenologisch plausible Begründung für sie zu liefern?

Wie für Kant so ist auch für Husserl Zeit kein diskursiver Begriff, der eine Mannigfaltigkeit von Impressionen zu begrifflicher Einheit brächte. Es muss sich daher auch bei Husserl um eine Rechtfertigung der Einzigkeit der Zeit handeln, die diese nicht zu einem Begriff macht, sollte eine solche bei ihm gegeben sein. Warum die Zeit eine einheitliche einzige ist, lässt sich für Husserl vielleicht am besten damit beantworten, dass sie sich für die konstituierende Subjektivität *als eine zeigt*, ohne von ihr aus einzelnen Zeitstücken zusammengefügt zu werden. Anders als Ricœur meint, setzt Husserl ihre Einzigkeit aber dennoch nicht ohne plausible Begründung einfach voraus. Vielmehr finden sich bei ihm, wie in dem zweiten Kapitel dieser Arbeit zu zeigen versucht wurde, diverse Begründungen der Einheit und Einzigkeit der Zeit. Allerdings zeigen sich insbesondere in den späteren, von Ricœur nicht behandelten Manuskripten mehrere Einschränkungen derselben, welche Ricœurs These von der Fragilität der Singularität der Zeit bestärken könnten. Wie lässt sich diese zwiespältige Einschätzung von Ricœurs Husserlinterpretation spezifizieren?

Die Zeit ist eine einheitliche und einzige, so heißt es bereits in den ZB, weil ich als konstituierende Subjektivität, über eine Verknüpfung vergegenwärtigter Zeitstellen und einer Verschränkung ihrer Zeithöfe von Protentionen und Retentionen mit einem Möglichkeitsbewusstsein, unendlich viele Zeitstellen immer wieder auffassen zu können, zu einer einzigen unendlichen Zeitordnung gelange, deren Individuationsfunktion Husserl in den Bernauer Manuskripten verstärkt hervorhebt. Auf der Seite der konstituierenden Subjektivität gibt in den ZB die einheitliche, sich erhaltende und im konkreten Erleben immer wieder ausweisende Struktur des Flusses und in den Bernauer Manuskripten zusätzlich das über- oder allzeitliche Ich allen möglichen Zeiten Einheit. In beiden Fällen handelt es sich jedoch weder um eine begriffliche Synthetisierung noch um eine einfache Voraussetzung, sondern um ein Sichzeigen der Einzigkeit der Zeit für die konstituierende Subjektivität. In den C-Manuskripten denkt Husserl das Ich als eine Monade, welche immer schon durch andere geprägt ist, so dass die konstituierende Subjektivität zur transzendentalen Intersubjektivität wird. Entgegen Ricœurs Befürchtungen für Husserls fünfte cartesianische Meditation stellt hier nicht eine Vergemeinschaftung einzelner Erfahrungsströme das Problem dar. In dem Erleben des Ich als Monade sind immer schon die Anderen, wenn auch nie in einem direkten Erleben ihrer Erlebnisse, impliziert. Überdies kommt bereits in den passiven Konstitutionsschichten ein teleologisches Moment hinzu, welches eine triebintentionale Vereinheitlichung begründet, die immer schon am Werk ist und schließlich auf der transzendentalen Basis der Intersubjektivität die Konstitution der einen Zeit als eine unendliche Aufgabe gemeinsamer, nach Einstimmigkeit strebender Konstitution begründet. Das Möglichkeitsbewusstsein, unendlich viele Zeitstellen immer wieder auffassen zu können, die konstituierende Subjektivität, für die alle Zeiten letztlich in einer Zeit gründen, sowie die Triebintentionalität und teleologische Struktur der transzendentalen

Intersubjektivität stellen diverse Begründungen der Einheit und Einzigkeit der Zeit dar. Husserl setzt nicht einfach die Einheit des Bewusstseins voraus und verdoppelt diese Voraussetzung in derjenigen der Einheit der Zeit, sondern er liefert in den ZB und in den späteren Manuskripten diverse Gründe dafür, *wie* sich die Zeit *als eine zeigt*. Inwiefern aber hat Ricœur dennoch mit seiner These von der unzureichenden Begründung der Singularität der Zeit in Hinblick auf Husserls Zeitanalysen nicht Unrecht?

Innerhalb von Husserls Zeitanalysen zeigen sich diverse Brüche und Unterwanderungen der Einheit und Einzigkeit der Zeit. Eine erste Unterminierung der Zeit als einer einheitlichen, einzigen Totalität zeigt sich in dem im Zusammenhang der ersten Aporie herausgestellten doppelten Faktum von Zurücksinken und sich erhaltender Zeitstelle, in dessen paradoxem Zusammen eine konzeptuelle Vereinheitlichung unmöglich schien. Ricœur ist zwar der Auffassung, dass Husserl an dem Vorhaben scheitert, aus dem reinen Zeiterleben Zeitstellen zu erzeugen, während eine solche Ableitung nicht das von Husserl verfolgte Ziel zu sein scheint. Dennoch weist Ricœur mit gutem Grund auf den paradoxen Charakter der Retention hin, die seinen Worten zufolge eine „Herausforderung an die Logik des Selben und des Anderen" impliziert. Darüber hinaus kann das von Husserl angeführte Möglichkeitsbewusstsein, unendlich viele Zeitstellen immer wieder auffassen zu können, nie dazu führen, dass sich das Bewusstsein tatsächlich auf diese unendlich vielen Zeitstellen richtet oder gar eine jede von ihnen durch konkrete Erlebnisse der Erinnerung und Erwartung erfüllt. Es bleiben stets Horizonte des Unerfüllten. In allen drei Phasen von Husserls Auseinandersetzung mit der Zeitproblematik wurde außerdem erkennbar, dass einerseits die Anfangsphase und seit den Bernauer Manuskripten auch der passive Hintergrund der konstituierenden Subjektivität und andererseits die stets offene Einheit der konstituierten Zeit eine ein für alle Mal abgeschlossene Konstitution der einheitlichen, einzigen Zeit unmöglich machen. Diese Relativierung der Einheit und Einzigkeit der Zeit verstärkt sich im Rahmen von Husserls Analysen aus den C-Manuskripten dadurch, dass in der die gemeinsame Zeit konstituierenden transzendentalen Intersubjektivität die Erlebnisse der Anderen nie unmittelbar, sondern stets nur mittelbar, mit prinzipiell nie ganz erfüllbaren offenen Horizonten erfahren werden können. Da die Anderen bereits im Ich als Monade impliziert sind, ohne dass ihre Erlebnisse dem Ich je direkt gegeben wären, ist die Zeit durch die nie ganz erfüllbaren Horizonte der intersubjektiven, monadischen Zeitkonstitution als eine offene Einheit konstituiert. Diese strebt zwar nach Einheit und Einstimmigkeit der Zeitkonstitution, kann sich jedoch aus prinzipiellen Gründen nie in eine geschlossene Totalität der einen, ein für alle Mal abschließend konstituierten Zeit verwandeln. Die nicht leibnizianisch, sondern auf die erläuterte phänomenologische Weise monadisch verstandene transzendentale Basis der Intersubjektivität liefert Husserl zufolge den Grund für den unendlichen Fortschritt der zum Vernunftmenschentum erwachten historischen Menschheit, die in der spezifischen Rationalität ihrer historisch-teleologischen Subjektivität die unendliche Aufgabe einstimmiger, gemeinsamer Konstitution auch der einzigen Zeit verfolgt.

Es lässt sich gegen Ricœurs Husserlinterpretation einwenden, dass Husserl weder versucht, aus einem reinen Zeiterleben Zeitstellen abzuleiten, um diese dann zu der Ganzheit der einzigen Zeit zu erweitern und zusammenzufügen, noch setzt er mit der Einheit des Bewusstseins die Einheit der Zeit einfach voraus. Husserl bringt vielmehr diverse Erklärungen dafür vor, dass und wie sich die Zeit als einheitliche und einzige zeigt. Es geht dabei weder um eine begriffliche Synthese von mannigfaltigen Impressionen zu einer einzigen Zeit, noch aber geht es um „kontinuierliche[] Erweiterungen des Quellpunkts", aus dem Zeitstellen abzuleiten und nach und nach die „Zeit als ganze[]" zu gewinnen wäre.[115] Die zuletzt genannte Auffassung schreibt Ricœur jedoch dem Husserl der ZB zu. Husserl selbst hingegen scheint die Einheit und Einzigkeit der Zeit in den ZB nicht durch eine solche *Ableitung* und Erweiterung, die tatsächlich kaum plausibel wäre, zu begründen. Vielmehr stellt er die *Beschreibung* des Zeiterlebens in den Vordergrund, welches sowohl das Nachleben der Retentionen, die spezifischen Erwartungen der Protentionen als auch das Sichzeigen sich erhaltender Zeitstellen und ihrer Ordnung enthält. Die Verflechtung von vergegenwärtigten Zeitstellen über eine Verschränkung ihrer Zeithöfe von Protentionen und Retentionen mit einem Möglichkeitsbewusstsein, unendlich viele Zeitstellen immer wieder auffassen zu können, scheint den Kern der von Husserl in den ZB gelieferten Begründung der Einheit und Einzigkeit der Zeit auszumachen, ohne dass Husserl jedoch so weit ginge, dies als eine Erzeugungsleistung des Bewusstseins zu verstehen. Anstatt einer Ableitung von Zeitstellen, einer kontinuierlichen Erweiterung von partiellen Zeiteinheiten oder einer begrifflichen Synthetisierung *beschreibt* Husserl vielmehr, auf welche Weise sich die Zeit als eine einheitliche einzige zeigt und wie sich dabei die lebendige Gegenwart, phantasierte Quasi-Gegenwarten und setzende Wiedererinnerungen samt ihrer Höfe von Retentionen und Protentionen miteinander verschränken und sich über das Möglichkeitsbewusstsein der Ausdehnung dieser Verschränkungen die einzige Zeit als offene Einheit konstituiert. Als solche ist sie zwar eine einzige und einheitliche Zeit, nicht jedoch eine geschlossene Totalität, in der Zeit als ganze systematisch aus der lebendigen Gegenwart des einzelnen Bewusstseins abgeleitet und auf diese zurückzuführen wäre. Diese Offenheit der Einheit der Zeit erhält in Husserls späteren Manuskripten ein verstärktes Gewicht, wenn dort der passive Hintergrund der konstituierenden Subjektivität und die stets von unerfüllten Horizonten umgebene transzendental-intersubjektive Zeitkonstitution in den Vordergrund treten. Schon in den von Ricœur diskutierten ZB aber scheint die Behauptung der Einheit und Einzigkeit der Zeit schwächer bzw. offener zu sein, als Ricœur es Husserl zuschreibt.

Heidegger, so meint Ricœur, gebe der Frage nach Ganzheit und Totalität der Zeit eine neue Wendung, indem er sie auf die Sterblichkeit beziehe. Die innere Geschlossenheit der als ursprünglich bezeichneten Zeit begründe Heidegger durch das Sein zum Tode. Ricœur wiederholt im Zusammenhang der zweiten Aporie seine oben bereits angeführte Kritik an Heideggers „persönliche[r] Ethik" und setzt gegen die von Heidegger favorisierte existenzielle Haltung „einer Art von Stoizismus" die alternative existenzielle Haltung einer „*Sorglosigkeit* gegenüber dem eigenen Tod", welche „die Philosophie eher als ein Fest des Lebens denn als eine Einübung in den

115 TR III, 453/ZE III, 405.

Tod“ betrachte.[116] Die zeitliche Struktur der Sorge und ihre Dialektik von Zukunft, Gewesenheit und Gegenwärtigen seien losgelöst vom Sein zum Tode zu denken. Erst wenn sie gegen Heideggers Stoizismus rehabilitiert würden, so Ricœur, könne zum Vorschein kommen, dass die Ermöglichung der Einheit von Zukunft, Gewesenheit und Gegenwärtigen durch das heideggersche Konzept der Zeitigung inwendig durch das ursprüngliche Außer-sich der drei Ekstasen unterminiert werde. Diese inwendige, von Ricœur auch als subversiv bezeichnete Aufspaltung der Einheit der Zeit durch die drei Ekstasen führe die ohne das Sein zum Tode gedachte heideggersche Zeitigung aber wieder auf das augustinische Problem der *distentio animi* bzw. das einer dissonanten Konsonanz. Wenn das Sein zum Tode als Einheitsgrund der Zeit ausfalle, dann, so Ricœur, sei es problematisch einen Grund dafür zu finden, dass die Zeitlichkeit trotz Dispersion versammele. Analog zu seinen Interpretationen von Kant und Husserl vermutet er auch bei Heidegger den Grund darin, dass „*die* Sorge, ohne dass man je die Frage aufgeworfen hätte, selber als ein *Kollektivsingular* betrachtet wird“ und somit die Einheit der Zeit auch von Heidegger immer schon vorausgesetzt werde.[117]

Setzt Heidegger aber die Sorge tatsächlich stillschweigend als einen Kollektivsingular voraus, ohne dass er eine plausible Erklärung dafür gibt, warum die ihr zugrunde liegende Zeitlichkeit trotz Dispersion versammelt? Zwar versteht Heidegger die Sorge als einen Kollektivsingular, wenngleich er diesen Terminus nicht verwendet. Dass die Sorge ein Kollektivsingular ist, scheint aber nicht eine heimliche Voraussetzung zu sein. Ihre spezifische Struktur, die die Aufmerksamkeit darauf lenkt, dass jeder Bezug auf Vergangenheit immer auch ein Bezug auf Zukunft, jeder Bezug auf Zukunft immer auch ein Verweis auf Vergangenheit und jede Konzentration auf Gegenwart immer nur in der Kreuzung der Vergangenheits- und Zukunftsbezüge möglich ist, *zeigt*, dass sich Zeit nicht in einer Aneinanderreihung von Jetztpunkten erschöpft, sondern eine unhintergehbare übergreifende Struktur impliziert. Ähnlich wie für Husserl, so lässt sich auch für Heidegger anstatt von einer stillschweigenden Voraussetzung eher von einem *Sichzeigen* der Einheit der Zeit sprechen, das bei Heidegger durch die Konzentration auf die Sorgestruktur zutage tritt. Die Frage nach einer vermeintlichen Synthetisierung verschiedener Impressionen oder Zeitstücke zu der einen Zeit würde verkennen, dass diese Frage überhaupt nur gestellt werden kann, weil Zeit durch die unhintergehbare Sorgestruktur immer schon als eine verstanden ist.

Wie bereits in der in Teil 3 durchgeführten Auseinandersetzung mit Heideggers Zeitdenken aus SZ festgehalten wurde, ist Heideggers Abkünftigkeitsstruktur verschiedener Zeitigungsebenen so aufgebaut, dass die sich am deutlichsten am Sein zum Tode orientierende Zeitigungsstruktur die stärkste Einheit aufweist, während Zeit desto mehr in eine bloße Jetztmannigfaltigkeit auseinanderzubrechen droht, je mehr das Dasein der Zerstreuung in das Besorgen verfällt. Ricœur sieht diesen Zusammenhang, und da er die Tauglichkeit von Heideggers Konzept des Seins zum Tode auf den Rahmen einer persönlichen Ethik des Menschen Heidegger ein-

---

[116] TR III, 455/ZE III, 406, 407.

[117] TR III, 457/ZE III, 408.

schränkt, kann es seines Erachtens keinen Einheitsgrund der Zeit liefern. Wenn die sowohl von Ricœur als auch in dieser Arbeit vertretene Auffassung berechtigt ist, dass Heideggers Abkünftigkeitshierarchie verschiedener Zeitbegriffe nicht haltbar ist, weil die ursprüngliche endliche Zeit immer schon auf den vulgären Zeitbegriff zurückgreifen muss, ohne dass dieser aus jener oder jene aus diesem zu erklären wäre, so hätte die in den Tod vorlaufende Entschlossenheit tatsächlich nicht die Ganzheit begründende Funktion, die Heidegger selbst ihr zugedachte. Die die Einheit und Einzigkeit der Zeit begründende Sorge, welche sich bei Heidegger auf der Basis der ursprünglichen Zeit und ihrer abkünftigen Zeitigungsweisen erhebt, würde dann zu einer Instanz, in der mal die Dispersion und mal die Einheit der Zeit überwiegt. Ihre am wenigsten zerstreute Zeitigung wäre aber nicht, wie Heidegger meint, eine rein ekstatisch-horizontale, noch nicht von einem Verfallen an den vulgären Zeitbegriff beeinträchtigte ursprüngliche Zeitigung. Die die Einheitskomponente der Zeit am deutlichsten aufweisende Zeitigung wäre vielmehr immer schon durch die Andersheit des laut Ricœur autonomen, in jedes Zeiterleben aber immer schon hineinspielenden Zeitbegriffes der Bewegung unterwandert und gebrochen.

Auch hier lässt sich auf das ricœursche Begriffspaar von *appartenance* und *distanciation* zurückgreifen, das in seinen programmatischen Aufsätzen zu einer hermeneutischen Phänomenologie zentral ist. Oben wurde versucht, über Ricœurs eigene Ausführungen hinaus den husserlschen paradoxen Charakter des retentionalen Nachlebens und die erlebte Zeit und kosmologische Zeit im Gefühl verschmelzen lassende heideggersche Innerzeitigkeit mit Ricœurs Konzept einer *appartenance* zu verknüpfen, welche immer schon selbst Elemente der *distanciation* enthält. Da die zweite Aporie der Einheit der Zeit die erste Aporie der Heterogenität, Abhängigkeit und wechselseitigen Verdeckung von „subjektiver" und „objektiver" Zeit umgreift, liegt es nahe, in der zweiten Aporie nach einer Fortschreibung jener Problematik der ersten Aporie zu suchen. Für Ricœur kann die Sorge aufgrund der immer schon in ihr waltenden Brüche der aporetischen Zeit kein Grundexistenzial im heideggerschen Sinne sein, obgleich er ihre Relevanz als Dispersion und Einheit verbindende Instanz nicht bestreitet. Die Sorge, so ließe sich sagen, wäre zu verstehen als die Instanz, anhand derer sich die Einheit und Einzigkeit der Zeit zeigt, ohne dass sie sich jedoch als eine abgeschlossene Totalität verstehen ließe. Da in der Grunderfahrung der auf diese Weise reinterpretierten Sorge und der in ihr implizierten Zeiterfahrungen *appartenance* und *distanciation* untrennbar ineinander spielen, ist der Versuch, die Einzigkeit und Einheit der Zeit als Totalität zu verstehen, von der unhintergehbaren *distanciation* und zeitlich begründeten Fremdheitserfahrung in der Zugehörigkeitserfahrung unterminiert. Diese durch die ursprüngliche *distanciation* vorgezeichnete Fremdheitserfahrung ist Ricœurs genereller Auffassung nach, wie bereits in der Einleitung zu Teil 4 erörtert wurde, auf einer *voie longue* der Interpretationen auszuarbeiten. Die angesichts der aporetischen Grunderfahrung der Zeit nötige Brückenfunktion, die einer solchen *voie longue* den Weg bereiten soll, hatte Ricœur im Zusammenhang der ersten Zeitaporie der Geschichte zugesprochen. Für die zweite Aporie lässt diese sich in größerem Umfang wieder aufgreifen: Eine Geschichte, die ihre Herkunft aus der Grunderfahrung des Ineinander von *appartenance* und *distanciation* nicht verkennt, hat die immer schon erlebte Einheit der

Zeit, in der sich die ekstatischen Momente von Gewesenheit, Gegenwart und Zukunft verschränken, in Auseinandersetzung mit der sie durchziehenden Fremdheit der geordneten, an der Bewegung orientierten, dem Kosmos und dem Lauf der Welt zugeordneten Zeit auf ein stets höheres Reflexionsniveau zu bringen, ohne je zu einer als Totalität verstandenen Einzigkeit und Einheit der Zeit zu gelangen. Ricœur zufolge ist es tatsächlich unmöglich, die zweite Aporie der Zeit *aufzulösen*. Und dennoch ist seine über ein Denken der Geschichte entwickelte *Antwort* auf die sich in der skizzierten Weise darstellende zweite Aporie eines der zentralsten Themen seines Spätwerkes.

Es ist bemerkenswert, dass die von Ricœur eingeschlagene Richtung zu einer Antwort auf die zweite Aporie dem husserlschen Projekt einer unendlichen Zeit, die in einer unendlichen Aufgabe einstimmiger und gemeinsamer Konstitution zu erforschen ist, näher kommt als Heideggers hermeneutisch phänomenologischem Zeitdenken aus SZ. Obgleich Heidegger für Ricœur derjenige Denker ist, der der Aporizität der Zeit zu ihrem stärksten Ausdruck und zu ihrer stärksten Produktivität verholfen hat, ist es das in den von Ricœur in *Temps et récit* diskutierten ZB noch gar nicht auftauchende Konzept einer als offene Einheit gemeinsam konstituierten intersubjektiven Zeit, welches eine deutliche Verwandtschaft von Husserls und Ricœurs Zeitdenken erkennen lässt. Auch bei Heidegger ist zwar das Dasein immer schon Mitsein. Es geht ihm aber nicht darum, die unendlichen offenen Horizonte gemeinsamer monadischer Zeitkonstitution zu erforschen und dadurch die Einheit der Zeit zu festigen, sondern im Vordergrund steht, in der Jemeinigkeit der in den Tod vorlaufenden Entschlossenheit die ursprünglich endliche Zeit in ihrer Einheit zusammenzuhalten und vor der auseinanderfallenden Zerstreuung in das Verfallen zu bewahren. Ein Umweg über die Auseinandersetzung mit Fremdheitserfahrungen spielt bei Heidegger keine primäre Rolle, das Gerede des Man wird von ihm sogar eher als Begünstigung des Verfallens verstanden.

Dennoch ließe sich schließlich auch für diesen Kontext in einem Versuch der Rehabilitierung des heideggerschen Zeitdenkens die Frage stellen, ob nicht die Besinnung auf die eigene Endlichkeit für die Einheit der Zeit eine relevante Funktion einnehmen kann. Es ginge dabei auch hier nicht um ein existenzielles stoisches Aushalten der Todesdrohung, wie Ricœur es Heideggers Konzept des Seins zum Tode vorwirft. Vielmehr wäre der Frage nachzugehen, ob die von Heidegger betonte formale Bedeutung des Seins zum Tode über den Weg einer angemessenen Berücksichtigung der eigenen Endlichkeit und unvertretbaren Singularität dazu in der Lage sein könnte, gegen eine Zerstreuung in kleine Zeitzusammenhänge den „Blick auf das Ganze" zu stärken. Die Endlichkeit könnte dazu anhalten, sich nicht in einzelnen Zusammenhängen des Besorgens zu verlieren, sondern im Erkennen der eigenen endlichen unvertretbaren Singularität nach der eigenen Position in der Welt zu fragen, größere Zeiteinheiten dabei zu berücksichtigen und möglicherweise auch die eigene Verantwortung für größere Zeitspannen zu übernehmen. Obgleich Heideggers Projekt, alle Zeitigungsweisen ontologisch aus der an der in den Tod vorlaufenden Entschlossenheit orientierten ursprünglichen Zeit zu gewinnen, erfolglos zu bleiben schien, wäre zu überlegen, ob nicht gerade die Einsicht in die eigene Endlichkeit und auf diesem Wege in die eigene Unvertretbarkeit als Motivation für ein Verständnis dessen fungieren könnte, was Ricœur in seinen spätesten Schriften unabhängig von dem Kontext der Aporizität der Zeit hervorhebt: dass es letztlich immer der Einzelne ist, der sich dazu angehalten findet, die Einheit der Zeit auf ein höheres Reflexionsniveau zu heben, indem er ohne zu totalisieren den Streit zwischen Gedächtnis und Geschichte entscheidet, neue Initiativen für die Zukunft startet oder Friedenszustände der Anerkennung herbeiführt.[118]

4.2.3 Die dritte Aporie der Zeit: die Unerforschlichkeit der Zeit

Die dritte von Ricœur bestimmte Aporie der Zeit erweist sich als die hartnäckigste. Sie besteht für ihn darin, „nicht wirklich *die Zeit zu denken*".[119] Immer, wenn wir anfingen zu denken, sei die Zeit gewissermaßen schon da: Die Aporie „taucht in dem Moment auf, wo sich die Zeit, die sich jedem Versuch, sie zu konstituieren entzieht, als einer konstituierenden Ordnung zugehörig erweist, die von der Arbeit der Konstitution immer schon vorausgesetzt wird."[120] Jeder Begriff, den wir uns von der Zeit machen, sei mit der Unmöglichkeit konfrontiert, diesen reflexiv uneinholbaren Grund zu integrieren. Wir könnten die Zeit nie vollständig zum Objekt unserer Reflexion machen, womit sie stets eine Dimension der Unerforschlichkeit (*inscrutabilité*) behält.

Aber, und das ist für Ricœur entscheidend, „was hier zum Scheitern gebracht wird, ist nicht das Denken, in allen Bedeutungen des Wortes, sondern der Trieb, besser die *hybris*, die *unser* Denken dazu verleitet, *sich zum Herrn des Sinns zu machen*".[121] Aufgrund dieses nur relativen Scheiterns stehe der Unerforschlichkeit kein Verstummen, sondern vielmehr eine Polymorphie der Gestaltungen und Bewertungen der Zeit gegenüber. Diese Koppelung einer Dimension der unaufhebbaren Unerforschlichkeit mit einer erhöhten Anstrengung des Denkens, die zu einer Polymorphie der Antworten auf das Unerforschliche führt, ist eine zentrale Figur in Ricœurs Denken. In Hinblick auf die von Kant herausgestellte Unerforschlichkeit des Bösen vertritt Ricœur eine parallele Position wie im Zusammenhang der dritten Aporie: Die Unerforschlichkeit des Bösen könne nicht aufgelöst werden und hat doch keine Resignation zur Konsequenz. Die Aufgabe in Hinblick auf das Böse sieht er darin, seinen aporetischen Charakter herauszuarbeiten, diesen in das Denken, das Handeln und das Fühlen zu integrieren, ihm zu antworten, indem man mehr und anders denkt, ohne jedoch je zu einer Aufhebung seiner Aporizität gelangen zu können.[122] Um diese zwei Aufgaben, einerseits der Präzisierung der Aporie,

---

[118] Vgl. insbesondere Kap. 4.5.

[119] TR III, 467/ZE III, 417.

[120] TR III, 467/ZE III, 417.

[121] TR III, 467/ZE III, 417 f.

[122] Ricœur entlehnt den Begriff der Unerforschlichkeit in *Temps et récit* ausdrücklich der kantischen Analyse des radikalen Bösen. Vgl. TR III, 467/ZE III, 417 f. Die Thematik des radikalen Bösen und seiner Unerforschlichkeit ist, wie angezeigt, jedoch auch für Ricœur selbst, und nicht

andererseits der Entwicklung möglichst vieler und differenzierter Antworten auf sie, geht es auch bei der Unerforschlichkeit der Zeit.

Die Unerforschlichkeit der Zeit sowie die damit zusammenhängende Polymorphie der Gestaltungen der Zeit zeigt sich Ricœurs Auffassung nach einerseits in griechischen und hebräischen „Spuren des *Archaischen*" und andererseits in tendenziellen Annäherungen an das „*Hermetische[]*", welche auch im modernen Denken der Zeit noch zu finden seien.[123] Was meint Ricœur mit den beiden Termini „Archaismus" und „Hermetismus"? Im Archaismus geht es um Figuren des Ursprungs der Zeit. Die Vorsokratiker hätten zwar mit dem ersten, mythischen Archaismus der Theogonien und Göttergenealogien gebrochen, auch sie hielten sich aber bei dem zweiten Archaismus einer *arche* auf, „die die Bedingung der Möglichkeit für alle Voraussetzungen ist, die wir noch *setzen* können".[124] Darüber hinaus tauchten trotz dieser einmal erfolgten Trennung des philosophischen *arche*-Begriffes von demjenigen des mythischen Anfangs mythische Gestalten des Ursprungs der Zeit unterschwellig in der griechischen Philosophie, und zwar sogar noch bei Aristoteles, auf, wenn dieser in einer an den die Welt unermüdlich umfließenden *Okeanos* erinnernden Weise davon spreche, dass die Dinge „von der Zeit umfasst" würden. Auf dem Wege dieser mythischen Unterwanderung des philosophischen Zeitdenkens der Griechen sieht Ricœur auch die Zweideutigkeit der Zeitmythen in die Philosophie eingehen, wenn die alles umfassende Zeit mal als Bedrohung für die menschliche Zeit und mal in Harmonie mit derselben verstanden werde. Die griechische Philosophie schaffe es weder den Mythos noch den Verweis auf eine Instanz, die dem Denken immer schon vorausgeht, auszuschalten und bewahre deshalb in sämtlicher begrifflicher Arbeit diesen doppelten Archaismus und darin „das Mal der *Unerforschlichkeit*" der Zeit.[125]

Das hebräische Moment des Archaischen findet Ricœur auf exemplarische Weise bei Augustinus, und zwar in dem Gegensatz von Zeit und Ewigkeit, aus dem heraus die gesamte Zeitanalyse des 11. Buches der *Bekenntnisse* operiere. Das Verhältnis von Zeit und Ewigkeit zeige bei Augustinus eine ähnliche Vieldeutigkeit wie die Archaismen der Griechen. Im Lobpreis der Ewigkeit des göttlichen Verbum sieht Ricœur die Unwandelbarkeit als einen Grenzbegriff für die Zeiterfahrung fungieren. In der Klage hingegen stünde die Zerrissenheit der Seele, die Dissonanz ihrer Zeiterfahrung angesichts der allzeit stehenden Gegenwart im Vordergrund. In der Hoffnung wiederum gehe es um das Streben nach einer stärkeren Gespanntheit der

---

nur für sein Frühwerk, von zentraler Bedeutung. In einem 1985, dem Erscheinungsjahr von *Temps et récit III*, in Lausanne gehaltenen Vortrag tritt deutlich zutage, wie stark Ricœurs Behandlung der Problematik des unerforschlichen Bösen zur Zeit der Entstehung von *Temps et récit* mit derjenigen der unerforschlichen Zeit verwandt ist. Vgl. Ricœur, Paul: *Le mal. Un défi à la philosophie et à la théologie*. Genève: Labor et Fides 2004 (in der Folge abgekürzt mit *Le mal*) (auch enthalten in: Ricœur, Paul: *Lectures 3. Aux frontières de la philosophie*. Paris: Éditions du Seuil 1994 (= La couleur des idées), 211–233)/dt.: *Das Böse. Eine Herausforderung für Philosophie und Theologie*. Zürich: Tvz Theologischer Verlag 2006 (in der Folge abgekürzt mit *Das Böse*).

123 TR III, 467, 468/ZE III, 418.

124 TR III, 470/ZE III, 420.

125 TR III, 472/ZE III, 422.

Zeiterfahrung, das gerade durch die Erfahrung der göttlichen Ewigkeit provoziert wird. Wie in dem doppelten Archaismus der Griechen so ginge es auch in der hebräischen, von Ricœur bei Augustinus beobachteten Form des Archaismus um eine das begriffliche Denken selbst transzendierende Erfahrung eines sich entziehenden Ursprungs der Zeit, welche das Denken der Zeit auf zentrale Weise beeinflusst und sich doch nicht vollständig in es integrieren lässt. Seien es nun die vorsokratischen, die mythischen oder die hebräisch göttlichen Ursprungsbilder, das Zeitdenken, so Ricœur, ist angesichts dieser archaischen Denkformen immer mit Interpretationen des reflexiv Uneinholbaren konfrontiert, welches sich nur noch „in fragmentarischen Vorstellungen verbildlichen" kann.[126]

Hat es aber die Moderne mit Kant, Husserl und Heidegger nicht geschafft, diese Archaismen zu überwinden? Sind die Archaismen nicht mit der kantischen kopernikanischen Wende ein für alle Mal verlassen? Ricœur ist der Auffassung, dass die archaischen Spuren bei diesen Autoren zwar schwieriger zu entdecken, aber dennoch zu finden sind und sich, insbesondere bei Heidegger, mit hermetischen Momenten verknüpfen. Bei Kant sieht er in der Behauptung der Beharrlichkeit der Zeit sowie in den Implikationen der Selbstaffektion Momente der Unerforschlichkeit, da es seines Erachtens rätselhaft bleibe, warum die Zeit beharrlich sein soll, wie die unsichtbare Zeit Anschauung *a priori* sein kann und wie jene formale Eigenschaft des Subjektes, affiziert zu werden, zu verstehen sei. Angesichts der kantischen Bestimmung der Zeit als der Bedingung der Möglichkeit von Erscheinungen ließe sich Ricœurs Einschätzung einer unerforschlichen Dimension des kantischen Zeitbegriffes noch eine gewisse Plausibilität zuschreiben. Ihre Übertragung auf Husserl allerdings scheint mit viel größeren Schwierigkeiten verbunden, da dieser phänomenologisch die Zeit doch gerade anhand der Zeit*phänomene* Schritt für Schritt zu konstituieren gedachte. Worin sieht Ricœur dennoch auch bei Husserl das Moment der Unerforschlichkeit der Zeit, welches er, wie bei Kant, zwischen Archaismus und Hermetismus ansiedelt? In der Selbstkonstitution des Bewusstseins, welche Ricœur für genauso rätselhaft hält wie die kantische Selbstaffektion. Husserls metaphorische Sprechweise, die teilweise sogar in einem Fehlen der Worte kulminiert, sei ein „Zeichen für die Nicht-Herrschaft des konstituierenden Bewußtseins über das so konstituierte Bewußtsein".[127] Und obgleich Husserl darin schwanke, ob das Bewusstsein den Fluss oder der Fluss das Bewusstsein konstituiert, ist Ricœurs letztes Wort, dass das letzte impressionale Bewusstsein durch den sich konstituierenden Fluss konstituiert wird und nicht umgekehrt. Inwiefern stimmt Ricœurs These über die Unerforschlichkeit der Zeit bei Husserl mit den oben angestellten Überlegungen zu Husserls Zeitdenken überein?

Zunächst ist abermals daran zu erinnern, dass Ricœur sich ausdrücklich auf den Text der *Vorlesungen zur Phänomenologie des inneren Zeitbewusstseins* beschränkt und auch nur die Paragraphen des Haupttextes, nicht aber die auch bereits 1928 veröffentlichten Beilagen in seiner Diskussion berücksichtigt. Es stellen sich daher zwei unterschiedliche Fragen: zum einen, ob Ricœurs These in Hinblick auf den von ihm analysierten Text tatsächlich angemessen ist und zum anderen, ob seine These

[126] TR III, 472/ZE III, 422.

[127] TR III, 478/ZE III, 427.

auch auf die Bernauer Manuskripte und die C-Manuskripte zutrifft. In Husserls in den Paragraphen der Zeitvorlesungen angestellten Versuchen, die konstituierende Subjektivität selbst phänomenologisch auszuweisen, ist in den Analysen des stets drohenden unendlichen Regresses und der zur Begründung der Selbstkonstitution eingesetzten doppelten Intentionalität tatsächlich noch ein Schwanken zu beobachten. Husserl scheint hier noch die Hoffnung zu hegen, über das richtige Modell das Phänomen eines ersten Bewusstseins zur adäquaten Anschauung zu bringen, ohne dass es ihm jedoch gelingt, zu einem ihn ganz und gar zufrieden stellenden Lösungsansatz in Hinblick auf die Urphase der konstituierenden Subjektivität vorzudringen. Zu Recht sieht Ricœur aber in den Schwierigkeiten, in die sich Husserl in den Vorlesungen verwickelt, einen Hinweis (*signe*) darauf, dass das konstituierende Bewusstsein nicht selbst zu adäquater Anschauung gebracht, sondern auf eine noch näher zu klärende Weise nur erlebt und nachträglich durch den reflexiven Blick erreicht werden kann, so dass die vermeintlich alles konstituierende Instanz in Hinblick auf die Frage ihrer eigenen Konstitution eine Unterminierung erfährt. Ricœurs Interpretation ist angesichts von Husserls späteren Arbeiten zur Zeit sogar noch weitaus berechtigter als in Hinblick auf die Vorlesungen. Die These aus *Temps et récit*, laut der es letztlich der sich konstituierende Fluss sei, der das impressionale Bewusstsein konstituiere, lässt sich insbesondere durch das Urbewusstsein oder das innere Bewusstsein der Beilagen IX und XII zu den Vorlesungen, durch die in den Bernauer Manuskripten entworfenen Erklärungsmodelle der Urphase und ganz besonders durch die Überlegungen zur lebendigen Gegenwart aus den C-Manuskripten unterstützen. Husserl selbst, wenn ihm auch die Bezeichnung „Unerforschlichkeit der Zeit" fremd wäre, geht mit der Entwicklung seiner genetischen Phänomenologie zunehmend davon aus, dass Bewusstsein durch ein vorbewusstes Geschehen beeinflusst und die Urphase grundsätzlich nur nachträglich zu erfassen ist. Der von ihm gesuchte Ursprung der Zeit erweist sich für Husserl selbst als unerforschlich, so ließe sich mit Ricœurs Worten sagen, weil jeder vermeintliche Ursprung der Zeit immer schon selbst zeitlich ist, sobald er zum Phänomen, sobald er sichtbar und sagbar wird. In Husserls eigenen Überlegungen aus den dreißiger Jahren lassen sich Hinweise darauf finden, dass der phänomenologische Ursprung der Zeit unanschaulich, verborgen und instinkthaft ist und, anstatt in einem ersten Bewusstsein, vielmehr in einem in nicht-intentionalen oder unbestimmt intentionalen Gefühlen und Stimmungen „bewussten" Zeitigungsgeschehen zu suchen wäre. Spuren eines mythischen Archaismus lassen sich bei Husserl ebenfalls, und zwar in der sich um die Bezeichnung „Fluss" konzentrierenden Metaphorik finden. Der von Ricœur als philosophisch bezeichnete Archaismus jedoch, welcher sich mit einem Ursprung konfrontiert sieht, den er nicht selbst gesetzt hat, ist in Husserls Arbeiten zur Zeitproblematik zunehmend deutlich und von Husserl selbst anerkannt worden.

Bei Heidegger sieht Ricœur nicht mehr diese archaischen Spuren, in denen sich der unerforschliche Ursprung der Zeit andeutet, im Vordergrund, sondern Heideggers frühe Philosophie sei diejenige, „die in unseren Augen ans Hermetische angrenzt".[128] Warum hält Ricœur das zwar komplizierte und kritisierbare, aber doch

---

[128] TR III, 479/ZE III, 428.

überaus systematisch strukturierte Zeitdenken des frühen Heidegger für hermetisch? Der Hermetismus, so Ricœur, zeige sich in Heideggers Versuch einer Unterscheidung zwischen Zeitlichkeit des Daseins und Temporalität des Seins. Ohne sich auf die Details von Heideggers Analysen in den *Grundproblemen* einzulassen, ist Ricœur der Auffassung, dass das Unterfangen einer solchen Unterscheidung schlichtweg scheitern *musste*, weil es „die hermeneutische Phänomenologie unweigerlich an die Grenzen ihrer eigensten Möglichkeiten führt".[129] Was es heißt, dass das Sein überhaupt auf Temporalität hin zu entwerfen sei, bleibe bei Heidegger unverständlich und auch Heideggers Hinweise auf das platonische „jenseits des Seins" gäben keinen Aufschluss. Die unvermeidliche phänomenologische Unbestimmtheit bei der Bestimmung der Temporalität müsse unweigerlich in einen Hermetismus führen.

Meines Erachtens hebt Ricœur hier das zentrale Problem von Heideggers frühem Zeitdenken hervor, welches Heidegger selbst insbesondere in den *Grundproblemen* so deutlich wurde, dass er den Ansatz einer temporalen Schematisierung des Seinssinnes aufgab und zunächst mit einer Metaphysik der Freiheit, späterhin dann mit der so genannten „Kehre" neue Richtungen in seinem Denken verfolgte. Im dritten Teil dieser Arbeit wurden ausführlich diejenigen Gründe aufgewiesen, die dafür sprechen, dass der von Heidegger in den *Grundproblemen* angedachte temporale Seinsbegriff einerseits leer und nichtssagend zu bleiben scheint und andererseits in keiner erkennbaren Verbindung zu dem Begriff der Zeitlichkeit des Daseins mehr steht, dessen ursprünglichste Zeitigung er aber laut Heidegger hätte sein sollen. Über diese Problematik, die Ricœur als Heideggers Hermetismus bezeichnet, hinaus ließe sich jedoch bei Heidegger auch ein philosophischer Archaismus finden, den Ricœur selbst nicht anspricht. Versteht man den philosophischen Archaismus im Sinne einer Instanz, die als Bedingung der Möglichkeit aller Voraussetzungen, die wir selbst setzen können, fungiert, so lassen sich solche Momente auf gewisse Weise bereits in dem von Ricœur diskutierten SZ, deutlicher in den *Anfangsgründen* und am ausgeprägtesten in dem späten Vortrag „Zeit und Sein" finden. In SZ geht es zwar ausdrücklich nicht um den Ursprung der Zeit, sondern um die ursprüngliche Zeit. Diese jedoch fungiert als Ermöglichung aller faktischen Konkretion und liegt als Zeitigung allem Existenziellen immer schon zugrunde. Und wenn Heidegger die ontologisch in der ursprünglichen Zeit gründende Weltzeit als „früher" als jede Subjektivität und Objektivität und sogar noch als Bedingung der Möglichkeit für dieses „früher" bezeichnet, dann zeigt sich auch hier jenes Moment, welches Ricœur als eine Spur des philosophisch Archaischen bezeichnet. In den *Anfangsgründen* von 1928, die Ricœur nicht thematisiert, wird dieses archaische Moment noch stärker, wenn Heidegger dort ein vor-konkretes, neutrales, durch eine ursprüngliche Streuung gekennzeichnetes Dasein als Mächtigkeit des Ursprunges einer jeden faktischen Konkretion zu bestimmen sucht. Der phänomenologische Ausweis eines solchen vor-konkreten Ursprunges scheint zumindest schwierig und auf einen phänomenal verborgenen Grund zu verweisen. In „Zeit und Sein" schließlich sieht Heidegger den Ursprung der Zeit in dem Ereignis, welches er ausdrücklich als den

[129] TR III, 479/ZE III, 428.

selbst entzogenen Geber von Sein und Zeit bestimmt. Das Ereignis, von Heidegger andernorts bestimmt als *singulare tantum*,[130] ist selbst grundsätzlich entzogen – und dennoch ist *das* Ereignis *der* Ursprung der Zeit. Das Archaische scheint sich hier mit dem Hermetischen zu verknüpfen und als solches den Kern von Heideggers durch den Ereignisbegriff gekennzeichneten Zeitdenkens auszumachen.

Nachdem in den vorangehenden drei Kapiteln Ricœurs Interpretationen der drei Zeitaporien mit den aporetischen Konstellationen verglichen wurden, die im zweiten und dritten Teil dieser Arbeit für Husserl und Heidegger erörtert wurden, scheint das negative Ziel erreicht, welches Ricœur zu Beginn von *Temps et récit III* mit den Worten formuliert: „die These, von der prinzipiellen Aporizität der Phänomenologie der Zeit an den beiden maßgeblichen Beispielen der Phänomenologie des inneren Zeitbewußtseins bei Husserl und der hermeneutischen Phänomenologie der Zeitlichkeit bei Heidegger zu verifizieren".[131] Sowohl bei Husserl und Heidegger als auch in Ricœurs Erörterungen der Aporien wurden jedoch auch immer schon positive Elemente erkennbar, die die Aporetik der Zeit verfeinern. Auch wenn diese Aspekte die Aporizität der Zeit nicht aufzulösen vermögen, liefern sie Ansätze, die als Antworten auf die Zeitaporien eingesetzt und weiterentwickelt werden könnten. So hat Husserl den phänomenologischen Blick zunehmend auf die Genese der Zeit aus einem noch nicht voll bewussten Geschehen, aus Assoziations- und Affektionszusammenhängen sowie Stimmungen gelenkt. Seine Überlegungen zu einer monadisch gedachten transzendentalen Intersubjektivität weisen auf eine fortschreitende gemeinsame Zeitkonstitution hin, die jedoch in ihrer stets offenen Einheit immer unerfüllte Horizonte enthält. Und seine Konzentration auf die Beschreibung des paradoxen Phänomens der Retention hat wohl nicht aus einem reinen Zurücksinken Zeitstellen gewinnen wollen, sondern konnte gerade aufdecken, dass in der Retention zwei Phänomene zusammenkommen, deren Verhältnis sich begrifflich nicht erklären lässt. Bei Heidegger verweist die Abkehr von dem Versuch einer temporalen Schematisierung des Seinssinnes hin zu dem Modell eines sich grundsätzlich entziehenden Ereignisses auf die Notwendigkeit, die für das Zeitverständnis konstitutiven Entzugsmomente anzuerkennen. Wenn auch die in den Tod vorlaufende Entschlossenheit allein nicht als die vereinheitlichende Funktion für sämtliche Zeitigungsweisen plausibel ist, so ist es doch Heideggers Verdienst, den ekstatisch-horizontalen Charakter der Zeitlichkeit und die Relevanz der Endlichkeit in Hinblick auf die Frage nach der Ganzheit des Daseins und seiner Zeit hervorgehoben zu haben. Wie Ricœur ausführlich zeigt, ist es überdies Heidegger zuzuschreiben, dass wir gerade dank seines gescheiterten Versuches, das Sein als temporal zu bestimmen und sämtliche Zeitigungsweisen ontologisch in einer ursprünglichen Zeit gründen zu lassen, über ein differenziertes Gefüge unterschiedlicher Zeitigungsweisen verfügen. Bei Ricœur steht ausdrücklich im Vordergrund, dass die Aporizität der Zeit immer mit einer produktiven Spannung verbunden ist, die das Denken zu einer Differenzierung der Aporetik der Zeit, zu der Suche nach neuen Wegen der Antwort auf die Zeitaporien anhält. Ricœurs spätes hermeneutisches Denken kann

---

[130] Vgl. Heidegger, Martin: *Identität und Differenz*. Stuttgart: Klett-Cotta, 12. Aufl. 2002, 25.

[131] TR III, 11/ZE III, 9.

einer Hauptthese der vorliegenden Arbeit zufolge als ein großer Versuch einer solchen Antwort gelesen werden, die in der Theorie der Narrativität in *Temps et récit* ihren Ausgangspunkt hat.

In der in Teil 3 unternommenen Auseinandersetzung mit Heidegger kam mehrmals der Bernet entlehnte Begriff eines konstitutiven Wechselspiels zur Sprache. Die Frage, welche sich im Weiteren stellt, ist, *welcher Art* dieses nicht begrifflich reduzierbare, dynamische konstitutive Wechselspiel ist, in dem unsere Zeiterfahrung in ihren pluralen Aspekten immer schon steht und sich dabei stets neu formiert. Ricœurs Antwort auf diese Frage lautet in *Temps et récit*: Es ist *narrativer* Art und stellt eine praktische und poetische Vermittlung der heterogenen Zeiterfahrungen dar. In den folgenden Kapiteln, in denen zunächst Ricœurs Begründung für den grundsätzlichen Zusammenhang von Zeit und Erzählung und dann seine einzelnen Antworten auf die drei Aporien thematisiert werden, steht die Frage im Zentrum, inwiefern der Rückgriff auf die Erzählung genau da weiterhilft, wo die *den* Zeitbegriff suchende Philosophie an ihre Grenzen gerät und inwiefern die Erzählung dazu beitragen kann, den hier vorgeschlagenen Begriff eines konstitutiven Wechselspieles der verschiedenen Zeitperspektiven zu spezifizieren.

4.3 Die Refiguration der Zeiterfahrung durch die Erzählung

4.3.1 Zeiterfahrung und „mythos“ als „mimesis praxeos“

Die Provokation, die in Ricœurs Vorschlag liegt, der Aporizität der Zeit mit einer „*Refiguration* der Zeiterfahrung“ durch die Erzählung zu antworten, zeigt sich an dem problematischen Status, der der Erzählung in der Philosophiegeschichte allgemeinhin zugeschrieben wurde.[132] Im *Sophistes* beklagt der Fremdling, dass die Philosophen bisher nur eine Art Märchen erzählt hätten, wenn sie das Seiende zu erklären versuchten. Anstatt bloß solche Geschichten vorzutragen, müsste aber ein strengeres Vorgehen entwickelt werden.[133] In einer Fußnote zu § 1 der *Ideen I* gesteht Husserl zu, dass er zwar erst im Laufe seiner Untersuchung zu einer wissenschaftlichen Klarheit des Begriffes der Ursprünglichkeit kommen wird. Er versichert jedoch sofort: „Es werden hier keine Geschichten erzählt“.[134] Der implizite abfällige Unterton dieser Formulierung ist zwar mit dem Beginn der genetischen Phänomenologie nicht mehr zu verzeichnen. Aber auch in den Bernauer Manuskripten, in denen Husserl von einer „genetische[n] ‚Geschichte‘“ spricht,

[132] TR III, 9/ZE III, 7.

[133] Vgl. Platon: *Sophistes – Politikos*. Griechisch und Deutsch. Nach der Übersetzung Friedrich Schleiermachers, ergänzt durch Übersetzungen von Franz Susemihl u. a. Griechischer Text nach der letztgültigen Gesamtausgabe der Asssociation Guillaume Budé. Hg. von Karlheinz Hülser. Frankfurt am Main/Leipzig: Insel Verlag 1991 (= Sämtliche Werke. Bd. VII), 242c.

[134] *Ideen I*, 7 (Fußnote).

scheint ihm dieser Rekurs auf Geschichte so suspekt zu bleiben, dass er das Wort in Anführungszeichen setzt.[135] Auf welche Weise gedenkt Ricœur vor diesem Hintergrund die Erzählung, jene Gattung, die traditionellerweise der fiktionalen Literatur, und unter Vorbehalt vielleicht noch der Geschichtswissenschaft, zugeschrieben wird, auf eine philosophische Problematik, die aporetisch hatte bleiben müssen, antworten zu lassen? Zieht er die Erzählung dem Denken vor, weil er in ihr stärkere Mittel zur Lösung der Aporien der Zeit erkennt? Diese letzte Frage verneint Ricœur auf eine unmissverständlich Weise: Die Aporien der Zeit seien begrifflich unauflösbar und auch die Erzählung verfüge nicht über besonders starke spekulative Kräfte, die zu einer solchen Lösung in der Lage wären. Allerdings habe die Erzählung *andere* Mittel aufzubieten als ein rein reflexiver und spekulativer Diskurs, mit denen sie die Aporien zwar nicht theoretisch *auflösen*, ihnen aber auf eine fruchtbare Weise *antworten* bzw. sie *poetisch auflösen* könne.

Ricœurs Formulierung einer „*poetische[n]* ‚Lösung' (‚*solution' poétique*) für die Aporien" birgt die Gefahr eines Missverständnisses.[136] Es könnte der Eindruck entstehen, als wolle Ricœur tatsächlich „Geschichten erzählen" und die philosophische Auseinandersetzung mit Zeit durch diese Geschichten ersetzen. „Hat hier überhaupt", so die Frage, die van Eikels in Hinblick auf *Temps et récit* stellt, „eine ernsthafte Auseinandersetzung mit der Philosophie stattgefunden? Wird das philosophische Denken der Zeit durch die Kontrastierung mit dem spielerischen narrativen Umgang mit der Zeit nicht über alle Maßen banalisiert?"[137] Grondin wirft Ricœur vor, die Ebene der Erzählung und die Ebene der philosophischen Theorie der Erzählung vermischt zu haben. Es sei, so Grondin, die von Ricœur entwickelte philosophische Theorie der Narrativität, die auf die Aporizität der Zeit antworte, und nicht die Erzählung als solche, Letzteres aber suggeriere Ricœur. In seiner Antwort auf Grondins Kritik insistiert Ricœur einerseits, dass es durchaus die Erzählung als Kunst sei, die die Antwort auf die Zeitaporien liefere. Gleichwohl, und darin gibt Ricœur Grondin Recht, entwickele der Philosoph, der die Theorie der Erzählung und den Narrativitätsbegriff ausarbeite, einen Diskurs zweiten Grades, der spekulativ sei und einen Wahrheitsanspruch erhebe.[138] Diese Differenzierung ist entscheidend für den Begriff der poetischen „Lösung" der Zeitaporien. Es ist nicht so, dass die von Ricœur in *Temps et récit II* untersuchten Romane von Virginia Woolf, Thomas Mann und Marcel Proust für sich allein genommen schon die philosophischen Aporien der Zeit auflösen, sondern erst in Verbindung mit der denkerischen Verknüpfung ihrer Beziehung zu menschlicher Zeiterfahrung kann der

---

[135] *Bernauer Manuskripte*, 27. Auch noch in den *Cartesianischen Meditationen* setzt Husserl in Hinblick auf die Konstitution des Ego das Wort „Geschichte" in Anführungszeichen. Vgl. *Cartesianische Meditationen*, 78.

[136] TR III, 11/ZE III, 8 (Einfügung des französischen Wortlautes, I.R.).

[137] van Eikels, Kai: *Zeitlektüren. Ansätze zu einer Kybernetik der Erzählung*. Würzburg: Königshausen & Neumann 2002 (= Epistemata. Reihe Literaturwissenschaft. Bd. 380), 77.

[138] Vgl. Grondin: L'herméneutique positive de Paul Ricœur: Du temps au récit, a. a. O., 136 f. und Ricœur, Paul: Réponses, in: Bouchindhomme/Rochlitz: *„Temps et récit" de Paul Ricœur en débat*, a. a. O., 187–212, hier 205.

Philosoph sie als Antworten auf die Aporien der Zeit *einsetzen*.[139] Möglicherweise wäre es weniger irreführend, von einer „poetologischen" anstatt von einer „poetischen" „Lösung" der Aporien zu sprechen. Bei dieser Akzentuierung des Theoretischen wäre allerdings wiederum der Aspekt zu beachten, den Ricœur gegenüber Grondin betont hat, und zwar dass es jeweils die konkrete Erzählung selbst ist, der die Aporien auflösende Funktion zukommt, auch wenn es die Theorie ist, die diese Funktion aufzeigt. Ricœur selbst spricht in dem Aufsatz „Le temps raconté" von der poietischen (*poïétique*) Qualität der Erzählung, ein Ausdruck, dem es in seiner Nähe zur griechischen *poiesis* vielleicht am besten gelingt, die Schwierigkeiten von „poetisch" und „poetologisch" zu vermeiden.[140] In jedem Fall lässt sich van Eikels entgegnen, dass Ricœur gerade über die ernsthafte Auseinandersetzung mit den *Grenzen der Zeitphilosophie* und als *deren Konsequenz* zu dem Versuch einer narrativen Beantwortung der Zeitaporien übergeht. Es geht keinesfalls darum, die Philosophie der Zeit durch eine Dichtung der Zeit zu ersetzen.

Welches aber sind die Mittel, die Ricœur zufolge zu einer so genannten Refiguration der Zeiterfahrung durch die Erzählung führen? Um dieser Frage nachzugehen, werde ich mich in diesem Kapitel an vier leitenden Fragen orientieren, die in den von Ricœur behaupteten Zusammenhang von Zeit und Erzählung einführen sollen, bevor in den folgenden Kapiteln Ricœurs Zirkel der dreifachen *mimesis* im Zentrum steht. Obgleich durch dieses Vorgehen der Eindruck einer gewissen Redundanz entstehen kann, schien es mir aufgrund der Komplexität von Ricœurs Argumentationsansatz sinnvoll, mit einem einleitenden Abschnitt in den behaupteten Zusammenhang von Zeit und Erzählung einzuführen und so den Boden für eine kritische Auseinandersetzung mit Ricœurs Konzept der dreifachen *mimesis* vorzubereiten. Als Erstes ist hier noch einmal die bereits gestreifte Frage aufzugreifen, auf welchem argumentativen Wege Ricœur dazu kommt, einen Zusammenhang zwischen Zeiterfahrung und Erzählung anzunehmen. Zweitens ist zu klären, inwiefern der Erzählung eine Ordnung stiftende Funktion zugeschrieben werden kann, welche eine Vermittlung und eine Vereinheitlichung von begrifflich heterogenen Elementen ermöglicht. Drittens ist herauszustellen, wie die Erzählung neue semantische Dimensionen hervorbringen können soll, die ein nichtnarrativer Diskurs nicht hervorbringen kann. Die vierte Frage betrifft schließlich die Rückbindung der Ordnung stiftenden schöpferischen Erzählung an die Zeiterfahrung: Wie kann die ordnende und schöpferische Erzählung Einfluss auf unsere wirkliche Zeiterfahrung haben und unsere tatsächliche Zeitauffassung bestimmen?

Die Antwort auf die erste Frage ist bereits in Kap. 4.1 bei der Einführung in Ricœurs Zeitdenken vorweggenommen worden. Ricœur versucht nicht, die Zeit aus der Erzählung oder die Erzählung aus der Zeit abzuleiten und sie in einen ontologischen Begründungszusammenhang zu bringen. Vielmehr kommt für ihn eine

[139] „Ricœur appelliert sehr wohl *als Philosoph* an die Narrativitätstheorie, um die Zeitproblematik zu erneuern" (Gilbert: Pour une contribution narrative à la problématique du temps, a. a. O., 52 f.).

[140] Vgl. Ricœur, Paul: Le temps raconté, in: Revue de Métaphysique et de Morale 89/4 (1984), 436–452, hier 438.

narrative Antwort auf die Zeitproblematik überhaupt nur in Frage, weil er von vornherein von der Hypothese ausgeht, dass zwischen Erzählen und zeitlicher Erfahrung ein notwendiger Zusammenhang besteht. Dieser Zusammenhang ist die hypothetische Ausgangsbasis, mit der *Temps et récit* beginnt. Bereits in den einleitenden Worten des allerersten Abschnittes dieses Werkes kennzeichnet Ricœur diese seinen Untersuchungen zugrunde liegende Voraussetzung dadurch, dass in der Strukturidentität der narrativen Funktion und im Wahrheitsanspruch jedes narrativen Werkes letztlich der zeitliche Charakter der menschlichen Erfahrung auf dem Spiele stehe. Die von jedem narrativen Werk entfaltete Welt sei immer eine zeitliche und die Zeit werde in dem Maße zur menschlichen, wie sie narrativ artikuliert werde; umgekehrt sei die Erzählung in dem Maße bedeutungsvoll, wie sie die Züge der Zeiterfahrung trage. Diese Hypothese lässt sich als Ricœurs eigenes Vorverständnis bezeichnen, das sich im Zuge seiner Untersuchungen – ganz im Sinne der *voie longue* – in Auseinandersetzung mit diversen Denkern der Phänomenologie, der Geschichtswissenschaft und der Theorie der Fiktion klären, erproben und bestätigen muss. Die Zirkularität von Zeitlichkeit und Narrativität, die in seiner Ausgangshypothese deutlich zu erkennen ist, ist für Ricœur deshalb auch kein Hindernis: Der „Zirkel von Narrativität und Zeitlichkeit [ist] aber kein circulus vitiosus, sondern ein gesunder Zirkel [...], dessen beide Hälften einander wechselseitig stärken."[141] In ähnlicher Weise wie es bei Heidegger nicht um eine Konstitution der Objekte durch das Subjekt, sondern um die Ausarbeitung und Vertiefung des Vorverständnisses geht, so geht es bei Ricœur nicht um eine Konstitution der Zeitlichkeit durch die Narrativität oder umgekehrt, sondern um die Klärung des von vornherein angenommenen, grundsätzlich wechselseitigen Verhältnisses beider. Ein „Miniaturmodell (*modèle réduit*)" der Prüfung und Spezifikation dieses Vorverständnisses liefert Ricœur im ersten Teil von *Temps et récit*.[142] Dort arbeitet er in den ersten Grundzügen, noch ohne die konkrete Auseinandersetzung mit der Phänomenologie der Zeit und ihren einzelnen Aporien, den von ihm von Beginn des Werkes an behaupteten grundsätzlichen Zusammenhang von Zeit und Erzählung heraus. Die drei weiteren, oben gestellten Fragen an die Fähigkeit der Erzählung, die Zeiterfahrung zu refigurieren, sollen im Folgenden in Auseinandersetzung mit diesem ersten Teil von *Temps et récit*, der sozusagen eine erste Runde des hermeneutischen Zirkels des Werkes darstellt, behandelt werden.

Die zweite Frage zum Zusammenhang von Zeit und Erzählung betrifft die Ordnung stiftende Funktion, die Ricœur der Erzählung zuschreibt. Er gewinnt diese Ordnung stiftende Funktion aus einer kreativen Aneignung des Mythosbegriffes aus der aristotelischen *Poetik*. Ricœurs Grundgedanke ist dabei, dass *mythos* als *mimesis praxeos* die Zusammensetzung schöpferisch nachgeahmter Handlungen bezeichnet und über diese „Fabelkomposition (*mise en intrigue*)" eine praktische Intelligibilität der für sich heterogenen Handlungselemente möglich wird.[143] Ricœur interpretiert den *mythos* dabei nicht als ein struktural aufgefasstes System kopierter

[141] TR I, 17/ZE I, 13.

[142] TR I, 106/ZE I, 88.

[143] TR I, 66/ZE I, 54 (Einfügung des französischen Wortlautes, I.R.).

Handlungen, sondern als eine aktive und dynamische Zusammensetzung der kreativen Handlungsdarstellung. Er privilegiert den Begriff der Fabel*komposition* vor dem der Fabel, da der Kompositionsbegriff diese dynamische und kreative Seite des *mythos* deutlicher macht. Der *mythos* habe immer praktischen Charakter. Die von der Fabel erzeugten Universalien des Möglichen und Allgemeinen seien solche, die „mit der praktischen Klugheit, also der Ethik und der Politik verwandt sind".[144] Im *mythos* würden nicht heterogene Handlungselemente in einen spekulativen Begriff gefasst, sondern vielmehr praktische Intelligibilitäten der Handlungszusammensetzung geschaffen. Die einzelnen Handlungselemente seien dabei überdies überhaupt erst aus ihren zeitlichen Bezügen heraus zu verstehen. Da Ricœur mit dem Begriff der Fabelkomposition seine Interpretation des aristotelischen *mythos* deutlich von der Auffassung eines strukturalen Systems abgrenzt, kann er selbst auf diejenigen Zeitmerkmale des *mythos* aufmerksam machen, die in dem Text der aristotelischen *Poetik* laut Ricœur nicht die erforderliche Beachtung finden. Diese Zeitmerkmale seien wesentlich für die Handlungszusammenhänge, da diese eben nicht als eine rein logische Struktur aufgefasst werden dürften. Neben dieser Anreicherung um Zeitmerkmale wendet Ricœur das aristotelische Mythoskonzept ausdrücklich auf den gesamten Bereich des Narrativen an. Aristoteles selbst habe hier noch eine gewisse Ambivalenz stehen lassen, indem er einerseits eine Unterordnung des Dramas, des Epos und der Geschichte unter die übergreifende Kategorie der narrativen Tätigkeit vorgenommen, andererseits aber die diegetische Dichtung dem Drama entgegengesetzt habe.[145] Die Kompositionskunst einer jeden Fabel aber, nicht nur der der Tragödie, so Ricœur, integriere diverse erzählte heterogene Ereignisse und bestehe deshalb darin, „diese Dissonanz als eine Konsonanz erscheinen zu lassen: dann triumphiert das ‚eines aufgrund des anderen' (*dia*) über das ‚eines nach dem anderen' (*meta*)".[146] Sein eigener modifizierter Begriff des aristotelischen *mythos* als *mimesis praxeos* wird so von Ricœur als diejenige Ordnung stiftende Funktion bestimmt, welche heterogene Handlungselemente zu einer praktisch intelligiblen Fabel kombiniert, wobei diese Fabel diejenige einer narrativen Komposition im weitesten Sinne meint.

Während Ricœur dem aristotelischen Mythoskonzept eine *Dominanz der Konsonanz* und eine Vernachlässigung der Zeitmerkmale zuschreibt, sieht er eine *Dominanz der Dissonanz* in Augustinus' Zeitanalyse der dreifachen Gegenwart, die ihrerseits wiederum nur verdeckt, und zwar durch ihren autobiographischen Stil, auf Erzählung Bezug nehme. Ricœur selbst hat seine Verknüpfung dieser beiden Theorien des *mythos* und der Zeit ausdrücklich als ein Konstrukt bezeichnet, welches als solches weder von Aristoteles noch von Augustinus selbst nahegelegt werde.[147] Das, was Ricœur bescheiden als ein Konstrukt bezeichnet, ist der Geniestreich seines dreibändigen Werkes, denn seine innovative Verknüpfung der aristotelischen

---

[144] TR I, 85/ZE I, 70.

[145] Vgl. TR I, 67/ZE I, 55.

[146] TR I, 88/ZE I, 73 (Übersetzung modifiziert, I.R.).

[147] „Ich verheimliche den konstruierten Charakter des vorgeschlagenen Modells nicht" (RF, 68/IA, 62).

Poetik mit den augustinischen Zeitanalysen ist sowohl für die Zeit- als auch für die Erzählproblematik fruchtbar. Bei Augustinus, so Ricœurs Diagnose, ist die Dissonanz der dreifachen Gegenwart stärker als die Konsonanz der *distentio animi* der sich anspannenden Seele, so dass Augustinus' Zeitanalysen neben der thematischen Verschiebung von Fabelproblem zu Zeitproblem auch in diesem Sinne ein umgekehrtes Bild zu Aristoteles lieferten. In Augustinus' Zeitanalysen schaffe es die Seele trotz ihrer Anspannung nicht, die drei auseinanderstrebenden Zeitintentionalitäten zu der einen Zeit zu vereinen. Die Zerspannung der Seele sei stets „mit dem Riß verknüpft, der sich unaufhörlich mitten in die dreifache Gegenwart einschleicht: als Riß zwischen der Gegenwart der Zukunft, der Gegenwart der Vergangenheit und der Gegenwart der Gegenwart. So läßt er die *Dissonanz* wieder und wieder aus der *Konsonanz* zwischen den Intentionen der Erwartung, der Aufmerksamkeit und der Erinnerung selbst entstehen."[148] Was die Seele bei der dreifachen Gegenwart nicht schaffe, schaffe aber die Fabel bei den verschiedenen Handlungssegmenten, die von ihr zusammengesetzt werden: Das Besondere der Fabel ist deshalb, dass sie heterogene Handlungselemente samt ihrer Zeitmomente zu einem praktisch intelligiblen Ganzen zusammenfügen kann und dass sie mit dieser Vereinheitlichung etwas leistet, das über die vereinheitlichende Intentionalität der Seele hinausgeht. Es lässt sich kaum genug hervorheben, dass Ricœur mit dieser Behauptung keinesfalls die dissonanten Aspekte in der Fabelkomposition synthetisch in ein strukturales System auflösen will, noch will er die intentionale Kraft der Seele in einer vollständigen Dissonanz der dreifachen Gegenwart untergehen lassen. Seine These ist bescheidener, indem sie lediglich in der Fabelkomposition eine *Dominanz der Ordnungsfunktion* und in der Zerspanntheit der Seele eine *Dominanz der auseinanderstrebenden Zeitekstasen* behauptet. Auch die Fabelkomposition kann keine spekulativ synthetisierende Einheit heterogener Elemente schaffen, da in ihrer praktischen Intelligibilität immer auch die Dissonanz verschiedener Handlungselemente erhalten bleibt – allerdings, und das rechtfertigt ihre Heranziehung in Hinblick auf die Aporizität der Zeit, sieht Ricœur in ihr eine stärkere Ordnung stiftende Kraft als in der bloßen, sich in drei Intentionalitäten aufspaltenden Zerspanntheit der Seele.

Die dritte Frage an Ricœur betrifft die Möglichkeit der Erzählung, neue semantische Dimensionen hervorzubringen, die das spekulative Denken nicht zu erreichen vermochte. Die Antwort auf diese Frage deutet sich bereits in Ricœurs Bestimmung des Fabelbegriffes an: Die Fabel ist nicht Kopie, sondern *kreative* Nachahmung der Handlung, indem sie einen Handlungskomplex zu einem praktisch intelligiblen Ganzen zusammenfügt. Als Fabelkomposition erschafft sie ein neues Ganzes, das bisher unbenannte Bedeutungen erschließt. Durch diese neue Zusammensetzung der dargestellten Handlungen entstehen neue Bezüge, z. B. der Handlungsmotivation, der Verantwortung usw. Dadurch, dass die von Ricœur so genannte „*fingierte* Fabel [...] eine neue Kongruenz in der Anordnung der Vorfälle" hervorbringt, schafft sie eine „semantische Innovation".[149] Das Innovative der fingierten Fabel ist dabei zweierlei. Einerseits kommt durch die neue Zusammensetzung der Handlun-

148 TR I, 49/ZE I, 39.

149 TR I, 10/ZE I, 7.

gen eine neue, bisher ungesagte und unerhörte Erfahrung zur Sprache. Andererseits entstehen durch die neue Zusammensetzung der Handlungen neue Erfahrungen. Die Innovation in der fingierten Fabel besteht also in der doppelten Funktion des *sprachlichen Aufdeckens* und des *Hervorbringens* von Erfahrungen.

Ricœur parallelisiert diese semantische Innovation der fingierten Fabel mit der semantischen Innovation, die die von ihm in den siebziger Jahren in einem eigenständigen Werk erörterte so genannte lebendige Metapher schafft.[150] Bei der lebendigen Metapher besteht die semantische Innovation allerdings nicht in der Fabel, sondern in der Erzeugung einer „neuen semantischen Pertinenz durch eine ‚impertinente' Attribution" auf Satzebene.[151] „Impertinent" ist hier im Sinne des lateinischen *impertinens* als „nicht dazugehörig" zu verstehen und hat nichts mit dem umgangssprachlichen Sinn einer Unverschämtheit zu tun. Die Metapher klammert die deskriptive Bezeichnung ein und bringt den Rezipienten dazu, das Bezeichnete in dem neuen Licht einer bisher nicht dazugehörigen Attribution zu sehen. Wenn jemand z. B. Wellen als „Blüten des Meeres" bezeichnet, so ist einerseits klar, dass Wellen Wasserformationen und Blüten Bestandteile einer Pflanze sind und das Wort „Welle" und das Wort „Blüte des Meeres" auf deskriptiver Ebene keine Synonyme darstellen. Andererseits aber wird der Hörer oder Leser durch die Metapher dazu gebracht, die Wellen auf eine neue Weise zu sehen, wenn sie als „Blüten des Meeres" und nicht rein deskriptiv als „Wellen" bezeichnet werden.

Für die Fabel gilt Ähnliches, wenn die Fabelkomposition ermöglicht, dass man Ödipus nicht als brutalen Mörder seines Vaters, sondern als Opfer der Umstände sehen kann. Es steht zwar der Vatermord dem vortrefflichen Charakter Ödipus' entgegen. Die Fabel aber kann verständlich machen, dass diese zwei Aspekte keine praktische Unvereinbarkeit darstellen, sondern durch die besondere Zusammensetzung der Handlungen durch die Fabel erklärt werden können. Die Zusammensetzung der Handlungen schafft so eine Begreifbarkeit der zunächst unvereinbar scheinenden Elemente. Neben diesen inhaltlichen Aspekten sind auch auf formaler Ebene Fabelkomponenten wie z. B. Motive und Umstände von grundsätzlich verschiedener Art und scheinen rein begrifflich nicht vereinbar zu sein: Ein Handlungsmotiv mag zwar von Umständen abhängig sein, motiviert zu sein ist aber als Einstellung der Figur zu den Umständen grundverschieden von den Umständen, wie sie sich der handelnden Figur darstellen. In der Fabel jedoch können die Motive und Umstände in einer intelligiblen praktischen Einheit aufgefasst werden. Was aber, so die vierte oben gestellte Frage, hat nun diese Ordnung stiftende und schöpferische Funktion der Fabelkomposition mit der Zeit bzw. mit unserer tatsächlichen Zeiterfahrung zu tun?

Um über die reine Gegenüberstellung von dissonanter Konsonanz des aristotelischen Mythoskonzeptes und konsonanter Dissonanz des augustinischen Zeitbegriffes hinaus die Anwendung des modifizierten Fabelbegriffes auf die Zeitproblematik

---

[150] Vgl. MV/LM. Aufgrund dieser Parallele in dem Konzept der semantischen Innovation gehören für Ricœur *La métaphore vive* und *Temps et récit* zusammen. Sie seien zur selben Zeit konzipiert, aber nacheinander veröffentlicht worden. Vgl. TR I, 9/ZE I, 7.

[151] TR I, 9/ZE I, 7.

zu rechtfertigen, greift Ricœur erneut auf Aristoteles' Mimesisbegriff zurück. Er entwickelt die aristotelische Bestimmung der *mimesis* als Nachahmung der Handlung hin zu seinem eigenen Konzept der dreifachen *mimesis*, indem er auch das Vorher und Nachher der dichterischen Kompositionsarbeit mit einbezieht. Dieses Konzept der dreifachen *mimesis* hält Ricœur für die angemessene narrative Präzisierung des hermeneutischen Zirkels.[152] Wie Heidegger bei seiner Analyse der ontisch primären, alltäglichen Zeit des Besorgens der innerzeitigen Dinge hebt Ricœur hier den praktischen Handlungscharakter unseres zeitlichen In-der-Welt-seins besonders hervor. Allerdings will er, anders als Heidegger, nicht die Innerzeitigkeit in einer ursprünglichen Zeit fundieren, sondern ihm geht es lediglich darum, dass die zunächst und zumeist begegnende Zeit, mit der wir alltäglich rechnen, immer eine zielgerichtete „Zeit, um zu" handeln sei, auf welche Weise dieses Handeln auch immer spezifiziert wird.

Durch diese Betonung des Vorverständnisses als eines der zeitlich verstandenen *Handlung* kann Ricœur die Fabelkomposition als *mimesis praxeos*, als Nachahmung der Handlung, in direkten Zusammenhang mit der Zeiterfahrung bringen:[153] In der praktischen Handlungswelt, deren Aspekte in der Fabelkomposition ausdrücklich thematisiert werden könnten, hätten wir Zeit immer schon im Sinne von Heideggers Zeit des Besorgens verstanden und gingen immer schon mit Zeit um. In diesem praktischen Rechnen mit der Zeit sieht Ricœur die Zeiterfahrung unserer Handlungswelt bereits narrativ vorstrukturiert. Daher spricht er von einer Präfiguration der Zeiterfahrung, die auf einer ersten, als *mimesis I* bezeichneten Stufe der schöpferisch vermittelnden Handlungsnachahmung stattfände. Die *mimesis II* meint die Konfiguration, die Fabelkomposition selbst, in der sich durch neue Handlungszusammensetzungen neue Zeitbezüge ergäben. Die *mimesis III* schließlich steht für die Refiguration, die narrative Neugestaltung unseres praktischen Bereiches und seiner Zeitbezüge durch die Rezeption des jeweiligen Werkes. Über diese drei Stufen, die von einer narrativ vorstrukturierten Handlungswelt, in der wir leben und in der die Zeit des Besorgens dominiert, über den Gestaltungsvorgang des narrativen Textes, der neue Zeitbezüge schafft, bis hin zu einer narrativen Neugestaltung unserer Handlungswelt und ihres Zeitverständnisses durch den Text reichen, will Ricœur die Vermittlung zwischen wirklicher Zeiterfahrung und Erzählung leisten: *„Wir gehen somit dem Schicksal einer präfigurierten Zeit bis hin zur refigurierten Zeit durch die Vermittlung einer konfigurierten Zeit nach."*[154] Er versteht dabei die Untersuchung der dreifachen *mimesis* nicht nur als eine regional-hermeneutische Analyse, die unseren verstehenden Umgang mit narrativen Texten befragt. Vielmehr

---

[152] Ricœurs Ziel in *Temps et récit* ist es, den „hermeneutische[n] Zirkel mit dem Zirkel einer Poetik des Narrativen […] und einer Aporetik der Zeitlichkeit gleich[zu]setzen" (TR I, 157/ZE I, 132).

[153] Diese Verknüpfung von Zeit und Erzählung auf der Basis des aristotelischen Mimesisbegriffes und im Weiteren einer an Heidegger angelehnten Zeit des besorgenden Handelns hat zur Folge, dass Ricœur in seiner Untersuchung Zeitmomente der Handlung privilegiert. In der Forschung ist dies häufig kritisiert worden. Das folgende Kap. 4.3.2 über die *mimesis I* wird sich mit dieser Problematik auseinandersetzen.

[154] TR I, 107 f./ZE I, 89.

betrifft sie unseren unhintergehbaren Bezug zur Welt und zu uns selbst. Ricœur will daher nichts Wenigeres nachweisen, als dass der hermeneutische Zirkel, indem wir uns immer schon befinden, sich nicht nur durch Zeitlichkeit, sondern auch wesentlich durch Narrativität auszeichnet und darüber hinaus eine unendliche Weiterentwicklung unseres rein begrifflich nicht fassbaren Zeitverstehens ermöglicht.

Dieses Kapitel hat über drei zentrale Zusammenhänge in Ricœurs Begründung seiner hermeneutischen Ausgangshypothese von der wechselseitigen Abhängigkeit zwischen Zeit und Erzählung eingeführt. Im Folgenden soll anhand der Details des ricœurschen Konzeptes der dreifachen *mimesis* untersucht werden, inwiefern ein hermeneutischer Zirkel der dreifachen *mimesis* unser Zeitverständnis bereichern und spezifizieren kann.

4.3.2 „Mimesis I": narrative Präfiguration der Zeiterfahrung

Die Ebene der *mimesis I*, auf der unser Vorverständnis laut Ricœur immer schon narrativ präfiguriert ist, ist in zweierlei Hinsicht von zentraler Bedeutung für sein Zeitdenken. Zum einen wird hier deutlich, inwiefern sein Konzept des immer schon narrativen Vorverständnisses gegenüber Heideggers Struktur des durch Verstehen, Befindlichkeit und Rede konstituierten In-Seins eine wesentliche Neuorientierung in der Interpretation unserer hermeneutischen Ausgangssituation darstellt. Zum anderen ist in der Forschungsliteratur insbesondere an Ricœurs Bestimmung der Zeitmerkmale des Vorverständnisses Kritik geübt worden. Im Folgenden geht es zunächst darum, deutlich zu machen, inwiefern Ricœurs pränarratives Vorverständnis bei Heidegger zwar bereits angelegt, aber noch nicht als solches erfasst ist. Dem schließt sich eine Erörterung von Ricœurs Ebene der *mimesis I* an. Bei dieser kommt der Auseinandersetzung mit der in der Forschung an der *mimesis I* geübten Kritik ein wichtiger Stellenwert zu, da die *mimesis I* die entscheidende Schnittstelle für Ricœurs narrativen Ansatz zur Zeitproblematik darstellt.

In SZ finden sich zwei verschiedene Arten von Hinweisen auf die Erzählung, ohne dass es Heidegger jedoch darum gegangen wäre, die Erzählung als einen Modus des In-seins auszuweisen, welcher Befindlichkeit, Verstehen und Rede an die Seite gestellt würde, geschweige denn diese grundlegend strukturiert.[155] Erzählung taucht bei ihm zum einen im Zusammenhang mit der Historie auf, welche die Geschichtlichkeit des Daseins thematisierend behandelt, indem sie dessen Geschichte erzählt. Als zur ontologisch von der Geschichtlichkeit abkünftigen Historie gehörig ist sie jedoch kein ursprünglicher Modus des In-seins. Zum anderen bezieht Heidegger an zwei Stellen Erzählungen in seine Argumentation mit ein. Im § 51 von SZ,

[155] Kaul, die in ihrer Dissertation die „Narratio" – so der Titel ihres Buches – als ursprüngliche Daseinsstruktur nachzuweisen sucht, vertritt die Auffassung, dass Heidegger nahe dran gewesen wäre, die Narrativität des vorontologischen Erschließens zu erkennen, jedoch „einem zu ornamentalen Verständnis von Narration" unterliege. Kaul: *Narratio. Hermeneutik nach Heidegger und Ricœur*, a. a. O., 99.

in dem es um das verdeckte Sein zum Tode in der Alltäglichkeit des Daseins geht, verweist Heidegger auf die Erzählung von Tolstoi „Der Tod des Iwan Iljitsch“, von der er meint, dass sie seine eigene Argumentation zu unterstützen vermag.[156] Und in § 42 soll die Cura-Fabel als „vorontologische[s] Zeugnis“ für die Interpretation des Daseins als Sorge dienen, welches sich, so will Heidegger hier nachweisen, vorontologisch immer schon selbst als Sorge auslegt.[157] Diese Bezugnahmen auf literarische Texte dienen Heidegger jedoch lediglich als ontische Belege für seine ontologischen Thesen. Sie haben nicht die Funktion nachzuweisen, dass das Dasein immer schon narrativ versteht. Trotz der Konzentration auf die Zeitlichkeit des Daseins, in der die drei Zeitekstasen immer schon ineinander spielen, erwägt Heidegger an keiner Stelle in SZ, diese ekstatischen Zeitlichkeitsbezüge narrativ auszulegen.[158]

Ricœur dagegen sieht in unserem immer schon waltenden Vorverständnis eine narrative Vorstrukturierung, die er als Möglichkeitsbedingung für jedes ausdrückliche Erzählen interpretiert. Er bezeichnet bereits die Ebene unseres Vorverständnisses als *mimesis*, als Nachahmung, um deutlich zu machen, dass wir immer schon in präfigurierten narrativen Zusammenhängen verstehen und nicht von einer vorgängigen Kenntnisnahme einzelner Handlungen zu einer späteren Verknüpfung derselben übergehen. Dieses narrative Vorverständnis interpretiert er als ein Vorverständnis derjenigen Handlungswelt, in der wir uns bewegen und die immer schon durch uns vertraute narrative strukturelle, narrative symbolische und narrative zeitliche Merkmale gekennzeichnet ist. Das Verständnis der Erzählung und damit das Verständnis dieser strukturellen, symbolischen und zeitlichen Merkmale der Handlungswelt gehören für Ricœur zu unserem In-der-Welt-sein, das bei Heidegger selbst noch keinen ursprünglichen Bezug zur Narrativität hatte. Die von Ricœur herausgestellten strukturellen und symbolischen Merkmale der Handlungswelt sollen hier nur kurz skizziert werden, um deutlich zu machen, in welchem Rahmen die zeitlichen Merkmale stehen, die Ricœur der vorverstandenen Handlungswelt zuschreibt. Als strukturelle Merkmale unseres Vorverständnisses der Welt des Handelns gibt Ricœur das praktische Verstehen des Begriffsnetzes der Handlung sowie die Vertrautheit mit den Kompositionsregeln, denen die diachrone Ordnung der Geschichte folgt, an.

---

[156] „*L.N. Tolstoi* hat in seiner Erzählung ‚Der Tod des Iwan Iljitsch‘ das Phänomen der Erschütterung und des Zusammenbruchs dieses ‚man stirbt‘ dargestellt“ (SZ, 254 (Fußnote)).

[157] SZ, 198. Vgl. a. a. O., 197 f.

[158] In „Der Weg zur Sprache“ von 1959 verweist Heidegger allerdings auf ein Erzählen, welches die von ihm dort gesuchte Einheit der Sprache zwar nicht zum Vorschein bringen kann, aber doch dazu in der Lage sein soll, sie anzuvisieren. Über die Zusammenstellung dieses Erzählens mit einem ursprünglichen Zählen, das noch nicht mit Zahlen rechnet, ist auch hier eine ekstatisch einheitliche Zeit impliziert, die nicht die Zeit der gezählten Jetzte ist: „Im Sprachwesen zeigt sich eine Mannigfaltigkeit von Elementen und Bezügen. Sie wurden aufgezählt und gleichwohl nicht aneinandergereiht. Im Durchgehen, d. h. im ursprünglichen Zählen, das noch nicht mit Zahlen rechnet, ergab sich die Bekundung eines Zusammengehörens. Das Zählen ist ein Erzählen, das auf das Einigende im Zusammengehören vorblickt und es gleichwohl nicht zum Vorschein bringen kann“ (Heidegger, Martin: Der Weg zur Sprache, in: ders.: *Unterwegs zur Sprache*. Stuttgart: Klett-Cotta, 13. Aufl., 2003, 239–268, hier 251).

Wir verstünden damit immer schon, was z. B. ein Handlungsmotiv oder was Verantwortung für eine Handlung ist sowie wir immer schon ein Verständnis für die erzählerische Anordnung von Handlungselementen hätten. Darüber hinaus liefere ein Symbolsystem einen Beschreibungskontext, innerhalb dessen z. B. bestimmte Gesten als dies oder das bedeutend erst im Verhältnis zu einem bestimmten Kontext interpretiert werden könnten.[159] In dieser symbolischen Vermittlung der Handlung sieht Ricœur überdies immer schon eine ethische Komponente enthalten: Wir verstünden nicht nur aus dem Beschreibungskontext heraus, sondern wir nähmen in unserem immer schon waltenden Vorverständnis auch immer schon ethische Bewertungen vor. Diese könnten zwar in Frage gestellt, sie könnten aber nie als solche vollständig suspendiert werden, da sie zu unserem Vorverständnis immer schon dazugehörten. Im Unterschied zu Heidegger, bei dem dieser Gesichtspunkt keine Rolle spielt, ist für Ricœur entscheidend, dass eine ethische Beurteilung nicht erst in einer späteren Auswertung der Handlungsauffassung hinzutritt.[160]

Das zeitliche Merkmal nennt Ricœur als dritten Aspekt des narrativen Vorverständnisses der Handlung. Dieses Zeitmerkmal ist zentral, um bereits in unserem Vorverständnis den behaupteten unhintergehbaren Zusammenhang zwischen Zeit und Erzählung nachzuweisen. Ricœur hält diesen Zusammenhang für unmittelbar gegeben und meint, es ließe sich von „einer narrativen Struktur oder zumindest von einer pränarrativen Struktur der Zeiterfahrung sprechen".[161] Neben der auffälligen *Korrelation* zwischen einzelnen Elementen des Begriffsnetzes der Handlung und den isolierten Zeitdimensionen (z. B. Vorhaben/Zukunft, Motivation/Vergangenheit und Gegenwart, Erinnerung/Vergangenheit usw.) mache die Handlung ein *„Wechselverhältnis"* zwischen den Zeitdimensionen deutlich:[162] Wenn ich mich *jetzt* dazu verpflichte, *in Zukunft* für meine Kinder zu sorgen oder wenn ich *jetzt* die Absicht

---

[159] Ricœur vertritt hier einen Symbolbegriff, welcher demjenigen Cassirers nahe kommt. Vgl. TR I, 113/ZE I, 94.

[160] Diese unhintergehbaren ethischen Implikationen unseres Vorverständnisses spielen für Ricœurs gesamtes Denken eine zentrale Rolle, während sie bei Heidegger keine Behandlung erfahren und durch den das alltägliche Verstehen dominierenden Zeugzusammenhang verdeckt werden. Heidegger scheint zwar die Besinnung auf Eigentlichkeit, und sogar die Fürsorge im Sinne einer Förderung der Eigentlichkeit der anderen Daseins, als ein anzustrebendes Ziel zu sehen. Den Briefwechsel zwischen Dilthey und Yorck zum Beispiel hat er als ein derartiges eigentliches Mitsein verstanden. Vgl. *Zeitbegriff*, 5. Im allein auf ontologische Strukturen ausgerichteten Argumentationsgang von SZ ist die Eigentlichkeit aber lediglich eine der Ursprünglichkeit näher stehende existenzielle Ausprägung der ursprünglichen Zeitlichkeit und keine Seinsweise, zu der eine ethische Verpflichtung drängt.

[161] TR I, 118/ZE I, 98. In Ricœur, Paul: Life: A Story in Search of a Narrator (1987), in: Valdés, Mario J. (Hg.): *A Ricœur Reader: Reflection and Imagination.* Toronto/Buffalo: University of Toronto Press 1991 (= Theory Culture. Bd. 2), 425–437 spricht Ricœur von einer „narrative (or phronetic) intelligence always already there" (a. a. O., 428) und von einer „pre-narrative capacity of that which we call a life" (a. a. O., 432). Des Weiteren ist die Rede vom „life as *an activity and a desire in search of a narrative*" (a. a. O., 434) und von einer als „authentic demand for a story" zu verstehenden „virtual narrativity" (ebd.). In den letzten beiden Zitaten tritt deutlich zutage, dass pränarrativ vorgeprägte Erfahrungen nicht nur ausdrücklich und in einer neuen Konfiguration erzählt werden können, sondern auch danach *drängen*, erzählt zu werden.

[162] TR I, 118/ZE I, 98.

habe, meine Arbeitsunterlagen zu ordnen, weil ich gerade *eben* gedacht habe, dass es sinnvoll sei oder wenn ich *jetzt* ein Buch lese, weil ich es *jetzt* gerade tun kann, dann bezeuge die tatsächliche Gegenwart des Tuns „die virtuelle Gegenwart des Tunkönnens und konstituiert sich zur Gegenwart der Gegenwart".[163] In diesem über die praktischen Handlungszusammenhänge zustande kommenden Wechselverhältnis zwischen Vergangenheit, Zukunft und Gegenwart sieht Ricœur die auseinanderstrebenden zeitlichen Ekstasen pränarrativ vermittelt. Die Korrelation der Zeitekstasen mit der Handlung bringe in der Alltagspraxis die drei Ekstasen immer schon in ein *Verhältnis* der praktischen Verflechtung, welches mit seinen praktischen Zeitbezügen „die elementarste Vorform der Erzählung" darstelle.[164] Da die sich in unserem Vorverständnis zeigende Zeitigungsform wesentlich mit den praktischen Handlungszusammenhängen verflochten sei und da die Fabelkomposition als *mimesis praxeos* Nachahmung von Handlung sei, könne diese Zeit der Handlung am besten den unhintergehbaren Bezug zwischen Zeit und Erzählung verdeutlichen.

Wie lässt sich angesichts dieser Bestimmungen der zeitlichen Merkmale des narrativen Vorverständnisses die Art der Zeiterfahrung der *mimesis I* kennzeichnen? Ricœurs Antwort lautet: über Heideggers Innerzeitigkeit. „Diese Struktur der Innerzeitigkeit", so schreibt er, „scheint mir nun die Zeitlichkeit des Handelns auf der Ebene am besten zu kennzeichnen, auf der die vorliegende Analyse liegt".[165] Die sich auf der Stufe der *mimesis I* zeigende Zeiterfahrung sei die des praktischen Besorgens des in der Welt Handelnden und diese ist als eine solche „Zeit, um zu" derjenigen Zeitigungsebene verwandt, die Heidegger über die Innerzeitigkeit kennzeichnet. Allerdings ist hervorzuheben, dass zwischen Ricœurs Innerzeitigkeit der *mimesis I* und Heideggers Innerzeitigkeit zwar eine deutliche Verwandtschaft, zugleich aber auch eine entscheidende Differenz besteht. Bei beiden ist sie die Weise, in der sich uns Zeit „zunächst und zumeist", wie Heidegger sagt, zeigt. Bei beiden ist sie die „Zeit, um zu" des handelnden Besorgens. Ein erster Unterschied ist aber bereits darin zu sehen, dass Heidegger die Innerzeitigkeit in erster Linie mit dem den Dingen im besorgenden Umgang verfallenden Dasein in Zusammenhang bringt, während Ricœur sie neutraler als die Zeit bestimmt, die immer schon (prä)narrativ im praktischen Handlungszusammenhang verstanden ist. Während bei Heidegger das Verfallen an das Besorgen der Dinge einen zentralen Stellenwert einnimmt, setzt Ricœur den Akzent lediglich auf den Umstand, dass die narrative Innerzeitigkeit das ontisch primäre Zeitverständnis sei. Der Grund für diese Abweichung hängt mit einem zentralen Unterschied der Vorgehensweisen von Heidegger und Ricœur zusammen, welcher von Ricœur selbst mit der Unterscheidung zwischen Heideggers *voie courte* und seiner eigenen *voie longue* gekennzeichnet wurde. Bei Heidegger ist die Innerzeitigkeit abkünftig von der ursprünglichen Zeit. In SZ weist er Letztere zu Beginn des zweiten Abschnittes auf, um von dort aus die weniger ursprünglichen Zeitigungsebenen der Geschichtlichkeit und der Innerzeitigkeit zu entwickeln. Ricœur hingegen geht nicht nur umgekehrt vor – denn

---

163 TR I, 119/ZE I, 99.

164 TR I, 119/ZE I, 99.

165 TR I, 120/ZE I, 100.

das tut auch Heidegger in den *Grundproblemen* –, sondern er sucht gar nicht nach einer ursprünglichen Zeit, welche durch die Innerzeitigkeit verdeckt wäre. In „La fonction narrative et l'expérience humaine du temps" folgt Ricœur seinem Selbstverständnis nach „dem Heideggerschen Vorgehen in umgekehrter Weise",[166] indem er von der Untersuchung des Zusammenhanges von „Erzählhandlung und Innerzeitigkeit (*l'intrigue et l'entre-temps*)" ausgeht,[167] von dort aus zu „Geschichtlichkeit und Wiederholung" gelangt und schließlich vorsichtig nach der Möglichkeit eines narrativen Äquivalentes zu Heideggers ursprünglicher Zeit fragt.[168] Und, wie gezeigt wurde, beginnt er in *Temps et récit* die Entwicklung des Zirkels der dreifachen *mimesis* ebenfalls mit der Zeit der Handlung, die eine besondere Nähe zu Heideggers Innerzeitigkeit aufweist. Entscheidend ist, dass Ricœur im Unterschied zu Heidegger nicht nach einer in der Innerzeitigkeit noch durchscheinenden ontologisch ursprünglichen Zeit sucht, sondern für ihn kann nur „auf dem Sockel der Innerzeitigkeit" eine narrative Vertiefung des vorgängigen Zeitverständnisses erfolgen, aus dem dann andere mögliche Zeitigungsweisen hervorgingen und sich erschließen ließen.[169] Dieser grundsätzliche Unterschied zwischen Heidegger und Ricœur kann erklären, warum Ricœur den Einstieg in den Bezug zwischen Zeit und Erzählung nicht, wie es naheliegen könnte, aus Heideggers von der Geschichtlichkeit abkünftigen Historie gewinnt, sondern bei den narrativen Aspekten der sich ontisch zunächst zeigenden Zeitigungsweise ansetzt. Für Heidegger wie auch für Ricœur ist eine ähnlich geartete Innerzeitigkeit also die ontisch nächste Zeitigungsform, während Ricœur jedoch im Unterschied zu Heidegger darauf verzichtet, sie als ontologisch abkünftig von einer ontologisch ursprünglicheren Zeitigungsform zu bezeichnen und sie lediglich als Fundament für die Entwicklung einer Vielfalt von Zeitigungsweisen fungieren lässt.

In welchem Verhältnis steht diese Bestimmung der Zeiterfahrung der *mimesis I* jedoch zu der Aporizität der Zeit? Vermittelt die *mimesis I* jene Zeitmomente, die zunächst aporetisch, weil einander heterogen waren, oder sind vielmehr diese vermeintlich heterogenen Momente in ihr immer schon vermittelt? Meines Erachtens beantwortet Ricœur diese Frage auf einem mittleren Weg, der im Folgenden über eine Auseinandersetzung mit Janicaud, Carr und einer Frage von Liebsch spezifiziert sei. Janicaud ist der Auffassung, dass Ricœur zunächst zwei Zeiten annimmt, die es in der Folge über die Narrativität anzunähern gilt.[170] Ricœur gehe „zunächst von der Zeit in ihrer formalen Allgemeinheit" aus, um „dann die drei Schichten

---

[166] *Fonction narrative*, 366/*Narrative Funktion*, 77 f.

[167] *Fonction narrative*, 345/*Narrative Funktion*, 48 (Einfügung des französischen Wortlautes, I.R.).

[168] *Fonction narrative*, 355/*Narrative Funktion*, 62 und vgl. *Fonction narrative*, 366 f./*Narrative Funktion*, 77 ff.

[169] TR I, 124/ZE I, 103.

[170] Vgl. Janicaud, Dominique: *Chronos. Pour l'intelligence du partage temporel*. Paris: Grasset 1997, 120. Für die Auseinandersetzung mit Janicaud stütze ich mich außerdem auf den bisher unveröffentlichten Text „Janicaud und die neue Phänomenologie in Frankreich" von László Tengelyi.

der *mimesis*“ darauf aufzubauen; die Narrativität käme bei Ricœur „*nach* der Zeit, um diese zu ‚rekonfigurieren‘“.[171] Diese Annäherung an die Zeitproblematik hält Janicaud für verfehlt und setzt sein eigenes Verständnis einer Zeit als Rhythmus dagegen, in deren Temporalisierungsprozessen immer schon innere Teilungen statthätten. In diesen inneren Teilungen gehörten die verschiedenen Zeitlichkeitsmomente immer schon zusammen, stießen sich in ihren Extremformen – z. B. phänomenologische versus physikalische Zeit oder Vergangenheit versus Zukunft – jedoch im Sinne von Abspaltungen und Polarisierungen stetig voneinander ab. Geht Ricœur aber tatsächlich zunächst von zwei Zeiten aus, die es nachträglich durch Narrativität zu vermitteln gälte? Es scheint, dass gerade seine Bestimmung der *mimesis I* zu zeigen vermag, dass die beiden in der ersten Zeitaporie sich aporetisch gegenüberstehenden Zeitperspektiven in der narrativ geprägten Innerzeitigkeit *immer schon* vermittelt *sind* und nicht erst nachträglich gewissermaßen zusammengesetzt werden müssen.[172] Eine zentrale Eigenschaft von Ricœurs erster Zeitaporie ist gerade, dass die zwei Zeitperspektiven *nicht* isoliert betrachtet werden *können*, weil sie immer schon zwangsläufig aufeinander zurückgreifen. Die Narrativität ist im unhintergehbaren hermeneutischen Zirkel immer schon am Werk und die Aporizität der Zeit wird nur dann sichtbar, wenn die philosophische und insbesondere die phänomenologische Aufarbeitung aus diesem Zirkel heraus versucht, einen Zeitbegriff festzulegen.

Carr formuliert eine ähnliche Kritik an Ricœur wie Janicaud. Er schreibt Ricœur allerdings nicht die Annahme zu, zwei Zeiten müssten durch hinzutretende Narrativität allererst vermittelt werden. Vielmehr meint er, Ricœur gehe – geprägt von einer fundamental christlichen Auffassung – von einem sinnlosen Leben aus, welches so lange aus einer Folge von bedeutungslosen Ereignissen bestehe bis diese in eine Geschichte integriert würden.[173] Tatsächlich spricht Ricœur zu Beginn von *Temps et récit* davon, dass er „die Fabel, die wir erfinden, als das bevorzugte Mittel [betrachte], durch das wir unsere wirre, formlose, letztlich (*à la limite*) stumme Erfahrung neu konfigurieren“.[174] Bildet also jene wirre, formlose und stumme Erfahrung und nicht eine immer schon pränarrativ vermittelte Zeiterfahrung die Basis für narrative Vermittlungen, durch die Zeit allererst verstehbar und sagbar werden soll? Meines Erachtens ist auch das nicht der Fall und es scheint, dass Carr bei Ricœur zu Unrecht einen Bruch zwischen narrativ präfigurierten Alltagshandlungen und den narrativ konfigurierten Handlungszusammenhängen sieht.[175] Das Verstehen der

---

[171] Janicaud: *Chronos. Pour l'intelligence du partage temporel*, a. a. O., 184.

[172] In MHO spricht Ricœur sogar selbst im Zusammenhang der Innerzeitigkeit von einer „Skandierung durch Rhythmen des Lebens“ (MHO, 458/GGV, 540), wobei er allerdings nicht denselben Rhythmusbegriff wie Janicaud verwendet.

[173] Vgl. Carr, David: White und Ricœur: Die narrative Erzählform und das Alltägliche, in: Stückrath, Jörn und Zbinden, Jürg (Hg.): *Metageschichte. Hayden White und Paul Ricœur. Dargestellte Wirklichkeit in der europäischen Kultur im Kontext von Husserl, Weber, Auerbach und Gombrich*. Baden-Baden: Nomos-Verlagsgesellschaft 1997 (= ZiF. Interdisziplinäre Studien. Bd. 2), 169–179, hier 174, 178.

[174] TR I, 12/ZE I, 10 (Übersetzung modifiziert; Einfügung des französischen Wortlauts, I.R.).

[175] Vgl. Carr: White und Ricœur: Die narrative Erzählform und das Alltägliche, a. a. O., 174.

alltäglichen Handlungszusammenhänge stellt in seinem Charakter narrativer Vorformen nicht eine vollkommene Sinnlosigkeit dar. Die wirre, formlose und stumme Erfahrung oder jenes von Carr in Hinblick auf Ricœur angeführte aporetische, heterogene und zersplitterte Durcheinander des Lebens, welche durch die Fabel zu konfigurieren sind, scheinen bei Ricœur vielmehr als ein *Grenzbegriff*, nicht aber als eine adäquate Bestimmung unserer unmittelbaren Erfahrung zu fungieren.[176] Die tatsächliche Zeiterfahrung der Alltäglichkeit ist durch narrative Innerzeitigkeit gekennzeichnet und die Funktion des Grenzbegriffes formloser und stummer Erfahrung wird deutlich, sobald man eine gegenläufige Kritik an der *mimesis I* berücksichtigt.

Liebsch macht auf die Gegenposition zu Janicaud und Carr aufmerksam, wenn er zuspitzend die Frage stellt, ob „die erfahrene Zeit womöglich bereits implizit die Ordnung [beinhalte], die die Erzählung dann nur *auszusagen* hätte“?[177] Angesichts ihrer pränarrativen Vorstrukturierung weist die erfahrene Zeit für Ricœur tatsächlich immer schon eine gewisse Ordnung auf. Die Zeitbezüge des Besorgens stellen narrative Vorformen dar. Allerdings, und das würde eine positive Beantwortung von Liebschs Frage einschränken, sind diese pränarrativen Vermittlungen der Zeiterfahrung immer nur vorläufig. Sie bleiben stets offen für Revisionen und ergänzende Vermittlungen. Die pränarrative Vermittlung erschöpft weder unsere Zeiterfahrung und ihr Potential noch das Antwortpotential der Erzählung auf die Zeitaporien, so dass sie nicht als eine fertige, von der Erzählung nur noch auszusagende Ordnung betrachtet werden kann.

Ricœur vertritt also weder die These, dass zwei zunächst getrennte Zeitperspektiven einander über die Erzählung allererst angenähert werden müssen oder ein chaotisches Leben in geordnete Narration zu überführen ist, noch ist er der Auffassung, dass die Erzählung die bereits in der erfahrenen Zeit enthaltene Ordnung nur noch

---

[176] „For Ricœur, such experience is there, it is real, it is just not philosophically accessible by any other than indirect means; which is why reflection on narrative can begin from the semantics of action, but not from action per se“ (Pellauer, David: Limning the Liminal. Carr and Ricoeur on Time and Narrative, in: Philosophy Today 35/1 (1991), 51–62, hier 59). In diesem erhellenden Aufsatz über Carr und Ricœur bezieht sich Pellauer auf Carrs Kritik an Ricœur aus Carr, David: *Time, Narrative, and History*. Bloomington/Indianapolis: Indiana University Press 1986. Er entwickelt die Auffassung, dass Carr Ricœurs Erörterung der Aporizität der Zeit aus *Temps et récit III* noch nicht berücksichtigen konnte und daher in seiner Kritik, die sich lediglich auf *Temps et récit I* bezieht, dem Gesamtwerk *Temps et récit* nicht gerecht wird. So habe Carr nicht sehen können, dass Ricœur nicht von einer „bloßen Sequenz“ auszugehen sucht, da eine solche für Ricœur immer schon auch auf Aspekte der erlebten Zeit zurückgreifen müsste. Des Weiteren betont Pellauer Ricœurs Aufweis der Schwierigkeit, bei Husserl Retention und Wiedererinnerung zusammenzudenken. Vgl. Pellauer: Limning the Liminal. Carr and Ricoeur on Time and Narrative, a. a. O., 55. Es sei überdies nicht ein ungeordnetes Chaos, sondern die Dissonanz der gefühlten Differenz zwischen erlebter und kosmischer Zeit, die es zu konfigurieren gälte. Vgl. a. a. O., 56. Carr scheint allerdings in dem hier herangezogenen Aufsatz von 1997 noch dieselbe Einschätzung von Ricœurs Zirkel der *mimesis* zu vertreten wie 1986.

[177] Liebsch, Burkhard: Zeit, Lebensgeschichte und Narrativität. Ricœur und Merleau-Pontys Phänomenologie der Wahrnehmung, in: Orth/Breitling (Hg.): *Vor dem Text. Hermeneutik und Phänomenologie im Denken Paul Ricœurs*, a. a. O., 51–77, hier 68. Es ist jedoch nicht diese Position, die Liebsch selbst vertritt.

auszusagen hat. Die narrative Innerzeitigkeit der *mimesis I* ist vielmehr eine solche, in der die aporetischen Zeitmerkmale in einem Spannungsverhältnis zueinander verbleiben, bei dem die letztlich stumme Erfahrung als Grenzbegriff fungiert, und dennoch durch eine an Heidegger angelehnte dreifach ekstatische Zeitigungsweise immer schon in einer spontan hergestellten Bezugseinheit stehen, deren erster Ausdruck die Innerzeitigkeit ist.

Eine weitere, von diversen Autoren formulierte Kritik an Ricœurs Zeitverständnis der *mimesis I* stellt eine größere Herausforderung dar als die bisher angeführten Einwände. Ricœur, so lautet die Kritik, reduziere die Zeit unseres Vorverständnisses auf die Innerzeitigkeit und vernachlässige so andere, mindestens genauso wesentliche Zeitmerkmale der alltäglichen Erfahrung. In seinem Ansatz zu einem phänomenologischen Minimalismus der Zeit setzt Janicaud, so wurde oben bereits angedeutet, bei der Beschreibung von Temporalisierungsprozessen an, in denen sich die Zeit zwischen uns und den Dingen, zwischen Vergangenheit und Zukunft und zwischen unserem Streben nach Einheit und der Begegnung mit dem Irreversiblen immer wieder neu teilt und so pränarrativen Vermittlungen zu entgleiten scheint. Richir vertritt eine verwandte Position, welche er als phänomenologischen Beitrag zur Lösung der ricœurschen Zeitaporien versteht: Sinn sei zwar immer mehr oder weniger harmonisch, zugleich aber inwendig von Dissonanzen zwischen verschiedenen Rhythmen der Verzeitlichung/Verräumlichung bearbeitet; es sei der Sinn der *in uns* lebt und der in uns Zeit und Raum hervorbringt, ohne dass wir diese je ganz beherrschen könnten.[178] Kaul ist der Auffassung, dass eine „narrative Form der Zeitlichkeit als einer nicht thematisch figurierten, ursprünglichen Struktur des Daseins" bei Ricœurs Konzentration auf Innerzeitigkeit nicht zu ihrem Recht käme, da bei ihm die „ekstatische Zeitlichkeit in ihrer Befindlichkeit [...] von Präfigurationen verstellt" werde.[179] Sie macht gegen Ricœur eine Zeitstruktur geltend, in der Geschichten unmittelbar befindlich, häufig nur in (Schreck-)Momenten,[180] erschlossen sind und sich nicht in praktischen, mit Innerzeitigkeit umgehenden Zusammenhängen präfigurieren. Waldenfels ist der Auffassung, dass in *Temps et récit* die „Verkörperung der Zeit und die Verankerung der Erzählung in Körpergeschichten, die den Gegensatz von Subjekt und Strukturen unterlaufen", nicht zu ihrem vollen Recht kämen.[181] Und Vanni kritisiert – allerdings ohne ausdrücklich auf Zeitlichkeit Bezug zu nehmen – die bei Ricœur fehlende Berücksichtigung der Stimmung, hält es aber für möglich, Ricœurs an der Praxis orientierten Zirkel der dreifachen *mimesis* durch einen Stimmungsbegriff zu erweitern.[182] Diese Kritiken an Ricœur

---

[178] Vgl. Richir, Marc: Relire la „Krisis" de Husserl, in: Esprit. Sonderausgabe zu Paul Ricœur 7/8 (1988), 129–151, hier 145.

[179] Kaul: *Narratio. Hermeneutik nach Heidegger und Ricœur*, a. a. O., 88.

[180] Vgl. a. a. O, 92 f.

[181] Waldenfels, Bernhard: *Phänomenologie der Aufmerksamkeit*. Frankfurt am Main: Suhrkamp 2004 (= Suhrkamp taschenbuch wissenschaft. Bd. 1734), 48 (Fußnote).

[182] Vgl. Vanni, Michel: *Stimmung* et identité narrative, in: Célis, Raphaël/Sierro, Maurice: Autour de la poétique de Paul Ricœur. À la croisée de l'action et de l'imagination, a. a. O., 89–108, hier 108. Vannis im Ansatz formulierter Vorschlag zur Integration des Stimmungsbegriffes in Ricœurs

zielen weniger darauf ab, die Innerzeitigkeitsstruktur der *mimesis I* ganz und gar durch eine andere Zeitstruktur zu ersetzen, sondern in erster Linie vermissen sie bei Ricœur neben der praktischen Zeitdimension eine Beobachtung zeitlicher Teilungsprozesse, Dissonanzen verschiedener Verzeitlichungen/Verräumlichungen, eine ekstatische Zeitlichkeit der Befindlichkeit, eine Verkörperung der Zeit oder einen Stimmungsbegriff.[183]

Dieser von mehreren Seiten vorgebrachte Einwand gegen Ricœur scheint zu Recht zu bestehen. Ricœur konzentriert sich wegen seiner kreativen Anwendung des aristotelischen Mimesismodells der nachgeahmten Handlung und dem umgekehrten Rückgriff auf Heideggers Zeitigungsstrukturen vollkommen auf die Zeit der Handlung und zieht andere Zeitigungsformen, die sich auch bereits auf der Stufe der *mimesis I* finden lassen könnten, gar nicht erst in Betracht. Auch in der Folge, und selbst noch wenn er im dritten Band die Aporizität der Zeit ausarbeitet, verbleibt Ricœur im Wesentlichen in einer statischen Betrachtung, in der spontan sich bildende Sinnformationen, die von uns nicht kontrollierbar sind, sowie ständig ablaufende Teilungsprozesse von Zeitmomenten und Zeitlichkeiten der Befindlichkeit und der Leiblichkeit nicht in den Blick kommen. Allerdings lässt Ricœurs Modell eine derartige Ausdehnung nicht nur zu, sondern birgt bereits selbst einige Ansätze zu einer solchen Erweiterung. In der obigen Erörterung seiner Auseinandersetzung mit Husserl und Heidegger in Hinblick auf die erste Zeitaporie zeigte sich, dass Ricœur in der Affektivität der Retention logisch paradox Selbes und Anderes verschmelzen und im Gefühl der Innerzeitigkeit Gewesenheit und Vergangenheit unbegrifflich vereint sieht. Da in der Affektivität oder im Gefühl aber die verschiedenen Zeitmomente nicht ein für alle Mal synthetisiert sind, fordert ihr bereits auf dieser Ebene spürbarer Widerstreit zu immer wieder neuen Formationen heraus, die sich nicht nur auf der Stufe der Handlung, sondern auch auf unterschwelligeren Ebenen verfolgen ließen. Die Zeitaporien insgesamt aber sind der Garant für nie zur Ruhe kommende Neuformationen der Zeit.

Ein zweiter Hinweis darauf, dass bei Ricœur selbst ein weiteres Verständnis der Zeitmerkmale der *mimesis I* angelegt ist, liegt in seiner Bestimmung des Handlungsbegriffes zu Beginn von *Temps et récit II*. Er versucht dort nachzuweisen, dass auch ein Roman des Bewusstseinsstromes wie Joyces *Ulysses* noch durch den Begriff der Fabelkomposition fassbar ist und lediglich eine Erweiterung des Handlungsbegriffes erforderlich macht: „Unter Handlung muß man mehr als

---

Konzept lautet: „Es ist in der Richtung der Idee des Stiles, in der wir eine Antwort erwägen: ein Begriff des Stiles, der dazu dient, sowohl den Rhythmus und die Anordnung der Elemente eines literarischen Textes als auch die einem bestimmten Handelnden eigenen Gesten zu beschreiben“ (ebd.).

[183] Es ließe sich hier noch der in seinem Denken Ricœur sehr nahestehende Jean Greisch ergänzen, wenn dieser in einer Gegenüberstellung von Ricœur und Schapp für eine Komplementarität des wohltemperierten Fabelbegriffes und des schappschen Konzeptes eines wilden Verstricktseins plädiert. Vgl. Greisch, Jean: Empêtrement et intrigue. Une phénoménologie pure de la narrativité est-elle concevable?, in: Études Phénoménologiques VI/11 (1990), 41–83, hier 83 und ders.: *Paul Ricœur. L'itinérance du sens*. Grenoble: Jérôme Millon 2001 (= Collection Krisis), 173.

das Verhalten der Gestalten verstehen dürfen, das sichtbare Veränderungen der Situation, Schicksalsschläge oder das, was man das äußere Los der Personen nennen könnte, bewirkt. Auch die moralische Wandlung einer Gestalt, ihr Heranwachsen und ihre Erziehung, ihre Einführung in die Komplexität des moralischen und affektiven Lebens sind in einem erweiterten Sinn noch Handlung. In einem noch subtileren Sinn gehören zur Handlung auch rein innerliche Veränderungen, wie sie an dem zeitlichen Ablauf schließlich der Empfindungen, der Emotionen vorgehen, möglicherweise auf der absichts- und bewusstseinsfernsten Ebene, die der Introspektion zugänglich ist".[184] Bei einem derart weiten Handlungsbegriff aber, der kaum noch Raum für einen Passivitätsbegriff bietet, lässt sich auch auf der Stufe der *mimesis I* nach Zeitmerkmalen der „Handlung" suchen, die den sichtbaren Konstellationen der alltäglich vorverstandenen Handlung noch zugrunde liegen.

Ricœurs narrativer Ansatz als Antwort auf die Aporizität der Zeit bietet trotz möglicher Einseitigkeiten ein großes Potential an Weiterentwicklungen in den angezeigten Richtungen. Ein Verdienst von Ricœur ist es, die Innerzeitigkeit nicht mehr in erster Linie einem dem Besorgen verfallenen Dasein zuzuordnen, sondern sie lediglich als eine alltäglich schon verstandene Zeitigungsweise bestimmt zu haben. Auch wenn Ricœurs Zeitbegriff der *mimesis I* tendenziell zu eng ist, ist es sein Verdienst, nicht nach einer neuen Hierarchie von nach Ursprünglichkeit geordneten Zeitigungsebenen zu suchen, sondern im Ausgang von einer zunächst zugänglichen und dabei stets mit einer gefühlten Spannung verbundenen Zeit zu weiteren Verständnisformen der Zeit vorzudringen. Angesichts der Aporizität der Zeit erscheint es plausibler, die Innerzeitigkeit um die bei Ricœur zu kurz kommenden Zeitigungsweisen zu ergänzen und diese mit jener im Rahmen eines konstitutiven Wechselspieles zu verstehen, als eine erneute, diesmal narrative Hierarchisierung der Zeitbegriffe aufzumachen.[185]

Auf der Ebene der *mimesis II* wird nun zu verfolgen sein, inwiefern sich Ricœur zufolge die pränarrative Innerzeitigkeit durch die ausdrückliche Erzählung verändern kann und durch welche Züge die narrative Konfiguration in der Lage sein soll, divergierende Formen der Zeiterfahrung vermittelnd zu versprachlichen und sogar selbst zu erzeugen.

---

[184] TR II, 23/ZE II, 19.

[185] Kaul vertritt die Auffassung, dass die Innerzeitigkeit durch eine in Anlehnung an Heidegger, jedoch narrativ verstandene ursprüngliche Zeitlichkeit fundiert werden müsse: „[W]er nur nach Innerzeitigkeit in der Erzählung sucht, der wird auch nur Innerzeitiges finden. Was er nicht finden wird, ist die der Innerzeitigkeit zugrunde liegende Struktur der ursprünglichen Zeitlichkeit des Daseins" (Kaul: *Narratio. Hermeneutik nach Heidegger und Ricœur*, a. a. O., 91). Wie oben in der Auseinandersetzung mit Heidegger zu zeigen versucht wurde, scheint ein Fundierungsverhältnis von ursprünglicher Zeitlichkeit und Innerzeitigkeit aber problematisch zu sein. Ricœur selbst hat dies in seiner Auseinandersetzung mit Husserl, Kant und Heidegger meines Erachtens zu Recht hervorgehoben.

4.3.3 „Mimesis II": narrative Konfiguration der Zeiterfahrung

Mit der *mimesis II* meint Ricœur „das Reich des *Als ob* (*royaume du comme si*)",[186] in dem, noch in Abstraktion von der Referenzdimension der Erzählung, ausdrücklich eine Geschichte erzählt wird. Es spielt auf dieser Ebene der Konfiguration noch keine Rolle, ob es sich um Geschichts- oder Fiktionserzählungen handelt, da mit der Referenzdimension ein gegebenenfalls erhobener Wahrheitsanspruch der Geschichte ausgeklammert bleibt. Diesen ausdrücklichen Konfigurationen schreibt Ricœur eine dreifache Vermittlerrolle zu, durch welche sie das bereits pränarrativ vermittelte Vorverständnis vertiefen sollen. Als eine *„Synthesis des Heterogenen"* leiste die Fabel neben der Vermittlung individueller Ereignisse mit dem ganzheitlichen Gefüge einer Geschichte und neben der Vermittlung heterogener Faktoren wie Handelnde, Ziele, Mittel usw. eine Vermittlung „ihre[r] eigenen *Zeitmerkmale*".[187] Im Folgenden sollen zunächst diese durch die Erzählung vermittelten Zeitmerkmale skizziert werden, um daraufhin zu einer Untersuchung von Ricœurs historischem Schematismus der narrativen Funktion überzugehen. Es wird die Frage zu stellen sein, wie stark die von Ricœur akzentuierte Nähe zu Kant ist und ob sich über Ricœurs eigene Ausführungen hinaus ein Bezug seines Schematismus zu Heideggers Schematismus und in Verbindung damit zu Heideggers Kantinterpretation herstellen ließe.[188]

Die von Ricœur so genannte Synthesis der heterogenen Zeitmerkmale durch die Fabel bestehe darin, dass die Fabelkomposition eine *episodische* und *chronologische* mit einer *konfigurierenden* und *nichtchronologischen* Dimension verbinde. Über die Konfiguration mache sie aus einer „Vielfalt von Ereignissen [...] die Einheit einer zeitlichen Totalität".[189] Die Dialektik von Dissonanz und Konsonanz, die Ricœur aus der Gegenüberstellung von Augustinus' Zeitanalyse und Aristoteles' Tragödienanalyse gewonnen hatte, werde durch die narrative Konfiguration in der Fabel „nicht spekulativ aber poetisch auf[ge]löst".[190] Wenn Ricœur davon spricht, dass das dreifache Außer-sich der Zeitekstasen durch den dichterischen Akt der Fabelkomposition zusammengehalten werde, ohne sich jedoch dabei in eine zeitlose Fabelstruktur aufzulösen, so liegt darin eine deutliche Abgrenzung zur derjenigen strukturalen Erzählanalyse, die versucht alle Zeitaspekte der Erzählung in logischen Strukturkomponenten aufzuheben. Aus der von Ricœur vertretenen Art der Synthesis des Heterogenen, welche die episodische mit der konfigurierenden Dimension vermittelt, ergibt sich die entscheidende Instanz der Vermittlung zwischen Erzählung

---

[186] TR I, 125/ZE I, 104 (Einfügung des französischen Wortlauts, I.R.).

[187] TR I, 128/ZE I, 106.

[188] Vanhoozer ist der Auffassung, das Ricœurs narrative Theorie die unvollendeten Projekte von Kant und Heidegger aufgreift und sie linguistisch, literarisch, kritisch und sozial zu untermauern vermag. Vgl. Vanhoozer, Kevin J.: Philosophical Antecedents to Ricœur's *Time and Narrative*, in: Wood, David (Hg.): *On Paul Ricœur. Narrative and Interpretation*. London/New York: Routledge 1991, 34–54.

[189] TR I, 129/ZE I, 107.

[190] TR I, 128/ZE I, 107.

und Zeitlichkeit: die so genannte „narrative Zeit".[191] Die narrative Zeit zeichnet sich für Ricœur durch drei Merkmale aus. Erstens verknüpfe sie den Gedanken oder das Thema der Fabel stets mit Zeitlichkeit und der episodischen Dimension einer Ereignisreihe.[192] Zweitens ermöglicht sie, dass die Fabel in einer Abgeschlossenheit wahrgenommen wird, in der alle Episoden als zu eben ihrem Ende führende verstanden werden. Und drittens ist es über die narrative Zeit möglich, „die Zeit selbst gegen den Strich zu lesen", indem wir „das Ende im Anfang und den Anfang im Ende lesen".[193] Durch die narrative Zeit, welche aus der fabelkompositorischen Verknüpfung zwischen konfigurierender und chronologischer Dimension hervorgeht, wird es Ricœur zufolge daher möglich, erstens das Thema der Erzählung in seiner Zeitlichkeit zu erfassen, zweitens in der Erzählung eine gewisse teleologische Ausrichtung zu erkennen und drittens die Episoden in linearzeitlich umgekehrter Richtung durch einander zu verstehen. Allen drei Kennzeichen der narrativen Zeit ist wiederum gemeinsam, dass sie die episodische und die konfigurierende Dimension nicht spekulativ in einen Begriff auflösen, sondern dass sie diese in einer „dichterische[n] Lösung" miteinander vermitteln und dabei die zeitliche Aporizität produktiv machen.[194] Der Akt des Erzählens einer nachvollziehbaren Geschichte hat sein komplementäres Gegenstück dabei stets in einem Akt des Mit- bzw. Nachvollziehens seitens des Hörers oder Lesers, durch welchen diese dichterische Lösung der Paradoxe den Charakter einer „lebendige[n] Dialektik" erhält.[195]

Es kann der Eindruck entstehen, dass das von Ricœur durch diese drei Merkmale bestimmte Konzept der narrativen Zeit Erfahrungen des Unerzählbaren vernachlässigt.[196] Der Anfang einer Geschichte beispielsweise kann nie eigentlich als Anfang erzählt werden, sondern ist immer kontingent gesetzt.[197] Es ließen sich

---

[191] TR I, 130/ZE I, 108.

[192] Ohne dass Ricœur diese husserlschen Begriffe tatsächlich benutzt, lässt sich sagen, dass er den konfigurierenden Akt der Zusammenstellung als Noese und die bedeutungsvolle Totalität als Korrelat und Noema versteht. Vgl. TR I, 130/ZE I, 108.

[193] TR I, 131/ZE I, 109. Diesen dritten Aspekt rechnet Ricœur allerdings dem zweiten zu.

[194] TR I, 130/ZE I, 108.

[195] TR I, 130/ZE I, 108.

[196] Waldenfels widmet dem „Unerzählbare[n]" ein eigenes Kapitel. Vgl. Waldenfels: *Phänomenologie der Aufmerksamkeit*, a. a. O., 48–64. Breitling konfrontiert Ricœurs Denken der Geschichte mit Lyotards These einer Undarstellbarkeit bestimmter historischer Ereignisse. Er zeigt jedoch dabei, dass Ricœur weder der Versuchung eines einheitlichen Geschichtssinnes, noch Lyotards Schwanken „zwischen einem abstrakten Possibilismus, wonach beliebig viele Diskursarten anzunehmen bzw. zu erfinden sind, und einer Hypostasierung des Unmöglichen" (Breitling: *Möglichkeitsdichtung – Wirklichkeitssinn. Paul Ricœurs hermeneutisches Denken der Geschichte*, a. a. O., 283) unterliegt. Ricœur gelinge es vielmehr „konkrete ‚Übergänge', d. h. Vermittlungsinstanzen zwischen dem historischen Ereignis, seiner Darstellung in der Geschichtserzählung und der Welt des Lesers herauszuarbeiten" (ebd.), in welchen auch das vermeintlich Undarstellbare mitdargestellt werden kann. Vgl. den ganzen dritten Teil dieses Buches a. a. O., 231–284.

[197] Vgl. die Auseinandersetzung von Liebsch mit Calvinos Roman *Wenn ein Reisender in einer Winternacht* in Liebsch, Burkhard: *Geschichte im Zeichen des Abschieds*. München: Wilhelm Fink Verlag 1996 (= Übergänge. Texte und Studien zu Handlung, Sprache und Lebenswelt. Bd. 30), 261–264. Ein prominentes Beispiel für einen direkt in eine unbestimmte Vergangenheit zurück-

dieser unerzählbare Anfang und darüber hinaus ein Ineinandergreifen verschiedenster Geschichten, brüchige und löchrige Erzählzusammenhänge sowie das unverfügbare Ende gegen Ricœurs Modell der Narrativität ins Feld führen, welches möglicherweise dazu tendiert, das Unerzählbare als „bestimmte Figur des Außerordentlichen, das sich den jeweiligen Ordnungen, also auch den Erzählordnungen entzieht", zu verdecken.[198] Zwei Aspekte könnten einen solchen Einwand gegen Ricœur jedoch abschwächen. Zum einen ist es laut Ricœur gerade aufgrund der Aporizität der Zeit unmöglich, eine homogene Erzählung hervorzubringen, in der jene in der Erzählung selbst spielenden Bruchmomente ganz und gar aufgehoben wären. Diese Brechungen, scheinbaren Unvereinbarkeiten, Rätselhaftigkeiten und Entzugsfiguren bleiben stets das Motiv zu neuen Konfigurationen der aporetischen Zeitaspekte in der Erzählung, ohne je vollständig in ihre Ordnung integriert werden zu können. Allerdings würde Ricœur nicht von grundsätzlich Unerzählbarem sprechen, sondern das vermeintlich Unerzählbare vielmehr als einen unerschöpflichen Quell zu neuen und anderen Konfigurationen verstehen.[199] Dies leitet zum zweiten Aspekt über, denn zum anderen wird insbesondere in dem Kapitel „Verfall: Ende der Erzählkunst?" aus *Temps et récit II* deutlich, dass Ricœur sich der Grenzen der Erzählbarkeit bewusst ist, aber „die Erwartung des Lesers, daß schließlich irgendeine Konsonanz die Oberhand gewinnt", für „unhintergehbar" hält.[200] Seiner Auffassung nach könnten wir hinter dieses „Konsonanzbedürfnis" nicht zurück.[201] Dieses Konsonanzbedürfnis in Hinblick auf die Erzählung kann meines Erachtens als eine Verstärkung der Vereinheitlichungstendenz im Zeitverstehen betrachtet werden. Im Rahmen der Zeitproblematik, so wurde oben gezeigt, vertritt Ricœur die Position, dass die auseinanderbrechenden Ekstasen und die disparaten Jetztpunkte und Zeitsequenzen immer von einer von der erlebten Zeit herrührenden, wenn auch nicht homogenen Vereinheitlichung verknüpft werden, die schon bei Heidegger das ekstatische Außer-sich nur in einer Einheit sein lässt. Wenn wir uns daher noch so wenig auskennen mögen in einer „Erzählung", der wir diesen Namen kaum noch zuerkennen wollen, so sehen wir in ihr doch stets eine Einheit, aus der wir zumindest

greifenden Anfang ist überdies der Beginn von Prousts *À la recherche du temps perdu*: „Lange Zeit bin ich früh schlafen gegangen" (Proust, Marcel: *À la recherche du temps perdu. Du côté de chez Swann*. Hg. von Antoine Compagnon. Paris: Gallimard 2000 (= folio.classique. Bd. 1924), 3/dt.: *Auf der Suche nach der verlorenen Zeit 1. Unterwegs zu Swann*. Hg. von Luzius Keller. Frankfurt am Main: Suhrkamp 2002 (= Marcel Proust. Frankfurter Ausgabe. Werke II. Bd. 1), 7). Ricœur selbst merkt an, dass dieser Satz auf „ein gleichsam unvordenkliches Vorher" verweise und damit zwar ein narrativer Beginn, nicht aber der Beginn der erzählten Ereignisse sei. SMA, 189/SaA, 197.

198 Waldenfels: *Phänomenologie der Aufmerksamkeit*, a. a. O., 50 (Fußnote).

199 Es besteht hier durchaus eine Nähe von Ricœur und Waldenfels, wenn letzterer vertritt, dass das „Unerzählbare […] nicht etwa das Negat der Erzählbarkeit, sondern ihre Kehrseite und Hohlform [bildet]. Das Unerzählbare wohnt der Erzählung inne, indem es diese zugleich übersteigt und sprengt" (a. a. O., 50).

200 TR II, 50/ZE II, 43.

201 TR II, 58/ZE II, 50.

einen rudimentären Sinn zu gewinnen versuchen – selbst wenn die Rätselhaftigkeit diese Suche bis an den Rand der Aussichtslosigkeit zu führen scheint.

Trotz der Grenzen der ordnenden narrativen Zeit, welche Ricœur selbst anerkennt, scheint der durch die oben angeführten drei Merkmale gekennzeichneten narrativen Zeit ein relevantes Ordnungspotential in Bezug auf unsere Erfahrung, darin wesentlich eingeschlossen unsere Zeiterfahrung, zuzukommen. Dass Anfang und Ende immer nur als kontingent gesetzte erzählt werden können, dass sich Brüche und Löcher in der Erzählung bei der Integration in einen Sinnzusammenhang als widerspenstig erweisen und dass verschiedene Geschichten nicht in den Sinnzusammenhang einer einzigen, sie übergreifenden Geschichte integriert werden können, spricht nicht gegen ein prinzipielles Konfigurationspotential der Erzählung. Mithilfe des dem Akt des Erzählens komplementären Akt des Nachvollziehens, der in letzter Instanz mit dem unermüdlichen Konsonanzbedürfnis des Lesers verknüpft ist, ist die Konfiguration dazu in der Lage, immer wieder neue Sinnzusammenhänge zu schöpfen und alternative, stets nichtbegriffliche Vermittlungen einer chronologischen Zeitdimension mit einer erlebten Zeitdimension hervorzubringen.[202] In Anknüpfung an die oben erprobte Hypothese, die begrifflich nicht vermittelbaren Zeitaspekte im Rahmen eines konstitutiven Wechselspieles zu fassen, in dem sich die verschiedenen Perspektiven auf die Zeit immer schon in einer wechselseitigen Abhängigkeit befinden, ließe sich nun sagen, dass Ricœur mit der Bestimmung der narrativen Zeit und ihrer Grenzen diverse Merkmale aufweist, welche dieses konstitutive Wechselspiel als ein narratives zu spezifizieren vermögen.

Mit Ricœurs Verweis auf den Hörer oder Leser ist bereits der Übergang zur Refigurationsebene der *mimesis III* vorbereitet. Im Übergangsbereich von *mimesis II* zu *mimesis III* führt Ricœur jedoch noch zwei Merkmale des konfigurierenden Aktes ein, die die Rolle des Rezipienten besonders akzentuieren, ohne schon auf der Ebene der *mimesis III* situiert zu sein: *Schematisierung* und *Traditionscharakter* der narrativen Funktion. In einer nachromantischen Hermeneutik, wie Ricœur sie zu entwickeln sucht, kann es nicht mehr um eine Einfühlung des Lesers in den Autor gehen. Der Leser muss vielmehr die vom Autor entworfene Konfiguration des Textes in seinem eigenen Verstehen aktualisieren. Der Autor leistet so nicht allein die vermittelnde Konfiguration, sondern sie muss vom Leser nachvollzogen werden, dies aber eben nicht im Sinne einer Einfühlung in den Autor, sondern einer

---

[202] Ricœur ist generell der Auffassung, dass die Erzählung in erster Linie den Bereich der Handlung und seine zeitlichen Werte betrifft, während die Metapher vorzugsweise im Bereich der sinnlichen, gefühlsmäßigen, ästhetischen und moralischen Werte, die die Welt bewohnbar machen, relevant ist. Vgl. TR I, 12/ZE I, 9. Narrativer und lyrischer Diskurs seien jedoch über die semantische Innovation miteinander verknüpft. Vgl. TR III, 488/ZE III, 436. Dass auch *Zeit*momente im *lyrischen* Diskurs relevant sind, ließe sich belegen, wenn man narrative Formen in denjenigen lyrischen Textarten aufweisen könnte, welche zunächst mit der Erzählung nichts mehr gemein zu haben scheinen. In einem unveröffentlichten, im Jahr 2004 im Germanistischen Institut II der Universität Hamburg gehaltenen Vortrag habe ich zu zeigen versucht, dass sich in den Dinggedichten von Rainer Maria Rilke, die einen *Gegenstand* wie den „Archaischen Torso Apollos" oder die „Römische Fontäne" zum Thema haben, immer noch narrative Strukturen, wie die einer Verwandlung von Sprecher und Ding und eines der aristotelischen *metabole* vergleichbaren Umschlages, finden lassen.

jeweils eigenen Aktualisierung im Ausgang vom Text. Die zwischen episodischer und konfigurierender Zeitdimension vermittelnden Akte des Erzählens und des Mitvollziehens verknüpfen laut Ricœur „die Pointe, das Thema, den ‚Gedanken' (*la ‚pensée'*) der erzählenden Geschichte" mit der „anschaulichen Darstellung der Umstände, Charaktere, Episoden und Schicksalswendungen".[203] Aufgrund dieser Verknüpfungsfunktion sieht Ricœur eine Parallele zwischen den Akten des Erzählens und Mitvollziehens und der kantischen produktiven Einbildungskraft. Diese verbindet bei Kant die dem Verstand zugeordneten Kategorien mit der lediglich durch Zeit und Raum geordneten Mannigfaltigkeit der Anschauung. Um dies zu tun, bringt sie Schemata hervor, die sowohl einen Bezug zur reinen Anschauungsform Zeit als auch zu den Kategorien haben. In Anlehnung an Kants Schematismus spricht Ricœur von einem „*Schematismus* der narrativen Funktion".[204] Das Zusammennehmen des konfigurierenden Aktes, so könne „man gar nicht stark genug hervorheben", sei Kants bestimmender und stärker noch der reflektierenden Urteilskraft vergleichbar.[205] Und in Bezug auf die Hervorbringung des konfigurierenden Aktes „wollen wir nicht zögern" diese mit der kantischen produktiven Einbildungskraft zu vergleichen:[206] Schemata der narrativen Funktion lieferten die Regeln für das im konfigurierenden Akt erfolgende Zusammennehmen einer zeitlichen Abfolge zu einer narrativen Konfiguration.

In zwei Punkten jedoch grenzt Ricœur seinen Schematismus der narrativen Funktion vom kantischen Schematismus ab. Zum einen habe Kant, wenn er im Schematismuskapitel Zeitreihe, Zeitinhalt, Zeitordnung und Zeitinbegriff nennt, „nur die Zeitbestimmungen gelten [lassen], die zur objektiven Konstitution der physikalischen Welt beitragen".[207] Der Schematismus der narrativen Funktion hingegen ergänzt Zeitbestimmungen, die sich aus der lebendigen Dialektik von episodischer und konfigurierender Dimension ergeben. Zum anderen könne die Schematisierung der Fabelkomposition nur in einer historischen Entwicklung bestehen.[208] Dieser Traditionscharakter der narrativen Funktion besteht darin, dass der Schematismus sich in dem „Wechselspiel (*jeu*) von Neuschöpfung und Sedimentierung (*innovation et sédimentation*)" konstituiert.[209] Damit meint Ricœur, dass narrative Schemata nie aus dem Nichts hervorgebracht werden, sondern jede sie betreffende Innovation, im Sinne einer „geregelte[n] Deformation", auf dem Boden von bereits abgelagerten, bekannten und zur Gewohnheit gewordenen Para-

---

203 TR I, 132/ZE I, 110 (Einfügung des französischen Wortlautes, I.R.).

204 TR I, 132/ZE I, 110.

205 TR I, 129/ZE I, 107.

206 TR I, 132/ZE I, 109.

207 TR I, 132 (Fußnote)/ZE I, 110 (Fußnote).

208 Es scheint, als würde Ricœur die kantischen zeitlichen Schemata akzeptieren und lediglich über sie hinausgehen wollen. Der Frage, ob die kantischen Schemata möglicherweise gar nicht notwendig sind und ebenfalls einer historischen Wandelbarkeit unterliegen könnten, geht er nicht nach.

209 TR I, 133/ZE I, 110 (Einfügung des französischen Wortlautes, I.R.).

digmen geschieht.[210] Diese Paradigmen, deren Genesis unkenntlich geworden ist, ließen sich mit Husserls Habitualitäten der Konstitution vergleichen. Eine Innovation kann Ricœur zufolge von unterschiedlicher Tragweite sein, je nachdem, ob sie bloß von den paradigmatisch gewordenen Typen, gar von den bisher bekannten Gattungen oder möglicherweise sogar von der Form der dissonanten Konsonanz überhaupt abzuweichen sucht. Sie geschieht jedoch immer in Abgrenzung zu bereits bestehenden Paradigmen, die Ricœur mit der Grammatik einer stets neu zu aktualisierenden Sprache vergleicht und die als Regeln der Konfiguration durch Innovationen lediglich langsam und unter Überwindung eines gewissen Widerstandes verändert werden können. Ricœurs Schematismus der narrativen Funktion zeigt sich somit zum einen offen für eine *unendliche Pluralität zeitlicher Schemata*, in denen die episodische mit der konfigurierenden Dimension auf vielfältige Weise vermittelt ist. Und zum anderen sind diese Vermittlungsschemata einer *historischen Wandelbarkeit* unterworfen, die die „Möglichkeitsbedingung einer narrativen Tradition" darstellt.[211]

Ricœurs wiederholte Betonung einer deutlichen Analogie zwischen seinem eigenen Schematismus der narrativen Funktion und dem kantischen Schematismus kann den Eindruck erwecken, als ginge es in Ricœurs Synthesis des Heterogenen um ein Zusammennehmen einer rohen zeitlichen Mannigfaltigkeit. Liebsch ist zu Recht der Auffassung, dass Ricœurs Anwendung des Modells einer Synthesis des Heterogenen zwar den Unterschied zwischen Heterogenität und Ordnung in der Zeiterfahrung deutlich zu machen vermag, dadurch jedoch die Gefahr besteht, „daß der Ebene der Zeiterfahrung, der sich noch keine narrative Intelligenz bemächtigt hat, jede Ordnung abgesprochen wird, durch die sie selbst sich in Formen einer der Erfahrung immanenten Geschichtlichkeit gestalten könnte".[212] Kauls Kritik zielt in eine ähnliche Richtung, wenn sie die Position vertritt, dass Ricœur „durch den Versuch, die Narration zu einem Laboratorium der Einbildung zu machen" den Grund der heideggerschen Hermeneutik verkennt, in welcher das zeitliche In-der-Welt-sein immer schon erschließt.[213] Es lässt sich die bereits im Zusammenhang der *mimesis I* angeführte Frage wiederholen: Was ist das für eine aporetische, ungeordnete Zeiterfahrung, die die Narration, in diesem Fall auf der Stufe der *mimesis II*, zu konfigurieren und damit zu ordnen hat? Setzt die Konfiguration der *mimesis II*

---

210 TR I, 135/ZE I, 113. Während es bei Ricœur um eine geregelte Deformation der historisch gewachsenen Paradigmen der Fabelkonfiguration geht, bezeichnet Richir mit dem Terminus *„kohärente Verformung"* eine kohärente Verformung der eigentlich phänomenologischen Sphäre, welche immer nur über symbolische Institutionen und nie direkt gegeben ist. Richir, Marc: *Méditations phénoménologiques. Phénoménologie et phénoménologie du langage*. Grenoble: Jérôme Millon 1992 (= Collection Krisis), 16. Bei Richir steht im Vordergrund, diesen Verformungen mit Gegenverformungen zu begegnen, um sich nicht von den symbolischen Institutionen beherrschen zu lassen, während Ricœur sich ein mehr und besser Verstehen von historisch gewachsenen Innovationen im narrativen Schematismus erhofft.

211 TR I, 135/ZE I, 113.

212 Liebsch: Zeit, Lebensgeschichte und Narrativität. Ricœur und Merleau-Pontys Phänomenologie der Wahrnehmung, a. a. O., 69.

213 Kaul: *Narratio: Hermeneutik nach Heidegger und Ricœur*, a. a. O., 15.

tatsächlich bei einer vollkommen ungeordneten Zeiterfahrung an und verkennt Ricœur die heideggersche Einsicht in ein immer schon erschließendes zeitliches In-der-Welt-sein? Was ist das für eine „Synthesis", die auf der Ebene der *mimesis II* welches „Heterogene" synthetisiert?

Angesichts der bereits auf der Stufe der *mimesis I* präfigurierten Zeiterfahrung ist das Vorverständnis, auf dessen Basis die Konfigurationen der *mimesis II* operieren, nie eine bloße zeitliche Mannigfaltigkeit. Es scheint terminologisch irreführend, wenn Ricœur von „Heterogenem" spricht, das konfigurativ zu synthetisieren ist, denn das Vorverständnis der Handlungszusammenhänge auf der Stufe der *mimesis I* impliziert bereits eine pränarrative, präfigurative „Synthesis". Und doch spricht er erst im Zusammenhang der ausdrücklichen Konfigurationen auf *mimesis II* von einem Schematismus. Dieses gewisse Missverhältnis lässt sich möglicherweise so aufklären, dass bereits präfigurierte Handlungszusammenhänge in der *mimesis II* auseinandergerissen und auf eine neue, bisher unerhörte und in diesem Sinne heterogene Weise in einer Konfiguration zusammengesetzt werden. Das ricœursche Gegenstück zur kantischen zeitlichen Mannigfaltigkeit wären so als vorschematisierte zeitliche Ordnungen zu verstehende Präfigurationen, die zerteilt würden, um neue Konfigurationen herzustellen. Ricœurs berühmte Formel von der „Synthesis des Heterogenen" wäre in diesem Falle eher als ein *modifizierender und vertiefender Synthetisierungsprozess des nie ganz Heterogenen* zu verstehen. Angesichts eines solchen wäre jedoch auch zu betonen, dass die schöpferische Einbildungskraft sich nicht nur auf der Basis der narrativen Paradigmen der Tradition, sondern gerade auch auf dem Boden der alltäglichen Handlungspräfigurationen der *mimesis I* entwickelt, die über Ricœur hinausgehend, wie oben erörtert, durch diverse narrative Zeitmomente, u. a. der Befindlichkeit, zu ergänzen wären. So käme der Unterschied zwischen Kants Kritizismus und Ricœurs Hermeneutik in Hinblick auf ihre Schematismen deutlicher zum Tragen und es würde klarer, dass Ricœur keineswegs die heideggersche Einsicht in ein immer schon In-der-Welt-sein vernachlässigt.

Auch Heidegger, so wurde in dieser Arbeit bereits erörtert, hat der kantischen transzendentalen Einbildungskraft und dem kantischen Schematismus große Aufmerksamkeit gewidmet und sie für sein eigenes frühes Denken der Zeit fruchtbar zu machen versucht. Lässt sich ein Bezug seiner diesbezüglichen Analysen zu denjenigen Ricœurs herstellen? Heidegger hatte die transzendentale Einbildungskraft als ursprüngliche Zeit bzw. die ursprüngliche Zeit als die Wurzel der transzendentalen Einbildungskraft aufzuzeigen versucht. Ließe sich dementsprechend bei Ricœur die Einbildungskraft als ursprüngliche Narrativität bezeichnen? Meines Erachtens liegt hier ein wichtiger Unterschied zwischen Heidegger und Ricœur. Während Heidegger die ursprüngliche Zeit als die am tiefsten liegende Seinsstruktur des Daseins auszuweisen versucht, deren ontologische Ursprünglichkeit das Fundament für alle weiteren Seins- und Zeitigungsweisen liefert, ist Ricœurs narrative Einbildungskraft durch keinerlei ursprüngliche Grundstruktur zu fassen. Sie bildet sich immer schon auf eine dynamische Weise auf der Basis von bereits bestehenden Paradigmen durch Sedimentierung und Neuschöpfung heraus, ohne dabei auf eine ursprüngliche Grundstruktur zurückgeführt werden zu können. Ricœur folgt weder der kantischen Priorisierung des Verstandes, noch der heideggerschen Bestimmung der transzendentalen Einbildungskraft durch die ursprüngliche Zeit. Dasjenige Vermögen zur Regelgebung, welches im Schematismus der narrativen Funktion zum Tragen kommt, fungiert mit seinen Innovationen vielmehr stets auf dem Boden der sedimentierten Traditionen, sowie der Aporizität der Zeit und bildet sich so selbst stets neu heraus.

Diese die Bestimmung des Schematismus der narrativen Funktion leitende Orientierung am faktisch Gegebenen, anstatt an einem ontologisch Ursprünglichen, lässt sich auch durch einen Vergleich von Ricœurs und Heideggers Bestimmung der Schemata deutlich machen. Die in SZ als Wohin der Entrückung der Ekstasen bestimmten horizontalen Schemata der ekstatischen ursprünglichen Zeitlichkeit des Daseins sind Umwillen seiner, Woher/Woran und Um-zu. Die *Grundprobleme* entwickeln eines von drei horizontalen Schemata der Temporalität des Seins überhaupt: die Praesenz. Es ging Heidegger mit dieser um einen ontologisch ursprünglichen Entwurfshorizont, auf den hin Sein immer schon verstanden ist. Ricœur hingegen setzt bei derjenigen Zeitbestimmung an, die sich seiner Auffassung nach faktisch zunächst zeigt: der Innerzeitigkeit. Er bestimmt zwar keine Schemata der Innerzeitigkeit und entwickelt seinen Schematismus der narrativen Funktion überhaupt erst auf der Ebene der *mimesis II*. Es ließe sich aber vielleicht dennoch davon sprechen, dass die Innerzeitigkeit das Zeitverständnis darstellt, welches bei Ricœur den Entwurfsbereich des Verstehens auf der *mimesis I* vorzeichnet. Es ginge dabei aber nicht um ein bzw. bei Heidegger drei ontologisch ursprünglichste horizontale Schemata, auf die hin Sein immer schon verstanden ist, sondern lediglich um etwas, das sich vielleicht als faktisches Urschema bezeichnen ließe und welches sich als solches, anders als Heideggers Innerzeitigkeit, mit keinerlei Abkünftigkeit aus einer ursprünglichen Zeit verknüpft fände. Aus diesem faktisch sich zunächst zeigenden Schema, dem Entwurfsbereich der Innerzeitigkeit, könnten dann auf der Ebene der *mimesis II* vielfältige und immer wieder neue zeitliche Schemata und damit Regeln und Entwurfsbereiche der Konfiguration hervorgebracht werden. In Anknüpfung an Ricœurs methodisches Begriffspaar von *appartenance* und *distanciation*, bei dem die *distanciation* immer schon die *appartenance* durchzieht, ließe sich ergänzend sagen, dass die bereits auf der Ebene der *mimesis I* in dem Gefühl der Innerzeitigkeit wirkende und durch die Aporizität der Zeit begründete *distanciation* auf der Ebene der *mimesis II* ausdrücklich vertieft wird und über die Vielfalt der möglichen Konfigurationen und der in ihnen angewendeten narrativen Schemata zu einem Mehrverstehen führt.

Bereits auf der Stufe der Konfiguration und der Übergangsstufe zwischen Konfiguration und Refiguration der Zeiterfahrung wird erkennbar, dass die Erzählung Ricœur zufolge nicht nur eine nichtbegriffliche Auflösung der Zeitproblematik liefern, sondern dass sie darüber hinaus auch eine *Pluralität* und *historische Vervielfältigung* der Paradigmen der Fabelkomposition und damit der poetischen bzw. poetologischen oder poietischen Auflösungen der Zeitproblematik hervorbringen können soll. Mit der narrativen Zeit, in der episodische und konfigurierende Dimension verknüpft sind, steckt Ricœur den Rahmen ab, innerhalb dessen mögliche poetische Lösungen der Zeitaporien zu suchen sind. Das sich bei Ricœur an die Grundbestimmung der narrativen Zeit anschließende Modell der Synthesis des Heterogenen schien allerdings eher im Sinne einer pluralen und historischen Synthesis des nie ganz Heterogenen interpretiert werden zu müssen, um ihm eine stärkere Kohärenz mit Ricœurs eigenen Überlegungen zur *mimesis I* zu verleihen.

4.3.4 „Mimesis III": narrative Refiguration der Zeiterfahrung

Während unser Zeitverständnis laut Ricœur auf *mimesis I* in Präfigurationen immer schon pränarrativ vorstrukturiert ist und sich darauf im „Reich des Als ob" der *mimesis II* Konfigurationen aufbauen lassen, ist es die Ebene der *mimesis III*, auf der über eine Konfrontation zwischen der Konfiguration der *mimesis II* und dem Vorverständnis der *mimesis I* eine Refiguration dieses Vorverständnisses ermöglicht werden soll. Die *mimesis III*, so Ricœur, entspreche Gadamers Begriff der Anwendung. Wie Gadamer, so rechnet auch Ricœur, wie in der Einleitung zu Teil 4 bereits angezeigt wurde, die Anwendung dem Textverstehen unmittelbar zu und versteht sie nicht als ein diesem äußerliches Moment, welches gelegentlich zum Verstehen und Auslegen hinzutreten kann.[214] Für Ricœur wurde dies oben im Rahmen der Zusammengehörigkeit der Begriffe *appartenance*, *distanciation* und *application* deutlich. Die *mimesis III* kann als die narrative Vertiefung jener den Anwendungsbegriff betreffenden methodischen Grundlagen von Ricœurs hermeneutischer Phänomenologie verstanden werden. Sie ist aber auch die entscheidende Instanz hinsichtlich der narrativen Antwort auf die Zeitproblematik, da „das Problem der Refiguration der Zeit durch die Erzählung zwar in der Erzählung *aufgeworfen* (*se noue*), dort aber nicht *gelöst* (*dénouer*) wird".[215]

Bereits Aristoteles, so Ricœur, habe ansatzweise die Zugehörigkeit der Ebene der Rezeption zur Tragödie zur Kenntnis genommen, wenn er z. B. vertrete, dass die Dichtung das Allgemeine lehre oder – der viel diskutierten *katharsis* zufolge – durch die Darstellung von Furcht und Mitleid von solchen Gefühlen reinige. In einer Verschiebung und Vertiefung dieser Ansätze geht es Ricœur in der *mimesis III* um den Aufweis des „Schnittpunkt[es] zwischen der Welt des Textes und der des Zuhörers oder Lesers", den er in vier Schritten nachzuweisen versucht.[216] Erstens begegnet er dem möglichen Vorwurf einer *Zirkularität* des Kreises der *mimesis*, indem er zu zeigen versucht, dass dieser Kreis weder *gewaltsam* noch *redundant*

---

[214] Vgl. TR I, 136/ZE I, 113 und TR III, 285 f. (und Fußnote)/ZE III, 254 (und Fußnote). Vgl. Gadamer, Hans-Georg: *Wahrheit und Methode. Grundzüge einer philosophischen Hermeneutik*. Tübingen: J.C.B. Mohr (Paul Siebeck), 6., durchgesehene Auflage, 1990 (= Gesammelte Werke. Bd. 1), 312 f. Die ältere Hermeneutik, so erläutert Gadamer an dieser Stelle, kannte die *subtilitas intelligendi*, das Verstehen, und die *subtilitas explicandi*, das Auslegen. Im Pietismus sei dann die *subtilitas applicandi*, das Anwenden als drittes Moment hinzugetreten. In der romantischen Hermeneutik habe man zwar die innere Einheit von *intelligere* und *explicare* erkannt, dabei aber das Anwenden ganz aus der hermeneutischen Problematik verdrängt. Tatsächlich aber, so Gadamer und so auch Ricœur, bestünde eine innere Einheit von Verstehen, Auslegen *und* Anwenden.

[215] TR III, 328/ZE III, 293.

[216] TR I, 136/ZE I, 114.

ist. Zweitens unternimmt er einen Schritt, der ihn in einer wichtigen Weise über seine Analysen aus *La métaphore vive* hinausführt: Ricœur setzt an die Stelle einer direkten Verbindung zwischen Gedicht und Neubeschreibung der Wirklichkeit nun zwischen Erzählung und Refiguration der Zeiterfahrung den *Akt des Lesens*, welcher den konfigurierenden Akt der Erzählung fortsetze und allererst abschließe.[217] Drittens erörtert Ricœur, inwiefern sich von einer *Referenz* des Narrativen sprechen lässt. An vierter und letzter Stelle steht eine Frage, die für die hiesige Betrachtung von Ricœurs Zeitdenken im Zusammenhang mit Husserl und Heidegger von entscheidender Bedeutung ist. Es handelt sich um das Verhältnis der über den Kreis der *mimesis* entwickelten „Hermeneutik der erzählten Zeit" zu der *„Phänomenologie der Zeit"* bzw. um die „Dialektik zwischen einer Aporetik und einer Poetik der Zeitlichkeit".[218] Diese vier von Ricœur angeführten Themenkomplexe leiten im Folgenden die Auseinandersetzung mit der Refiguration der Zeiterfahrung durch die *mimesis III*. Zwei Fragen sind für die Thematik dieser Arbeit entscheidend: Erstens, wie ist Ricœur zufolge eine Refiguration des Zeitverständnisses der *mimesis I* auf der Ebene der *mimesis III* einerseits *möglich* und andererseits darüber hinaus auch eine *plausible Hypothese über die Wirklichkeit*? Und zweitens, welche Rolle weist der Zirkel der dreifachen *mimesis* der *Phänomenologie der Zeit* zu – wird sie obsolet oder relativiert?

Bei dem Kreis der *mimesis* handelt es sich Ricœur zufolge nicht „um einen circulus vitiosus", sondern um eine „endlose[] Spirale […], bei der die Vermittlung mehrmals durch den gleichen Punkt führt, jedoch jeweils in einer anderen Haltung (*attitude*)".[219] Um nachzuweisen, dass die wechselseitige Interpretation von Zeiterfahrung und narrativer Struktur „keine tote Tautologie", sondern ein „‚gesunde[r] Zirkel'" ist, argumentiert Ricœur zunächst gegen den Vorwurf der Gewaltsamkeit der Interpretation der Zeiterfahrung durch die Narrativität.[220] Wenn man der Zeiterfahrung durch Narrativität eine Form gibt, so sei dies keinesfalls eine Lüge, ein falscher Trost, eine gewaltsame Interpretation oder ein bloßer literarischer Kunstgriff, sondern die Zeiterfahrung tendiere von sich aus auch immer schon zur

---

[217] In *Temps et récit III* und RF finden sich ausdrückliche Formulierungen dieser Selbstkorrektur. In *La métaphore vive*, so schreibt Ricœur, „hatte ich […] dem Gedicht selber das Vermögen zugeschrieben, das Leben zu verwandeln, und zwar durch eine Art Kurzschluß, der zwischen dem *Sehen-als* ..., das für die metaphorische Aussage charakteristisch ist, und dem *Sein-wie* ... als dessen ontologischem Korrelat hergestellt wurde. […] Ein tieferes Nachdenken über den Begriff der Welt des Textes und eine genauere Charakterisierung der für diese Welt maßgeblichen Transzendenz in der Immanenz haben mich indes davon überzeugt, daß der Übergang von der Konfiguration zur Refiguration es erforderlich macht, die fiktive Welt des Textes mit der realen Welt des Lesers zu konfrontieren. In eins damit wurde die Refiguration undenkbar ohne die Vermittlung der Lektüre" (TR III, 287 f./ZE III, 256). In RF äußert Ricœur in Hinblick auf *La métaphore vive*, er „sage […] heute, daß ein Bindeglied fehlte zwischen der Referenz als zur metaphorischen Aussage, also noch zur Sprache gehörenden Intention und dem von der letzteren aufgedeckten Sein-wie. Dieses Bindeglied ist der Akt des Lesens" (RF, 48/IA, 41 f.). Die hier anklingenden ontologischen Implikationen von Metapher und Fabel werden in Kap. 4.7.1 ausführliche Beachtung finden.

[218] TR I, 137/ZE I, 114.

[219] TR I, 138/ZE I, 115 (Einfügung des französischen Wortlautes, Übersetzung modifiziert, I.R.).

[220] TR I, 144/ZE I, 120.

Konsonanz. Obwohl in der Zeiterfahrung die Dissonanz überwiege, sei sie nie radikal formlos. Dies zeigte sich zum einen in den von Ricœer angeführten pränarrativen Zeitmerkmalen der *mimesis I*, viel deutlicher aber noch in seiner Bestimmung der Aporien der Zeit aus dem vierten Teil von *Temps et récit*. Anhand von Husserl, Kant und Heidegger spezifiziert er gerade die These, dass die verschiedenen, von der Philosophie und insbesondere der Phänomenologie untersuchten Zeitmerkmale zwar in einem aporetischen Verhältnis zueinander stehen, aber immer schon alle wirksam sind und in einem Anziehungsverhältnis zueinander stehen: Die so genannte phänomenologische und die kosmologische Zeitperspektive, die Dispersion und die Einheit im Kollektivsingular der Zeit und auch die Unerforschlichkeit der Zeit spielen in unserem Zeitverständnis immer schon ineinander und bringen gewisse Konsonanzen hervor, wenngleich diese Konsonanzen vor dem Hintergrund theoretischer Aporizität zu sehen sind. Komplementär zu der nie ganz formlosen Zeiterfahrung sei aber auch die Erzählung „nie der bloße Triumph der ‚Ordnung'", da u. a. die *peripeteia*, die Kontingenzen und Schicksalsschläge immer schon jede geschlossene Ordnung der Erzählung unterwanderten.[221] Diese nie abgeschlossene, offene Dialektik von konsonanter Dissonanz in der Zeiterfahrung, welche in den Zeitaporien ihre höchste Differenzierung erfährt, und der dissonanten Konsonanz der Erzählung kann noch einmal bekräftigen, dass sich den von Carr und Janicaud formulierten Einwänden gegen ein zunächst aporetisches, heterogenes und zersplittertes Durcheinander oder gegen eine zunächst gespaltene Zeit, die die Erzählung nachträglich zu vermitteln hätte, bereits mit Ricœur selbst begegnen lässt.

Zum anderen sucht Ricœur zu zeigen, dass der Kreis der *mimesis* nicht redundant ist. Obgleich er keine dementsprechende ausdrückliche Differenzierung vornimmt, greifen in seiner Argumentation zwei Aspekte ineinander. Zum einen geht es mit dem Nachweis von „potentiellen Geschichte[n]" darum, eine Kontinuität im Kreis der *mimesis* aufzuweisen, die gleichzeitig keine Tautologie ist.[222] Damit wäre gezeigt, wie es *möglich* ist, dass der Kreis eine nichtredundante Spirale darstellt. Zum anderen will Ricœur jedoch auch ein in unserem Vorverständnis liegendes „authentisches Erzählbedürfnis (*authentique demande de récit*)" ausweisen, welches die in dem Kreis der *mimesis* liegende *Dynamik* plausibel zu machen vermag.[223] Dadurch wäre auch die *Wirklichkeit* der „endlosen Spirale" der dreifachen *mimesis* bezeugt.

Zunächst könnten diverse Beispiele in Hinblick auf den ersten Punkt zeigen, dass zwischen einer pränarrativen Erfahrung und dem ausdrücklichen Erzählen eine Kontinuität besteht, die jedoch nie ein einfach tautologisches Entsprechungsverhältnis ist. In der alltäglichen Erfahrung, so Ricœur, hätten wir bereits die Tendenz, in Episodenfolgen unseres Lebens noch nicht erzählte Geschichten zu sehen. Besonders deutlich werde die Annahme von potentiellen Geschichten jedoch angesichts der psychoanalytischen Situation, in der der Analysand dazu zu bringen ist, aus den Bruchstücken der Erfahrung eine Erzählung zu machen, sowie in der gerichtlichen Situation, in der der Richter versucht, die Geschichte des Verdächtigen zu erzählen.

---

[221] TR I, 139/ZE I, 116.

[222] TR I, 142/ZE I, 118 (Übersetzung modifiziert, I.R.).

[223] TR I, 141/ZE I, 118 (Einfügung des französischen Wortlautes, I.R.).

Und schließlich sieht Ricœur in geheimnisvollen Geschichten wie denen des Apostels Markus oder Kafkas einen Verweis auf die „noch nicht erzählten Geschichten unseres Lebens, die die Vorgeschichte, den Hintergrund, die lebendige Verschachtelung bilden, aus denen die erzählte Geschichte hervorgeht".[224]

Diesen unerschöpflichen Fundus potentieller, nicht oder noch nicht erzählter Geschichten sieht Ricœur nun aber mit einem *Antrieb* zum ausdrücklichen Erzählen verknüpft, welcher sich aus zweierlei Quellen zu speisen scheint. Zum einen erwähnt Ricœur innerhalb des psychoanalytischen Beispieles die Suche nach persönlicher Identität. In diesem Fall ließe sich der Antrieb zum Erzählen durch das *Ringen um Orientierung im eigenen Leben* und schließlich um die eigene persönliche Identität verstehen. Zum anderen ist der Antrieb zum Erzählen aber bereits in *Temps et récit I* auch *ethisch* motiviert: „Wir erzählen Geschichten", so Ricœur, „weil die Menschenleben Erzählungen brauchen und verdienen. Diese Bemerkung erhält ihr volles Gewicht, wenn wir an die Notwendigkeit denken, die Geschichte der Besiegten und der Verlierer zu retten. Die gesamte Geschichte des Leidens schreit nach Vergeltung und ruft die Erzählung herbei".[225]

Wenn Husserl davon spricht, dass der Urprozess oder Lebensstrom mit seinen hyletischen Zeitgegenständen das Ich affiziert und so gegen das Ziel anschaulicher Gegebenheit strebt und wenn er überdies in der fortschreitenden Konstitution eine Tendenz zur Einstimmigkeit entdeckt, so lässt sich darin durchaus eine Parallele zu Ricœurs Ansatz entdecken, in unausdrücklichen Geschichten ein Bedürfnis zu ausdrücklichem und möglichst konsonantem Erzählen zu sehen. Und wenn Ricœur die Suche nach der eigenen persönlichen Identität als den Versuch einer reflektierten und ausdrücklichen Übernahme unausdrücklicher Geschichten versteht, so liegt hier eine deutliche Parallele zu Heideggers Selbständigkeit des Daseins.[226] Dass allerdings eine Art *ethischer Appell* dazu aufruft, gerade die besonders verborgenen

---

224 TR I, 144/ZE I, 120. Für die narrative Deutung der Psychoanalyse bezieht Ricœur sich auf Schafer, Roy: *A New Language for Psychoanalysis*. New Haven/London: Yale University Press 1976, für das Beispiel des Richters auf Schapp, Wilhelm: *In Geschichten verstrickt. Zum Sein von Mensch und Ding*. Wiesbaden: B. Heyman 1976 und für die Geheimnisse bergenden Geschichten auf Kermode, Frank: *The Genesis of Secrecy. On the Interpretation of Narrative*. Cambridge: Cambridge University Press 1979.

225 TR I, 119/ZE I, 143. Liebsch sieht bei Ricœur zunächst „allein das Faktum des Verzeitlichtseins unseres ‚jemeinigen' Lebens [...], das um seine eigene geschichtliche Verständlichkeit ringt", als Grund für das Erzählverlangen an (Liebsch: Zeit, Lebensgeschichte und Narrativität. Ricœur und Merleau-Pontys Phänomenologie der Wahrnehmung, a. a. O., 76). Die Motive eines ontologischen Mangels durch das Verzeitlichtsein und einer Sehnsucht nach dem Anderen der Zeit seien für Ricœur in *Temps et récit* bestimmend, während erst in späteren Werken ethische Motive dominierten. Die ethischen Motive des Erzählens klingen in *Temps et récit* zwar schon deutlich an, erhalten aber in Ricœurs späteren Werken ein immer stärkeres Gewicht. In Anlehnung an Liebsch ist die insbesondere für diese Arbeit wichtige Frage zu verfolgen, ob durch die von Ricœur behauptete ethische Erzählmotivation „in einer vorläufig kaum abzuschätzenden Weise der zeitontologische Rahmen der Ricœurschen Philosophie selber brüchig" wird. A. a. O., 77 (Fußnote). Vgl. dazu Kap. 4.7.

226 Die Frage personaler und narrativer Identität wird in Kap. 4.4.5 ausführlich Beachtung finden.

Geschichten, nämlich die der Verlierer, ausdrücklich zu machen, ist ein Gedanke, der sowohl Husserl als auch Heidegger ganz und gar fremd zu sein scheint.[227]

Der *Akt des Lesens* ist für Ricœur ein unhintergehbares Moment der Refiguration, weil es immer der Leser ist, der den Akt der Konfiguration in seiner Lektüre aktualisieren und vollenden muss. Nur in der Überschneidung der Konfiguration des Textes mit der Vollendung der Konfiguration beim jeweiligen Leser kann der Text in den Kreis der *mimesis* eintreten und eine Refiguration der Zeiterfahrung bewirken. Es kann, so wurde bereits gesagt, bei der Lektüre nicht darum gehen, eine hinter dem Text verborgene Intention des Autors wiederzufinden, sondern im Mittelpunkt steht der als autonom betrachtete Text selbst. Dieser, so Ricœur mit Iser und Jauß, sei lediglich ein Komplex von Anweisungen, die der Leser allererst passiv oder schöpferisch ausführen müsse, damit der Text in der Wechselwirkung mit dem Rezipienten zum Werk werden kann.[228] Ricœur vergleicht die Lektüre mit Husserls Wahrnehmung, da sie wie jene immer Horizontcharakter hat, indem sie stets über sich selbst hinausweist.[229] Weil eine Theorie der Lektüre sich auf die *Antwort* des vom Text affizierten Lesers zu konzentrieren habe, sei eine solche von der *Phänomenologie* und nicht von der auf die Initiative und Strategie des Autors konzentrierten Rhetorik zu leisten. Eine solche „Phänomenologie und Ästhetik der Lektüre“ entwickelt Ricœur in *Temps et récit III* in Auseinandersetzung mit Ingarden, Iser und Jauß.[230] Für die hiesigen Zwecke genügt es, einige Grundzüge dieser Theorie der Lektüre zu skizzieren. Ricœur schließt sich Ingarden und Iser an, wenn diese das von Husserl entwickelte Spiel zwischen Protentionen und Retentionen auf das antizipatorische Zusammenspiel der Sätze in der Lektüre anwenden. Anders als bei Wahrnehmungsobjekten gäbe es für literarische Objekte jedoch nie anschauliche Erfüllungen der Erwartungen, sondern immer nur Modifikationen derselben. Der Leser, so Ricœur mit Iser, sei ein wandernder Blickpunkt,[231] der den Text nie als Ganzen in einem einzigen Augenblick erfassen kann, weil er stets innerhalb dessen steht, was es zu erfassen gilt.

Die von Jauß entwickelte Rezeptionsästhetik, welche sich bis zu einer literarischen Hermeneutik ausweitet, umfasst Ricœur zufolge die Phänomenologie des Aktes des Lesens, da sie den einzelnen Leser als Teil eines Publikums mit kollekti-

[227] Vgl. die weiteren Ausführungen zu diesem Thema in Kap. 4.4.4 und 4.4.5.

[228] Vgl. TR I, 146/ZE I, 122.

[229] Vgl. TR III, 320/ZE III, 285.

[230] Vgl. TR III, 303–328/ZE III, 270–293. Ricœur konzentriert sich in der Entwicklung einer Theorie der Lektüre auf fiktionale Texte, sie ist ihm zufolge jedoch auf historische Texte gleichermaßen anwendbar: „Wir haben so getan, als sei die Lektüre nur für die Rezeption literarischer Texte von Interesse. Wir lesen aber Geschichtswerke ebenso gut wie Romane. Alles Geschriebene, also auch die Geschichtsschreibung, fällt unter eine erweiterte Theorie der Lektüre“ (TR III, 330/ZE III, 294 f.).

[231] Vgl. TR III, 306/ZE III, 273. Wenn Ricœur sich Ingardens Orientierung an Verbildlichung und Vorstellung des Lesers und Isers wanderndem Blickpunkt anschließt, so ist hier eine Dominanz des Sehens und der bildlichen Figuration zu erkennen, die wie die Priorisierung der Innerzeitigkeit bei Ricœur eine gewisse Vernachlässigung von befindlich, leiblich und nichtfigurativ sich formierenden narrativen Zusammenhängen erkennen lässt.

ven, durch bestimmte narrative Schemata geprägten Erwartungen betrachtet und so seine Zugehörigkeit zu einer Rezeptionstradition berücksichtigen kann. Dabei sind nicht nur aktuelle kollektive Erwartungen des Publikums zu beachten, sondern es geht darum, innerhalb der Literaturgeschichte Brüche in den Erwartungshorizonten – abermals ein husserlscher Begriff, den Ricœur diesmal mit Jauß auf die Lektüre überträgt – zu ermitteln, um diese in die Bedeutung des Werkes selbst aufzunehmen. So versteht man beispielsweise die in der Parodie liegende Innovation von Cervantes' *Don Quijote* erst dann, wenn man die allgemeine Vertrautheit des ersten Publikums mit Ritterromanen berücksichtigt. Ricœur ist sich der Problematik bewusst, dass in der Rezeptionsästhetik die Vielheit der Werke tendenziell zu einem kanonischen, einheitlichen Zusammenhang zu verschmelzen droht. Es scheint eben dies der Grund dafür zu sein, dass er immer wieder die Bedeutung des einzelnen Lesers und seiner Refigurationstätigkeit hervorhebt. Nichtsdestotrotz trägt der Einzelne stets einen Erwartungshorizont an Texte heran, der immer auch von einer Vertrautheit mit Paradigmen zeugt, die er mit vielen seiner Zeitgenossen teilt und die Ricœur in Anlehnung an Kant von einer Mitteilbarkeit des wahrnehmenden Verstehens sprechen lässt.[232] Die Lektüre des Einzelnen, der immer als Singulärer refiguriert, gleichzeitig aber auch in einer Lektüretradition steht, verknüpft die Ebene der *mimesis II* mit der *mimesis III* und ermöglicht auf unmittelbare und in der Folge möglicherweise auch reflektierte Weise sowohl eine Refiguration der alltäglichen als auch der bereits in den narrativen Paradigmen der Tradition sedimentierten Zeiterfahrungen.

Narrative Konfigurationen sind zudem keine rein immanenten Strukturzusammenhänge, sondern verweisen auf eine *Welt des Textes*. Das, „was in einem Text interpretiert wird, [ist] der Vorschlag einer Welt [...], in der ich wohnen und meine eigensten Möglichkeiten entwerfen könnte".[233] Nun hat aber nicht nur der Text eine Welt mit einem offenen Horizont, sondern auch der Leser selbst befindet sich in einer bestimmten Situation, in der er eine Welt und einen Horizont hat, auf die sich seine Rede bezieht. Diese beiden Welten des Textes und des Lesers *überschneiden* sich in der *mimesis III* auf eine Weise, die Ricœur von einer Nähe zu der gadamerschen Horizontverschmelzung sprechen lässt. Ricœurs Weltbegriff markiert einen offenen nie zu erschöpfenden Horizont, der als das Andere der Sprache fungiert und nie selbst Gegenstand der Rede werden kann.[234] Wenn sich die Welt des Textes mit

[232] Vgl. zu der Problematik einer vereinheitlichten Literaturgeschichte TR III, 316 (Fußnote)/ZE III, 282 (Fußnote). Vgl. zu der Betonung des einzelnen Lesers TR III, 304/ZE III, 271 und TR III, 327/ZE III, 292. Vgl. zu Ricœurs Aneignung der kantischen Mitteilbarkeit des Geschmacksurteiles TR III, 323–327/ZE III, 288–292.

[233] TR I, 152/ZE I, 127. In SMA stellt Ricœur den unhintergehbaren ethischen Aspekt dieser Vorschläge alternativer Welten in den Vordergrund: „Aber im irrealen Bereich der Fiktion erforschen wir unablässig neue Bewertungsweisen für Handlungen und Figuren. Die Gedankenexperimente, die wir im großen Laboratorium der Einbildung durchführen, sind auch Forschungsreisen durch das Reich des Guten und des Bösen. Etwas umzuwerten, möglicherweise sogar abzuwerten bedeutet immer noch, es zu bewerten" (SMA, 194/SaA, 201).

[234] „Für sich selbst ist die Sprache ein Selbes; die Welt ist ihr Anderes. Das Zeugnis für diese Andersheit gibt uns die Selbstreflexivität der Sprache, die somit weiß, daß sie *im* Sein ist, um *auf*

der Welt des Lesers überschneidet, so *entdeckt* der Leser vor diesem unerschöpflichen Hintergrund seiner Welt und der Welt des Textes eine vom Text zur Sprache gebrachte Erfahrung, die er derart als mögliche eigene Erfahrung rezipieren und in seinen Erfahrungshorizont aufnehmen kann, dass seine eigene Weltsicht dadurch *verändert* wird.[235] Durch diese modifizierende Wirkung auf die Welt des Lesers, die der hermeneutischen Anwendung der Lektüre immer schon zugehört, wird die Erzählung über die schöpferische Handlungsnachahmung hinaus selbst zu einer Handlung. Allerdings gestaltet sich die Begegnung mit der Welt des Textes häufig so konfliktreich, dass Ricœur sogar meint, der „Schock des Möglichen [sei] nicht geringer [...] als der Schock des Wirklichen".[236] Letztlich sei jedoch „die Welt meiner Ansicht nach die Gesamtheit der Referenzen [...], die durch alle Arten von deskriptiven oder dichterischen Texten zugänglich gemacht werden, die ich gelesen, gedeutet und geliebt habe".[237] Die zumindest durch eine minimale Überschneidung erreichte Bereicherung unserer Welt durch verschiedene Welten der Texte zeige, dass die Werke der Fiktion keinesfalls platonische, schattenhaft abgeschwächte Bilder der Wirklichkeit seien, sondern vielmehr als *„ikonische Bereicherung"* fungierten.[238] Diese besteht in einer *Über*bedeutung der vorgängigen Lesbarkeit der Handlungen, welche auf *mimesis I* immer schon durch symbolische Artikulation *vor*bedeutet ist. Das Spezifische des narrativen Textes liegt Ricœur zufolge gerade darin, dass er „die Welt in ihrer *zeitlichen* Dimension in dem Maße neubedeutet (*ré-signifie*), wie erzählen, rezitieren ein Nachvollzug der Handlung ist, zu dem die Dichtung auffordert".[239]

Diese ikonische Bereicherung der menschlichen *praxis* und ihrer Zeitlichkeit durch die Narration verkompliziert sich jedoch, sobald man berücksichtigt, dass es zwei große Klassen des Narrativen mit unterschiedlicher epistemologischer Referenzfunktion gibt: die Fiktionserzählung und die Geschichtsschreibung. In seinen komplexen Auseinandersetzungen mit Geschichtswissenschaft und Fiktionserzäh-

---

das Sein einzugehen" (TR I, 148/ZE I, 123). Jervolino pointiert in dieser Hinsicht, dass Ricœurs Philosophie mehr noch als eine „Philosophie der Sprache" eine „Philosophie durch die Sprache" sei, „d. h. sie durchquert das Phänomen der Sprache in seinem ganzen Reichtum, ohne jemals zu vergessen, dass wir durch die Sprache von etwas sprechen" (Jervolino: La mémoire, l'histoire, l'oubli dans le contexte de l'itinéraire philosophique de Paul Ricœur, a. a. O., 21).

[235] Ricœur sei in *Temps et récit* „dazu gekommen zu sagen, daß die von der Lektüre aufgegriffenen metaphorischen und narrativen Aussagen darauf abzielen, die Wirklichkeit im doppelten Sinne einer *Entdeckung* der verborgenen Dimensionen der menschlichen Erfahrung und einer *Veränderung* unserer Weltsicht zu refigurieren" (RF, 74/IA, 68 f.). Vgl. auch TR III, 285/ZE III, 254.

[236] TR I, 150/ZE I, 125.

[237] TR I, 151/ZE I, 126. Dass Ricœur hier nicht nur von gelesenen und interpretierten, sondern auch von geliebten Texten spricht, scheint keineswegs nur persönliche Emphase zu sein. Damit die Welten der Texte und die durch sie vermittelten Erfahrungen tatsächlich in meine Welt, ihren Horizont und meine Erfahrungs- und Existenzmöglichkeiten eingehen, spielt eine emotionale Affinität eine wichtige Rolle.

[238] TR I, 152/ZE I, 127. Diesen Begriff übernimmt Ricœur aus Dagognet, François: *Écriture et Iconographie*. Paris: Vrin 1973 (= Problèmes & Controverses), dehnt ihn jedoch von der Malerei auf die Fiktion aus.

[239] TR I, 152 f./ZE I, 128 (Hervorhebung, I.R.).

lung entwickelt Ricœur die These, dass die Geschichtsschreibung sich durch ihre *Repräsentanzfunktion* auf eine abwesende Vergangenheit bezieht, während die Fiktionserzählung durch ihre *Signifikanzfunktion* in der Konfrontation der Welt des Lesers mit der Welt des Textes die Sicht der Wirklichkeit bereichert; dabei ist die Geschichtsschreibung immer auch Fiktion, weil sie es mit der Interpretation der auf Vergangenheit verweisenden Spuren zu tun hat, während die Fiktionserzählung immer auch einen Wirklichkeitsbezug hat, weil sie über metaphorische Referenzialität den Bedeutungsspielraum und die Möglichkeiten der Welt des Lesers erforscht und bereichert. Weil er in der Geschichtsschreibung einen Rekurs auf die Einbildungskraft und in der Fiktionserzählung eine metaphorische, wirklichkeitsbezügliche Referenzbedeutung entdeckt, spricht Ricœur von einer *„überkreuzten Referenz* zwischen Geschichtsschreibung und Fiktion,“[240] ohne dabei die Dichotomie zwischen ihren beiden Referenzintentionen aufheben zu wollen. Auf epistemologisch unterschiedliche Weise deckten diese beiden narrativen Formen bisher verdeckte Dimensionen der Zeiterfahrung auf und veränderten gleichzeitig die Zeiterfahrung ihres Rezipienten. Welche Art von „Referenz“ Ricœur diesen beiden narrativen Klassen im Einzelnen zuerkennt und welchen ontologischen Status er schließlich für ihre Referenten beansprucht, wird in Kap. 4.4.3 und 4.7 Thema sein.

Versteht Ricœur aber diese narrative Bearbeitung der Zeiterfahrung und der Zeitaporien als einen Ersatz für die Phänomenologie der Zeit? Wird die Phänomenologie der Zeit durch den Kreis der *mimesis* ersetzt? Obgleich Ricœur die Philosophie und insbesondere die Phänomenologie der Zeit für unausweichlich aporetisch hält, will er der Phänomenologie der Zeit keinesfalls ihre Relevanz bei der Bestimmung und Vertiefung unseres Zeitverständnisses absprechen. Die Phänomenologie der Zeit, stehe sie nun in der Tradition von Husserl oder von Heidegger, behält trotz oder gerade aufgrund der Aporizität der Zeit ihre Existenzberechtigung. Der Ausbau und die Vertiefung ihrer Aporetik vermag es, jene eigenen Grenzen der Phänomenologie der Zeit aufzuzeigen, an denen die narrative Funktion mit einer poetischen Antwort auf die Aporizität der Zeit anzusetzen hat. Ricœur denkt hier also keinesfalls eine Ersetzung, sondern eine Komplementarität, in der die Phänomenologie der Zeit neben Geschichtsschreibung und Literaturkritik als der „dritte Gesprächspartner“ fungiert.[241] Der hermeneutische Zirkel ist daher auch nicht ausschließlich durch

[240] TR I, 154/ZE I, 129. Das Problem der überkreuzten Referenz behandelt Ricœur erst in *Temps et récit III*. Dort wird er allerdings vorsichtiger mit dem Referenzbegriff umgehen und nur noch von einer Überkreuzung von Historie und Fiktion durch gemeinsame Refiguration sprechen. Vgl. TR III, 329 (und Fußnote)/ZE III, 294 (und Fußnote).

[241] TR I, 156/ZE I, 130. „Bald wird uns die hermeneutische Phänomenologie der Zeit den Schlüssel zur hierarchischen Abstufung der Erzählung liefern; bald werden die Wissenschaften von Geschichts- und Fiktionserzählung es uns ermöglichen, die spekulativ hartnäckigsten Aporien der Phänomenologie der Zeit, mit einem schon oben verwendeten Begriff zu sprechen, poetisch aufzulösen“ (TR I, 161/ZE I, 135). Wenn auf diese Weise die Phänomenologie der Zeit für Ricœur ihre Relevanz behält, so kann sie sich „im destruktiven Abbau kultureller Selbstverständlichkeiten der Leistungen der narrativen Funktion“ (Liebsch: Zeit, Lebensgeschichte und Narrativität. Ricœur und Merleau-Pontys Phänomenologie der Wahrnehmung, a. a. O., 76) bewähren, indem sie verborgene Zeiterfahrungen aufdeckt und so zu Alternativerzählungen der Zeit beiträgt.

Narrativität gekennzeichnet, sondern er lasse sich vielmehr „mit dem Zirkel einer Poetik des Narrativen (die selbst in dem oben genannten Problem der überkreuzten Referenz gipfelt) und einer Aporetik der Zeitlichkeit gleichsetzen".[242] Ja, die Phänomenologie der Zeit bleibt sogar „das gemeinsame Maß, ohne das das Verhältnis von Fiktion und Geschichte absolut unentscheidbar bliebe".[243] Durch die gemeinsame Arbeit von Narrativisierung und phänomenologischer Analyse der Zeit soll vielmehr eine differenzierte Erforschung unserer Zeiterfahrung zustande kommen, die in ihrer Pluralität ständig zu einer Konfrontation unserer bisherigen Zeiterfahrung mit neuen Zeiterfahrungsmöglichkeiten führt.

Die Poetik des Narrativen ließe sich, über Ricœurs eigene Worte hinausgehend, im weiteren Sinne ebenfalls als eine *Aporetik* der Zeit im Sinne einer neuen Technik zur Bearbeitung der Aporien der Zeit verstehen. Die *Aporizität* der Zeit aber ist bei dieser Suche nach neuen Aporetiken stets der „Stachel (*aiguillon*)", der uns dazu herausfordert, „das Verhältnis zwischen Zeit und Erzählung *besser zu denken*" und überdies durch ein Mehr- und Anderssagen nach einer intelligiblen Antwort auf die Frage nach der Zeit zu suchen.[244] Angesichts des Umstandes, dass die narrative Hermeneutik der Zeit für Ricœur an den Grenzen der Phänomenologie der Zeit anzusetzen hat, während der Phänomenologie selbst jedoch bei der Ermittlung der Vielfalt der Zeiterfahrung sowie ihrer eigenen Grenzen eine entscheidende Rolle zukommt, scheint sich Ricœurs Zeitdenken in einem weiteren Sinne als eine *hermeneutische Phänomenologie der Zeit* verstehen zu lassen.[245]

Der in *Temps et récit I* entwickelte Kreis der *mimesis*, den Ricœur zusammen mit der Phänomenologie der Zeit als den hermeneutischen Zirkel versteht, aus dem heraus die Frage nach der Zeit zu beantworten ist, bereitet jedoch allererst den Boden für seine in *Temps et récit III* formulierten konkreten Antworten auf die drei Zeitaporien. Er kann als die erste *narrative Präzisierung* dessen verstanden werden, was in dieser Arbeit wiederholt als ein *konstitutives Wechselspiel* nicht nur zwischen Dasein, Welt und Zeit, sondern auch *zwischen verschiedenen Zeitigungsweisen* gekennzeichnet wurde. In den folgenden Kap. 4.4–4.6 sind Ricœurs einzelne Antworten auf die drei Zeitaporien Thema. Dabei wird zunächst jeweils von den Ansätzen in *Temps et récit* auszugehen sein, um im Anschluss daran jeweils die Frage zu stellen, ob sich auch in den späteren Werken, in denen die Aporizität der Zeit kein zentrales Thema mehr ist, Weiterentwicklungen eben jener Konzepte entdecken lassen, welche Ricœur zunächst als Antworten auf die Zeitaporien ausgearbeitet hat.

---

242 TR I, 157/ZE I, 132.

243 TR III, 182/ZE III, 160.

244 TR I, 161/ZE I, 135 (Einfügung des französischen Wortlautes, I.R.).

245 Mit „in einem weiteren Sinne" ist gemeint, dass diese auf Ricœurs Zeitdenken angewendete Bezeichnung einer „hermeneutischen Phänomenologie der Zeit" die Auseinandersetzung mit den drei Gesprächspartnern – Phänomenologie, Geschichtsschreibung, Literaturkritik – in dem angegebenen Sinn zu umfassen vermag, wenngleich Ricœur selbst den Ausdruck in einem engeren Sinne, für Heideggers frühes Zeitdenken gebraucht.

4.4 Die Antwort auf die erste Aporie der Zeit: menschliche Zeit und narrative Identität

4.4.1 Von Heideggers Geschichtlichkeit zur historischen Praxis

Die narrative Antwort auf die erste Aporie zwischen erlebter und linearer Zeit ist Ricœur zufolge in den Konzepten der *menschlichen Zeit* und der *narrativen Identität* zu suchen. Allein über die menschliche Zeit, welche mit der erzählten Zeit identisch sei, könnten sich individuelle und kollektive Identitäten bilden, die somit ihrerseits wesentlich narrativ bestimmt seien. Diesem auf die erste Zeitaporie narrativ antwortenden und auf die menschliche Zeit aufbauenden Konzept der narrativen Identität schreibt Ricœur in den Schlussfolgerungen von *Temps et récit* den *höchsten Adäquationsgrad* angesichts der dreifachen Aporizität der Zeitlichkeit zu. Bis dahin ist es jedoch ein langer argumentativer Weg, denn um zu dieser doppelten Antwort auf die erste Zeitaporie zu gelangen, verbindet Ricœur die Ergebnisse seiner Interpretationen der phänomenologischen Ansätze von Husserl und Heidegger einerseits mit Untersuchungen des Zeitdenkens in der Geschichtswissenschaft und andererseits mit Untersuchungen fiktiver Phantasievariationen über die Zeitproblematik. Wie bereits in Kap. 4.2.1.2 angedeutet, setzt Ricœur zur Beantwortung der ersten Aporie der Zeit bei einer kritischen Auseinandersetzung mit Heideggers Geschichtlichkeitsbegriff an.

Im Folgenden soll zunächst gezeigt werden, welche Kritik Ricœur an Heideggers Begriff der Geschichtlichkeit übt und wie er von dort aus zu einem vermittelnden Zeitbegriff der historischen Praxis gelangt, den er als *„dritte[] Zeit (tiers-temps)"* oder auch als „historische Zeit (*temps historique*)" bezeichnet.[246] Das sich anschließende Kap. 4.4.2 setzt sich mit den so genannten Phantasievariationen der Zeit auseinander, durch welche Ricœur Zeitaspekte zum Vorschein kommen sieht, welchen die historische Zeit nicht ausreichend gerecht werden kann. Diese imaginative Variation und Anreicherung der historischen Zeit kulminiert in dem in Kap. 4.4.3 erörterten Konzept der menschlichen Zeit. Diese menschliche Zeit ist Ricœur zufolge auf deskriptiver Ebene nur als narrative denkbar, während sie auf präskriptiver Ebene ein in Kap. 4.4.4 thematisiertes Schuldverhältnis gegenüber der Vergangenheit impliziere. Kapitel 4.4.5 setzt sich auf der Basis des Konzeptes der narrativen menschlichen Zeit mit dem zentralen Begriff der narrativen Identität auseinander, welchen Ricœur in *Temps et récit* zwar lediglich andeutet, in *Soi-même comme un autre* jedoch deutlich ausarbeitet und durch ethische Gesichtspunkte erweitert.

---

[246] TR III, 190, 189/ZE III, 166, 165 (Einfügung des französischen Wortlautes, I.R.). Anstatt von „dritter Zeit" ließe sich auch von einer „Drittzeit" sprechen. Bei dem zweiten Terminus käme womöglich deutlicher zum Tragen, dass es sich um eine Zeit handelt, in der die die monologische und die dialogische Situation überschreitende Öffentlichkeit eine Rolle spielt. Den zunächst nur auf die historische Zeit bezogenen Terminus *„tiers-temps"* dehnt Ricœur in den Schlussfolgerungen zu *Temps et récit* auch auf die Analysen zur Fiktionserzählung aus, so dass *„tiers-temps"* dort äquivalent zur in Kap. 4.4.3 zu thematisierenden menschlichen Zeit verwendet wird. Vgl. TR III, 441/ZE III, 394.

In der Auseinandersetzung mit Heidegger war Ricœur zwar zu dem Ergebnis gelangt, dass es auch Heidegger nicht gelang und sogar nicht gelingen konnte, die phänomenologische mit der kosmologischen Zeit in einem einheitlichen Zeitbegriff zu verbinden. Im selben Atemzug hatte er Heidegger jedoch trotz dieses Scheiterns das Verdienst zuerkannt, mit den Mitteln einer hermeneutischen Phänomenologie gezeigt zu haben, dass es verschiedene Abstufungen der Zeiterfahrung gibt. Ricœurs wesentlicheres Fazit ist daher nicht, dass auch Heideggers Versuch, einen einheitlichen Zeitbegriff zu entwickeln, gescheitert ist, sondern dass Heidegger diese Aporie des Zeitbegriffes durch eine weit entwickelte begriffliche Differenzierung fruchtbar gemacht hat und über die Konfrontation von ursprünglicher und vulgärer Zeit vermittelnde, wenn auch nicht die Aporie auflösende Konzepte wie die endliche Zeit, die Innerzeitigkeit und die Geschichtlichkeit entwickelte.[247] Ricœur sieht in Heideggers Geschichtlichkeitsbegriff, welcher in SZ zwischen ursprünglicher Zeit und Innerzeitigkeit Behandlung findet, den Ansatz zu einer Über-brückung der ersten A-porie der Zeit. Allerdings findet er bei Heidegger aber auch nicht mehr als einen solchen Ansatz, da die Verbindung zwischen ursprünglicher Zeit einerseits und Innerzeitigkeit und vulgärem Zeitbegriff andererseits nicht, wie bei Heidegger, im Sinne eines ontologischen Abkünftigkeitsverhältnisses gedacht werden könne. Dieses bei Heidegger diagnostizierte Scheitern lässt Ricœur am Ende seiner Auseinandersetzung mit Heidegger von einer „Ratlosigkeit" über den „*Ort* der Geschichtlichkeit" sprechen, welche in SZ „zum kritischen Punkt des ganzen Unternehmens" werde.[248] Obgleich Heideggers Geschichtlichkeit nicht selbst die erlebte Zeit mit der linearen Zeit vermitteln könne, vermutet Ricœur jedoch in einer modifizierten Fassung der Geschichtlichkeit „die Brücke [...], die innerhalb des phänomenologischen Feldes zwischen dem Sein zum Tode und der Weltzeit geschlagen wird".[249] Die Brücke zwischen erlebter und linearer Zeit, die in der ersten A-porie der Zeit fehlte und durch Heideggers ontologischen Abkünftigkeitszusammenhang der Zeitperspektiven nicht geliefert werden konnte, will Ricœur daher durch eine Neubestimmung von Heideggers Geschichtlichkeitsbegriff aufweisen.

Ricœurs These ist, dass die historische Praxis, durch welche wir uns gemeinhin auf Vergangenes beziehen, und im weiteren Sinne die historische Wissenschaft immer schon mit dem Zeitbegriff der Geschichtlichkeit *und* mit dem Zeitbegriff der Innerzeitigkeit umgehen und so die erlebte Zeit mit der linearen Zeit in einer ihr eigenen *Schöpfung*, der *historischen Zeit*, vermitteln können. Obgleich Heidegger selbst Gegenteiliges behaupte, könne weder die historische Wissenschaft noch die Innerzeitigkeit in Heideggers Geschichtlichkeit ontologisch fundiert werden. Geschichtlichkeit rechne immer schon mit Innerzeitigkeit und erst recht eine Geschichtlichkeit, welche „der Weite der historischen Vergangenheit" gerecht werden will.[250] Diese könne ihre Existenzmöglichkeiten nicht aus einer mit Heidegger gedachten wiederholenden, unmittelbaren Übernahme des Erbes gewinnen, sondern

[247] Vgl. hierzu Kap. 4.2.1.2.
[248] TR III, 177, 176/ZE III, 156.
[249] TR III, 177/ZE III, 156.
[250] TR III, 144/ZE III, 127.

müsse sich immer schon als historische Praxis mit einer Innerzeitigkeit verknüpfen. Die Innerzeitigkeit ermögliche allererst den unhintergehbaren Umweg der Analyse über das nach Heidegger lediglich sekundär geschichtliche Zeug. Die an die Stelle von Heideggers Geschichtlichkeit tretende historische Praxis und im weiteren Sinne die historische Wissenschaft, welche immer schon mit beiden Zeitbegriffen umgingen, seien in der Lage, eine praktische Vermittlung von ursprünglicher Zeit, Geschichtlichkeit, Innerzeitigkeit und vulgärem Zeitbegriff zu erreichen. Sie könnten das in seiner Erstreckung, Gewesenheit und Wiederholung existierende Dasein und das Rechnen mit Innerzeitigem gleichermaßen berücksichtigen und über die Schöpfung der historischen Zeit praktisch miteinander vermitteln. Die konkreten Instanzen, an denen sich die historische Praxis und die historische Wissenschaft orientieren, sind Ricœur zufolge *Kalender*, *Generationenfolge* und *Spur*. Diese drei Elemente vermittelten jeweils verschiedene Ausprägungen der ersten Zeitaporie: Der Kalender vermöge es, die erlebte Zeit mit der kosmischen Zeit zu vermitteln; die Generationenfolge vermittele die sterbliche Zeit mit der öffentlichen Zeit und die Spur setze die erlebte Zeit zu der chronologischen Zeit in Bezug.

Die *kalendarische Zeit* bezeichnet Ricœur mit einem Ausdruck, den er Benveniste entlehnt, auch als „temps *chronique*".[251] Mit diesem nur schwierig ins Deutsche zu übersetzenden Ausdruck geht es Ricœur um den Doppelbezug der kalendarischen Zeit auf Welt (chronische Zeit) und persönliche Existenz (Zeit der Chronik). Drei Wesenszüge seien für diese Zeit charakteristisch: Erstens habe jede kalendarische Zeit ihren Nullpunkt in einem durch ein Gründungsereignis bestimmten *axialen Moment* (z. B. Christi Geburt), der weder ein beliebiges Jetzt noch ein reiner Gegenwartsbegriff sei. Der axiale Moment verbinde vielmehr die physikalische Zeit, an der jeder Kalender orientiert bleibe, mit der erlebten Zeit, die ihrerseits erst die Vorstellung eines Gründungsereignisses, mit dem eine neue Ära anbricht, ermögliche. Zweitens sei für die kalendarische Zeit eine *Zweidimensionalität* wesentlich: In der physikalischen Zeitperspektive weise die Vorher-Nachher-Relation der Zeit eine Richtung auf, die der Blick des Betrachters in der kalendarischen Zeit auch auf umgekehrtem Wege durchlaufen könne; durch die über Retention und Protention sich formende lebendige Gegenwart aber – hier zeigt sich abermals Ricœurs Priorisierung der Modifikation vor der Differenz – werde erst der Gedanke eines Durchlaufens einer Reihe auf dem Kalender zurückliegender Ereignisse möglich. Drittens würden in jedem Kalender *Maßeinheiten* festgelegt. Die Astronomie mache diese festen Abstände bestimmbar, während allein die lebendige Zeiterfahrung die zeitlichen Unterschiede der ständig weiter zurücksinkenden Vergangenheit und der immer näher kommenden Zukunft fassen könne. Ein punktuelles Jetzt, eine Zeitreihe und feste Zeitabstände sowie eine lebendige Gegenwart, ein umgekehrtes Durchlaufen der Zeitreihe und das Zurücksinken oder Näherkommen von Zeitpunkten würden erst in der kalendarischen Zeit über den axialen Moment, die Zweidimensionalität und die Maßeinheiten vermittelt und verständlich. Diese drei Charakteristika sind Ricœur zufolge *universelle Bedingungen* der kalendarischen Zeit und hätten so einen *transzendentalen* Status. Als dritte Zeit, die vermittelt, sei

[251] TR III, 193/ZE III, 169. Vgl. zur kalendarischen Zeit TR III, 190–198/ZE III, 166–173.

die kalendarische Zeit den beiden zu vermittelnden Momenten der erlebten und der kosmischen Zeit *äußerlich*. Sie stelle eine *eigenständige Schöpfung* dar, der Ricœur im Rahmen seiner Hermeneutik der Zeitlichkeit eine antwortende Funktion auf die erste Zeitaporie zuschreibt. Aufgrund dieser Rückbeziehung auf die Aporizität der Zeit sei sie weder das Ergebnis eines genetischen Empirismus des Kalenders noch das Resultat eines schlichten transzendentalen Positivismus, sondern füge sich in die Hermeneutik der Zeitlichkeit und ihre aporetischen Momente ein. Wie aber lässt sich Ricœurs kalendarische Zeit zu Heideggers Zeitdenken in Bezug setzen? Gibt es bei Heidegger eine Zeitigungsweise, die Ricœurs kalendarischer Zeit verwandt, oder sogar mit ihr identisch ist?

Angesichts der drei Momente der kalendarischen Zeit zeigt diese erste von Ricœur behauptete Vermittlungsinstanz zwischen erlebter Zeit und kosmischer Zeit eine besondere Nähe zu Heideggers durch Datierbarkeit, Gespanntheit, Öffentlichkeit und Weltlichkeit gekennzeichneter Weltzeit. Während bei Heidegger in SZ jedoch die Weltzeit auf der Innerzeitigkeitsebene angesiedelt ist und allein über diese den Zeitbegriff der Geschichtswissenschaft stellen kann,[252] sieht Ricœur die kalendarische Zeit der historischen Praxis als einen praktischen Vermittlungsbegriff zwischen Geschichtlichkeit und Innerzeitigkeit. Dieser Vermittlungsbegriff ist somit keine ausschließlich an die Zeit des Besorgens gekoppelte Innerzeitigkeitsstruktur, wenngleich die sich mit dem Erbe und seinem Potential an Möglichkeiten zur Wiederholung auseinandersetzende historische Praxis immer schon *auch* mit Innerzeitigkeit umgeht.[253] In Kap. 3.2.5 schien es, dass die Sonne bei Heidegger deshalb eine so vorzügliche Rolle bei der Bestimmung der Weltzeit spielt, weil sie kein Begriff ist, sondern auf nichtbegriffliche Weise die Zeit des Laufes der Gestirne mit der Zeit des sein Tagwerk besorgenden Daseins zu verknüpfen vermag. Diese metaphorische, über die Sonne geleistete Verknüpfung der Ricœur zufolge sich heterogen gegenüber stehenden Zeitperspektiven schien jedoch Heideggers ontologischer Abkünftigkeitshierarchie, die von der ursprünglichen Zeit bis zum vulgären Zeitbegriff reichen sollte, entgegenzustehen. An eben jener aporetischen Stelle in Heideggers Argumentation, die die Sonne zu Hilfe nimmt, setzt Ricœur die Schöpfung der vermittelnden dritten, zunächst am Kalender entwickelten Zeit ein.

[252] In SZ, § 80 „Die besorgte Zeit und die Innerzeitigkeit" heißt es: „So wie die konkrete Analyse der ausgebildeten astronomischen Zeitrechnung in die existenzial-ontologische Interpretation der Naturentdeckung gehört, so läßt sich auch das Fundament der kalendarischen historischen ‚Chronologie' nur innerhalb des Aufgabenkreises der existenzialen Analyse des historischen Erkennens freilegen" (SZ, 418). Und in § 81 „Die Innerzeitigkeit und die Genesis des vulgären Zeitbegriffes" schreibt Heidegger: „*Die vulgäre Zeitvorstellung hat ihr natürliches Recht.* Sie gehört zur alltäglichen Seinsart des Daseins und zu dem zunächst herrschenden Seinsverständnis. Daher wird auch zunächst und zumeist die *Geschichte öffentlich als innerzeitiges* Geschehen verstanden" (SZ, 426).

[253] In *Fonction narrative* hebt Ricœur im Zusammenhang mit der narrativen Funktion den Öffentlichkeitscharakter der Innerzeitigkeit explizit von Heideggers Man ab, indem er die Öffentlichkeit als „das ‚Man', das der Anonymität enthoben wird, um zur unsichtbaren Hörerschaft zu werden" (*Fonction narrative*, 351 f./*Narrative Funktion*, 57) bestimmt.

Es ist allerdings bemerkenswert, dass Heidegger in seinem zwölf Jahre vor der Veröffentlichung von SZ gehaltenen Habilitationsvortrag einige Thesen entwickelt, welche dem Zeitbegriff der Geschichtswissenschaft einen höheren Stellenwert zuschreiben als er ihm in SZ zukommt und welche eine gewisse Nähe zu Ricœurs Vermittlung der erlebten mit der kosmischen Zeit über die kalendarische Zeit erkennen lassen. So heißt es im Habilitationsvortrag beispielsweise: „Die Zahl 750 und jede andere Geschichtszahl hat in der Geschichtswissenschaft nur Sinn und Wert mit Rücksicht auf das inhaltlich historisch Bedeutsame".[254] Eine ausgezeichnete Verwandtschaft zu Ricœurs axialem Moment ist erkennbar, wenn Heidegger schreibt: „Das zeigt, daß das, was überhaupt an Zahlenmäßigem, an Zählungen bezüglich der Zeit in der Geschichtswissenschaft vorkommt, durch die Art und Weise der Festsetzung des Beginns der Zählung *qualitativ determiniert* ist".[255] Diese Thesen aus dem Habilitationsvortrag stehen allerdings in einem Zusammenhang, der sowohl dem ricœurschen Projekt einer narrativen Replik auf die Zeitaporien als auch der heideggerschen Fundamentalontologie fremd ist. Der noch in der Tradition Diltheys stehende Habilitationsvortrag betont einerseits zwar, darin im Einklang mit Ricœur, die Unreduzierbarkeit des historischen Zeitbegriffes gegenüber dem naturwissenschaftlichen Zeitbegriff.[256] Er strebt jedoch, anders als Ricœur, keine nichtspekulative Vermittlung von zwei heterogenen Zeitperspektiven in dem historischen Zeitbegriff an. Andererseits geht es Heidegger in der Betonung der Unreduzierbarkeit des historischen Zeitbegriffes gegenüber demjenigen der Physik aber auch noch nicht um einen fundamentalontologischen Abkünftigkeitszusammenhang, so dass eben hier eine Nähe zu Ricœur gesehen werden kann, die in SZ nicht mehr besteht. Die Unreduzierbarkeit des historischen Zeitbegriffes auf den naturwissenschaftlichen behauptet sowohl der frühe Heidegger als auch Ricœur. Ricœur jedoch meint, diese unreduzierbaren Zeitbegriffe praktisch vermitteln zu können, während Heidegger in SZ die Unreduzierbarkeit durch eine ontologische Abkünftigkeitsstruktur ersetzen wird.

Ein dritter Aspekt, welcher bei Heidegger in einer gewissen Aporizität zu verbleiben schien, taucht bei Ricœur ebenfalls im Zusammenhang der kalendarischen Zeit auf: die Rede. Bei Heidegger lag das aporetische Moment der Rede darin, dass sie zwar ein Existenzial ist, in einer eigentlichen Zeitigungsweise, welche stets die deutlichste Strukturähnlichkeit zur ursprünglichen Zeit aufzuweisen hat, aber nur als Schweigen auftritt. In Heideggers Schwanken zwischen Verfallen und Rede bei der Bestimmung des alltäglichen Charakters der Gegenwart zeigte sich der Zusammenhang der Frage nach einer eigentlichen Rede, die nicht Schweigen ist, mit der Schwierigkeit bei der Bestimmung einer eigentlichen Gegenwart überhaupt. Diese

---

[254] *Habilitationsvortrag*, 373.

[255] *Habilitationsvortrag*, 374.

[256] „Die Erkenntnis der fundamentalen Bedeutsamkeit des historischen Zeitbegriffes wie seiner völligen Andersartigkeit gegenüber dem der Physik wird es ermöglichen weiter wissenschaftstheoretisch in den eigentlichen Charakter der Geschichtswissenschaft einzudringen und sie als originale und auf andere Wissenschaften unreduzierbare Geisteshaltung theoretisch zu begründen" (*Habilitationsvortrag*, 375).

muss in der dreifach ekstatischen Zeitlichkeit eine eigenständige Ekstase sein, ihre genaue Beschaffenheit blieb jedoch in Heideggers Definition des Augenblickes als einer bloßen Gehaltenheit zwischen Gewesenheit und Zukunft aporetisch. Ricœur, ohne sich dabei direkt auf Heidegger zu beziehen, begegnet dieser Schwierigkeit, wenn er sich Benveniste in der Auffassung anschließt, dass „jemand sprechen" muss, „[u]m eine Gegenwart zu haben", denn „die Gegenwart wird dann signalisiert durch die Koinzidenz zwischen einem Ereignis und der Rede, die etwas über es aussagt".[257] Die *temps chronique* als schöpferische Vermittlung der heterogenen Zeitperspektiven, die sowohl auf Geschichtlichkeit als auch auf Innerzeitigkeit rekurriert, kann so eine Rede der Gegenwart, ja eine Gegenwart überhaupt auf eine Weise verständlich machen, die ihr nicht das Mal des Verfallens aufdrückt, sondern in ihr vielmehr ein notwendiges Element der Verbindung von erlebter und kosmischer Zeit erkennt.[258]

Die zweite für die historische Drittzeit konstitutive Verbindungsinstanz, welche eine andere Ausprägung der ersten Aporie, diejenige zwischen privater sterblicher und öffentlicher Zeit, vermitteln können soll, ist die *Generationenfolge*. Die Generationenfolge versteht Ricœur als die biologische Untermauerung der historischen Drittzeit, deren soziologischer Ausdruck in der bereits von Schütz untersuchten anonymen Beziehung zwischen Zeitgenossen, Vorgängern und Nachfolgern liege. Es geht dabei um das doppelgesichtige Phänomen, dass einerseits Menschen im Laufe der Zeit sterben und durch andere Menschen ersetzt werden, andererseits dies aber kein rein quantitatives, lediglich an einer Zeitreihe zu messendes Phänomen ist, sondern sich vielmehr mit einem für das Zeiterleben relevanten signifikanten Erlebnischarakter verknüpft. Um diesem Umstand Rechnung zu tragen, gelangt Ricœur in Auseinandersetzung mit Kants „Idee zu einer allgemeinen Geschichte in weltbürgerlicher Absicht", Diltheys Generationsbegriff, Mannheims Ausdifferenzierung desselben und Schütz' Begriffen von Mitwelt, Vorwelt und Folgewelt zu dem Begriff einer *anonymen Zeit*. Die anonyme Zeit ist weder die individuell erlebte Zeit, noch ist sie die Zeit der Umwelt und der Wirbeziehung zu dem im nächsten Umfeld Erlebten, sie ist aber auch nicht die kosmische Zeit der uns fremden Gestirne. Vielmehr stellt sie eine vermittelnde Instanz dar, die sich aus einer anonymen Ihrbeziehung ergibt. Sie abstrahiert von meinen nur geringfügig symbolisch vermittelten

---

[257] TR III, 197/ZE III, 172 f.

[258] In *La mémoire, l'histoire, l'oubli* greift Ricœur das Konzept einer historischen Zeit erneut auf und betont dort insbesondere dessen kritische Funktion. Die Historie habe sich gegen Chronometrie, Chronologie, Chronographie und insbesondere gegen Chronosophien (wozu auch der historische Strukturalismus gehöre) einen methodischen Agnostizismus zu erkämpfen, der sich jeglicher Spekulation über die Ordnung der Zeit enthalte. Allerdings, so räumt Ricœur ein, sei eine vollständige Distanz gegenüber diesen Spekulationen wohl weder möglich noch wünschenswert, so dass er letztlich dafür plädiert, dass das von der Historie belehrte Gedächtnis die Spur dieser spekulativen Geschichte in sein symbolisches Universum integrieren solle. Vgl. MHO,191–201/ GGV, 235–246. Überdies führt er parallel zur zeitlichen Datierung die räumliche Lokalisierung ein, welche auf analoge Weise wie die Zeit die Perspektive des erlebten Raumes mit einer objektiven Ordnung des Raumes in einem „dritten Raum" verknüpft. MHO, 186/GGV, 228. Vgl. das gesamte Kapitel „Der bewohnte Raum", MHO, 183–191/GGV, 225–234.

Erfahrungen anderer Menschen aus meinem nahen Umfeld, bewahrt aber dennoch den Bezug auf bestimmte erlebte Welten, die nicht nur als Zeitspannen vor, nach und mit mir verstanden werden.

In der anonymen Mitwelt, die in der anonymen Zeit das Pendant zur Gegenwart darstellt, spielt einerseits eine zeitliche und räumliche Koexistenz der Zeitgenossen eine Rolle, andererseits ist aber entscheidend, wie diese erfahren wird. Die Erfahrung dieser Koexistenz ist in einem so hohen Grade symbolisch vermittelt, dass sie sich nur noch an Rollen – Ricœurs Beispiel ist der Postbeamte, von dem ich lediglich eine ordnungsgemäße Zustellung der Briefe erwarte – und einer anonymen Ihrbeziehung orientiert. Auf diese Weise situiert Ricœur diese mitweltliche Beziehung bloßer Zeitgenossenschaft zwischen einer privaten Zeit des individuellen Schicksals und einer öffentlichen Zeit der Geschichte.

Die anonyme Vorwelt, die in der anonymen Zeit den Platz der Vergangenheit ausfüllt, meint gegenüber der Mitwelt die Welt vor meiner Geburt. Um die Beziehung zu erklären, die ein jetzt Lebender über seine Mitwelt hinaus zu seiner Vorwelt unterhält, greift Ricœur auf Husserls Retentionsbegriff zurück. Es könne, so Ricœur, eine „partielle Deckung" von individuellem Gedächtnis und historischer Vergangenheit zustande kommen, wenn mir beispielsweise mein Großvater von Menschen berichtet, die vor meiner Geburt lebten und mir deshalb nie begegnen konnten, und von vor meiner Geburt liegenden Begebenheiten erzählt, an denen es mir unmöglich war teilzunehmen.[259] Durch solche Erzählungen des Großvaters an den Enkel würde eine „Brücke" zwischen historischer Vergangenheit und individuellem Gedächtnis geschlagen, die zur Konstitution der anonymen Zeit beitrage.[260] Auf gewisse Weise könne so das Gedächtnis bis „in die Zeit der Toten, in die Zeit vor meiner Geburt" hinabreichen.[261] Über eine über derartige Erzählungen zustande gekommene Kette von Gedächtnissen aber wiederum könne die gesamte Geschichte bis in die ersten Tage der Menschheit zurück fast zu einer Wirbeziehung werden und sei so vergleichbar mit der Retention von Retentionen, die Husserl für das individuelle Gedächtnis entwickelt. Ist diese Parallelisierung zwischen einer Verkettung von verschiedenen Gedächtnissen, die Menschen verschiedener Generationen angehören, und der von Husserl für das individuelle, aus der Ichperspektive zu vollziehende Zeitbewusstsein entwickelten Verkettung von Retentionen plausibel?

Retentionen kann es für Husserl nur im individuellen Gedächtnis geben. Sie sind das spezifische Erleben eines zeitlichen „soeben", das noch keinen intentionalen Gegenstand hat. Sie unterscheiden sich, und das hatte Ricœur selbst als eine „große Entdeckung" Husserls bezeichnet, von den Wiedererinnerungen, die nicht mehr in dieser retentionalen Kontinuität zur Gegenwart stehen. Da die Wiedererinnerungen in einem Bruch zur Gegenwart stehen, vergleicht Husserl sie häufig mit den mir immer nur mittelbar zugänglichen Erlebnissen des Anderen. Die deutliche Grenze dieses Vergleichs besteht jedoch darin, dass die Wiedererinnerungen sich auf Erlebnisse beziehen, die in *meinem* Bewusstseinsfluss liegen, während die Erlebnisse

[259] TR III, 208/ZE III, 182.
[260] TR III, 208/ZE III, 182.
[261] TR III, 208/ZE III, 183.

des Anderen in einem *fremden* Bewusstseinsfluss liegen, welcher mir prinzipiell unzugänglich ist. Die Erlebnisse des Anderen, zu denen auch seine Erinnerungen, auch sein Gedächtnis zählt, sind mir also noch entfernter als meine Wiedererinnerungen, die ihrerseits bereits, wie Ricœur selbst formuliert, durch einen Abgrund von den Retentionen getrennt sind. Weshalb unternimmt Ricœur dann aber diese Annäherung der Kette von durch Erzählungen verknüpften Gedächtnissen mit der Retention von Retentionen?

Entscheidend scheint hier abermals, jedoch nun auf einer anderen Ebene, jener Gedanke von Ricœur zu sein, nach dem der Kontinuität eine Priorität vor der Differenz zukommt. Analog dazu wie in der Retention des individuellen Zeiterlebens etwas unwillkürlich und kontinuierlich nachlebt, lässt die noch wenig vermittelte Wirbeziehung zu Menschen aus dem nahen Umfeld Aspekte aus der Vergangenheit vor meiner Geburt über eine geringe Stufe symbolischer Vermittlung in mein Gedächtnis übergehen. Ricœur ist sich bewusst, dass bereits die Erzählung des Großvaters an den Enkel nicht unmittelbar, sondern durch Zeichen vermittelt ist, so dass die „Kenntnis der historischen Vergangenheit etwas ganz anderes" ist „als ein erweitertes Gedächtnis".[262] Und doch ist eben gerade auch die Wirbeziehung einer kontinuierlichen Übertragung von Gedächtnis zu Gedächtnis zwischen sich nahestehenden Menschen etwas anderes als die anonyme Auseinandersetzung mit Vergangenheit, zu der ich nur über einen hohen Grad von symbolischer Vermittlung Zugang habe. Wenn eine explizite, wissenschaftlich orientierte Auseinandersetzung mit der vor meiner Geburt liegenden Vergangenheit ansetzt, so geschieht dies nicht aus dem Nichts heraus, sondern auf der Basis von Geschichten, die von Generation zu Generation weitergegeben wurden und sich so auch in meinem In-der-Welt-sein sedimentiert haben. Zur Unterscheidung von geringfügig vermittelter Weitergabe durch Wirbeziehung und hochgradig vermittelter Weitergabe durch Ihrbeziehungen scheint eine gewisse strukturelle Parallelisierung zu retentionaler Kontinuität und ausdrücklicher Wiedererinnerung erhellend zu sein. Es könnte sogar in der Tatsache, dass bereits die Erzählung des Großvaters an den Enkel symbolisch vermittelt ist, eine Parallele zu demjenigen Aspekt von Ricœurs Retentionsinterpretation gesehen werden, in welchem er bereits in dem paradoxen Charakter des Nachlebens der Retention ein Moment von Fremdheit erkennt. Die Kette der Wirbeziehungen, in der über die geringfügigen symbolischen Vermittlungen ein erstes Moment der Fremdheit spielt, könnte des Weiteren mit Ricœurs Grundbegriff der *appartenance* verknüpft werden, in welchem über zeitliche Distanz und sprachliche Vermittlung auch immer schon ein Moment der *distanciation* spielt.

Husserl selbst hat Ansätze entwickelt, die Ricœurs Gedanken einer Kette von Gedächtnissen nicht nur nicht unähnlich sind, sondern sogar eine Übertragung vermuten lassen, die noch nicht einmal Erzählungen wie die des Großvaters an den Enkel erforderlich zu machen scheinen. Allerdings finden sich diese Überlegungen nicht im Zusammenhang der Bestimmung der Retention und auch nicht an anderer Stelle der ZB sondern in späteren Schriften, in denen Husserl Versuche zu einer phänomenologischen Monadologie unternimmt. Es sei als Beispiel eine längere

---

[262] TR III, 208 f./ZE III, 183.

Passage aus den *C-Manuskripten* zitiert: „Wenn Einfühlung eintritt, ist etwa auch da schon die Gemeinschaft, die Intersubjektivität da und Einfühlung dann bloß enthüllendes Leisten? Alle Ich miteinander in Deckung, ins Unendliche? Assoziation oder Deckung ist aber Sinnübertragung, Sinnerbschaft, nur dadurch, dass sie Übertragung, Erbschaft von Akthabitualitäten ist, also schließlich vom Ichsein, von der Person erbt sich Personales fort auf Personen. Aber Erbschaft ist nicht Wiederholung, sondern intentionale Einigung, Wandlung, Verdeckung und eben Wandlung durch diese Verdeckung. Wir stehen in der Tradition, durch Andere werden wir anders, ihr Personales in uns aufnehmend, in uns notwendig umbildend. Generativ: Es vererbt sich nicht nur die leer formale, monadisch-ichliche Struktur, sondern die vererbten Charaktereigenschaften: Wie das? Mit der Erweckung der neuen Monade ist erweckt oder vorerweckt die elterliche Habitualität; aber die neue Monade hat eine neue Hyle und die elterliche ihre eigene Habitualität (als tote); das alles in sedimentierter Übertragung und sich ‚mischend', verschmelzen".[263]

Ricœurs Überlegungen zur anonymen Zeit, welche die private sterbliche mit der öffentlichen Zeit vermitteln soll, führen ihn schließlich zu einem Begriff, mit dem er zwar keine weitere provokante Übertragung husserlscher Zeitbegrifflichkeiten unternimmt, wohl aber diesmal Heidegger umso stärker herausfordert. Es handelt sich um den Begriff des *anonymen Todes*. Der anonyme Tod sei ein „zweideutige-[r] Mischbegriff", in welchem sich der Bezug auf die Innerlichkeit der jemeinigen Sterblichkeit mit dem Bezug auf den öffentlichen Charakter der Ersetzung der Toten durch die Lebenden vereinigte.[264] Für die Geschichte, deren Zeit mit der Drittzeit in Frage steht, sei es einerseits von unhintergehbarer Bedeutung, dass sie die Geschichte von Sterblichen, von „Einzelschicksale[n] je für sich leidender und sterbender Menschen" ist, andererseits jedoch gehe die Geschichte über diese einzelnen Sterblichen hinweg und konzentriere sich lediglich auf die stets neu besetzten Rollen.[265] In dieser Berücksichtigung und Nichtberücksichtigung der Sterblichkeit, welche den anonymen Tod ausmachen, sieht Ricœur keine Uneigentlichkeit eines heideggerschen Man, sondern vielmehr den „äußersten Punkt der Kollision von endlicher und öffentlicher Zeit".[266] Bei der Erörterung der ersten Aporie der Zeit sprach Ricœur bereits von einer Kontrarietät zwischen unserer eigenen Endlichkeit und der Unendlichkeit des sich unserer Herrschaft entziehenden Wechsels der Ereignisse in einer unermesslichen Zeit, die im Gefühl der Trostlosigkeit (*désolation*) zum Ausdruck kommen kann. Der anonyme Tod umfasst als äußerster Punkt der anonymen Zeit die Diskrepanz der beiden Zeitperspektiven aus der ersten Aporie und stellt kein Verfallen, sondern eine von der historischen Zeit gestiftete Anonymität dar, die auf der Ebene der Generationenfolge und der Zeitgenossen, Vorgänger und Nachfolger die beiden heterogenen Zeitperspektiven vermitteln können soll.

Die Aufhebung von Heideggers jemeiniger Sterblichkeit im anonymen Tod ist jedoch mit ebenso großen Schwierigkeiten verbunden wie die Parallelisierung der

---

263 *C-Manuskripte*, 436 f.

264 TR III, 210/ZE III, 184.

265 TR III, 210 (Fußnote)/ZE III, 184 (Fußnote).

266 TR III, 210/ZE III, 185.

Kette von Gedächtnissen mit Husserls Retention von Retentionen. Das Verstehen des Todes als eines jemeinigen, den mir niemand abnehmen kann, sowie mein Entwerfen angesichts der jemeinigen Endlichkeit ist nur je von mir aus möglich und kann niemals durch einen Historiker übernommen werden, ganz gleich wie sehr dieser auf die Sterblichkeit seiner „Forschungsobjekte", die Einzelnen und ihre Schicksale Rücksicht nehmen mag. Wenn der Historiker den Sterblichen von außen betrachtet, so kann er ihn zwar als sterbliches Wesen und nicht nur als Glied in einer Kette von sich chronologisch aneinanderreihenden Menschenleben betrachten, er wird aber niemals das jemeinige Sein zum Tode des Einzelnen berücksichtigen können, der seine Singularität gerade dadurch gewinnt, dass er selbst die Unbezüglichkeit seines jemeinigen Todes versteht. Ricœurs Verständnis von Heideggers Sein zum Tode als einer stoischen Entschlossenheit angesichts des drohenden Endes lässt in seiner Argumentation auch hier nicht zur Geltung kommen, dass es Heidegger weniger um Tapferkeit angesichts der Todesdrohung als um eine Berücksichtigung der jemeinigen, unübertragbaren Endlichkeit bei den Entwürfen, dem Verhalten zu sich, zur Welt und zu den Mitdaseinen geht. Diese Bedeutung des jemeinigen Seins zum Tode geht in Ricœurs historischer Drittzeit zunächst verloren. Es taucht jedoch die unübertragbare Singularität des Einzelnen, die Heidegger durch das Sein zum Tode gewinnt, in Ricœurs Zeitdenken auf eine andere Weise, und zwar als die Singularität des handelnden und leidenden Menschen, der in letzter Instanz stets als Einzelner in seiner unübertragbaren Eigentümlichkeit gefragt ist, wieder auf. Diese Hypothese wird im Folgenden, insbesondere in Kap. 4.4.5, zu verfolgen sein.

Bei der Erörterung der Bedeutung der Generationenfolge und des Netzes von Zeitgenossen, Vorgängern und Nachfolgern für die Vermittlung der ersten Zeitaporie in der historischen Zeit kennzeichnet Ricœur schließlich die Vorfahren und Nachfahren als *andere*, die durch ein undurchdringliches Symbolsystem vermittelt sind und dazu tendieren, den Platz eines *ganz Anderen*, als die Sterblichen es sind, einzunehmen. Er bezieht sich hier auf Erfahrungen, in denen die Vorfahren als solche erlebt werden, die die Gegenwart heimsuchen, und auf Vorstellungen einer unsterblichen Menschheit, von welcher Kant hofft, dass sie doch einmal zur vollständigen Entwicklung ihrer (guten) Anlagen gelangen werde. Über derartige Erfahrungen der Heimsuchung und der Hoffnung sieht Ricœur in Vorfahren und Nachfahren nicht mehr einfach nur Menschen, die waren und die sein werden, sondern Ikonen des *Unvordenklichen* und der *Hoffnung* – man denke an Ricœurs Begriff der ikonischen Bereicherung –, in denen über Erfahrungen des anderen Menschen eine Erfahrung eines ganz Anderen jenseits der Sterblichkeit anklingt. Dieser Zusammenhang der Menschen der Vergangenheit und der Zukunft mit einem ganz Anderen, der an den Begriff des Anderen bei Lévinas gemahnt, präzisiert sich in dem letzten von Ricœur angeführten Vermittlungsinstrument der historischen Zeit.

Die letzte Vermittlungsinstanz der ersten Zeitaporie in der historischen Zeit ist Ricœur zufolge die *Spur*. Trotz aller notwendigen Kritik an institutionalisierten Archiven und dem monumentalen Charakter von Dokumenten sei daran festzuhalten, dass es in der historischen Praxis letztlich darum gehe, Spuren zu lesen, die auf Vergangenes verweisen. Die Spur habe einen eigentümlichen Doppelcharakter, der sie als Vermittlungsinstanz der ersten Zeitaporie besonders geeignet mache: Sie „ist

Zeichen und Wirkung in eins (effet-*signe*)".[267] Als *effet-signe* lässt sie einerseits eine Kausalitätsbeziehung erkennen, die zwischen dem Markierenden und dem Markierten ein Verhältnis von Ursache und Wirkung begründet. Als *effet-signe* kommt ihr andererseits eine Signifikanzbeziehung zu, in der diese Spur als eine Fährte im Sinne des Vorübergehens von jemandem oder als eine Markierung von etwas aufgefasst und von dem Jäger, dem Suchenden, dem Detektiv oder dem Forscher zu verfolgen und zu deuten ist. Das zeitliche Paradox dieses *effet-signe* tritt auf ausgezeichnete Weise in der sowohl im Französischen als auch im Deutschen möglichen Homonymie „‚vorübergegangen sein' (*être passé*)" zutage:[268] Die Spur ist jetzt und hier, nur so können wir sie lesen, gleichermaßen verweist sie aber auf ein früher, in dem jemand oder etwas vorüberging oder wirkte und eine Spur hinterließ. Sie ruft durch diesen Doppelcharakter zu einem Nachverfolgen der Kausalbeziehung und zu einer Auseinandersetzung mit den möglichen Signifikanzbeziehungen auf. Ein Bezugssystem von Signifikanz, welches der erlebten Zeit näher steht, und ein Bezugssystem der Kausalität, welches sich an der gemessenen Zeit der Natur orientiert, überkreuzten sich in der Spur.[269]

Die Bedeutung der so bestimmten Spur für Ricœurs Begriff einer die erste Zeitaporie vermittelnden Drittzeit wird besonders deutlich in Abgrenzung zu dem Zeitcharakter dessen, was Heidegger das sekundär Geschichtliche nennt. Ricœurs diesbezüglicher Einwand gegen Heidegger lässt sich zunächst in zwei, das Verhältnis der Zeitigungsebenen betreffende Komponenten aufgliedern, die dann auf eine von Ricœur geleistete Reorientierung in Hinblick auf Heideggers Begriff des da-gewesenen Daseins führen. Zum einen, so meint Ricœur, wolle Heidegger das Spurenlesen auf der Ebene der Innerzeitigkeit ansiedeln, müsse dabei aber, wider den Aufbau der Argumentation von SZ, bereits auf den vulgären Zeitbegriff vorgreifen. Zum anderen situiert Heidegger die Geschichtsschreibung auf der Trennlinie zwischen Innerzeitigkeit und vulgärem Zeitbegriff, so dass sich die gegenüber der Geschichtlichkeit abkünftige Geschichtsschreibung nicht von dem „Mal des Verfallenseins" befreien könne, das dem vulgären Zeitbegriff anhängt.[270] Im Kap. 3.2 war es mein Anliegen zu zeigen, dass es Heidegger nicht zu gelingen scheint, den vulgären Zeitbegriff aus der ontologisch ursprünglichen Zeit verständlich zu machen, ja, dass bereits die Innerzeitigkeit und sogar die Geschichtlichkeit auf den vulgären Zeitbegriff vorgreifen müssen, um ihrerseits verständlich zu werden. Der

---

267 TR III, 219/ZE III, 193 (Einfügung des französischen Wortlautes, I.R.).

268 TR III, 218/ZE III, 191 (Einfügung des französischen Wortlautes, I.R.).

269 Wenn Ricœur hier von sich überkreuzenden Bezugssystemen spricht, so könnte man versucht sein, eine Verwandtschaft zu jenen von Einstein in der Relativitätstheorie zueinander in Bezug gesetzten Systemen, in denen die Zeit unterschiedlich schnell vergeht, zu vermuten. Neben dem Umstand, dass es in Einsteins Theorie nicht um zwei heterogene Zeitperspektiven, sondern um unterschiedlich schnell vergehende Zeiten geht, ist der wesentliche Unterschied zu den überkreuzten Bezugssystemen der Spur, dass sich das Verhältnis der verschieden schnell vergehenden Zeiten in einer Formel zueinander in Beziehung setzen lässt, während die beiden Bezugssysteme der Spur ausschließlich nichtspekulativ und durch die historische Praxis des Spurenlesens zueinander in Beziehung gesetzt sind.

270 TR III, 223/ZE III, 196.

obigen Argumentation zufolge wäre daher Ricœurs, im Rahmen des Spurbegriffes an Heidegger geübte Kritik zutreffend. Ricœurs eigenes Modell eines nie ein für alle Mal abgeschlossenen Spurenlesens, welches in der historischen Praxis die heterogenen Zeitperspektiven auf nichtspekulative Weise vermittelt, indem es sowohl der ekstatisch-horizontalen Zeit als auch der so genannten vulgären Zeit gleiches Recht zubilligt, scheint hingegen ein fruchtbarer Ansatz dazu zu sein, den Beitrag der historischen Praxis und Wissenschaft für die Zeitproblematik zu würdigen.[271]

Die Spur ist aufgrund dieser Repositionierung im Verhältnis zu Heidegger für Ricœur auch keineswegs ein sekundär Geschichtliches, welches allererst aus dem primär geschichtlichen Dasein, seiner ursprünglichen Zeit und, darauf aufbauend, seiner Geschichtlichkeit verständlich wird. Vielmehr sei gerade umgekehrt das, was Heidegger als das da-gewesene Dasein bezeichnet, überhaupt nur über den Umgang mit Spuren verständlich.[272] Erst wenn wir über die Innerzeitigkeit, die nach Ricœur auch immer schon auf die vulgäre Zeitordnung zurückgreifen muss, datierte, öffentliche und gespannte Zusammenhänge mithilfe des doppelgesichtigen Spurenlesens verfolgen, können wir einen Zugang zu dem Dasein, welches vormals war, erreichen. Bei Heidegger, so die Hypothese aus Kap. 3.2.4, bleibt der Status des so genannten da-gewesenen Daseins rätselhaft, da er es von einem sekundär geschichtlichen Zeug zu unterscheiden gedenkt, gleichzeitig aber den Terminus der Gewesenheit für die Existenz des Daseins, welches aktuell existiert, reserviert. Bei Ricœur verschwindet diese Rätselhaftigkeit, weil er das Dasein, das vormals war, von vornherein über die Spur und ihre Zeit, die mit der vermittelten Zeit des Kalenders homogen sei, zu erreichen sucht. Ihm geht es darum zu zeigen, wie „die historischen Operationen, die für die Praxis des Historikers typisch sind, wesentlich dazu *beitragen*, den Begriff eines dagewesenen Daseins zu bilden“.[273]

In Ricœurs Spurbegriff und seiner Bedeutung für den Zugang zum vormals gewesenen Dasein ist, wie oben bereits angedeutet, eine Nähe zu dem Spurbegriff von Lévinas angelegt, welche den von Ricœur bereits in *Temps et récit* entwickelten und später intensivierten Gedanken einer Schuld gegenüber den Menschen der Vergangenheit vorbereitet. Die Spur ist nicht nur etwas, mithilfe dessen sich der Vergangenheit nachforschen lässt, sondern Ricœur nennt sie personifizierend einen „Zeugen der Vergangenheit“.[274] Der tiefere Hintergrund dieser Personifikation der Spur besteht darin, dass es Ricœur zufolge nicht bloß *möglich* ist, der Spur zu

---

[271] Clayton sieht einen Teil der in seinem Titel erfragten „Happy Marriage“ zwischen Heidegger und Ricœur in Ricœurs Weiterentwicklung von Heideggers Geschichtlichkeit. Ricœur „has augmented its effectiveness (and its subsequent *Wirkungsgeschichte*) by clothing it in the academically respectable robes of a well-researched literary genre with an extensive secondary literature“ (Vgl. Clayton: Ricoeur's Appropriation of Heidegger: Happy Marriage or Holzweg?, a. a. O., 33, 45).

[272] „Sind es nicht gerade ‚Reste‘ der Vergangenheit, die es uns erlauben, das Seiende, das wir je selbst sind, als ‚da-gewesen‘ zu bezeichnen?“ (TR III, 221/ZE III, 194). „Wie anders aber ließe sich Licht in diese abgeleitete Geschichtlichkeit [Heideggers sekundäre Geschichtlichkeit, I.R.] bringen, wenn nicht durch einen Vorgriff auf die an sich nachgeordnete Problematik der Innerzeitigkeit?“ (TR III, 221/ZE III, 195).

[273] TR III, 222/ZE III, 196.

[274] TR III, 217/ZE III, 191.

folgen, sondern zu dem spezifischen Spurcharakter gehört eine *bindende Kraft*, die die Spur mit einem Aufruf, sie zu lesen, verknüpft. Sie gibt Zeugnis von den Menschen der Vergangenheit. Diese affizieren uns über die Spur auf eine Weise, die uns kein Ausweichen erlaubt. Wir fänden uns von der Spur dazu herausgefordert, ihr nachzugehen, und kommen dabei doch, aufgrund ihrer unabschließbaren Interpretation, nie zu einem endgültigen Ergebnis. Durch ihren Aufforderungs- und ihren Entzugscharakter zeigt Ricœurs Spur eine Verwandtschaft zu Lévinas' Gedanken einer signifizierenden Spur, die auf eine Vergangenheit des Anderen, eine absolute Vergangenheit verweist, welche sich nie in eine Präsenz oder ein Gedächtnis einholen lässt und dennoch zu einer Antwort auffordert. Ricœurs Spurbegriff, er weist selbst ausdrücklich darauf hin,[275] ist jedoch nicht identisch mit Lévinas' Verständnis einer Spur, von der jener im Zusammenhang der Epiphanie des Antlitzes spricht. Die Menschen der Vergangenheit liegen Ricœur zufolge nicht in einer unvordenklichen, absoluten Vergangenheit, sondern stehen insbesondere über die kalendarische Zeit, die auch die Zeit der Spur ist, mit der Gegenwart in einer gewissen, wenn auch nur praktisch vermittelten Kontinuität. Und dennoch erwägt Ricœur, dass die erinnerte Vergangenheit ihre Signifikanz letztlich aus einer unvordenklichen Vergangenheit gewinnt, ein Gedanke, welcher schon im Kontext der Heimsuchung durch die Toten der Vorwelt auftauchte. Ricœurs Spurbegriff ist hier mit einem Schillern verknüpft, welches daher zu rühren scheint, dass er einerseits auf die erwähnte Weise von Lévinas inspiriert ist, sich andererseits aber, wie ebenfalls gezeigt, einer Auseinandersetzung mit Heidegger verdankt. Für Ricœurs Spurbegriff, den er zunehmend mit dem Gedanken einer Schuld gegenüber den Menschen der Vergangenheit verknüpft, ist aus dem heideggerschen Denken zudem der in SZ entwickelte Schuldbegriff von entscheidender Bedeutung. Wie genau sich bei Ricœur dieses doppelte Erbe von Lévinas und von Heidegger in seinem Spur- und seinem Schuldbegriff manifestiert, wird in Kap. 4.4.4 erneut aufzugreifen sein.

Als entscheidend für Ricœurs eigenen Begriff einer Drittzeit, einer historischen Zeit der historischen Praxis, so lässt sich zusammenfassend sagen, erwiesen sich die drei Vermittlungsinstanzen von Kalender, Generationenfolge – in Verbindung mit der dreifachen Welt von Zeitgenossen, Vorgängern und Nachfolgern – und Spur. Sie stellen eigenständige Schöpfungen dar, die die heterogenen Zeitperspektiven einer ekstatischen und einer gemessenen Zeit praktisch vermitteln. Im Hintergrund dieser *„hybride[n]* Zeit",[276] schwelt jedoch unaufhörlich ein *„Grenzkonflikt[] (échange frontalier)"* jener heterogenen Zeitperspektiven.[277] In der Auseinandersetzung mit Heideggers Zeitdenken hatte Ricœur vertreten, dass in der Innerzeitigkeit die heterogenen Zeitperspektiven im Gefühl verschmelzen würden, während in der Trostlosigkeit der Abstand zwischen sterblicher und unermesslicher Zeit im Sinne einer Kollision erfahren würde. Dies greift er im Kontext der historischen Zeit wieder auf, wenn er davon spricht, dass in dem Kalender eine *„ausgehandelte Kollision (collision négociée)"* zwischen sterblicher und unermesslicher Zeit und in der Spur eine

---

275 TR III, 226 ff./ZE III, 199 f.

276 TR III, 223/ZE III, 196.

277 TR III, 224/ZE III, 197 (Einfügung des französischen Wortlautes, I.R.).

„geregelte Kontamination (contamination réglée)" zwischen erlebter und chronologischer Zeit erfolge.[278] Die Schöpfungen der drei Vermittlungsinstanzen, welche immer wieder von Kollision und Kontamination untergraben und dynamisiert werden, können als *Resultate* jenes hier bereits mehrfach angeführten konstitutiven Wechselspieles verschiedener und im engeren Sinne heterogener Zeitigungsweisen aufgefasst werden, welches dazu dienen könnte, Heideggers Abkünftigkeitsstruktur verschiedener Zeitigungsweisen zu ersetzen. Diese Schöpfungen resultieren aus der von der Aporizität der Zeit angestoßenen Dynamik, bleiben jedoch stets Schöpfungen der historischen Praxis und können so prinzipiell nicht zu einer theoretischen Auflösung der Zeitaporien führen. Im Rahmen von Ricœurs narrativer Bestimmung des hermeneutischen Zirkels kann die historische Zeit als eine Vertiefung und Ausdifferenzierung der Innerzeitigkeit der *mimesis I* verstanden werden. Die mit Kalendern, Generationenfolgen und Spuren umgehende historische Praxis konfiguriert die auf der Ebene der Präfiguration angesiedelte Innerzeitigkeit hin zu einer historischen Zeit. Nicht nur die historische Praxis jedoch kann Konfigurationen der Zeit leisten, sondern auch die Fiktionserzählung ist Ricœur zufolge dazu in der Lage. In einer eigentümlichen Kreuzung führten Geschichtserzählung und Fiktionserzählung, ergänzt durch die Phänomenologie der Zeit, auf eine Refiguration der Zeit, die sich auf der Ebene der *mimesis III* als eine menschliche Zeit darstellt. Im folgenden Kapitel ist zunächst der konfigurative Beitrag der fiktionalen Phantasievariationen der Zeit Thema.

4.4.2 Phantasievariationen der Zeit

In den *Ideen I*, Husserls großangelegtem Versuch zu einer Phänomenologie als eidetischer Wissenschaft, findet sich bereits in § 4 in Hinblick auf die Frage nach der Ermittlung eines phänomenologischen *eidos* eine Bemerkung, die die herausragende Rolle der Phantasie für dieses Unternehmen bestimmt: „Das Eidos, das *reine Wesen*, kann sich intuitiv in Erfahrungsgegebenheiten, in solchen der Wahrnehmung, Erinnerung usw. exemplifizieren, ebensogut aber *auch in bloßen Phantasiegegebenheiten*. Demgemäß können wir, ein Wesen selbst und *originär* zu erfassen, von entsprechenden erfahrenden Anschauungen ausgehen, *ebenso wohl aber auch von nicht-erfahrenden, nicht-daseinerfassenden, vielmehr ‚bloß einbildenden' Anschauungen*."[279] In § 70 schreibt Husserl sogar diesen *„freie[n] Phantasien eine Vorzugsstellung gegenüber den Wahrnehmungen"* zu.[280] Der Geometer, so sein Beispiel, arbeite unvergleichlich mehr mit der Phantasie als mit Wahrnehmungen, er variiere in der Phantasie immer wieder die Auffassungen seines Gegenstandes, um zu dessen Wesen vorzudringen. Welches Verhältnis besteht zwischen diesem husserlschen

---

[278] TR III, 224/ZE III, 197 (Übersetzung modifiziert, Einfügung des französischen Wortlautes, I.R.).

[279] *Ideen I*, 12.

[280] *Ideen I*, 130.

Begriff der Phantasievariation und demjenigen Ricœurs? Sucht Ricœur mit der Einführung des Begriffes der Phantasievariation über die Zeit schließlich doch nach einem *eidos* der Zeit und tritt damit in die Fußstapfen jenes Werkes, das er während des Zweiten Weltkrieges in deutscher Kriegsgefangenschaft übersetzte?

Husserls Begriff der Phantasievariation und sein Verhältnis zum phänomenologischen Wesen kann zugleich als Modell für und als Kontrastfolie zu Ricœurs Konzept der Phantasievariationen der Zeit dienen. In Anlehnung an Husserls phänomenologische Reduktion neutralisiert Ricœur die historische Zeit, indem er deren Bindung an die drei oben erörterten Vermittlungsinstanzen und damit auch an die kosmische Zeit einklammert. Diese Loslösung erlaubt der nunmehr freien Fiktion, mit verschiedenen Zeiterfahrungen zu experimentieren. Die Pointe bei Ricœur ist jedoch, dass die auf diese Weise ermöglichten Phantasievariationen, im Unterschied zu ihrer Funktion bei Husserl, *nicht* dazu dienen das *eidos* „Zeit" zu finden. Die historische Zeit mit ihrer Wiedereinschreibung der erlebten Zeit in die kosmische Zeit liefert zwar eine gewisse Invariante, um die sich die Variationen ranken, der tiefste Kern der Variationen ist jedoch die *Aporizität* der Zeit. Während die Phantasievariationen bei Husserl auf ein Wesen führen sollen, ist ihr Zentrum bei Ricœur ein *Problem*. Sie variieren die erste Aporie, welche in der „Kluft zwischen erlebter Zeit und Zeit der Welt" besteht.[281] Es ist dem allerdings sogleich hinzuzufügen, dass die Funktion der Phantasievariationen bei Ricœur nicht lediglich die ist, die Aporizität aufzudecken, auch nicht, eine der historischen Zeit vergleichbare praktische Lösung für die erste Zeitaporie zu liefern, sondern ihr wesentlicher positiver Beitrag zur Aporetik der Zeit bestehe in einer „Erforschung der *nichtlinearen Züge der phänomenologischen Zeit*, die die historische Zeit wegen ihres starren Eingebundenseins in die große Chronologie des Universums verdecken mußte".[282] Wenn Virginia Woolfs *Mrs. Dalloway* das Verhältnis von endlicher und monumentaler Zeit erforsche, wenn Thomas Manns *Der Zauberberg* das Spiel von morbider, dekadenter Zeit und Alltagszeit untersuche und wenn Marcel Prousts *À la recherche du temps perdu* den Bezug zwischen wiedergefundener und verlorener Zeit poetisch thematisiere, so seien in diesen drei von Ricœur in *Temps et récit II* ausführlich untersuchten *„Zeitromanen"* verschiedene Ausprägungen der erlebten Zeit mit einer auf unterschiedliche Weisen als Zeit der Welt erlebten Zeitform erzählerisch vermittelt.[283] Durch diese Vielfalt der durch die fiktionale Freiheit ermöglichten,

[281] TR III, 231/ZE III, 203.

[282] TR III, 237/ZE III, 208 (Übersetzung modifiziert, I.R.).

[283] TR II, 191/ZE II, 171 (Übersetzung modifiziert, I.R.). Die Rede von einer durch die Zeitromane geleisteten Erforschung oder Untersuchung meint keineswegs, dass diese, wie eine theoretische Abhandlung, der Frage nach der Zeit nachgehen oder dass die in der Fabel vorkommenden Figuren miteinander das Thema Zeit diskutieren. Dies können zwar Elemente der Zeitromane sein, ihre spezifische Stärke besteht jedoch gerade darin, auf vielfältige andere Weisen von der Zeit handeln zu können. In *Der Zauberberg* beispielsweise finden sich quasi-theoretische Überlegungen über die Zeit und Erzählungen verschiedener Zeit- und Ewigkeitserfahrungen (Ewigkeitssuppe, Walpurgisnacht, Schneeepisode) des Helden Hans Castorp, in dem auf exemplarische Weise die Zeit des Tales und die Zeit des Berghofes aufeinanderprallen. Darüber hinaus wird der Leser – möglicherweise sogar ohne dass es ihm bewusst wird – durch die Struktur des Romans, in der die Ka-

untereinander inkommensurablen Variationen des Zeiterlebens, welche auf die eine oder andere Weise mit der ersten Aporie in Verbindung stehen, ergibt sich trotz bzw. gerade wegen der Aporizität der Zeit eine *Bereicherung* und Ausdifferenzierung des Zeitverstehens und des Zeiterlebens, wenngleich diese nie zu einem abgeschlossenen Konzept der Zeit führt.

Innerhalb der Perspektive der erlebten, nicht in erster Linie kosmischen Zeit, welche Ricœur immer wieder als „phänomenologische Zeit" bezeichnet, ist es der Fiktion möglich, die inneren Aporien der Phänomenologie zu erforschen, die laut Ricœur dann entstehen, wenn die Phänomenologie versucht, die objektive Zeit zu reduzieren, um sie aus einem reinen Zeiterleben zu konstituieren oder um ihren Ursprung in einer ontologisch ursprünglichen Zeit nachzuweisen. Eine spezifische Schwierigkeit, die den Rahmen der husserlschen und heideggerschen Phänomenologie der Zeit sprenge, von der Fiktion aber auf eine ausgezeichnete Weise bearbeitet werden könne, betreffe das Verhältnis von Zeit und Ewigkeit.[284] „Die bedeutungsschwerste Frage dieses Buches", so beschließt Ricœur den ersten Teil von *Temps et récit*, „ist die, inwieweit eine philosophische Reflexion über Zeit und Narrativität dazu beitragen kann, Ewigkeit und Tod zusammenzudenken".[285] Führt bei Ricœur die Fiktion über diesen ihr zugesprochenen ausgezeichneten Bezug zu Tod, Ewigkeit und nichtlinearen Zügen der phänomenologischen Zeit zu einem Zeitverständnis, welches Heideggers ursprünglicher Zeit nahe kommt?

Auch in seinem Modell der fiktionalen Bereicherung der Zeiterfahrung hält Ricœur an seiner oben bereits erörterten Kritik an Heideggers Konzept einer in den Tod vorlaufenden Entschlossenheit fest. Anstatt zu einer ursprünglichen und eigentlichen Zeit der in den Tod vorlaufenden Entschlossenheit zu führen, erforsche die Fiktion vielmehr vielfältige Möglichkeiten, sich zum Tod und zur eigenen Sterblichkeit zu verhalten. Gleichermaßen jedoch setze sie sich mit divergierenden Formen der Ewigkeitserfahrung auseinander und auch diese seien im Unterschied zu Heidegger nicht einem verfallenen, vulgären, von der ursprünglich endlichen Zeit abkünftigen Zeitverstehen zuzuordnen. Weder die Variationen der Sterblichkeitserfahrung noch die Variationen der Ewigkeitserfahrung führten auf ein *eidos* des Todes oder der Sterblichkeit oder auf ein *eidos* der Ewigkeit. Genauso wenig führten sie jedoch auf eine vom Sein zum Tode strukturell geprägte ursprüngliche Zeit oder auf eine dem Verfallen zugeordnete Ewigkeitsvorstellung. Die Fiktion liefere vielmehr Möglichkeiten des Verhältnisses zwischen Sterblichkeits- und

---

pitel immer länger, die Zeitangaben immer seltener und große Zeitspannen immer komprimierter erzählt werden, dazu bewegt, selbst die Wandlung in der Zeiterfahrung des Helden mitzuerleben und selbst in den Sog des Zeiterlebens des Berghofes zu geraten. Vgl. Ricœurs Analyse dieses Romans in TR II, 212–245/ZE II, 192–221.

[284] Neben dem Verhältnis zwischen Zeit und Ewigkeit sieht Ricœur außerdem in der Vereinheitlichung des Zeitverlaufs und in der Remythisierung der Zeit innere Aporien der Phänomenologie der Zeit, welchen die Fiktion auf eine ausgezeichnete Weise zu begegnen vermag. Die Vereinheitlichung der Zeit gehört jedoch in den Zusammenhang der zweiten Aporie und die Remythisierung der Zeit in den der dritten Aporie, so dass diese beiden Themen erst in den Kap. 4.5 und 4.6 Beachtung finden werden.

[285] TR I, 162/ZE I, 135.

Ewigkeitserfahrung, ein Verhältnis, welches in einem „Kampf" besteht, der sich nicht ein für alle Mal entscheiden lasse.[286] Bei Ricœur stehen sich daher Todes- bzw. Sterblichkeitserfahrungen und Ewigkeitserfahrungen in einem unaufhörlichen Wechselspiel gegenüber, in dem nicht notwendig die Zeitlichkeit der Zerrissenheit und die Ewigkeit der Sammlung zuzuordnen ist. Rückgebunden an den Kreis der *mimesis* bedeutet dies, dass das Wechselspiel von Sterblichkeits- und Ewigkeitserfahrung auf der für die *mimesis I* charakteristischen Zeiterfahrung der Innerzeitigkeit aufbaut, es bereichert und vertieft. Im Unterschied zu Heideggers Suche nach einer ontologisch ursprünglichen, an das Sein zum Tode gekoppelten Zeit, auf die alle anderen Zeitigungsweisen zurückzuführen sind, muss Ricœur dabei auf der ihm zufolge methodisch notwendigen *voie longue* von der – mit Heidegger gesprochen – ontisch sich zunächst zeigenden Zeiterfahrung ausgehen, um von dort aus die Möglichkeiten divergierender Formen des Zeiterlebens zu erforschen, ohne dass diese jedoch, wegen der prinzipiellen Aporizität der Zeit, auf einen einzigen, gar ursprünglichen Zeitbegriff rückführbar wären.[287]

Während die historische Zeit mit ihren drei Vermittlungsinstanzen eher dazu tendiere, die erste Zeitaporie in einer „glättenden Versöhnung (*conciliation apaisante*)" zu vermitteln, sei es das Spezifikum der Phantasievariationen, diese Aporie besonders zuzuspitzen, „neu zu beleben, ja sogar zu verschärfen".[288] Diese Zuspitzung der Aporizität sei darauf zurückzuführen, dass die Phantasievariationen nicht nur eine Bereicherung des Zeitverständnisses in Hinblick auf die historische Zeit zur Folge haben, sondern einen ganz eigentümlichen Beitrag zur Kennzeichnung,

---

[286] TR III, 244/ZE III, 215. Ricœurs Beispiele sind abermals die drei von ihm untersuchten Fabeln der Zeit. In *Mrs. Dalloway* erkennt er eine zweideutige Erfahrung des Verhältnisses von Sterblichkeit und Ewigkeit, da Septimus' Selbstmord einerseits als eine Befreiung von der Zeit hin zur Ewigkeit verstanden werden könne, während jedoch Clarissa gerade durch seinen Selbstmord zum Leben zurückfindet. In Hinblick auf *Der Zauberberg* vermutet Ricœur in den dortigen Ewigkeitserfahrungen, die nicht mehr die gespannteste Zeitlichkeit krönten, sondern auf der am meisten zerfallenden Zeitlichkeit aufbauten, nur noch eine Illusion. Und in *À la recherche du temps perdu* ginge es um das ewige Kunstwerk, welches durch den drohenden Tod des Autors in Gefahr ist. Vgl. TR III, 243 f./ZE III, 213 ff.

[287] Durch die Phantasievariationen zwischen Tod und Ewigkeit, so Ricœur, könne wieder die gesamte Vielfalt existenzieller Möglichkeiten betrachtet werden, welche bei Heidegger durch die einseitige Konzentration auf eine stoische Entschlossenheit angesichts des Todes vernachlässigt würden. Oben ist bereits zu zeigen versucht worden, inwiefern diese Interpretation von Ricœur dem heideggerschen Sein zum Tode nicht gerecht zu werden scheint. Und Ricœur kann auch hier die Bedeutung der heideggerschen in den Tod vorlaufenden Entschlossenheit in ihrer eigentümlichen singularitätserschließenden Dimension nicht berücksichtigen. Allerdings könnten die ricœurschen Phantasievariationen das Zeitverstehen des Daseins auf eine Weise bereichern, die das heideggersche Gewissen und seinen Ruf beeinflusst. Es scheint plausibel, dass der schweigende Ruf des Gewissens von in die Gewesenheit eingegangenen Erfahrungen mit fiktionalen Texten, wie zum Beispiel mit der von Heidegger erwähnten Erzählung über Iwan Iljitsch, nicht unberührt bleibt. Ricœur selbst spricht in Hinblick auf die heideggersche Wiederholung von einem „Wechselspiel (*échanges*) […], das zwischen der phänomenologischen Suche nach Eigentlichkeit und der fiktionalen Erforschung der Wege, die diese Eigentlichkeit ermöglichen, stattfindet" (TR III, 250/ZE III, 220 (Einfügung des französischen Wortlautes, I.R.)).

[288] TR III, 247/ZE III, 217 (Einfügung des französischen Wortlautes, I.R.).

man könnte sogar sagen zur Entlarvung der Phänomenologie der Zeit leisten. Die Phantasievariationen führten nicht nur nicht auf ein *eidos* der Zeit und sie ließen auch nicht nur in ihrem Kern die Aporizität der Zeit hervortreten, sondern sie ließen außerdem auf noch differenziertere Weise zum Vorschein kommen, „daß die Phänomenologie die Aporie und ihre ideale Lösung – die ich im Sinne Max Webers den Idealtyp ihrer Lösung nennen möchte – mit ein und demselben Namen bezeichnet".[289] Bereits in seiner Interpretation der husserlschen Zeitvorlesungen hatte Ricœur davon gesprochen, dass die Retention keine Auflösung der ersten Zeitaporie liefern könne, sondern lediglich der „Name der gesuchten Lösung" sei. Wenn Husserl die Deckung auf die Disparität von Retention und Wiedererinnerung, wenn Heidegger die Wiederholung auf die Erstreckung des Daseins und wenn Augustinus die *intentio* auf die *distentio* antworten lässt, so seien dies bloß idealtypische Lösungen der ersten Zeitaporie, die die in ihr nicht zu tilgende Aporie verbergen. Für Husserl hieße das beispielsweise, dass die Deckung als das *eidos* fungiere, dem die Variationen untergeordnet werden, obgleich die Deckung lediglich der die Richtung vorgebende, prinzipiell aber nicht erreichbare „Idealtyp einer Verschmelzung" von Wiedererinnerung und Retention sei.[290] Dieses Ineinander von Aporizität und idealtypischer Lösung könnten die Phantasievariationen auf eine ausgezeichnete Weise sichtbar machen, wenn sie beispielsweise jene erfahrene Diskrepanz zum Vorschein bringen, die bei einem Versuch der Deckung zwischen Retention und Wiedererinnerung bzw. in dem noch schwierigeren Versuch einer Deckung zwischen gegenwärtiger Wiedererinnerung und einer entfernteren vergangenen Gegenwart zustande kommt.

Wenn die Phantasievariationen der Zeit auf diese Weise nicht nur die Zeiterfahrung vervielfältigen, sondern auch das in ihrem aporetischen Kern verborgene Ineinander von Aporizität und idealtypischer Lösung zutage fördern, so zeigen sie eine ausgezeichnete Eignung dafür, die Grenzen der Phänomenologie bei der Erforschung der Zeit zu markieren. Diese Grenzen sind für Ricœur jedoch immer auch eng mit dem Unvermögen der Phänomenologie verknüpft, Erfahrungen der Ewigkeit gerecht zu werden. So, wie die historische Zeit mit Spuren operiert, bei denen Ricœur es offen ließ, inwieweit sie auf ein ganz Anderes verweisen, so zeigt sich auch über das besondere Vermögen der Fiktion, das Verhältnis von Tod und Ewigkeit zu variieren, eine Grenze der Phänomenologie darin, jene Ewigkeitserfahrungen zu berücksichtigen, in denen sich Erfahrungen eines ganz Anderen abermals anzukündigen scheinen. Wenn es im Folgenden darum geht zu erörtern, auf welche Weise Ricœur über eine überkreuzte Refiguration von Geschichts- und Fiktionserzählung zu dem Konzept einer menschlichen Zeit gelangt und welche Weiterentwicklung dieses Konzept in seinem späteren Denken erfährt, so wird dabei zu verfolgen sein, wie er jene Andeutungen eines ganz Anderen hin zu ethischen und psychopathologisch-therapeutischen Implikationen des Zeitverstehens entwickelt.

---

[289] TR III, 247/ZE III, 218.

[290] TR III, 248/ZE III, 218.

4.4.3 Menschliche Zeit

Erst wenn sich Geschichts- und Fiktionserzählung überkreuzten und in dieser Überkreuzung die Zeit refigurierten, sei die narrative Vermittlung der ersten Aporie zur Ebene der *mimesis III* vorgedrungen. Das Ergebnis dieser überkreuzten Refiguration nennt Ricœur in *Temps et récit „die menschliche Zeit (temps humain)"*.[291] Die menschliche Zeit formiere sich aus der Verflechtung aller Zeiterfahrungen, welche über die vorverstandene Innerzeitigkeit der *mimesis I* in Geschichts- und Fiktionserzählung auf der *mimesis II* aufgedeckt und erzeugt worden sind und auf der *mimesis III* das bisherige Zeitverständnis modifizieren und bereichern. Die Überkreuzung jener beiden großen narrativen Modi definiert Ricœur als „die sowohl ontologische als auch epistemologische Fundamentalstruktur, aufgrund deren Geschichte und Fiktion ihre je eigene Intentionalität nur dadurch konkretisieren können, daß sie Anleihen bei der Intentionalität des jeweils anderen narrativen Modus machen".[292] Die mit Kalender, Generationenfolge und Spur arbeitende Geschichtserzählung sei auf das Ereignis gerichtet, so Ricœur mit Ranke, „wie es eigentlich gewesen", obgleich diese Intentionalität, die Ricœur als „Repräsentanz" bezeichnet, äußerst diffizil und nicht ohne Anleihen bei der Fiktion zu denken ist. Die Fiktionserzählung sei von dieser Art von Wirklichkeitsbezug zwar entbunden, unterliege aber, so Ricœur in Anlehnung an Aristoteles, in ihren Phantasievariationen einem Zwang der Wahrscheinlichkeit bei ihrem Entwurf einer möglichen Welt, welche in der Lektüre mit der Welt des Lesers konfrontiert wird und so in der dem Verstehen immer schon zugehörigen Anwendung dessen eigene Welt verändert. So kommt die Geschichtserzählung nicht ohne Rückgriffe auf Fiktion und die Fiktion nicht ohne eine gewisse Historisierung aus, durch welche sie gemeinsam eine Refiguration der Zeit zu einer menschlichen Zeit bewirken.

Es würde in dem Zusammenhang der hiesigen Fragestellung zu weit führen, über die in den vorangehenden zwei Kapiteln erfolgte Erörterung der *Dichotomie* zwischen Geschichts- und Fiktionserzählung hinaus auch Ricœurs Analysen zur *Parallelität* und zur *Überkreuzung* dieser beiden narrativen Modi im Detail zu verfolgen.[293] Für die hiesige Frage nach einer narrativen Vermittlung der ersten Zeitaporie ist jedoch entscheidend, was Ricœur in dem obigen Zitat als die „ontologische und epistemologische Fundamentalstruktur" jener Überkreuzung bezeichnet, welche seiner Auffassung nach auf der Ebene der *mimesis III* zur menschlichen Zeit führt.

---

[291] TR III, 347/ZE III, 311. Vgl. auch TR III, 329/ZE III, 294.

[292] TR III, 330/ZE III, 295.

[293] Vgl. zur Parallelität TR III, Kap. 2, III und IV und zur Überkreuzung Kap. 2, V. Es müssen in dieser Arbeit auch Ricœurs große Analysen des spezifisch narrativen Charakters der Geschichtswissenschaft aus dem zweiten Teil (Bd. I) sowie seine detaillierten Analysen der Narrativität der Fiktionserzählung aus dem dritten Teil von TR (Bd. II) weitestgehend vernachlässigt werden. Für die Frage nach den gattungsspezifischen Einzelheiten im Zusammenhang von Narrativität und Zeitlichkeit wären diese beiden Teile von TR einer eingehenden Analyse zu unterziehen. Es scheint jedoch berechtigt, sie im Zusammenhang der hiesigen Frage nach der Aporizität der Zeit zurückzustellen.

Die Frage ist, welcher ontologische Status dem von der Geschichtswissenschaft anvisierten Ereignis, „wie es wirklich gewesen war", zukommt und welche epistemologische Problematik sich in Hinblick auf seine Zugänglichkeit ergibt, die Ricœur zufolge nie ganz ohne die Fiktion auskommt. Wie ist es möglich, ein vergangenes Ereignis, welches an einer datierten Stelle der historischen Zeit stattfand, heute aber *nicht mehr* ist, *heute* zum intentionalen Gegenüber zu machen? Und welcher Bezug zur ekstatischen Zukunft, zu späteren Ereignissen in einer geordneten Zeit und zu dem Wechselspiel der drei Zeitekstasen insgesamt erlaubt es, angesichts der Überkreuzung von Historie und Fiktion durch gemeinsame Refiguration von einer menschlichen Zeit zu sprechen?

Um diesen Fragen nachzugehen, sei hier ein Vorgehen gewählt, das auf zweifache Weise einen deutlichen interpretatorischen Eingriff darstellt. Zum einen spielt der Begriff einer menschlichen Zeit, den Ricœur in *Temps et récit* entwickelt, um eine Antwort auf die erste Aporie der Zeit geben zu können, in seinen späteren Schriften keine explizite Rolle mehr. Nichtsdestotrotz sei hier versucht, Ricœurs späteres Zeitdenken als eine Weiterentwicklung der in *Temps et récit* entworfenen menschlichen Zeit zu interpretieren, um so auf eine kontinuierliche Entwicklungslinie in seinem Denken hinzuweisen, die gleichzeitig als orientierender Leitfaden für seine umfangreichen Analysen zu Gedächtnis, Geschichte und Vergessen dienen kann. Zum anderen ließe sich gegen die hiesige Interpretation einwenden, dass nicht nur die menschliche Zeit, sondern auch die Aporizität der Zeit für den späteren Ricœur kein Thema mehr ist, er sie sogar zurückzunehmen scheint, und es somit keine Berechtigung hat, Ricœurs spätes Zeitdenken, welches sich überdies in erster Linie als Geschichtsdenken darstellt, als eine Antwort auf die erste Aporie der Zeit zu lesen. Es wird hier aber auch in dieser Hinsicht dafür zu argumentieren versucht, dass die erste Aporie der Zeit, deren Kern Ricœur in einem aporetischen Verhältnis einer erlebten, ekstatischen und einer objektiven, geordneten Zeit sieht, sich trotz einer Verschiebung der Fragestellung bei ihm durchhält und für seine Analysen bestimmend bleibt, ja, sich in gewisser Weise sogar verstärkt.

Im Folgenden ist zunächst Ricœurs Verständnis der menschlichen Zeit aus *Temps et récit* zu resümieren, wobei der Schwerpunkt auf dem Begriff der Repräsentanz der Vergangenheit durch die Geschichtserzählung liegt. Die Problematik dieses Begriffes führt Ricœur am Ende der neunziger Jahre, in einigen Aufsätzen und in *La mémoire, l'histoire, l'oubli*, nicht nur zu seiner Revision, sondern überdies zu einer Auseinandersetzung mit einem weiteren Problemfeld, innerhalb dessen sich auf einer grundlegenderen Stufe bereits ein der Repräsentanzproblematik analoges Problem stellt: dem Gedächtnis. Das Gedächtnis stellt Ricœur in einer Verschiebung der Problematik nun *zwischen* Zeit und Erzählung. Aus seiner umfangreichen Phänomenologie des Gedächtnisses (*mémoire*) und der Erinnerung (*souvenir*) seien hier zwei neue Interpretationen von Husserl herausgegriffen, anhand derer eine zentrale Vertiefung der Zeitproblematik bei Ricœur aufzuzeigen sein wird. Im Anschluss an die Erörterungen zu dieser mittleren Ebene des Gedächtnisses ist auf seinen neuen Repräsentanzbegriff einzugehen, bevor Ricœurs Verständnis einer Dialektik zwischen Gedächtnis und Geschichte in Hinblick auf das Verstehen von Vergangenem erörtert wird. Von dieser zunächst auf die Vergangenheit gerichteten

Dialektik aus sei schließlich im Rahmen einer Konzentration auf Ricœurs erneute Auseinandersetzung mit Heidegger auf die „gesamte“ Zeit, d. h. auf die Einschreibung der Dialektik von Gedächtnis und Geschichte in das Wechselspiel der drei Zeitekstasen und in eine umfassende Zeitordnung eingegangen. Erst diese Reintegration der Vergangenheitsproblematik in eine umfassende Zeit, welche Ricœur in *La mémoire, l'histoire, l'oubli* im Rahmen einer ontologischen Betrachtung der so genannten *condition historique* des Menschen unternimmt, ermöglicht es, von einer impliziten Weiterentwicklung des Begriffes der menschlichen Zeit in *La mémoire, l'histoire, l'oubli* zu sprechen. Die Erörterung von Ricœurs neuem Zeitverständnis bleibt jedoch so lange unvollständig, wie man nicht seine psychopathologisch-therapeutischen Überlegungen zu Gedächtnis, Geschichte und Zeitlichkeit sowie seine These einer Schuld gegenüber den Menschen der Vergangenheit berücksichtigt. Diese Themen stehen auf gesonderte Weise in Kap. 4.4.4 im Zentrum.

Die menschliche Zeit, die sich durch die Überkreuzung von Historie und Fiktion im Durchlaufen des Kreises der dreifachen *mimesis* refiguriert, ist eine vielfach überbestimmte Zeit, die nicht nur ein vertieftes Verständnis der Vergangenheit „wie sie eigentlich gewesen“, sondern durch den Fiktionalisierungsanteil auch ein reichhaltigeres Verständnis der Möglichkeiten sowohl dessen, was hätte sein können, als auch dessen, was in Zukunft sein kann, erlaubt. Das heideggersche Wechselspiel der drei Ekstasen, welches Ricœur zufolge immer nur in Zusammenhang mit Aspekten objektiver Zeitordnung verstehbar ist, ist auf der Refigurationsebene eine menschliche Zeit, in der aus der von der Geschichtserzählung erzählten Vergangenheit und aus den vielfach alternativen Existenzmöglichkeiten, die die Fiktion entwirft, ein komplexes Verhältnis zur Vergangenheit, gleichzeitig ein reichhaltiges Verständnis dessen, was in Zukunft möglich ist sowie dessen, was gegenwärtig getan werden oder geschehen kann, zustande kommt. Dass wir trotz dieser Komplexität der menschlichen Zeit nicht wissen können, was in Zukunft sein wird, sondern allenfalls, was möglich ist, ist ein Gemeinplatz. Wie aber verhält es sich mit der Vergangenheit? Können wir wissen, was in der Vergangenheit war? Diese Frage ist nicht nur für unseren Bezug zur Vergangenheit, sondern für das ganze Verständnis menschlicher Zeit zentral, denn wenn wir nicht wissen, was früher war, so hat dies entscheidende Auswirkungen auf unsere Gegenwart und unsere Zukunft. Diese Frage nach der Wirklichkeit der Vergangenheit durchzieht Ricœurs gesamtes späteres Denken.[294] Eine erste Antwort entwirft er in *Temps et récit*, wenn er dort nach der „Wirklichkeit der historischen Vergangenheit“ – so der Titel von *Zeit und Erzählung III*, Kap. 2. III – fragt.

Ricœurs These ist dort, dass es unmöglich ist, die Vergangenheit in einer Repräsentation zu einer vollständigen Anwesenheit zu machen. Um die Vergangenheit zu erreichen, müssten wir uns an anwesenden, aber auf Vormaliges verweisenden Spuren orientieren. Der Spur, von der aus ein Bezug auf Vergangenheit möglich werde, komme gegenüber der Vergangenheit jedoch lediglich eine *Vertretungsfunktion* zu, denn in dem Versuch einer vorstellenden Repräsentation der Vergangenheit ginge

---

[294] Die „gemeinsame Problematik“ der drei Teile von *La mémoire, l'histoire, l'oubli* bestimmt Ricœur als „die der Repräsentation des Vergangenen“ (MHO, II/GGV, 17).

der Charakter der zeitlichen Distanz und der Fremdheit des Vergangenen verloren. Dieser werde nur dann respektiert, wenn Vergangenheit nicht als etwas in der Vorstellung Anwesendes, sondern lediglich als ein *Gegenüber* der Vertretung betrachtet wird. Wie aber ist dieser vertretende Bezug zu einem nicht in eine Repräsentation einzuholenden Vergangenen zu denken? Ricœurs Antwort ist der Begriff der *Repräsentanz*, den er in TR anhand einer Dialektik von Selbem, Anderem und Analogem, deren wichtigste Bezugspunkte Platon, Aristoteles und Hayden White darstellen, entwickelt. Zunächst, so Ricœur, sei eine Identifizierung mit dem Vergangenen zu versuchen, wobei jedoch die Alterität der Vergangenheit nicht angemessen berücksichtigt werde. Ein Versuch, die Vergangenheit als ein Anderes zu denken, könnte diesem zwar entgegenwirken, kann in der Version einer zeitlosen Differenz jedoch auch nicht dazu dienen, dem gerecht zu werden, was heute abwesend, einst aber wirklich war. Dieser Konflikt führt zu dem dritten Term der Dialektik, welchen Ricœur jedoch keinesfalls als eine synthetische Aufhebung nach hegelschem Vorbild denkt. Das Analoge, welches sich nicht bei Platon, jedoch in der aristotelischen Proportionalmetapher fände, würde in seiner Anwendung auf den Bezug zur Vergangenheit in der Tropologie Hayden Whites seine beste Erklärung finden. Nach White sei unter den im historischen Diskurs zur Anwendung kommenden Tropen die Metapher das zentrale Element. In der Metapher aber sei die Ähnlichkeit dominant. Dies führt Ricœur zu einer Reinterpretation des rankeschen „wie es eigentlich gewesen" hin zu einer Oszillation zwischen „sein und doch wieder nicht [...] sein" in einem *„Sein-wie ... (être-comme)"*, welches dem *„Sehen-als ... (voir-comme)"* der Metapher auf ontologisch-refentieller Ebene gegenübersteht.[295] Wenn wir das Ereignis, „wie es eigentlich gewesen" ist, anvisieren, so könnten wir nur über die in der Metapher kulminierende dreifache Dialektik von Selbem, Anderem und Analogem eine Beziehung zu ihm erlangen, in deren Konsequenz auch der ontologische Status des vergangenen Ereignisses in einem ontologischen Schillern zwischen Sein und Nichtsein verbleibt. Die Repräsentanz, so Ricœur, spezifiziere über diese dreischrittige Dialektik die Zeitlichkeit der signifizierenden Spur, indem sie „die dialektische Struktur des Durchmessens explizit [macht], das den Abstand zur Vermittlung werden läßt".[296]

Wenn aber die metaphorische Beziehung zur Vergangenheit eine Beziehung der *Ähnlichkeit* zwischen der Erzählung und dem abwesenden Ereignis sein soll, so stellt sich die Frage, was als *tertium comparationis* dieser Ähnlichkeit fungiert und sie garantiert. Inwiefern und in Hinblick auf was *ähnelt* die Erzählung dem vergangenen Ereignis? Diese Frage führt Ricœur nach *Temps et récit* zu einer entscheidenden Revision seines Repräsentanz- und seines Spurbegriffes sowie zu dem Versuch einer Phänomenologie des Gedächtnisses. Wenn er das Gedächtnis und das Vergessen in *La mémoire, l'histoire, l'oubli* als die „beiden mittleren Ebenen

---

[295] TR III, 281/ZE III, 250. Ricœur greift hier auf seine siebte und achte (dt. fünfte und sechste) Studie aus *La métaphore vive* zurück, in der er die metaphorische Referenz und ihren Bezug zum philosophischen Diskurs erörtert. Das Verhältnis von Zeit und Ontologie bei Ricœur findet in Kap. 4.7 ausführliche Behandlung.

[296] TR III, 282/ZE III, 251.

zwischen der Zeit und der Erzählung" versteht,[297] so werden sie deshalb wichtig, weil die Frage nach einer heute, in einer erst zu klärenden Weise noch anwesenden Vergangenheit nicht erst auf der Ebene entsteht, auf der die Geschichtserzählung von einem Ereignis der fernen Vergangenheit zu berichten sucht. Vielmehr ist es bereits auf der Ebene des Gedächtnisses, welche noch grundlegender ist als die der Geschichtserzählung, fragwürdig, wie die aktuelle Erinnerung zu einem tatsächlich früher Erlebten in Verhältnis steht bzw. ob sie nicht vielleicht gar nur eine Illusion ist. Vor der Erörterung eines ausgesuchten Teiles von Ricœurs Phänomenologie des Gedächtnisses ist jedoch zunächst an eine weitere, bereits in Kap. 4.2.1.2 angedeutete Verschiebung zu erinnern, welche die Aporizität der Zeit selbst betrifft.

In einer Fußnote zu „La marque du passé" heißt es, dass die erste Aporie der Zeit für Ricœur an Schärfe verloren habe, da ihm nun scheint, daß die phänomenologische Zeit ursprünglich bereits Züge trage, durch welche die Weltzeit in den Rhythmus der phänomenologischen Zeit selbst aufgenommen werde. Nimmt Ricœur hier, und noch dazu ganz *en passant*, die zentrale These von *Temps et récit* zurück, nach der die erste Aporie der Zeit begrifflich unauflösbar ist? In einer Fußnote zu *La mémoire, l'histoire, l'oubli*, die sich ebenfalls auf die These der begrifflichen Aporizität der ersten Aporie der Zeit aus *Temps et récit* bezieht, wird deutlich, dass Ricœur seine frühere These nicht zurücknehmen, sondern vielmehr nur ergänzen will. Er schreibt dort, er habe an der in *Zeit und Erzählung III* vorgelegten Erörterung *nichts zu ändern*, sondern ihr nur etwas hinzuzufügen; seine Diskussion sei damals durch eine Frage begrenzt gewesen, die nun nicht mehr die seinige sei, die Frage nach dem Verhältnis zwischen einer Phänomenologie der erlebten Zeit und einer Kosmologie der physischen Zeit; die Geschichte habe er damals unter die Ägide einer „Poetik der Erzählung" gesetzt, die jene „Aporetik der Zeit" produktiv machen sollte, welche zunächst einmal das Denken lähmt.[298] Es scheint legitim, aus diesen beiden selbstreflexiven Rückblicken Doppeltes zu folgern und zwar, dass Ricœur einerseits mit der Aufnahme einiger Züge der Weltzeit in die phänomenologische Zeit nicht mehr der Meinung ist, die phänomenologische Zeit enthalte in ihrem Zeiterleben noch keinerlei Implikationen, die auf Zeitstellen einer Zeitordnung und das Rechnen mit ihnen verweisen, während er jedoch andererseits ganz und gar an der begrifflichen Aporizität der ersten Zeitaporie festhält. Das, was er bereits in *Temps et récit* in Hinblick auf die Innerzeitigkeit als eine Kontamination der beiden Zeitperspektiven in der Innerzeitigkeit, welche sich insbesondere im Gefühl bemerkbar mache, bezeichnete, scheint nun in sein Verständnis phänomenologischer Zeit selbst überzugehen, ohne dass er jedoch an der theoretischen Unauflösbarkeit der ersten Zeitaporie etwas ändern wollen würde. Wenn sich Ricœurs Interesse von der ersten Zeitaporie weg und hin zu dem Verhältnis von Gedächtnis und Geschichte verlagert, so nimmt das Gedächtnis in gewisser Weise den Platz der Perspektive der erlebten Zeit ein, in welcher Ricœur nun aber bereits zentrale Züge der Weltzeit enthalten sieht. *Innerhalb* des Gedächtnisses selbst wiederholt sich so gewissermaßen in neuer Perspektive die erste Aporie der Zeit, wenn Ricœur an das Gedächtnis die

[297] MHO, I/GGV, 15.

[298] Vgl. MHO, 452 (Fußnote)/GGV, 534 (Fußnote).

Frage richtet, wie das Zeiterleben der Erinnerung einen rechtmäßigen Anspruch darauf erheben kann, sich an etwas zu erinnern, das tatsächlich vormals erlebt wurde.

Das Gedächtnis erhebt den Anspruch, sich in seiner spezifischen Intentionalität auf eine vorhergehende Realität zu beziehen.[299] Dieser Anspruch ist jedoch mit der grundsätzlichen Schwierigkeit verbunden, die Intentionalität des Gedächtnisses eindeutig von der Intentionalität der auf Phantasiertes gerichteten Einbildungskraft zu trennen. Wie kann ich sicher sein, dass ich das, was ich zu erinnern glaube, nicht nur phantasiere? Während Platon in seiner Erörterung der Anwensenheit einer abwesenden Sache den Zeitbezug vernachlässige, komme dieser, so Ricœur, bei Aristoteles deutlich zum Tragen. Das große Problem bleibe jedoch, dass die Erinnerung an etwas Vergangenes stets als Bild aufzutauchen scheint und somit ständig in Gefahr sei, mit der Imagination verwechselt zu werden. Ricœur wendet sich hier unter anderen Husserl zu und spricht abermals von zwei phänomenologischen Entdeckungen, die Husserl zu verdanken seien. Allerdings meint Ricœur damit nicht mehr, wie in *Temps et récit*, die Retention und die Unterscheidung zwischen Retention und Wiedererinnerung, sondern er bezieht sich nun auf die Unterscheidung zwischen Retention und Wiedererinnerung und die Unterscheidung zwischen dem setzenden Charakter der Erinnerung und dem nicht-setzenden Charakter des Bildes.[300] Letztere „Entdeckung" Husserls, die in *Temps et récit* noch nicht als solche markiert wurde, gewinnt Ricœur nicht nur in Auseinandersetzung mit Husserliana X, sondern auch mit Husserliana XXIII, dem Band mit dem Titel „Phantasie, Bildbewußtsein, Erinnerung (1898–1925)", in dem Husserl große Anstrengungen darauf verwendet, verschiedene Arten von Vergegenwärtigungen voneinander zu unterscheiden. Die Retention, so Ricœur, ist in ihrer Kontinuität zur Gegenwart noch keine bildhafte Darstellung und wirft daher noch nicht das Problem der möglichen Täuschung durch ein Erinnerungsbild auf. Bei der Reproduktion, der Wiedererinnerung, der sekundären Erinnerung jedoch stelle sich die Lage problematischer dar: Der einzige Unterschied, so hebt Ricœur hervor, zwischen Imagination und Erinnerung sei bei Husserl die *Setzung*. Anders als bei einer neutralen Phantasie setze ich die jetzige Wiedererinnerung und ihr intentionales Korrelat zu dem vormals Gewesenen und jetzt Erinnerten in Bezug. Die in Frage stehende Vergegenwärtigung ist allein deshalb Erinnerung und keine Phantasie, weil ihr Korrelat in ein zeitliches Verhältnis zu einem vormals Erlebten *gesetzt* wird. Bei dieser Setzung, so Ricœur, bestehe jedoch stets die Gefahr, dass ich etwas als Erinnerung verstehe, was tatsächlich bloß Imagination ist. Er zieht Sartre heran, um die Gefahr der *„Falle des Imaginären"* für das Gedächtnis zu betonen.[301] Es besteht ständig die Möglichkeit,

[299] Vgl. MHO, 6/GGV, 24.

[300] Vgl. MHO, 134/GGV, 172.

[301] MHO, 64 f./GGV, 91 f. Das ganze zweite Kapitel des ersten Teiles von *La mémoire, l'histoire, l'oubli* untersucht die Praxis des Gedächtnisses und die darin enthaltenen Möglichkeiten des Gebrauches und des Missbrauches. Ein Missbrauch, der die Anstrengung des Erinnerns (Bergson) oder die Erinnerungsarbeit (Freud) auf Irrwege führt, ist jedoch nur deshalb möglich, weil bereits in der Grundstruktur von Gedächtnis und Erinnerung die Möglichkeit zur Täuschung und Halluzination angelegt ist.

dass ich statt einer Erinnerung bloß eine Halluzination habe. Kann Husserl dieser Gefahr begegnen?

Ricœur ist der Auffassung, dass Husserl dieser Gefahr nicht begegnen kann, ja sie gar nicht hinreichend ernst nimmt, weil er der Erfahrung des zeitlichen Abstandes von vornherein keinen ausreichenden Stellenwert einräumt. Die bei Husserl grundsätzlich dominierende „Metakategorie der Modifikation“ absorbiere jegliche Erfahrung einer zeitlichen Distanz.[302] Entwickelt Ricœur hier aber genau die gegenteilige Position zu seiner Husserlinterpretation aus *Temps et récit*? Dort hatte er doch gerade den Modifikationsgedanken der Retention gegen den Vorrang einer ursprünglichen Differenz starkgemacht; will er nun die Differenz gegenüber der Modifikation priorisieren? Was Ricœur in *La mémoire, l'histoire, l'oubli* bei Husserl kritisiert, ist keineswegs das Konzept der Retention überhaupt, sondern die Tendenz, der Retention eine so starke Dominanz einzuräumen, dass auch die Wiedererinnerung an ferne Vergangenheiten in der Kette der Retention von Retentionen absorbiert zu werden droht.[303] Husserls Tendenz, die faktische Begrenztheit der Erinnerung in einer gewissen mathematischen Idealisierung der Zeitkonstitution verschwinden zu lassen, kann Ricœurs Kritik stützen. In ZB, § 32 erörtert Husserl die Überschiebung der Zeitfelder, in der reproduzierte Jetzte mit noch in frischer Erinnerung lebendigen Zeitpunkten identifiziert werden und zwar im Prinzip „unbegrenzt fortsetzbar“, bloß würde „die aktuelle Erinnerung praktisch bald versagen“.[304] Auf eine ähnliche Weise akzentuiert er die ideale Fortsetzbarkeit, anstatt der faktischen Begrenztheit der Retentionen, wenn er das berühmte Diagramm aus ZB, § 10 als ein unbegrenzt fortsetzbar zu denkendes Koordinatensystem darstellt.[305] Ricœur verweist diesbezüglich auf die Zweideutigkeit, ob es sich in diesem um ein „unvermeidliche[s] Vergessen[]“ oder um eine „unbewusste[] Fortdauer des Vergangenen“ handelt.[306]

---

[302] MHO, 140/GGV, 178.

[303] Dass in dieser Hinsicht zwischen den beiden ricœurschen Werken keinesfalls ein Widerspruch zu entdecken ist, hat Tengelyi erstmals herausgestellt. Vgl. Tengelyi, László: Husserls Blindheit für das Negative? Zu Ricœurs Deutung der Abstandserfahrung in der Erinnerung, in: Breitling, Andris/Orth, Stefan (Hg.): *Erinnerungsarbeit. Zu Paul Ricœurs Philosophie von Gedächtnis, Geschichte und Vergessen*, a. a. O., 29–39. Er ist der Auffassung, dass Ricœur sich auch in *La mémoire, l'histoire, l'oubli* nicht der von Bernet und Derrida vorgebrachten These einer Priorität der Differenz vor der Modifikation anschließt, sondern vielmehr „die alte Streitfrage ‚Modifikation oder Differenz?‘ aus den Angeln“ (a. a. O., 34) hebe, indem er sich Lévinas' Interpretation der Urimpression als Durchkreuzung der Erwartungen und als das „Andere der Zeit“ zuwende.

[304] ZB, 425.

[305] In späteren Texten spricht Husserl von einer „Fernretention“, in der sich das Retinierte zusammenzieht und zu einer undifferenzierten Einheit des einen entfernten Horizontes verschmilzt. Husserl, Edmund: *Analysen zur passiven Synthesis. Aus Vorlesungs- und Forschungsmanuskripten 1918–1926*. Hg. von Margot Fleischer. Den Haag: Martinus Nijhoff 1966 (= Husserliana. Bd. XI), 288. Vgl. dazu Rodemeyer, Lanei: „Near“ and „Far“ Retention, in: dies.: *Intersubjective Temporality. It's About Time*, a. a. O., 86–91. Eine so geartete Fernretention könnte durch eine nach rechts zunehmende Abflachung der Diagonalen im Diagramm der ZB dargestellt werden. Husserl scheint in ihr jedoch lediglich einen Verlust der Unterschiedenheit des Retinierten, nicht aber des Retinierten selbst zu denken.

[306] MHO, 41/GGV, 65.

Der wichtigste Grund, den Ricœur für das Verschwinden der Abstandserfahrung in der Modifikation nennt, ist jedoch, dass Husserl mit der letztlichen Rückführung aller auf Objektitäten gerichteten Zeitanalysen auf die Selbstkonstitution des zeitkonstituierenden Bewusstseinsflusses einen „extreme[n] Subjektivismus" vertrete, welcher den Kulminationspunkt der von Ricœur so genannten Tradition der Innerlichkeit (*tradition du regard intérieur*) darstelle.[307] Weil die Wiedererinnerung ein früheres Erlebnis des einen einzigen Flusses betreffe, bei dem nicht auszuschließen sei, dass es sich unterschwellig in Retentionen auf irgendeine Weise erhalten hat, könne die „wahre Erinnerung" nicht erhellt werden, welche Ricœur zufolge aus der „grundlegende[n] zeitliche[n] Erfahrung […] der Distanz und der Zeittiefe" zu erklären wäre.[308] Das Erlebnis einer zeitlichen Distanz, einer Abwesenheit eines Vergangenen, werde in der Kette der Retentionen und in dem einen einzigen Fluss aufgehoben.

Die „Metakategorie der Modifikation", die sich in den ZB in Gestalt der Retention bemerkbar macht, betreffe aber nicht nur die zeitliche Abwesenheit. Die durch die Dominanz der Retention erfolgende Reduktion der zeitlichen Abwesenheit in den ZB bereite durch die Zurücknahme aller Zeitanalysen in den einen und einzigen Fluss vielmehr die „Herrschaft der Egologie" aus den *Cartesianischen Meditationen* vor, in der die Metakategorie der Modifikation keine „Anerkennung einer ursprünglichen Abwesenheit, der Abwesenheit eines fremden Ich" erlaube, „eines Anderen, der in dem Bewußtsein des einen Selbst immer schon impliziert ist".[309] Ricœur sieht in jener bei Husserl dominierenden „Metakategorie der Modifikation" also auf miteinander zusammenhängende Weise zwei verschiedene Arten von Abwesenheit verloren gehen: die Abwesenheit des Vergangenen und die Abwesenheit des fremden Anderen, zwei Erfahrungen von Abwesenheit, die Husserl selbst tatsächlich oftmals parallelisiert hat, jedoch unter Berücksichtigung des entscheidenden Unterschiedes, dass die Erlebnisse des fremden Anderen prinzipiell nie direkt zugänglich sind, während sich die Wiedererinnerung auf ein Erlebnis des eigenen Flusses bezieht. Ricœur fordert gegen die im husserlschen Bewusstseinsfluss verlorene Abwesenheit des Vergangenen, dass die Abwesenheit des Vergangenen in ihrer Eigentümlichkeit des Nicht-mehr, als Bruch zur Gegenwart berücksichtigt werden müsse, um der Erfahrung der zeitlichen Tiefe, der des Verlustes, der nicht mehr zu findenden Wiedererinnerung, aber auch der ständigen Möglichkeit

---

307 Vgl. MHO, 138/GGV, 176.

308 MHO, 140/GGV, 178. Tengelyi verteidigt Husserl gegen Ricœurs Kritik, indem er die von Husserl in den Analysen zur passiven Synthesis vorgebrachte Interpretation der Wiedererinnerung anführt. Dort versteht Husserl die Wiedererinnerung als aus einem passiven Weckungsereignis hervorgehend, in welchem Weckendes und Gewecktes auseinanderfallen und so eine Abstandserfahrung ermöglichen. Vgl. Tengelyi: Husserls Blindheit für das Negative? Zu Ricœurs Deutung der Abstandserfahrung in der Erinnerung, a. a. O., 36. Es ließe sich jedoch daran zweifeln, ob Ricœur dies als Einwand gegen seine Interpretation akzeptieren würde, denn seine Kritik an Husserl betrifft in erster Linie die Zurücknahme aller auf Objektitäten bezogenen Erinnerungen – und darunter scheinen selbst aus passiven Weckungsereignissen hervorgehende Wiedererinnerungen zu fallen – in den einen und einzigen Bewusstseinsfluss.

309 MHO, 133/GGV, 171 und MHO, 138/GGV, 177.

der Halluzination Rechnung zu tragen. Gegen die Reduktion einer ursprünglichen Abwesenheitserfahrung des fremden Anderen im Ego der Eigenheitssphäre tendiert Ricœur zu einer Auffassung, die er bei Husserl selbst in der *Krisis* vorgezeichnet findet, und zwar zu einer „Phänomenologie der sozialen Realität", bei der die „vorprädikativen Aspekte der ‚Lebenswelt' [...], die weder mit den Bedingungen der Einsamkeit und noch weniger mit solipsistischen Bedingungen gleichzusetzen ist, sondern von Anfang an eine gemeinschaftliche Form aufweist", eine leitende Rolle spielen.[310] Dieses ursprüngliche Ineinander von Erfahrung des Eigenen, Erfahrung des Fremden und Erfahrung des Gemeinschaftlichen lässt Ricœur von einer Polarität und überkreuzten Konstitution zwischen individuellem und kollektivem Gedächtnis sprechen.

Auch wenn Ricœur lediglich auf die *Krisis* verweist, lässt sich auch für die *C-Manuskripte* und insbesondere für die dortigen Überlegungen zu einer transzendentalen Monadologie sagen, dass sich durchaus in Husserls eigenen Texten zur Phänomenologie der Zeit Überlegungen zu einem ursprünglichen Ineinander von Eigenem, Fremdem und Gemeinschaftlichem erkennen lassen, in denen die als Monade verstandene Subjektivität die Anderen bereits impliziert, ohne je ihre Erlebnisse in adäquater Gegebenheit zu besitzen. Von einer „Herrschaft der Egologie", die die Andersheit des Anderen in dem einzigen Fluss des Ego absorbieren würde, kann dabei kaum die Rede sein. In Hinblick auf die Wiedererinnerung scheint jedoch auch noch der späte Husserl dazu zu tendieren, in ihr zwar Täuschungen und Korrekturen für möglich zu halten, dies jedoch eher für ein faktisches und nicht für ein prinzipielles Problem bei der Rekonstruktion des vormals Erlebten zu halten.[311] Bei Ricœur werden das Gedächtnis und die Erinnerung gerade zu einem prinzipiellen Problem, wenn er den Bildcharakter der Erinnerung betont, welcher die aus den Tiefen des Gedächtnisses aufsteigende Erinnerung letztlich der Phantasie zum Verwechseln ähnlich sehen lässt. Die darin liegende Gefahr der Verwechslung wird durch das ursprüngliche Ineinander von individuellem und kollektivem Gedächtnis nur noch verstärkt.

Was aber ist angesichts des Bruches zwischen Vergangenem und Erinnertem Ricœur zufolge der Garant des Gedächtnisses und der Erinnerung? Hat das Gedächtnis angesichts der ständig drohenden Gefahr der Halluzination jegliche Zuverlässigkeit eingebüßt und ist ihm in jeder Hinsicht zu misstrauen? Trotz des durch die Halluzinationsgefahr verursachten Glaubwürdigkeitsverlustes des Gedächtnisses, so Ricœur, ist das Gedächtnis das Beste, was wir haben, um uns dessen zu versichern, dass etwas früher geschehen und was früher geschehen ist. In dem Moment, in dem wir uns auf eine „vergangene ‚Sache', das früher

[310] MHO, 159/GGV, 201.

[311] Trotz dieser Tendenz bei Husserl ist sich dieser der Nähe von Wiedererinnerung und Phantasie aber auch wiederum deutlich bewusst, was an einer von Ricœur zitierten Stelle aus der *Ersten Philosophie* besonders hervortritt: „Scheinbar ist in der Erinnerung eine erinnerte Vergangenheit, in der Erwartung eine erwartete Zukunft, in der Abbildung ein abgebildetes Objekt, in der Phantasie ein Fiktum ebenso schlicht vergegenwärtigt, wie in einer Wahrnehmung ein Wahrgenommenes. So ist es aber in Wahrheit nicht" (Husserl: *Erste Philosophie*, a. a. O., 130).

gesehene, gehörte, empfundene, gelernte Was" beziehen und in dem Erlebnis des „Wiedererkennens [...] die Anstrengung des Erinnerns endet", sei „eine spezifische Wahrheitsforderung impliziert", welche nur dadurch Erfüllung finden kann, dass wir „spüren und wissen [...], daß etwas geschehen ist, daß etwas stattgefunden hat, in dem wir als Akteure, als Erduldende, als Zeugen impliziert waren".[312] Diese epistemisch-veritative Dimension des Gedächtnisses bezeichnet Ricœur als Wahrheit-Treue (*vérité-fidélité*).[313] Bereits auf der Ebene des Gedächtnisses also ist Ricœur nun mit dem Konzept jener Wahrheit-Treue weit davon entfernt, wie noch in *Temps et récit*, eine Ähnlichkeit zwischen dem jetzt als Erinnerung Erlebten und dem vormals Gewesenen zu behaupten. Bereits innerhalb des Gedächtnisses ist die Wirklichkeit der Vergangenheit nur durch das *Erlebnis des Wiedererkennens*, das einer husserlschen Setzung zur Erfüllung dienen kann, und den Treue- und Wahrheitsanspruch des Gedächtnisses zu erreichen, ohne dass ein einheitlicher einziger Fluss, bei dem wir nicht sicher sein können, ob und wie sich die vergangenen Erlebnisse in ihm erhalten, zu garantieren vermöchte, dass das jetzt Erinnerte tatsächlich mit dem vormals Erlebten in Verbindung steht. Unsere Anstrengungen, uns zu erinnern, sind ständig in Gefahr, es mit Halluzinationen zu tun zu haben und doch haben wir nichts Besseres als diese Anstrengungen zur Erinnerung und das Erlebnis des Wiedererkennens als Zeichen für das „Ende einer geglückten Suche", um uns der Vergangenheit zu vergewissern.[314] Im Rückbezug auf die erste Zeitaporie aus *Temps et récit* ließe sich sagen, dass die im Gedächtnis erlebte Zeit, welcher Ricœur nun selbst Züge der Datierbarkeit zuschreibt, auf der nicht-retentionalen Ebene der Wiedererinnerung bereits mit prinzipiellen Unsicherheiten in Hinblick auf das tatsächlich vormals Erlebte zu tun hat. So wird es nicht nur aufgrund der Begrenztheit des Gedächtnisses in Hinblick auf die von ihm erfassbaren Zeitspannen nötig, bei der Frage nach entfernt Vergangenem auf die Geschichtsschreibung zurückzugreifen, sondern die kritische Geschichte dient auch dazu, die das Gedächtnis bedrohenden Fallen des Imaginären zu bekämpfen.

Während das Gedächtnis die erlebte Zeit betrifft, muss sich die Historie, die historiographische Operation, wie Ricœur sagt, in ihrem Selbstverständnis als Wissenschaft ausdrücklich von dem Zeiterleben des Gedächtnisses distanzieren. Der von Ricœur im zweiten Teil von *La mémoire, l'histoire, l'oubli* entwickelten Epistemologie der Historie zufolge habe sie dabei über drei ineinandergreifende Phasen vorzugehen: die dokumentarische Phase, in der Zeugenaussagen gesammelt und Archive erstellt werden, um über einen Fundus an potentiellen dokumentarischen Beweisen zu verfügen; die erklärende/verstehende Phase, in der in einem Ineinander von Erklären und Verstehen Modelle gesucht werden, die die Frage nach den historischen Zusammenhängen beantworten können; die repräsentierende Phase, in der die skripturale Formgebung stattfindet, welche jedoch keinesfalls einen bloßen Ausdruck der beiden ersten Phasen darstellt, sondern alle drei Phasen durchzieht.

---

312 MHO, 66/GGV, 93 f.

313 MHO, 66/GGV, 94.

314 MHO, 43/GGV, 67.

Der letzte Bezugspunkt jeder historiographischen Operation, die die Vergangenheit zu rekonstruieren versucht, liegt in der von Ricœur bereits in *Temps et récit* im Zusammenhang mit den Vermittlungsinstanzen der historischen Zeit behandelten *Spur*. Der Begriff der Spur erfährt Ende der neunziger Jahre jedoch eine entscheidende Veränderung. In „La marque du passé" heißt es in Hinblick auf *Temps et récit*: „Was das der ‚Wirklichkeit der historischen Vergangenheit' gewidmete Kapitel betrifft, so ist es hier – aufgrund der Herstellung eines Zusammenhangs zwischen der Problematik der Spur und der des Zeugnisses – der Gegenstand der schärfsten und am tiefsten gehenden Revision".[315] Wie aber kann der von Ricœur nun herangezogene Zeugnisbegriff da weiterhelfen, wo das Modell einer analogischen Ähnlichkeit in eine Sackgasse führt?

Unter einem Zeugnis verstehen wir herkömmlich etwas, das ein Mensch ablegt, der bei einem fraglichen vergangenen Ereignis dabei gewesen ist, um dieses Ereignis denjenigen, die nicht dabei gewesen sind, so deutlich wie möglich vor Augen zu führen. Ricœur ist nun der Auffassung, dass nicht nur ein solcher Bericht eines Menschen als Zeugnis gelten solle. Eine *jede* Spur vielmehr stehe nicht – wie noch in *Temps et récit* suggeriert – in einer Ähnlichkeitsbeziehung zum vergangenen Ereignis, sondern bezeuge das vergangene Ereignis, indem sie, wie ein Zeugnis gebender Mensch,[316] einen *Anspruch auf Glaubwürdigkeit* erhebe: „[M]an muß die Spur vom Zeugnis her denken, nicht umgekehrt".[317] In dem Kapitel über Repräsentanz aus *La mémoire, l'histoire, l'oubli* bestimmt Ricœur „die dreifache Erklärung des Zeugen" durch folgenden Dreischritt: „1. Ich war dabei; 2. Glaubt mir; 3. Wenn ihr mir nicht glaubt, fragt jemand anderen".[318] Es konkurrieren also nicht mehr Spuren und die anhand ihres Leitfadens unternommenen Geschichtserzählungen um die größte Ähnlichkeit mit dem vergangenen Ereignis, sondern es konkurrieren verschiedene Zeugnisse – im weiten Sinne des Begriffes, der auch die Spur zum Zeugnis macht – um die größte Glaubwürdigkeit sowie um eine möglichst große Kohärenz untereinander. Ist aber dieses Modell der Repräsentanz durch Zeugnis, welches vielleicht die Problematik der analogischen Ähnlichkeit vermeidet, nicht selbst auf andere Weise problematisch, weil naiv und unkritisch? Können wir bei dem Versuch, die Vergangenheit, „wie sie wirklich gewesen" ist, zu erfassen, nicht mehr tun, als Zeugnissen schlichtweg zu glauben? Was aber ist, wenn die Zeugen lügen oder sich irren und die Spuren uns täuschen?

Ricœurs Antwort lautet hier ähnlich wie schon in Hinblick auf das Gedächtnis: Zeugnisse bergen tatsächlich immer die Gefahr der Täuschung und doch haben wir nichts Besseres als Zeugnisse, um die historiographische Operation darauf zu

---

315 *La marque*, 16 (Fußnote)/*Das Rätsel*, 37 (Fußnote). Dieser Aufsatz entstand aus dem letzten Vortrag eines 1997 gehaltenen Seminars, bevor er 1998 in der *Revue de Métaphysique et de Morale* veröffentlicht wurde. Vgl. *Das Rätsel*, 21.

316 Diese Annäherung von Spur und Zeugnis ist der Tendenz nach bereits in *Temps et récit* mit der oben in Kap. 4.4.1 erwähnten Personifikation der Spur vorgezeichnet.

317 *La marque*, 14/*Das Rätsel*, 33.

318 MHO, 364/GGV, 431. „„Ich war dabei! Glauben Sie mir oder nicht. Und wenn Sie mir nicht glauben, fragen Sie jemand anderen!"" (MHO, 647/GGV, 765).

stützen und eine Rekonstruktion des Vergangenen zu versuchen.[319] Über die Zeugnisse wird ein „kritische[r] Realismus" der historiographischen Operation möglich, der eine gewisse Kompensation des Glaubwürdigkeitsverlustes des Gedächtnisses bewerkstelligen kann und dennoch letztlich auf die Glaubwürdigkeit der Zeugnisse zurückgeworfen wird.[320] Im Zeugnis sieht Ricœur „die Struktur des Übergangs zwischen dem Gedächtnis und der Historie".[321] In diesem Übergangsbegriff des Zeugnisses lässt sich die Instanz erkennen, die Ricœur in einer Verschiebung der Problematik der ersten Zeitaporie einsetzt, „um den Übergang vom lebendigen Gedächtnis zur ‚äußerlichen' Stellung der historischen Erkenntnis" zu bewerkstelligen und um den in *Temps et récit* zur Beantwortung der ersten Zeitaporie eingesetzten „Begriff einer dritten Zeit" nun als „eine der formalen Möglichkeitsbedingungen der historiographischen Operation" zu behaupten.[322] Durch den Übergangsbegriff des Zeugnisses zeigt sich, dass die historiographische Operation trotz ihrer Distanznahme gegenüber dem Gedächtnis und ihrer Frage nach dem „wie es eigentlich gewesen" in ihrer Anlehnung an zeugnishafte Spuren in letzter Instanz auf das Gedächtnis zurückgeworfen bleibt. Die Historie hat nicht die Möglichkeit, bei ihrer Arbeit auf Erfüllungserlebnisse des Wiedererkennens zurückzugreifen, sondern kann nur mit ihren vergleichenden Mitteln die Glaubwürdigkeit und Kohärenz der Zeugnisse prüfen. Sie kann jedoch gerade „mangels Intuitivität", so Ricœur in einer an die „ikonische Bereicherung" aus TR erinnernden Formulierung, dem von ihr anvisierten Vergangenen einen „Zuwachs an Sinn (*surcroît de sens*)", einen „Bedeutungszuwachs (*augmentation de signification*)" und in ihrer Referenzfunktion sogar einen „Seinszuwachs (*surcroît d'être*)" mitteilen und auf diese Weise als Kritik und Bereicherung des Gedächtnisses und der Zeugnisse fungieren.[323] Letztlich komme jedoch auch die Historie über eine als Wahrheit-Treue verstandene Repräsentanz nicht hinaus, wenngleich bei dem Gedächtnis der Akzent auf der Treue und bei der Historie auf der Wahrheit liege.[324]

---

[319] „Ich habe sagen können, daß wir, um uns der Wirklichkeit unserer Erinnerungen zu versichern, nichts Besseres als das Gedächtnis haben. Jetzt sagen wir: Wir haben, um die Repräsentation der Vergangenheit durch die Geschichte zu akkreditieren, nichts Besseres als das Zeugnis und seine Kritik" (MHO, 364/GGV, 431).

[320] MHO, 364/GGV, 431.

[321] *La marque*, 14/*Das Rätsel*, 32.

[322] MHO, 235/GGV, 235.

[323] MHO, 369 (Fußnote)/GGV, 436 (Fußnote) (Einfügung des französischen Wortlautes, I.R.).

[324] „Nur eine auf ihre kritische Funktion reduzierte Historie würde der bloßen Forderung nach Wahrheit entsprechen. Nur ein Gedächtnis, dem die kritische Dimension der Historie fehlen würde, entspräche seinerseits der bloßen Forderung nach Treue, wozu ein unkritischer Gebrauch des Traditionsgedankens tendiert. Ein Gedächtnis jedoch, welches der kritischen Kontrolle der Historie unterworfen wird, kann Treue nicht mehr anstreben, ohne auf seine Wahrheit hin geprüft worden zu sein. Und eine Historie, welche durch das Gedächtnis in die Bewegung der Dialektik von Retrospektion und Zukunftsentwurf eingebunden wird, kann die Wahrheit nicht mehr von der Treue trennen" (*La marque*, 31/*Das Rätsel*, 66 f.). Ricœur stellt sich überdies die Frage, ob „Gedächtnis und Historie das übersetzen, was vom Ereignis in die Sprache des Erzählers übertragen worden ist" (*La marque*, 15/*Das Rätsel*, 35). Dieses Thema der Übersetzung hat Ricœur in drei kleineren Texten, die in dem Band Ricœur, Paul: *Sur la traduction*. Paris: Bayard 2004 versammelt

Die offene Dialektik von Gedächtnis und Geschichte in dem Versuch, dessen gewahr zu werden, was vormals gewesen ist, bleibt jedoch so lange eine methodische Abstraktion, wie sie nicht in das Wechselspiel der drei Zeitekstasen und damit in die lebendige Existenz eingebunden wird. Erst jene von Ricœur vorgenommene Einschreibung der offenen Dialektik von Gedächtnis und Geschichte in die drei Ekstasen lässt es als berechtigt erscheinen, hier von einer Weiterentwicklung des Konzeptes menschlicher Zeit zu sprechen, das Ricœur in *Temps et récit* auf der Ebene der Refiguration der Zeit als ersten Teil seiner Antwort auf die erste Zeitaporie formulierte. Während Ricœur in *Temps et récit* den Zirkel der dreifachen *mimesis* im Sinne eines hermeneutischen Zirkels des schöpferischen Ineinander von Zeitlichkeit und Narrativität ausarbeitet, sucht er in *La mémoire, l'histoire, l'oubli* im Rahmen einer ontologischen Fragestellung unter dem Titel *condition historique* „die verschiedenen Modi der Verzeitlichung zu erforschen, die zusammen die existenziale Bedingung historischer Erkenntnis darstellen".[325] Diese zeitlichen Grundbedingungen entwickelt er „als eine Auseinandersetzung mit Heidegger" und es lässt sich in einer Kontrastierung zu Heidegger besonders deutlich herausstellen, worin die Eigentümlichkeit von Ricœurs Verständnis der existenzial-zeitlichen Bedingungen dieser *condition historique* besteht.[326]

Eine zentrale Übereinstimmung Ricœurs mit Heidegger betrifft die Übernahme „der Leitidee von *Sein und Zeit*, der zufolge die Zeitlichkeit [...] ein Hauptmerkmal des Seins darstellt, das wir sind".[327] In seiner „philosophischen Anthropologie des fähigen Menschen" hält Ricœur mit der Zeitlichkeit insofern auch an Heideggers Daseins- und Sorgebegriff fest, als es ihm immer schon um den Menschen als ein in-der-Welt-seiendes Dasein und die zeitliche Verstrickung seines Handelns und Leidens geht, nicht aber weil er, wie Heidegger, eine Fundamentalontologie anstreben würde, in der Existenzialien auf einer *voie courte* komplementär zu Kategorien auszuarbeiten wären. Der heideggersche Grundgedanke, dass uns das untrennbare Ineinander von Gewesenheit, Gegenwart und Zukunft nicht äußerlich anhaftet, sondern unser Sein wesentlich ausmacht, ist jedoch für Ricœur von entscheidender Bedeutung. Über diese wichtige Gemeinsamkeit in Hinblick auf eine generelle zeitliche und geschichtliche Seinsweise hinaus unterscheidet sich Ricœurs Position allerdings in allen wichtigen Einzelheiten von der heideggerschen Zeitphilosophie. Die zwei Gruppen der entscheidenden Differenzen hat Ricœur bereits in *Temps et*

sind, behandelt. Er spricht dort anstatt von Übersetzbarem und Unübersetzbarem von dem Paar Treue (*fidélité*) und Betrug (*trahison*), welches eine unübersehbare Nähe zu der Wahrheit-Treue (*vérité-fidélité*) von Gedächtnis und Geschichte aufweist. Jean Greisch, dem Ricœur einen dieser Texte gewidmet hat, vertritt seinerseits die Auffassung, dass „jede philosophische Reflexion über die Hermeneutik sich in erster Linie durch die Arbeit des Übersetzers anleiten lassen muss" (Greisch, Jean: *Le cogito herméneutique*. Paris: Vrin 2000 (= Histoire de la philosophie), 8). Und Jervolino macht das Thema der Übersetzung zum Leitfaden seiner eigenen kreativen Auseinandersetzung mit Ricœurs Spätwerk. Vgl. Jervolino, Domenico: *Ricœur. Herméneutique et traduction*. Paris: Éditions Ellipses 2007 (= Philo).

325 MHO, II/GGV, 16.

326 MHO, 450/GGV, 532.

327 MHO, 452/GGV, 533 f.

récit entwickelt, lässt ihnen in *La mémoire, l'histoire, l'oubli* jedoch wichtige Vertiefungen zukommen.

Zum einen kritisiert Ricœur abermals Heideggers Priorisierungen des Seins zum Tode, der Zukunft und der damit verbundenen Eigentlichkeit. Stattdessen plädiert er, ebenfalls wie schon in *Temps et récit*, für eine Gleichberechtigung der drei Ekstasen und, in einer Formulierung aus „La marque du passé", für eine „*offene[]* Phänomenologie der Zukünftigkeit".[328] Zum anderen kritisiert er erneut Heideggers Hierarchisierung der Zeitigungsebenen nach ontologischer Abkünftigkeit. An diesem Punkt findet die Vertiefung seiner Kritik an Heidegger ihre deutlichste Ausprägung. Wir seien in unserer zeitlichen Existenzweise zwar immer schon durch unsere Gewesenheit geprägt, diese befände sich jedoch in einem Wechselspiel mit einer distanzierenden Bezugnahme auf ein nicht mehr seiendes Vergangenes in einer Zeitordnung, welche keinesfalls, wie bei Heidegger, im Sinne einer uneigentlichen Existenzweise aufzufassen ist. Wir sind zwar auch für Ricœur Gewesenheit, worin sich ein weiterer Ausdruck der eingangs erörterten *appartenance* zeigt, jedoch ist diese unsere Seinsweise prägende Zugehörigkeit in eine offene Dialektik mit einer ausdrücklichen Bezugnahme auf Vergangenes verwickelt, so dass sich hier auch der Gedanke einer mit der *appartenance* zusammenhängenden *distanciation* wiedererkennen lässt. Diese distanzierende Bezugnahme auf ein Nicht-mehr, welche unsere unser Sein prägende Gewesenheit immer schon durchzieht, versteht Ricœur anstatt als Uneigentlichkeit als eine unseren Vergangenheitsbezug reflektierende und damit vertiefende Auseinandersetzung, die ihm zufolge die angemessene Interpretation der heideggerschen Wiederholung wäre. Dies wäre eine Wiederholung, in der sich das Seinkönnen seine Möglichkeiten nicht in Hinblick auf das Sein zum Tode unmittelbar aus dem Erbe überliefert, sondern in dem es den bei Heidegger selbst erst auf der Stufe der vulgären Zeit möglichen Umweg über die offene Dialektik von Gedächtnis und Geschichte nimmt und sich so auf kritische Weise aus eben dieser Dialektik seine Möglichkeiten aneignet.[329] Weil Ricœur aber die grundsätzliche Gleichberechtigung nicht nur der drei Ekstasen, sondern auch der von Heidegger entwickelten Zeitigungsebenen behauptet, versteht er die Gegenwart weder als einen „gehaltenen Augenblick" noch als ein Sichverlieren an das geschäftige Besorgen, sondern in erster Linie als Initiative, in der sich die Interpretation der Geschichte mit dem Machen der Geschichte überkreuzt.[330] Auf diesem Wege umgeht Ricœur die heideggersche Problematik des Augenblickes. Diese menschliche Zeit, wenn es eine Berechtigung haben sollte, diesen Terminus aus *Temps et récit* weiterhin zu verwenden, setzt also die drei Zeitekstasen sowie die

---

[328] *La marque*, 21/*Das Rätsel*, 47.

[329] „Wir sprechen vom Vergangenen zugleich als von dem, was nicht mehr ist, und als von dem, was gewesen ist" (*La marque*, 11/*Das Rätsel*, 27). Heidegger habe „im Rahmen einer auf die Sorge zentrierten Ontologie des *Daseins* die *Gewesenheit* in den Rang des Eigentlichen und Ursprünglichen" erhoben „und das Vergangene (im Sinne des Verstrichenen) auf die Ebene der Seinsweisen zurücktreten [...] lassen, welche im Zeichen des *Vorhandenen* und des *Zuhandenen* stehen. [...] Ich möchte [...] für ein gleiches Recht der beiden Bezeichnungen plädieren" (ebd.).

[330] „[I]l n'est pas possible de ‚faire de l'histoire' sans aussi ‚faire l'histoire'"/„Es ist nicht möglich, ‚Historie zu treiben', ohne zugleich ‚Geschichte zu machen'" (*La marque*, 31/*Das Rätsel*, 67).

verschiedenen Zeitigungsebenen so in ein Verhältnis der Gleichberechtigung, dass die das Nicht-mehr erforschende Historie nicht einem Hang zur Uneigentlichkeit unterliegt, sondern vielmehr erst recht die Vielfalt der sich überliefernden Möglichkeiten aufdecken und für ein gegenwärtig zukunftsorientiertes Handeln fruchtbar machen kann.

Neben der Gedächtnisproblematik gibt es in Ricœurs Spätwerk jedoch noch ein zweites thematisches Novum: das Vergessen als „beunruhigende Bedrohung, die sich im Hintergrund der Phänomenologie des Gedächtnisses und der Epistemologie der Geschichte abzeichnet".[331] Auch den inhaltlichen Reichtum dieses ontologisch verstandenen Begriffes gewinnt Ricœur aus einer Auseinandersetzung mit Heidegger. Er führt diese diesmal nicht als eine Kritik, sondern als einen affirmativen Anschluss an Heidegger, interpretiert dabei jedoch Heideggers Vergessensbegriff aus SZ auf eine eigentümliche Weise. Bereits gegen die soeben erörterte Kritik von Ricœur an Heideggers Gegenüberstellung von Gewesenheit und Vergangenheit lässt sich einwenden, dass Heidegger nicht Gewesenheit und Vergangenheit im Sinne des vulgären Zeitbegriffes gegenüberstellt, sondern für ihn ist Gewesenheit die Ekstase, die sich eigentlich in der Wiederholung oder uneigentlich in einem seinsvergessenen Vergessen und einem darauf basierenden Behalten existenziell zeitigen kann, wobei Letzteres auf die von Ricœur gemeinte Beschäftigung mit bloß Vergangenem hinausläuft.[332] Das Vergessen, welches bei Heidegger uneigentliche Zeitigung der Gewesenheit bedeutet, reinterpretiert Ricœur nun jedoch auf eine, meines Erachtens bei Heidegger selbst nicht angelegte, jedoch fruchtbare und positive Weise. Er spricht in „Die vergangene Zeit lesen: Gedächtnis und Vergessen", ein Text, der ebenfalls Thesen von *La mémoire, l'histoire, l'oubli* vorwegnimmt, von „der Heideggerschen Paradoxie – einer wenig beachteten Paradoxie – daß das Vergessen dasjenige ist, was das Erinnern ermöglicht" und sieht die Lösung dieser „Paradoxie" darin, das Vergessen unmittelbar mit der Gewesenheit zu verknüpfen und es „im Sinne der *unvordenklichen Quelle* und nicht in dem der *unerbittlichen Zerstörung*" zu verstehen.[333] Ricœurs Vergessensbegriff zeigt so eine deutlichere Verwandtschaft zu Heideggers Begriff der Gewesenheit als zu seinem Begriff des Vergessens, denn mit der Gewesenheit meint Heidegger, dass das Dasein seine Vergangenheit immer

---

331 MHO, 536/GGV, 633.

332 „Im Vorlaufen *holt* sich das Dasein *wieder* in das eigenste Seinkönnen *vor*. Das eigentliche Gewesen-sein nennen wir die *Wiederholung*. Das uneigentliche Sichentwerfen auf die aus dem Besorgten, es gegenwärtigend, geschöpften Möglichkeiten ist aber nur so möglich, daß sich das Dasein in seinem eigensten *geworfenen* Seinkönnen *vergessen* hat. […] Die Ekstase (Entrückung) des Vergessens hat den Charakter des sich selbst verschlossenen Ausrückens *vor* dem eigensten Gewesen, so zwar, dass dieses Ausrücken vor … ekstatisch das Wovor verschließt und in eins damit sich selbst" (SZ, 339). Vgl. oben Kap. 3.2.3.

333 Ricœur, Paul: Die vergangene Zeit lesen: Gedächtnis und Vergessen, in: ders.: *Das Rätsel der Vergangenheit. Erinnern – Vergessen – Verzeihen*. Übersetzt von Andris Breitling und Henrik Richard Lesaar. Göttingen: Wallstein Verlag 1998, 71–156 (in der Folge abgekürzt mit VZL), hier 134, 135. Diesem Text liegt das Vorlesungsmanuskript eines Kolloquiums zugrunde, das Ricœur im November 1996 in Madrid gehalten hat. Vgl. a. a. O., 71 (Fußnote 33). Vgl. auch MHO, 574/GGV, 676.

schon *ist*, bevor es sich in irgendeiner Weise konkret mit ihr auseinandersetzt.[334] Sowie bei Heidegger die Gewesenheit eine uneigentliche Zeitigung in Vergessen und Erinnern oder eine eigentliche Zeitigung in der Wiederholung erfahren kann, kann das ricœursche Vergessen des Unvordenklichen die Basis für eine wohl reflektierte Erinnerungskultur wie aber auch für pathologische Erinnerungsmechanismen sein. Allerdings gibt es auch zwischen Heideggers Begriff der Gewesenheit und Ricœurs Begriff des Vergessens einen wichtigen Unterschied, denn Ricœur unterscheidet verschiedene Arten des Vergessens, deren zwei tiefste Formen das zerstörende Vergessen durch Auslöschung der Spuren und das verwahrende, das grundlegende Vergessen sind. Diese beiden Grundformen des Vergessens befinden sich ihm zufolge in einer „grundsätzlich unentscheidbar[en]" Zwiespältigkeit, d. h. „für menschliche Sichtweisen [gibt es] keinen höheren Standpunkt, von dem aus sich die dem Zerstören und Aufbauen gemeinsame Quelle ausmachen ließe".[335] Diese unhintergehbare Zwiespältigkeit verleiht dem ricœurschen Vergessen ein Entzugsmoment, das sich auf diese Weise in der heideggerschen Gewesenheit nicht finden lässt. Das Vergessen hat für Ricœur nichts mit einer heideggerschen Uneigentlichkeit zu tun, sondern ist vielmehr im Gegenteil die Tiefenebene der menschlichen Zeit, auf deren Boden einer unentscheidbaren Zwiespältigkeit Gedächtnis und Geschichte ihr offen dialektisches Ineinander praktizieren.

Lassen sich die hier als Weiterentwicklungen der menschlichen Zeit interpretierten Konzepte aus Ricœurs Spätwerk jedoch noch an die in *Temps et récit* erörterte erste Aporie der Zeit zurückbinden oder haben sie durch die Verschiebung der Problematik keine Verbindung zu jener Aporizität der Zeit mehr? Auch wenn Ricœur nun, wie gezeigt, der Perspektive der erlebten Zeit selbst Züge der Weltzeit zuerkennt, lässt sich in der für das Spätwerk dominanten Frage, wie das Zeiterleben sich auf ein identisches, vormaliges Ereignis beziehen kann, die Problematik der ersten Aporie wieder erkennen, wenn diese danach fragt, wie ein Verhältnis zwischen gerichtetem Zeiterleben und einer objektiven Zeitordnung mit identischen Zeitstellen möglich ist. Während Ricœur jedoch mit der historischen Zeit, ihren Phantasievariationen und der Refiguration in der menschlichen Zeit in *Temps et récit* über den Gedanken eines Analogieverhältnisses zur Vergangenheit ein zwar praktisches und fiktional geprägtes, aber noch relativ starkes Band zwischen dem Zeiterleben und der objektiven Ordnung knüpfte, wird dieses Band durch den Zeugnisbegriff, die Wahrheit-Treue von Gedächtnis und Geschichte und das zwiespältige Vergessen deutlich gelockert. Kein Verhältnis der Ähnlichkeit mehr garantiert mir, dass das, was ich jetzt erinnere oder in der Folge erzähle, einen Bezug zu dem tatsächlich vormals an einer datierten Stelle in der objektiven Zeit Stattgefundenen

---

[334] „‚Solange' das Dasein faktisch existiert, ist es nie vergangen, wohl aber immer schon *gewesen* im Sinne des ‚ich *bin*-gewesen'" (SZ, 328). „Nur sofern Dasein überhaupt *ist* als ich *bin*-gewesen, kann es zukünftig auf sich selbst so zukommen, dass es *zurück*-kommt" (a. a. O., 326). Ähnlich spricht Ricœur vom „*Vergessen des Unvordenklichen* […]; dasjenige, was wir niemals wirklich erfahren haben und was uns dennoch zu dem macht, was wir sind: Kräfte des Lebens, schöpferische Kräfte der Geschichte, *Ursprung*" (VZL, 133).

[335] MHO, 574/GGV, 676 f.

hat.[336] Trotz aller Bemühungen, in der kritischen Historie die Glaubwürdigkeit der Zeugnisse zu überprüfen, und trotz aller Anstrengungen, das Vergessen durch Auslöschung der Spuren zu verhindern, bleiben uns in unserem Versuch, uns auf Vergangenes zu beziehen, letztlich nur das Erlebnis des Wiedererkennens und das Zeugnis, deren Anspruch auf Glaubwürdigkeit den letztmöglichen Garanten für das Band zwischen erlebter und linear geordneter objektiver Zeit bilden. Der Bezug auf Formen der linearen Zeit wird damit gewissermaßen leerer, da über das mit einer festen Zeitstelle datierte vergangene Ereignis nicht mehr gesagt werden kann, als dass es eben diese feste Zeitstelle ist, auf die sich die Erinnerung oder das Zeugnis mit seinem Glaubwürdigkeitsanspruch beziehen will. „Die Vertretung, würde ich heute sagen, drückt eine undurchsichtige Mischung von Erinnerung und Fiktion bei der Rekonstruktion des Vergangenen aus".[337] Der Schwerpunkt zwischen erlebter und linearer Zeit verlagert sich so in gewisser Weise hin zur erlebten Zeit und die „Brücke" über die zeitliche Distanz hinweg zum vergangenen Ereignis würde an einem „anderen Ufer" ankommen, über das sich nichts mehr sagen ließe – außer, dass es am anderen Ende der Brücke liegt und den Referenzpunkt für die Wahrheit-Treue von Gedächtnis und Geschichte darstellt.[338]

Ricœurs Begriff der menschlichen Zeit und seine Weiterentwicklung im Spätwerk scheinen den Gedanken eines konstitutiven Wechselspieles nicht nur zwischen Handelnden, Welt und Zeit, sondern gerade auch zwischen verschiedenen Zeitigungsweisen zu stärken zu vermögen. Während sich die historische Zeit in *Temps et récit* über die praktischen Vermittlungen von Kalender, Generationenfolge und Spur formiert und diese historische Zeit durch Phantasievariationen bereichert und zur menschlichen Zeit erweitert wird, bleibt die Figuration der menschlichen Zeit stets eine lebendige Dynamik, die sich im Spiel verschiedener Zeitigungsweisen herausbildet. Dieses Spiel differenziert sich in *La mémoire, l'histoire, l'oubli* über das konstitutive Wechselspiel diverser Zeugnisse, die zwischen erlebtem Gedächtnis

[336] Im Jahre 1995 hat Waldenfels Ricœur in Hinblick auf sein Werk bis hin zu *Soi-même comme un autre* dahingehend kritisiert, dass die Fremdheit bei Ricœur stets eine faktische bleibe, ohne je als eine prinzipielle anerkannt zu werden. Vgl. Waldenfels, Bernhard: *Deutsch-Französische Gedankengänge*. Frankfurt am Main: Suhrkamp 1995, 296. Die Fremdheit behalte nie das letzte Wort, sondern der Abstand zwischen Eigenem und Fremdem werde immer von einem dritten Term, „heiße er Ähnlichkeit, Anerkennung oder sonst wie", überbrückt. A. a. O., 293. Es scheint, das Ricœurs spätes Konzept einer Wahrheit-Treue jenseits der Ähnlichkeit in Verbindung mit der unten noch zu erörternden Schuld gegenüber den Menschen der Vergangenheit keine „versteckte Einheit" (ebd.) mehr garantiert und somit möglicherweise dieser Kritik entgehen könnte.

[337] *La marque*, 15/*Das Rätsel*, 36.

[338] Diese Interpretation von Ricœurs Verständnis unseres Bezuges zu Vergangenem weist gewisse Ähnlichkeiten mit Derridas Analyse zur künftigen Identität Europas auf, welche dieser in dem 1990 entstandenen Vortrag „Das andere Kap. Erinnerungen, Antworten und Verantwortungen" formuliert. Derrida geht es in erster Linie um Zukunft und Ricœur um Vergangenheit, die strukturellen Verwandtschaften in der Argumentation dürften einen Vergleich dieser beiden Ansätze jedoch zu einem fruchtbaren Unternehmen werden lassen. Vgl. Derrida, Jacques: *L'autre cap suivi de La démocratie ajournée*. Paris: Les Éditions de Minuit 1991/dt.: *Das andere Kap. Die vertagte Demokratie. Zwei Essays zu Europa*. Übersetzt von Alexander García Düttmann. Frankfurt am Main: Suhrkamp 1992 (= Edition Suhrkamp Bd. 1769. Neue Folge. Bd. 769).

und objektivierender Historie vermitteln und über einen unabschließbaren Prozess in ein kohärentes Verhältnis zueinander zu bringen sind. Die Unabschließbarkeit und der Spielcharakter in diesen Vermittlungen und praktisch-poetischen Lösungen der ersten Zeitaporie treten in gewisser Weise im Spätwerk besonders deutlich hervor, da sich die epistemische Strenge bei dem Bezug auf Vergangenes als geschwächt und so das Band zwischen den heterogenen Zeitperspektiven als noch instabiler als in *Temps et récit* erweist.

In dieser Auseinandersetzung mit dem Konzept der menschlichen Zeit und möglichen Weiterentwicklungen desselben in Ricœurs Spätwerk blieb jedoch eine zentrale Frage ungestellt. Anhand welcher Kriterien *entscheiden* wir den Streit zwischen Gedächtnis und Geschichte, wenn die Zeugnisse sich widersprechen? Anhand welcher Maßstäbe entscheiden wir uns angesichts dieses Streites für eine bestimmte gegenwärtige Initiative und einen bestimmten Entwurf der Zukunft? Wie entscheiden wir die konkrete Vermittlung zwischen unserem Zeiterleben und der Einordnung von Ereignissen in eine umfassendere Zeitordnung, wenn wir über den Glaubwürdigkeitsanspruch der Wahrheit-Treue nicht hinausgelangen können? Mit Heidegger, so wurde in Teil 3 ausführlich gezeigt, wäre die Position zu vertreten, dass eine angemessene Zeitigung der Zeit nur über die in den Tod vorlaufende Entschlossenheit möglich ist. Ricœur aber, so wurde mehrfach gesagt, kritisiert vehement und immer wieder das heideggersche Sein zum Tode und die vorlaufende Entschlossenheit, so dass diese heideggersche Antwort für ihn ausfällt. Was ist aber dann Ricœur zufolge der Antrieb und das Kriterium für eine angemessene Zeitigung dessen, was hier auch noch in Hinblick auf das Spätwerk als menschliche Zeit bezeichnet wurde? Ein erster und wesentlicher Teil der Antwort auf diese Frage ist in Ricœurs Gedanken einer Schuld gegenüber den Menschen der Vergangenheit zu finden.

4.4.4 Schuld gegenüber den Menschen der Vergangenheit

Die Schuld gegenüber den Menschen der Vergangenheit taucht bei Ricœur in *Temps et récit* unter der Bezeichnung *„dette"* als „Struktur der Geschichtlichkeit (*historicité*)" auf und nimmt in den späten Schriften zu Vergangenheit, Geschichte, Gedächtnis und Vergessen einen herausragenden Stellenwert ein.[339] Eine andere Problematik, die sich unter den weiten deutschen Begriff der Schuld fassen lässt, findet sich bei Ricœur jedoch schon in seinem ersten großen Werk. In der *Philosophie de la Volonté* entwickelt er im zweiten Teil unter dem Titel *Finitude et Culpabilité* eine Phänomenologie der Schuld, verstanden dort jedoch nicht als eine Struktur der Geschichtlichkeit, sondern als eine Erfahrung des menschlichen Bösen. Der Terminus, den Ricœur dort für diese Art von Schuld verwendet, ist *culpabilité*. Der erste Band, *L'homme faillible*, besteht aus einer an Husserl orientierten eidetischen Analyse der

---

[339] SMA, 407 (Fußnote)/SaA, 424 (Fußnote) (Einfügung des französischen Wortlautes, I.R.). Vgl. TR III, 253, 283, 347/ZE III, 223, 251, 310.

Fehlbarkeit des Menschen. Diese führt zwar auf jene konstitutionelle menschliche Schwäche, aufgrund derer die Heraufkunft des Bösen durch den Menschen überhaupt möglich wird. Aber von der „Möglichkeit bis zur Wirklichkeit des Bösen geht eine Spanne, ein Sprung".[340] Die Wirklichkeit des Bösen und damit die konkrete Erfahrung der Schuldhaftigkeit lassen sich Ricœur zufolge nicht mehr über eine eidetische Analyse fassen. Diese Grenze des Denkens ist bereits von Kant erfasst, wenn dieser in der ersten Abhandlung seiner Schrift *Die Religion innerhalb der Grenzen der bloßen Vernunft* die Unerforschlichkeit des Ursprunges des Bösen behauptet.[341] Aufgrund jener Grenze der eidetischen Analyse stellt Ricœur der Analyse der Fehlbarkeit im zweiten Band von *Finitude et Culpabilité* eine *Symbolique du Mal* zur Seite, in der er das auf direktem Wege unsagbare Böse indirekt, vermittels des direkten Sinnes der Symbole des Bösen zu erreichen sucht, mit dem Ziel, das, was diese Symbole „zu denken geben", schließlich in einen erneuten und vertieften philosophischen Klärungsversuch des Bösen aufzunehmen.[342]

Diese frühe ricœursche Thematik der *culpabilité* ist nicht mit der Thematik der *dette* als einer Schuld gegenüber den Menschen der Vergangenheit identisch. Dennoch sind sie eng miteinander verflochten, da sich beim späten Ricœur die strukturelle und damit notwendige *dette* in der Erfahrung immer schon mit einer faktischen und damit kontingenten *faute* verknüpft findet. Da Ricœur selbst es jedoch in *La mémoire, l'histoire, l'oubli* für sinnvoll hält, zunächst „über einen moralisch neutralen Begriff von Schuld (*dette*) zu verfügen, der nicht mehr sagt als der Begriff eines übertragenen und zu übernehmenden Erbes", sei das Augenmerk zunächst auf diesen Begriff einer Erbschuld (*dette-héritage*) gelenkt.[343] In einer vorläufigen Abstraktion von der Schuld als moralischer Verfehlung, als *faute* oder *culpabilité*, sei dem Schuldbegriff im Sinne der *dette* „wieder de[r] weite[] Umfang [zu] geben, den verwandte Begriffe wie Erbe, Vorhabe, ‚leitende Vor-sicht' bewahren helfen".[344] Bereits in diesen beiden Zitaten ist ersichtlich, dass Ricœur die Schuld als *dette* in Anlehnung an Heideggers Begriff eines existenzialen Schuldigseins bestimmt, in welchem die Bedeutung einer Verfehlung zunächst ausgeklammert bleiben soll.

---

340 Ricœur, Paul: *Philosophie de la volonté II. Finitude et culpabilité 1. L'homme faillible 2. La symbolique du mal.* Paris: Aubier 1988, 158/dt.: *Die Fehlbarkeit des Menschen. Phänomenologie der Schuld I.* Übersetzt von Maria Otto. Freiburg/München: Alber 1971, 183.

341 Vgl. Kant, Immanuel: Von der Einwohnung des bösen Prinzips neben dem guten; d. i. vom radikalen Bösen in der menschlichen Natur, in: ders.: *Schriften zur Ethik und Religionsphilosophie.* Hg. von Wilhelm Weischedel. Darmstadt: Wissenschaftliche Buchgesellschaft, 6. Aufl., 2005 (= Werke in sechs Bänden. Bd. IV), A4–58/B3–64, hier A43, 44/B47.

342 Vgl. Ricœur, Paul: *Philosophie de la volonté II. Finitude et culpabilité 1. L'homme faillible 2. La symbolique du mal.* Paris: Aubier 1988/dt.: *Symbolik des Bösen. Phänomenologie der Schuld II.* Übersetzt von Maria Otto. Freiburg/München: Alber 1971. Vgl. auch Ricœur: *Le conflit des interprétations. Essais d'herméneutiques*, a. a. O., Kap. IV und den Abschnitt „Culpabilité, éthique et religion" aus dem Kap. V/dt.: *Hermeneutik und Psychoanalyse. Der Konflikt der Interpretationen II.* München: Kösel-Verlag 1974, 140–265 für Kap. IV und 266–283 für den genannten Abschnitt aus Kap. V.

343 MHO, 473/GGV, 558 (Einfügung des französischen Wortlautes, I.R.).

344 *La marque*, 27/*Das Rätsel*, 59.

Dieses existenziale Schuldigsein, so wurde in Kap. 3.2.1 bereits ausgeführt, definiert Heidegger auf formale Weise als das „nichtige Grundsein einer Nichtigkeit“, da das Dasein einerseits aufgrund seiner Geworfenheit und Faktizität seinen eigenen Grund nie beherrscht und andererseits aufgrund seines Entwerfens und seiner Existenz stets eine Möglichkeit wählt und damit zur Wirklichkeit werden lässt, während es zwangsläufig unzählige andere unrealisiert lassen muss. Auch Ricœur geht es darum, dass wir dem Erbe, in das wir geworfen sind, ohne es gewählt zu haben, auf die eine oder andere Weise zu begegnen haben, aus ihm heraus eine Wahl für zukünftiges Verhalten treffen müssen.

Im Ausgang von dieser allgemeinen Verwandtschaft zum heideggerschen Schuldigsein nimmt Ricœur jedoch einige Gewichtungen vor, die seinen Schuldbegriff von demjenigen Heideggers auf eine nicht unerhebliche Weise unterscheiden. Zunächst ist daran zu erinnern, dass Ricœur zufolge die Gewesenheit als Vergangenheits*sein* in einer offenen Dialektik mit einer ihr gleichberechtigten Vergangenheit als abgelaufenem Nicht-mehr steht. Die Zusammenarbeit von Gedächtnis und Geschichte, welche sich mithilfe der Zeugnisse auf diese offene Dialektik stützt, gerät in dem mit einer unhintergehbaren epistemischen Unsicherheit behafteten Konzept der *Wahrheit-Treue* an ihre Grenzen. An eben diesem Punkt, an dem das vorangehende Kap. 4.4.3 Halt machte, kommt die Funktion der nicht epistemologisch, sondern ontologisch verstandenen Schuld als *dette* zum Tragen, durch welche der epistemisch unsichere Vergangenheitsbezug in die dreifach ekstatische Existenzweise integriert wird und in ihr eine Beantwortung erfährt: „Die Verbindung der Schuld mit dem Seinkönnen, das sich der Zukunft zuwendet, befreit die Spur von ihrer erkenntnistheoretischen Unentscheidbarkeit“.[345] Wenn die Schuld zu einer Übernahme der über die offene Dialektik von „gewesen“ und „abgelaufen“ zugänglichen Vergangenheit anhält, um daraus ein in die Zukunft projiziertes Seinkönnen und eine gegenwärtige Handlungsinitiative zu gewinnen, so wird dabei der Grenze des Wissens mit einer *Handlungsentscheidung* begegnet.

Anders als Heidegger, der das Schuldigsein als bloße formale Struktur des auf der Basis eines nicht gewählten Grundes wählen Müssens versteht, ist Ricœur der Auffassung, dass die Schuld *verpflichtet*. Wie aber kann die Schuld verpflichten und wozu verpflichtet sie? Die Schuld als *dette*, so Ricœur, verpflichte, weil sie eine Schuld gegenüber den *Menschen der Vergangenheit* sei, gegenüber jenen Toten, die als einstige Lebende eine Zukunft hatten, deren Möglichkeiten sie jedoch nicht verwirklichen konnten. Von jenen Toten her, die unseren nichtigen Grund mit ausmachen, erreiche uns ein *Anspruch*, der zur Hinwendung zu ihren vergangenen Möglichkeiten aufrufe. Die Last, von der Ricœur in Hinblick auf die Schuld als Erbe spricht, lastet so nicht bloß als unbeherrschbarer Grund seiner Freiheit auf dem Dasein, sondern sie lastet auf den Lebenden, weil die Toten mit ihrer vergangenen Zukunft die Lebenden über deren seinsmäßige Gewesenheit affizieren. Das heißt, sie gehen in die Gewesenheit der Lebenden nicht, wie bei Heidegger, als neutraler Fundus an Möglichkeiten ein, die ich entweder eigentlich in der Wiederholung oder

---

345 *La marque*, 28/*Das Rätsel*, 61.

uneigentlich im Vergessen und Behalten übernehmen kann, sondern sie bestimmen die Lebenden im Sinne eines *Aufrufes*. Diese Entfernung Ricœurs von Heidegger geht mit einer Annäherung an Lévinas einher, wenn Letzterer das Antlitz als Heimsuchung und Verweis auf eine unvordenkliche Vergangenheit versteht, die keine Erinnerung zu erreichen vermag und dennoch permanent zur Begegnung aufruft.[346] Ähnlich wie vom lévinasschen Antlitz, so geht auch von den lediglich über Spuren erreichbaren und sich jeder absoluten Vergegenwärtigung entziehenden Toten eine Forderung aus, der es zu begegnen gilt. Die ricœursche Schuld als *dette* ist so zwar einerseits moralisch neutral, weil sie als Existenzstruktur noch keinerlei Verfehlung impliziert. Sie enthält jedoch andererseits mit jener auf die unseren „nichtigen Grund" prägenden Menschen der Vergangenheit zurückgeführten Aufforderung bereits ein ethisches Moment, welches Ricœurs Schuldbegriff deutlich von demjenigen Heideggers unterscheidet.

Die von der Gewesenheit ausgehende Forderung an die Lebenden lässt sich anhand von Ricœurs Analysen zum Missbrauch des natürlichen Gedächtnisses, der durch die im vorangehenden Kapitel erörterte Unsicherheit bei der „setzenden" Erinnerung ermöglicht ist, in psychopathologische und ethisch-politische Momente aufgliedern. Zum einen ist die Erbschuld von einer Tendenz zur pathologischen Besessenheit von einer Vergangenheit, die nicht vergehen will, durchzogen.[347] Diese Pathologisierung ergibt sich dann, wenn sich die *dette* mit einer *faute* vermischt, d. h. wenn in der strukturellen Erbschuld, die wir stets notwendig auf die eine oder andere Weise zu übernehmen haben, Momente früherer Verfehlungen impliziert sind. Diese Momente der *faute* oder der *culpabilité* aber sind Ricœur zufolge faktisch *immer schon* mit der Schuld als *dette* verflochten, so dass die kontingente *faute* oder *culpabilité* zwar nicht strukturell, jedoch immer schon eine *empirische Tatsache* ist. Da unser Grund und unsere seinsmäßige Gewesenheit aber durch Verfehlungen, die in der Vergangenheit verübt worden sind, geprägt sind, gehe von ihnen eine *Heimsuchung* aus. Die nicht ruhenden Toten dominieren dann in einer eigentümlichen Anwesenheit die Gewesenheit der Lebenden. Dadurch unterliegen die Lebenden einer Tendenz zum *Wiederholungszwang*, in welchem sie dazu versucht sind, die Verfehlungen der Vergangenheit erneut auszuagieren und damit die *faute* oder *culpabilité* der Vergangenheit fortzusetzen, zu erneuern und zu verstär-

---

346 Lévinas spricht von dem Toten als von „jemandem, der nicht mehr antwortet" und dem gegenüber ich mich schon in einer „Schuld (*culpabilité*) – Schuld des Überlebenden" befinde. Lévinas: *Dieu, la mort et le temps*, a. a. O., 21/dt.: *Gott, der Tod und die Zeit*, a. a. O., 22.

347 In *La mémoire, l'histoire, l'oubli* entwickelt Ricœur die in Hinblick auf die Vergangenheit wichtigen pathologisch-therapeutischen Momente in einer Analyse des verhinderten Gedächtnisses zunächst unabhängig von der Schuld. Vgl. MHO, 83–97/GGV, 115–130. Vgl. auch VZL, 98–114. In *La marque* wird jedoch in einem direkten Übergang von der Schuld gegenüber den Menschen der Vergangenheit und der Aufdeckung ihrer vergangenen Möglichkeiten zu den sich daraus ergebenden „therapeutischen Möglichkeiten" (a. a. O., 30/64) deutlich, dass Ricœur die Schuld in einem unmittelbaren Zusammenhang mit psychopathologischen Aspekten des Vergangenheitsbezuges sieht. Vgl. *La marque*, 30 f./*Das Rätsel*, 64 ff. Dieselbe Verbindung wird in *La mémoire, l'histoire, l'oubli* im Kapitel zu den ethisch-politischen Momenten des verpflichtenden Gedächtnisses hergestellt. Vgl. MHO/GGV, 139–146.

ken.[348] Wenn das Handlungsvermögen der Lebenden auf diese Weise paralysiert ist, so sind sie unfähig dazu, die Toten in einer Distanznahme als Lebende einer abgelaufenen Zeit und damit als nicht mehr Seiende zu erinnern.

Um diesem pathologischen Zustand der Schuld zu begegnen, ist Ricœur zufolge eine in Anlehnung an Freud gedachte und auf gesellschaftliche und historische Zusammenhänge zu übertragende *Erinnerungs- und Trauerarbeit* nötig, durch die das in die Gewesenheit Eingegangene als ausdrücklich Vergangenes erarbeitet wird, um den aus jener Heimsuchung sich aufdrängenden Wiederholungszwang zu verhindern.[349] Angesichts dieser psychopathologischen Momente des Gewesenen tritt zutage, welche Tragweite Ricœurs gegen Heidegger gerichteter These einer Gleichberechtigung von Gewesenheit und Vergangenheit zukommt: Die von Ricœur hervorgehobene Gefahr ist nicht, wie Heidegger meint, dass die abgelaufene Zeit über den vulgären Zeitbegriff als „bloß vergangen" betrachtet und so ihre Relevanz für unser lebendiges, dreifach ekstatisches Sein verkannt wird. Vielmehr droht gerade dann, wenn eine solche Kluft zwischen Gegenwart und Vergangenheit *nicht* eigens *erarbeitet* wird, eine über die seinsmäßige Gewesenheit erfolgende pathologische Heimsuchung der Lebenden durch die Toten.

Das imperativische Moment der Schuld, welches in dem Aufforderungscharakter der Schuld als *dette* bereits anklang, gelangt in dem ethisch-politischen Moment der Schuld einer Forderung nach *Gerechtigkeit* gegenüber den Toten zur vollen Entfaltung.[350] Diese Gerechtigkeitsforderung bezieht sich besonders auf die Toten, die als Opfer starben, also jene, an denen eine *faute* oder *culpabilité* zustande kam und denen es auf abrupte Weise versagt war, ihre Zukunft, ihre heute vergangene Zukunft zu leben.[351] Obgleich es nicht die heute Lebenden sind, die sich im Sinne der *faute* oder *culpabilité* an den damals Lebenden schuldig gemacht haben, sind sie Ricœur zufolge dennoch in dieser Gerechtigkeitsforderung zu einer Aufdeckung der unverwirklichten Möglichkeiten der einst Lebenden herausgefordert. Die sich in diese Richtung orientierende Arbeit von Gedächtnis und Geschichte kann dabei in der Fiktionserzählung Unterstützung finden, welche, wie Ricœur in *Temps et récit III* ausführt, eine ausgezeichnete Rolle dabei übernehmen kann, *„die in der*

---

348 Wenn Ricœur unsere Gewesenheit durch eine Verstrickung von struktureller *dette* und faktischer *faute* oder *culpabilité* bestimmt und in dieser Verstrickung eine Tendenz zum Wiederholungszwang erkennt, der die früheren Verfehlungen erneut ausagiert, so könnte darin eine mögliche Erklärung des von Kant behaupteten *Hanges zum Bösen* gesehen werden, der sowohl angeboren, als auch zugezogen sein muss. Vgl. Kant: Von der Einwohnung des bösen Prinzips neben dem guten; d. i. vom radikalen Bösen in der menschlichen Natur, a. a. O., A 18 f./B 19–21.

349 Ricœur stützt sich auf zwei Aufsätze von Freud. Freud, Sigmund: Erinnern, Wiederholen und Durcharbeiten, in: ders.: *Werke aus den Jahren 1913–1917*. London: Imago Publishing 1949 (= Gesammelte Werke. Chronologisch geordnet. Bd. X), 126–136 und ders.: Trauer und Melancholie, in: ders.: *Werke aus den Jahren 1913–1917*. London: Imago Publishing 1949 (= Gesammelte Werke. Chronologisch geordnet. Bd. X), 428–446.

350 Vgl. MHO, 105–111/GGV, 139–146.

351 „Unter diesen anderen, denen wir etwas schuldig sind, besitzen die Opfer moralische Priorität" (MHO, 108/GGV, 143).

wirklichen Vergangenheit unterdrückten Möglichkeiten aufzudecken".[352] Auf diese Weise der Möglichkeitserforschung, so Ricœur in Anschluss an Raymond Aron, lässt sich eine retrospektive Fatalitätsillusion vermeiden und Kontingenz in die Geschichte einführen:[353] Die Toten erscheinen dann nicht mehr als diejenigen, die so sterben mussten, wie sie gestorben sind, sondern sie werden zu Menschen, die Möglichkeiten hatten, derer sie jedoch durch einen gewaltsamen Tod beraubt wurden.

Mit den psychopathologischen und ethischen Momenten der Schuld verknüpft sich in Ricœurs Schuldbegriff überdies ein Aspekt, der sich als sokratisch oder spinozistisch bezeichnen ließe: Von der Schuld, die lastet und verpflichtet, geht auch ein Anstoß aus, die Voraussetzungen und den Grund des eigenen Lebens so weit wie möglich in die Reflexion einzuholen und über sich und seine Position in der Welt, so ließe sich unter Verweis auf Spinoza formulieren, möglichst klare Ideen zu haben. Die Ahnen aber sind die, die unsere Gewesenheit ausmachen, sie sind die, die uns zu dem gemacht haben, was wir sind, so dass es für ein erweitertes Selbstverständnis nötig ist, sie und ihre Möglichkeiten zu erforschen. Dieses Moment der Selbstreflexion verknüpft sich jedoch bei Ricœur mit jenem soeben erörterten der Gerechtigkeit: „Wir sind jenen gegenüber schuldig, die uns mit einem Teil dessen, was wir sind, vorangegangen sind".[354] Auf welche Weise die Vorfahren immer schon in unsere Weise zu sein eingehen zeigt sich für Ricœur auf exemplarische Weise in der „sowohl leibliche[n] als auch institutionelle[n] Färbung" der Schuld:[355] Wir sind sowohl leiblich als auch über die Institutionen, die unser Zusammenleben regulieren, auf eine Art durch unsere Vorfahren bestimmt, die sich nie vollständig in eine Repräsentation einholen lässt, uns aber dennoch ständig dazu herausfordert, sie zu erforschen und ihr handelnd zu begegnen.

Die von Ricœur vertretene Schuld als *dette*, welche sich faktisch stets mit einer kontingenten Schuld als *faute* verknüpft, verbindet sich somit auf mehrfache Weise mit einer Forderung nach einem Sagen, nach einer Wiederbelebung von Möglichkeiten und nach einer handelnden Begegnung, die von dem aus an uns ergeht, was Heidegger den nichtigen Grund nennt. Über den sich in psychopathologische, ethisch-politische und selbstreflexive Momente untergliedernden Schuldbegriff liefert Ricœur eine differenzierte Erforschung unserer Bezüge zu den vergangenen Menschen, für welche Heidegger weder einen eigenen Terminus noch einen eindeutig ausgearbeiteten Begriff zu haben schien.[356] Welches aber ist der Ort, an dem der Schuld gegenüber den Menschen der Vergangenheit begegnet werden und an dem somit die epistemische Unsicherheit von Gedächtnis und Geschichte eine praktische Auflösung erfahren kann? Ricœurs Antwort ist die *Schrift*, in Anlehnung an de Certeau verstanden als eine *Grabstätte*, in der der *Akt der Bestattung* durch Lektüre und Neuschreiben stets lebendig bleibt und die Schrift der Geschichte

---

[352] TR III, 347/ZE III, 310.

[353] Vgl. *La marque*, 29 f./*Das Rätsel*, 64.

[354] MHO, 108/GGV, 142.

[355] Vgl. MHO, 458/GGV, 540.

[356] Vgl. Kap. 3.2.5.

davor bewahrt, zu einem toten Friedhof zu werden.[357] Das Handeln und Leiden der Toten und die darin implizierten nicht gelebten Möglichkeiten sind schreibend aufzudecken, um sowohl die Lebenden von der Heimsuchung durch die Toten zu befreien und ihnen ein vertieftes Selbstverständnis zu ermöglichen als auch den Toten Gerechtigkeit widerfahren zu lassen. Die Geschichte, nicht als eine Ergebnisse versteinernde Wissenschaft, sondern als bleibender Akt der Bestattung, erarbeitet auf exemplarische Weise jene Distanz, durch welche die Vergangenheit, die nicht vergehen will, zu einer Vergangenheit wird, die nicht mehr ist. Sie bewahrt damit gleichzeitig die vergangene Zukunft der Toten vor dem Vergessen und lässt ihnen so Gerechtigkeit widerfahren, erweitert unsere Selbstreflexion und verhindert eine pathologische Heimsuchung der Gegenwart und deren Tendenz zum Wiederholungszwang.

Offen blieb bis zu diesem Punkt jedoch, *woraufhin* Ricœur zufolge diese Schuld als *dette* und ihre Verstrickung mit der *faute* zu übernehmen ist. Wenn die ontologisch verstandene Schuld die epistemische Unsicherheit in Hinblick auf die Vergangenheit nur dann auflösen kann, wenn sie sich in der dreifach ekstatischen Existenzverfassung des Menschen mit einem *Seinkönnen* verbindet, so stellt sich die Frage nach dem *Entwurfshorizont*, der eine angemessene Begegnung der Schuld zu garantieren vermag. Heidegger zufolge geschieht eine eigentliche Übernahme des Schuldigseins, des Nichtiger-Grund-seins einer Nichtigkeit, in einem Gewissen-haben-wollen und der in den Tod vorlaufenden Entschlossenheit. Wie bereits gezeigt, hat Ricœur Heideggers in den Tod vorlaufende Entschlossenheit jedoch wiederholt als eine bloß persönliche existenzielle Möglichkeit, die keine existenziale Funktion beanspruchen könne, kritisiert. Er muss also dem Seinkönnen, mit dem sich die Schuld als *dette* verbindet, eine andere Entwurfsrichtung als das Vorlaufen in den Tod geben. Aber welche? Erst mit einer Antwort auf diese Frage, so scheint es, lässt sich in Ricœurs Spätschriften das in *Temps et récit* erstmalig vorgeschlagene Konzept der menschlichen Zeit bis zu Ende verfolgen: Der epistemischen Unsicherheit in der Verbindung des „subjektiven" Zeiterlebens mit einer „objektiven" Zeitordnung von Zeitstellen und Ereignissen ist zwar bereits in der Übernahme der ontologisch verstandenen Schuld gegenüber den Menschen der Vergangenheit begegnet – auch diese bleibt jedoch noch so lange unvollständig, wie sie nicht in Hinblick auf ihren Entwurfshorizont Betrachtung erfährt, welchen Heidegger seinerseits durch die Verbindung des Grundseins einer Nichtigkeit mit dem Sein zum Tode zu klären versuchte.

Mit dieser Frage nach der Einheit von zukünftigem Seinkönnen und Übernahme der Schuld gegenüber den Menschen der Vergangenheit kommt jedoch bereits die Frage nach der Einheit der Zeit und damit der Problemkomplex der zweiten Aporie der Zeit ins Spiel. Während Heidegger die Ganzheit und damit die Einheit des Daseins und der ursprünglichen endlichen Zeit über das Vorlaufen in den Tod plausibel zu machen suchte, muss Ricœur aufgrund seiner Kritik an Heidegger einen anderen

[357] Vgl. MHO, 475–480/GGV, 561–567. Vgl. zu dieser Thematik Breitling, Andris: L'écriture de l'histoire: un acte de sépulture?, in: Revault d'Allonnes, Myriam/Azouvi, François (Hg.): *Paul Ricœur*. Paris: Éditions de l'Herne 2004, 237–245.

Weg bei der Beantwortung der zweiten Aporie der Zeit einschlagen. Welcher Weg dies ist, ist die Leitfrage des unten folgenden Kap. 4.5. Dort wird das Konzept der menschlichen Zeit für die Begegnung der zweiten Aporie an dem Punkt wieder aufzugreifen sein, an dem es hier mit der Schuld in seiner Funktion als Antwort auf die erste Aporie unvollständig blieb.

Die Schuld gegenüber den Menschen der Vergangenheit verweist jedoch nicht nur in ihrem Zusammenhang mit dem Seinkönnen auf die zweite Aporie der Zeit, sondern sie vermag auch deutlich zu machen, dass der Streit von Gedächtnis und Geschichte darum, „wie das Vergangene eigentlich gewesen ist", nicht durch wissenschaftliche Kriterien entschieden zu werden vermag, sondern in letzter Instanz auf den handelnden und leidenden Menschen angewiesen ist, der angesichts der Schuld gegenüber den Menschen der Vergangenheit die menschliche Zeit refiguriert. Der *Einzelne*, auf dessen entscheidende Rolle im folgenden Kap. 4.4.5 noch zurückzukommen sein wird, hat so in letzter Instanz über seine ontologische Zeitlichkeit und Schuldhaftigkeit die heterogenen Zeitperspektiven zu verknüpfen, indem er die Konflikte der verschiedenen Zeugnisse, die verschiedenes Zeiterleben implizieren, entscheidet und das Gegenüber des an einer festen Zeitstelle stattgefundenen Ereignisses anvisiert. Dieses Band zwischen einem im Zeiterleben erhobenen Anspruch auf Wahrheit-Treue und dem Gegenüber des an einer bestimmten Stelle in der Zeitordnung verorteten vergangenen Ereignisses ist nie endgültig, kann aber jeweils durch den die Schuld übernehmenden Einzelnen geknüpft und entschieden werden.

Gerade weil aber der Schuld aufgrund der epistemischen Unsicherheit gegenüber der Vergangenheit eine so wichtige Funktion zukommt, zeigt sich die *Frage nach ihrer Universalisierbarkeit* von besonderer Relevanz: Ist die Schuld tatsächlich ein Phänomen, das allen Menschen zugänglich ist, d. h. von dem sich alle Menschen affiziert oder heimgesucht finden? Ist die von den Toten ausgehende Aufforderung zur Zuwendung tatsächlich ein verallgemeinerbares Phänomen? Und kann sie gar zu einer Verpflichtung für einen jeden Lebenden gemacht werden?[358] Diese Frage sei hier lediglich in Hinblick auf ihren Stellenwert für Ricœurs Denken hervorgehoben, ihre Antwort jedoch offen gelassen. Ein zweiter kritischer Punkt, der mit jener Frage nach der Universalisierbarkeit der Schuld verknüpft ist, besteht darin, dass Ricœur der Auffassung ist, die Lebenden hätten die Versprechen der Toten zu übernehmen. So heißt es von den „Versprechen, in die ganze Kulturen und bestimmte Epochen ihre Bestrebungen und Träume projiziert haben, Versprechen übrigens, von denen viele nicht gehalten wurden", in *Parcours*: „Auch diese setze ich fort

---

[358] Diese zentrale Frage stellt Liebsch an Ricœur: „Kann uns aber eine hermeneutische Rückbesinnung auf die von Ricœur zur Sprache gebrachten Formen geschichtlichen Affiziertwerdens zeigen, unter welchen Umständen diese Zukunft als eine Zukunft, die hätte anders kommen können oder sollen, für uns *verpflichtend* bleibt?" (Liebsch, Burkhard: Vorwort, in: Ricœur, Paul: *Das Rätsel der Vergangenheit. Erinnern – Vergessen – Verzeihen*. Übersetzt von Andris Breitling und Henrik Richard Lesaar. Göttingen: Wallstein Verlag 1998 (= Essener kulturwissenschaftliche Vorträge. Bd. 2), 7–18, hier 18). Vgl. zu der Thematik eines Anspruchs der Vergangenheit auf die Lebenden auch Liebsch, Burkhard: *Geschichte als Antwort und Versprechen*. Freiburg/München: Alber 1999 (= Alber-Reihe Philosophie). Und ders.: *Geschichte im Zeichen des Abschieds*, a. a. O.

und stehe in ihrer Schuld".[359] Wie aber lässt sich von der Fortsetzung jener in der Vergangenheit gegebenen Versprechen sprechen, wenn diese von Toten gegeben wurden und andere Tote betrafen, deren Erlebnisse mir noch unzugänglicher sind als diejenigen meiner Zeitgenossen? Ricœur scheint der Auffassung zu sein, dass diese ungehaltenen Versprechen in unsere geschichtlich zustande gekommenen gesellschaftlichen Institutionen, also gewissermaßen in unsere Faktizität, eingegangen sind und wir Heutigen, weil wir von diesen Institutionen profitieren, auch ihr belastetes Erbe der ungehaltenen Versprechen zu übernehmen und in einer sie betreffenden Erinnerungspolitik Gerechtigkeit anzustreben haben. Dabei darf jedoch nicht übersehen werden, dass wir weder das Erlebnis des Versprechens eines Anderen noch das Erlebnis eines vom Anderen erlittenen Wortbruches in irgendeiner Weise „nacherleben" können. Wir können ihnen immer nur in einem Bestreben nach Gerechtigkeit und Wahrheit-Treue begegnen.

Weil in letzter Instanz jenseits wissenschaftlicher Kriterien jeweils der handelnde und leidende Mensch entscheidet, wird bereits anhand von Ricœurs Schuldbegriff deutlich, dass die Rückkehr von der Analyse und Interpretation der Vergangenheit zum *Selbst* für das Zeiterleben und die Antwort auf die Zeitaporien entscheidend ist. Dies führt zu derjenigen Antwort auf die erste Aporie der Zeit, welche Ricœur in *Temps et récit* als die „feste Mitte" seiner Analysen bezeichnet:[360] Es handelt sich um die durch die menschliche Zeit allererst vorbereitete *narrative Identität*, welche ab *Soi-même come un autre* durch eine *ethische Identität* erweitert wird. Die Knüpfung des Bandes der heterogenen Zeitperspektiven geht letztlich stets in einer reflexiven Wendung in das Selbst und seine Identität ein, so dass die letzte Vertiefung von Ricœurs Antwort auf die erste Zeitaporie erst mit der im Folgenden zu betrachtenden narrativen und ethischen Identität erreicht ist.

4.4.5 Narrative und ethische Identität

Die menschliche Zeit, so Ricœur in seiner Antwort auf die erste Zeitaporie in den Schlussfolgerungen zu *Temps et récit*, bringe einen *„Sprößling"* hervor, der „für eine gewisse Vereinheitlichung der unterschiedlichen Sinneffekte der Erzählung sorgt".[361] Dieser „Sprössling" sei die praktische Kategorie der *narrativen Identität*, in welcher jene unterschiedlichen Sinneffekte der Erzählung eine reflexive Wendung erfahren. Bereits im einleitenden Kapitel wurde deutlich, dass subjektive Identität für Ricœur nie unmittelbar, sondern immer nur über einen Umweg über

---

[359] *Parcours*, 197/*Wege*, 173. „Und eine Historie, welche durch das Gedächtnis in die Bewegung der Dialektik von Retrospektion und Zukunftsentwurf eingebunden wird, kann die Wahrheit nicht mehr von der Treue trennen, die sich letztlich auf die nicht gehaltenen Versprechen der Vergangenheit bezieht. Denn diesen gegenüber stehen wir ursprünglich in Schuld" (*La marque*, 31/*Das Rätsel*, 67).

[360] TR III, 489/ZE III, 437.

[361] TR III, 442/ZE III, 395.

Interpretationen möglich ist. Dieser Umweg ist hier über die menschliche Zeit gegeben. Da die narrative Identität nicht nur auf der menschlichen Zeit beruht, sondern diese allererst bis zu Ende verfolgt, führt Ricœur sie in *Temps et récit* als eine weiterentwickelte poetische Antwort auf die erste Aporie der Zeit ein. Aufgrund ihrer Fundierung in der menschlichen Zeit, baut sich jedoch auch die narrative Identität auf dem durch die erste Aporie der Zeit markierten begrifflichen Abgrund auf.[362] Ricœur ergänzt diese narrative Identität, insbesondere in *Soi-même comme un autre*, durch eine ebenfalls wesentlich durch Zeitmomente gekennzeichnete *ethische Identität*, ohne welche die Identität dessen, was er ein *Selbst* oder eine *Ipseität* bzw. *Selbstheit* nennt, unvollständig bliebe. Diese sich verknüpfenden Begriffe narrativer und ethischer Identität können zusammen genommen als eines der komplexesten und zugleich von der Forschung am stärksten rezipierten Konzepte des ricœurschen Denkens gelten. Sie erfahren allerdings zwischen dem 1980 publizierten Aufsatz „La fonction narrative et l'expérience humaine du temps“ und dem letzten, 2004 veröffentlichten Werk *Parcours de la reconnaissance* einige entscheidende Modifikationen. Die grundsätzliche Tendenz dieser Entwicklung lässt sich durch eine *zunehmende Fragilisierung* der Identität kennzeichnen und, so Ricœur, die „erste Ursache dieser Fragilität der Identität ist ihr schwieriges Verhältnis zur Zeit“.[363] Dieses „schwierige Verhältnis zur Zeit“ ist zwar nur *ein* Moment der Identität und auch nur *eine* Ursache ihrer Fragilität, soll im hiesigen Kontext aber als Leitfaden für die Auseinandersetzung mit Ricœurs narrativ und ethisch bestimmtem Identitätsbegriff dienen.

In den Schriften, die als Teile seiner *Philosophie de la volonté* erschienen sind, entwickelt Ricœur zunächst einen Begriff des Charakters, welcher diesen als *nicht gewählt* und *unwandelbar* bestimmt.[364] Den Charakter versteht er dort als eine

---

[362] An diesem zeitaporetischen Abgrund lässt sich ein zentraler Unterschied zwischen Ricœur und Husserl aufzeigen, der in Husserls Verknüpfung von Ego und Geschichte auf den ersten Blick nicht deutlich zutage tritt, wenn es in den *Cartesianischen Meditationen* heißt: In „einer gewissen noetisch-noematischen Formstruktur strömender Gegebenheitsweisen Vergangenheit, Gegenwart und Zukunft [...] verläuft das Leben als ein motivierter Gang besonderer konstituierender Leistungen mit vielfältigen besonderen Motivationen und Motivationssystemen, die nach allgemeinen Gesetzmäßigkeiten der Genesis eine Einheit der universalen Genesis des Ego herstellen. *Das Ego konstituiert sich für sich selbst sozusagen in der Einheit einer ‚Geschichte'*“ (Husserl: *Cartesianische Meditationen*, a. a. O., 78; Hervorhebung von mir). Bei Husserl geschieht diese Selbstkonstitution in einer Geschichte spontan und jede weitere Konstitution baut auf ihr auf. Bei Ricœur konfiguriert sich schon die menschliche Zeit über dem begrifflichen Abgrund der ersten Aporie der Zeit und die narrative Identität bildet sich allererst in einer reflexiven Wendung der menschlichen Zeit auf das Selbst, bleibt dabei in ihrem Grund jedoch stets refigurierbar.

[363] „Als erste Ursache dieser Fragilität der Identität ist ihr schwieriges Verhältnis zur Zeit zu nennen“ (MHO, 98/GGV, 131). „Die zweite Ursache für die Fragilität der Identität ist die als Bedrohung empfundene Konfrontation mit dem Anderen. [...] Die dritte Ursache für die Fragilität der Identität liegt im Erbe der grundlegenden Gewalt“ (MHO, 99/GGV, 132).

[364] „Gegenwärtig in allem, was ich will und kann, unteilbar, unnachahmlich, dieses Schicksal ist unbezwingbar. Meinen Charakter zu verändern, das wäre recht eigentlich ein anderer zu werden, mich zu entfremden; ich kann mich nicht von mir lösen. Durch meinen Charakter bin ich situiert, geworfen in die Individualität; *ich erleide mich selbst als gegebenes Individuum*“ (Ricœur, Paul: *Philosophie de la volonté I. Le volontaire et l'involontaire*. Paris: Aubier 1988, 345). „[D]er

vorgegebene, nicht beeinflussbare Perspektive auf die Welt und auf bestimmte Möglichkeiten, sich in ihr zu verhalten. Trotz seiner Unwandelbarkeit ist er allerdings keine Substanz, sondern legt vielmehr eine Verwandtschaft mit Heideggers Faktizitätsbegriff nahe, wenn man berücksichtigt, dass die Faktizität dem Dasein eine ungewählte Perspektive und einen unhintergehbaren Grund seines In-der-Weltseins liefert. Zeit versteht Ricœur hier in erster Linie als ein Prinzip der Verfremdung und der Zerstreuung und lässt damit eine Nähe zu Augustinus' Zeitdenken des sich in der Zeit zerstreuenden Menschen erkennen.[365] Diese frühen Überlegungen zum Charakter und zur Zeit verdeutlichen, dass Ricœur zunächst ein vorwiegend statisches Verständnis von personaler Identität vertritt.

Wenngleich zwanzig Jahre später in „La fonction narrative et l'expérience humaine du temps" nicht mehr von der Unwandelbarkeit des Charakters die Rede ist, lassen sich in dieser *Temps et récit* vorangehenden Auseinandersetzung mit der Zeitproblematik noch deutliche Spuren jenes starren Identitätsbegriffes erkennen. Ricœur entwickelt hier seinen Begriff von narrativer Identität im Kontext einer narrativen Neubestimmung der heideggerschen Wiederholung: Die Wiederholung sei „der auf den vollendeten Handlungsablauf zurückgeworfene Blick, der dem in diesem Zurückschauen wiederholten Ganzen Identität verleiht" und das Handeln, welches in der Wiederholung in diese Identität des Ganzen eingeht, sei darauf ausgerichtet, „in Erzählungen aufgenommen zu werden, deren Funktion es ist, dem Handelnden eine Identität zu verschaffen, eine Identität, die somit zur *narrativen Identität* wird".[366] Es ist hier der *erzählende Rückblick*, welcher am Ende der Geschichte „Gegenwart und Vergangenheit, Wirklichkeit und Möglichkeit gleich-[setzt]", welcher am Ende meines Lebens in einer in Anschluss an das augustinische befreiende Lebensbekenntnis gedachten *Befreiung* „mein Seinkönnen in meinem Gewesensein wieder erkennt".[367] An dem Ende einer Geschichte, in deren „Vollendung (*achèvement*), wo das Ende gleichzeitig *telos* und Tod bedeutet",[368] wird in dem „letzte[n] Blick, den man auf eine Geschichte wirft, die sich wie ein Buch schließt", d. h. über die Erzählung der vollendeten Lebensgeschichte, in einer *Ret-*

Charakter […] ist nicht ein Schicksal, das uns von außen lenkt; und dennoch ist er gewisserweise Schicksal; und zwar doppelt: einmal, weil er unabänderlich, dann, weil er empfangen, ererbt ist" (Ricœur: *Philosophie de la volonté II. Finitude et culpabilité 1. L'homme faillible 2. La symbolique du mal*, a. a. O., 78 f./dt.: *Die Fehlbarkeit des Menschen. Phänomenologie der Schuld I*, a. a. O., 88).

365 „Die Zeit wird als ein Prinzip der Verfremdung und der Zerstreuung erlebt; es ist gegen die Zeit und ihrem natürlichen Hang entgegen, dass wir unsere Treue erschaffen" (*Le volontaire*, 425).

366 *Fonction narrative*, 364/*Narrative Funktion*, 75. Ricœur beruft sich auf Hannah Arendt, die der Auffassung ist, „[d]as Wesen dessen wer einer ist – kann überhaupt erst entstehen und zu dauern beginnen, wenn das Leben geschwunden ist und nichts hinterlassen hat als eine Geschichte" (Arendt, Hannah: *Vita activa oder Vom tätigen Leben*. München/Zürich: Piper 2005, 242).

367 *Fonction narrative*, 363/*Narrative Funktion*, 73, 74. Ricœur sieht auch Rousseaus *Confessions* und Prousts *Temps retrouvé* als Fortsetzungen dieser augustinischen Form einer Wiederholung als Befreiung. Vgl. a. a. O., 73.

368 *Fonction narrative*, 364/*Narrative Funktion*, 75 (Übersetzung modifiziert, Einfügung des französischen Wortlautes, I.R.).

rospektion auf das Ganze die narrative Identität gewonnen.[369] In Hinblick auf eine durch eine derartige Wiederholung gewonnene narrative Identität, welche im „letzte[n] Wort am Ende eines Lebens, das sich auf sich selbst zurückwendet", mit einem „so ist es. Ja. Amen" zu einer Befreiung gelangt, lässt sich mit einigem Recht davon sprechen, dass diese „identitätstaugliche, retrospektiv abgeschlossene Erzählung wie eine Mumie" sei.[370] Die aus der Retrospektion auf das Ganze des Lebens gewonnene narrative Identität lässt keinerlei Raum für brüchige oder konkurrierende narrative Identitätsbestimmungen. Diese aber scheinen einen wesentlichen Bestandteil unserer Identitätserfahrungen auszumachen. Überdies wäre zu berücksichtigen, dass der letzte Blick auf das eigene Leben das eigene Sterben nie miterfassen kann. Daher muss selbst unter der Voraussetzung der Möglichkeit einer retrospektiven Erfassung der Lebensgeschichte die sich aus diesem letzten Blick ergebende Identität prinzipiell unganz bleiben.[371]

Der letzte Blick und das letzte Wort zur Lebensgeschichte bedeuten zwar keine Entchronologisierung, so wie sie die von Ricœur kritisierte strukturale Erzählanalyse durchführt, denn Ricœur versteht den letzten Blick und das letzte Wort als ein in Anlehnung an Proust gedachtes letztes Lesen der Zeichen des Lebens samt seiner zeitlichen Implikationen, welche sowohl ekstatische als auch lineare Zeitmomente beinhalten. Dennoch impliziert die Befreiung durch den letzten Blick und das letzte Wort eine *gewisse Aufhebung der Zeit* in einer abgeschlossenen narrativen Identität. Gebrochen wird diese Einfrierung der narrativen Identität in diesem früheren ricœurschen Text lediglich durch die Rezeptionsgeschichte einer „unsichtbaren Hörerschaft", die sich ihrerseits in einer Wiederholung auf eine in Anlehnung an

---

369 *Fonction narrative*, 363/*Narrative Funktion*, 73.

370 Kaul: *Narratio. Hermeneutik nach Heidegger und Ricœur*, a. a. O., 13. Liebsch äußert in Hinblick auf *Soi-même comme un autre* eine ähnliche, allerdings weniger scharfe Kritik: „Mit Recht betont Ricœur den ‚Umweg', den das Wahrsein über die Welt nehmen muß, um sich als solches ‚zeigen' und bewahrheiten zu können. So sehr uns aber Ricœur einerseits dazu zwingt, vom ontologischen Begriff einer Bezeugung ohne Zeugnis abzuweichen, so sehr läuft er andererseits Gefahr, das Selbst als Bezeugtes doch wieder einer juridischen Hermeneutik auszuliefern, die im Blick auf die geschichtliche, narrative Artikulierbarkeit des Selbst nur am Gesagten und am Getanen Maß nimmt" (Liebsch, Burkhard: Bezeugung und Selbstheit. *Soi-même comme un autre* als Antwort auf *Sein und Zeit*, in: Breitling, Andris/Schaaff, Birgit/Orth, Stefan (Hg.): *Das herausgeforderte Selbst: Perspektiven auf Paul Ricœurs Ethik*. Würzburg: Königshausen & Neumann 1999, 163–183, hier 182). Er berücksichtigt jedoch gleichermaßen, dass laut Ricœur gerade aufgrund des Zusammenhanges mit der ersten Zeitaporie „die Erzählung eben nicht nur dem Gesagten, dem in der Innerzeitigkeit sichtbar gewordenen ‚Gehandelten' und überhaupt dem Gelebten, sondern auch dem *Geschehen des Selbst* gerecht zu werden vermag" (a. a. O., 180). Außerdem deutet er an, dass sich bei Ricœur „in jüngster Zeit unter dem Eindruck der Philosophie von Levinas" (a. a. O., 180 (Fußnote)) das „Sagen" nicht mehr „im Gesagten aufhebt" (ebd.). Eben jener Verschiebung von einer „mumifizierten" narrativen Identität hin zu einer dynamischen, brüchigen und vielfach offenen Identität ist hier im Folgenden nachzugehen.

371 Breitling hebt es als ein besonderes Problem von Ricœurs Begriff narrativer Identität hervor, dass generell die Darstellung immer die lebendige Dialektik der narrativen Zeitlichkeit unterbricht. Vgl. Breitling, Andris: Zeit erinnern – Zeit, sich zu erinnern. Zur Proust-Interpretation nach Paul Ricœur, in: *Erinnerungsarbeit. Zu Paul Ricœurs Philosophie von Gedächtnis, Geschichte und Vergessen*, a. a. O., 101–116, hier 111.

Michelet gedachte „Wiederauferstehung der Toten“ und auf die erzählende Übernahme ihrer Lebensgeschichten richtet, ein Gedanke, der in *La mémoire, l'histoire, l'oubli* erneut einen herausragenden Stellenwert einnimmt.[372] Dieses frühe ricœursche Modell narrativer Identität bleibt primär an Hannah Arendts Begriff der abgeschlossenen Lebensgeschichte, an Retrospektion und dem augustinischen Konzept des befreienden Lebensbekenntnisses orientiert und geht damit der Sache nach fast so weit, eine *Aufhebung der ersten Zeitaporie in einer unzeitlichen Erlösung* zu suggerieren, welche dann nur noch in der Rezeptionstätigkeit der öffentlichen Lesergemeinschaft eine Relativierung fände.

In *Temps et récit* formuliert Ricœur die narrative Identität, wie bereits erwähnt, auf der Basis der menschlichen Zeit als Antwort auf die erste Zeitaporie.[373] Dieser Einsatz der narrativen Identität zur Beantwortung der ersten Aporie der Zeit ist trotz eines auch hier wiederholten Rekurses auf Hannah Arendts Identitätsmodell wesentlich dafür verantwortlich, dass Ricœurs praktische Kategorie der narrativen Identität eine *Brechung, Dynamisierung und Öffnung* erfährt.[374] Es ist die narrative Identität, so Ricœur, in die der Zirkel der dreifachen *mimesis* stets auf der Ebene der Refiguration zurückläuft. Wenn ein Individuum oder eine Gemeinschaft Geschichten über sich selbst erzählt und rezipiert, so refiguriert sich dadurch ständig ihre narrative Identität. Ein einmal erreichtes Selbstverständnis, welches immer schon mindestens pränarrativ vorstrukturiert ist, führt in dem Versuch, es erzählend auszudrücken, auch schon wieder zu einer Erfahrung mit dieser Erzählung und darüber zu einer Refiguration des Selbstverständnisses. So können die erzählten Geschichten, die überdies stets auch alternative Erzählungen erlauben, in einer „endlosen Rektifikation einer früheren durch eine spätere Erzählung“ immer wieder in ebenfalls endlose Refigurationen der Identität münden und diese somit gleichermaßen *ausdrücken* und *formen*.[375] Dies lässt Ricœur davon sprechen, dass „die narrative Identität [...] die poetische Lösung des hermeneutischen Zirkels“ sei.[376] Der narrative Zirkel der dreifachen *mimesis* aber wird durch die nie ein für alle Mal erreichbare, weil begrifflich unmögliche Auflösung der ersten Aporie der Zeit offen gehalten und zu weiteren Vertiefungsbewegungen hin dynamisiert, so dass die narrative Identität zwar der Gipfel der poetischen Vermittlungsprozesse der ersten Zeitaporie ist, gleichzeitig jedoch nie den in ihr durch die Zeitaporie waltenden Bruch schließen kann. In diesem Sinne ist eine der von Ricœur markierten Grenzen der narrativen

---

372 *Fonction narrative*, 352, 367/*Narrative Funktion*, 57, 79. Obgleich Ricœur sich hier auf Michelet beruft, der den Gedanken einer Wiederauferstehung der Toten durch die Arbeit des Historikers starkgemacht hat, weist auch Hannah Arendt auf die Bedeutung der Erzählung durch den Anderen hin: „[E]s ist nicht der Handelnde, der die von ihm verursachte Geschichte als Geschichte erkennt und erzählt, sondern der am Handeln ganz unbeteiligte Erzähler“ (Arendt: *Vita activa oder Vom tätigen Leben*, a. a. O., 240 f.).

373 Vgl. TR III, 442–448/ZE III, 395–400.

374 Auch in *Temps et récit* heißt es noch: „Auf die Frage *‚wer?‘* antworten, heißt, wie Hannah Arendt nachdrücklich betont hat, die Geschichte eines Lebens erzählen“ (TR III, 442/ZE III, 395).

375 TR III, 446/ZE III, 398.

376 TR III, 446/ZE III, 398.

Identität und damit der Antwort auf die erste Zeitaporie, dass sie „keine stabile und bruchlose Identität" ist.[377]

Es finden sich in den wenigen Bemerkungen zur narrativen Identität aus den Schlussfolgerungen zu *Temps et récit* jedoch noch vier weitere Modifikationen, von denen insbesondere zwei für die weitere Entwicklung von Ricœurs Identitätsbegriff entscheidend sind. Zunächst weicht die Fokussierung des retrospektiven Blickes auf das Ganze des Lebens zwei Beispielen der Identitätsbildung, die aus der *Mitte* des Lebens bzw. der historischen Entwicklung argumentieren: die Psychoanalyse mit ihrer unerschöpflichen Arbeit an der Kohärenz einer Lebensgeschichte und die Geschichtserzählung des israelischen Volkes, dessen Identität sich im Wesentlichen aus durch es selbst erzählten und rezipierten Geschichten formiert hat. Eine zweite Verschiebung ist in einer gewissen „Säkularisierung" des Gedankens einer durch ein Lebensbekenntnis erreichten Befreiung zu sehen, welchen Ricœur zuvor in Anlehnung an Augustinus entwickelt hatte. An dessen Stelle tritt ein Verweis auf eine nichtnarzisstische Selbsterkenntnis, die im Sinne des Sokrates der *Apologie* „die Frucht eines erforschten Lebens" sei und im Sinne der in der aristotelischen *Poetik* entwickelten *katharsis* ein „gereinigtes und geklärtes Leben" bedeute.[378]

Die für die weitere Entwicklung von Ricœurs Identitätsbegriff besonders entscheidenden Neuerungen bestehen jedoch zum einen in der Differenzierung der Identität in *idem* und *ipse* und zum anderen in der Forderung nach einer Ergänzung der narrativen durch eine ethische Identität. Ricœur sieht in der Frage nach der personalen Identität zunächst eine „unlösbare Antinomie: denn entweder postuliert man ein bei aller Vielfältigkeit seiner Zustände selbstidentisches Subjekt oder man vertritt wie Hume und Nietzsche die Ansicht, dieses identische Subjekt sei bloß eine substantialistische Illusion, deren Beseitigung bloß eine reine Vielfalt von Kognitionen, Emotionen und Volitionen übrig läßt".[379] Dieser Antinomie könne nur dadurch begegnet werden, dass man die als ein Selbes, als ein *idem* verstandene substantiale oder formale Identität durch die als ein Selbst, als ein *ipse* verstandene narrative Identität ersetze. Die Selbstheit entgehe allein aufgrund ihrer „Temporalstruktur", die sie zu einer „dynamischen Identität" mache, dem Dilemma, entweder ein selbes Subjekt oder eine Vielfalt von unterschiedenen Zuständen annehmen zu müssen.[380] In *Temps et récit* spricht Ricœur noch von einer *Ersetzung* der als *idem* verstandenen Identität durch die Selbstheit, während er – wie noch zu zeigen sein wird – in *Soi-même comme un autre* in einer abermaligen Differenzierung

[377] TR III, 446/ZE III, 399. Ricœur verwendet zur Bezeichnung der narrativen Identität eine Formulierung, durch die er sie in einer bestimmten Hinsicht in eine strukturelle Analogie zu Husserls Retention stellt. Letztere hatte er aufgrund ihres begrifflich problematischen Charakters als „Name der gesuchten Lösung" bezeichnet (TR III, 51/ZE III, 44). Analog heißt es über die narrative Identität: „Die narrative Identität ist mithin ebenso sehr der Name eines Problems wie der einer Lösung" (TR III, 446/ZE III, 399). Dass Retention und narrative Identität Namen der gesuchten Lösungen, bzw. gleichermaßen Lösung und Problem sind, ist ihrer antwortenden Funktion auf die begrifflich unüberwindbare erste Zeitaporie zu verdanken.

[378] TR III, 443, 444/ZE III, 396 (Übersetzung modifiziert, I.R.).

[379] TR III, 443/ZE III, 396.

[380] TR III, 443/ZE III, 396.

seines Identitätsbegriffes auch der Selbigkeit des *idem* ein gewisses Recht zurückerstattet.

Die zweite Grenze der mit der narrativen Identität geleisteten Antwort auf die erste Zeitaporie liegt Ricœur zufolge darin, dass die narrative Identität nicht den vollen Begriff der Selbstheit ausschöpft. Zur Selbstheit gehöre ein *Entscheidungsmoment*, „das die ethische Verantwortlichkeit zum höchsten Faktor der Selbstheit macht".[381] Die Lektüre, so wurde in der Überkreuzung der Welt des Textes mit der Welt des Lesers bereits deutlich, regt nicht nur die Phantasie des Lesers an, sondern in ihr ist der Leser mit einem Vorschlag einer anderen Welt konfrontiert. Diese andere Welt aber ist nie ethisch neutral. In ihrem „Anspruch auf ethische Richtigkeit" wird sie zu einem Vorschlag einer Neubewertung der Welt des Lesers und des Lesers selbst.[382] Dieser Vorschlag ist mit einem Aspekt der Sendung (*envoi*) verbunden und macht „die Lektüre zu einer Aufforderung, anders zu sein und zu handeln".[383] Dieser Aufforderung aber muss der Leser mit einer Entscheidung begegnen, die ihm nicht von dem Text selbst vorgegeben wird. Er muss entscheiden, auf welche Weise er den Vorschlag einer anderen Welt und einer anderen Bewertung der Welt in sein Handeln und seine Refiguration der eigenen narrativen Identität aufnimmt. Dieses Moment der Entscheidung über eine Neubewertung der Welt und des Selbst führt in die die konfigurierende und die episodische Dimension in einer reflexiven Wendung verbindende narrative Identität ein ethisches Moment ein, durch das die erste Zeitaporie, wie bereits im Zusammenhang mit der Schuld, zu einer *verantwortlichen Übernahme* der theoretisch unentscheidbaren Zeitperspektiven aufruft. Die Selbstheit bildet sich also nicht nur über eine reflexiv gewendete, stets im hermeneutischen Zirkel der dreifachen *mimesis* erneuerte praktische Vermittlung der ersten Zeitaporie, in der ekstatisches Zeiterleben mit Aspekten einer objektiven Zeitordnung verknüpft wird. Diese praktische Vermittlung der beiden Zeitperspektiven erweist sich vielmehr auch immer schon als mit einer ethischen Entscheidung über eine bestimmte Bewertung der Welt und des eigenen Selbst verbunden. Eine identitätsstiftende Erzählung meiner Selbst ist nicht nur eine praktische Vermittlung meines ekstatischen Zeiterlebens mit einer geordneten Zeit der Welt, die immer schon in meine Zeit- und Selbsterfahrung einbricht, sondern sie ist bereits eine *ethische Entscheidung über die Bewertung der Welt und meiner selbst* als handelnde und verantwortliche Selbstheit. Um jedoch diesen ethischen Aspekt der Selbstheit voll auszuführen, ist Ricœur zufolge eine Analyse des Zusammenhanges von Versprechen und Selbstheit sowie eine vertiefte Auseinandersetzung mit dem lévinasschen Grundgedanken einer Ethik jenseits des Seins erforderlich. Diesen weiteren Schritt, der auf eine abermalige Öffnung, Dynamisierung und Fragilisierung der Selbstheit hinführt, tut Ricœur in *Soi-même comme un autre*.

Zwischen den Veröffentlichungen von *Temps et récit III* und *Soi-même comme un autre* verfasst Ricœur einige Aufsätze, die die ausführliche Ausarbeitung der

[381] TR III, 447/ZE III, 400 (Übersetzung modifiziert, I.R.).

[382] TR III, 447/ZE III, 400.

[383] TR III, 447/ZE III, 399.

narrativen Identität in *Soi-même comme un autre* vorbereiten.[384] Bereits Ende der achtziger Jahre verschiebt sich der Akzent weg von der generellen pränarrativen Vorstrukturierung der Erfahrung auf der Stufe der *mimesis I* hin zu dem Verhältnis unseres jeweiligen Lebens zu der Geschichte, die wir über dieses erzählen. Menschliche Erfahrung sei nicht nur immer schon pränarrativ vorstrukturiert, sondern, so deutete sich bereits in Kap. 4.3.4 an, das *Leben eines Menschen* sei eine Tätigkeit und ein Begehren auf der Suche nach Erzählung, es sei eine virtuelle Narrativität und eine authentische Forderung nach Erzählung.[385] Das Leben ist jedoch keinesfalls lediglich eine potentielle Erzählung, welche bloß in einer einmaligen Erfüllung dieses Erzählbegehrens ein einziges Mal zu aktualisieren wäre. Es überschreitet vielmehr immer das, was in einer bestimmten Erzählung tatsächlich erzählt ist.[386] In dieser vom Leben herrührenden unaufhebbaren Überschreitung der jeweiligen tatsächlich erzählten Geschichte sowie in dem Begehren zu erzählen findet die unabschließbare Refigurierbarkeit der narrativen Identität, die bereits in *Temps et récit* ihren Grund in der Unaufhebbarkeit der ersten Aporie der Zeit fand, eine Bekräftigung. Dass das Leben nie ganz und ein für alle Mal erzählt werden kann, bedeutet jedoch andererseits wiederum nicht, dass es gar nicht erzählt werden kann und die Suche nach einer narrativen Identität, gar die Suche nach personaler Identität überhaupt, ein ganz und gar vergebliches Unterfangen wäre. Da das Leben nur über seine pränarrativ vermittelten Erscheinungsformen und nicht „an sich" zugänglich wird, führt es nicht weiter, das Leben eines Menschen als Kriterium seiner Identität zu bestimmen.[387] Weil Ricœur der Auffassung ist, dass ich die Frage nach meiner Identität nur dadurch beantworten kann, dass ich verfolge, wie ich mir selbst erscheine und wie ich mich selbst verstehe, nimmt er in

---

[384] Vgl. Ricœur: Life: A Story in Search of a Narrator, a. a. O.; Ricœur, Paul: Narrative Identität, in: Heidelberger Jahrbücher 31 (1987), 57–67 und ders.: L'identité narrative, in: Esprit. Sonderausgabe zu Paul Ricœur 7/8 (1988), 295–304.

[385] Vgl. Ricœur: Life: A Story in Search of a Narrator, a. a. O., 434.

[386] Bernegger erkennt hier eine doppelte Überschreitung, zum einen die Überschreitung der Erzählung durch das Leben selbst, „das Leben überschreitet die Erzählung" (Bernegger, Guenda: Identité narrative et mémoire. Esquisses en marge de l'herméneutique de l'identité personnelle de Paul Ricœur, in: Breitling, Andris/Orth, Stefan (Hg.): *Erinnerungsarbeit. Zu Paul Ricœurs Philosophie von Gedächtnis, Geschichte und Vergessen*, a. a. O., 117–124, hier 123 f.), zum anderen die umgekehrte Überschreitung des Lebens durch die konfigurative Dimension der narrativen Identität. Ricœur pointiert: „Lernen, sich zu erzählen, bedeutet auch: lernen, sich anders zu erzählen" (*Parcours*, 152/*Wege*, 134).

[387] In „Narrative Identität" merkt Ricœur an, dass der Ausdruck „Lebensgeschichte" „[a]uf den ersten Blick […] außerhalb des Bereichs der Sprache zu führen" scheint, ja „[w]ir geraten in die Versuchung, uns der reinen Unmittelbarkeit des Gefühls, der Intuition hinzugeben. Dem ist aber nicht so, denn wir verfügen über eine geeignete linguistische Vermittlung: die des narrativen Diskurses. Dieser Umweg über die narrative Vermittlung wird sich nicht bloß als nützlich, sondern sogar als notwendig erweisen" (Ricœur: Narrative Identität, a. a. O., 57). Gegen eine lebensgeschichtliche Selbstpräsenz in der Unmittelbarkeit des Gefühls kann noch einmal die in dieser Arbeit bereits ausführlich thematisierte, über die Sprache und den zeitlichen Abstand immer schon in der *appartenance* enthaltene *distanciation* sowie die pränarrative Präfiguration der *mimesis I* im narrativen hermeneutischen Zirkel angeführt werden.

seiner Diskussion des Identitätsbegriffes eine hermeneutisch-phänomenologische Perspektive ein.

In der fünften und sechsten Abhandlung von *Soi-même comme un autre* zeigt sich diese hermeneutisch-phänomenologische Perspektive auf eine ausgezeichnete Weise in Ricœurs Kritik an Derek Parfits Buch *Reasons and Persons*[388] und in einem komplexen Identitätsbegriff, der in seinem Kern aus einer mit Husserls Analysen der Person verwandten Bestimmung des Charakters und einem an Heideggers Begriff der Selbst-ständigkeit orientierten Begriff des Versprechens besteht. Auch wenn Ricœur nun nicht mehr der ersten Aporie der Zeit, sondern der bereits in *Temps et récit* erwähnten Aporie personaler Identität nachgeht, spielt Zeit in einer modifizierten Hinsicht eine zentrale Rolle: Der Unterschied zwischen Selbigkeit und Selbstheit werde nämlich „erst dann zum Problem [...], wenn seine zeitlichen Implikationen in den Vordergrund rücken. Mit der Frage nach der *Beständigkeit in der Zeit* (*permanence dans le temps*) wird die Konfrontation der beiden Auffassungen von Identität zum ersten Mal wirklich zum Problem“,[389] denn in dem Ausdruck „Beständigkeit in der Zeit“ liege eine für die Differenzierung von Selbigkeit/*idem* und Selbstheit/*ipse* entscheidende Polysemie. Unter Selbigkeit könne numerische Identität, qualitative Identität oder ununterbrochene Kontinuität verstanden werden, wobei die qualitativ größtmögliche Ähnlichkeit und die durch schwache Veränderungen demonstrierte ununterbrochene Kontinuität als Kriterien für die numerische Identität fungierten. Um jedoch über diese Kriterien tatsächlich eine numerische Identität zu begründen, sei ein zugrunde liegendes Prinzip der Beständigkeit in der Zeit anzunehmen, welches bei Kant durch einen relational gedachten Substanzbegriff geliefert werde. In dem Modell der Selbigkeit sei es generell eine solche relationale Invariante, welche ein Denken des Wandels in der Zeit allererst ermögliche. „Die Beständigkeit in der Zeit“, so Ricœur, „wird so zum Transzendentalen der numerischen Identität“.[390] Für die Identität als Selbigkeit sei „die Zeit der Unähnlichkeitsfaktor, der Faktor des Abstands und der Differenz“, eine Formulierung, die an den Zerstreuungs- und Verfremdungscharakter der Zeit in Hinblick auf den unwandelbaren Charakter aus Ricœurs Frühwerk erinnert.[391]

Parfit, den Ricœur unter den Vertretern der Identität als Selbigkeit für den „gefährlichsten Gegner“ seiner These der narrativen Identität hält,[392] versuche mit der Konstruktion von so genannten *puzzling cases*, in denen es auf der Basis fiktiver Experimente telekinetischer Übertragung nicht entscheidbar sei, ob eine Person dieselbe ist oder nicht, zu zeigen, dass die Frage nach einer sich in der Zeit durch-

---

388 Vgl. Parfit, Derek: *Reasons and Persons*. Oxford: Oxford University Press 1986.

389 SMA, 140/SaA, 144 (Einfügung des französischen Wortlautes, I.R.).

390 SMA, 142/SaA, 146. Ricœurs Kritik an der als Selbigkeit verstandenen personalen Identität zielt in eine ähnliche Richtung wie Heideggers Kritik an Kant aus SZ, § 64. Während Ricœur sich jedoch auf eine Kritik an dem zeitlichen Schema der Substanz konzentriert, entwickelt Heidegger die Auffassung, dass bei Kant „das Ich wieder auf ein isoliertes Subjekt, das in ontologisch völlig unbestimmter Weise Vorstellungen begleitet, zurückgedrängt“ werde. SZ, 321.

391 SMA, 142/SaA, 146.

392 SMA, 156/SaA, 160.

haltenden personalen Identität gegenstandslos ist.[393] Parfits Argument könne aber nur dann funktionieren, wenn man, wie er, um die erst nachzuweisende personale Identität nicht bereits vorauszusetzen, Erfahrungen als unpersönliche Ereignisse auffasst und die Annahme macht, personale Identität könne nur auf eine bestimmte Verknüpfung solcher Ereignisse und daher nicht auf ein zusätzliches Faktum zurückgeführt werden. In Ricœurs Kritik an Parfit zeigt sich in folgenden Punkten auf ausgezeichnete Weise die hermeneutisch-phänomenologische Perspektive seines Identitätsbegriffes: Parfit könne die *Jemeinigkeit des Erlebens*, die insbesondere mit der Erfahrung des *Eigenleibes* verknüpft sei, sowie die *Zeitlichkeit* nicht berücksichtigen und verkenne damit in seiner unpersönlichen Beschreibung die *jemeinige Zugehörigkeit*, welche von seiner Kritik an der Identität als „zusätzlichem Faktum" gar nicht getroffen werden könne. Die Zeitlichkeit, so meint Ricœur, sei dafür verantwortlich, dass sich sofort nach einer Verdoppelung meines Gehirns und meines Körpers in einem Duplikat meine Geschichte und die Geschichte meines Duplikats unterscheiden und jeden von uns unersetzlich machen. Des Weiteren sorge *ich mich* um *mein* Überleben – unabhängig davon, ob ein Duplikat von mir existiert: Es „widerfährt mir ständig etwas: Ich fürchte, ich glaube, ich zweifle, ich frage mich, ob ich leben oder sterben werde, kurz: ich sorge mich".[394] Von dieser Selbstsorge aber sei kaum zu abstrahieren, so dass die Frage danach, wer jemand ist, auch „in den extremen Fällen, in denen sie ohne Antwort bleibt", nicht verschwindet.[395] Die Antwort auf die Frage „Wer bin ich?" kann zwar eine Ratlosigkeit und eine Leere sein, die Frage jedoch bleibt – und vielleicht sogar stärker im Falle der Ratlosigkeit – erhalten und bezeugt meine Jemeinigkeit.

Die von Ricœur gesuchte, alternative Beständigkeit in der Zeit, welche für die als Selbstheit verstandene Identität charakteristisch ist, habe sich also an die Jemeinigkeit, den Eigenleib, die Zeitlichkeit und die jemeinige Zugehörigkeit zu halten und ist damit eine prinzipiell andere als diejenige der Selbigkeit. Die für die Selbstheit charakteristische Beständigkeit in der Zeit sei nicht das „Transzendentale der numerischen Identität", nicht das zeitliche Schema der Substanz als die *Bedingung der Möglichkeit* der Identität, sondern sie sei vielmehr die *Antwort* auf die wegen der jemeinigen Zugehörigkeit nie verschwindende Frage „Wer bin ich?".[396] Diese

[393] Ricœurs Auseinandersetzung mit Parfit (vgl. SMA, 156–166/SaA, 160–171) ist ausführlich diskutiert in Welsen, Peter: Das Problem der personalen Identität, in: Liebsch, Burkhard (Hg.): *Hermeneutik des Selbst – im Zeichen des Anderen. Zur Philosophie Paul Ricœurs*. Freiburg/München: Alber Verlag 1999 (= Philosophie), 106–129 und in Teichert, Dieter: Von der Feststellung der Identität zur Explikation von Personalität – Ricœurs Kritik an Derek Parfit, in: *Das herausgeforderte Selbst: Perspektiven auf Paul Ricœurs Ethik*. Würzburg: Königshausen & Neumann 1999, 131–142.

[394] SMA, 163/SaA, 168.

[395] SMA, 165/SaA, 169. Andernorts betont Ricœur neben dem Nichtverschwinden dieser *Frage* das Nichtverschwinden der *Suche* nach personaler Identität, die in allen Refigurationen der Identität Kontinuität zu garantieren vermag: „It is the search for this personal identity that guarantees the continuity of a potential or virtual story and the purposive story for which we assume responsibility" (Ricœur: Life: A Story in Search of a Narrator, a. a. O., 435).

[396] Vgl. SMA, 143/SaA, 147.

für die Selbstheit charakteristische Beständigkeit in der Zeit fächert Ricœur in zwei Grundkomponenten auf. Zum einen liege sie im *Charakter*, dessen Beständigkeit „die fast vollständige gegenseitige Deckung der Fragestellung des *idem* und des *ipse* ausdrückt".[397] Zum anderen sei sie im *gehaltenen Wort*, welches „einen extremen Abstand zwischen der Beständigkeit des Selbst und derjenigen des Selben ausdrückt", zu suchen.[398] Ricœur korrigiert nun explizit seinen Charakterbegriff der *Philosophie de la volonté*: Er sei in seinen früheren Texten der Position „einer übermäßigen Betonung seiner [des Charakters, I.R.] Unwandelbarkeit" gefolgt, während er in *Soi-même comme un autre* in einer Abschwächung dieser Unwandelbarkeit des Charakters nur noch davon spricht, dass der Charakter „die Selbigkeit innerhalb der Jemeinigkeit" sei.[399] Diese zu einer Dynamisierung des Charakters führende Selbstkorrektur findet ihren Grund in den *zeitlichen* Merkmalen des Charakters, welche Ricœur nun unterstreicht: „Der Charakter, so würde ich heute sagen, bezeichnet die Gesamtheit der dauerhaften Habitualitäten (*dispositions durables*) eines Menschen, aufgrund *deren* man eine Person wiedererkennt" und um diesen Charakter zu ermitteln sei „die zeitliche Dimension des Habitus (*disposition*)" zu untersuchen.[400]

Die Zeitlichkeit des Habitus unterteilt Ricœur in zwei Aspekte. Erstens sei die Zeitlichkeit der *Gewohnheit* zu berücksichtigen. Hier kommt jenes Ineinander von Sedimentierung und Innovation zum Tragen,[401] welches bereits im Kontext des Schematismus der narrativen Funktion eine Rolle spielte. Wenn ich mich immer wieder auf eine bestimmte Weise verhalte, so verfestigt sich dieser Verhaltenstypus und wird zu meiner Gewohnheit. Dies bedeutet jedoch nicht, dass ich mich nie mehr anders verhalten könnte. Eine Änderung der Gewohnheit bleibt immer möglich. Sie vollzieht sich jedoch stets in innovativer Abgrenzung zu den bereits sedimentierten Gewohnheiten und wird durch deren Verfestigung erschwert. Bereits im Zusammenhang mit Ricœurs Schematismus der narrativen Funktion erschien es plausibel, eine Parallele zu den bei Husserl in der konstituierenden Aktivität zustande kommenden Habitualitäten anzudeuten. In dem Gewohnheitsaspekt von Ricœurs Charakterbegriff aus *Soi-même comme un autre* liegt eine noch deutlichere Nähe zu Husserls Begriff eines den bloß leeren Identitätspol konkretisierenden personalen

---

[397] SMA, 143/SaA, 147.

[398] SMA, 143/SaA, 147. Mit Tétaz kann hervorgehoben werden, dass angesichts der doppelten offenen Dialektik im Charakter und im gegenüber dem Anderen gehaltenen Wort deutlich zutage tritt, inwiefern Ricœurs Denken zwar eine Philosophie des Selbst, nicht aber eine unmittelbare Reflexionsphilosophie ist: „Weil das Selbst konstitutiv zu beschreiben ist als ein Spannungsverhältnis zwischen der Beharrlichkeit eines Charakters, der die Endlichkeit einer nichthintergehbaren Verwurzelung in der eigenen Geschichte anzeigt, und dem Vor-Wurf einer Selbst-Ständigkeit, die die Unendlichkeit eines selbstzugerechneten und deswegen anrechenbaren Lebensvollzugs auszeichnet, widersteht die Komplexität des Selbst dem unmittelbaren Zugriff der Selbstreflexion" (Tétaz, Jean-Marc: Eine Philosophie des Selbst, aber keine Reflexionsphilosophie. Hermeneutik als Theorie der konkreten Subjektivität, in: Liebsch: *Hermeneutik des Selbst – im Zeichen des Anderen. Zur Philosophie Paul Ricœurs*, a. a. O., 130–145, hier 144).

[399] SMA, 145 (Fußnote)/SaA, 149 (Fußnote).

[400] SMA, 146/SaA, 150 (Einfügung des französischen Wortlautes, I.R.).

[401] Vgl. SMA, 146/SaA, 150 f.

Ich verborgen, wenngleich Ricœur selbst in diesem Kontext in erster Linie auf die aristotelische Annäherung von Charakter (*èthos*) und Gewohnheit oder Gebrauch (*ethos*) rekurriert. Das personale Ich ist für Husserl weder ein „Transzendentales der numerischen Identität" noch ein unwandelbarer Charakter. Es ist vielmehr ein Ich, das „sich als identisches Substrat bleibender Ich-Eigenheiten konstituiert" und „durch diesen bleibenden Habitus als verharrendes Ich bestimmt ist".[402] Dabei sind zwar stets Modalisierungen in der Geltung der bisherigen Konstitutionsleistungen möglich. Bei all diesen Korrekturen seiner Überzeugungen jedoch „bewährt das Ich in solchen Veränderungen einen bleibenden Stil, einen personalen Charakter".[403] Wenn Jean Greisch in seiner Übersetzung von *Soi-même comme un autre* das von Ricœur gebrauchte Wort *„disposition"* mit „Habitus" übersetzt, so tritt dieser Bezug zu Husserl deutlich zutage. Die Gewohnheiten neigen Ricœur zufolge zu einer Verfestigung, die der Identität im Sinne der Selbigkeit nahe kommen, dennoch gehören sie in ihrer zeitlichen Gewachsenheit und prinzipiellen Veränderbarkeit zu der Identität als Selbstheit.

Die Zeitlichkeit dieser den Charakter prägenden Gewohnheiten denkt Ricœur über ihre narrative Ausbreitung. In Anlehnung an die aristotelische *Poetik* und in einer Übertragung der fiktionalen Narrativitätsstrukturen auf das Leben geht er davon aus, dass allererst die erzählte Lebensgeschichte personale Identität erkennen lässt. So, wie einer Figur über die Fabel, in der sie erscheint, eine Identität zukommt, so erhält auch die Person nur über ihre Lebensgeschichte und ihre über diese erworbenen Gewohnheiten einen Charakter. Im Leben gäbe es verschieden umfangreiche Handlungskomplexe, welche jedoch sämtlich im Sinne der *mimesis I* bereits pränarrative Strukturen aufweisen, die sich zu einer expliziten Erzählung ausarbeiten lassen. Basishandlungen, wie beispielsweise elementare körperliche Handlungen, die auf keiner anderen Handlung mehr aufbauen, Praktiken als zusammengesetzte Handlungen, wie Berufe, Künste oder Spiele, sodann Lebenspläne, wie Berufsleben, Familienleben, Freizeitleben, und schließlich die narrative Einheit eines Lebens seien auf verschiedene Weisen pränarrativ vorgeformt. Dieses von Ricœur so bezeichnete praktische Feld ist jedoch nicht so zu verstehen, dass die Basishandlungen, Praktiken und Lebenspläne in einem einzig möglichen Aufbau auf die Konstitution einer einmal zu erzählenden narrativen Einheit des Lebens führen. Die ständige Überschreitung jeder Erzählung durch das Leben und seine Erzählbarkeit wurde bereits deutlich. Vielmehr handelt es sich innerhalb des praktischen Feldes um eine „Doppelbewegung: Anstieg der Komplexität (ausgehend von Basishandlungen und Praktiken) und Abnahme der Spezifikation (ausgehend von dem vagen und beweglichen Horizont der Ideale und Entwürfe, in deren Licht ein Menschenleben in seiner Einzigartigkeit erfaßt werden kann)".[404] Diese Spezifikation hält auf der Ebene der weniger umfassenden Handlungseinheiten viele Wege zur narrativen Einheit eines Lebens offen, die, wenn sie erzählt wird, immer nur einen der vielen möglichen umfassenden Entwürfe wählen kann. Auf der Basis

---

[402] Husserl: *Cartesianische Meditationen*, a. a. O., 68.

[403] A. a. O., 69.

[404] SMA, 187/SaA, 194.

von Ricœurs Analogisierung von Lebensgeschichte/Person und Fabel/Figur zeigt sich des Weiteren der für die hiesige Frage nach der ersten Zeitaporie wichtige Umstand, dass auch das Erzählen einer Lebensgeschichte immer eine dissonante Konsonanz bleibt, in welcher zwar das Einheitsmoment dominieren, nie jedoch das Dissonanzmoment, welches ständig zu einem Neu- und Wiedererzählen aufruft, auflösen kann. Die zeitliche Ausbreitung der sedimentierten Gewohnheiten ist dadurch in ihrem Kern durch eine unüberwindbare Instabilität und Refigurierbarkeit gekennzeichnet.

Der zweite Aspekt des Charakters, welcher sich „mit dem Begriff des Habitus“ verbindet, ist Ricœur zufolge „die Gesamtheit der *erworbenen Identifikationen*“.[405] Wenn er anmerkt, dass sich eine Person in „Identifikationen mit Werten, Normen, Idealen, Vorbildern, Helden“ wiedererkenne, so suggeriert dies eine Nähe zu Heideggers Bestimmung der eigentlichen Wiederholung einer gewesenen Existenzmöglichkeit als „daß das Dasein sich seinen Helden wählt“ und dem darin liegenden Verweis auf Nietzsches monumentalische Historie.[406] Ricœur aber geht es nicht, wie Heidegger, um eine Gründung der Übernahme einer gewesenen Existenzmöglichkeit in der in den Tod vorlaufenden Entschlossenheit, sondern diese *„Identifikation-mit“* ist eine immer wieder aufs Neue mögliche Identifikation mit der Figur einer historischen oder fiktionalen Erzählung und als solche „die Bedingung der Möglichkeit einer Anwendung der Literatur auf das Leben“.[407] Auch in diesem zweiten Moment des Charakters ist ein von Husserl her bekanntes Konzept leitend: das der *imaginativen Variationen* bzw. Phantasievariationen. Ricœur hatte in *Temps et récit* um den Kern der ersten Zeitaporie Phantasievariationen zu deren Vertiefung und poetischer Lösung angestellt.[408] In *Soi-même comme un autre* geht es auf einer komplexeren Ebene, die auf der ersten Zeitaporie und der menschlichen Zeit aufbaut, um imaginative Variationen personaler Identität. Aber auch hier ist im Unterschied zu Husserl hervorzuheben, dass Ricœur zufolge die imaginativen Variationen personaler Identität nicht auf ein *eidos* personaler Identität führen, sondern vielmehr, wie bereits im Falle der ersten Zeitaporie, um das Problem personaler Identität kreisen und ihr Verständnis in einer unabschließbaren Dynamik bereichern. In den imaginativen Variationen personaler Identität kann ich im „weiträumige[n] Laboratorium für Gedankenexperimente“,[409] welche gleichzeitig auch immer „Forschungsreisen durch das Reich des Guten und des Bösen“ seien,[410] Identitätsmöglichkeiten erproben und jene Möglichkeiten, die sich mir in diesen Experimenten anzeigen, über die Konfrontation der Welt des Textes mit der Welt des Lesers in meinen eigenen Entwurfsbereich aufnehmen. Auf diese Weise „schiebt sich, auf dem Weg der Selbstidentifikation, die Identifikation mit einem anderen dazwischen, real in der historischen Erzählung und irreal in der fiktiven

[405] SMA, 146/SaA, 151.
[406] SZ, 385.
[407] SMA, 189 (Fußnote)/SaA, 196 (Fußnote).
[408] Vgl. Kap. 4.4.2.
[409] SMA, 176/SaA, 182.
[410] SMA, 194/SaA, 201.

Erzählung".[411] Weil das Selbst sich aber nicht unmittelbar erfährt, sondern über den Umweg einer Identifikation mit einem anderen „in einer Konstruktion objektiviert", kann eine „Hermeneutik des Mißtrauens eine solche Konstruktion als Quelle des Missverstehens, ja der Illusion" denunzieren.[412] In der fiktionalen Literatur selbst finden sich Figuren, die als eine Warnung vor dieser illusionären Identifikation mit Erzählfiguren gelesen werden können: Don Quijote, der zu viele Ritterromane und Madame Bovary, die zu viele Romane über romantische Ehebrecherinnen las, geraten beide über „eine naive Auffassung der *mimèsis*" in einen Konflikt mit dem Leben.[413]

Während die dem Charakter eigentümliche Beständigkeit in der Zeit sich der festen Identität eines Selben zwar annähert, wird er aber nie ganz zu einer Selbigkeit. Umgekehrt kann es in Extremfällen vielmehr dazu kommen, dass sich der Charakter *auflöst*. Ich unterliege dann nicht nur der Gefahr „des Umherirrens zwischen den konkurrierenden Identifikationsmodellen",[414] sondern weiß dann gar nicht mehr, wer ich bin. In diesen „Nächte[n] personaler Identität" jedoch, „[i]n diesen Augenblicken äußerster Entblößung verweist die Nicht-Antwort auf die Frage *Wer bin ich?* keineswegs auf die Nichtigkeit, sondern auf die Blöße der Frage selber".[415] An dieser Grenze des Charakters kommt der Unterschied zwischen Parfits Identitätskritik und Ricœurs hermeneutisch-phänomenologischem Begriff personaler Identität deutlich zum Tragen: Die Antwort auf die Frage „Wer bin ich?" kann zwar leer bleiben, die Frage jedoch bleibt genauso bestehen wie die Jemeinigkeit, der Eigenleib, die Zeitlichkeit, die jemeinige Zugehörigkeit und die die Frage antreibende Sorge um das eigene Selbst. Überdies bleibt für Ricœur unsere „erdhafte Verfasstheit (*condition terrestre*)",[416] die Husserl in einem berühmten Manuskript einmal in einem „Umsturz der kopernikanischen Lehre" auf eine so provokante Weise sagen ließ „[d]ie Ur-Arche Erde bewegt sich nicht",[417] bei den imaginativen Variationen

---

[411] Ricœur: Narrative Identität, a. a. O., 66.

[412] Ebd.

[413] SMA, 191/SaA, 198, vgl. auch Ricœur: Narrative Identität, a. a. O., 66. Ricœur weist in einer Diskussion von vier möglichen Einwänden gegen eine Parallelisierung von Erzählung und Lebensgeschichte darauf hin, dass ich erstens zwar der Co-Autor, nie aber der Urheber meines Lebens bin. Zweitens erfahre ich zwar nie den Anfang und das Ende meines Lebens, kann aber mithilfe der Fiktion Initiativen in meinem Leben sowie das Ende von Lebensabschnitten verstehen. Auch könne die Fiktion zum Sterbenlernen beitragen, indem sie der vollkommenen Unbekanntheit des Todes entgegenzuwirken sucht. Drittens entfaltet zwar jeder Text eine ihm eigentümliche Welt, könne aber durch die Verschachtelung der Geschicke verschiedener Protagonisten Interaktionsmodelle liefern, die der Verstrickung der Lebensgeschichten untereinander korrespondieren. Viertens erzähle die narrative Stimme zwar in der Regel in der Retrospektive, erzähle dabei jedoch durchaus Entwürfe und Antizipationen der Protagonisten, die auch der retrospektiven Erzählung eine Zukunftsausrichtung verleihen. Vgl. SMA, 189–193/SaA, 196–200.

[414] Ricœur: Narrative Identität, a. a. O., 66.

[415] SMA, 197/SaA, 204. „Der Nichtidentifizierbare wird im äußersten Fall, im Verlust seines auf eine Initiale reduzierten Namens, zum Unnennbaren" (*Parcours*, 154/*Wege*, 136).

[416] SMA, 178/SaA, 184 (Einfügung des französischen Wortlautes, I.R.).

[417] Husserl, Edmund: Grundlegende Untersuchungen zum phänomenologischen Ursprung der Räumlichkeit der Natur (Ms D17), in: Farber, Marvin (Hg.): *Philosophical Essays in Memory of*

unserer selbst unüberschreitbar. Diese Leib- und Erdgebundenheit ist Ricœur zufolge in allen literarischen Fiktionen, auch in einer Fiktion der Auflösung des Charakters, wie sie Musils *Der Mann ohne Eigenschaften* darstellt, respektiert, während sie von den technologischen Fiktionen der science-fiction variiert wird. An der Frage, ob sich Variationen meiner Selbst ausdenken lassen, „in denen die leibhafte und erdhafte Verfaßtheit selber zu einer bloßen, kontingenten Variablen wird",[418] entscheidet sich, ob die leibliche und erdhafte jemeinige Zugehörigkeit in jeder Auflösung des Charakters die unhintergehbare Konstante des Selbst bleibt oder ob auch sie sich variieren lässt. Es scheint, dass Ricœur aus einer hermeneutisch-phänomenologischen Perspektive durchaus dazu berechtigt wäre zu sagen, dass die Jemeinigkeit, der Eigenleib, die Zeitlichkeit, die jemeinige Zugehörigkeit und die erdhafte Verfasstheit unhintergehbar und daher nicht selbst variierbar sind. Er lässt die Möglichkeit jedoch offen und verlagert das Problem auf eine ethische Ebene: Falls die technologischen Experimente, die die genannten Grundverfassungen variieren, eines Tages technisch machbar sein sollten, so „sollten [sie] verboten werden",[419] denn sie greifen mit der Variation der Jemeinigkeit die existenziale Bedingung für das Funktionieren von Vorschriften für handelnde Individuen überhaupt an.

Selbst wenn aber im Falle einer Auflösung des Charakters die bloße Jemeinigkeit mit ihrem Eigenleib, ihrer erdhaften Verfasstheit und ihrer Zeitlichkeit unberührt bliebe, so würde doch die Antwort auf die Frage „Wer bin ich?" leer bleiben, da keine Eigenschaften, keine Gewohnheiten und Identifikationen-mit angegeben werden könnten, die das Selbst zumindest durch einen relativen Kern identifizierbar machen würden. In dieser „existenziellen ‚Krise'" des Selbst zeigt sich Ricœur zufolge am deutlichsten jene andere Weise der Beständigkeit in der Zeit,[420] die der Selbstheit am nächsten und der Selbigkeit am fernsten steht: die des *Versprechens* und des *gehaltenen Wortes*, welche Ricœur auch durch den Heidegger entlehnten Begriff der *Selbst-ständigkeit* kennzeichnet. An dieser zweiten Form der Beständigkeit in der Zeit, in der die Rolle des Anderen für die Identität des Selbst hervortritt, kommt gleichermaßen die Nähe und Ferne von Ricœurs Begriff des Selbst zu demjenigen Heideggers zum Vorschein.

Edmund Husserl. New York: Greenwood Press 1975, S. 307–325, hier 307. Diese Worte schrieb Husserl auf den Umschlag des Ms D17 von 1934.

418 SMA, 179/SaA, 185.

419 Ricœur: L'identité narrative, a. a. O., 303. In *Soi-même comme un autre* formuliert Ricœur dieses Verbot nicht mehr direkt und beschränkt sich auf die suggestive Frage: „Ist das, was die imaginären Gehirnmanipulationen verletzen, nicht mehr als eine Regel, mehr als ein Gesetz, nämlich die existenziale Bedingung der Möglichkeit dafür, daß es Gesetze, das heißt letzten Endes Vorschriften, geben kann, die an Personen als handelnde und erleidende Wesen gerichtet sind?" (SMA, 179/SaA, 186).

420 SMA, 198/SaA, 206. Teichert sieht darin, dass Ricœur das Selbst zwar dezentriert, „aber auf der Basis komplexer Vermittlungsmodalitäten an seiner zentralen Bedeutung fest[hält]", den Hauptunterschied zwischen Ricœurs und Gadamers Überlegungen zum Selbst. Teichert, Dieter: Selbst und Selbstverständnis bei Gadamer und Ricœur, in: Orth/Breitling (Hg.): *Vor dem Text. Hermeneutik und Phänomenologie im Denken Paul Ricœurs*, a. a. O., 139–164, hier 163 f.

Beiden Denkern geht es um ein nicht als Selbigkeit verstandenes Selbst, dessen Ständigkeit sich von einer substantiellen Beständigkeit unterscheidet, indem es sich in jeder seiner Existenzweisen allererst durch ein Auf-sich-Zurückkommen aus der Welt formiert. An diese wichtige Gemeinsamkeit schließen sich jedoch zwei fundamentale Unterschiede. Zum einen stellt Ricœur der reinen Selbst-ständigkeit den zur Selbigkeit tendierenden Charakter als komplementären Pol der insgesamt als Selbstheit aufgefassten personalen Identität gegenüber, während Heidegger der Auffassung ist, dass es das Man-selbst ist, welches „am lautesten und häufigsten Ich-Ich [sagt], weil es im Grunde *nicht eigentlich* es selbst *ist*", sondern in der „Unselbst-ständigkeit des unentschlossenen Verfallens" existiert.[421] Während der sich zeitlich über einen Habitus formierende, relativ beständige Charakter für Ricœur schlicht den einen Pol einer narrativ verstandenen Identität des Selbst darstellt, sieht Heidegger in der Tendenz des Sichverstehens aus dem Besorgten ein Sichverkennen des Daseins. Zum anderen ist Heidegger der Auffassung, dass „[d]ie *Selbst-ständigkeit* [...] existenzial nichts anderes [bedeutet] als die vorlaufende Entschlossenheit",[422] während Ricœur meint, dass „es nicht erforderlich [ist], das Halten des gegebenen Wortes in den Horizont des Seins-zum-Tode zu stellen", denn „das Versprechen[] genügt sich selbst".[423] Ricœur zufolge sind es das einem Anderen gegebene Versprechen und das diesem gegenüber gehaltene Wort, welche immer, sogar beim Verlust des Charakters, dazu in der Lage seien, dem Selbst mithilfe des Anderen eine Identität zu sichern. Da der Andere darauf zählt, dass ich dieselbe bleibe, gleich wie sich meine Neigungen und die äußeren Umstände entwickeln, kann ich mich durch mein gehaltenes Wort ihm gegenüber über eine zeitliche Distanz hinweg als dieselbe erweisen. Während das Dasein für Heidegger nur dann ständig und standfest ist, wenn es entschlossen in den Tod vorläuft, ist das Selbst für Ricœur nur dann selbst-ständig, wenn es sein Versprechen gegenüber dem Anderen hält. Um die Tragweite des Unterschiedes dieser beiden Positionen auszuloten, sei ein Exkurs in das zweite Kapitel des zweiten Abschnittes von SZ über das Gewissen und in die zehnte Abhandlung von *Soi-même comme un autre* unternommen, in welcher Ricœur im Rahmen der Frage nach einer möglichen Ontologie eine Interpretation des Gewissens ausarbeitet. Die Konfrontation zwischen einer Zeitlichkeit eines Vorlaufens in den jemeinigen Tod und derjenigen eines Versprechens gegenüber dem Anderen kann dabei deutlich hervortreten. Im Ausgang von Ricœurs Auffassung des Gewissens und in seiner Abgrenzung zu Heidegger lässt sich überdies zeigen, dass das Versprechen nicht etwas ist, zu dem ich mich gelegentlich entscheiden kann und das zudem nur dann erfolgt, wenn ich ausdrücklich formuliere „Ich verspreche Dir, dass ...". Es ist vielmehr eine Antwort auf eine ursprüngliche Herausforderung durch eine Andersheit, in der ich zu einer Antwort immer schon aufgerufen bin.

In Heideggers Interpretation des Gewissensrufes aus SZ ruft das in der Unheimlichkeit sich ängstigende, geworfene Dasein das Man-selbst aus der Verlorenheit

---

[421] SZ, 322.
[422] SZ, 322.
[423] SMA, 149/SaA, 154.

auf das eigene Selbst hin zurück. Der Ruf kommt zwar in seinem Überraschungscharakter *über* das Dasein, dennoch aber *aus* dem Dasein selbst und bezeugt dessen eigenstes Seinkönnen. Wenn ich den Ruf nicht überhöre, indem ich in das Gerede des Man flüchte, sondern ihn hörend in einem Gewissen-haben-wollen übernehme, so verstehe ich darin mein existenziales Schuldigsein. Letzteres hatte Heidegger vehement gegen jede moralische oder theologische Schuldauffassung abgrenzen wollen, indem er betonte, dass das existenziale Schuldigsein keinerlei Schuld gegenüber jemandem, demgegenüber ich mich in einem Defizit befände, meint. Das existenziale Schuldigsein als (nichtiger) Grund-sein einer Nichtigkeit, welches in seiner Formalität keinerlei Forderung von einem anderen her impliziert, kann das Dasein im Anrufverstehen des Gewissen-haben-wollens jedoch so übernehmen, dass es *selbst* und nicht das Man dieses (nichtiger) Grund-sein einer Nichtigkeit ist. Die *Er*schlossenheit des Daseins wird in jenem Sichentwerfen auf das eigenste Schuldigsein zur *Ent*schlossenheit und erreicht ihre volle Entfaltung dann, wenn sie mit dem Vorlaufen in den Tod zusammengebracht wird. Erst wenn das Dasein sich als ein nicht nur zeitweiliges, sondern ständiges Schuldigsein, d. h. als Schuldigsein bis zu seinem Ende versteht, kann es als ein ganzes Selbstsein in Ständigkeit und Standfestigkeit existieren. Der schweigende Ruf zur eigensten Übernahme des (nichtiger) Grund einer Nichtigkeit Seins ruft jedoch lediglich dazu auf, gemäß seiner eigensten Seinsweise zu existieren, die Wahl zu wählen und damit *selbst* Grund einer Nichtigkeit zu sein. So ist das existenziale Schuldigsein zwar die existenziale Grundlage für jede mögliche Verantwortlichkeit gegenüber jemandem. Das existenziale Schuldigsein selbst jedoch muss zunächst „soweit formalisiert werden, daß die auf das besorgende Mitsein mit Anderen bezogenen vulgären Schuldphänomene ausfallen“ und auf dieser formal-existenzialen Ebene, so Heidegger, „bleibe [es] dahingestellt, wie solche Forderungen entspringen, und in welcher Weise aufgrund dieses Ursprungs ihr Forderungs- und Gesetzescharakter begriffen werden muß“.[424]

Heidegger kann so zwar plausibel machen, dass das Schuldigsein als Grundsein einer Nichtigkeit, die immer nur eine Möglichkeit verwirklichen und unzählige andere nicht wählen kann, diejenige Seinsweise ist, auf deren Basis es überhaupt erst möglich wird zu sagen, jemand hätte etwas tun sollen, das er faktisch nicht getan hat. Er kann ebenfalls plausibel machen, dass sich das Dasein in seinem Anrufverstehen des aus der Unheimlichkeit heraus erfolgenden Gewissensrufes und in der in den Tod vorlaufenden Entschlossenheit dazu aufgerufen findet, sein Schuldigsein eigentlich zu übernehmen, d. h. selbst zu entscheiden und sich die Entscheidungen nicht vom Man abnehmen zu lassen. Und im Rahmen der Fundamentalanalyse aus SZ *kann* dies auch durchaus bedeuten, dass sich das Dasein für eine Existenz in dem entscheidet, was Heidegger eine *vorausspringende Fürsorge* nennt.[425] In

[424] SZ, 283, 282.

[425] „Die Fürsorge hat hinsichtlich ihrer positiven Modi zwei extreme Möglichkeiten. Sie kann dem Anderen die ‚Sorge‘ gleichsam abnehmen und im Besorgen sich an seine Stelle setzen, für ihn *einspringen*. […] Ihr gegenüber besteht die Möglichkeit einer Fürsorge, die für den Anderen nicht so sehr einspringt, als daß sie ihm in seinem existenziellen Seinkönnen *vorausspringt*, nicht um ihm

dieser nimmt das Dasein seinem Mitdasein nicht einspringend dessen eigene Sorge ab, sondern „verhilft dem Anderen dazu, *in* seiner Sorge sich durchsichtig und *für* sie *frei* zu werden", d. h. das Dasein sucht seinem Mitdasein einen Rahmen zu schaffen, in dem die Versuchungen des Man weniger stark auf das Mitdasein einwirken und es aufgrund dieser günstigen Bedingungen selbst in seiner eigensten vorlaufenden Entschlossenheit ein ganzes, ständiges und standfestes Selbstsein werden kann.[426] Die daseinsmäßige Übernahme des eigensten Schuldigseins in der vorlaufenden Entschlossenheit *kann* diese vorausspringende Fürsorge bedeuten. Ist sie jedoch zwingend? Ja, gibt es bei Heidegger überhaupt auch nur ein Moment, das zu ihr aufruft? Es scheint im Rahmen der Fundamentalanalyse genauso denkbar, dass das sich auf sein eigenstes Seinkönnen zurückrufende Dasein sich für eine andere Existenzweise entschließt, die sich trotz des existenzialen Mitseins dem eigensten Seinkönnen seiner Mitdaseine gegenüber gleichgültig zeigt. Gegen diese Kritik wäre der Einwand denkbar, dass das Dasein in diesem Fall aber der tatsächlichen Seinsweise der anderen Mitdaseine nicht gerecht wird und daher nicht eigentlich existieren würde. Ruft aber nicht mein Gewissen laut Heidegger lediglich dazu auf, gemäß *meinem* eigensten Seinkönnen zu existieren? Liegt in meinem eigensten Seinkönnen aber eine Aufforderung zur vorausspringenden Fürsorge? Ist dabei nicht vielmehr jegliche vom Anderen an mich herantretende Forderung ausgespart, wenngleich Heidegger eine solche auf einer auf dem existenzialen Schuldigsein *aufbauenden* Ebene keinesfalls ausschließt? Heidegger meint zwar, „[d]ie Entschlossenheit zu sich selbst bringt das Dasein erst in die Möglichkeit, die mitseienden Anderen ‚sein' zu lassen in ihrem eigensten Seinkönnen und dieses in der vorspringend-befreienden Fürsorge mitzuerschließen".[427] In einer problematischen Formulierung heißt es sogar: „Das entschlossene Dasein kann zum ‚Gewissen' der Anderen werden".[428] Dies scheint jedoch trotz diverser Anmerkungen Heideggers zu einer vorausspringenden Fürsorge und zum eigensten Seinkönnen der Anderen im systematischen Rahmen seiner Argumentation nur ein „kann" und damit lediglich eine Möglichkeit zu sein. Im Gewissensruf und der im Anrufverstehen erfolgenden Übernahme des eigensten Schuldigseins selbst jedoch liegt kein Aufforderungscharakter, der so etwas wie einen *Aufruf* zur vorausspringenden Fürsorge begründen könnte.[429] Weder ein moralisches Gesetz noch der Andere ruft das Dasein, sondern es ruft nur sich selbst auf sein eigenstes Seinkönnen zurück.

---

die ‚Sorge' abzunehmen, sondern erst eigentlich als solche zurückzugeben" (SZ, 122). Letztere ist eine „vorspringend-befreiende[] Fürsorge", die ein „eigentliche[s] Miteinander" ermöglichen soll. SZ, 298.

[426] SZ, 122.

[427] SZ, 298.

[428] SZ, 298.

[429] Ein in kritischer Auseinandersetzung mit Heidegger entwickelter Ausweg aus dieser Schwierigkeit, der sich insbesondere auf die Begründung der Fürsorge für nachkommende Generationen konzentriert, findet sich in dem von Held ausgearbeiteten Gedanken, dass „[d]ie zeitliche Ganzheit seines Lebens […] dem Menschen nur durch eine originäre Erfahrung der Einbettung dieser Ganzheit in den Gang der Generationen aufgehen" kann und letztlich sogar „die liebende Aufgeschlossenheit für die nachwachsende Generation […] das eigentliche Sinnfundament für die Geltung von

Wie verhält sich Ricœurs Interpretation des Gewissens aus der zehnten Studie von *Soi-même comme un autre* zu Heideggers Gewissensbegriff und seiner angezeigten Problematik? Ricœur teilt sowohl mit Heidegger als auch mit Hegel und Nietzsche die Kritik an einer Interpretation des Gewissens, die dieses in den Begriffen von „gut" und „schlecht" versteht. Darüber hinaus entwickelt er jedoch eine abweichende Auffassung des Gewissensrufes. Ohne die oben angedeuteten Anknüpfungspunkte für eine Ethik in Heideggers Begriff einer vorausspringenden Fürsorge anzudeuten, konzentriert er sich direkt auf eine Kritik an Heideggers Interpretation des Gewissensrufes, die seines Erachtens geradewegs in einen „moralischen Situationismus" führe.[430] In der Unheimlichkeit des rufenden Daseins erkennt Ricœur zwar eine das Dasein affizierende Andersheit, die Heidegger dadurch kennzeichne, dass der Ruf, obwohl aus dem Dasein, über das Dasein komme. Mit dieser die Andersheit des Rufes begründenden Unheimlichkeit reduziere Heidegger jedoch „die Andersheit des Gewissens auf die umgreifende Andersheit des In-der-Welt-seins",[431] welche Ricœur selbst im ersten Abschnitt der zehnten Studie über eine Interpretation des „Eigenleib[es] als Vermittler zwischen Intimität des Ich und Exteriorität der Welt" als erste Modalität der Andersheit bestimmt.[432] Diese von der Unheimlichkeit der Welt herrührende Andersheit gäbe jedoch keinerlei Anhaltspunkte für eine Ethik. Und, so ein angesichts der oben angezeigten Ambivalenz bei Heidegger von Ricœur zu Recht erhobener Einwand, „[l]eider zeigt Heidegger nicht, wie man den umgekehrten Weg von der Ontologie zur Ethik gehen könnte".[433]

Ricœur nimmt auf der Basis dieser Kritik Heidegger gegenüber zwei fundamentale Änderungen im Begriff des Gewissensrufes vor. Zum einen würde „[d]ie Stimme des Gewissens zu hören […] ein Aufgefordertsein durch den Anderen (*l'Autre*) bedeuten".[434] Zum anderen könne „man nicht mehr mit Heidegger in *Sein und Zeit* sagen, daß die Stimme nichts sagt",[435] sondern in ihr sei ich „dazu aufgerufen, gut zu leben, mit dem Anderen und für ihn, in gerechten Institutionen: Dies ist die erste Aufforderung".[436] In diesen beiden Kennzeichen des Gewissens konzentriert sich jene von Ricœur so genannte „„kleine[] Ethik"", die er in der siebten bis neunten Abhandlung aus *Soi-même comme un autre* entwickelt.[437] Da sich eine ausführliche Auseinandersetzung mit Ricœurs komplexer Ethik zu weit von der Zeitproblematik entfernen würde, sei neben den beiden genannten Momenten des Gewissensrufes lediglich noch Ricœurs Überzeugungsbegriff hervorgehoben: Es ist stets das einzelne Selbst, welches angesichts des Aufgefordertseins durch den Anderen und des

---

Menschenrechten" bildet. Held, Klaus: Generative Zeiterfahrung, in: *Edith-Stein-Jahrbuch. Bd. 2 „Das Weibliche"*. Würzburg: Echter 1996, 265–282, hier 277 und 282.

430 SMA, 404/SaA, 421.

431 SMA, 406/SaA, 423.

432 SMA, 372/SaA, 388.

433 SMA, 403/SaA, 419.

434 SMA, 405/SaA, 421 (Einfügung des französischen Wortlautes, I.R.).

435 SMA, 406/SaA, 422.

436 SMA, 405/SaA, 421.

437 SMA, 337/SaA, 351.

Durchlaufens der dreischrittigen Ethik schließlich in der Tragik der Handlung den Entscheidungskonflikten mit seiner eigenen, unübertragbaren Entscheidung zu begegnen hat. Das moralische Situationsurteil des Einzelnen führt zu seiner eigensten, in einem „Jenseits der *katharsis*" stehenden Überzeugung.[438] Es zeigt sich hier erneut besonders deutlich sowohl die Verwandtschaft als auch der große Unterschied zwischen Heidegger und Ricœur: Beiden geht es auf entscheidende Weise um eine *Aufforderung des Einzelnen in seiner Unvertretbarkeit*. Bei beiden kann *kein universales Gesetz*, kann *keine Wissenschaft* dem Einzelnen seine Wahl abnehmen. Während Heidegger zufolge jedoch der Ruf des Gewissens in einem Anrufverstehen und über das Vorlaufen in den Tod *unmittelbar* zu der unvertretbaren, eigentlichen Übernahme des eigensten Seinkönnens und ständigen Schuldigseins führen kann, ruft Ricœur zufolge der vom Anderen herrührende Gewissensruf zu einem Durchlaufen der dreischrittigen Ethik auf und mündet so allererst *mittelbar* angesichts des Anderen und der an den Grenzen der Ethik sich auftuenden Tragik der Handlung in eine unvertretbare, individuelle Entscheidung.

Über diesen Exkurs in die Gewissensproblematik wird deutlich, dass Versprechen und Wort-halten bei Ricœur immer schon als Antwort auf eine unhintergehbare, vom Anderen ausgehende Aufforderung zur Verantwortung zu verstehen sind.[439] Diese ergeht immer schon an das Selbst, welches mit seiner Selbst-ständigkeit antwortet, d. h. mit dem Versprechen, derselbe zu bleiben, auf den der Andere zählen kann, auch wenn sich Neigung und Umstände wider Erwarten ändern oder der eigene Charakter sich nicht mehr identifizieren lässt. Ließe sich aber nicht in jedem Sprechakt, ja sogar in nonverbalen Gesten, ein Moment des Versprechens ausmachen? Muss ich ausdrücklich sagen, „ich verspreche dir, dass …", damit der Andere auf mich zählt? Ricœur selbst weist in der zweiten Studie von *Soi-même comme un autre* darauf hin, dass vor Searle bereits Austin die Unterscheidung von Performativ und Konstativ überwunden habe und seitdem alle Sprechakte als Performative und damit als Handlung gelten.[440] Wenn ich aber dem Anderen beispielsweise heute erzähle, was ich über eine bestimmte politische Einstellung denke, so scheint darin nicht nur generell ein Tun, sondern auch ein Moment des Versprechens enthalten zu sein, da er darauf zählt, dass ich nicht schon morgen etwas ganz anderes vertreten werde. Der Andere zählt auf meine Selbst-ständigkeit nicht ausschließlich dann,

---

[438] SMA, 288/SaA, 300.

[439] Versprechen und Wort-halten beziehen sich zwar in erster Linie auf einen das Selbst auffordernden Anderen, dabei ist jedoch in Anlehnung an Ricœurs Ethik, bei der die Überzeugung stets am Ende steht, ein Umweg über die Regel zu gehen. In Anlehnung an Kant betont er, dass man sich selbst verachtet, wenn man einen Meineid schwört, dass man den Anderen nur als Mittel benutzt, wenn man falsche Versprechen macht und dass falsche Versprechen die Institution der Sprache und ein grundlegendes, auf einen sozialen Pakt zurückzuführendes Vertrauen, das allen Versprechen vorhergeht, stören. Vgl. SMA, 308–312/SaA, 320–325. Die Aufforderung des Anderen und seine Erwartung bilden die ausschlaggebende Instanz bei Versprechen und Wort-halten, dabei geht es jedoch um die „Erfindung von Verhaltensformen, die der von der Fürsorge verlangten Ausnahme weitestgehend entsprechen und zugleich die Regel so wenig wie möglich verletzen" (SMA, 312/SaA, 325).

[440] Vgl. SMA, 57 ff./SaA, 57 ff.

wenn ich ihm ausdrücklich etwas verspreche.[441] Ricœur scheint einen derart weiten Versprechensbegriff anzuvisieren, wenn er unter Verweis auf Lévinas schreibt, die Antwort auf die vom Anderen ausgehende Frage „Wo bist Du?" „lautet: ‚Hier sieh mich!', *eine Antwort, die die Selbst-Ständigkeit aussagt*".[442]

Wer oder was aber ist Ricœur zufolge dieser Andere, der im Gewissen ruft und der zum Versprechen, zum Wort-halten und zur Selbst-ständigkeit aufruft? Ist er ein anderer unter anderen, wie auch ich selbst ein anderer unter anderen bin? Ist er ein Anderer jenseits aller Ordnungen, wie Lévinas ihn zu denken sucht?[443] Bei Ricœur scheinen unterschiedliche Formen der Andersheit ineinanderzugreifen, wodurch eine Ambivalenz entsteht, die eine eindeutige Antwort auf diese Frage nicht eben leicht macht. Tengelyi entwickelt die Auffassung, dass Ricœur trotz seiner phänomenologischen Ausgangsposition letztlich in einer „‚realistische[n] Wende' [...] eine Wiedereinkehr in die Perspektive einer komparativen Identifikation" unternimmt, in welcher der Andere auf die gleiche Weise wie das Selbst „‚ein Anderer unter allen Anderen'" ist und somit in seiner jenseits aller Ordnungen stehenden Fremdheit von Ricœur nicht berücksichtigt werden kann.[444] Ließe sich möglicherweise eine anders gewichtende Lesart von Ricœur finden, in welcher die Oszillation in seinem Begriff der Andersheit nicht zu einer Absorbierung der Fremdheit in einer allumfassenden, vom Selbst aufgefassten Ordnung führt?

Angesichts dieser Frage seien zunächst drei Formen der Andersheit bei Ricœur unterschieden. Erstens, dies ist die von Tengelyi hervorgehobene Andersheit,[445] kann sich das sich als ein Leibkörper auffassende Selbst im Rahmen der kalendarischen Zeit, der Weltkarte, der standesamtlichen Eintragungen als einen „anderen unter anderen" auffassen. Tatsächlich umfasst hier eine gemeinsame Ordnung das Selbst und alle anderen und betrachtet sie als identische Selbigkeiten innerhalb dieser Ordnung. Die Ordnung der kalendarischen Zeit, es sei hier nur diese explizit herausgegriffen,[446] ist aber bereits *instabil* und als praktische Brücke über dem Abgrund zwischen erlebter und geordneter Zeit errichtet, denn, wie oben ausführlich

[441] „In einem weiten Sinne verpflichten alle Sprechakte (oder Redeakte) den Sprecher und verpflichten ihn in der Gegenwart" (TR III, 419/ZE III, 375; Übersetzung modifiziert, I.R.). „Die Behauptung im Akt des Urteilens impliziert als sprachlicher Akt nicht weniger notwendig eine Selbstverpflichtung des Sprechers als die spezifischen performativen Akte, für die das Versprechen bevorzugtes Beispiel bleibt" (*Parcours*, 367/*Wege*, 316).

[442] SMA/SaA, 203 (Hervorhebung, I.R.).

[443] Die Antwort auf diese Frage ist wesentlich für die Interpretation der ontologischen Implikationen des ricœurschen Denkens des Selbst und wird in Kap. 4.7.2 erneut aufzugreifen sein.

[444] Tengelyi: *Der Zwitterbegriff Lebensgeschichte*, a. a. O., 202. Vgl. insgesamt die Auseinandersetzung mit Ricœur im Kapitel „Selbigkeit, Selbstheit, Andersheit", a. a. O., 186–209. Vgl. auch Tengelyi, László: Ricœurs realistische Wende der Selbstauslegung, in: Breitling, Andris/Schaaff, Birgit/Orth, Stefan (Hg.): *Das herausgeforderte Selbst: Perspektiven auf Paul Ricœurs Ethik.* Würzburg: Königshausen & Neumann 1999, 155–161.

[445] Tengelyi: *Der Zwitterbegriff Lebensgeschichte*, a. a. O., 198 ff.

[446] Analoge Argumente gelten jedoch für den von Ricœur so genannten dritten Raum, der analog zur Drittzeit ebenfalls eine praktische Vermittlungsfigur ist, sowie für die Generationenfolge und ihr soziologisches Gegenstück der Vorwelt, Mitwelt und Folgewelt, welche als Instrument der Vermittlung innerhalb der Drittzeit fungieren. Vgl. Kap. 4.4.1.

gezeigt wurde, die kalendarische Zeit und im weiteren Sinne die menschliche Zeit erhebt sich stets nur auf dem Boden der begrifflich unauflösbaren ersten Aporie der Zeit. Das heißt, wenn das Selbst sich selbst genauso wie andere als andere unter anderen in einer gemeinsamen menschlichen Zeit auffasst, so tut es dies aus seinem aporetischen Zeiterleben heraus, welches keine Ordnung liefern kann, die eine begriffliche und stabile Einheit darstellen würde. Dieser komparativen Form der Andersheit im Rahmen einer praktischen und instabilen Ordnung ließe sich auch der narrativ über dem Abgrund der ersten Zeitaporie konfigurierte Charakter zuordnen. In seinen Gewohnheiten erkennt sich das Selbst wieder, wird jedoch durch sie auch von Anderen als dasselbe identifiziert; in der Identifikation mit Personen oder Figuren historischer und fiktionaler Erzählungen fasst sich das Selbst so auf, wie es einen anderen auffasst und wie andere wiederum das Selbst auffassen könnten. Die Erzählungen der Lebensgeschichte, der Gewohnheiten und der Identifikationen, aus denen der Charakter hervorgeht, können jedoch nie mehr sein als stets refigurierbare dissonante Konsonanzen, die die erste Zeitaporie praktisch überbrücken.

Zweitens, und hier nähert sich Ricœur deutlich Lévinas an, findet sich das Selbst immer schon aufgefordert und dezentriert durch Andersheit.[447] In der zehnten Abhandlung von *Soi-même comme un autre* unterscheidet Ricœur in dieser Hinsicht die der Andersheit der Welt zugeordnete Andersheit des Leibes, die der Andersheit des anderen Menschen zugeordneten Andersheit des Anderen und die Andersheit des Gewissens. In Hinblick auf Letztere lässt er ausdrücklich offen, ob die „Quelle der Aufforderung […] ein Anderer ist, dem ich ins Angesicht sehen (*envisager*) oder der mich anstarren (*dévisager*) kann, oder meine Ahnen, von denen es keinerlei Vorstellung gibt, sosehr konstituiert mich meine Schuld ihnen gegenüber, oder Gott – der lebendige Gott, der abwesende Gott – oder eine Leerstelle“.[448] So hebt er über die Interpretation des Leibkörpers mit Heidegger die Andersheit der Welt und mit der Interpretation des Anderen mit Lévinas die Andersheit des Anderen hervor, um schließlich in seiner Gewissensauslegung sowohl gegen Heidegger als auch gegen Lévinas die letzte Quelle der Aufforderung in einem philosophisch unauflöslichen Schillern zu belassen. Die das Selbst durch eine Aufforderung immer schon dezentrierende und zur Antwort aufrufende Andersheit könnte, wie in Kap. 4.4.4 bereits für den Aufforderungscharakter der Schuld deutlich wurde, von den Ahnen her kommen, sie könnte gleichermaßen, wie Lévinas meint, von dem Anderen ausgehen, sie könnte aber auch, wie die Theologen vertreten, von einem Gott her-

[447] De Vries hebt die Verbindung von Offenheit des Selbst und Erschütterung durch Andersheit im Lichte der Poetik der Zeitlichkeit hervor: „Diese narrative und dichterische Funktion ist freilich kein zeitweiliger und beklagenswerter Umweg innerhalb des Umkreises einer eventuellen – thetischen oder praktischen – Aneignung. Deren relative Unlesbarkeit durchdringt das Selbst bis in seine ‚narrative Konstitution‘ und hört so niemals auf, seine Empfänglichkeit für die von ihr übermittelten ethisch-politischen Forderungen und moralischen Imperative heimzusuchen. Ohne diese erschütternde, ja unheimliche Erfahrung wäre keine echte Bezeugung, keine Poetik der Zeitlichkeit je möglich“ (de Vries, Hent: Die Bezeugung des Anderen. Von *Temps et Récit* zu *Soi-même comme un autre*, in: Liebsch: *Hermeneutik des Selbst – im Zeichen des Anderen. Zur Philosophie Paul Ricœurs*, a. a. O., 202–223, hier 222 f.).

[448] SMA, 409/SaA, 426 (Einfügung des französischen Wortlautes, I.R.).

rühren, so dass Ricœur *Soi-même comme un autre* mit der These einer unaufhebbaren „Äquivozität des Status des Anderen [Autre]“ beschließt.[449] Diese vielfach heterogene Andersheit scheint mit der Andersheit eines Selbst und eines anderen als anderem unter anderen in einer gemeinsamen kalendarischen Zeit nichts mehr gemein zu haben.

Drittens kennzeichnet Ricœur diese vielfältige Andersheit jedoch über ein „Aufgefordertsein als Struktur der Selbstheit“, ein ontologisches Gegenstück zu der ungreifbaren Heterogenität der Andersheit, welches ihn wiederum tatsächlich „[v]on Levinas [...] meilenweit entfernt“.[450] Im Selbst, so meint Ricœur, ist eine Art „Empfangsstruktur“, „Selbstbezeugung“ oder „Selbstaffizierung“ notwendig, damit die Aufforderung nicht ins Leere läuft.[451] Das Selbst müsse auf irgendeine Art und Weise *sein*, damit es von Andersheit getroffen werden kann. Damit ist jedoch wiederum nicht gemeint, dass das Selbst zunächst *ist* und *dann* gelegentlich von Andersheit getroffen wird. Vielmehr ist das Selbst immer schon durch diese Aufforderung von jener Andersheit her, deren Quelle sich beim Gewissensruf nicht ausmachen lässt, dezentriert.

Diese Ambivalenz zwischen ontologischem Aufgefordertsein und einer vielfältig heterogen erlebten, ontologisch nicht fassbaren Andersheit lässt sich möglicherweise gerade durch Ricœurs Begriffe des Versprechens und der Selbständigkeit aufhellen, welche eine *Zwischenstellung* in Hinblick auf die ambivalenten Momente der Andersheit einzunehmen scheinen. In der „Nacht personaler Identität“, in welcher das Selbst nicht mehr weiß, wer es ist, und sich sein Charakter als unidentifizierbar erweist, bleiben seine Jemeinigkeit, sein Eigenleib und seine Zeitlichkeit zwar erhalten und ermöglichen ein Getroffenwerden von einer Aufforderung; die Frage „Wer bin ich?“ jedoch erfährt keine Antwort. Der Garant der personalen Identität kann in diesem Fall nur noch die von der bloßen Jemeinigkeit her übernommene Selbst-ständigkeit sein, jedoch nicht die eines Vorlaufens in den Tod, sondern diejenige eines Sich-erhaltens im Wort-halten gegenüber jenem Anderen, der das Selbst in seiner Verlorenheit ruft.[452] Diese Selbst-ständigkeit aber wiederum ist Ricœur zufolge die Antwort auf die mich vom Anderen her immer schon erreichende Frage „Wo bist Du?“. Es überkreuzen sich hier die Fragen „Wer bin ich?“ und „Wo bist Du?“ auf eine Weise, in der das Fehlen des Charakters im Selbst nur noch die Jemeinigkeit übrig lässt, welche in ihrer Blöße dazu in der Lage ist, dem Anderen zu antworten „Hier sieh mich!“. Es wäre dann die bloße Jemeinigkeit ohne identifizierbare Seinsmerkmale, die in einem *jemeinigen Aufgefordertsein* den Ruf des

---

[449] SMA, 409/SaA, 426.

[450] Tengelyi: *Der Zwitterbegriff Lebensgeschichte*, a. a. O., 207. Der französische Übersetzer, Philippe Quesne, formuliert sogar „nous sommes ainsi à des années-lumières de Lévinas“ (Tengelyi: *L'histoire d'une vie et sa région sauvage*, a. a. O., 210).

[451] SMA, 408, 409/SaA, 424, 426, 425.

[452] Ricœur vertritt die Auffassung, dass bei Parfit der Andere nur als „großer Manipulator“ und als „Henker“ (Ricœur: L'identité narrative, a. a. O., 303) auftrete. Es zeigt sich an dieser Einschätzung auch in Hinblick auf die Rolle des Anderen deutlich die Differenz in den beiden Positionen, wenn man berücksichtigt, dass der Andere für Ricœurs Selbst als Garant der Selbst-ständigkeit fungiert, während er für Parfits Person, Ricœur zufolge, nur als Zerstörer in Frage kommt.

Anderen hören und ihm antworten kann. Diese rudimentäre, durch Zeitlichkeit und Eigenleib spezifizierte Jemeinigkeit des Erlebens aber scheint nötig zu sein; denn „um für Andere verfügbar zu sein“, muss man zwar nicht wie Heideggers Manselbst „Ich-Ich sagen“, ja noch nicht einmal den eigenen Charakter kennen, wohl aber, so suggeriert Ricœur, „in einer gewissen Weise sich selbst gehören“.[453]

Diese drei Weisen die Andersheit zu denken, als anderer unter anderen, als absolute und vielfältig heterogene Andersheit und als Aufgefordertsein des Selbst erschweren eine eindeutige Antwort auf die Frage, ob Ricœur der Fremdheit des Anderen, wer auch immer er sei, gerecht werden kann. In seiner hier an zweiter Stelle genannten Bestimmung der Andersheit jedoch berücksichtigt er das Erleben eines Rufes vom Anderen her, der so anders ist, dass sich im Gewissensruf sogar eine Identifikation seiner Quelle als unmöglich erweist. Und es ist ein sich als Aufforderung zu hören gebender Ruf, welcher vom Anderen her die Identität des Selbst in der Nacht seiner personalen Identität allererst in einer im Wort-halten gegenüber dem Anderen sich formierenden Selbst-ständigkeit ermöglicht.

Wenn Heidegger zufolge das im Gerede gefangene „Man-selbst [...] am lautesten und häufigsten Ich-Ich“ sagt und erst „[d]as eigentliche Selbstsein [...] als schweigendes gerade nicht ‚Ich-Ich‘“ sagt,[454] so lässt sich möglicherweise in einer Analogisierung für das ricœursche Modell sagen, dass das Selbst angesichts des durch den Charakterverlust verursachten *Schweigens auf die Frage „Wer bin ich?“* auf ausgezeichnete Weise dazu in der Lage ist, den Ruf des Anderen in der Frage „Wo bist du?“ und die dazugehörigen ethischen Aufforderungen zu hören. Es sind vielleicht jene Nächte personaler Identität, in denen der Ruf des Anderen auf die bloße Jemeinigkeit trifft und das Selbst seine Selbst-ständigkeit ausschließlich mithilfe der Erwartung des Anderen gewinnen kann, in welchen der Ruf am deutlichsten gehört und das Selbst zu der bestimmtesten Antwort eines „Hier sieh mich!“ bewegt wird.

Zu dem von Lévinas entwickelten ethischen Primordialgeschehen jenseits des Seins befindet sich Ricœur mit seinem Begriff des Aufgefordert*seins* allerdings in einer deutlichen Opposition, die ihn vielmehr in die Nähe von Heideggers fundamentalontologischem Ansatz rückt. Nicht nur das Aufgefordertsein als Struktur der Selbstheit, sondern auch die Betonung der Jemeinigkeit, welche bei dem Verlust jedes substantiellen Charakters des Selbst stets erhalten bleibt, vermag diese Nähe zu Heidegger zu bekräftigen. Die Unvertretbarkeit des Selbst ist bei Ricœur jedoch nicht an dessen eigensten Tod, sondern an den Ruf des Anderen und an die dem Einzelnen angesichts der Tragik der Handlung auferlegte Überzeugung gebunden. Ist es aber nicht trotz der berechtigten ricœurschen Kritik an Heideggers „moralischem Situationismus“ plausibel, mit Heidegger der Endlichkeit des Selbst eine entscheidende Rolle für die Unvertretbarkeit des Selbst zuzuschreiben? Ist nicht das Verstehen der Unvertretbarkeit angesichts des jemeinigen Todes, den mir niemand abnehmen kann, ein zentraler Gesichtspunkt für das aufgeforderte Selbst und seine verantwortliche Antwort?

---

[453] SMA, 166/SaA, 171.

[454] SZ, 322, 322 f.

Ricœur hebt zwar, wie Heidegger, die Unvertretbarkeit hervor. Er kann jedoch die Rolle der Endlichkeit dabei nicht berücksichtigen, weil er Heideggers Begriff des Todes nicht als äußerste Möglichkeit, sondern als Wirklichkeit interpretiert und von da aus die Auffassung entwickelt, Heidegger plädiere in einer persönlichen existenziellen Konzeption für eine stoische Tapferkeit angesichts der Todesdrohung. Wenn man jedoch statt dieser von Heidegger nicht gemeinten Todesauffassung das Augenmerk darauf lenkt, dass es Heidegger um ein Verstehen der eigenen Unvertretbarkeit angesichts des stets möglichen, nie aber wirklichen Todes geht, so erhält die Endlichkeit ihr eigentümliches Gewicht zurück. Dann ließe sich die Frage stellen, ob nicht gerade in einer Erweiterung der ricœurschen Auffassung des Selbst in einem weiteren Rekurs auf Heidegger der vom Anderen an das Selbst in seiner Jemeinigkeit ergehende Ruf gerade dann auf eine ausgezeichnete Weise *übernommen* und in dem Wort-halten der Selbst-ständigkeit beantwortet werden kann, wenn das Selbst seine *Endlichkeit* und infolge derer seine *Unvertretbarkeit* versteht.

Derrida pointiert in einer Auseinandersetzung mit Patočka und Heidegger diesen von Heidegger entwickelten Zusammenhang von Endlichkeit und Unvertretbarkeit in den Worten: „Vom Tod als Ort meiner Unvertretbarkeit, das heißt meiner Einzigartigkeit her fühle ich mich zu meiner Verantwortung aufgerufen. In diesem Sinne ist einzig ein Sterblicher verantwortlich“.[455] Und des Weiteren sei „mein eigener Tod jene Unvertretbarkeit, die ich auf mich nehmen muß, wenn ich Zugang zu dem haben möchte, was mein absolut Eigenes ist. Meine erste und letzte Verantwortung, mein erster und letzter Wille, die Verantwortung der Verantwortung bezieht mich auf das, was niemand an meiner Stelle tun kann“.[456] Sollte eine derartige Verknüpfung von Endlichkeit und Unvertretbarkeit in Anschluss an Heidegger und Derrida berechtigt sein, so ist damit keine Rehabilitation des in Kap. 3 kritisierten heideggerschen Konzeptes einer ursprünglichen Zeit, die allen anderen Zeitigungsweisen ontologisch vorgeordnet ist, verbunden. Losgelöst von ihrer Koppelung an Heideggers hierarchisch aufgebaute Ontologie der Zeitlichkeit wäre die Verbindung von Endlichkeit und Unvertretbarkeit jedoch dazu geeignet, einer *jemeinigen Übernahme* der Aufforderung vom Anderen her zum ethischen Handeln sowie zum Versprechen und Wort-halten in der Selbst-ständigkeit ein zusätzliches Gewicht zu verleihen. Ricœur selbst scheint der Endlichkeit auch deshalb keine besondere Relevanz zuzuerkennen, weil er sich auf die Rezeptionsgemeinschaft konzentriert. Der Einzelne, so ist bereits in *Fonction narrative* ausgeführt, sei jeweils ein Überlebender, der Teil einer Tradition und einer Lesergemeinschaft ist, die die vergangene Zeit der Toten in gewisser Weise fortführt und wiederauferstehen lässt.[457] In einem postum veröffentlichten Fragment mit dem Titel „Temps de l'œuvre, temps de la vie“ spricht Ricœur gar davon, dass sich im Tod die nicht ewige, aber unsterbliche

---

[455] Derrida, Jacques: *Donner la mort.* Paris: Galilée 1999, 64/dt.: Den Tod geben. Übersetzt von Hans-Dieter Gondek, in: Haverkamp, Anseln (Hg.): *Gewalt und Gerechtigkeit. Derrida-Benjamin.* Frankfurt am Main: Suhrkamp 1994 (= Edition Suhrkamp 1706. Neue Folge. 706), 331–445, hier 369.

[456] Derrida: *Donner la mort*, a. a. O., 67/dt.: Den Tod geben, a. a. O., 371.

[457] Vgl. *Fonction narrative*, 364–367/*Narrative Funktion*, 75–79.

Zeit des Werkes von der Zeit des Lebens abspaltet und in die unsterbliche, transhistorische Zeit der Werkrezeption einschreibt, in der es von anderen Lebenden, die ihre eigene Zeit haben, rezipiert wird. In eben diesem Fragment jedoch heißt es auch wiederum, dass es einen Moment gibt, in dem sich die unsterbliche Zeit des Werkes von der Zeit des Lebens und damit von der Zeit des Handelns und Leidens unwiderruflich abspaltet.[458]

Wenn Ricœur die narrative Identität, welche sich stets auch als ethische Identität erweist, im „Zwischenbereich" von Charakter und Selbst-ständigkeit ansiedelt und ihre „Vermittlung [...] in der Ordnung der Zeitlichkeit" sucht,[459] so zeigt sich in den beiden Beständigkeiten in der Zeit immer wieder eine eigentümliche Affinität des Charakters zur *Vergangenheit*, bzw. mit Heidegger gesprochen, zur seinsmäßigen Gewesenheit, sowie des Versprechens zur *Zukunft*.[460] Der Charakter formiert sich aus dem in der Vergangenheit des Selbst sedimentierten Habitus, welcher auf die narrativ ausgebreitete bisherige Lebensgeschichte rekurriert. Die Selbst-ständigkeit erwächst aus dem in Anschluss an das gegebene Versprechen erfolgende Wort-halten, indem sich das Selbst trotz möglicher Veränderungen seiner Neigungen und trotz des Eintretens unerwarteter äußerer Ereignisse als dasselbe Selbst auch zukünftig erhält. Diese narrative Verschränkung der zwei Beständigkeiten in der Zeit mit ihren Schwerpunkten in Vergangenheit und Zukunft macht die Zeitlichkeit des Selbst aus. Analog jedoch dazu, wie die sich über dem Abgrund der ersten Zeitaporie aufbauende menschliche Zeit in Ricœurs Spätwerk durch die Analysen von Gedächtnis und Vergessen destabilisiert wird, wird auch die sich in einer reflexiven Wendung darauf aufbauende Identität des Selbst fragiler. Diese zeitlich begründete wachsende Instabilität der Identität des Selbst in Ricœurs Spätwerk sei im Folgenden skizziert, bevor abschließend seinem problematischen Begriff einer kollektiven Identität einige Betrachtungen gewidmet werden.

Während Ricœur bereits in *La mémoire, l'histoire, l'oubli* nicht mehr direkt Zeit und Erzählung miteinander verknüpft, sondern das Gedächtnis und das Vergessen zwischenschaltet, ersetzt er das bisher für die personale Identität charakteristische Paar Charakter – Versprechen in *Parcours* ausdrücklich durch das Paar *Gedächtnis* – Versprechen. Dort heißt es, „bei dem Gedächtnis liegt das Gewicht auf der Selbigkeit, ohne daß das Identitätsmerkmal der Selbstheit völlig fehlte; im Versprechen ist die Selbstheit derart vorherrschend, daß es gern als deren Paradigma angeführt

---

[458] Vgl. das Fragment „Temps de l'oeuvre, temps de la vie" in Ricœur: *Vivant jusqu'à la mort. Suivi de: Fragments*, a. a. O., 95–97.

[459] SMA, 195, 150/SaA, 203, 154.

[460] Diesen Zeitbezug hebt Ricœur in *Parcours* ausdrücklich hervor: „Im Unterschied zu einer meiner früheren Veröffentlichungen mit dem Titel *Das Selbst als ein Anderer* habe ich diese Untersuchung (*parcours*) nicht auf eine kurze Auflistung der Fähigkeiten beschränkt, sondern ich habe sie geöffnet, nicht nur, wie ich es bereits begonnen hatte, in Hinblick auf die Zurechenbarkeit, sondern auch durch die Hinzufügung des Paares Gedächtnis und Versprechen, in dem die Zeitlichkeit des Selbst sich in beide Richtungen, in die der Vergangenheit und der Zukunft, entfaltet, während gleichzeitig die gelebte Gegenwart ihre Doppelwertigkeit einer Präsenz und einer Initiative offenbart" (*Parcours*, 361/*Wege*, 310 (Übersetzung modifiziert, I.R.)).

wird".[461] Diese Ersetzung des Charakterbegriffes durch den Gedächtnisbegriff innerhalb des Vergangenheitsmomentes personaler Identität lässt jedoch in die Zeitlichkeit des Selbst auch sämtliche von Ricœur in *La mémoire, l'histoire, l'oubli* erörterte Schwierigkeiten des Gedächtnisses und im Weiteren der Geschichte bei ihrem vergeblichen Versuch einer Repräsentation des Vergangenen einfließen: Wenn weder ein Repräsentations- noch ein Ähnlichkeitsverhältnis, sondern lediglich ein Verhältnis der Wahrheit-Treue zu Vergangenem möglich ist, so affiziert dies auch die Stabilität der Identität, welche sich auf Erzählungen aufbaut, die ihrerseits auf Gedächtnis fußen. Das Gedächtnis und über dieses die Zeitlichkeit der Identität hat jedoch nicht nur mit dem Verkennen von Vergangenem, sondern überdies mit seinem Vergessen zu kämpfen. Dieses Vergessen aber befindet sich Ricœur zufolge wiederum in einer Gefahr, seinerseits verkannt zu werden, da die Ambivalenz zwischen verwahrendem und auslöschendem Vergessen unaufhebbar sei. Als dritte Erschütterung für das Vergangenheitsmoment der Identität kann neben Verkennung und Vergessen des Vergangenen der pathologische Wiederholungszwang angeführt werden. Wenn sich die unsere seinsmäßige Gewesenheit bestimmende existenziale Schuld (*dette*) gegenüber der Vergangenheit mit Verfehlungen (*faute*) in der Vergangenheit vermischt, so neigt sie dazu, das aktuell handelnde Selbst jene Verfehlungen erneut ausagieren zu lassen. Dieser Wiederholungszwang ist, so meint Ricœur in Anlehnung an Freud, nur durch ein aktives, aufarbeitendes Erinnern aufzubrechen, welches jedoch nie eine letzte Garantie zu erreichen vermag.[462] Eine Identität unter Wiederholungszwang wäre eine ähnlich pathologische Identität wie diejenige, die, wie Don Quijote und Emma Bovary, in einer „naiven Auffassung der *mimèsis*" narrativen Vorbildern nacheifert und aufgrund dessen mit dem Leben in Konflikt gerät. Man sieht deutlich, wie sehr Ricœur sich in seinem Spätwerk von jenem Identitätsverständnis entfernt, welches in *Fonction narrative* noch zu einer befreiend erlösenden Aufhebung der Zeit durch den retrospektiven Blick auf das Lebensganze tendierte. Das Selbst erinnert und erzählt sich nun auf der Basis einer vielfachen Unsicherheit und Bedrohung, durch Zeit und durch Gewalt, so dass der Versuch seiner lebensgeschichtlichen Erfassung nicht mehr eine kathartische Erlösung, sondern allenfalls noch eine Milderung jener Bedrohung, die der Wiederholungszwang darstellt, erreichen kann.

Dem Versprechen belässt Ricœur auch später noch seine zentrale Funktion für die Zeitlichkeit personaler Identität. Er unternimmt jedoch eine eindringliche Auseinandersetzung mit den Gefahren seines Fehlschlagens im Wortbruch, im Meineid, im Betrug und im Verrat sowie mit der Frage nach der Möglichkeit einer Vergebung dieser Fehlschläge.[463] „Gedächtnis und Versprechen müssen

---

[461] *Parcours*, 165/*Wege*, 144 (Übersetzung modifiziert, I.R.).

[462] Es sei hier an das bereits zitierte Wort aus *La mémoire, l'histoire, l'oubli* erinnert: „Die dritte Ursache für die Fragilität der Identität liegt im Erbe der grundlegenden Gewalt" (MHO, 99/GGV, 132).

[463] Auch hier sei erneut auf das oben angeführte Zitat verwiesen: „Die zweite Ursache für die Fragilität der Identität ist die als Bedrohung empfundene Konfrontation mit dem Anderen" (MHO, 99/GGV, 132). Im fehlgeschlagenen Versprechen scheint es sich auf eine besondere Art erweisen

sich beide mit einem Gegensatz auseinandersetzen, der für jedes gleichsam der Todfeind ist: das Vergessen für das Gedächtnis, der Verrat für das Versprechen, mit ihren jeweiligen Verzweigungen und Listen".[464] Diese Widersacher sind nun aber keine äußerlich gelegentlich auftretenden Feinde, sondern für Gedächtnis und Versprechen ist „ihr jeweiliges Gegenteil [...] Bestandteil ihres Sinnes: sich erinnern heißt, nicht zu vergessen, und sein Versprechen halten heißt, es nicht zu brechen".[465] Gedächtnis und Versprechen bzw. Wort-halten sind stets aufs Neue gegen ihre „Todfeinde" zu erobern. Wenn das Versprechen aber gebrochen wird, dann hat sich das Selbst als nicht selbst-ständig erwiesen und der Andere, dem es versprochen hatte, kann ihm nicht mehr garantieren, dass es dasselbe geblieben ist. In diesem Fall läuft nicht nur die Frage nach dem Charakter „Wer bin ich?", sondern auch die Frage des Anderen „Wo bist du?" ins Leere, da die Beständigkeit in der Zeit des versprechenden Selbst sich als Unbeständigkeit erwiesen hat. Die Identität als Selbst-ständigkeit wäre dann neben derjenigen des Charakters gleichfalls gebrochen.

In diesem Fall jedoch tut sich mit der von Ricœur im Epilog von *La mémoire, l'histoire, l'oubli* analysierten *Vergebung* die Möglichkeit einer Restitution dieser Selbst-ständigkeit bzw. des Vermögens zu Versprechen auf. Es können zwar keine institutionalisierbaren Kriterien der Vergebung aufgestellt werden, ja Ricœurs „These lautet, dass zwischen dem Vergebenkönnen und dem Versprechenkönnen eine bezeichnende Asymmetrie besteht".[466] Angesichts dieser Asymmetrie aber, die Versprechen und Vergeben nicht in einer Bilanz der Abrechnung und der Gerechtigkeit kompensiert, könne die Vergebung allein darin bestehen, „[d]en Handelnden von seiner Handlung [zu] entbinden".[467] Der Betrogene traut dann dem Betrüger aus der Gabe eines Vertrauens heraus bessere Taten zu als dieser bisher beging. In diesem *Ver*trauen aber liegt ein *Zu*trauen, welches dem Täter ein Handlungsvermögen zuerkennt, welches seine tatsächlich aktualisierten Handlungen überschreitet. Allein wenn der Andere dem Selbst diese Vergebung, auf die es im Namen einer Gerechtigkeit nie einen Anspruch erheben kann, gewährt, kann es wieder neu versprechen und seine identitäre Selbst-ständigkeit dem Anderen gegenüber rehabilitieren. Angesichts des Umstandes, dass der Andere nie zu einer Vergebung verpflichtet werden kann und das Selbst in einer Nacht personaler Identität seine Selbst-ständigkeit nur noch angesichts des Wort-haltens gegenüber dem Anderen zu festigen vermag, ließe sich davon sprechen, dass das verfehlende Selbst auf die Gabe der Vergebung des Anderen angewiesen ist, um seine Identität vor einer vollständigen Auflösung zu retten.

Während Gedächtnis und Versprechen „dem Sich-Erkennen (*reconnaissance de soi*) eine zeitliche Ausdehnung [verleihen], die gleichzeitig auf einer Lebens-

zu können, wie der Andere gerade nicht mehr als Garant der Selbst-ständigkeit, sondern als Bedrohung der Identität empfunden wird.

[464] *Parcours*, 188/*Wege*, 165 (Übersetzung modifiziert, I.R.).

[465] *Parcours*, 166/*Wege*, 145.

[466] MHO, 595/GGV, 701.

[467] MHO, 637/GGV, 753.

geschichte und auf den langfristigen Verpflichtungen gründet, die für die Zukunft eingegangen werden",[468] befindet sich das Sich-Erkennen des Selbst, so Ricœur am Schluss von *Parcours*, in letzter Instanz immer in der Gefahr einer *Verkennung* (*méconnaissance*). Diese Bedrohung erfährt wie das Vergessen eine Verdoppelung darin, dass dieses „Sich-selbst-Verkennen [...] nicht der Gefahr, sich selbst zu verkennen, [entkommt]".[469] Von Verkennen, Vergessen, Wiederholungszwang, von Meineid, Wortbruch, Betrug und Verrat untergraben, ist die identitätsstiftende Zeitlichkeit des Selbst stets in vielerlei Hinsicht bedroht – und doch ist sie die Möglichkeitsbedingung einer als Selbstheit verstandenen Identität.

Obgleich Ricœur sich im Wesentlichen mit individueller Identität auseinandersetzt, wendet er bereits in den Schlussfolgerungen zu *Temps et récit* den dort noch wenig differenzierten Begriff der narrativen Identität ohne zu zögern auch auf *Gemeinschaften* an: „Der zarte Sprößling, der aus der Vereinigung von Geschichte und Fiktion hervorgeht, ist die *Zuweisung* einer spezifischen Identität an ein Individuum *oder eine Gemeinschaft*, die man ihre *narrative Identität* nennen kann".[470] *„Genausogut"* wie man „von der Selbstheit eines individuellen Subjektes" sprechen kann, könne „man von der einer Gemeinschaft sprechen", denn „Individuum und Gemeinschaft konstituieren sich in ihrer Identität dadurch, daß sie bestimmte Erzählungen rezipieren, die dann für beide zu ihrer tatsächlichen Geschichte werden".[471] Als bereits erwähntes Beispiel einer solchen gemeinschaftlichen Identität führt Ricœur das jüdische Volk an, welches auf exemplarische Weise seine Identität aus der Rezeption jener Texte geschöpft habe, die es selbst produziert hat, und er geht sogar so weit, analog zum einzelnen Selbst vom *Charakter eines Volkes* sprechen: So, wie das individuelle Selbst seinen Charakter aus der Erzählung seiner Lebensgeschichte versteht, könne auch eine Gemeinschaft aus der Erzählung ihrer Geschichte einen Charakter gewinnen. Ist diese Analogie aber tatsächlich so problemlos durchführbar?

In *Soi-même comme un autre* findet sich trotz der detaillierten Differenzierung des Begriffes personaler Identität keine eigenständige Ausarbeitung eines Begriffes kollektiver Identität. Erst in dem Vortragstext „Die vergangene Zeit lesen: Gedächtnis und Vergessen" und in *La mémoire, l'histoire, l'oubli* geht Ricœur gesondert auf Kollektive ein, jedoch nicht in erster Linie auf den Begriff ihrer Identität, sondern

---

[468] *Parcours*, 187 f./*Wege*, 165 (Einfügung des französischen Wortlautes, I.R.).

[469] *Parcours*, 370/*Wege*, 318 (Übersetzung modifiziert, I.R.). Ricœur beruft sich auf Pascals Wort, demzufolge „das Wesen des Irrtums [...] darin besteht, ‚ihn nicht zu erkennen'" (ebd.). Für den Zusammenhang von Zeit und Verkennung ließe sich auch ein Text von Jankélévitch heranziehen, der 1980 in den *Archivio di Filosofia* zusammen mit Ricœurs *Fonction narrative* publiziert wurde: „Die Zeit ist also ein Verkennbares (*méconnaissable*), das alle Dinge verkennbar macht, ein Fluss, der alle Evidenz zum Fließen bringt, alle Absicht aufweicht und instabil macht. Dieses Verkennbare macht alles, das in seiner Atmosphäre lebt und atmet, verkennbar" (Jankélévitch, Vladimir: Temporalité et méconnaissance, in: Olivetti, Marco M. (Hg.): Archivio di filosofia. *Esistenza mito ermeneutica. Scritti per Enrico Castelli I.* Padova: CEDAM 1980, 326–331, hier 330).

[470] TR III, 442/ZE III, 395 (Hervorhebung „oder eine Gemeinschaft", I.R.).

[471] TR III, 444/ZE III, 397 (Übersetzung modifiziert, Hervorhebung, I.R.).

auf denjenigen eines kollektiven Gedächtnisses.[472] Kollektive Identität erwähnt er dort lediglich im Zusammenhang seiner Übertragung der freudschen Begriffe von Trauer und Trauma.[473] In der Polarisierung von Husserl und Halbwachs im Sinne einer Opposition von „Phänomenologie des individuellen Gedächtnisses“ und „Soziologie des kollektiven Gedächtnisses“ deutet sich jedoch an, weshalb Ricœur so überraschend leicht vom Begriff einer individuellen Identität zu dem einer kollektiven Identität übergeht.[474] Er ist der Auffassung, dass in Anlehnung an Husserls Begriff der Lebenswelt und an Schütz' bereits in *Temps et récit* erörterte Begriffe von Vorwelt, Mitwelt und Folgewelt eine „Phänomenologie der sozialen Wirklichkeit“ zu entwickeln wäre,[475] welche in den vorprädikativen Aspekten der Lebenswelt die Verschränkung der Gedächtnisse des Selbst und der Anderen untersucht. Wenn sich Ricœur zufolge in mein Gedächtnis, wesentlich verursacht durch Sprache und soziale Praktiken, immer schon Momente des Gedächtnisses der Anderen einflechten, so behauptet er damit keinesfalls eine unmittelbare Erfassung der Gedächtniserlebnisse der Anderen durch das Selbst. Vielmehr handelt es sich darum, dass mein Gedächtnis nie nur mein Gedächtnis ist, weil es auf eine von mir nicht vollständig zu selektierende Weise von Gedächtnissen Anderer geprägt ist.

Vermag dieses phänomenologisch durchaus aus der Perspektive der ersten Person beschreibbare Ineinander von Gedächtnissen aber schon ein kollektives Gedächtnis und im Weiteren kollektive Erzählungen und Identitäten zu erklären? Ist nicht mehr erforderlich als diese Verflechtung der Gedächtnisse, um auf der Basis eines kollektiven Gedächtnisses eine kollektive Identität zu begründen? Barash hat die Auffassung entwickelt, dass Ricœur in seiner Analogisierung von individuellem und kollektivem Gedächtnis die eigentümlichen symbolischen und metapersonellen Quellen des kollektiven Gedächtnisses vernachlässigt.[476] Zwischen das Gedächtnis, das die Individuen in verschiedenen Perspektiven von einem gemeinsam erlebten Ereignis haben, und die historische Erzählung schiebe sich immer eine symbolische Verkörperung (*incorporation symbolique*). Diese aber wiederum könne für dasselbe Ereignis unterschiedlich ausfallen, so dass „das kollektive Gedächtnis [...] von dem Moment seiner Entstehung an, schon ein fragmentiertes Gedächtnis“

---

[472] Vgl. VZL sowie das Kap. 3 des ersten Teiles von *La mémoire, l'histoire, l'oubli* „Individuelles Gedächtnis, kollektives Gedächtnis“.

[473] „Es ist die Bipolarität von persönlicher und gemeinschaftlicher Identität, die letzten Endes die Ausweitung der Freudschen Analyse der Trauer auf das Trauma der kollektiven Identität rechtfertigt. Man kann nicht nur in einem analogen Sinne, sondern in den Begriffen der unmittelbaren Analyse von kollektiven Traumen oder Verletzungen des kollektiven Gedächtnisses sprechen“ (MHO, 95/GGV, 128).

[474] MHO, 152/GGV, 193.

[475] MHO, 160/GGV, 201 f. Obgleich Ricœur selbst nur auf Husserls *Krisis* verweist, ließen sich hier ebenfalls Husserls Überlegungen zu einer phänomenologischen Monadologie aus den *C-Manuskripten* anführen.

[476] Vgl. Barash, Jeffrey Andrew: Qu'est-ce que la mémoire collective? Réflexions sur l'interprétation de la mémoire chez Paul Ricœur, in: Révue de Métaphysique et de Morale 2 (2006), 185–195.

sei.[477] In diesem Sinne ist die von Barash als Beispiel gewählte Rede „I Have a Dream" von Martin Luther King für dessen Verbündete ein Symbol eines lang ersehnten historischen Umbruches, während es für seine Gegner, unter anderen den damaligen Chef des FBI J. Edgar Hoover, mit einer bedrohlichen symbolischen Kraft versehen war.[478] In einem Rückgriff auf Ricœurs Begriff der kalendarischen Zeit aus *Temps et récit* ließe sich ergänzend sagen, dass dieser Rede der Status eines *axialen Momentes* zukommt. Ein solcher, so hatte Ricœur ausgeführt, ist weder ein beliebiges Jetzt noch ein reiner Gegenwartsbegriff, sondern verbinde die physikalische Zeit, an der jeder Kalender orientiert bleibe, mit der erlebten Zeit, die ihrerseits erst die Vorstellung eines Gründungsereignisses, mit dem eine neue Ära anbricht, ermögliche. Ein solches Gründungs- oder Stiftungsereignis aber hat immer einen praktisch instituierenden Charakter, aufgrund dessen es überhaupt möglich ist, dass sich seine symbolischen Verkörperungen nicht einheitlich bilden und überliefern. Es sei daran erinnert, dass die sich u. a. durch den Kalender bildende historische Zeit durch Phantasievariationen der Zeit ergänzt findet und dass der Rekurs auf ein historisches Ereignis, insbesondere auf große axiale Momente, Ricœur zufolge immer von Fiktionsanteilen durchzogen ist. Wenn das kollektive Gedächtnis aber zwischen der singulären Perspektive eines einzelnen Beobachters und der symbolischen Verkörperung, die ein von vielen erlebtes Ereignis in eine gemeinsame, öffentliche und im Weiteren historische Perspektive einschreibt, oszilliert und wenn seine symbolische Verkörperung immer auch schon durch einen fragmentarischen und fiktionalen Charakter gekennzeichnet ist, so sind die Schwierigkeiten zu erahnen, die bei der Entwicklung des Begriffes einer kollektiven Identität im Ausgang von dem Begriff eines kollektiven Gedächtnisses auftauchen dürften. Die spezifisch symbolische und metapersonelle Dimension des kollektiven Gedächtnisses ist die Instanz, auf deren Basis sich Selbsterzählungen von Gemeinschaften, Tradition und kollektive Identitäten aufbauen. Wenn aber diese symbolischen Verkörperungen uneinheitlich ausfallen, wenn sie überdies stets durch die singulären Perspektiven der Einzelnen gebrochen werden oder wenn sich ein Ereignis wie die Shoah jeder symbolischen Verkörperung zu entziehen scheint, so zersplittert dies die kollektive Identität auf eine Weise, die ihren Begriff selbst überaus problematisch erscheinen lässt.[479]

Noch schwieriger, als Kollektiven aufgrund von Gedächtnis und Erzählung der eigenen Geschichte eine Identität zuzuschreiben, scheint es zu sein, für Gemeinschaften ein Analogon zu dem Versprechen und dem Wort-halten des Selbst gegenüber dem Anderen zu finden. Kann eine Gemeinschaft versprechen und ihr Wort halten und verliert sie ihre Selbst-ständigkeit, wenn sie es bricht? Ricœur scheint auch hier, ganz im Sinne der Analogie der Gemeinschaft zum individuellen Selbst,

---

[477] Vgl. a. a. O., 192.

[478] Vgl. a. a. O., 192.

[479] Das Verschwinden großer Gemeinschaften während der Herrschaft der Nationalsozialisten, so Barashs Beispiel, affiziere die innerste Identität eines Europa, das sich aus seinen Wurzeln in der Antike versteht. Vgl. a. a. O., 195.

der Auffassung zu sein, dass auch eine Gemeinschaft von der Schuld gegenüber der Vergangenheit affiziert und von dem von den Toten ausgehenden Ruf zur Zuwendung erreicht werden kann. Seltener nennt er zudem eine Verantwortung gegenüber den Menschen der Zukunft,[480] bei welcher er ebenfalls keinen ausdrücklichen Unterschied zwischen Individuen und Gemeinschaften macht, während es allerdings gerade aufgrund der gesteigerten Tragweite von so etwas wie kollektiven Handlungen – man denke beispielsweise an Klimaschutz oder Atomenergie – besonders relevant sein könnte, für diese eine mögliche kollektive Verantwortung zu spezifizieren. Die Toten und die Zukünftigen scheinen in gewisser Weise jene rufenden Anderen zu sein, denen gegenüber sich eine Gemeinschaft als verantwortlich und damit selbstständig zeigen kann.

In *Parcours* jedoch finden sich einige konkretere Überlegungen zu einem die heute Lebenden betreffenden Begriff „kollektive[r] Verantwortung".[481] Diese kollektive Verantwortung stützt Ricœur in einem ersten Schritt durch die These, dass sich nicht nur Individuen, sondern auch Gemeinschaften Fähigkeiten zuschreiben ließen. In kollektiven Vorstellungen und sozialen Praktiken seien symbolische Vermittlungen und Stiftungen des sozialen Bandes sowie der dazugehörigen Identitätsmodalitäten am Werk, welche es erlaubten, von „der kollektiven Fähigkeit, Geschichte zu machen" zu sprechen.[482] Im Weiteren bezieht sich Ricœur auf den Wirtschaftswissenschaftler und Nobelpreisträger Amartya Sen, der in einer Reintroduktion ethischer Begrifflichkeiten in die ökonomische Theorie für eine Neubestimmung der sozialen Gerechtigkeit mithilfe des Gedankens eines Rechts auf bestimmte Fähigkeiten plädiert. Es gehe Sen in seiner Verknüpfung des Begriffes der Fähigkeiten mit demjenigen der Rechte um eine Sicherung der minimalen Handlungsfähigkeit, in Ricœurs Worten, um „diese Fähigkeit, zu sein und zu handeln".[483] Ganz im Sinne von Ricœurs teleologisch-deontischer Ethik führt der Umstand, dass es „schön und gut [ist], handeln zu können", im zweiten Schritt auf die Verpflichtung,[484] allen Menschen, oder zumindest allen Mitgliedern einer Gemeinschaft, dieses Handlungsvermögen zu sichern. Was Ricœur hier anzuvisieren scheint, ist, auf der Basis des Begriffes gemeinschaftlicher Fähigkeiten, der analog zu dem der Bezeugung des Handlungsvermögens im Selbst steht, eine Verantwortung der Gemeinschaft für ihre Mitglieder zu begründen, von deren Erfüllung die Bewertung der Identität jener Gemeinschaft selbst abhängt. Kann man

---

480 Vgl. Ricœurs Verweise auf Hans Jonas' Buch *Das Prinzip Verantwortung* und seine eigene, in *Parcours* besonders hervorgehobene Trennung des Begriffes einer Verantwortung für alles von unseren Eingriffen Verursachte von dem Begriff einer Zurechenbarkeit, die das richtige Maß zu finden versucht, in SMA, 341 f./SaA, 356 und *Parcours*, 162 f./*Wege*, 142 ff.

481 *Parcours*, 212/*Wege*, 185.

482 Ricœur berücksichtigt in diesem Text durchaus den Charakter symbolischer Vermittlung in kollektiven Vorstellungen. Dennoch geht Ricœur auch in *Parcours* nicht auf die Fragmentarisierungen der symbolischen Vermittlungen und der Brechungen durch die Individualperspektiven ein, so dass Barashs Kritik weiterhin ihre Relevanz behält.

483 *Parcours*, 215/*Wege*, 188.

484 *Parcours*, 219/*Wege*, 191.

aber analog zum individuellen Selbst sagen, dass eine Gemeinschaft ihre identitäre Selbst-ständigkeit verliert, wenn sie es nicht schafft, die minimale Handlungsfähigkeit ihrer Mitglieder zu sichern? Wen erreicht die Aufforderung zum Versprechen und zur Selbst-ständigkeit? Die Politiker oder jedes einzelne Mitglieder der Gemeinschaft? Wer ist zur Rechenschaft zu ziehen, wenn jener kollektiven Verantwortung nicht nachgekommen wird? Es scheinen auch hier einige Fragen aufzutauchen, die den Begriff einer auf kollektive Fähigkeiten und kollektive Verantwortung gegründeten kollektiven Identität zumindest problematisch anmuten lassen.

Trotz der Leichtigkeit, mit der Ricœur immer wieder individuelle und kollektive Identitäten parallelisiert, gibt es entscheidende Momente, welche er nur dem Einzelnen zuschreibt. So ist es stets der Einzelne, der nach dem Durchlaufen der dreischrittigen Ethik in seiner Überzeugung die letzte Entscheidung zur Handlung aus seiner unhintergehbaren Singularität heraus trifft und mit neuen Initiativen die Geschichte macht. Vom Einzelnen, den Ricœur am Ende von *La mémoire, l'histoire, l'oubli* als Leser oder auch als Bürger bezeichnet, „hängt der mutmaßliche Sinn der Geschichte […] ab".[485] Es ist so auch der Einzelne, der angesichts der Schuld gegenüber der Vergangenheit die epistemische Unsicherheit zwischen Gedächtnis und Geschichte entscheiden muss. Ebenfalls ist es der Einzelne, der Texte rezipiert und sich aneignet, auch wenn dies im Rahmen einer Prägung durch eine Rezeptionsgeschichte geschieht. Nur der Einzelne, nicht die stets in Tauschbeziehungen verfallenden Institutionen, kann vergeben. Nie geht die Identität des Einzelnen im Kollektiv auf. Und es ist ebenfalls nur der Einzelne, der Gedächtnis und insbesondere das von Ricœur so genannte „glückliche[] Gedächtnis[]" hat,[486] wie sehr dieses auch in seiner Beschaffenheit von den Gedächtnissen Anderer geprägt sein mag, denn: das Gedächtnis ist „stark von der ‚Jemeinigkeit' gekennzeichnet, welche seinen unvertretbaren Charakter unterstreicht".[487] Auch wenn Ricœur individuelle und kollektive Identität im Wesentlichen analog zueinander zu denken versucht und auch wenn er die Unvertretbarkeit des Einzelnen, anders als Heidegger und Derrida und als hier vorgeschlagen wurde, nicht mit dessen Endlichkeit verknüpft, berücksichtigt er in vielerlei Hinsicht eine unhintergehbare jemeinige Unvertretbarkeit des handelnden und leidenden Einzelnen, die im Kollektiv kein Analogon findet.

Zum Abschluss dieser Auseinandersetzung mit Ricœurs Begriff narrativer Identität lässt sich resümieren, dass die erste Aporie der Zeit nicht nur in der historischen Drittzeit und im Weiteren in der über Phantasievariationen bereicherten

---

[485] MHO, 650/GGV, 768. Ricœur erwähnt in diesem Zusammenhang Benjamins Interpretation des Bildes *Angelus Novus* von Paul Klee. Vgl. MHO, 649 f./GGV, 767 f. Den Sturm der Geschichte interpretiert Ricœur als die von den Menschen gemachte Geschichte, die über diejenige Geschichte hereinbricht, die die Historiker schreiben. In letzter Instanz, so Ricœur, sei es aber der die Geschichte selbst machende Bürger, von dem der mutmaßliche Sinn der Geschichte abhänge und nicht der Historiker, so dass der Kontrast zwischen dem Geschichtsmacher und dem Historiker im Inneren des Bürgers relativiert werde.

[486] MHO, 652/GGV, 771.

[487] *Parcours*, 188/*Wege*, 165 (Übersetzung modifiziert, I.R.).

menschlichen Zeit eine praktische Antwort findet, sondern ihren reflexiven Endpunkt der mimetischen Konfigurationen der Zeit stets in der narrativen Identität hat. Aufgrund dieses Zusammenhanges ließe sich hier abermals auf den Gedanken eines konstitutiven Wechselspieles zwischen Welt, Selbst und verschiedenen Zeitmomenten rekurrieren, in dem nun auch der Andere sowie ein Wechselspiel zwischen individueller und kollektiver Identität einen ausgezeichneten Stellenwert einnehmen: Wenn das Selbst erst über den langen Umweg über Welt, den Anderen und heterogene Zeitmomente auf sich zurückkommen kann und wenn die Welt, der Andere und die stets neu zu konfigurierende Zeit ihre phänomenologische Zugänglichkeit erst durch ein jemeiniges handelndes und leidendes Selbst erhalten, so ist hier unaufhörlich ein konstitutives Wechselspiel all dieser Momente im Gang, welches zwar in gewisser Weise in die narrative Identität mündet, sich jedoch nie in einer den Spannungscharakter zerstörenden Aufhebung auflöst. Ricœur selbst hat ein solches Verhältnis immer wieder als *Dialektik* bezeichnet, worunter stets eine offene Dialektik ohne dritten, aufhebenden Term zu verstehen ist.[488]

Die im Laufe von Ricœurs Werk immer deutlicher zutage tretende Instabilität im Begriff narrativer Identität ist keineswegs lediglich als Schwäche aufzufassen. Sie bedeutet gleichzeitig den Reichtum der potentiellen Identität, welche stets die jeweils erzählte und stabilisierte Identität übersteigt und gerade angesichts der Brüchigkeit narrativer Identität zu neuen Selbsterzählungen und neuen Versprechen herauszufordern scheint.[489] Es ist immer mehr erzählbar, als tatsächlich erzählt ist. Und es kann immer größere Verantwortung übernommen werden, als bereits übernommen wurde. So instabil die narrative Identität, ja, so instabil sogar ihr in der Selbst-ständigkeit gegenüber dem Anderen bestehendes ethisches Moment sein mag, verliert das Selbst doch nie das Begehren nach Selbsterzählung und gibt die Suche nach seiner Identität nie auf. Begehren und Suche nach Identität sowie die unhintergehbare Jemeinigkeit, damit verbunden der Eigenleib und die Zeitlichkeit und die Unvertretbarkeit in der Verantwortung übernehmenden Überzeugung machen trotz Ricœurs Analogisierung von individueller und kollektiver Identität die Unvertretbarkeit des Selbst aus. Das unvertretbare jemeinige Selbst, das von der unhintergehbaren Aufforderung des Anderen getroffen wird, ist jenes Selbst, das sich selbst erzählt und auf das der Andere zählt.

---

[488] Vgl. beispielsweise die Dialektik von Analyse und Reflexion, die Dialektik von Innovation und Sedimentierung, die Dialektik von Selbst und Anderem bzw. Selbstheit und Andersheit sowie diejenige zwischen Selbstheit und Selbigkeit.

[489] Bernegger hebt diesen Reichtum hervor und spricht aufgrund des „Grundes dieser mehr oder weniger bewussten Erinnerungen, der den Bereich darbietet, durch den hindurch ein narrativer Weg ausgewählt wird", mit Cavarero von einer „erzählbaren Identität"; diese wäre „fähig, dem Umstand Rechnung zu tragen, dass die narrative Identität immer auf dem Grund einer umfangreicheren ‚potentiellen narrativen Identität' Form annimmt" (Bernegger: Identité narrative et mémoire. Esquisses en marge de l'herméneutique de l'identité personnelle de Paul Ricœur, a. a. O., 122). Breitling hebt hervor, dass es nie „zu einer *totalen* Identifikation kommen kann" und „die narrative Identität zeitlebens eine *potentielle Identität*" bleibt (Breitling: *Möglichkeitsdichtung – Wirklichkeitssinn. Paul Ricœurs hermeneutisches Denken der Geschichte*, a. a. O., 172).

4.5 Die Antwort auf die zweite Aporie der Zeit: unvollkommene Vermittlung der Geschichte

4.5.1 Die Frage nach der Einheit der Geschichte und der Verzicht auf Hegel

Die zweite Aporie der Zeit entwickelt Ricœur systematisch erst in den Schlussfolgerungen von *Temps et récit*, wenngleich sie bereits den Gang der Analysen der letzten beiden Kapitel des vierten Teiles bestimmt. Erst am Ende des Werkes stellt er die in Kap. 4.2.2 erörterte These auf, dass die Philosophie der Zeit die Zeit immer als eine einzige und einheitliche Zeit, als *die* Zeit, aufgefasst habe, ohne jedoch die Voraussetzung dieses *Kollektivsingulars* ausreichend rechtfertigen zu können. Er hatte in diesem Zusammenhang sowohl Husserls einheitlicher Zeitkonstitution durch Deckung und Setzung als auch Heideggers vorlaufender Entschlossenheit das Vermögen zur Begründung der Einheit der Zeit abgesprochen und die Position vertreten, dass beide, Husserl durch die Verdoppelung des einen Bewusstseins in der einen Zeit und Heidegger durch das Existenzial der Sorge, die Einheit der Zeit stillschweigend immer schon voraussetzen. Obgleich Ricœur diese zweite Zeitaporie erst auf den letzten Seiten seiner Trilogie ausdrücklich als solche kennzeichnet, während die erste Zeitaporie die treibende Kraft des ganzen Werkes darstellt, hält er diese zweite Zeitaporie für „irreduzibel auf die erste", ja meint sogar, sie „beherrsch[e]" die erste und habe ihr gegenüber einen „Vorrang", da „die Vorstellung von der Zeit als eines Kollektivsingulars [...] die Verdoppelung in eine phänomenologische und eine kosmologische Zugangsweise" übersteige.[490] Mit dieser Vorrangstellung der zweiten Aporie über die erste ist überdies ein „niedrigerer Adäquationsgrad" der narrativen Antwort verknüpft, so dass die zweite Zeitaporie sowohl mit einem *umfassenderen Problem* als auch mit einer *schwächeren Antwort* konfrontiert, wenn sie anstatt einer Totalität der Zeit lediglich eine „Totalisierung" und *„unvollkommene[]* Vermittlung *(médiation imparfaite)"* zulässt.[491]

Über diesen geringeren Adäquationsgrad der Antwort auf die zweite Zeitaporie hinaus ist außerdem eine Verschiebung der Fragestellung zu verzeichnen. Anders als bei Husserl und Heidegger kann bei Ricœur die Frage nach der Einheit der Zeit *nur* als Frage nach der Einheit der Geschichte gestellt werden.[492] Da die sich in

---

490 TR III, 437/ZE III, 391. Tengelyi ist der Auffassung, „daß das Auftauchen der Idee einer ‚narrativen Identität' sich als eine Rückwirkung der sachlichen Vorrangstellung des Problems einer möglichen Einheit und Ganzheit der Zeit verstehen läßt" und beide in den Schlussfolgerungen entwickelte Problematiken auf die gemeinsame „Frage nach dem ‚Zusammenhang des Lebens'" verweisen (Tengelyi: Phänomenologie der Zeiterfahrung und Poetik des Zeitromans in Paul Ricoeurs „Temps et récit", a. a. O., 31 f.).

491 TR III, 438/ZE III, 391 und TR III, 448/ZE III, 401 (Einfügung des französischen Wortlautes, I.R.).

492 Zu Ricœurs Geschichtsdenken vgl. die umfassende und tiefgreifende Auseinandersetzung bei Breitling: *Möglichkeitsdichtung – Wirklichkeitssinn. Paul Ricœurs hermeneutisches Denken der Geschichte*, a. a. O. sowie für einen Überblick den Aufsatz von Jervolino, Domenico: Ricœur et la

der ersten Zeitaporie gegenüberstehenden Zeitperspektiven nur in der historischen Drittzeit, ihren Phantasievariationen und der daraus zustande kommenden menschlichen Zeit eine praktische Vermittlung finden können und die zweite Zeitaporie die erste umgreift und sie übersteigt, kann die Einheit der Zeit nur in einer Einheit dieser menschlichen Zeit gesucht werden. Es geht also von vornherein weder um eine in Anlehnung an Husserl gedachte konstituierte Einheit von Zeitstellen in der einen objektiven Zeit noch um eine in Anlehnung an Heidegger gedachte Einheit der jemeinigen, ontologisch ursprünglichen Zeit. Vielmehr bezieht sich die Frage nach der Einheit und Einzigkeit der Zeit bei Ricœur auf die durch Kalender, Generationenfolge und Spur vermittelte und durch Phantasievariationen der Zeit bereicherte menschliche Zeit, in der letztlich die Einheit der menschlichen Geschichte in Frage steht.

Aus dieser Reformulierung der Frage nach der Einheit der Zeit erwächst eine der größten Herausforderungen für Ricœurs hermeneutisches Denken der Geschichte und damit auch für seine Frage nach einer philosophischen Begründung der Einheit der Zeit. Diese Herausforderung besteht darin, „[a]uf Hegel [zu] verzichten" und dennoch *die* Geschichte bzw. für Ricœur damit auch *die* Zeit, *die* menschliche Zeit, zu denken.[493] Es kann im Rahmen der hiesigen Fragestellung nicht darum gehen, Ricœurs Interpretation von Hegels Geschichtsphilosophie kritisch zu erörtern oder gar einen Vergleich zwischen Ricœurs Denken der Geschichte und Hegels Geschichtsphilosophie anzustellen.[494] Daher ist im Folgenden lediglich herauszuarbeiten, *worauf* Ricœur zu verzichten gedenkt, wenn er „auf Hegel verzichtet" und welchen Schwierigkeiten er bei der Umsetzung dieses Verzichtes zu begegnen hat.

Hegels philosophische Betrachtung der Geschichte, so Ricœur, setze *in medias res* mit „dem philosophischen Glaubensbekenntnis (*l'acte de foi philosophique*)" ein, nach dem der einzige von der Philosophie an die Geschichte herangetragene Gedanke darin bestünde, dass die Vernunft die Welt beherrsche und es in der Weltgeschichte vernünftig zugegangen sei.[495] Diese „*kleine*[] Tautologie" zwischen Vernunft und Geschichte verdoppele sich bei Hegel in der „*große*[n] Tautologie", in welcher sich die Selbstverwirklichung der Freiheit als vernünftiger Endzweck der

pensée de l'histoire. Entre temps et mémoire, in: Orth/Breitling (Hg.): *Vor dem Text. Hermeneutik und Phänomenologie im Denken Paul Ricœurs*, a. a. O., 121–138.

493 TR III, 349/ZE III, 312. „Auf Hegel verzichten" ist der Titel von Kap. VI, Abschn. 2, Teil IV von *Temps et récit*. Die Auseinandersetzung mit und Abgrenzung zu Hegels Philosophie der Weltgeschichte ist ein bei Ricœur häufig wiederkehrendes Thema, welches jedoch in *Temps et récit III* seine deutlichste Ausführung findet. Vgl. Breitling: *Möglichkeitsdichtung – Wirklichkeitssinn. Paul Ricœurs hermeneutisches Denken der Geschichte*, a. a. O., 210. Zu „Ricœurs Weg in die Geschichte" vor *Temps et récit* vgl. das gleichnamige Kapitel in a. a. O., 33–96. Barash sieht im Ausgang von Ricœurs historischer Zeit und dem Verzicht auf Hegel den Weg vorgezeichnet, über den heute die Möglichkeit besteht, „in der Philosophie die Frage nach der Bedeutung der Arten historischer Reflexion erneut zu stellen" (Barash, Jeffrey Andrew: Penser l'histoire dans le champ de la philosophie, in: *Paul Ricœur. Les métamorphoses de la raison herméneutique*, a. a. O., 199–203, hier 203).

494 Vgl. auch dazu Breitling: *Möglichkeitsdichtung – Wirklichkeitssinn. Paul Ricœurs hermeneutisches Denken der Geschichte*, a. a. O., 208–225.

495 TR III, 351/ZE III, 314 (Einfügung des französischen Wortlautes, I.R.).

Geschichte allererst am Ende eines teleologischen Stufenganges in einer vernunftgemäßen Staatsverfassung erreichen lässt.[496] Diese von Hegel über einen Sprung erreichte doppelte Tautologie aber kollidiert mit Ricœurs eigenem Verständnis der narrativen historischen Zeit. Der Verzeitlichungsprozess der Vernunft, so Ricœur, bedeute eine Rückkehr des Begriffs des Geistes in sich selbst, wodurch sowohl die Narrativität als auch die Zeitlichkeit letztlich ihre Bedeutung verlören. In einer Gleichsetzung von Wirklichkeit (*effectivité*) und Gegenwart würde die *„Narrativität in der denkenden Betrachtung der Geschichte"* aufgehoben.[497] Die Entwicklung der Geschichte falle zwar in die Zeit, die Weltgeschichte jedoch sei lediglich die Auslegung des Geistes in der Zeit, in der der Begriff des Stufenganges „das zeitliche Äquivalent der List der Vernunft" darstelle und die Zeitlichkeit über die *„Identität zwischen der Auseinanderlegung und der Rückkehr in sich selbst"* in der *„ewige[n] Gegenwart"* eine Aufhebung fände.[498] Ricœur sieht bei Hegel „die überholte *Vergangenheit* von der *Gegenwart* jeder Epoche retiniert und dadurch der *ewigen Gegenwart* gleichgesetzt".[499] Wenn jedoch die historische Zeit nichts anderes ist als die Rückkehr des Begriffs des Geistes in sich selbst, bei der die Vergangenheit in der ewigen Gegenwart des spekulativen Denkens ruht und sich in ihr „bis jetzt genügend Sinn akkumuliert hat, um daran den Endzweck der Welt abzulesen sowie die Mittel und das Material seiner Verwirklichung",[500] so ist dies ganz und gar inkompatibel mit Ricœurs Konzept einer nicht spekulativ, sondern lediglich praktisch vermittelten menschlichen Zeit, in welcher die Vergangenheit über bedeutende Spuren stets neu zu erobern und die Zukunft wesentlich offen ist. Ist damit aber schon der von Ricœur angestrebte „Verzicht auf Hegel" erreicht?

Die Inkompatibilität von Ricœurs Interpretation der hegelschen Geschichtsphilosophie mit seinem eigenen Konzept einer historischen Zeit ist für sich allein noch keine hinreichende Begründung dafür, „auf Hegel zu verzichten". Ricœur muss darüber hinaus zeigen, warum er sich nicht für das hegelsche Modell entscheidet. Um dies zu tun, entwickelt er eine äußerst differenzierte Strategie *indirekter Opposition*. Eine direkte Kritik an Hegel, ein Argument gegen seine Geschichtsphilosophie, sei unmöglich. Jeder vermeintliche historische Gegenbeweis könne mit Hegel immer als List der Vernunft ausgelegt werden und jeder vermeintlich nicht-spekulative Umgang mit Geschichte liefe stets Gefahr, selbst eine „heimliche[] Nachbildung[] eines Hegelschen Gespenstes" zu sein.[501] Ricœurs „Argument" gegen Hegel besteht

---

[496] TR III, 360 (Fußnote)/ZE III, 321 (Fußnote).

[497] TR III, 360/ZE III, 322.

[498] TR III, 363/ZE III, 324.

[499] TR III, 367/ZE III, 327 (Übersetzung modifiziert, I.R.). Möglicherweise verwendet Ricœur hier zur Kennzeichnung der in der Gegenwart erhaltenen Vergangenheit die im Kontext durchaus passende husserlsche Terminologie der Retention; „retenir" ist allerdings im Französischen ein geläufiges Wort für u. a. „zurückhalten" oder „behalten" und hat nicht den Kunstcharakter des deutschen „retinieren".

[500] TR III, 364/ZE III, 325.

[501] TR III, 368/ZE III, 329. Sowohl die empirische (vgl. TR III, 368 und Fußnote/ZE III, 328 f. und Fußnote 12) als auch die strukturalistische (vgl. MHO, 200 f./GGV, 245) Geschichtsbetrachtung befindet sich Ricœur zufolge in dieser Gefahr. Diese Gefahr jedoch zu vermeiden, so meint

daher lediglich in einer *Ersetzung* des hegelschen philosophischen Glaubensaktes an die Vernunft in der Geschichte durch eine „schiere Ungläubigkeit (*incrédulité*)" gegenüber derselben.[502] Diese Ersetzung versteht Ricœur jedoch nicht als einen von ihm geleisteten philosophischen Akt. Er bestimmt diesen „Verlust an Glaubwürdigkeit, der die Hegelsche Philosophie der Geschichte ereilt hat", vielmehr als „ein *Ereignis im Denken* (*événement de pensée*)" für uns, welches „von der Größenordnung eines Erdbebens" sei.[503] Im Unterschied zum heideggerschen Ereignis als *singulare tantum*, welches Zeit und Sein gibt, ist das von Ricœur gemeinte Denkereignis eine konkrete historische Veränderung in unserem Denken. Wir könnten nicht sicher sein, ob wir diese herbeigeführt haben oder ob sie uns widerfahren ist, in jedem Fall stelle sie jedoch keine argumentative Widerlegung eines Denkmodells durch ein anderes dar. Vielmehr handele es sich bei diesem Ausgang aus dem Hegelianismus gewissermaßen um ein philosophisches Gründungsereignis, welches sich als denkerisches Pendant zu einem axialen Moment – wie beispielsweise Christi Geburt für die christlich geprägte Kultur – verstehen ließe. Auf jenes Ereignis, welches zwischen Herbeiführung und Widerfahrnis schwankt, gelte es nun zu antworten, indem wir es *bestimmen* (*poser*).[504]

Der zentrale „Schritt, den wir nicht mehr mitmachen können, ist der, der das Vermögen der aktuellen Gegenwart, die bekannte Vergangenheit zu retinieren und die in den Tendenzen der Vergangenheit vorgezeichnete Zukunft zu antizipieren, einfach mit einer ewigen Gegenwart gleichsetzt".[505] Gegen jene durch Hegels

---

Adolphi, sei Ricœur letztlich selbst nicht gelungen: „Seine Einsicht, dass ‚hinter irgendeiner Tür [...] immer noch Hegels Gespenst (lauert)', gilt zuletzt auch für ihn selber" (Adolphi: Das Verschwinden der wissenschaftlichen Erklärung. Über eine Problematik der Theoriebildung in Paul Ricœurs Hermeneutik des historischen Bewusstseins, a. a. O., 171). Im Folgenden wird jedoch zu zeigen versucht, dass diese Kritik an Ricœur nicht zutrifft.

502 TR III, 364/ZE III, 325 (Einfügung des französischen Wortlautes, I.R.).

503 TR III, 365/ZE III, 326 (Einfügung des französischen Wortlautes, I.R.).

504 Vgl. TR III, 368/ZE III, 329. Tengelyi hat jüngst die These entwickelt, dass die Phänomenologie zwar weiterhin „eine möglichst sachnahe Beschreibung und analytische Betrachtung von Einzelphänomenen anzustreben hätte", dabei jedoch erst dann wirklich fruchtbar arbeite, „wenn sie sich durch begriffliche Auseinandersetzungen mit allgemeinen Denkfiguren leiten" lasse (Tengelyi, László: *Erfahrung und Ausdruck. Phänomenologie im Umbruch bei Husserl und seinen Nachfolgern*. Dordrecht: Springer 2007 (= Phaenomenologica. Bd. 180), 352). Erfahrung, die seinem Verständnis nach im Unterschied zum bloßen Erlebnis auf eine Sinnbildung aus Unverfügbarem verweist, mache man nicht nur mit thematischen Gegenständen, sondern auch mit fungierenden Begriffen und Denkfiguren (vgl. a. a. O., 341, 351). Die Phänomenologie aber könne als schöpferischer „Ausdruck derjenigen Erfahrung" verstanden werden, „die man mit der Philosophie im Leben macht" (a. a. O., 352). Obgleich Ricœur keinesfalls diese begrifflichen Differenzierungen von Erlebnis, Erfahrung und Ausdruck, Erfahrung mit thematischen Gegenständen und Erfahrung mit Denkfiguren entwickelt, scheint in seiner hermeneutisch-phänomenologischen Betrachtung des thematischen Gegenstandes der Geschichte, die gleichzeitig eine Konfrontation mit der hegelschen Denkfigur der Geschichte darstellt, in Hinblick auf das Denkereignis gerade eine solche schöpferische Bestimmung, oder mit Tengelyi ein schöpferischer Ausdruck, derjenigen Erfahrung, die wir im Leben und Denken mit der hegelschen Geschichtsphilosophie gemacht haben, auf dem Spiel zu stehen.

505 TR III, 368/ZE III, 329.

Philosophie erreichte Aufhebung des Begriffes der Geschichte akzentuiert Ricœur die durch seinen Repräsentanzbegriff markierte Uneinholbarkeit des Unterschiedes zwischen Vergangenheit und Gegenwart sowie die sich daran anschließende Öffnung der Zukunft. Diese Hervorhebung der Distanz zur Vergangenheit, welche nie in einer ewigen Gegenwart aufgehoben werden könne, sondern allenfalls praktische Vermittlungen in dissonanten Konsonanzen erlaubt, ließe aber auch alle weiteren zentralen Momente von Hegels Geschichtsphilosophie einen Glaubwürdigkeitsverlust erleiden: Das Wiederfinden aller Volksgeister in einem einzigen Weltgeist stelle sich uns als Eurozentrismus dar; in dem Gedanken der Verwirklichung des Geistes sei uns die Trennung zwischen Trost des Einzelnen und Versöhnung im Geist unerträglich geworden; die welthistorischen Individuen der politischen Geschichte verschwänden hinter den großen anonymen Kräften derselben; die List der Vernunft erscheine uns nur noch wie ein missratener Zaubertrick; ja überhaupt sei uns die Suche nach einer Formel, mit der die Weltgeschichte als verwirklichte Totalität zu denken wäre, fremd geworden; schließlich seien wir noch nicht einmal mehr sicher, ob die Verwirklichungsbewegung überhaupt in der Idee der Freiheit gesehen werden kann, in Hinblick auf die kein Stufengang, sondern allenfalls eine wittgensteinsche Familienähnlichkeit zwischen den verschiedenen Freiheitsbestrebungen der Völker zu finden sei.

Angesichts dieser Bestimmung des Denkereignisses, welche das Selbstverständnis des historischen Bewusstseins selbst betreffe, stelle sich Hegels eigener Versuch, die Weltgeschichte als eine verwirklichte Totalität zu begreifen, seinerseits nur noch als ein Ereignis des Denkens dar. Sowohl das uns heute herausfordernde Denkereignis des Auszuges aus dem Hegelianismus als auch der Hegelianismus selbst erweisen sich aus der Perspektive des heutigen Denkereignisses als hermeneutische Phänomene. Das Verständnis ihrer Ereignishaftigkeit hält uns dazu an, „die Endlichkeit des philosophischen Akts [zu] bekennen“.[506] Jeder philosophische Akt und damit auch das Selbstverständnis des historischen Bewusstseins könne immer nur eine endliche Interpretation erreichen, die ihre Voraussetzungen nie vollständig beherrscht und selbst wiederum Denkereignisse hervorbringt, auf die es zu antworten gilt.[507] Den Verzicht auf Hegel erreicht Ricœur nur über diesen indirekten Weg der Kritik, auf dem der Ausgang aus dem Hegelianismus als Denkereignis verstanden

---

[506] TR III, 372/ZE III, 332.

[507] Bereits für Ricœurs Freudbuch kann von einer in beide Richtungen offenen Einheit der Zeit gesprochen werden, wenn es dort heißt: „Ich werde mich also nicht des geschickten Manövers bedienen, die Frage nach dem radikalen Ursprung aus einer Archäologie des Cogito oder die Frage nach dem Endzweck aus einer Teleologie zu extrapolieren“ (Ricœur, Paul: *De l'interprétation. Essai sur Freud.* Paris: Seuil 2006 (= Points. Essais) (in der Folge abgekürzt mit *Essai sur Freud*), 547/dt.: *Die Interpretation. Ein Versuch über Freud.* Übersetzt von Eva Moldenhauer. Frankfurt am Main: Suhrkamp 1974 (= Suhrkamp taschenbuch wissenschaft. Bd. 76) (in der Folge abgekürzt mit *Freudbuch*), 536). Stattdessen konzentriert Ricœur sich auf die Überdeterminierung des zu denken gebenden Symbols, welches „[d]ie beiden Hermeneutiken, von denen die eine dem Wiederauftauchen archaischer, zur Kindheit der Menschheit und des Individuums gehörender Bedeutungen, die andere dem Auftauchen von antizipatorischen Gestalten unseres geistigen Abenteuers“ gewidmet ist, in einer unabschließbaren Interpretationsbewegung vereint (a. a. O., 518/a. a. O., 507).

wird; und zwar als ein Denkereignis, in welchem „man darauf verzichtet, die höchste Fabel zu entziffern", weil aus heutiger Perspektive „die List der Vernunft [...] nicht die *peripeteia* [ist], die alle Umschwünge der Geschichte in sich vereinte, weil die Verwirklichung der Freiheit nicht als die Fabel aller Fabeln betrachtet werden kann".[508]

Mit Ricœurs Verzicht auf Hegel, der sich als ein Verzicht auf die Entzifferung der Fabel aller Fabeln erweist, geht ein Verzicht auf eine eschatologische Interpretation der Geschichte einher. Ricœur selbst weist darauf hin, dass „die These von der List der Vernunft genau denselben Stellenwert wie eine Theodizee" habe, welche „ebenfalls beteuert, daß das Böse nicht *umsonst* sei", und Greisch sieht in der List der Vernunft eine rationalisierende Übertragung der Idee des jüngsten Gerichts.[509] Mit der Distanzierung von einem Modell der Versöhnung in der Vernunft des zu sich selbst gekommenen Geistes erfolgt auch ein Verzicht auf eine theologische Interpretation der Geschichte, an deren Ende oder in deren Jenseits eine Allversöhnung in Gott steht. Dieser Verzicht auf eine Heilsgeschichte im Hintergrund von Ricœurs Verzicht auf Hegel und dessen Vernunftgeschichte wird bei der in Kap. 4.5.3 zu unternehmenden Auseinandersetzung mit Ricœurs Eschatologie von Gedächtnis, Geschichte und Vergessen sowie der Frage nach ihrem philosophischen Stellenwert zu berücksichtigen sein.

Seine in *Temps et récit* formulierte Kritik an einer verabsolutierenden Geschichtsphilosophie bekräftigt Ricœur zu Beginn des dritten Teiles von *La mémoire, l'histoire, l'oubli* aus einer anderen Perspektive. Dabei zeigt sich, in welcher Weise Ricœur sich bei seinem Verzicht auf Hegel einen Weg zwischen der Scylla des Hegelianismus und der Charibdis einer allgemeinen Relativität zu bahnen hat. In einer Auseinandersetzung mit Koselleck verweist er darauf, dass sich in der Moderne ab dem 18. Jahrhundert eine neue Erfahrung der Geschichte herausbildet. Zum einen kommt der Begriff der Geschichte als Kollektivsingular auf und zum anderen geht das Konzept der Geschichte als Historie derart in dem Begriff der Geschichte als Ereigniszusammenhang auf, dass der Gedanke einer „Geschichte selber" entsteht und schließlich bei Hegel seinen höchsten Ausdruck findet.[510] Bedroht werde die Einheit dieses Kollektivsingulars jedoch durch die Französische Revolution, die Pluralität der speziellen Geschichten und durch die Unsicherheit bezüglich des epistemologischen Status einer Universalgeschichte, sei diese nun mit Kant als regulative oder mit Hegel als konstitutive Idee verstanden. Diese den Kollektivsingular der „Geschichte selber" erschütternden Bruchmomente gingen mit einem neuen Moment der *Verzeitlichung* einher, da sich die Fortschrittsidee mit einer Entwertung früherer Zeiten verknüpfe. So entstünde ein Bruch, der das Schuldgefühl der Zeitgenossen gegenüber den Vorgängern auslösche und zu einem Beschleunigungsgefühl der Geschichte führe. Diese die Einheit der Geschichte auf der Ebene ihrer Verzeitlichung betreffenden Veränderungen, so Ricœur, „kommen einem Sieg der *distentio animi* nach Augustinus zum Schaden der Einheit der *intentio* des

---

[508] TR III, 371/ZE III, 332, 331.

[509] TR III, 358/ZE III, 320. Vgl. Greisch: *Paul Ricœur. L'itinérance du sens*, a. a. O., 226.

[510] Vgl. das Kapitel „„Die Geschichte selber"" in MHO, 388–400/GGV, 458–472.

Geschichtsprozesses gleich".[511] Über diese Zersplitterung der geschichtlichen Zeit hinaus untergrabe eine allgemeine *Historisierung* aller menschlichen Erfahrung die Auffassung der Geschichte als selbstgenügsamer Totalität und erschüttere so nicht zuletzt die Gewissheit einer fortschrittlicheren Zukunft. Diese vielfachen Abwendungen von einem totalitären Geschichtsbegriff sieht Ricœur jedoch wiederum in der Gefahr, sich mit der Behauptung der historischen Relativität jeder Aussage in einen performativen Widerspruch zu verwickeln.

Der historische Weg, der von Hegels selbstgenügsamer Totalität der Geschichte zu einer allgemeinen Historisierung führt, ist Ricœur zufolge jedoch nicht die einzige Perspektive, aus der heraus sich ein Totalitätsanspruch der Geschichte ausmachen lässt. Eine symmetrische, für uns heute bedrohlichere und gleichzeitig „verhohlenere Form derselben Anmaßung" bestehe darin, im Begriff der Moderne „die zum Beobachtungsstandpunkt, ja zum Gerichtsplatz über sämtliche Bildungen [...] aufgerichtete geschichtliche Gegenwart ins Absolute zu überhöhen".[512] In einem Lob der Moderne würde die vermeintliche totale Selbstreflexion der Geschichte auf metahistorischer Ebene mit der Reflexion des privilegierten geschichtlichen Augenblicks zusammenfallen. In seinem historischen Durchgang durch verschiedene Bedeutungen des Modernitätsbegriffes findet Ricœur auch auf diesem Wege einen Auszug aus der Verabsolutierung der geschichtlichen Gegenwart vorbereitet. Aber auch hier komme wiederum mit dem Begriff der Postmoderne, der eine Bestreitung jeder annehmbaren Bedeutung des Modernen bedeute, die Gefahr eines performativen Widerspruches auf. Das postmoderne Selbstverständnis sei dazu verdammt, „sich selbst für ungedacht und undenkbar zu erklären", wenn es nicht schon eine Verständigung über das, was „unsere Zeit" ist, leisten will.[513]

Eine „kritische Philosophie der Geschichte"[514] hat daher in jeweils doppelter Weise sowohl der Gefahr einer Selbstüberschätzung durch Absolutheitsansprüche als auch der Gefahr eines performativen Widerspruches aufgrund einer universalen Relativierung zu begegnen. Den Weg zu einer den subjektiven Standpunkt transzendierenden Betrachtung der Geschichte, die gleichwohl die unhintergehbare Perspektivierung derselben berücksichtigt, sucht Ricœur über eine Erörterung der Rollen des Historikers und des Richters sowie der Relevanz des Interpretationsbegriffes in der Geschichte vorzubereiten. Die Unhintergehbarkeit der Interpretation in jeder historiographischen Operation untergrabe den Anspruch der totalen Selbstreflexivität der Geschichte und stecke die Grenzen der Gültigkeit ihres Wahrheitsentwurfes ab. In eben diesem Rahmen eines nicht-absoluten Wahrheitsentwurfes der Geschichte bewegten sich der Historiker und der Richter. Obgleich sie den Wunsch nach Unparteilichkeit hegten, sei der Standpunkt eines absoluten Dritten prinzipiell nicht erreichbar. Während der Richter sich um individuelle Schuldzurechnung kümmere und stets den Wettstreit der Argumente durch ein endgültiges Urteil unterbreche, halte der seinerseits nur an kollektiven Phänomenen interessierte Historiker

---

[511] MHO, 398/GGV, 469.

[512] MHO, 401/GGV, 473.

[513] MHO, 413/GGV, 487.

[514] So lautet das erste, kritische Kapitel des dritten Teiles von MHO.

dieses Urteil in seiner Vorläufigkeit immer wieder offen und habe in einer unabschließbaren Bewegung verschiedene Argumente und Interpretationen zueinander in Stellung zu bringen. Der Streit, der sich sowohl zwischen Historikern als auch zwischen Richtern und Historikern eröffne, könne nie abschließend geschlichtet werden. Wenn nun aber auf Hegel zu verzichten ist und gleichermaßen der performative Widerspruch einer universalen Relativität vermieden werden soll, wie kann dann angesichts dieses unauflösbaren Streites zwischen Interpretationen, zwischen Richtern und Historikern überhaupt noch nach der Einheit der Geschichte und für Ricœur damit im Weiteren nach der Einheit der Zeit gefragt werden?

Nach seinem Verzicht auf Hegel und angesichts der Widersprüchlichkeit der These einer geschichtlichen Relativität jeder Reflexion sieht sich Ricœur mit einer Problematik konfrontiert, die er in einem Text der Sammlung *Histoire et vérité* bereits früh als „Antinomie der geschichtlichen Zeit" bezeichnet hat:[515] „Wir sprechen von der Geschichte, von *der* Geschichte *in der Einzahl*, weil wir erwarten, daß ein menschlicher Sinn diese einzige Menschheitsgeschichte vereint und vernünftig macht. [...] Aber wir sprechen auch von den Menschen, von den Menschen *in der Mehrzahl*, und wir definieren die Geschichte als die Wissenschaft von den Menschen der Vergangenheit, weil wir erwarten, daß die Personen als radikal vielfache Zentren der Menschheit auftauchen".[516] Diese Antinomie der geschichtlichen Zeit, die „die Antinomie des Sinns der Geschichte selbst" darstellt,[517] sei „die Erklärung für unser Schwanken zwischen zwei Grundstimmungen der Menschen gegenüber ihrer eigenen Geschichte: Während die Lesart von der Geschichte als der Erfüllung des Bewußtseins zu einem Optimismus der Idee hinneigt, führt die Lesart von der Geschichte als dem Aufsprudeln von Bewußtseinszentren eher zu einer tragisch gestimmten Anschauung über die Zwiespältigkeit des Menschen, der immer wieder neu beginnt und immer wieder scheitern kann".[518] Die Herausforderung, der Ricœur sich angesichts dieser Antinomie zu stellen hat, konzentriert sich so in einer Aufgabe, die er in Hinblick auf die geschichtsphilosophische Fragestellung um 1900 einmal in folgenden Worten formuliert hat: Die zu lösende Schwierigkeit nach Hegel besteht „in der Möglichkeit, weiterhin so etwas wie eine Kohärenz der Geschichte aufzufassen, ohne die der Terminus Geschichte nichts mehr bedeuten würde".[519]

---

[515] Ricœur, Paul: *Histoire et vérité*. Paris: Seuil 2001 (= Points. Essais) (in der Folge abgekürzt mit HV), 48/dt.: *Geschichte und Wahrheit*. Übersetzt und eingeleitet von Romain Leick. München: List Verlag 1974 (in der Folge abgekürzt mit GW), 62. Im Original verwendet Ricœur mit „temps historique" denselben Terminus, der in *Temps et récit* zur Bezeichnung der historischen Drittzeit dient. Es ist in diesem Zitat jedoch die deutsche Übersetzung durch „geschichtliche Zeit" beibehalten, da es sich noch nicht um jenes ausgereifte Konzept einer historischen Zeit handelt, welches Ricœur in *Temps et récit* formuliert.

[516] HV, 46 f./GW, 61 f.

[517] HV, 48/GW, 62.

[518] HV, 49/GW, 63.

[519] Ricœur, Paul: *Lectures 2*. Paris: Seuil 1999 (= Points. Essais), 296. Die Frage nach der Einheit der historischen Zeit ist durch jene divergierenden historischen Zeiten, die Ricœur in einer Auseinandersetzung insbesondere mit Fernand Braudels Buch *La Méditerranée et le Monde méditerranéen à l'époque de Philippe II* erörtert, nicht beantwortet. In *Temps et récit* versucht Ricœur den

4.5.2 Hermeneutik des historischen Bewusstseins und die Leitidee der versöhnten Menschheit

Im Kap. VII von *Temps et récit III* liefert Ricœur unter dem Titel „Entwurf einer (*Vers une*) Hermeneutik des historischen Bewußtseins“ eine Antwort auf die zweite Aporie der Zeit. In den ein Jahr später verfassten Schlussfolgerungen kommt er allerdings zu dem Ergebnis, „daß die Narrativität für die zweite Aporie der Zeitlichkeit keine ebenso adäquate Antwort anzubieten hat wie für die erste“.[520] Die zweite Aporie der Zeit konfrontiert also Ricœur zufolge mit einer dermaßen starken Aporizität, dass die von ihm entwickelten Techniken zu ihrer Beantwortung, welche in der vorliegenden Studie allgemein als Aporetiken bezeichnet werden, eine geringere Kraft zur Begegnung der Aporizität aufweisen, als der narrativen Identität in Hinblick auf die erste Aporie der Zeit zukam. Die von Ricœur in *Temps et récit* formulierte schwächere Antwort auf die zweite Aporie wählt die Koselleck entlehnten Kategorien Erfahrungsraum und Erwartungshorizont zum Leitfaden und nährt sich aus einem „posthegelianischen Kantischen Stil[]“,[521] der in einer Auseinandersetzung mit dem in den 1960er Jahren über Hermeneutik und Ideologiekritik geführten Streit zwischen Gadamer und Habermas seine Vertiefung findet. Da Ricœur eine frontale Kritik an Hegels Geschichtsphilosophie aus den im vorangehenden

Nachweis, dass auch die Arbeiten der französischen Historikerschule der *Annales* und insbesondere ihrer großen Figur Fernand Braudel trotz der versuchten Abstandnahme vom Ereignis durch Konzentration auf die *longue durée* im Rahmen der Pluralität historischer Zeiten letztlich in Begriffen der Quasi-Fabel und des Quasi-Ereignisses fassbar und damit im Rahmen des Episodischen und des Konfigurativen narrativ interpretierbar sind. Vgl. TR I, 362–396/ZE I, 308–338. Dass hiermit aber noch nicht die Frage nach der Einheit der Geschichte berührt wird, zeigt sich nicht nur in Ricœurs in *Temps et récit* formulierter Ablehnung der Entzifferung einer einzigen Fabel aller Fabeln, sondern insbesondere in seiner erneuten Auseinandersetzung mit Braudel in *La mémoire, l'histoire, l'oubli*. Er hält dort zwar weiterhin an seiner Interpretation aus *Temps et récit* fest, findet sie aber „narrativistisch“ (MHO, 245 (Fußnote)/GGV, 296 (Fußnote)). Zum einen hebt er nun hervor, dass die Zeiten des Historikers konstruierte Zeiten sind und sich daher von einer gelebten Zeit grundsätzlich unterscheiden. Vgl. MHO, 233/GGV, 283. Zum anderen betont er bereits durch eine methodische Trennung zwischen der zweiten und der dritten Phase historiographischer Operation, dass die der Ebene der Darstellung zugerechnete Narrativisierung keineswegs die Funktion von Erklären/Verstehen ersetzt. Vgl. MHO, 236/GGV, 286. „Das Neue an Ricœurs später Auffassung“, so Tengelyi in einem Vergleich zwischen den beiden Stellungnahmen Ricœurs zu Braudels Buch über das Mittelmeer, „besteht gerade darin, dass er nunmehr den Akzent auf diese distanzierende Funktion narrativer Geschichtsdarstellung setzt“ (Tengelyi, László: Das Mittelmeer als Held der Geschichte. Zu Ricœurs Auseinandersetzung mit Braudel, in: Journal Phänomenologie 21 (2004), 33–42, hier 42). Diese Distanz der historischen Erzählung zur gelebten Geschichte macht aber den Abstand zu der Frage nach der Einheit der Zeit und der Geschichte umso deutlicher. In der „Untersuchung der von der [historischen, I.R.] Disziplin ausgearbeiteten chronologischen Modelle […] fehlte es an einer klaren Ausarbeitung der Bedingungen der Möglichkeit zeitlicher Kategorien, welche würdig wären, sich in der Begrifflichkeit der Zeit der Geschichte aussagen zu lassen. Das Vokabular der Modellbildung – die berühmten ‚Zeitmodelle‘ der Geschichte aus den *Annales* – war nicht auf der Höhe dieses kritischen Unternehmens“ (MHO, 385/GGV, 455).

[520] TR III, 466/ZE III, 417.

[521] TR III, 389/ZE III, 348.

Kap. 4.5.1 erörterten Gründen für unmöglich hält, setzt er zu seiner eigenen Position mit einer „strategische[n] Entscheidung" an.[522] Diese besteht darin, statt nach der Fabel aller Fabeln und der Realität der Vergangenheit in der Gegenwart zu suchen, die Geschichte als eine erst noch zu machende und damit als *„Projekt der Geschichte"* zu denken.[523] In Kap. 4.4.3 und 4.4.4 zeigten sich in Auseinandersetzung mit *Temps et récit* und *La mémoire, l'histoire, l'oubli* zwar eine bei Ricœur wachsende epistemische Unsicherheit gegenüber der Vergangenheit sowie eine Schuld gegenüber den Toten. Es blieb dort jedoch offen, *woraufhin* Ricœur zufolge die epistemische Unsicherheit, die Schuld als existenziale *dette* sowie ihre Verstrickung mit der faktischen *faute* zu übernehmen sind. Diese Frage nach dem *Entwurfshorizont* rückt nun mit dem Projekt der Geschichte in das Zentrum der Betrachtung.

Die Alternative zu Hegel sowie im Weiteren auch zu Husserl und Heidegger sieht Ricœur in „einer offenen, unabgeschlossenen (*inachevée*) und *unvollkommenen Vermittlung* (*médiation imparfaite*), verstanden als ein Netz sich überkreuzender Perspektiven zwischen der Erwartung der Zukunft, der Rezeption der Vergangenheit und dem Erlebnis der Gegenwart, ohne *Aufhebung** in einer Totalität, in der die Vernunft der Geschichte mit ihrer Wirklichkeit zusammenfiele".[524] Was bei Heidegger die Ekstasen der Gewesenheit und der Zukunft sind, bestimmt Ricœur über die Kosellecks Werk *Vergangene Zukunft. Zur Semantik geschichtlicher Zeiten* entlehnten Begriffe des *Erfahrungsraumes* und des *Erwartungshorizontes*. Der Erfahrungsraum schließe in einer chronologisch nicht messbaren Schichtung sowohl eigene Erfahrungen als auch Erfahrungen früherer Generationen, welche durch heutige Institutionen überliefert seien, ein und kennzeichne einen sich in einem *habitus* niederschlagenden Erwerb. Der Erwartungshorizont enthalte alles, was in personaler oder interpersonaler Weise auf die Zukunft gerichtet ist. In einer *Asymmetrie* beider Begriffe zueinander tendiere die Erfahrung zur Integration und die nicht aus der Erfahrung ableitbare Erwartung zur perspektivischen Brechung. Auf diese Weise bestimmt seien Erfahrungsraum und Erwartungshorizont metahistorische und *transzendentale Kategorien*, die jedem Denken, Schreiben und Machen der Geschichte zugrunde liegen. Da sie als transzendentale Kategorien noch grundlegender seien als das Verständnis historischer Zeit in den verschiedenen Geschichtsauffassungen, sei an ihrer jeweiligen inhaltlichen Besetzung und anhand ihrer jeweils veränderten Positionierung zueinander eine Begriffsgeschichte der Veränderungen ihres Inhalts fassbar.

Ricœur jedoch begnügt sich nicht mit der Deskription dieser beiden transzendentalen Kategorien, sondern verknüpft in Anlehnung an Apel und Habermas ihren Universalitätsanspruch mit ethischen und politischen Implikationen. Die mit den transzendentalen Kategorien von Erfahrungsraum und Erwartungshorizont verknüpfte *Präskription* schreibe „die Aufgabe" vor „zu verhindern, daß die Spannung zwischen den beiden Polen des Geschichtsdenkens", d. h. zwischen Erfahrungs-

---

[522] TR III, 374/ZE III, 334.

[523] TR III, 374/ZE III, 334.

[524] TR III, 374/ZE III, 334 (* = im Original deutsch; Einfügung des französischen Wortlautes, I.R.).

raum und Erwartungshorizont, „zum Schisma wird“.[525] Ein solches Schisma wäre das Gegenteil einer in Anlehnung an Hegel gedachten Aufhebung der Spannung. Um diesem Schisma zwischen der Aktualisierung der beiden metahistorischen Kategorien entgegenzuwirken, sind Ricœur zufolge einerseits lähmende, rein utopische Erwartungen in bestimmte, endliche und relativ bescheidene Erwartungen zu verwandeln, während andererseits einer Verengung des Erfahrungsraumes, in der Vergangenheit als ein für alle Mal abgeschlossen und unveränderlich betrachtet wird, derart mit einer Öffnung der Vergangenheit zu begegnen sei, in der „ihre unerfüllten, zurückgehaltenen oder auch mit Gewalt unterdrückten Potentialitäten [...] zu neuem Leben erweckt werden“.[526] Wie ist diese Aufgabe Ricœur zufolge mit einer unvollkommenen Vermittlung historischer Zeit zusammenzudenken?

In seiner näheren Bestimmung des Erfahrungsraumes als Vergangenheitsmoment des historischen Bewusstseins nimmt Ricœur, wie bereits in seiner Auseinandersetzung mit Husserls Zeitvorlesungen, eine *Priorisierung der Modifikation* vor der Differenz bzw. nun der *Kontinuität* vor der Diskontinuität vor. Gegen Foucault wendet er ein,[527] dass eine solche Bevorzugung der Kontinuität keinesfalls mit einem Plädoyer für ein den Sinn konstituierendes und beherrschendes Bewusstsein zu verknüpfen sei, sondern vielmehr über eine differenzierte Auseinandersetzung mit Gadamers Begriff eines wirkungsgeschichtlichen Bewusstseins zu einer auch die Diskontinuität in Hinblick auf Vergangenes und die Dezentrierung des Bewusstseins berücksichtigenden Position führen könne. Um dieses uns bereits aus Ricœurs Interpretation der husserlschen Retention bekannte Ineinander von Zugehörigkeit und Distanzierung zu spezifizieren, nimmt Ricœur eine dreifache Gliederung des Traditionsbegriffes in Traditionalität, Traditionen und Tradition vor.

Die *Traditionalität* ist ein formaler Begriff, der den Abstand zwischen Vergangenem und Gegenwärtigem als eine sinnschöpferische Überlieferung bestimmt. Die Wirkung der Vergangenheit erreiche uns stets in einem Affiziertwerden, Wirkungsgeschichte, so Ricœur, geschehe ohne uns. Diese passive Komponente steht jedoch in einem offen dialektischen Spannungsverhältnis zu einer aktiven Komponente der Rezeption und, ein ebenfalls Gadamer entlehnter Begriff, einer Horizontverschmelzung, die wir zu erreichen suchen, wenn wir uns der Vergangenheit zuwenden. Diese spannungsvolle Dialektik innerhalb der Überlieferung kennzeichnet Ricœur in ihrem „Temporalstil“ durch eine „*durchmessene[]* Zeit“, mit der er sich Gadamers Begriff eines Zeitenabstandes produktiv aneignet.[528] Um die Kontinuität trotz der

---

525 TR III, 389/ZE III, 348.

526 TR III, 390/ZE III, 349.

527 Vgl. Ricœurs Auseinandersetzung mit Foucaults *L'Archéologie du savoir* in TR III, 393–397/ZE III, 351–355.

528 TR III, 397/ZE III, 355. Gadamer ist der Auffassung, dass der Zeitenabstand „den wahren Sinn, der in einer Sache liegt, erst voll herauskommen lässt“ (a. a. O., 303). Ricœur hingegen interpretiert den Zeitenabstand nicht als Bedingung einer möglichst vollkommenen gadamerschen Horizontverschmelzung, sondern sieht in ihm ein Sinnschöpfungspotential, das den Abstand zwischen Gegenwärtigem und Vergangenem wahrt. Damit scheint er der unaufhebbaren Fremdheit der Vergangenheit gerechter zu werden als Gadamer, weil er anstatt der Annäherung an vergangene Horizonte und einen „wahren Sinn“ das Erforschen des Sinnpotentials des Vergangenen in

gekennzeichneten Spannung in der Traditionalität nicht zerbrechen zu lassen, sucht Ricœur im Begriff der Horizontverschmelzung gleichermaßen ein Fernhalten und ein Nahebringen zu denken, deren Dialektik weder zu einem Hiatus zwischen heterogenen Horizonten noch zu einem jeden Horizont aufhebenden absoluten Wissen, sondern zu eben jener spannungsvollen sinnschöpferischen Überlieferung führt.

Der Begriff der *Traditionen* steht für die Inhalte, das über eine Rezeptionsgeschichte überlieferte schon Gesagte, welches Ricœur zufolge wesentlich ein Verstehen überlieferter Texte ist. Dabei bleibt der Wahrheitsanspruch dieser Inhalte zunächst ausgeklammert. Wenn die Lektüre rezipierend auf das Affiziertwerden durch die Vergangenheit antworte, dann ergänze eine materiale Dialektik der Inhalte die formale Dialektik von Nahebringen und Fernhalten.

Die größte Herausforderung findet sich jedoch weder in dem formalen noch in dem materialen Traditionsmoment, sondern stellt sich angesichts des dritten von Ricœur unterschiedenen Traditionsbegriffes: *der Tradition*. Sobald von *der* Tradition die Rede sei, gehe es um einen apologetischen Wahrheitsanspruch der Tradition, angesichts dessen sich jener Streit zwischen Gadamer und Habermas um Hermeneutik der Tradition und Ideologiekritik entzündete. Diesen Streit sucht Ricœur über eine komplexe Argumentation zu vermitteln.[529] Gadamers Plädoyer für das Vorurteil, die Autorität und die Tradition legt Ricœur dahingehend aus, dass „[j]ede *sinnvolle Aussage* […] zugleich einen *Wahrheitsanspruch*“ hat, d. h. alles, was uns über sprachliche Überlieferung aus der Vergangenheit erreicht, tritt schon mit einem Wahrheitsanspruch an uns heran.[530] In einem zweiten Schritt versteht er Gadamers Kritik am Methodologismus als eine Kritik an einem Bewusstsein, welches seine eigene Rückbindung an die Tradition verkennt und sich infolgedessen zu einem vorurteilsfreien Urteil über die Geschichte befähigt meint. Eine methodisch vorgehende Forschung, die dieser verfehlten und zur Verfremdung führenden Selbsteinschätzung nicht zum Opfer fällt, so meint Ricœur, sei jedoch zu begrüßen und stelle innerhalb der Zugehörigkeit zur Tradition ein kritisches Moment der Distanzierung dar. Dieses Distanzierungsmoment sei der Anknüpfungspunkt für die Ideologiekritik. [531]

---

den Vordergrund stellt. Vgl. Gadamer: *Wahrheit und Methode. Grundzüge einer philosophischen Hermeneutik*, a. a. O., 296–305. Ricœur macht jedoch keinen wesentlichen Unterschied zwischen seiner eigenen Position und derjenigen Gadamers aus, wenn er in *La mémoire, l'histoire, l'oubli* Gadamers diesbezügliche Auffassung in unmittelbarer Nähe zu seiner eigenen sieht. Vgl. MHO, 498 (Fußnote)/GGV, 588 (Fußnote).

529 Vgl. Ricœurs Auseinandersetzung mit Gadamer und Habermas in TR III, 402–410/ZE III, 360–367. Vgl. auch Ricœur, Paul: Herméneutique et critique des idéologies, in: *Du texte à l'action. Essais d'herméneutique II*, a. a. O., 367–416.

530 TR III, 402/ZE III, 360.

531 Anders als in den in *Du texte à l'action. Essais d'herméneutique II* republizierten Aufsätzen „La tâche de l'herméneutique: en venant de Schleiermacher et de Dilthey“ (1975) und „Herméneutique et critique des idéologies“ (1973) interpretiert Ricœur Gadamer in *Temps et récit* weniger kritisch und stark im Sinne seiner eigenen grundlegenden Dialektik von Zugehörigkeit und Distanzierung. Der Übersetzer von *Temps et récit III*, Andreas Knop, weist darauf hin, dass Ricœur sogar einem Übersetzungsfehler der französischen Ausgabe von *Wahrheit und Methode* zu folgen scheint, wenn er schreibt, Gadamer fordere „eine Schärfung ‚des methodischen Selbstbewußtseins

Gleichermaßen wie die Hermeneutik die Ideologiekritik integrieren könne und müsse, könne und müsse die Ideologiekritik aber auch auf die Hermeneutik zurückgreifen. Während die Hermeneutik tendenziell Gefahr laufe, mit der Privilegierung des Vorurteils, der Autorität und der Tradition das kritische Moment zu vernachlässigen, zeige die Ideologiekritik umgekehrt eine Neigung, sich selbst auf einer vermeintlich unhistorischen Warte zu positionieren. Selbst wenn sie die Summe aller möglichen Aussagen auf verschiedene Interessen – an instrumentaler Kontrolle, an Kommunikation (Hermeneutik), an Emanzipation (Ideologiekritik) – bezieht, sieht sie sich von Seiten der Hermeneutik der Frage ausgesetzt, „[v]or welchem ideologiefreien Richtstuhl die derart verderbte Kommunikation erscheinen soll".[532] „Dieser Richtstuhl", so Ricœur, „kann nur in der Selbstsetzung einer unhistorischen transzendentalen Kategorie bestehen, deren Schema, im Kantischen Sinne des Wortes, die Vorstellung einer unbehinderten und schrankenlosen Kommunikation wäre, mithin die einer Sprechsituation, in der der Argumentationsprozeß in einen Konsens mündet".[533] Die selbst aus einer *bestimmten* historischen Tradition, und zwar der der Aufklärung, heraussprechende Ideologiekritik muss ihren Wahrheitsanspruch jedoch mit dem Denken der Geschichte verknüpfen, will sie sich nicht selbst dem Ideologieverdacht ausgesetzt finden, welcher auf allen Wahrheitsansprüchen lastet. Daher, so Ricœur in einem impliziten Verweis auf Kants Geschichtszeichen, müsse man in der bereits bestehenden Praxis der Kommunikation *Zeichen* erkennen, die im bereits Erfahrenen auf das Ideal einer idealen Sprechsituation hindeuten. Solche „Zeichen" seien „in den Vorgriffen des Verständnisses zu lesen, die zu jeder gelungenen Kommunikation gehören, zu jeder Kommunikation, in der wir die *Erfahrung* einer gewissen Reziprozität von Intention und Anerkennung dieser Intention machen".[534] Durch diese Verankerung der idealen Sprechsituation in der Geschichte versteht Ricœur dieses Ideal negativ als *Grenzbegriff* für die bestimmten Erwartungen und die hypostasierten Traditionen und positiv als *Leitidee*, die der Dialektik von Erwartungshorizont und Erfahrungsraum die Richtung vorgibt. Den Abgrund zwischen einer von der Hermeneutik hervorgehobenen unausweichlichen Endlichkeit alles Verstehens einerseits und der absoluten Gültigkeit einer kommunikationstheoretisch aufgefassten Wahrheitsidee andererseits sucht Ricœur durch den Begriff der *Wahrheitspräsumtion* zu überbrücken: Es ist so lange legitim, den Wahrheitsanspruch des Überlieferten gelten zu lassen, wie kein besseres Argument dagegen spricht.

Ricœur bringt sich mit dieser geschichtlichen Verankerung einer Leitidee der versöhnten Menschheit in eine gewisse Nähe zu Kants geschichtsphilosophischen Schriften. Obgleich hier kein eingehender Vergleich angestellt werden kann, sei

der Wissenschaft'" (TR III, 406/ZE III, 363), während dieser an der von Ricœur zitierten Stelle gerade umgekehrt missbilligend konstatiert, dass „die hermeneutische Besinnung eine Überschärfung des methodischen Selbstbewußtseins der Wissenschaft feststellen" müsse (Gadamer: *Wahrheit und Methode. Grundzüge einer philosophischen Hermeneutik*, a. a. O., 303).

532 TR III, 408/ZE III, 365.

533 TR III, 408/ZE III, 365.

534 TR III, 409/ZE III, 366.

anhand von Kants Schrift „Idee zu einer allgemeinen Geschichte in weltbürgerlicher Absicht" auf einen wichtigen Unterschied zwischen den beiden Positionen hingewiesen. Wenn man, so meint Kant, davon ausgeht, dass jede Naturanlage eines Geschöpfes dazu bestimmt ist, sich einmal vollständig und zweckmäßig zu entwickeln, dann müssen sich, will man einen Widerspruch in der teleologischen Naturlehre vermeiden, auch die Naturanlagen im Menschen, welche auf den Gebrauch seiner Vernunft abzielen, einmal vollständig entwickeln. Da jene Naturanlagen dies aber im Individuum offenbar nicht tun, sei davon auszugehen, dass sie in der Gattung einmal zur vollen Entwicklung gelangen werden. Um diese vollkommene Entwicklung der auf den Gebrauch der Vernunft gerichteten Naturanlagen zu erreichen, bediene sich die Natur jenes Antagonismus der ungeselligen Geselligkeit, welche nach einem „verborgenen Plan[] der Natur" die Menschheit auf ihrem teleologischen Entwicklungswege hin zu „eine[r] innerlich- und, zu diesem Zwecke, auch äußerlich-vollkommene[n] Staatsverfassung" fortschreiten lasse.[535] Wie bei Ricœur das Ideal der idealen Sprechsituation mithilfe von *Erfahrungen* gelungener Kommunikation geschichtlich zu verankern und zu bekräftigen ist, so heißt es bei Kant, dass die *Erfahrung* zwar bisher allererst wenig, aber doch ausreichend von diesem Gange der Naturabsicht entdeckt habe, um recht zuverlässig auf den gesamten Gang zu schließen, der über fortschreitende Aufklärung zu einem allgemeinen weltbürgerlichen Zustande nicht nur führt, sondern angesichts des moralischen Gesetzes auch führen soll. Nun sind wir nach Kant zwar „zu kurzsichtig [...], den geheimen Mechanism ihrer Veranstaltung zu durchschauen", die „*Idee*, wie der Weltlauf gehen müßte, wenn er gewissen vernünftigen Zwecken angemessen sein sollte", könne aber „uns doch zum *Leitfaden* dienen".[536] Ricœurs *Leitidee* einer über eine schrankenlose, konsensorientierte Kommunikation erreichten versöhnten Menschheit scheint hier nicht weit.

Anders als Kant geht es Ricœur jedoch keinesfalls um einen kontinuierlichen Fortschritt der Menschheitsgattung, welcher sich seit den ersten Anzeichen der Aufklärung abzeichnet und der unter der Voraussetzung einer teleologischen Naturlehre einmal zur vollständigen Entwicklung aller, aber insbesondere der Vernunftanlagen im Menschen führen soll und wird. Ricœurs Leitidee betrifft zum einen lediglich eine über schrankenlose und konsensorientierte Kommunikation versöhnte Menschheit und kann zum anderen nicht mehr als den Status einer geschichtlich verankerten Wahrheitspräsumtion beanspruchen. Sie ist eine Hypothese, wenn auch eine aus Erfahrungen begründete, die die Möglichkeitserforschung anleitet. Wird sie auf diese schwache Weise verstanden, so kann sie jedoch für die immer wieder neu zueinander in Stellung zu bringenden Kategorien Erfahrungsraum und Erwartungshorizont als präskriptiver Leitfaden fungieren, der der Aufgabe, mithilfe einer

---

[535] Kant, Immanuel: Idee zu einer allgemeinen Geschichte in weltbürgerlicher Absicht, in: ders.: *Schriften zur Anthropologie, Geschichtsphilosophie, Politik und Pädagogik.* Hg. von Wilhelm Weischedel. Darmstadt: Wissenschaftliche Buchgesellschaft, 6. Aufl., 2005 (= Werke in sechs Bänden. Bd. VI), A385–A411, hier A404.

[536] Kant: Idee zu einer allgemeinen Geschichte in weltbürgerlicher Absicht, a. a. O., A 408, 409 (Hervorhebung, I.R.).

unvollkommenen Vermittlung das Schisma zwischen beiden zu verhindern, ihren Rahmen verleiht.[537] Diese pädagogische Funktion der Leitidee übernimmt Ricœur ebenfalls aus dem kantischen Modell,[538] obgleich es ihm nicht um das Sichzeigen einer sich verwirklichenden Naturabsicht geht, sondern um ein von der Deskription untrennbares präskriptives Moment, das der immer wieder neu zu schaffenden Verknüpfung von Erfahrungsraum und Erwartungshorizont die Richtung weist. Ricœur verleiht damit dem *Kollektivsingular der Geschichte und der Zeit* den *Status einer Idee*, die zugleich *praktische und dialogische Kategorie* im Sinne eines Grenzbegriffes *und* einer Leitidee ist. In diesem Sinne kann Ricœur sagen: „Die Geschichte als eine denken, heißt drei Ideen gleichzusetzen: eine Zeit, eine Menschheit, eine Geschichte".[539]

Die konkrete Verknüpfung von Erfahrungsraum und Erwartungshorizont aber geschieht stets in der Gegenwart. Daher kann Ricœur Gegenwart grundsätzlich als *Gegenwart der Initiative* verstehen. Sie sei nicht als Präsenz und über das Sehen, sondern vielmehr über das Handeln und Leiden und somit als Gegenwart eines *Anfangens*, das eine Fortsetzung nach sich zieht, zu denken. Ein unmittelbarer Spielraum des Handlungsvermögens lässt sich durch strategische Handlungen erweitern und ermöglicht einen Eingriff in ein aus der Umwelt herausgelöstes geschlossenes System. Die alles Handeln vermittelnde Sprache stellt in einem Sprechakt immer eine gegenwärtige, in die Zukunft reichende implizite Verpflichtung des Sprechers dar, welche im Versprechen explizit wird. Wird diese Verpflichtung eingehalten, so verleiht die Initiative „der Gegenwart die Kraft zu dauern".[540] In einer Gleichsetzung

---

[537] Jervolino sieht einen Zusammenhang der Leitidee der einen versöhnten Menschheit mit dem Konzept der Übersetzung, welches er in Analogie zu einer kantischen universalen Gastfreundschaft denkt: „In der Übersetzung ist ein plurales Konzept der Humanität am Werk, welches dennoch eines ist, welches sich nicht auf eine einzige Sache im Sinne einer vereinheitlichten Wissenschaft, eines absoluten Wissens oder einer einzigen Sprache reduzieren lässt, aber welches sehr wohl nach dem Modell der Gastfreundschaft, des gemeinsamen Lebens, der Mit-Bewohnung in einer dank einer Praxis der Gastlichkeit bewohnbar gewordenen Welt vereinheitlicht werden kann" (Jervolino: La mémoire, l'histoire, l'oubli dans le contexte de l'itinéraire philosophique de Paul Ricœur, a. a. O., 25).

[538] Vgl. TR III, 457–460/ZE III, 409–411. In Auseinandersetzung mit Ricœur, Paul: Jugement esthétique et jugement politique selon Hannah Arendt, in: ders.: *Le juste*. Paris: Esprit 1995, 143–161 zeigt Breitling in einer Konfrontation von Kant, Arendt, Lyotard und Ricœur auf überzeugende Weise, dass Ricœur nicht Kants Rechtsdoktrin, dessen Konzept eines teleologischen Fortschrittes, dessen Versuch einer „wahrsagenden Geschichtsschreibung" und auch nicht dessen transzendental-philosophische Deduktion von Normen aus der Idee des freien Willens als Leitfaden für eine Geschichte der Menschheit übernimmt, sondern vielmehr den Gedanken, „daß eine Geschichtsbetrachtung, die über die empirische Erfassung und Erklärung historischer Ereignisse hinaus nach ihrer exemplarischen Bedeutung fragt, zur Ausbildung einer kosmopolitischen Einstellung und zum Entwurf von Perspektiven zukünftigen Handelns überleitet", was bei Ricœur „zwar nicht zu der Gewißheit [führt], daß sich in der Geschichte der ‚Endzweck der Schöpfung' erfüllt, aber doch zu der Hoffnung, daß bestimmte ‚Versprechen der Vergangenheit' eingelöst, bestimmte ‚in der Vergangenheit verschüttete Möglichkeiten' über die narrative Repräsentation der Vergangenheit reaktualisiert und schließlich verwirklicht werden können" (Breitling: *Möglichkeitsdichtung – Wirklichkeitssinn. Paul Ricœurs hermeneutisches Denken der Geschichte*, a. a. O., 274).

[539] TR III, 461/ZE III, 412.

[540] TR III, 419/ZE III, 376.

von Initiative und historischer Gegenwart sieht Ricœur die Vollendung der Replik des narrativen Denkens der Geschichte auf die erste Aporie der Zeit: Die Initiative der historischen Gegenwart operiere immer schon auf einer gemeinschaftlichen Ebene, da sie auf den praktischen Vermittlungsmodalitäten der ersten Aporie, insbesondere des Kalenders, der Generationenfolge und der Mitwelt, beruht und sich, was insbesondere im Falle eines expliziten Versprechens deutlich wird, in den öffentlichen Raum und seinen unausgesprochenen Gesellschaftspakt einschreibt, welcher Wahrhaftigkeit und die Priorisierung des besten Argumentes verlangt. Gleichzeitig verknüpft die Gegenwart der Initiative Erfahrungsraum und Erwartungshorizont und vermag so auch der zweiten Aporie zu begegnen. In Anlehnung an Nietzsches zweite unzeitgemäße Betrachtung bestimmt Ricœur die Gegenwart als eine „Zeit der *Schwebe* (*suspens*)“, „in der noch nichts entschieden ist“.[541] Die Kraft der Gegenwart, so Ricœur mit Nietzsche, könne zur vollen Entfaltung und zum Dienst am Leben reifen, wenn es gelingt, die Vergangenheit nicht als totes Depot, sondern als einen Fundus unerfüllter Versprechen und an ihrer Verwirklichung gehinderter Möglichkeiten zu betrachten, die es in den Zukunftsentwürfen in Hinblick auf die Leitidee zu reaktivieren gilt.

Wie viel Vorsicht diese Gegenwart als Schwebe und als Kraft erfordert, zeigt sich in Ricœurs Analysen zu Ideologie und Utopie.[542] Das soziale und kulturelle Imaginäre, mithilfe dessen wir die Ekstasen der historischen Zeit in der Gegenwart aufeinander beziehen, zeige sich in der doppelten Gestalt von Ideologie und Utopie. Beide weisen jedoch sowohl eine fruchtbare als auch eine gefährliche Seite auf. Die Ideologie kann zu einem gemeinsamen, identitätsstiftenden Selbstverständnis beitragen, sie kann jedoch auch zur gefährlichen Verzerrung und Rechtfertigung einer durch eine integrative Gedenkkultur bestehenden Wirklichkeit führen. Die Utopie kann in der Wirklichkeit verdrängte Potentialitäten hervorkehren, imaginative Variationen der politischen Macht liefern und so die Wirklichkeit in Frage stellen, sie läuft aber auch Gefahr, ihre Entwürfe nicht an die existierende Wirklichkeit zurückzubinden und in einer „wahnsinnige[n] Logik des Alles oder Nichts [...], welche die einen dazu treibt, sich in das Schreiben zu flüchten, andere dazu, sich in der Sehnsucht nach dem verlorenen Paradies zu verschließen, und wieder andere dazu, unterschiedslos zu töten“, zu enden.[543] In einer notwendigen Überkreuzung zwischen diesen beiden Formen des sozialen Imaginären ist in einer Spannung zwischen der Funktion der Integration und der Funktion der Subversion das

[541] TR III, 433/ZE III, 388 (Einfügung des französischen Wortlautes, I.R.). „Suspens“ ließe sich hier auch mit der an die phänomenologische *époché* gemahnenden „Einklammerung“ oder „(Urteils-)Enthaltung“ übertragen.

[542] Vgl. das aus einem in Chicago gehaltenen Seminar entstandene, zunächst auf englisch und später auf französisch veröffentlichte Buch Ricœur, Paul: *Lectures on Ideology and Utopia*. New York: Columbia University Press 1986/frz.: *L'idéologie et l'utopie*. Paris: Seuil 1997, sowie Ricœur, Paul: L'idéologie et l'utopie: deux expressions de l'imaginaire social, in: *Du texte à l'action. Essais d'herméneutique II*, a. a. O., 417–431/dt.: Ideologie und Utopie: zwei Ausdrucksformen des sozialen Imaginären (1976), in: Ricœur, Paul: *Vom Text zur Person. Hermeneutische Aufsätze (1970–1999)*, a. a. O., 135–151.

[543] Ricœur: L'idéologie et l'utopie: deux expressions de l'imaginaire social, a. a. O., 430/dt.: Ideologie und Utopie: zwei Ausdrucksformen des sozialen Imaginären, a. a. O., 149.

schöpferische und fruchtbare Vermögen der Einbildungskraft immer wieder neu auf kritischem Wege zu erobern. Allein so kann die Gegenwart zu einer befreiten und befreienden Initiative werden.

In seiner Bestimmung der Gegenwart als Initiative, welche sich immer in die praktische Vermittlung der historischen Drittzeit einschreibt, spricht Ricœur in einem Verweis auf Heidegger davon, dass auf diesem Wege „dem Gegenwärtigen wieder zu einer Eigentlichkeit" verholfen werden könne, „die derjenigen der auf die Zukunft gerichteten vorlaufenden Entschlossenheit in nichts nachsteht".[544] Auch wenn Ricœurs Kritik an Heideggers vorlaufender Entschlossenheit, wie bereits gezeigt wurde, in einem wesentlichen Aspekt nicht zutreffend ist, so schien doch Heideggers Bestimmung des Augenblickes als eigentlicher Gegenwart nicht ohne Schwierigkeiten zu sein. In Kap. 3.2.2 stellte sich das Problem, dass sich die „ursprüngliche" und eigentliche Gegenwart in Zukunft und Gewesenheit aufzulösen scheint, da sie als „gehaltener" Augenblick kein eigenständiges Moment bilden kann, ohne in die Uneigentlichkeit abzurutschen. Allenfalls ein Hin und Her zwischen Augenblick und andrängenden begegnenden Möglichkeiten und Umständen schien sich an die Stelle der eigentlichen und damit strukturell der ursprünglichen Gegenwart setzen zu lassen. Ricœur jedoch kennzeichnet die Gegenwart der Initiative mit ihrer Zeit der Schwebe, einer Ideologie- und Utopiekritik, einer stets neu zu entfaltenden Kraft und den das Schisma zwischen Erfahrungsraum und Erwartungshorizont verhindernden konkreten Initiativen des handelnden und leidenden Menschen gerade durch ein solches Hin und Her zwischen Möglichkeitserforschung und bestimmter Handlung: In der Initiative bin ich gleichermaßen mit meinen Vermögen und mit den sich in der Welt darbietenden Handlungsmöglichkeiten vertraut und schreibe meine konkreten Handlungen als neue Anfänge in die historische Zeit ein. Da Ricœur eine Hierarchisierung der Zeitigungsebenen nach Ursprünglichkeit vermeidet und eine vermeintlich ursprüngliche Gegenwart nicht von dem Ergreifen einer konkreten Situation mitsamt der abwägenden Antizipation ihrer Konsequenzen zu trennen sucht, entgeht er der heideggerschen Problematik von gehaltenem Augenblick und Sturz in die Uneigentlichkeit. Ja, es ließe sich sogar davon sprechen, dass bei Ricœur geradezu eine Aufforderung dazu zu erkennen ist, sich zwecks Überwindung des Schismas zwischen Erfahrungsraum und Erwartungshorizont mitten in die Dinge der Sorge zu stürzen, unter ihnen zu agieren und unter Berücksichtigung möglichst vieler Umstände die sinnvollsten ersten Schritte eines großen Projektes in einer letztlich aus der praktischen Weisheit erfolgenden Situationsentscheidung festzulegen.

Wie bereits bei der Antwort auf die erste Aporie der Zeit kommt jedoch auch bei der unvollkommenen Vermittlung der Einheit der Zeit den *fiktionalen Phantasievariationen* historischer Zeit eine wichtige Rolle zu.[545] Zeitromane könnten einerseits eigene Vermittlungsmodalitäten der Einheit der Zeit erzeugen, ließen jedoch andererseits die Aporizität der phänomenologischen Rechtfertigungsversuche

---

[544] TR III, 415/ZE III, 371 f.

[545] Vgl. zur Verbindung von Phantasievariationen und der zweiten Aporie der Zeit TR III, 238–241/ZE III, 209–212.

der Einheit der Zeit besonders deutlich hervortreten. Phantasievariationen sind aufgrund ihrer Freiheit besonders radikal dazu in der Lage, die Möglichkeiten unvollkommener Vermittlung zu erforschen, zeigen dabei aber gleichzeitig eine ausgezeichnete Eignung, die Grenzen der idealtypischen Lösungen der Phänomenologie aufzudecken. Diese sowohl einheitsstiftende als auch kritische Funktion der Phantasievariationen lässt sich anhand von zwei Parallelisierungen Ricœurs, erstens von Husserls phänomenologischer Deckung von Retention und Wiedererinnerung mit zwei Beispielen einer literarischen „Deckung" bei Virginia Woolf und Thomas Mann sowie zweitens von Heideggers Wiederholung mit einer literarischen „Wiederholung" bei Marcel Proust, aufweisen. Sowohl die fiktionalen Spielräume von Husserls Begründung der Einheit der Zeit durch vielschichtige Überlagerung als auch das Variationspotential von Heideggers Begründung durch ursprüngliche Einheit der Zeitigungsebenen werden so bis an die Schwelle ihres inneren Zerspringens geführt. Durch diese subversive Unterminierung einer mit Husserl oder mit Heidegger gedachten phänomenologischen Einheit der Zeit unterstreichen die Phantasievariationen sowohl die unaufhebbare Offenheit als auch die pluralen Vermittlungsmöglichkeiten zeitlicher Einheit.

In *Mrs. Dalloway*, so Ricœur, müsse jede Figur „ihre eigene Dauer erzeugen, indem sie die Protentionen von Quasi-Gegenwarten, die zu einer längst überholten Vergangenheit gehören, mit den Retentionen von Retentionen der lebendigen Gegenwart ‚zur Deckung bringt'".[546] In diesen Vorgang der Deckung, den Ricœur in seiner Husserlinterpretation als eine Gleichheits- und Differenzanschauung bezeichnet hatte, brechen jedoch immer wieder Erinnerungen ein (*bouffées de souvenir*), denen zudem eine besondere Ausstrahlungskraft (*puissance particulière d'irradiation*) zu eigen ist. Diese kraftvollen und dabei unkontrollierbaren Einfälle dominieren dermaßen die Versuche der Figuren, ihre jeweilige Dauer in eine geordnete Einheit zu verwandeln, dass die aus dieser unbeherrschbaren Dezentrierung resultierende Unfähigkeit, ein Erlebnis entfernter Vergangenheit an der ihm zugehörigen Zeitstelle zu „konstituieren", Septimus schließlich sogar Selbstmord begehen lässt. Ricœur bezeichnet diese einen Sog ausübenden Erinnerungen als private „Höhlen" (*cavernes*) im Zeiterleben der Romanfiguren. Wenn er in seiner Husserlinterpretation die Wiedererinnerung als eine explizite Replik auf das retentionale Nachleben versteht, so ließe sich sagen, dass die Figuren in *Mrs. Dalloway* mit der Herausforderung konfrontiert sind, in einer Replik auf die retentionale Verflechtung von Ebenvergangenem und Entferntvergangenem diesem von Höhlen durchfurchten Zeiterleben mit der Erzeugung einer geordneten Dauer zu begegnen. Die Deckung werde in Virginia Woolfs Roman jedoch noch von einer anderen Seite her erschwert, denn sie beschränkt sich nicht auf einzelne Bewusstseinsflüsse, sondern „setze sich intersubjektiv fort, indem jeder einkalkuliert, was im anderen vorgeht, wenn die Protentionen des einen sich den Retentionen des anderen zuwenden".[547] Wie aber könnte in der Eroberung individueller zeitlicher Einheit je mehr zustande kommen als eine vorläufige Antwort auf die mit Anziehungskräften ausgestatteten

546 TR III, 239/ZE III, 210.

547 TR III, 240/ZE III, 210.

Höhlen des Zeiterlebens? Wie könnte in einer Verflechtung der Bewusstseinsflüsse verschiedener Figuren je mehr zustande kommen als das Netz einer offenen Einheit, wenn jeder Figur stets nur Bruchstücke von Erinnerungen in ihr waches Bewusstsein gelangen und sich ihre Zeit immer wieder auf eine neue Weise mit dem bloß mittelbar zugänglichen Zeiterleben der anderen verstricken kann? Die Deckung, diese idealtypische Lösung der husserlschen Phänomenologie, ist so zwar einerseits tatsächlich dazu in der Lage, subjektive und intersubjektive zeitliche Einheit zu erzeugen. Diese Einheit ist jedoch aufgrund jener Aporizität totaler Einheit stets revidierbar. Sie ist immer wieder neu gegen die mächtigen Höhlen des Zeiterlebens und die Unerreichbarkeit fremder Zeiterlebnisse zu erobern.

In *Der Zauberberg* zeigt sich nicht nur ein Hereinbrechen von Erinnerungen an früher Erlebtes. Hinzu tritt ein das gegenwärtige Zeiterleben dezentrierendes Auftauchen von auf Unvordenkliches verweisenden Erfahrungen. Während im ersten Kapitel des Romans der eigentliche Anfang Hans Castorps Reise von Hamburg nach Davos und seine Ankunft im Sanatorium „Berghof" erzählt, führt das zweite Kapitel in Hans Castorps Kindheit und in eine noch viel tiefere Vergangenheit zurück. Der junge Protagonist lässt sich aufgrund einer eigentümlichen Faszination von seinem Großvater immer wieder das „stehend wandernde[] Erbstück[]" der Familientaufschale vorführen.[548] Während das Kind „auf das Ur-Ur-Ur-Ur, – diesen dunklen Laut der Gruft und Zeitverschüttung", lauscht, „welcher dennoch zugleich einen fromm gewahrten Zusammenhang zwischen der Gegenwart, seinem eigenen Leben und dem tief Versunkenen ausdrückte", fällt ihn die „halb beängstigende Empfindung eines zugleich Ziehenden und Stehenden, eines wechselnden Bleibens, das Wiederkehr und schwindelige Einerleiheit war", an.[549] Dieser Schwindel, in dem nicht nur längst vergangene Erlebnisse, sondern überhaupt nie Erlebtes sich in die Gegenwart einmischt, kehrt in der von Ricœur so bezeichneten „magischen Unterschiedslosigkeit" der Walpurgisnachtepisode wieder.[550] Wenn Clawdia Chauchat Hans Castorp ihren „Crayon" ausleiht, so ruft dies bei Castorp dermaßen die Erinnerung an seinen Jugendfreund Pribislaw Hippe wach, dass die dissonante Konsonanz seiner Lebensgeschichte „in einer bis zur Identifikation gesteigerten Deckung" von Clawdia und Pribislaw, allerdings nur in der „geträumte[n] Ewigkeit" des Karnevals, überwunden wird.[551] Clawdia ist nicht Pribislaw und ist doch Pribislaw. Die Deckung zwischen beiden ist ein Irrtum und drückt dennoch gerade die tiefste zeitliche Einheit im Erleben von Hans Castorp aus. Das Erlebnis „magischer Unterschiedslosigkeit" verweist so gleichermaßen auf eine tiefe Einheit der Zeit und auf die Möglichkeit alternativer Deckungen und Erzeugungen zeitlicher Einheit, die ebenfalls auf unerwartete Weise aus der unvordenklichen „Zeitverschüttung" auftauchen könnten. Jene Deckung in „magischer Unterschiedslosigkeit" deutet so auf eine vielschichtige, stets teilweise unterschwellig bleibende Kreuzung im Zeiterleben hin, welche

548 Mann, Thomas: *Der Zauberberg*. Berlin: Fischer 1999 (= Taschenbuch. Bd. 9433), 38.

549 A. a. O., 36, 37.

550 TR III, 240/ZE III, 211.

551 TR III, 240/ZE III, 211.

jede *erzählte* Einheit der Zeit durch die unerschöpfliche *Erzählbarkeit* immer wieder unterminiert.[552]

In *À la recherche du temps perdu* und ihrem Gedanken einer wiedergefundenen Zeit findet Ricœur eine Variation der heideggerschen Wiederholung. Die lange Schule des Zeichenlesenlernens gelange über eine Vorbereitung in den Augenblicken unwillkürlicher Erinnerung gegen Ende des Romanzyklus in der berühmten Bibliotheksszene im Haus des Fürsten von Guermantes mit der langen Meditation über das Kunstwerk zu einer gewissermaßen „eigentlichen Wiederholung". Obgleich der endlich zum Schriftsteller gewordene Marcel sein Werk dem Tode abringt, zieht Ricœur die von ihm stets kritisch betrachtete, für die heideggersche eigentliche Wiederholung aber konstitutive vorlaufende Entschlossenheit nicht heran. Ricœur versteht die Wiederholung in ihrer vollen Bedeutung vielmehr als *„durchmessene[] Distanz"*,[553] in welcher sich eine Variation der ihm zufolge in der Traditionalität durchmessenen historischen Zeit erkennen lässt. Während Ricœur bei Hegel eine Verdoppelung der „kleinen Tautologie" zwischen Vernunft und Geschichte in der „großen Tautologie" einer Selbstverwirklichung der Freiheit über den teleologischen Stufengang ausmachte, sieht er in Prousts Phantasievariation „an die Stelle des unmittelbaren Kurzschlusses zwischen zwei ähnlichen Empfindungen, zu dem es in den beglückenden Augenblicken kommt, die lange Meditation des Kunstwerks" treten.[554] Die im Kunstwerk fixierte durchmessene Distanz lässt die verlorene Zeit zur wiedergefundenen Zeit werden. Ihre eigentümliche, über eine „eigentliche Wiederholung" erreichte Erzeugung zeitlicher Einheit verweist jedoch im Unterschied zu den hegelschen Tautologien auf die Möglichkeit anderer

[552] Tengelyi hat wiederholt an diese ricœurschen Analysen angeknüpft. Im Unterschied zu Ricœurs narrativer Antwort auf die phänomenologischen Zeitaporien unternimmt er jedoch den Versuch einer Vertiefung der Zeitphänomenologie selbst. Die „Tiefgründigkeit des hervorgehobenen Leitmotivs" (Tengelyi: Phänomenologie der Zeiterfahrung und Poetik des Zeitromans in Paul Ricœurs „Temps et récit", a. a. O., 32) von Pribislaw und Clawdia sei durch die traditionelle Phänomenologie der Zeit zwar nicht fassbar. Im Rahmen einer Reformulierung der Zeitphänomenologie könne die Literatur jedoch als eine Instanz fungieren, die „uns einen Einblick in den untergründigen Entstehungsprozeß des Unvorhersehbar-Neuen im Leben" (Tengelyi: *Erfahrung und Ausdruck. Phänomenologie im Umbruch bei Husserl und seinen Nachfolgern*, a. a. O., 316) verschafft. Die Phantasievariationen könnten Erfahrungen von im Alltag in der Regel nicht zu findenden Zeitigungsweisen zugänglich machen und der Zeitphänomenologie zur vertieften Analyse darbieten. In Erfahrungen wie der des Verschwimmens von Pribislaw und Clawdia oder auch von Odette und einer Frauenfigur von Botticelli für Swann in *À la recherche du temps perdu* machten sich „‚tote Arme'" (ebd.) einst abgedrängter Erlebnisse bemerkbar, schlössen sich mit Gegenwärtigem zusammen und stießen so zur Bildung eines solchen Unvorhersehbar-Neuen an, wie es in den literarischen Beispielen einer Verschmelzung zweier Figuren zustandekommt. Jene „toten Arme", die Tengelyi, in erkennbarer Verwandtschaft zur Zeitflussmetapher, auch als „‚Buchten' von Andersheit im eigenen Leben" (a. a. O., 317) bezeichnet, brechen jede konstituierte oder ontologisch fundierte Einheit der Zeit, wie sie Husserl und Heidegger verstehen, immer wieder auf. Allerdings könnten diese „Buchten" durch ihr Wiederauftauchen in der Gegenwart auch – „wie wenn sich eine Schleuse im Zeitstrom" (a. a. O., 319) des Lebens öffnet – versiegen und in eine neue Einheit der Zeit, in der sie ihre subversive Kraft verlieren, aufgesogen werden.

[553] TR III, 241/ZE III, 212.

[554] TR III, 241/ZE III, 212 (Übersetzung modifiziert, I.R.).

Wege des Zeichenlesens und des Durchmessens der Distanz und damit auf eine unerschöpfliche Erzählbarkeit, die zudem durch die durch das Kunstwerk eröffnete Rezeptionsgeschichte noch gesteigert wird.

Über die gleichzeitige Variation und Unterminierung der Einheit der Zeit zeigen sich in den Phantasievariationen auf ausgezeichnete Weise sowohl das Potential als auch die Grenzen der Narrativität in Hinblick auf die Beantwortung der zweiten Aporie. Es kann über die Überkreuzungen ekstatischer Vergangenheit, Zukunft und Gegenwart immer wieder eine unvollkommene Vermittlung der Einheit der Zeit erreicht werden. Diese bleibt jedoch stets unvollkommen und revidierbar. So ist es nicht verwunderlich, wenn Ricœur in den Schlussfolgerungen von *Temps et récit* ausdrücklich auf zwei prinzipielle Grenzen seiner narrativen Antwort auf die Frage nach der Einheit der Zeit verweist. Zum einen sei eine Fabel aller Fabeln für *die* Zeit und *die* Geschichte unmöglich. Zum anderen erfordere der Begriff der Narrativität eine Auflockerung und Erweiterung über die Gattung hinaus hin zu einem narrativen Programm, das sich eher am Erzähl*baren* als am Erzähl*ten* orientiert. Wird die Narrativität aber in diesem weiten Sinne verstanden, so kann sie dem Denken der Geschichte und ihrer offenen Einheit durch eine stete Öffnung des Erzählten hin zum Erzählbaren sowie durch eine Dynamisierung des Erzählten hin zu alternativen narrativen Vermittlungen auf eine angemessene Weise begegnen.

Im Folgenden ist zu untersuchen, wie die von Ricœur im Rahmen seiner Hermeneutik des historischen Bewusstseins entwickelten Begriffe von Erfahrungsraum und dem darin spielenden dreifachen Traditionsbegriff, von Erwartungshorizont und der Leitidee der in einer idealen Sprechsituation versöhnten Menschheit, von Gegenwart als Initiative sowie von dem eine offene Einheit der Zeit erzeugenden Ineinanderspiel dieser drei ekstatischen Momente in Ricœurs Arbeiten nach *Temps et récit* Weiterentwicklungen und Modifikationen erfahren. Die wichtigsten Bezugstexte sind dabei die beiden Spätwerke Ricœurs *La mémoire, l'histoire, l'oubli* und *Parcours de la reconnaissance*.

4.5.3 Hermeneutik der „conditio historica" und der Horizont des Optativs

Während Ricœur seine in *Temps et récit* entwickelte Hermeneutik des historischen Bewusstseins unter das Vorzeichen eines „post-hegelianischen Kantianismus" stellt, lässt seine im dritten Teil von *La mémoire, l'histoire, l'oubli* entwickelte Hermeneutik der *conditio historica* eine tendenzielle Verschiebung hin zur heideggerschen Fundamentalontologie aus *Sein und Zeit* erkennen.[555] Auch wenn Ricœur nach *Temps et récit* nicht mehr explizit die Frage nach der Einheit der Zeit stellt, kann die Hermeneutik der *conditio historica* aufgrund ihrer engen Verbindung zur Hermeneutik des historischen Bewusstseins als eine vertiefte Antwort auf die zweite

[555] Dasselbe ist bereits im dritten Kapitel von *La marque* zu beobachten.

Aporie der Zeit aufgefasst werden. Während Ricœurs Antwort auf die erste Aporie mit der Entwicklung des Begriffes narrativer Identität eine zunehmende Fragilisierung aufwies, zeigt sich für die zweite Aporie eine ähnliche Tendenz in einer *wachsenden Offenheit* der Einheit der Zeit. Die in *Temps et récit* entwickelte transzendental-narrative Aporetik der Zeit, die Ricœur in den angezeigten Grenzen noch seiner Poetik der Erzählung zurechnet, wird in *La mémoire, l'histoire, l'oubli* zu einer das geschichtliche Sein betreffenden ontologischen Aporetik der Zeit.

Wie weit jedoch trägt Ricœurs Annäherung an Heidegger, wenn sich sein Fragen nach der Geschichte von den Grenzen der Epistemologie hin zu den ontologischen Bedingungen der Möglichkeit des Machens und Schreibens von Geschichte verschiebt? Er ist grundsätzlich mit Heidegger darin einverstanden, dass das Dasein in seiner Sorge den ontologischen Referenzbegriff zu bilden habe und die Zeitlichkeit ein Hauptmerkmal des Seins darstellt, das wir sind. Die einheitliche Verknüpfung der drei Ekstasen im zeitlichen Sein des Menschen sei der ontologische Grund, auf den jene Analysen von Gedächtnis und Geschichte, die Ricœur im ersten und zweiten Teil seines Spätwerkes unternimmt, zurückgeführt werden müssten. Anders als Heidegger geht es Ricœur jedoch auch im Spätwerk nicht um eine Temporalität des Seins. Vielmehr werde „[ü]ber das Sein als Sein [...] nichts weiter gesagt".[556] Neben dieser Eingrenzung der Problematik von der Seinstemporalität auf die Daseinszeitlichkeit distanziert Ricœur sich jedoch auch innerhalb der daseinsmäßigen Zeitlichkeit von diversen Momenten der heideggerschen Analysen, welche er größtenteils bereits in *Temps et récit* einer Kritik unterzogen hatte. So wendet er sich weiterhin gegen Heideggers an die vorlaufende Entschlossenheit geknüpfte Priorisierung der Zukunft, gegen ein Verständnis der Gegenwart, welches diese vorrangig als uneigentliches geschäftiges Besorgen versteht, sowie gegen eine ontologische Hierarchisierung der Zeitigungsebenen. Die entscheidende Differenz der ontologischen *conditio historica* des Menschen gegenüber der heideggerschen Daseinszeitlichkeit liegt jedoch darin, die Zeitlichkeit bzw. die *conditio historica* als eine „existenziale Bedingung der Möglichkeit der gesamten Reihe von Diskursen" zu verstehen, „die im alltäglichen Leben, im fiktiven Schreiben und in der Historie über das Geschichtliche im allgemeinen gehalten werden", und zwar so, dass diese Diskurse nicht als uneigentliche und abkünftige Zeitigungsweisen, sondern als „zunehmende Bestimmung von Seiten des epistemologischen Gegenübers" aufgefasst werden können.[557] Auf ontologischer Ebene taucht hier jenes Ineinander von *appartenance* und *distanciation* wieder auf, welches insbesondere in Kap. 4.1 im Rahmen der methodischen Einleitung zu Ricœur erörtert sowie im Zusammenhang von Ricœurs Kritik an Husserls Retentionsbegriff erneut aufgegriffen wurde. Es geht nicht darum, eine ursprüngliche *appartenance* oder auch eine ursprüngliche Ekstatik zu denken, welche dann um eine womöglich verfremdende *distanciation* oder ein Rechnen mit Zeitpunkten und Zeitsequenzen ergänzt oder gar zum Verfallen gebracht würde. Vielmehr gehört die *distanciation* immer schon selbst zur *appartenance*. Dieses unhintergehbare Ineinander von *appartenance* und *distanciation* lässt

[556] MHO, 450/GGV, 532.

[557] MHO, 456/GGV, 538.

sich in Ricœurs *conditio historica* wiederfinden, wenn diese auf existenzialer Ebene „die Doppelverwendung des Wortes ‚Geschichte' als Gesamtheit der abgelaufenen, gegenwärtigen und künftigen Ereignisse (Tatsachen) und als Gesamtheit der über diese Ereignisse (diese Tatsachen) gehaltenen Diskurse – in Zeugnis, Erzählung, Erklärung und letztlich der Darstellung der Vergangenheit durch den Historiker" so rechtfertigen kann, dass das Distanzierungsmoment nicht als von einer geschichtlichen Zugehörigkeit abkünftig verstanden wird.[558]

Da in den Kap. 4.4.3 und 4.4.4 bereits eingehend Ricœurs Konzepte einer Wahrheit-Treue, einer Dialektik von Gewesenheit und Vergangenheit, eines primordialen zwiespältigen Vergessens, einer die epistemische Unsicherheit im Vergangenheitsbezug praktisch entscheidende Übernahme einer Schuld gegenüber den Menschen der Vergangenheit sowie die damit verbundene Erinnerungs- und Trauerarbeit erörtert wurden, wird es angesichts dieser bereits nachgewiesenen Öffnung in Hinblick auf die Vergangenheit in diesem Kapitel in erster Linie um die Wandlung in Ricœurs Zukunftsbegriff und dessen ihm eigentümlichen Entwurfshorizont gehen. Wenn Ricœur in seinem polysemantischen Verständnis der Gegenwart weiterhin ihren Charakter der Initiative hervorhebt, welchen er nun allerdings in der ontologisch verstandenen *conditio historica* existenzial verankert, so ist die entscheidende Frage, *woraufhin* die an die epistemische Unsicherheit und an die Schuld gegenüber den Toten gebundene Möglichkeitserforschung der Vergangenheit übernommen und *woraufhin* in der handelnden Gegenwart entworfen und entschieden wird. Was ist der Entwurfshorizont jener existenzial-ontologisch verstandenen Zeitlichkeit, die sowohl das kritische Distanzierungsmoment als auch ein unhintergehbares Schuldigsein gegenüber Anderen in den Begriff der *conditio historica* immer schon einschließt?

Wenngleich Ricœur sein Konzept einer Leitidee der versöhnten Menschheit keinesfalls zurücknimmt, zeigt sich in *La mémoire, l'histoire, l'oubli* in der Entfernung von Hegel und Kant und der Annäherung an Heidegger und Lévinas eine Öffnung des Entwurfshorizontes. Den Entwurfshorizont der menschlichen Zeit sowie der zeitlichen Existenzweise des Menschen versteht Ricœur nun nicht mehr als Leitidee, sondern als *Optativ* – als Optativ der *schwierigen Vergebung* und des *glücklichen Gedächtnisses*. Seine diesbezüglichen Analysen finden sich jedoch nicht unter dem Titel der *conditio historica* im dritten Teil von *La mémoire, l'histoire, l'oubli*, sondern im Epilog des Spätwerkes, welcher in seinem letzten Kapitel in einen Epilog des Epiloges mündet. Den letzten „Erfüllungshorizont (*horizon d'accomplissement*)" seines ganzen Unternehmens einer Phänomenologie des Gedächtnisses, einer Epistemologie der Geschichte und einer Hermeneutik der *conditio historica* sucht Ricœur durch eine *Eschatologie* zu bestimmen, die weder zur Phänomenologie, noch zur Epistemologie und auch nicht zur Hermeneutik gehöre.[559] Mit dieser den Horizont der *conditio historica* bildenden Eschatologie aber steht in letzter Instanz die Antwort auf die Frage nach der Einheit der Zeit auf dem Spiel. Sie bildet das Woraufhin der mit der *conditio historica* entwickelten ontologischen Zeitigung.

---

[558] MHO, 456/GGV, 538.

[559] MHO, 642/GGV, 760 (Einfügung des französischen Wortlautes, I.R.).

Die entscheidende Frage ist, ob Ricœurs so genannte Eschatologie mit dem philosophisch erforderlichen methodischen Atheismus bricht, indem sie unausgewiesene Momente der christlichen Eschatologie übernimmt, oder ob es Ricœur gelingt, unter diesem philosophisch suspekten Terminus einen *Erfahrungskomplex* zu fassen, welcher auch diesseits religiöser Diskurse und Überzeugungen einen Geltungsanspruch erheben kann. Die folgenden Überlegungen versuchen, letztere Position so stark wie möglich zu machen.

Wenn der Wunsch nach einem glücklichen Gedächtnis Ricœur zufolge die Eschatologie des Gedächtnisses, der Geschichte und des Vergessens strukturiert, so geht es dabei nicht um ein an einem Ende der Geschichte einmal zu verwirklichendes glückliches Gedächtnis, in welchem jede epistemische Unsicherheit und jegliche Schuld ein für alle Mal aufgehoben wären. Der Akzent liegt vielmehr auf dem Wunschcharakter, durch den das glückliche Gedächtnis zum letzten Entwurfshorizont der Zeitigung wird. Es geht weder um die stufenweise Verwirklichung der Freiheit in der Geschichte noch geht es um die fortschreitende Vervollkommnung der Entwicklung der Naturanlagen im Menschen. Das Leid der Menschen kann durch keine Gerechtigkeit aufgerechnet werden, die Schuld gegenüber den Menschen der Vergangenheit ist durch keine Abrechnung ein für alle Mal zu tilgen und noch nicht einmal ein Fortschritt in der Geschichte ist gewiss. Damit aber die existenzielle Schuld als *faute* nicht die handelnde Gegenwart paralysiert und derart in einen Wiederholungszwang führt, dass ein glückliches und zur Ruhe gekommenes Gedächtnis unmöglich wird, ist eine Vergebung zu denken, die diese Paralysierung zu verhindern vermag. Eine nicht als Aufhebung fungierende Vergebung wird so zur Bedingung einer Annäherung an den im Optativ formulierten Entwurfshorizont des glücklichen Gedächtnisses. Wie aber sind eine Vergebung und ein glückliches Gedächtnis denkbar, die nicht als Abrechnung oder als Aufhebung funktionieren? Wie sind die Vergebung einer Schuld und ein beruhigtes Gedächtnis möglich, wenn das entstandene Leid nicht ungeschehen gemacht werden kann und seine vermeintliche Nivellierung einem Skandal gleichzukommen scheint?

Ein vergangenes Ereignis, welches aufgrund eines einem Anderen zugefügten Leides zur Erfahrung einer Schuld führt, ist unumkehrbar und das in die Gewesenheit eingegangene Erlebnis des Verletzens und des Leidens unwiderruflich.[560] Die Schuld, so Ricœurs Formulierung, ist tief. Sie ist in der *Tiefe* jener Selbstheit, die sich ihre Handlungen zurechnet, verankert. Die Verbindung dieser Schulderfahrung mit einem „Bösen […], das empirisch immer schon da ist“, lässt den Wunsch nach einer zu einem glücklichen Gedächtnis führenden Vergebung als naive Verblendung oder unerträglichen Eskapismus erscheinen.[561] Trotz der Tiefe der Schuld und ihrer Verbindung mit einem Bösen, das immer schon da ist, deutet sich jedoch mit der Unerforschlichkeit dieses Bösen ein anderer möglicher Weg an: In einer Nähe zu Kants Rede von dem Hang, aber nicht der Anlage, zum Bösen spricht Ricœur von einem Bösen, welches „in der ursprünglichen Ordnung“ zwar empirisch immer schon da,

[560] Vgl. Ricœurs Anmerkung zu Jankélévitch MHO, 631 (Fußnote)/GGV, 745 f. (Fußnote).

[561] MHO, 602/GGV, 710.

„aber dennoch grundsätzlich kontingent ist".[562] Diese *Kontingenz*, welche sich der spekulativen Entzogenheit des Ursprungs des Bösen verdankt, eröffnet einen Raum der Hoffnung auf eine Vergebung, die weder Verblendung noch Eskapismus bedeutet. Diese Vergebung muss jedoch, so Ricœurs komplementäre Formulierung, aus einer *Höhe* erfolgen, die allein der Tiefe der Schuld angemessen ist. Wie lässt sich die metaphorische Sprechweise von einer Tiefe der Schuld, der eine Höhe der Vergebung begegnen können soll, präzisieren? Wie kann der sich zwischen Tiefe und Höhe aufklaffende Abgrund so gefasst und so überwunden werden, dass sich keine Aufrechnung und keine Aufhebung der Schuld ergibt?

Um dem nachzugehen, sei zunächst in einer negativen Bestimmung eingegrenzt, worin die Vergebung nicht bestehen kann. Zum einen können Institutionen in ihrer Eigenschaft, *Ordnungen des Dritten* zu sein, *nicht vergeben*. Eine „Vergebung" ihrerseits würde Straferlass bedeuten. Wenn es in der gemeinschaftlich gestifteten Gesetzesordnung vorgesehen ist, dass in einem bestimmten Fall gestraft werden kann und muss, dann muss diese Strafe auch erfolgen. Ansonsten würde sich Ungerechtigkeit einstellen. Aber umgekehrt garantiert auch die Strafe allein noch nicht, dass Vergebung gewährt wird und die Schulderfahrung verschwindet. Vergebung kann daher zwar in einem *Inkognito* innerhalb des Zirkels von Beschuldigung und Strafe geschehen, ihr eigentümlicher Charakter jedoch geht in diesem nicht auf. Zum anderen scheint bei näherem Hinsehen aber auch der gegenüber dem Kreis von Beschuldigung und Strafe weniger enge Austausch von Bitte um und Gewährung von Vergebung auf einen bloßen Zirkel hinauszulaufen. Ist die Ver*gebung* noch eine *Gabe*, wenn sie auf eine Bitte um Vergebung hin gewährt wird? Oder wird sie dann zu einem bloßen Tausch, der dem Zirkel von Beschuldigung und Strafe und damit einer Aufhebung der Schuld in einer abwägenden Bilanzierung näher steht als einer aus der Höhe erfolgenden und einen Abgrund überwindenden Vergebung?

Wenn Ricœur versucht, die Problematik der Vergebung von der ihr terminologisch verbundenen Gabe her aufzuschlüsseln, so begibt er sich damit auf das Feld einer Problematik, die in der Phänomenologie seit Heidegger und in der soziologisch und ethnologisch durch Marcel Mauss beeinflussten Denktradition seit Lévi-Strauss einen wichtigen Stellenwert einnimmt. Heideggers Überlegungen zum Ereignis als dem „Es gibt" Sein und Zeit führen bei Jean-Luc Marion zu einer Neuformulierung der phänomenologischen Grundlagen anhand des Gabebegriffes.[563] Marcel Mauss' *Essai sur le don* entzündete eine Diskussion um das Verhältnis von Gabe und Tausch im Ausgang von Form und Funktion des Austauschs in archaischen Gesellschaften.[564] Derridas Analysen der Gabe und der Vergebung, in denen

---

[562] MHO, 602/GGV, 710.

[563] Vgl. ZS; Marion, Jean-Luc: *Réduction et donation. Recherches sur Husserl, Heidegger et la phénoménologie*. Paris: Presses Universitaires de France 1989 (= Épiméthée) und ders.: *Étant donné. Essai d'une phénoménologie de la donation*. Paris: Presses Universitaires de France 2005 (= Quadrige).

[564] Vgl. Mauss, Marcel: *Essai sur le don. Forme et raison de l'échange dans les sociétés archaïques*. Paris: Presses Universitaires de France 2007 (= Quadrige).

beide Traditionen rezipiert sind, können als die größte Herausforderung für ein jedes Denken der Gabe und der Vergebung betrachtet werden.[565] Er spitzt die Aporizität der Gabe bis hin zur Leugnung ihrer Phänomenalisierbarkeit zu. Als solche könne die Gabe nie erscheinen, nie zum Phänomen werden, ohne sich in einen Tausch zu verwandeln. Sobald eine Gabe als Gabe bewusst ist, empfindet der Geber mindestens eine Genugtuung, gegeben zu haben. Damit aber hat er bereits den Lohn seiner „Gabe“ erhalten und die vermeintliche Gabe wird zu einem bloßen Tauschverhältnis. Wenn die Gabe umgekehrt aber gar nicht als Gabe erlebt wird, so scheint es ebenfalls problematisch, noch von einer Gabe zu sprechen. Dieselbe Problematik der Möglichkeit einer Unmöglichkeit zeigt sich in analoger Weise in Derridas Auseinandersetzung mit der Vergebung: „Denn wenn die Vergebung sich als solche *nicht präsentieren* kann, wenn sie sich als solche nicht präsentieren *darf*, das heißt, sich auf den Schauplatz des Bewußtseins auszusetzen, ohne im gleichen Zug sich zu verneinen, zu leugnen oder eine Souveränität wiederzubejahen, wie kann man dann wissen, was eine Vergebung ist, wenn sie niemals statthat“?[566] Können Ricœurs Begriffe von Gabe und Vergebung dieser von Derrida pointierten Herausforderung begegnen?

Ricœurs Lösungsversuch besteht darin, Gabe und Vergebung dem Austausch nicht gänzlich zu entziehen, sondern vielmehr eine *Logik der Überfülle* (*logique de surabondance*) zu denken, welche sich durch ein Jenseits des Abwägens und ein Überschreiten der aufrechnenden Gerechtigkeitsverhältnisse von einer Logik der Entsprechung oder der Äquivalenz (*logique d'équivalence*) unterscheidet.[567] Paradigmatischer Ausdruck für diese Logik der Überfülle sei die Feindesliebe des Evangeliums, deren politisches Spiegelbild Ricœur in der kantischen universellen Gastfreundschaft sieht. Die Feindesliebe leihe, „ohne auf Rückgabe zu hoffen“, bzw. sie „erwartet von der Liebe, daß sie den Feind in einen Freund verwandelt“.[568] Sowohl in der Feindesliebe als auch in ihrem Gegenstück, der Bitte um Vergebung, liege das für den Gabecharakter entscheidende Moment in einem *Risiko*: Wenn ich meinen Feind liebe, so gehe ich das Risiko ein, dass er mir erneut Leid zufügt und wenn ich um Vergebung bitte, so gehe ich das Risiko ein, dass mir die Vergebung verweigert wird. „Der Zufallscharakter“, welcher die Bitte mit der Vergebung verbindet, „resultiert aus der als vertikal zu bezeichnenden Asymmetrie“, deren „Intervall [...] zwischen der höchsten Höhe des Geists der Vergebung und dem Abgrund

---

565 Vgl. Derrida, Jacques: *Donner le temps. 1. La fausse monnaie*. Paris: Galilée 1991/dt.: *Falschgeld. Zeit geben I*. München: Fink 1993 und Derrida: *Donner la mort*, a. a. O./dt.: Den Tod geben, a. a. O.

566 Derrida, Jacques/Wieviorka, Michel: Le siècle et le pardon, in: Le Monde des débats 12 (1999)/ dt.: Jahrhundert der Vergebung. Verzeihen ohne Macht – unbedingt und jenseits der Souveränität. Übersetzt von Michael Wetzel, in: Lettre International 48 (2000), 10–18, hier 14. Vgl. auch Derrida, Jacques: *Pardonner: L'impardonnable et l'imprescriptible*. Paris: Éditions de L'Herne 2005. Ricœur bezieht sich ausschließlich auf das zitierte Interview mit Derrida.

567 Vgl. zu dieser Gegenüberstellung auch Ricœur, Paul: *Liebe und Gerechtigkeit/Amour et justice*. Übersetzt von Matthias Raden und hg. von Oswald Bayer. Tübingen: J.C.B. Mohr (Paul Siebeck) 1990.

568 MHO, 625/GGV, 738.

der Schuld“ die Vergebung überbrückt.[569] Was geschieht, wenn Variationen der Feindesliebe die Schuld vergeben?

Die Verstrickung der handelnden Selbstheit mit der der Tiefe der Schuld zugrunde liegenden Handlung, so Ricœurs Antwort, wird in der der Liebe nahestehenden Vergebung gelöst: „Die Formel dieses befreienden Worts würde, in aller Nüchternheit ausgesprochen, lauten: Du bist besser als deine Taten (*tu vaux mieux que tes actes*)“.[570] Damit ist gesagt, dass jenseits aller nach Äquivalenz strebenden Rechnungen der Vergebende dem Täter in der Feindesliebe einen *Kredit* des Vertrauens einräumt. Ohne Fundierung in einem bereits beobachteten Habitus des Täters, d. h. ohne jegliche Garantie durch dessen Charakter und narrative Identität werden dem Täter Erneuerungsmöglichkeiten seines Selbst zugetraut. Die Vergebung, Bruch und Brücke gleichermaßen, schafft so über einen sprunghaften Akt des Vertrauens einen *neuen Anfang* in der Zeit, welcher es dem Täter ermöglicht, erneut zu handeln, zu versprechen und bessere Handlungsmöglichkeiten zu verwirklichen als bisher. Mit dieser weder leichten noch unmöglichen, sondern schwierigen Vergebung „handelt [es] sich nicht darum, auf der Ebene einer berechenbaren Bilanz ein Sollsaldo zu löschen. Es handelt sich darum, Knoten zu entwirren“.[571] Die in der Vergebung erfolgende Loskoppelung des Handelnden von seiner Handlung verweist zudem auf die in Kap. 4.7 zu erörternden ontologischen Implikationen der ricœurschen Hermeneutik: Der Akt der Vergebung traut dem Vermögen des Täters, der in diesem ruhenden *dynamis*, eine *andere* Verwirklichung, eine andere *energeia* zu, obgleich diese sich in keiner Weise in der bisherigen Verwirklichung angezeigt hat.

Diese Trennung zwischen Handelndem und Handlungsvermögen einerseits sowie den bisher verwirklichten Handlungen andererseits vermag jedoch als ungeregelter Akt der Liebe in keine Institution integriert, in keiner Politik praktiziert, ja, nicht einmal in der aristotelischen *philia politikê* realisiert zu werden.[572] Ihre Zugehörigkeit zum Erfahrungsbereich der paulinischen *agapê*, jener Liebe der reinen Hingabe, die keinen Mangel kennt, verbietet es ihr grundsätzlich, auf Kollektive Anwendung zu finden. Nicht nur Institutionen, sondern Kollektive überhaupt, so Ricœur, „haben kein Gewissen“ und Völker seien „der Vergebung nicht fähig“.[573] Diese Einschränkung der Vergebung auf den Bereich des Individuellen bzw. auf das Geschehen zwischen zwei Menschen, bei denen sich noch keine ordnende Instanz eines Gerechtigkeit stiftenden Dritten eingeschaltet hat, verweist an entscheidender Stelle von Ricœurs Projekt eines nicht totalisierenden Geschichtsdenkens sowohl auf die Unvertretbarkeit des Einzelnen als auch auf die Notwendigkeit einer Vermittlung über einen Anderen, der nicht der in einer bereits bestehenden Ordnung begegnende andere ist. Wenn die Vergebung also zwar nicht das Strafen und auch nicht die Erinnerungs- und Trauerarbeit erspart, so kann sie doch die Kreisläufe der

---

[569] MHO, 626/GGV, 740.

[570] MHO, 642/GGV, 759 (Einfügung des französischen Wortlautes, I.R.).

[571] VZL, 153.

[572] Vgl. Ricœurs kritische Auseinandersetzung mit Hannah Arendt MHO, 630–637/GGV, 745–753.

[573] MHO, 617, 629/GGV, 728, 743 (Übersetzung modifiziert, I.R.).

Rache und der Potenzierung des menschlichen Bösen durchbrechen und zu einer Annäherung an den Erfüllungshorizont des ebenfalls nur vom jeweils Einzelnen gewünschten glücklichen und beruhigten Gedächtnisses beitragen.

Eine vergleichbare Wirkung wie der Vergebung kommt der Erfahrung jener *Friedenszustände* der Anerkennung zu, die Ricœur im dritten Teil seines letzten Werkes erörtert. Im Ausgang von der so genannten hobbesschen Herausforderung eines Kampfes aller gegen alle gelangt er in *Parcours de la reconnaissance* zu einer Auseinandersetzung mit Hegels Problematik der Anerkennung. Dies führt ihn auf die Frage, ob sich „das Verlangen nach emotionaler, rechtlicher und gesellschaftlicher Anerkennung wegen seines militanten, konfliktträchtigen Stils nicht in ein unbegrenztes Verlangen, eine Form des ‚schlechten Unendlichen'" und in eine neue Form des „‚unglücklichen Bewusstseins'" auflöse.[574] Die Konflikte, so Ricœurs Antwort, seien zwar tatsächlich nicht aufzulösen und der Kampf um Anerkennung sei nicht durch eine versöhnende Aufhebung ein für alle Mal zu beenden. Trotzdem gäbe es aber eine „*tatsächliche Erfahrung* von [...] Friedenszustände[n]", welche „Waffenstillstände, Aufheiterungen, man könnte auch sagen: ‚Lichtungen'" innerhalb des Kampfes um Anerkennung darstellten.[575] Diese Erfahrungen der Ruhe und des Friedens, welche, wie die Erfahrung einer schwierigen Vergebung, ebenfalls darauf hindeuten, dass der Wunsch nach einem glücklichen Gedächtnis nicht ganz und gar vergeblich ist, versucht Ricœur abermals über den Gabebegriff zu bestimmen.

Auch hier findet sich die Unterscheidung einer Logik der Überfülle von einer Logik der Gegenseitigkeit (*logique de la réciprocité*), bei der erstere zwar in letzterer spielt, ihrer Natur nach jedoch prinzipiell anders geartet ist. Es geht um einen Gaben*tausch*, der nicht in einer Logik der Gegenseitigkeit aufgeht. Der *double bind* in Hinblick auf die Gabe, demzufolge der Empfänger der Gabe gleichzeitig zu einer Erwiderung der Gabe verpflichtet ist *und* die Großzügigkeit der ersten Gabe nicht annullieren soll, entstünde nur dann, wenn man die bloße Beziehung der Gabe aus der Perspektive eines *transzendenten Dritten* betrachte und damit eine phänomenologische Betrachtungsweise verfehle.[576] Nimmt man hingegen eine *phänomenologische* Perspektive ein und richtet das Augenmerk auf die Akteure und ihre Beschreibungen der eigenen Handlungen, auf das, was *zwischen* den an der Gabe Beteiligten geschieht, so zeige sich einem eine zeremonielle gegenseitige Gabe, in der Ricœur in Anlehnung an Marcel Hénaff eine symbolische *wechselseitige Anerkennung* (*reconnaissance mutuelle*) erfolgen sieht.[577] Was geschieht in einer gelingenden Gabe zwischen Geber und Empfänger?

In der Großzügigkeit und Großherzigkeit der ersten Gabe läge ein Moment der *agapê* im Sinne eines reinen Begehrens zu geben. Sie sei zunächst allein auf das

---

[574] *Parcours*, 317 f./*Wege*, 273.

[575] *Parcours*, 317, 318/*Wege*, 273, 274.

[576] „Die von der Logik der Gegenseitigkeit in Begriffen des *double bind* uminterpretierte Pflicht des Erwiderns bleibt weitgehend eine phänomenologisch kaum haltbare Konstruktion" (*Parcours*, 350/*Wege*, 301 f.).

[577] Vgl. Hénaff, Marcel: *Le Prix de la vérité. Le Don, l'argent, la philosophie*. Paris: Seuil 2002 (= La couleur des idées).

Empfangen gerichtet und impliziere noch nicht die Erwartung einer Gegengabe. Gelingt diese erste Gabe, so entstünde beim Empfänger eine *Dankbarkeit*.[578] In einem diametralen Gegensatz zu der Position von Derrida führt diese Dankbarkeit bei Ricœur nicht zu einer dem Geber seinen Lohn auszahlenden Annullierung der Gabe, sondern stellt vielmehr gerade eine *Bedingung* der gelingenden Gabe dar. Von einer „Ethik der Dankbarkeit" kann Ricœur nur deshalb sprechen, weil er Empfangen und Dankbarkeit nicht als Komponenten eines ökonomischen Tauschverhältnisses interpretiert.[579] Der Vorgang von Gabe und Gegengabe spalte sich in zwei Teile auf: geben-empfangen auf der einen Seite und empfangen-erwidern auf der anderen Seite. Ähnlich wie die Vergebung das Intervall zwischen der Tiefe der Schuld und der Höhe der Vergebung überbrückt, trennt und verbindet das Gefühl der Dankbarkeit an der entscheidenden Ankerstelle des Empfangens die beiden Teilprozesse. An dieser Bruchstelle aber, die gleichermaßen eine Brückenstelle ist, entsteht das, was Ricœur in Opposition zu der Äquivalenz des Rechtsverhältnisses und des kommerziellen Tausches den *Abstand der Ungenauigkeit* nennt. Die Ungenauigkeit besteht zum einen in Hinblick auf den *Wert* der Gegengabe. In Anlehnung an Hénaffs Kategorie des „sans prix" meint Ricœur hier einen Wert, der keinen Preis und kein Maß hat und daher auch keine äquivalente Gegengabe erfordern kann. Zum anderen ist eine Ungenauigkeit in Hinblick auf den *Zeitpunkt* der Rückgabe auszumachen, worin sich eine Spur der erwartungslosen Gabe der *agapê* fände. Weil aber zwischen Gabe und Gegengabe dieser Abstand einer doppelten Ungenauigkeit aufklafft, ersetzt Ricœur die in der Terminologie des *double bind* formulierte Rede von einer Pflicht des Erwiderns oder einer Verpflichtung zur Gegengabe durch ein Verständnis von Gegengabe und Gabe als *Antwort auf ein Angebot* oder als eine *Antwort auf einen Appell*. Durch diesen Antwortcharakter der Gegengabe sei diese nicht als Entgeltung der ersten Gabe, sondern vielmehr als eine *zweite erste Gabe* zu verstehen, welche dieselbe Großzügigkeit beanspruchen könne wie jene.

Die wert- und zeitbezogene Ungenauigkeit an der Bruch- und Brückenstelle der beiden Teilprozesse der Gabe verweist auf jenes *Risikomoment*, welches sich in *La mémoire, l'histoire, l'oubli* bereits für die Feindesliebe und die Bitte um Vergebung anzeigte. Eine Gabe ist immer ein Anbieten, ein Riskieren, ein Etwas-von-sich-selbst-geben. Sie muss mit einer großen Verzögerung oder gar einem Ausbleiben der Gegengabe rechnen, sie muss damit rechnen, dass die Gegengabe geringfügiger ausfällt als möglicherweise erhofft, so dass sie stets auf Überraschungen gefasst sein muss. An der Schnittstelle der beiden Teilprozesse, deren Abstand der Ungenauigkeit Bedingung für die Gabe ist, besteht zugleich immer die Gefahr eines Fehlschlagens derselben. Weil es kein festes Maß gibt, sondern Wert und Zeitpunkt der Gegengabe ohne Intervention eines transzendenten Dritten aus der Begegnung

---

578 In seiner Erörterung der Dankbarkeit spricht Ricœur zunächst von *gratitude*, weist dann jedoch darauf hin, dass eine der Bedeutungen, und zwar eine vom *Littré* als *Ausnahme* gekennzeichnete Bedeutung, von *reconnaissance* die Dankbarkeit ist (Vgl. *Parcours*, 351/*Wege*, 303). Der die Gabe und im Weiteren die wechselseitige Anerkennung ermöglichenden Dankbarkeit kommt so auch auf terminologischer Ebene ein Ausnahmecharakter zu.

579 *Parcours*, 353/*Wege*, 304.

zwischen Geber und Empfänger selbst hervorgehen müssen, kann bei diesen stets eine Grundstimmung des Missverständnisses entstehen, durch die der Gabeprozess wieder in die Logik der Gegenseitigkeit umkippt.[580] Der innerhalb und an den Grenzen der entgeltenden Tauschverhältnisse spielende Gabentausch befördert so in seiner gelingenden Form die inmitten des Kampfes um Anerkennung als Lichtungen und Waffenstillstände auftauchenden Friedenszustände. Anders als die Gegenseitigkeit des abwägenden und entgeltenden Tauschverhältnisses könne „das Verhältnis der Wechselseitigkeit auch als eine Anerkennung verstanden werden [...], die sich selbst nicht erkennt“ und in der die „originäre Asymmetrie zwischen dem ich und dem anderen“ nicht aufgehoben wird.[581] Die Logik der Überfülle befindet sich in einem ständigen Oszillationsverhältnis zu der der Logik der Gegenseitigkeit verpflichteten Tauschformen und kann nie zu eindeutiger Gewissheit, abschließender Bilanzierung, unerschütterlicher Stabilität, geschweige denn zu einem endgültigen geschichtlichen Friedenszustand führen.

Wenn Ricœur aber die auf den Erfüllungshorizont des glücklichen Gedächtnisses hin erfolgende Vergebung und die mit einer ähnlichen Ausrichtung verbundenen Friedenszustände der Anerkennung unter Rückgriff auf die biblische *agapê*, die in der christlichen Tradition auch für die göttliche Liebe steht, entwickelt, bricht er dann nicht mit dem methodischen Atheismus? Wenngleich Ricœur zweifellos mit *Erfahrungen* argumentiert, denen in der christlichen Tradition eine große Rolle zukommt, ist dies nicht gleichbedeutend mit einer heimlichen Integration christlicher *Dogmen* in die Philosophie, sondern markiert zunächst lediglich einen Rückgriff auf bestimmte Erfahrungstypen. Anknüpfend an Derrida, der die Erfahrung der Vergebung zwar der spezifisch christlichen Tradition zurechnet, gleichzeitig aber von einer Universalisierung derselben spricht, ist Ricœur der Auffassung, dass sich „[i]n dieser Hinsicht [...] von einer angestrebten Universalität sprechen“ ließe, „die der Diskussion einer sich im Weltmaßstab herausbildenden öffentlichen Meinung unterworfen ist“.[582] Die Universalisierbarkeit jener von Ricœur herangezogenen traditionell christlichen Erfahrungstypen stünde so in der weltweiten Diskussion stetig auf dem Prüfstand.

Anders als beim frühen Ricœur geht es überdies weder mit dem Erfüllungshorizont des glücklichen Gedächtnisses noch mit der schwierigen Vergebung oder den durch Gabentausch begünstigten Friedenszuständen wechselseitiger Anerkennung um eine „Theologie der Geschichte“, in der „[d]er christliche Sinn der Geschichte [...] in der Hoffnung [besteht], daß die weltliche Geschichte ebenfalls am Sinn teilhat, den die heilige Geschichte entfaltet, daß es zuguterletzt nur eine einzige

---

580 Bereits in *Liebe und Gerechtigkeit/Amour et justice* spricht Ricœur von einem „instabile[n] Gleichgewicht am Horizont der Dialektik zwischen Liebe und Gerechtigkeit“ (a. a. O., 39/38 (Übersetzung modifiziert, I.R.)) und von einer „wechselseitigen lebendigen Spannung zwischen der Logik der Überfülle und der Logik der Entsprechung“ (a. a. O., 57 f./56). Dieses instabile Gleichgewicht aber kann „nur durch das situationsbezogene moralische Urteil erreicht und aufrechterhalten werden“ (a. a. O., 67/66).

581 *Parcours*, 342, 373/*Wege*, 295, 321.

582 MHO, 606/GGV, 714. Vgl. Derrida: Das Jahrhundert der Vergebung. Verzeihen ohne Macht – unbedingt und jenseits der Souveränität, a. a. O., 10.

Geschichte gibt, daß alle Geschichte letzten Endes heilig ist", einen eschatologischen „supra-rationale[n] Sinn" hat und „am ‚jüngsten Tag' die *Einheit des Sinns* zum Vorschein kommen wird", welche dem Erdenbürger vorläufig nur als „*verborgener* Sinn" gegeben ist.[583] In der vom späten Ricœur im Modus des Optativs vorgeschlagenen Eschatologie des Gedächtnisses, der Geschichte und des Vergessens ist nicht mehr davon die Rede, dass „[i]n der Hoffnung [...] alles eins [ist], [...] alle Wahrheiten in der einzigen Wahrheit" sind.[584] Die Eschatologie aus dem Epilog von *La mémoire, l'histoire, l'oubli* sucht allein den praktischen, im Optativ stehenden Entwurfs- und Erfüllungshorizont zu bestimmen, auf den hin in letzter Instanz die Manifestationen der *conditio historica* und die in ihr gründenden Vermögen und Tätigkeiten die drei Ekstasen der Zeit immer wieder neu miteinander verknüpfen. Ricœur entwickelt also mit dieser Eschatologie des glücklichen Gedächtnisses und den Friedenszuständen wechselseitiger Anerkennung aus *Parcours de la reconnaissance* weder einen theologischen Dogmatismus noch eine exegetische Interpretation der Geschichte, ja noch nicht einmal eine Philosophie der Religion, die in kantischer Tradition zu begründen suchte, was wir vernünftigerweise von einem Jenseits dieser Welt erhoffen dürfen. Es geht ihm allein um *menschliche Erfahrungen* der Vergebung, des glücklichen Gedächtnisses, der Versöhnung und des Friedens, die den letzten Entwurfshorizont unserer zeitlichen Existenzweise innerhalb einer spekulativ nicht zu vereinheitlichenden Geschichte darstellen. Diese Erfahrungen aber sind diesseits von partikularen religiösen Überzeugungen kommunizierbar und können daher durchaus Anspruch auf philosophische Relevanz erheben. Gesteht man Ricœur aber ein Festhalten am philosophisch notwendigen methodischen Atheismus zu und geht man mit ihm überdies davon aus, dass sich die Universalisierbarkeit derjenigen menschlichen Erfahrungen, mit deren Hilfe er den Entwurfshorizont des geschichtlichen Seins kennzeichnet, ständig in der Diskussion einer Weltöffentlichkeit zu erweisen hat, so ließe sich gerade vom Prüfstand dieser Weltöffentlichkeit her die Frage stellen, ob Ricœur nicht letztlich ein harmonistisches Geschichtsprojekt entwickelt, welches den geschichtlichen Erfahrungen insbesondere des zwanzigsten Jahrhunderts mit einem schlechten, gar das tiefe Leid der Opfer verhöhnenden Versöhnungsdenken nicht angemessen begegnen kann. Ist er letztlich doch „ganz und gar dem Gedanken der *Aufhebung* noch der schlimmsten Vergangenheit in einem glücklichen und ‚heiteren' Ende verpflichtet"?[585]

---

[583] HV, 106, 108, 109/GW, 103, 105 f.

[584] HV, 224/GW, 189.

[585] Liebsch, Burkhard: Zur Kritik eines glücklichen Vergessens in der politischen Gegenwart. Ricœurs Projekt einer Versöhnung von Gedächtnis und Geschichte, in: Journal Phänomenologie 23 (2005), 52–59, hier 53 f. Letztlich geht es mit dieser Kritik erneut um die Frage, ob Ricœur trotz seines „Verzichts" auf Hegel einen Hegelianismus vertritt. Böhnke plädiert für eine Abgrenzung zwischen Ricœur und Hegel und meint, „dass es für den Philosophen Ricœur, der mit der Vergänglichkeit des Vergangenen ernst macht, ohne es als bloß Vergangenes preiszugeben, kein (unbedingtes) Heil in der Geschichte, keine zivilisierende Kraft der Tradition geben kann. Im Verzeihen wird die Endgültigkeit getanen Unrechts und erlittenen Unheils anerkannt. Es bleiben Täter und Opfer. Die in der Aneignung des Verlustes implizite Affirmation bezieht sich auf eine Differenz, die geschichtlich unaufhebbar ist und die deshalb durch keine Versöhnungsarbeit getilgt oder auf

Dass diese Frage zu verneinen ist, lässt sich anhand von Ricœurs Zeitlichkeitsverständnis zeigen. Der Mensch existiert dreifach ekstatisch zeitlich, was durch eine immer schon bestehende Implikation von Distanzierungsmomenten in einer Gleichberechtigung der drei Ekstasen und sämtlicher Zeitigungsebenen geschieht. Gewesenheit und Vergangenheit stehen in einem offen dialektischen Verhältnis, dessen epistemische Unsicherheit unauflösbar ist, so dass die letztlich praktische Entscheidung über das, was tatsächlich war, angesichts einer Schuld gegenüber den Menschen der Vergangenheit zu fällen ist. In Hinblick auf diese Antwort auf Vergangenes spricht Ricœur zwar von einem „‚Vergessen der Schuld'".[586] Dabei geht es jedoch nicht um eine geschichtsphilosophische Aufhebung vergangenen Leides, sondern lediglich um den Kampf gegen den die zeitlich-geschichtliche Seinsweise beherrschenden Wiederholungszwang: Das Vergessen der Schuld meint eine Erinnerungs- und Trauerarbeit, die die Gegenwart vom Wiederholungszwang befreit und über diesen Weg nicht nur ein neues Handeln, sondern auch allererst ein Gedächtnis und eine Geschichte ermöglichen, welche eine angemessene Begegnung der Schuld gegenüber den Toten und einen Akt der Bestattung leisten können. Es geht Ricœur um „[e]ine subtile Arbeit des Bindens und Entbindens [...] im Herzen der Schuld selbst [...]: einerseits die Entbindung von der Verfehlung, andererseits die nie auflösbare Bindung eines Schuldners. Schuld(en) ohne Schuld (*la dette sans la faute*)".[587] Die Tragik der Handlung, das menschliche Böse, die epistemische Unsicherheit von Gedächtnis und Geschichte und die primordiale Zwiespältigkeit des Vergessens machen eine „Aufhebung noch der schlimmsten Vergangenheit in einem heiteren Ende" unmöglich. Es kann mit der Erforschung vergangener, unterdrückter Möglichkeiten und ihrer Integration in den gegenwärtigen Entwurfshorizont nur um einen immer wieder neu zu erarbeitenden Bezug zur Vergangenheit und eine immer wieder neu zu leistende Begegnung der existenzialen Schuld gegenüber den Toten gehen.

Weil aber die Vergangenheit weder etwas statisch hinter uns Liegendes noch in einer Aufhebung integriert ist, muss es einen Entwurfshorizont geben, der die praktische, stets neu zu entwickelnde Antwort auf sie und damit die Vereinheitlichung der drei Zeitekstasen leitet. Ein solcher Entwurfshorizont ist kein antizipiertes Ende der Geschichte, er ist überhaupt keine Prognose, sondern, Heideggers Temporalität vergleichbar, ein äußerster Horizont unseres zeitlichen Entwerfens. Während Heidegger mit den horizontalen Schemata der Temporalität, von denen er allein die Praesenz entwickelte, das äußerste Woraufhin jedes Seinsentwurfes zu bezeichnen suchte, geht es Ricœur lediglich um den äußersten Horizont der menschlichen Zeit, der Zeit der Geschichte. Wenn Ricœur die „projektive Dimension dieses äußersten

eine ihr zugrunde liegende Einheit zurückgeführt werden kann. [...] Sein Konzept lebt von der eschatologischen Hoffnung der Vermittlung von Einheit und Differenz" (Böhnke, Michael: Die Zukunft der Vergangenheit. Zwei kritische Rückfragen an Paul Ricœurs Theorie über das Vergessen und Verzeihen, in: Breitling, Andris/Orth, Stefan (Hg.): *Erinnerungsarbeit. Zu Paul Ricœurs Philosophie von Gedächtnis, Geschichte und Vergessen*, a. a. O., 243–248, 246 f.).

586 MHO, 653/GGV, 772.

587 MHO, 653/GGV, 772 f.

Horizonts" als „Eschatologie" bezeichnet und diese über die schwierige Vergebung, das glückliche Gedächtnis und in einem weiteren Sinne auch über die wechselseitige Anerkennung aus *Parcours de la reconnaissance* zu spezifizieren sucht, so ist die menschliche Zeit durch den als Entwurfshorizont wirkenden Wunsch und die Hoffnung auf Glück vereinheitlicht. Diese Hoffnung ist dabei weder auf ein Jenseits der Geschichte noch auf eine bevorstehende Aufhebung der Geschichte gerichtet, sondern, so hat Ricœur einmal in einem Interview formuliert, sie ist die Hoffnung, „dass es immer poetische Rede geben wird, dass es immer eine philosophische Reflexion über diese poetische Rede geben wird".[588] Die Arbeit von Dichtern, Historikern und Philosophen ist unabschließbar und muss in einer angemessenen Zeitigung unserer *conditio historica* unabschließbar bleiben. Ihre Streitigkeiten jedoch hat in letzter Instanz stets der einzelne, verantwortlich handelnde Bürger zu entscheiden, welcher, so die bescheidene „Eschatologie" Ricœurs, in seinem Entwerfen und seiner Zeitigung durch den Wunsch nach einem glücklichen Gedächtnis und menschlicher Versöhnung geleitet wird. Seine Entscheidung, seine Vergebung, seine Gabe, seine Liebe und sein moralisches Situationsurteil sind in letzter Instanz jedem vorgegebenen festen Maß entzogen.

Dass dieser Wunsch und diese Hoffnung aber, vorausgesetzt sie werden nicht als Prognose über die Wirklichkeit missverstanden, tatsächlich eine menschliche Grunderfahrung zeitlichen Existierens darzustellen scheinen, lässt sich vielleicht mit einigen „Phantasievariationen" aus der fiktionalen Literatur bekräftigen. Es seien hier Thomas Mann und Samuel Beckett herangezogen. Mindestens zwei der großen Romane von Thomas Mann enden mit einer Figur der scheinbaren Hoffnungslosigkeit, die doch von einer letzten Hoffnung übertroffen wird. Anders als im klassischen Bildungsroman führt im Roman *Der Zauberberg* Hans Castorps Aufenthalt im Sanatorium „Berghof" nicht zu seiner Verwandlung in ein selbstbewusstes und tatkräftiges Mitglied der bürgerlichen Gesellschaft, sondern endet im siebten Jahr mit dem „Donnerschlag" des Ersten Weltkrieges, „der die Grundfesten der Erde erschütterte".[589] Der Krieg nimmt ihm seine Individualität[590] und aller Voraussicht nach sein Leben, denn, so der Erzähler, „wir möchten nicht hoch wetten, daß du davonkommst".[591] Und doch schließt eben jener Erzähler, anknüpfend an Hans Castorps frühere Erfahrung mit „Schuberts ‚Lindenbaum'",[592] bei der ihm „ein Traum von Liebe erwuchs", den Roman mit der Frage, ob „auch aus diesem Weltfest des Todes, auch aus der schlimmen Fieberbrunst, die rings den regnerischen Abendhimmel entzündet, einmal die Liebe steigen [wird]?"[593]

---

[588] Ricœur, Paul: *L'unique et le singulier*. Interview mit Edmond Blattchen. Brüssel: Alice Éditions 1999, 72.

[589] Mann: *Der Zauberberg*, a. a. O., 975.

[590] „Sie sind dreitausend, damit sie noch ihrer zweitausend sind, wenn sie bei den Hügeln, den Dörfern anlangen; das ist der Sinn ihrer Menge. Sie sind ein Körper" (a. a. O., 982).

[591] A. a. O., 984.

[592] A. a. O., 894.

[593] A. a. O., 984.

Am Ende des *Doktor Faustus*, wenn in der von Adrian Leverkühn zu sich geladenen Gesellschaft nach und nach der Großteil der Gäste das Haus verlässt, der im Pakt mit dem Teufel stehende Adrian gesteht, dass seine berechnende, endlos weiter getriebene Spekulation auf die göttliche Güte jedes Erbarmen „im voraus zerstöre durch Spekulation“[594], wenn der der Münzwissenschaft angehörige Dr. Kranich erklärt „Ich, als Numismatiker, fühle mich hier gänzlich unzuständig“[595] und Adrian schließlich nach dem Ausstoß eines Klagelautes zu Boden fällt, ist es Frau Schweigestill, die sich ohne zu zögern an seiner Seite einfindet. Sie zweifelt zwar daran, ob die „ewige Gnade“ in diesem Falle reichen würde – „‚… Aber a recht's a menschlich's Verständnis, glaubt's mir, des reicht für all's!‘“ Tengelyi merkt an, dass auch diese „echte[] *Pietà*-Geste“ von Frau Schweigestill aufgrund des *„Teufelskreis[es]“* von Adrians Spekulation möglicherweise keine „Zurücknahme des Dämonischen ins Menschliche“ zu erreichen vermag.[596] In der Beschreibung von Adrians Faust-Kantate jedoch, dieser Umkehr von Beethovens neunter Sinfonie in ein „Lied an die Trauer“, in dem ein „unheilbare[r] Schmerz“ waltet und das „keine Vertröstung, Versöhnung, Verklärung“ zulässt,[597] taucht die „überaus heikle Idee“[598] einer „Hoffnung jenseits der Hoffnungslosigkeit“, einer „Transzendenz der Verzweiflung“ und eines „Wunder[s], das über den Glauben geht“, auf, symbolisiert durch „das hohe g eines Cellos“, welches nach seinem Verklingen im „Schweigen der Nacht […] steht als ein Licht in der Nacht“.[599] Diese Formulierungen kehren in der Nachschrift von Zeitbloom wieder. Adrian ist einige Zeit nach seinem Zusammenbruch in das Haus seiner Mutter zurückgekehrt und sitzt dort in den Jahren vor seinem Tod – als bestünde hier eine Verbindung zu Hans Castorp – unter der „alte[n] Linde, deren Zweige unter seinem Fenster sich regten, und für deren wundervollen Blütenduft, in der Jahreszeit seiner Geburt, er Zeichen von Empfänglichkeit gab“.[600] Auf der letzten Seite des Romans findet sich die sowohl in Hinblick auf Adrian als auch auf das sich im Zweiten Weltkrieg befindende Deutschland gestellte Frage „Wann wird aus letzter Hoffnungslosigkeit, ein Wunder, das über den Glauben geht, das Licht der Hoffnung tragen?“.[601]

---

594 Mann, Thomas: *Doktor Faustus. Das Leben des deutschen Tonsetzers Adrian Leverkühn erzählt von einem Freunde*. Frankfurt am Main: Fischer 1995 (= Taschenbuch. 9428), 662.

595 A. a. O., 663.

596 Tengelyi: *Erfahrung und Ausdruck. Phänomenologie im Umbruch bei Husserl und seinen Nachfolgern*, a. a. O., 338, 336.

597 Mann: *Doktor Faustus. Das Leben des deutschen Tonsetzers Adrian Leverkühn erzählt von einem Freunde*, a. a. O., 647.

598 Tengelyi: *Erfahrung und Ausdruck. Phänomenologie im Umbruch bei Husserl und seinen Nachfolgern*, a. a. O., 339.

599 Mann: *Doktor Faustus. Das Leben des deutschen Tonsetzers Adrian Leverkühn erzählt von einem Freunde*, a. a. O., 648.

600 A. a. O., 670.

601 A. a. O., 672. Tengelyi weist unter Rückgriff auf die *Entstehungsgeschichte des Doktor Faustus* darauf hin, dass Adorno, der bei der Entwicklung des *Doktor Faustus* ratgebend mitgewirkt hat, zunächst mit Thomas Manns Formulierungen der Hoffnung und der Gnade unzufrieden war, Thomas Mann dann erst die oben zitierten Wendungen kreierte, die schließlich auch von Adorno

Die Figuren in Samuel Becketts Theaterstück *En attendant Godot*, das oft als Paradigma für Absurdes Theater angeführt wird, sind durch das gesamte Stück hindurch damit beschäftigt, auf einen Godot zu warten, den sie nicht kennen, von dem sie nichts wissen, noch nicht einmal, ob es ihn gibt, und von dem auch nicht klar wird, warum sie eigentlich auf ihn warten. Und doch warten sie. Mehrfach taucht zwischen den Hauptfiguren Wladimir und Estragon der folgende exemplarische Dialog auf:

> Estragon: Komm, wir gehen.
> Wladimir: Wir können nicht.
> Estragon: Warum nicht?
> Wladimir: Wir warten auf Godot.
> Estragon: Ach ja.

Jedes Mal, wenn dieser Dialog stattfindet, warten sie weiter auf die vermeintlich nahe Erfüllung oder Erlösung. Die letzten Worte des Stückes legen schließlich einen Abbruch des Wartens nahe:

> Wladimir: Also? Wir gehen?
> Estragon: Gehen wir!

Diese Wende im Geschehen trügt jedoch, da die letzte Regieanweisung vorschreibt:

> Sie rühren sich nicht von der Stelle.[602]

In Becketts *Fin de partie* können sich Hamm und Clov ebenfalls nicht von ihrer aussichtslosen Situation losreißen. Sie scheinen, zusammen mit den in Mülltonnen lebenden Eltern von Hamm, Überlebende einer Katastrophe und letzte Zeugen einer untergehenden Welt zu sein. Ihre Beziehung beruht gleichermaßen auf gegenseitigem Hass und auf gegenseitiger Abhängigkeit. Auch in diesem Stück beruht ein großer Teil der Spannung darauf zu erfahren, ob Clov Hamm letztlich verlassen wird und damit den Tod aller vier Figuren besiegelt. Wenn Hamm am Ende des Stückes zu Clov sagt „Ich danke dir, Clov, ich brauche dich nicht mehr", ihn dann aber doch bittet, ihm „[e]ine allerletzte Gnade" zu erweisen und ihn „unter dem Tuch" zu verstecken, am Ende dieses „[a]lten, von jeher verlorene[n] Endspiel[s]", so tut Clov dies zwar nicht.[603] Hamm selbst jedoch, der alles andere von sich wirft, spricht als letzte Worte „Altes Linnen! *Pause* Dich behalte ich" und Clov und Hamm sind beide immer noch da, wenn der Vorhang fällt, so dass unklar bleibt, ob Clov Hamm tatsächlich verlässt oder doch bleibt.[604]

---

gutgeheißen wurden. Tengelyi sieht in dem „Wunder, das über den Glauben geht", die Möglichkeit eines Ausbruches aus dem Teufelskreis theologischer Spekulation, wodurch sich „Adrian Leverkühns Durchbruch zum Ausdruck als ein Ereignis, das selbst noch das Gewebe des Schicksals zu durchbrechen vermag", erweist. Tengelyi: *Erfahrung und Ausdruck. Phänomenologie im Umbruch bei Husserl und seinen Nachfolgern*, a. a. O., 339.

[602] Zitiert nach Beckett, Samuel: *Warten auf Godot*. Übertragen von Elmar Tophoven. Berlin und Frankfurt am Main: Suhrkamp 1953 (= Bibliothek Suhrkamp. Bd. 1040).

[603] Beckett, Samuel: Endspiel, in: ders.: *Fünf Spiele*. Frankfurt am Main: Fischer Taschenbuch Verlag 1973, 7–48, hier 47.

[604] A. a. O., 48.

Dieser Exkurs in einige literarische „Phantasievariationen" sollte anhand von Autoren und Werken, denen nur schwer ein harmonistisches Denken vorgeworfen werden kann, die Hypothese stützen, dass der von Ricœur als letzter Entwurfshorizont der *conditio historica* vorgeschlagene Optativ des glücklichen Gedächtnisses, der schwierigen Vergebung, im Weiteren der Versöhnung und der Friedenszustände eine vom zeitlichen Existieren untrennbare *diesseitige Hoffnung* darstellt.[605] Der Bürger, welcher in letzter Instanz jeweils über einen Entwurf des geschichtlichen Sinnes zu entscheiden hat, kann die Geschichte mit Marx, mit Nietzsche, mit Freud zu lesen versuchen, kann diese heilsgeschichtlich oder als Fortschritt des Freiheitsbewusstseins interpretieren, er wird auf diesen unterschiedlichen Interpretationswegen in seiner zeitlichen Existenz jedoch letztlich von einem praktischen Entwurfshorizont der Suche nach Glück geleitet. Dieser Entwurfshorizont ist weder als eine Prognose über das Ende der Geschichte noch als ihr einziger Sinn zu verstehen, sondern als der äußerste Horizont zeitlichen Entwerfens, der in Ricœurs Denken der Geschichte als die schwache und letzte Stütze der Einheit der Zeit betrachtet werden kann. Wenn es in der Hermeneutik des historischen Bewusstseins aus *Temps et récit* darum geht, die Vergangenheit über den dreifachen Traditionsbegriff unbestimmter zu machen und die Zukunft unter Vermeidung wirklichkeitsferner Utopien sowie unter der Leitidee der versöhnten Menschheit bestimmter zu machen, wenn es in der Hermeneutik der *conditio historica* aus *La mémoire, l'histoire, l'oubli* darum geht, angesichts der in der Wahrheit-Treue enthaltenen epistemischen Unsicherheit hinsichtlich der vergangenen Wirklichkeit der Schuld gegenüber den Menschen der Vergangenheit zu begegnen, so wird diese dreifach zeitliche Verstehens- und Existenzweise letztlich in ihrer faktizitätsgebundenen Möglichkeitserforschung durch den Wunsch nach Versöhnung, Vergebung und glücklichem Gedächtnis geleitet, ohne damit in ein illusorisches Wunschdenken, ein eskapistisches Vergessen oder eine gewalttätige Versöhnung zu verfallen.[606]

---

[605] Im Freudbuch ist zu lesen, „daß das Leben und der Wunsch auf immer unüberwindbar sind, als anfängliches Gesetztsein, ursprüngliche Affirmation" (*Essai sur Freud*, 491/*Freudbuch*, 480). Der Zusammenhang dieser Thesen mit Ricœurs ontologischen Überlegungen zu einem schon im Frühwerk auftauchenden „Begriff des Seins [...], der eher *Akt* als *Form* ist, lebendige Bejahung, Macht zu existieren und existieren zu lassen" (HV, 405/GW, 364 f.) ist in Kap. 4.7 zu thematisieren.

[606] Breitling ist der Auffassung, dass der späte Ricœur seinen im Frühwerk formulierten Entwurf einer Poetik der Freiheit einlöst und spricht von der Konzeption des Spätwerkes als einer Poetik der „geschichtlich bedingten, aber schöpferischen Freiheit" (Breitling: *Möglichkeitsdichtung – Wirklichkeitssinn. Paul Ricœurs hermeneutisches Denken der Geschichte*, a. a. O., 227). Er klammert die von Ricœur formulierte Eschatologie weitestgehend aus, indem er ihre Zugehörigkeit zum außerhalb der philosophischen Hermeneutik der *conditio historica* stehenden Epilog hervorhebt. Auch in der vorliegenden Arbeit geht es keinesfalls darum, für ein *happy end* der Geschichte oder ein tatsächlich „in *theoretischer* Hinsicht" nicht zulässiges „Wunschdenken" zu plädieren (a. a. O., 228). Der Vorschlag besteht allein darin, den in der Eschatologie bestimmten Erfüllungshorizont als letzten Entwurfshorizont der der Schuld, dem Vergessen und dem Missverstehen stets nur vorläufig begegnenden Zeitigung zu verstehen. Ricœur selbst hat zwar diese Eschatologie „gewissermaßen außerhalb des Textes im Modus des Epilogs" positioniert (MHO, 375/GGV, 443) und sie weder der Phänomenologie noch der Epistemologie und auch nicht der Hermeneutik zugeordnet (vgl. MHO, 642/GGV, 760). Der Grund für diese Positionierung *hors texte* und außerhalb der *conditio historica* ist jedoch, dass es mit der Schuld als *faute* und der ihr begegnenden Vergebung um eine durch

Wie lassen sich die von Ricœur in *Temps et récit* entwickelte Antwort auf die Frage nach der Einheit der Zeit sowie die hier ebenfalls als Antwort auf dieselbe Aporizität aufgefassten Erörterungen aus *La mémoire, l'histoire, l'oubli* und *Parcours de la reconnaissance* auf Husserl und Heidegger beziehen? Ricœur hatte in den Schlussfolgerungen von *Temps et récit* gegen Husserl eingewendet, dass die erweiterte Gegenwart der Zeitvorlesungen nur partielle Totalitäten konstituieren, nicht aber über das Phänomen der Deckung den Zusammenhang der ganzen Zeit verständlich machen könne. Zudem bezweifelte er, ob die von Husserl in der fünften cartesianischen Meditation versuchte Vergemeinschaftung einzelner Erfahrungsströme eine einzige gemeinsame Zeit erzeugen könne. Da Ricœur nun aber die Frage nach der Einheit der Zeit als Frage nach der Einheit der Geschichte stellt, sind Husserls eigene Überlegungen zur Menschheitsgeschichte heranzuziehen, welche in Kap. 2.4.2 Betrachtung fanden. Jenseits von Ricœurs Kritik an Husserl zeigt sich aus dieser weiteren Perspektive eine zentrale Gemeinsamkeit zwischen den beiden Ansätzen: Sowohl für Husserl als auch für Ricœur geht es mit der geschichtlichen Einheit um eine *offene Einheit*, die sich als eine *unendliche Aufgabe* stellt. An diese Parallele schließen sich jedoch einige grundlegende Differenzen an. Obgleich es für Husserl immer unerfüllte Horizonte des Konstituierten, einen passiven Hintergrund des aufmerksamen Bewusstseins, eine unerfasste Anfangsphase desselben, eine prinzipiell nur mittelbare Zugänglichkeit der Erlebnisse Anderer und niemals eine geschlossene Totalität der transzendental intersubjektiven Konstitutionsbewegung gibt, macht er doch in allen Bewusstseinsebenen ein teleologisches Moment aus, welches von einer passiven Tendenz auf Einstimmigkeit bis hin zur *„historische[n] Bewegung der Offenbarung der universalen, dem Menschentum als solchen ‚eingeborenen' Vernunft"* reicht.[607] Auch wenn Husserl in der Geschichte kein Prinzip entdeckt, wie beispielsweise die zur Verwirklichung gelangende Freiheit, sondern die „wahre[] und volle[] Rationalität" als „eine im Unendlichen liegende Idee", weil „im Faktum notwendig auf dem Wege", versteht,[608] so findet sich bei ihm doch jenes von Ricœur so bezeichnete „doppelte[] Vertrauen (*crédit*), das der Philosoph einerseits in die Geschichtlichkeit der Vernunft und andererseits in die Bedeutung der Geschichte setzt".[609]

---

die Unerforschlichkeit des Bösen begründete Kontingenz geht, die lediglich faktisch, nicht aber strukturell immer schon die Existenz bestimmt (vgl. MHO, 375 f./GGV, 443 f.). Diese Faktizität des menschlichen Bösen, dessen Ursprung, wie der Ursprung der Zeit, unerforschlich bleibt, lässt die im glücklichen Gedächtnis kulminierende Eschatologie von Gedächtnis, Geschichte und Vergessen zum „Erfüllungshorizont unseres ganzen Unternehmens" werden (MHO, 642/GGV, 760).

[607] *Krisis*, 13 f.

[608] *Krisis*, 274.

[609] HV, 43/GW, 56 (Einfügung des französischen Wortlautes, I.R.). In einem bereits 1949 veröffentlichten Text (Ricœur, Paul: Husserl et le sens de l'histoire, in: *À l'école de la phénoménologie*, a. a. O., 21–57/dt.: Husserl und der Sinn der Geschichte (1949), in: Noack, Hermann (Hg.): Husserl. Darmstadt: Wissenschaftliche Buchgesellschaft 1973 (= Wege der Forschung. Bd. XL), 231–276) akzentuiert Ricœur statt dieses „doppelten Vertrauens" Husserls Pointierung des grundsätzlichen Dilemmas phänomenologischer Geschichtsbetrachtung. Ricœur fragt dort, ob Husserl nicht „Feuer und Wasser miteinander verbunden" habe, wenn er in der *Krisis* gleichzeitig versucht,

Ricœur aber geht es nicht darum, einer einstimmigen Sinnstiftung zur vollen Verwirklichung zu verhelfen bzw. ihren unendlichen Fortschritt zu befördern. Anstatt die Einstimmigkeitstendenzen im bereits Konstituierten aufzuspüren und zu stärken, muss es seines Erachtens vielmehr darum gehen, diese Verfestigungen immer wieder aufzubrechen und die in ihnen liegenden Möglichkeiten für alternative Sinnstiftungen zu erforschen. Es wäre für Ricœur ausgeschlossen davon zu sprechen, dass höchstens „das europäische Menschentum eine absolute Idee in sich trägt", nicht aber die „bloß empirische[n] anthropologische[n] Typen [...] wie ‚China' oder ‚Indien'".[610] Husserls Telos rationaler Einstimmigkeit und seine paradigmatische Verankerung im europäischen Menschentum findet sich bei Ricœur ersetzt durch den praktischen Horizont einer versöhnten Menschheit, in deren „spannungsvoller[r] Dialektik [...] wir unausgesprochene Streitigkeiten hinnehmen",[611] Geschichte so schreiben und machen, dass die Vergangenheit uns in keinem Wiederholungszwang gefangen hält und über Vergebung und Friedenszustände ein glückliches Gedächtnis anstreben. Jeder Bürger kann in jeder Gegenwart eine Initiative anstoßen, die der Vergangenheit einen neuen Sinn verleiht, ihr neue Möglichkeiten abgewinnt und eine ganz neue Wendung im Entwurf der Zukunft initiiert. Jeder Einzelne kann in der Hoffnung auf Glück das Risiko der Gabe und der Vergebung eingehen und damit einen neuen Anfang in der Geschichte setzen, ohne dass es dabei um ein philosophierendes Ego ginge, welches „Träger[] der zu sich selbst kommenden absoluten Vernunft" wäre.[612]

Das menschliche Glück spielt allerdings auch in Husserls Konzeption eine Rolle. Ihm zufolge ist das „Menschsein ein Teleologischsein und Sein-sollen", dessen Streben auf Vernunft hin gleichzeitig das ist, was den Menschen „allein befriedigen, ‚selig' machen kann".[613] Sein, Sollen und Glück des Menschen fallen so bei Husserl zusammen.[614] Ricœur hingegen formuliert angesichts des zwar kontingenten, faktisch aber stets anzutreffenden menschlichen Bösen das Glück lediglich im Modus des Optativs als letzten Erfüllungshorizont unseres zeitlichen Existierens. Der Wunsch nach Glück dient allen, letztlich stets auf den Einzelnen zurückweisenden Versuchen, die Einheit der Zeit zu denken, als äußerster Erfüllungshorizont. Sowohl Husserl als auch Ricœur denken also die Einheit der Geschichte als offene

„eine Philosophie des geschichtlichen Geistes" vorzulegen und „eine Philosophie des Ego cogito auf die Spitze" zu treiben (a. a. O., 54/273).

610 *Krisis*, 14.

611 VZL, 154.

612 *Krisis*, 275.

613 *Krisis*, 275.

614 Husserl entwickelt sogar den Gedanken einer Liebesgemeinschaft und macht in den einzelnen Subjekten ein „Streben" aus, „in möglichst großem Umfange zur Liebesgemeinschaft zu werden" (Husserl, Edmund: *Zur Phänomenologie der Intersubjektivität. Texte aus dem Nachlass. Dritter Teil: 1929–1935*. Hg. von Iso Kern. Den Haag: Martinus Nijhoff 1973 (= Husserliana. Bd. XV), 175). Es scheint bei seinen Überlegungen jedoch unklar zu bleiben, weshalb die Menschheit trotz dieses „Strebens zur Liebesgemeinschaft" nicht längst von selbst tatsächlich zu dieser gelangt ist. Der Grund dieser Unklarheit bei Husserl könnte in einem bei ihm fehlenden Begriff des Bösen gesucht werden.

Einheit und unendliche Aufgabe. Wo Husserl jedoch die Aufgabe der Beförderung einer unendlichen progressiven Entwicklung der Rationalität hin zu einer Verwirklichung von Sein, Sollen und Glück der Menschheit sieht, geht es Ricœur um ein immer wieder neu zu eroberndes Potential des Gewesenen, welches bisher unerhörte Initiativen ermöglicht und neue Zukunftsentwürfe stiftet. Während Husserl die Herausforderung darin sieht, einmal den richtigen Ansatz zu finden, nämlich die transzendentale Phänomenologie, um von da aus einen kontinuierlichen Fortschritt in der Bewältigung dieser Aufgabe zu erreichen, verfolgt Ricœur das Projekt, die Vergangenheit immer wieder neu nach verdeckten Möglichkeiten zu erforschen, um die Zukunft zu gestalten und neue Wege in ihr zu erproben. In Ricœurs Modell gibt es nicht den Sinn der Geschichte, noch nicht einmal in Form einer faktisch auf dem Wege seienden Rationalität, sondern es gibt unerschöpflich viele Interpretationsmöglichkeiten geschichtlichen Sinnes, denen letztlich der Einzelne jeweils in einer Situationsentscheidung praktischer Weisheit handelnd zu begegnen hat. Geleitet wird diese immer wieder anders zu leistende unvollkommene Vermittlung der Einheit der menschlichen Zeit lediglich durch den praktischen Erfüllungshorizont der angezeigten Figuren des Optativs der Versöhnung.

Da Ricœur bei Heidegger die in den Tod vorlaufende Entschlossenheit für eine persönliche existenzielle Wahl hält, konnte er ihre Begründungsfunktion für die Einheit der ursprünglichen Zeit des Daseins und im Weiteren für alle abkünftigen Zeitigungsebenen nicht akzeptieren. Obgleich diese Kritik an Heidegger an dem mit der vorlaufenden Entschlossenheit Gemeinten vorbeigeht, erscheint es, wie bereits in Teil 3 gezeigt, problematisch, Heideggers verschiedene Zeitigungsebenen im Rahmen einer ontologischen Hierarchie abnehmender Ursprünglichkeit zu verstehen. Die von Heidegger selbst nur zum Teil explizierte Temporalität des Seins überhaupt, so wurde überdies in Kap. 3.3 zu zeigen versucht, scheint als einheitsbegründende Funktion eines jeden Zeit- und sogar Seinsverständnisses ebenfalls problematisch zu sein, da sie aufgrund ihrer äußersten Formalität leer bleibt und den Bezug zur Daseinszeitlichkeit verloren hat, deren „ursprünglichste Zeitigung der Zeitlichkeit“ sie Heidegger zufolge jedoch hätte sein sollen. Obgleich in vorliegender Arbeit nur im Rahmen eines Ausblickes thematisiert, erscheint es zudem fraglich, ob das späte Denken des als *singulare tantum* verstandenen Ereignisses bzw. die Rücknahme der von Heidegger stets als Verfallsgeschichte gelesenen Seinsgeschichte in das „Es gibt“ und sein Schicken des Seinsgeschickes der Heterogenität zeitlichen Erlebens ausreichend Rechnung zu tragen vermag.[615] Ein konstitutives Wechselspiel zwischen Dasein, Welt und Zeit sowie zwischen verschiedenen Zeitigungsweisen, die praktisch immer wieder neu zu vermitteln sind, scheint einer aufgrund der Aporizität der Zeit lediglich praktisch vermittelbaren Einheit der Zeit angemessen zu sein. Ricœur zufolge ist diese praktische und unvollkommen vermittelte Einheit der Zeit nicht auf eine Temporalität des Seins überhaupt hin entworfen, sondern wird als menschliche Zeit durch den Erfüllungshorizont des glücklichen Gedächtnisses umgrenzt.

---

[615] Zum Ereignis als *singulare tantum* vgl. Tengelyi: Verantwortlichkeitsethische und fundamentalontologische Schuldauslegung, a. a. O., 173 f. und ders.: *Erfahrung und Ausdruck. Phänomenologie im Umbruch bei Husserl und seinen Nachfolgern*, a. a. O., 342 f.

Wenn Ricœur allerdings aufgrund der unhintergehbaren epistemischen Unsicherheit sowohl in Hinblick auf die Wirklichkeit der Vergangenheit als auch auf den Sinn der Geschichte in letzter Instanz dem Einzelnen die verantwortliche Entscheidung über die unvollkommene Vermittlung der Einheit der Zeit überlässt und diese von dem Erfüllungshorizont des glücklichen Gedächtnisses geleitet sieht, so könnte hier eine zentrale, von Ricœur jedoch nicht als solche gewürdigte Einsicht Heideggers eine wichtige Rolle spielen, deren Bedeutung bereits in Kap. 4.4.5 hervorgehoben wurde: Nur ein endlich Existierender vermag seine Endlichkeit so zu verstehen, dass er seine Unvertretbarkeit bei der Entscheidung über das Machen und Schreiben der Geschichte handelnd übernimmt.

4.6 Die Antwort auf die dritte Aporie der Zeit: Herausforderung zum Mehr- und Andersdenken

Wie Kant zufolge der Ursprung des Bösen entzieht sich die Zeit letztlich jedem Erklärungsversuch und lässt in ihrer uneinholbaren Vorgängigkeit eine prinzipielle Unerforschlichkeit erkennen. Diese dritte Aporie der Zeit erweist sich sowohl für die husserlsche und heideggersche Phänomenologie der Zeit als auch für Ricœurs narrative Replik auf die Aporizität der Zeit als die größte Herausforderung. Sie stellt das Denken vor die schwierige Aufgabe, die absolute Herrschaft über den Sinn aufzugeben und dabei doch nicht „dem Obskurantismus Vorschub" zu leisten, für welchen ein Denk- und Redeverbot die einzig angemessene Antwort auf diese letzte Aporizität der Zeit darzustellen scheint.[616] Um in einer Antwort auf die Unerforschlichkeit der Zeit diesen subtilen Balanceakt zwischen Sinnbeherrschung und Willkür zu leisten, ist Ricœur zufolge zu untersuchen, *„wie sich die Narrativität auf ihre Grenzen zubewegt"*.[617] In kantischer Tradition gilt es damit abzustecken, wo das Projekt einer poetischen Replik auf die Aporizität der Zeit, das sich im weitesten Sinne als eine „Kritik der narrativen Vernunft" bezeichnen ließe, an seine äußersten Grenzen gelangt. In Teil 2 und 3 von *Temps et récit* weitet Ricœur den Narrativitätsbegriff so weit aus, dass über die Begriffe der Quasi-Fabel, der Quasi-Person und des Quasi-Ereignisses auch Braudels Mittelmeeranalyse und über eine extreme Metamorphose traditioneller Erzählformen auch so genannte postmoderne Romane als narrativ gelten können. In den Schlussfolgerungen geht es Ricœur jedoch nicht mehr um derartige Flexibilisierungen des Narrativitätsbegriffes auf der Ebene der Konfiguration. Es stehen vielmehr überhaupt die *„Grenzen der Refiguration der Zeit durch die Erzählung"* in Frage.[618] Diese grundsätzlichen Grenzen einer von Ricœur als Poetik der Erzählung bezeichneten narrativen Aporetik der Zeit lassen

[616] TR III, 489/ZE III, 437.

[617] TR III, 482/ZE III, 431.

[618] TR III, 483/ZE III, 431.

sich ihm zufolge in eine innere und eine äußere Grenze unterteilen. Die innere Grenze ist ihrerseits doppelt und sei im Folgenden zunächst betrachtet.

Auf die innere Grenze der Refiguration der Zeit durch die Erzählung stößt Ricœur nach eigener Aussage auf ihm unerwartete Weise, als er die Lösungsvorschläge der Zeitromane auf die erste Aporie untersucht.[619] Die Phantasievariationen, so seine Entdeckung, zeigten nicht nur eine besondere Eignung zur Aufdeckung der Aporizität in der Phänomenologie der Zeit und sie lieferten auch nicht lediglich alternative, von der Geschichtserzählung abweichende praktische Antworten auf die erste Aporie. Vielmehr leisteten sie einen ausgezeichneten „Beitrag [...] zur Erforschung der Beziehungen zwischen *der Zeit und ihrem Anderen*",[620] der *Ewigkeit*. Die verschiedenen, von den Zeitromanen entworfenen Welten ließen Grenzerfahrungen der Zeit aufkommen, die sich als Erfahrungen der Ewigkeit bzw. Erfahrungen der Überschreitung der Zeiterfahrung hin zur Erfahrung einer Ewigkeit darstellten. Die fiktionalen Welten gäben damit einer zwischen Existenzialem und Existenziellem angesiedelten Meditation über Tod und Ewigkeit einen Ort, den die Phänomenologie der Zeit nicht hätte einräumen können. In den Phantasievariationen seien mögliche Varianten zeitlicher Grenzerfahrungen zur Ewigkeit erprobt, die Ricœur zufolge nicht allein in „Heideggers stoischer Entschlossenheit" oder in der christlichen Hoffnung zu suchen sind, sondern auch in den Varianten aus den von ihm untersuchten Zeitromanen gefunden werden könnten. Während bei Heidegger die durch die vorlaufende Entschlossenheit bezeugte ursprüngliche Zeit einer dem abkünftigen und vulgären Zeitbegriff zugerechneten Ewigkeit gegenübergestellt ist und während umgekehrt in dem augustinischen Modell die Ewigkeit die höchste Krönung der Zeitlichkeit darstellt, erkennt Ricœur in den drei Zeitromanen Varianten eines Schillerns zwischen diesen beiden Positionen.[621]

In *Mrs. Dalloway* bleibe es *zweideutig*, ob „die Zeit ein absolutes Hindernis ist auf dem Weg zur vollständigen Vision der kosmischen Einheit" oder ob Septimus dies in seiner Mischung aus Hellsicht und Wahn lediglich so erlebt.[622] Falls die Hindernishaftigkeit der Zeit seiner Hellsicht entspringt, müsste man meinen, Clarissa würde durch seinen Selbstmord erneut von der „vollständigen Vision kosmischer Einheit" abgehalten. Da sie jedoch durch Septimus' Tat neuen Lebensmut gewinnt, scheint das Verständnis der Zeit als Hindernis möglicherweise doch Septimus' Wahn zu entspringen. In *Der Zauberberg* finden sich mit der Ewigkeitssuppe, der Walpurgisnacht und der Schneeepisode verschiedene Varianten der Ewigkeitserfahrung, bei denen es jedoch aufgrund der *Ironie* des Erzählers unentschieden bleibe, inwiefern diese Ewigkeit nicht nur eine Illusion ist. Trotz der zahlreichen Ewigkeitserfahrungen innerhalb des Romans scheint allein ihre Illusionshaftigkeit begründen zu können, dass die Geschichte schließlich wie ein „Donnerschlag" in sie einbricht. Und selbst in der *Recherche* findet Ricœur die im Kunstwerk wiedergewonnene Zeit durch das *memento mori* der Tischgesellschaft beim Fürsten

[619] Vgl. TR III, 483/ZE III, 432.

[620] TR III, 483/ZE III, 432.

[621] Vgl. TR III, 241–244/ZE III, 212–215.

[622] TR III, 243/ZE III, 213.

von Guermantes sowie durch den nahenden Tod des Schriftstellers selbst bedroht. Dieses in allen drei Zeitromanen zu findende Schillern in Hinblick auf die Überschreitung der Zeiterfahrung hin zu einer Ewigkeitserfahrung scheint jedoch die angemessenste Antwort auf die Unerforschlichkeit der Zeit darzustellen. Es bleibt angesichts der dritten Zeitaporie stets unsicher, inwiefern die Zeit ein Hindernis und eine Bedrohung oder eine Chance und eine Eröffnung darstellt.

Das zweite Moment der inneren Grenze einer Refiguration der Zeit durch die Erzählung sieht Ricœur in einer *Remythisierung* der Zeit. Diese werde durch die fiktionale Erforschung der Grenzen zwischen Fabel und Mythos, welche in der Phänomenologie noch weniger Thema seien als die Ewigkeitserfahrungen, aufgedeckt. Die dabei zum Vorschein kommende *„mythische Zeit"* verweise auf einen Bereich *vor* der Unterscheidung zwischen den beiden großen narrativen Gattungen und *vor* der Differenzierung in Welt und menschliche Existenz.[623] Die kalendarische Zeit sei „bloß der Schatten" der ihrerseits niemals erfundenen mythischen Zeit, deren Spuren Ricœur sowohl im platonischen *Timaios* als auch in der aristotelischen *Physik* ausmacht und bis auf den Spruch des Anaximander zurückführt.[624] Diese allen narrativen Refigurationsbemühungen zugrunde liegende Zeit, von der eine „uralte Weisheit" wisse, dass sie uns einkreise und umschließe wie ein Ozean,[625] tauche als innere Grenze der Refiguration der Zeit durch die Erzählung wieder auf.[626] Die Zeitromane in ihrer „Trunkenheit" narrativisierten diese archaischen und hermetischen Zeitmomente und könnten der Zeit insbesondere durch Personifikationen eine *Sichtbarkeit* verleihen, die ihr innerhalb der Strenge der Phänomenologie versagt blieb.[627] Die Schläge des Big Ben in *Mrs. Dalloway* beispielsweise seien nicht nur physikalisch, psychologisch oder sozial zu verstehen, sondern enthielten einen fast mystischen Charakter. In *Der Zauberberg* zeige sich in der Kollision von innerer Zeit und kosmischer Zeit eine Dimension des Unvordenklichen jenseits von Zeit- und Ewigkeitserfahrungen, die gegen Ende des Romans in den „fragwürdigsten" spiritistischen Sitzungen des Dr. Krokowski hermetische Momente an die Oberfläche treten lässt. In der *Recherche* seien die zerstörerische Zeit und die Künstlerin Zeit in den Körpern zum einen der Abendgesellschaft beim Fürsten von Guermantes und zum anderen der Tochter von Gilberte und Robert de Saint-Loup personifiziert. In den puppenhaften Totenköpfen und der Enkelin von Swann und Odette sieht Ricœur Personifikationen der Zeit, die

---

623 TR III, 190/ZE III, 166.

624 TR III, 190/ZE III, 166. Vgl. TR III, 30–32 (Fußnote)/ZE III, 24–26 (Fußnote).

625 TR III, 32/ZE III, 26.

626 In einem von Jervolino geführten Interview kennzeichnet Ricœur die Strategie von *Temps et récit* folgendermaßen: Diese bestünde darin, anstatt „of starting with mythic time in order to show how the times of epic poetry, drama, the novel and history have broken away from it", von der Hypothese einer gewissen Intelligibilität der Zeiterfahrung durch die Erzählung auszugehen und erst am Ende über die Grenzen der Erzählung wieder auf den „*archaic* wisdom of the mythos our secularized culture thought it had overcome" zurückzukommen (Jervolino: Domenico: The Cogito and Hermeneutics: The Question of the Subject in Ricoeur. Übersetzt von Gordon Poole. Dordrecht: Kluwer Academic Publishers 1990 (= Contributions to Phenomenology. Bd. 6), 151).

627 TR III, 484/ZE III, 433.

denen des mythischen Altertums nahe kommen. Wenn am Ende des proustschen Werkes das Vorhaben formuliert ist, mit dem zu schreibenden Kunstwerk den Menschen, denen im Raum lediglich ein begrenzter Ort gewährt ist, einen ohne Maße bzw. maßlos verlängerten Platz in der großen Zeit zuzuweisen, so will Ricœur diese im französischen Original mit einem Großbuchstaben geschriebene Zeit nicht als vulgäre Zeit im Sinne eines Behälters verstehen, „sondern in einem sowohl dem archaischen wie dem hermetischen Element verwandten Sinne, wonach die Zeit alle Dinge umfaßt – einschließlich der Erzählung, die versucht, ihr eine Stelle zuzuweisen" bzw. sie zu ordnen.[628] Die mythische Zeit ist nicht nur Boden der kalendarischen Zeit und innere Grenze der narrativen Refiguration der Zeit, sondern „[d]as Raunen der mythischen Rede hallte fort unter dem *logos* der Philosophie".[629] Wenngleich Ricœur darin zuzustimmen ist, dass die Fiktion diesem Raunen „ein volleres Echo" gewährt,[630] ließe sich sowohl in Husserls unhintergehbarer Flussmetaphorik, die Ricœur als „das erste Zeichen für die Nicht-Herrschaft des konstituierenden Bewußtseins über das so konstituierte Bewußtsein" versteht,[631] als auch in Heideggers, von Ricœur in diesem Zusammenhang nicht erwähnter Sonnenmetaphorik ein Durchbrechen jener mythischen Zeit inmitten philosophischer Betrachtung erkennen. Fluss und Sonne könnten als philosophische Personifikationen der Zeit gelesen werden, die sich nicht vermeiden lassen, wenn die Phänomenologie der Zeit an den Grenzen ihrer Unerforschlichkeit noch einige Sichtbarkeit verleihen will.

Die äußere Grenze der Refiguration der Zeit durch die Erzählung sieht Ricœur darin, „daß die Erzählung nicht alles ist und daß die Zeit sich noch anders sagt".[632] Er selbst sei auf diese äußere Grenze erstmalig durch die Bibelexegese aufmerksam geworden. Während die Schlussfolgerungen von *Temps et récit* jedoch lediglich in einer Fußnote auf die Komplexität einer „biblischen Zeit" und ihre Bedeutung für die Unerforschlichkeit der Zeit hinweisen, widmet Ricœur dieser Thematik in einem ebenfalls im Erscheinungsjahr von *Temps et récit III* publizierten Aufsatz ausführliche Betrachtungen.[633] Die Zeit der Erzählung, so heißt es dort, sei lediglich das

---

[628] TR III, 485/ZE III, 433 f. „Immerhin würde ich es zuallererst nicht unterlassen, wenn die Kraft mir lange genug erhalten bliebe, um mein Werk zu vollenden, darin die Menschen, auf die Gefahr hin, daß sie dann monströsen Wesen glichen, als Figuren darzustellen, die neben dem so beschränkten Platz, der ihnen im Raum reserviert ist, einen anderen, so beträchtlichen, im Gegensatz zum ersten maßlos in die Länge gezogenen Platz einnehmen, da sie ja, wie in die Tiefe der Jahre getauchte Riesen, gleichzeitig so weit voneinander entfernte Epochen berühren, die sie durchlebt haben und zwischen die sich so viele Tage geschoben haben – einen Platz in der Zeit (*Temps*)" (Proust, Marcel: *À la recherche du temps perdu. Le Temps retrouvé.* Hg. von Jean Milly. Paris: Gallimard 1986 (= Gallimard Flammarion. Bd. 449), 463/dt.: *Auf der Suche nach der verlorenen Zeit 7. Die wiedergefundene Zeit.* Hg. von Luzius Keller. Frankfurt am Main: Suhrkamp 2002 (= Marcel Proust. Frankfurter Ausgabe. Werke II. Bd. 7), 527 f. (Einfügung des französischen Wortlauts, I.R.)).

[629] TR III, 246/ZE III, 217.

[630] Ebd.

[631] TR III, 478/ZE III, 427.

[632] TR III, 486/ZE III, 434.

[633] Vgl. Ricœur, Paul: Temps biblique, in: Archivio di filosofia (1985), 23–35.

sichtbarste Grundgerüst in einem Modell biblischer Zeit.[634] Andere Textformen ergänzten und kreuzten die Zeit der Erzählung in der Lektüre und variierten damit auf ausgezeichnete Weise die Unerforschlichkeit der Zeit. Die narrative Unvordenklichkeit komme „durch die Vorworte von Vorworten, die den Erzählungen des Bundes und der Erlösung vorangehen", zum Vorschein.[635] Die ethische Unvordenklichkeit des Gesetzes kreuze diejenige der Erzählungen und stelle sich als eine *„unwiderrufliche Vorgängigkeit, eine jeder Vergangenheit vorgängige Vergangenheit"* dar, die „in der Offenbarung am Sinai seinen dichtesten Ausdruck findet".[636] Diese doppelte Unvordenklichkeit der Erzählung und des ethischen Aufrufes ist der zugleich entzogene und wirksame Grund der Traditionen und gemeinschaftlichen narrativen Identitäten.

Es scheint des Weiteren ebenfalls der Unerforschlichkeit der Zeit zuzurechnen zu sein, dass, wie Ricœur ausführt, in der Bibel zum einen Propheten des Unheils die Traditionen unterbrechen und die narrativen Identitäten entwurzeln können und zum anderen Propheten des Heils diese Tragik der Unterbrechung in eine offene zeitliche Dialektik zu integrieren und die Zukunft als etwas Neues bzw. als eine kreative Wiederholung des Alten zu antizipieren vermögen. Dieser Eschatologie komme die Funktion zu, den Sinnüberschuss (*surplus de sens*) aufzudecken, der in der traditionellen Erzählung verborgen liegt, so dass ein Potential der Hoffnung und ein unerfülltes Versprechen die Tradition offen halten. Vor dem unentscheidbaren Hintergrund der Unerforschlichkeit der Zeit wird eine von den Propheten des Unheils vertretene *erschöpfte Vergangenheit* bei den Propheten des Heils zu einem Tresor voll *unerschöpflicher Möglichkeiten*, wenngleich weder die einen noch die anderen dazu in der Lage sind, ihre Position im Ausgang von einem ersten Anfang der Zeit zu rechtfertigen.

Eine weitere nichtnarrative Gestalt der Zeit, in der die Unvordenklichkeit eine ausgezeichnete Gestalt gewinnt, erkennt Ricœur in der Weisheit der Sprüche, des Buches Hiob und des Predigers Salomo. Gerade die Alltäglichkeit des in den Sprüchen Gesagten lasse das Unvordenkliche der *condition humaine* in seinem universalen Charakter an den Grenzsituationen des Kampfes, der Verfehlung, des Scheiterns und Leidens zutage treten. Ricœurs Erörterungen der Weisheit legen eine Zusammengehörigkeit der Unerforschlichkeit der Zeit mit einer Unerforschlichkeit der Tragik und einer Unerforschlichkeit des Bösen nahe. Die Rede über Rätsel wie das des Leidens der Gerechten oder das des „Sprunges" von der Fehlbarkeit zur Verfehlung überschreitet ihm zufolge ebenfalls jede Art von Linearität und sei „ohne Alter", da „in gewisser Weise hier alles immer schon gesagt worden ist".[637] In einer „Zeit des Hymnus", welche in Klage und Lobpreis der Psalmen zum Ausdruck komme, sieht Ricœur „alle Gestalten des Unvordenklichen noch einmal reaktualisiert".[638] Diese Zeit des Hymnus sei „die Zeit des *heute* und des *in allen Zeiten*".[639]

---

634 Vgl. a. a. O., 35.

635 TR III, 486 (Fußnote)/ZE III, 434 (Fußnote).

636 Ricœur: Temps biblique, a. a. O., 28 (Hervorhebung, I.R.) und TR III, 486 (Fußnote)/ZE III, 434 (Fußnote).

637 Ricœur: Temps biblique, a. a. O., 33.

638 A. a. O., 34 und TR III, 486 (Fußnote)/ZE III, 434 (Fußnote).

639 Ricœur: Temps biblique, a. a. O., 34.

Diesen biblischen Figuren des Unvordenklichen kann dann ein durchaus rechtmäßiger Platz in einer philosophischen Betrachtung der Zeit zugeschrieben werden, wenn man sie, wie Ricœur, lediglich als *eine* mögliche Form der textuellen Antwort auf die philosophische und insbesondere phänomenologische Unerforschlichkeit der Zeit versteht. Ricœur hebt ausdrücklich hervor, dass sich auch in anderen literarischen Gattungen eine Verbindung von narrativer und nichtnarrativer Antwort auf die dritte Aporie finden lässt. Die Gattungen des Epischen und Dramatischen hatte er in *Temps et récit I* unter seinen Fabelbegriff subsumiert. In den Schlussfolgerungen betont er jedoch, dass die *Monologe und Dialoge* innerhalb der dramatischen Textform nicht eigentlich narrativ, sondern vielmehr jener grenzüberschreitenden, ans Fundamentale rührenden Weisheit der biblischen Sprüche verwandt sind. Die geeignetste Ausdrucksform dieser Dimension des Unvordenklichen aber läge letztlich in der *lyrischen Dichtung*, welche zugleich den Charakter des *Gesanges* habe und bereits in Ricœurs Evozierung der Zeit des Hymnus zum Tragen kam.

Es zeigt sich an dieser Stelle nicht nur ein Ineinander von narrativen und nichtnarrativen Textformen, sondern ebenfalls eine gewisse *Verflechtung von erster und dritter Aporie*. Auf der Ebene der Innerzeitigkeit hatte Ricœur in seiner Auseinandersetzung mit Heidegger zum einen eine Kontamination im Gefühl zwischen Geworfensein und der die Zeit zeigenden Bewegung des Himmels und zum anderen eine Kontrarietät zwischen unserer Vergänglichkeit und der zerstörenden Macht der Zeit ausgemacht. Aus Kontamination und Kontrarietät sah er die Erfahrungen des Trostes (*consolation*) und der Trostlosigkeit (*désolation*) erwachsen, in denen sich die Komplementarität von Konsonanz und Dissonanz vor dem Hintergrund der ersten Aporie spiegelte. Auf jenen im Kontext der ersten Aporie erörterten Komplex von Verschmelzung und Abstandnahme kommt Ricœur in den Schlussfolgerungen im Zusammenhang der dritten Aporie zurück. Er spricht dort allerdings nicht mehr von *Trost* und Trostlosigkeit, sondern von *Nichtherrschaft* (*non-maîtrise*) oder *Resignation* (*résignation*) und Trostlosigkeit und hebt zudem anstelle der narrativen Überbrückungsmöglichkeiten die Zuständigkeit der nichtnarrativen lyrischen Dichtung für diesen Bereich des Unerforschlichen hervor. Da es im Kontext von Ricœurs Heideggerinterpretation legitim schien, Kontamination und Kontrarietät mit dem unhintergehbaren Zusammenspiel von *appartenance* und *distanciation* zu verknüpfen, lässt sich daran anknüpfend sagen, dass sich nun mit der Unerforschlichkeit und dem lyrisch dichterischen Sagen der Zeit der *entzogene Grund* dieses methodisch grundlegenden Ineinanders von Zugehörigkeits- und Distanzierungserfahrung anzeigt.

In jener Verbindung der Unerforschlichkeit der Zeit mit begrifflich uneinholbarem Gefühl und lyrischer Dichtung lässt sich eine Verwandtschaft zu dem von Husserl in Erwägung gezogenen unanschaulich verborgenen aber instinkthaften Ursprung der Zeit sehen, der in einem durch nichtintentionales oder unbestimmt intentionales Gefühl und durch Stimmung „bewussten" Zeitigungsgeschehen liegen könnte. Bei Heidegger ließe sich anstatt auf die ursprüngliche Zeit oder die Temporalität auf die von ihm der Gewesenheit zugeordnete Befindlichkeit, die Geworfenheit und die Faktizität verweisen, welche dem in dieser Arbeit gegen Heideggers ontologische Hierarchie angeführten konstitutiven Wechselspiel verschiedener Zeitigungsweisen als befindlicher, spannungsvoller und uneinholbarer Grund dienen könnten. Wenn Ricœur an dieser äußersten Grenze seiner narrativen Replik auf die Aporizität der Zeit angesichts der auch die Erzählung letztlich untergrabenden Unerforschlichkeit der Zeit mit dem Rekurs auf lyrische Dichtung eine Verschränkung von Neubeschreibung durch lebendige Metaphern und Refigurationen durch Erzählungen andeutet, so erweist sich die Unerforschlichkeit der Zeit als uneinholbarer Grund schöpferischen Sinnverstehens. Inwiefern dieser Grund nicht nur als der entzogene Ursprung der Zeit, sondern auch als ein *Seinsgrund* verstanden werden könnte, der als referentielles Gegenüber von lebendigen Metaphern und Refigurationen durch Erzählungen fungiert, ist im folgenden Kap. 4.7 zu erörtern. Zunächst sei jedoch die Unerforschlichkeit der Zeit unabhängig von ihren möglichen ontologischen Implikationen auf zwei weiteren Wegen verfolgt, die über das von Ricœur in den Schlussfolgerungen zu *Temps et récit* ausdrücklich Gesagte hinausgehen. Zum einen geht es um die Frage, inwiefern in Ricœurs späteren Schriften, in denen die dritte Aporie der Zeit nicht mehr ausdrücklich Thema ist, andere Figuren der zeitlichen Unerforschlichkeit auffindbar sind. Zum anderen ist der sich in den Schlussfolgerungen immer wieder andeutenden Verschmelzung der Unerforschlichkeit der Zeit mit einer Unerforschlichkeit des Bösen nachzugehen, die den frühen Ricœur über einen Sprung von der Fehlbarkeit des Menschen auf die Symbolik des Bösen führte und den späten Ricœur eine Unterscheidung zwischen Schuld als existenzialer *dette* und existenzieller *faute* machen ließ.

Im zweiten und dritten Abschnitt der zehnten Studie von *Soi-même comme un autre* sucht Ricœur zum einen eine ontologische Interpretation der Selbstheit zu liefern und zum anderen eine konstitutive Zugehörigkeit einer Andersheit zur Selbstheit nachzuweisen. Obgleich diese Themen erst im folgenden Kap. 4.7 eingehende Betrachtung erfahren, sind für den hiesigen Kontext bereits zwei Figuren eines entzogenen Grundes einzuführen, die Ricœur in jener zehnten Studie entwickelt und die einen Bezug zur Unerforschlichkeit der Zeit nahelegen. Über eine Auseinandersetzung mit heideggerianischen Aneignungen der aristotelischen Ontologie gelangt Ricœur im zweiten Abschnitt zu der Auffassung, dass die Pluralität menschlichen Handelns in einem *„zugleich wirklichen und vermögenden Grund[]“* verwurzelt ist, der als spannungsvoller Boden sogar noch der aktualisierten Faktizität eines „immer schon“ zugrunde liegt.[640] Um in seiner Aneignung der aristotelischen Begrifflichkeiten eine innere Dynamik zwischen *energeia* und *dynamis* sowohl für das menschliche Handeln als auch für den Seinsgrund selbst zu erreichen, wendet sich Ricœur Spinozas Begriff des *conatus* zu. Über jenes spinozistische „Bestreben, im Sein zu beharren“, sucht er eine Entgegensetzung von *energeia* und *dynamis* zu verhindern und durch den Gedanken von Graden des Vermögens in einer einzigen strebenden Kraft, die dem Bewusstsein stets vorrangig ist, zu ersetzen. Setzt man diese Denkfigur mit der Unerforschlichkeit der Zeit in Verbindung, so erhellt sich, inwiefern letztere nicht zu einer Paralysierung führt, sondern über ihre Verbindung mit jener bewusstseinsvorgängigen strebenden Kraft vielmehr als unerschöpflicher

[640] SMA, 364/SaA, 379 (Übersetzung modifiziert, I.R.).

Antrieb für die plurale und unabschließbare Antwort des Denkens auf die dritte Aporie fungiert.

In dem im dritten Abschnitt der zehnten Studie entwickelten *„Dreifuß der Passivität“* von Leib, Anderem und Gewissen kann eine zweite Figur des Uneinholbaren gesehen werden, die eine Nähe zur Unerforschlichkeit der Zeit nahe legt.[641] Der Leib stellt für Ricœur eine dem Selbst eigene Andersheit dar, weil er jedem Vorsatz, jeder Wahl und jedem Wollen als Ort der passiven Synthesen noch zugrunde liegt. Der Andere gehört Ricœur zufolge als Andersheit zur innersten Sinnkonstitution des Selbst, indem es immer schon von ihm berührt und durch einen von ihm ausgehenden Aufruf dezentriert ist. Die dem Gewissen eigentümliche Andersheit sieht Ricœur in einem Aufgefordertsein durch ein Anderes, in dem der andere Mensch, Eltern, Ahnen und Momente eines unvordenklichen Gesetzes auf letztlich unentscheidbare Weise ineinander fließen, dessen Aufforderungscharakter jedoch in erster Linie ein Aufgefordertsein, „gut zu leben, mit dem Anderen und für ihn, in gerechten Institutionen“, darstelle.[642] Wenn man diese drei Grunderfahrungen der Passivität, welche Ricœur in einer Zerstreuung belässt, auf die dritte Zeitaporie bezieht, so ließe sich sagen, dass jede denkerische und jede narrative Erfassung der Zeit auch dieser dreifachen Passivität zwar zu antworten, sie jedoch niemals vollständig zu reflektieren und zu integrieren vermag.

In *La mémoire, l'histoire, l'oubli* kehrt die Aporie der Unerforschlichkeit der Zeit zum einen in einer Unterscheidung von historischem Beginn und Ursprung und zum anderen in Ricœurs differenzierten Überlegungen zum Vergessen wieder. Unter explizitem Verweis auf Derridas *De la grammatologie* und unter implizitem Rekurs auf sein eigenes Begriffspaar von *appartenance* und *distanciation* entwickelt Ricœur zu Beginn seiner Auseinandersetzung mit der Epistemologie der Geschichte die These, dass der historische Beginn historischer Erkenntnis „aus einer Konstellation datierter historischer Ereignisse [besteht], die ein Historiker an den Anfang desjenigen historischen Prozesses stellt, der die Geschichte der Geschichte wäre“.[643] Diesem historischen Beginn liegt jedoch der seinerseits mythische Ursprung zugrunde, mit welchem Ricœur hier „das Auftreten des Distanzierungsaktes, durch den das ganze Unternehmen und also auch sein Beginn in der Zeit überhaupt erst möglich wird“, bezeichnet.[644] „Dieses Auftreten“ des Distanzierungsaktes aber „ist immer aktuell und immer schon da“.[645] Der uneinholbare Ursprung der Historie lässt an die Stelle eines einfachen Ursprunges jene unhintergehbare Spannung von *appartenance* und *distanciation* treten, auf welcher die von Ricœur in Anlehnung an Platon und Derrida erörterte Zweideutigkeit des *pharmakon* der Geschichte, als Heilmittel oder Gift, beruht und die letztlich ihrerseits jenseits des Ineinanders von *appartenance* und *distanciation* auf die Unerforschlichkeit der Zeit verweist.

---

641 SMA, 368/SaA, 384.

642 SMA, 405/SaA, 421. Vgl. zu Ricœurs Gewissensbegriff Kap. 4.4.5.

643 MHO, 174/GGV, 215.

644 MHO, 174/GGV, 216.

645 Ebd.

Sowohl diese Vorgängigkeit als auch diese spannungshafte Zwiespältigkeit zeigen sich auch für das Vergessen. In einem ersten Schritt verfolgt Ricœur das verwahrende und ermöglichende Vergessen bis zu dem Punkt, an dem es „im Namen der Machtlosigkeit, der Unbewußtheit und der Existenz [...] den *unbemerkten* Charakter der Erhaltung der Erinnerung" bezeichnet.[646] Punktuelle Episoden des Wiedererkennens sinken zurück in einen Habitus und die Unebenheiten einzelner Eindrücke schleifen sich auf dieser dauerhaften existenziellen Tiefenebene zu einer allgemeinen Verfügbarkeit ab. Daran knüpfen sich Ricœur zufolge allgemeine Wissenarten, wie Rechen- oder Grammatikregeln und schließlich das Transzendentale überhaupt. Die tiefste Ebene jedoch sieht er in einem Unvordenklichen (*immémorial*), das „für mich niemals zum Ereignis geworden ist und was wir niemals selbst wirklich erworben haben, das, was selbst weniger formal denn ontologisch ist".[647] Dieses *„Vergessen des Unvordenklichen"* ist ein „Vergessen der Gründungen",[648] welches als „Lebenskraft, schöpferische Kraft der Geschichte, *Ursprung**" fungiert.[649] Die in diesem grundlegenden Vergessen liegenden Bezüge zur Unerforschlichkeit der Zeit sowie zu den ontologischen Analysen der Selbstheit und schließlich zu dem unhintergehbaren Ineinander von *appartenance* und *distanciation* zeigen sich auf deutliche Weise, wenn Ricœur expliziert, dieser jenseits von jeglicher chronologischer Narrativität „in seiner urentspringenden Mächtigkeit erfaßte Ursprung" sei „irreduzibel auf einen datierten Beginn und unterliegt insofern demselben Status wie das grundlegende Vergessene".[650] In einem zweiten Schritt ist diese erste Figur des primordialen Vergessens mit einer zweiten Figur desselben, und zwar mit dem Vergessen durch Auslöschung der Spuren, in Verbindung zu setzen. Erst die unentscheidbare Zwiespältigkeit zwischen den Varianten des verwahrenden Vergessens und dem endgültig auslöschenden Vergessen führt auf „einen mythischen (Ab)Grund des Philosophierens [...], der die Ursache dafür ist, daß das Vergessen *Lêthê* heißt".[651] Eine abermalige Vertiefung, welche auch diese Figuren des tiefen Vergessens noch an einen Lebensgrund rückbindet, ließe sich andeutungsweise in dem *La mémoire, l'histoire, l'oubli* beschließenden Vierzeiler erkennen, den Ricœur mit den Worten enden lässt: „Unter dem Gedächtnis und dem Vergessen, das Leben. Das Leben zu schreiben aber ist eine andere Geschichte. Unvollendetheit".[652]

Während bisher einige mögliche Parallelen und Fortschreibungen der dritten Aporie der Zeit in Ricœurs Spätwerk erörtert wurden, geht es im Folgenden um die Frage nach einem möglichen Zusammenhang zwischen der Unerforschlichkeit der Zeit und der Unerforschlichkeit des Bösen. In Kap. 4.4.4 ist in Hinblick auf diese Thematik bereits eine wichtige Unterscheidung gemacht worden, die hier kurz re-

---

646 MHO, 570/GGV, 672.

647 MHO, 571/GGV, 674.

648 VZL, 133.

649 VZL, 133 und MHO, 571/GGV, 674 (* = im Orig. deutsch; Übersetzungen modifiziert, I.R.).

650 MHO, 572/GGV, 674 (Übersetzung modifiziert, I.R.).

651 MHO, 572/GGV, 674.

652 MHO, 657/GGV, 777.

kapituliert sei. Der frühe Ricœur hat die Fehlbarkeit des Menschen von der faktischen Verfehlung unterschieden und den Übergang von wesenhafter Fehlbarkeit zu tatsächlicher Verfehlung durch einen Sprung gekennzeichnet. Diese Differenzierung kehrt im Spätwerk auf eine neue Weise in der Gegenüberstellung von seinsmäßiger Schuld als *dette* und faktischer Schuld als *faute* wieder. Die kontingente *faute* gehört Ricœur zufolge im Unterschied zur *dette* zwar nicht zum strukturellen Sein des Menschen, sie ist jedoch immer schon eine empirische Tatsache und daher faktisch von jeher mit der seinsmäßigen *dette* verflochten. Das Umkippen der *dette* in die *faute* aber hat keinen Grund, sondern ist im Sinne eines Sprunges immer schon erfolgt.[653] Es lässt sich daher sagen, dass sich die Unerforschlichkeit der Zeit mit der Unerforschlichkeit eines Bösen verknüpft, wenngleich Ricœur jenes ihn einst zu einer Symbolik des Bösen herausfordernde Böse der menschlichen Verfehlungen, anders als die Zeit, nicht zur strukturellen, sondern nur zur kontingenten Seinsverfassung des Menschen rechnet. Nicht nur die Zeit, sondern auch das Böse ist immer schon da, wenn wir versuchen, die Zeit zu denken. Was genau versteht Ricœur jedoch unter dem theologisch konnotierten Terminus des Bösen und seiner Unerforschlichkeit und auf welche Weise lässt sich seine hier angedeutete Verknüpfung mit der Unerforschlichkeit der Zeit näher bestimmen?

Im Erscheinungsjahr von *Temps et récit III* und den darin enthaltenen Schlussfolgerungen hat Ricœur in Lausanne einen Vortrag mit dem Titel „Le mal. Un défi à la philosophie et à la théologie“ gehalten, in welchem die philosophische Relevanz der Frage nach dem Bösen auf pointierte Weise zutage tritt.[654] Die Herausforderung des Bösen für die Theologie habe in der Geschichte stets darin bestanden zu erklären, wie es unsere Verfehlungen, das Leiden der Gerechten oder umgekehrt auch das Glück der Ungerechten geben kann, wenn Gott gleichermaßen allmächtig und allgütig ist. In der Geschichte der Theologie und der Philosophie sei immer wieder versucht worden, das vermeintlich Böse in einen gerechten und höchsten Kreis von Belohnung und Strafe zurückzunehmen. So rechtfertige Leibniz Verfehlung und ungerechtes Leid durch das Argument der besten aller möglichen Welten und noch in Hegels Geist bzw. Weltgeist fänden letztlich alle Ungerechtigkeiten eine Rechtfertigung in der einen Selbstverwirklichung des Geistes. Dass sich in der Geschichte Verfehlungen und ungerechtes Leid angesammelt haben und dass wir in einer Übernahme dieses Erbes kontinuierlich neue Verfehlungen und neues Leid anhäufen, könne jedoch, so meint Ricœur, in diesen Entwürfen nicht eigentlich erklärt werden, sondern werde in einem von uns Endlichen nicht vollständig durchschaubaren System einer gerechten Verteilung von Lob und Strafe legitimiert und aufgehoben. Wie bereits in seinem geschichtsphilosophischen „Verzicht auf

---

[653] Breitling legt dar, dass sich mit dem Sprung von der Fehlbarkeit zur Verfehlung beim frühen Ricœur die methodologische Wende von einer eidetischen Phänomenologie zu einer Hermeneutik anbahnt. Vor dieser Wende zur Hermeneutik sei es Ricœur im Rahmen seines eidetischen Ansatzes jedoch noch unmöglich gewesen, eine „einheitliche Methode der Geschichtsbetrachtung“ zugrunde zu legen. Breitling: *Möglichkeitsdichtung – Wirklichkeitssinn. Paul Ricœurs hermeneutisches Denken der Geschichte*, a. a. O., 60.

[654] Vgl. *Le mal/Das Böse.*

Hegel", so erklärt Ricœur auch in seiner Auseinandersetzung mit dem Bösen, dass uns heute ein solches, die Verfehlung und das ungerechte Leid über einen höheren Sinn rechtfertigendes Denken schlichtweg unerträglich geworden sei.

Es ist Kant, bei dem Ricœur den härtesten Schlag gegen ein solches, Verfehlung und Leid subsumierendes Systemdenken erfolgen sieht. Zum einen habe Kant die Theodizeen in den Rahmen der transzendentalen Illusion verwiesen. Zum anderen habe er das Böse in einen menschlichen Hang zum Bösen verlegt, welcher durch die Akzeptanz der Grundmaxime einer generell zugelassenen Unterordnung des kategorischen Imperatives unter die Neigungen zu Handlungen führt, die nicht das die Freiheit bestimmende moralische Gesetz zur Leitmaxime haben und für die der Mensch dennoch verantwortlich ist, weil sie eine bloße Befolgung der Neigungen überschreiten. Der Ursprung dieses radikalen Bösen, in dem der Grund für die Akzeptanz jener Grundmaxime zu suchen wäre, die eine Abweichung aller weiteren Maximen und Handlungen vom moralischen Gesetz erlaubt, ist laut Kant jedoch unerforschlich. Diesem Urteil Kants, welches ganz aus den Eigenheiten des kantischen Systems erwächst, schließt sich Ricœur dahingehend an, dass er auf eine erschöpfende Erklärung des Bösen verzichtet, ohne seine Tatsächlichkeit und seine bestimmende Kraft zu leugnen.

Dieser Verzicht manifestiert sich auf herausragende Weise in Ricœurs wiederholter Akzentuierung des unaufhebbar *Tragischen* der menschlichen Existenz.[655] Die menschliche Freiheit habe es in ihrem schöpferischen Potential stets mit Transzendenzen zu tun, die strukturell das gedankliche Muster eines „bösen Gottes" wiederholten. Diese Transzendenzen könnten soziologischer Art sein, „das Gewicht der Institution, das Schicksal der Gruppe", oder psychologischer Art, „der unabwendbare Gang einer Leidenschaft, eines Charakters", sie könnten „die Geschichte, die Partei, eine beliebige Gruppe" oder aber auch „die Freiheit selbst" betreffen, „wenn sie im Modus der Verurteilung und nicht der freudigen Spontaneität erscheint".[656] Da wir angesichts unserer Faktizität unseren eigenen Grund weder selbst schaffen noch vollständig in die Reflexion einholen können, sind wir trotz unserer zur Erneuerung fähigen schöpferischen Freiheit stets in Gefahr, einen vorgeprägten Weg und die darin enthaltenen Verfehlungen und Leidensmomente zu wiederholen und fortzuschreiben. Diese Figur des Tragischen lässt sich in dem Wiederholungszwang wiedererkennen, den Ricœur in seiner Auseinandersetzung mit Freud in *La mémoire, l'histoire, l'oubli* erörtert. Da unser Grund und unsere seinsmäßige Gewesenheit durch Verfehlungen, die in der Vergangenheit verübt wurden und leiblich und institutionell überliefert sind, geprägt ist, unterliegen die Lebenden einer Tendenz zum Wiederholungszwang, in welchem sie dazu versucht sind, die Verfehlungen

---

[655] Vgl. Ricœur, Paul: Sur le tragique (1953), in: ders.: *Lectures 3. Aux frontières de la philosophie*. Paris: Éditions du Seuil 1994, 187–209. Eine „tragische Philosophie, die auch eine Philosophie des Tragischen ist", habe sich in der Mitte zu halten zwischen der oberen Grenze einer „Seinswissenschaft, die […] alle Dramen aller Schicksale in einer triumphierenden Notwendigkeit" erklärt, und der unteren Grenze einer „Philosophie des Unbedeutenden, wo das Scheitern seinen menschlichen Akzent verlöre, indem es Zufall oder objektive Notwendigkeit würde" (a. a. O., 208). Das Tragische gehört einer „nicht-philosophischen Dimension" an. SMA, 281/SaA, 293.

[656] Ricœur: Sur le tragique, a. a. O., 196, 197.

der Vergangenheit erneut auszuagieren und damit die *faute* oder *culpabilité* der Vergangenheit fortzusetzen, zu erneuern, zu verfestigen und zu verstärken. Über Verstrickungen in verschiedene Traditionen und Gruppierungen stellt uns das Tragische, wie Ricœur in seiner in einem „Zwischenspiel" von *Soi-même comme un autre* erfolgenden Auseinandersetzung mit *Antigone* hervorhebt, zudem vor „die Unausweichlichkeit des Konflikts im moralischen Leben", der angesichts einer unmöglichen Aufhebung nur der Einzelne in einem letzten Schritt „[v]om tragischen *phronein* zur praktischen *phronèsis*" mit einer der Situation angepassten Überzeugung und Handlung antworten kann.[657]

Da wir den Ursprung des Bösen nicht erfassen können und das Tragische sich einer vollständigen Durchsichtigkeit verweigert, befinden wir uns angesichts der Unerforschlichkeit der Zeit und der Unerforschlichkeit des Bösen stets inmitten der Gefahr, durch vorgeprägte Existenzweisen Verfehlungen und ungerechtes Leid zu vervielfältigen. In *Ermangelung eines Nullpunktes der Betrachtung*, von dem aus wir das Verstricktsein unserer Gewesenheit in familiäre, berufliche oder politische Gemeinschaft und vielfältige Leidenschaften überblicken könnten, vermögen wir dieser Gefahr Ricœur zufolge lediglich durch ein immer wieder neu zu unternehmendes Aufbrechen festgefahrener Einstellungen und Objektivierungen zu begegnen. Da die Distanzierung aber nicht nur der Boden für Entfremdungen, sondern auch die Bedingung der Interpretation und des Verstehens ist, kann es lediglich um ein *stets neues Hinterfragen der bereits erfolgten Distanzierungen* gehen, ohne dabei so etwas wie eine reine, „ursprüngliche" Zugehörigkeit zu erreichen.[658]

Da, so Ricœur in einem Kolloquium zum Thema „Temporalité et aliénation", in Hinblick auf diese Ambivalenz der Distanzierung „der Sprung in die Entfremdung" ein „unerforschliches Geheimnis" bleibt, kann phänomenologische Analyse „die Wurzel der Entfremdung" immer nur „über einige ihrer Symptome" erreichen.[659] Das „Böse[] der Verfremdung" komme beispielsweise für die geschichtliche Erfahrung dann zum Tragen, wenn geschichtliches Geschehen lediglich im Rahmen einer kausalen Ordnung nach dem Muster der Dingerfahrung verstanden werde.[660] In einem derartigen Umschlagen einer schlichten Objektivierung in eine entfremdende Verdinglichung ist geschichtliche Erfahrung „eingefroren und versteinert" und kann nur von der „Einbildung, als Funktion des *Möglichen*", befreit werden.[661] Diese Differenzierung findet sich auf ähnliche Weisen in Ricœurs Geschichtsbetrachtungen aus *Temps et récit III*, in deren Rahmen er fordert, den Erfahrungsraum

---

[657] SMA, 283/SaA, 295 und SMA, 290/SaA, 302.

[658] Vgl. Ricœur, Paul: La fonction herméneutique de la distanciation, in: *Du texte à l'action. Essais d'herméneutique II*, a. a. O., 113–131, hier 125. Die aus dieser Ambivalenz der Distanzierung erwachsende Herausforderung stellt sich Ricœur nur deshalb, weil er, entgegen der bei Heidegger und Gadamer zu findenden Tendenz, die Objektivierung *nicht generell* als Verfremdung versteht.

[659] Ricœur, Paul: Objectivation et aliénation dans l'expérience historique, in: *Temporalité et aliénation.* Actes du colloque organisé par le centre international d'études humanistes et par l'institut d'études philosophiques de Rome. Paris: Aubier 1975, 27–38, hier 36.

[660] A. a. O., 27.

[661] A. a. O., 38.

unbestimmter zu machen, in seinen Arbeiten zu Ideologie und Utopie, in denen er die schöpferische Einbildungskraft gegen eine Ideologisierung ins Feld führt und schließlich in *La mémoire, l'histoire, l'oubli*, wenn er dem *pharmakon* der Geschichte eine Ambivalenz zwischen Gift und Heilmittel zuschreibt und für eine Erinnerungs- und Trauerarbeit gegen den Wiederholungszwang und für die Befreiung der vergangenen Zukunft der Menschen der Vergangenheit plädiert.

Aber auch in Ricœurs Freudbuch findet sich diese Figur einer entfremdenden Objektivierung, und zwar im zentralen Kontext der allgemeinen Differenzierung von Idol und Symbol. Der „Objektivierungsvorgang ist die Geburt sowohl der Metaphysik wie der Religion" und macht die Religion in einer in Anlehnung an die kantische transzendentale Illusion gedachten „diabolischen Verkehrung" zu einer „Verdinglichung und Entfremdung des Glaubens".[662] Die „unvermeidliche Zweideutigkeit" des Schwankens zwischen „*Zeichen* des Heiligen" und „heilige[n] *Objekte[n]*" führt Ricœur hier zur Formulierung der Aufgabe, dass immer wieder „das Idol sterben [muß], auf daß das Symbol lebe".[663]

Die für die Distanzierung stets geltende Zweideutigkeit zwischen Bereicherung des Sinnverstehens und entfremdender Objektivierung findet sich bei Ricœur schließlich auf eine analoge Weise auch in Hinblick auf die Differenz zwischen den Menschen und ihr Verhältnis zueinander wieder. In einer Erörterung von Naberts *Essai sur le mal* wendet Ricœur gegen eine ihm zufolge gegenteilige Tendenz bei Nabert ein, dass die Differenz der Bewusstseine für sich genommen noch nicht das Böse bedeute, sondern lediglich Ausdruck unserer Endlichkeit sei. Sobald diese Differenz aber in eine Selbstpräferenz und in eine Verfolgung des Anderen umschlage, fände eine Verwandlung bloßer Endlichkeit in eine Form des Bösen statt, die auf intersubjektiver Ebene jener bereits erörterten entfremdenden Verobjektivierung verwandt sei und deren Gewaltmoment deutlich hervortreten lasse.[664] Im Schlusskapitel von *Parcours de la reconnaissance* hebt Ricœur die für jede Anerkennung bestehende Gefahr hervor, die originäre Asymmetrie zwischen mir und dem Anderen zu verkennen. „[D]er andere bleibt [...] unbekannt".[665] Diese Einsicht ist immer wieder zu bekräftigen und vor dem Vergessen zu bewahren. Aufgrund einer von jeher bestehenden Asymmetrie zwischen mir und ihm ist der Andere mir niemals so zugänglich, wie ich mir selbst in der ursprünglichen Erfassung meines eigenen Selbst in meiner Jemeinigkeit vertraut bin. Er ist daher aus jeder objektivierenden, vermeintlichen Erkenntnis durch mich und aus jeder seine Einzigartigkeit nivellierenden Anerkennung immer wieder zu befreien.

Angesichts der auf vielfältige Weisen zutage tretenden dritten Aporie der Zeit, deren Spuren sich bis in Ricœurs Spätwerk hinein verfolgen lassen und die überdies eine enge Verflechtung mit der Unerforschlichkeit des Bösen nahe legt, ist die in *Temps et récit* entwickelte narrative Antwort auf die Aporizität der Zeit so schwach,

---

662 *Essai sur Freud*, 553/*Freudbuch*, 541 f.

663 *Essai sur Freud*, 554, 553, 554/*Freudbuch*, 543, 542, 543.

664 Vgl. Ricœur, Paul: L'*Essai sur le mal* (1959), in: ders.: *Lectures 2. La contrée des philosophes*. Paris: Éditions du Seuil 1999, 237–252, hier 248 f.

665 *Parcours*, 373/*Wege*, 321.

„daß die Zeit letztlich als Sieger aus dem Kampf hervorzugehen scheint, nachdem sie zuvor in den Netzen der Fabel gefangen gehalten worden war".[666] Diesen „Sieg der Zeit" versteht Ricœur jedoch nicht als ein Scheitern. Es könne zwar keinesfalls „darum gehen, daß das Lob der Erzählung heimlich den Anspruch des konstituierenden Subjekts wiederbelebt, den Sinn zu beherrschen", gerade das „Mysterium der Zeit" aber „impliziert [...] die Forderung, mehr zu denken und anders zu reden".[667] Gerade das Nichterfassenkönnen der Zeit ist das unerschöpfliche Movens der Suche nach einem Mehr- und Andersdenken, das sich zwischen Obskurantismus und Hybris der Sinnbeherrschung immer wieder neu einen Ort zu geben hat. In Hinblick auf das Böse formuliert Ricœur, dass die Weisheit gerade darin bestehen könnte, „den *aporetischen* Charakter des Denkens über das Böse anzuerkennen, der gerade durch die Bemühung errungen wird, mehr und anders zu denken".[668] Einerseits fordert die Aporizität immer wieder zu einem Mehr- und Andersdenken heraus,[669] andererseits wird sie durch dieses Mehr- und Andersdenken allererst erarbeitet und so verfeinert, dass die Denkarbeit selbst in die Aporie eingeht.[670] Es findet durch vielfältige Aporetiken der Zeit stets eine Bereicherung der Aporie selbst statt, ohne dass diese jemals zu einer auflösenden Aufhebung ihrer Aporizität führt.

Diese Zusammengehörigkeit von Entzug des Grundes und Herausforderung zum Mehr- und Andersdenken ist der stärkste Grund für Ricœurs explizite Ablehnung eines *Systems* sowohl der drei Aporien der Zeit selbst als auch ihrer narrativen Antworten.[671] Die Antworten, von der ersten zur dritten, ergäben lediglich eine „signifikante (*signifiante*) Konstellation, ohne jedoch zwingend auseinander hervorzugehen".[672] Umgekehrt allerdings würde die in der dritten Aporie mit dem

---

666 TR III, 488/ZE III, 436.

667 TR III, 488, 489/ZE III, 437. Gerade die Grenzen des Erzählens erweisen sich auch für Waldenfels als besonders fruchtbar für die Erzählung selbst: „Vielleicht kann man sagen, daß Erzählungen dort ihre größte Spannkraft entwickeln, wo sie sich am Unmöglichen versuchen" (Waldenfels: *Phänomenologie der Aufmerksamkeit*, a. a. O., 64). Des Weiteren lässt sich in dieser ricœurschen Denkfigur eine Parallele zu Lévinas' Bestimmung der Idee des Unendlichen als Begehren erkennen: Das Begehren „besteht darin, mehr zu denken, als gedacht ist, und dabei dennoch das Mehr in seiner Maßlosigkeit im Verhältnis zum Denken zu erhalten; es besteht darin, mit dem Unfaßbaren in Beziehung zu treten und zugleich seinen Status als eines Unfaßbaren zu gewährleisten" (Lévinas, Emmanuel: La trace de l'autre, in: ders.: *En découvrant l'existence avec Husserl et Heidegger*, a. a. O., 187–202, hier 196/dt.: Die Spur des Anderen, in: ders.: *Die Spur des Anderen. Untersuchungen zur Phänomenologie und Sozialphilosophie.* Freiburg/München: Verlag Karl Alber 1999, 209–235, hier 225).

668 *Le mal*, 56/*Das Böse*, 51 (Übersetzung modifiziert, I.R.).

669 In seiner Erörterung des Bösen liefert Ricœur folgende Definition von „Herausforderung": „Eine Herausforderung, das ist abwechselnd ein Scheitern der ständig voreiligen Synthesen und ein Antrieb, mehr und anders zu denken" (*Le mal*, 57/*Das Böse*, 52 (Übersetzung modifiziert, I.R.)).

670 „[D]ie Aporie ist eine letzte Schwierigkeit, die durch die Denkarbeit selbst erzeugt wird; diese Arbeit ist nicht zunichte gemacht, sondern in der Aporie enthalten" (*Le mal*, 57/*Das Böse*, 53 (Übersetzung modifiziert, I.R.)).

671 Vgl. TR III, 488/ZE III, 436.

672 TR III, 488/ZE III, 436 (Einfügung des französischen Wortlauts, I.R.).

letztlich entzogenen Grund der Zeit so deutlich werdende Grenze der Narrativität keineswegs die Antwort auf die zweite Aporie obsolet machen, sondern sie sogar auf eine zwingende Weise erfordern. Die Einsicht in die Unerforschlichkeit der Zeit entlarve die Einheit der Geschichte nicht als eine verstellende Illusion, sondern vermag vielmehr ihren Charakter einer unerschöpflichen Aufgabe zu bekräftigen. Ebenfalls notwendig sei der Schritt von der in den Grenzen ihrer Gültigkeit bestätigten Einheit der Geschichte zu der Suche nach narrativer Identität auf individueller und gemeinschaftlicher Ebene. Anstatt in einem System von Aporien und Antworten sieht Ricœur „die feste Mitte unserer ganzen Analyse“ allein in dieser „Suche“ nach narrativer Identität. Angesichts seiner Ablehnung eines systematischen Fortschreitens von der ersten zur dritten Aporie einerseits und seiner These eines notwendigen Überganges von der dritten Aporie zu den Antworten auf die zweite und erste Aporie lässt sich davon sprechen, dass er die durch einen entzogenen Grund motivierte *unabschließbare* und dabei *unermüdliche Suche* an die Stelle eines geschlossenen Systems setzt.[673] Diese Suche bleibt stets eine Bewegung des „und trotz“. Wir können die Unerforschlichkeit der Zeit nicht überwinden, ihren und unseren Grund nicht erfassen. Wir können das Böse nicht erklären und das Tragische nicht aufheben. Und doch sind diese Entzugsfiguren kein Anlass zur Aufgabe des Denkens und zum Sichfügen in das Bestehende. Gerade als Bedrohung des Sinnes sind sie Chance des Sinnes und Öffnung in Richtung eines Neuen und Anderen.[674]

Der aus der Aporizität der Zeit erwachsende und sich mit der Aporizität des Bösen verflechtende Antrieb ist jedoch, wie bereits in Ricœurs narrativen Antworten auf die Aporizität der Zeit deutlich wurde, nicht nur ein Anstoß zum Mehr- und Anders*denken*, sondern auch eine Herausforderung dazu, der Aporizität im *Handeln und Fühlen* zu begegnen.[675] Indem die Unerforschlichkeit der Zeit einerseits an die äußersten Grenzen des Denkens der Zeit führt, andererseits aber wiederum aus diesen Grenzen eine Handlungsaufforderung erwachsen lässt, wird an ihr auf paradigmatische Weise deutlich, worin Ricœur Funktion und Grenze von Philosophie sieht. Zur Verdeutlichung von Ricœurs Philosophieverständnis sei abschließend auf seine Auslegung von Rembrandts Bild „Aristoteles vor der Büste des Homer“ (1653) eingegangen, das für Ricœur das philosophische Unternehmen überhaupt

---

673 Vgl. TR III, 489/ZE III, 437.

674 In Hinblick auf das Tragische formuliert Ricœur: „Die Tragödie ist nicht nur, ja noch nicht einmal wesentlich, ein Blick in Richtung des Tragischen, eine Repräsentation des Tragischen, sondern eine Bewegung im Tragischen selbst in Richtung auf etwas anderes, in Hinblick auf eine Befreiung“ (Ricœur: Sur le tragique, a. a. O., 205). Der vom Tragischen ausgehende Impuls zur Befreiung knüpft so an den im vorangehenden Kapitel erörterten Gedanken der Hoffnung als letzten Horizont der Einheit der Zeit als Einheit der Geschichte an. Im Freudbuch bestimmt Ricœur das „dem Bösen zum Trotz“, das „‚zum Trotz‘, ‚und dennoch‘, ‚trotz alle dem‘“ als „erste Kategorie der Hoffnung“, als „Kategorie des Dementis“ (*Essai sur Freud*, 551/*Freudbuch*, 539 f.).

675 Die Bedeutung des Fühlens kommt in *La mémoire, l'histoire, l'oubli* in der Verwandlung von Melancholie in Trauerarbeit deutlich zum Tragen. Dieses Modell der Trauerarbeit dient Ricœur bereits in *Le mal* als Grundlage verschiedener Möglichkeiten, mit einer Veränderung des Fühlens auf die Aporizität des Bösen zu reagieren. Vgl. *Le mal*, 60–65/*Das Böse*, 55–61.

symbolisiert.[676] Aristoteles als – wie ihn das Mittelalter bezeichnete – *der* Philosoph ist in zeitgenössische Gewänder gekleidet, von denen eine Medaille mit dem Bildnis Alexanders des Großen herabhängt, und berührt mit der Hand die Büste *des* Dichters, Homer, während sein Blick auf etwas anderes gerichtet ist, von dem wir nicht wissen, was es ist. Die Philosophie, so Ricœur zu diesem Bild, fängt bei dem schriftlich fixierten Werk der Dichtung an und bleibt in Kontakt mit ihr. Die Philosophie selbst ist immer zeitgenössisch. Wohin sie sich in ihren begrifflichen Interpretationen orientiert, steht nicht ein für alle Mal fest und bleibt eine Herausforderung für die Einbildungskraft. Das Politische, verstanden als Vervollkommnung der Ethik, ist im Hintergrund dieses Verhältnisses von Dichtung und Philosophie jedoch immer schon anwesend. Im Idealfall nimmt es in Form des öffentlichen Friedens eine zurückhaltende Position ein und ermöglicht ein ruhiges Fortdauern der Rede zwischen Dichtung und Philosophie. Die Philosophie, so wie Ricœur sie versteht, ist ein unabschließbares Unternehmen begrifflich arbeitender Interpretation, das von der Dichtung seinen Ausgang nimmt, dessen Ziel eine gewisse Unbestimmtheit aufweist und dem eine Öffnung hin zum Handeln und Fühlen wesentlich zu eigen ist.

In den vorangehenden Erörterungen der dritten Aporie der Zeit deutete sich bereits an, dass in der schöpferischen Spannung zwischen der Unerforschlichkeit der Zeit und einer ihr antwortenden Pluralität von Denk-, Handlungs- und Empfindungsweisen eine ontologische Dimension gefunden werden kann. Im folgenden und letzten Kapitel ist über den Ausdruck der Aporizität der Zeit in den drei Aporien und selbst noch über die ihr mithilfe von Narrativität, Handlung und Fühlen antwortenden Aporetiken der Zeit hinauszugehen, um die Frage nach Möglichkeit und Wirklichkeit einer Ontologie in Ricœurs Werk zu stellen.

4.7 Zeit und Ontologie

4.7.1 Ontologische Auslegung von Metapher und Fabel

In Ricœurs gesamtem Werk sind immer wieder Überlegungen zu finden, die sich mit einer möglichen ontologischen Auslegung seiner hermeneutischen Phänomenologie auseinandersetzen.[677] Nach dem „Scheitern des Versuchs des *Cogito*, sich als Erste Philosophie zu konstituieren und die Frage der Letztbegründung zu lösen",

[676] Vgl. das Kapitel „Le Symbole: Le philosophe, le poète et le politique", in: Ricœur: *L'unique et le singulier*, a. a. O., 52–60. Das genannte Gemälde von Rembrandt ist hier abgebildet. Es findet sich außerdem auf dem Titelblatt der *Lectures 1*.

[677] Bereits in den fünfziger und sechziger Jahren stellt Ricœur in einer Auseinandersetzung mit dem sartreschen Freiheitsbegriff Überlegungen zu einer an Aristoteles' Begriffspaar von *energeia* und *dynamis* und an Spinozas Begriff des *conatus* orientierten Ontologie an, welche er bis in seine spätesten Schriften weiterverfolgen sollte. Vgl. dazu Daigler, Matthew A.: Being As Act and Potency in the Philosophy of Paul Ricoeur, in: Philosophy Today 4/4 (1998), 375–378.

kann es dabei Ricœur zufolge jedoch lediglich um eine „praktische Philosophie" als „‚zweite Philosophie'" gehen, die den hermeneutischen Charakter seines Denkens weder in einem subjektiven Ursprung noch in einer „ontotheologische[n] Verquickung" preisgibt.[678] Es gelte, im Ausgang von den spezifischen Untersuchungen – beispielsweise der Metapher, der Erzählung oder des Selbst – „die *ontologischen* Implikationen" herauszuarbeiten, die sich darin verbergen.[679] Ricœurs diesbezügliche Überlegungen, so lässt sich sagen, bewegen sich zwischen einer existenzialanalytisch orientierten Ontologie des sprechenden, erzählenden, kurz des handelnden und leidenden *homme capable*, die er selbst als den roten Faden seines Gesamtwerkes bestimmt hat, und einer Ontologie, die den weiteren Rahmen abzustecken versucht, innerhalb dessen dieser handelnde und leidende Mensch zu verstehen ist.[680] Dabei zeigen sich auf beiden Seiten Momente der Spannung, der Brechung, der Veränderung und des Werdens, die insgesamt auf eine *dynamische Ontologie* hindeuten. Diese Tendenz des ricœurschen Ansatzes zur Ontologie wiederum verweist auf eine ausgezeichnete *ontologische Relevanz der Zeit*. Da es Ricœur jedoch weder, wie Husserl, um die allen konstituierten Zeiten zugrunde liegende konstituierende Subjektivität noch, wie Heidegger, um eine Temporalität als Gesamthorizont des Seins oder ein Ereignis als dem „Es gibt" von Zeit und Sein geht, ist die methodische Bedeutung der Offenheit, des Weg- und Fragecharakters von Ricœurs ontologischen Überlegungen zu betonen. Unter diesen Vorzeichen kann mit Ricœur die Frage verfolgt werden: „Auf dem Weg zu welcher Ontologie?"[681]

---

[678] SMA, 31, 37/SaA, 30, 36. Den Terminus „zweite Philosophie" entlehnt Ricœur Manfred Riedel. Gegen die von Aristoteles, Descartes, der neuzeitlichen Bewusstseinsphilosophie sowie der husserlschen transzendentalen Phänomenologie vertretenen Varianten einer Ersten Philosophie setzt Riedel sich das Ziel, Wege zu entwickeln, die zu einer zweiten Philosophie führen, welche sich jedoch nicht in Opposition zur Ersten Philosophie befindet. Er verfolgt das Projekt einer *„Hermeneutik in praktischer Absicht"*, welche zwischen Sein und Werden liege. Riedel, Manfred: *Für eine zweite Philosophie*. Frankfurt am Main: Suhrkamp 1988 (= Suhrkamp-Taschenbuch Wissenschaft. Bd. 720), 7. Obgleich Ricœur seine Anspielung auf Riedels Buch nicht weiter ausführt, übernimmt er von ihm den Gedanken einer dynamischen Ontologie, der ein offener und praktischer Horizont eignet und die nicht in ein absolutes Wissen aufzulösen ist.

[679] SMA, 345/SaA, 359. In *La métaphore vive* betont Ricœur, dass hierin eine doppelte Frage liegt, „sowohl die Frage nach der zu explizierenden Ontologie als auch die der Implikation, die im Spiel des Impliziten und des Expliziten am Werke ist" (MV, 323/LM, 252).

[680] Jervolino verweist auf ein Vorwort, welches Ricœur wenige Jahre vor seinem Tod zu der Arbeit eines italienischen Forschers verfasst hat und in dem Ricœur die erwähnte Selbstinterpretation zuspitzt: „Erst in den letzten Jahren erschien es mir möglich, die Mannigfaltigkeit dieser Ansätze unter den Titel einer vorherrschenden Problematik zu stellen; ich habe ihr den Titel der handelnde Mensch oder der fähige Mensch gegeben" (Ricœur, Paul: *Promenade au fil d'un chemin*, zitiert in: Jervolino: La mémoire, l'histoire, l'oubli dans le contexte de l'itinéraire philosophique de Paul Ricœur, a. a. O., 13). Daigler sieht den allgemeinen Rahmen von Ricœurs ontologischen Überlegungen durch dessen Überzeugung gegeben, „that being is active and dynamic, that it does not stand aloof from human activity but is something in which the human being can creatively participate" (Daigler: Being As Act and Potency in the Philosophy of Paul Ricoeur, a. a. O., 375).

[681] Im Original: „Vers quelle ontologie?" Dies ist der Titel der zehnten und letzten Abhandlung aus *Soi-même comme un autre*.

Obgleich es im Rahmen der vorliegenden Arbeit in erster Linie um die Zeitmomente der von Ricœur ermittelten ontologischen Implikationen geht, sind zu ihrer Herausarbeitung drei Etappen von Ricœurs Spätwerk zu verfolgen. In diesem Kap. 4.7.1 stehen die Zwillingsveröffentlichungen zur schöpferischen Kraft der Sprache *La métaphore vive* und *Temps et récit* zur Debatte, während es in den beiden darauffolgenden Kapiteln um die in *Soi-même comme un autre* erörterte ontologische Reichweite der ricœurschen Analysen des Selbst (Kap. 4.7.2) und um die in *La mémoire, l'histoire, l'oubli* entwickelte *conditio historica* und deren Grenzen geht (Kap. 4.7.3).

Die Metapher ist für Ricœur weder bloß ein sprachliches Ornament oder rhetorisches Mittel zur Überzeugung des Publikums noch funktioniert sie als eine Ersetzung von Worten, in der der an ein Wort geknüpfte Sinn nicht nur zur Bezeichnung eines ersten Gegenstandes, sondern auch zur Bezeichnung eines dem ersten ähnlichen zweiten Gegenstandes angewendet wird. Die Metapher schmücke und entdecke nicht nur, sondern habe ein *Sinnschöpfungspotential*, welches sich mithilfe der klassischen Rhetorik und ihrer Substitutionstheorie nicht erklären ließe. Was aber geschieht Ricœur zufolge, wenn die Metapher Sinn schöpft und welche Art von Theorie kann diesen Prozess verständlich machen?

Zunächst ist die Untersuchung der sinnschöpferischen, von Ricœur so genannten *lebendigen Metapher* auf der Ebene des *Satzes* anzusiedeln. Erst eine die Wortebene überschreitende prädikative Satzaussage der Minimalform „S ist P" ermöglicht die für eine Sinnschöpfung notwendige *impertinente Attribution*. In dieser impertinenten Attribution passt der herkömmliche, bisher tradierte Sinn der Attribution nicht auf den bisherigen Sinn des Satzsubjektes. In einer Art kalkuliertem Kategorienfehler entsteht eine Kollision zweier semantischer Felder, in der der herkömmliche Sinn der Wörter eingeklammert wird. Diese Einklammerung ist einer husserlschen Epoché vergleichbar, wenngleich die Epoché Husserl zufolge frei vollzogen und die ricœursche Einklammerung des bisherigen Sinnes durch seine offensichtliche Unangemessenheit erzwungen ist. Die durch diese Kollision erzeugte Spannung fordert dazu heraus, auf den Ruinen des herkömmlichen Sinnes nach einem neuen Sinn zu suchen, der die impertinente Attribution in eine neue semantische Pertinenz verwandelt. Die Spannung der semantischen Felder provoziert so eine *semantische Innovation*, welche allein in einer *Semantik*, nicht aber in einer Semiotik auf angemessene Weise untersucht werden kann.

In der Spannung der semantischen Felder geht es jedoch nicht darum, die kollidierenden Sinne unter einen bereits vorhandenen Begriff zu subsumieren, dies hätte keine Innovation zur Folge, sondern „das Sichtbarmachen des Ähnlichen" bedeutet, „die Gattung *in* der Differenz, nicht bereits *über* den Differenzen in der Transzendenz des Begriffes hervorzubringen".[682] Während Ricœur der refigurierten menschlichen Zeit die aporetische Retention als „Herausforderung an die Logik des Selben und des Anderen" unterlegt, kommen seines Erachtens auch die semantischen Felder in einem „Konflikt *zwischen* Identität und Differenz" zustande.[683]

[682] MV, 252/LM, 189 (im frz. Orig. keine Hervorhebungen).

[683] MV, 252/LM, 189.

Damit aus diesem Konflikt zwischen Identität und Differenz aber eine Ähnlichkeit und darüber eine neue semantische Pertinenz erwachsen kann, ist der *Bild*charakter der eingeklammerten Sinnmomente von entscheidender Bedeutung. Es geht darum, die Ähnlichkeit in der Differenz *zu sehen*. Die sich stellende Frage ist: „Was heißt ‚Sehen als' (*voir comme*)?"[684] So, wie das kantische transzendentale Schema im Schematismuskapitel der *Kritik der reinen Vernunft* als Vereinigungsinstanz zwischen leerem Begriff und blinder Anschauung fungiert, ist auch das „Sehen als" „halb Denken, halb Erfahrung" und stellt als intuitive Beziehung den Zusammenhang zwischen verbalem Sinn und bildlicher Fülle her.[685] Da es jedoch im „Sehen als" nicht um Erkenntnis und eine vollständige Subsumtion der bildlichen Fülle unter einen neuen verbalen Sinn geht, ist zur Explikation von Ricœurs „Sehen als" auf Kants Begriff einer ästhetischen Idee aus der *Kritik der Urteilskraft* zu rekurrieren.[686]

Kant definiert die ästhetische Idee als „diejenige Vorstellung der Einbildungskraft, die viel zu denken veranlaßt, ohne daß ihr doch irgend ein bestimmter Gedanke, d. i. Begriff adäquat sein kann, die folglich keine Sprache völlig erreicht und verständlich machen kann".[687] Es besteht ein Überschuss der Anschauung oder der bildlichen Fülle gegenüber jeglichem Begriff oder verbalem Sinn, der das Spiel der Gemütskräfte innerhalb der angezeigten Diskrepanz zu einem Mehrdenken herausfordert. Dem beim Rezipieren der Metapher entstehenden, jedoch unkontrollierbaren Bilderfluss, so Ricœur, kommt aufgrund des jähen Auftauchens und Verschwindens der Bilder ein *Erfahrungs*charakter zu. Dieser Erfahrungscharakter ist jedoch erst die eine Seite des „Sehen als". Das „Sehen als" ist in seiner schematisierenden Funktion zudem ein *Akt*, der dem Bilderfluss eine geregelte, wenn auch die Bildfülle keineswegs erschöpfende Ordnung abgewinnt. Aus diesem doppelgesichtigen *Erfahrungsakt* des „Sehen als", dem wie der kantischen produktiven Einbildungskraft eine schöpferische Funktion zu eigen ist, geht die Ähnlichkeit *inmitten* der Differenz und unter Bewahrung derselben hervor.[688]

Die Hervorbringung der Ähnlichkeit aus dem Konflikt zwischen Identität und Differenz ist somit nur teilweise ein kontrollierter Vorgang. Während Kant „das Genie" durch das nicht erlernbare „glückliche[] Verhältnis[]" bestimmt, „zu einem gegebenen Begriffe Ideen aufzufinden, und andererseits zu diesen den Ausdruck zu

---

684 MV, 268/LM, 203.

685 MV, 269/LM, 204.

686 Vgl. Kant, Immanuel: Kritik der Urteilskraft, in: *Kritik der Urteilskraft und Schriften zur Naturphilosophie*. Hg. von Wilhelm Weischedel. Darmstadt: Wissenschaftliche Buchgesellschaft, 6. Aufl., 2005 (= Werke in sechs Bänden. Bd. V), 237–620, hier § 49 und dazu Tengelyi, László: Redescription and Refiguration of Reality in Ricœur, in: Research in phenomenology 37 (2007), 160–174, hier 163.

687 Kant: Kritik der Urteilskraft, a. a. O., A 190 f./B 192 ff.

688 Breitling sieht trotz der deutlichen Entwicklung von Ricœurs Konzept der in Anlehnung an Heidegger gedachten Gegenüberstellung von hermeneutischem und apophantischem Als das grundsätzliche Verdienst der ricœurschen Position darin, dass Ricœur „das im implikativen *Als* verborgene komparative *Wie* zum Vorschein" bringt, welches „das Moment der ‚Verfremdung' und der erkenntniskritischen ‚Distanzierung'" hervorhebt. Vgl. Breitling: Paul Ricœur und das hermeneutische Als, a. a. O., 97.

treffen, durch den die dadurch bewirkte subjektive Gemütsstimmung, als Begleitung eines Begriffs, anderen mitgeteilt werden kann“, spricht Ricœur in Hinblick auf die gelingende Metapher in einer dem „kleinen Wunder des Gedächtnisses“ assoziierbaren Weise von der „Überraschung eines Glücksfundes“.[689] Die gelingende lebendige Metapher bewahrt aufgrund der Diskrepanz zwischen Bilderfülle und erzeugter Ähnlichkeit das in der semantischen Innovation Hervorgebrachte jedoch immer noch in einer Spannung zu dem herkömmlichen Sinn der nicht zueinander passenden semantischen Felder. Die Rezeption einer lebendigen Metapher bedeutet daher ein „stereoskopische[s] Sehen (*vision stéréoscopique*)“, welches aus der Spannung zwischen zwei Lesarten resultiert.[690] Diese Spannung löst sich erst dann auf, wenn die lebendige Metapher durch häufigen Gebrauch zu einer *toten Metapher* wird, neue semantische Felder entstehen lässt und das durch die Metapher angeregte Mehrdenken sich zu neuen Begriffen kristallisiert.

Die Metapher hat Ricœur zufolge jedoch nicht nur ein Sinnschöpfungspotential, sondern auch eine *heuristische Funktion*. Um diese zu erfassen, dehnt Ricœur Freges Unterscheidung von Sinn und Referenz – bzw. in Freges Sprache „Sinn“ und „Bedeutung“ – über die deskriptive Rede hinaus auf jede Rede aus.[691] Auch die dichterische Rede habe eine eigentümliche Art der *Referenz*. Jede Sprache, und demnach auch die dichterische, so Ricœurs Überzeugung, bezieht sich auf Wirklichkeit. Diese Wirklichkeit bestimmt er als die „letzte[] Kategorie, von der aus das Ganze der Sprache als Gesagt-Sein der Wirklichkeit zwar nicht gewußt (*connu*), doch gedacht (*pensé*) werden kann“.[692] Es gilt also zu bedenken, wie Sprache, und damit ist auch metaphorische Sprache gemeint, als das Gesagt-Sein einer Wirklichkeit verstanden werden kann, ohne Sprache und Wirklichkeit sowie ihr Verhältnis zueinander in einem Wissen oder einem totalen Entsprechungsverhältnis fixieren zu können. Wie aber kann sich dichterische, metaphorische Rede überhaupt auf eine Wirklichkeit, sei sie auch nicht gewusst, beziehen? Geraten wir nicht in einen Irrationalismus, wenn wir, wie Ricœur, von einer realistischen Intention dichterischer Rede ausgehen und beispielsweise behaupten, dass der Krieg wirklich ein Sturm sei? Entgleitet uns dann nicht jeder sinnvolle Begriff von Wirklichkeit?

Ricœur begegnet diesem Einwand mit einem differenzierten Begriff metaphorischer Referenz, den er analog zu demjenigen des metaphorischen Sinnes entwickelt. Wenn die Metapher dazu anregt, den Krieg als Sturm zu sehen (*voir comme*), so erwachse aus der semantischen Innovation ein referenzielles Gegenstück, demzufolge der Krieg wirklich *ist wie* ein Sturm (*être-comme*).[693] In diesem „Sein wie“

[689] MV, 270/LM, 206.

[690] MV, 375/LM, 275 (Einfügung des französischen Wortlautes, I.R.).

[691] Vgl. Frege, Gottlob: Über Sinn und Bedeutung, in: Zeitschrift für Philosophie und philosophische Kritik 100 (1892), 25–50. Und MV, 274, 278/LM, 210, 215.

[692] MV, 386/LM, 287 (Einfügung des französischen Wortlautes, I.R.).

[693] Vgl. MV, 312/LM, 240. Hier ist „être comme“ mit „Sein wie“ ins Deutsche übersetzt. Dabei ist die Analogie zwischen „voir comme“ und „être comme“ nicht unmittelbar zu erkennen. Auch das „être comme“ jedoch meint außer dem spannungshaften Vergleichs- auch ein Implikationsverhältnis. Vgl. zu dieser Problematik Breitling: Paul Ricœur und das hermeneutische Als, a. a. O.

aber ist eine ontologische Spannung impliziert, die der Spannung zwischen wörtlichem und metaphorischem Sinn entspricht. Der Krieg *ist* (*est*) ein Sturm *und* er *ist nicht* (*n'est pas*) ein Sturm. So, wie der metaphorische Sinn auf den Trümmern des wörtlichen Sinnes aufbaut, ohne den wörtlichen Sinn vollständig zu tilgen, baut auch die sekundäre Referenz der Metapher auf der primären, „wörtlichen" Referenz der deskriptiven Rede auf, ohne die Referenz der deskriptiven Rede vollständig zu vernichten. Im metaphorischen „ist" findet sich daher jene „Spannung zwischen dem *Selben* und dem *Anderen*" wieder,[694] die sich sowohl für die Spannung des Sinnes in der semantischen Innovation als auch bereits für die Retention als einer Herausforderung an die Logik des Selben und des Anderen zeigte. Die sich über die lebendige Metapher erstmalig anzeigende „Nähe der Dinge selbst" sowie die primäre Kontinuität zwischen „jetzt" und „soeben" verweisen auf einen unmittelbaren Zusammenhang zum einen im Sein der Dinge und zum anderen in der Zeit, in dem jedoch unhintergehbar eine Differenz spielt, welche die Nähe der Dinge bzw. die zeitliche Kontinuität durchbricht und zum Schillern bringt.[695]

Wenn die Metapher mithilfe ihrer spezifischen referentiellen Funktion den durch die deskriptive Rede erreichten Referenzbereich überschreitet, so unternimmt sie damit Ricœur zufolge eine *Neubeschreibung (redescription) der Wirklichkeit*. Den Begriff der Neubeschreibung gewinnt er über eine Auseinandersetzung mit der Funktion wissenschaftlicher Modelle, welche er anhand der Autoren Max Black und Mary B. Hesse führt.[696] Eine bisher unerhörte, durch ein neues Modell gelieferte theoretische Erklärung der Wirklichkeit sei dazu in der Lage, einen eingegrenzten Wirklichkeitsbereich auf eine ganz neue Weise zu beschreiben und damit bisher unerfasste Aspekte und Zusammenhänge der Wirklichkeit zugänglich zu machen. Analog dazu könne auch die Metapher, von Ricœur verstanden als ein „Miniaturgedicht",[697] neue Bezüge und Momente der von ihr bezeichneten Wirklichkeit sehen lassen. In dieser Parallelisierung von Modell und Metapher ist jedoch zu beachten, dass die Metapher weder bis dato unerfasste Tatsachen oder Sachverhalte aufdeckt noch falsifizierbare Theorien über das, was der Fall ist, aufstellt.[698] Das metaphorische Sein, in welchem „ist" und „ist nicht" zueinander in Spannung stehen, sowie die metaphorische Wahrheit, in der das metaphorische „Sein wie" zum Ausdruck gelangt, verlangen nach einer anderen Charakterisierung als der einer Tatsache, eines Sachverhaltes oder einer Wahrheit im Sinne von Korrespondenz- oder Kohärenztheorie. Wie lässt sich jene von der Metapher intendierte und „neu

---

und ders.: *Möglichkeitsdichtung – Wirklichkeitssinn. Paul Ricœurs hermeneutisches Denken der Geschichte*, a. a. O., 87 (Fußnote 146).

694 MV, 321/LM, 251.

695 MV, 290/LM, 227.

696 Vgl. das Kapitel „Modell und Metapher" in MV, 302–308/LM, 227–238.

697 MV, 306/LM, 233.

698 Vgl. Tengelyis Kritik an Ricœurs Begriff der Neubeschreibung und an Ricœurs unzureichender Differenzierung zwischen faktischer und metaphorischer Wahrheit in MV. Tengelyi: Redescription and Refiguration of Reality in Ricœur, a. a. O., 167 f. Vgl. Breitling: *Möglichkeitsdichtung – Wirklichkeitssinn. Paul Ricœurs hermeneutisches Denken der Geschichte*, a. a. O., 88.

beschriebene“ Wirklichkeit in ihrem Spannungscharakter zwischen Sein und Nichtsein näher bestimmen?

In der dichterisch fungierenden Metapher, so Ricœur, kommt „eine vor-objektive Welt, in der wir schon von Geburt an sind, in die wir jedoch auch unsere eigensten Möglichkeiten entwerfen“, zur Sprache.[699] Wenn mit der Kollision semantischer Felder eine Störung im Referenzbereich einhergeht, so bedeutet dies laut Ricœur einen „Einbruch des Vorprädikativen und Vorkategorialen in die Sprache“.[700] Über die Durchbrechung eingefahrener Objektivierungen vermag die als lebendiger Ausdruck verstandene Metapher auf die „*lebendige* Existenz“ oder die „*lebendige* Erfahrung“ zu verweisen.[701] Die von der Metapher zur Sprache gebrachte Wirklichkeit ist also nicht eine Ordnung von vorgefundenen seienden Dingen, deren kategoriale Beziehungen zueinander nur noch, wenngleich auch unter verschiedenen möglichen Akzentuierungen, auszusagen sind. Sie ist vielmehr die lebendige Existenz oder die lebendige Erfahrung, der ein vorobjektiver, vorprädikativer und vorkategorialer Charakter wesentlich zu eigen ist.

Aufgrund dieser vorkategorialen und lebendigen Beschaffenheit jedoch eröffnet die Wirklichkeit zum einen der lebendigen Metapher verschiedene Möglichkeiten des sprachlichen Ausdrucks und hat zum anderen als Wirklichkeit der Existenz oder der Erfahrung selbst einen wesentlichen *Möglichkeit*scharakter. Die von der Metapher anvisierte Wirklichkeit ist Ricœur zufolge „der imaginäre, fiktive Vorschlag einer Welt“, in welcher „andere[] Existenzmöglichkeiten“, und zwar möglicherweise sogar „unsere eigensten Möglichkeiten“, eröffnet sind.[702] Wenn die lebendige Metapher sich auf diesen Möglichkeitscharakter des Vorkategorialen in der lebendigen Existenz bezieht, so bringt sie damit anstatt eines Sachverhaltes oder lediglich auszusagender kategorialer Beziehungen eine *Stimmung* zum Ausdruck. Diese Stimmung oder dieses Gefühl ist in Anlehnung an Heideggers „Befindlichkeit“ zum einen ontologisch und zum anderen in Abgrenzung zur Subjekt-Objekt-Beziehung zu verstehen. Das Gefühl „läßt [...] an der Sache teilnehmen“, indem es vorobjektiv von einer lebendigen „Ungeschiedenheit von Innen und Außen“ ausgeht, aus der sämtliche Ausdrücke erwachsen.[703] Bei dieser ontologisch verstandenen Stimmung geht es zwar um eine gefühlsmäßige Einstimmung, nicht aber um eine Einstimmigkeit im husserlschen Sinne. Die von Ricœur gemeinte Stimmung liefert vielmehr eine vorobjektive Zugehörigkeitserfahrung, in welcher eine bewohnbare Welt in bestimmten Zusammenhängen begegnet, dabei jedoch nicht eindeutig geordnet ist und zudem in einer Spannung zu meiner bisherigen Wirklichkeitserfahrung

---

[699] MV, 387/LM, 289 (Übersetzung modifiziert, I.R.).

[700] MV, 387/LM, 288.

[701] MV, 61, 391/LM, 55, 294. Vgl. Tengelyi: Redescription and Refiguration of Reality in Ricœur, a. a. O., insbesondere 162 (und Fußnoten 3 und 4). Aufgrund der prominenten Rolle von lebendiger Erfahrung und lebendiger Existenz für Ricœurs ontologische Auslegung des Referenzpostulates der lebendigen Metapher spricht Tengelyi in Hinblick auf Ricœur von einer „ontology of lively existence“ (a. a. O., 168).

[702] MV, 288/LM, 225.

[703] MV, 309, 310/LM, 237, 238.

verbleibt, der gegenüber sie sich als heterogen erweist. In dieser vom dichterischen Gefühl entfalteten Wirklichkeitserfahrung stehen „Erfinden (*inventer*) und Auffinden (*découvrir*) nicht mehr im Gegensatz zueinander" und „Schaffen (*créer*) und Aufzeigen (*révéler*)" fallen zusammen.[704]

Diese zuletzt angeführte ricœursche Formulierung deutet darauf hin, dass in der als Wirklichkeit verstandenen lebendigen Existenz nicht nur vieles bisher *Unentdeckte verborgen* liegt, welches die Metapher zutage fördern kann. Die lebendige Existenz ist vielmehr selbst so beschaffen, dass sie in sich eine *innere Veränderung*, ein inneres „Erfinden" und „Schaffen" von neuer Wirklichkeit erlaubt. Die Wirklichkeit, auf die sich metaphorisches Sprechen bezieht, hätte demzufolge selbst eine *innere Dynamik*, welche aus der Spannung von Sein und Nichtsein, Identität und Differenz produktiv wird und in einer Art Selbstgenerierung neue Wirklichkeit entstehen lässt, ohne damit husserlianisch einen teleologischen, auf Einstimmigkeit ausgerichteten Prozess darzustellen. Diese innere Produktivität der Wirklichkeit scheint aber wiederum im Rahmen von Ricœurs Modell nur in einer *Wechselwirkung* mit dem metaphorischen Sprechen möglich.[705] Das metaphorische Sprechen deckt ständig neue Momente und Zusammenhänge der Wirklichkeit auf, welche bisher ungesagt blieben, ohne dabei je das Ganze der Wirklichkeit sagen zu können. Gleichzeitig sagt es dabei jedoch immer auch mehr, als in der Wirklichkeit liegt. So findet sich einerseits ein Überschuss auf der Seite der Wirklichkeit und andererseits eine Überbestimmung auf Seiten der lebendigen Metapher. Diese Überbestimmung der Wirklichkeit durch die Metapher aber ist dazu in der Lage, neue Erfahrungen hervorzubringen und somit etwas zu schaffen, das zuvor noch nicht ein Moment der lebendigen Existenz war. Wie lässt sich aber diese unabschließbare Wechselwirkung zwischen einer dynamischen Wirklichkeit und einer schöpferischen Sprache auf einen Seinsbegriff bringen? Ja, lässt sie sich überhaupt auf einen Seinsbegriff bringen, ohne dass Dynamik, Offenheit und Kreativität der begrifflichen Abgeschlossenheit zum Opfer fallen?

Zur ontologischen Auslegung des Referenzpostulates dichterischer Rede rekurriert Ricœur auf das Begriffspaar von *energeia* und *dynamis* aus der aristotelischen Metaphysik und verknüpft seine Interpretation desselben mit Heideggers Begriff des *Ereignisses*. Im dritten Buch der aristotelischen *Rhetorik* macht Ricœur eine von Aristoteles selbst nahe gelegte „Überschneidung (*intersection*) von Poetik und Ontologie" aus, wenn Aristoteles dort das dichterische Vor-Augen-führen als „‚die Dinge in ihrer (aktuellen) Verwirklichung [fr. *les choses en acte*] bezeichnen'" bestimmt.[706] Weiter heißt es, „wenn der Dichter leblosen Dingen Leben verleiht, dichtet er ‚dies alles in Bewegung und lebendig seiend; In-Verwirklichung-begriffen-sein

704 MV, 310/LM, 238 (Einfügung des französischen Wortlautes, I.R.).

705 Ricœur spricht in seiner Auseinandersetzung mit Mary B. Hesse von einer Wechselwirkung (*interaction*) zwischen Sprache und Welt. Vgl. MV, 305/LM, 232.

706 MV, 389/LM, 292, 291 (Einfügung von „intersection", I.R.). Aristoteles: Rhetoric. Übersetzt von W. Rhys Roberts, in: Barnes, Jonathan (Hg.): *The Complete Works of Aristotle*. The Revised Oxford Translation. Volume Two. Princeton: Princeton University Press 1984, 1354a–1420b, hier 1411b 27–28.

[fr. *l'acte*] aber ist Bewegung'".[707] Was aber kann es bedeuten, dass das metaphorische Sprechen „die Dinge in ihrer (aktuellen) Verwirklichung bezeichnet"? Anhand der aristotelischen Metaphysik erwägt Ricœur drei Möglichkeiten: erstens, die Dinge als Handlungen zu sehen, zweitens, sie als Kunstwerk im Sinne einer technischen Produktion zu sehen oder drittens, sie im Akt, als natürliches Aufblühen zu sehen. Es sei die dritte Möglichkeit des *natürlichen Aufblühens*, welche sowohl der Betonung der Lebendigkeit aus der aristotelischen *Rhetorik* als auch Ricœurs eigenem, bereits hervorgehobenem Begriffspaar von lebendigem Ausdruck und lebendiger Erfahrung bzw. lebendiger Existenz am besten gerecht werde. Derjenige Dichter, welcher die Dinge als natürliches Aufblühen sehen lasse, könnte derjenige sein, welcher „die Potenz als Akt und den Akt als Potenz wahrnimmt", welcher „das sich Andeutende und Werdende als vollendet und vollständig, jede erreichte Form als eine Verheißung des Neuen sieht", jener, „der ‚jenes immanente Prinzip' erreicht, ‚das den Naturwesen entweder dem Vermögen oder der Vollendung (Entelechie) nach innewohnt' und das der Grieche *physis* nennt".[708] Die Philosophie als spekulativer Diskurs müsse daher den Ort suchen, an dem Erscheinen in Anlehnung an die griechische *physis* und das dichterische Sprechen als Aufblühen gedacht werden kann und „Entstehung der wachsenden Dinge" heißt.

Der heideggersche Begriff des Ereignisses, so meint Ricœur, hätte aufgrund seiner Zusammengehörigkeit mit dem „es gibt" dieselbe Sinnrichtung wie das aristotelische Begriffspaar von Akt und Potenz respektive *energeia* und *dynamis* und könne daher jenes Aufblühen zusätzlich erhellen. Während es Heidegger bereits in der sechsten Stunde aus *Der Satz vom Grund* darum geht, die „zweite Tonart" des Satzes vom Grund, in welcher „ist" und „Grund" zusammen hörbar werden, anhand des nur scheinbar paradoxen Spruches von Angelus Silesius über die blühende Rose ohne „Warum", jedoch mit „Weil" auszuweisen, rekurriert er in „Das Wesen der Sprache" auf Hölderlins Formulierung „Worte, wie Blumen", um nun die Sprache selbst in ihrem Eigensten als ein Aufblühen zu bezeichnen. Sowohl ein angemessenes Hören auf den Satz vom Grund als auch ein Denken der Sprache als „Blume des Mundes" führt laut Ricœur auf jenes Aufblühen, welches sich bereits in der aristotelischen *Rhetorik* und ihrem Verweis auf die *Metaphysik* andeutete.[709] Unsere „Worte, wie Blumen" „drücken die Existenz in ihrem Aufblühen aus".[710] Das bei Heidegger vom Ereignis her gedachte „es gibt" verweise in seinem Gabecharakter auf jenes Aufblühen des Erscheinens.

Es kann hier nicht im Einzelnen verfolgt werden, inwiefern Ricœurs annähernde Interpretation von Aristoteles und Heidegger gerechtfertigt ist.[711] Zwei diesbezüg-

---

707 MV, 389/LM, 291. Aristoteles: Rhetoric, a. a. O., 1412a 9.

708 MV, 392/LM, 295.

709 Heidegger, Martin: Das Wesen der Sprache, in: ders.: *Unterwegs zur Sprache*. Stuttgart: Klett-Cotta, 13. Aufl., 2003, 157–216, hier 206.

710 MV, 392/LM, 296. Vgl. Heidegger, Martin: *Der Satz vom Grund*. Stuttgart: Klett-Cotta, 9. Aufl., 2006, 77–90.

711 Breitling formuliert eine doppelte Kritik an Ricœurs Interpretationen von Aristoteles und Heidegger. Zum einen sei Heideggers Ereignisbegriff nicht mit der aristotelischen *physis* vereinbar.

liche Bemerkungen sollen jedoch erfolgen, um Ricœurs eigenen Gedanken eines Aufblühens der Existenz und des metaphorischen Sprechens klarer zu fassen. Während die aristotelischen Texte mehrere Lesarten zulassen, geht es Ricœur nicht um eine Interpretation von *dynamis*, *energeia* und *entelecheia*, welche diese im Rahmen einer von vornherein feststehenden Entfaltung und Verwirklichung des zuvor nur der Möglichkeit und dem Vermögen nach Angelegten versteht. *Dynamis*, *energeia* und *entelecheia* sind vielmehr in einer Weise zu begreifen, in der der Kontingenz, den widerstreitenden Möglichkeiten und der menschlichen Freiheit ein Platz eingeräumt wird. Ricœurs Aristoteles wäre daher jener, der an einem Vermögen festhält, welchem auch nie verwirklichte und sich widerstreitende Möglichkeiten inhärieren. Es wäre näherhin jener Aristoteles der *Metaphysik*, für den der Zufall dadurch gekennzeichnet ist, dass seine Ursachen unbestimmt sind und er für die menschliche Überlegung unerklärbar bleibt.[712] Sowohl die Unbestimmtheit der Ursachen als auch die Unmöglichkeit einer vollständigen Erfassung aller möglichen Kausalketten lässt bei Aristoteles selbst eine Kontingenz, Diskontinuität und Ereignishaftigkeit aufscheinen, welche für Ricœurs Metaphernbegriff von herausragender Bedeutung ist.

Die zweite Bemerkung betrifft Heidegger. In seinem Rückgriff auf den heideggerschen Ereignisbegriff geht es Ricœur um ein Denken des Aufblühens der Existenz und des metaphorischen Sprechens mithilfe des „es gibt", in welchem die Wirklichkeit in ihrem Aktcharakter sichtbar wird. Ereignis und „es gibt" als Gabe, dessen Geber entzogen bleibt, vermögen das von Ricœur gemeinte Aufblühen deshalb zu bezeichnen, weil sie „die Offenheit und das Entfalten, aufgrund deren es Gegenstände für ein urteilendes Subjekt gibt", meinen.[713] Sowohl in der lebendigen Existenz bzw. in der lebendigen Erfahrung als auch in den lebendigen Metaphern zeigt sich ein teilweise unkontrollierbares Auftauchen von neuen Sinn- und Referenzbereichen, ohne dass sich diese Unkontrollierbarkeit jedoch in eine vollkommene Dispersion und einen „Triumph des Unartikulierten" zerstreute.[714] Die ontologische Auslegung der Wirklichkeit als Akt und als Ereignis liefert eine ontologische Interpretation, welche das dynamische Wechselspiel zwischen lebendiger Existenz und lebendiger Sprache in der Mitte zwischen totaler Unartikuliertheit und absoluter Sinn- und Referenzbeherrschung anzusiedeln vermag.

Zum anderen sei die ricœursche metaphorische Neubeschreibung der Wirklichkeit jeweils ein kontingentes Ereignis und führe auf Konflikte der Interpretationen zwischen verschiedenen Wirklichkeitsbeschreibungen, welche schließlich auf eine Inkompossibilität der durch die lebendige Metapher entdeckten Möglichkeiten verweist. Es scheine „der Begriff der semantischen Innovation als Sinnstiftung eine Auffassung des Möglichen zu implizieren, die mit den Begriffen der Aristotelischen Metaphysik nicht mehr zu fassen ist" (Breitling: Möglichkeitsdichtung – Wirklichkeitssinn. Paul Ricœurs hermeneutisches Denken der Geschichte, a. a. O., 95).

712 Vgl. Aristoteles: Metaphysics. Übersetzt von W.D. Ross, in: Barnes, Jonathan (Hg.): *The Complete Works of Aristotle*. The Revised Oxford Translation. Volume Two. Princeton: Princeton University Press 1984, 980a–1093b, hier 1065a 32–35.

713 MV, 393/LM, 296 f.

714 MV, 393/LM, 297.

Was Ricœur jedoch von Heidegger nicht übernimmt, ist das Denken *des* Ereignisses, aus dessen Einzigkeit heraus „es“ Sein und Zeit „gibt“, welche es wiederum in ihrem Zuspiel ursprünglich und unverstellt zu erfassen gälte. Es ließe sich durchaus als ein Einwand gegen Heidegger verstehen, wenn sich Ricœur gegen eine „Mystik des ‚ursprünglichen Sinnes‘“ oder andernorts gegen die Wiederentdeckung einer ursprünglichen Unmittelbarkeit wendet.[715] Die Reaktivierung toter Metaphern dient laut Ricœur nicht dem Rückgang in ein ursprünglicheres Verstehen, sondern allein der Erzeugung eines neuen Sinnes. Daher übernimmt er auch nicht Heideggers Kritik an *der* Metaphysik. Es sei unzulässig, so Ricœur, die gesamte abendländische Philosophiegeschichte über einen Kamm zu scheren und schließlich sogar der Seinsgeschichte ein Ende setzen zu wollen „als ‚verschwände das Sein im Ereignis‘“.[716] Vielmehr gelte es, die mögliche und aktuale Sinnesvielfalt des Seins zu erforschen und aus der Auseinandersetzung mit der Mehrdeutigkeit des Seins eine geregelte Polysemie des Seinsbegriffes zu entwickeln. Aufgabe der Philosophie sei es, die irreduzible Pluralität der Rede offen zu halten, zu erforschen, immer wieder neu und immer kreativer zu vermitteln und dabei der Versuchung zu widerstehen, sie auf eine letzte Einheit zurückzuführen.[717]

Über diese Abgrenzung von Aristoteles und Heidegger hinaus lassen sich Ricœurs ontologische Implikationen des metaphorischen Sprechens auch im Rahmen der ricœurschen Grundbegriffe von *appartenance* und *distanciation* fassen.[718] Dies ist auf eine Weise möglich, die diesem Begriffspaar, bzw. der Seite der *distanciation*, eine deutlichere Differenzierung zukommen lässt. Die Dichtung, so meint Ricœur, hat selbst bereits den Charakter einer Distanzierung, wenngleich einer nicht ausdrücklich objektivierenden Distanzierung. Sie bezieht sich in ihrem metaphorischen Sprechen nicht nur auf unsere Zugehörigkeit, sondern vermag diese auf ausgezeichnete Weise zur Sprache zu bringen, indem sie begrifflich verfestigte Objektivierungen aufbricht und der lebendigen Erfahrung in der lebendigen Metapher zum Ausdruck verhilft. Dieser *ersten, dichterischen Distanzierung* hat dann jedoch

---

715 MV, 395/LM, 299. Vgl. Ricœur, Paul/Kearney, Richard: The Creativity of Language, in: Valdés, Mario J. (Hg.): *A Ricœur Reader: Reflection and Imagination*. Toronto und Buffalo: University of Toronto Press 1991, 463–481, hier 470. Es sei hier in Hinblick auf eine mögliche „Mystik des ursprünglichen Sinnes“ bei Heidegger nur auf ein Beispiel verwiesen, das Heideggers Interpretation des hölderlinschen „Worte, wie Blumen“ betrifft. Heidegger polemisiert gegen Gottfried Benn, in diesem hölderlinschen Worte werde „das Wort zurückgeborgen in seine Wesenssetzung“ und es habe um ein „Hervorbringen des Wortes aus seinem Anfang“ zu gehen (Heidegger: Das Wesen der Sprache, a. a. O., 207).

716 MV, 397/LM, 301. Auch Heidegger selbst, so Ricœur, gehöre in die Tradition der spekulativen Denker, die „das Schlüsselwort (*maître mot*)“ suchen, „dasjenige, ‚das die ganze Bewegung maßgebend trägt‘. Das ‚es gibt‘ ist in seinen Augen dieses Schlüsselwort“ (MV, 397/LM, 301 (Einfügung des französischen Wortlautes, I.R.)). Greisch entwickelt in seiner Auseinandersetzung mit der Metapher bei Heidegger eine ähnliche Auffassung in Hinblick auf das Ereignis: „Trotz all seiner Kritik in Hinblick auf die Onto-theo-logie erliegt Heidegger letztlich der Faszination des Kreises“ (Greisch, Jean: Les mots et les roses. La métaphore chez Martin Heidegger, in: Revue des sciences philosophiques et théologiques 57 (1973), 433–455, hier 450).

717 Vgl. Ricœur/Kearney: The Creativity of Language, a. a. O., 470, 473.

718 Vgl. MV, 398 f./LM, 303 f.

eine *zweite, philosophische Distanzierung* zu folgen. Die semantische Innovation liefere von sich aus zwar einen „*Bedeutungs*gewinn", dieser sei jedoch „noch kein *Begriffs*gewinn, insofern als die semantische Innovation nicht von dem Hin und Her zwischen den beiden Lesarten [...] zu trennen ist".[719] Der Bedeutungsgewinn impliziert allerdings bereits aufgrund der in ihm enthaltenen semantischen Spannung eine „Begriffs*forderung*",[720] welche als Motivationsfundament für die zweite, philosophische Distanzierung fungiert.

Der Philosoph habe nun seinerseits die Aufgabe, auf die im metaphorischen Sprechen vorgebildete Distanzierung zu antworten, indem er die Sinnschöpfungen begrifflich strukturiert und auf „ihre höchste Reflexionsstufe" bringt.[721] So ist die dichterisch vervielfältigte Polysemie des Seins daraufhin zu befragen, ob sich in ihr eine geregelte Mehrdeutigkeit ausmachen lässt, die sich von einer bloßen Vieldeutigkeit unterscheidet. Die zweite, philosophische Distanzierung ist dabei grundsätzlich von der ersten, dichterischen Distanzierung unterschieden, weil „das spekulative Denken sich als unterschieden und antwortend, weil denkend weiß".[722] Angesichts dieser Trennung der beiden Distanzierungsarten, die zugleich ein Antwortverhältnis impliziert, lässt sich für Ricœur in Anlehnung an Waldenfels und Tengelyi von einer *responsiven Rationalität* des philosophischen Denkens sprechen.[723] Das responsive Moment dieser Rationalität ermöglicht die Übertragung der Lebendigkeit des dichterischen Ausdruckes in das philosophische Denken, so dass trotz einer Tendenz zur Verfestigung prinzipiell auch philosophische Begriffe „offen, kreativ und lebendig" sein können.[724] Was die spannungshafte Wahrheit der Dichtung der Philosophie zu denken aufgibt, das ist nicht ein verborgener Ursprung, sondern „die ursprünglichste und verborgenste Dialektik: diejenige zwischen der Zugehörigkeitserfahrung in ihrer Gesamtheit und dem Distanzierungsvermögen, das den Raum des spekulativen Denkens eröffnet".[725]

Das Funktionieren der lebendigen Metapher erwies sich aufgrund ihrer schöpferischen Referenzialität in den bisher unternommenen Erörterungen als entscheidend für die ontologische Auslegung von Ricœurs hermeneutischer Phänomenologie. Hatte aber nicht Heidegger an berühmt gewordener Stelle kritisch geäußert, dass es „[d]as Metaphorische [...] nur innerhalb der Metaphysik" gäbe?[726] Wird die hermeneutische Phänomenologie Ricœurs daher letztlich doch zu spekulativer Metaphysik, wenn sie ihre eigene ontologische Auslegung über eine ontologische Interpretation der Metapher versucht? Wie Ricœur selbst darlegt, argumentiert Heidegger an den zitierten Stellen der Sache nach nicht gegen das von Ricœur mit

---

719 MV, 375/LM, 275 (Hervorhebung „Begriffs-" von Ricœur; Hervorhebung „Bedeutungs-", I.R.).

720 MV, 376/LM, 275 (Hervorhebung, I.R.).

721 MV, 399/LM, 304.

722 MV, 395/LM, 298.

723 Vgl. Tengelyi: Redescription and Refiguration of Reality in Ricœur, a. a. O., 174.

724 Ricœur/Kearney: The Creativity of Language, a. a. O., 469.

725 MV, 399/LM, 304.

726 Heidegger: *Der Satz vom Grund*, a. a. O., 89. Vgl. außerdem ders.: Das Wesen der Sprache, a. a. O., 207.

der lebendigen Metapher und ihrer Fruchtbarkeit für den philosophischen Diskurs Gemeinte. Im Gegenteil. Heidegger wendet sich vielmehr gegen eine bestimmte Auffassung, die die Metapher als „bloße“ Metapher und als uneigentliche Rede versteht und sich im Rahmen der Äquivalenz „zwischen der metaphysischen Übertragung vom Sinnlichen zum Nichtsinnlichen und der metaphorischen vom eigentlichen zum bildlichen Sinn“ hält.[727] Heideggers tatsächliche Auseinandersetzung mit Dichtern stünde Ricœurs Überlegungen zum metaphorischen Sprechen näher als Heideggers explizit formulierte Kritik an der Metapher. Den angeführten Einwand, der sich scheinbar von Heidegger her gegen Ricœurs ontologische Auslegung der lebendigen Metapher erheben ließe, kann Ricœur daher ohne große Schwierigkeiten mit Heidegger selbst zurückweisen.

Eine zweite Herausforderung für Ricœurs ontologische Auslegung der lebendigen Metapher stellt sich im Ausgang von Derrida. Ricœur setzt sich in *La métaphore vive* mit Derridas Text „La mythologie blanche. La métaphore dans le texte philosophique“ auseinander und Derrida antwortet dieser Kritik in einem weiteren Text mit dem Titel „Le retrait de la métaphore“.[728] Diese Auseinandersetzung ist sowohl wesentlich für die Bestimmung des Verhältnisses von Derridas dekonstruktivem Ansatz zu Ricœurs hermeneutischer Phänomenologie als auch von zahlreichen Missverständnissen und Unklarheiten geprägt. Da eine Aufarbeitung dieser Debatte im Kontext der hiesigen Frage nach den ontologischen Implikationen von Ricœurs hermeneutischer Phänomenologie zu weit führen würde, sei zu einem vertieften Verständnis von Ricœurs Position lediglich seine Kritik an Derrida aufgegriffen, ohne deren nur äußerst begrenzte Berechtigung auszuweisen.[729]

In Derridas frühem Text über die Metapher im philosophischen Text erblickt Ricœur eine Gefahr für die Eigenständigkeit des philosophischen Diskurses. Das liegt daran, dass er Derrida eine Auffassung von Philosophie zuschreibt, in der die metaphysische Begrifflichkeit direkt aus der Abnutzung und Auslöschung von Metaphern hervorgegangen ist, während zugleich das unaufhaltsame und verborgene Wirken der Metaphern in seiner Unbeherrschbarkeit den philosophischen Diskurs untergräbt und sprengt. Laut Ricœur vertritt Derrida zwei „These[n]“:[730]

[727] MV, 358/LM, 256.

[728] Vgl. Derrida, Jacques: La mythologie blanche. La métaphore dans le texte philosophique, in: Poétique 5 (1971), 1–52, wiederabgedruckt in: ders.: *Marges de la Philosophie*, a. a. O., 247–324/ dt.: Die weiße Mythologie. Die Metapher im philosophischen Text, in: ders.: *Randgänge der Philosophie.* Hg. von Peter Engelmann und übersetzt von Günther R. Sigl. Wien: Passagen Verlag 1988, 205–258. Vgl. Ricœurs Auseinandersetzung mit diesem Text in dem Kapitel „Meta-phorik und Meta-physik“, MV, 356–374/LM, 254–273. Vgl. Derridas Antwort auf Ricœur in Derrida, Jacques: Le retrait de la métaphore, in: *Psyché. Inventions de l'autre.* Paris: Galilée 1987, 63–93/ dt.: Der Entzug der Metapher (1978). Übersetzt von Alexander G. Düttmann und Iris Radisch, in: Haverkamp, Anselm (Hg.): *Die paradoxe Metapher.* Frankfurt am Main: Suhrkamp 1998 (= Edition Suhrkamp. Bd. 1940. Neue Folge. Bd. 940. Aesthetica), 197–234.

[729] Einen wichtigen Beitrag zur Klärung dieser Debatte hat Jean-Luc Amalric geleistet. Vgl. Amalric, Jean-Luc: *Ricœur, Derrida. L'enjeu de la métaphore.* Paris: Presses Universitaires de France 2006 (= Philosophies).

[730] MV, 368/LM, 267. Vgl. auch MV, 362/LM, 260.

Erstens, es gibt eine unausdrückliche Wirksamkeit der abgenutzten Metapher im philosophischen Diskurs, und, zweitens, es besteht eine Identität zwischen metaphorischer und metaphysischer Aufhebung. Gegen diese derridaschen „Thesen" wendet Ricœur zum einen ein, dass tote Metaphern nicht mehr die Wirksamkeit der lebendigen Metaphern haben, weil sie schlichtweg „zu der wörtlichen Bedeutung hinzukommen und dadurch die Polysemie erweitern".[731] Zum anderen bestehe ein prinzipieller Unterschied zwischen der Aufhebung einer lebendigen Metapher in einer toten Metapher einerseits und der Entwicklung eines philosophischen Begriffes andererseits, „weil der Begriff seine vollständige Genese nicht in dem Prozeß hat, durch den die Metapher lexikalisch erfaßt wurde".[732] Im Sinne der beiden bereits erwähnten Stufen der Distanzierung unterscheidet Ricœur in Anlehnung an Hegel die metaphorische Übertragung eines „eigentlichen Sinnlichen" in ein „uneigentliches Geistiges" von der philosophischen Aufhebung im Begriff, welche ihrerseits allererst in einem zweiten Schritt „aus dem sinnlichen Uneigentlichen ein geistiges Eigentliches" macht.[733] So kann der philosophische Diskurs das semantische Sinnschöpfungspotential der lebendigen Metapher für seine eigene Begriffsbildung fruchtbar machen, ohne sich in ein vollständig unkontrollierbares Netz von Metaphern zu zerstreuen und selbst zur Dichtung zu werden.[734] Während es zudem für Derrida keine extralinguistische Referenz und damit keine ontologische Ebene, sondern lediglich eine Verweisungsstruktur von Signifikanten geben kann, hält Ricœur an dem Gedanken einer ereignishaften Wirklichkeit als Akt fest, auf die jedes Sprechen verweist.

Diese Auseinandersetzung mit Ricœurs ontologischer Auslegung der metaphorischen Referenz ist für den hiesigen Kontext der Frage nach der Zeit zum einen relevant, weil sie die Wirklichkeit als Akt, als ereignishaft und in einem schöpferischen Wechselspiel mit dem Sprechen begriffen erweist. Dieses dynamische Wechselspiel aber lässt sich nur über Zeit denken. Zum anderen stellen jene Erörterungen aus *La métaphore vive* eine Folie bereit, die sich in modifizierter Weise auf die „Zwillingsveröffentlichung" *Temps et récit* übertragen lässt, um eine ontologische Auslegung des hermeneutischen Zirkels der *mimesis* zwischen Zeit und Erzählung zu erreichen. Obgleich in dieser Trilogie aus den achtziger Jahren nicht mehr die lebendige Metapher, sondern der narrative *mythos* als *mimesis praxeos* die semantische Innovation hervorbringt, besteht zwischen beiden Figuren kreativen Sprechens eine so enge Verflechtung, dass Ricœur zum einen in Hinblick auf die Metapher von einer „lyrische[n] mimesis" und einem „lyrischen mythos" spricht und zum anderen der

[731] MV, 368/LM, 267.

[732] MV, 371/LM, 269.

[733] MV, 371/LM, 270.

[734] Amalric kommt am Ende seiner Studie zu dem Ergebnis, dass Ricœurs kritische Hermeneutik das derridasche Denken des Unmöglichen als radikalisierte Form einer Hermeneutik des Verdachts interpretieren kann, die es in die poetisch-praktische Antwort auf die spekulative Aporie des Ursprungs des Bösen und des Ursprungs der Zeit aufzunehmen gilt. Vgl. Amalric: *Ricœur, Derrida. L'enjeu de la métaphore*, a. a. O., 151 f.

Metapher innerhalb der fingierten Fabel eine Rolle zuweist.[735] Angesichts dieser grundlegenden gemeinsamen Fähigkeit von Metapher und Erzählung, bisher Ungesagtes zu sagen, ist das Augenmerk auf ihren Unterschied zu lenken und zwar deshalb, weil die semantische Innovation der Fabel, anstatt einer Neubeschreibung der Wirklichkeit eine Refiguration der Zeit, man könnte auch sagen eine *Reorganisation der Wirklichkeit in Hinblick auf ihre zeitlichen Momente* bewirkt.[736] Inwiefern lässt sich analog zu *La métaphore vive* von einer ontologischen Auslegung des „Referenzpostulates" der Erzählung sprechen? Erlaubt Ricœurs Verständnis der von der Erzählung reorganisierten Wirklichkeit die These, dass das durch die Fabel und in der Fabel auch durch die Metapher gesagte Sein selbst unmittelbar mit Zeit zu tun hat?

Die Antwort auf diese Frage verlangt nichts Wenigeres als eine ontologische Interpretation des in den vorangehenden Kapiteln erörterten Verhältnisses von Zeit und Erzählung. Gegenüber der lebendigen Metapher verkompliziert sich in der Erzählung das „Referenzpostulat", da die *„Referenten" in letzter Instanz heterogene Zeitmomente* sind. Diese heterogenen Zeitmomente liegen jeder Erzählung auf Seiten der erzählten Wirklichkeit zugrunde. Sie fungieren jedoch nicht direkt als Referenten, da sie nie roh oder unmittelbar, sondern immer nur in einer narrativen Präfiguration zugänglich werden.[737] Die Wirklichkeit, auf die sich Erzählung bezieht, ist daher eine Wirklichkeit von im Ansatz vorhandenen Geschichten, deren Anfänglichkeit sich jedoch selbst aufgrund der sie untergrabenden Aporizität der Zeit stets wieder verschieben kann. Die Modifikation, so lautete Ricœurs These in seiner Auseinandersetzung mit Husserls Zeitverständnis, geht zwar der Differenz voraus. In der Modifikation spielt jedoch die Differenz auf eine Art und Weise, die die im Ansatz vorhandenen narrativen Konsonanzen unaufhörlich durchbricht und die Retention sowie alles auf ihr Aufbauende zu einer Herausforderung an die Logik des Selben und des Anderen macht.

Diese mit einem Spannungscharakter versehene narrativ präfigurierte Wirklichkeit kann darüber hinaus nicht ausschließlich auf eine Weise ausdrücklich erzählt werden. Sie bietet vielmehr unerschöpfliche Möglichkeiten für Konfigurationen. Analog zur lebendigen Metapher sagt jede narrative Konfiguration zugleich mehr und weniger als in der Präfiguration liegt. Ein Überschuss auf Seiten der Präfigura-

---

[735] MV, 309/LM, 236. „Alle Dichtung bewirkt eine Verknüpfung zwischen *mythos* und *mimesis*" (MV, 308/LM, 236). „[D]as Metaphorische knüpft sich an die Handlung der Fabel" (ebd. (Übersetzung modifiziert, I.R.)).

[736] Während die *„lebendige* Metapher [...] eine neue Pertinenz in der Prädikation" hervorbringt, erzeugt „eine *fingierte* Fabel [...] eine neue Kongruenz in der Anordnung der Vorfälle" (TR I, 10/ ZE I, 7). „Während die metaphorische Neubeschreibung eher im Feld der sinnlichen, gefühlsmäßigen (*pathiques*), ästhetischen und moralischen Werte herrscht, die die Welt *bewohnbar* machen, wirkt die mimetische Funktion der Erzählungen vorzugsweise im Feld der Handlung (*action*) und ihrer *zeitlichen* Werte" (TR I/ZE I, 9 (Einfügung des französischen Wortlautes, I.R.)).

[737] „The referent of narration, namely human action, is never raw or immediate reality but an action which has been symbolized and resymbolized over and over again" (Ricœur/Kearney: The Creativity of Language, a. a. O., 469). Tengelyi pointiert, dass die Erzählung die Wirklichkeit nicht mehr nur als Akt, sondern spezifischer als Geschichte enthüllt. Vgl. Tengelyi: Redescription and Refiguration of reality in Ricœur, a. a. O., 169.

tion und eine Überbestimmung auf Seiten der Konfiguration lassen erzählte Wirklichkeit und Erzählung nie zu einem totalen Entsprechungsverhältnis kommen, so dass stets Raum für andere Konfigurationen bleibt. Die Verschiebung zwischen Präfiguration und Konfiguration sowie insbesondere die Überbestimmung der Konfiguration gegenüber der Präfiguration führt zudem dazu, dass die Wirklichkeit nach ihrer Erzählung nicht mehr dieselbe ist. Wenn wir eine Erfahrung mit einer neuen Konfiguration machen, so führt die Kollision zwischen Präfiguration und Konfiguration über die von Ricœur in *La métaphore vive* noch nicht hinreichend berücksichtigte Lektüre zu einer Refiguration der Wirklichkeit und ihrer Zeiterfahrung. Die Wirklichkeit ist dann auf der Basis der Konfiguration nicht nur als eine andere gesehen, sondern diese Konfiguration wirkt dermaßen auf die Wirklichkeit zurück, dass neue Zeiterfahrungen und eine neue Wirklichkeit entstehen.

Die Komplexität der referentiellen Dimension narrativer Figurationen zeigt sich über den allgemeinen Zirkel der *mimesis* hinaus in der von Ricœur ausführlich erörterten Überkreuzung der zwei großen Konfigurationsmodi. Aufgrund der eigentümlichen Beschaffenheit der beiden narrativen Gattungen und ihrer zeitlichen Momente ersetzt Ricœur den Referenzbegriff durch eine Kreuzung von *Signifikanz und Repräsentanz*. Während sich die Signifikanz der Fiktionserzählung auf eine Quasi-Vergangenheit richtet und über Phantasievariationen verborgene Möglichkeiten zur Sprache zu bringen vermag, liegt die Referenzialität der Geschichtserzählung in einer Repräsentanz, welche über die Dialektik von Selbem, Anderem und Analogem, Anleihen bei der Fiktion und einem Schuldverhältnis zur Vergangenheit die wirkliche Vergangenheit zu erzählen sucht. Über die unabschließbare Überkreuzung dieser beiden Funktionen, so wurde ausführlich gezeigt, entsteht Ricœur zufolge die menschliche Zeit, welche jedoch aufgrund der Aporizität der Zeit immer nur eine praktische und instabile Vermittlung der Wirklichkeit leisten kann.

Dasjenige Verhältnis zwischen Dichtung und Philosophie, welches Ricœur in der letzten Studie von *La métaphore vive* bestimmt, findet sich in *Temps et récit* auf komplexe Weise ins Werk gesetzt. Es lässt sich davon sprechen, dass wir uns in zeitlicher Hinsicht unhintergehbar in einer Spannung von *appartenance* und *distanciation* befinden, wenn wir immer schon die prinzipielle Heterogenität der Zeit narrativ präfigurieren. Auf diese in der lebendigen Existenz stattfindende offene Dialektik antwortet die Konfiguration mit einer zweiten, ausdrücklichen Distanzierung. In dieser zweiten Distanzierung wird die präfigurierte Wirklichkeit anders gesehen, bisher ungesagte Vermittlungen der Zeiterfahrung werden sichtbar und in der Refiguration der Wirklichkeit entstehen wiederum neue Zeiterfahrungen. Ricœur weist dieses schöpferische Potential der Konfigurationen im zweiten und dritten Teil von *Temps et récit* anhand seiner ausgiebigen Untersuchungen der historischen und der literarischen Erzählung nach. Diese zweite narrative Distanzierung liefert jedoch noch keine philosophische Antwort auf die Frage „Was ist Zeit?". Die historische Erzählung und die Zeitromane selbst entwickeln noch keine Zeitbestimmung, die philosophische Geltung beanspruchen könnte.[738] Um die Erzählungen für ein phi-

[738] „Mein Unternehmen ist sehr wohl eine *philosophische* Interpretation der *poetischen* Ressourcen der metaphorischen Sprache und der narrativen Rede" (Ricœur: Réponses, a. a. O., 205).

losophisches Nachdenken über Zeit fruchtbar zu machen, ist ein weiterer Schritt nötig.

Ricœur unternimmt diesen weiteren Schritt, den man im Anschluss an das für *Temps et récit* soeben Ausgeführte als dritte Distanzierung bezeichnen könnte, indem er in *Temps et récit III* jenes „Dreiecksgespräch" zwischen Phänomenologie der Zeit, Geschichtserzählung und literarischer Erzählung eröffnet. Es ist die philosophische Reflexion, welche die Grenzen des begrifflichen und des phänomenologischen Denkens der Zeit ausmacht und an diesen Grenzen die narrativen Vermittlungen zur praktischen Beantwortung der Zeitaporien zum Einsatz bringt. Erst in dieser ausdrücklich philosophischen Distanzierung kann die heuristische Funktion der Erzählung in Hinblick auf die Zeit zum Tragen kommen. Es lässt sich daher davon sprechen, dass der Aporizität der Zeit nicht nur verschiedene Aporetiken, verschiedene Techniken zu ihrer Begegnung antworten. Diese Aporetiken, von denen die eine narrativ und die andere philosophisch ist, stehen vielmehr überdies in einem geordneten Verhältnis zueinander: Die narrative Aporetik der Zeit, welche Ricœur selbst als Poetik der Narrativität bezeichnet, bringt semantische Innovationen hervor, welche von der philosophischen Aporetik der Zeit aufzugreifen und begrifflich zu verarbeiten sind, ohne dass sie eine ein für alle Mal gültige Antwort auf die narrative Aporetik oder gar die Aporizität der Zeit zu liefern vermöchte. Worin aber besteht die philosophische Antwort, die Ricœur im Rahmen dieser dritten Distanzierung, dieser philosophischen Aporetik der Zeit auf die Frage nach dem Zusammenhang von Sein und Zeit gibt? Inwiefern ist die Wirklichkeit, auf die letztlich sowohl die Signifikanz der Fiktionserzählung als auch die Repräsentanz der Geschichtserzählung verweist, selbst zeitlich?

Ricœur geht weder, wie Husserl, von einer allzeitlichen oder überzeitlichen Subjektivität aus, an die sämtliche Zeitigungsweisen zurückgebunden sind, noch sucht er eine Temporalität des Seins oder ein ursprüngliches Zuspiel zwischen Sein und Zeit zu erfassen. Obgleich es ihm zufolge kein ontologisches Grundprinzip der Zeit gibt, welches die Wirklichkeit kennzeichnen könnte, ist sein Wirklichkeitsbegriff durch zeitliche Momente geprägt. Inwiefern lässt sich hier in eingeschränkter Weise von einer ontologischen Relevanz der Zeit sprechen? Für Ricœur ist die Wirklichkeit ein unerschöpflicher Grund, in welchem die prinzipielle Aporizität der Zeit als Motivationsgrund für die unabschließbare Dynamik des hermeneutischen Zirkels fungiert. Die drei Aporien der Zeit brechen jede Zeiterfahrung und jedes sich verfestigende Zeitverstehen immer wieder auf. Dadurch halten sie die Dynamik der Wirklichkeit in Gang. Allerdings haben sie jedoch nicht nur diese destruktive Funktion. Sie lassen immer wieder neue im Ansatz befindliche Geschichten, d. h. immer wieder neue und andere narrative Präfigurationen der Zeit entstehen, welche in der Folge in ausdrücklichen Konfigurationen organisiert werden, um schließlich über die Lektüre und eine lebendige Erfahrung dieser Konfigurationen wiederum die präfigurierte Zeiterfahrung und damit die Wirklichkeit zu refigurieren. Das Wechselspiel zwischen schöpferischer Sprache und dynamischer Wirklichkeit, welches sich im hermeneutischen Zirkel der *mimesis* ereignet, hat ein nichtstatisches Verständnis von Sein und Zeit und ihrer Beziehung zueinander zur Folge. Wenn die Philosophie versucht, die Wirklichkeit in ihrer Zeitlichkeit zu bestimmen, so wird sie von den drei Aporien der Zeit und dem unabschließbaren hermeneutischen Zirkel der *mimesis* sowohl daran gehindert, einen geschlossenen Zeit- als auch einen geschlossenen Seinsbegriff zu formulieren. Sowohl was Sein ist und was Zeit ist als auch ihr Verhältnis zueinander kann nämlich nur aus dem hermeneutischen Zirkel der *mimesis* selbst hervorgehen, d. h. aus dem unabschließbaren Wechselspiel zwischen einer Wirklichkeit mit im Ansatz vorhandenen, jedoch von der Aporizität der Zeit immer wieder untergrabenen Geschichten, ausdrücklichen Konfigurationen, die immer zugleich mehr und weniger als die präfigurierte Wirklichkeit ausdrücken, der immer wieder refigurierten Wirklichkeit und schließlich der begrifflichen Antwort der Philosophie auf dieses Wechselspiel. Die Antwort auf die Frage nach dem Verhältnis von Sein und Zeit liegt daher bei Ricœur in einer komplexen Verschachtelung von Sprache und Wirklichkeit – diese schöpferische Verstrickung mündet in letzter Instanz in das Paradox, dass der hermeneutische Zirkel der *mimesis* die Zeit, d. h. das, was Zeit ist, ständig refiguriert, dabei jedoch selbst zeitlich ist.

Dieses notwendig indirekte und graduelle Vorgehen bei der Suche nach den ontologischen Implikationen des ricœurschen Denkens der Zeit verbietet genauso sehr eine einheitliche wie eine dem Interpretationskreis äußerliche Ontologie. Dennoch bleibt die Rede von einer Ontologie im Rahmen seiner hermeneutischen Phänomenologie möglich und sinnvoll, denn: Die von Ricœur entwickelte implizierte Ontologie, die er schon früh als „gebrochene Ontologie" bezeichnet hat, „ist immer noch und schon eine Ontologie".[739] In *Temps et récit* lässt sich erkennen, dass diese gebrochene Ontologie an ihrer Grenze in einem praktischen Horizont konkreter Utopie steht, in welchem das schöpferische Sinn- und Referenz- bzw. Signifikanz- und Repräsentanzpotential letztlich im Rahmen des einzelnen, entwerfenden Handelnden fruchtbar gemacht wird. Der ricœurschen Ontologie kommt so nicht nur eine Dynamik, sondern auch ein praktischer Rahmen zu. Da für Ricœur jedoch jedes Verstehen letztlich reflexiv in ein Selbstverstehen eingeht, ist über die von Metapher und Fabel gesagte Wirklichkeit hinaus das Sein des Selbst zu untersuchen. Welche ontologischen Implikationen können Ricœurs zentralem, auf die erste Aporie der Zeit antwortendem Konzept einer narrativen Identität zugeschrieben werden?

4.7.2 Ontologische Implikationen des Selbst

Während in *La métaphore vive* und in *Temps et récit* die Referenzialität der Sprache und die sich daraus ergebenden ontologischen Implikationen im Vordergrund standen, konzentriert sich Ricœur in der zehnten Studie von *Soi-même comme un autre* auf die ontologischen Implikationen des Selbst. Dass es auch hier lediglich um eine gebrochene Ontologie gehen kann, deutet sich bereits in dem fragenden Titel der Studie „Vers quelle ontologie?" an. Ricœur entwickelt unter diesem Titel eine „on-

[739] Ricœur: Existence et herméneutique, a. a. O., 23/dt.: Existenz und Hermeneutik, a. a. O., 30 (Übersetzung modifiziert, I.R.). Ricœur spricht auch von einer „Ontologie zweiten Grades" (Ricœur, Paul: De la métaphysique à la morale, in: ders.: *Réflexion faite*, a. a. O., 85–115, hier 89).

tologische Skizze (*esquisse*)", die sich in drei Thematiken untergliedert.[740] Zunächst erörtert er die ontologische Bindung (*engagement*) der Bezeugung (*attestation*), mit der er das Selbst zwischen absoluter Gewissheit und schlichter Illusion zu verorten sucht.[741] Zweitens erarbeitet er eine ontologische Interpretation der Selbstheit (*ipséité*), die das Zentrum seines Konzeptes narrativer und ethischer Identität ausmacht.[742] Die dritte Thematik behandelt den Bezug von Selbstheit und Andersheit (*altérité*). In Hinblick auf diesen letzten Aspekt stellt sich die Frage, ob und, wenn ja, wie eine Ontologie möglich ist, die beiden Seiten des scheinbar unaufhebbar asymmetrischen Verhältnisses zwischen Selbstheit und Andersheit gerecht wird. Ricœur geht dieser schwierigen Frage nach, indem er eine nochmals dreifach untergliederte Analyse dessen, was als Andersheit gelten kann, unternimmt. Der Leib, der Andere und das Gewissen werden von ihm dabei einer eingehenden Erörterung unterzogen.[743] Da Ricœur selbst in *Soi-même comme un autre* die Zeitproblematik nicht mehr ausdrücklich in den Vordergrund stellt, gleichzeitig jedoch die ontologischen Implikationen der Selbstheit grundlegend von Zeitmomenten durchzogen sind, ist in der folgenden Auseinandersetzung mit der zehnten Studie dieses ricœurschen Hauptwerkes ein besonderes Augenmerk auf die zeitontologischen Implikationen der ontologischen Interpretation des Selbst zu richten.

„Die Bezeugung", so Ricœur im Vorwort zu *Soi-même comme un autre*, „bestimmt unserer Auffassung nach die Art der Gewißheit, auf die die Hermeneutik sich berufen darf" und ist dabei als Bezeugung „grundlegend eine *Selbst*bezeugung (*attestation* de *soi*)".[744] Während das Vorwort die epistemische Dimension der Bezeugung in den Mittelpunkt stellt, zeigt Ricœur in der zehnten Studie in einer von ihm so genannten alethischen Charakterisierung der Bezeugung die ontologische Tragweite dieses hermeneutischen Grundbegriffes auf. Um dies zu leisten, greift er erneut auf die aristotelische Metaphysik zurück, rekurriert diesmal jedoch nicht auf das Sein als Akt und Potenz, sondern auf das Sein als Wahrsein und Falschsein. In die aristotelische Tradition des Seins als Wahrsein lässt sich die Bezeugung Ricœur zufolge deshalb stellen, weil sie Trauen (*créance*) und Vertrauen (*confiance*), ein garantieloser Kredit ist, der an das Bezeugte als etwas Wahrseiendes glaubt. Über einen unhintergehbaren „*Chiasmus* zwischen Reflexion und Analyse" vermag die hermeneutische Bezeugung als Wahrsein die von Autoren der analytischen Tradition durchgeführten Analysen der Subjektivität einerseits zu integrieren und andererseits reflexiv an ein lebendig bezeugtes Selbst zurückzubinden.[745]

Trotz dieser anhand des aristotelischen Wahrseins entwickelten „*ontologischen Vehemenz*" der Bezeugung sieht Ricœur jedoch einen fundamentalen Unterschied

---

740 SMA, 345/SaA, 359 (Einfügung des französischen Wortlautes, I.R.).

741 Vgl. SMA, 347–351/SaA, 361–365.

742 Vgl. SMA, 351–367/SaA, 365–382.

743 Vgl. SMA, 367–410/SaA, 382–426.

744 SMA, 33, 34/SaA, 32, 34 (Einfügung des französischen Wortlautes, I.R.). Vgl. zum Bezeugungsbegriff bei Heidegger und Ricœur Liebsch: Bezeugung und Selbstheit. *Soi-même comme un autre* als Antwort auf *Sein und Zeit*, a. a. O.

745 SMA, 350/SaA, 364.

zwischen dem aristotelischen Wahrsein und seinem eigenen Begriff einer alethischen, ontologischen Dimension der Bezeugung.[746] Das Wahrsein, das von der Bezeugung ausgesagt wird, sei das *Wahrsein des Selbst*. Dieses könne aber im Rahmen des aristotelischen Modells weder durch dessen Privilegierung des assertorischen Urteils noch durch dessen Gegenüberstellung von Wahrsein und Falschsein auf eine angemessene Weise erfasst werden. Der entscheidende Unterschied zu Aristoteles ist für Ricœur, dass der Verdacht (*soupçon*), der als das Pendant zum aristotelischen Falschsein fungiert, der Bezeugung nicht gegenübersteht, sondern ihr selbst innewohnt: „Der Verdacht ist auch der Weg *zur* und der Durchgang *durch* die Bezeugung. Er spukt in der Bezeugung herum, wie das falsche Zeugnis im wahren Zeugnis herumspukt".[747] Die ontologische Interpretation der hermeneutischen Bezeugung führt so auf ein von dem garantielosen Kredit getragenes unabschließbares Wechselspiel von Bezeugung und Verdacht, in dem einerseits das Misstrauen die absolute Selbstgewissheit eines Cogito vermeidet und andererseits das Vertrauen die Behauptung der Subjektillusion verhindert.

Wie lassen sich die zeitlichen Implikationen dieser von Ricœur durchgeführten ontologischen Auslegung der Bezeugung konkretisieren? Drei Momente seien hervorgehoben. Erstens wird in Anschluss an die dynamisch gedachte Wirklichkeit aus *La métaphore vive* und *Temps et récit* auch hier deutlich, dass das bezeugte Wahrsein des Selbst keine statische Wirklichkeit eines Subjektes meint, sondern nur über Zeit und das darin stattfindende Wechselspiel zwischen Vertrauen und Verdacht möglich ist. Das sich in seinem Sprechen, Erzählen und Handeln formierende Selbst muss zeitlich sein, um überhaupt zu sein, und die Bezeugung des Selbst in seinem Wahrsein erfordert Zeit. Dennoch ist das Selbst nicht in dem Maße zeitlich, wie sich bei Heidegger von einer ursprünglichen Zeitlichkeit des Daseins sprechen lässt. Vielmehr ist zweitens der paradoxe Umstand zu akzentuieren, dass die Bezeugung des Wahrseins des Selbst zwar Zeit erfordert, gleichzeitig aber die Zeit als menschliche Zeit selbst narrativ zu bezeugen ist.[748] Bezeugung erfordert Zeit; die einzig plausible Zeitverständnisform ist die narrative menschliche Zeit; diese ist aber selbst auf Bezeugung angewiesen. Zwischen der Bezeugung, die Zeit braucht, und der Zeit, die zu bezeugen ist, besteht ein spannungsvolles Abhängigkeitsverhältnis, welches die Rede von einer ontologischen Zeitlichkeit des Selbst im Sinne Heideggers unmöglich macht. An dritter Stelle zeigt die ontologische Auslegung der Bezeugung zudem, dass die Ontologie selbst nicht den ersten, sondern vielmehr den letzten Platz in einer sich als Interpretationsprojekt verstehenden Philosophie einnehmen muss. Bereits im vorangehenden Kapitel wurde in Auseinandersetzung mit den verschiedenen Distanzierungen von poetischem Sprechen und Philosophie

---

[746] SMA, 350/SaA, 364.

[747] SMA, 350 f./SaA, 365.

[748] Ein zentraler, Intersubjektivität und Ethik betreffender Unterschied zwischen den Bezeugungsbegriffen von Heidegger und Ricœur wurde bereits in Kap. 4.4.5 herausgestellt: Heidegger geht es mit dem Ruf des Gewissens um die Bezeugung eines eigensten Seinkönnens. Ricœur sieht im Gewissen eine Aufforderung vom Anderen und eine Aufforderung, gemäß seiner kleinen Ethik zu leben. Weiter unten werden wir erneut auf das Gewissen zurückkommen.

darauf hingewiesen, dass die begriffliche Arbeit der Philosophie immer nur als eine responsive Rationalität und nicht als eine Erste Philosophie im Sinne einer Ursprungswissenschaft fungieren kann. Die Bezeugung bezeugt das Wahrsein des Selbst – was aber wahr ist, lässt sich nur, und stets nur vorläufig, in einem unaufhörlichen Wechselspiel zwischen Zugehörigkeit und Distanzierung, Aporizität der Zeit und narrativer Vermittlung, poetischer Sprache und Philosophie sowie Reflexion und Analyse erweisen.

Um in diesem ontologisch relevanten Modus der Bezeugung die Selbstheit ontologisch auszulegen, unternimmt Ricœur in einem zweiten Schritt eine erneute Wiederaneignung der aristotelischen Begriffe von *energeia* und *dynamis*. Anders als in *La métaphore vive* sucht er diese jedoch in *Soi-même comme un autre* nicht über eine Verknüpfung mit Heideggers Begriff des Ereignisses, sondern mit dessen Begriff der Sorge sowie mit dem aristotelischen Begriff der *praxis* zu erreichen, um schließlich die geleisteten kreativen Aneignungen in einer eigentümlichen Interpretation des spinozistischen *conatus* zu verankern. Im Folgenden ist zu erörtern, inwiefern diese hermeneutischen Wiederaneignungen und kreativen Kombinationen philosophiegeschichtlicher Begrifflichkeiten dazu in der Lage sind, Ricœurs Versuch einer ontologischen Interpretation der Selbstheit zu erhellen.

Ricœurs Frage an die aristotelischen Begriffe von *energeia* und *dynamis* ist, ob sie die ontologischen Implikationen des handelnden Selbst zutage fördern können. Können das tatsächlich aktualisierte Handeln und das potentielle Handlungsvermögen des Selbst, welche Ricœur auf zahlreichen, voneinander verschiedenen Wegen in den ersten neun Studien aus *Soi-même comme un autre* behandelt, ontologisch im Rahmen von *energeia* und *dynamis* vereinheitlicht werden und darüber an Verständlichkeit gewinnen? Die für Ricœur und seine ontologische Bestimmung des Selbst entscheidende Aporie innerhalb der aristotelischen Bestimmung von *energeia* und *dynamis* betrifft „das Verhältnis dieser grundlegenden Seinsbedeutung zum menschlichen Handeln".[749] Die Beispiele menschlicher Handlungsvollzüge, so Ricœur, scheinen bei Aristoteles einerseits eine paradigmatische Funktion in der Verdeutlichung von *energeia* und *dynamis* zu haben, andererseits jedoch gerade nicht als Modell fungieren zu dürfen, da sie ansonsten den über das menschliche Handeln hinausragenden metaphysischen Anspruch der aristotelischen Begrifflichkeiten zunichtemachen würden. Ricœurs Antwort auf diese bei Aristoteles gefundene Aporie besteht darin, dass die aus dem Register des menschlichen Handelns „entlehnten Beispiele zugleich *zentral* und *dezentriert*" sind.[750] Um das Selbst in seinem Handeln und in seinem Handlungsvermögen ontologisch zu verstehen, ist es gerade entscheidend, dass *energeia* und *dynamis* auch in anderen Gebieten als dem menschlichen Handeln, beispielsweise in der Kosmotheologie oder in der Physik der Bewegung, zur Anwendung gelangen. So sei das menschliche Handeln zugleich „der Ort par excellence der Lesbarkeit" von *energeia* und *dynamis* und seinerseits wesentlich dezentriert, da „die *energeia-dynamis* auf einen *zugleich potenzhaften und wirklichen Seinsgrund* (*fond d'être*) verweist, von dem sich das menschliche

[749] SMA, 355/SaA, 370.

[750] SMA, 357/SaA, 371.

Handeln *abhebt*".[751] Das Handeln des Selbst ist paradigmatischer Ausdruck von *energeia* und *dynamis* und zugleich dezentriert auf einen ebenfalls durch *energeia* und *dynamis* charakterisierten Seinsgrund.[752]

Die verschiedenen Weisen des Handelns, die sich vor diesem Seinsgrund abheben, fasst Ricœur in einer *„analogische[n] Einheit des Handelns"* zusammen.[753] Ein Rekurs auf den aristotelischen Begriff der *praxis* dient ihm zum einen dazu, einen möglichst weiten Handlungsbegriff zu erreichen und zum anderen sucht er mit ihm die Verschiedenheit der Handlungsarten sowie im Weiteren die Pluralität von *theoria*, *praxis* und *poièsis* zu bewahren. Seinen auf diese Weise aristotelisch geprägten Handlungsbegriff verknüpft er mit Heideggers Existenzial der Sorge, um der aristotelischen *praxis* eine ontologische Tragweite zu verleihen, die ihr in den aristotelischen Ethiken selbst nicht zukommt. Mit dieser Annäherung an Heidegger läuft Ricœur jedoch Gefahr, die von ihm angestrebte offene Verknüpfung der pluralen Handlungsarten in dem einzigen Existenzial der Sorge und im Weiteren in dem einzigen fundamentalen Existenzial der Zeitlichkeit zu verschmelzen. In einem Kommentar zu Franco Volpis Interpretation von Heidegger und Aristoteles stimmt Ricœur Volpi zwar darin zu, dass die Zeitlichkeit der *praxis* ihr fehlendes Einheitsprinzip verleihen könnte. Es dürfe in dieser Einheit gebenden Zeitlichkeit, so Ricœur, jedoch keinesfalls die prinzipielle Pluralität des Handelns aufgehoben werden. Die Herausforderung stellt sich folgendermaßen dar: eine ontologische Pluralität zu denken, die sich lediglich zu einer analogischen Einheit des Handelns mit ontologischer Reichweite formiert.

Ricœurs Versuch, eine analogische Einheit des Handelns ontologisch zu interpretieren, lässt sich erhellen, indem man sich seinen Überlegungen zum Verhältnis

---

751 SMA, 357/SaA, 372 (Einfügung des französischen Wortlautes, I.R.). Daigler sieht das besondere Verdienst dieses zweiten Abschnittes aus der zehnten Studie von SMA darin, einen ontologischen Standpunkt gefunden zu haben, der die Verwurzelung des Subjektes in einer Welt verständlich macht, die sich nicht um die menschliche Sorge sorgt: „[H]e [Ricœur, I.R.] has never renounced the conviction that being is more than the empirically verifiable, that which stands before us here and now. [T]his ontological stance has enabled Ricœur [...] finally to restore the rootedness of the subject in a world that does not care for human care" (Daigler: Being As Act and Potency in the Philosophy of Paul Ricoeur, a. a. O., 384). Genau dies scheint in Heideggers Versuch, die Temporalität des Seins überhaupt als ursprünglichste Zeitigung der Zeitlichkeit des Daseins zu verstehen, nicht gelingen zu können.

752 Ricœurs Koppelung des menschlichen Handelns mit einem zugleich potenzhaften und wirklichen Seinsgrund könnte verständlich machen, inwiefern dieselbe Handlung unterschiedlich erzählt werden kann und dabei dem Handelnden eine unterschiedliche Reichweite an unabsichtlichen Konsequenzen zugerechnet werden kann. Tengelyi hebt hervor, dass wir bei jeder Handlung eine „Komplizenschaft mit der Erfahrungswirklichkeit" eingehen, durch welche der Handelnde „nicht nur als Urheber von Handlungsinitiativen", sondern „zugleich als dezentrierte[r] Miturheber in seiner ganzen Wirklichkeitsgebundenheit" erscheint. Diese Verflechtung von Erfahrungswirklichkeit und Handlung, die sich in Ricœurs Koppelung von Seinsgrund und analogischer Einheit des Handelns wiederfindet, könne ein narratives Handlungsverständnis auf hervorragende Weise erfassen und damit zugleich die Frage nach dem Wer der Handlung entscheiden. Tengelyi, László: Narratives Handlungsverständnis, in: Joisten, Karen (Hg.): *Narrative Ethik. Das Gute und das Böse erzählen*. Berlin: Akademie Verlag 2007, 61–73, hier 73.

753 SMA, 359/SaA, 374.

von Ontologie und Theologie bei Aristoteles zuwendet. Sowohl in dem – in der deutschen Übersetzung nicht enthaltenen – Kapitel „La métaphore et l'équivocité de l'être: Aristote" aus *La métaphore vive* als auch bereits in einer 1953/54 in Straßburg gehaltenen Vorlesung setzt sich Ricœur eingehend mit der Frage und der großen Debatte darüber auseinander, wie Ontologie und Theologie bei Aristoteles zu verknüpfen sind.[754] Angesichts der von Pierre Aubenque pointierten Aporie zwischen einer Ontologie des Unmöglichen, der eine denkbare Einheit zwischen den Kategorien fehlt, und einer Theologie des Nutzlosen, der ein zuschreibbarer Bezug zwischen dem sich denkenden Gott und einer Welt, die dieser ignoriert, abgeht, nimmt Ricœur eine moderate Position ein: Gerade aus der Heterogenität der beiden Diskurse entstünde eine *Denkarbeit* (*travail de pensée*), welche sich dadurch in Gang gesetzt fände, dass die aporetische Ontologie ihre *Perspektive*, nicht aber ihre theoretische Vereinheitlichung, von der einheitlichen Theologie erhalte. Möglicherweise habe Aristoteles selbst, gewiss jedoch die ihm nachfolgende Tradition, die Lösung für das Problem des Zusammenhanges der beiden Diskurse in der Analogie gesucht.[755] Die Analogie, die die Einheit der Kategorien begründen soll, versteht Ricœur jedoch nicht als Lösung, sondern als Problem, welches als Antwort präsentiert wird. Es lasse sich nämlich kein *tertium comparationis* dieser Analogie des Seins feststellen, sondern der für die Rede von Analogie nötige dritte Terminus liege lediglich in der Perspektive des anderen Diskurses der aristotelischen Theologie, welcher möglicherweise sogar ein Nicht-Diskurs ist. Auf diesen anderen Diskurs versuchen der allzu menschliche Diskurs über die Ontologie und ihre Denkarbeit lediglich zu antworten.[756] Nicht nur kennzeichnet Ricœur am Schluss von *Temps et récit* die *Suche* nach der narrativen Identität als die einzig wirklich treffende Antwort der Poetik der Erzählung auf die Aporizität der Zeit, sondern es heißt zudem in der Interpretation der aristotelischen Metaphysik aus *La métaphore vive*, dass die *Suche* nach einem Bezug zwischen den Seinsbedeutungen, der nicht wissenschaftlich, weil nicht durch Gattungen gedacht werden kann, bis heute eine Aufgabe für das Denken bleibt.[757] In dieser suchenden, Einheit lediglich anstrebenden Denkarbeit wird die bloße metaphorische Ähnlichkeit ständig über sich hinausgetrieben und zur Suche nach einer transzendentalen Ähnlichkeit zwischen den primären Bedeutungen des Seins angehalten.

Mithilfe dieser ricœurschen Auseinandersetzung mit einer in Anschluss an Aristoteles gedachten analogischen Einheit des Seins, lässt sich die von Ricœur favo-

---

[754] Vgl. MV, 325–344 und Ricœur, Paul: *Être, essence et substance chez Platon et Aristote*. Paris: Société d'édition d'enseignement supérieur 1982.

[755] Folgt man Aubenque und Courtine, so ist zu sagen, dass es nicht Aristoteles, sondern erst die griechischen Kommentatoren und im Weiteren die ihnen nachfolgende Tradition war, die die Doktrin der Analogie des Seins entwickelte. Die Doktrin der Analogie des Seins sei „eine pseudo-aristotelische Doktrin, nicht nur dem Buchstaben der Texte des Stagiriten fremd, sondern auch, wie Pierre Aubenque vertritt, seinem Geist" (Courtine, Jean-François: *Les catégories de l'être. Études de philosophie ancienne et médiévale*. Paris: Presses Universitaires de France 2003 (= Épiméthée. Essais Philosophiques), 167).

[756] Vgl. MV, 339.

[757] Vgl. MV, 343.

risierte analogische Einheit des Handelns, welche auf einen Seinsgrund von *energeia* und *dynamis* hin dezentriert ist, eingehender bestimmen: Nicht die eine Sorge oder die eine Zeitlichkeit als Grundexistenzial können die analogische Einheit des Handelns verständlich machen, sondern deren Einheit ist eine im Ausgang von der Pluralität des Handelns *gesuchte Einheit*, welche niemals abschließend gefunden werden kann und daher eine stets weiter vorantreibende, in sich spannungsvolle Suche initiiert. Da kein Ursprung, sondern lediglich eine Suche die analogische Einheit des Handelns auf der Basis eines dezentrierenden Seinsgrundes garantiert, ist die ontologische Charakterisierung des Selbst über sein Handeln wesentlich spannungsvoll und plural, ohne sich dabei jedoch in eine vollkommene Zerstreuung aufzulösen.

Dass sowohl die analogische Einheit des Handelns als auch der ihr zugrunde liegende Seinsgrund durch eine lediglich Einheit anstrebende *Spannung* und eine *unhintergehbare Pluralität* zu kennzeichnen sind, zeigt sich auch an Ricœurs gegen Heideggers Zeitbegriff gewendetem Zeitverständnis. Wenngleich Ricœur in diesem zweiten Kapitel der zehnten Studie aus *Soi-même comme un autre* nicht ausdrücklich auf seine Zeitanalysen aus *Temps et récit* rekurriert, lässt sich sagen, dass gerade sein Abweichen von der heideggerschen fundamentalontologischen Zeitlichkeit hin zu der Behauptung einer prinzipiell aporetischen, lediglich narrativ-praktisch vermittelten menschlichen Zeit den Gedanken einer nur bedingt zu vereinheitlichenden ontologischen Pluralität des Handelns und eines spannungsvollen Seinsgrundes stützen kann. Anders als Rémi Bragues und im Weiteren im Unterschied zu Heidegger selbst wendet Ricœur sich in *Soi-même comme un autre* gegen eine Annäherung von *energeia*, Anwesenheit und Faktizität: Wenn man unsere unhintergehbare Anwesenheit in der Welt als eine Faktizität des „immer schon“ und diese wiederum als eine Aktualisierung der aristotelischen *energeia* verstehe, so drohten in dieser Priorisierung der *energeia* die Spannung zwischen *energeia* und *dynamis* und der dynamische Entzugscharakter der *dynamis* zu verschwinden. Diese Spannung zwischen *energeia* und *dynamis* aber, die sowohl das menschliche Handeln als auch den zugleich wirklichen und vermögenden Seinsgrund charakterisiert, verlangt Ricœur zufolge nach einer differenzierteren Auslegung dessen, was unter dem Begriff der *dynamis* zu denken ist.

Um die *dynamis* bzw. die Spannung zwischen *energeia* und *dynamis* sowie ihre Funktion für seine ontologische Auslegung der Selbstheit näher zu bestimmen, greift Ricœur auf den spinozistischen Begriff des *conatus* zurück. Der *conatus* stelle eine andere „Schaltstelle zwischen der Phänomenologie des handelnden und leidenden Selbst und dem zugleich wirklichen und vermögenden Grund, von dem sich die Selbstheit abhebt“, dar.[758] Dieser ricœursche Rekurs auf Spinoza zur Vertiefung von

[758] SMA, 365/SaA, 380 (Übersetzung modifiziert, I.R.). In „De la métaphysique à la morale“ verweist Ricœur zudem auf Leibniz' Begriff des *appetitus*, Schellings Potenzenphilosophie, Nietzsches Begriff eines Willens zur Macht, Freuds Begriff der Libido und insbesondere auf Naberts Begriff eines „Begehrens zu sein“ und einer „Anstrengung zu existieren“, um die anlässlich des spinozistischen *conatus* angestellten Überlegungen zu vertiefen. Vgl. Ricœur: De la métaphysique à la morale, a. a. O., 97 f. Für die Prägung der ricœurschen Interpretation des *conatus* durch Na-

energeia und *dynamis* legt sogleich einen Einwand nahe: Wie kann eine hermeneutische Phänomenologie auf die Metaphysik eines der rigidesten Deterministen der Philosophiegeschichte zurückgreifen? Wie können die Pluralität des Handelns und der spannungsvolle Seinsgrund im Rahmen der einen und einzigen spinozistischen Substanz gedacht werden? Es ist nicht Spinozas deterministische Metaphysik, so ist hier zu antworten, die für Ricœur entscheidend ist, sondern vielmehr drei andere Momente der *Ethik* erweisen sich als äußerst relevant für die ontologische Auslegung des Selbst: das Leben als *conatus*, der Entzug des Grundes und die Eroberung der Tätigkeit mithilfe einer intellektuellen Erforschung der Lebensdynamik.

Erstens sieht Ricœur im *Leben* den Kern der spinozistischen Philosophie. Spinoza habe erkannt, dass Leben Potenz sei und Potenz Produktivität. Im Unterschied zu Aristoteles lasse sich bei ihm nicht mehr eine *energeia* einer *dynamis* gegenüberstellen, sondern alles Leben sei im Rahmen verschiedener Grade des Vermögens zu existieren zu verstehen. Alles Sein sei unendliche Potenz und tätige Energie und der *conatus* bezeichne jenes Bestreben, im Sein zu beharren, welches jedem Ding als seine wirkliche Essenz zu eigen sei. Diese sich im *conatus* konzentrierende Dynamik des Lebendigen ist für Ricœur hermeneutisch aufzugreifen. Zweitens verbindet sich in Spinozas Bestimmung der Substanz, ihrer Attribute und ihrer Modi der Gedanke einer einzigen tätigen Energie mit einem Entzug für uns. „Einzeldinge sind" Spinoza zufolge „nämlich Modi, von denen Gottes Attribute auf bestimmte und geregelte Weise ausgedrückt werden".[759] Wir als Modi Gottes kennen jedoch lediglich zwei seiner Attribute, nur eine begrenzte Zahl seiner Modi und die Substanz selbst, deren Ausdruck wir sind, können wir nicht adäquat erfassen. Dieser Entzug der Substanz lässt sich hermeneutisch als Entzug unseres dynamischen Grundes verstehen. Das Selbst und sein Handeln sind zwar an einen zugleich wirklichen und vermögenden Seinsgrund, von dem sie sich abheben, gebunden. Das Selbst kann diesen Seinsgrund jedoch nicht vollständig in seine Reflexion einholen, sondern wird von ihm und seinem Wirken getragen. Der lebendige Grund des Selbst, der es ausmacht, bleibt ihm in letzter Instanz entzogen.

An diese beiden Momente der Dynamik des Lebendigen und des Entzuges lässt sich das dritte für Ricœur wichtige Moment aus der spinozistischen *Ethik* anschließen: die adäquaten Ideen. Wichtiger als Spinozas metaphysischer Determinismus ist Ricœur dessen Gedanke einer „Eroberung der Tätigkeit unter der Ägide der adäquaten Ideen",[760] welcher das spinozische Hauptwerk allererst zu einer Ethik mache. Spinoza ist der Auffassung, dass wir durch den Übergang von inadäquaten Ideen zu adäquaten Ideen über uns selbst und die Dinge eine Steigerung unseres Handlungsvermögens erreichen können. Im Folgesatz zum ersten Lehrsatz des dritten Teiles der *Ethik* heißt es: „Hieraus folgt, daß der Geist umso mehr Formen des Erleidens

---

berts Begriff einer „ursprünglichen Bejahung" vgl. Ricœur, Paul: Préface à „Éléments pour une éthique" (1962), in: ders.: *Lectures 2. La contrée des philosophes*, a. a. O., 225–236.

759 Spinoza, Baruch de: *Ethik in geometrischer Ordnung dargestellt.* Lateinisch-Deutsch. Übersetzt von Wolfgang Bartuschat. Hamburg: Meiner 1999 (= Philosophische Bibliothek. Bd. 92), 239 (III. Teil, Beweis des 6. Lehrsatzes).

760 SMA, 366/SaA, 381.

unterworfen ist, je mehr inadäquate Ideen er hat, und daß umgekehrt er umso mehr aktiv hervorbringt, je mehr adäquate Ideen er hat".[761] Ein geringes Handlungsvermögen, so ließe sich übertragend für Ricœur sagen, herrscht genau dann vor, wenn sich das Selbst von seinem Seinsgrund auf eine passive Weise tragen lässt. Wenn es jedoch durch die *voie longue* zwar nicht zu adäquaten Ideen, wohl aber zu einer Vertiefung des Chiasmus von Analyse und Reflexion gelangt, so kann es durch dieses Mehrdenken und Anderssagen sein Verhältnis zu sich und dem Seinsgrund in seiner Lebensdynamik verstärkt reflektieren. Mit dieser Vertiefung der *voie longue* aber erforscht es nicht nur seine Wirklichkeit sondern auch seine Möglichkeiten, wodurch sein Handlungsvermögen eine Steigerung erfährt. Der „Vorrang des *conatus* gegenüber dem Bewußtsein" jedoch, so Ricœur, „erlegt dem adäquaten Selbstbewußtsein diesen langen, sehr langen Umweg auf, der erst im V. Buch der *Ethik* an ein Ende gelangt".[762]

Spinoza war bereits am Ende des Freudbuches wichtiger Bezugspunkt für Ricœur. Mit Leonardo, Freud und Spinoza unternimmt Ricœur dort eine Annäherung von Realität, Natur und Eros. Die in diesen spielende, grundlegende Kraft sei letztlich nicht theoretisch, sondern nur in einer *Mythik* der Schöpfung erfassbar. Die Remythifizierung der Realität, so erwägt Ricœur, könne als ein Zeichen dafür verstanden werden, „daß die Disziplin der Realität nichts ist ohne die Gnade der Imagination" und „die Erwägung der Notwendigkeit nichts ohne die Evokation der Möglichkeit".[763] Die Mythen aber wären dann keine Illusionen, „sondern die symbolische Erkundung unserer Beziehung zu den Wesen, zu dem Wesen".[764] Bei Ricœur ist dieses „Wesen" jedoch gerade keine spinozistische *causa sui*, deren Notwendigkeit feststeht, sondern eine in Wirklichkeit und Möglichkeit erforschbare Dynamik des Lebendigen, die das Selbst zu sich selbst und zu dem zugleich wirklichen und vermögenden Seinsgrund in Spannung hält.[765]

---

761 Spinoza: *Ethik in geometrischer Ordnung dargestellt*, a. a. O., 227.

762 SMA, 367/SaA, 382.

763 *Essai sur Freud*, 575/*Freudbuch*, 563.

764 *Essai sur Freud*, 575/*Freudbuch*, 564.

765 Ricœurs Abschnitt zur ontologischen Tragweite der Selbstheit aus der zehnten Studie von *Soi-même comme un autre* hat in der kommentierenden Literatur unterschiedliche Reaktionen hervorgerufen. Die „großartigen Seiten, in denen Aristoteles' *energeia* Spinozas *conatus* angenähert wird" (Jervolino, Domenico: *Paul Ricœur. Une herméneutique de la condition humaine*. Paris: Ellipses 2002 (= Philo), 41) werden gelobt, andernorts aber auch als „künstliche und mühsame ‚Collage' zwischen zusammenhanglosen Problematiken" bezeichnet. Stevens, Bernard: Puissance et effectivité de l'être (à propos de Ricœur et de Heidegger), in: Célis, Raphaël/Sierro, Maurice: Autour de la poétique de Paul Ricœur. À la croisée de l'action et de l'imagination, a. a. O., 73–88, hier 74 (Die hier zitierte Textstelle von Stevens bezieht sich auf einen 1991 erschienenen Text von Stevens, dessen Kritik an Ricœurs Ontologie Stevens 1996 wiederum zurücknimmt.). Ricœur selbst hat fünf Jahre nach dem Erscheinen von *Soi-même comme un autre* als eine Antwort auf diese Kritik eine Mischung aus Zweifel und Bekräftigung hinsichtlich seiner Verbindung und Reinterpretation der aristotelischen und spinozistischen Begrifflichkeiten anklingen lassen: „Ferner konnte man diesem Abschnitt vorwerfen, daß er lediglich eine Art Collage zuwege brachte, die einen nachheideggerschen Aristoteles und einen übereilt zur Hilfe gerufenen Spinoza nebeneinander stellt. Ich höre jedoch immer noch die Worte *energeia* und *conatus* mit ihren verschwisterten

Für Ricœur ist der kürzeste Weg zum Sein des Selbst also weder Bewusstseinsphänomenologie noch fundamentalontologische Daseinsanalytik, sondern die *voie longue* einer philosophischen Anthropologie, die die zeitlichen Seinsweisen des Selbst über immer wieder neue Konfigurationen bezeugt. Jede Zeit ist eine vor dem Hintergrund der Aporizität der Zeit bezeugte Zeit und jedes Selbst ist ein mithilfe dieser bezeugten Zeit bezeugtes Selbst, welches seinerseits durch den lebendigen, zugleich wirklichen und vermögenden Seinsgrund dezentriert ist. Die ontologische Einheit des Selbst und die ontologische Einheit des Seinsgrundes sowie ihr gemeinsamer Fluchtpunkt kann dabei lediglich in einer Suche gesehen werden, die durch den entzogenen Ursprung und die philosophische Frage nach dem Sein initiiert wird.

Das zentrale Thema von Ricœurs Denken, zusammengefasst in dem Begriff des *homme capable*, ist jedoch nicht nur der handelnde, sondern auch der *leidende* Mensch. Die *dynamis* ist nicht nur Vermögen zu tun, sondern auch Vermögen zu erleiden. Diese Seite des Leidens aber blieb bisher unberücksichtigt. Der nun zu erörternde dialektische Bezug zwischen Selbstheit und Andersheit (*altérité*) ist Ricœur zufolge der *fundamentalste* und liegt der bisher diskutierten ontologischen Auslegung des Selbst noch zugrunde. An diesem fundamentalsten Ineinander von Selbstheit und Andersheit hat sich die in der Forschung viel diskutierte Frage zu entscheiden, ob Ricœur ein Denken der Andersheit gelingt, welches diese als Andersheit bewahrt und nicht von vornherein in eine Ordnung auflöst. Obgleich Ricœur es nicht selbst so formuliert, steht auf diesen letzten Seiten von *Soi-même comme un autre* die Frage nach der Ersten Philosophie bzw. nach dem, was bei Ricœur an ihre Stelle tritt, auf dem Spiel. Ricœur versteht sein Denken weder in der Linie von Husserls erkenntnistheoretisch motivierter Ontologie als eine postkantianische Modifikation der aristotelischen Metaphysik noch in der Linie von Lévinas als eine Ethik, welche sich radikal jenseits jeder ontologischen Begrifflichkeit zu positionieren versucht. Die im Folgenden zu erörternde Frage ist daher, ob es ihm mit seinen ontologischen Überlegungen zum Ineinander von Selbstheit und Andersheit gelingt, einen dritten Weg, nicht, wie bei Merleau-Ponty, zwischen Realismus und Idealismus, sondern zwischen Egologie und Ethik zu entwickeln. Bereits das Kap. 4.4.5 über narrative und ethische Identität streifte die Frage, inwiefern Ricœur eine wahre Alterität berücksichtigt, wies dabei jedoch lediglich auf eine Mehrdeutigkeit seines Alteritätsbegriffes hin. Nun soll es darum gehen, die Struktur dieser Mehrdeutigkeit zu vertiefen und damit den Versuch zu unternehmen, bei Ricœur die Berücksichtigung einer Alterität trotz Ontologie nachzuweisen.

Obertönen in meinem Kopf widerhallen …“ (RF, 82/IA, 77). Nicht unproblematisch ist in der Tat der andeutende und umkreisende Stil Ricœurs, insbesondere auf den wenigen Seiten zu Spinoza (vgl. SMA, 365–367/SaA, 380–382). Liest man aber, wie es hier versucht wurde, Ricœurs Verknüpfung von Aristoteles, Heidegger und Spinoza nicht als eine Textauslegung, die den Feinheiten der jeweiligen Autoren gerecht werden will, sondern als eine kreative Aneignung der philosophiegeschichtlichen Tradition für den Zweck einer ontologischen Untermauerung seiner eigenen Hermeneutik des Selbst, so scheinen Ricœurs Reinterpretationen und Verknüpfungen von *energeia*, *dynamis*, *praxis*, Sorge und *conatus* fruchtbare ontologische Vertiefungen seiner Hermeneutik des Selbst erreichen zu können.

Ricœur knüpft bei seiner Untersuchung des Ineinanders von Selbstheit und Andersheit ausdrücklich an Platons metaphysische Dialoge an. Während es im *Sophistes* mit der Entwicklung der großen Gattung des Verschiedenen oder des Anderen um eine Erklärung des von Parmenides abgelehnten Nichtseienden geht, bindet Ricœur seine Dialektik von Selbem und Anderem an phänomenologische Erfahrungen der Passivität zurück. Auf phänomenologische Weise seien die vielfältigen Erfahrungen des Erleidens zu untersuchen, um diese auf der Ebene eines spekulativen Diskurses als Bezeugung der Andersheit einzusetzen. „[D]ie *phänomenologische* Entsprechung zur Meta-Kategorie der Andersheit [besteht] in der Varietät der Passivitätserfahrungen [...], die auf vielfache Weise mit dem menschlichen Handeln verschlungen sind. Der Begriff ‚Andersheit' bleibt dann dem spekulativen Diskurs vorbehalten, während die Passivität zur Bezeugung der Andersheit selbst wird".[766] Diese phänomenologischen Passivitätserfahrungen aber lassen sich Ricœur zufolge in einen *„Dreifuß* (trépied) *der Passivität, mithin der Andersheit"*, genauer in Erfahrungen des Leibes, des anderen Menschen und des Gewissens untergliedern.[767] Diese drei Passivitätserfahrungen sind bereits im Kap. 4.6 im Zusammenhang mit der dritten Aporie der Zeit als eine in *Soi-même comme un autre* zu findende Figur des Uneinholbaren gekennzeichnet worden. Um zu einer Einschätzung des ricœurschen Begriffes der Andersheit zu gelangen, sind nun nacheinander diese drei die spekulative Dimension der Andersheit phänomenologisch bezeugenden Grunderfahrungen der Passivität näher zu erörtern.

Der Leib (*chair*), so Ricœur in einem impliziten Rekurs auf seine frühen Überlegungen zu einer Phänomenologie des Willens, geht ontologisch der Unterscheidung zwischen Willentlichem und Unwillentlichem voraus und kann aufgrund seiner Primordialität gegenüber jedem Vorsatz den Status einer eigenen Andersheit beanspruchen. Es wäre hier nahe liegend, an Heideggers Existenzialien der Geworfenheit und der Faktizität anzuknüpfen, da diese das Selbst vor jeder Initiative immer schon dezentrieren, indem sie es nicht seinen eigenen Grund sein lassen. Wie jedoch bereits viele vor ihm, so weist auch Ricœur darauf hin, dass bei Heidegger zwar der allgemeine Denkrahmen zur Entwicklung des Leibes als eines Existenzials besonders günstig sei, ein solches Leibesexistenzial aber von Heidegger aufgrund seiner Konzentration auf die Zeitlichkeitsproblematik nicht entwickelt wird. Fruchtbare Ansätze seien daher vielmehr in Husserls Unterscheidung von Leib und Körper zu sehen, obgleich Husserl diese Unterscheidung im Rahmen des Ricœur zufolge scheiternden Projektes einer phänomenologischen Explikation des Anderen im Ausgang vom Ego erarbeitet. Es geht Ricœur darum, die Passivität des Leibes in ihrer unhintergehbaren Vorgängigkeit gegenüber den Initiativen des Selbst zu bestimmen, ohne dabei Husserls Versuch einer phänomenologischen Gewinnung des *alter ego* aus dem *ego* mitzumachen.

Wenn man den Leib als erste Andersheit, als Ort der passiven Synthesen und als absolutes Hier versteht, so habe man Ricœur zufolge zwar verständlich gemacht, wie die Leiblichkeit eine Dezentrierung des seine Handlungen nie ganz be-

[766] SMA, 368/SaA, 383.

[767] SMA, 368/SaA, 384 (Einfügung des französischen Wortlautes, I.R.).

herrschenden Subjekts bedeutet, man habe jedoch noch nicht erklärt, wie es sein kann, dass der Leib zugleich Körper ist. Weil er den Übergang vom gelebten Leib zum lokalisierten Körper keineswegs für selbstverständlich hält, fragt Ricœur, „was es bedeutet [...], daß der Leib (*chair*) zugleich ein Körper unter anderen Körpern (*corps parmi les corps*) ist".[768] Diese Frage aber wie der gelebte Leib zum objektivierten Körper in Beziehung steht, weist eine von Ricœur selbst explizit erwähnte Parallele zur ersten Aporie der Zeit auf. Ähnlich wie die Frage nach der Korrelation zwischen erlebter Zeit und objektiver Zeit auf eine spekulative Unauflösbarkeit führt, so „stößt die Phänomenologie" auch bei der Leib-Körper-Problematik „an ihre Grenze – zumindest diejenige Phänomenologie, die die objektiven Aspekte der Welt aus einer nichtobjektivierenden primordialen Erfahrung und hauptsächlich über den Weg der Intersubjektivität herleiten will".[769] Ebenso unmöglich wie Husserls Vorhaben, die objektive Zeit aus einer rein erlebten Zeit zu gewinnen, sei es, den Anderen, die Intersubjektivität und schließlich den objektiven Raum im Ausgang von der eigenen Leiblichkeit zu entwickeln. Analog zur ersten Zeitaporie ließe sich diese Problematik bei Ricœur als erste Aporie des Raumes bezeichnen. Wie aber überwindet er diese Aporie? Da zwischen den beiden Aporien „eine Serie von Äquivalenzen" besteht,[770] kann Ricœur in Hinblick auf die Leib-Körper-Korrelation eine ganz ähnliche Antwort geben wie auf die Frage nach der Verknüpfung der beiden Zeitperspektiven: So, wie die erste Aporie narrativ und praktisch in einer menschlichen Drittzeit vermittelt ist, welche ihren paradigmatischen Ausdruck im Kalender findet, müsse man zur Beantwortung der Aporie des Raumes „die Landkarte [erfinden], um das leibhaftige Hier mit einem beliebigen Ort zu verbinden" und man müsse „den Eigennamen – den meinigen – in die Standesregister eintragen".[771] Entscheidend ist in dieser Antwort, dass auch die Aporie des Raumes durch so etwas wie einen Drittraum praktisch, *nicht aber spekulativ*, vermittelt ist. „[M]ein Leib erscheint" auf dieser praktisch vermittelten Ebene, die keine höherstufige, aufhebende Synthese darstellt, „nur insofern als ein Körper unter anderen Körpern, als ich selbst [...] ein Anderer unter allen Anderen bin".[772]

Tengelyi entwickelt die Auffassung, dass Ricœur hier eine „[r]ealistische Wende in der Ontologie des Leibes" vollzieht.[773] Kalender, Landkarte und Standesregister stellten Ordnungen dar, die sowohl mich selbst als auch alle anderen umfassten und damit mein Selbst als ein identisches Selbes im Sinne des *idem* fixierten. Wenn ich mich selbst im Rahmen einer solchen Ordnung aus dem Blickwinkel eines anderen erfasse, so erfasse ich mich als einen anderen unter allen anderen. Der andere aber, der mich so sieht, wie auch ich selbst mich aus seinem Blickwinkel sehen kann, sei gerade nicht mein aktuelles Gegenüber, sondern ein unbestimmter anderer, der in seinem Blick sowohl mich selbst als auch alle anderen umfasse. Eine unterschwel-

---

[768] SMA, 376/SaA, 392 (Einfügung des französischen Wortlautes, I.R.).

[769] SMA, 376/SaA, 392.

[770] SMA, 376 f./SaA, 392.

[771] SMA, 377/SaA, 392.

[772] SMA, 377/SaA, 392. Zum Drittraum vgl. auch MHO, 183–191/GGV, 225–234.

[773] Tengelyi: *Der Zwitterbegriff Lebensgeschichte*, a. a. O., 198–202, hier 198.

lige Verwandlung eines komparativen „Ich kann mich so auffassen, wie ein Dritter mich auffasst" in ein den Titel des ricœurschen Werkes erklärendes implikatives „Ich selbst fasse mich immer schon selbst als einen anderen unter anderen auf" habe eine *„geheime Wiederkehr der ‚Selbigkeit' in die ‚Selbstheit' unter der Maske einer ‚selbsteigenen Andersheit'* zur Folge" und führe schließlich in *„ein[en] Widerstreit zwischen Phänomenologie und Ontologie"*.[774] Reinstituiert Ricœur hier aber tatsächlich eine Ontologie, in der ein identisches Selbst immer schon in eine gemeinsame Seinsordnung mit allen anderen eingeordnet ist? Liefern Institutionen wie die Landkarte und die Standesregister eine Seinsordnung, in der sowohl das stillschweigend als ein *idem* aufgefasste Selbst als auch alle anderen immer schon ihren Platz haben und in welcher somit jede wirkliche Alterität von vornherein aufgehoben ist?

Diese Kritik an Ricœurs ontologischer Auslegung des Leibes scheint sich mildern zu lassen, indem man die von ihm behauptete Aporizität des Leib-Körper-Verhältnisses und ihre Parallelität zur ersten Aporie der Zeit mithilfe eines Argumentes von Didier Franck, das bei Ricœur eine Rolle zu spielen scheint, spezifiziert. Eine Phänomenologie, die die objektiven Aspekte der Welt aus einer nichtobjektivierenden primordialen Erfahrung gewinnen will, so hatte Ricœur behauptet, stößt bei der Frage danach, wie mein Leib auch Körper sein kann und aufgrund dieser Verkörperung den Vorgang der Paarung ermöglichen soll, an ihre Grenze. Die Andersheit des Anderen sei nämlich „vorrangig gegenüber der Reduktion auf das Eigene",[775] und zwar deshalb, weil mein Leib überhaupt nur dann als Körper unter anderen Körpern erscheinen kann, wenn ich selbst mich bereits als einen anderen unter allen anderen verstehe.[776] Husserl habe das nicht gesehen und deshalb gelänge ihm auch keine Antwort auf die Frage „Wie läßt sich verstehen, daß mein Leib zugleich ein Körper ist?"[777]

In seinem Buch *Chair et Corps. Sur la Phénoménologie de Husserl*, auf welches Ricœur sich wiederholt beruft, ist Franck der Meinung, Husserl setze ohne phänomenologische Rechtfertigung immer schon voraus, dass mein Leib auch Körper ist.[778] In der Eigenheitssphäre aber gäbe es kein Mittel, den Leib zu verkörperlichen. Als Körper könne der Leib nur dann erscheinen, wenn er ein Körper unter anderen Körpern im bereits gemeinsam konstituierten Raum ist. Dann aber sei die Intersubjektivität, die erst über die Auffassung des Leibes als Körper und dessen Paarung mit einem anderen Leib-Körper erreicht werden sollte, bereits vorausgesetzt. Sobald der Leib als Körper erscheint, sei die Intersubjektivität schon im Spiel.

---

[774] Tengelyi: *Der Zwitterbegriff Lebensgeschichte*, a. a. O., 201, 202.

[775] SMA, 377/SaA, 392.

[776] Ricœur stellt die rhetorische Frage: „Ist aber damit nicht schon alles entschieden? Impliziert die Tatsache, daß mein Leib auch Körper ist, nicht, daß er als solcher in den Augen der Anderen erscheint?" (SMA, 384/SaA, 400). „Die Appräsentation", so Ricœur, „setzt sich selbst voraus" (SMA, 385/SaA, 401).

[777] SMA, 377/SaA, 392.

[778] Vgl. hierzu und zum Folgenden Franck: *Chair et corps. Sur la phénoménologie de Husserl*, a. a. O., 142–149.

Eben Letzteres aber ist auch Ricœurs These. Die Intersubjektivität lässt sich sowohl für Franck als auch für Ricœur nicht aus dem leiblichen Ego über den Weg der Paarung phänomenologisch begründen, weil sie sich in diesem Vorgehen bereits selbst voraussetzt. So, wie die erlebte Zeit aus sich heraus niemals Zeitstellen und eine objektive Zeitordnung verständlich machen könne, so könne auch der Leib aus sich heraus nicht verständlich machen, wie er als Körper erscheinen kann.

Während Franck die Zeit als Beziehung vom *ego* zum *alter ego* und diese wiederum als ursprünglich leibliche Beziehung bestimmt,[779] insistiert Ricœur in einer Analogie zur ersten Zeitaporie auf dem Umstand, dass die Phänomenologie bei dem Versuch, den Leib als Körper zu denken, an ihre Grenze stößt und lediglich praktische Ordnungen wie Kalender, Landkarten und Standesregister einen der menschlichen Drittzeit korrespondierenden Drittraum begründen können. Die Leib-Körper-Aporizität macht einen Sprung nötig, aufgrund dessen diese Ordnungen nur praktisch vermittelnde Ordnungen, nicht aber spekulativ erreichte, unabänderliche Seinsordnungen darstellen können. So, wie die menschliche Drittzeit immer nur eine vor dem Hintergrund des Seinsgrundes und der prinzipiell heterogenen Zeitperspektiven konfigurierte Zeit darstellt, sind auch Institutionen wie die Landkarte und das Standesregister lediglich praktische Ordnungen, die aufgrund ihres unaufhebbar aporetischen Hintergrundes keinesfalls als feste Seinsordnungen gelten können. Die uneinholbare Passivität des Leibes aber kann aufgrund der durch sie begründeten Dezentrierung des seinen Grund nicht beherrschenden Selbstes als eine erste phänomenologische Bezeugung der Andersheit aufgefasst werden.

Wenn der verweltlichte Leib jedoch als Körper unter anderen Körpern und das Selbst damit als ein anderer unter anderen erscheint, zeigt sich Ricœur zufolge, dass die „Andersheit des Leibes“ mit der „Andersheit des Anderen als eines Fremden, eines Anderen als ich […] verflochten werden“ muss.[780] Die Andersheit des Anderen kündige sich in einer zweiten phänomenologischen Erfahrung der Passivität an, in welcher sich eine ursprüngliche Aufforderung durch den Anderen bezeuge. Um diese zweite Erfahrung der Passivität als Alterität zu spezifizieren, stellt Ricœur Husserls phänomenologische Begründung des *alter ego* aus dem *ego* Lévinas' ursprünglicher Aufforderung durch den Anderen gegenüber. Sowohl Husserls als auch Lévinas' Argumentation stünden, wenngleich in inhaltlich entgegengesetzter Weise, in der cartesischen Tradition hyperbolischer Denkweise, deren Zweifeln jedes alltägliche Zweifeln übersteige. Husserl, so meint Ricœur, versuche auf der Basis der Primordialreduktion, das *alter ego* aus dem *ego* „abzuleiten (*dériver*)“,[781] scheitere jedoch zwangsläufig an der immer schon fungierenden Voraussetzung des Anderen als eines Anderen. Lévinas wiederum beginne umgekehrt mit der Hyperbel der Trennung und der radikalen Exteriorität, könne jedoch keine Rechenschaft davon ablegen, wie der vom Anderen herrührende Ruf angesichts der Trennung ein Ich überhaupt noch erreichen können soll. In der von Ricœur vorgenommenen Polarisierung steht also ein Husserl, der an einer Ableitung des *alter ego* aus dem

---

779 Vgl. a. a. O., 192.

780 SMA, 377/SaA, 392.

781 SMA, 382/SaA, 398 (Einfügung des französischen Wortlautes, I.R.).

ego scheitert, einem Lévinas, der die Übernahme des Rufes vom Anderen her nicht plausibel machen kann, gegenüber.

Obgleich es im Rahmen der hiesigen Fragestellung nicht darum gehen kann, eine umfassende Kritik dieser ricœurschen Interpretationen von Husserl und Lévinas zu entwickeln, seien zwei diesbezügliche Bemerkungen vorangeschickt, bevor eine Konkretisierung von Ricœurs eigener Position erfolgt. Zum einen scheint es in Husserls Theorie des *alter ego* genauso wenig um eine „Ableitung" des *alter ego* aus dem *ego* zu gehen, wie es in dessen Zeitanalysen um eine „Ableitung" der Zeitstellen und der objektiven Zeit aus einer rein erlebten Zeit geht. Husserls Ziel ist es vielmehr, phänomenologisch zu verfolgen, wie sich die fremde Subjektivität zeigt, wenn man sie nicht schlichtweg voraussetzt. Überdies finden sich in Husserls zahlreichen Überlegungen zur Konstitution des Anderen verschiedene Versuche, wie beispielsweise der in Kap. 2.4 erörterte monadologische Ansatz, die in einer immanenten Selbstüberschreitung der Egologie ein ursprüngliches Ineinander der konstituierenden Subjektivitäten erwägen, welches sich keinesfalls als jene Art von solipsistischem Ursprungszustand auffassen lässt, den Ricœur in Husserls Primordialreduktion entdeckt. Zum anderen vermittelt Ricœurs Interpretation von Lévinas den Eindruck, als ginge es Lévinas in diametralem Gegensatz zu Husserls Ursprung beim Eigenen um einen Ursprung beim Anderen, ohne dass dieses Andere irgendwie in die Erfahrung der phänomenologisierenden Subjektivität gelangen könnte. Wenn es bei Ricœur heißt, dass die „Hyperbel der Trennung auf der Seite des Selben [...] die Hyperbel der Exteriorität des Anderen in eine Sackgasse zu führen scheint", so entsteht diese „Sackgasse" deshalb, weil Ricœur Lévinas' Ansatz bei der radikalen Andersheit dermaßen zuspitzt, dass der Anruf als ein bloßer Anruf erscheint, der von niemandem übernommen werden kann, weil bei Lévinas „die Interiorität allein von dem bloßen Willen, sich auf sich selbst zurückzuziehen und sich in sich selbst zu verschließen, bestimmt wäre".[782] Lévinas, so ließe sich gegen Ricœurs Kritik einwenden, sucht in seinen Erörterungen des ethischen Primordialgeschehens aber durchaus zu beschreiben, in welcher Weise ein Anruf des Anderen sowie eine Vorladung zur Verantwortung in der Erfahrung einer Subjektivität immer schon erfolgt ist und die Stellvertretung herausfordert. Er rekurriert dabei jedoch ausdrücklich nicht auf ontologische Möglichkeitsbedingungen, auch nicht auf solche, die ein ricœursches Selbst betreffen würden, um das ethische Primordialgeschehen nicht von vornherein in eine Ontologie zurückzunehmen.

Ricœur nimmt also eine extreme Polarisierung von Husserl und Lévinas vor, in der einerseits ein *ego* das *alter ego* nicht erreichen und andererseits der Andere das Selbe nicht erreichen kann. In welcher Weise nun aber sucht sich Ricœur selbst zwischen Husserl und Lévinas, bzw. zwischen seinen Interpretationen dieser beiden Autoren, zu positionieren? Inwiefern vermag ihm zufolge eine ontologische Auslegung von Selbstheit und Andersheit anhand der phänomenologischen Passivitätserfahrung der Andersheit des Anderen einer Alterität gerecht zu werden, die nicht im Sein der Selbstheit aufgeht? Ricœurs Vorschlag liegt in einer *Überkreuzung* zweier Bewegungen: Die „gnoseologische[] Dimension der Bedeutung", in der sich in An-

---

[782] SMA, 391/SaA, 407.

lehnung an Husserl das Selbe auf das Andere hin zubewege, und die „ethische[] Dimension der Aufforderung“, in der sich in Anlehnung an Lévinas das Andere auf das Selbe zubewege, seien „dialektisch komplementär“ und könnten nur in einer Auffassung der Subjektivität als Selbstheit zusammengedacht werden.[783] Die hier von Ricœur gemeinte Dialektik ist abermals eine offene Dialektik, in der sich die beiden Bewegungen nicht in einer höheren Synthese aufheben, sondern vielmehr in einer fruchtbaren Spannung zueinander verbleiben. Wenn ich versuche, den Anderen zu appräsentieren, so vertiefe ich mein Verständnis seiner Habitualitäten, verfehle jedoch seine ursprünglich ethische Beziehung zu mir.[784] Wenn ich umgekehrt allein den Anruf des Anderen fokussiere, so bleibt unverständlich, wie ich mich über den Anderen als ein sich erzählendes und den Ruf übernehmendes verantwortliches Selbst formiere, das den Anderen als sein Gegenüber versteht.

Mit der Frage nach dem Übergang zwischen diesen beiden sich kreuzenden, in einer offenen Dialektik stehenden Bewegungen steht nichts Wenigeres als die Frage nach der Möglichkeit oder Unmöglichkeit einer Verknüpfung von Ontologie und Ethik auf dem Spiel. Die Frage nach dem Übergang zwischen Ontologie und Ethik aber, so Ricœur in einer 1988 geführten Auseinandersetzung mit Gabriel Marcel, gehöre nicht zur Ordnung des Problematischen, sondern bleibe ein *Mysterium*.[785] Dieses Mysterium findet Ricœur im Rahmen einer 1997 publizierten „Lektüre“ von *Autrement qu'être ou au-delà de l'essence* auf eine ähnliche Weise bei Lévinas.[786] In dieser kleinen Schrift macht er bei Lévinas zwei Möglichkeiten aus, von dem Bereich der Ethik, der Nähe, dem Antlitz und dem Sagen zum Fernen, der Gerechtigkeit, dem Gesagten, der Wahrheit, der Ontologie, dem Wissen und der Philosophie überzugehen. Einerseits erwäge Lévinas in Hinblick auf diesen Übergang einen *Sprung*, andererseits eine *latente Geburt*, in der jedoch Ricœur zufolge ein heimliches Walten der Ontologie die Rede vom ethischen Primordialgeschehen immer

---

[783] SMA, 393/SaA, 409.

[784] In zwei von Ricœur erstmalig in den fünfziger Jahren publizierten Aufsätzen lässt sich ein Vorgänger der in *Soi-même comme un autre* unternommenen Gegenüberstellung von Husserl und Lévinas finden. In diesen Aufsätzen bewegt sich Ricœurs Argumentation zwischen Husserl und Kant. Kant komme aufgrund seiner praktischen Bestimmung des Anderen als Person und als Zweck gegenüber Husserl das Verdienst zu, berücksichtigt zu haben, dass wir den Anderen nicht erst als anderen (er)kennen müssen, um ihn dann zu achten, sondern dass in der Achtung selbst, als praktischer Disposition, die einzige Bestimmung der Existenz des Anderen liege. Vgl. Ricœur, Paul: Kant et Husserl (1954/55), in: *À l'école de la phénoménologie*, a. a. O., 227–250, hier 248. Die von Husserl mit der phänomenologischen Reduktion getroffene Entscheidung, die absolute Position von etwas auf seine Erscheinung zu reduzieren, sei zwar bei Dingen befreiend, in Hinblick auf Personen jedoch tödlich (*mortifiante*), denn „das Begehren zu ‚sehen‘, die Existenz des Anderen spekulativ zu (er)kennen, ist schon Indiskretion, fehlende Achtung“ (Ricœur, Paul: Sympathie et respect (1954), in: *À l'école de la phénoménologie*, a. a. O., 266–283, hier 283).

[785] Vgl. Ricœur, Paul: Entre éthique et ontologie: la disponibilité (1988), in: ders.: *Lectures 2. La contrée des philosophes*, a. a. O., 68–78, hier 78.

[786] Vgl. Ricœur, Paul: *Autrement. Lecture d'*Autrement qu'être ou au-delà de l'essence *d'Emmanuel Levinas*. Paris: Presses Universitaires de France 1997 (= Les Essais du Collège International de Philosophie).

schon zu durchziehen scheint.[787] Letztlich pointiert Ricœur seine Analysen dahingehend, dass bei Lévinas eine post-ethische Quasi-Ontologie zu finden sei.[788] Wie aber gedenkt Ricœur angesichts des in Anlehnung an Marcel formulierten Mysteriums zwischen Ethik und Ontologie und angesichts der bei Lévinas entdeckten post-ethischen Quasi-Ontologie, seine eigene Überkreuzung der zwei genannten, dialektisch komplementären Bewegungen zu erhellen?

Ricœurs Begriff des *Zeugnisses*, gekoppelt mit einer von ihm behaupteten *Aufnahmefähigkeit* oder *Bereitschaft* des Selbst, sollen in einer das Mysterium nicht auflösenden, sondern lediglich *beantwortenden* ontologischen Interpretation der Überkreuzung von gnoseologischer Dimension der Bedeutung und ethischer Dimension der Aufforderung als Brückenbegriffe fungieren. Das Zeugnis, so Ricœur explizit, ist ein gleichermaßen ontologisches und ethisches Thema und eines der großen Themen der lévinasschen post-ethischen Quasi-Ontologie.[789] Um Zeugnis zu geben, sei jedoch eine Bereitschaft bzw. eine Aufnahmefähigkeit im Selbst nötig, welche es diesem allererst erlaube, von einem Anderen erreicht zu werden und von diesem Anruf Zeugnis zu geben. In *Soi-même comme un autre* heißt es daher, dass nur ein Selbst bezeugen und Zeugnis geben könne, im Selbst aber eine „Aufnahmefähigkeit (*capacité d'accueil*)[,] eine Unterscheidungs- (*capacité de discernement*) und Anerkennungsfähigkeit (*capacité de reconnaissance*)" vorausgesetzt werden müsse, wenn der vom Anderen ausgehende Ruf aufgenommen und beantwortet werden soll.[790] In seiner Auseinandersetzung mit Gabriel Marcel spricht Ricœur auch von einer der Bezeugung verwandten Bereitschaft (*disponibilité*), aufgrund derer das Selbst für den Ruf eines Anderen offen ist.[791]

Obgleich Ricœur diesen Begriff der Fähigkeit zur Aufnahme einführt, ist er sich, so zeigt sich deutlich in einer weiteren, 1989 geführten Auseinandersetzung mit Lévinas, ganz und gar bewusst, dass eine solche Fähigkeit Lévinas zufolge eine phänomenologisch unerlaubte Annahme wäre, weil sie nicht aus der Vorladung durch den Anderen selbst erwächst.[792] Ricœur will jedoch die Vorladung durch den Anderen umgekehrt genauso wenig in diesem Fähigsein fundieren, sondern vielmehr eine nichtsystematische Überkreuzung der gnoseologischen und der ethischen Bewegung behaupten. Wie bei der ersten Aporie der Zeit, in der es keinen systematischen Übergang zwischen den beiden dennoch stets praktisch vermittelten Zeitperspektiven gibt, hält Ricœur auch die beiden Bewegungen vom Selbst auf den

---

787 Vgl. a. a. O., 33 f.

788 Vgl. a. a. O., 35.

789 Vgl. Ricœur: Entre éthique et ontologie: la disponibilité (1988), a. a. O., 74. Vgl. Ricœur, Paul: *Autrement. Lecture d'*Autrement qu'être ou au-delà de l'essence *d'Emmanuel Levinas*, a. a. O.

790 SMA, 391/SaA, 407 (Einfügung des französischen Wortlautes, I.R.).

791 Vgl. Ricœur: Entre éthique et ontologie: la disponibilité (1988), a. a. O, 73.

792 „Ich weiß sehr gut, nach irgend einer Fähigkeit, irgend einem Vermögen zu fragen, die nicht das Werk der Vorladung selbst wären, das bedeutet für Lévinas, eine *unzulässige* Frage zu stellen. Die winzigste Zulassung einer eigenen Fähigkeit, korrelativ zur Vorladung, würde die gesamte Errungenschaft einer ohne Schwäche durchgeführten Philosophie der Passivität ruinieren" (Ricœur, Paul: Emmanuel Lévinas, penseur du témoignage, in: *Lectures 3. Aux frontières de la philosophie*, a. a. O., 83–105, hier 105).

Anderen und vom Anderen auf das Selbst für notwendig komplementär, mit einem heideggerschen Wort für gleichursprünglich (*co-originaires*), ohne sie in einer höherstufigen Synthese aufzuheben.[793] Wie in der durch den Kalender geleisteten Verbindung zweier Zeitperspektiven in der ersten Aporie der Zeit und wie in der durch Landkarte und Standesregister geleisteten Verbindung von Leib und Körper, so ist auch in Hinblick auf das Selbst und den Anderen eine *nichtsystematische Überkreuzungs- und Verknüpfungsbewegung* von Nöten, die das Mysterium des Überganges zwischen Ethik und Ontologie überbrückt, ohne in eine die Andersheit des Anderen aufhebende Synthese zu münden. Die im Zeugnis pointierte Brücke der beiden Bewegungen liegt in einer immer wieder neu zu gebenden Antwort auf den vom Anderen ausgehenden Aufruf, welche sich stets mit einer Selbstbezeugung und einer den Anderen betreffenden Sinngebung überkreuzt.

In freier Anlehnung an Lévinas ließe sich für Ricœur sagen, dass eine der Andersheit des Anderen gerecht werdende ontologische Auslegung der Selbstheit eine Ontologie des Wiedersagens (*Re-dire*) und des Zeugnisses sein muss, in der das Gesagte (*Dit*) unaufhörlich durch ein Sagen (*Dire*) und ein Entsagen (*Dédire*) unterbrochen, gebrochen und zu einem neuen Gesagten hin verschoben wird, ohne dass sich die innerste Bestimmung des Selbst durch den vom Anderen ausgehenden Anruf jemals in eine Ontologie des bloßen Fähig*seins* einschlösse und dabei die ursprüngliche Asymmetrie zwischen dem Selbst und dem Anderen in einer fundamentalontologischen Seinsbestimmung des Selbst aufhöbe. Sollte sich eine derartige Ontologie des Zeugnisses angesichts des unaufhebbaren Mysteriums zwischen Ethik und Ontologie für Ricœur bestätigen, so würde er keine realistische Ontologie vertreten, in der immer schon vom Standpunkt eines Dritten aus „[e]ine Ordnung […] das Eigene und das Fremde miteinander zu einem Ganzen verbindet" und die phänomenologische Perspektive der ontologischen zum Opfer fiele.[794] Die entscheidende Frage, so kann mit Liebsch gesagt werden, liegt letztlich darin, „ob der Gedanke einer Andersheit, die das Selbst als dem Anderen Antwort gebendes von innen heraus unterwandert, in ihm eine Nicht-Identität aufklaffen läßt, über der sich keine Identität ein für allemal zu schließen vermag".[795] Eine solche Kluft der Nicht-Identität aber scheint das ricœursche Selbst immer schon und unaufhebbar zu durchziehen, da sich die ethische Dimension der Aufforderung zwar immer wieder neu beantworten, niemals aber in der Selbstbezeugung oder der gnoseologischen Dimension der Bedeutung des Anderen aufheben lässt.[796]

---

[793] Vgl. SMA, 393/SaA, 409 und Ricœur: Emmanuel Lévinas, penseur du témoignage, a. a. O., 105.

[794] Tengelyi: *Der Zwitterbegriff Lebensgeschichte*, a. a. O., 203.

[795] Liebsch: *Geschichte als Antwort und Versprechen*, a. a. O., 259 (Fußnote).

[796] In der Forschungsliteratur ist häufig gegen Ricœur eingewendet worden, dass dieser einer wahren Alterität nicht hinreichend gerecht werden könne. So macht Waldenfels Ricœurs Annahme einer „wohlwollenden Spontaneität" dafür verantwortlich, dass dieser einer über eine relative Fremdheit hinausgehenden radikalen Andersheit, welche nur im Außer-ordentlichen möglich sei, nicht gerecht werden könne (vgl. Waldenfels: *Deutsch-Französische Gedankengänge*, a. a. O., 300). Tengelyi kritisiert bei Ricœur den Versuch einer *„ontologischen Grundlegung der Ethik"* (Tengelyi, László: Gesetzesanspruch und wilde Verantwortung, in: Liebsch: *Hermeneutik des*

Die dritte die Andersheit bezeugende Passivitätserfahrung ist Ricœur zufolge im Gewissen zu sehen. Im Kap. 4.4.5 über narrative und ethische Identität ist bereits gezeigt worden, inwiefern Ricœur Heideggers Reduktion des Gewissens auf eine Bezeugung des Seinkönnens angesichts des aus mir über mich kommenden Rufes kritisiert und dem Gewissen in Anlehnung an Lévinas den Charakter einer ursprünglichen, von einer Alterität herrührenden Aufforderung zuschreibt, welche dazu aufrufe, gut zu leben, mit den Anderen und für sie in gerechten Institutionen. Im Kontext der hiesigen Frage nach Selbstheit und Andersheit und im Weiteren nach dem Primat zwischen Ontologie und Ethik ist zu präzisieren, dass Ricœur bei der Frage nach dem Gewissen nicht nur Heidegger mit Lévinas, sondern im Anschluss an die oben bereits angeführte Gegenüberstellung von Husserl und Lévinas auch Lévinas mit Heidegger kritisiert. Sein Argument gegen Lévinas lautet für die Andersheit des Gewissens ähnlich wie im Zusammenhang der Andersheit des Anderen: Damit die von einer Alterität, von der Exteriorität herrührende Aufforderung übernommen werden kann, muss *„das Aufgefordertsein als Struktur der Selbstheit"* verstanden und an die Selbstbezeugung gekoppelt werden.[797] Mit einem solchen Aufgefordert*sein* aber führt Ricœur noch deutlicher als mit seinem Begriff der Aufnahmefähigkeit auf der Ebene des von Lévinas erarbeiteten ethischen Primordialgeschehens einen ontologischen Terminus ein, der den lévinasschen Primat der Ethik vor der Ontologie zurückzunehmen scheint. Die Frage ist erneut, ob sich mit Ricœur, wie in der oben erörterten Überkreuzungsbewegung von gnoseologischer Dimension der Bedeutung und ethischer Dimension der Aufforderung, auch auf der Ebene der Passivität und der Alterität des Gewissens eine nichtsystematische Überkreuzung von Selbstbezeugung und Aufforderung ausmachen lässt, welche die von einer Alterität herrührende Aufforderung nicht in einer Ontologie des Aufgefordertseins absorbiert.

Eine solche nichtsystematische Überkreuzung von Selbstbezeugung und Aufforderung ließe sich rechtfertigen, wenn man die „Dimension der Selbstaffizierung",[798]

Selbst – im Zeichen des Anderen. Zur Philosophie Paul Ricœurs, a. a. O., 260–272, hier 262), die auf eher unangemessene Weise gegen Lévinas' ethisches Primordialgeschehen die „Ordnungen, in die das Ethische in seiner Entfaltung und Ausformung eingefangen wird", wieder einführen will (ebd., vgl. auch Tengelyi: *Der Zwitterbegriff Lebensgeschichte*, a. a. O., 204–207). Liebsch fragt kritisch: „Genügt an dieser Stelle noch ein Begriff der Jemeinigkeit, der durch ein ‚Mitsein' ergänzt gedacht wird, um einer ursprünglichen Konstitution des Selbst-Seins im Zeichen des Anderen gerecht zu werden […]?" (Liebsch: *Geschichte als Antwort und Versprechen*, a. a. O., 258). Und Kemp sieht die notwendige Konsequenz aus Ricœurs Argumentation in einer Priorisierung der Ethik vor der Ontologie (vgl. Kemp: Ricœur entre Heidegger et Levinas. L'affirmation originaire entre l'attestation ontologique et l'injonction éthique, a. a. O., 259). Die obigen Überlegungen schließen sich in ihrem affirmativen Charakter Françoise Dastur an, die in ihrer Auseinandersetzung mit der Alterität des Gewissens die Ricœursche Vermittlung zwischen einer Sorge um sich selbst und einer ursprünglichen Aufforderung durch den Anderen einer Hermeneutik des Selbst und der Endlichkeit für angemessen hält (vgl. Dastur, Francoise: Paul Ricœur: le soi et l'autre. L'altérité la plus intime: la conscience, in: Greisch, Jean (Hg.): *Paul Ricœur. L'herméneutique à l'école de la phénoménologie*. Paris: Beauchesne 1995, 59–72, hier 71).

797 SMA, 409/SaA, 425.

798 SMA, 409/SaA, 425.

von der Ricœur im Zusammenhang des Aufgefordertseins spricht, nicht als eine reine Autoaffektion, sondern als eine ursprüngliche Auto-Hetero-Affektion versteht. Das im Gewissen erfahrene Aufgefordertsein wäre dann keine ontologische Struktur, auf deren Basis die ethische Dimension der Aufforderung allererst, und zwar als sekundär, erscheinen würde, sondern das Aufgefordertsein könnte seinen ontologischen Anspruch überhaupt nur in der Überkreuzung mit dem nichtontologischen Aufforderungscharakter erfüllen. Es gälte dann: kein Aufgefordertsein ohne Aufforderung und keine Aufforderung ohne Aufgefordertsein. Diejenige Aufforderung aber, welche sich immer schon mit dem Aufgefordertsein kreuzt und in das Selbst eindringt, ist nicht die Handlung eines bestimmbaren Subjektes, so dass die Passivität des Gewissens nicht schlichtweg als das Gegenüber der Aktivität eines definierbaren Anderen zu verstehen ist. Was aber kann über diese Andersheit überhaupt gesagt werden bzw. wer ist dieser Andere, der das Selbst in der Passivitätserfahrung des Gewissens erreicht und dessen ontologische Bestimmung nicht anders denn in Überkreuzung mit einem ursprünglich ethischen Aufruf ermöglicht?

Der Philosoph, so Ricœurs absichtlich bescheidene Antwort, könne und dürfe nicht bestimmen, von wem oder von was die Aufforderung ausgehe. Das heißt jedoch wiederum keinesfalls, dass er diesbezüglich ganz und gar schweigen muss. Er darf lediglich die Grenzen seiner Möglichkeiten nicht mit einer eindeutigen Definition überschreiten, sondern habe sich angesichts der „Aporie des Anderen" auf ein Mehrdenken zu beschränken.[799] Der Philosoph müsse zugeben, „daß er nicht *weiß* und nicht sagen *kann*, ob dieses Andere, als Quelle der Aufforderung, ein Anderer ist, dem ich ins Angesicht sehen oder der mich anstarren kann, oder meine Ahnen, von denen es keinerlei Vorstellung gibt, sosehr konstituiert mich meine Schuld ihnen gegenüber, oder Gott – der lebendige Gott, der abwesende Gott – oder eine Leerstelle".[800] Der philosophische Diskurs habe hier seine Grenze erreicht, weil er diese Frage nicht entscheiden könne und nicht entscheiden dürfe.

Nach diesem Durchgang durch Ricœurs „Dreifuß der Passivität", im Rahmen dessen Ricœur den Leib, den Anderen und das Gewissen erörtert, ist angesichts der Ausgangsfrage nach der ontologischen Interpretation von Selbstheit und Andersheit die Frage zu stellen, wie diejenige Andersheit, welche sich in den drei phänomenologischen Grunderfahrungen der Passivität bezeugt, in einer allgemeinen Weise zu kennzeichnen ist. Was ist die Andersheit *tout court*, die der Selbstheit gegenübersteht und sie durchzieht? Ricœurs Antwort auf diese Frage, auf diese Aufforderung zur Synthese ist ausdrücklich kein synthetisierendes Fazit, sondern „im Tonfall der sokratischen Ironie" belässt er „die drei großen Erfahrungen der Passivität" in einer

---

[799] SMA, 409/SaA, 426.

[800] SMA, 409/SaA, 426. Dastur hebt hervor, dass die Kreuzung der Anderheit des Anderen und der Andersheit des Gewissens keineswegs zu ihrer Vermengung führt: „Dass sich die *Anderheit* des Anderen so in der *Andersheit* des Gewissens abhebt, bedeutet jedoch überhaupt nicht, dass sie sich vermengen. [...] Die doppelte Antwort, die Ricœur daher einerseits Lévinas gibt, dass die Aufforderung ursprünglich Bezeugung ist, und andererseits Heidegger gibt, dass die Bezeugung ursprünglich Aufforderung ist, erscheint mir eine strenge Treue zu einer Hermeneutik des Selbst, die ursprünglich eine Hermeneutik der Endlichkeit ist, darzustellen" (Dastur: Paul Ricœur: le soi et l'autre. L'altérité la plus intime: la conscience, a. a. O., 71).

konzeptuellen *Zerstreuung.*[801] Allein eine solche Zerstreuung könne verhindern, dass die Andersheit letztlich doch in einem Selben aufgehoben werde – auch hier muss der philosophische Diskurs stehen bleiben.

Welche *zeitlichen Implikationen*, so ist auch hier noch einmal zu fragen, lassen sich aus dieser Ricœur zufolge fundamentalsten offenen Dialektik zwischen Selbstheit und Andersheit extrahieren? Bereits mit den zeitontologischen Implikationen einerseits der Bezeugung und andererseits der ontologischen Bestimmung der Selbstheit vor dem Hintergrund eines zugleich wirklichen und vermögenden Seinsgrundes wurde erkennbar, wie weit sich Ricœur von einer heideggerschen Bestimmung *des* Seins über *die* Temporalität entfernt und wie sehr er auch von einer husserlschen Fundierung aller Zeiten durch die eine konstituierende Subjektivität Abstand nimmt. Diese Entfernung sowohl von Heideggers als auch von Husserls zeitontologischen Thesen wird mit der fundamentalsten Dialektik von Selbstheit und Andersheit noch stärker: Da die die Andersheit bezeugenden Passivitätserfahrungen bereits auf vorprädikativer, präreflexiver Stufe anzusiedeln sind und Ricœur die Dialektik zwischen Selbstheit und Andersheit für die fundamentalste ontologische Dialektik der Selbstheit hält, findet die sowohl unhintergehbare als auch nichtspekulative Verknüpfung von Leib und Körper, Selbst und Anderem, Selbstbezeugung und Aufforderung bereits auf der *spontansten Zeitigungsstufe* statt. Diese unhintergehbare, unmittelbarste und nichtsynthetische Verknüpfung aber, so ließe sich in einem Rekurs auf *Temps et récit* sagen, geschieht im Rahmen der immer schon statthabenden pränarrativen Vermittlung der Zeiterfahrungen auf der Stufe der *mimesis I.* Die narrative Präfiguration würde so nicht allein die erste Zeitaporie praktisch vermitteln, so wie Ricœur es in *Temps et récit* ausgeführt hatte, sondern sie könnte zudem Selbstheit und Andersheit immer schon miteinander verknüpfen. Diese spontane Verknüpfung von Selbstheit und Andersheit auf der Ebene der *mimesis I* würde jedoch genauso wenig eine aufhebende Synthese erzeugen, wie die Verknüpfung der heterogenen Zeitperspektiven zu einem fundamentalontologischen Zeitbegriff hinführt. Das Selbst kann nicht umhin, immer schon zeitlich pränarrative Strukturzusammenhänge zu präfigurieren und sich darin zu bezeugen, es kann aber auch nicht umhin, in diesen pränarrativen Präfigurationen immer schon auf Passivitätserfahrungen uneinholbarer Andersheit zu antworten. Die sich an diesen Verschränkungen erweisende offene Dialektik gelangt einerseits angesichts der Heterogenität und der Aporizität der Zeiterfahrung und andererseits angesichts des Mysteriums zwischen Ethik und Ontologie zu keiner synthetisierten, systematischen Ordnung, sondern erhält sich stets als spannungsvolle, offene Dialektik. Die

801 SMA, 410/SaA, 426. Ricœur ist nicht der einzige, der für eine Zweideutigkeit in Hinblick auf Alterität plädiert. Bernet hält in seiner Auseinandersetzung mit Lévinas die Natur der durch Zeit oder den Anderen bedingten Andersheit für wesentlich zweideutig. Vgl. Bernet, Rudolf: L'autre du temps, in: Marion, Jean-Luc (Hg.): *Emmanuel Lévinas. Positivité et Transcendance. Suivi de Lévinas et la phénoménologie*. Paris: Presses Universitaires de France 2000 (= Épiméthée. Essais Philosophiques), 143–163, hier 161. Marion erkennt in der affizierenden Fremdheit zwar einen Anspruch, dieser sei jedoch in seiner Anonymität genauso gut dem Sein, Gott oder dem Leben wie dem Anderen zuschreibbar. Vgl. Marion: *Étant donné. Essai d'une phénoménologie de la donation*, a. a. O., 408–413.

„Erste Philosophie“ bzw. das, was bei Ricœur an ihre Stelle tritt, bewegt sich daher auf unentscheidbare Weise zwischen Ontologie und Ethik.

Im nun folgenden letzten Abschnitt zu Ricœurs (zeit-)ontologischen Überlegungen stehen der dritte Teil von *La mémoire, l'histoire, l'oubli* – „Die *conditio historica*“ – und der Epilog dieses Spätwerkes im Zentrum. Zunächst soll Ricœurs Vertiefung des Themas der Geschichtlichkeit des Menschen auf seine ontologischen Dimensionen hin untersucht werden, bevor es darum gehen wird, ob sich in Ricœurs letztem großen Werk, und insbesondere in den Überlegungen zu Vergessen, Vergebung und glücklichem Gedächtnis, ein Fluchtpunkt finden lässt, auf den hin sämtliche Überlegungen zu ontologischen Implikationen seiner hermeneutischen Phänomenologie zulaufen.

4.7.3 Ontologische „conditio historica“ und die Grenzen der Ontologie

Im dritten Teil von *La mémoire, l'histoire, l'oubli* fundiert Ricœur die im ersten Teil unternommene Phänomenologie des Gedächtnisses und die im zweiten Teil ausgeführte Epistemologie der Geschichtswissenschaften durch eine ontologische Hermeneutik der *conditio historica* (*condition historique*). Die wichtigsten in diesen ontologischen Studien entwickelten Konzepte wurden bereits in vorangehenden Kapiteln erörtert: So kamen in den Kap. 4.4.3 und 4.4.4 Ricœurs Konzepte einer Wahrheit-Treue, einer Dialektik von Gewesenheit und Vergangenheit, eines primordialen zwiespältigen Vergessens, einer die epistemische Unsicherheit im Vergangenheitsbezug praktisch entscheidende Übernahme einer Schuld gegenüber den Menschen der Vergangenheit sowie die damit verbundene Erinnerungs- und Trauerarbeit zur Sprache, während Kap. 4.5.3 sich auf den Entwurfshorizont der *conditio historica* konzentrierte und Kap. 4.6 das Vergessen als Figur des Unerforschlichen im Zusammenhang der dritten Aporie thematisierte. In diesem Kapitel sollen diese bereits erfolgten Ausführungen auf ihre spezifisch ontologischen Implikationen hin befragt werden. Was bedeutet für Ricœur das Geschichtlich*sein* der *conditio historica*? Lässt sich diesem Geschichtlichsein etwas in Hinblick auf einen allgemeinen Seinsbegriff entnehmen, der seiner hermeneutischen Phänomenologie zugrunde liegen würde? Oder bleibt auch die Ontologie, wie bereits die Zeitproblematik selbst, auf eine unhintergehbare Aporizität verwiesen, welche lediglich durch eine unabschließbare Aporetik und in letzter Instanz nur praktisch zu beantworten ist?

Unter der *conditio* der *conditio historica* versteht Ricœur „zweierlei: zum einen eine Situation, in der ein jeder sich jeweils impliziert […]; zum anderen eine Bedingtheit im Sinne einer Bedingung der Möglichkeit von ontologischem Rang oder […] von existenzialem Rang“, die dem Machen und dem Schreiben der Geschichte zugrunde liegt.[802] Der von den deutschen Übersetzern mit *conditio historica* ge-

[802] MHO, 374/GGV, 442.

wählte Terminus ist trotz seiner lateinischen Prägung insofern angemessen, als er zum einen die Übersetzung durch „Geschichtlichkeit" und damit eine irreführende Annäherung an Heidegger und zum anderen die Übersetzung mit „historische Bedingtheit" und damit eine gleichermaßen übertriebene Annäherung an die Historie als Wissenschaft vermeidet. Ricœur sucht die *conditio historica* einerseits als Seinsweise zu verstehen, andererseits jedoch untrennbar mit einem kritischen Moment zu verknüpfen, so dass dem existenzial-ontologischen Geschichtlichsein das für die Historie nötige Distanzierungsmoment immer schon inhäriert. In der ontologischen *conditio historica* selbst verschränken sich daher erneut *appartenance* und *distanciation*.

In dem Konzept der *conditio historica* bekräftigt Ricœur seine in *Temps et récit* entwickelte Kritik an Heideggers Zeitdenken, indem er sie auf ontologischer Ebene fortsetzt. Heidegger habe zwar zu Recht in der Sorge und im Weiteren in einer dreifach ekstatischen Zeitlichkeit das Hauptmerkmal unseres Seins gesehen. Seine Priorisierung der Zukunft auf der Basis des Seins zum Tode und der Eigentlichkeit, seine Hierarchisierung der Zeitigungsebenen und insbesondere seine Anordnung der Historie auf der gegenüber der Geschichtlichkeit abkünftigen Ebene der Innerzeitigkeit verfehlten eine angemessene existenziale Bedingtheit, die sich nicht auf einen fortschreitenden Verlust an ontologischer Dichte beschränke, sondern sich durch eine zunehmende Bestimmung von Seiten des epistemologischen Gegenüber auszeichne.[803] Die *conditio historica* ist eine geschichtliche Seinsweise, in der auf der Basis eines ihr inhärenten kritischen Momentes immer schon eine Dialektik von Gewesenheit und Vergangenheit waltet, der Prioritätsstreit von Gedächtnis und Geschichte unentscheidbar bleibt, der Tod des Anderen die geschichtliche Seinsweise näher bestimmt, die geschichtliche Seinsweise „durch den Gegensatz zu der Seinsweise der Seienden [...], die anders sind als wir", charakterisiert werden kann und jedes Verhältnis zur Vergangenheit im Rahmen einer dreifach zeitlichen Ekstatik stets mit einem Entwurf auf die Zukunft hin verknüpft ist.[804] Da Ricœur, wie bereits gezeigt wurde, auch in seinem Spätwerk an der Aporizität der Zeit festhält, lässt sich zudem sagen, dass im Hintergrund der *conditio historica* die Aporizität der Zeit stets erhalten bleibt und die *conditio historica* unaufhörlich in Spannung hält.

Die *conditio historica* und mit ihr Gedächtnis und Geschichte haben allerdings ein instabiles Fundament: das *Vergessen*. Dieses „ist Sinnbild für die Verletzlichkeit der *conditio historica* im ganzen".[805] Das Vergessen ist keinesfalls lediglich Gegenteil von und Bedrohung für Gedächtnis und Geschichte, sondern gleichermaßen ihre existenziale Bedingung der Möglichkeit.[806] Als eine solche, so wurde bereits

---

[803] Vgl. MHO, 456/GGV, 538.

[804] MHO, 450/GGV, 532.

[805] MHO, 374 f./GGV, 442.

[806] Das von Ricœur diesbezüglich angeführte literarische Beispiel ist die Erzählung *Funes el memorioso* aus Borges' *Ficciones*. Die Figur Funes vergisst nichts, kann deshalb auch nichts sinnvoll erinnern oder abstrakt denken und stirbt schließlich, quasi an Erinnerungen erstickend, im Alter von neunzehn Jahren an einer Lungenembolie. Vgl. Borges, Jorge Luis: Das unerbittliche Gedächtnis, in: *Erzählungen*. München/Wien: Carl Hanser Verlag 2000, 179–188.

ausgeführt, spaltet es sich in jene zwei Grundformen auf: das zerstörende, endgültige *Vergessen durch Auslöschung der Spuren* einerseits und das erhaltende, *verwahrende, ermöglichende Vergessen* andererseits. In Hinblick auf diese zweite Form des Vergessens ist Ricœur zufolge davon auszugehen, dass jeweils die ersten Eindrücke als Passivitäten, als Affektmerkmale in unserem Geist verbleiben. Die Erfahrung des Wiedererkennens, jenes kleine Wunder des glücklichen Gedächtnisses, sei ein Phänomen, welches die Annahme rechtfertige, dass die Affektionen über ihr Eintreten hinaus überlebten. Phänomenologisch könne diese Hypothese allerdings nur als eine in der Rückschau aufgestellte Voraussetzung geltend gemacht werden, die auf die Frage antwortet, wie die Erfahrung des Wiedererkennens möglich ist. Über dieses argumentative Manöver, das das Wiedererkennen aus der Rückschau mit dem Überleben der Eindrücke verknüpft, versucht Ricœur eine Versöhnung der Phänomenologie mit Bergson, ohne dabei dessen Metaphysik zu übernehmen.[807] Jedes Mal, wenn wir etwas wiedererkennen, verweise uns diese Erfahrung auf die Annahme, dass das jetzt Wiedererkannte zuvor in einer Art Latenzzustand des Unbewussten und der Machtlosigkeit (*impuissance*) aufbewahrt war. Das verwahrende, von Ricœur auch ermöglichende Vergessen genannt ist somit kein einfaches Nichtgedächtnis, sondern es bezeichne den unbemerkten Charakter der Erhaltung der Erinnerung, bezeichne, daß sie der Wachsamkeit des Bewusstseins entzogen seien.[808]

Die tiefste Art des verwahrenden Vergessens, so kam ebenfalls bereits zur Sprache, sieht Ricœur in einem *Vergessen des Unvordenklichen*. Mit diesem schellingschen Begriff kennzeichnet er das, was für uns nie wirklich Ereignis war, was wir uns nie ausdrücklich angeeignet haben und was uns dennoch in unserem Sein prägt. Alles Nachdenken über dieses Unvordenkliche könne dieses nie ganz bewusst machen, da jeder vermeintliche Ursprung immer weiter zurückweist und ein datierter Beginn unfassbar ist. Ricœur sieht das grundlegende Vergessen auf dieser seiner tiefsten Ebene in eine „erste Zwiespältigkeit“ mit dem zerstörenden Vergessen durch Auslöschung der Spuren verwickelt; eine Zwiespältigkeit, die sich nicht auflösen lässt, da es, wie Ricœur meint, für menschliche Sichtweisen keinen höheren

---

807 „Bergson bleibt in meinen Augen der Philosoph, der am besten die enge Verbindung begriffen hat, die zwischen dem, was er ‚Weiterleben der Bilder‘ nennt, und dem Schlüsselphänomen des Wiedererkennens besteht“ (MHO, 557 f./GGV, 657). Bei Jervolino heißt es über *La mémoire, l'histoire, l'oubli*: „Ich möchte nochmals unterstreichen, dass das letzte Werk auch eine Anerkennung in Hinblick auf Bergson darstellt, in dem Sinne, dass es eine Versöhnung mit einer französischen philosophischen Tradition markiert, die die französische Philosophie selbst, in ihrer Orientierung in Richtung der Phänomenologie, hinter sich gelassen zu haben schien, der sie aber gegenwärtig begegnet, wenn sie den phänomenologischen Diskurs ins Extrem treibt“ (Jervolino: La mémoire, l'histoire, l'oubli dans le contexte de l'itinéraire philosophique de Paul Ricœur, a. a. O., 20). Es kann in diesem Kontext zudem auf Heidegger verwiesen werden, der 1925/26 innerhalb der *Logik* im Zuge einer Kritik an Bergsons Zeitbegriff aus dem *Essai sur les données immédiates de la conscience* in einer für ihn typischen Zweideutigkeit schreibt: „[D]as Wertvolle, das wir ihm [Bergson, I.R.] verdanken, ist niedergelegt in seinem Werk ‚Matière et Mémoire‘. Es ist grundlegend für die moderne Biologie und enthält Einsichten, die längst noch nicht ausgeschöpft sind“ (*Logik*, 251). Ricœur hat einen wichtigen Schritt gemacht, um „diese Einsichten auszuschöpfen“.

808 Vgl. MHO, 570/GGV, 672.

Standpunkt gäbe, von dem aus sich die dem Zerstören und Aufbauen gemeinsame Quelle ausmachen ließe; von dieser großen Dramaturgie des Seins eine Bilanz zu ziehen, so hebt er hervor, sei für uns schlichtweg unmöglich.[809]

Dieses doppelte Vergessen aber, bei dem wir nie genau wissen, inwieweit es Spuren ausgelöscht hat oder noch verwahrt, fungiert als der von einer Vergangenheit herrührende Grund, der unser Sein immer schon prägt und jeder unserer Tätigkeiten, jeder Konfiguration der Zeit, jeder Gedächtnis- oder Geschichtspraxis bereits auf ontologischer Ebene zugrunde liegt. Aufgrund dieser fundierenden Funktion des Vergessens aber erscheint es legitim, das Vergessen mit dem von Ricœur in *Soi-même comme un autre* erörterten Seinsgrund, von dem sich jedes menschliche Handeln abhebt, in Verbindung zu bringen. Das zwiespältige Vergessen würde ein Schillern in den Seinsgrund einführen, welches dessen *dynamis* noch weniger als in dem früheren Werk als ein voll bestimmtes, seine Aktualisierung bereits implizierendes Vermögen erscheinen ließe. Wenn es unmöglich ist, „von einem höheren Standpunkt aus" festzustellen, ob eine Erinnerung ausgelöscht oder in einem Latenzzustand der Machtlosigkeit verwahrt ist, so fände sich das Vermögen stets mit einem Unvermögen verschränkt und der Grad des Vermögens des Seinsgrundes bliebe für die menschliche Perspektive unergründlich. Auch die oben unternommene Annäherung von Ricœurs Vergessen und Heideggers Gewesenheit würde an eine Grenze gelangen, wenn man Ricœurs in *Soi-même comme un autre* formulierte Kritik an der als *energeia* interpretierten heideggerschen Faktizität berücksichtigt: Wenn die Gewesenheit aufgrund ihrer Nähe zur Faktizität im Rahmen der aristotelischen *energeia* als das, worin wir immer schon wirklich sind, interpretiert wird, so vermag sie nicht dem zwiespältigen Schillern des ricœurschen Vergessens Rechnung zu tragen.

Mit dem primordial zwiespältigen Vergessen taucht also auf existenzial-ontologischer Ebene eine *Figur des Unerforschlichen* auf, die die Unerforschlichkeit der Zeit aus der dritten Zeitaporie weiterführt. Es handelt sich bei der Unerforschlichkeit des Vergessens jedoch gewissermaßen lediglich um eine teilweise Unerforschlichkeit, da es in ihr um eine Unsicherheit in Hinblick auf Erhaltung oder Verschwinden des Vormaligen und nicht um eine vollständige Entzugsfigur geht. Die hier dem das handelnde Selbst dezentrierenden Seinsgrund zugeordnete Schicht des Vergessens ist aber noch nicht Ricœurs letztes Wort zu einer hermeneutischen Ontologie. In dem gedichtartigen Nachsatz zu *La mémoire, l'histoire, l'oubli* heißt es: „Unter dem Gedächtnis und dem Vergessen, das Leben. Das Leben zu schreiben aber ist eine andere Geschichte. Unvollendetheit (*Inachèvement*)".[810] Es ist das *Leben*, welches von Ricœur dem Vergessen noch zugrunde gelegt wird. Breitling ist der Auffassung, dass sich in diesem Nachsatz eine von Ricœur nicht ausgeführte Ontologie andeutet, in welcher dieser „den Grund der Vieldeutigkeit der historisch-praktischen Erfahrung sowie der Unabschließbarkeit des historischen Erkenntnisprozesses nicht nur im menschlichen Bewußtsein, sondern im geschichtlichen Sein selbst erkennt".[811]

---

[809] MHO, 574/GGV, 676 f.

[810] MHO, 657/GGV, 777 (Einfügung des französischen Wortlautes, I.R.).

[811] Breitling: *Möglichkeitsdichtung – Wirklichkeitssinn. Paul Ricœurs hermeneutisches Denken der Geschichte*, a. a. O., 205 f.

Es lasse sich die Hypothese aufstellen, dass es Ricœur nicht nur um eine *Unvollendetheit* des endlichen geschichtlichen Bewusstseins, sondern tatsächlich um eine durch „die Bewegtheit eines zeitlichen Prozesses und die transitive Richtung einer Tätigkeit" bestimmte *Unvollendung* ginge, welche „auf eine *innere Dynamik des geschichtlichen Seins*" selbst verweise.[812] Es wäre dann nicht nur unsere Erkenntnis, sondern das Sein selbst unvollendet und die dynamische Bewegtheit des Lebens selbst wäre als unerschöpfliche und unerforschliche Quelle des Vergessens, des Gedächtnisses und der Geschichte zu verstehen.

Breitling identifiziert dieses Leben mit dem Seinsgrund und mit dem zeitlichen Existieren.[813] Sollte diese Gleichsetzung für Ricœur zutreffen, so ließen sich daraus drei Spezifikationen dieser tiefsten ontologischen Ebene gewinnen. Erstens verweist die Identifikation des Lebens mit dem Seinsgrund zurück auf Ricœurs in *Soi-même comme un autre* durchgeführte Annäherung des Seinsgrundes an Spinozas Begriff des *conatus*. Mithilfe des *conatus* aber, jenes „Bestrebens, im Sein zu beharren", sucht Ricœur ein im Leben vorhandenes Streben zu behaupten, welches dem Bewusstsein stets vorgängig bleibt und es antreibt, ohne dabei jemals vollständig reflexiv einholbar werden zu können. Unter dem zwiespältigen Vergessen, so ließe sich in Anlehnung an den Nachsatz zu *La mémoire, l'histoire, l'oubli* formulieren, würde dann das Leben als ein Streben fungieren, das genauso antreibend wie unerforschlich ist. Zweitens würde die Identifikation des Lebens mit zeitlichem Existieren bedeuten,[814] dass dieses strebende, unerforschliche Leben selbst von der prinzipiellen Aporizität der Zeit durchzogen und von dieser unaufhörlich gespalten und verschoben wird. Die tiefsten Schichten des Seinsgrundes wären dann nicht nur deshalb als dynamisch zu betrachten, weil sie von einem strebenden Leben angetrieben, sondern auch weil sie durch eine auf die zeitliche Aporizität zurückzuführende Spannung unauflöslich in Gang gehalten werden. Drittens scheint sich die Dynamik des Lebens über ein spinozistisches Bestreben und über die Aporizität der Zeit hinaus nicht zuletzt auch durch ein ethisches Moment begründen zu lassen. In der ontologisch zu verstehenden Schuld, dies hatte Ricœur immer wieder gegen Heidegger starkgemacht, verflechten sich strukturelle *dette* und faktische *faute* so, dass ein von den Toten und vom Unvordenklichen ausgehender Anruf zu einer unabschließbaren Trauerarbeit anhält. Das lebendige Bestreben, im Sein zu verharren, fände sich durch diesen Anruf zusätzlich angetrieben und ginge aus dem Versuch, auf diesen ethischen Anruf zu antworten zum einen durch eine Bekämpfung psychopathologischer Tendenzen und zum anderen durch eine vertiefte Reflexion des eigenen Grundes, gestärkt hervor. Greisch betont in Hinblick auf den ricœurschen Terminus *Inachèvement* diesen ethischen Aspekt einer unabschließbaren Trauer-

[812] A. a. O., 207.

[813] Vgl. a. a. O., 206.

[814] Noch in *La mémoire, l'histoire, l'oubli* schreibt Ricœur, er halte „im übrigen die Bedeutung des Seins als actus und potentia, in Übereinstimmung mit einer philosophischen Anthropologie des fähigen Menschen, für die beste […]. Zumal Sein und potentia offensichtlich mit der Zeit zu tun haben" (MHO, 452/GGV, 534 (Übersetzung modifiziert)).

arbeit.[815] Die Unerforschlichkeit der Zeit, die sich in *Temps et récit* in der dritten Aporie der Zeit manifestierte, fände so in der Unerforschlichkeit des ontologisch verstandenen Lebens und seiner Spezifikation durch ein Streben, durch die Aporizität der Zeit und durch einen unhintergehbaren ethischen Aufruf ihre ontologische Vertiefung.

Bereits die in *La métaphore vive* geführte Auseinandersetzung mit Aristoteles zeigte, dass Ricœur diejenige Stelle, welche die Ontotheologie der Tradition durch einen Gott besetzt, als *Leerstelle* erhält bzw. ihr Einheit gebendes Moment durch eine bloße *Suche* markiert.[816] Die Suche nach der letzten Einheit des Seins aber bleibt eine unabschließbare. Der „gemeinsame Horizont" der von Ricœur in der *conditio historica* ontologisch ausgelegten Begriffe des Gedächtnisses, der Geschichte und des Vergessens ist daher auch weder eine konstituierend fundierende Subjektivität noch eine das Sein umgreifende Temporalität, sondern lediglich der praktische Horizont der „Vergebung", welcher zwar stets im Hintergrund walte, sich dem Zugriff jedoch entziehe.[817] Mit der Vergebung und im Weiteren mit dem im Epilog zum Epilog erörterten glücklichen Gedächtnis zeichnet Ricœur einen Erfüllungshorizont sämtlicher Zeitigungsweisen vor, welcher jeweils in letzter Instanz die nicht verallgemeinerbare Entscheidung des suchenden, unvertretbaren Einzelnen erforderlich macht. Die theoretische Leerstelle in der Suche nach der letzten Einheit des Seins kann aufgrund der prinzipiellen spekulativen Offenheit des Seinsbegriffes nur durch die praktisch sich zeitigende Übernahme des Einzelnen, durch seine Hoffnung, seinen garantielosen Kredit, seine Vergebung und sein Streben nach einem glücklichen Gedächtnis „geschlossen" werden. So kann Ricœur am Ende seines großen Spätwerkes davon sprechen, dass es der Horizont der Vergebung sei, welcher „dem ganzen Unternehmen den Stempel des Unvollendeten (*inachèvement*) auf[prägt]".[818]

Während also bei Husserl jedes Sein und jede Zeit letztlich auf das absolute Sein der konstituierenden Subjektivität zurückzuführen ist und während bei Heidegger die Fundamentalontologie der Daseinszeitlichkeit auf die Temporalität des Seins

---

815 Vgl. Greisch: *Paul Ricœur. L'itinérance du sens*, a. a. O., 319–323.

816 In einem Text aus den siebziger Jahren, der den Titel „Gott nennen" trägt, setzt sich Ricœur mit der Art und Weise auseinander, wie von Gott überhaupt gesprochen, wie er genannt werden kann. Dort heißt es: „So wird Gott in verschiedener Weise genannt in der Erzählung, die Ihn erzählt, in der Prophetie, die in Seinem Namen spricht, in der Weisung, die Ihn als Ursprung des Imperativs anzeigt, in der Weisheit die Ihn sucht als Sinn des Sinnes, im Hymnus, der Ihn in der zweiten Person anruft. *Deswegen läßt sich das Wort ‚Gott' nicht begreifen als ein philosophischer Begriff, sei es als das Sein im Sinne der mittelalterlichen Philosophie oder im Sinne Heideggers.* Das Wort ‚Gott' sagt mehr als das Wort ‚Sein', denn es setzt den ganzen Kontext der Erzählungen, Prophetien, Gesetze, Weisheitsschriften, Psalmen usw. voraus. Der Referent ‚Gott' wird so durch die Konvergenz aller dieser partiellen Redeweisen angezielt. Er drückt das Kreisen des Sinnes in allen Formen der Rede, in denen Gott genannt wird, aus" (Ricœur, Paul: Nommer Dieu, in: *Lectures 3. Aux frontières de la philosophie*, a. a. O., 281–305, hier 294 f./dt.: Gott nennen (1977), in: Ricœur, Paul: *Vom Text zur Person. Hermeneutische Aufsätze (1970–1999)*, a. a. O., 153–182, hier 170 (Hervorhebung, I.R.)).

817 MHO, 593/GGV, 699.

818 MHO, 593/GGV, 699 (Einfügung des französischen Wortlautes, I.R.).

überhaupt und später auf das aus dem Ereignis zu verstehende Zuspiel von Sein und Zeit führen sollte, geht es Ricœur vor dem Hintergrund der unaufhebbaren Aporizität der Zeit um eine unabschließbare Aporetik, die die Fragen nach dem Sein und nach der Zeit immer wieder neu durch ein Mehr- und Andersdenken zu beantworten sucht, um schließlich in letzter Instanz angesichts der sowohl im Sein als auch im Selbst wesentlich verankerten Unvollendung jeweils eine praktische Entscheidung des Einzelnen zu erfordern. Liefert aber nicht gerade Ricœurs nichtstatisches, begriffliche Totalisierungen durch die Dialektik von *appartenance* und *distanciation* immer wieder aufbrechendes und nur noch begrenzt mit einer ontologischen Funktion zu versehendes praktisches Denken eine „gebrochene Ontologie", die die gesamte Problematik einer Ontologie angesichts von Alterität und Endlichkeit berücksichtigt, ohne ganz auf die ontologische Fragestellung und die Möglichkeit ihrer Beantwortung zu verzichten? Die Zeit des Seins, wenn man es denn wagen wollte, diese Formulierung für Ricœur noch zu verwenden, wäre im Rahmen seiner hermeneutisch-phänomenologischen Anthropologie letztlich eine menschliche Zeit der geduldigen Hoffnung auf menschliche Vergebung und Anerkennung.

4.8 Resümee: Aporizität und Aporetik in Ricœurs Zeitdenken

Während es im zweiten und dritten Teil der vorliegenden Studie darum ging, in Anlehnung an Ricœur nach einer Aporizität in Husserls und Heideggers Zeitdenken zu fragen, verfolgte der vierte Teil ein doppeltes Ziel: In einem ersten Schritt waren die Ergebnisse des zweiten und dritten Teiles mit Ricœurs eigener Diagnose einer bei Husserl und Heidegger zu findenden Aporizität der Zeit zu konfrontieren, um dann in einem zweiten Schritt diejenigen Antworten zu erörtern, die Ricœur auf die Aporizität der Zeit formuliert. Die auszuweisende These war, dass Ricœur nicht nur in *Temps et récit*, sondern bis in sein Spätwerk hinein an der Aporizität der Zeit festhält und sich seine Antworten auf diese Aporizität, welche hier übergreifend als Aporetiken der Zeit bezeichnet wurden, nicht nur auf die in *Temps et récit* formulierten narrativen Antworten beschränken. Im Folgenden sei für jede der drei Aporien der Zeit zusammengefasst, in welcher Weise Ricœur sie bei Husserl und Heidegger auftauchen sieht, welche von Ricœurs Urteil gegebenenfalls abweichenden Interpretationen hier vorgeschlagen wurden und schließlich welche Antworten ihr im Ausgang von *Temps et récit* und Ricœurs Spätwerk zugeordnet werden konnten.

Die erste Aporie der Zeit, derzufolge jedes philosophische Denken der Zeit zwangsläufig auf eine begriffliche Unvereinbarkeit sowie auf eine wechselseitige Abhängigkeit und Verdeckungstendenz zwischen einer „subjektiven" und einer „objektiven" Zeit führt, zeigt sich Ricœur zufolge bei Husserl in dem scheiternden Versuch der Zeitvorlesungen, feste Zeitstellen und in der Folge eine feste Zeitordnung aus einem reinen Fließen der Zeit zu begründen. Die hier angestellte Kritik an dieser ricœurschen Interpretation lautete, dass es Husserl nicht darum geht, feste Zeitstellen aus einem reinen Fließen zu begründen oder abzuleiten. Husserl sucht vielmehr zu beschreiben, wie sich Zeiterleben zeigt. In diesem Sichzeigen des Zeiterlebens aber, welches auf unmittelbarste Weise in dem Phänomen der Retention geschieht, taucht tatsächlich ein aporetisches Moment auf: In der Retention zeigt sich ein faktisches Zusammen von Fließen und Starrheit der Zeit, welches jedoch nicht begrifflich vereinbar ist. Wie etwas identisch sich Erhaltendes zurücksinken kann, ohne intentionales Objekt zu sein, bleibt begrifflich rätselhaft. In dieser begrifflichen Rätselhaftigkeit eines phänomenalen Zusammens von Fließen und Starrheit, nicht aber in einem Versuch der Ableitung der Starrheit aus dem Fließen, ist Ricœurs erste Aporie der Zeit bei Husserl tatsächlich wiederzufinden, ja scheint sich auch noch für dessen späte, von Ricœur nicht berücksichtigte Manuskripte geltend machen zu lassen. In *Sein und Zeit* entdeckte Ricœur die erste Aporie der Zeit in Heideggers scheiterndem Versuch, die verschiedenen, von Heidegger differenzierten Zeitigungsebenen in eine nach Abkünftigkeit geordnete Hierarchie zu bringen. Dieser Diagnose wurde hier auf der Basis der im dritten Teil vorgenommenen Auseinandersetzung mit Heidegger zugestimmt, wenngleich Ricœur die Relevanz der von Heidegger im Kontext der ursprünglichen Zeit erarbeiteten Endlichkeit aufgrund einer problematischen Interpretation der in den Tod vorlaufenden Entschlossenheit nicht zu berücksichtigen vermochte.

Ricœurs Antwort auf diese erste Aporizität der Zeit besteht zum einen in der Entwicklung der praktischen Kategorie einer menschlichen Zeit und zum anderen in einer reflexiven Wendung derselben hin zu dem Konzept einer narrativen Identität. Diese beiden, miteinander eng zusammenhängenden Antworten stellen aufgrund der begrifflichen Aporizität der Zeit allerdings lediglich praktische Vermittlungen dar und ließen in ihren, in Ricœurs Spätwerk zu findenden Weiterentwicklungen sogar eine wachsende Instabilität beobachten, welche auf eine Verstärkung der durch die Aporizität begründeten Fragilisierung hindeutete. In *Temps et récit* schlägt Ricœur im Anschluss an eine kritische Auseinandersetzung mit Heideggers Geschichtlichkeitsbegriff das Modell einer durch Kalender, Generationenfolge und Spur gewonnenen historischen Zeit bzw. Drittzeit vor, welche er als eigenständige Schöpfung der historischen Praxis und Wissenschaft versteht. Diese historische Zeit vermag aufgrund ihrer praktischen Vermittlung zwischen Geschichtlichkeit und Innerzeitigkeit das bei Heidegger lediglich sekundär geschichtliche historische „Zeug" in seiner konstitutiven Funktion für die menschliche Geschichtlichkeit zu würdigen. So genannte Phantasievariationen dieser historischen Zeit bereichern das Zeitverständnis und erforschen insbesondere die von der historischen Zeit größtenteils verdeckten nichtlinearen Züge der Zeit. Aus einer überkreuzten Refiguration der Zeit, in der sich historische Zeit und Phantasievariationen wechselseitig ergänzen, gewinnt Ricœur das, was er als menschliche Zeit bezeichnet. In *Temps et récit*, so wurde hier hervorgehoben, geht Ricœur im Rahmen dieser menschlichen Zeit noch davon aus, dass wir vergangene Ereignisse zwar nicht direkt, dennoch aber über eine durch ein Analogieverhältnis bestimmte Repräsentanz erreichen können. Da ein analogisches Verhältnis zur Vergangenheit jedoch aufgrund eines fehlenden *tertium comparationis* problematisch ist, schwächt Ricœur in *La mémoire, l'histoire, l'oubli* seinen frühen, an der Analogie orientierten Repräsentanzbegriff hin zu dem Konzept einer dem Vergessen abzuringenden Wahrheit-Treue ab. Über diese Modifikation in Ricœurs Vergangenheitsverständnis gelangten die hiesigen Analysen zu der Auffassung, dass das durch die menschliche Zeit geknüpfte praktische Band zwischen den heterogenen Zeitperspektiven der ersten Aporie im Spätwerk an Spannkraft verliert.

Diese wachsende Destabilisierung des Konzeptes der menschlichen Zeit ließ sich außerdem durch Ricœurs bereits in *Temps et récit* formulierten, in *La mémoire, l'histoire, l'oubli* jedoch verstärkten Gedanken einer Schuld gegenüber den Menschen der Vergangenheit begründen. Allein die Übernahme der Schuld gegenüber den Menschen der Vergangenheit kann Ricœur zufolge den theoretisch unauflösbaren Streit innerhalb und zwischen Gedächtnis und Geschichte entscheiden, und zwar lediglich praktisch. Ricœurs Schuldbegriff, so wurde hier differenziert, führt in die narrative Aporetik der menschlichen Zeit psycho-pathologische, ethisch-politische und sokratisch-spinozistische Züge ein, indem es in ihm um eine Bekämpfung des Wiederholungszwanges durch Erinnerungs- und Trauerarbeit, um eine Begegnung einer von den Toten herrührenden Gerechtigkeitsforderung sowie um eine Selbstreflexion in Hinblick auf den eigenen Grund geht. Obgleich die von Ricœur vertretene Universalisierbarkeit der Schuld problematisch erschien und wenngleich die von den einstmals Lebenden gemachten und von den heute Lebenden zu beantwortenden Erfahrungen ungehaltener Versprechen immer nur durch einen hohen Grad an Vermittlung zugänglich werden, gelingt Ricœur der hiesigen Interpretation zufolge mit dem Schuldbegriff zweierlei. Einerseits restituiert sein Schuldbegriff die durch seine Kritik an der heideggerschen vorlaufenden Entschlossenheit zunächst vernachlässigt scheinende Bedeutung des handelnden Einzelnen und andererseits lässt er der Art des Bezuges zu demjenigen Dasein, das vormals war, heute aber nicht mehr ist, eine differenzierte Bestimmung zukommen, die den hiesigen Analysen zufolge bei Heidegger selbst nicht zu finden war.

Eine weitere, bei Heidegger auftauchende Schwierigkeit, der Ricœurs Antwort einer praktisch vermittelten menschlichen Zeit, sowohl in ihrer starken als auch in ihrer späteren schwachen Version, zu begegnen vermag, betrifft die Bestimmung der Gegenwart. Während Heideggers der ursprünglichen Zeit am nächsten stehende eigentliche Gegenwart des Augenblicks problematisch, weil nur „gehalten" zwischen Gewesenheit und Zukunft, war, bestimmt Ricœur die Gegenwart gerade heraus als Initiative, welche allererst über den langen Weg der Auseinandersetzung mit Zeugnissen der Vergangenheit schließlich jener in Gedächtnis und Geschichte bestehen bleibenden epistemischen Unsicherheit mit einer handelnden Übernahme der Schuld begegnet. Die praktische Vermittlung der menschlichen Zeit, welche nicht den Status einer Seinsordnung beanspruchen darf, ist für Ricœur in letzter Instanz auf den handelnden Einzelnen angewiesen, der der Aporizität der Zeit an den Grenzen der theoretischen Auseinandersetzung mit einer praktischen Handlungsentscheidung zu antworten hat. Angesichts der Destabilisierung der menschlichen Zeit in Ricœurs späteren Schriften lässt sich davon sprechen, dass diese Bedeutung des handelnden Einzelnen angesichts der nun stärker betonten epistemischen Unsicherheiten sogar zunimmt. Der Einzelne muss letztlich auf praktische Weise in seinen Initiativen immer wieder neu das Band zwischen den heterogenen, sich in der ersten Aporie gegenüberstehenden Zeitperspektiven knüpfen.

Die menschliche Zeit ist in *Temps et récit* jedoch allererst der erste Teil einer Antwort auf die erste Aporie der Zeit. Ihre Vermittlung führt in einer reflexiven

Wendung auf die narrative Identität, von der hier ebenfalls gesagt wurde, dass sie im Zuge der Vertiefung in späteren Werken eine Fragilisierung erfährt. Das durch sie geknüpfte praktische Band zwischen den beiden Zeitperspektiven der ersten Aporie kann daher ebenso als zunehmend gelockert gelten. Ricœur differenziert seinen Identitätsbegriff in *Soi-même comme un autre* in einen der Selbigkeit nahestehenden Charakter, der eine besondere Nähe zu Husserls Begriff des Habitus aufweist, und ein zur reinen Selbstheit tendierendes Versprechen, welches er aus Heideggers Begriff der Selbst-ständigkeit gewinnt. Während er den Charakter im Frühwerk noch als angeboren und unwandelbar verstand und noch Anfang der achtziger Jahre zu einer identitätsstiftenden, befreienden, aus dem Rückblick erzählten Lebensgeschichte tendierte, bezeichnet er die auf die erste Zeitaporie antwortende narrative Identität bereits als instabil und brüchig, wenngleich sie noch einen kathartischen Effekt mit sich führen kann. In Ricœurs Charakterbegriff nach *Temps et récit* gewinnt dann zunehmend an Gewicht, dass sich alle erworbenen Identifikationen, alle Gewohnheiten ändern, ja selbst die Erzählungen der eigenen Lebensgeschichte ganz anders ausfallen oder gar zerbrechen können. Unhintergehbar bleiben dabei nur noch eine an den Eigenleib gekoppelte Jemeinigkeit und Erdgebundenheit sowie die eigene Zeitlichkeit. In *Parcours de la reconnaissance* stellt Ricœur dem Versprechen nicht mehr den Charakter, sondern das Gedächtnis gegenüber, welches die Stabilität des Charakters durch seine Gefährdung durch Täuschung, Wiederholungszwang und Vergessen zusätzlich untergräbt und statt einer augustinischen Befreiung oder einer aristotelischen *katharsis* lediglich noch eine freudsche Milderung der Bedrohung durch den Wiederholungszwang erhoffen lässt.

Der in erster Linie an die Vergangenheit gekoppelten Begründung der Identität mithilfe des Charakters stellt Ricœur das primär der Zukunft zugeordnete Versprechen sowie das dazugehörige Worthalten gegenüber. In so genannten Nächten personaler Identität kann das Selbst seine Identität dadurch sichern, dass es sich durch das gehaltene Wort gegenüber dem Anderen als ein ständiges Selbst erweist. In einem Exkurs über das Gewissen wurde ein für diesen Zusammenhang wichtiger Unterschied zwischen Heidegger und Ricœur hervorgehoben. Während Heidegger die Selbst-ständigkeit des Daseins nur über die jemeinige Übernahme des von mir an mich ergehenden Gewissensrufes, der Besinnung auf das eigene ständige Schuldigsein und die in den jemeinigen Tod vorlaufende Entschlossenheit für möglich hält, ist die ricœursche Selbst-ständigkeit gerade dadurch gesichert, dass ein Anderer als ich auf mich zählt und ich mich ihm gegenüber durch das gehaltene Wort als dieselbe erweise. Bei Heidegger kann das Gewissen zwar eine von ihm so genannte vorausspringende Fürsorge bewirken, dies, so wurde hier gesagt, ist jedoch im Rahmen seines Modells nicht zwingend. Bei Ricœur hingegen meint der Gewissensruf zum einen direkt ein Aufgefordertsein durch den Anderen und ist zum anderen nicht schweigend, sondern ruft dazu auf, gut zu leben mit dem Anderen und für ihn in gerechten Institutionen. Da das Versprechen bei Ricœur als Antwort auf den Gewissensruf verstanden werden kann, lässt sich sagen, dass es im Unterschied zu Heidegger für ihn gerade der Andere ist, der in der Nacht personaler Identität die Selbst-ständigkeit des Selbst sichert. Ricœur scheint auf diese Weise in seinem Identitätsbegriff den Boden für eine Ethik zu liefern, deren Entwicklung im Ausgang von Heideggers Gewissensruf kaum möglich schien. Es wurde hier allerdings in Anlehnung an Heidegger und unter Heranziehung von Derrida die Hypothese formuliert, dass das Selbst möglicherweise gerade angesichts der Besinnung auf die jemeinige Endlichkeit besonders gut dazu in der Lage sein könnte, den an es vom Anderen ergehenden Ruf zu übernehmen und ihm handelnd zu antworten.

Komplementär dazu, wie Ricœur den Charakter und das Gedächtnis durch das Vergessen destabilisiert sieht, findet er auch das Versprechen in *Parcours de la reconnaissance* durch den Verrat und dessen vielfache Varianten bedroht. Ein Verrat meinerseits, so wurde hier ausgeführt, würde meine durch den Anderen gesicherte Selbst-ständigkeit und damit meine Identität bedrohen. Die dadurch entstandene Unselbst-ständigkeit könnte nur noch mithilfe einer nicht institutionalisierbaren Vergebung durch den Anderen restituiert werden. Mit diesem ungesicherten Kredit der Vergebung gibt mir der Andere die Möglichkeit, wieder zu versprechen, neue Selbst-ständigkeit zu erlangen und in dieser vertrauenswürdiger zu handeln als bisher. Es ließ sich daher sagen, dass das ricœursche Selbst im Extremfall der Auflösung seiner Identität auf die Gabe der Vergebung des Anderen angewiesen ist, um wieder eine Identität zu erlangen. Ricœurs Übertragungen seines Identitätskonzeptes auf Kollektive schienen hingegen zwar fruchtbare Ansätze zu liefern, im Detail jedoch diverse Fragen aufzuwerfen, wie z. B. danach, wie eine Gemeinschaft versprechen können soll, wer für das Versprechen zur Verantwortung zu ziehen und wie mit alternativen Erzählungen der gemeinschaftlichen Geschichte umzugehen wäre. Trotz dieser Übertragungsversuche auf Kollektive und trotz des doppelten, sowohl für den Charakter als auch für das Versprechen zu beobachtenden Destabilisierungsprozesses in Ricœurs Begriff der Selbstheit ist es letztlich immer der handelnde und leidende Einzelne, von Ricœur zuweilen auch als Leser oder als Bürger bezeichnet, der eine Überzeugung entwickelt, eine Entscheidung trifft, eine neue Initiative startet, der Sinn stiftet, der vergibt, der das glückliche Gedächtnis erfährt und der der epistemischen Unsicherheit in Hinblick auf Vergangenheit durch eine Übernahme der Schuld begegnet. An diesem dem Einzelnen zugewiesenen Stellenwert lässt sich ablesen, wie sehr es in letzter Instanz bei der Antwort auf die erste Aporie der Zeit auf die praktische Weisheit des Menschen in seiner Unvertretbarkeit ankommt.

Die zweite, die erste umfassende Aporie der Zeit sieht Ricœur darin, dass wir die Zeit immer schon als einen Kollektivsingular verstünden, ohne die implizierte Singularitätsdimension hinreichend begründen zu können. Husserl, so meint Ricœur, setze in den Zeitvorlesungen mit dem doppelten Singular des Zeitbewusstseins sowohl das Bewusstsein als auch die Zeit immer schon als Einzigkeit und Einheit voraus, scheitere daran, aus einer kontinuierlichen Erweiterung des Quellpunktes die eine Zeit abzuleiten, und könne zudem aufgrund von Unplausibilitäten in seinem Konzept der Paarung eine durch mehrere Bewusstseine konstituierte intersubjektive Zeit nicht verständlich machen. Es wurde auch zu dieser ricœurschen Interpretation angemerkt, dass Husserl die eine Zeit nicht aus den partiellen Totalitäten der Zeitobjekte ableiten will, sondern das Sichzeigen der Einheit und Einzigkeit der Zeit zu beschreiben sucht. Er liefert dabei sowohl in den Zeitvorlesungen als auch in den späteren Manuskripten diverse Begründungen für die Einheit und Einzigkeit der

Zeit, wie beispielsweise das im Ausgang von Retention, Protention und Wiedererinnerung gewonnene Möglichkeitsbewusstsein, unendlich viele Zeitstellen immer wieder auffassen zu können, die Über- und Allzeitlichkeit der konstituierenden Subjektivität, für die letztlich alle Zeiten sind, sowie die teleologische, auf Einstimmigkeit ausgerichtete Struktur der transzendentalen Intersubjektivität. Allerdings zeigen sich bei Husserl diverse Untergrabungen dieser Einheit der Zeit, so in der begrifflich rätselhaften Retention, der immer nur als offene Einheit konstituierbaren Zeit, der phänomenalen Uneinholbarkeit der Anfangsphase, dem passiven Hintergrund der Konstitution sowie in der prinzipiell nur mittelbaren Zugänglichkeit der Erlebnisse anderer konstituierender Subjektivitäten. Trotz zahlreicher Begründungen der Einheit der Zeit bei Husserl, die, anders als Ricœur meint, nicht auf bloße Voraussetzungen oder Ableitungsversuche der Einheit der Zeit aus partiellen Totalitäten rekurrieren, lässt sich Ricœurs zweite Aporie bei Husserl in diesen zahlreichen Unterwanderungen der Einheit der Zeit wiederfinden.

Auch in Heideggers Zeitanalysen sieht Ricœur die Einheit der Zeit schlichtweg vorausgesetzt, und zwar in der als Kollektivsingular verstandenen Sorge. Auch die Sorge aber, so wurde hier vertreten, scheint die Einheit der Zeit weniger vorauszusetzen, als in sich zu zeigen, dass die drei Ekstasen immer schon und nur in einem einheitlichen, sich kreuzenden Ineinander sein können. Allerdings lässt sich trotzdem auch bei Heidegger Ricœurs zweite Aporie auf eine andere Weise wiederfinden. Aufgrund von Heideggers ontologischer Anordnung der Zeitigungsweisen nach Ursprünglichkeit findet sich bei ihm, so wurde hier gesagt, die Einheit der Zeit durch die Einheit der auf das endliche Ganze blickenden ursprünglichen Zeit garantiert. Je mehr sich das Dasein zerstreut und am vulgären Zeitbegriff orientiert, desto stärker zerbricht seine Zeit. Da aber, wie hier mit Ricœur gesagt wurde, Heideggers Gewinnung des vulgären Zeitbegriffes aus der ursprünglichen Zeit nicht zu gelingen scheint, kann die vermeintlich ursprüngliche Zeit auch nicht die Einheit des vulgären Zeitbegriffes sichern, ja wird vielmehr selbst durch ihre Abhängigkeit vom vulgären Zeitbegriff immer schon unterwandert. Die vereinheitlichende Funktion von Heideggers Begriffen der Temporalität und des Ereignisses kann den Erörterungen des hiesigen dritten Teiles zufolge ebenfalls als problematisch gelten, so dass sich die zweite Aporie auch für sie zu bestätigen schien.

Da Ricœur Zeit als historische und im weiteren Sinne als menschliche Zeit versteht, wird seine praktische Antwort auf die Frage nach der Einheit der Zeit zur Frage nach der Einheit der Geschichte. Aufgrund der Endlichkeit philosophischer Perspektive und der Unmöglichkeit, die Fabel aller Fabeln zu entziffern, hält er allein eine Totalisierung und unvollkommene Vermittlung der Einheit der Zeit für möglich. In dem Projekt der zu machenden Geschichte sind in dem zur Integration neigenden Erfahrungsraum immer wieder die verdeckten Möglichkeiten zu erwecken und aus dem zur perspektivischen Brechung tendierenden Erwartungshorizont sind immer wieder bestimmte Erwartungen herauszukristallisieren, um Erfahrungsraum und Erwartungshorizont in gegenwärtigen Initiativen stets aufs Neue zu verknüpfen. Die Aufgabe besteht dabei darin, die Spannung zwischen Erfahrungsraum und Erwartungshorizont zu erhalten, ohne dass dabei ein Schisma entsteht und die Einheit der menschlichen Zeit zerbrechen lässt. In *Temps et récit* verleiht Ricœur dem

Kollektivsingular der Geschichte und der Zeit den Status einer Idee, die zugleich praktische und dialogische Kategorie im Sinne eines Grenzbegriffes und einer Leitidee ist. Diese Leitidee, die die unvollkommene Vermittlung der Zeit führt, betrifft zum einen lediglich eine über schrankenlose und konsensorientierte Kommunikation versöhnte Menschheit und kann zum anderen nie mehr als den Status einer geschichtlich verankerten Wahrheitspräsumtion beanspruchen. Eine menschliche Versöhnung lässt sich Ricœur zufolge aus keinem Gesetz der Vernunft ableiten und kann daher nur als historisch verankerte Leitidee fungieren. Über Ricœurs Analysen fiktionaler Phantasievariationen wurde auf ausgezeichnete Weise deutlich, dass sowohl eine husserlsche Deckung als auch eine heideggersche Wiederholung in ihren einheitsstiftenden Funktionen stets dadurch gebrochen werden, dass die durch sie gewonnenen Vereinheitlichungen der Zeit lediglich vorläufig, offen und brüchig sind und zudem auf eine unerschöpfliche Erzählbarkeit verweisen.

Diese transzendental-narrative Aporetik der Zeit ergänzt Ricœur in *La mémoire, l'histoire, l'oubli* um eine ontologische Aporetik der Zeit. Die dort erörterte *conditio historica* als Geschichtlichsein des Menschen unterscheidet sich von dem heideggerschen Existenzial der Geschichtlichkeit auf zentrale Weise dadurch, dass alle Diskurse über Geschichtliches zwar durch die *conditio historica* bedingt sind, sie jedoch gleichermaßen bereichern und keine von ihr abkünftigen Modi darstellen. So lässt sich bei Ricœur auf ontologischer Ebene eine produktive Spannung verzeichnen, die jedoch zugleich eine stärkere Öffnung der praktischen Einheit der Zeit bzw. der Geschichte mit sich führt. Für die Vergangenheit zeigte sich die Öffnung in der Wandlung des Repräsentanzbegriffes hin zu dem einer Wahrheit-Treue und in Hinblick auf die Zukunft weist Ricœur nun mit dem Optativ der schwierigen Vergebung und des glücklichen Gedächtnisses sowie im Weiteren mit den Friedenszuständen wechselseitiger Anerkennung auf die Grenzen der Leitidee der versöhnten Menschheit hin. Angesichts der unaufhebbaren Asymmetrie zwischen den Menschen und angesichts des faktisch stets anzutreffenden Bösen kommt Vergebung und glücklichem Gedächtnis sowie Gabe und Friedenszuständen der Anerkennung lediglich der Status eines letzten Erfüllungshorizontes der *conditio historica* zu, ohne je auf ein Ende der Geschichte und auf eine als Totalität gedachte Einheit der menschlichen Zeit führen zu können.

Es wurde hier vertreten, dass sich die von Ricœur im Epilog von *La mémoire, l'histoire, l'oubli* entworfene Eschatologie als eine nicht-theologische historische Eschatologie verstehen lässt, in der allein menschliche Erfahrungen der Vergebung, des glücklichen Gedächtnisses bzw. in *Parcours de la reconnaissance* Erfahrungen gelingender Gabe und von Friedenszuständen wechselseitiger Anerkennung in Frage stehen, ohne dass es um eine göttliche Bilanz am Ende aller Tage oder auch nur um ein antizipiertes Ende der Geschichte ginge. In Ricœurs Analysen dieser Erfahrungen tritt hervor, dass die der paulinischen *agapê* verwandte und prinzipiell nicht institutionalisierbare Vergebung stets ein Risiko und damit ein Moment unhintergehbarer Kontingenz impliziert, in welchem dem Anderen frei heraus und ohne Rechtfertigung durch dessen bisherige Taten Gutes und Besseres zugetraut wird. So kann die Vergebung Kreisläufe der Rache durchbrechen, ein glückliches Gedächtnis begünstigen, neue Initiativen in der Geschichte begründen und neue

Handlungsmöglichkeiten in Hinblick auf die niemals von selbst ihrer Verwirklichung zustrebende Leitidee stiften. Die gleichermaßen nur zwischen zwei Parteien mögliche Gabe, welche Ricœur im Rahmen einer „Ethik der Dankbarkeit" erörtert, enthält ihrerseits einen diesem Risiko verwandten Abstand der Ungenauigkeit in Hinblick auf Wert und Zeitpunkt der Rückgabe und kann im Falle ihres Gelingens auf eine wechselseitige Anerkennung führen, die inmitten der Geschichte zumindest vorübergehend Friedenszustände der Anerkennung erfahren lässt.

Ricœurs nicht-theologische historische Eschatologie, so wurde hier des Weiteren vertreten, ist keineswegs ein harmonistisches Geschichtsprojekt. Die Tragik der Handlung, das menschliche Böse, die epistemische Unsicherheit in Hinblick auf Vergangenes sowie die Ambivalenz im Vergessen lassen sich für Ricœur niemals aufheben. Die ricœursche Hoffnung auf Vergebung, glückliches Gedächtnis, Friedenszustände und wechselseitige Anerkennung inmitten der Geschichte fungiert vielmehr als praktischer Entwurfshorizont, auf den hin und von dem aus Geschichte gemacht und verstanden wird. Unter Heranziehung einiger literarischer „Phantasievariationen" von Thomas Mann und Samuel Beckett wurde hier versucht, die allgemeine Geltung einer solchen vom zeitlichen Existieren untrennbaren, diesseitigen Hoffnung jenseits der Hoffnungslosigkeit zu stützen. Die Suche nach Glück schien sich so bei Ricœur als die letzte schwache Stütze der Einheit der Zeit verstehen zu lassen, ohne dabei in ein illusorisches Wunschdenken, eskapistisches Vergessen oder eine gewalttätige Versöhnung umzukippen. An die Stelle von Heideggers die zeitliche Einheit begründenden Konzepten einer ursprünglichen Zeit, einer Temporalität des Seins überhaupt und eines selbst entzogenen, Sein und Zeit gebenden Ereignisses rückt so bei Ricœur eine im Optativ formulierte Suche nach Glück. Die Einheit der Zeit kann für Ricœur niemals mehr als eine offene Einheit sein, welche sich als unendliche, menschliche Aufgabe darstellt. Während in Husserls Geschichtsdenken einer solchen unendlichen Aufgabe jedoch Sein, Sollen und Glück der Menschheit in dem teleologisch auf Einstimmigkeit ausgerichteten Geschichtsprozess zusammenfallen, geht es Ricœur um ein stets zu erneuerndes Aufbrechen der bisher verfestigten Einstimmigkeiten, um die immer neue Aufdeckung verborgener Möglichkeiten und am letzten Horizont des Machens und Schreibens der Geschichte lediglich um den Optativ des Glücks, dem der handelnde und leidende Einzelne mit seinen Initiativen trotz des unhintergehbaren Bösen in der Welt und trotz der unauflöslichen Asymmetrie zwischen den Menschen zustreben kann.

Mit der dritten und stärksten Aporie behauptet Ricœur die Unerforschlichkeit, weil uneinholbare Vorgängigkeit der Zeit. Immer, wenn das Denken beginnt, ist die Zeit schon da, so dass sich ihr Ursprung prinzipiell entzieht. In Husserls Zeitvorlesungen, so meint Ricœur, sei es letztlich nicht das Bewusstsein, das den Fluss konstituiert, sondern es sei der Fluss, der das Bewusstsein konstituiert und somit seine eigene Vorgängigkeit gegenüber dem Bewusstsein erkennen lasse. Im Anschluss an den zweiten Teil dieser Studie wurde gesagt, dass diese Diagnose für die in Husserls späteren Manuskripten zu findende genetische Phänomenologie der Zeit sogar noch zutreffender ist als für die Zeitvorlesungen. Insbesondere für die C-Manuskripte lässt sich sagen, dass Husserl in ihnen den Ursprung der Zeit, anstatt in einem taghellen Bewusstsein, vielmehr in einem unanschaulichen, verborgenen, instinkthaften sowie durch Gefühl und Stimmung geprägten Zeitigungsgeschehen auszumachen sucht. In diesen Figuren des Vor-bewussten zeigt sich das, was Ricœur einen philosophischen Archaismus nennt, während in Husserls Flussmetaphorik Anklänge an einen mythischen Archaismus wiedergefunden werden können. Bei Heidegger sieht Ricœur in der versuchten Differenzierung von Zeitlichkeit und Temporalität einen Hermetismus auftauchen. Es wurde hier die Auffassung vertreten, dass Ricœur damit tatsächlich auf das zentrale Problem des heideggerschen Zeitdenkens aus *Sein und Zeit* und den *Grundproblemen* verweist. Zudem schienen sich in Heideggers Begriffen einer ursprünglichen Zeit, einer Weltzeit, einer vor-konkreten ursprünglichen Streuung sowie des Ereignisses Spuren eines philosophischen Archaismus und in Heideggers Thematisierung der Sonne Momente eines mythischen Archaismus finden zu lassen, die Ricœur selbst allerdings nicht zur Sprache bringt.

Ricœurs Antwort auf diese dritte Aporie beschränkt sich in den Schlussfolgerungen von *Temps et récit* darauf zu zeigen, wo die Grenzen der narrativen Antwort auf die Zeitaporien liegen und was an diesen Grenzen geschieht. Die innere Grenze der narrativen Aporetik der Zeit liegt zum einen im Bezug der erzählten Zeit zur Ewigkeit, deren Erfahrung zwischen der Ewigkeit des vulgären Zeitbegriffes und einer höchsten Krönung der Zeitlichkeit unauflöslich schillert. Zum anderen zeigt sich die innere Grenze in einer Remythisierung der Zeit, in der sich, wie in Husserls „Fluss", Heideggers „Sonne" oder den puppenhaften Totenköpfen der Abendgesellschaft beim Fürsten von Guermantes, die philosophische, aber auch die narrative Aporetik der Zeit zu einem Rekurs auf mythische Zeitbestimmungen bzw. Personifikationen der Zeit gezwungen sehen. Die äußere Grenze der narrativen Aporetik der Zeit liegt Ricœur zufolge darin, dass nicht nur die Erzählung die Zeit sagt, sondern dass vielmehr gerade die lyrische Dichtung der Unerforschlichkeit der Zeit auf eine ausgezeichnete Weise begegnen könne. Insgesamt erweist sich die Unerforschlichkeit der Zeit bei Ricœur als der uneinholbare Grund schöpferischen Sinnverstehens, welcher stets zugleich sowohl eine Bedrohung als auch eine Chance des Sinnes und einer jeden Refiguration der Zeit darstellt.

Es wurde hier vertreten, dass sich die dritte Aporie der Zeit auch nach *Temps et récit* in Ricœurs Spätwerk finden lässt, wenngleich er sie dort nicht mehr ausdrücklich beim Namen nennt. Der durch die aristotelischen Begriffe von *energeia* und *dynamis* sowie durch den spinozistischen Begriff des *conatus* bestimmte Seinsgrund aus *Soi-même comme un autre* erschien als eine ontologische Vertiefung unseres entzogenen Grundes und damit zugleich der Unerforschlichkeit der Zeit. Dieser bewusstseinsvorgängige Grund zeigte sich dort zudem von einer dreifachen Andersheit durchzogen, welche sich in den drei Grunderfahrungen der Passivität – Leib, Anderer, Gewissen – bezeugt fand. Die Unerforschlichkeit der Zeit konnte so mit einem dem Bewusstsein vorgängigen Streben sowie mit einem durch eine mehrfache Alterität begründeten Antrieb verknüpft werden. In *La mémoire, l'histoire, l'oubli* ließ sich die Unerforschlichkeit der Zeit zunächst darin erkennen, dass der die Historie ermöglichende Distanzierungsakt mythisch, weil immer schon geschehen ist. Auf ausgezeichnete Weise taucht die Unerforschlichkeit der Zeit in diesem

Spätwerk jedoch auf tieferer Ebene in dem Ricœur zufolge ambivalenten Vergessen sowie schließlich in dem im Nachsatz des Werkes angedeuteten Lebensgrund auf.

Über diese im Spätwerk ausgemachten Figuren der Unerforschlichkeit der Zeit hinaus wurde hier zudem für Ricœur eine Verflechtung der Unerforschlichkeit der Zeit mit der Unerforschlichkeit des Bösen nahegelegt. Die Zeit ist Ricœur zufolge zwar konstitutives und das Böse nur kontingentes Moment menschlicher Existenzweise. Da das Böse jedoch seiner Auffassung nach faktisch immer schon anzutreffen ist, lässt sich davon sprechen, dass der Grund unserer Existenz nicht nur durch die reflexiv uneinholbare Zeit, sondern auch durch das immer schon geschehene Böse geprägt ist. Weder der Ursprung des Bösen, wie Ricœur in Anlehnung an Kant vertritt, noch die Legitimation des Bösen aber seien durch das Denken zu erreichen. Verschiedene Denkfiguren bei Ricœur können die Art und Weise dieser Verflechtung von Unerforschlichkeit der Zeit und Unerforschlichkeit des Bösen verdeutlichen. So gibt es ein unauflösliches Moment des Tragischen in der zeitlichen Existenzweise des Menschen, welches beispielsweise in verhängnisvollen, sich durch Wiederholungszwang verstärkenden sozialen und psychologischen Vorprägungen erkennbar wird. Darüber hinaus sind Objektivierungen immer in Gefahr, in Verfremdungen umzukippen, Symbole des Glaubens davon bedroht, zu Idolen der Religion zu werden und die Differenz zwischen den Menschen birgt stets das Risiko, zu einer Selbstpräferenz und Verfolgung der Anderen zu werden.

Die sich in den drei Aporien bezeugende Aporizität der Zeit findet sich so in Ricœurs Werk durch vielfache Aporetiken beantwortet. Während in *Temps et récit* selbst zunächst die von Ricœur so genannte Poetik der Erzählung und damit eine narrative Aporetik im Vordergrund steht, verstärken sich in den weiterentwickelten Aporetiken der späteren Werke die ethischen und ontologischen Implikationen, ohne dass die phänomenologischen Aporetiken der Zeit von Husserl und Heidegger je obsolet würden. Vor dem Hintergrund der unaufhebbaren Aporizität der Zeit geht es Ricœur um eine unabschließbare und vielseitige Aporetik, die die Frage nach der Zeit immer wieder neu durch ein Mehr- und Andersdenken zu beantworten sucht. Diese unabschließbare *voie longue* kann angesichts der im Rahmen von Ricœurs dynamischer Ontologie sowohl im Sein als auch im Selbst wesentlich verankerten Unvollendung stets nur vorläufig durch eine Handlungsentscheidung des Einzelnen unterbrochen werden, der der Aporizität der Zeit stets aufs Neue in einer praktischen Weise zu begegnen hat.

Kapitel 5
Schlussbetrachtung

Nachdem in den drei Resümees dieser Arbeit bereits zusammengefasst wurde, inwiefern Zeit sich bei Husserl, Heidegger und Ricœur als aporetisch erweist und welche Aporetiken dieser Aporizität auf welche Weise begegnen können, seien in dieser Schlussbetrachtung die drei in der Einleitung formulierten Anliegen der vorliegenden Studie noch einmal explizit aufgegriffen. Es handelte sich erstens um das philosophiegeschichtliche Anliegen, Ricœurs Denken über den Leitfaden der Zeitproblematik in seiner Einheitlichkeit zu verstehen, durch welche eine Einordnung in die von Husserl und Heidegger herrührende phänomenologische Tradition möglich werden sollte. Zweitens war ein methodologisches Anliegen formuliert worden, in dem es darum gehen sollte zu verfolgen, welche Konsequenzen die von Ricœur behauptete Aporizität der Zeit für seine philosophische Methode impliziert und wie sich diese Methode von den Ansätzen bei Husserl und Heidegger abhebt. An dritter Stelle fand sich das eigentlich thematische und zentrale Anliegen, welches darin bestand, die Hauptthese dieser Arbeit über Aporizität und Aporetik der Zeit auszuweisen.

Ricœur vertritt weder, wie Husserl, eine reine Phänomenologie noch, wie Heidegger, eine hermeneutische Phänomenologie mit fundamentalontologischer Ausrichtung. Zwar kann sein Denken noch als hermeneutische Phänomenologie bezeichnet werden, es konzentriert sich jedoch letztlich in einer Hermeneutik der Unvollendung. Damit verzichtet Ricœur darauf, eine Phänomenologie als Wissenschaftslehre aus einem absoluten Bewusstsein zu begründen. Er verzichtet auch darauf, eine Fundamentalontologie zu entwickeln, in der im Ausgang vom Sein des Daseins das Sein überhaupt aus der Seinsvergessenheit zu befreien ist. Sein Anspruch beschränkt sich vielmehr auf eine philosophische Anthropologie vor dem Hintergrund einer dynamischen Ontologie, die sich als gebrochene Ontologie versteht und zwischen Ontologie und Ethik positioniert werden kann. Dieser gegenüber Husserl und Heidegger bescheidenere Anspruch seines Denkens erwies sich zudem als eine Art von post-hegelianischem Kantianismus, der zu seiner Untermauerung an die aristotelische Vermögensontologie anknüpft.

Diese philosophiegeschichtliche Einordnung Ricœurs im Verhältnis zu Husserl und Heidegger trat anhand der Zeitproblematik auf ausgezeichnete Weise zutage. Während Husserl versuchte, das letzte und wahrhaft Absolute über die Analysen des zeitkonstituierenden Bewusstseins zu erfassen, und während Heidegger danach

I. Römer, *Das Zeitdenken bei Husserl, Heidegger und Ricœur,*
DOI 10.1007/978-90-481-8590-0_5,

strebte, Sein überhaupt aus Zeit verständlich zu machen, geht es Ricœur lediglich um ein endloses Mehr- und Andersdenken der Zeit, dem der fähige Mensch jeweils mit einer Handlungsentscheidung zu begegnen hat, ohne jemals *das* Sein überhaupt in seinem Verhältnis zu *der* Zeit ein für alle Mal bestimmen zu können. Dieser philosophiegeschichtliche Zusammenhang lässt angesichts der Zeitproblematik jedoch auch systematische Implikationen erkennen: Allein deshalb, weil Ricœur weder eine husserlsche Begründung alles Seienden aus dem letzten zeitkonstituierenden Bewusstsein noch ein heideggersches Verständnis des Seins überhaupt aus der Temporalität oder dem Ereignis für möglich hält, gewinnt seine Hermeneutik den Charakter einer prinzipiellen Unvollendung, in der das Sein des Menschen stets aufs Neue in seinem Verhältnis zu einem unerschöpflichen und selbst dynamischen Seinsgrund zu erforschen ist.

Diese philosophiegeschichtliche Positionierung des ricœurschen Denkens führt auf das zweite Anliegen, welches darin bestand, die sich angesichts der Zeitproblematik zeigende methodologische Besonderheit von Ricœurs Hermeneutik herauszukristallisieren. Ricœur geht davon aus, dass wir uns immer schon in einer offenen Dialektik von Zugehörigkeit (*appartenance*) und Distanzierung (*distanciation*) befinden, ohne jemals eine reine Phänomenalität erreichen zu können. Er gibt damit der husserlschen Phänomenologie eine hermeneutische Wendung, unterscheidet sich jedoch von Heidegger und Gadamer dahingehend, dass er die Distanzierung nicht als Verfremdung, sondern als ein der Zugehörigkeit immer schon inhärentes kritisches Moment auffasst. Weil wir uns immer schon durch unsere Sprache und einen unhintergehbaren zeitlichen Abstand von einer unmittelbaren Zugehörigkeit distanziert haben, kann es für Ricœur allein darum gehen, die offene Dialektik zwischen Zugehörigkeit und Distanzierung zu vertiefen, anstatt sie zugunsten der Zugehörigkeit aufzulösen. Dies führt ihn auf das methodische Prinzip der *voie longue*, den langen Weg der Interpretationen, welcher zwar immer wieder reflexiv gewendet, dabei jedoch nie ein für alle Mal abgeschlossen werden kann.

In den hiesigen Auseinandersetzungen mit Husserl und insbesondere mit Heidegger schien es an mehreren Stellen sinnvoll, ein konstitutives Wechselspiel einerseits zwischen Dasein, Welt und Zeit und andererseits zwischen verschiedenen Zeitigungsweisen selbst anzunehmen, anstatt nach einer Begründung aus einem letzten Ursprung und sei es auch in Form einer ursprünglichen Zeit zu suchen. Ein solches Wechselspiel vermag eine grundlegende Spannung auszudrücken, die der ricœurschen offenen Dialektik von Zugehörigkeit und Distanzierung angemessen ist. In Ricœurs Überlegungen zu Zeit, Narrativität, Identität, Ethik, Gedächtnis, Vergessen und historischer Eschatologie findet dieses Wechselspiel vielfache Spezifikationen, die letztlich stets durch einen praktischen Horizont der Handlungsentscheidung begrenzt werden.

Die Auseinandersetzung mit Ricœurs eigenem Zeitdenken jedoch vermochte diese offene Dialektik von Zugehörigkeit und Distanzierung methodisch noch weiter zu differenzieren. In Husserls Zeitanalysen zeigte sich Ricœur in dem Phänomen der Retention trotz des Primates der Modifikation vor der Differenz eine Herausforderung an die Logik des Selben und des Anderen, durch die sich im unmittelbarsten Zeiterleben bereits jene Spannung von Zugehörigkeit und Distanzierung wiederfindet. Bei Heidegger erkannte Ricœur auf der Basis des scheiternden Versuches einer

Hierarchisierung der Zeitigungsebenen nach Ursprünglichkeit eine Kontamination in der Innerzeitigkeit, in der im Gefühl das Existenzial der Geworfenheit und Aspekte der an die Bewegung gebundenen Zeit der Gestirne und ihres uns fremden Umlaufes verschmelzen. Retention und Innerzeitigkeit stellten damit zwei Phänomene dar, die immer schon eine unhintergehbare Spannung im zeitlichen Erleben erkennen lassen. Diese die offene Dialektik von Zugehörigkeit und Distanzierung auf zeitlicher Ebene ausdrückende Spannung ist jedoch Ricœur zufolge in der *mimesis I* immer schon narrativ präfiguriert. Bereits auf der am wenigsten komplexen Stufe des Zeiterlebens findet sich somit jenes der Zugehörigkeit inhärente Moment der Distanzierung, welches einerseits der ersten Aporie der Zeit und andererseits der unhintergehbaren narrativen Präfiguration zu verdanken ist. Wenn die narrative Konfiguration der *mimesis II* auf dieser Basis ausdrückliche Erzählungen hervorbringt, die die narrativen Ansätze der Präfiguration aufgreifen, fortschreiben und verschieben, so lässt sich diesbezüglich von einer ausdrücklichen, zweiten Distanzierung sprechen, welche die immer schon erfolgte erste Distanzierung reflektiert, modifiziert und bereichert. Auch mithilfe dieser zweiten Distanzierung ist jedoch noch keine philosophische Aufarbeitung der Zeiterfahrung erreicht. In einem weiteren Schritt, den man als dritte Distanzierung bezeichnen könnte, hat die Philosophie mit ihrer Begriffsarbeit auf das spannungsvolle Zeiterleben der *mimesis I*, seine narrativen Präfigurationen und auf die darauf aufbauende semantische Bereicherung der *mimesis II* mit einer responsiven Rationalität zu reagieren. Da dieser dreifachen Distanzierung jedoch in letzter Instanz die unauflösbare Aporizität der Zeit zugrunde liegt, vermag sie niemals zum Abschluss zu gelangen. Allein eine stetig vertiefte Konfrontation des hermeneutischen Zirkels der dreifachen *mimesis* mit der Phänomenologie der Zeit und den begrifflichen Aufarbeitungsversuchen der Zeitphilosophie bleibt möglich. Das Ziel eines hermeneutischen Philosophierens, welches weder einen letzten Ursprung noch eine umfassende Seinsordnung erreichen zu können glaubt, kann nur noch darin bestehen, ein immer höheres Reflexionsniveau zu erreichen, als dessen äußerste Grenze ein praktischer Horizont fungiert.

Das dritte, thematische Anliegen bildete das Zentrum der vorliegenden Studie. Es galt auszuweisen, dass und auf welche Weise die phänomenologische Untersuchung der Zeit unvermeidlich auf eine Aporizität der Zeit führt, welche das Denken jedoch nicht blockiert, sondern vielmehr unabschließbar zu einem durch eine Differenzierung der Aporetik der Zeit zu erreichenden Mehrdenken herausfordert, das in letzter Instanz nach einer praktischen Antwort des jeweils einzelnen, endlichen, handelnden und leidenden Menschen verlangt. Während bei Husserl jedes Sein und jede Zeit letztlich auf das absolute Sein der konstituierenden Subjektivität zurückzuführen ist und während bei Heidegger die Fundamentalontologie der Daseinszeitlichkeit auf die Temporalität des Seins überhaupt und später auf das aus dem Ereignis zu verstehende Zuspiel von Sein und Zeit führen sollte, geht es Ricœur vor dem Hintergrund der unaufhebbaren Aporizität der Zeit um eine unabschließbare Aporetik, die die Fragen nach dem Sein und nach der Zeit immer wieder neu durch ein Mehr- und Andersdenken zu beantworten sucht, um schließlich in letzter Instanz angesichts der sowohl im Sein als auch im Selbst wesentlich verankerten Unvollendung jeweils eine praktische Entscheidung des Einzelnen zu erfordern.

Literaturverzeichnis

Texte von Husserl:

Haupttexte zur Zeitthematik:

ZB — *Husserl*, Edmund: Vorlesungen zur Phänomenologie des inneren Zeitbewußtseins. Hg. von Martin Heidegger. Tübingen: Max Niemeyer Verlag, 3. Aufl., unveränderter Nachdruck der 1. Aufl. 1928, 2000.

Bernauer Manuskripte — *Husserl*, Edmund: Die Bernauer Manuskripte über das Zeitbewusstsein (1917/18). Hg. von Rudolf Bernet und Dieter Lohmar. Dordrecht [u. a.]: Kluwer Academic Publishers 2001 (= Husserliana. Bd. XXXIII).

C-Manuskripte — *Husserl*, Edmund: Späte Texte über Zeitkonstitution (1929–1934). Die C-Manuskripte. Hg. von Dieter Lohmar. Dordrecht: Springer 2006 (= Husserliana/Materialien. Bd. VIII).

Husserl, Edmund: Zur Phänomenologie des inneren Zeitbewusstseins (1893–1917). Hg. von Rudolf Boehm. Den Haag: Martinus Nijhoff 1966 (= Husserliana. Bd. X).

Husserl, Edmund: Texte zur Phänomenologie des inneren Zeitbewußtseins (1893–1917). Hg. und eingeleitet von Rudolf Bernet. Texte nach Husserliana, Bd. X. Hamburg: Felix Meiner Verlag 1985 (= Philosophische Bibliothek. Bd. 362).

Weitere Texte aus der Reihe Husserliana:

Ideen II — *Husserl*, Edmund: Ideen zu einer reinen Phänomenologie und phänomenologischen Philosophie. Bd. 2: Phänomenologische Untersuchungen zur Konstitution. Hg. von Marly Biemel. Den Haag: Nijhoff 1952 (= Husserliana. Bd. IV).

Krisis — *Husserl*, Edmund: Die Krisis der europäischen Wissenschaften und die transzendentale Phänomenologie. Hg. von Walter Biemel. Den Haag: Martinus Nijhoff 1954 (= Husserliana. Bd. VI).

Husserl, Edmund: Cartesianische Meditationen und Pariser Vorträge. Hg. von Stephan Strasser. Den Haag: Nijhoff, 2. Aufl., 1963 (= Husserliana. Bd. I).

Husserl, Edmund: Die Idee der Phänomenologie. Fünf Vorlesungen. Hg. von Walter Biemel. Den Haag: Martinus Nijhoff, 2. Aufl., 1958 (= Husserliana. Bd. II).

Husserl, Edmund: Erste Philosophie (1923/24). Erster Teil: Kritische Ideengeschichte. Hg. von Rudolf Boehm. Den Haag: Martinus Nijhoff 1956 (= Husserliana. Bd. VII).

Husserl, Edmund: Encyclopedia Britannica Artikel, in: ders.: Phänomenologische Psychologie. Hg. von Walter Biemel. Den Haag: Martinus Nijhoff 1962 (= Husserliana. Bd. IX), 237–301.

Husserl, Edmund: Analysen zur passiven Synthesis. Aus Vorlesungs- und Forschungsmanuskripten 1918–1926. Hg. von Margot Fleischer. Den Haag: Martinus Nijhoff 1966 (= Husserliana. Bd. XI).

Husserl, Edmund: Philosophie der Arithmetik. Mit ergänzenden Texten. Hg. von Lothar Eley. Den Haag: Martinus Nijhoff 1970 (= Husserliana. Bd. XII).

Husserl, Edmund: Zur Phänomenologie der Intersubjektivität. Texte aus dem Nachlass. Dritter Teil: 1929–1935. Hg. von Iso Kern. Den Haag: Martinus Nijhoff 1973 (= Husserliana. Bd. XV).

Husserl, Edmund: Einleitung in die Logik und Erkenntnistheorie. Vorlesungen 1906/07. Hg. von Ullrich Melle. Dordrecht/Boston/Lancaster: Martinus Nijhoff 1984 (= Husserliana. Bd. XXIV).

Husserl, Edmund: Aufsätze und Vorträge (1922–1937). Mit ergänzenden Texten. Hg. von Thomas Nenon und Hans Rainer Sepp. Dordrecht/Boston/London: Kluwer Academic Publishers 1989 (= Husserliana. Bd. XXVII).

Husserl, Edmund: Zur phänomenologischen Reduktion. Texte aus dem Nachlass (1926–1935). Hg. von Sebastian Luft. Dordrecht/Boston/London: Kluwer Academic Publishers 2002 (= Husserliana. Bd. XXXIV).

Andernorts publizierte Texte von Husserl:

LU I *Husserl*, Edmund: Logische Untersuchungen. Erster Band: Prolegomena zur reinen Logik. Tübingen: Max Niemeyer Verlag, 7. Aufl., 1993.

LU II/1 *Husserl*, Edmund: Logische Untersuchungen. Zweiter Band/I. Teil: Untersuchungen zur Phänomenologie und Theorie der Erkenntnis. Tübingen: Max Niemeyer Verlag, 7. Aufl., 1993.

LU II/2 *Husserl*, Edmund: Logische Untersuchungen. Zweiter Band/II, Teil: Elemente einer phänomenologischen Aufklärung der Erkenntnis. Tübingen: Max Niemeyer Verlag, 6. Aufl., 1993.

Ideen I *Husserl*, Edmund: Ideen zu einer reinen Phänomenologie und phänomenologischen Philosophie. Allgemeine Einführung in die reine Phänomenologie. Tübingen: Max Niemeyer Verlag, 5. Aufl., 1993.

Husserl, Edmund: Philosophie als strenge Wissenschaft. Frankfurt am Main: Vittorio Klostermann 1965.

Husserl, Edmund: Phantasie und Bildbewußtsein. Hg. von Eduard Marbach. Texte nach Husserliana XXIII. Hamburg: Meiner Verlag 2006 (= Philosophische Bibliothek. Bd. 576).

Husserl, Edmund: Formale und transzendentale Logik. Versuch einer Kritik der logischen Vernunft. Tübingen: Max Niemeyer Verlag, 2. Aufl., 1981.

Husserl, Edmund: Erfahrung und Urteil. Untersuchung zur Genealogie der Logik. Hamburg: Meiner Verlag, 7. Aufl., 1999 (= Philosophische Bibliothek. Bd. 280).

Husserl, Edmund: Ms D17, veröffentlicht unter dem Titel „Grundlegende Untersuchungen zum phänomenologischen Ursprung der Räumlichkeit der Natur“, in: Farber, Marvin (Hg.): Philosophical Essays in Memory of Edmund Husserl. New York: Greenwood Press 1975, 307–325.

Texte von Heidegger:

Texte der Gesamtausgabe:

Frühe Schriften *Heidegger*, Martin: Frühe Schriften. Hg. von Friedrich Wilhelm von Herrmann. Frankfurt am Main: Vittorio Klostermann 1978 (= Gesamtausgabe. I. Abteilung: Veröffentlichte Schriften 1910–1976. Bd. 1).

Kantbuch *Heidegger*, Martin: Kant und das Problem der Metaphysik. Hg. von Friedrich Wilhelm von Herrmann. Frankfurt am Main: Vittorio Klostermann 1991 (= Gesamtausgabe. I. Abteilung: Veröffentlichte Schriften. Bd. 3).

Prolegomena *Heidegger*, Martin: Prolegomena zur Geschichte des Zeitbegriffs. Hg. von Petra Jaeger. Frankfurt am Main: Vittorio Klostermann 1979 (= Gesamtausgabe. II. Abteilung: Vorlesungen 1919–1944. Bd. 20).

Logik *Heidegger*, Martin: Logik. Die Frage nach der Wahrheit. Hg. von Walter Biemel. Frankfurt am Main: Vittorio Klostermann 1976 (= Gesamtausgabe. II. Abteilung: Vorlesungen 1923–1944. Bd. 21).

Grundprobleme *Heidegger*, Martin: Die Grundprobleme der Phänomenologie. Hg. von Friedrich Wilhelm von Herrmann. Frankfurt am Main: Vittorio Klostermann, 3. Aufl., 1997 (= Gesamtausgabe. II. Abteilung: Vorlesungen 1919–1944. Bd. 24).

Anfangsgründe *Heidegger*, Martin: Metaphysische Anfangsgründe der Logik im Ausgang von Leibniz. Hg. von Klaus Held. Frankfurt am Main: Vittorio Klostermann 1978 (= Gesamtausgabe. II. Abteilung: Vorlesungen 1919–1944. Bd. 26).

Zeitbegriff *Heidegger*, Martin: Der Begriff der Zeit. Hg. von Friedrich Wilhelm von Herrmann. Frankfurt am Main: Vittorio Klostermann 2004 (= Gesamtausgabe. III. Abteilung: Unveröffentlichte Abhandlungen. Vorträge – Gedachtes. Bd. 64).

Heidegger, Martin: Der Zeitbegriff in der Geschichtswissenschaft (1916), in: ders.: Frühe Schriften. Hg. von Friedrich Wilhelm von Herrmann. Frankfurt am Main: Vittorio Klostermann 1978 (= Gesamtausgabe. I. Abteilung: Veröffentlichte Schriften 1910–1976. Bd. 1), 413–433.

Heidegger, Martin: Sein und Zeit. Hg. von Friedrich Wilhelm von Herrmann. Frankfurt am Main: Vittorio Klostermann 1977 (= Gesamtausgabe. I. Abteilung: Veröffentlichte Schriften 1910–1976. Bd. 2).

Heidegger, Martin/*Cassirer*, Ernst: Davoser Disputation zwischen Ernst Cassirer und Martin Heidegger, in: Heidegger, Martin: Kant und das Problem der Metaphysik. Hg. von Friedrich Wilhelm von Herrmann. Frankfurt am Main: Vittorio Klostermann 1991 (= Gesamtausgabe. I. Abteilung: Veröffentlichte Schriften. Bd. 3), 274–296.

Heidegger, Martin: Wegmarken. Hg. von Friedrich Wilhelm von Herrmann. Frankfurt am Main: Vittorio Klostermann, 3. Aufl., 2004 (= Gesamtausgabe. I. Abteilung: Veröffentlichte Schriften 1910–1976. Bd. 9).

Heidegger, Martin: Vom Wesen des Grundes (1929), in: Wegmarken. Hg. von Friedrich Wilhelm von Herrmann. Frankfurt am Main: Vittorio Klostermann, 3. Aufl., 2004 (= Gesamtausgabe. I. Abteilung: Veröffentlichte Schriften 1910–1976. Bd. 9), 123–175.

Heidegger, Martin: Vom Wesen der Wahrheit (1930), in: Wegmarken. Hg. von Friedrich Wilhelm von Herrmann. Frankfurt am Main: Vittorio Klostermann, 3. Aufl., 2004 (= Gesamtausgabe. I. Abteilung: Veröffentlichte Schriften 1910–1976. Bd. 9), 177–202.

Heidegger, Martin: Brief über den Humanismus (1946), in: ders.: Wegmarken. Hg. von Friedrich Wilhelm von Herrmann. Frankfurt am Main: Vittorio Klostermann, 3. Aufl., 2004 (= Gesamtausgabe. I. Abteilung: Veröffentlichte Schriften 1910–1976. Bd. 9), 313–364.

Heidegger, Martin: Einführung in die phänomenologische Forschung. Hg. von Friedrich Wilhelm von Herrmann. Frankfurt am Main: Vittorio Klostermann 1994 (= Gesamtausgabe. II. Abteilung: Vorlesungen 1919–1944. Bd. 17).

Heidegger, Martin: Phänomenologische Interpretation von Kants Kritik der reinen Vernunft. Hg. von Ingtraud Görland. Frankfurt am Main: Vittorio Klostermann 1977 (= Gesamtausgabe. II. Abteilung: Vorlesungen 1919–1944. Bd. 25).

Heidegger, Martin: Die Grundbegriffe der Metaphysik. Welt – Endlichkeit – Einsamkeit. Hg. von Friedrich Wilhelm von Herrmann. Frankfurt am Main: Vittorio Klostermann, 3. Aufl., 2004 (= Gesamtausgabe. II. Abteilung: Vorlesungen 1919–1944. Bd. 29/30).

Heidegger, Martin: Phänomenologische Interpretationen ausgewählter Abhandlungen des Aristoteles zur Ontologie und Logik. Anhang: Phänomenologische Interpretationen zu Aristoteles (Anzeige der hermeneutischen Situation), Ausarbeitung für die Marburger und die Göttinger Philosophische Fakultät. Hg. von Günther Neumann. Frankfurt am Main: Vittorio Klostermann 2005 (= Gesamtausgabe. II. Abteilung: Vorlesungen 1919–1944. Bd. 62).

Heidegger, Martin: Anhang III: Phänomenologische Interpretationen zu Aristoteles (Anzeige der hermeneutischen Situation), Ausarbeitung für die Marburger und die Göttinger Philosophische Fakultät (Herbst 1922), in: ders.: Phänomenologische Interpretationen ausgewählter Abhandlungen des Aristoteles zur Ontologie und Logik. Anhang: Phänomenologische Interpretationen zu Aristoteles (Anzeige der hermeneutischen Situation), Ausarbeitung für die Marburger und die Göttinger Philosophische Fakultät. Hg. von Günther Neumann. Frankfurt am Main: Vittorio Klostermann 2005 (= Gesamtausgabe. II. Abteilung: Vorlesungen 1919–1944. Bd. 62), 343–419.

Andernorts publizierte Texte von Heidegger:

Habilitationsvortrag	*Heidegger*, Martin: Der Zeitbegriff in der Geschichtswissenschaft, in: Frühe Schriften. Frankfurt am Main: Vittorio Klostermann 1972, 357–375.
SZ	*Heidegger*, Martin: Sein und Zeit. Tübingen: Max Niemeyer Verlag, 17. Aufl., 1993.
ZS	*Heidegger*, Martin: Zeit und Sein, in: ders.: Zur Sache des Denkens. Tübingen: Max Niemeyer Verlag 1969, 1–25.

Heidegger, Martin: Vorbemerkung des Herausgebers, in: Husserl, Edmund: Vorlesungen zur Phänomenologie des inneren Zeitbewußtseins. Tübingen: Max Niemeyer Verlag 2000, 367f.

Heidegger, Martin: Unterwegs zur Sprache. Stuttgart: Klett-Cotta, 13. Aufl., 2003.

Heidegger, Martin: Das Wesen der Sprache, in: ders.: Unterwegs zur Sprache. Stuttgart: Klett-Cotta, 13. Aufl., 2003, 157–216.

Heidegger, Martin: Der Weg zur Sprache, in: ders.: Unterwegs zur Sprache. Stuttgart: Klett-Cotta, 13. Aufl., 2003, 239–268.

Heidegger, Martin: Der Satz vom Grund. Stuttgart: Klett-Cotta, 9. Aufl., 2006.

Heidegger, Martin: Vorträge und Aufsätze. Stuttgart: Klett-Cotta, 10. Aufl., 2004.

Heidegger, Martin: Identität und Differenz. Stuttgart: Klett-Cotta, 12. Aufl., 2002.

Heidegger, Martin: Das Ding, in: ders.: Vorträge und Aufsätze. Stuttgart: Klett-Cotta, 10. Aufl., 2004, 157–179.

Heidegger, Martin: Zur Sache des Denkens. Tübingen: Max Niemeyer Verlag 1969.

Heidegger, Martin: Über das Zeitverständnis in der Phänomenologie und im Denken der Seinsfrage, in: Fink, Eugen/Heidegger, Martin/Landgrebe, Ludwig/Müller, Max/Van Breda, Herman L./Gehrig, Helmut (Hg.): Phänomenologie – lebendig oder tot? Zum 30. Todesjahr Edmund Husserls. Karlsruhe: Badenia Verlag 1969, 47.

Heidegger, Martin/*Arendt*, Hannah: Briefe 1925 bis 1975 und andere Zeugnisse. Frankfurt am Main: Vittorio Klostermann 1998.

Texte von Ricœur:

HV	*Ricœur*, Paul: Histoire et vérité. Paris: Seuil 2001 (= Points. Essais).
GW	dt.: Geschichte und Wahrheit. Übersetzt und eingeleitet von Romain Leick. München: List Verlag 1974.
Essai sur Freud	*Ricœur*, Paul: De l'interprétation. Essai sur Freud. Paris: Seuil 2006 (= Points. Essais).
Freudbuch	dt.: Die Interpretation. Ein Versuch über Freud. Übersetzt von Eva Moldenhauer. Frankfurt am Main: Suhrkamp 1974 (= Suhrkamp taschenbuch wissenschaft. Bd. 76).

MV — *Ricœur*, Paul: La métaphore vive. Paris: Éditions du Seuil 1975 (= Points. Essais).

LM — dt.: Die lebendige Metapher. Mit einem Vorwort zur deutschen Ausgabe. Vom Verfasser für die Übersetzung bearbeitet. Übersetzt von Rainer Rochlitz. München: Wilhelm Fink Verlag 1986 (= Übergänge. Texte und Studien zu Handlung, Sprache und Lebenswelt. Bd. 12).

Fonction narrative — *Ricœur*, Paul: La fonction narrative et l'expérience humaine du temps, in: Olivetti, Marco M. (Hg.): Archivio di filosofia. Esistenza mito ermeneutica. Scritti per Enrico Castelli I. Padova: CEDAM 1980, 343–367.

Narrative Funktion — dt.: Narrative Funktion und menschliche Zeiterfahrung. Übersetzt von Iris Radisch, in: Bohn, Volker (Hg.): Romantik. Literatur und Philosophie. Frankfurt am Main: Suhrkamp 1987, 45–79.

TR I — *Ricœur*, Paul: Temps et récit. Tome I: L'intrigue et le récit historique. Paris: Éditions du Seuil 1983 (= Points. Essais).

ZE I — dt.: Zeit und Erzählung. Bd. I: Zeit und historische Erzählung. Übersetzt von Rainer Rochlitz. München: Wilhelm Fink Verlag 1988 (= Übergänge. Texte und Studien zu Handlung, Sprache und Lebenswelt. Bd. 18/I).

TR II — *Ricœur*, Paul: Temps et récit. Tome II: La configuration dans le récit de fiction. Paris: Éditions du Seuil 1984 (= Points. Essais).

ZE II — dt.: Zeit und Erzählung. Bd. II: Zeit und literarische Erzählung. Übersetzt von Rainer Rochlitz. München: Wilhelm Fink Verlag 1989 (= Übergänge. Texte und Studien zu Handlung, Sprache und Lebenswelt. Bd. 18/II).

TR III — *Ricœur*, Paul: Temps et récit. Tome III: Le temps raconté. Paris: Éditions du Seuil 1985 (= Points. Essais).

ZE III — dt.: Zeit und Erzählung. Bd. III: Die erzählte Zeit. Übersetzt von Andreas Knop. München: Wilhelm Fink Verlag 1991 (= Übergänge. Texte und Studien zu Handlung, Sprache und Lebenswelt. Bd. 18/III).

Le mal — *Ricœur*, Paul: Le mal. Un défi à la philosophie et à la théologie. Genève: Editions Labor et Fides, 3. Aufl., 2004; auch enthalten in Ricœur, Paul: Lectures 3. Aux frontières de la philosophie. Paris: Éditions du Seuil 1994 (= La couleur des idées), 211–233.

Das Böse — dt.: Das Böse. Eine Herausforderung für Philosophie und Theologie. Zürich: Tvz Theologischer Verlag 2006.

SMA — *Ricœur*, Paul: Soi-même comme un autre. Paris: Éditions du Seuil 1990 (= Points. Essais).

SaA — dt.: Das Selbst als ein Anderer. Übersetzt von Jean Greisch in Zusammenarbeit mit Thomas Bedorf und Birgit Schaaff. München: Wilhelm Fink Verlag 1996 (= Übergänge. Texte und Studien zu Handlung, Sprache und Lebenswelt. Bd. 26).

RF — *Ricœur*, Paul: Autobiographie intellectuelle, in: ders.: Réflexion faite. Autobiographie intellectuelle. Paris: Seuil/Éditions Esprit 1995, 9–82.

IA — dt.: Intellektuelle Autobiographie, in: ders.: Vom Text zur Person. Hermeneutische Aufsätze (1970–1999). Übersetzt und hg. von Peter Welsen. Hamburg: Meiner Verlag 2005 (= Philosophische Bibliothek. Bd. 570), 3–78.

La marque — *Ricœur*, Paul: La marque du passé, in: Revue de métaphysique et de morale 1998, No. 1, 8–31.

Das Rätsel — dt.: Das Rätsel der Vergangenheit, in: ders.: Das Rätsel der Vergangenheit. Erinnern – Vergessen – Verzeihen. Übersetzt von Andris Breitling und Henrik Richard Lesaar. Göttingen: Wallstein Verlag 1998 (= Essener kulturwissenschaftliche Vorträge. Bd. 2), 19–67.

VZL *Ricœur*, Paul: Die vergangene Zeit lesen: Gedächtnis und Vergessen, in: ders.: Das Rätsel der Vergangenheit. Erinnern – Vergessen – Verzeihen. Übersetzt von Andris Breitling und Henrik Richard Lesaar. Göttingen: Wallstein Verlag 1998 (= Essener kulturwissenschaftliche Vorträge. Bd. 2), 69–156.

MHO *Ricœur*, Paul: La mémoire, l'histoire, l'oubli. Paris: Éditions du Seuil 2000.

GGV dt.: Gedächtnis, Geschichte, Vergessen. Übersetzt von Hans-Dieter Gondek, Heinz Jatho, Markus Sedlaczek. München: Wilhelm Fink Verlag 2004 (= Übergänge. Texte und Studien zu Handlung, Sprache und Lebenswelt. Bd. 50).

Parcours *Ricœur*, Paul: Parcours de la reconnaissance: trois études. Paris: Stock 2004.

Wege dt.: Wege der Anerkennung. Erkennen, Wiedererkennen, Anerkanntsein. Übersetzt von Ulrike Bokelmann und Barbara Heber-Schärer. Frankfurt am Main: Suhrkamp 2006.

Ricœur, Paul: Philosophie de la volonté I. Le volontaire et l'involontaire. Paris: Aubier 1988.

Ricœur, Paul: Philosophie de la volonté II. Finitude et culpabilité 1. L'homme faillible 2. La symbolique du mal. Paris: Aubier 1988./dt.: Die Fehlbarkeit des Menschen. Phänomenologie der Schuld I. Übersetzt von Maria Otto. Freiburg/München: Alber 1971. Und: Symbolik des Bösen. Phänomenologie der Schuld II. Übersetzt von Maria Otto. Freiburg/München: Alber 1971.

Ricœur, Paul: Être, essence et substance chez Platon et Aristote. Paris: Société d'édition d'enseignement supérieur 1982.

Ricœur, Paul: Le Conflit des interprétations. Essais d'herméneutique. Paris: Seuil 1969 (= L'ordre philosophique)./dt.: Hermeneutik und Strukturalismus. Der Konflikt der Interpretationen I. München: Kösel-Verlag 1973. Und: Hermeneutik und Psychoanalyse. Der Konflikt der Interpretationen II. Übersetzt von Johannes Rütsche. München: Kösel 1974.

Ricœur, Paul: Existence et herméneutique, in: Le conflit des interprétations. Essais d'herméneutique. Paris: Éditions du Seuil 1969 (= L'ordre philosophique), 7–28./dt.: Existenz und Hermeneutik, in: ders.: Hermeneutik und Strukturalismus. Der Konflikt der Interpretationen I. München: Kösel-Verlag 1973, 11–36.

Ricœur, Paul: Objectivation et aliénation dans l'expérience historique, in: Temporalité et aliénation. Actes du colloque organisé par le centre international d'études humanistes et par l'institut d'études philosophiques de Rome. Paris: Aubier 1975, 27–38.

Ricœur, Paul: Le temps raconté, in: Revue de Métaphysique et de Morale 89/4 (1984), 436–452./dt.: Die erzählte Zeit, in: ders.: Vom Text zur Person. Hermeneutische Aufsätze (1970–1999). Übersetzt und hg. von Peter Welsen. Hamburg: Meiner Verlag 2005 (= Philosophische Bibliothek. Bd. 570), 183–207.

Ricœur, Paul: Temps biblique, in: Archivio di filosofia (1985), 23–35.

Ricœur, Paul: Du texte à l'action. Essais d'herméneutique II. Paris: Éditions du Seuil 1986.

Ricœur: Paul: De l'interprétation, in: Du texte à l'action. Essais d'herméneutiques II. Paris: Éditions du Seuil 1986, 13–39.

Ricœur, Paul: Phénoménologie et herméneutique: en venant de Husserl, in: Du texte à l'action. Essais d'herméneutiques II. Paris: Éditions du Seuil 1986, 43–81.

Ricœur, Paul: La tâche de l'herméneutique: en venant de Schleiermacher et de Dilthey, in: Du texte à l'action. Essais d'herméneutique II. Paris: Éditions du Seuil 1986, 83–111.

Ricœur, Paul: La fonction herméneutique de la distanciation, in: Du texte à l'action. Essais d'herméneutique II. Paris: Éditions du Seuil 1986, 113–131.

Ricœur, Paul: Le modèle du texte: l'action sensée considérée comme un texte, in: Du texte à l'action. Essais d'herméneutiques II. Paris: Éditions du Seuil 1986, 205–236.

Ricœur, Paul: L'idéologie et l'utopie: deux expressions de l'imaginaire social, in: Du texte à l'action. Essais d'herméneutique II. Paris: Éditions du Seuil 1986, 417–431./dt.: Ideologie und

Utopie: zwei Ausdrucksformen des sozialen Imaginären (1976), in: Ricœur, Paul: Vom Text zur Person. Hermeneutische Aufsätze (1970–1999). Übersetzt und hg. von Peter Welsen. Hamburg: Meiner Verlag 2005 (= Philosophische Bibliothek. Bd. 570), 135–151.

Ricœur, Paul: Lectures on Ideology and Utopia. New York: Columbia University Press 1986./frz.: *L'idéologie et l'utopie*. Paris: Seuil 1997.

Ricœur, Paul: Life: A Story in Search of a Narrator (1987), in: Valdés, Mario J. (Hg.): A Ricœur Reader: Reflection and Imagination. Toronto/Buffalo: University of Toronto Press 1991 (= Theory Culture. Bd. 2), 425–437.

Ricœur/Kearney: The Creativity of Language, in: Valdés, Mario J. (Hg.): A Ricœur Reader: Reflection and Imagination. Toronto/Buffalo: University of Toronto Press 1991, 463–481.

Ricœur, Paul: Narrative Identität, in: Heidelberger Jahrbücher 31 (1987), 57–67. Wieder abgedruckt, in: Vom Text zur Person. Hermeneutische Aufsätze (1970–1999). Übersetzt und hg. von Peter Welsen. Hamburg: Meiner Verlag 2005 (= Philosophische Bibliothek. Bd. 570), 209–225.

Ricœur, Paul: L'identité narrative, in: Esprit. Sonderausgabe zu Paul Ricœur 7/8 (1988), 295–304.

Ricœur, Paul: Réponses, in: Bouchindhomme, Christian/Rochlitz, Rainer: „Temps et récit" de Paul Ricœur en débat. Paris: Les éditions du cerf: Paris 1990, 187–212.

Ricœur, Paul: Liebe und Gerechtigkeit/Amour et justice. Übersetzt von Matthias Raden und hg. von Oswald Bayer. Tübingen: J.C.B. Mohr (Paul Siebeck) 1990.

Ricœur, Paul: Lectures 1. Paris: Seuil 1991 (= Points. Essais).

Ricœur, Paul: Lectures 2. Paris: Seuil 1999 (= Points. Essais).

Ricœur, Paul: Entre éthique et ontologie: la disponibilité (1988), in: ders.: Lectures 2. La contrée des philosophes. Paris: Éditions du Seuil 1999 (= Points. Essais), 68–78.

Ricœur, Paul: Préface à „Éléments pour une éthique" (1962), in: ders.: Lectures 2. La contrée des philosophes. Paris: Éditions du Seuil 1999 (= Points. Essais), 225–236.

Ricœur, Paul: *L'Essai sur le mal* (1959), in: Lectures 2. La contrée des philosophes. Paris: Éditions du Seuil 1999 (= Points. Essais), 237–252.

Ricœur, Paul: Lectures 3. Aux frontières de la philosophie. Paris: Éditions du Seuil 1994 (= La couleur des idées).

Ricœur, Paul: Emmanuel Lévinas, penseur du témoignage, in: Lectures 3. Paris: Éditions du Seuil 1994 (= La couleur des idées), 83–105.

Ricœur, Paul: Sur le tragique (1953), in: ders.: Lectures 3. Aux frontières de la philosophie. Paris: Éditions du Seuil 1994 (= La couleur des idées), 187–209.

Ricœur, Paul: Nommer Dieu, in: Lectures 3. Aux frontières de la philosophie. Paris: Éditions du Seuil 1994 (= La couleur des idées), 281–305./dt.: Gott nennen (1977), in: Ricœur, Paul: Vom Text zur Person. Hermeneutische Aufsätze (1970–1999). Übersetzt und hg. von Peter Welsen. Hamburg: Meiner Verlag 2005 (= Philosophische Bibliothek. Bd. 570), 153–182.

Ricœur, Paul: À l'école de la phénoménologie. Paris: Vrin 1998 (= Histoire de la philosophie).

Ricœur, Paul: Husserl et le sens de l'histoire, in: À l'école de la phénoménologie. Paris: Vrin 1998 (= Histoire de la philosophie), 21–57./dt.: Husserl und der Sinn der Geschichte (1949), in: Noack, Hermann (Hg.): Husserl. Darmstadt: Wissenschaftliche Buchgesellschaft 1973 (= Wege der Forschung. Bd. XL), 231–276.

Ricœur, Paul: Kant et Husserl (1954/55), in: À l'école de la phénoménologie. Paris: Vrin 1998 (= Histoire de la philosophie), 227–250.

Ricœur, Paul: Sympathie et respect (1954), in: À l'école de la phénoménologie. Paris: Vrin 1998 (= Histoire de la philosophie), 266–283.

Ricœur, Paul: L'originaire et la question-en-retour dans la Krisis de Husserl, in: ders.: À l'école de la phénoménologie. Paris: Vrin 1998 (= Histoire de la philosophie), 285–295.

Ricœur, Paul: Heidegger et le problème de l'histoire, in: Les temps modernes 48 (1992), No. 552–553, 79–88.

Ricœur, Paul: Réflexion faite. Autobiographie intellectuelle. Paris: Esprit 1995.

Ricœur, Paul: Intellectual Autobiography, in: Hahn, Lewis Edwin (Hg.): The Philosophy of Paul Ricœur. Chicago/La Salle: Open Court 1995 (= The Library of Living Philosophers. Bd. XXII), 3–53.

Ricœur, Paul: De la métaphysique à la morale, in: ders.: Réflexion faite. Autobiographie intellectuelle. Paris: Esprit 1995, 83–115.
Ricœur, Paul: La critique et la conviction. Entretien avec François Azouvi et Marc de Launay. Paris: Hachette Littératures 2006.
Ricœur, Paul: Le juste. Paris: Esprit 1995.
Ricœur, Paul: Jugement esthétique et jugement politique selon Hannah Arendt, in: ders.: Le juste. Paris: Esprit 1995, 143–161.
Ricœur, Paul: Autrement. Lecture d'autrement qu'être ou au-delà de l'essence d'Emmanuel Levinas. Paris: Presses Universitaires de France 1997 (= Les Essais du Collège International de Philosophie).
Ricœur, Paul: Das Rätsel der Vergangenheit. Erinnern – Vergessen – Verzeihen. Übersetzt von Andris Breitling und Henrik Richard Lesaar. Göttingen: Wallstein Verlag 1998 (= Essener kulturwissenschaftliche Vorträge. Bd. 2).
Ricœur, Paul: L'unique et le singulier. Interview mit Edmond Blattchen. Brüssel: Alice Éditions 1999.
Ricœur, Paul: Sur la traduction. Paris: Bayard, 3. Aufl., 2004.
Ricœur, Paul: Vivant jusqu'à la mort. Suivi de: Fragments. Paris: Éditions du Seuil 2007.

Weitere verwendete Literatur:

Adolphi, Rainer: Das Verschwinden der wissenschaftlichen Erklärung. Über eine Problematik der Theoriebildung in Paul Ricœurs Hermeneutik des historischen Bewusstseins, in: Breitling, Andris/Orth, Stefan (Hg.): Erinnerungsarbeit. Zu Paul Ricœurs Philosophie von Gedächtnis, Geschichte und Vergessen. Berlin: Berliner Wissenschafts-Verlag 2004, 141–171.
Agís Villaverde, Marcelino: Du monde de la vie au monde du texte, in: Orth, Stefan/Breitling, Andris (Hg.): Vor dem Text. Hermeneutik und Phänomenologie im Denken Paul Ricœurs. Berlin: Technische Universität Berlin 2002 (= Schriftenreihe für Philosophie und Kulturtheorie. Bd. 4), 15–37.
Alweiss, Lilian: The World Unclaimed. A Challenge to Heidegger's Critique of Husserl. Athens: Ohio University Press 2003.
Amalric, Jean-Luc: Ricœur, Derrida. L'enjeu de la métaphore. Paris: Presses Universitaires de France 2006 (= Philosophies. Bd. 188).
Arendt, Hannah: Vita activa oder Vom tätigen Leben. München/Zürich: Piper, 3. Aufl., 2005.
Aristoteles: Physics, Book IV, in: ders.: The Complete Works of Aristotle. Volume One. Hg. von Jonathan Barnes. Princeton/Chichester: Princeton University Press, 6., korr. Aufl., 1995, 208a27–224a17.
Aristoteles: Metaphysics. Übersetzt von W.D. Ross, in: Barnes, Jonathan (Hg.): The Complete Works of Aristotle. The Revised Oxford Translation. Volume Two. Princeton: Princeton University Press 1984, 980a–1093b.
Aristoteles: Rhetoric. Übersetzt von W. Rhys Roberts, in: Barnes, Jonathan (Hg.): The Complete Works of Aristotle. The Revised Oxford Translation. Volume Two. Princeton: Princeton University Press 1984, 1354a–1420b.
Augustinus: Bekenntnisse, Buch XI, in: Flasch, Kurt (Hg.): Was ist Zeit? Augustinus von Hippo. Das XI. Buch der Confessiones. Historisch-philosophische Studie. Text – Übersetzung – Kommentar. Frankfurt am Main: Vittorio Klostermann 1993, 232–279.
Barash, Jefffrey Andrew: Penser l'histoire dans le champ de la philosophie, in: Greisch, Jean/Kearney, Richard: Paul Ricœur. Les métamorphoses de la raison herméneutique. Actes du colloque de Cerisy-la-Salle 1.–11. August 1988. Paris: Les Éditions du Cerf 1991 (= Passages), 199–203.
Barash, Jeffrey Andrew: Qu'est-ce que la mémoire collective? Réflexions sur l'interprétation de la mémoire chez Paul Ricœur, in: Révue de Métaphysique et de Morale 2 (2006), 185–195.

Beckett, Samuel: Warten auf Godot. Übertragen von Elmar Tophoven. Berlin/Frankfurt am Main: Suhrkamp 1953 (= Bibliothek Suhrkamp. Bd. 1040).

Beckett, Samuel: Endspiel, in: ders.: Fünf Spiele. Frankfurt am Main: Fischer Taschenbuch Verlag 1973, 7–48.

Bernegger, Guenda: Identité narrative et mémoire. Esquisses en marge de l'herméneutique de l'identité personnelle de Paul Ricœur, in: Breitling, Andris/Orth, Stefan (Hg.): Erinnerungsarbeit. Zu Paul Ricœurs Philosophie von Gedächtnis, Geschichte und Vergessen. Berlin: Berliner Wissenschafts-Verlag 2004, 117–124.

Bernet, Rudolf: Die ungegenwärtige Gegenwart. Anwesenheit und Abwesenheit in Husserls Analyse des Zeitbewußtseins, in:Orth, Ernst Wolfgang (Hg.): Zeit und Zeitlichkeit bei Husserl und Heidegger. München/Freiburg: Verlag Karl Alber 1983, 16–57.

Bernet, Rudolf: Einleitung, in: Texte zur Phänomenologie des inneren Zeitbewusstseins: (1893–1917). Hamburg: Felix Meiner Verlag 1985 (= Philosophische Bibliothek. Bd. 362), XI–LXVII.

Bernet, Rudolf: Origine du temps et temps originaire chez Husserl et Heidegger, in: Revue philosophique de Louvain 85 (1987), 499–521.

Bernet, Rudolf: Die Frage nach dem Ursprung der Zeit bei Husserl und Heidegger, in: Heidegger Studien 3/4 (1987/88), 89–104.

Bernet, Rudolf/*Kern*, Iso/*Marbach*, Eduard: Edmund Husserl: Darstellung seines Denkens. Hamburg: Felix Meiner Verlag, 2., verb. Aufl., 1996.

Bernet, Rudolf: La vie du sujet. Recherches sur l'interprétation de Husserl dans la phénoménologie. Paris: Presses Universitaires de France 1994 (= Épiméthée. Essais Philosophiques).

Bernet, Rudolf: L'autre du temps, in: Marion, Jean-Luc (Hg.): Emmanuel Lévinas. Positivité et Transcendance. Suivi de Lévinas et la phénoménologie. Paris: Presses Universitaires de France 2000 (= Épiméthée. Essais Philosophiques), 143–163.

Bernet, Rudolf/*Lohmar*, Dieter: Einleitung der Herausgeber, in: Husserl, Edmund: Die Bernauer Manuskripte über das Zeitbewusstsein (1917/1918). Hg. von Rudolf Bernet und Dieter Lohmar. Dordrecht [u. a.]: Kluwer Academic Publishers 2001 (= Husserliana. Bd. XXXIII), XVII–LI.

Blattner, William: Existential Temporality in *Being and Time* (Why Heidegger is not a Pragmatist), in: Dreyfus, H./Hall, H. (Hg.): Heidegger. A Critical Reader. Oxford (UK)/Cambridge (USA): Blackwell 1992, 99–129.

Blattner, William: Heidegger's Temporal Idealism. Cambridge: Cambridge University Press 1999.

Boehm, Rudolf: Einleitung des Herausgebers, in: Husserl, Edmund: Zur Phänomenologie des inneren Zeitbewusstseins (1893–1917). Hg. von Rudolf Boehm. Den Haag: Martinus Nijhoff 1966 (= Husserliana. Bd. X), XIII–XLIII.

Boehm, Rudolf: Vom Gesichtspunkt der Phänomenologie. Husserl-Studien. Den Haag: Martinus Nijhoff 1968 (= Phaenomenologica. Bd. 26).

Boehm, Rudolf: Husserls drei Thesen über die Lebenswelt, in: Ströker, Elisabeth (Hg.): Lebenswelt und Wissenschaft in der Philosophie Edmund Husserls. Frankfurt am Main: Vittorio Klostermann 1979, 23–31.

Böhme, Gernot: Zeit und Zahl. Studien zur Zeittheorie bei Platon, Aristoteles, Leibniz und Kant. Frankfurt am Main: Klostermann 1974 (= Philosophische Abhandlungen. Bd. 45).

Böhnke, Michael: Die Zukunft der Vergangenheit. Zwei kritische Rückfragen an Paul Ricœurs Theorie über das Vergessen und Verzeihen, in: Breitling, Andris/Orth, Stefan (Hg.): Erinnerungsarbeit. Zu Paul Ricœurs Philosophie von Gedächtnis, Geschichte und Vergessen. Berlin: Berliner Wissenschafts-Verlag 2004, 243–248.

Borges, Jorge Luis: Das unerbittliche Gedächtnis, in: Erzählungen. München/Wien: Carl Hanser Verlag 2000, 179–188.

Bouchindhomme, Christian/*Rochlitz*, Rainer: „Temps et récit" de Paul Ricœur en débat. Paris: Les éditions du cerf 1990.

Bourgeois, Patrick L.: Semiotics and the Deconstruction of Presence: A Ricoeurian Alternative, in: American Catholic Philosophical Quarterly 66/3 (1992), 361–379.

Bourgeois, Patrick L.: The Instant and the Living Present. Ricoeur and Derrida Reading Husserl, in: Philosophy Today 37/1 (1993), 31–37.

Bourgeois, P.L./*Schalow*, Fr.: Traces of Understanding: A Profile of Heidegger's and Ricœur's Hermeneutics. Würzburg/Amsterdam/Atlanta: Königshausen & Neumann-Rodopi 1990.

Brand, Gerd: Welt, Ich und Zeit. Nach unveröffentlichten Manuskripten Edmund Husserls. Den Haag: Nijhoff 1955.

Brann, Eva T.: What, then, is time? Lanham, MD: Rowman & Littlefield 2001.

Breeur, Roland (Hg.): Randbemerkungen Husserls zu Heideggers *Sein und Zeit* und *Kant und das Problem der Metaphysik*, in: Husserl Studies 11 (1994), 3–63.

Breitling, Andris: Paul Ricœur und das hermeneutische Als, in: Orth, Stefan/Breitling, Andris (Hg.): Vor dem Text. Hermeneutik und Phänomenologie im Denken Paul Ricœurs. Berlin: Technische Universität Berlin 2002 (= Schriftenreihe für Philosophie und Kulturtheorie. Bd. 4), 79–97.

Breitling, Andris: Zeit erinnern – Zeit, sich zu erinnern. Zur Proust-Interpretation nach Paul Ricœur, in: Erinnerungsarbeit. Zu Paul Ricœurs Philosophie von Gedächtnis, Geschichte und Vergessen. Berlin: Berliner Wissenschafts-Verlag 2004, 101–116.

Breitling, Andris: L'écriture de l'histoire: un acte de sépulture?, in: Revault d'Allonnes, Myriam/Azouvi, François (Hg.): Paul Ricœur. Paris: Éditions de l'Herne 2004, 237–245.

Breitling, Andris: Möglichkeitsdichtung – Wirklichkeitssinn. Paul Ricœurs hermeneutisches Denken der Geschichte. München: Wilhelm Fink Verlag 2007 (= Phänomenologische Untersuchungen. Bd. 21).

Brentano, Franz: Psychologie vom empirischen Standpunkt. Erster Band. Hg. von Oskar Kraus. Hamburg: Meiner Verlag, 2. Aufl., 1955 (= Philosophische Bibliothek. Bd. 192).

Brentano, Franz: Philosophische Untersuchungen zu Raum, Zeit und Kontinuum. Hg. und eingeleitet von Roderick Chisholm und Stephan Körner. Hamburg: Meiner Verlag 1976 (= Philosophische Bibliothek. Bd. 293).

Brough, John: Husserl's Phenomenology of Time-consciousness, in: Mohanty, J.N./McKenna, Willliam R. (Hg.): Husserl's Phenomenology: A Textbook. Washington, DC: Center for Advanced Research in Phenomenology/University Press of America 1989, 249–289. Wieder abgedruckt, in: Moran, Dermot/Embree, Lester E. (Hg.): Phenomenology. Critical Concepts in Philosophy. London/New York: Routledge 2004, 56–89.

Brough, John: Time and the One and the Many (in Husserl's Bernauer Manuscripts on Time Consciousness), in: Philosophy Today: a quarterly survey of trends and research in philosophy XX 46 (2002), 142–153.

Carr, David: Time, Narrative, and History. Bloomington/Indianapolis: Indiana University Press 1986.

Carr, David: White und Ricœur: Die narrative Erzählform und das Alltägliche, in: Stückrath, Jörn/Zbinden, Jürg (Hg.): Metageschichte. Hayden White und Paul Ricœur. Dargestellte Wirklichkeit in der europäischen Kultur im Kontext von Husserl, Weber, Auerbach und Gombrich. Baden-Baden: Nomos-Verlagsgesellschaft 1997 (= ZiF. Interdisziplinäre Studien. Bd. 2), 169–179.

Chernyakov, Alexej: The Ontology of Time. Being and Time in the Philosophies of Aristotle, Husserl and Heidegger. Dordrecht/Boston/London: Kluwer Academic Publishers 2002 (= Phaenomenologica. Bd. 163).

Clayton, Philip: Ricoeur's Appropriation of Heidegger: Happy Marriage or Holzweg?, in: Journal of the British Society for Phenomenology 20 (1989), No. 1, 33–47.

Courtine, Jean-François: Les catégories de l'être. Études de philosophie ancienne et médiévale. Paris: Presses Universitaires de France 2003 (= Épiméthée. Essais Philosophiques).

Dagognet, François: Écriture et Iconographie. Paris: Vrin 1973 (= Problèmes & Controverses).

Daigler, Matthew A.: Being As Act and Potency in the Philosophy of Paul Ricoeur, in: Philosophy Today 4/4 (1998), 375–385.

Dastur, Françoise: Heidegger et la question du temps. Paris: Presses Universitaires de France 1990 (= Philosophies. Bd. 26).

Dastur, Françoise: De la phénoménologie transcendantale à la phénoménologie herméneutique, in: Greisch, Jean/Kearney, Richard: Paul Ricœur. Les métamorphoses de la raison herméneutique. Actes du colloque de Cerisy-la-Salle 1.–11. August 1988. Paris: Les Éditions du Cerf 1991 (= Passages), 37–50.

Dastur, Françoise: Husserl – Des mathématiques à l'histoire. Paris: Presses Universitaires de France 1995 (= Philosophies. Bd. 60).

Dastur, Françoise: Paul Ricœur: le soi et l'autre. L'altérité la plus intime: la conscience, in: Greisch, Jean (Hg.): Paul Ricœur. L'herméneutique à l'école de la phénoménologie. Paris: Beauchesne 1995, 59–72.

Dastur, Françoise: Heidegger et la question anthropologique. Louvain/Paris: Éditions Peeters 2003 (= Bibliothèque philosophique de Louvain. Bd. 56).

Dastur, Françoise: Comment affronter la mort. Paris: Bayard 2005.

Dauenhauer, Bernard P.: History's Sources: Reflections on Heidegger and Ricoeur, in: Journal of the British Society for Phenomenology 20 (1989), No. 3, 236–247.

Depraz, Natalie: Transcendance et incarnation. Le statut de l'intersubjectivité comme altérité à soi chez Husserl. Paris: Vrin 1995 (= Histoire de la philosophie).

Derrida, Jacques: La voix et le phénomène. Introduction au problème du signe dans la phénoménologie de Husserl. Paris: Presses Universitaires de France 1967./dt.: Die Stimme und das Phänomen. Einführung in das Problem des Zeichens in der Phänomenologie Husserls. Übersetzt von Hans-Dieter Gondek. Frankfurt am Main: Suhrkamp 2003.

Derrida, Jacques: La mythologie blanche. La métaphore dans le texte philosophique, in: Poétique 5 (1971), 1–52, wiederabgedruckt, in: ders.: Marges de la Philosophie. Paris: Les Éditions de Minuit 1972 (= Collection „Critique"), 247–324./dt.: Die weiße Mythologie. Die Metapher im philosophischen Text, in: ders.: Randgänge der Philosophie. Hg. von Peter Engelmann und übersetzt von Günther R. Sigl. Wien: Passagen Verlag 1988, 205–258.

Derrida, Jacques: Ousia et grammè. Note sur une note de *Sein und Zeit*, in: Marges de la philosophie. Paris: Les Éditions de Minuit 1972 (= Collection „Critique"), 31–78./dt.: Ousia und gramme. Notiz über eine Fußnote in *Sein und Zeit*, in: ders.: Randgänge der Philosophie. Hg. von Peter Engelmann und übersetzt von Günther R. Sigl. Wien: Passagen Verlag 1988, 53–84.

Derrida, Jacques: Le retrait de la métaphore, in: Psyché. Inventions de l'autre. Paris: Galilée 1987, 63–93./dt.: Der Entzug der Metapher (1978). Übersetzt von Alexander G. Düttmann und Iris Radisch, in: Haverkamp, Anselm (Hg.): Die paradoxe Metapher. Frankfurt am Main: Suhrkamp 1998 (= Edition Suhrkamp. Bd. 1940. Neue Folge. Bd. 940. Aesthetica), 197–234.

Derrida, Jacques: Geschlecht. Différence sexuelle, difference ontologique, in: Haar, Michel (Hg.): Martin Heidegger. Paris: Editions de l'Herne 1983, 571–597./dt.: Geschlecht I. Sexuelle Differenz, ontologische Differenz, in: ders.: Geschlecht (Heidegger). Sexuelle Differenz, ontologische Differenz. Heideggers Hand. Übersetzt von Hans-Dieter Gondek. Wien: Passagen Verlag 1988, 11–43.

Derrida, Jacques: Donner le temps. 1. La fausse monnaie. Paris: Galilée 1991./dt.: Falschgeld. Zeit geben I. München: Fink 1993.

Derrida, Jacques: L'autre cap suivi de La démocratie ajournée. Paris: Les Éditions de Minuit 1991./dt.: Das andere Kap. Die vertagte Demokratie. Zwei Essays zu Europa. Übersetzt von Alexander García Düttmann. Frankfurt am Main: Suhrkamp 1992 (= Edition Suhrkamp. Bd. 1769. Neue Folge. Bd. 769).

Derrida, Jacques/*Wieviorka*, Michel: Le siècle et le pardon, in: Le Monde des débats, Nr. 12/1999./dt.: Jahrhundert der Vergebung. Verzeihen ohne Macht – unbedingt und jenseits der Souveränität. Übersetzt von Michael Wetzel, in: Lettre International 48 (2000), 10–18.

Derrida, Jacques: Pardonner: L'impardonnable et l'imprescriptible. Paris: Éditions de L'Herne 2005.

Descartes, René: Meditationes de prima philosophia: lateinisch-deutsch. Hamburg: Felix Meiner Verlag, 3. Aufl., 1992.

de Vries, Hent: Die Bezeugung des Anderen. Von *Temps et Récit* zu *Soi-même comme un autre*, in: Liebsch, Burkhard: Hermeneutik des Selbst – im Zeichen des Anderen. Zur Philosophie Paul Ricœurs. Freiburg/München: Alber Verlag 1999 (= Philosophie), 202–223.

Dostal, Robert J.: Time and phenomenology in Husserl and Heidegger, in: Guignon, Charles B. (Hg.): The Cambridge Companion to Heidegger. Cambridge [u. a.]: Cambridge University Press 1993, 141–169.

Eigler, Gunther: Metaphysische Voraussetzungen in Husserls Zeitanalysen. Meisenheim am Glan: Verlag Anton Hain 1961.

Faye, Emmanuel: Heidegger. L'introduction du nazisme dans la philosophie. Autour des séminaires inédits de 1933–1935. Paris: Michel 2005 (= Bibliothèque Albin Michel: Idées)./dt.: Heidegger. Die Einführung des Nationalsozialismus in die Philosophie. Im Umkreis der unveröffentlichten Seminare zwischen 1933 und 1935. Berlin: Matthes & Seitz 2009.

Figal, Günter: Martin Heidegger. Phänomenologie der Freiheit. Sonderausgabe. Frankfurt am Main: Verlag Anton Hain 1991.

Figal, Günter: Martin Heidegger zur Einführung. Hamburg: Junius, 4., verb. Aufl., 2003.

Fleischer, Margot: Die Zeitanalysen in Heideggers „Sein und Zeit". Aporien, Probleme und ein Ausblick. Würzburg: Königshausen & Neumann 1991.

Franck, Didier: Chair et corps. Sur la phénoménologie de Husserl. Paris: Les Éditions de Minuit 1981 (= Arguments).

Franck, Didier: Heidegger et le problème de l'espace. Paris: Les Éditions de Minuit 1986 (= Arguments).

Frede, Dorothea: The Question of Being, in: Guignon, Charles B. (Hg.): The Cambridge Companion to Heidegger. Cambridge: Cambridge University Press 1993, 42–69.

Frede, Dorothea: Heideggers Tragödie – Bemerkungen zur Bedeutung seiner Philosophie. Joachim Jungius-Gesellschaft der Wissenschaften. Göttingen: Vandenhoeck und Ruprecht 1999.

Frede, Dorothea: Die Einheit des Seins. Heidegger in Davos – Kritische Überlegungen, in: Kaegi, D./Rudolph, E. (Hg.): Cassirer – Heidegger: 70 Jahre Davoser Disputation. Hamburg: Felix Meiner Verlag 2002, 156–182.

Frege, Gottlob: Über Sinn und Bedeutung, in: Zeitschrift für Philosophie und philosophische Kritik 100 (1892), 25–50.

Frege, Gottlob: E.G. Husserl, Philosophie der Arithmetik. I (1894), in: ders.: Kleine Schriften, 2. Aufl., herausgegeben und mit Nachbemerkungen zur Neuauflage versehen von Ignacio Angelelli. Hildesheim/Zürich/New York: Georg Olms Verlag 1990, 179–192.

Freud, Sigmund: Erinnern, Wiederholen und Durcharbeiten, in: ders.: Werke aus den Jahren 1913–1917. London: Imago Publishing 1949 (= Gesammelte Werke. Chronologisch geordnet. Bd. X), 126–136.

Freud, Sigmund: Trauer und Melancholie, in: ders.: Werke aus den Jahren 1913–1917. London: Imago Publishing 1949 (= Gesammelte Werke. Chronologisch geordnet. Bd. X), 428–446.

Gadamer, Hans-Georg: Wahrheit und Methode. Grundzüge einer philosophischen Hermeneutik. Tübingen: J.C.B. Mohr (Paul Siebeck), 6., durchgesehene Aufl., 1990 (= Gesammelte Werke. Bd. 1).

Gander, Hans-Helmuth: Existenzialontologie und Geschichtlichkeit, in: Rentsch, Thomas (Hg.): Martin Heidegger: Sein und Zeit. Berlin: Akademie Verlag 2001, 229–251.

Gilbert, Muriel: Pour une contribution narrative à la problématique du temps, in: Célis, Raphaël/Sierro, Maurice: Autour de la poétique de Paul Ricœur. À la croisée de l'action et de l'imagination. Études de Lettres 1996, 37–54.

Gloy, Karen: Philosophiegeschichte der Zeit. München: Fink 2008.

Granel, Gérard: Le sens du temps et de la perception chez E. Husserl. Paris: Gallimard 1968.

Greisch, Jean: Les mots et les roses. La métaphore chez Martin Heidegger, in: Revue des sciences philosophiques et théologiques 57 (1973), 433–455.

Greisch, Jean: «Temps bifurqué» et temps de crise, in: Esprit. Sonderausgabe zu Paul Ricœur 7/8 (1988), 88–96.

Greisch, Jean: Empêtrement et intrigue. Une phénoménologie pure de la narrativité est-elle concevable?, in: Études Phénoménologiques VI/11 (1990), 41–83.

Greisch, Jean/*Kearney*, R. (Hg.): Paul Ricœur. Les métamorphoses de la raison herméneutique. Actes du colloque de Cerisy-la-Salle 1988. Paris: Cerf 1991.

Greisch, Jean (Hg.): Paul Ricœur. L'herméneutique à l'école de la phénoménologie. Paris: Beauchesne 1995.

Greisch, Jean: Le cogito herméneutique. Paris: Vrin 2000 (= Histoire de la philosophie).

Greisch, Jean: Paul Ricœur. L'itinérance du sens. Grenoble: Jérôme Million 2001 (= Collection Krisis).

Grondin, Jean: L'herméneutique positive de Paul Ricœur: Du temps au récit, in: Bouchindhomme, Christian/Rochlitz, Rainer: „Temps et récit" de Paul Ricœur en débat. Paris: Les éditions du cerf 1990, 121–137.

Heinz, Marion: Zeitlichkeit und Temporalität. Die Konstitution der Existenz und die Grundlegung einer temporalen Ontologie im Frühwerk Martin Heideggers. Würzburg: Königshausen & Neumann und Amsterdam: Rodopi 1982 (= Elementa. Schriften zur Philosophie und ihrer Problemgeschichte. Bd. XXV).

Held, Klaus: Lebendige Gegenwart. Die Frage nach der Seinsweise des transzendentalen Ich bei Edmund Husserl, entwickelt am Leitfaden der Zeitproblematik. Den Haag: Martinus Nijhoff 1966 (= Phaenomenologica. Bd. 23).

Held, Klaus: Phänomenologie der Zeit nach Husserl, in: Perspektiven der Philosophie 7 (1981), 185–221.

Held, Klaus: Heidegger und das Prinzip der Phänomenologie, in: Gethmann-Siefert, Annemarie/Pöggeler, Otto (Hg.): Heidegger und die praktische Philosophie. Frankfurt am Main: Suhrkamp 1988, 11–139.

Held, Klaus: Zeit als Zahl. Der pythagoreische Zug im Zeitverständnis der Antike, in: Blasche, Siegfried u. a. (Hg.): Zeiterfahrung und Personalität. Frankfurt am Main: Suhrkamp 1992, 13–33.

Held, Klaus: Generative Zeiterfahrung, in: Edith-Stein-Jahrbuch. Bd. 2: „Das Weibliche". Würzburg: Echter 1996, 265–282.

Held, Klaus: Phänomenologie der „eigentlichen Zeit" bei Husserl und Heidegger, in: Internationales Jahrbuch für Hermeneutik. Bd. 4 Schwerpunkt: Platon und die Hermeneutik. Tübingen: Mohr Siebeck 2005, 251–273.

Hénaff, Marcel: Le Prix de la vérité. Le Don, l'argent, la philosophie. Paris: Seuil 2002 (= La couleur des idées).

Herrmann, Friedrich Wilhelm von: Zeitlichkeit des Daseins und Zeit des Seins. Grundsätzliches zur Interpretation von Heideggers Zeit-Analysen, in: Philosophische Perspektiven 4 (1972), 198–210.

Herrmann, Friedrich Wilhelm von: Der Zeitbegriff Heideggers, in: Mesotes. Supplementband (1991): Martin Heidegger, 22–34.

Herrmann, Friedrich Wilhelm von: Nachwort des Herausgebers, in: Heidegger, Martin: Der Begriff der Zeit. 1. Der Begriff der Zeit (1924) 2. Der Begriff der Zeit (Vortrag 1924). Frankfurt am Main: Vittorio Klostermann 2004 (= Gesamtausgabe. III. Abteilung: Unveröffentlichte Abhandlungen. Vorträge – Gedachtes. Bd. 64), 127–133.

Iber, Christian: Sein und Zeit oder Zeitlichkeit und Dasein. Probleme von Heideggers Zeitphilosophie, in: ders.: Pocai, R. (Hg.): Selbstbesinnung der philosophischen Moderne: Beiträge zur kritischen Hermeneutik ihrer Grundbegriffe. Cuxhaven/Dartford: Junghans 1998, 119–143.

Jamme, Christoph: Phänomenologie. Heidegger und Husserl, in: Thomä, Dieter (Hg.): Heidegger-Handbuch. Leben-Werk-Wirkung. Stuttgart/Weimar: Metzler 2003, 37–47.

Janicaud, Dominique: Chronos. Pour l'intelligence du partage temporel. Paris: Grasset 1997.

Janicaud, Dominqiue: Le tournant théologique de la phénoménologie française. Combas: Éditions de l'Éclat, 2. Aufl., 2001.

Janich, Peter: Die Konstitution der Zeit durch Handeln und Reden, in: Ars Semeiotica 19 (1996), 133–147.

Jankélévitch, Vladimir: Das Verzeihen. Essays zur Moral und Kulturphilosophie. Frankfurt am Main: Suhrkamp 2004 (= Suhrkamp Taschenbuch Wissenschaft. Bd. 1731).

Jankélévitch, Vladimir: Temporalité et méconnaissance, in: Olivetti, Marco M. (Hg.): Archivio di filosofia. *Esistenza mito ermeneutica. Scritti per Enrico Castelli I*. Padova: CEDAM 1980, 326–331.

Jervolino, Domenico: The Cogito and Hermeneutics: The Question of the Subject in Ricoeur. Übersetzt von Gordon Poole. Dordrecht: Kluwer Academic Publishers 1990 (= Contributions to Phenomenology. Bd. 6).

Jervolino, Domenico: Ricœur et la pensée de l'histoire. Entre temps et mémoire, in: Orth, Stefan/Breitling, Andris (Hg.): Vor dem Text. Hermeneutik und Phänomenologie im Denken Paul Ricœurs. Berlin: Technische Universität Berlin 2002, 121–138.

Jervolino, Domenico: Paul Ricœur. Une herméneutique de la condition humaine. Paris: Ellipses 2002 (= Philo).

Jervolino, Domenico: La mémoire, l'histoire, l'oubli dans le contexte de l'itinéraire philosophique de Paul Ricœur, in: Breitling, Andris/Orth, Stefan (Hg.): Erinnerungsarbeit. Zu Paul Ricœurs Philosophie von Gedächtnis, Geschichte und Vergessen. Berlin: Berliner Wissenschafts-Verlag 2004, 13–27.

Jervolino, Domenico: Ricœur. Herméneutique et traduction. Paris: Éditions Ellipses 2007 (= Philo).

Jonas, Hans: Das Prinzip Verantwortung. Versuch einer Ethik für die technologische Zivilisation. Frankfurt am Main: Suhrkamp 1984 (= Suhrkamp Taschenbuch. Bd. 1085).

Kant, Immanuel: Kritik der reinen Vernunft. Hg. von Wilhelm Weischedel. Darmstadt: Wissenschaftliche Buchgesellschaft, 6. Aufl., 2005 (= Werke in sechs Bänden. Bd. II).

Kant, Immanuel: De mundi sensibilis atque intelligibilis forma et principiis, in: ders.: Schriften zur Metaphysik und Logik. Hg. von Wilhelm Weischedel. Darmstadt: Wissenschaftliche Buchgesellschaft, 6. Aufl., 2005 (= Werke in sechs Bänden. Bd. III), A(2)1–A(2)38.

Kant, Immanuel: Von der Einwohnung des bösen Prinzips neben dem guten; d. i. vom radikalen Bösen in der menschlichen Natur, in: ders.: Schriften zur Ethik und Religionsphilosophie. Hg. von Wilhelm Weischedel. Darmstadt: Wissenschaftliche Buchgesellschaft, 6. Aufl., 2005 (= Werke in sechs Bänden. Bd. IV), A4–58/B3–B64.

Kant, Immanuel: Kritik der Urteilskraft, in: ders.: Kritik der Urteilskraft und Schriften zur Naturphilosophie. Hg. von Wilhelm Weischedel. Darmstadt: Wissenschaftliche Buchgesellschaft, 6. Aufl., 2005 (= Werke in sechs Bänden. Bd. V), 237–620.

Kant, Immanuel: Idee zu einer allgemeinen Geschichte in weltbürgerlicher Absicht, in: ders.: Schriften zur Anthropologie, Geschichtsphilosophie, Politik und Pädagogik. Hg. von Wilhelm Weischedel. Darmstadt: Wissenschaftliche Buchgesellschaft, 6. Aufl., 2005 (= Werke in sechs Bänden. Bd. VI), A385–A411.

Kaul, Susanne: Narratio. Hermeneutik nach Heidegger und Ricœur. München: Wilhelm Fink Verlag 2003 (= Phänomenologische Untersuchungen. Bd. 17).

Kemp, Peter: Ricœur entre Heidegger et Levinas. L'affirmation originaire entre l'attestation ontologique et l'injonction éthique, in: Greisch, Jean (Hg.): Paul Ricœur. L'herméneutique à l'école de la phénoménologie. Paris: Beauchesne 1995 (= Philosophie. Bd. 16), 235–259.

Kermode, Frank: The Genesis of Secrecy. On the Interpretation of Narrative. Cambridge: Cambridge University Press 1979.

Kierkegaard, Sören: Der Begriff Angst. Hg. von Hans Rochol. Hamburg: Meiner Verlag 1984 (= Philosophische Bibliothek. Bd. 340).

Kisiel, Theodore: Das Versagen von Sein und Zeit, in: Rentsch, Thomas (Hg.): Martin Heidegger: Sein und Zeit. Berlin: Akademie Verlag 2001, 253–279.

Köhler, Dietmar: Martin Heidegger. Die Schematisierung des Seinssinnes als Thematik des dritten Abschnittes von „Sein und Zeit". Bonn: Bouvier 1993 (= Neuzeit und Gegenwart. Philosophische Studien. Bd. 11).

Kortooms, Toine: Phenomenology of Time. Edmund Husserl's Analysis of Time-Consciousness. Dordrecht/Boston/London: Kluwer Academic Publishers 2002 (= Phaenomenologica. Bd. 161).

Kozlowski, Richard: Die Aporien der Intersubjektivität. Eine Auseinandersetzung mit Edmund Husserls Intersubjektivitätstheorie. Würzburg: Königshausen & Neumann 1991.

Lee, Nam-In: Edmund Husserl's Phenomenology of Mood, in: Moran, Dermot/Embree, Lester E. (Hg.): Phenomenology. Critical Concepts in Philosophy. Vol. II: Phenomenology: Themes and Issues. London/New York: Routledge 2004, 348–362.

Lévinas, Emmanuel: Le temps et l'autre. Paris: Presses Universitaires de France 1983 (= Quadrige)./dt.: Die Zeit und der Andere. Übersetzt von Ludwig Wenzler. Hamburg: Meiner Verlag 1984.

Lévinas, Emmanuel: Théorie de l'intuition dans la phénoménologie de Husserl. Paris: Vrin 1994 (= Histoire de la philosophie).

Lévinas, Emmanuel: L'ontologie dans le temporel, in: ders.: En découvrant l'existence avec Husserl et Heidegger. Paris: Vrin 1994 (= Histoire de la philosophie), 77–89.

Lévinas, Emmanuel: De la description à l'existence, in: ders.: En découvrant l'existence avec Husserl et Heidegger. Paris: Vrin 1994 (= Histoire de la philosophie), 91–107.

Lévinas, Emmanuel: La trace de l'autre, in: ders.: En découvrant l'existence avec Husserl et Heidegger. Paris: Vrin 1994 (= Histoire de la philosophie), 187–202./dt.: Die Spur des Anderen, in: ders.: Die Spur des Anderen. Untersuchungen zur Phänomenologie und Sozialphilosophie. Übersetzt und hg. von Wolfgang Nikolaus Krewani. Freiburg/München: Verlag Karl Alber 1999, 209–235.

Lévinas, Emmanuel: Autrement qu'être ou au-delà de l'essence. Den Haag: Martinus Nijhoff 1978./dt.: Jenseits des Seins oder anders als Sein geschieht. Übersetzt von Thomas Wiemer. Freiburg/München: Alber Verlag, 2. Aufl., 1998.

Lévinas, Emmanuel: Dieu, la mort et le temps. Paris: Grasset & Fasquelle 1993 (= Le livre de poche. Biblio essais)./dt.: Gott, der Tod und die Zeit. Hg. von Peter Engelmann. Übersetzt von Astrid Nettling und Ulrike Wasel. Wien: Passagen Verlag 1996 (= Edition Passagen. Bd. 43).

Liebsch, Burkhard: Geschichte im Zeichen des Abschieds. München: Wilhelm Fink Verlag 1996 (= Übergänge. Texte und Studien zu Handlung, Sprache und Lebenswelt. Bd. 30).

Liebsch, Burkhard: Vorwort, in: Ricœur, Paul: Das Rätsel der Vergangenheit. Erinnern – Vergessen – Verzeihen. Übersetzt von Andris Breitling und Henrik Richard Lesaar. Göttingen: Wallstein Verlag 1998 (= Essener kulturwissenschaftliche Vorträge. Bd. 2), 7–18.

Liebsch, Burkhard: Bezeugung und Selbstheit. *Soi-même comme un autre* als Antwort auf *Sein und Zeit*, in: Breitling, Andris/Schaaff, Birgit/Orth, Stefan (Hg.): Das herausgeforderte Selbst: Perspektiven auf Paul Ricœurs Ethik. Würzburg: Königshausen & Neumann 1999, 163–183.

Liebsch, Burkhard: Geschichte als Antwort und Versprechen. Freiburg/München: Alber 1999 (= Alber-Reihe Philosophie).

Liebsch, Burkhard: Zeit, Lebensgeschichte und Narrativität. Ricœur und Merleau-Pontys Phänomenologie der Wahrnehmung, in: Orth, Stefan/Breitling, Andris (Hg.): Vor dem Text. Hermeneutik und Phänomenologie im Denken Paul Ricœurs. Berlin: Technische Universität Berlin 2002, 51–77.

Liebsch, Burkhard: Zur Kritik eines glücklichen Vergessens in der politischen Gegenwart. Ricœurs Projekt einer Versöhnung von Gedächtnis und Geschichte, in: Journal Phänomenologie 23 (2005), 52–59.

Lohmar, Dieter: What Does Protention „Protend"? Remarks On Husserl's Analyses of Protention in the Bernau Manuscripts On Time-Consciousness, in: Philosophy Today 46 (2002), 154–167.

Lohmar, Dieter: Die Idee der Reduktion. Husserls Reduktionen – und ihr gemeinsamer, methodischer Sinn, in: Hüni, Heinrich/Trawny, Peter (Hg.): Die erscheinende Welt. Festschrift für Klaus Held. Berlin: Duncker & Humblot 2002, 751–771.

Lohmar, Dieter: Einleitung des Herausgebers, in: Husserl, Edmund: Späte Texte über Zeitkonstitution (1929–1934). Die C-Manuskripte. Hg. von Dieter Lohmar. Dordrecht: Springer 2006 (= Husserliana/Materialien. Bd. VIII), XIII–XX.

Lohmar, Dieter: Konstitution der Welt-Zeit. Die Konstitution der objektiven Zeit auf der Grundlage der subjektiven Zeit, in: Ferrarin, Alfredo (Hg.): Passive Synthesis and Life-world. Sintesi passiva e mondo della vita. Pisa: Edizioni ETS 2006, 55–77.

Lowe, E.J.: A Survey of Metaphysics. Oxford/New York: Oxford University Press 2002.

Mann, Thomas: Der Zauberberg. Berlin: Fischer 1999 (= Taschenbuch. Bd. 9433).

Mann, Thomas: Doktor Faustus. Das Leben des deutschen Tonsetzers Adrian Leverkühn erzählt von einem Freunde. Frankfurt am Main: Fischer 1995 (= Taschenbuch. Bd. 9428).

Marion, Jean-Luc: Réduction et donation. Recherches sur Husserl, Heidegger et la phénoménologie. Paris: Presses Universitaires de France 1989 (= Épiméthée. Essais philosophiques).

Marion, Jean-Luc: Étant donné. Essai d'une phénoménologie de la donation. Paris: Presses Universitaires de France 2005 (= Quadrige).

Mattern, Jens: Ricœur zur Einführung. Hamburg: Junius Verlag 1996.

Mauss, Marcel: Essai sur le don. Forme et raison de l'échange dans les sociétés archaïques. Paris: Presses Universitaires de France 2007 (= Quadrige).

McTaggart, J. Ellis: The Unreality of Time, in: Mind. A Quarterly Review of Psychology and Philosophy XVII (1908), 457–474.

Melle, Ullrich: Einleitung des Herausgebers, in: Husserl, Edmund: Einleitung in die Logik und Erkenntnistheorie. Vorlesungen 1906/07. Dordrecht/Boston/Lancaster: Martinus Nijhoff 1984 (= Husserliana. Bd. XXIV), XIII–LI.

Merleau-Ponty, Maurice: Phénoménologie de la perception. Paris: Gallimard 2003 (= Collection Tel)./dt.: Phänomenologie der Wahrnehmung. Übersetzt von Rudolf Boehm. Berlin: Walter de Gruyter & Co. 1974 (= Phänomenologisch-psychologische Forschungen. Bd. 7).

Mertens, Karl: Husserls Phänomenologie der Monade. Bemerkungen zu Husserls Auseinandersetzung mit Leibniz. Husserl Studies 17 (2000), 1–20.

Million, Pierre: Can Hermeneutics Respond to the Predicament of Reason? From Husserl to Heidegger, in: Tymieniecka, Anna-Teresa (Hg.): Husserl's Legacy in Phenomenological Philosophies. New Approaches to Reason, Language, Hermeneutics, the Human Condition. Book 3: Phenomenology in the World Fifty Years After the Death of Edmund Husserl. Dordrecht/Boston/London: Kluwer Academic Publishers 1991, 53–72.

Muldoon, Mark S.: Tricks of Time. Bergson, Merleau-Ponty and Ricoeur in Search of Time, Self and Meaning. Pittsburgh: Duquesne University Press 2006.

Orth, Stefan: Vernachlässigte Ressourcen. Das reflexionsphilosophische Fundament der Hermeneutik Paul Ricœurs,in: Orth, Stefan/Breitling, Andris (Hg.): Vor dem Text. Hermeneutik und Phänomenologie im Denken Paul Ricœurs. Berlin: Technische Universität Berlin 2002, 189–207.

Parfit, Derek: Reasons and Persons. Oxford: Oxford University Press 1986.

Pellauer, David: Limning the Liminal. Carr and Ricoeur on Time and Narrative, in: Philosophy Today 35/1 (1991), 51–62.

Platon: Politeia. Griechisch und Deutsch. Nach der Übersetzung Friedrich Schleiermachers, ergänzt durch Übersetzungen von Franz Susemihl u. a. Griechischer Text nach der letztgültigen Gesamtausgabe der Association Guillaume Budé. Hg. von Karlheinz Hülser. Frankfurt am Main/Leipzig: Insel Verlag 1991 (= Sämtliche Werke. Bd. V).

Platon: Sophistes – Politikos. Griechisch und Deutsch. Nach der Übersetzung Friedrich Schleiermachers, ergänzt durch Übersetzungen von Franz Susemihl u. a. Griechischer Text nach der letztgültigen Gesamtausgabe der Association Guillaume Budé. Hg. von Karlheinz Hülser. Frankfurt am Main/Leipzig: Insel Verlag 1991 (= Sämtliche Werke. Bd. VII).

Pöggeler, Otto: Der Denkweg Martin Heideggers. Stuttgart: Verlag Günther Neske 1963.

Pöggeler, Otto: Heidegger und das Problem der Zeit, in: L'Héritage de Kant. Mélanges philosophiques offerts au P. Marcel Régnier. Paris: Beauchesne 1982, 287–307.

Pöggeler, Otto/*Hogemann*, Friedrich: M. Heidegger: Zeit und Sein, in: Speck, Josef (Hg.): Grundprobleme der großen Philosophen. Göttingen: Vandenhoeck & Ruprecht 1982 (= Grundprobleme der großen Philosophen. Bd. V), 48–86.

Pöggeler, Otto: Temporale Interpretation und hermeneutische Philosophie, in: Revue internationale de Philosophie 43 (1989), 5–32.

Pöggeler, Otto: Heidegger und die politische Philosophie, in: Papenfuss, D./Pöggeler, O. (Hg.): Zur philosophischen Aktualität Martin Heideggers. Frankfurt am Main: Klostermann 1990 (= Bd. 1), 328–350.

Pradelle, Dominique: L'archéologie du monde. Constitution de l'espace, idéalisme et intuitionnisme chez Husserl. Dordrecht/Boston/London: Kluwer Academic Publishers 2000 (= Phaenomenologica. Bd. 157).

Proust, Marcel: À la recherche du temps perdu. Du côté de chez Swann. Hg. von Antoine Compagnon. Paris: Gallimard 2000 (= folio.classique. Bd. 1924)./dt.: Auf der Suche nach der verlorenen Zeit 1. Unterwegs zu Swann. Hg. von Luzius Keller. Frankfurt am Main: Suhrkamp 2002 (= Marcel Proust. Frankfurter Ausgabe. Werke II. Bd. 1).

Proust, Marcel: À la recherche du temps perdu. Le Temps retrouvé. Hg. von Jean Milly. Paris: Gallimard 1986 (= Gallimard Flammarion. Bd. 449)./dt.: Auf der Suche nach der verlorenen Zeit 7. Die wiedergefundene Zeit. Hg. von Luzius Keller. Frankfurt am Main: Suhrkamp 2002 (= Marcel Proust. Frankfurter Ausgabe. Werke II. Bd. 7).

Rentsch, Thomas: Edmund Husserl, in: Lutz, Bernd (Hg.). Metzler Philosophen Lexikon: Von den Vorsokratikern bis zu den Neuen Philosophen. Stuttgart: J.B. Metzlersche Verlagsbuchhandlung, 2., aktualisierte und erweiterte Aufl., 1995, 412–419.

Rentsch, Thomas: Zeitlichkeit und Alltäglichkeit, in: Rentsch, Thomas (Hg.): Martin Heidegger: Sein und Zeit. Berlin: Akademie Verlag 2001 (= Klassiker auslegen. Bd. 25), 199–228.

Richir, Marc: Relire la „Krisis“ de Husserl, in: Esprit. Sonderausgabe zu Paul Ricœur 7/8 (1988), 129–151.

Richir, Marc: Synthèse passive et temporalisation/spatialisation, in: Escoubas, Éliane/Richir, Marc (Hg.): Husserl. Grenoble: J. Millon 1989, 9–41.

Richir, Marc: Monadologie transcendantale et temporalisation, in: Ijsseling, Samuel (Hg.): Husserl-Ausgabe und Husserl-Forschung. Dordrecht/Boston/London: Kluwer Academic Publishers 1990 (= Phaenomenologica. Bd. 115), 151–172.

Richir, Marc: Méditations phénoménologiques. Phénoménologie et phénoménologie du langage. Grenoble: Jérôme Millon 1992 (= Collection Krisis).

Richir, Marc: Phénoménologie en esquisses. Grenoble: Millon 2000 (= Collection Krisis).

Riedel, Manfred: Für eine zweite Philosophie. Vorträge und Abhandlungen. Frankfurt am Main: Suhrkamp 1988 (= Suhrkamp Taschenbuch Wissenschaft. Bd. 720).

Rinofner-Kreidl, Sonja: Edmund Husserl. Zeitlichkeit und Intentionalität. Freiburg/München: Alber 2000 (= Phänomenologie).

Rodemeyer, Lanei: Intersubjective Temporality. It's About Time. Dordrecht: Springer 2006 (= Phaenomenologica. Bd. 176).

Römpp, Georg: Husserls Phänomenologie der Intersubjektivität. Und ihre Bedeutung für eine Theorie intersubjektiver Objektivität und die Konzeption einer phänomenologischen Philosophie. Dordrecht/Boston/London: Kluwer Academic Publishers 1992 (= Phaenomenologica. Bd. 123).

Sandbothe, Mike: Stichwort: Zeit. Von der Grundverfassung des Daseins zur Vielfalt der Zeit-Sprachspiele, in: Thomä, Dieter (Hg.): Heidegger-Handbuch. Leben – Werk – Wirkung. Stuttgart/Weimar: Verlag J.B. Metzler 2003, 87–92.

Sartre, Jean-Paul: L'être et le néant. Essai d'ontologie phénoménologique. Paris: Gallimard 2007 (= Collection Tel)./dt.: Das Sein und das Nichts. Versuch einer phänomenologischen Ontologie. Hg. von Traugott König. Übersetzt von Hans Schöneberg und Traugott König. Hamburg: Rowohlt 1997 (= Gesammelte Werke in Einzelausgaben. Philosophische Schriften. Bd. 3).

Schafer, Roy: A New Language for Psychoanalysis. New Haven/London: Yale University Press 1976.

Schapp, Wilhelm: In Geschichten verstrickt. Zum Sein von Mensch und Ding. Wiesbaden: B. Heyman 1976.

Schleiermacher, Friedrich: Über den Begriff der Hermeneutik mit Bezug auf F.A. Wolfs Andeutungen und Asts Lehrbuch, in: ders.: Sämtliche Werke, III. Abt., 3. Bd. Hg. von L. Jonas. Berlin: Reimer 1835, 344–386.

Schnell, Alexander: Temps et phénoméne. La phénoménologie husserlienne du temps (1893–1918). Hildesheim/Zürich/New York: Georg Olms Verlag 2004 (= Europaea Memoria. Studien und Texte zur Geschichte der europäischen Ideen. Reihe I: Studien. Bd. 35).

Schuhmann, Karl: Husserl-Chronik. Denk- und Lebensweg Edmund Husserls. Den Haag: Martinus Nijhoff 1977 (= Husserliana/Dokumente. Bd. 1).

Seebohm, Thomas M.: Über die vierfache Abwesenheit im Jetzt. Warum ist Husserl bereits dort, wo ihn Derrida nicht vermutet?, in: Baumgartner, Hans Michael (Hg.): Das Rätsel der Zeit. Philosophische Analysen. Freiburg/München: Alber 1993 (= Philosophie), 75–108.

Spinoza, Baruch de: Ethik in geometrischer Ordnung dargestellt. Lateinisch-Deutsch. Übersetzt von Wolfgang Bartuschat. Hamburg: Meiner 1999 (= Philosophische Bibliothek. Bd. 92).

Spitzer, Leo (mit einer Nachschrift von Emil Staiger): Wiederum Mörikes Gedicht „Auf eine Lampe" (1951), in: Doerksen, Victor G. (Hg.): Eduard Mörike. Darmstadt: Wissenschaftliche Buchgesellschaft 1975 (= Wege der Forschung. Bd. CCCCXLVI), 254–269.

Staiger, Emil: Ein Briefwechsel mit Martin Heidegger (1951), in: Doerksen, Victor G. (Hg.): Eduard Mörike. Darmstadt: Wissenschaftliche Buchgesellschaft 1975 (= Wege der Forschung. Bd. CCCCXLVI), 241–253.

Steffen, Christian: Heidegger als Transzendentalphilosoph. Heidelberg: Universitätsverlag Winter 2005.

Stevens, Bernard: Puissance et effectivité de l'être (à propos de Ricœur et de Heidegger), in: Célis, Raphaël/Sierro, Maurice: Autour de la poétique de Paul Ricœur. À la croisée de l'action et de l'imagination. Études de Lettres 1996, 73–88.

Teichert, Dieter: Von der Feststellung der Identität zur Explikation von Personalität – Ricœurs Kritik an Derek Parfit, in: Das herausgeforderte Selbst: Perspektiven auf Paul Ricœurs Ethik. Würzburg: Königshausen & Neumann 1999, 131–142.

Teichert, Dieter: Selbst und Selbstverständnis bei Gadamer und Ricœur, in: Orth, Stefan/Breitling, Andris (Hg.): Vor dem Text. Hermeneutik und Phänomenologie im Denken Paul Ricœurs. Berlin: Technische Universität Berlin 2002 (= Schriftenreihe für Philosophie und Kulturtheorie. Bd. 4), 139–164.

Tengelyi, László: Phänomenologie der Zeiterfahrung und Poetik des Zeitromans in Paul Ricœurs „Temps et récit", in: Mesotes 1/3 (1991), 28–36.

Tengelyi, László: Verantwortlichkeitsethische und fundamentalontologische Schuldauslegung, in: Fehér, István (Hg.): Wege und Irrwege des neueren Umganges mit Heideggers Werk. Ein deutsch-ungarisches Symposium. Berlin: Duncker & Humblot 1991, 151–174.

Tengelyi, László: Der Zwitterbegriff Lebensgeschichte. München: Wilhelm Fink Verlag 1998 (= Übergänge. Texte und Studien zu Handlung, Sprache und Lebenswelt. Bd. 33)./frz.: L'histoire d'une vie et sa région sauvage. Übersetzt von Philippe Quesne Grenoble: Jérôme Millon 2005 (= Collection Krisis).

Tengelyi, László: Ricœurs realistische Wende der Selbstauslegung, in: Breitling, Andris/Schaaff, Birgit/Orth, Stefan (Hg.): Das herausgeforderte Selbst: Perspektiven auf Paul Ricoeurs Ethik. Würzburg: Königshausen & Neumann 1999, 155–161.

Tengelyi, László: Gesetzesanspruch und wilde Verantwortung, in: Liebsch, Burkhard: Hermeneutik des Selbst – im Zeichen des Anderen. Zur Philosophie Paul Ricœurs. Freiburg/München: Alber Verlag 1999 (= Philosophie), 260–272.

Tengelyi, László: Das Mittelmeer als Held der Geschichte. Zu Ricœurs Auseinandersetzung mit Braudel, in: Journal Phänomenologie 21 (2004), 33–42.

Tengelyi, László: Husserls Blindheit für das Negative? Zu Ricœurs Deutung der Abstandserfahrung in der Erinnerung, in: Breitling, Andris/Orth, Stefan (Hg.): Erinnerungsarbeit. Zu Paul Ricœurs Philosophie von Gedächtnis, Geschichte und Vergessen. Berlin: Berliner Wissenschafts-Verlag 2004, 29–39.

Tengelyi, László: L'expérience retrouvée. Essais philosophiques I. Paris: L'Harmattan 2006 (= Ouverture philosophique).

Tengelyi, László: Erfahrung und Ausdruck. Phänomenologie im Umbruch bei Husserl und seinen Nachfolgern. Dordrecht: Springer 2007 (= Phaenomenologica. Bd. 180).

Tengelyi, László: Redescription and Refiguration of Reality in Ricœur, in: Research in phenomenology 37 (2007), 160–174.

Tengelyi, László: Narratives Handlungsverständnis, in: Joisten, Karen (Hg.): Narrative Ethik. Das Gute und das Böse erzählen. Berlin: Akademie Verlag 2007, 61–73.

Tengelyi, László: Janicaud und die Neue Phänomenologie in Frankreich. (unveröffentlicht)

Tétaz, Jean-Marc: Eine Philosophie des Selbst, aber keine Reflexionsphilosophie. Hermeneutik als Theorie der konkreten Subjektivität, in: Liebsch, Burkhard: Hermeneutik des Selbst – im Zeichen des Anderen. Zur Philosophie Paul Ricœurs. Freiburg/München: Alber Verlag 1999 (= Philosophie), 130–145.

Theunissen, Michael: Negative Theologie der Zeit. Frankfurt am Main: Suhrkamp 1991 (= Suhrkamp Taschenbuch Wissenschaft. Bd. 938).

Thomä, Dieter: Die Not der Gegenwart, in: Die Zeit des Selbst und die Zeit danach. Zur Kritik der Textgeschichte Martin Heideggers 1910–1976. Frankfurt am Main: Suhrkamp 1990, 294–347.

Thomä, Dieter: Der Sinn zwischen den Seiten. Zum Tod des französischen Philosophen Paul Ricœur, in: Neue Zürcher Zeitung, 23.05.2005 (http://www.nzz.ch/2005/05/23/fe/article5GA7H.html (30.01.2008)).

Thomas, V.C.: The Development of Time Consciousness from Husserl to Heidegger, in: Tymieniecka, Anna-Teresa (Hg.): The Moral Sense and Its Foundational Significance: Self, Person, Historicity, Community. Phenomenologica Praxeology and Psychiatry. Dordrecht/Boston/London: Kluwer Academic Publishers 1990 (= Analecta Husserliana. Bd. 31), 347–360.

Tugendhat, Ernst: Heideggers Seinsfrage, in: Tugendhat, Ernst: Philosophische Aufsätze. Frankfurt am Main: Suhrkamp 1992, 108–135.

Tugendhat, Ernst: Zeit und Sein in Heideggers *Sein und Zeit* (2000), in: Tugendhat, Ernst: Aufsätze 1992–2000. Frankfurt am Main: Suhrkamp 2001 (= Suhrkamp Taschenbuch Wissenschaft. Bd. 1535), 185–198.

Tugendhat, Ernst: Heidegger und Bergson über die Zeit (1992), in: Tugendhat, Ernst: Aufsätze 1992–2000. Frankfurt am Main: Suhrkamp 2001 (= Suhrkamp Taschenbuch Wissenschaft. Bd. 1535), 11–26.

Van Eikels, Kai: Zeitlektüren. Ansätze zu einer Kybernetik der Erzählung. Würzburg: Königshausen & Neumann 2002 (= Epistemata. Reihe Literaturwissenschaft. Bd. 380).

Vanhoozer, Kevin J.: Philosophical Antecedents to Ricœur's *Time and Narrative*, in: Wood, David (Hg.): On Paul Ricœur. Narrative and Interpretation. London/New York: Routledge 1991, 34–54.

Vanni, Michel: *Stimmung* et identité narrative, in: Célis, Raphaël/Sierro, Maurice: Autour de la poétique de Paul Ricœur. À la croisée de l'action et de l'imagination. Études de Lettres 1996, 89–108.

Vansina, F.D.: Paul Ricœur. Bibliographie primaire et secondaire/Primary and Secondary Bibliography 1935–2000. Leuven: Leuven University Press 2000.

Waldenfels, Bernhard: Phänomenologie in Frankreich. Frankfurt am Main: Suhrkamp 1983 (= Suhrkamp Taschenbuch Wissenschaft. Bd. 644).

Waldenfels, Bernhard: Deutsch-Französische Gedankengänge. Frankfurt am Main: Suhrkamp 1995.

Waldenfels, Bernhard: Phänomenologie der Aufmerksamkeit. Frankfurt am Main: Suhrkamp 2004 (= Suhrkamp Taschenbuch Wissenschaft. Bd. 1734).

Welsen, Peter: Das Problem der personalen Identität, in: Liebsch, Burkhard (Hg.): Hermeneutik des Selbst – im Zeichen des Anderen. Zur Philosophie Paul Ricœurs. Freiburg/München: Alber Verlag 1999 (= Philosophie), 106–129.

Zahavi, Dan: Husserl und die transzendentale Intersubjektivität. Eine Antwort auf die sprachpragmatische Kritik. Dordrecht/Boston/London: Kluwer Academic Publishers 1996 (= Phaenomenologica. Bd. 135).

Zahavi, Dan: Husserl und das Problem des vor-reflexiven Selbstbewußtseins. Übersetzt von Holger Maaß, in: Hüni, Heinrich/Trawny, Peter (Hg.): Die erscheinende Welt. Festschrift für Klaus Held. Berlin: Duncker & Humblot 2002, 697–724.

Zahavi, Dan: Time and Consciousness in the Bernau Manuscripts, in: Husserl Studies 20 (2004), 99–118.

Namenregister

Kolibri 360 GmbH
Ferdinand-Jühlke-Straße 7
99095 Erfurt, Deutschland
produktsicherheit@kolibri360.de